计 算 机 科 学 丛 书

原书第2版

U0125701

应用密码学

协议、算法与C源程序

[美] 布鲁斯·施奈尔（Bruce Schneier）著

吴世忠 祝世雄 张文政 等译

Applied Cryptography

Protocols, Algorithms, and Source Code in C Second Edition

机械工业出版社
CHINA MACHINE PRESS

本书中文简体字版由 John Wiley & Sons 公司授权机械工业出版社独家出版。未经出版者书面许可，不得以任何方式抄袭、复制或节录本书中的任何部分。

本书封底贴有 Wiley 防伪标签，无标签者不得销售。

北京市版权局著作权合同登记　图字：01-2013-5975 号。

图书在版编目（CIP）数据

应用密码学：协议、算法与 C 源程序：原书第 2 版：典藏版 /（美）布鲁斯·施奈尔（Bruce Schneier）著；吴世忠等译. —北京：机械工业出版社，2024.2

（计算机科学丛书）

书名原文：Applied Cryptography：Protocols, Algorithms, and Source Code in C, Second Edition

ISBN 978-7-111-74887-8

Ⅰ. ①应… Ⅱ. ①布… ②吴… Ⅲ. ①密码学 Ⅳ. ①TN918.1

中国国家版本馆 CIP 数据核字（2024）第 024366 号

机械工业出版社（北京市百万庄大街 22 号　邮政编码 100037）
策划编辑：姚　蕾　　责任编辑：姚　蕾
责任校对：张昕妍　　责任印制：李　昂
河北宝昌佳彩印刷有限公司印刷
2024 年 5 月第 1 版第 1 次印刷
185mm×260mm · 35.25 印张 · 920 千字
标准书号：ISBN 978-7-111-74887-8
定价：99.00 元

电话服务　　　　　　　　网络服务
客服电话：010-88361066　　机　工　官　网：www.cmpbook.com
　　　　　010-88379833　　机　工　官　博：weibo.com/cmp1952
　　　　　010-68326294　　金　书　网：www.golden-book.com
封底无防伪标均为盗版　　机工教育服务网：www.cmpedu.com

自密码学从外交情报和军事领域走向公开后，密码学文献难觅的窘境已大为改观，但密码学资料的晦涩难懂却依然如故。广大研究人员和读者一直盼望能有一本全面介绍当代密码学现状且可读性强的著作。Bruce Schneier 所著 *Applied Cryptography：Protocols，Algorithms，and Source Code in C* 一书正是这样一部集大成之作。本书以生动的描述和朴实的文风将当代密码学的方方面面熔于一炉，1994 年第 1 版一经推出即在国际上引起广泛关注，成为近几年来引用最多、销量最大的密码学专著，极大地推动了国际密码学研究与应用的发展。作者顺应近年来世界各国对信息安全普遍关注的趋势，结合第 1 版问世以来密码学的新成果，于 1996 年推出了第 2 版，仍是好评如潮。本书即根据第 2 版译出。

本书作者没有将密码学的应用仅仅局限在通信保密性上，而是紧扣密码学的发展轨迹，从计算机编程和网络化应用方面，阐述了密码学从协议、技术、算法到实现的方方面面。该书详细解释了大量的新概念，如盲签名、失败-终止签名、零知识证明、位承诺、数字化现金和保密的多方计算等，向读者全面展示了现代密码学的新进展。

本书的核心部分自然是论述密码协议、技术和算法的一系列章节。作者收集了大量的公开密钥和私人密钥密码体制的实例，内容几乎涵盖了所有已公开发表的具有实用性的密码算法。作者将它们分门别类，一一评论。其中，对密码技术中密钥管理技术和算法的分析与总结详尽全面，对数十种密码算法的软件实现更是提出了务实可行的建议。对编程人员和通信专业人士来说，本书尤若百科全书。难怪美国 *Wired* 杂志说这是一本美国国家安全局永远也不愿看到它问世的密码学著作。此外，作者还简述了各种散列函数和签名方案，并结合实例说明了如何有效地利用现有的工具箱，特别指出了实现保密协议的方法，比如盲签名和零知识证明。同时，还涉猎了密码学领域中不少时髦的话题，比如阈下信道、秘密共享、隐写技术和量子密码学等。

该书的第四部分也颇具特色，它以"真实世界"为题，向人们展示了密码学应用于社会的真实情况。首先，作者用十多个实际的例子，讨论密码学应用于计算机网络的现实情况，内容包括了国外大多数的商用保密协议，如 IBM 公司的密钥管理方案、应用较多的 KryptoKnight、ISO 的鉴别框架、因特网中的保密增强型电子邮件产品 PEM 以及 PGP 安全软件，甚至还讨论了密码学界的热门话题——美国军用保密电话 STU-Ⅲ、商用密码芯片 Clipper 和 Capstone。接着，作者从政治角度探讨了美国的密码政策，其中对围绕专利的争论、出口许可证的管理和密钥第三方托管的评说，都让国内读者耳目一新。

当然，纵览全书，也不难看出本书的不足，如序列密码、密码的形式证明、密码学在金融系统（或银行）和军事系统中的应用等方面的内容略显不足。加之本书内容广博，作者在对引用资料的使用上也有一些失误。但是，正如作者在前言中所说，本书的目的是将现代密码学的精髓带给计算机编程人员、通信与信息安全专业人员和对此有兴趣的爱好者，从这个角度看，上述的缺陷当在情理之中。

参加本书翻译和校对的同志有吴世忠、祝世雄、张文政、朱甫臣、龚奇敏、钟卓新、蒋继洪、方关宝、黄月江、李川、谭兴烈、王佩春、曾兵、韦文玉、黄澄、罗超、王英、伍环玉、蒋洪志、陈维斌等。本书最后由吴世忠、祝世雄统稿。何德全院士在百忙之中审校了全部译稿。

必须指出的是，该书内容浩繁，由多人翻译，限于水平和经验，加之密码学的很多概念在译法上本身就有难度，故而谬误在所难免，敬请读者见谅。

密码学文献有一个奇妙的发展历程。当然，保密总是扮演着主要角色，但是直到第一次世界大战之前，密码学重要的进展很少出现在公开文献中，但该领域却和其他专业学科一样一直在向前发展。直到 1918 年，20 世纪最有影响的密码分析文章之一——William F. Friedman 的专题论文 "The Index of Coincidence and Its Applications in Cryptography"（重合指数及其在密码学中的应用）[577] 作为私立 Riverbank 实验室的一份研究报告问世了。其实，这篇论文所涉及的工作是在战时完成的。同年，加州奥克兰的 Edward H. Hebern 申请了第一个转轮机专利[710]，这种装置在差不多 50 年里被指定为美军的主要密码设备。

然而，第一次世界大战之后，情况开始变化，完全处于秘密工作状态的美国陆军和海军的机要部门开始在密码学方面取得根本性的进展。在 20 世纪三四十年代，有多篇基础性的文章出现在公开的文献中，还出现了几篇专题论文，只不过这些论文的内容离当时真正的技术水平相去甚远。战争结束时，情况急转直下，公开的文献几乎没有。只有一个突出的例外，那就是 Claude Shannon 的文章 "The Communication Theory of Secrecy Systems"（保密系统的通信理论）[1432] 出现在 1949 年的 *Bell System Technical Journal*（贝尔系统技术杂志）上，它类似于 Friedman 1918 年的文章，也是战时工作的产物。这篇文章在第二次世界大战结束后即被解密，可能是由于失误。

从 1949 年到 1967 年，密码学文献近乎空白。1967 年，一部与众不同的著作［David Kahn 的 *The Codebreakers*（破译者）[794]］出现了，它并没有任何新的技术思想，但却对密码学的历史做了相当完整的记述，包括提及政府仍然认为是秘密的某些事情。这部著作的意义不仅在于它涉及了相当广泛的领域，而且在于它使成千上万原本不知道密码学的人了解了密码学。新的密码学文章开始源源不断地发表出来。

大约在同一时期，早期为空军研制敌我识别装置的 Horst Feistel 在位于纽约约克镇高地的 IBM Watson 实验室里花费了毕生精力致力于密码学的研究。在那里他开始着手进行美国数据加密标准（Data Encryption Standard，DES）的研究，20 世纪 70 年代初期，IBM 发表了 Feistel 和他的同事在这个课题方面的多篇技术报告[1482,1484,552]。

这就是我于 1972 年年底涉足密码学领域时的情形，当时密码学的文献还不丰富，但也包括一些非常有价值的东西。

密码学提出了一个一般学科领域都难以遇到的难题：它需要密码学和密码分析学紧密结合，互为促进。这是由于缺乏实际通信需求所致。提出一个表面上看似不可破译的系统并不难，但许多学术性的设计非常复杂，以至于密码分析家不知从何入手，分析这些设计中的漏洞远比最初设计它们更难。结果是，那些可以强劲推动学术研究的竞争过程在密码学中并没起多大作用。

当我和 Martin Hellman 在 1975 年提出公开密钥密码学[496] 时，我们贡献的一个方面是引入了一个看来不易解决的难题。现在有抱负的密码体制设计者能够提出被认为是很聪明的一些东西——这些东西比只是把有意义的正文变成无意义的乱语更有用。结果是研究密码学的人数、召开的会议、发表的论文和专著数都惊人地增加了。

我在接受 Donald E. Fink 奖（该奖是奖给在 IEEE 杂志上发表过最佳文章的人，我和 Hellman 在 1980 年共同获得该奖）发表演讲时，告诉听众，我在写 "Privacy and Authentication"

（保密性与鉴别）一文时有一种体验——这种体验，我相信即使在那些参加 IEEE 授奖会的著名学者当中也是罕见的：我写的那篇文章，并非我的研究结果而是我想要研究的课题。因为在我首次沉迷于密码学的时候，这类文章根本就找不到。如果那时我可以走进斯坦福书店，挑选现代密码学的书籍，我也许能在多年前就了解这个领域了。但是在 1972 年秋季，我能找到的资料仅仅是几篇经典论文和一些难以理解的技术报告而已。

现在的研究人员再也不会遇到这样的问题了，他们的问题是要在大量的文章和书籍中选择从何处入手。研究人员如此，那些仅仅想利用密码学的程序员和工程师又会怎样呢？这些人会转向哪里呢？直到今天，在能够设计出一般文章中所描述的那类密码实用程序之前，花费大量时间寻找并研究那些文献仍然是很有必要的。

本书正好填补了这个空白。作者 Bruce Schneier 从通信保密性的目的和达到目的所用的基本程序实例入手，对 20 年来公开研究的全部成果做了全景式的概括。书名开门见山，从首次叫某人进行保密会话的世俗目的，到数字货币和以密码方式进行保密选举的可能性，到处都可以发现应用密码学的地方。

Schneier 不满足于这本书仅仅涉及真实世界（因为此书叙述了直至代码的全部过程），他还叙述了发展密码学和应用密码学的那些领域，讨论了从国际密码研究协会到国家安全局这样的一些机构。

在 20 世纪 70 年代后期和 80 年代初期，当公众显示出对密码学的兴趣时，国家安全局（NSA），即美国官方密码机构，曾多次试图平息它。第一次是一封来自一名长期在 NSA 工作的雇员的信，据说这封信是这个雇员自己写的，此雇员自认为如此，表面上看来亦是如此。这封信是发给 IEEE 的，它警告密码资料的出版违反了《国际武器交易条例》（ITAR）。然而这种观点并没有被条例本身所支持（条例明显不包括已发表的资料）。但这封信却为密码学的公开实践和 1977 年的信息论专题研讨会做了许多意想不到的宣传。

一个更为严重的事态发生在 1980 年，当时 NSA 为美国教育委员会提供资金，说服国会对密码学领域的出版物进行合法的控制。结果与 NSA 的愿望大相径庭，形成了密码学论文自愿送审的程序。研究人员在论文发表之前需就发表是否有损国家利益征询 NSA 的意见。

随着 20 世纪 80 年代的到来，NSA 将重点更多地集中在密码学的实际应用，而不是研究上。现有的法律授权 NSA 通过国务院控制密码设备的出口。随着商务活动的日益国际化和世界市场上美国份额的减少，国内外市场上需要单一产品的压力增加了。这种单一产品受到出口控制，于是 NSA 不仅对出口什么，而且也对在美国出售什么都施加了相当大的影响。

密码学的公开使用面临一种新的挑战，政府建议在可防止涂改的芯片上用一种秘密算法代替广为人知且随处可得的 DES，这些芯片将含有政府监控所需的编纂机制。这种"密钥托管"计划的弊病是它潜在地损害了个人隐私，并且以前的软件加密不得不以高价增加硬件来实现。迄今，密钥托管产品正值熊市，这种方案却已经引起了广泛的批评，特别是那些独立的密码学家怨声载道。然而，人们看到更多的是编程技术的未来而不是政治，并且还加倍努力向世界提供更强的密码，这种密码能够实现对公众的监督。

从出口控制法律取代第一修正案的意见来看，1980 年发生了大倒退，当时《联邦公报》公布了对 ITAR 的修正，其中提到："……增加的条款清楚地说明，技术数据出口的规定并不干预第一修正案中个人的权利。"但事实上，第一修正案和出口控制法律的紧张关系还未消除，最近由 RSA 数据安全公司召开的一次会议清楚地表明了这一点。出口控制办公室的NSA 代表表达了如下意见：发表密码程序的人从法律上说是处在"灰色领域"。如果真是这样的话，本书第 1 版业已曝光，内容也处在"灰色领域"中。本书自身的出口申请已经得到军需品控制委员会在出版物条款下的认可，但是，装在磁盘上的程序的出口申请却遭到拒绝。

　　NSA 的策略从试图控制密码研究到紧紧抓住密码产品的开发和应用的改变，可能是由于认识到即便是世界上所有最好的密码学论文都不能保护哪怕是一位的信息。如果束之高阁，本书也许不比以前的书和文章更好，但若置于程序员编写密码的工作站旁，这本书无疑是最好的。

Whitfield Diffie

于加州 Mountain View

世界上有两种密码：一种是防止小孩偷看你的文件；另一种是防止当局阅读你的文件。本书写的是后一种情况。

如果把一封信锁在保险柜中，把保险柜藏在纽约的某个地方，然后告诉你去看这封信，这并不是安全，而是隐藏。相反，如果把一封信锁在保险柜中，然后把保险柜及其设计规范和许多同样的保险柜给你，以便你和世界上最好的开保险柜的专家能够研究锁的装置，而你还是无法打开保险柜去读这封信，这才是安全的概念。

许多年来，密码学是军队专有的领域。NSA 和苏联、英国、法国、以色列以及其他国家的安全机构已将大量的财力投入到加密自己的通信，同时又千方百计地破译别人的通信的残酷游戏中。面对这些政府，个人既无专业知识又无足够财力保护自己的秘密。

在过去的 20 年里，公开的密码学研究爆炸性地增长。从第二次世界大战以来，当普通公民还在长期使用经典密码时，计算机密码学已成为世界军事专有的领域。今天，最新的计算机密码学已应用到军事机构外，现在就连非专业人员都可以利用密码技术去阻止最强大的敌人，包括军方的安全机构。

普通百姓真的需要这种保密性吗？是的，他们可能正在策划一次政治运动，讨论税收或正干一件非法的事情；也可能正设计一件新产品，讨论一种市场策略，或计划接管竞争对手的生意；或者可能生活在一个不尊重个人隐私权的国家，也可能做一些他们自己认为并非违法实际却是非法的事情。不管理由是什么，他的数据和通信都是私人的、秘密的，与他人无关。

本书正好在混乱的年代出版。1994 年，克林顿当局核准了《托管加密标准》(包括 Clipper 芯片和 Fortezza 卡)，并将《数字电话法案》签署成为法律。这两个行政令企图确保政府实施电子监控的能力。

一些危险的 Orwellian 假设在作祟：政府有权侦听私人通信，个人对政府保守秘密是错误的。如果可能，法律总有能力强制实施法院授权的监控，但是，这是公民第一次被迫采取"积极措施"，以使他们自己能被监控。这两个行政令并不是政府在某个模糊范围内的简单倡议，而是一种先发制人的单方面尝试，旨在侵占以前属于公民的权利。

Clipper 和数字电话不保护隐私，它强迫个人无条件地相信政府将尊重他们的隐私。非法窃听小马丁·路德·金电话的执法机构，同样也能容易地窃听用 Clipper 保护的电话。最近，地方警察机关在不少管区都有因非法窃听而被控有罪或被提出民事诉讼的事件，这些地方包括马里兰、康涅狄格、佛蒙特、佐治亚、密苏里和内华达。为了随时方便警察局的工作而配置这种技术是很糟糕的想法。

这给我们的教训是采用法律手段并不能充分保护我们自己，还需要用数学来保护自己。加密太重要了，不能让政府独享。

本书为你提供了一些可用来保护自己隐私的工具。提供密码产品可能被宣布为非法，但提供有关的信息绝不会犯法。

怎样阅读本书

我写本书的目的是在真实地介绍密码学的同时给出全面的参考文献。我尽量在不损失正确性的情况下保持本书的可读性，我不想使本书成为一本数学书。虽然我无意给出任何错误信息，但匆忙中理论难免有失严谨。对形式方法感兴趣的人，可以参考大量的学术文献。

第 1 章介绍密码学，定义许多术语，简要讨论计算机出现前密码学的情况。

第一部分（第 2～6 章）描述密码学的各种协议：人们能用密码学做什么。协议范围从简单（一人向另一人发送加密消息）到复杂（在电话上抛掷硬币）再到深奥（秘密的和匿名的数字货币交易）。这些协议中有些一目了然，有些却十分奇异。密码学能够解决大多数人绝没有认识到的许多问题。

第二部分（第 7～10 章）讨论密码技术。对密码学的大多数基本应用来说，这一部分很重要。第 7 章和第 8 章讨论密钥：密钥应选多长才能保密，怎样产生、存储密钥，怎样处理密钥等。密钥管理是密码学最困难的部分，经常是保密系统的一个致命弱点。第 9 章讨论使用密码算法的不同方法。第 10 章给出与算法有关的细节：怎样选择、实现和使用算法。

第三部分（第 11～23 章）列出多个算法。第 11 章提供数学背景，如果你对公开密钥算法感兴趣，那么这一章你一定要了解。如果你只想实现 DES（或类似的东西），则可以跳过这一章。第 12 章讨论 DES：DES 算法、它的历史、安全性和一些变体。第 13～15 章讨论其他的分组算法：如果你需要比 DES 更保密的算法，请阅读 IDEA 和三重 DES 算法这节；如果你想知道一系列比 DES 算法更安全的算法，就请读完整章。第 16 章和第 17 章讨论序列密码算法。第 18 章集中讨论单向散列函数，虽然讨论了多种单向散列函数，但 MD5 和 SHA 是最通用的。第 19 章讨论公开密钥加密算法。第 20 章讨论公开密钥数字签名算法。第 21 章讨论公开密钥鉴别算法。第 22 章讨论公开密钥交换算法。几种重要的公开密钥算法分别是 RSA、DSA、Fiat-Shamir 和 Diffie-Hellman。第 23 章讨论更深奥的公开密钥算法和协议，这一章的数学知识非常复杂，请你做好思想准备。

第四部分（第 24～25 章）转向密码学的真实世界。第 24 章讨论这些算法和协议的一些实际实现；第 25 章涉及围绕密码学的一些政治问题。这些章节并不全面。

此外，本书还包括在第三部分讨论的 10 个算法的源代码清单，由于篇幅的限制，不可能给出所有的源代码，况且密码的源代码不能出口（非常奇怪的是，国务院允许本书的第 1 版和源代码出口，但不允许含有同样源代码的计算机磁盘出口）。配套的源代码盘中包括的源代码比本书中列出的要多得多，这也许是除军事机构以外最大的密码源代码集。我只能给住在美国和加拿大的公民发送源代码盘，但我希望有一天这种情况会改变。

对本书的一种批评是，它的广博性代替了可读性。这是对的，但我想给可能偶然在学术文献或产品中需要算法的人提供参考。密码学领域正日趋热门，这是第一次把这么多资料收集在一本书中。即使这样，还是有许多东西限于篇幅舍弃了，但尽量保留了那些我认为是重要的、有实用价值的或者有趣的专题。如果我对某一专题讨论不深，我会给出深入讨论这些专题的参考文献。

我在写作过程中已尽力查出和根除书中的错误，但我相信不可能消除所有的错误。第 2 版肯定比第 1 版的错误少得多。勘误表可以从我这里得到，并且它定期发往 Usenet 的新闻组 sci. crypt。如果读者发现错误，请通知我，我将不胜感谢。

Bruce Schneier

基 础 知 识

1.1 专业术语

1.1.1 发送者和接收者

假设发送者（sender）想发送消息给接收者（receiver），并且想安全地发送信息：她想确信窃听者不能阅读发送的消息。

1.1.2 消息和加密

消息（message）称为明文（plaintext）。用某种方法伪装消息以隐藏它的内容的过程称为加密（encryption），被加密的消息称为密文（ciphertext），而把密文转变为明文的过程称为解密（decryption）。图 1-1 表明了这个过程。

〔如果你遵循 ISO 7498—2 标准，那就用到术语"译成密码"（encipher）和"解译密码"（decipher）。某些文化似乎认为术语"加密"（encrypt）和"解密"（decrypt）令人生厌，如同陈年腐尸。〕

图 1-1　加密和解密

使消息保密的技术和科学叫作密码编码学（cryptography），从事此行的人叫作密码编码者（cryptographer），密码分析者（cryptanalyst）是从事密码分析的专业人员，密码分析学（cryptanalysis）就是破译密文的科学和技术，即揭穿伪装。密码学（cryptology）作为数学的一个分支，包括密码编码学和密码分析学两部分，精于此道的人称为密码学家（cryptologist），现代的密码学家通常也是理论数学家。

明文用 M 或 P 表示，它可能是位序列、文本文件、位图、数字化的语音序列或数字化的视频图像等。对于计算机，M 指简单的二进制数据（除了这一章外，本书只涉及二进制数据和计算机密码学）。明文可被传送或存储，无论哪种情况，M 指待加密的消息。

密文用 C 表示，它也是二进制数据，有时和 M 一样大，有时比 M 大（通过压缩和加密的结合，C 有可能比 P 小。仅通过加密通常做不到这点）。加密函数 E 作用于 M 得到密文 C，可用数学公式表示：

$$E(M) = C$$

相反地，解密函数 D 作用于 C 产生 M：

$$D(C) = M$$

先加密后再解密，原始的明文将恢复，故下面的等式必须成立：

$$D(E(M)) = M$$

1.1.3 鉴别、完整性和抗抵赖

除了提供机密性外，密码学通常还有其他的作用：

- **鉴别**（authentication） 消息的接收者应该能够确认消息的来源；入侵者不可能伪装成他人。
- **完整性**（integrity） 消息的接收者应该能够验证在传送过程中消息没有被修改；入侵者不可能用假消息代替合法消息。
- **抗抵赖**（nonrepudiation） 发送者事后不可能虚假地否认他发送的消息。

这些功能是通过计算机进行社会交流至关重要的需求，就像面对面交流一样。某人是否就是他说的人；某人的身份证明文件（驾驶执照、学历或者护照）是否有效；声称从某人那里来的文件是否确实从那个人那里来的；这些事情都是通过鉴别、完整性和抗抵赖来实现的。

1.1.4 算法和密钥

密码算法（cryptographic algorithm）也叫作**密码**（cipher），是用于加密和解密的数学函数（通常情况下，有两个相关的函数：一个用作加密，另一个用作解密）。

如果算法的保密性是基于保持算法的秘密，这种算法称为**受限制的**（restricted）算法。受限制的算法具有历史意义，但按现在的标准，它们的保密性已远远不够。大的或经常变换的用户组织不能使用它们，因为如果有一个用户离开这个组织，其他的用户就必须改换另外不同的算法。如果有人无意泄露了这个秘密，所有人都必须改变他们的算法。

更糟的是，受限制的密码算法不可能进行质量控制或标准化。每个用户组织必须有他们自己的唯一算法。这样的组织不可能采用流行的硬件或软件产品，因为窃听者可以买到这些流行产品并学习算法，于是用户不得不自己编写算法并予以实现，如果这个组织中没有好的密码学家，那么他们就无法知道他们是否拥有安全的算法。

尽管有这些主要缺陷，但受限制的算法对低密级的应用来说还是很流行的，用户或者没有认识到或者不在乎他们系统中存在的问题。

现代密码学用**密钥**（key）解决了这个问题，密钥用 K 表示。K 可以是很多数值里的任意值。密钥 K 的可能取值范围叫作**密钥空间**（keyspace）。加密和解密运算都使用这个密钥（即运算都依赖于密钥，并用 K 作为下标表示），这样，加密/解密函数现在变成：

$$E_K(M) = C$$
$$D_K(C) = M$$

这些函数具有下面的特性（见图 1-2）：

$$D_K(E_K(M)) = M$$

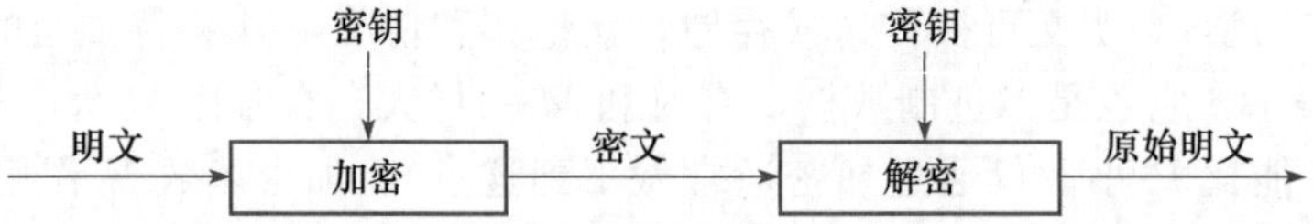

图 1-2 使用一个密钥的加密/解密

有些算法使用不同的加密密钥和解密密钥（见图 1-3），也就是说，加密密钥 K_1 与相应的解密密钥 K_2 不同，在这种情况下：

$$E_{K_1}(M) = C$$
$$D_{K_2}(C) = M$$
$$D_{K_2}(E_{K_1}(M)) = M$$

所有这些算法的安全性都基于密钥的安全性，而不是基于算法细节的安全性。这就意味着算法可以公开，可以被分析。可以大量生产使用算法的产品。即使偷听者知道你的算法也没有关系。如果他不知道你使用的具体密钥，他就不可能阅读你的消息。

图 1-3 使用两个密钥的加密/解密

密码系统（cryptosystem）由算法以及所有可能的明文、密文和密钥组成。

1.1.5 对称算法

基于密钥的算法通常有两类：对称算法和公开密钥算法。对称算法（symmetric algorithm）有时又叫作传统密码算法，就是加密密钥能够从解密密钥中推算出来，反过来也成立。在大多数对称算法中，加密/解密密钥是相同的。这些算法也叫作秘密密钥算法或单密钥算法，它要求发送者和接收者在安全通信之前，商定一个密钥。对称算法的安全性依赖于密钥，泄露密钥就意味着任何人都能对消息进行加密/解密。只要通信需要保密，密钥就必须保密。

对称算法的加密和解密表示为：

$$E_K(M) = C$$
$$D_K(C) = M$$

对称算法可分为两类。一次只对明文中的单个位（有时对字节）运算的算法称为序列算法（stream algorithm）或序列密码（stream cipher）。另一类算法是对明文的一组位进行运算，这些位组称为分组（block），相应的算法称为分组算法（block algorithm）或分组密码（block cipher）。现代计算机密码算法的典型分组长度为 64 位——这个长度大到足以防止分析破译，但又小到足以方便使用（在计算机出现前，算法普遍地每次只对明文的一个字符运算，可以认为序列密码是对字符序列的运算）。

1.1.6 公开密钥算法

公开密钥算法（public-key algorithm，也叫作非对称算法）是这样设计的：用作加密的密钥不同于用作解密的密钥，而且解密密钥不能根据加密密钥计算出来（至少在合理假定的长时间内）。之所以叫作"公开密钥"算法，是因为加密密钥能够公开，即陌生者能用加密密钥加密信息，但只有用相应的解密密钥才能解密信息。在这些系统中，加密密钥叫作公开密钥（public key，简称公钥），解密密钥叫作私人密钥（private key，简称私钥）。私人密钥有时也叫作秘密密钥。为了避免与对称算法混淆，此处不用秘密密钥这个名字。

用公开密钥 K 加密可表示为

$$E_K(M) = C$$

虽然公开密钥和私人密钥不同，但用相应的私人密钥解密可表示为：

$$D_K(C) = M$$

有时消息用私人密钥加密而用公开密钥解密，这用于数字签名（参见 2.6 节）。尽管可能产生混淆，但这些运算可分别表示为：

$$E_K(M) = C$$
$$D_K(C) = M$$

1.1.7 密码分析

密码编码学的主要目的是保持明文（或密钥，或明文和密钥）的秘密以防止偷听者（也叫对手、攻击者、截取者、入侵者、敌手或干脆称为敌人）知晓。这里假设偷听者完全能够截获发送者和接收者之间的通信。

密码分析学是在不知道密钥的情况下，恢复明文的科学。成功的密码分析能恢复消息的明文或密钥。密码分析也可以发现密码体制的弱点，最终得到上述结果（密钥通过非密码分析方式的丢失叫作泄露（compromise））。

对密码进行分析的尝试称为攻击（attack）。荷兰人 A. Kerckhoffs 最早在 19 世纪阐明密码分析的一个基本假设，这个假设就是秘密必须全寓于密钥中。Kerckhoffs 假设密码分析者已有密码算法及其实现的全部详细资料（当然，可以假设中央情报局（CIA）不会把密码算法告诉摩萨德（Mossad）（Mossad 是以色列情报组织。——译者注），但摩萨德也许会通过某种方法推导出来）。在实际的密码分析中并不总是有这些详细信息，不过应该如此假设。如果不能破译算法，即便了解算法如何工作也是徒然的。如果连算法的知识都没有，就肯定不可能破译它。

常用的密码分析攻击有四类，当然，每一类都假设密码分析者知道所用的加密算法的全部知识：

（1）**唯密文攻击**（ciphertext-only attack）。密码分析者有一些消息的密文，这些消息都用相同加密算法加密。密码分析者的任务是恢复尽可能多的明文，或者最好能推算出加密消息的密钥，以便可采用相同的密钥破解其他被加密的消息。

已知：$C_1 = E_K(P_1)$，$C_2 = E_K(P_2)$，$\cdots$，$C_i = E_K(P_i)$

推导出：P_1，P_2，$\cdots$，P_i；K 或者找出一个算法从 $C_{i+1} = E_K(P_{i+1})$ 推导出 P_{i+1}。

（2）**已知明文攻击**（known-plaintext attack）。密码分析者不仅可得到一些消息的密文，而且也知道这些消息的明文。分析者的任务就是用加密信息推出用来加密的密钥或导出一个算法，此算法可以对用相同密钥加密的任何新消息进行解密。

已知：P_1，$C_1 = E_k(P_1)$，P_2，$C_2 = E_k(P_2)$，$\cdots$，P_i，$C_i = E_k(P_i)$

推导出：密钥 K，或从 $C_{i+1} = E_k(P_{i+1})$ 推导出 P_{i+1} 的算法。

（3）**选择明文攻击**（chosen-plaintext attack）。分析者不仅可得到一些消息的密文和相应的明文，而且他们也可选择被加密的明文。这比已知明文攻击更有效，因为密码分析者能选择特定的明文块进行加密，那些块可能产生更多关于密钥的信息。分析者的任务是推出用来加密消息的密钥或导出一个算法，此算法可以对用相同密钥加密的任何新消息进行解密。

已知：P_1，$C_1 = E_k(P_1)$，P_2，$C_2 = E_k(P_2)$，$\cdots$，P_i，$C_i = E_k(P_i)$，其中 P_1，P_2，$\cdots$，P_i 可由密码分析者选择。

推导出：密钥 K，或从 $C_{i+1} = E_k(P_{i+1})$ 推导出 P_{i+1} 的算法。

（4）**自适应选择明文攻击**（adaptive-chosen-plaintext attack）。这是选择明文攻击的特殊情况。密码分析者不仅能选择被加密的明文，而且也能基于以前加密的结果修正这个选择。在选择明文攻击中，密码分析者还可以选择一大块被加密的明文。而在自适应选择密文攻击中，可选取较小的明文块，然后再基于第一块的结果选择另一个明文块，以此类推。

另外还有至少三类其他的密码分析攻击。

（5）**选择密文攻击**（chosen-ciphertext attack）。密码分析者能选择不同的被加密的密文，并可得到对应的解密的明文。例如，密码分析者访问一个防窜改的自动解密盒，密码分析者的任务是推出密钥。

已知：C_1，$P_1 = D_k(C_1)$，C_2，$P_2 = D_k(C_2)$，…，C_i，$P_i = D_k(C_i)$。

推导出：K。

这种攻击主要用于公开密钥算法，这将在 19.3 节中讨论。选择密文攻击有时也可有效地用于对称算法（有时选择明文攻击和选择密文攻击一起称为**选择文本攻击**（chosen-text attack））。

（6）**选择密钥攻击**（chosen-key attack）。这种攻击并不表示密码分析者能够选择密钥，它只表示密码分析者具有不同密钥之间关系的有关知识。这种方法有点奇特和晦涩，不是很实际，将在 12.4 节讨论。

（7）**软磨硬泡攻击**（rubber-hose cryptanalysis）。密码分析者威胁、勒索，或者折磨某人，直到他给出密钥为止。行贿有时称为购买密钥攻击（purchase-key attack）。这些是非常有效的攻击，并且经常是破译算法的最好途径。

已知明文攻击和选择明文攻击比你想象的更常见。密码分析者得到加密的明文消息或贿赂某人去加密所选择的消息，这种事情时有所闻。如果你给某大使一则消息，你可能会发现该消息已被加密，并被送回他的国家去研究。密码分析者也许知道，许多消息有标准的开头和结尾。加密的源码特别脆弱，这是因为有规律地出现关键字，如 ♯ define、struct、else、return 等。被加密的可执行代码也有同样问题，如调用函数、循环结构等。已知明文攻击（甚至选择明文攻击）在第二次世界大战中已成功地用来破译德国和日本的密码。David Kahn 的书[794,795,796] 中有此类攻击的历史例子。

不要忘记 Kerckhoffs 假设：如果新密码系统的强度依赖于攻击者不知道算法的内部机理，那你注定会失败。如果你相信保持算法的内部秘密比让研究团体公开分析它更能改进密码系统的安全性，那你就错了。如果你认为别人不能反汇编你的代码和逆向设计你的算法，那你就太天真了（1994 年 RC4 算法就发生了这种情况——参见 17.1 节）。最好的算法是那些已经公开的，并经过世界上最好的密码分析家多年的攻击，但还是不能破译的算法（国家安全局对外保持他们算法的秘密，但他们有世界上最好的密码分析家在内部工作，你却没有。另外，他们互相讨论算法，通过同行审查以发现工作中的弱点）。

密码分析者也并不是总能知道算法。例如，在第二次世界大战中美国人破译日本人的外交密码——紫密（PURPLE）就是一个例子。如果算法用于商业安全程序中，那么分析这个程序，把算法恢复出来只是时间和金钱问题；如果算法用于军队的通信系统中，那么购买（或窃取）这种设备，进行逆向工程恢复算法也只是简单的时间和金钱问题。

那些因为自己不能破译某个算法就草率地声称有一个不可破译的密码的人要么是天才，要么是笨蛋。不幸的是，后者居多。千万要提防那些一味吹嘘算法的优点，但又拒绝公开的人，相信他们的算法就像相信骗人的包医百病的灵丹妙药一样。

好的密码分析家总会坚持同行审查，试图把不好的算法从好的算法中剔除出去。

1.1.8 算法的安全性

根据被破译的难易程度，不同的密码算法具有不同的安全等级。如果破译算法的代价大于加密数据的价值，那么你可能是安全的。如果破译算法所需的时间比加密数据保密的时间更长，那么你可能是安全的。如果用单密钥加密的数据量比破译算法需要的数据量少得多，那么你可能是安全的。

我说"可能"，因为在密码分析中总有新的突破。另一方面，随着时间的推移，大多数数据的价值会越来越小。而数据的价值总是比解除保护它的安全性的代价更小，这点是很重要的。

Lars Knudsen 把破译算法分为不同的类别，安全性的递减顺序为：

(1) **全部破译** (total break)。密码分析者找出密钥 K，这样 $D_K(C) = P$。

(2) **全盘推导** (global deduction)。密码分析者找到一个代替算法 A，在不知道密钥 K 的情况下，等价于 $D_K(C) = P$。

(3) **实例**（或局部）**推导** (instance (or local) deduction)。密码分析者从截获的密文中找出明文。

(4) **信息推导** (information deduction)。密码分析者获得一些有关密钥或明文的信息。这些信息可能是密钥的几位、有关明文格式的信息等。

如果不论密码分析者有多少密文，都没有足够的信息恢复出明文，那么这个算法就是无条件保密的 (unconditionally secure)。事实上，只有一次一密乱码本（参见 1.5 节），才是不可破的（给出无限多的资源仍然不可破）。所有其他的密码系统在唯密文攻击中都是可破的，只需逐一尝试每种可能的密钥，并且检查所得明文是否有意义。这种方法叫作蛮力攻击 (brute-force attack，见 7.1 节)。

密码学更关心在计算上不可破译的密码系统。如果算法用（现在或将来）可得到的资源都不能破译，这个算法则被认为是计算安全的 (computationally secure，有时称作强的)。准确地说，"可用资源"就是公开数据的分析整理。

可以用不同方式衡量攻击方法的复杂性（参见 11.1 节）：

(1) **数据复杂性** (data complexity)。用于攻击输入所需要的数据量。

(2) **处理复杂性** (processing complexity)。完成攻击所需要的时间，也经常称作工作因素 (work factor)。

(3) **存储需求** (storage requirement)。进行攻击所需要的存储量。

作为一个法则，攻击的复杂性取这三个因数的最小值。有些攻击包括这三种复杂性的折中：存储需求越大，攻击可能越快。

复杂性用数量级来表示。如果算法的处理复杂性是 2^{128}，那么破译这个算法也需要 2^{128} 次运算（这些运算可能非常复杂和耗时）。假设你有足够的计算速度去完成每秒钟 100 万次运算，并且用 100 万个并行处理器完成这个任务，那么仍需花费 10^{19} 年以上才能找出密钥，那是宇宙年龄的 10 亿倍。

当攻击的复杂性是常数时（除非一些密码分析者发现更好的密码分析攻击），就只取决于计算能力了。在过去的半个世纪中，计算能力已得到显著提高，并且没有理由认为这种趋势不会继续。许多密码分析攻击用并行处理机进行计算非常理想：这个任务可分成亿万个子任务，且处理之间不需要相互作用。一种算法在现有技术条件下不可破译就简单地宣称是安全的，未免有些冒险。好的密码系统应设计成能抵御未来许多年后计算能力的发展。

1.1.9 过去的术语

历史上，将处理语言单元（字、短语、句子等）的密码系统称为密本 (code)。例如，单词 OCELOT 可能是整个短语 TURN LEFT 90 DEGREES 的密文，单词 LOLLIPOP 可能是 TURN RIGHT 90 DEGREES 的密文，而单词 BENT EAR 可能是 HOWITZER 的密文。这种类型的密本在本书里没有讨论，可参见文献 [794, 795]。密本在特殊环境中才有用，而密码在任何情况下都有用。如果密本中没有 ANTEATERS 这一条，那么你就不能提及它。但你可以用密码来指代任何东西。

1.2　隐写术

隐写术（steganography）是将秘密消息隐藏在其他消息中，这样真正存在的秘密被隐藏了。通常发送者写一篇无伤大雅的消息，然后在同一张纸中隐藏秘密消息。历史上的隐写方式有隐形墨水，用针在选择的字符上刺极小的针眼，在手写的字符之间留下细微差别，在打印字符上用铅笔做记号，用格子盖住大部分字符等。

最近，人们在图像中隐藏秘密消息，用图像每字节的最不重要的位代替消息位。图像并没有怎么改变（大多数图像标准规定的颜色等级比人类眼睛能够觉察到的多得多）秘密消息却能够在接收端剥离出来。用这种方法可在 1024×1024 灰度图片中存储 64K 字节的消息。能实现此技术的公开程序已有好几种。

Peter Wayner 的模拟函数（mimic function）也能使消息隐匿。这类函数能修改消息，使它的统计模式与一些其他东西相似：如《纽约时报》的题录部分、莎士比亚的戏剧、因特网上的新闻组[1584,1585] 等。这类隐写术愚弄不了普通人，但却可以愚弄那些为特定的消息而有目的地扫描因特网的大型计算机。

1.3　代替密码和换位密码

在计算机出现前，密码学由基于字符的密码算法构成。不同的密码算法是字符之间互相代替或者互相换位，好的密码算法结合这两种方法，每次进行多次运算。

现在事情变得复杂多了，但原理还是没变。重要的变化是算法对位而不是对字母进行变换，实际上这只是字母表长度上的改变，从 26 个元素变为 2 个元素。大多数好的密码算法仍然是代替和换位的元素组合。

1.3.1　代替密码

代替密码（substitution cipher）就是明文中每一个字符被替换成密文中的另外一个字符。接收者对密文进行逆替换就可以恢复明文。

在经典密码学中，有四种类型的代替密码：

（1）简单代替密码（simple substitution cipher），或单字母密码（monoalphabetic cipher）。就是明文的一个字符用相应的一个密文字符代替。报纸中的密报就是简单的代替密码。

（2）**多名码代替密码**（homophonic substitution cipher）。它与简单代替密码系统相似，唯一的不同是单个字符明文可以映射成密文的多个字符之一。例如，A 可能对应于 5、13、25 或 56，B 可能对应于 7、19、31 或 42 等。

（3）多字母代替密码（polygram substitution cipher）。字符块被成组加密。例如，ABA 可能对应于 RTQ，ABB 可能对应于 SLL 等。

（4）多表代替密码（polyalphabetic substitution cipher）。由多个简单的代替密码构成。例如，可能使用 5 个不同的简单代替密码，单独的一个字符用来改变明文每个字符的位置。

著名的 **Caesar** 密码就是一种简单的代替密码，它的每一个明文字符都由其右边第三个字符代替（A 由 D 代替，B 由 E 代替，…，W 由 Z 代替，X 由 A 代替，Y 由 B 代替，Z 由 C 代替）。它实际上非常简单，因为密文字符是明文字符的环移，并且不是任意置换。

ROT13 是建立在 UNIX 系统上的简单加密程序，它也是简单代替密码。在这种密码中，A 被 N 代替、B 被 O 代替等，每一个字母是环移 13 所对应的字母。

用 ROT13 加密文件两遍便可恢复原始的文件：

$$P = \text{ROT13}(\text{ROT13}(P))$$

ROT13 并非为保密而设计的，它经常用在 Usenet 电子邮件中隐藏特定的内容，以避免泄露一个难题的解答等。

简单代替密码很容易破译，因为它没有把明文不同字母的出现频率掩盖起来。在好的密码分析者重构明文之前，所有的密文都由 25 个英文字母组成[1434]，破译这类密码的算法可以在文献 [578, 587, 1600, 78, 1475, 1236, 880] 中找到。好的计算机破译算法见文献 [703]。

多名码代替密码早在 1401 年由 Duchy Mantua 公司使用，这些密码比简单代替密码更难破译，但仍不能掩盖明文语言的所有统计特性。用已知明文攻击破译这种密码非常容易。唯密文攻击要难一些，但在计算机上只需几秒[710]。详情见文献 [126] 中的叙述。

多字母代替密码是字母成组加密。1854 年发明了 Playfair 密码，在第一次世界大战中英国人就采用这种密码[794]。它对成对字母进行加密。它的密码分析在 [587, 1475, 880] 中讨论。Hill 密码是多字母代替密码的另一个例子[732]。有时你会把 Huffman 编码用作密码，这是一种不安全的多字母代替密码。

多表代替密码由 Leon Battista 在 1568 年发明[794]，在美国南北战争期间由联军使用。尽管它们容易破译[819,577,587,794]（特别是在计算机的帮助下），许多商用计算机保密产品都使用这种密码形式[1387,1390,1502]（怎么破译这个加密方案的细节能够在文献 [135, 139] 中找到，这个方案用在 WordPerfect 中）。维吉尼亚（Vigenère）密码（1586 年首先发表）和博福特（Beaufort）密码均是多表代替密码的例子。

多表代替密码有多个单字母密钥，每一个密钥用来加密一个明文字母。第一个密钥加密明文的第一个字母，第二个密钥加密明文的第二个字母等。在所有的密钥用完后，密钥再循环使用，若有 20 个单个字母密钥，那么每隔 20 个字母的明文都被同一个密钥加密，这叫做密码的周期。在经典密码学中，密码周期越长越难破译，使用计算机就能够轻易破译具有很长周期的代替密码。

滚动密钥密码（running-key cipher，有时叫作书本密码）是多表代替密码的另一个例子。就是用一个文本去加密另一个文本，即使这种密码的周期与文本一样长，它也很容易被破译[576,794]。

1.3.2 换位密码

在**换位密码**中，明文的字母保持相同，但顺序被打乱了。在简单的纵行换位密码中，明文以固定的宽度水平地写在一张图纸上，密文按垂直方向读出（见图 1-4），解密就是将密文按相同的宽度垂直地写在图纸上，然后水平地读出明文。

明文：COMPUTER GRAPHICS MAY BE SLOW BUT ATLEASTIT'S EXPENSIVE.

```
C O M P U T E R G R
A P H I C S M A Y B
E S L O W B U T A T
L E A S T I T S E X
P E N S I V E
```

密文：CAELP OPSEE MHLAN PIOSS UCWTI TSBIVEMUTE RATSG YAERB TX

图 1-4　纵行换位密码

对这些密码的分析在文献［587，1475］中讨论。由于密文字符与明文字符相同，所以对密文的频数分析将揭示每个字母和英语有相似的似然值。这给了密码分析者很好的线索，他能够用各种技术决定字母的准确顺序，以便得到明文。密文通过二次换位密码极大地增强了安全性。甚至有更强的换位密码，但计算机几乎都能破译。

在第一次世界大战中，德国人所用的 ADFGVX 密码就是一种换位密码与简单代替密码的组合。那个时代它是一个非常复杂的算法，但被法国密码分析家 George Painvin 破解[794]。

虽然许多现代密码也使用换位，但由于它对存储要求很大，有时还要求消息为某个特定的长度，所以比较麻烦。代替密码更常用得多。

1.3.3　转轮机

在 20 世纪 20 年代，人们发明了各种机械加密设备用来自动处理加密。大多数是基于**转轮**（rotor）的概念，机械转轮用线连起来完成通常的密码代替。

转轮机（rotor machine）有一个键盘和一系列转轮，它是维吉尼亚密码的一种实现。每个转轮是字母的任意组合，有 26 个位置，并且完成一种简单代替。例如，一个转轮可能用线连起来以完成用 F 代替 A、用 U 代替 B、用 L 代替 C 等，而且转轮的输出栓连接到相邻的输入栓。

例如，在 4 个转轮的密码机中，第一个转轮可能用 F 代替 A、第二个转轮可能用 Y 代替 F、第三个转轮可能用 E 代替 Y、第四个转轮可能用 C 代替 E，C 应该是输出密文。当转轮移动后，下一次代替将不同。

为使机器更安全，可把多种转轮和移动的齿轮结合起来。因为所有转轮以不同的速度移动，所以 n 个转轮机器的周期是 26^n。为进一步阻止密码分析，有些转轮机在每个转轮上还有不同的位置号。

最著名的转轮装置是恩尼格马（Enigma），它在第二次世界大战期间由德国人使用。其基本原理由欧洲的 Arthur Scherbius 和 Arvid Gerhard Damm 发明，Arthur Scherbius 在美国申请了专利[1383]。德国人为了战时使用，大大地加强了其基本设计。

德国人使用的恩尼格马有 3 个转轮，从 5 个转轮中选择。转轮机中有一块稍微改变明文序列的插板，有一个反射轮导致每个转轮对每一个明文字母操作两次。像恩尼格马那样复杂的密码，在第二次世界大战期间都被破译了。波兰密码小组最早破译了德国的恩尼格马，并告诉了英国人。德国人在战争进行过程中修改了他们的密码，英国人继续对新的方案进行分析，他们是如何破译的参见文献［794，86，448，498，446，880，1315，1587，690］。有关怎么破译恩尼格马的两个传奇报道在文献［735，796］中叙述。

1.3.4　进一步的读物

这不是一本有关经典密码学的书，因此不多讨论这些问题。计算机出现前有两本优秀的密码学著作是［587，1475］；文献［448］提出了一些密码机的现代密码分析方法；Dorothy Denning 在文献［456］中讨论了许多密码；而文献［880］对这些密码做了很多复杂的数学分析；另一本更早讨论模拟密码的著作见文献［99］；文献［579］对这个学科做了很好的回顾；David Kahn 的历史性密码学论著［794，795，796］也是非常优秀的。

1.4　简单异或

异或（XOR）在 C 语言中是"^"运算，或者用数学符号 $\oplus$ 表示。它是对位的标准运算：

$$0 \oplus 0 = 0$$
$$0 \oplus 1 = 1$$
$$1 \oplus 0 = 1$$
$$1 \oplus 1 = 0$$

也要注意：

$$a \oplus a = 0$$
$$a \oplus b \oplus b = a$$

简单异或算法实际上并不复杂，因为它并不比维吉尼亚密码复杂。本书讨论它，因为它在商业软件包中很流行，至少在 MS-DOS 和 Macintosh 世界中是这样[1502,1387]。不幸的是，如果一个软件保密程序宣称它有一个"专有"加密算法（该算法比 DES 更快），其优势在于是下述算法的一个变种。

```
/* Usage:  crypto key input_file output_file */

void main (int argc, char *argv[])

{
    FILE *fi, *fo;
    char *cp;
    int c;

    if ((cp = argv[1]) && *cp!='\0')  {
        if ((fi = fopen(argv[2], "rb")) != NULL)  {
            if ((fo = fopen(argv[3], "wb")) != NULL)  {
                while ((c = getc(fi)) != EOF)  {
                    if (!*cp) cp = argv[1];
                    c ^= *(cp++);
                    putc(c,fo);
                }
                fclose(fo);
            }
            fclose(fi);
        }
    }
}
```

这是一个对称算法。明文用一个关键字进行异或运算以产生密文。因为用相同值异或两次就恢复原来的值，所以加密和解密都严格采用同一个程序。

$$P \oplus K = C$$
$$C \oplus K = P$$

这种方法没有实际的保密性，它易于破译，甚至没有计算机也能破译[587,1475]。如果用计算机，则只需花费几秒的时间就可破译。

假设明文是英文，并且假设密钥长度是一个任意小的字节数。下面是它的破译方法：

(1) 用重合码计数法（counting coincidence）找出密钥长度[577]。用密文异或相对其本身的各种字节的位移，统计那些相等的字节数。如果位移是密钥长度的倍数，那么超过 6% 的字节将是相等的；如果不是，则至多只有 0.4% 的字节是相等的（这里假设用随机密钥来加密标准 ASCII 文本，其他类型的明文将有不同的数值），这叫作重合指数（index of coincidence）。指出的密钥长度倍数的最小位移就是密钥的长度。

(2) 按此长度移动密文，并且与自身进行异或。这样就消除了密钥，留下明文和移动了密钥长度的明文的异或。由于英语每字节有 1.3 位的实际信息（参见 11.1 节），所以有足够的冗余度确定唯一的解密。

尽管如此，一些软件销售商在兜售这种游戏式算法时，还声称"几乎和 DES 一样保密"，这使人感到震惊[1387]。NSA 最终允许美国的数字蜂窝电话产业界使用这个算法（有 160 位的重复"密钥"）对语音保密。异或或许能防止你的小妹妹偷看你的文件，但却不能防止密码分析家在几分钟内破译它。

1.5 一次一密乱码本

不管你是否相信它，有一种理想的加密方案，叫作一次一密乱码本（one-time pad），由 Major Joseph Mauborgne 和 AT&T 公司的 Gilbert Vernam 在 1917 年发明[794]（实际上，一次一密乱码本是门限方案的特殊情况，参见 3.7 节）。一般来说，一次一密乱码本不外乎是一个大的不重复的真随机密钥字母集，这个密钥字母集被写在数张纸上，并被粘成一个乱码本。它最初的形式是用于电传打字机。发送者用乱码本中的每一个密钥字母准确地加密一个明文字符。加密是明文字符和一次一密乱码本密钥字符的模 26 加法。

每个密钥仅对一个消息使用一次。发送者对所发送的消息加密，然后销毁乱码本中用过的一页或磁带部分。接收者有一个相同的乱码本，并依次使用乱码本上的每个密钥去解密密文的每个字符。接收者在解密消息后销毁乱码本中用过的一页或磁带部分。新的消息则用乱码本中新的密钥加密。例如，如果消息是：

ONETIMEPAD

而取自乱码本的密钥序列是：

TBFRGFARFM

那么密文就是：

IPKLPSFHGQ

因为

$O+T \mod 26 = I$

$N+B \mod 26 = P$

$E+F \mod 26 = K$

...

如果窃听者不能得到用来加密消息的一次一密乱码本，这个方案就是完全保密的。给出的密文消息相当于同样长度的任何可能的明文消息。

由于每一个密钥序列都是等概率的（记住，密钥是以随机方式产生的），所以敌方没有任何信息用来对密文进行密码分析，密钥序列也可能是：

POYYAEAAZX

解密出来是：

SALMONEGGS

或密钥序列为：

BXFGBMTMXM

解密出来的明文为：

GREENFLUID

值得重申的是：由于明文消息是等概率的，所以密码分析者没有办法确定哪个明文消息是正确的。随机密钥序列异或非随机明文消息产生完全随机的密文消息，再大的计算能力也无能为力。

值得注意的是，密钥字母必须是随机产生的。对这种方案的攻击实际上依赖于产生密钥序列的方法。不要使用伪随机数发生器，因为它们通常具有非随机性。如果采用真随机源（这比第一次出现难得多，参见 17.14 节），它就是安全的。

另一个重要的事情是密钥序列不能重复使用，即使你用多兆字节的乱码本，如果密码分析家有多个密钥重叠的密文，他也能重构明文。他把每排密文移来移去，并计算每个位置匹配的数量。如果它们排列正确，则匹配的比例会突然升高（准确的百分比与明文的语种有关）。从这一点来说，密码分析很容易，它类似于重合指数法，只不过用两个“周期”进行比较[904]。所以，千万别重复使用密钥序列。

一次一密乱码本的想法很容易推广到二进制数据的加密，只需要用由二进制数字组成的一次一密乱码本代替由字母组成的一次一密乱码本，用异或代替一次一密乱码本的明文字符加法即可。为了解密，用同样的一次一密乱码本对密文异或，其他保持不变，保密性也很好。

这听起来很好，但有几个问题。因为密钥位必须是随机的，并且绝不能重复使用，所以密钥序列的长度要等于消息的长度。一次一密乱码本可能对短信息是可行的，但它绝不可能在 1.44M 位的通信信道上工作。你能在一张 CD-ROM 中存储 650M 字节的随机二进制数，但有一些问题。首先，你需要准确地复制两份随机数位，但 CD-ROM 只是对大量数据来说是经济的；其次，你需要能够销毁已经使用过的位，而 CD-ROM 没有抹除设备，除非物理毁坏整张盘。数字磁带对这种东西来说，是更好的媒体。

即使解决了密钥的分配和存储问题，还需要确信发送者和接收者是完全同步的。如果接收者有 1 位的偏移（或者一些位在传送过程中丢失了），消息就变成乱七八糟的东西。另一方面，如果某些位在传送中被改变了（没有增减任何位，更像是由于随机噪声引起的），那些改变了的位就不能正确地解密。再者，一次一密乱码本不提供鉴别。

一次一密乱码本在今天仍有应用场合，主要用于高度机密的低带宽信道。美国和苏联之间的热线电话（现在还在起作用吗？）据传就是用一次一密乱码本加密的。许多苏联间谍传递的消息也是用一次一密乱码本加密的。直到今天，这些消息仍是保密的，并将一直保密下去。不管超级计算机工作多久，也不管半个世纪中有多少人，用什么样的方法和技术，具有多大的计算能力，他们都不可能阅读苏联间谍用一次一密乱码本加密的消息（除非他们恰好回到那个年代，并得到加密消息的一次一密乱码本）。

1.6 计算机算法

计算机密码算法有多种，最通用的有以下三种：

（1）数据加密标准（Data Encryption Standard，DES）是最通用的计算机加密算法。DES 是美国和国际标准，它是对称算法，加密和解密的密钥是相同的。

（2）RSA（根据它的发明者命名，即 Rivest、Shamir 和 Adleman）是最流行的公开密钥算法，它能用作加密和数字签名。

（3）数字签名算法（Digital Signature Algorithm，DSA，用作数字签名标准的一部分）是另一种公开密钥算法，它不能用作加密，只用作数字签名。

这些就是本书所要涉及的内容。

1.7 大数

本书使用了各种大数去描述密码算法中的不同内容。因为很容易忽略这些数和它们的实际意义，所以表 1-1 给出了一些大数的物理模拟量。

表中这些数是估计的数量级，并且是从各种资料中精选得到的，天体物理学中许多大数见 Freeman Dyson 的文章 Time Without End：Physics and Biology in an Open Universe，Reviews of Modern Physics，v. 52，n. 3，1979.7，447～460。汽车事故的死亡人数是根据 1993 年交通部统计数据每百万人中有 163 起死亡事故和人均寿命为 69.7 年计算出来的。

表 1-1 大数

物理模拟量	大 数
每天被闪电杀死的可能性	90 亿（2^{33}）分之一
赢得国家发行彩票头等奖的可能性	400 万（2^{22}）分之一
赢得国家发行彩票头等奖并且在同一天被闪电杀死的可能性	2^{55} 分之一
每年淹死的可能性	59 000（2^{16}）分之一
1993 年在美国交通事故中死亡的可能性	6100（2^{13}）分之一
在美国死于交通事故的可能性	88（2^{7}）分之一
到下一个冰川年代的时间	14 000（2^{14}）年
到太阳变成新星的时间	10^{9}（2^{30}）年
行星的年龄	10^{9}（2^{30}）
宇宙的年龄	10^{10}（2^{34}）年
行星中的原子数	10^{51}（2^{170}）
太阳中的原子数	10^{57}（2^{190}）
银河系中的原子数	10^{67}（2^{223}）
宇宙中的原子数（黑粒子除外）	10^{77}（2^{265}）
宇宙的体积	10^{84}（2^{280}）cm^{3}
如果宇宙是封闭的：	
宇宙的生命期	10^{11}（2^{37}）年
	10^{18}（2^{61}）秒
如果宇宙是开放的：	
到小弥撒星冷却下来的时间	10^{14}（2^{47}）年
到行星脱离星系的时间	10^{15}（2^{50}）年
到行星脱离银河系的时间	10^{19}（2^{64}）年
到由引力线引起的轨道蜕变的时间	10^{20}（2^{67}）年
到由散播过程引起黑洞淹没的时间	10^{64}（2^{213}）年
到所有物质在 0°时都为液体的时间	10^{65}（2^{216}）年
到所有物质都蜕变成铁的时间	10^{1026} 年
到所有物质都收缩为黑洞的时间	10^{1076} 年

Applied Cryptography：Protocols，Algorithms，and Source Code in C，Second Edition

密 码 协 议

第 2 章

Applied Cryptography：Protocols，Algorithms，and Source Code in C，Second Edition

协议结构模块

2.1　协议概述

密码学的用途是解决种种难题（实际上，很多人忘记了这也是计算机的主要用途）。密码学解决的各种难题围绕机密性、鉴别、完整性和不诚实的人。你可能了解各种算法和技术，但除非它们能够解决某些问题，否则这些东西只是理论而已，这就是为什么要先了解协议的原因。

协议（protocol）是一系列步骤，它包括两方或多方，设计它的目的是要完成一项任务。这个定义很重要："一系列步骤"意味着协议是从开始到结束的一个序列，每一步必须依次执行，在前一步完成之前，后面的步骤都不能执行；"包括两方或多方"意味着完成这个协议至少需要两个人，单独的一个人不能构成协议，当然单独的一个人也可采取一系列步骤去完成一个任务（例如烤蛋糕），但这不是协议（必须有另外一些人吃蛋糕才构成协议）；最后，"设计它的目的是要完成一项任务"意味着协议必须做一些事。有些东西看起来像协议，但它不能完成一项任务，那也不是协议，只是浪费时间而已。

协议还有其他特点：

（1）协议中的每个人都必须了解协议，并且预先知道所要完成的所有步骤。

（2）协议中的每个人都必须同意并遵循它。

（3）协议必须是清楚的，每一步必须明确定义，并且不会引起误解。

（4）协议必须是完整的，对每种可能的情况必须规定具体的动作。

本书中的协议就安排成一系列步骤，并且协议是按照规定的步骤线性执行的，除非指定它转到其他步骤。每一步至少要做下列两件事中的一件，即由一方或多方计算，或者在各方中传送信息。

密码协议（cryptographic protocol）是使用密码学的协议。参与该协议的各方可能是朋友和完全信任的人，或者也可能是敌人和互相完全不信任的人。密码协议包含某种密码算法，但通常协议的目的不仅仅是为了简单的秘密性。参与协议的各方可能为了计算一个数值想共享它们的秘密部分，共同产生随机系列，确定相互的身份或者同时签署合同。在协议中使用密码的目的是防止或发现窃听者和欺骗。如果你以前没有见过这些协议，它们会从根本上改变你的思想，相互不信任的各方也能够在网络上完成这些协议。一般地，这能够陈述为：

不可能完成或知道得比协议中规定的更多。

这看起来很难。接下来的几章讨论了许多协议。在其中的一些协议中，参与者中的一个有可能欺骗其他人。窃听者也可能暗中破坏协议或获悉秘密信息。一些协议之所以失败，是因为设计者对需求定义得不是很完备，还有一些原因是由于协议的设计者分析得不够充分。就像算法一样，证明它不安全比证明它安全容易得多。

2.1.1　协议的目的

在日常生活中，几乎所有的事情都有非正式的协议：电话订货、玩扑克、选举中投票，没有人认真考虑过这些协议，这些协议随着时间的推移而发展，人们都知道怎样使用它们，而且它们也很有效。

越来越多的人通过计算机网络交流，从而代替了面对面的交流。计算机需要正式的协议来完成人们不用考虑就能做的事情。如果你从一个州迁移到另一个州，你可能会发现投票亭与你以前使用的完全不同，你很容易适应它。但计算机就不那么灵活了。

许多面对面的协议依靠人的现场存在来保证公平和安全。你会交给陌生人一叠现金去为你买食品吗？如果没有看到洗牌和发牌，你愿意和陌生人玩扑克吗？如果没有匿名的保证，你会将秘密投票寄给政府吗？

那种假设使用计算机网络的人都是诚实的想法，真是太天真了。天真的想法还有：假设计算机网络的管理员是诚实的，假设计算机网络的设计者是诚实的。当然，绝大多数人是诚实的，但是不诚实的少数人可能招致很多损害。通过规定协议，可以查出不诚实者企图欺骗的把戏，还可开发挫败这些欺骗者的协议。

除了规定协议的行为之外，协议还根据完成某项任务的机理，抽象出完成此任务的过程。不管是 PC 机还是 VAX 机，通信协议是相同的。我们能够考查协议，而不用囿于具体的实现上。当我们坚信有一个好的协议时，在从计算机到电话再到智能烘箱的所有事情中，我们都能够实现它。

2.1.2 协议中的角色

为了帮助说明协议，我列出了几个人作为助手（见表 2-1）。Alice 和 Bob 是开始的两个人。他们将完成所有的两人协议。按规定，由 Alice 发起所有协议，Bob 响应。如果协议需要第三或第四人，Carol 和 Dave 将扮演这些角色。由其他人扮演的专门配角，将在后面介绍。

表 2-1 剧中人

人 名	角 色	人 名	角 色
Alice	所有协议中的第一个参加者	Mallory	恶意的主动攻击者
Bob	所有协议中的第二个参加者	Trent	值得信赖的仲裁者
Carol	三、四方协议中的参加者	Walter	仲裁者：在某些协议中保护 Alice 和 Bob
Dave	四方协议中的参加者	Peggy	证明人
Eve	窃听者	Victor	验证者

2.1.3 仲裁协议

仲裁者（arbitrator）是在完成协议的过程中，值得信任的公正的第三方（见图 2-1a），"公正"意味着仲裁者在协议中没有既得利益，对参与协议的任何人也没有特别的利害关系。"值得信任"表示协议中的所有人都接受这一事实，即仲裁者说的都是真实的，他做的都是正确的，并且他将完成协议中涉及他的部分。仲裁者能帮助互不信任的双方完成协议。

在现实社会中，律师经常作为仲裁者。例如，Alice 要卖汽车给不认识的 Bob。Bob 想用支票付账，但 Alice 不知道支票的真假。在 Alice 将车子转给 Bob 前，她必须查清支票的真伪。同样，Bob 也并不相信 Alice，就像 Alice 不相信 Bob 一样，在没有获得所有权前，也不愿将支票交与 Alice。

这时就需要双方都信任的律师。在律师的帮助下，Alice 和 Bob 能够用下面的协议保证互不欺骗。

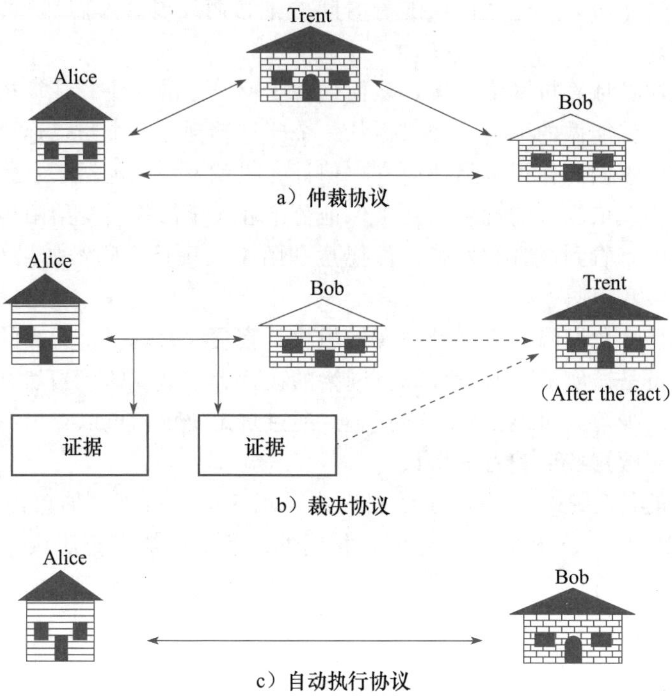

Trent

Alice   Bob

a) 仲裁协议

Alice

Bob   Trent

（After the fact）

证据   证据

b) 裁决协议

Alice   Bob

c) 自动执行协议

图 2-1 协议类型

（1）Alice 将车的所有权交给律师。

（2）Bob 将支票交给 Alice。

（3）Alice 在银行兑现支票。

（4）在等到支票鉴别无误能够兑现的时间之后，律师将车的所有权交给 Bob。如果在规定的时间内支票不能兑现，Alice 将证据出示给律师，律师将车的所有权和钥匙交还给 Alice。

在这个协议中，Alice 相信律师不会将车的所有权交给 Bob，除非支票已经兑现；如果支票不能兑现，律师会把车的所有权交还给 Alice。而 Bob 相信律师有车的所有权，在支票兑现后，将会把车的所有权和钥匙交给他。而律师并不关心支票是否兑现，不管在什么情况下，他只做那些他应该做的事，因为不管在哪种情况下，他都有报酬。

在这例子中，律师起着担保代理作用。律师也作为遗嘱和合同谈判的仲裁人，还作为各种股票交易中买方和卖方之间的仲裁人。

银行也使用仲裁协议。Bob 能够用保付支票从 Alice 手中购买汽车：

（1）Bob 开一张支票并交到银行。

（2）在验明 Bob 的钱足以支付支票上的数目后，银行将保付支票交与 Bob。

（3）Alice 将车的所有权交给 Bob，Bob 将保付支票交给 Alice。

（4）Alice 兑现支票。

这个协议也是有效的，因为 Alice 相信银行的证明。Alice 相信银行保存有能付给她的 Bob 的钱，不会将钱用于蚊虫滋生的国家财政不稳的房地产业务。

公证人是另一种仲裁者，当 Bob 从 Alice 接收到已公证的文件时，他相信 Alice 签署的文件是她自己亲自签署的。如果有必要，公证人可出庭证实这个事实。

仲裁者的概念与人类社会一样悠久。总是有那么一些人——统治者、牧师等，他们有公平处理事情的权威。在我们的社会中，仲裁者总是有一定社会地位和声望的人。而背叛公众的信任是很危险的事情。例如，视担保为儿戏的律师几乎肯定会被开除出律师界。现实世界里并不总是如此美好的，但它确是理想的。

这种思想可以转化到计算机世界中，但计算机仲裁者有下面几个问题：

（1）如果你知道对方是谁，并能见到他的面，那么很容易找到和相信中立的第三方。而互相怀疑的双方很可能也怀疑在网络别的什么地方并不露面的仲裁者。

（2）计算机网络必须负担仲裁者的费用。就像我们知道的律师费用，谁想负担那种网络费用呢？

（3）在任何仲裁协议中都有延迟的特性。

（4）仲裁者必须处理每一笔交易。任何一个协议在大范围执行时，仲裁者是潜在的瓶颈。增加仲裁者的数目能缓解这个问题，但费用将会增加。

（5）由于在网络中每人都必须相信仲裁者，对试图破坏网络的人来说，仲裁者便是一个易受攻击的弱点。

尽管如此，仲裁者仍扮演一个角色。在使用可信任的仲裁协议中，这个角色将由 Trent 来扮演。

2.1.4 裁决协议

由于雇用仲裁者代价高昂，仲裁协议可以分成两个低级的子协议（subprotocol）：一个是非仲裁子协议，执行协议的各方每次想要完成的；另一个是仲裁子协议，仅在例外的情况下，即有争议的时候才执行。这种特殊的仲裁者叫作裁决者（参见图 2-1b）。

裁决者也是公正和可信的第三方。他不像仲裁者，并不直接参与每一个协议。只有需要确定协议是否公平地执行时，才将他请来。

法官是职业的裁决者。法官不像仲裁者，仅仅在有争议时才需要他出场，Alice 和 Bob 可以在没有法官的情况下订立合同。除非他们中有一个人把另一人拖到法院，否则法官决不会看到合同。

合同-签字协议可以归纳为下面的形式。

非仲裁子协议（每次都执行）：

（1）Alice 和 Bob 谈判合同的条款。

（2）Alice 签署合同。

（3）Bob 签署合同。

仲裁子协议（仅在有争议时执行）：

（1）Alice 和 Bob 出现在法官面前。

（2）Alice 提出她的证据。

（3）Bob 也提出他的证据。

（4）法官根据证据裁决。

裁决者和仲裁者之间的不同是裁决者并不总是必需的。如果有争议，法官被请来裁决。如果没有争议，就没有必要请法官。

已经有了计算机裁决协议。这些协议依赖于与协议有关的各方都是诚实的。如果有人怀疑被欺骗时，一个中立的第三方能够根据存在的数据正文文本判断是否有人在欺骗。在好的裁决协议中，裁决者还能确定欺骗人的身份。裁决协议是为了发现欺骗，而不是为了阻止欺骗。发现欺骗起了防止和阻碍欺骗的作用。

2.1.5 自动执行协议

自动执行协议（self-enforcing protocol）是协议中最好的。协议本身就保证了公平性（见图 2-1c），不需要仲裁者来完成协议，也不需要裁决者来解决争端。协议的构成本身使得不可能发生争端。如果协议中的一方试图欺骗，其他各方马上就能发觉并且停止执行协议。无论欺骗方想通过欺骗来得到什么，他都不能如愿以偿。

每个协议最好都是自动执行协议。不幸的是，对于所有情形，都没有一个自动执行协议。

2.1.6 对协议的攻击

密码攻击可以直接攻击协议中所用的密码算法或用来实现该算法和协议的密码技术或攻击协议本身。本节仅讨论最后一种情况。假设密码算法和密码技术都是安全的，只关注对协议本身的攻击。

可以采用各种方法对协议进行攻击。与协议无关的人能够窃听协议的一部分或全部，这叫作**被动攻击**（passive attack），因为攻击者不可能影响协议。所有他能做的事是观察协议并试图获取消息。这种攻击相当于在 1.1 节中讨论的唯密文攻击。由于被动攻击难于发现，所以协议应阻止被动攻击而不是发现这种攻击。在这种协议中，窃听者的角色将由 Eve 扮演。

另一种攻击可能改变协议以便对自己有利。他可能假装是其他一些人，在协议中引入新的消息，删掉原有的消息，用另外的消息代替原来的消息，重放旧的消息，破坏通信信道，或者改变存储在计算机中的消息等。这些叫作**主动攻击**（active attack），因为它们具有主动的干预。这种形式的攻击依赖于网络。

被动攻击试图获取协议中各方的消息。它们收集协议各方所传送的消息，并试图对它们进行密码分析。而主动攻击可能有更多的目的。攻击者可能对获取消息感兴趣，也可能降低系统性能，破坏已有的消息，或者获得非授权的资源存取。

主动攻击严重得多，特别是在那些各方都不必彼此信任的协议中。攻击者不一定都是入侵者，他可能是合法的系统用户，也可能是系统管理员。甚至有很多主动攻击者在一起工作，每人都是合法的系统用户。这个恶意的主动攻击者的角色将由 Mallory 扮演。

攻击者也可能是与协议有关的各方中的一方。他可能在协议期间撒谎，或者根本不遵守协议，这类攻击者叫作**骗子**（cheater）。**被动骗子**（passive cheater）遵守协议，但试图获取协议外的其他消息。**主动骗子**（active cheater）在协议的执行中试图通过欺骗来破坏协议。

如果与协议有关的各方中的大多数都是主动骗子，则很难保证协议的安全性。但合法用户发觉是否有主动欺骗是可能的。当然，协议对被动欺骗来说应该是安全的。

2.2 使用对称密码系统通信

通信双方怎样安全地通信呢？当然，他们可以对通信加密。完整的协议比它更复杂，让我们来看看当 Alice 发送加密的消息给 Bob 时会发生什么情况。

（1）Alice 和 Bob 协商用同一个密码系统。

（2）Alice 和 Bob 协商同一个密钥。

（3）Alice 用加密算法和选取的密钥加密她的明文消息，得到了密文消息。

（4）Alice 发送密文消息给 Bob。

（5）Bob 用同样的算法和密钥解密密文，然后读它。

位于 Alice 和 Bob 之间的窃听者 Eve 监听这个协议，她能做什么呢？如果她听到的是在第（4）步中发送的密文，她必须设法分析密文，这是唯密文的被动攻击法。有很多算法能够阻止 Eve，使她不可能得到问题的解答。

尽管如此，但 Eve 却不笨，她也想窃听第（1）步和第（2）步，这样她就知道了算法和密钥，她就和 Bob 知道的一样多。当第（4）步中的消息通过信道传送过来时，她所做的全部工作就是解密密文消息。

好的密码系统的全部安全性只与密钥有关，与算法没有任何关系。这就是为什么密钥管理在密码学中如此重要的原因。有了对称算法，Alice 和 Bob 能够公开地实现第（1）步，但必须秘密地完成第（2）步。在协议执行前、执行过程中和执行后，只要消息必须保持秘密，密钥就必须保持秘密；否则，消息就将不再秘密了。（公开密钥密码学用另一种方法解决了这个问题，将在 2.5 节中讨论。）

主动攻击者 Mallory 可能做其他一些事情，他可能企图破坏在第（4）步中使用的通信信道，使 Alice 和 Bob 根本不可能通信。他也可能截取 Alice 的消息并用他自己的消息替代它。如果他也知道密钥［通过截取第（2）步的通信或者破译密码系统］，他可能加密自己的消息，然后发送给 Bob，用来代替截取的消息。Bob 没有办法知道接收到的消息不是来自 Alice。如果 Mallory 不知道密钥，他所产生的代替消息，被解密出来是无意义的，Bob 就会认为网络或者 Alice 有严重的问题。

Alice 又怎么样呢？她能做什么来破坏这个协议吗？她可以把密钥的副本发给 Eve。现在 Eve 可以读 Bob 所发送的消息，他还不知道 Eve 已经把他的话重印在《纽约时报》上。虽然问题很严重，但这并不是协议的问题。在协议过程的任何一点都不可能阻止 Alice 把明文的副本交给 Eve。当然 Bob 也可能做 Alice 所做的事。协议假定 Alice 和 Bob 互相信任。

总之，对称密码算法存在下面的问题：

（1）密钥必须秘密地分配。它们比任何加密的消息更有价值，因为知道了密钥就意味着知道了所有消息。对于遍及世界的加密系统，这可能是令人沮丧的任务，需经常派信使将密钥传递到目的地。

（2）如果密钥被泄露了（被偷窃、猜出来、被逼迫交出来、受贿等），那么 Eve 就能用该密钥去解密所有传送的消息，也能够假装是协议中的一方，产生虚假消息去愚弄另一方。

（3）假设网络中每对用户使用不同的密钥，那么密钥总数随着用户数的增加迅速增加。n 个用户的网络需要 $n(n-1)/2$ 个密钥。例如，10 个用户互相通信需要 45 个不同的密钥，100 个用户需要 4950 个不同的密钥。这个问题可以通过将用户数量控制在较小数目来减轻，但这并不总是可能的。

2.3　单向函数

单向函数（one-way function）的概念是公开密钥密码的中心。尽管它本身并不是一个协议，但对本书所讨论的大多数协议来说却是一个基本结构模块。

单向函数计算起来相对容易，但求逆却非常困难。也就是说，已知 x，我们很容易计算 $f(x)$。但已知 $f(x)$，却难于计算出 x。这里，"难"定义成：即使世界上所有的计算机都用来计算，从 $f(x)$ 计算出 x 也要花费数百万年的时间。

打碎盘子就是一个很好的单向函数的例子。把盘子打碎成数千片碎片是很容易的事情，然而，要把所有这些碎片再拼成为一个完整的盘子，却是非常困难的事情。

这听起来很好，但事实上却不能证实它的真实性。如果严格地按数学定义，不能证明单向函数的存在性，同时也没有实际的证据能够构造出单向函数。即使这样，还是有很多函数看起来像单向函数：我们能够有效地计算它们，且至今还不知道有什么办法能容易地求出它们的逆。例如，在有限域中 x^2 很容易计算，但计算 $x^{1/2}$ 却难得多。在本节中，假定单向函数存在，11.2 节将更详细地讨论它。

那么，单向函数有什么好处呢？单向函数不能用作加密。用单向函数加密的消息是毫无用处的，无人能破解它（练习：在盘子上写上消息，然后砸成碎片，把这些碎片给你的朋友，要求你的朋友读这上面的消息，观察你的朋友对单向函数会有多么深刻的印象）。对公开密钥密码，我们还需要一些其他的东西（虽然有单向函数的密码学应用，参见 3.2 节）。

陷门单向函数（trapdoor one-way function）是有一个秘密陷门的一类特殊的单向函数。它在一个方向上易于计算而反方向却难于计算。但是，如果你知道那个秘密，你也能很容易在另一个方向上计算出这个函数。也就是说，已知 x，易于计算 $f(x)$；而已知 $f(x)$，却难于计算 x。然而，有一些秘密消息 y，一旦给出 $f(x)$ 和 y，就很容易计算 x。

拆开表是一个很好的陷门单向函数的例子。把表拆成数百片小片很容易，而把这些小片组装成能够工作的表非常困难。然而，通过秘密消息（表的装配指令），就很容易把表还原。

2.4 单向散列函数

单向散列函数（one-way hash function）有很多名字：压缩函数、收缩函数、消息摘要、指纹、密码校验和、信息完整性检验（Message Integrity Check，MIC）、操作检验码（Manipulation Detection Code，MDC）。不管你怎么叫，它都是现代密码学的中心。单向散列函数是许多协议的另一个结构模块。

散列函数长期以来一直在计算机科学中使用，无论从数学或其他角度看，散列函数就是把可变长度输入串（叫作预映射，pre-image）转换成固定长度（经常更短）输出串（叫作散列值，hash value）的一种函数。简单的散列函数就是对预映射的处理，并且返回由所有输入字节异或组成的字节。

这里的关键就是采集预映射的指纹：产生一个值，这个值能够指出候选预映射与真实的预映射是否有相同的值。因为散列函数是典型的多到一的函数，所以不能用它来确定两个串一定相同，但可用它来得到准确性的合理保证。

单向散列函数是在一个方向上运算的散列函数，从预映射的值很容易计算其散列值，但要使其散列值等于一个特殊值却很难。前面提到的散列函数不是单向函数：已知一个特殊的字节值，要产生一个字节串使它的异或结果等于那个值是很容易的事情。用单向散列函数你不可能那样做。好的散列函数也是无冲突的（collision-free）：难于产生两个预映射的值，使它们的散列值相同。

散列函数是公开的，对处理过程不用保密。单向散列函数的安全性是它的单向性。其输出不依赖于输入。平均而言，预映射值单个位的改变，将引起散列值中一半位的改变。已知一个散列值，要找到预映射的值，使它的散列值等于已知的散列值在计算上是不可行的。

可把单向散列函数看作构成指纹文件的一种方法。如果你想验证某人持有特定的文件（你同时也持有该文件），但你不想让他将文件传给你，那么就要求他将该文件的单向散列值传送给你。如果他传送的散列值是正确的，那么几乎可以肯定地说他持有那份文件。这在金融交易中非常有用，你不希望在网络某个地方把提取 100 美元变成提取 1000 美元。一般情况下，应使用不带密钥的单向散列函数，以便任何人都能验证散列值。如果你只想让接收者验证散列值，那么就见下一节。

消息鉴别码

消息鉴别码（Message Authentication Code，MAC）也叫数据鉴别码（DAC），它是带有秘密密钥的单向散列函数（见 18.14 节）。散列值是预映射的值和密钥的函数。这在理论上与散列函数一样，只有拥有密钥的某些人才能验证散列值。可以用散列函数或分组加密算法产生 MAC，也有专用于 MAC 的算法。

2.5　使用公开密钥密码系统通信

对称算法可看成保险柜，密钥就是保险柜的号码组合。知道号码组合的人能够打开保险柜，放入文件，再关闭它。持有号码组合的其他人可以打开保险柜，取出文件。而不知道保险柜号码组合的人就必须摸索打开保险柜的方法。

1976 年，Whitfield Diffie 和 Martin Hellman 永远改变了密码学的范例[496]（NSA 宣称早在 1966 年就有了这种概念的知识，但没有提供证据），他们提出了公开密钥密码学（public-key cryptography）。他们使用两个不同的密钥：一个是公开的，另一个是秘密的。从公开密钥很难推断出私人密钥。持有公开密钥的任何人都可加密消息，但却不能解密。只有持有私人密钥的人才能解密。就好像有人把密码保险柜变成一个信箱，把邮件投进信箱相当于用公开密钥加密，任何人都可以做，只要打开窗口，把它投进去。取出邮件相当于用私人密钥解密。一般情况下，打开它很难，你需要焊接机和火把。但如果你拥有私人密钥（开信箱的钥匙），就很容易从信箱中取出邮件。

从数学上来说，这个过程基于前面讨论过的单向陷门函数。加密很容易，加密指令就是公开密钥，任何人都能加密消息。解密非常困难，以至于如果不知道这个秘密，即使使用 Cray 计算机和数百万年的时间都不能解开这个消息。这个秘密或陷门就是私人密钥。持有这个秘密，解密就和加密一样容易。

下面描述 Alice 怎样使用公开密钥密码发送消息给 Bob：

（1）Alice 和 Bob 选用一个公开密钥密码系统。

（2）Bob 将他的公开密钥传送给 Alice。

（3）Alice 用 Bob 的公开密钥加密她的消息，然后传送给 Bob。

（4）Bob 用他的私人密钥解密 Alice 的消息。

注意公开密钥密码是怎样解决对称密码系统的密钥管理问题的。在对称密码系统中，Alice 和 Bob 不得不选取同一密钥。Alice 能够随机选取一个，但她不得不把选取的密钥传给 Bob。她可能事先交给 Bob，但那样做需要有先见之明。她也可以通过秘密信使把密钥送给 Bob，但那样做太费时间。采用公开密钥密码，就很容易了，不用事先安排，Alice 就能把消息安全地发送给 Bob。整个交换过程一直都在窃听的 Eve，即使有 Bob 的公开密钥和用公开密钥加密的消息，但却不能恢复 Bob 的私人密钥或者传送的消息。

更一般地说，网络中的用户约定一个公开密钥密码系统，每个用户有自己的公开密钥和私人密钥，并且公开密钥在某些地方的数据库中都是公开的，现在这个协议就更容易了：

（1）Alice 从数据库中得到 Bob 的公开密钥。

（2）Alice 用 Bob 的公开密钥加密消息，然后送给 Bob。

（3）Bob 用自己的私人密钥解密 Alice 发送的消息。

在第一个协议中，在 Alice 给 Bob 发送消息前，Bob 必须将他的公开密钥传送给 Alice；而第二个协议更像传统的邮件方式，直到 Bob 想读他的消息时，他才与协议有牵连。

2.5.1 混合密码系统

在讨论把 DES 算法作为标准的同时，公开了第一个公开密钥算法。这导致了密码学团体中的政治党派之争。正如 Diffie 在文献 [494] 中所述：

公开密钥密码系统在大众和科学界激起的兴奋与密码主管部门的冷淡态度大相径庭。就在公开密钥密码学问世的当年，NSA 将 IBM 公司设计的传统加密系统推荐为联邦数据加密标准（DES），Marty Hellman 和我以该系统的密钥太短为由对该建议提出了批评，但产业界却异常积极地支持这一建议。在大众看来，我们的批评似乎是为了阻碍标准制订的进程，吹嘘自己的科研成果。结果，公开密钥密码学反而在公开文献 [1125] 和技术论文中受到责难，好像它不是一项研究发明，而是一种竞争产品。可是，所有这些并未影响 NSA 在此发明上的沽名钓誉，该局局长在其为《大英百科全书》[1461] 撰写的有关条目中指出："国家安全局早在十年前就已发现了双密钥的密码技术。"但直至今日，有关这种神话的证据仍未大白于天下。

在现实世界中，公开密钥算法不会代替对称算法。公开密钥算法不用来加密消息，而用来加密密钥。这样做有两个理由：

（1）公开密钥算法比对称算法慢，对称算法一般比公开密钥算法快 1000 倍。是的，计算机变得越来越快，在 15 年后计算机运行公开密钥密码算法的速度比得上现在计算机运行对称密码的速度。但是，带宽需求也在增加，总有比公开密钥密码处理更快的加密数据要求。

（2）公开密钥密码系统对选择明文攻击是脆弱的。如果 $C = E(P)$，当 P 是 n 个可能明文集中的一个明文时，密码分析者只需要加密所有 n 个可能的明文，并能与 C 比较结果（记住，加密密钥是公开的）。用这种方法，他不可能恢复解密密钥，但他能够确定 P。

如果持有少量几个可能加密的明文消息，那么采用选择明文攻击可能特别有效。例如，如果 P 是比 100 万美元少的某个美元值，密码分析家尝试所有 100 万个可能的美元值（可能的加密解决了这个问题，参见 23.15 节）。即使 P 不很明确，这种攻击也非常有效。只是知道密文与某个特殊的明文不相符，就可能是有用的消息。对称密码系统不易受这种攻击，因为密码分析家不可能用未知的密钥来完成加密的尝试。

在大多数实际的实现中，公开密钥密码用来保护和分发会话密钥（session key）。这些会话密钥用在对称算法中，对通信消息进行保密[879]。有时称这种系统为混合密码系统（hybrid cryptosystem）。

（1）Bob 将他的公开密钥发给 Alice。

（2）Alice 产生随机会话密钥 K，用 Bob 的公开密钥加密，并把加密的密钥 $E_B(K)$ 送给 Bob。

（3）Bob 用他的私人密钥解密 Alice 的消息，恢复出会话密钥：$D_B(E_B(K)) = K$。

（4）他们两人用同一个会话密钥对他们的通信消息进行加密。

把公开密钥密码用于密钥分配，解决了很重要的密钥管理问题。对对称密码而言，数据加密密钥直到使用时才起作用。如果 Eve 得到了密钥，那么她就能够解密用这个密钥加密的消息。在前面的协议中，当需要对通信加密时，才产生会话密钥，不再需要时就销毁，这极大地减少了会话密钥遭到损害的风险。当然，私人密钥面对泄露是脆弱的，但风险较小，因为只有每次对通信的会话密钥加密时才用它。这在 3.1 节将进一步讨论。

2.5.2　Merkle 的难题

Ralph Merkle 发明了第一个公开密钥密码的设计。1974 年他在加州大学伯克利分校注册了由 Lance Hoffman 教授的计算机安全课程。在这个学期初，他的学期论文的题目是处理"不安全信道上的安全通信"的问题[1064]。Hoffman 不理解 Merkle 的建议，最终 Merkle 放弃了这门课程。尽管连遭失败让人们难以理解其结果，但他仍孜孜不倦地在这个问题上工作着。

Merkle 的技术基于：发送者和接收者解决难题（Puzzles）比窃听者更容易。下面谈谈 Alice 怎样不用首先和 Bob 交换密钥就能把加密消息发给 Bob。

（1）Bob 产生 2^{20} 或大约一百万个这种形式的消息："这是难题数 x，这是秘密密钥数 y，"其中 x 是随机数，y 是随机的秘密密钥。每个消息的 x 和 y 都不相同。采用对称算法，他用不同的 20 位密钥对每个消息加密，并都发给 Alice。

（2）Alice 随机选择一个消息，通过穷举攻击恢复明文。这个工作量很大，但并不是不可能的。

（3）Alice 用她恢复的密钥和一些对称算法加密秘密消息，并把它和 x 一起发给 Bob。

（4）Bob 知道他用于对消息 x 加密的秘密密钥 y，这样他就能解密消息。

Eve 能够破译这个系统，但是她必须做比 Alice 和 Bob 多得多的工作。为了恢复第（3）步的消息，她必须完成对 Bob 在第（1）步中的所有 2^{20} 个消息的穷举攻击。这个攻击的复杂性是 2^{40}。x 的值不会对 Eve 有什么帮助。他们在第（1）步中是随机指定的。一般情况下，Eve 花费的努力大约是 Alice 花费的努力的平方。

按照密码的标准，n 到 n^2 没有什么优势，但在某些情况下，这可能足够（复杂）了。如果 Alice 和 Bob 每秒可试 1 万个，这将要花他们每个人 1 分钟去完成他们的步骤，再花另外 1 分钟在 1.544MB/s 链路上完成从 Alice 到 Bob 的通信难题。如果 Eve 有同样的计算设备，破译这个系统将花费她大约 1 年的时间，其他算法甚至更难破译。

2.6　数字签名

在文件上手写签名长期以来被用作作者身份的证明，或至少同意文件的内容。签名为什么会如此引人注目呢[1392]？

（1）签名是可信的。签名使文件的接收者相信签名者是慎重地在文件上签字的。

（2）签名不可伪造。签名证明是签字者而不是其他人慎重地在文件上签字。

（3）签名不可重用。签名是文件的一部分，不法之徒不可能将签名移到不同的文件上。

（4）签名的文件是不可改变的。在文件签名后，文件不能改变。

（5）签名是不可抵赖的。签名和文件是物理的东西。签名者事后不能声称他没有签过名。

在现实生活中，关于签名的这些陈述没有一个是完全真实的。签名能够被伪造，签名能够从一篇文章盗用移到另一篇文章中，文件在签名后能够被改变。然而，我们之所以愿意与这些问题纠缠在一起，是因为欺骗是困难的，并且还要冒被发现的危险。

我们或许愿意在计算机上做这种事情，但还存在一些问题。首先计算机文件易于复制，即使某人的签名难以伪造（例如，手写签名的图形），但是从一个文件到另一个文件剪裁和粘贴有效的签名都是很容易的。这种签名并没有什么意义；其次文件在签名后也易于修改，并且不会留下任何修改的痕迹。

2.6.1 使用对称密码系统和仲裁者对文件签名

Alice 想对数字消息签名，并送给 Bob。在 Trent 和对称密码系统的帮助下，她能做到。

Trent 是一个有权的、值得依赖的仲裁者。他能同时与 Alice 和 Bob（也可以是其他想对数据文件签名的任何人）通信。他和 Alice 共享秘密密钥 K_A，和 Bob 共享另一个不同的秘密密钥 K_B。这些密钥在协议开始前就早已建好，并且为了多次签名可多次重复使用。

（1）Alice 用 K_A 加密她准备发送给 Bob 的消息，并把它传送给 Trent。

（2）Trent 用 K_A 解密消息。

（3）Trent 把这个解密消息和他收到 Alice 消息的声明，一起用 K_B 加密。

（4）Trent 把加密的消息包发送给 Bob。

（5）Bob 用 K_B 解密消息包，他就能读 Alice 所发的消息和 Trent 的证书，证明消息来自 Alice。

Trent 怎么知道消息是从 Alice 而不是从其他冒名顶替者那里来的呢？从消息的加密推断出来。由于只有他和 Alice 共享他们两人的秘密密钥，所以只有 Alice 能用这个密钥加密消息。

这和与纸质签名一样好吗？来看看我们需要的特点：

（1）这个签名是可信的。Trent 是可信的仲裁者，并且知道消息是从 Alice 那里来的，Trent 的证书对 Bob 起着证明的作用。

（2）这个签名是不可伪造的。只有 Alice（和 Trent，但每个人都相信他）知道 K_A，因此只有 Alice 才能把用 K_A 加密的消息传给 Trent。如果有人冒充 Alice，Trent 在第（2）步马上就会察觉，并且不会去证明它的可靠性。

（3）这个签名是不能重新使用的。如果 Bob 想把 Trent 的证书附加到另一个消息上，Alice 可能就会大叫受骗了。仲裁者（可能是 Trent，或者是可存取同一消息的完全不同的仲裁者）就会要求 Bob 同时提供消息和 Alice 加密后的消息，然后仲裁者就用 K_A 加密消息，他马上就会发现它与 Bob 提供的加密消息不相同。很显然，由于 Bob 不知道 K_A，所以他不可能提供加密消息使它与用 K_A 加密的消息相同。

（4）签名文件是不能改变的。Bob 在接收后尝试改变文件，Trent 就可用刚才描述的同样办法证明 Bob 的愚蠢行为。

（5）签名是不能抵赖的。即使 Alice 以后声称她没有发消息给 Bob，但 Trent 的证书会说明不是这样。记住，Trent 是每个人都信任的，他说的都是正确的。

如果 Bob 想把 Alice 签名的文件给 Carol 阅读，他不能把自己的秘密密钥交给她，他还得通过 Trent：

（1）Bob 把消息和 Trent 关于消息是来自 Alice 的声明用 K_B 加密，然后送回给 Trent。

（2）Trent 用 K_B 解密消息包。

（3）Trent 检查他的数据库，并确认原始消息是从 Alice 那里来的。

（4）Trent 用他和 Carol 共享的密钥 K_C 重新加密消息包，把它送给 Carol。

（5）Carol 用 K_C 解密消息包，她就能阅读消息和 Trent 证实消息来自 Alice 的证书。

这些协议是可行的，但对 Trent 来说非常耗时。他不得不整天加密、解密消息，在彼此想发送签名文件的每一对人之间充当中间人。他必须备有消息数据库（虽然可以通过把发送者加密的消息副本发送给接收者来避免）。在任何通信系统中，即使他是毫无思想的软件程序，它都是通信的瓶颈。

更困难的是产生和保持像 Trent 那样的网络用户都信任的人。Trent 必须是完美无缺的，即使他在 100 万次签名中只犯了一个错误，也将不会有人再信任他。Trent 必须是完全安全的，如果他的秘密密钥数据库泄露了，或者有人能修改他的程序代码，那么所有人的签名都可能变得完全无用。一些声称是数年前签名的假文件便可能出现，这将引起混乱，政府可能倒台，混乱状态可能盛行。理论上这种协议或许是可行的，但实际上不能很好运转。

2.6.2 数字签名树

Palph Merkle 提出了一个基于秘密密钥密码的数字签名方案，该方案利用树形结构产生无限多的一次签名[1067,1068]。这个方案的基本思想是在某些公开文档中放入树的根文件，从而鉴别它。根结点对一个消息签名，并鉴别树中的子结点，这些结点的每一个都对消息签名，并对它的子结点鉴别，一直延续下去。

2.6.3 使用公开密钥密码系统对文件签名

有几种公开密钥算法能用做数字签名。在某些算法中，例如 RSA（参见 19.3 节），公开密钥或私人密钥都可用做加密。用你的私人密钥加密文件，你就拥有安全的数字签名。在其他情况下，如 DSA（参见 20.1 节），算法便区分开来了——数字签名算法不能用于加密。这种思想首先由 Diffie 和 Hellman[496] 提出，并且在其他文章中得到进一步的发展[1282,1382,1024,1283,426]。文献［1099］对这个领域做了很好的综述。

基本协议很简单：

（1）Alice 用她的私人密钥对文件加密，从而对文件签名。

（2）Alice 将签名的文件传给 Bob。

（3）Bob 用 Alice 的公开密钥解密文件，从而验证签名。

这个协议比以前的算法更好。不需要 Trent 去签名和验证。他只需要证明 Alice 的公开密钥的确是她的。甚至协议的双方不需要 Trent 来解决争端：如果 Bob 不能完成第（3）步，那么他知道签名是无效的。

这个协议也满足我们期待的特征：

（1）签名是可信的。当 Bob 用 Alice 的公开密钥验证消息时，他知道是由 Alice 签名的。

（2）签名是不可伪造的。只有 Alice 知道她的私人密钥。

（3）签名是不可重用的。签名是文件的函数，并且不可能转换成另外的文件。

（4）被签名的文件是不可改变的。如果文件有任何改变，文件就不可能用 Alice 的公开密钥验证。

（5）签名是不可抵赖的。Bob 不用 Alice 的帮助就能验证 Alice 的签名。

2.6.4 文件签名和时间标记

实际上，Bob 在某些情况下可以欺骗 Alice。他可能把签名和文件一起重用。如果 Alice 在合同上签名，这种重用不会有什么问题。但如果 Alice 在一张数字支票上签名，那么这样做就令人兴奋了。

假若 Alice 交给 Bob 一张 100 美元的签名数字支票，Bob 把支票拿到银行去验证签名，然后把钱从 Alice 的账户转到自己的账户。Bob 是一个无耻之徒，他保存了数字支票的副本。过了一星期，他又把数字支票拿到银行（或者可能是另一家银行），银行验证数字支票并把钱转到他的账户。只要 Alice 不对支票本清账，Bob 就可以一直干下去。

因此，数字签名经常包括时间标记。对日期和时间的签名附在消息中，并与消息中的其他部分一起签名。银行将时间标记存储在数据库中。现在，当 Bob 第二次想支取 Alice 的支票时，银行就要检查时间标记是否和数据库中的一样。由于银行已经从 Alice 的支票上支付了这一时间标记的支票，于是就叫警察。这样一来，Bob 就要在 Leavenworth 监狱中度过 15 个春秋去研读密码协议的书籍了。

2.6.5 使用公开密钥密码系统和单向散列函数对文件签名

在实际的实现过程中，采用公开密钥密码算法对长文件签名效率太低。为了节约时间，数字签名协议经常和单向散列函数一起使用。Alice 并不对整个文件签名，只对文件的散列值签名。在这个协议中，单向散列函数和数字签名算法是事先协商好的。

(1) Alice 产生文件的单向散列值。

(2) Alice 用她的私人密钥对散列值加密，由此对文件签名。

(3) Alice 将文件和签名的散列值送给 Bob。

(4) Bob 用 Alice 发送的文件产生文件的单向散列值，然后用数字签名算法对散列值进行运算，同时用 Alice 的公开密钥对签名的散列值解密。如果签名的散列值与自己产生的散列值匹配，签名就是有效的。

计算速度大大地提高了，因为两个不同文件有相同的 160 位散列值的概率为 $1/2^{160}$，所以使用散列函数的签名和文件签名一样安全。如果使用非单向散列函数，就可能很容易产生多个文件的散列值相同，这样对特定的文件签名就可复制用于对大量的文件签名。

这个协议还有其他好处。首先，签名和文件可以分开保存。其次，接收者对文件和签名的存储量要求大大降低了。档案系统可用这类协议来验证文件的存在而不需要保存它们的内容。中央数据库只需存储各个文件的散列值，根本不需要看文件。用户将文件的散列值传给数据库，然后数据库对提交的文件加上时间标记并保存。如果以后有人对某文件的存在发生争执，数据库可通过找到文件的散列值来解决争端。这里可能牵连到大量的隐秘：Alice 可能有某文件的版权，但仍保持文件的秘密。只有当她想证明她的版权时，她才不得不把文件公开（参见 4.1 节）。

2.6.6 算法和术语

还有许多种数字签名算法，它们都是公开密钥算法，用秘密消息对文件签名，用公开消息去验证签名。有时签名过程也叫作"用私人密钥加密"，验证过程也叫作"用公开密钥解密"，这会使人误解，并且只对 RSA 这个算法而言才是这样，而不同的算法有不同的实现，例如，有时使用单向散列函数和时间标记对签名和验证过程进行处理需要增加额外的步骤。许多算法可用做数字签名，但不能用作加密。

一般地，提到签名和验证过程通常不包括任何算法的细节。用私人密钥 K 对消息进行签名可表示为 $S_K(M)$，用相应的公开密钥验证消息可表示为 $V_K(M)$。

在签名时，附在文件上的位串（在上面的例子中，用私人密钥对文件的单向散列值加密）叫作数字签名（digital signature），或者签名（signature）。消息的接收者用以确认发送者身份和消息完整性的整个协议叫作鉴别。这些协议进一步的细节将在 3.2 节中讨论。

2.6.7 多重签名

Alice 和 Bob 怎么对同一个数字文件签名呢？不用单向散列函数，有两种选择：第一种选择是 Alice 和 Bob 分别对文件的副本签名，结果签名的消息是原文的两倍；第二种就是 Alice 首先签名，然后 Bob 对 Alice 的签名再进行签名。这是可行的，但是在不验证 Bob 签名的情况下就验证 Alice 的签名是不可能的。

采用单向散列函数，很容易实现多重签名：

（1）Alice 对文件的散列签名。

（2）Bob 对文件的散列签名。

（3）Bob 将他的签名交给 Alice。

（4）Alice 把文件、她的签名和 Bob 的签名发给 Carol。

（5）Carol 验证 Alice 和 Bob 的签名。

Alice 和 Bob 能同时或顺序地完成第（1）步和第（2）步；在第（5）步中 Carol 可以只验证其中一人的签名而不用验证另一人的签名。

2.6.8 抗抵赖和数字签名

Alice 有可能用数字签名进行欺骗，并且无人能阻止她。她可能对文件签名，然后声称并没有那样做。首先，她按常规对文件签名，然后她以匿名的形式发布她的私人密钥，故意把私人密钥丢失在公共场所，或者只要假装做上面两者中的一个。这样，发现该私人密钥的任何人都可伪装成 Alice 对文件签名。于是 Alice 就声明她的签名受到侵害，其他人正在假装她签名等。她否认对文件的签名和任何其他的用她的私人密钥签名的文件，这叫作抵赖（repudiation）。

采用时间标记可以限制这种欺骗的作用，但 Alice 总可以声称她的密钥在较早的时候就丢失了。如果 Alice 把事情做得好，她可以对文件签名，然后成功地声称并没有对文件签名。这就是为什么我们经常听到把私人密钥隐藏在防拆模块中的原因，这样 Alice 就不可能得到和乱用私人密钥了。

虽然没有办法阻止这种可能的乱用，但可以采取措施保证旧的签名不会失效（例如，Alice 可能有意丢失她的密钥，以便不用对昨天从 Bob 那里买的旧车付账，在这个过程中，Alice 使她的银行账户无效）。数字签名文件的接收者持有签名的时间标记就能解决这个问题[453]。

文献［28］中给出了通用协议：

（1）Alice 对消息签名。

（2）Alice 产生一个报头，报头中包含有些鉴别消息。她把报头和签名的消息连接起来，对连接的消息签名，然后把签名的消息发给 Trent。

（3）Trent 验证外面的签名，并确认鉴别消息。他在 Alice 签名消息中增加一个时间标记和鉴别消息。然后对所有的消息签名，并把它发给 Bob 和 Alice。

（4）Bob 验证 Trent 的签名、鉴别消息和 Alice 的签名。

（5）Alice 验证 Trent 发给 Bob 的消息。如果她没有发起这个消息，她很快就会大喊大叫了。

另一个方案是在事后有劳 Trent[209]。Bob 在接收签名消息后，他可能把副本发给 Trent 验证，Trent 能够证实 Alice 签名的有效性。

2.6.9 数字签名的应用

数字签名最早的应用之一是用来对禁止核试验条约的验证[1454,1467]。美国和苏联互相允许把地震测试仪放入另一个国家中，以便对核试验进行监控。问题是每个国家需要确信东道国没有窜改从监控国家的地震仪传来的数据。同时，东道主国家需要确信监控器只发送需要监测的特定消息。

传统的鉴别技术能解决第一个问题，但只有数字签名能同时解决两个问题。东道国一方只能读，但不能窜改从地震测试仪来的数据；而监控国确信数据没有被窜改。

2.7 带加密的数字签名

通过把公开密钥密码和数字签名结合起来，能够产生一个协议，可把数字签名的真实性和加密的安全性合起来。想象你妈妈写的一封信：签名提供了原作者的证明，而信封提供了秘密性。

（1）Ailce 用她的私人密钥对消息签名：$S_A(M)$。

（2）Alice 用 Bob 的公开密钥对签名的消息加密，然后发送给 Bob：$E_B(S_A(M))$。

（3）Bob 用他的私人密钥解密：$D_B(E_B(S_A(M)))=S_A(M)$。

（4）Bob 用 Alice 的公开密钥验证并且恢复消息：$V_A(S_A(M))=M$。

加密前签名是很自然的。当 Alice 写一封信时，她在信中签名，然后把信装入信封中。如果她把没签名的信放入信封，然后在信封上签名，那么 Bob 可能会担心这封信是否被替换了。如果 Bob 把 Alice 的信和信封给 Carol 看，Carol 可能因信没装对信封而控告 Bob 说谎。

在电子通信中也是这样，加密前签名是一种谨慎的习惯做法[48]。这样做不仅更安全（敌人不可能从加密消息中把签名移走，然后加上他自己的签名），而且还有法律的考虑：当他附加他的签名时，如果签名者不能见到被签名的文本，那么签名没有多少法律强制作用[1312]。有一些针对 RSA 签名技术的密码分析攻击（参见 19.3 节）。

Alice 没有理由必须把同一个公开密钥/私人密钥对用作加密和签名。她可以有两个密钥对：一个用作加密，另一个用作解密。分开使用有它的好处：她能够把加密密钥交给警察而不泄露她的签名，一个密钥被托管（参见 4.13 节）不会影响到其他密钥，并且密钥能够有不同的长度，能够在不同的时间终止使用。

当然，这个协议应该用时间标记来阻止消息的重复使用。时间标记也能阻止其他潜在的危险，例如下面描述的这种情形。

2.7.1 重新发送消息作为收据

我们来考虑这个协议附带确认消息的实现情形：每当 Bob 接收到消息后，他再把它传送回发送者作为接收确认。

（1）Alice 用她的私人密钥对消息签名，再用 Bob 的公开密钥加密，然后传给 Bob：$E_B(S_A(M))$。

（2）Bob 用他的私人密钥对消息解密，并用 Alice 的公开密钥验证签名，由此验证确实是 Alice 对消息签名，并恢复消息：$V_B(D_B(E_B(S_A(M))))=M$。

（3）Bob 用他的私人密钥对消息签名，用 Alice 的公开密钥加密，再把它发送回 Alice：$E_A(S_B(M))$。

（4）Alice 用她的私人密钥对消息解密，并用 Bob 的公开密钥对验证 Bob 的签名。如果接收的消息与她传给 Bob 的相同，她就知道 Bob 准确地接收到了她所发送的消息。

如果同一个算法既用作加密又用作数字签名，就有可能受到攻击[506]。在这些情况中，数字签名操作是加密操作的逆过程：$V_X = E_X$，并且 $S_X = D_X$。

假设 Mallory 是持有自己公开密钥和私人密钥的系统合法用户。让我们看看他怎么读 Bob 的邮件。首先他将 Alice 在（1）中发送给 Bob 的消息记录下来，在以后的某个时间，他将那个消息发送给 Bob，声称消息是从 Mallory 来的。Bob 认为是从 Mallory 来的合法消息，于是就用私人密钥解密，然后用 Mallory 的公开密钥解密来验证 Mallory 的签名，那么得到的消息纯粹是乱七八糟的消息：

$$E_M(D_B(E_B(D_A(M)))) = E_M(D_A(M))$$

即使这样，Bob 继续执行协议，并且将收据发送给 Mallory：

$$E_M(D_B(E_M(D_A(M))))$$

现在 Mallory 所要做的就是用他的私人密钥对消息解密，用 Bob 的公开密钥加密，再用自己的私人密钥解密，并用 Alice 的公开密钥加密。哇！Mallory 就获得了所要的消息 M。

认为 Bob 会自动回送给 Mallory 一个收据不是不合理的。例如，这个协议可能嵌入在通信软件中，并且在接收后自动发送收据。收到乱七八糟的东西也送出确认收据会导致不安全性。如果在发送收据前仔细地检查消息是否能理解，就能避免这个安全问题。

还有一种更强的攻击，就是允许 Mallory 送给 Bob 一个与窃听的消息不同的消息。不要对从其他人那里来的消息随便签名并将结果交给其他人。

2.7.2　阻止重新发送攻击

由于加密运算与签名/验证运算相同，同时解密运算又与签名运算相同，因此上述攻击才奏效。安全的协议应该是加密和数字签名操作稍微不同，每次操作使用不同的密钥即可做到这一点；每次操作使用不同的算法也能做到；采用时间标记也能做到，它使输入的消息和输出的消息不同；用单向散列函数的数字签名也能解决这个问题（参见 2.6 节）。

一般说来，下面这个协议非常安全，它使用的是公开密钥算法：

（1）Alice 对消息签名。

（2）Alice 用 Bob 的公开密钥对消息和签名加密（采用和签名算法不同的加密算法），然后将它传送给 Bob。

（3）Bob 用他的私人密钥对消息解密。

（4）Bob 验证 Alice 的签名。

2.7.3　对公开密钥密码系统的攻击

在所有公开密钥密码协议中，回避了 Alice 怎么得到 Bob 的公开密钥这件事。3.1 节将更详细地讨论，但在这里值得提及。

得到某人公开密钥的最容易方法是从某个地方的安全数据库中得到。这个数据库必须是公开的，以便任何人都可得到其他人的公开密钥。数据库也必须阻止 Trent 以外的其他人写入数据，否则 Mallory 可能用他选取的任意一个公开密钥代替 Bob 的公开密钥。那样做后，Bob 就不能读取别人发给他的消息，但 Mallory 却能读。

即使公开密钥存储在安全数据库中，Mallory 仍能在传送期间用另外的公开密钥来代替它。为了防止这个问题，Trent 可用他的私人密钥对每个公开密钥进行签名。当用这种方式时，Trent 常称为密钥鉴定机关（Key Certification Authority）或密钥分配中心（Key Distribution Center，KDC）。在实际实现中，KDC 对由用户名、公开密钥和其他用户的重要消息组成的一组消息进行签名。被签名的这组消息存储在 KDC 数据库中。当 Alice 得到 Bob

的密钥时，她验证 KDC 的签名以确认密钥的有效性。

即使采用了上述措施，对 Mallory 来说进行攻击也并不是不可能的，只不过增加了困难。Alice 仍将 KDC 的公开密钥存储在某个地方，Mallory 只得用自己的公开密钥代替那个密钥，破坏数据库，然后用自己的密钥代替有效密钥（好像他就是 KDC 一样，用自己的私人密钥对所有密钥签名），再进行运算。如果 Mallory 要制造更多的麻烦，他甚至连文件签名都可以伪造。密钥交换将在 3.1 节详细讨论。

2.8 随机和伪随机序列的产生

为什么在一本关于密码学的书中要不厌其烦地谈论随机数产生呢？随机数发生器已嵌入在大多数编译器中了，产生随机数仅仅是函数调用而已。为什么不用这种编译器呢？不幸的是，这种随机数发生器对密码来说几乎肯定是不安全的，甚至可能不是很随机的。它们中的大多数都是非常差的随机数。

随机数发生器并不是完全随机的，因为它们不必要这样。像计算机游戏，大多数简单应用中只需几个随机数，几乎无人注意到它们。然而密码学对随机数发生器的性质是极其敏感的。用粗劣的随机数发生器，你会得到毫不相干和奇怪的结果[1231,1238]。如果安全性依赖于随机数发生器，那么你最后得到的东西就是这种毫不相干和奇怪的结果。

随机数发生器不能产生随机序列，它甚至可能产生不了乍看起来像随机序列的数。当然，在计算机上不可能产生真正的随机数。Donald Knuth 引用冯·诺依曼的话："任何人考虑用数学的方法产生随机数肯定是不合情理的。"计算机的确是怪兽：数据从一端进入，在内部经过完全可预测的操作，从另一端出来的却是不同的数据；把同一个数据在不相干情况下输入进去，两次出来的数据是相同的；把同样的数据送入相同的两个计算机，它们的运算结果是相同的。计算机只能是一个有限的状态数（一个大数，但无论如何是有限的），并且输出状态总是过去的输入和计算机的当前状态确定的函数。这就是说，计算机中的随机序列发生器（至少，在有限状态机中）是周期性的，任何周期性的东西都是可预测的。如果是可预测的，那么它就不可能是随机的。真正的随机序列发生器需要随机输入，计算机不可能提供这种随机输入。

2.8.1 伪随机序列

最好的计算机能产生的是**伪随机序列发生器**（pseudo-random-sequence generator）。什么意思呢？许多人试图形式化地定义它，但我不赞成，伪随机数序列看起来是随机的序列，序列的周期应足够长，使得实际应用中相当长的有限序列都不是周期性的。就是说，如果你需要 10 亿个随机位，就不要选择仅在 16 000 位后就重复的序列发生器。这些相对短的非周期性的子序列应尽可能和随机序列没有多少区别。例如，它们应该有大约相同数目的 0 和 1，长度为 1 的游程大约占一半（相同位序列），长度为 2 的游程占 1/4，长度为 3 的游程占 1/8 等。它们应该是不可压缩的，0 和 1 游程的分布应该是相同的[643,863,99,1357]。这些性质根据实验测得，然后用 chi-square 检验与统计期望值比较得来。

为了我们的目的，如果序列发生器是伪随机的，它应该有下面的性质：

- 看起来是随机的，这表明它能通过我们所能找到的所有随机性统计检验（从 [863] 中的检验开始）。

人们在计算机上已经做了许多努力来产生好的伪随机序列，学术文献中有很多是讨论伪随机序列发生器和各种随机性检验的，但所有这些发生器都是周期性的（无一例外）。然而

周期大于 2^{256} 位的随机数序列，就能大量应用。

这里的关键问题还是那些毫不相干和奇怪的结果。如果你以某种方式使用它们，则每个随机数序列发生器都将产生这些结果。这正是为什么密码分析者用它来对系统进行攻击的原因。

2.8.2　密码学意义上安全的伪随机序列

密码的应用比其他大多数应用对伪随机序列的要求更严格。密码学的随机性并不仅仅意味着统计的随机性，虽然它也是其中的一部分。**密码学意义上安全的伪随机序列**（cryptographically secure pseudo-random sequence）还必须具有下面的性质：

- 它是不可预测的。即使给出产生序列的算法或硬件和所有以前产生的位序列的全部知识，也不可能通过计算来预测下一个随机位是什么。

密码学意义上安全的伪随机序列应该是不可压缩的……除非你知道密钥。密钥通常是用来设置发生器初始状态的种子。

像任何密码算法一样，密码学意义上安全的伪随机序列发生器也会受到攻击。就好像加密算法有可能被破译一样，破译密码学意义上安全的伪随机序列发生器也是可能的。密码学讲的都是关于如何使发生器抵抗攻击。

2.8.3　真正的随机序列

现在我们走进哲学家的领域，真有随机数这样的东西吗？随机序列是什么？你怎么知道序列是随机的？"101110100"比"101010101"更随机吗？量子力学告诉我们，在现实世界中有真正的随机性。但是在计算机芯片和有限状态机的确定世界中，这种随机性还能保持吗？

暂且不说哲学。从我们的观点来说，如果一个随机序列发生器具有下面的性质，它就是**真正的随机**（real random）：

- 它不能重复产生。如果你用完全同样的输入对序列发生器操作两次（至少与人所能做到的最精确的一样），你将得到两个不相关的随机序列。

满足这三条性质的发生器的输出对于一次一密乱码本、密钥产生和任何其他需要真正的随机数序列发生器的密码应用来说都是足够好的。难点在于确定真正的随机数。如果我用一个给定的密钥，用 DES 算法重复地对一个字符串加密，我将得到一个好的，看起来随机的输出。但你仍不可能知道它是否真正的随机数，除非你租用 NSA 的 DES 破译专家。

Applied Cryptography: Protocols, Algorithms, and Source Code in C, Second Edition

基 本 协 议

3.1 密钥交换

通常的密码技术使用单独的密钥对每一次单独的会话加密，这个密钥称为会话密钥，因为它只在一次特殊的通信中使用。正如 8.5 节讨论的一样，会话密钥只用于通信期间。这个会话密钥怎么到达会话者的手中是很复杂的事情。

3.1.1 对称密码系统的密钥交换

这个协议假设 Alice 和 Bob（网络上的用户）每人与 KDC 共享一个秘密密钥[1260]，在我们的协议中 Trent 就是 KDC。在协议开始执行前，这些密钥必须在适当的位置（协议忽略了怎么分配这些秘密密钥这个非常实际的问题，只是假设它们在适当的位置，并且 Mallory 不知道它们是什么）。

（1）Alice 呼叫 Trent，并请求一个与 Bob 通信的会话密钥。

（2）Trent 产生一个随机会话密钥，并对它的两个副本加密：一个用 Alice 的密钥加密，另一个用 Bob 的密钥加密。Trent 给 Alice 发送这两个副本。

（3）Alice 对她的会话密钥的副本解密。

（4）Alice 将 Bob 的会话密钥副本送给 Bob。

（5）Bob 对他的会话密钥的副本解密。

（6）Alice 和 Bob 用这个会话密钥安全地通信。

这个协议依赖于 Trent 的绝对安全性。Trent 更可能是可信的计算机程序，而不是可信的个人。如果 Mallory 破坏了 Trent，整个网络都会遭受损害。他有 Trent 与每个用户共享的所有秘密密钥；他可以读所有过去和将来的通信业务。他所做的事情就是对通信线路进行搭线窃听，并监听加密的消息流量。

另外一个问题是 Trent 可能会成为瓶颈。他必须参与每一次密钥交换。如果 Trent 失败了，这个系统就会被破坏。

3.1.2 公开密钥密码系统的密钥交换

基础的混合密码系统曾在 2.5 节中讨论过。Alice 和 Bob 使用公开密钥密码系统协商会话密钥，并用协商的会话密钥加密数据。在一些实际的实现中，Alice 和 Bob 签名的公开密钥可在数据库中获得。这使得密钥交换协议更容易，即使 Bob 从来没有听说过 Alice，Alice 也能够把消息安全地发送给 Bob。

（1）Alice 从 KDC 得到 Bob 的公开密钥。

（2）Alice 产生随机会话密钥，用 Bob 的公开密钥加密它，然后将它传给 Bob。

（3）Bob 用他的私人密钥解密 Alice 的消息。

（4）两人用同一会话密钥对他们的通信进行加密。

3.1.3 中间人攻击

Eve 除了试图破译公开密钥算法或者尝试对密文进行唯密文攻击之外，没有更好的办法。Mallory 比 Eve 更有能力，他不仅能监听 Alice 和 Bob 之间的消息，还能修改、删除消息，并能产生全新的消息。当 Mallory 同 Alice 谈话时，他能模仿 Bob，他也能模仿 Alice 同 Bob 谈话。下面要谈的是这种攻击是怎样生效的：

（1）Alice 将她的公开密钥传送给 Bob。Mallory 截取这个密钥并将自己的公开密钥传送给 Bob。

（2）Bob 将他的公开密钥传送给 Alice。Mallory 截取这个密钥并将自己的公开密钥传送给 Alice。

（3）当 Alice 将用 "Bob" 的公开密钥加密的消息传送给 Bob 时，Mallory 截取它。由于消息实际上是用 Mallory 的公开密钥加密的，所以他就用自己的私人密钥解密，再用 Bob 的公开密钥对消息重新加密，并将它传送给 Bob。

（4）当 Bob 将用 "Alice" 的公开密钥加密的消息传送给 Alice 时，Mallory 截取它。由于消息实际上是用 Mallory 自己的公开密钥加密的，所以他用自己的私人密钥解密消息，再用 Alice 的公开密钥重新加密，并将它传送给 Alice。

即使 Alice 和 Bob 的公开密钥存储在数据库中，这种攻击也是可行的。Mallory 能够截取 Alice 的数据库查询，并用自己的公开密钥代替 Bob 的公开密钥。对于 Bob，他也能做同样的事情，用自己的公开密钥代替 Alice 的公开密钥。他也能秘密地侵入数据库，用他自己的密钥代替 Alice 和 Bob 的密钥。接下来他就简单地等着 Alice 和 Bob 之间的谈话，然后截取和修改消息，他成功了！

中间人攻击（man-in-the-middle attack）是可行的，因为 Alice 和 Bob 无法验证他们之间的交谈。假设 Mallory 没有导致任何值得注意的网络延迟，他们两人就没有办法知道有人正在他们中间阅读他们自认为是秘密的消息。

3.1.4　连锁协议

由 Ron Rivest 和 Adi Shamir 发明的连锁协议（interlock protocol）[1327] 是阻止中间人攻击的好办法。下面是这个协议的工作过程：

（1）Alice 将她的公开密钥传送给 Bob。

（2）Bob 将他的公开密钥传送给 Alice。

（3）Alice 用 Bob 的公开密钥加密她的消息，并将加密消息的一半传送给 Bob。

（4）Bob 用 Alice 的公开密钥加密他的消息，并将加密消息的一半传送给 Alice。

（5）Alice 将加密的另一半消息传送给 Bob。

（6）Bob 将 Alice 的两半消息合在一起，并用他的私人密钥解密；Bob 将他加密的另一半消息传送给 Alice。

（7）Alice 将 Bob 的两半消息合在一起，并用她的私人密钥解密。

这里重要的一点是：只有消息的一半。没有另一半，消息毫无用处。Bob 只有到第（6）步才能读 Alice 的消息，Alice 只有到第（7）步才能读 Bob 的消息。有很多办法实现它：

- 如果采用分组加密算法，每个分组的一半（例如，每隔一位）能在每半个消息中发送。
- 消息的解密依赖于初始化向量（参见 9.3 节），初始化向量可以在消息的另一半中发送。
- 首先发送的一半消息可能是加密消息的单向散列函数（参看 2.4 节），并且加密消息本身可能是另一半。

为了了解这样做是怎样给 Mallory 制造麻烦的，让我们再看看他破坏协议的企图。他仍然能够在第（1）步和第（2）步中用自己的公开密钥代替 Alice 和 Bob 的公开密钥。但现在，当他在第（3）步截取 Alice 的一半消息时，他不能用他的私人密钥对消息解密，然后用 Bob 的公开密钥再加密。他不得不虚构一条完全不同的新消息，并将它的一半发送给 Bob。当他在第（4）步截取 Bob 给 Alice 的一半消息时，他有同样的问题，他不能用他的私人密钥解密，并用 Alice 的公开密钥再加密，他又不得不虚构一条完全不同的新消息，并将它的一半发送给 Alice。当他在第（5）步和第（6）步截取到实际消息的另一半时，他再去把他虚构的新消息改回来就太迟了。Alice 和 Bob 之间的会话必定是完全不同的。

Mallory 也可以不用这种办法。如果他非常了解 Alice 和 Bob，他就可以模仿他们之中的一个同另一人通话，他们绝不会想到正在受到欺骗。但这样做肯定比坐在他们之间截取和阅读他们的消息更难。

3.1.5　使用数字签名的密钥交换

在会话密钥交换协议期间采用数字签名也能防止中间人攻击。Trent 对 Alice 和 Bob 的公开密钥签名。签名的密钥包括一个已签名的所有权证书。当 Alice 和 Bob 收到密钥时，他们每人都能验证 Trent 的签名。现在，他们就知道公开密钥是哪个人的。密钥的交换就能进行了。

Mallory 会遇到严重的阻力。他不能假冒 Bob 或者 Alice，因为他不知道他们的私人密钥。他也不能用他的公开密钥代替他们两人的公开密钥，因为当他有由 Trent 签名的证书时，这个证书是为 Mallory 签发的。他所能做的事情就是窃听往来的加密消息，或者破坏通信线路，阻止 Alice 和 Bob 谈话。

这个协议也动用了 Trent，但 KDC 遭受损害的风险比第一种协议小。如果 Mallory 危及 Trent 的安全（侵入 KDC），他所得到的只是 Trent 的私人密钥。这个密钥使他仅能对新的密钥签名，而不会让他对任何会话密钥解密，或者读取任何消息。为了能够读往来的消息，Mallory 不得不冒充网络上的某个用户，并且欺骗合法用户用他的假公开密钥加密消息。

Mallory 能够发起这种攻击。持有 Trent 的私人密钥，他能够产生假的签名密钥去愚弄 Alice 和 Bob。然后 Mallory 就能够在数据库中交换他们真正的签名密钥，或者截取用户向数据库的请求，并用他的假密钥代替。这使他能够发起中间人攻击，并读取他人的通信。

这种攻击是可行的，但记住 Mallory 必须能够截取和修改消息。在一些网络中，截取和修改消息比被动地坐在网络旁读取往来的消息更难。在广播信道上，如无线网，几乎不可能用其他消息来替代某个消息（整个网络可能被堵塞）。在计算机网络中做这种事更容易些，并且随着时间的推移变得越来越容易，例如 IP 欺骗、路由攻击等。主动攻击并不一定表示有人用数据显示仪抠出数据，且也不限于三字符的代理。

3.1.6　密钥和消息传输

Alice 和 Bob 在交换消息前不需要完成密钥交换协议。在下面的协议中，Alice 在没有任何以前密钥交换协议的情况下，将消息 M 传送给 Bob：

（1）Alice 产生随机会话密钥 K，并用 K 加密 M：$E_K(M)$。

（2）Alice 从数据库中得到 Bob 的公开密钥。

（3）Alice 用 Bob 的公开密钥加密 K：$E_B(K)$。

（4）Alice 将加密的消息和加密的会话密钥传送给 Bob：$E_K(M)$，$E_B(K)$。

为了增加安全性，防止中间人攻击，Alice 可对传输签名。

（5）Bob 用他的私人密钥将 Alice 的会话密钥 K 解密。

（6）Bob 用会话密钥将 Alice 的消息解密。

这个混合系统表示，公开密钥密码是怎样经常用于通信系统的。它可以和数字签名、时间标记以及任何其他安全协议组合在一起使用。

3.1.7 密钥和消息广播

没有理由认为 Alice 不会把加密的消息传送给多个人。在这个例子中，Alice 就把加密的消息传送给 Bob、Carol 和 Dave：

（1）Alice 产生随机会话密钥 K，并用 K 加密消息 M：$E_K(M)$。

（2）Alice 从数据库中得到 Bob、Carol 和 Dave 的公开密钥。

（3）Alice 用 Bob 的公开密钥加密 K，用 Carol 的公开密钥加密 K，用 Dave 的公开密钥加密 K：$E_B(K)$，$E_C(K)$，$E_D(K)$。

（4）Alice 广播加密的消息和所有加密的密钥，将它传送给要接收它的人：$E_B(K)$，$E_C(K)$，$E_D(K)$，$E_K(M)$。

（5）只有 Bob、Carol 和 Dave 能用他们的私人密钥将 K 解密。

（6）只有 Bob、Carol 和 Dave 能用 K 将 Alice 的消息解密。

这个协议可以在存储转发网络上实现。中央服务器能够将 Alice 的消息，连同特别加密的密钥一起转发给 Bob、Carol 和 Dave。服务器不一定是安全的或者可信的，因为它不可能对任何消息解密。

3.2 鉴别

当 Alice 登录计算机（或自动柜员机、电话银行系统或其他的终端类型）时，计算机怎么知道她是谁呢？计算机怎么知道她不是由其他人冒充的呢？传统的办法是用口令来解决这个问题的。Alice 先输入她的口令，然后计算机确认它是正确的。Alice 和计算机两者都知道这个口令，Alice 每次登录时，计算机都要求 Alice 输入口令。

3.2.1 使用单向函数鉴别

Roger Needham 和 Mike Guy 意识到计算机没有必要知道口令。计算机只需有能力区别有效口令和无效口令。这种办法很容易用单向函数来实现[1599,526,1274,1121]。计算机存储口令的单向函数而不是存储口令。

（1）Alice 将她的口令传送给计算机。

（2）计算机完成口令的单向函数计算。

（3）计算机把单向函数的运算结果与它以前存储的值进行比较。

由于计算机不再存储每人的有效口令表，所以某些人侵入计算机并偷取口令的威胁就减少了。由口令的单向函数产生的口令表是没用的，因为单向函数不可能逆向恢复口令。

3.2.2 字典式攻击和 salt

用单向函数加密的口令文件还是很脆弱的。Mallory 在业余时间编制了 100 万个最常用的口令表，他用单向函数对所有 100 万个口令进行运算，并将结果存储。如果每个口令大约是 8 字节，运算结果的文件不会超过 8MB，几张软盘就能存下。现在 Mallory 偷出加密的口令文件，将它与自己可能的口令文件进行比较，再观察哪个能匹配。

这就是字典式攻击（dictionary attack），它的成功率令人吃惊（参见 8.1 节）。salt 是使这种攻击更困难的一种方法。salt 是一个随机字符串，它与口令连接在一起，再用单向函数对其运算。然后将 salt 值和单向函数运算的结果存入主机数据库中。如果可能的 salt 值的数目足够大的话，它实际上就消除了对常用口令采用的字典式攻击，因为 Mallory 不得不产生每个可能的 salt 值的单向散列值。这是初始化向量的简单尝试（参见 9.3 节）。

这里的关键是确信当 Mallory 试图破译其他人的口令时，他不得不每次试验字典里每个口令的加密，而不是只对可能的口令进行大量的预先计算。

许多 salt 是必需的。大多数 UNIX 系统仅使用 12 位的 salt。即使那样，Danid Klein 开发了一个猜测口令的程序，在大约一星期里，经常能破译出一个给定系统中 40％ 的口令[847,848]（参见 8.1 节）。David Feldmeier 和 Philip Karn 编辑了大约 732 000 个常用的口令表，表中的口令与 4096 个可能的 salt 值中的每个值都有联系。采用这张表，他们估计在给定系统中，大约能够破译出 30％ 的口令[561]。

salt 不是万灵药，增加 salt 的位数不能解决所有问题。它只能防止对口令文件采用的一般的字典式攻击，不能防止对单个口令的联合攻击。在不同机器上采用相同口令的人使人难以理解，因为这样做并不比拙劣选用的口令更好。

3.2.3　SKEY

SKEY 是一种鉴别程序，它依赖于单向函数的安全性。这很容易理解。

为了设置系统，Alice 输入随机数 R，计算机计算 $f(R)$、$f(f(R))$、$f(f(f(R)))$ 等大约 100 次。调用 x_1，x_2，x_3，…，x_{100} 这些数。计算机输出这些数的列表，Alice 把这些数放入口袋妥善保管，计算机也顺利地在登录数据库中 Alice 的名字后面存储 x_{101} 的值。

当 Alice 第一次登录时，她输入她的名字和 x_{100}。计算机计算 $f(x_{100})$，并把它和 x_{101} 比较，如果它们匹配，那么证明 Alice 身份是真的。然后，计算机用 x_{100} 代替数据库中的 x_{101}。Alice 将从她的列表中取消 x_{100}。

Alice 每次登录时，都输入她的列表中未取消的最后数 x_i。计算机计算 $f(x_i)$，并和存储在数据库中的 x_{i+1} 比较。因为每个数只用一次，并且这个函数是单向的，所以 Eve 不可能得到任何有用的消息。同样，数据库对攻击者也毫无用处。当然，当 Alice 用完了她的列表上的数后，她必须重新初始化系统。

3.2.4　使用公开密钥密码系统鉴别

即使使用 salt，第一个协议仍有严重的安全问题。当 Alice 将她的口令发送给主机时，能够进入她的数据通道的任何人都可读取她的口令。可以通过迂回的传输路径（经过四家竞争对手、三个国家和两个思想激进的大学）访问她的主机，在任何一点 Eve 都有可能窃听 Alice 的登录序列。如果 Eve 可以存取主机的处理器内存，那么在主机对口令进行散列计算前，Eve 都能够看到口令。

公开密钥密码能解决这个问题。主机保存每个用户的公开密钥文件，所有用户保存自己的私人密钥。这里是对协议的简单攻击。登录时，协议按下面进行：

（1）主机发送一个随机字符串给 Alice。

（2）Alice 用她的私人密钥对此随机字符串加密，并将此字符串和她的名字一起传送回主机。

（3）主机在数据库中查找 Alice 的公开密钥，并用公开密钥解密。

（4）如果解密后的字符串与主机在第一步中发送给 Alice 的字符串匹配，则允许 Alice

访问系统。

没有其他人能访问 Alice 的秘密密钥，因此不可能有任何人冒充 Alice。更重要的是，Alice 决不会在传输线路上将她的私人密钥发送给主机。窃听这个交互过程中的 Eve，不可能得到任何消息使她能够推导出 Alice 的私人密钥并冒充 Alice。

私人密钥既长又难记，它可能是由用户的硬件或通信软件自动处理的。这就需要一个 Alice 信任的智能终端，但主机和通信线路都不必是安全的。

对任意字符串进行加密是愚蠢的，这些字符串不仅包括由不可信的第三方发送的，而且还包括在任何环境下发送的。对此可以采用类似 19.3 节中讨论的攻击。安全的身份证明协议可采用下面更复杂的形式：

(1) Alice 根据一些随机数和她的私人密钥进行计算，并将结果传送给主机。

(2) 主机将一个不同的随机数传送给 Alice。

(3) Alice 根据这些随机数（她自己产生的和从主机接收的）和她的私人密钥进行计算，并将结果传送给主机。

(4) 主机用从 Alice 那里接收来的各种数据和 Alice 的公开密钥进行计算，以此来验证 Alice 是否知道自己的私人密钥。

(5) 如果她知道，则她的身份就被证实了。

如果 Alice 不相信主机，就像主机不相信她一样，那么 Alice 将要求主机用同样方式证实其身份。

步骤（1）是不必要的和令人费解的，但它用来阻止对协议的攻击。21.1 节和 21.2 节从数学上描述了几种用作身份证明的算法和协议[935]。

3.2.5　使用连锁协议互相鉴别

Alice 和 Bob 是想要互相鉴别的两个用户。他们每人都有一个对方知道的口令：Alice 的口令是 P_A，Bob 的是 P_B。下面的协议是行不通的：

(1) Alice 和 Bob 交换公开密钥。

(2) Alice 用 Bob 的公开密钥加密 P_A，并将它传送给 Bob。

(3) Bob 用 Alice 的公开密钥加密 P_B，并发送给 Alice。

(4) Alice 解密她在第（2）步中接收到的消息并验证它是正确的。

(5) Bob 解密他在第（3）步中接收到的消息并验证它是正确的。

Mallory 能够成功发起中间人攻击（参见 3.1 节）：

(1) Alice 和 Bob 交换公开密钥。Mallory 截取这两个消息，他用自己的公开密钥代替 Bob 的，并将它发送给 Alice。然后，又用他的公开密钥代替 Alice 的，并将它发送给 Bob。

(2) Alice 用"Bob"的公开密钥对 P_A 加密，并发送给 Bob。Mallory 截取这个消息，用他的私人密钥对 P_B 解密，再用 Bob 的公开密钥加密，并将它发送给 Bob。

(3) Bob 用"Alice"的公开密钥对 P_B 加密，并发送给 Alice。Mallory 截取它，用他的私人密钥对 P_B 解密。再用 Alice 的公开密钥对它加密，并发送给 Alice。

(4) Alice 对 P_B 解密，并验证它是正确的。

(5) Bob 对 P_A 解密，并验证它是正确的。

从 Alice 和 Bob 处看并没有什么不同，然而 Mallory 知道 P_A 和 P_B。

Donald Davies 和 Wyn Price 描述了怎样采用连锁协议（在 3.1 节中描述）来挫败这种攻击[435]。Steve Bellovin 和 Michael Merritt 讨论了对这个协议进行攻击的各种方法[110]。如果 Alice 是用户，Bob 是主机，Mallory 可以假装是 Bob，和 Alice 一起完成协议的开始几步，然后终止连接。真实的技巧要求 Mallory 通过模拟线路噪声或网络失败来终止连接，但最终的结果是 Mallory 有 Alice 的口令。然后，他可以和 Bob 连接，完成协议。Mallory 也就有 Bob 的口令了。

假如用户的口令比主机的口令更敏感，那么就可以修改这个协议，在 Alice 给出她的口令之前，让 Bob 先给出他的口令。这导致了一个更加复杂的攻击，文献［110］中有此描述。

3.2.6 SKID

SKID2 和 SKID3 是为 RACE 的 RIPE 项目开发的对称密码识别协议[1305]（参见 25.7 节）。它们都用 MAC（参见 2.4 节）来提供安全性，并且这两个协议都假设 Alice 和 Bob 共享同一个秘密密钥 K。

SKID2 允许 Bob 向 Alice 证明他的身份。下面是这个协议：

（1）Alice 选用随机数 R_A（RIPE 文件规定的 64 位数），并将它发送给 Bob。

（2）Bob 选用随机数 R_B（RIPE 文件规定的 64 位数），并将 R_B 和 $H_K(R_A，R_B，B)$ 发送给 Alice。其中 H_K 是 MAC（RIPE 文件建议的 RIPE-MAC 函数，参见 18.14 节）。

（3）Alice 计算 $H_K(R_A，R_B，B)$，并将它与从 Bob 那里接收到的消息比较。如果结果一致，那么 Alice 知道她正与 Bob 通信。

SKID3 提供 Alice 和 Bob 之间的相互鉴别。第（1）～（3）步与 SKID2 一样，以后的协议按下面进行：

（4）Alice 将 $H_K(R_B，A)$ 发送给 Bob。

（5）Bob 计算 $H_K(R_B，A)$，并将它与从 Alice 那里收到的消息比较。如果相同，那么 Bob 知道他正与 Alice 通信。

这个协议对中间人攻击来说是不安全的。一般地，中间人攻击能够击败任何不包括某些秘密的协议。

3.2.7 消息鉴别

当 Bob 从 Alice 那里接收消息时，他怎么知道消息是可信的呢？如果 Alice 对她的消息签名，就容易了。Alice 的签名足以使任何人都相信消息是可信的。

对称密码学提供了一些鉴别。当 Bob 从 Alice 那里接收到用他们的共享密钥加密的消息时，他知道消息是从 Alice 那里来的，因为没有其他人知道他们的密钥。然而，Bob 没有办法使第三者相信这个事实，Bob 不可能把消息给 Trent 看，并使他相信消息是从 Alice 那里来的。Trent 能够相信消息是从 Alice 或 Bob 那里来的（因为没有其他人共享他们的秘密密钥），但是他没有办法知道消息到底是从谁那里来的。

如果消息没有被加密，Alice 也能使用 MAC。这也使 Bob 相信消息是可信的，但与对称密码学的解决方法有同样的问题。

3.3 鉴别和密钥交换

以下协议综合利用密钥交换和鉴别，解决了一般的计算机问题：Alice 和 Bob 分别坐在网络的两端，他们想安全地交谈。Alice 和 Bob 怎么交换秘密密钥呢？他们怎么确信自己当时正在同对方而不是同 Mallory 谈话呢？大多数协议假设 Trent 与参与者双方各共享一个不同的秘密密钥，并且所有这些密钥在协议开始前都在适当的位置。在这些协议中使用的符号见表 3-1。

表 3-1 在鉴别和密钥交换协议中使用的符号

符 号	含 义	符 号	含 义
A	Alice 的名字	K	随机会话密钥
B	Bob 的名字	L	生存期
E_A	用 Trent 和 Alice 共享的密钥加密	T_A，T_B	时间标记
E_B	用 Trent 和 Bob 共享的密钥加密	R_A，R_B	随机数，分别由 Alice 和 Bob 选择
I	索引号		

3.3.1 Wide-Mouth Frog 协议

Wide-Mouth Frog 协议[283,284] 可能是最简单的对称密钥管理协议，该协议使用一个可信的服务器。Alice 和 Beb 两人分别与 Trent 共享一个秘密密钥。这些密钥只用于密钥分配，而不用于加密用户之间的实际消息。会话密钥只通过两个消息就从 Alice 传送给 Bob：

（1）Alice 将时间标记 T_A 连同 Bob 的名字 B 和随机会话密钥 K 一起，用她和 Trent 共享的密钥对整个消息加密。她将加密的消息和她的身份 A 一起发送给 Trent：A，$E_A(T_A$，B，$K)$。

（2）Trent 解密 Alice 发来的消息。然后将一个新的时间标记 T_B 连同 Alice 的名字和随机会话密钥一起，用他与 Bob 共享的密钥对整个消息加密，并将它发送给 Bob：$E_B(T_B$，A，$K)$。

这个协议最重要的假设是 Alice 完全有能力产生好的会话密钥。请记住，随机数不容易产生，无法相信 Alice 能够做好这件事。

3.3.2 Yahalom 协议

在这个协议中，Alice 和 Bob 两人分别与 Trent 共享一个秘密密钥[283,284]。

（1）Alice 将她的名字与随机数 R_A 连接在一起，并将它发送给 Bob：A，R_A。

（2）Bob 将 Alice 的名字、Alice 的随机数、他自己的随机数 R_B 一起用他和 Trent 共享的密钥加密。再将加密的结果和 Bob 的名字一起发送给 Trent：B，$E_B(A$，R_A，$R_B)$。

（3）Trent 产生两个消息，第一个消息由 Bob 的名字、随机会话密钥 K、Alice 的随机数和 Bob 的随机数组成，用他和 Alice 共享的密钥对所有第一个消息加密；第二个消息由 Alice 的名字和随机会话密钥组成，用他和 Bob 共享的密钥加密，然后将这两个消息发送给 Alice：$E_A(B$，K，R_A，$R_B)$，$E_B(A$，$K)$。

（4）Alice 解密第一个消息，提取 K，并确认 R_A 的值与她在（1）中的值一样。Alice 发送两个消息给 Bob。第一个消息是从 Trent 那里接收到的用 Bob 的密钥加密的消息，第二个是用会话密钥加密的 R_B：$E_B(A$，$K)$，$E_K(R_B)$。

（5）Bob 用他的密钥解密消息，提取 K，并确认 R_B 与他在（2）中的值一样。

最后，Alice 和 Bob 互相确信是正在同对方谈话，而不是同第三者。这里的新东西是：Bob 是同 Trent 接触的第一人，而 Trent 仅向 Alice 发送一次消息。

3.3.3 Needham-Schroeder 协议

这个协议由 Roger Needham 和 Michael Schroeder 发明[1159]，也采用对称密码术和 Trent。

（1）Alice 将由她的名字 A、Bob 的名字 B 和随机数 R_A 组成的消息传给 Trent：A，

B，R_A。

（2）Trent 产生随机会话密钥 K。他用与 Bob 共享的秘密密钥对随机会话密钥 K 和 Alice 名字组成的消息加密。然后用他和 Alice 共享的秘密密钥对 Alice 的随机值、Bob 的名字、会话密钥 K 和已加密的消息进行加密，最后，将加密的消息传送给 Alice：$E_A(R_A$，B，K，$E_B(K$，$A))$。

（3）Alice 将消息解密并提取 K。她确认 R_A 与她在第（1）步中发送给 Trent 的一样。然后她将 Trent 用 Bob 的密钥加密的消息发送给 Bob：$E_B(K$，$A)$。

（4）Bob 对消息解密并提取 K，然后产生另一个随机数 R_B。他用 K 加密它并将它发送给 Alice：$E_K(R_B)$。

（5）Alice 用 K 将消息解密，产生 R_B-1 并用 K 对它加密，然后将消息发回给 Bob：$E_K(R_B-1)$。

（6）Bob 用 K 对消息解密，并验证它是 R_B-1。

所有这些围绕 R_A、R_B 和 R_B-1 的麻烦用来防止重放攻击（replay attack）。在这种攻击中，Mallory 可能记录旧的消息，以后再使用它们以达到破坏协议的目的。在第（2）步中 R_A 的出现使 Alice 确信 Trent 的消息是合法的，并且不是以前协议的重放。在第（5）步中，当 Alice 成功地解密 R_B 并将 R_B-1 送回给 Bob 之后，Bob 确信 Alice 的消息不是以前协议执行的重放。

这个协议的主要安全漏洞是旧的会话密钥仍有价值。如果 Mallory 可以存取旧的密钥 K，他就可以发起一次成功的攻击[461]。他所做的全部工作是记录 Alice 在第（3）步发送给 Bob 的消息。然后，一旦他有 K，他就能够假装是 Alice：

（1）Mallory 发送给 Bob 下面的消息：$E_B(K$，$A)$。

（2）Bob 提取 K，产生 R_B，并发送给 Alice：$E_K(R_B)$。

（3）Mallory 截取此消息，用 K 对它解密，并发送给 Bob：$E_K(R_B-1)$。

（4）Bob 验证"Alice"的消息是 R_B-1。

现在，Mallory 成功地使 Bob 确信他就是 Alice 了。

一个使用时间标记的更强的协议能够击败这种攻击[461,456]。在第（2）步中，将时间标记附加到用 Bob 的密钥加密的 Trent 的消息中：$E_B(K$，A，$T)$。时间标记需要一个安全和精确的系统时钟，这对系统本身来说不是一个普通问题。

如果 Trent 与 Alice 共享的密钥 K_A 泄露了，后果是非常严重的。Mallory 能够用它获得同 Bob 交谈的会话密钥（或他想要交谈的其他任何人的会话密钥）。情况甚至更坏，在 Alice 更换她的密钥后 Mallory 还能够继续做这种事情[90]。

Needham 和 Schroeder 试图在他们的协议改进版本中改正这些问题[1160]。他们的新协议基本上与发表在同一杂志同一期上的 Otway-Rees 协议相同。

3.3.4 Otway-Rees 协议

这个协议也是使用对称密码术[1224]。

（1）Alice 产生消息，此消息包括一个索引号 I、她的名字 A、Bob 的名字 B 和随机数 R_A，用她和 Trent 共享的密钥对此消息加密，并将索引号、她的名字和 Bob 的名字与她加密的消息一起发送给 Bob：I，A，B，$E_A(R_A$，I，A，$B)$。

（2）Bob 产生消息，此消息包括一个新的随机数 R_B、索引号 I、Alice 的名字 A 和 Bob 的名字 B。用他与 Trent 共享的密钥对此消息加密。并将 Alice 的加密消息、索引号、Alice

的名字、Bob 的名字与他加密的消息一起发送给 Trent：I，A，B，$E_A(R_A, I, A, B)$，$E_B(R_B, I, A, B)$。

（3）Trent 产生随机会话密钥 K，然后产生两个消息。一个用他与 Alice 共享的密钥对 Alice 的随机数和会话密钥加密，另一个用与 Bob 共享的密钥对 Bob 的随机数和会话密钥加密。他将这两个消息与索引号一起发送给 Bob：I，$E_A(R_A, K)$，$E_B(R_B, K)$。

（4）Bob 将用 Alice 的密钥加密的消息连同索引号一起发送给 Alice：I，$E_A(R_A, K)$。

（5）Alice 解密消息，恢复出她的密钥和随机数，然后确认协议中的索引号和随机数都没有改变。

假设所有随机数都匹配，并且按照这种方法索引号没有改变，Alice 和 Bob 现在相互确认对方的身份，他们就有一个用于通信的秘密密钥。

3.3.5 Kerberos 协议

Kerberos 是 Needham-Schroeder 协议的变体，将在 24.5 节中详细讨论它。在基本的 Kerberos 第 5 版本的协议中，Trent 和 Alice 两人分别与 Trent 共享一个密钥。Alice 想产生会话密钥用于与 Bob 通信：

（1）Alice 将她的名字 A 和 Bob 的名字 B 发送给 Trent：A，B。

（2）Trent 产生消息，该消息由时间标记 T、使用寿命 L、随机会话密钥 K 和 Alice 的名字构成。他用与 Bob 共享的密钥加密捎息。然后，他取时间标记、使用寿命、会话密钥和 Bob 的名字，并且用他与 Alice 共享的密钥加密，并把这两个加密消息发给 Alice：$E_A(T, L, K, B)$，$E_B(T, L, K, A)$。

（3）Alice 用她的名字和时间标记产生消息，并用 K 对它进行加密，将它发送给 Bob。Alice 也将从 Trent 那里来的用 Bob 的密钥加密的消息发送给 Bob：$E_K(A, T)$，$E_B(T, L, K, A)$。

（4）Bob 用 K 对时间标记递增 1 的消息进行加密，并将它发送给 Alice：$E_K(T+1)$。

这个协议是可行的，但它假设每个人的时钟都与 Trent 的时钟同步。实际上，这个结果是通过把时钟同步到一个安全的定时服务器的几分钟之内，并在这个时间间隔内检测重放而获得的。

3.3.6 Neuman-Stubblebine 协议

不管是由于系统缺陷还是由于破坏，时钟可能变得不同步。如果时钟不同步，这些协议的大多数都可能受到攻击[644]。如果发送者的时钟比接收者的时钟超前，Mallory 就能够截取从发送者来的消息，当时间标记变成接收者站点当前时间时，Mallory 重放消息。这种攻击叫作隐瞒重放（suppress-replay），并有使人气愤的结果。

这个协议首先在文献［820］中提出，并在文献［1162］中改进以试图反击这种隐瞒攻击。它是 Yahalom 协议的增强，是一个非常好的协议：

（1）Alice 把她的名字和随机数一起发送给 Bob：A，R_A。

（2）Bob 把 Alice 的名字连同她的随机数以及一个时间标记一起，用他与 Trent 共享的密钥加密，并把加密的结果、他的名字和一个新的随机数一起发给 Trent：B，R_B，$E_B(A, R_A, T_B)$。

（3）Trent 产生随机会话密钥，然后产生两个消息，第一个消息由 Bob 的名字、Alice 的随机数、随机会话密钥和时间标记组成，所有这些消息用他与 Alice 共享的密钥加密；第二个消息由 Alice 的名字、会话密钥和时间标记组成，所有这些消息用他与 Bob 共享的密钥加密。他将这两个消息和 Bob 的随机数一起发送给 Alice：$E_A(B, R_A, K, T_B)$，$E_B(A, K, T_B)$，R_B。

（4）Alice 解密用她的密钥加密的消息，提取密钥 K，并确认 R_A 与她在第（1）步中的值相同。Alice 发送给 Bob 两个消息，第一个是从 Trent 那里接收的用 Bob 的密钥加密的消息；第二个是用会话密钥 K 加密的 R_B：$E_B(A, K, T_B)$，$E_K(R_B)$。

（5）Bob 解密用他的密钥加密的消息，提取密钥 K，并确认 T_B 和 R_B 与（2）中的值相同。

假设随机数和时间标记都匹配，Alice 和 Bob 就会相信对方的身份，并共享一个秘密密钥。因为时间标记只是相对于 Bob 的时间，所以不需要同步时钟，Bob 只检查他自己产生的时间标记。

这个协议的好处是：在某些预先确定的时间内，Alice 能够用从 Trent 那里接收的消息与 Bob 做后续的鉴别。假设 Alice 和 Bob 完成了上面的协议和通信，然后终止连接，Alice 和 Bob 也不必依赖 Trent，就能够在 3 步之内重新鉴别：

（1）Alice 将 Trent 在上述（3）中发给她的消息和一个新的随机数发送给 Bob：$R_B(A, K, T_B)$，R'_A。

（2）Bob 发送给 Alice 另一个新的随机数，并且 Alice 的新随机数用他们的会话密钥加密：R'_B，$E_K(R'_A)$。

（3）Alice 用他们的会话密钥加密 Bob 的新随机数，并把它发给 Bob：$E_K(R'_B)$。

新随机数防止了重放攻击。

3.3.7 DASS 协议

分布式鉴别安全协议（Distributed Authentication Security Service，DASS）是由数字设备公司开发的，它也提供相互鉴别和密钥交换[604,1519,1518]。与前面的协议不同，DASS 协议同时使用了公开密钥和对称密码术。Alice 和 Bob 每人有一个私人密钥，Trent 有他们公开密钥签名的副本。

（1）Alice 发送消息给 Trent，这个消息由 Bob 的名字组成：B。

（2）Trent 把 Bob 的公开密钥 K_B 发给 Alice，并用自己的私人密钥 T 签名。签名消息包括 Bob 的名：$S_T(B, K_B)$。

（3）Alice 验证 Trent 的签名以确认她接收的密钥确实是 Bob 的公开密钥。她产生随机会话密钥 K 和公开密钥/私人密钥对 K_P，她用 K 加密时间标记，然后用她的私人密钥 K_A 对密钥的寿命周期 L、她的名字和 K_P 签名。最后，她用 Bob 的公开密钥 K 加密，并用 K_P 签名。她将所有这些消息发给 Bob：$E_K(T_A)$，$S_{K_A}(L, A, K_P)$，$S_{K_P}(E_{K_B}(K))$。

（4）Bob 发送消息给 Trent（这可能是另一个 Trent），它由 Alice 的名字组成：A。

（5）Trent 把 Alice 的公开密钥 K_B 发送给 Bob，并用自己的私人密钥 T 签名。签名消息包括 Aliee 的名字：$S_T(A, K_A)$。

（6）Bob 验证 Trent 的签名以确认他接收的密钥确实是 Alice 的公开密钥。然后他验证 Alice 的签名并恢复 K_P。他验证签名并用他的私人密钥恢复 K。然后解密 T_A 以确信这是当前的消息。

（7）如果需要相互鉴别，Bob 用 K 加密新的时间标记，并把它送给 Aliee：$E_K(T_B)$。

（8）Alice 用 K 解密 T_B 以确信消息是当前的。

DEC 公司的 SPX 产品基于 DSSA 鉴别协议。其他信息可在文献 [34] 中找到。

3.3.8 Denning-Sacco 协议

这个协议也使用公开密钥密码[461]。Trent 保存每个人的公开密钥数据库。

（1）Alice 发送一个有关她和 Bob 名字的消息给 Trent：A，B。

（2）Trent 把用自己的私人密钥 T 签名的 Bob 的公开密钥 K_B 发给 Alice，同时也把用自己的私人密钥 T 签名的 Alice 的公开密钥 K_A 发给 Alice：$S_T(B，K_B)$，$S_T(A，K_A)$。

（3）Alice 向 Bob 传送随机会话密钥、时间标记（都用她自己的私人密钥签名并用 Bob 的公钥加密）和两个签名的公开密钥：$E_B(S_A(K，T_A))$，$S_T(B，K_B)$，$S_T(A，K_A)$。

（4）Bob 用他的私人密钥解密 Alice 的消息，然后用 Alice 的公开密钥验证她的签名。他检查以确信时间标记仍有效。

这里 Alice 和 Bob 两人都有密钥，他们能够安全地通信。

这看起来很好，但实际不是这样的。在和 Alice 一起完成协议后，Bob 能够伪装是 Alice[5]。注意：

（1）Bob 把他自己和 Carol 的名字发给 Trent：B，C。

（2）Trent 把 Bob 和 Carol 已签名的公开密钥发给 Bob：$S_T(B，K_B)$，$S_T(C，K_C)$。

（3）Bob 将以前从 Alice 那里接收的会话密钥和时间标记的签名用 Carol 的公开密钥加密，并与 Alice 和 Carol 的证书一起发给 Carol：$E_C(S_A(K，T_A))$，$S_T(A，K_A)$，$S_T(C，K_C)$。

（4）Carol 用她的私人密钥解密 Alice 的消息，然后用 Alice 的公开密钥验证她的签名。她检查以确信时间标记仍有效。

Carol 现在认为她正在与 Alice 交谈，Bob 成功地欺骗了她。事实上，在时间标记截止前，Bob 可以欺骗网上的任何人。

这个问题容易解决。在（3）中的加密消息内加上名字：$E_B(S_A(A，B，K，T_A))$，$S_T(A，K_A)$，$S_T(B，K_B)$。

这样就清楚地表明是 Alice 和 Bob 在通信，所以现在 Bob 就不可能对 Carol 重放旧消息。

3.3.9 Woo-Lam 协议

这个协议也使用公开密钥密码[1610,1611]：

（1）Alice 发送一个有关她和 Bob 名字的消息给 Trent：A，B。

（2）Trent 用他的私人密钥 T 对 Bob 的公开密钥签名，然后把它发给 Alice：$S_T(K_B)$。

（3）Alice 验证 Trent 的签名，然后把她的名字和一个随机数用 Bob 的公开密钥加密，并把它发给 Bob：$E_{K_B}(A，R_A)$。

（4）Bob 把他的名字、Alice 的名字和用 Trent 的公开密钥 K_T 加密的 Alice 的随机数一起发给 Trent：A，B，$E_{K_T}(R_A)$。

（5）Trent 把用自己的私人密钥签名的 Alice 的公开密钥 K_A 发给 Bob，同时用私人密钥对所有 Alice 的随机数、随机会话密钥、Alice 的名字和 Bob 的名字签名并用 Bob 的公开密钥加密，并把它也发给 Bob：$S_T(K_A)$，$E_{K_B}(S_T(R_A，K，A，B))$。

（6）Bob 验证 Trent 的签名。然后他将第（5）步中 Trent 消息的第二部分和一个新随机数一起用 Alice 的公开密钥加密，并将结果发给 Alice：$E_{K_A}(S_T(R_A，K，A，B)，R_B)$。

（7）Alice 验证 Trent 的签名和她的随机数。然后她将第二个随机数用会话密钥 K 加密，并发给 Bob：$E_K(R_B)$。

（8）Bob 解密他的随机数，并验证它没有改变。

3.3.10 其他协议

已有文献中有许多其他协议。X.509 协议在 24.9 节中讨论，KryptoKnight 在 24.6 节中讨论，加密密钥交换在 22.5 节中讨论。

Kuperee[694] 是一个新的公开密钥协议。此外，有关使用信标（beacon）的协议工作也正在开展，信标是一个可信的网络节点，它不断地广播已鉴别的 nonce[783]。

3.3.11 学术上的教训

在以上的协议中，那些被破译的和没有被破译的协议都有一些重大的教训：

- 因为设计者试图设计得太精巧，所以许多协议失败了。他们通过省去重要的部分：名字、随机数等来优化他们的协议，但矫枉过正了[43,44]。
- 试图优化绝对是一个可怕的陷阱，并且全部命运依赖于你所做的假设。例如，如果你有鉴别的时间，你就可以做许多你没去做也做不到的事情。
- 选择的协议依赖于底层的通信体系结构。你难道不想使消息的大小和数量最小吗？所有人，还是只有其中的几个人能够交谈？

类似这些问题导致了协议分析形式化方法的开发。

3.4 鉴别和密钥交换协议的形式化分析

在网络上的一对计算机（和人）之间建立安全的会话密钥问题是如此的重要，以至于引发出许多研究。有些研究着重开发协议，例如开发 3.1～3.3 节中讨论的那些协议。这又导致了更大和更多有趣的问题：鉴别和密钥交换协议的形式化分析。在提出似乎是安全的协议之后，人们发现了这些协议的缺陷，研究人员想要得到从开始就能证明协议安全性的各种工具。虽然很多这种工作都能应用到一般的密码协议中，但是研究的重点却毫无例外地放在鉴别和密钥交换上。

对密码协议的分析有四种基本途径[1045]：

（1）使用规范语言和验证工具建立协议模型和验证协议，它不是特别为密码协议分析设计的。

（2）开发专家系统，协议设计者能够用它来调查和研究不同的情况。

（3）用分析知识和信任的逻辑，建立协议族的需求模型。

（4）开发形式化方法，它基于密码系统的代数重写项性质。

关于这四种途径的详细讨论和围绕它们的研究远远超出了本书的范围。文献［1047，1355］对这个题目做了很好的介绍。这里只简要提及这个领域的主要作用。

第一种途径把密码学协议与其他计算机程序同等对待，并试图证明它的正确性。有些研究者把协议表示为有限状态机[1449,1565]，有些人使用一阶判定微积分[822]，还有一些人使用规范语言来分析协议[1566]。然而证明正确性与证明安全性不同，并且这个方法对于发现许多缺陷的协议来说是行不通的。虽然这种途径最早被广泛研究，但这个领域的大多数工作已经转向获得普及的第三种途径。

第二种途径是使用专家系统来确定协议是否能达到不合乎需要的状态（例如，密钥的泄露）。虽然这种途径能够更好地识别缺陷，但它既不能保证安全性，又不能为开发攻击提供技术。它的好处在于决定协议是否包含已知的缺陷，但不可能发现未知的缺陷。这种途径的例子可在文献［987，1521］中找到。文献［1092］讨论了一个由美国军方开发的基于规则的系统，这个系统叫作询问器。

第三种途径到目前为止是最流行的，它是由 Michael Burrows、Martin Abadi 和 Roger Needham 首先发明的。为了进行知识和信任分析，他们开发了一个形式化逻辑模型，叫作 **BAM 逻辑**（BAM logic）[283,284]。BAM 逻辑是分析鉴别协议时最广泛应用的逻辑。它假设鉴别是完整性和新鲜度的函数，并使用逻辑规则来对贯穿协议的那些属性的双方进行跟踪。虽然已经提出了这种途径的许多变化和扩展，但大多数协议设计者仍在引用最初的研究。

BAM 逻辑并不提供安全性证明，它只推出鉴别。它具有易于使用的、简单的、明了的逻辑，对于发现缺陷仍然有用。BAM 逻辑包括以下一些命题：

> Alice 相信 X（Alice 装作好像 X 是正确的）。
> Alice 看 X（某人已经把包含 X 的消息发给 Alice，Alice 可能在解密消息后，能够读和重复 X）。
> Alice 说 X（在某一时间，Alice 发送包括命题 X 的消息。不知道消息在多早以前曾被发送过，或者在协议当前运行期间发送的。已经知道，当 Alice 说 X 时，Alice 相信 X）。
> X 是新的（在当前运行协议以前的任何时间 X 没有把消息发送出去）。
> ……

BAM 逻辑也为协议中有关信任推理提供规则。这些规则能够应用到协议的逻辑命题，证明事情或回答有关协议的问题。例如，消息内涵的规则是：

> 如果 Alice 相信 Alice 和 Bob 共享秘密密钥 K，Alice 看见用 K 加密的 X，而 Alice 没有用 K 加密 X，那么 Alice 相信 Bob 曾经说过 X。

另一个规则是随机数验证规则（nonce-verification rule）：

> 如果 Alice 相信 X 只在最近被发送，并且 Bob 曾经说过 X，那么 Alice 就认为 Bob 相信 X。

用 BAM 逻辑进行分析分四步进行：

（1）采用以前描述的命题，把协议转换为理想化形式。

（2）加上有关协议初始状态的所有假设。

（3）把逻辑公式放到命题中：在每个命题后断言系统的状态。

（4）为了发现协议各方持有的信任，运用逻辑基本原理去断言和假设。

BAM 逻辑的作者"把理想化的协议看作比在文献中发现传统的描述更清楚和更完善的规范……"[283,284]。其他协议没有这种印记，并因为这个步骤不可能正确地反映实际的协议而批评它[1161,1612]。在文献［221，1557］中有进一步的争论。其他批评试图表明，BAM 逻辑可能推导出关于协议明显错误的特征[1161]，见文献［285，1509］的辩驳。并且 BAM 逻辑只涉及信任，而与安全性无关[1509]。在文献［1488，706，1002］中有更多这方面的争论。

尽管有这些批评，BAM 逻辑仍是成功的。它已经在多种协议中发现缺陷，这些协议包括 Needham-Schtroeder 和一个早期的协议草案 CCITT X.509[303]。它已经发现很多协议中的冗余，这些协议包括 Yahalom、Needham-Schroeder 和 Kerberos。许多人的文章使用 BAM 逻辑，声称他们协议的安全性[40,1162,73]。

也公布了其他逻辑系统，有些设计成为 BAM 逻辑的扩展[645,586,1556,828]，另一些是基于 BAM 逻辑去改进发现的弱点[1488,1002]。虽然 GNY 有一些缺点[40]，但它是这些当中最为成功的一个[645]。文献［292，474］提出应将概率信任加到 BAM 逻辑中，以配合成功；在文献［156，798，288］中讨论了其他形式的逻辑；文献［1514］试图把多个逻辑的特点结合起来；文献［1124，1511］提出了信任能够随时间而改变的逻辑。

密码协议分析的第四种途径是把协议当作代数系统模型，表示有关协议参与者了解的状态，然后分析某种状态的可达性。这种途径没有像形式化逻辑那样引起更多的注意，但情况正在改变。它首先由 Michael Merritt 使用[1076]，他证明代数模型可用来分析密码协议。其他途径在文献［473，1508，1530，1531，1532，1510，1612］中有描述。

海军研究试验室（Navy Research Laboratory，NRL）的协议分析器可能是这些技术中最成功的应用[1512,823,1046,1513]，它用来在各种协议中寻找新的和已知的缺陷[1044,1045,1047]。这台协议分析器定义了下面的行为：

- 接收（Bob，Alice，M，N）。（Bob 在 N 地附近，接收消息 M 作为来自 Alice 的消息。）
- 获悉（Eve，M）。（Eve 获悉 M。）
- 发送（Alice，Bob，Q，M）。（根据查询 Q，Alice 发送 M 给 Bob。）
- 请求（Bob，Alice，Q，N）。（Bob 在 N 地附近，发送 Q 给 Alice。）

从这些行为中，可以确定需求。例如：

- 如果 Bob 在过去某些点接收到从 Alice 来的消息 M，那么 Eve 在过去某些点没有获悉 M。
- 如果 Bob 在他的 N 地附近接收到从 Alice 来的消息 M，那么 Alice 给 Bob 发送 M 作为 Bob 在 N 地附近查询的响应。

为了使用 NRL 协议分析器，必须按以前的结构规定协议。分析有四个步骤：为诚实的参与者定义传送；描述对所有诚实和不诚实参与者可得到的操作；描述基本的协议构造部件；描述还原规则（reduction rule）。所有这些要说明的是已知的协议要与它的需求相符。采用像 NRL 协议分析器这样的工具，最终会产生一个能够证明是安全的协议。

采用形式化方法对已有协议进行分析的同时，用形式化方法来设计协议的工作也正在开展。文献［711］中描述了这个方向的初步成果，NRL 协议分析器也正尝试这样做[1512,222,1513]。

将形式化方法应用在密码学协议中仍是一个很新的概念，并且也很难确定它将来的发展趋势。从这一点来说，形式化过程是最薄弱的环节。

3.5　多密钥公开密钥密码系统

公开密钥密码系统使用两个密钥，用一个密钥加密的消息能用另一个密钥解密。通常一个密钥是私有的，而另一个是公开的。我们假设 Alice 有一个密钥，Bob 有另一个，那么 Alice 能够加密消息，并且只有 Bob 能把它解密；反过来 Bob 能够加密消息，只有 Alice 能读它。

Colin Boyd 推广了这个概念[217]。设想一种具有三个密钥 K_A、K_B 和 K_C 的公开密钥密码的变体。表 3-2 给出了它的分配。

Alice 可以用 K_A 加密消息以便 Ellen 用 K_B 和 K_C 解密此消息。这样 Bob 和 Carol 可能冲突。Bob 能对消息加密以便 Frank 能读它，Carol 也能加密消息以便 Dave 能读它。Dave 能用 K_A 加密消息以便 Ellen 能读它，由于有 K_A，Frank 也能读它，或者 Dave 同时用 K_A 和 K_B 加密以便 Carol 能读它。类似地，Ellen 能够加密消息以便 Alice 和 Dave 或者 Frank 能读它。表 3-3 归纳了所有可能的组合。

表 3-2　三个密钥的密钥分配	
人　名	密　钥
Alice	K_A
Bob	K_B
Carol	K_C
Dave	K_A 和 K_B
Ellen	K_B 和 K_C
Frank	K_A 和 K_C

表 3-3　三个密钥的消息加密	
用作加密的密钥	必须用的解密密钥
K_A	K_B 和 K_C
K_B	K_A 和 K_C
K_C	K_A 和 K_B
K_A 和 K_B	K_C
K_A 和 K_C	K_B
K_B 和 K_C	K_A

这可以推广到 n 个密钥，如果密钥的某个子集用来加密消息，那么就需要用其他密钥来解密此消息。

广播消息

假设有 100 个工人在野外作业，你想给他们当中的一些人发送消息，但预先并不知道该向哪些人发。可以为每个人单独加密消息或者为每种可能的组合都给出密钥。第一种选择需要增加很多通信量；第二种选择需要很多密钥。

采用多密钥密码方案就容易得多，用三个工人：Alice、Bob 和 Carol 来举例。将 K_A 和 K_B 给 Alice，将 K_B 和 K_C 给 Bob，将 K_C 和 K_A 给 Carol。现在可以同想要通信的任何子集交谈。如果想发送消息只有 Alice 能读它，就用 K_C 加密此消息。当 Alice 接收到此消息时，她先用 K_A 然后再用 K_B 解密。如果想发送消息只有 Bob 能读它，就用 K_A 加密。用 K_B 加密时，只有 Carol 才能读它。如果发送消息使 Alice 和 Bob 都能读它，就用 K_A 和 K_C 对它加密等。

这可能不会有什么激动人心的地方，但对于 100 个工人来说，它就非常有用了。单个消息意味着和每个工人共享一个密钥（总共 100 个密钥）和每个消息。密钥的可能子集共有 $2^{100}-2$ 种（针对全部工人的消息和不对工人的消息除外）。而这个方案只需要一个加密消息和 100 个不同的密钥，它的缺陷是你不得不广播哪个工人的子集能够读消息；否则，每个工人将不得不尝试所有可能的密钥组合，以寻找正确的一组密钥。甚至只需意向接收者的名字也是可行的。至少，为了实现简单，每个人实际上得到大量的密钥数据。

还有其他用于消息广播的技术，其中有些避免了前面的问题，这些将在 22.7 节中讨论。

3.6 秘密分割

设想你已发明了一种新的、特别粘的、特别甜的奶油饼馅，或者你已经制作了一种碎肉夹饼的调味料，哪怕它比竞争者的更无味，但最重要的是：你必须保守秘密。你只能告诉最信赖的雇员各种成分准确的调和，但如果他们中的一个背叛了你投靠到对手一方时怎么办呢？秘密就会泄漏，不久，每个出售黄油的地方将做出和你的一样无味的调味料。

这种情况就要求**秘密分割**（secret splitting）。有各种方法把消息分割成许多碎片[551]。每一片本身并不代表什么，但把这些碎片放到一块，消息就会重现出来。如果消息是一个秘方，每一个雇员有一部分，那么只有它们放在一起才能做出这种调味料。如果任意一个雇员辞职带走一部分配方，它本身毫无用处。

在两个人之间分割消息是最简单的共享问题。下面是 Trent 把消息分割给 Alice 和 Bob 的协议：

（1）Trent 产生随机位串 R，它和消息 M 一样长。

（2）Trent 用 R 异或 M 得到 S：$M \oplus R = S$。

（3）Trent 把 R 给 Alice，将 S 给 Bob。

为了重构此消息，Alice 和 Bob 只需一起做一步：

（4）Alice 和 Bob 将他们的消息异或就可得到此消息：$R \oplus S = M$。

如果做得适当，这种技术绝对安全。每一部分本身毫无价值。实质上，Trent 是用一次一密乱码本加密消息，并将密文给一个人，乱码本给另一个人。1.5 节讨论过一次一密乱码本，它们具有完全保密性。无论有多大计算能力都不能根据消息碎片之一确定此消息。

把这种方案推广到多人也很容易。为了在多个人中分割消息，将此消息与多个随机位异或成混合物。在下面的例子中，Trent 把消息划分成四部分：

（1）Trent 产生三个随机位串 R、S、T，每个随机串与消息 M 一样长。

（2）Trent 用这三个随机串和 M 异或得到 U：$M \oplus R \oplus S \oplus T = U$。

（3）Trent 将 U 给 Alice，S 给 Bob，T 给 Carol，U 给 Dave。

Alice、Bob、Carol 和 Dave 在一起可以重构此消息：

（4）Alice、Bob、Carol 和 Dave 一起计算：$R \oplus S \oplus T \oplus U = M$。

这是一个裁决协议，Trent 有绝对的权力，并且能够做他想做的任何事情。他可以把毫无意义的东西拿出来，并且申明是秘密的有效部分。在他们将秘密重构出来之前，没有人能够知道它。他可以分别交给 Alice、Bob、Carol 和 Dave 一部分，并在以后告诉每一个人，只要 Alice、Carol 和 Dave 三人就可以重构出此秘密，然后解雇 Bob。由于这是由 Trent 分配的秘密，这对于他恢复消息是没有问题的。

然而，这种协议存在一个问题：如果任何一部分丢失了，并且 Trent 又不在，就等于将消息丢掉了。如果 Carol 有调味料配方的一部分，他跑去为对手工作，并带走了他的那一部分，那么其他人就很不幸了，她不可能重新产生这个秘方，Alice、Bob 和 Dave 在一起也不行。Carol 的那一部分对消息来说和其他部分一样重要。Alice、Bob 和 Dave 知道的仅是消息的长度。这是真的，因为 R、S、T、U 和 M 都有同样的长度，见到他们中的任何一个都知道它的长度。记住，M 不是通常单词意义的分割，它是用随机数异或的。

3.7 秘密共享

你正在为核导弹安装发射程序。你想确信一个疯子是不能够启动发射，也想确信两个疯子也不能启动发射。在你允许发射前，五个官员中至少有三个是疯子。

这是一个容易解决的问题。做一个机械发射控制器，给五个官员每人一把钥匙，并且在允许他们起爆时，要求至少三个官员的钥匙插入合适的槽中（如果你确实担心，可以使这些槽分隔远些，并要求官员同时将钥匙插入。你不愿一个官员偷窃另两把钥匙，使他能够毁坏多伦多）。

我们甚至能把它变得更复杂。也许将军和两个上校被授权发射导弹，但如果将军正在打高尔夫球，那么启动发射需要五位上校。制造一个发射控制器，该发射器需要五把钥匙。给将军 3 把钥匙，给每位上校一把钥匙。将军和任何两位上校一起就能发射导弹。五位上校一起也能，但将军和一位上校就不能，四位上校也不行。

一个叫作门限方案（threshold scheme）的更复杂的共享方案，可在数学上做到这些甚至做得更多。起码，你可以取任何消息（秘密的秘方、发射代码、洗衣价目表），并把它分成 n 部分，每部分叫作它的影子（shadow）或共享，这样它们中的任何 m 部分能够用来重构消息，更准确地说，这叫作 (m, n) 门限方案。

拿 $(3, 4)$ 门限方案来说，Trent 可以将他的秘密调味料秘方分给 Alice、Bob、Carol 和 Dave，这样把他们中的任意三个影子放在一起就能重构消息。如果 Carol 正在度假，那么 Alice、Bob 和 Dave 可以做这件事；如果 Bob 被汽车撞了，那么 Alice、Carol 和 Dave 能够做这件事；然而如果 Carol 正在度假期间，Bob 被汽车撞了，Alice 和 Dave 就不可能重构消息了。

普通的门限方案远比上面所说的更通用。任何共享方案都能用它构建模型。你可以把消息分给你所在大楼中的人，以便重构它，你需要一楼的 7 个人和二楼的 5 个人，就能恢复此消息。如果有从三楼来的人，在这种情况下，你仅需要从三楼来的那个人和从一楼来的 3 个人及从二楼来的 2 个人；如果有从四楼来的人，在这种情况下，你仅需要从四楼来的那个人和从三楼来的 1 个人，或从四楼来的那个人和从一楼来的 2 个人及从二楼来的 1 个人；或者……好的，你明白这个概念了。

这种思想是由 Adi Shamir[1414] 和 George Blakley[182] 两人分别创造的，并由 Gus Simmons[1466] 做了更广泛的研究，23.2 节讨论几种不同的算法。

3.7.1 有骗子的秘密共享

有许多方法可欺骗门限方案，下面是其中的几种：

情景 1：上校 Alice、Bob 和 Card 在某个隔离区很深的地下掩体中。一天，他们从总统那里得到编码消息："发射那些导弹，我们要根除这个国家的神经网络研究残余。"Alice、Bob 和 Carol 出示他们的影子，但 Carol 却输入一个随机数。她实际上是和平主义者，不想发射导弹。由于 Carol 没有输入正确的影子，因此他们恢复的秘密是错误的，导弹还是停放在发射井中。甚至更糟糕的是，没有人知道为什么会这样。即使 Alice 和 Bob 一起工作，他们也不能证明 Carol 的"影子"是无效的。

情景 2：上校 Alice 和 Bob 与 Mallory 正坐在掩体中。Mallory 假装也是上校，其他人都不能识破。同样的消息从总统那里来了，并且每人都出示了他们的影子，"哈，哈！"Mallory 大叫起来："我伪造了从总统那里来的消息，现在我知道你们两人的影子了。"在其他人抓住他以前，他爬上楼梯逃跑了。

情景 3：上校 Alice、Bob 和 Carol 与 Mallory 一起坐在掩体中，Mallory 又是伪装的（记住，Mallory 没有有效的影子）。同样的消息从总统那里来了，并且每人都出示了他们的影子，Mallory 只有在看到他们三人的影子后才出示他的影子。由于重构这个秘密只需要三个影子，因此他能够很快地产生有效的影子并出示。现在，他不仅知道了秘密，而且没有人知道他不是这个方案的一部分。

处理这些欺骗的一些协议在 23.2 节中讨论。

3.7.2 没有 Trent 的秘密共享

五个官员中有三个人插入他们的钥匙，才能打开银行的金库。这听起来像一个基本的 (3, 5) 门限方案，但是有一个保险装置。没有人知道整个秘密，不存在 Trent 来把秘密分成五部分，而是采用一种五个官员可以产生秘密的协议，通过这协议，每人得到一部分，使得官员在重构它之前，无人知道这个秘密[443]。本书不准备讨论这些协议，详细资料见 [756]。

3.7.3 不暴露共享的秘密共享

上述方案有一个问题。当每个人聚到一起重构他们的秘密时，他们暴露了他们的共享。其实不必出现这种情况。如果共享秘密是私人密钥（例如，对数字签名），那么 n 个共享者中的每一个都可以完成文件的一部分签名。在第 n 部分签名后，文件已经用共享的私人密钥签名，并且共享者中没有人了解任何其他人的共享。秘密能够重用是关键，并且你不必用可信的处理器去处理它。Yvo Desmedt 和 Yair Frankel 对这个概念进行了进一步的探索[483,484]。

3.7.4 可验证的秘密共享

Trent 给 Alice、Bob、Carol 和 Dave 每人一部分（秘密），或者至少他说他这样做了。他们中的任何人想知道他们是否有有效部分，唯一的办法是尝试重构秘密。也许 Trent 发给 Bob 一个假的共享，或者由于通信错误，Bob 偶然接收到一个坏的共享。可验证的秘密共享允许他们中的每个人分别验证他们有一个有效的共享，而不用重构这个秘密[558,1235]。

3.7.5　带预防的秘密共享

一个秘密被分给 50 个人，只要任何 10 个人在一起，就可以重构这个秘密。这样做是容易的。但是，当增加约束条件，20 人在一起才能恢复秘密同时要防止其他重构秘密时，我们能实现这个秘密共享方案吗？是否多少人共享都没有问题？已经证明，我们能够做到[153]。

数学当然十分复杂，但其基本思想是每个人得到两个共享：一个"是"和一个"否"的共享。当重构秘密时，每个人提交他们的一个共享。他们提交的实际共享依赖于他们是否希望重构秘密。如果有 m 或更多个"是"共享和少于 n 个"否"共享，那么秘密能够重构；否则，不能重构。

当然，如果没有"否"共享的人（假设他们知道是谁），没有任何事情能防止足够数量的"是"共享的人钻牛角尖，去重构秘密。但是在每个人提交他们的共享进入中心计算机的情况下，这个方案是可行的。

3.7.6　带除名的秘密共享

你正在安装秘密共享系统，现在你想解雇一名共享者。你可以安装没有那个人的新方案系统，但很费时。有多种方法处理这个系统，一旦有一个参与者变成不可信时，允许立即启用新的共享方案[1004]。

3.8　数据库的密码保护

任何组织的成员数据库都是有价值的。一方面，你想把数据库分配给所有成员，他们互相通信，交换想法，互相邀请吃黄瓜三明治。另一方面，如果把成员数据库分配给每个人，副本必定会落入保险商或其他恼人的垃圾邮件供应者之手。

密码学能够改善这个问题。可以加密数据库，使它易于提取单个人的地址，而难于提取所有成员的邮件名单。

[550，549] 的方案是直截了当的。选用一个单向散列函数和对称加密算法。数据库的每个记录有两个字段。索引字段是成员的姓，用单向散列函数进行运算。数据字段是全名和成员的地址，用姓作为密钥对数据字段加密。除非你知道这个人的姓，否则你不可能解密数据字段。

搜索一个指定的姓是容易的。首先，对姓进行散列运算，并在数据库的索引字段中搜寻散列值。如果匹配，那么这个人的姓就在数据库中。如果有多个匹配，那么就有多个人同姓。最后，对每个匹配的项，用姓作为密钥解密出全名和地址。

在文献 [550] 中，作者采用这种系统对 6000 个西班牙动词的字典进行保护。加密只引起很小的性能降低。文献 [549] 附加的复杂性就是处理搜寻多个索引，但思想还是相同的。这个系统的主要问题是，当你不知道怎么拼写他们的名字时，就不可能搜寻所要找的人。你可以尝试各种拼法，直到你找到正确的拼法为止，但是当你搜寻 Schneier 时，扫描所有以 Sch 开头的名字并不实际。

这种保护并不完善。某个特别固执的保险商通过尝试所有可能的姓，就可能重构成员数据库。如果他有电话数据库，他就可以把它作为一个可能的姓氏表来建立数据库。在计算机上做此事可能要花费几星期时间，但却是可行的。在垃圾邮件社会中，做这种工作更难，而且"更难"很快会变成"太贵"。

文献 [185] 提供了另一种途径，允许在加密的数据中编辑统计数字。

中 级 协 议

4.1 时间标记服务

在很多情况中，人们需要证明某个文件在某个时期存在。在版权或专利争端中，谁有产生争议工作的最早副本，谁就将赢得官司。对于纸上的文件，公证人可以对文件签名，律师可以保护副本。如果产生了争端，公证人或律师可以证明某封信产生于某个时间。

在数字世界中，事情要复杂得多。没有办法检查窜改签名的数字文件。可以无止境地复制和修改数字文件而无人发现。在计算机文件上改变日期标记是轻而易举的事，没有人在看到数字文件后说："是的，这个文件是在 1952 年 12 月 4 日以前创建的。"

贝尔通信研究中心的 Stuart Haber 和 W. Scott Stornetta 考虑了这个问题[682,683,92]。他们认为数字时间标记协议具有下列三个性质：

- 数据本身必须有时间标记，而不用考虑它所用的物理媒介。
- 改变文件的 1 个位而文件却没有明显变化是不可能的。
- 不可能用不同于当前日期和时间的日期和时间来标记文件。

4.1.1 仲裁解决方法

这个协议需要 Trent 和 Alice，Trent 提供可信的时间标记服务，Alice 希望对文件加上时间标记：

（1）Alice 将文件的副本传送给 Trent。

（2）Trent 将他收到文件的日期和时间记录下来，并妥善保存文件的副本。

现在，如果有人对 Alice 所声明的文件产生的时间有怀疑，Alice 只要打电话给 Trent，Trent 将提供文件的副本，并证明他在标记的日期和时间接收到文件。

这个协议是可行的，但有些明显的问题。第一，没有保密性。Alice 不得不将文件的副本交给 Trent。在信道上窃听的任何人都可以读它。她可以对文件加密，但文件仍要放入 Trent 的数据库中，谁知道这个数据库有多安全？

第二，数据库本身将是巨大的。并且发送大量的文件给 Trent 所要求的带宽也非常大。

第三，存在潜在的错误。传送错误或 Trent 的中央计算机中某些地方的电磁炸弹引爆将使 Alice 声明的时间标记完全无效。

第四，可能有些执行时间标记业务的人并不像 Trent 那样诚实。也许 Alice 正在使用 Bob 的时间标记和 Taco Stand 系统。没有任何事情能阻止 Alice 和 Bob 合谋，他们可以用任何想要的时间对文件做时间标记。

4.1.2 改进的仲裁解决方法

单向散列函数和数字签名能够轻而易举地解决大部分问题：

（1）Alice 产生文件的单向散列值。

（2）Alice 将散列值传送给 Trent。

（3）Trent 将接收散列值的日期和时间附在散列值后，并对结果进行数字签名。

（4）Trent 将签名的散列值和时间标记送回给 Alice。

这种方法解决了除最后一个问题外的所有问题。Alice 再也不用担心泄露她的文件内容，因为散列值就足够了。Trent 也不用存储文件的副本（或者甚至散列值），这样大量的存储要求和安全问题就解决了（记住，单向散列函数不需要密钥），Alice 可以马上检查她在第（4）步中接收到的对时间标记散列值的签名。这样，她将马上发现在传送过程中的任何错误。这里唯一存在的问题是，Alice 和 Trent 仍然可以合谋产生他们想要的任何时间标记。

4.1.3 链接协议

解决这个问题的一种方法是将 Alice 的时间标记同以前由 Trent 产生的时间标记链接起来。这些时间标记很可能是为其他人而不是为 Alice 产生的。由于 Trent 预先不知道他所接收的不同时间标记的顺序，所以 Alice 的时间标记一定发生在前一个时间标记之后。并且由于后来的请求是与 Alice 的时间标记链接的，所以她必须出现在前面。Alice 的请求正好夹在两个时间之间。

如果 A 表示 Alice，Alice 想要做时间标记的散列值是 H_n，并且前一个时间标记是 T_{n-1}，那么协议如下：

（1）Alice 将 H_n 和 A 发送给 Trent。

（2）Trent 将如下消息送回给 Alice：$T_n = S_K(n, A, H_n, t_n, I_{n-1}, H_{n-1}, T_{n-1}, L_n)$。其中，$L_n$ 由如下散列链接消息组成：$L_n = H(I_{n-1}, H_{n-1}, T_{n-1}, L_{n-1})$；$S_K$ 表示消息是用 Trent 的私人密钥签名的；Alice 的名字 A 表示她是请求的发起者；参数 n 表示请求的序号——这是 Trent 发布的第 n 个时间标记；参数 t_n 是时间；其他消息为身份标识符、源散列值、时间和 Trent 对以前文件做的时间标记的散列值。

（3）在 Trent 对下一个文件做时间标记后，他将那个文件发起者的标识符 I_{n+1} 发送给 Alice。

如果有人对 Alice 的时间标记提出疑问，她只同她的前后文件的发起者 I_{n-1} 和 I_{n+1} 接触就行了。如果对她的前后文件也有疑问，他们可以同 I_{n-2} 和 I_{n+2} 接触等。每个人都能够表明他们的文件是在先来的文件之后和后来的文件之前打上时间标记的。

这个协议使 Alice 和 Trent 很难合谋产生不同于实际时间的时间标记。Trent 不可能为 Alice 顺填文件的日期。因为那样的话，Trent 就要预先知道在它之前是哪个文件的请求。即使他能够伪造那个文件，他也得知道在那个文件前来的是什么文件的请求等。由于时间标记必须嵌入马上发布的后一个文件的时间标记中，并且那个文件也已经发布了，所以他不可能倒填文件的日期。破坏这个方案的唯一办法是在 Alice 的文件前后创建虚构的文件链，该链足够长以至于可以穷举任何人对时间标记提出的疑问。

4.1.4 分布式协议

人死后，时间标记就会丢失。在时间标记和疑问之间很多事情都可能发生，以使 Alice 不可能得到 I_{n-1} 的时间标记的副本，这个问题可以通过把前面 10 个人的时间标记嵌入 Alice 的时间标记中得到缓解，并且将后面 10 个人的标识符都发给 Alice。这样 Alice 就会有更大的机会找到那些仍有他们的时间标记的人。

下面的协议与 Trent 一起实现分布式协议：

（1）用 H_n 作为输入，Alice 用密码学意义上的安全伪随机数发生器产生一串随机值：

$$V_1, V_2, V_3, \cdots, V_k$$

（2）Alice 将这些值的每一个看作其他人的身份标识符 I。她将 H_n 发送给他们中的每个人。

（3）他们中的每个人将日期和时间附到散列值后，对结果签名，并将它送回给 Alice。

（4）Alice 收集并存储所有的签名作为时间标记。

第（1）步中密码学意义上的安全伪随机数发生器防止 Alice 故意选取不可靠的 I 作为证人。即使她在文件中做些改变以便构造一组不可靠的 I，但她用这种方式逃脱的机会也是很小的，散列函数使 I 随机化，Alice 不可能强迫他们。

这个协议是可行的，因为 Alice 伪造时间标记的唯一办法是使所有的 k 个人都与她合作。由于在第（1）步中她随机地选择 k 个人，所以防备这种攻击的可能性很高。社会越腐败，k 值就应越大。

另外，应该有一些机制来对那些不能马上返回时间标记的人进行处理。k 的一些子集都应该是有效时间标记所要求的。其细节由具体的实现来决定。

4.1.5　进一步的工作

时间标记协议的进一步改进已在文献［92］中提出。作者利用二叉树来增加时间标记的数目，这个时间标记的数目依赖于一个给定的时间标记，以进一步减少某些人产生虚拟时间标记链的可能性。他们也建议在公共地方（例如发表在报纸上）公布每天的时间标记的散列值。这类似于在分布式协议中发送散列值给随机的人。事实上，从 1992 年以来时间标记就已经出现在每星期日的《纽约时报》上了。

这些时间标记协议取得了专利权[684,685,686]。原隶属于贝尔通信研究中心的 Surety 技术公司拥有这些专利并将数字公证系统推向市场以支持这些协议。在其第 1 版中，客户发出"证明"请求给中央协调服务器。下述的 Merkle 技术使用散列函数构造树[1066]：服务器构造由散列值构成的树，树的叶子是在给定的秒期间接收的所有请求，并且服务器把从它的叶子到树根路径上的散列值的列表发回给每位请求者。客户软件把它存储在本地，并能为已经证明的任何文件发布一个数字公证的"证书"。这些树的根的序列由在多个存储库地点用电子手段获得的"全程有效记录"组成（也在 CD-ROM 上发布）。客户软件也包括一个"有效的"函数，允许用户测试文件是否已经准确地用其当前形式证明（对适当的树根通过查询存储库，并把它与从文件和它的证书中重新计算的适当散列值进行比较）。需要了解 Surety 技术公司可与下面的地址联系：

1 Main St.，Chatham，NJ，07928；（201）701－0600；Fax：（201）701－0601

4.2　阈下信道

假设 Alice 和 Bob 被捕入狱。他将去男牢房，而她则进女牢房。看守 Walter 愿意让 Alice 和 Bob 交换消息，但不允许他们加密。Walter 认为他们可能会商讨一个逃跑计划，因此，他希望能够阅读他们说的每个细节。

Walter 也希望欺骗 Alice 和 Bob，他想让他们中的一个将欺诈消息当作来自另一个人的真实消息。Alice 和 Bob 愿意冒这种欺骗的危险，否则他们根本无法联络，而他们必须商讨他们的计划。为了完成这件事，他们不得不欺骗看守，并找出秘密通信的方法。他们不得不建立一个阈下信道（subliminal channel），即完全在 Walter 视野内的他们之间的一个秘密通信信道，消息本身并不包含秘密消息。通过交换完全无害的签名消息，他们可以来回传送秘密消息，并骗过 Walter，即使 Walter 正在监视所有的通信。

一个简易的阈下信道可以是句子中单词的数目。句子中奇数个单词对应"1"，而偶数个单词对应"0"。因此，当你读这种仿佛无关的段落时，我已将消息"101"送给了在现场的我方的人。这种技术的问题在于它仅仅是密码（参见1.2节），没有密钥，安全性依赖于算法的保密性。

Gustavus Simmons 发明了传统数字签名算法中阈下信道的概念[1458,1473]。由于阈下消息隐藏在看似正常的数字签名的文本中，所以这是一种迷惑人的形式。Walter 看到来回传递的已签名的无害消息，但他完全看不到通过阈下信道传递的消息。事实上，阈下信道签名算法与通常的签名算法不能区别，至少对 Walter 是这样。Walter 不仅不能读阈下信道消息，而且他也不知道阈下信道消息已经出现。

一般来说，协议按如下步骤执行：

(1) Alice 产生一个无害消息，最好是随机的。

(2) 用与 Bob 共享的秘密密钥，Alice 对这个无害消息签名，她在签名中隐藏她的阈下消息（这是阈下信道协议的内容，参见23.3节）。

(3) Alice 通过 Walter 发送签名消息给 Bob。

(4) Walter 读这份无害的消息并检查签名，没发现什么问题，他将这份签名的消息传递给 Bob。

(5) Bob 检查这份无害消息的签名，确认消息来自 Alice。

(6) Bob 忽略无害的消息，而用他与 Alice 共享的秘密密钥，提取阈下消息。

怎样欺骗呢？Walter 不相信任何人，别的人也不相信他。他可以阻止通信，但他没法构造虚假消息。由于他没法产生任何有效的签名，所以 Bob 将在第（5）步中检测出他的意图。并且由于他不知道共享密钥，所以他没法阅读阈下消息。更重要的是，他不知道阈下消息在哪里。用数字签名算法签名后的消息与嵌入签名中的阈下消息看上去没有什么不同。

Alice 和 Bob 之间的欺骗问题就更多。在阈下信道的一些实现中，Bob 需要从阈下信道读的秘密消息与 Alice 需要签名的无害消息是相同的。如果这样，Bob 能够冒充 Alice。他能对消息签名声称该消息来源于她，而对此 Alice 无能为力。如果她要给他发送阈下消息，她不得不相信他不会滥用她的私人密钥。

其他阈下信道实现中没有这个问题。由 Alice 和 Bob 共享的秘密密钥允许 Alice 给 Bob 发送阈下消息，但这个密钥与 Alice 的私人密钥不同，并且不允许 Bob 对消息签名。Alice 也就不必相信 Bob 不会滥用她的私人密钥了。

4.2.1 阈下信道的应用

阈下信道最常见的应用是在间谍网中。如果每人都收发签名消息，间谍在签名文件中发送阈下消息就不会被注意到。当然，敌方的间谍也可以做同样的事。

用一个阈下信道，Alice 可以在受到威胁时安全地对文件签名。她可以在签名文件时嵌入阈下消息，说"我被胁迫"。其他应用则更为微妙，公司可以签名文件，嵌入阈下消息，允许它们在整个文档有效期内被跟踪；政府可以"标记"数字货币；恶意的签名程序可能泄露其签名中的秘密消息。其可能性是无穷的。

4.2.2 杜绝阈下的签名

Alice 和 Bob 互相发送签名消息，协商合同的条款。他们使用数字签名协议。然而，这个合同谈判是用来掩护 Alice 和 Bob 的间谍活动的。当他们使用数字签名算法时，他们不关心所签名的消息，而是利用签名中的阈下信道彼此传送秘密消息。然而，反间谍机构不知道合同谈判以及签名消息的应用只是表面现象。因此人们创立了杜绝阈下的签名方案（subliminal-free signature scheme）。这些数字签名方案不能被修改使其包含阈下信道。细节见[480，481]。

4.3　不可抵赖的数字签名

一般的数字签名能够被准确地复制。这个性质有时是有用的，比如公开宣传品的发布。而在其他时间，它可能有问题。想象数字签名的私人或商业信件。如果到处散布那个文件的许多拷贝，而每个拷贝又能够被任何人验证，这样可能会导致窘迫或勒索。最好的解决方案是数字签名能够被证明是有效的，但没有签名者的同意接收者不能把它给第三方看。

Alice 软件公司发布了 DEW（Do-Everything-Word）软件。为了确信软件中不带病毒，他们在每个拷贝中包括一个数字签名。然而，他们只想软件的合法买主能够验证数字签名，盗版者则不能。同时，如果 DEW 拷贝中发现有病毒，Alice 软件公司也不能否认有效的数字签名。

不可抵赖签名（undeniable signature）[343,327] 适合于这类任务。类似于一般的数字签名，不可抵赖签名也依赖于签名的文件和签名者的私人密钥。但不同的是，不可抵赖签名没有得到签名者同意就不能被验证。虽然对这些签名，用像"不可改变的签名"一类的名称更好，但这个名称的由来是，如果 Alice 被强迫承认或抵赖一个签名（很可能在法庭上），她不能否认她的真实签名。

数学描述很复杂，但其基本思想很简单：

（1）Alice 向 Bob 出示一个签名。

（2）Bob 产生一个随机数并送给 Alice。

（3）Alice 利用随机数和其私人密钥进行计算，将计算结果送给 Bob。Alice 只能计算该签名是否有效。

（4）Bob 确认这个结果。

还有其他的协议，以便 Alice 能够证明她没有对文件签名，同时也不能虚伪地否认签名。

Bob 不能转而让 Carol 确信 Alice 的签名是有效的，因为 Carol 不知道 Bob 的数字是随机数。Bob 很容易在纸文件上完成这个协议，而不用 Alice 的任何帮助，然后将结果出示给 Carol。Carol 只有在她与 Alice 本人完成这个协议后才能确信 Alice 的签名是有效的。现在或许没有什么意义，但是一旦你明白 23.4 节介绍的数学原理，就会显而易见了。

这个解决方法并不完善，Yvo Desmedt 和 Moti Yung 研究表明，在某些情况下，Bob 让 Carol 确信 Alice 的签名有效是可能的[489]。

例如，Bob 买了 DEW 的一个合法拷贝，他能在任何时候验证软件包的签名。然后，Bob 使 Carol 相信他是来自 Alice 软件公司的销售商。他卖给她一个 DEW 的盗版。当 Carol 试图验证 Bob 的签名时，他同时要验证 Alice 的签名。当 Carol 发给 Bob 随机数时，Bob 然后把它送给 Alice。当 Alice 响应后，Bob 就将响应送给 Carol。于是 Carol 相信她自己是该软件的合法买主，尽管她并不是。这种攻击是象棋大师问题的一个例子，在 5.2 节中有详细的讨论。

即使如此，不可抵赖签名仍有许多应用，在很多情况中，Alice 不想任何人能够验证她的签名。她不想她的个人通信被媒体核实、展示并从文中查对，或者甚至在事情已经改变后被验证。如果她对卖出的消息签名，她不希望没有对消息付钱的那些人能够验证它的真实性。控制谁验证她的签名是 Alice 保护她的个人隐私的一种方法。

不可抵赖签名的一种变化是把签名者与消息之间的关系与签名者与签名之间的关系分开[910]。在这种签名方案中，任何人都能够验证实际产生签名的签名者，但签名者的合作者还需要验证该消息的签名是有效的。

相关的概念是受托不可抵赖签名（entrusted undeniable signature）[1229]。设想 Alice 为 Toxins 公司工作，并使用不可抵赖签名协议发送控告文件给报社。Alice 能够对报社记者验证她的签名，但不向其他任何人验证签名。然而执行总裁 Bob 怀疑文件是 Alice 提供的，他要求 Alice 执行否认协议来澄清她的名字，Alice 拒绝了。Bob 认为 Alice 不得不拒绝的唯一理由是她有罪，于是便解雇她。

除了否认协议只能由 Trent 执行外，受托不可抵赖签名类似于不可抵赖签名。Bob 不能要求 Alice 执行否认协议，只有 Trent 能够。如果 Trent 是法院系统，那么他将只执行协议去解决正式的争端。

4.4　指定的确认者签名

Alice 软件公司销售 DEW 软件的生意非常兴隆，事实上，Alice 验证不可抵赖签名花费的时间比编写新功能部件花费的时间更多。

Alice 很希望有一种办法可以在公司中指定一个特殊的人负责对整个公司的签名验证。Alice 或任何其他程序员能够用不可抵赖协议对文件签名。但是所有的验证都由 Carol 处理。

结果表明，用指定的确认者签名（designated confirmer signature）[333、1213] 是可行的。Alice 能够对文件签名，而 Bob 相信签名是有效的，但他不能使第三方相信。同时，Alice 能够指定 Carol 作为其签名的确认者。Alice 甚至事先不需要得到 Carol 的同意，她只需要 Carol 的公开密钥。如果 Alice 不在家、已经离开公司，或者突然死亡了，Carol 仍然能够验证 Alice 的签名。

指定的确认者签名是标准的数字签名和不可抵赖签名的折中。肯定有一些场合 Alice 可能想要限制能验证其签名的人。另一方面，假设 Alice 完全控制破坏了签名的可实施性：Alice 可能在确认或否认方面拒绝合作，她可能声称用于确认或否认的密钥丢失了，或者她可能正好身份不明。指定的确认者签名让 Alice 既能保护不可抵赖签名，同时又不让她滥用这种保护。Alice 可能更喜欢以下方式：指定的确认者签名能够帮助她防止错误的应用，如果她确实丢失了密钥，可以保护她；如果她是在度假、在医院，甚至死了，也可以插手干预。

这种想法有各种可能的应用。Carol 能够把她自己作为公证人公开。她能够在某些地方的某些目录中发布她的公开密钥，人们能够指定她作为他们签名的确认人。她向大众收取少量的签名确认费用，这使她可以生活得很好。

Carol 可能是版权事务所、政府机构或其他很多机构。这个协议允许组织机构把签署文件的人与帮助验证签名的人分开。

4.5　代理签名

指定的确认者签名允许签名者指定其他某个人来验证他的签名。例如，Alice 需要到一些地方进行商业旅行，这些地方不能很好地访问计算机网络（例如非洲丛林），或者也许她在大手术后，无能为力。她希望接收一些重要的电子邮件，并指示她的秘书 Bob 做相应的回信。Alice 在不把她的私人密钥给 Bob 的情况下，该如何让 Bob 行使她的消息签名的权利呢？

代理签名（proxy signature）是一种解决方案[1001]。Alice 可以给 Bob 代理，这种代理具有下面的特性：

- 可区别性（distinguishability）。任何人都可区别代理签名和正常签名。
- 不可伪造性（unforgeability）。只有原始签名者和指定的代理签名者能够产生有效的代理签名。
- 代理签名者的不符合性（proxy signer's deviation）。代理签名者必须创建一个能检测代理签名的有效代理签名。
- 可验证性（verifiability）。从代理签名中，验证者能够相信原始的签名者认同了这份签名消息。
- 可识别性（identifiability）。原始签名者能够从代理签名中识别代理签名者的身份。
- 不可抵赖性（undeniability）。代理签名者不能否认他创建的且被认可的代理签名。

在某些情况中，需要更强的可识别性形式，即任何人都能从代理签名中确定代理签名者的身份。基于不同数字签名方案的代理签名方案在文献［1001］中有描述。

4.6 团体签名

David Chaum 在文献［330］中提出了下述问题：

> 一个公司有多台计算机，每台都连接在局域网上。公司的每个部门有自己的打印机（也连接在局域网上），并且只有本部门的人员才被允许使用他们部门的打印机。因此，打印前，必须使打印机确信用户在那个部门工作。同时，公司想保密，不可以暴露用户的姓名。然而，如果有人在当天结束时发现打印机用得太频繁，主管者必须能够找出谁滥用了那台打印机，并给他一个账单。

对这个问题的解决方法称为团体签名（group signature）。它具有以下特性：

- 只有该团体内的成员能对消息签名。
- 签名的接收者能够证实消息是该团体的有效签名。
- 签名的接收者不能决定是该团体内哪一个成员的签名。
- 在出现争议时，签名能够被"打开"，以揭示签名者的身份。

具有可信仲裁者的团体签名

本协议使用可信仲裁者：

（1）Trent 产生大量公开密钥/私人密钥密钥对，并且给团体内的每个成员一个不同的唯一私钥表。在任何表中密钥都是不同的（如果团体内有 n 个成员，每个成员得到 m 个密钥对，那么总共有 $n×m$ 个密钥对）。

（2）Trent 以随机顺序公开该团体所用的公开密钥主表。Trent 保持一个哪些密钥属于谁的秘密记录。

（3）当团体内成员想对一个文件签名时，他从自己的密钥表中随机选取一个密钥。

（4）当有人想验证签名是否属于该团体时，只需查找对应公开密钥主表并验证签名。

（5）当争议发生时，Trent 知道哪个公开密钥对应于哪个成员。

这个协议的问题在于需要可信的一方。Trent 知道每个人的私人密钥因而能够伪造签名。而且，m 必须足够长以避免试图分析出每个成员用的是哪个密钥。

Chaum 在论文中列举了许多其他的协议[330]，其中有些协议 Trent 不能够伪造签名，而另一些协议甚至不需要 Trent。另一个协议[348] 不仅隐藏了签名者的身份，而且允许新成员加入团体内。在文献［1230］中还描述了另一个协议。

4.7 失败-终止数字签名

让我们假想 Eve 是非常强劲的敌人。她有巨大的计算机网络和很多装满了 Cray 计算机的屋子（计算机能力比 Alice 大许多量级）。这些计算机昼夜工作试图破译 Alice 的私人密钥，最终成功了。Eve 现在就能够冒充 Alice，随意地在文件上伪造她的签名。

由 Birgit Pfitzmann 和 Michael Waidner[1240] 引入的**失败-终止数字签名**（fail-stop digital signature）就能避免这种欺诈。如果 Eve 在穷举攻击后伪造 Alice 的签名，那么 Alice 能够证明它们都是伪造。如果 Alice 对文件签名，然后否认签名，声称是伪造的，法院能够验证它不是伪造的。

失败-终止签名的基本原理是：对于每个可能的公开密钥，许多可能的私人密钥和它一起工作。这些私人密钥中的每一个产生许多不同的可能的签名。然而，Alice 只有一个私人密钥，只能计算一个签名。Alice 并不知道其他任何私人密钥。

Eve 试图破解 Alice 的私人密钥。（在这种情况下，Eve 也可能是 Alice，试图为她自己计算第二个私人密钥。）她收集签名消息，并且利用她的 Cray 计算机阵列，试图恢复 Alice 的私人密钥。即使 Eve 能够恢复一个有效的私人密钥，但因为有许多可能的私人密钥，所以这个私人密钥可能是不同的一个。Eve 恢复合适的私人密钥的概率非常小，可以忽略不计。

现在，当 Eve 利用她产生的私人密钥伪造签名时，它将不同于 Alice 本人对文件的签名。当 Alice 被传到法院时，对同一个消息和公开密钥她能够产生两个不同的签名（对应于她的私人密钥以及 Eve 产生的私人密钥）以证明是伪造的。另一方面，如果 Alice 不能产生两个不同的签名，这时没有伪造，Alice 就要对她的签名负责。

这个签名方案避免了 Eve 通过巨大的计算能力来破译 Alice 签名的方案。它对下面这种更有可能发生的攻击却无能为力：当 Mallory 闯入 Alice 的住宅并偷窃她的私人密钥或者 Alice 签署了一个文件然后却丢失了她的私人密钥时。为了防止前一种攻击，Alice 应该给她自己买条好的看门狗，这种事情已超出了密码学的范围。

其他的关于失败-终止签名的理论和应用能在［1239，1241，730，731］中能找到。

4.8 加密数据计算

Alice 想知道某个函数 $f(x)$ 对某些特殊的 x 值的解。不幸的是，她的计算机坏了，Bob 愿意为她计算 $f(x)$，但 Alice 又不想让 Bob 知道她的 x。怎样做 Alice 才能在不让 Bob 知道 x 的情况下为她计算 $f(x)$ 呢？

这是**加密数据计算**（computing with encrypted data）的一般问题，也称为对先知隐藏信息（hiding information from an oracle）问题。（Bob 是先知，他回答问题。）对某些函数来说，有许多方法能够解决这个问题，将在 23.6 节中讨论。

4.9 位承诺

Alice，这位令人惊异的魔术天才，正表演关于人类意念的神秘技巧。她将在 Bob 选牌之前猜中 Bob 将选的牌！注意 Alice 在一张纸上写出她的预测。Alice 很神秘地将那张纸片装入信封中并封上。就在人们吃惊之时，Alice 将封好的信封随机地递给一名观众。"取一张牌，Bob，任选一张。"Bob 看了看牌而后将之出示给 Alice 和观众。是方块 7。现在 Alice 从观众那里取回信封，撕开它。在 Bob 选牌之先写的预测也是方块 7！全场欢呼！

这个魔术的要点在于，Alice 在戏法的最后交换了信封。然而，密码协议能够提供防止这种花招的方法。这有什么用？下面是一个更实际的故事：

> 股票经纪人 Alice 想说服投资商 Bob 她的选取赢利股票的方法很不错。
>
> Bob 说："给我选 5 只股票，如果都赢利，我将把生意给你。"
>
> Alice 说："如果我为你选了 5 只股票，你可以自己对他们投资，而不用给我付款。我为什么不向你出示我上月选的股票呢？"
>
> Bob："我怎样知道你在了解了上月股票的收益后没改变你上月选择的股票呢？如果你现在告诉我你选的股票，我就可以知道你不能改变他们。在我买你的方法以前我不在这些股票中投资。相信我。"
>
> Alice："我宁愿告诉你我上月选择的股票。我不会变，相信我。"

Alice 想对 Bob 承诺一个预测（即 1 位或位序列），但直到某个时间以后才揭示她的预测。而另一方面，Bob 想确信在 Alice 承诺了她的预测后，她没有改变她的想法。

4.9.1 使用对称密码系统的位承诺

这个位承诺协议使用对称密码系统：

(1) Bob 产生一个随机位串 R，并把它发送给 Alice：R。

(2) Alice 产生一个由她想承诺的位 b 组成的消息（b 实际上可能是多位）和 Bob 的随机串。她用某个随机密钥 K 对它加密，并将结果送回给 Bob：$E_K(R，b)$。

这是这个协议的承诺部分，Bob 不能解密消息，因而不知道位是什么。

当到了 Alice 揭示她的位的时候，协议继续：

(3) Alice 发送密钥给 Bob。

(4) Bob 解密消息以揭示位。他检测他的随机串以证实位的有效性。

如果消息不包含 Bob 的随机串，Alice 能够秘密地用一系列密钥解密她交给 Bob 的消息，直到找到一个给她的位，而不是她承诺的位。由于位只有两种可能的值，她只需试几次肯定可以找到一个。Bob 的随机串避免了这种攻击，她必须能找到一个新的消息，这个消息不仅使她的位反转，而且使 Bob 的随机串准确地重新产生。如果加密算法好，她发现这种消息的机会是极小的。Alice 不能在她承诺后改变她的位。

4.9.2 使用单向函数的位承诺

本协议利用单向函数：

(1) Alice 产生两个随机位串：R_1，R_2。

(2) Alice 产生消息，该消息由她的随机串和她希望承诺的位（实际上可能是几位）组成：$(R_1，R_2，b)$。

(3) Alice 计算消息的单向函数值，将结果以及其中一个随机串发送给 Bob：$H(R_1，R_2，b)$，R_1。

这个来自 Alice 的传送就是承诺证据。Alice 在第（3）步使用单向函数阻止 Bob 对函数求逆并确定这个位。

当到了要 Alice 揭示她的位的时候，协议继续：

（4）Alice 将原消息发给 Bob：(R_1, R_2, b)。

（5）Bob 计算消息的单向函数值，并将该值和 R_1 与原先收到的值和随机串比较。如匹配，则位有效。

这个协议较前面协议的优点在于 Bob 不必发送任何消息。只需 Alice 发送给 Bob 一个对位承诺的消息，以及另一揭示该位的消息。

这里不需要 Bob 的随机串，因为 Alice 承诺的结果是对消息进行单向函数变换得到的。Alice 不可能欺骗，并找到另一个消息 (R_1, R_2', b')，以满足 $H(R_1, R_2', b') = (R_1, R_2, b)$。通过发给 Bob 随机位串 R_1，Alice 对 b 的值做了承诺。如果 Alice 不保持 R_2 是秘密的，那么 Bob 能够计算出 $H(R_1, R_2, b')$ 和 (R_1, R_2, b)，并比较哪一个等于他从 Alice 那里接收的值。

4.9.3 使用伪随机序列发生器的位承诺

本协议更容易[1137]：

（1）Bob 产生随机位串，并送给 Alice：R_B。

（2）Alice 为伪随机位发生器产生一个随机种子。然后，对 Bob 随机位串中的每一位，她回送 Bob 下面两个中的一个：

    （a）如果 Bob 的位为 0，则为发生器的输出。

    （b）如果 Bob 的位为 1，则为发生器输出与她的位的异或。

当到了 Alice 出示她的位的时候，协议继续：

（3）Alice 将随机种子送给 Bob。

（4）Bob 确认 Alice 的行动是合理的。

如果 Bob 的随机位串足够长，伪随机位发生器就不可预测，这时 Alice 就没有有效的方法进行欺诈。

4.9.4 模糊点

Alice 发送给 Bob 以便对位承诺的串有时又叫作模糊点（blob）。一个模糊点是一个位序列，虽然在协议中没有说明它为什么必须这样，正如 Gilles Brassard 所说的，"只要是合理存在的就是有用的"[236]。模糊点有下面四个特性：

（1）Alice 能够对模糊点承诺，通过承诺模糊点来承诺一位。

（2）Alice 能够打开她所承诺的任何模糊点。当她打开模糊点时，她能让 Bob 相信在她对模糊点承诺时她所承诺的位值。因此，她不能选择把任何模糊点作为 0 或 1 打开。

（3）Bob 不知道 Alice 如何打开承诺了的但尚未打开的模糊点。即使 Alice 打开其他模糊点之后，也是如此。

（4）模糊点所带的消息除了 Alice 承诺的位外，不再有任何信息。模糊点本身，连同 Alice 的承诺和开启模糊点的过程，与 Alice 希望对 Bob 保密的其他东西不相关。

4.10 公平的硬币抛掷

是 Joe Kilian[831] 讲故事的时候了：

> Alice 和 Bob 想抛掷一个公平的硬币，但又没有实际的物理硬币可抛。Alice 提出一个用思维来抛掷公平硬币的简单方法。"首先，你想一个随机位，然后我再想一个随机位，我们将这两个位进行异或。"Alice 建议。

"但如果我们中有人不随机抛掷硬币怎么办呢?"Bob 问道。

"这无关紧要,只要这些位中的一个是真正随机的,它们异或应该也是真正随机的。"Alice 这样回答。经过思考后,Bob 同意了。

没过多久,Alice 和 Bob 碰到一本关于人工智能的书,这本书被丢弃在路旁。优秀公民 Alice 说:"我们中有一个必须拣起这本书,并找到一个合适的垃圾箱。"Bob 同意并提议用抛币协议来决定谁必须将这本书扔掉。

"如果最后的位是 '0',那么你必须拣起那本书;如果是 '1',那我必须那样做。"Alice 说。"你的位是什么?"

Bob 答道:"1。"

"为什么,我的也是 1,"Alice 顽皮地说,"我猜想今天不是你的幸运日。"

不用说,这个抛币协议有严重的缺陷,真正随机的位 x 与任意独立分配的位 y 异或仍得到真正随机的位。Alice 的协议不能保证两个位是独立分布的。事实上,不难验证不存在能让两个能力无限的团体公平抛币的思维协议。Alice 和 Bob 在收到来自密码学方面的一个无名研究生的一封信后才走出了困境。信上的信息抽象得对任何人都不会有用,但随信用的信封却是随手可得的。

接下来,Alice 和 Bob 希望抛币,他们对原协议版本进行了修改。首先,Bob 确定一位,但这次他不立即宣布,只是将它写在纸上,并装入信封中。接下来,Alice 公布她选的位。最后,Alice 和 Bob 从信封中取出 Bob 的位并计算随机位。只要至少一方诚实地执行协议,这位的确是真正随机的。Alice 和 Bob 有了这个可以工作的协议,密码学家梦想的社会关系实现了,他们从那以后过得很愉快。

那些信封很像位承诺模糊点。当 Manuel Blum 通过调制解调器引入抛掷公平硬币问题时[194],他利用位承诺协议解决了此问题:

(1) Alice 利用在 4.9 节中所列的任意一个位承诺方案,对一个随机位承诺。

(2) Bob 试图去猜测这位。

(3) Alice 出示这位给 Bob,如果 Bob 正确地猜出这位,他就赢得了这次抛币。

一般来说,需要一个具有如下性质的协议:

- Alice 必须在 Bob 猜测之前抛币。
- 在听到 Bob 的猜测后,Alice 不能再抛币。
- Bob 在猜测之前不能知道硬币怎么落地的。

以下几种方法可用来实现具有这些性质的协议。

4.10.1　使用单向函数的抛币协议

如果 Alice 和 Bob 对使用单向函数达成一致意见,协议非常简单:

(1) Alice 选择一个随机数 x,她计算 $y = f(x)$,这里 $f(x)$ 是单向函数。

(2) Alice 将 y 送给 Bob。

(3) Bob 猜测 x 是偶数或奇数,并将猜测结果发送给 Alice。

(4) 如果 Bob 的猜测正确,则抛币结果为正面;如果 Bob 的猜测错误,则抛币的结果为反面。Alice 公布此次抛币的结果,并将 x 发送给 Bob。

(5) Bob 确信 $y = f(x)$。

此协议的安全性取决于单向函数。如果 Alice 能找到 x 和 x',满足 x 为偶数而 x' 为奇数,且 $y = f(x) = f(x')$,那么她每次都能欺骗 Bob。$f(x)$ 没有意义的位也必须与 x 不相关，否则 Bob 至少某些时候能够欺骗 Alice。例如，如果 x 是偶数，$f(x)$ 产生偶数的次数占 75%，Bob 就有优势。（有时没有意义的位在这个应用中不是使用得最好的位，因为它可能更易于计算。）

4.10.2　使用公开密钥密码系统的抛币协议

这个协议既可与公开密钥密码系统又可与对称密码系统一起工作。其唯一要求是算法满足交换律，即

$$D_{K_1}(E_{K_2}(E_{K_1},(M)))=E_{K_2}(M)$$

一般来说，对对称算法这个特性并不满足，但对某些公开密钥算法是正确的（例如，有相同模数的 RSA 算法）。协议如下：

（1）Alice 和 Bob 都产生一个公开密钥/私人密钥对。

（2）Alice 产生两个消息，一个指示正面，另一个指示反面。这些消息中包含有某个唯一的随机串，以便以后能够验证其在协议中的真实性。Alice 用她的公开密钥将两个消息加密，并以随机的顺序把他们发给 Bob：$E_A(M_1)$，$E_A(M_2)$。

（3）Bob 由于不能读懂其中任意一消息，他随机地选择一个。他用他的公开密钥加密并回送给 Alice：$E_B(E_A(M))$。其中，M 是 M_1 或 M_2。

（4）Alice 由于不能读懂送回给她的消息，就用她的私人密钥解密并回送给 Bob：$D_A(E_B(E_A(M)))=E_B(M_1)(M=M_1)$ 或 $E_B(M_2)(M=M_2)$。

（5）Bob 用他的私人密钥解密消息，得到抛币结果。他将解密后的消息送给 Nice：$D_B(E_B(M_1))=M_1$ 或 $D_B(E_B(M_2))=M_2$。

（6）Alice 读抛币结果，并验证随机串的正确性。

（7）Alice 和 Bob 出示他们的密钥对以便双方能验证对方没有欺诈。

这个协议是自我实施的。任意一方都能即时检测对方的欺诈，不需要可信的第三方介入实际的协议和协议完成后的任何仲裁。让我们试图欺诈，看看协议是如何工作的。

如果 Alice 想欺骗，强制为正面，她有三种可能的方法影响结果。第一种方法，她可以在第（2）步中加密两个"正面"的消息。在第（7）步 Alice 出示她的密钥时，Bob 就可以发现这种欺骗。第二种方法，Alice 在第（4）步时用一些其他的密钥解密消息，将产生一些乱七八糟的无用消息，Bob 可在第（5）步中发现。第三种方法，Alice 可在第（6）步中否认消息的有效性，当在第（7）步中 Alice 不能证明消息无效时，Bob 就可以发现。当然，Alice 可以在任何一步拒绝参与协议，这样 Alice 欺骗 Bob 的企图就显而易见了。

如果 Bob 想欺骗并强制为"反面"，那么他的选择性不大。他可以在第（3）步中不正确地加密一个消息，但 Alice 在第（6）步查看最终消息时就可以发现它。他可以在第（5）步中进行不适当的操作，但这也会导致乱七八糟的无用消息，Alice 可在第（6）步中发现。他可以声称由于 Alice 那方面的欺诈使他不能适当地完成第（5）步的操作，但这种形式的欺诈能在第（7）步中发现。最后，他可能在第（5）步中给 Alice 一个"反面"的消息，而不管他解密获得的消息是什么，Alice 都能在第（6）步中立即检查消息的真实性。

4.10.3　抛币入井协议

注意在所有这些协议中，Alice 和 Bob 不能同时知道抛币的结果。每个协议有一个点，在这个点上其中一方（如开始两个协议中的 Alice，最后一个协议中的 Bob）知道抛币结果，但不能改变它。然而，这一方能推迟向另一方泄露结果。这称为抛币入井协议（flipping coins into a well）。设想有一口井，Alice 在井的旁边，而 Bob 远离这口井。Bob 将币抛进井里去，币停留在井中，现在 Alice 能够看到井中的结果，但她不能到井底去改变它。Bob 不能看到结果，直到 Alice 让他走到足够近时，才能看到。

4.10.4 使用抛币产生密钥

这个协议的实际应用是产生会话密钥。抛币协议能让 Alice 和 Bob 产生随机会话密钥，以便双方都不能影响密钥产生的结果。假定 Alice 和 Bob 加密他们的交换，这个密钥产生方法在存在窃听时也是安全的。

4.11 智力扑克

这是一个类似于公平硬币抛掷协议的协议，它允许 Alice 和 Bob 通过电子邮件打扑克。这里 Alice 不是产生和加密两个消息：一个"正面"和一个"反面"，而是产生 52 个消息 M_1，M_2，…，M_{52}，每个代表一副牌中的一张牌。Bob 随机选取 5 张牌，用他的公开密钥加密，然后回送给 Alice。Alice 解密消息并回送给 Bob，Bob 解密它们以确定他的一手牌。然后，当 Bob 接收到 Alice 发送的消息时，他随机选择另外 5 个消息，并发给 Alice，Alice 解密它们，并且它们变成她的一手牌。在游戏期间，可通过重复这些过程来为任意一方发其他的牌。在游戏结束时，Alice 和 Bob 双方出示他们的牌和密钥对使任意一方确信对方没有作弊。

4.11.1 三方智力扑克

人较多时玩扑克会更有趣。基本的智力扑克协议可以很容易地扩展到三个或更多个玩家。在这种情况下，密码算法也必须是可交换的。

（1）Alice、Bob 和 Carol 都产生一个公开密钥/私人密钥对。

（2）Alice 产生 52 个消息，每个代表一副牌中的一张牌。这些消息应包含一些唯一的随机串，以便她能在以后验证它们在协议中的真实性。Alice 用她的公开密钥加密所有这些消息，并将它们发送给 Bob：$E_A(M_n)$。

（3）Bob 不能阅读任何消息，他随机选择 5 张牌，用他的公开密钥加密，并把它们回送给 Alice：$E_B(E_A(M_n))$。

（4）Bob 将余下的 47 张牌送给 Carol：$E_A(M_n)$。

（5）Carol 不能阅读任何消息，也随机选 5 个消息，用她的公开密钥加密，并把它们送给 Alice：$E_C(E_A(M_n))$。

（6）Alice 也不能阅读回送给她的消息，她用她的私人密钥对它们解密，然后送给 Bob 或 Carol（依据来自谁而定）：$D_A(E_B(E_A(M_n)))=E_B(M_n)$，$D_A(E_C(E_A(M_n)))=E_C(M_n)$。

（7）Bob 和 Carol 用他们的密钥解密并获得他们的牌：$D_B(E_B(M_n))=M_n$，$D_C(E_C(M_n))=M_n$。

（8）Carol 从余下的 42 张牌中随机取 5 张，把它们发送给 Alice：$E_A(M_n)$。

（9）Alice 用她的私人密钥解密消息获得她的牌：$D_A(E_A(M_n))=M_n$。

（10）在游戏结束时，Alice、Bob 和 Carol 都出示他们的牌和他们的密钥，以便每人都确信没有人作弊。

其他的牌可以用同样的方式处理。如果 Bob 或 Carol 想要牌，任何一个人能够取被加密的牌，并和 Alice 一起履行该协议。如果 Alice 想要一张牌，当前得到牌的任何人都随机发给她一张牌。

在理想情况下，第（10）步是不必要的。协议结束后，不应该要求所有选手都出示他们的牌，只有那些没有出完牌的人被要求如此。由于第（10）步只是设计抓住骗子的部分，所以也可能有改进。

在扑克中，人们只对赢家是否欺骗感兴趣。只要他们仍然失败，其他每个人也能进行他们想要的欺骗。（事实上，这确实是不对的。当失败时，可以收集其他玩家的玩牌风格的数据）。让我们看看不同选手赢牌的情况。

如果 Alice 赢了，她出示她的牌和她的密钥。Bob 能够用 Alice 的私人密钥确认 Alice 是合法地进行了第（2）步——52 个消息分别对应一张不同的牌。Carol 通过用 Alice 的公开密钥加密牌，并验证是与她在第（8）步中送给 Alice 的加密消息相同，从而确认 Alice 没有对出的牌撒谎。

如果 Bob 或 Carol 赢了，赢牌者将出示他们的牌以及密钥。Alice 可以通过检查她的随机串来确信这些牌是合法的。她也能确信通过用赢家的公开密钥对牌加密的牌是发的牌，并验证与她在第（3）步或第（5）步中收到的加密消息相同。

当恶意的玩家串通时，这个协议便不安全了。Alice 和其他玩家可以有效地联合起来对付第三方，在不引起怀疑的情况下骗取其所有东西。因此，每次检查玩家出的牌中的随机串和所有的密钥很重要。如果你与两个从未出示他们牌的人坐在虚拟桌子上，且其中一个为发牌者（上述协议中的 Alice）时，你就应该停止玩了。

4.11.2　对扑克协议的攻击

密码学家已经证明，如果使用 RSA 算法，那么这些扑克协议会泄露少量的消息[453,573]。具体来说，如果牌的二进制表示是二次剩余（参见 11.3 节），那么牌的加密也为二次剩余。这个特性可用来标记某些牌——比如，所有的"A"。虽然不能泄露许多牌，但在诸如扑克游戏中，在最后即便是一个微小的位消息也会有用。

Shafi Goldwasser 和 Silvio Micali[624] 设计了一个两人玩的智力扑克游戏协议，它解决了这个问题，但由于其太复杂、太理论化而实用性不好。在文献［389］中设计了消除消息泄露问题的通用 n 方扑克协议。

其他对扑克协议的研究可在文献［573，1634，389］中找到。一个允许玩家不出示他们牌的复杂协议可在文献［390］中找到。Don Coppersmith 讨论了在利用 RSA 算法的智力扑克游戏中两种作弊的方法[370]。

4.11.3　匿名密钥分配

在人们利用这个协议通过调制解调器玩扑克是不太可能的时候，Clarles Pfleeger 讨论了这样一种情况，使得这类协议迟早有用[1244]。

考虑密钥分配问题。如果假定人们不能产生他们自己的密钥（它们必须为某种形式，或必须被某组织签名，或类似的要求）。必须设置 KDC 来产生和分配密钥。问题是必须找出一些密钥分配方法使得没有人（包括服务器）知道谁得到了什么密钥。

下面的协议解决了这个问题：

（1）Alice 产生一个公开密钥/私人密钥对。对这个协议，她保持这两个密钥秘密。

（2）KDC 产生连续的密钥序列。

（3）KDC 用它自己的公开密钥，逐个地将这些密钥加密。

（4）KDC 逐个地将这些加密后的密钥传送到网上。

（5）Alice 随机选择一个密钥。

（6）Alice 用她的公开密钥加密所选的密钥。

（7）Alice 等一段时间（要足够长使得服务器不知道她选择了哪个密钥），将这个双重加密的密钥送回 KDC。

（8）KDC 用它的私人密钥解密双重加密的密钥，得到一个用 Alice 的公开密钥加密的密钥。

（9）服务器将此加密密钥送给 Alice。

（10）Alice 用她的私人密钥解密这个密钥。

Eve 在这个协议过程中也不知道 Alice 选择了什么密钥。她在第（4）步看到了连续密钥序列通过。当 Alice 在第（7）步将密钥送回给服务器时，用她的公开密钥加密，而公开密钥在协议期间也是秘密的。Eve 没法将它与密钥序列关联起来。当服务器在第（9）步将密钥送回给 Alice 时，也是用 Alice 的公开密钥加密的。仅当 Alice 在第（10）步解密密钥时，才知道密钥。

如果你用 RSA，这个协议以每个消息 1 位的速度泄露信息。它又是二次剩余。如果你准备用这种方式分配密钥，那么必须确保泄露是无关紧要的。来自 KDC 的密钥序列也必须足够长，以阻止穷举攻击。当然，如果 Alice 不信任 KDC，她就不应该从 KDC 得到密钥。恶意的 KDC 可以预先记录它所产生的所有密钥。然后，它能搜索所有的密钥，决定哪一个是 Alice 的。

这个协议也假定 Alice 行为正当。利用 RSA 算法，她能够做其他事情来得到更多的信息。在这个方案中，这不成问题，但在其他环境可能存在问题。

4.12 单向累加器

Alice 是 Cabal 公司的一个成员。有时候，她必须在光线暗淡的旅馆与其他成员会晤。问题是旅馆的光线非常暗，以至于她难于知道桌子对面的人是否也是他们的成员。

Cabal 公司可以选择多种解决方案。一种方案是，每个成员可以携带一个成员名单，这有两个问题。一是每人都必须携带一个大的数据库，二是他们必须很好地保护成员名单。另一种选择是，一个值得信任的秘书能够发布数字签名的身份卡。这样做增加了让外来者验证成员的好处（例如，在本地食品店打折），但是它需要可信任的秘书，在 Cabal 公司没有人能够被信任到那种程度。

新的解决方案是使用叫作单向累加器（one-way accumulator）的东西[116]。除了可交换外，它类似单向散列函数。也就是说，用任何顺序对成员数据库进行散列运算都得到相同的值是可能的。而且，把成员加入散列中得到新的散列，它也与顺序无关。

那么，这是 Alice 做的事情。她计算除她自己外每个成员名字的累加和。然后，她把那个值与她的名字保存在一起。Bob 和其他每个成员都做和 Alice 一样的事。现在，当 Alice 和 Bob 在光线暗淡的旅馆会面时，他们简单地互相交换累加值和名字，Alice 确信 Bob 的名字加上他的累加值等于 Alice 的名字加上她的累加值。Bob 做同样的事情。现在他们两人知道另一个是公司成员。同时，没有人能够知道任何其他人的身份。

甚至更好，非成员能知道每个人的累加值。现在 Alice 能够对非成员验证他的成员资格（也许，在他们的本地反间谍商店为成员打折），非成员不可能计算出全部成员资格的名单。

只要到处发送新成员的名字就可把新成员加入累加值中。不幸的是，删除成员的唯一方法是给每个成员发送新名单并让他们重新计算累加值。如果有人辞职，Cabal 公司就需要这样做，死亡的成员则可以保留在名单上（很奇怪，这绝不会有问题）。

在没有集中签名者的情况下，无论什么时候你想要与数字签名有同样的效果时这是一个聪明的想法，并已得到应用。

4.13 秘密的全或无泄露

假设 Alice 是苏联的前代理商，现在失业了，她为了挣钱，便出卖机密，任何愿意付钱的人都可以买到秘密。Alice 甚至还有一个目录，所有的秘密都编号列出，并加上一个非常撩人的标题："Jimmy Hoffa 在哪里?""谁在秘密控制着三方委员会?""为什么叶利钦看上去总像吞了一只活青蛙?"等。

Alice 不愿为一个秘密的价格而泄露两个秘密或者泄露秘密的任何一部分。Bob 是一个潜在的买主，他不想为随意的秘密付钱，他也不想告诉 Alice 他想要哪个秘密。这并不关 Alice 的事，此外 Alice 可能在她的目录中加上"Bob 对什么感兴趣"这一条。

在这种情况下不能使用扑克协议，因为在协议的末尾 Alice 和 Bob 必须互相摊牌。Bob 也能进行欺骗而得到不止一个秘密。

这个解决方案就叫作秘密的全或无泄露（All-or-Nothing Disclosure Of Secret，ANDOS）。因为一旦 Bob 得到了不管是 Alice 的秘密中的哪一个，他就失去了获知任何其他秘密的机会。

在密码学文献中有多个 ANDOS 协议，其中一些将在 23.9 节中讨论。

4.14 密钥托管

下面这段话摘自 Silvio Micali 的专题介绍[1084]：

当前，法院授权许可的搭线窃听是防止犯罪并将罪犯绳之以法的有效方法。更重要的是，照我们的观点，通过阻止对正常网络通信的非法使用也防止了犯罪的进一步扩散。因此，法律上比较关心的是，公开密码学的广泛应用可能对犯罪和恐怖组织有很大帮助。实际上，很多议案提议：一个适当的政府机关，在法律允许的情况下，应当可以获得任何通过公共网络进行通信的明文。目前，这个要求可能意味着强迫市民：(1) 要么使用弱的密码系统，即有关当局（当然也可以是任何其他的人）经过一定的努力可以破解的密码系统；(2) 要么事先把他们的秘密密钥交给当局。如果这种替代方法会从法律上提醒许多有关的市民，让他们觉得国家安全和法律强制应在隐私之上的话，这并不令人惊奇。

密钥托管是美国政府的 Clipper 计划和它的托管加密标准（Escrowed Encryption Standard）的核心。这里面临的挑战是开发一个密码系统，既要保护个人隐私，同时又要允许法院授权的搭线窃听。

托管加密标准通过防窜改的硬件来实现安全性。每个加密芯片有一个唯一的 ID 号和秘密密钥，密钥分为两部分，并与 ID 号一起由两个不同的托管机构存储。芯片每次加密数据文件，它首先用唯一的秘密密钥加密会话密钥，然后通过信道发送加密的会话密钥和它的 ID 号。当某些法律执行机构想用这些芯片中的一个解密加密的消息序列时，它监听 ID 号，从托管机构收集适当的密钥，把它们进行异或，解密会话密钥，然后使用会话密钥解密消息序列。面对欺诈者，为了使这个方案可行，它可能更复杂，细节见 24.16 节。这也可用软件或公开密钥密码术来实现[77,1579,1580,1581]。

Micali 称他的思想为公平密码系统（fair cryptosystem）[1084,1085]。（据传美国政府在托管加密标准中为使用他的专利花了 100 万美元[1086,1087]，然后 Banker's Trust 购买了 Micali 的专利。）在这些密码系统中，私人密钥被分成许多部分，发给不同的机构。类似于秘密共享方案，这些机构可集中到一起并重新构造私人密钥。但是，这些密钥碎片具有一种额外的性质：不需要重新构造私人密钥，就能分别验证这些密钥碎片是否正确。

Alice 可以产生她自己的私人密钥并给 n 个托管人每人一部分密钥。这些托管人中没有人能恢复 Alice 的私人密钥。然而，所有这些托管人都能验证他们的那一部分是私人密钥的有效部分，Alice 不可能送给一个托管人随机位串，并希望他带着逃跑了。如果法院授权搭线窃听，有关法律执行机构可以遵照法庭的命令让 n 个托管人交出他们的那一部分密钥。用所有这 n 个部分，执行机构重新构造出私人密钥，并能够对 Alice 的通信线路进行搭线窃听。另一方面，Mallory 为了能重新构造 Alice 的密钥并侵犯她的隐私，将不得不破坏所有 n 个托管人。

协议执行的情况如下：

（1）Alice 产生她的私人密钥/公开密钥对，她把私人密钥分成多个公开和秘密部分。

（2）Alice 送给每个托管人一个公开的部分和对应的秘密部分。这些消息必须加密。她也把公开密钥送给 KDC。

（3）每个托管人独立地完成计算以确认所得到的公开部分和秘密部分都是正确的。每个托管人将秘密部分存放在安全的地方并把公开部分发送给 KDC。

（4）KDC 对公开部分和公开密钥执行另一种计算。假设每一件事都是正确的，KDC 在公开密钥上签名，然后把它送回给 Alice 或把它邮寄到某处的数据库。

如果法庭要求进行搭线窃听，那么每个托管人就把他的那部分交给 KDC，KDC 能重新构造私人密钥。在交出密钥前，无论是 KDC 还是任何一个托管人都不能重新构造私人密钥，所有托管人一起才能重新构造这个密钥。

采用这种方式能把任何公开密钥密码算法都做成是公正的。在 23.10 节中讨论一些特殊算法。Micali 的文章[1084,1085] 讨论了把门限方案与这个协议结合起来的办法，使得只需要托管人的一个子集（例如，5 个中的 3 个）便能重新构造私人密钥。他还讲述了怎样将不经意传输（见 5.5 节）与这个协议结合起来，使托管人不知道是谁的私人密钥正在被重新构造。

公平密码系统是不完善的。罪犯能够利用这个系统，他能够使用阈下信道（见 4.2 节）把另一个秘密密钥嵌入他的那部分。采用这种方法，使用阈下密钥，不用担心法院授权的搭线窃听，他就能够安全地与其他人通信。另一个叫作防故障密钥托管（failsafe key escrowing）解决了这个问题[946,833]。23.10 节描述该算法和协议。

密钥托管的政治

除了政府的密钥托管计划外，多个商业密钥托管正在付诸实施。这里有一个显而易见的问题：对用户来说，密钥托管的好处是什么？

实际上没有任何好处，用户不能从密钥托管得到任何东西。如果他愿意，他可以备份他的密钥（见 8.8 节）。密钥托管保证：即使使用了加密，警察也能够窃听他的谈话或阅读他的数据文件。它还保证：即使使用加密，NSA 不经批准也能够窃听他的国际电话。也许，他将被允许在目前反对密钥托管的国家使用密码，这似乎好像是唯一的好处。

密钥托管有相当大的缺陷。用户不得不相信托管机构的安全性程序，以及参与人的诚实。他不得不相信托管机构没有改变他们的策略，政府没有改变他的法律，那些得到密钥的执法机构和托管机构会合法地和负责地做事。设想一个大恐怖分子袭击纽约时，对警察来说，还有什么样的限制不能抛到一边呢？

难于想象托管加密方案工作会像它们的发起人设想的那样没有一些法律压力。很明显下一步是禁止使用非托管加密，这可能是使商业系统付费的唯一办法，并且它肯定是使技术上富有经验的罪犯和恐怖分子使用它的唯一方法。不清楚要使非托管密码成为非法将会遇到什么阻力，或者它怎么影响作为研究学科的密码学。就我而言，没有软件非托管加密设备，我能研究面向软件的加密算法吗？我还需要特别的许可吗？

还有法律上的问题。如果有加密数据被破解，托管密钥怎么影响用户的责任？如果美国政府试图保护托管结构，是不是有隐含的假设，在用户或托管机构都会危及秘密的安全时，泄密的一定是用户？

对于政府或商业性的密钥托管服务而言，如果它的整个托管密钥数据库被偷盗了该怎么办？如果美国政府试图对它保持一段时间的沉默又会怎么样呢？很清楚，这会对使用密钥托管的用户愿望产生影响，如果不是自愿的，这样的一些丑闻又将增加政治压力，迫使政府要么让其成为自愿，要么对该产业增加新的复杂规定。

更为危险的是现政府的政治对手、对某些情报或警察机构坦率直言的批评家已经被监视多年的丑闻会公之于世。这可能引起公众强烈地反对托管加密的情绪。

如果签名密钥和加密密钥一样被托管，存在更多的问题。当局使用签名密钥执行操作反对可疑罪犯能否被接受？基于托管密钥签名的真实性在法庭上会被接受吗？如果当局签署一些不宜的合同，以帮助国家扶持的工业，或者只是为了偷窃金钱，而使用他们的签名密钥，用户会有什么样的追索权呢？

密码的全球化导致了另外一些问题，密钥托管政策在其他国家将会一致吗？跨国公司为了保持与各种地方法律一致，他们必须在每个国家保持单独的托管密钥吗？如果没有某种一致性，密钥托管方案的好处之一（强加密的国际化使用）必将崩溃。

如果有些国家根本不接受托管机构的安全性会怎么样呢？用户在那里怎么做生意呢？他们的数字化合同能得到当地法院的支持吗？或者他们的签名密钥托管在美国的事实会允许他们在瑞士声称别的人也可能签署他的电子合同吗？在这些国家做生意的人是否有特殊的弃权呢？

工业间谍又会怎么样呢？没有理由相信那些目前正在为其重要的或政府性质的公司从事间谍活动的国家会放弃在密钥托管加密系统上做手脚。的确，由于事实上没有哪个国家会允许其他国家监视自己的情报工作，所以托管加密的广泛使用必将可能增加搭线窃听的盛行。

即使具有良好公民权记录的国家，其使用密钥托管只是为了合法追踪罪犯和恐怖分子，但它肯定也用于别的地方以跟踪异己分子、有敲诈勒索倾向的政敌等。数字通信在监视公民的行动、意见、购买和集会等一整套工作上提供的机会比模拟世界可能提供的机会大得多。

人们不清楚 20 年以后这种情况对商用密钥托管将有怎样的影响，向土耳其出售现成的密钥托管系统，就类似于 20 世纪 70 年代向南非出售电棍和 20 世纪 80 年代为伊拉克建立化工厂。更糟糕的是，由于这种对通信的窃听十分易行且不可能被跟踪，所以可能诱使许多政府对其大多数公民的通信进行跟踪，甚至连以前不打算这样做的政府也会如此，因而不能保证自由民主社会能抵御这种诱惑。

高 级 协 议

5.1 零知识证明

下面是另一个故事：

> Alice："我知道联邦储备系统计算机的口令，汉堡包秘密调味汁的成分以及
> Knuth 第 4 卷的内容。"
> Bob："不，你不知道。"
> Alice："我知道。"
> Bob："你不知道！"
> Alice："我确实知道！"
> Bob："请你证实这一点！"
> Alice："好吧，我告诉你！"（她悄悄地说出了口令。）
> Bob："太有趣了！现在我也知道了。我要告诉《华盛顿邮报》。"
> Alice："啊呀！"

不幸的是，Alice 要证明一些事情给 Bob 的常用方法是告诉 Bob。但这样一来 Bob 也知道了这些事情。现在，Bob 就可以告诉他想要告诉的其他人，而 Alice 对此毫无办法。（在文献中，协议常常使用不同的人物。Peggy 通常扮成证明者，而 Victor 则扮成验证者，他们的名字将代替 Alice 和 Bob 出现在下面的例子中。）

Peggy 可使用单向函数进行零知识证明（zero-knowledge proof）[626]。这个协议向 Victor 证明 Peggy 确实拥有一部分信息，但却没有告诉 Victor 这个信息是什么。

这些证明采取了交互式协议的形式。Victor 问 Peggy 一系列问题，如果 Peggy 知道那个信息，她就能正确地回答所有问题；如果她不知道，她仍有正确回答的机会（在如下例子中有 50％的机会）。大约在 10 个问题之后，将使 Victor 确信 Peggy 知道那个信息。然而，所有的问题或回答都没有给 Victor 提供关于 Peggy 所知道信息的任何信息——只有 Peggy 知道这个信息。

5.1.1 基本的零知识协议

Jean-Jacques Quisquater 和 Louis Guillou 用一个关于洞穴的故事来解释零知识[1281]。见图 5-1，洞穴里有一个秘密，知道咒语的人能打开 C 和 D 之间的密门。对其他任何人来说，两条通道都是死胡同。

Peggy 知道这个洞穴的秘密。她想对 Victor 证明这一点，但她不想泄露咒语。下面是她如何使 Victor 相信的过程：

（1）Victor 站在 A 点。

（2）Peggy 一直走进洞穴，到达 C 点或者 D 点。

（3）在 Peggy 消失在洞穴中之后，Victor 走到 B 点。

（4）Victor 向 Peggy 喊叫，要她：

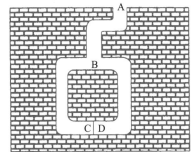

图 5-1 零知识洞穴

    （a）从左通道出来，或者

    （b）从右通道出来。

（5）Peggy 答应了，如果有必要她就用咒语打开密门。

（6）Peggy 和 Victor 重复第（1）～（5）步 n 次。

    假设 Victor 有一个摄像机能记录他所看到的一切。他记录 Peggy 消失在洞中的情景，记录他喊叫 Peggy 从他选择的地方出来的时间，记录 Peggy 走出来。他记录所有 n 次试验。如果他把这些记录给 Carol 看，她会相信 Peggy 知道打开密门的咒语吗？肯定不会。在不知道咒语的情况下，如果 Peggy 和 Victor 事先商定好 Victor 喊叫什么，那将如何呢？Peggy 会确信她走进 Victor 叫她出来的那一条路，然后她就可以在不知道咒语的情况下在 Victor 每次要她出来的地方出来。或许他们不那么做，Peggy 走进其中一条通道，Victor 发出一个随机的要求，如果 Victor 猜对了，好极了；如果他猜错了，他们会从录像带中删除这个试验。总之，Victor 能获得一个记录，它准确显示与实际证明 Peggy 知道咒语相同的事件顺序。

    这说明了两件事情。其一，Victor 不可能使第三方相信这个证明的有效性；其二，它证明了这个协议是零知识的。在 Peggy 不知道咒语的情况下，Victor 显然不能从记录中获悉任何信息。但是，因为无法区分一个真实的记录和一个伪造的记录，所以 Victor 不能从实际证明中了解任何信息——它必定是零知识。

    协议使用的技术叫作分割选择（cut and choose），因为它类似于如下将任何东西等分的经典协议：

（1）Alice 将东西切成两半。

（2）Bob 给自己选择一半。

（3）Alice 拿走剩下的一半。

    Alice 最关心的是第（1）步中的等分，因为 Bob 可以在第（2）步中选择他想要的那一半。Michael Rabin 是第一个在密码学中使用分割选择技术的人[1282]。交互式协议（interactive protocol）和零知识的概念是后来才正式提出的[626,627]。

    分割选择协议起作用，因为 Peggy 没有办法重复猜出 Victor 要她从哪一边出来。如果 Peggy 不知道这个秘密，那么她只能从进去的路出来。在协议的每一轮［有时叫作一次鉴别（accreditation）］中她有 50% 的机会猜中 Victor 会叫她从哪一边出来，所以她有 50% 的机会欺骗他。在两轮中她欺骗 Victor 的机会是 25%。而所有 n 次她欺骗 Victor 的机会是 $1/2^n$。经过 16 轮后，Peggy 只有 1/65 536 的机会欺骗 Victor。Victor 可以安全地假定，如果所有 16 次 Peggy 的证明都是有效的，那么她一定知道开启 C 点和 D 点间的密门咒语。（洞穴的比拟并不完善。Peggy 可能简单地从一边走进去，并从另一边出来。这里并不需要任何分割选择协议，但是，数学上的零知识需要它。）

    假设 Peggy 知道一部分信息而且这部分信息是一个难题的解法，基本的零知识协议由下面几轮组成。

（1）Peggy 用她的信息和一个随机数将这个难题转变成另一个难题，新的难题和原来的难题同构。然后她用她的信息和这个随机数解这个新难题。

（2）Peggy 利用位承诺方案提交这个新难题的解法。

（3）Peggy 向 Victor 透露这个新难题。Victor 不能用这个新难题得到关于原难题或其解法的任何信息。

（4）Victor 要求 Peggy：

(a) 向他证明新、旧难题是同构的（即两个相关问题的两种不同解法），或者

(b) 公开她在第（2）步中提交的解法并证明是新难题的解法。

（5）Peggy 同意。

（6）Peggy 和 Victor 重复第（1）～（5）步 n 次。

还记得洞穴协议中的摄像机吗？在此你可以做同样的事。Victor 可以做一个他和 Peggy 之间交换的副本。他不能用这个副本让 Carol 信服，因为他总能串通 Peggy 制造一个伪造 Peggy 知识的模拟器。这个论点可以用来论证这样的证明是零知识的。

这类证明的数学背景很复杂。问题和随机变换一定要仔细挑选，使得甚至在协议的多次迭代之后，Bob 仍不能得到关于原问题解法的任何信息。不是所有难题都能用作零知识证明，但很多可以。

5.1.2　图同构

举个例子来解释这个概念可能要费很多笔墨。这个概念来自图论[619,622]。连接不同点的线构成的网络称为图。如果两张图除点的名字不同外其他都一样，它们叫同构（isomorphic）。对于一个非常大的图，找出两个图是否同构需要计算机工作数百年的时间，这是在 11.1 节中讨论的 NP 完全问题之一。

假设 Peggy 知道图 G_1 和 G_2 之间同构，下面的协议将使 Victor 相信 Peggy 的知识：

（1）Peggy 随机置换 G_1 产生另一个图 H，并且 H 和 G_1 同构。因为 Peggy 知道 G_1 和 H 同构，所以她也就知道 H 和 G_2 同构。对其他人来说，发现 G_1 和 H 或 H 和 G_2 之间同构与发现 G_1 和 G_2 之间同构一样难。

（2）Peggy 把 H 送给 Victor。

（3）Victor 要求 Peggy：

(a) 证明 G_1 和 H 同构，或者

(b) 证明 G_2 和 H 同构。

（4）Peggy 同意。她

(a) 证明 G_1 和 H 同构，但不证明 G_2 和 H 同构，或者

(b) 证明 G_2 和 H 同构，但不证明 G_1 和 H 同构。

（5）Peggy 和 Victor 重复第（1）～（4）步 n 次。

如果 Peggy 不知道 G_1 和 G_2 之间的同构性，她就不能创造和这两个图都同构的图 H。她只能创造一个图或者与 G_1 同构或者与 C_2 同构。同前面的那个例子一样，她只有 50% 的机会猜中 Victor 在第（3）步中会要求她执行哪一个证明。

这个协议没有给 Victor 任何有用的信息以帮助他了解 G_1 和 G_2 之间的同构性。因为 Peggy 在协议的每一轮都产生一个新图 H，所以不管他们经过多少轮协议 Victor 也得不到任何信息，他不能从 Peggy 的答案中了解 G_1 和 G_2 的同构性。

在每一轮中，Victor 都得到 H 的一个新的随机置换，以及 H 和 G_1 或 G_2 之间的同构性。Victor 也可以自己来产生这个协议。因为他能做一个此协议的模拟器，所以它能被证明是零知识的。

5.1.3　汉密尔顿圈

另一个不同的例子是由 Manuel Blum 最先提出的[196]。Peggy 知道一条沿图线走向的环形连续路径，每个点仅通过一次，这个环形连续路径称为汉密尔顿圈（Hamiltonian cycle）。

找到一个汉密尔顿圈是另一难题。Peggy 拥有这部分信息（她可能通过利用某个汉密尔顿圈来构造图而得到该信息）这正是她想要 Victor 相信她知道的信息。

Peggy 知道一个图 G 的汉密尔顿圈。Victor 知道图 G，但是不知道它的汉密尔顿圈。在不暴露汉密尔顿圈的情况下，Peggy 要向 Victor 证明她知道这个汉密尔顿圈。下面是她的做法：

（1）Peggy 随机置换图 G。她移动这些点并改变它们的标号，生产一个新图 H。因 G 和 H 在拓扑上同构（即相同的图），所以如果她知道 G 的汉密尔顿圈，那么她能很容易地找到 H 的汉密尔顿图。如果她不是自己创造 H，则确定两个图之间的同构性将是另一难题，也需花费计算机数百年的时间。她加密 H 得到 H'（这必定是一种对 H 的每一条线的概率加密，即对 H 的每一条线加密 0 或加密 1）。

（2）Peggy 给 Victor 一个 H' 的副本。

（3）Victor 要求 Peggy：

（a）向他证明 H' 是 G 的同构副本的加密，或者

（b）向他出示 H 的汉密尔顿圈。

（4）Peggy 同意，她

（a）通过揭示置换和解密证明 H' 是 G 的同构副本的加密，但不出示 G 或 H 的汉密尔顿圈，或者

（b）仅通过解密构成汉密尔顿圈的那些线出示 H 的汉密尔顿圈，但不证明 G 和 H 在拓扑上同构。

（5）Peggy 和 Victor 重复第（1）～（4）步 n 次。

如果 Peggy 诚实，她就能给 Victor 提供第（4）步中两个证明中的任何一个。但是，如果她不知道 G 的汉密尔顿圈，她就不能创造加密的图 H'，这个图 H' 能满足两个要求。她最多能做到的是使其所创造的图或者与 G 同构，或者具有相同数目的点、线和一个有效的汉密尔顿圈。虽然她有 50％ 的机会猜中 Victor 在执行第（3）步中将要他完成哪一个证明，但 Victor 可将协议重复足够多次来使他自己确信 Peggy 知道 G 的汉密尔顿圈。

5.1.4 并行零知识证明

基本的零知识协议包括 Peggy 和 Victor 之间的 n 次交换，可以把它们全部并行完成：

（1）Peggy 使用她的信息和 n 个随机数把这个难题变成 n 个不同的同构难题，然后用她的信息和随机数解决这 n 个新难题。

（2）Peggy 提交这 n 个新难题的解法。

（3）Peggy 向 Victor 透露这 n 个新难题。Victor 无法利用这些新难题得到关于原问题或其解法的任何信息。

（4）对这 n 个新难题中的每一个，Victor 要求 Peggy：

（a）向他证明新、旧难题是同构的，或者

（b）公开她在第（2）步中提交的解法，并证明它是这个新难题的解。

（5）Peggy 对这 n 个新难题中的每一个都表示同意。

很不幸，事情并非如此简单。该协议没有同前协议相同的零知识性质。在第（4）步，Victor 可以把第（2）步所提交的所有值的单向散列函数作为疑问，这样就使副本不可冒充。它仍然是零知识的，但属于不同种类。实际应用中它似乎是安全的，但是没有人知道怎样证明它。我们确实知道，在某些环境下，针对某些问题的某些协议可以并行运行，并同时保留它们的零知识性质[247,106,546,616]。

5.1.5　非交互式零知识证明

不能使 Carol 相信，因为这个协议是交互式的，并且她没有介入交互中。为了让 Carol 和其他感兴趣的人相信，需要一个非交互式的协议。

人们已经发明了非交互式零知识证明的协议[477,198,478,197]。这些协议不需要任何交互，Peggy 可以公布它们，从而向任何花时间对此进行检验的人证明协议是有效的。

这个基本协议类似于并行零知识证明，不过只是用单向散列函数代替了 Victor：

（1）Peggy 使用她的信息和 n 个随机数把这个难题变换成 n 个不同的同构问题，然后用她的信息和随机数解决这 n 个新难题。

（2）Peggy 提交这 n 个新难题的解法。

（3）Peggy 把所有这些提交的解法作为一个单向散列函数的输入（这些行为终归不过是一些位串），然后保存这个单向散列函数输出的头 n 位。

（4）Peggy 取出在第（3）步中产生的 n 位，针对第 i 个新难题依次取出这 n 位中的第 i 位，并且：

　　（a）如果它是 0，则证明新、旧问题是同构的，或者

　　（b）如果它是 1，则公布她在第（2）步中提交的解法，并证明它是这个新问题的解法。

（5）Peggy 将第（2）步中的所有约定和第（4）步中的解法都公之于众。

（6）Victor、Carol 或其他感兴趣的人，可以验证第（1）～（5）步是否正确执行。

这很令人惊异：Peggy 可以公布一些不含有关她秘密的信息，却能让任何人相信这个秘密的存在。如果把这个问题作为初始消息和要签名消息的单向散列，则这个协议也可用于数字签名方案。

这个协议起作用的原因在于单向散列函数扮演了一个无偏随机位发生器的角色。如果 Peggy 要进行欺骗，她必须能预测这个单向散列函数的输出。〔记住，如果她不知道这个难题的解法，她可以完成第（4）步的（a）或（b），但不能两者都完成。〕如果由于什么原因她知道了这个单向散列函数会叫她做什么，那么她可以进行欺骗。然而，她没有办法强迫这个单向散列函数产生哪些位或猜中它将产生哪些位。这个单向散列函数在协议中实际上是 Victor 的代替物——在第（4）步中随机地选择两个证明中的一个。

在非交互式协议中，必定有更多的问/答序列迭代。不是 Victor 而是 Peggy 在用随机数挑选这些难题，她可以挑选不同的问题，因此有不同的提交向量，直到这个散列函数产生她希望的东西为止。在交互式协议中，10 次迭代（Peggy 能进行欺骗的概率为 $1/2^{10}(1/1024)$）就很好了。但是，这对非交互式零知识证明是不够的。记住，Mallory 总能完成第（4）步的（a）或（b），他能设法猜测会他完成哪一步，处理完第（1）～（3）步，并弄清他是否猜对。如果他没有猜对，可以再试——反反复复。在计算机上进行 1024 次猜测并不是难事。要防止这种穷举攻击，非交互式协议需要 64 次迭代，甚至 128 次迭代才有效。

这就是使用单向散列函数的全部要点：Peggy 不能预测散列函数的输出，因为她不能预测其输入。只有在她解决了新的难题以后，才能知道作为输入的提交。

5.1.6　一般性

Blum 证明了任何数学定理都能转化为图，使得这个定理的证明等价于证明图的汉密尔顿圈。假设有了单向函数并因此有了好的加密算法，则任何 NP 命题都包括一个零知识证

明，这种一般情况已在文献［620］中得到证明。任何数学证明都能转化成一个零知识证明。采用这项技术，研究人员能向世人证明他们知道一个特殊定理的解法但又不会泄露那个证明是什么。Bium 可以公布他的结果，同时又不泄露它们。

此外，还存在最小泄露证明（minimum-disclosure proof）[590]，它具有以下性质：

（1）Peggy 不能欺骗 Victor。如果 Peggy 不知道证明，她使 Victor 相信她知道这个证明的概率非常小。

（2）Victor 不能欺骗 Peggy。除了 Peggy 知道证明这个事实，他得不到关于证明的任何细微的线索。尤其在他自己没有完全地证明它的情况下，Victor 不可能向其他人论证这个证明。

零知识证明有一个附加条件：

（3）除了 Peggy 知道证明这个事实外，Victor 不能从 Peggy 处得到任何东西，没有 Peggy 他自己不能得到有用的信息。

最小泄露证明与零知识证明之间存在相当大的数学区别。这个区别超越了本书的范围，但欢迎愿意深入研究的读者参阅参考书籍。概念介绍参见文献［626，619，622］。关于概念基于不同数学假设的更详尽的描述在文献［240，319，239］有阐述。

以下是不同类型的零知识证明：

- **完善的**（perfect）。有一个使副本与正本具有相同分布的模拟器（例如，汉密尔顿圈和图的同构）。
- **统计的**（statistical）。除了一定数量的例外，有一个使副本与正本具有相同分布的模拟器。
- **计算的**（computational）。有一个使副本与正本不能区别的模拟器。
- **无用的**（no-use）。可能不存在模拟器，但是可以证明 Victor 不能从证明中得到任何更多的信息（例如，并行证明）。

这些年以来，关于最少泄露和零知识证明，无论理论上还是应用上，人们已做了广泛的工作。Mike Burmester 和 Yvo Desmedt 发明了广播交互式证明（broadcast interactive proof），其中的一个证明者能将零知识交互式证明广播给一大群验证者[280]。密码学家证明，能用交互式证明来证明的每一件事，也能用零知识交互式证明来证明[753,137]。

文献［548］是关于这个主题的一篇好的综述文章。更多的数学上的细节、变化、协议和应用，请参见［590，619，240，319，620，113，241，1528，660，238，591，617，510，592，214，104，216，832，97，939，622，482，615，618，215，476，71］，关于这个主题的文章比比皆是。

5.2 身份的零知识证明

在现实世界中，我们用物理信物作为身份证明：护照、驾驶执照、信用卡等。这些信物包含了把它与一个人联系起来的东西：通常是照片或签名，但可能最方便的是指纹、视网膜扫描图或牙齿的 X 光片。用数字方式来做这件事难道不好吗？

使用零知识证明作为身份证明最先是由 Uriel Feige、Amos Fiat 和 Adi Shamir 提出的[566,567]。Alice 的私人密钥成为她"身份"的函数。通过使用零知识证明，她能够证明她知道自己的私人密钥，并由此证明自己的身份。这类算法在 23.11 节介绍。

这个想法相当有用，它使一个人不用任何实际信物便能证明身份。但是，它也不是完美无缺的，还存在一些弊端。

5.2.1 国际象棋特级大师问题

Alice 是一个甚至连国际象棋的规则也不知道的人，这里要介绍她怎样击败国际象棋特级大师。她在一场比赛中挑战卡斯帕罗夫和卡尔波夫，比赛同一时间和地点，但在不同的房间进行。她执白棋对卡斯帕罗夫而执黑棋对卡尔波夫，两位特级大师都不知道对方。

卡尔波夫执白先行，走了第一步，Alice 记住这一步，并走进卡斯帕罗夫的房间。她执白对卡斯帕罗夫走了同样一步。卡斯帕罗夫走了一步黑棋。Alice 记下这一步，走进卡尔波夫的房间，走了同样一步。这样持续下去直到她赢了一盘比赛并输掉了另一盘，或两盘比赛都以平局告终。

实际上，卡斯帕罗夫是在同卡尔波夫对局，而 Alice 只是简单地扮作了中间人，模仿每一个特级大师在另一个棋盘上行棋。然而，如果卡尔波夫和卡斯帕罗夫都不知道对方在场，他们都会对 Alice 的棋艺留下相当深刻的印象。

这种欺骗可以用于攻击身份的零知识证明[485,120]。在 Alice 向 Mallory 证明她的身份时，Mallory 同时能向 Bob 证明他是 Alice。

5.2.2 黑手党骗局

当讨论 Adi Shamir 的零知识识别协议时[1424]，他说：“我可以去一个黑手党的商店连续 100 万次，而他们仍然不能冒充我。”

下面是黑手党如何能够做到的过程。Alice 正在 Bob 的餐馆——一家黑手党拥有的餐馆吃饭，Carol 正在 Dave 的商场——一家高档珠宝店买东西，Bob 和 Carol 都是黑手党成员，并且他们正通过一条秘密的无线电线路通信。Alice 和 Dave 都不知道这个骗局。

当 Alice 吃完饭，准备付账并对 Bob 证明她的身份时，Bob 给 Carol 发信号通知她准备开始这场骗局。Carol 买了一些贵重的钻石，并准备对 Dave 证明她的身份。现在，当 Alice 对 Bob 证明她的身份时，Bob 用无线电告知 Carol，Carol 则向 Dave 执行相同协议。当 Dave 问协议中的一个问题时，Carol 用无线电把问题回送给 Bob，然后 Bob 再问 Alice 这个问题。当 Alice 回答后，Bob 又用无线电链将正确答案告诉 Carol。实际上，Alice 只是在对 Dave 证明她的身份，而 Bob 和 Carol 只是简单地在协议中间来回传递消息。当协议完成时，Alice 已对 Dave 证明了她的身份，并买了一些贵重的钻石（Carol 随之消失）。

5.2.3 恐怖分子骗局

如果 Alice 愿意与 Carol 合作，她们也能欺骗 Dave。在这个协议中，Carol 是一个臭名昭著的恐怖分子。Alice 帮助 Carol 进入这个国家。Dave 是移民局的官员。Alice 和 Carol 通过一条秘密的无线电链路联系。

当 Dave 询问 Carol 零知识协议中的一部分问题时，Carol 用无线电将它们发给 Alice，Alice 自己回答这些问题。Carol 向 Dave 复述答案。实际上，是 Alice 在向 Dave 证明她的身份，Carol 只是作为一条通信路径。当协议完成时，Dave 认为 Carol 是 Alice 并让她进入这个国家。三天后，Carol 同一辆装满炸药的微型车在某政府大楼出现。

5.2.4 建议的解决方法

黑手党和恐怖分子的骗局有可能成功，因为同谋者可以通过一条秘密的无线电线路通信。阻止这一切发生的一个办法是要求所有的识别在法拉第罩（Faraday cage）内发生，这样可以防止所有的电磁辐射。在恐怖分子的例子中，这将使移民局官员 Dave 确信 Carol 没有从 Alice 那里接收到她的答案。在黑手党的例子中，Bob 可以简单地在他的餐馆内建一个有缺陷的法拉第罩，但珠宝商 Dave 得有一个正常工作的法拉第罩，Bob 和 Carol 仍不能通信。为了解决国际象棋特级大师问题，应强迫 Alice 坐在她的位置上，直到对弈结束。

Thomas Beth 和 Yvo Desmedt 提出了另一种解决办法，这种办法使用了很精确的时钟[148]。如果协议中的每一步都必须在一个给定的时间发生，同谋者就没有时间通信。在国际象棋特级大师问题中，如果每一局的每步棋都必须在时钟敲响一分钟时走，那么 Alice 就没时间从一个房间跑到另一个房间。在黑手党故事中，Bob 和 Carol 也没时间互相传递问题和答案。

5.2.5 多重身份骗局

在文献［485，120］中还讨论了其他一些零知识身份证明的滥用问题。在一些实现中，当个人注册一个公开密钥时不做检验。因此，Alice 可有多个私人密钥，因而有多个身份。如果她想搞税款骗局，这可能大有帮助。Alice 也可以犯了罪然后消失。首先，她创造并公布多个身份，其中一个她没有使用，接着她使用那个身份一次并进行犯罪，故对她进行身份验证的人就是证人。然后，她立即停止使用那个身份，证人知道犯罪人的身份，但如果 Alice 不再使用那个身份，她也就难以被发现。

为了防止这种欺骗，必须有某种机制来保证每个人只有一个身份。在文献［120］中，作者提出了防止调包婴儿的"古怪"想法，这些婴儿都不能克隆，并都包含一个独一无二的编号作为他们遗传密码的一部分。他们还建议让每个婴儿在出生时都得到一个身份。（实际上，由于婴儿会被别人占有，所以父母必须在孩子出生时就做这项工作。）这可能很容易被滥用，父母可能在孩子出生时为他提供多重身份。归根结底，个体的唯一性仍基于信任。

5.2.6 出租护照

Alice 想去扎伊尔旅游，但该政府不给她签证。Carol 提出把她的身份租给 Alice。（Bob 首先提议，但有一些明显的问题。）Carol 把她的私人密钥卖给 Alice，Alice 伪装成 Carol 去扎伊尔。

Carol 不但因为她的身份得到报酬，而且她还有一个完美的不在现场证明。当 Alice 在扎伊尔期间，Carol 犯了罪。"Carol"已经在扎伊尔证明了她的身份。她怎么能回家作案呢？

当然，Alice 也可以随意作案。她或者在离开前或者在返回后在 Carol 家附近作案。首先，她证明自己是 Carol（她有 Carol 的私人密钥，故她能轻易做到），然后作案潜逃，警察将会来找 Carol，Carol 宣称她把身份租给了 Alice，但谁会相信这个荒谬的故事呢？

问题在于 Alice 并没有真正证明她的身份，她只是证明她知道的一部分秘密信息。正是那个属于信息和人之间的联系被滥用了。防止掉包婴儿的解决办法可防止这类骗局，如同在一个警察国家，那里所有的市民必须经常证明他们的身份（每天晚上、每个街道拐角处等）。

5.2.7 成员资格证明

Alice 想向 Bob 证明她是某超级秘密组织的成员，但又不想暴露自己的身份。这个问题类似于但又不同于身份证明问题，在文献［887，906，907，1201，1445］中也有研究。有些解决方法和团体签名问题有联系（见 4.6 节）。

5.3 盲签名

数字签名协议的一个基本特征是文件的签署者知道他们在签署什么。这是个好的构想，除非当我们不想让他们知道时。

有时候我们想要别人签署一个他们从未看过其内容的文件。也有办法让签名者能大体知道他们要签署的是什么文件，只不过不准确而已。

5.3.1 完全盲签名

Bob 是一个公证员，Alice 要他签署一个文件，但又不想让他知道文件内容。Bob 不关心文件中说些什么，他只是证明他在某一时刻公证过这个文件。他愿意这样进行：

（1）Alice 取出文件并将它乘以一个随机值，这个随机值称为盲因子（blinding factor）。

（2）Alice 将这份隐蔽好的文件送给 Bob。

（3）Bob 在这个隐蔽好的文件上签名。

（4）Alice 将其除以隐蔽因子，留下 Bob 签过的原始文件。

只有当签名函数和乘法函数可交换时，这个协议才能有效。如果不是，可用其他方法来代替乘法以修改文件，23.12 节中描述了相关的算法。现在，假设运算是乘法，并且所有数学上的要求都满足。

Bob 能进行欺骗吗？他能收集到他所签署文件的任何信息吗？如果盲因子是真正随机的并使隐蔽文件真正随机，那么他不能。在第（2）步中，Bob 签署的隐蔽好的文件一点也不像 Alice 开始使用的文件。在第（3）步中，带有 Bob 签名的隐蔽好的文件也一点不像第（4）步末的已签名的原始文件。即使 Bob 可染指这个文件，并且文件上带有他的签名，在完成这个协议之后，他也不能证明（向他自己或任何其他人）他在那个特殊的协议中签署了这个文件。他知道他的签名是有效的。他也可以像其他人一样验证他的签名。但是，他没有办法把已签名的文件和他在协议中收到的任何信息相关联。如果他用这个协议签了 100 万份文件，他照样没有办法知道在哪种情况下他签署了哪一份文件。

完全盲签名的性质是：

- Bob 在文件上的签名是有效的。签名就是 Bob 签署这份文件的证据。如果把文件给 Bob 看，Bob 确信他签署过这份文件。它也具有在 2.6 节中讨论过的数字签名具有的所有其他性质。

- Bob 不能把签署文件的行为与签署的文件相关联。即使他记下了他所做的每一个盲签名，他也不能确定他在什么时候签署了该文件。

Eve 在中间观看了这个协议，他得到的信息甚至比 Bob 还少。

5.3.2 盲签名协议

用完全盲签名协议，Alice 能让 Bob 签署任何东西："Bob 欠 Alice100 万美元，""Bob 欠 Alice 的头生子，""Bob 欠 Alice 一袋软糖，"可能的事远远不止于此。这个协议在许多场合都无用。

然而，有一个办法可以让 Bob 知道他在签什么，同时仍保持盲签名的有用性质。这个协议的核心是分割选择技术。考虑一个例子，每天很多人进入这个国家，而移民局要确信他们没有走私可卡因。官员可以搜查每一个人，但他们换用了一种概率解决办法。他们检查入境人中的 1/10。10 个人中有 1 个人的行李被检查，其余的 9 个畅通无阻。长期的走私犯会在大多数时间里逍遥法外，但他们有 10％ 的机会被抓住。并且如果法院制度有效，则抓住一次的处罚将远远超出其他 9 次所得到的。

如果移民局想增大抓住走私犯的可能性，将不得不搜查更多的人；如果他们要减少这种可能性，只需搜查更少量的人。通过操纵概率，他们可以控制抓住走私犯协议的成功率。

盲签名协议以类似的方式发挥作用。Bob 将得到一大堆不同的隐蔽好的文件，他打开（open）即检查除一个文件以外的所有文件，然后对最后一个文件签名。

把隐蔽文件想象为装在信封里，隐蔽文件的过程就是把文件装进信封，去除隐蔽因子就是打开信封。当文件在信封里时，没人能读它。文件通过在信封里放一张复写纸来签署：当签名人签署信封时，他的签名通过复写纸也签在了文件上。

这个剧情涉及一组反间谍人员。他们的身份是秘密的，甚至反间谍机构也不知道他们是谁。这个机构的头子想给每个特工一份签名的文件，文件上写有："这个签名文件的持有人（这里插入特工的化名）享有完全的外交豁免权。"所有的特工有他们自己的化名名单，故这个机构不能仅仅是分发签名文件。特工不想把他们的化名送给所属机构、敌方或者已经破坏了这个机构的计算机。另一方面，机构也不想盲目地签特工送来的文件。聪明的特工可能会代之一条消息，如"特工（名字）已经退休并获得每年 100 万美元的养老金。签名：总统先生"。在这种情况下，盲签名可能是有用的。

假设所有特工都有 10 个可能的化名，这些化名都是他们自己选的，别人不知道。同时假设特工并不关心他们将在哪个化名下得到外交豁免权。再假设这个机构的计算机是情报局大型情报计算机 ALICE，我们的特定代理部门是波哥大行动局（BOB）。

（1）BOB 准备了 n 份文件，每一个使用不同的化名，并给予那个特工外交豁免权。

（2）BOB 用不同的盲因子隐蔽每个文件。

（3）BOB 把这 n 份隐蔽好的文件发送给 ALICE。

（4）ALICE 随机选择 $n-1$ 份文件并向 BOB 索要每份文件的盲因子。

（5）BOB 向 ALICE 发送适当的盲因子。

（6）ALICE 打开（即去掉盲因子）$n-1$ 份文件，并确信它们是正确的——不是退休授权。

（7）ALICE 在第 10 个文件上签名并把它送给 BOB。

（8）BOB 去掉盲因子并读出他的新化名："The Crimson Streek"。签署的文件在那个名字下给予他外交豁免权。

这个协议能防止 BOB 欺骗。他要欺骗，则必须准确地预测 ALICE 不会检查哪一份文件。他这样做的机会是 $1/n$，不是很好。ALICE 也知道这一点并且有把握签一份她不可能检查的文件。用这份文件，这个协议就和先前的盲签名协议一样，并保持了它所有的匿名性质。

有一种方法可以使 BOB 的欺骗机会更小，在第（4）步中，ALICE 随机选择 $n/2$ 份文件提出质疑，并在第（5）步中发送给她合适的盲因子。在第（7）步中，ALICE 将所有非质疑文件相乘并签署这分大文件。在第（8）步中，BOB 去掉所有的盲因子，ALICE 的签名只有在它是 $n/2$ 相同文件乘积的有效签名时才可以接受。要欺骗，BOB 就得能够准确地猜测 ALICE 将质疑哪一个子集，其机会比猜测 ALICE 不会质疑哪一份文件的机会小得多。

BOB 有另一种方法进行欺骗。他可产生两份不同的文件，一份 ALICE 愿意签署，一份 ALICE 不愿签署。然后他可以找两个不同的盲因子，把每份文件变成相同的隐蔽文件。这样，如果 ALICE 要检查文件，BOB 就给她把文件变成良性文件的盲因子；如果 ALICE 不要求看文件，并签署文件，则他可以使用把文件变为恶意文件的盲因子。虽然这在理论上是可行的，但涉及特定算法，BOB 能找到这样一对盲因子的机会微乎其微。实际上，可以使它与 BOB 自己在一份任意消息上签名的机会一样小。这个问题在 23.12 节中进一步讨论。

5.3.3 专利

Chaum 已取得了多种盲签名的专利（见表 5-1）。

表 5-1　Chaum 的盲签名专利

美国专利号	时间	专利名称
4 759 063	7/19/88	盲签名系统[323]
4 759 064	7/19/88	非参与盲签名系统[324]
4 914 698	3/3/90	一次显示盲签名系统[326]
4 949 380	8/14/90	返回值盲签名系统[328]
4 991 210	2/5/91	不可预测盲签名系统[331]

5.4　基于身份的公开密钥密码系统

Alice 想发送一秘密消息给 Bob。她不想从密钥服务器中获得他的公开密钥，也不想在他的公开密钥证书上验证某个第三方的签名，她甚至不愿意在她自己的计算机上存储 Bob 的公开密钥。她只想给 Bob 发送一份秘密消息。

基于身份的密码系统（identity-based cryptosystem），有时也叫作非交互式密钥共享（Non Interactive Key Sharing，NIKS）系统，可以解决发送秘密消息问题[1422]。Bob 的公开密钥是基于他的名字和网络地址的（或者电话号码，或者实际街区地址，或者其他什么东西）。对于一般的公开密钥密码系统，Alice 需要一个使 Bob 的身份与他的公开密钥相关的签名证书。对于基于身份的密码系统，Bob 的公开密钥就是他的身份。这是一个真正绝妙的主意，就像邮政系统一样方便：如果 Alice 知道 Bob 的地址，她就可以给 Bob 发送保密邮件。它使密码变得尽可能透明。

这个系统是建立在 Trent 依据其身份给用户发布私人密钥的基础上。如果 Alice 的私人密钥泄露，她就必须在某些方面改变身份，以求得到另一个私人密钥。一个更严重的问题是系统的设计方法应使不诚实用户串通也无法伪造密钥。

对于这类方案的数学问题已做了大量研究工作（大部分在日本），使得保密变得异常复杂。许多建议的解决方案中涉及 Trent 为每个用户选择一个随机数——我认为这点可以解决系统的真正要害。在第 19 章和第 20 章讨论的一些算法可以是基于身份的。有关细节、算法和密码分析，见文献 [191，1422，891，1022，1515，1202，1196，908，692，674，1131，1023，1516，1536，1544，63，1210，314，313，1545，1539，1543，933，1517，748，1228]。一种不依赖任何随机数的算法见文献 [1035]。在文献 [1546，1547，1507] 中讨论的系统对选择公开密钥攻击是不安全的。建议的系统，如 NIKS-TAS[1542,1540,1541,993,375,1538] 也是如此。老实说，迄今为止所有系统没有一个是既实用又安全的。

5.5　不经意传输

密码员 Bob 正在拼命地想将一个 500 位的数 n 进行因子分解。他知道它是 5 个 100 位的数的乘积，但不知道其他更多的东西。（这是一个问题。如果他不能恢复这个密钥，他就得加班工作，势必错过他和 Alice 每周一次的智力扑克游戏。）

你知道什么？现在 Alice 来了：

"我碰巧知道那个数的一个因子，"Alice 说："并且我要 100 美元才把它卖给你。那是 1 位 1 美元。"为了表明她的诚意，她使用一个位承诺方案并分别承诺每 1 位。

Bob 很感兴趣，但他只有 50 美元。Alice 又不愿降价，只愿意以一半的价格卖给 Bob 一半的位。"这将会节省你相当多的工作，"她说。

"但是我怎么知道你的数确实是 n 的一个因子呢？如果你给我看那个数并让我验证它是一个因子，那么我将同意你的条件，"Bob 说。

他们陷入了僵局。Alice 不能在不透露 n 的情况下让 Bob 相信她的数是 n 的一个因子，而 Bob 也不愿买一个可能毫无用处数的 50 位。

这个借自 Joe kilian[831] 的故事，介绍了不经意传输（oblivious transfer）的概念。Alice 传送一组消息给 Bob，Bob 收到了那些消息的某个子集，但 Alice 不知道他收到了哪些消息。然而这并没有彻底解决上面的问题。在 Bob 收到那些位的任意一半后，Alice 还得用一个零知识证明来使他相信她发送的那些位是 n 的因子的一部分。

在下面的协议中，Alice 将发送给 Bob 两个消息中的一个。Bob 将收到其中的一份消息，并且 Alice 不知道是哪一个。

（1）Alice 产生两个公开密钥/私人密钥对，或者总共 4 个密钥。她把两个公开密钥发送给 Bob。

（2）Bob 选择一个对称算法（例如 DES）密钥。他选择 Alice 的一个公开密钥并用它加密他的 DES 密钥。他把这个加密的密钥发送给 Alice，但不告诉她他使用的是她的哪一个公开密钥。

（3）Alice 每次使用一个她的私人密钥来解密 Bob 的密钥。在一种情况下，她使用了正确的密钥并成功地解密 Bob 的 DES 密钥。在另一种情况下，她使用了错误的密钥，只是产生了一堆毫无意义而看上去又像一个随机 DES 密钥的位。由于她不知道正确明文，所以她不知道哪个是正确的。

（4）Alice 加密她的两个消息，分别使用在上一步中产生的两个 DES 密钥（一个真的和一个毫无意义的），并把两个消息都发送给 Bob。

（5）Bob 收到一个用正确 DES 密钥加密的消息和一个用无意义 DES 密钥加密的消息。当 Bob 用他的 DES 密钥解密每一份消息时，他能读其中之一，另一份在他看起来毫无意义。

Bob 现在有了 Alice 两份消息中的一个，而 Alice 不知道他能读懂哪一个。很遗憾，如果协议到此为止，Alice 就有可能进行欺骗，故另一个步骤必不可少：

（6）在协议完成，并且知道了两种可能传输的结果后，Alice 必须把她的私人密钥给 Bob，以便他能验证她没有进行欺骗。毕竟，她可以用第（4）步中的两个密钥加密同一个消息。

当然，这时 Bob 可以弄清楚第二个消息。

因为 Alice 无法知道两个 DES 密钥中的哪一个是真的，所以这个协议能防止 Alice 的攻击。她加密两份消息，但 Bob 只能恢复出其中之一——一直到第（6）步。它同样能防止 Bob 的攻击，因为在第（6）步之前，他没有办法得到 Alice 的私人密钥来确定加密另一个消息的 DES 密钥。这可能看起来仍然不过像一个较复杂的通过调制解调器抛掷硬币的方法，但当把它用于较复杂的协议时，它具有广泛的意义。

当然，没有办法阻止 Alice 发送给 Bob 两份完全无用的消息："Nyah nyah"和"You sucker"。这个协议确保 Alice 发送给 Bob 两份消息中的一份，但不保证 Bob 想收到其中的任何一份。

在文献中还有其他的不经意传输协议。其中有些是非交互式的，即 Alice 可以公布她的两份消息，并且 Bob 只能收到其中一份。他能自己做此事，不必与 Alice 通信[105]。

没有人真正注意实际中能否进行不经意传输，但这个概念却是其他协议的重要构成部分。尽管有许多种不经意传输（我有两个秘密你得到一个、我有 n 个秘密你得到一个、我有一个秘密你可能得到其中的 1/2 等），但它们都是等价的[245,391,395]。

5.6 不经意签名

说实话，我不认为它们好用，但是有两种类型[346]：

（1）Alice 有 n 份不同的消息。Bob 可以选择其中之一给 Alice 签名，Alice 没有办法知道她签署的哪一份消息。

（2）Alice 有一份消息。Bob 可以选择 n 个密钥中的一个给 Alice 签署消息用，Alice 无法知道她用的是哪一个密钥。

这是一个巧妙的想法，我相信它在某些地方有用。

5.7 同时签约

5.7.1 带有仲裁者的签约

Alice 和 Bob 想订立一个合约。他们已经同意了其中的措辞，但每个人都想等对方签名后再签名。如果是面对面的，这很容易：两人一起签。如果距离远的，他们可以用一个仲裁者。

（1）Alice 签署合约的一份副本并发送给 Trent。

（2）Bob 签署合约的一份副本并发送给 Trent。

（3）Trent 发送一份消息给 Alice 和 Bob，指明彼此都已签约。

（4）Alice 签署合约的两份副本并发送给 Bob。

（5）Bob 签署合约的这两份副本，自己留下一份，并把另一份发送给 Alice。

（6）Alice 和 Bob 都通知 Trent 他们每个人都有了一份有他们两人合签的合约副本。

（7）Trent 撕毁在每一份上只有一个签名的两份合约副本。

这个协议可行，因为 Trent 防止双方中的某一方进行欺骗。如果在第（5）步中 Bob 拒绝签约，Alice 可以向 Trent 要求一份已经由 Bob 签署的合约副本；如果在第（4）步中 Alice 拒绝签名，Bob 也可以这么做。当在第（3）步中 Trent 指明他收到了两份合约，Alice 和 Bob 知道彼此已受到和约的约束。如果 Trent 在第（1）和第（2）步中没有收到这两份合约，他便撕掉已收到的那份，则两方都不受合约约束。

5.7.2 不带仲裁者的同时签约：面对面

如果 Alice 和 Bob 正面对面坐着，那么他们可以这样来签约[1244]：

（1）Alice 签上她名字的第一个字母，并把合约递给 Bob。

（2）Bob 签上他名字的第一个字母，并把合约递给 Alice。

（3）Alice 签上她名字的第二个字母，并把合约递给 Bob。

（4）Bob 签上他名字的第二个字母，并把合约递给 Alice。

（5）这样继续下去，直到 Alice 和 Bob 都签上他们的全名。

如果你忽视掉这个协议的一个明显问题（即 Alice 的名字比 Bob 长），这个协议照样有效。在只签了一个字母之后，Alice 知道法官不会让她受合约条款约束。但签这个字母是有诚意的举动，并且 Bob 回之以同样有诚意的举动。

在每一方都签了几个字母之后，或许可以让法官相信双方已签了合约，虽然如此，细节却是模糊的。当然在只签了第一个字母后他们确实不受约束，正如在签了全名之后他们理所当然受合约约束一样。在协议中哪一点上他们算是正式签约呢？在签了他们名字的 1/2 之后？2/3 之后？3/4 之后？

因为 Alice 或 Bob 都不是她或他受约束的准确点，他们每一位至少有些担心她或他在整个协议上都受合约约束。Bob 在任一点上都无法说：“你签了 4 个字母而我只签了 3 个，你受约束，但我不受。”Bob 也没有理由不继续这个协议。而且，他们继续得越久，法官裁决他们受合约约束的概率越大。另外，也不存在不继续执行这个协议的理由。毕竟他们都想签约，他们只是不想先于另一方签约。

5.7.3 不带仲裁者的同时签约：非面对面

这个协议使用了同一类型的不确定性[138]。Alice 和 Bob 轮流采用小步骤签署，直到双方都签约为止。

在这个协议中，Alice 和 Bob 交换一系列下面这种形式的签名消息：“我同意我以概率 p 接受这个合约约束。”

消息的接收方可以把它提交给法官，法官用概率 p 考虑被签署的合约。

（1）Alice 和 Bob 就签约应当完成的日期达成一致意见。

（2）Alice 和 Bob 确定一个双方都愿意用的概率差。例如，Alice 可以决定她不愿以超过 Bob 概率 2% 以上的概率受合约约束。设 Alice 的概率差为 a，Bob 的概率差为 b。

（3）Alice 发送给 Bob 一份 $p=a$ 的已签署的消息。

（4）Bob 发送给 Alice 一份 $p=a+b$ 已签署的消息。

（5）令 p 为 Alice 在前一步中从 Bob 那里收到消息的概率。Alice 发送给 Bob 一份 $p'=p+a$ 或 1 中较小的已签署的消息。

（6）令 p 为 Bob 在前一步中从 Alice 那里收到消息的概率。Bob 发送给 Alice 一份 $p'=p+b$ 或 1 中较小的已签署消息。

（7）Alice 和 Bob 继续交替执行第（5）步和第（6）步，直到双方都收到 $p=1$ 的消息，或者已到了在第（1）步中达成一致的日期。

随着协议的进行，Alice 和 Bob 都以越来越大的概率同意接受合约约束。例如，Alice 定义她的 a 为 2%，Bob 定义他的 b 为 1%（如果他们选择较大的增量则更好）。Alice 的第一份消息可能声明她以 2% 的概率受约束，Bob 可能回答他以 3% 的概率接受约束，Alice 的下一份消息可能声明她以 5% 的概率受约束等，直到双方都以 100% 的概率受约束。

如果在完成日期之前 Alice 和 Bob 两者完成了这个协议，则万事大吉；否则，任何一方都可把合约拿给法官，并同时递上另一方最后签署的消息，法官在看合约之前在 0 或 1 之间随机选择一个。如果这个值小于另一方签名的概率，则双方都受合约约束。如果这个值大于那个概率，则双方都不受约束（法官接着保存这个值，以防需判定涉及同一合约的其他事件）。这就是以概率 p 受合约约束的意思。

这是一个基本的协议，但还可以有更复杂的协议。法官可在一方缺席的情况下做出判决，法官的判决可约束双方都受或都不受约束，不存在一方受约束而另一方不受约束的情况。而且只要一方愿意比另一方稍微高一点（不管多小）的概率受约束，这个协议将终止。

5.7.4 不带仲裁者的同时签约：使用密码系统

这种密码协议使用了同样的小步进方法[529]。在协议描述中使用了 DES 算法，但也可用任意一种对称算法。

（1）Alice 和 Bob 两者随机选择 $2n$ 个 DES 密钥，分成一对对的。这些密钥对没有什么特别之处，它们只是因协议要求而那样分组。

（2）Alice 和 Bob 都产生 n 对消息，例如 L_i 和 R_i：“这是我的第 i 个签名的左半部分”和：“这是我的第 i 个签名的右半部分。”标识符 i 从 $1 \sim n$。每份消息可能也包含合约的数字签名和时间标记。如果另一方能产生一个单签名对的两半 L_i 和 R_i，那么就认为合约已被签署。

（3）Alice 和 Bob 两者用每个 DES 密钥对加密他们的消息对，左半消息用密钥对中的左密钥，右半消息用密钥对中的右密钥。

（4）Alice 和 Bob 相互发送给对方 $2n$ 个加密消息，弄清哪个消息是哪对消息的哪一半。

（5）Alice 和 Bob 利用每一对的不经意传输协议相互送给对方，即 Alice 送给 Bob 或者用于独立加密 n 对消息中每一对左半消息的密钥；或者用于加密右半消息的密钥。Bob 也这样做。他们可以交替地发送这些“半消息”或者先发送 100 对，接着再发送其余的——这都没有关系。现在 Alice 和 Bob 都有每一对密钥中的一个密钥，但都不知道对方有哪一半。

（6）Alice 和 Bob 用收到的密钥解密他们能解的那一半消息。他们确信解密消息是有效的。

（7）Alice 和 Bob 都把所有 $2n$ 个 DES 密钥的第一位发送给对方。

（8）Alice 和 Bob 对所有 $2n$ 个 DES 密钥的第二位、第三位，重复第（7）步，如此继续下去，直到所有 DES 密钥的所有位都被传送出去。

（9）Alice 和 Bob 解密剩余一半消息对，合约被签署。

（10）Alice 和 Bob 交换在第（5）步的不经意传输中使用的私人密钥，并验证对方没有欺骗。

为什么 Alice 和 Bob 必须通过所有步骤呢？让我们假设 Alice 想要欺骗，看看会发生什么。在第（4）步和第（5）步中，Alice 可以通过发送给 Bob 一批毫无意义的位字符串来破坏这个协议。Bob 能在第（6）步中发现这一点，即在他试图解密他收到的那一半时，Bob 就可以安全地停止执行协议，此后 Alice 便不能解密 Bob 的任何消息对。

如果 Alice 非常聪明，她可能只破坏协议的一半。她可以正确地发送每对的一半，但发送一个毫无意义的字符串作为另一半。Bob 只有 50% 的机会收到正确的一半，故 Alice 在一半的时间里可以进行欺骗。但是，这只有在只有一对密钥的情况下起作用。如果有两对密钥，这类欺骗可在 25% 的时间里成功。这就是 n 必须很大的原因。Alice 必须正确地猜出 n 次不经意传输协议的结果，她有 $1/2^n$ 的机会成功。如果 $n=10$，Alice 有 1/1024 的机会欺骗 Bob。

Alice 也可以在第（8）步中给 Bob 发送随机位。也许 Bob 直到收到了全部密钥并试图解密余下的一半消息时才知道 Alice 送给他的是随机位。但是，Bob 这边也有机会发现。他已经收到了密钥的一半，并且 Alice 不知道是哪一半。如果 n 足够大，Alice 如果确实送给他一个无意义的位到他已收到的密钥中，则他能立即发现 Alice 在试图欺骗他。

也许 Alice 将继续执行第（8）步直到她有足够多的密钥位使用穷举攻击，然后再停止传送位。DES 有一个 56 位长的密钥。如果她收到 56 位中的 40 位，她只需尝试 2^{16}（65 536）个密钥便能读出这份消息——这个任务对计算机来说当然是轻而易举的。但是 Bob 有同样多数量的她的密钥位（或者最坏是少 1 位），故他也可以读出消息。Alice 除了继续这个协议外别无选择。

基本点是 Alice 必须公正地进行这个协议，因为要欺骗 Bob 的机会太小。在协议结束时，双方都有 n 个签名消息时，其中之一就足以作为一个有效的签名。

有一个 Alice 可以进行欺骗的办法，她可以在第（5）步中发给 Bob 相同消息。Bob 直到协议结束都不能察觉这点，但是他可以使用协议副本让法官相信 Alice 的欺骗行为。

这类协议有两个弱点[138]。首先，如果一方比另一方有强大得多的计算能力，就会产生一个问题。例如，如果 Alice 使用穷举攻击的速度比 Bob 快，那么她能在第（8）步中较早地停止发送位，并自己推算出 Bob 的密钥。Bob 不能在一个合理的时间内同样做到这一步，将会很不幸。

其次，如果一方提前终止协议，也会产生一个问题。如果 Alice 突然终止协议，双方都面对同样的计算量，但 Bob 没有任何实际合法的追索权。例如，如果合约要求他在一周内做一些事，而在 Alice 真正承诺前的某一时刻终止协议，使得 Bob 将不得不花费一年的计算量，那么就有了一个问题。这里的实际困难是没有一个整个过程能戛然而止，而且双方都受约束或者双方都不受约束的近期截止期限。

这些问题也适用于 5.8 节和 5.9 节中的协议。

5.8 数字证明邮件

用于签约的同时不经意传输协议也可以用于计算机证明邮件[529]，但要做一些修改。假设 Alice 要把一条消息发送给 Bob，但如果没有签名的收条，她就不让他读出。确实，在实际生活中是邮政工作者来处理这一过程，但相同的事在计算机中可以使用密码学来做。Whitfield Diffie 最先在文献［490］中讨论了这个问题。

乍一看，同时签约协议能做此事。Alice 简单地用一个 DES 密钥加密她的消息。她的一半协议可以是像这样一些东西："这是这个 DES 密钥的左半：32F5。"Bob 的那一半可以是这样："这是我收条的左半。"其他一切保持不变。

要弄明白为什么这个协议不能工作，请记住这个协议依赖这样一个事实，即在第（5）步中的不经意传输保证双方是诚实的。他们两人都知道他们发送给另一方一个有效的半密钥，但都不知道是哪一半。他们在第（8）步中没有进行欺骗，因为做了坏事而不被发觉的机会太小。如果 Alice 要发送给 Bob 的不是消息，而是 DES 密钥的一半，那么在第（6）步中 Bob 就没有办法检查这个 DES 密钥的有效性。Alice 仍然能检查 Bob 收条的有效性，所以 Bob 仍然不得不是诚实的。Alice 可以随便发送给 Bob 一些无用的 DES 密钥，直到 Alice 收到一个有效的收条时才知道其中的不同。Bob 实在是命运多舛。

克服这个问题需要对协议进行一些调整：

（1）Alice 用一个随机 DES 密钥加密她的消息，并把它发送给 Bob。

（2）Alice 产生 n 对 DES 密钥。每对密钥的第一个密钥是随机产生的，第二个密钥是第一个密钥和消息加密密钥的异或。

（3）Alice 用她的 $2n$ 个密钥的每一个加密一个假消息。

（4）Alice 把所有加密消息都发送给 Bob，保证他知道哪些消息是哪一对的哪一半。

（5）Bob 产生 n 对随机 DES 密钥。

（6）Bob 产生一对指明一个有效收条的消息。比较好的消息可以是"这是我收条的左半"和"这是我收条的右半"，再附加上某种类型的随机位串。他做了 n 个收条对，每个都编上号。如同先前的协议一样，如果 Alice 能产生一个收条的两半（编号相同）和她的所有加密密钥，这个收条就认为是有效的。

（7）Bob 用 DES 密钥对加密他的每一对消息，第 i 个消息用第 i 个密钥，左半消息用密钥对中的左密钥，右半消息用密钥对中的右密钥。

（8）Bob 把他的消息对发送给 Alice，保证 Alice 知道哪个消息是哪一对的哪一半。

（9）Alice 和 Bob 利用不经意传输协议发送给对方每个密钥对。也就是说，对 n 对中的每一对而言，Alice 或者送给 Bob 用来加密左半消息的密钥，或者送给 Bob 用来加密右半消息的密钥。Bob 也同样这么做。他们可以或者交替传送这些一半，或者一方发送 n 个，然后另一方再发送 n 个——这都没有关系。现在 Alice 和 Bob 都有了每个密钥对中的一个密钥，但是都不知道对方有哪些一半。

（10）Alice 和 Bob 都解密他们能解的那些一半，并保证解密消息是有效的。

（11）Alice 和 Bob 送给对方所有 $2n$ 个 DES 密钥中的第一位（如果他们担心 Eve 可能会读到这个邮件消息，那么他们应当相互传输加密）。

（12）Alice 和 Bob 对所有 $2n$ 个 DES 密钥中的第二位、第三位都重复第（11）步，如此继续下去，直到所有 DES 密钥的所有位都传送完。

（13）Alice 和 Bob 解密消息对中的余下一半。Alice 有了一张来自 Bob 的有效收条，而 Bob 能异或任一密钥对以得到原始消息加密密钥。

（14）Alice 和 Bob 交换在不经意传输协议期间使用私人密钥，同时每一方验证另一方没有进行欺骗。

Bob 的第（5）～（8）步以及 Alice 和 Bob 的第（9）～（12）步都与签约协议相同。意想不到的手法是 Alice 的所有假消息。它们给予 Bob 一些办法来检查第（10）步中 Alice 不经意传输的有效性，这可以迫使 Alice 在第（11）～（13）步期间保持诚实。并且如同同时签约协议一样，完成协议要求 Alice 的一个消息对的左右两半。

5.9 秘密的同时交换

Alice 知道秘密 A，Bob 知道秘密 B。如果 Bob 告诉 Alice B，Alice 愿意告诉 Bob A；如果 Alice 告诉他 A，Bob 愿意告诉 Alice B。这个协议可以在校园里遵守——但很明显，它不起作用：

（1）Alice："如果你先告诉我，我就告诉你。"

（2）Bob："如果你先告诉我，我就告诉你。"

（3）Alice："不，你先讲。"

（4）Bob："噢，好吧。"（Bob 悄悄说了。）

（5）Alice："哈！我不告诉你。"

（6）Bob："那不公平。"

密码技术可以使它变得公平。前面的两个协议是这个更为常用协议的实现，这个协议允许 Alice 和 Bob 可以同时交换秘密[529]。与其重复整个协议，不如简单介绍对数字证明邮件协议的修改情况。

Alice 使用 A 作为消息完成第（1）～（4）步。Bob 用 B 作为他的消息完成类似的步骤。Alice 和 Bob 在第（9）步中执行不经意传输，在第（10）步中解密他们能解密的那些一半消息，并在第（11）步和第（12）步中处理完那些迭代。如果他们要防范 Eve，他们应当加密他们的消息。最后，Alice 和 Bob 解密消息对余下的一半，并异或任一密钥对来得到原始消息加密密钥。

这个协议使 Alice 和 Bob 可以同时交换秘密，但没有谈到所交换秘密的质量。Alice 可以允诺 Bob Minotaur 迷宫的解法，但实际上送给他一张波士顿地铁系统交通图。Bob 将得到 Alice 送给他的任何秘密，无论这个秘密是什么。其他协议见文献［1286，195，991，1524，705，753，259，358，415］。

深奥的协议

6.1 保密选举

除非有一个协议既能防止欺骗又能保护个人隐私，否则计算机化的投票永远不会在一般选举中使用。理想的协议至少要有这样六项要求：

(1) 只有经授权的投票者才能投票。

(2) 每个人投票不得超过一次。

(3) 任何人都不能确定别人投谁的票。

(4) 没有人能复制其他人的选票。（这一点证明是最困难的要求。）

(5) 没有人能修改其他人的选票而不被发现。

(6) 每个投票者都可以保证他的选票在最后的表中被计算在内。

此外，有些投票方案可能有如下要求：

(7) 每个人都知道谁投票了及谁没有投票。

在讨论具有这些特性的复杂投票协议前，我们先看几个比较简单的协议。

6.1.1 简单投票协议 1

(1) 每个投票者利用中央制表机构（Central Tabulating Facility，CTF）的公开密钥加密他们的选票。

(2) 每个投票者把他们的选票送给 CTF。

(3) CTF 将选票解密，制表，公布结果。

这个协议问题很多。CTF 不知道选票从何而来，所以它甚至不知道选票是否来自合格的投票者。他们也不知道这些合格的投票者是否投了一次以上的票。虽然没有人能改变其他人的选票，但是当你可以相当容易地将你的选择结果投无数次时，也就没有人试图去修改其他人的选票。

6.1.2 简单投票协议 2

(1) 每个投票者用他的私人密钥在选票上签名。

(2) 每个投票者用 CTF 的公开密钥加密他们签名的选票。

(3) 每个投票者把他的选票送给 CTF。

(4) CTF 解密这些选票，检查签名，将选票制表并公布结果。

这个协议满足了要求 1 和要求 2：只有被授权的投票者才能投票，并且任何人都不能投一次以上的票。CTF 在第 (3) 步中记录收到的选票。每张选票都用投票者的私人密钥签名，故CTF 知道谁投票了，谁没有投票，以及每个投票者投了多少次。如果出现没有由合格投票者签名的选票，或者出现另一张由一个已投过票的投票者签名的选票，那么机构可以不计这张选票。因为有数字签名，所以没人能改变其他任何人的选票，即使他们在第 (3) 步截获了它。

这个协议的问题在于签名附在选票上，故 CTF 知道谁投了谁的票。用 CTF 的公开密钥加密选票阻止任何人在协议进行中窃听，并了解谁投了谁的票，但是你得完全信任 CTF。

它类似于有一个选举监督员在背后盯着你把票投入票箱。

这两个例子说明要满足安全投票协议的前三个要求是多么困难，更别说其他的要求了。

6.1.3　使用盲签名投票

我们需要以某种办法切断投票者与选票的关系，同时仍能保持鉴别。盲签名协议正好可以做到这一点。

（1）每个投票者产生 10 个消息集，其中对每一种可能结果都有一张有效选票（例如，如果是一个 Yes 或 No 的选票，则每个集合中包含两张选票，一张"Yes"且另一张"No"）。每条消息也包含一个随机产生的识别号，这个数要大到足以避免和其他投票者重复。

（2）每个投票者分别隐蔽所有的消息（参见 5.3 节）并把它们同盲因子一起发送给 CTF。

（3）CTF 检查它的数据库以保证投票者先前不曾以他们的签名提交过隐蔽好的选票。CTF 打开 9 个集合以检查它们是否正确形成，然后分别对这个集合中的每一条消息签名，接着把它们送回给投票者，并把投票者的名字存在 CTF 的数据库中。

（4）投票者除去这些消息的隐蔽，留下由 CTF 签名的一组选票（这些选票签了名，但未加密，故投票者能轻易地知道哪张选票是"Yes"、哪张是"No"）。

（5）投票者选择其中一张选票（哈，很民主），并用 CTF 的公开密钥对它加密。

（6）投票者投出他们的选票。

（7）CTF 将选票解密，检查签名，检查数据库中是否有重复的识别号，保存这个序号并将选票制表，公布选举结果以及每个序号和其相关的选票。

一个恶意的投票者，我们不妨称为 Mallory，他不可能欺骗这个系统。盲签名协议确保他的选票是独一无二的。如果他试图在同一次选举中投两次票，则 CTF 将在第（7）步中发现重复的序号并把第二张选票扔掉。如果他试图在第（2）步中得到多张签名的选票，则 CTF 将在第（3）步中发现这一点。因为 Mallory 不知道这个机构的私人密钥，所以他不能产生他自己的选票。同样他也不能截取和改变其他人的选票。

第（3）步的分割选择协议是为了保证选票的唯一性。没有这一步，Mallory 可以制造大量相同的选票（除了识别号不同外），并且使这些选票全都有效。

一个恶意的 CTF 不可能了解个人如何投票。因为盲签名协议防止了这个机构在人们投票前看到选票上的序号，所以 CTF 无法把它签名的隐蔽好的选票与最终投出的选票联系起来。公布序号清单和它们的相关选票使得投票者能肯定他们的选票被正确地统计制表。

这里仍然有问题。如果第（6）步不是匿名的，CTF 通过记录谁投了哪张选票，就能知道谁投谁的票。但是，如果收到的选票在一个锁着的选票箱里，并且随后把它们制表，则 CTF 就不能记录。还有，虽然 CTF 不能把选票同个人联系起来，但能产生大量签名的有效选票，供自己进行欺骗。而且如果 Alice 发现 CTF 修改了她的选票，她没有办法证明。[1195，1370] 中有一个类似的协议试图弥补这些问题。

6.1.4　带有两个中央机构的投票

一种解决办法是将 CTF 一分为二。没有哪一方自己有能力进行欺骗。

下面这个协议使用一个中央合法机构（Central Legitimization Agency，CLA）来证明投票者，一个单独的 CTF 来计票[1373]。

（1）每个投票者发送一条消息给 CLA 要求得到一个有效数字。

（2）CLA 送回给投票者一个随机的有效数字。CLA 保持一张有效数字列表，也保留一张有效数字接收者的名单，以防止有人试图再次投票。

（3）CLA 把有效数字列表送给 CTF。

（4）每个投票者选择一个随机识别号。他们用该识别号、从 CLA 收到的有效数字和他们的选票一起产生一条消息，把这条消息送给 CTF。

（5）CTF 对照它在第（3）步中从 CLA 收到的列表来检验有效数字。如果数字存在，CTF 就把它划掉（防止任何人投票两次）。CTF 把识别号加入投了某位候选者的人员名单上，并在记数中加 1。

（6）在收到所有的选票后，CTF 公布结果、识别号以及这些识别号所有者投了谁的票。

就像前面的协议一样，每个投票者能够看到识别号的列表，并在其中找到他自己的识别号，这就证明他的选票被计数了。当然，协议中各方之间传递的所有消息应当加密并签名，以防止一些人假冒另一些人或截取传送。

因为每个投票者都要寻找他们的识别字符串，所以 CTF 不能修改选票。如果投票者找不到他的识别号，或者发现他的识别号在不是他们所投票的记录中，他会立即知道这中间有舞弊行为。因为 CTF 受 CLA 监督，所以它不能把假选票塞进投票箱。CLA 知道有多少个投票者已被验证以及他们的鉴别数字，并会检测到任何窜改。

Mallory 不是一个合格的投票者，他可以试图通过猜测有效数字来进行欺骗。但通过使可能的有效数字比实际有效数字大得多的方法可使这种威胁降到最低。例如，100 万个投票者的 100 位数字。当然，有效数字必须是随机产生的。

尽管这样，CLA 在某些方面仍是一个可信任的机构。CLA 能验证出不合格的投票者，能对合格投票者多次验证。通过让 CLA 公布被验证的投票者（但不是他们的鉴别数字）的清单可使这种风险最小化。如果这个清单上投票者的数目小于已制表的选票的数目，那么其中肯定有诈。如果被验证的投票者比已制表的选票多，可能意味着一些被验证的人未投票。很多人注册投票，但却没有将选票投进票箱。

这个协议也易受到 CLA 和 CTF 的合谋攻击。如果它们两个串通一气，就可以将数据库联系起来并知道谁投了谁的票。

6.1.5　带有单个中央机构的投票

使用一个更复杂的协议能克服 CLA 和 CTF 合谋的危险[1373]。这个协议和带有两个中央机构的投票协议基本相同，但做了两处修改：

- CLA 和 CTF 是一个组织，并且
- ANDOS（参见 4.13 节）用来在第（2）步中匿名分配有效数字。

因为匿名的密钥分配协议防止 CTF 知道哪个投票者得到了哪个有效数字，所以 CTF 没有办法把收到的选票和有效数字联系起来，虽然仍必须相信 CTF 不会把有效数字给不合格的投票者。即使如此你也可以使用盲签名来解决这个问题。

6.1.6　改进的带有单个中央机构的投票

这个协议也使用 ANDOS[1175]。它满足一个好的投票协议的所有六个要求，但不满足第七个要求。不过它还具有另外两个性质：

（7）投票者可以在一个给定的时间内改变主意（即收回他们的选票并重新投票）。

（8）如果投票者发现他们的选票被误计，他们能够鉴别并纠正这个问题，同时不会危害到他投票的秘密。

下面是这个协议：

（1）CTF 公布所有合法投票者的名单。

（2）在一个指定的截止日期内，每个投票者都把他的投票意图告诉 CTF。

（3）CTF 公布参加选举的投票者。

（4）每个投票者都使用 ANDOS 协议，收到一个鉴别数字 I。

（5）每个投票者产生一个公开密钥/私人密钥对：k 和 d。如果 v 是选票，他们产生出下列消息并将它送给 CTF：I，$E_k(I, v)$。该消息必须匿名发送。

（6）CTF 通过公布 $E_k(I, v)$ 确认收到选票。

（7）每个投票者送给 CTF 以下消息：I，d。

（8）CTF 解密选票。在选举结束时，它公布选举结果，并且对每张不同选票公布包含那张选票的所有 $E_k(I, v)$ 值的列表。

（9）如果投票者发现他们的选票没有被正确计数，他们通过给 CTF 发送以下消息来表示抗议：I，$E_k(I, v)$，d。

（10）如果投票者想把他的选票从 v 改为 v'（这在某些选举中是可能的），他们发送给 CTF 以下消息：I，$E_k(I, v')$，d。

有一种不同的投票协议用盲签名代替 ANDOS，但其本质是相同的[585]。第（1）～（3）步是实际投票的开始，目的是弄清楚并公布实际投票者的总数。虽然一些人可能不参加，但这减少了 CTF 增加假冒选票的可能性。

在第（4）步中，两个投票者可能得到相同的鉴别数字。通过让可能的鉴别数字远远超过实际的投票者的数目能使这种可能性最小化。如果两个投票者提交了带相同鉴别标记的选票，CTF 就产生一个新鉴别数字 I'，选择两张选票中的一张并公布：I'，$E_k(I, v)$。

这张选票的所有者将认出它来，并通过重复第（5）步，交上第二张带新鉴别数字的选票。

第（6）步让所有投票者能够检查 CTF 确实收到了他们的选票。如果他们的选票被误计了，则他们可以在第（9）步中验证这一情况。假设在第（6）步中投票者的选票是对的，则在第（9）步中他们发送的消息构成了他们选票被误计的证据。

这个协议的一个问题是一个腐败的 CTF 可给在第（2）步中响应的人分发选票，但不能给实际不投票的人分发选票。另一个问题是 ANDOS 协议的复杂性。设计者建议把一大群投票人分成几个小群，如同一个个选区。

另一个更为严重的问题是 CTF 可能漏计选票。这个问题无法解决：Alice 宣称 CTF 故意漏计她的选票，但是 CTF 宣称投票人没有投票。

6.1.7 不带中央制表机构的投票

这个协议完全省却了使用 CTF，投票者互相监督。它是由 Michael Merrit 设计的[452,1076,453]。它难以操作以至于只有在少数几个人中才能实际实现，然而我们可以从中学到一些东西。

Alice、Bob、Carol 和 Dave 正在对一个特殊问题进行 Yes 或 No（0 或 1）的投票。假设每个投票者都有一个公开密钥和一个私人密钥。还假设每个人都知道其他人的公开密钥。

（1）每个投票者选择一张选票并做以下事情：

(a) 在他们的选票上附上一个随机字符串。

(b) 用 Dave 的公开密钥加密 (a) 的结果。

(c) 用 Carol 的公开密钥加密 (b) 的结果。

(d) 用 Bob 的公开密钥加密 (c) 的结果。

(e) 用 Alice 的公开密钥加密 (d) 的结果。

(f) 在 (e) 的结果中附上一个新的随机字符串，并用 Dave 的公开密钥对它加密。记下这个随机字符串的值。

(g) 在 (f) 的结果中附上一个新的随机字符串，并用 Carol 的公开密钥对它加密。记下这个随机字符串的值。

(h) 在 (g) 的结果中附上一个新的随机字符串，并用 Bob 的公开密钥对它加密。记下这个随机字符串的值。

(i) 在 (h) 的结果中附上一个新的随机字符串，并用 Alice 的公开密钥对它加密。记下这个随机字符串的值。

如果 E 是加密函数，R 是一个随机字符串，且 V 是选票，则选票看起来像：

$$E_A(R_5, E_B(R_4, E_C(R_3, E_D(R_2, E_A(E_B(E_C(E_D(V, R_1)))))))))$$

所有的投票者记下计算中每一点的中间结果，后面将会用这些结果来确定他们的选票是否被计数。

(2) 每个投票者把他的选票送给 Alice。

(3) Alice 用她的私人密钥对所有的选票解密，接着将那一级中所有随机字符串删去。

(4) Alice 置乱所有选票的秩序并把结果送给 Bob。现在每张选票看起来像这样：

$$E_B(R_4, E_C(R_3, E_D(R_2, E_A(E_B(E_C(E_D(V, R_1)))))))$$

(5) Bob 用他的私人密钥对所有的选票解密，查看他的选票是否在选票集中，删去那一级中所有随机字符串，置乱所有的选票然后把结果送给 Carol。现在每张选票看起来像这样：

$$E_C(R_3, E_D(R_2, E_A(E_B(E_C(E_D(V, R_1))))))$$

(6) Carol 用她的私人密钥对所有的选票解密，查看她的选票是否在选票集中，删去那一级所有的随机字符串，置乱所有的选票，然后把结果送给 Dave。现在每张选票看起来这样：

$$E_D(R_2, E_A(E_B(E_C(E_D(V, R_1)))))$$

(7) Dave 用他的私人密钥对所有的选票解密，查看他的选票是否在选票集中，删去那一级中所有随机字符串，置乱所有的选票，并把结果送给 Alice。现在每张选票看起来这样：

$$E_A(E_B(E_C(E_D(V, R_1))))$$

(8) Alice 用她的私人密钥对所有选票解密，查看她的选票是否在选票集中，签名所有选票，并把结果送给 Bob、Carol 和 Dave。现在每张选票看起来像这样：

$$S_A(E_B(E_C(E_D(V, R_1))))$$

(9) Bob 验证并删去 Alice 的签名。他用他的私人密钥对所有的选票解密，查看他的选票是否在选票集中，对所有的选票签名，然后把结果送给 Alice、Bob 和 Dave。现在每张选票看起来像这样：

$$S_B(E_C(E_D(V, R_1)))$$

(10) Carol 验证并删去 Bob 的签名。她用她的私人密钥对所有选票解密，查看她的选票是否在选票集中，对所有的选票签名，然后把结果送给 Alice、Bob 和 Dave。现在每张选票看起来像这样：

$$S_C(E_D(V, R_1))$$

（11）Dave 验证并删去 Carol 的签名。他用他的私人密钥对所有选票解密，查看他的选票是否在选票集中，对所有的选票签名，然后把结果送给 Alice、Bob 和 Carol。现在每张选票看起来像这样：

$$S_D(V, R_1)$$

（12）所有人验证并删去 Dave 的签名。通过检验以确信他们的选票在选票集中（通过在选票中寻找他们的随机字符串）。

（13）每个人都从自己的选票中删去随机字符串并记录每张选票。

这个协议不仅起作用，而且还能自我判决。如果有人试图进行欺骗，Alice、Bob、Carol 和 Dave 将立即知道。这里不需要 CTF 和 CLA。为了弄清楚这是怎样起作用的，我们来试演行骗。

如果有人想把假票塞进票箱，Alice 在第（3）步当她收到比人数多的选票时就会发现这一企图。如果 Alice 试图把假票塞进票箱，Bob 将在第（4）步中发现。

一种更狡猾的欺骗方法是用一张选票替换另一张。因为选票是用各种不同的公开密钥加密的，任何人都能按其需要创造很多有效的选票。这里解密协议有两轮：第一轮包括第（3）～（7）步，第二轮包括第（8）～（11）步。替换选票会在不同轮次被分别发现。

如果有人在第二轮中用一张选票替换另一张，他的行为会立即被发现。在每一步上选票被签名并送给所有投票者。如果一个（或更多）投票者注意到他的选票不再在选票集中，他就立即中止协议。因为选票在每一步都被签名，并且因为每个人都能反向进行协议的第二轮，所以很容易发现谁替换了选票。

在协议的第一轮用一张选票替换另一张显得更为高明。Alice 不能在第（3）步中这样做，因为 Bob、Carol 或 Dave 会在第（5）～（7）步中发现。Bob 可以在第（5）步中这样做。如果他替换了 Carol 或 Dave 的选票（记住，他不知道哪张选票对应哪个投票者），Carol 或 Dace 将在第（6）～（7）步中发现，他们不知道是谁窜改了他们的选票（虽然这一定是某个已经处理过选票的人），但他们知道自己的选票被窜改了。如果 Bob 幸运地挑选了 Alice 的选票来替换，她要到第二轮才会发现。接着，Alice 在第（8）步中会发现她的选票遗失了，但她仍然不知道谁窜改了她的选票。在第一轮中，选票在从一步到另一步时被搅乱并且未被签名，任何人都不可能反向跟踪协议以确定谁窜改了选票。

另一种形式的骗术是试图弄清楚谁投了谁的票。因为置乱是在第一轮，所以任何人都不可能反向跟踪协议，并把投票者与选票联系起来。在第二轮中删去随机字符串对保护匿名性来说关系重大。如果它们未被删除，通过用置乱者的公开密钥对出现的选票重新加密就能将选票的置乱还原。由于协议的固有性质，选票的机密性是有保障的。

更有甚者，因为有初始随机字符串 R_1，所以即使一样的选票在协议的每一步也都被加密成不同的选票。直到第（11）步人们才能知道选票的结果。

这个协议的问题是什么呢？首先，这个协议计算量特别大。前面所述的例子仅有四个投票者就已经很复杂了。这个协议在实际的选举中无法奏效，因为有成千上万的投票者。其次，Dave 先于其他人知道选举结果。虽然他还不能影响选举结果，但这给了他一些别人没有的权力。另一方面，带有中央机构的投票方案也是合乎实际情况的。

第三个问题是 Alice 能复制其他人的选票，即使事先她并不知道它是什么。为了弄清这个问题的原因，设想一个 Alice、Bob 和 Eve 的三人选举。Eve 并不关心选举结果，但是她想知道 Alice 是怎样投票的。因此她可以复制 Alice 的选票，保证选举的结果等于 Alice 的投票。

6.1.8 其他投票方案

人们已经提出许多复杂的安全选举协议。它们来自两个不同风格的基本协议。有一些混合协议，像"不带中央制表机构的投票"，这里每人的选票都被混合以便没有人能把选票与投票者联系起来。

也有选票被分开的协议，单独的选票在不同的制表机构被分散开，单独的一个机构不能欺骗投票者[360,359,118,115]。这个协议仅在政府（或管理投票的机构）的"不同"部门不串通起来对付投票者的情况下才能保护投票者的隐私。（将一个中央机关分成不同部门，仅在它们都聚在一起时才可信任的想法来自文献［316］）。

文献［1371］中有一个选票被分开的协议。它的基本思想是每一个投票者把他的选票分成多份。例如，如果选票是 yes 或 no，则可以用 1 代表 yes 而 0 代表 no。然后投票者产生多个数字，它们的和为 1 或 0。将选票送给制表机构，一个部分一份，并且每一份都被加密邮寄。机构的每个部分标记它收到的那一份（有一个验证标记是否正确的协议），最终的投票结果是所有的标记之和。还有一个协议保证每个投票者的部分数值和为 1 或 0。

David Chaum 提出另一个协议[322]，它确保跟踪任何企图破坏选举的投票人。但是，那样做必须在不得干扰投票者的情况下重复选举过程，这种方法对于大规模选举是不实用的。

另一个更复杂的投票协议解决了这方面的一些问题[770,771]。甚至有一个投票协议使用了多密钥密码[219]。还有一个投票协议，宣称对大规模选举是实用的，见文献［585］。文献［347］允许投票者弃权。

投票协议有效，但它们使买卖选票变得更加容易，因为买方相信出售的选票是合法的。有些协议设计成不要收条（receipt-free），这使得投票者不可能以某种方式向其他人证明他的投票[117,1170,1372]。

6.2 保密的多方计算

保密的多方计算是一种协议，在这种协议中，一群人可在一起用一种特殊的方法计算许多变量的任何函数。其中每个人都知道这个函数的值，但除了函数的输出外，没有人知道关于任何其他成员输入的任何事情。以下是该协议的几个例子。

6.2.1 协议 1

一群人怎样才能计算出他们的平均薪水而又不让任何人知道其他人的薪水呢？

（1）Alice 在她的薪水上加一个秘密的随机数，并把结果用 Bob 的公开密钥加密，然后把它送给 Bob。

（2）Bob 用他的私人密钥对 Alice 的结果解密。他把他的薪水加到他从 Alice 那里收到的结果上，用 Carol 的公开密钥对结果加密，并把它送给 Carol。

（3）Carol 用她的私人密钥对 Bob 的结果解密。她把她的薪水和她从 Bob 那里收到的结果相加，再用 Dave 的公开密钥对结果加密，并把它送给 Dave。

（4）Dave 用他的私人密钥对 Carol 的结果解密。他把他的薪水和他从 Carol 那里收到的结果相加，再用 Alice 的公开密钥对结果加密，并把它送给 Alice。

（5）Alice 用她的私人密钥对 Dave 的结果解密。她减去第一步中的随机数以恢复每个人薪水之总和。

(6) Alice 把这个结果除以人数（这里是 4），并宣布结果。

这个协议假定每个人都是诚实的。如果参与者谎报了他们的薪水，则这个平均值将是错误的。一个更严重的问题是 Alice 可以对其他人谎报结果。在第（5）步她可以从结果中减去她喜欢的数，并且没有人能知道。可以通过使用任何 4.9 节中的位承诺方案要求 Alice 传送她的随机数来阻止 Alice 这样做，但当 Alice 在协议结束时泄露了她的随机数，Bob 就可以知道她的薪水。

6.2.2　协议 2

Alice 和 Bob 一起坐在一家餐馆中，正在争论谁的年纪大。然而他们都不想告诉对方他们的年龄。他们可以把他们的年龄悄悄地告诉一个可信赖的中立方（例如，侍者），那个人在脑中比较两个数并对 Alice 和 Bob 宣布这个结果。

上面的这个协议存在两个问题。一个是，普通侍者不具备处理比确定两个数之中哪一个大更复杂的问题的计算能力；另一个是，如果 Alice 和 Bob 真的关心他们信息的秘密，他们不得不将这个侍者扔进一个汤碗淹死，以免他告诉酒楼服务员。

公开密钥密码学提供了一个远非如此残暴的解决办法。有一个协议是 Alice 知道一个值 a，且 Bob 知道一个值 b，他们能一起确定 a 是否小于 b，而 Alice 得不到 b 的任何信息，Bob 也得不到 a 的任何信息。并且，Alice 和 Bob 能相信计算的有效性。所有的密码学算法都是这个协议的重要部分，详细情况参见 23.14 节。

当然，这个协议不防止主动欺骗者。没有办法防止 Alice（或 Bob）谎报他们的年龄。如果 Bob 是一个隐蔽执行这个协议的计算机程序，那么 Alice 通过反复执行这个协议可以知道他的年龄。（一个计算机程序的年龄是指从程序被写出以来的时间长度，还是从它开始运行的时间长度？）Alice 可以在执行这个协议时，指定她的年龄为 60。在得知她的年龄大时，她可以将她的年龄指定为 30，再次执行这个协议。在得知 Bob 的年龄大后，她可以称她的年龄为 45 再次执行这个协议，依此继续下去，直到 Alice 发现 Bob 的年龄达到她所希望的精确度。

假设参与者不主动欺骗，很容易把这个协议推广到多个参与者。任何数量的人通过一系列诚实应用这个协议可以发现他们年龄的顺序，并且没有一个参与者能够得知另一个参与者的年龄。

6.2.3　协议 3

Alice 喜欢用玩具熊做一些古怪的事，Bob 则沉迷于大理石桌子。他们都对他们的癖好特别难为情，但却想找一个有共同癖好的伴侣。

保密的多方计算约会服务（Secure Multiparty Computation Dating Service）为这样的人设计了一个协议。我们已将一个令人惊奇的癖好编号，从"土豚"到"zoot 套装"。Alice 和 Bob 彼此分开，通过一个调制解调器相连，他们便能参与一个保密的多方协议。他们可以一起确定他们是否有同样的癖好。如果有的话，他们可以期望建立一种终生的幸福关系；如果没有，则可以彼此分开，而且他们的特殊个人信息仍保持机密。没有人，甚至是保密多方计算约会服务也不知道。

下面是该协议的工作过程：

(1) 使用一个单向函数，Alice 将她的癖好散列得到一个 7 位数字的字符串。

（2）Alice 用这 7 位数字作为一个电话号码，拨号，给 Bob 留下一条消息。如果没有人回答或电话号码无效，Alice 给这个电话号码申请一个单向函数直到她找到一个与她有相同癖好的人。

（3）Alice 告诉 Bob 她为她的癖好申请一个单向函数的次数。

（4）Bob 花了与 Alice 相同的次数散列他的癖好。他也用这 7 位数字作为电话号码，询问其他人是否留给他消息。

注意 Bob 能进行选择明文攻击。他可以散列一般的癖好并拨所得的电话号码，查找给他的消息。只有在不可能得到足够多的明文消息的情况下这个协议才能真正执行。

还有一个数学协议，类似于协议 2。Alice 知道 a，Bob 知道 b，并且他们在一起可以确定是否 $a=b$，但 Bob 不知道关于 a 的任何事且 Alice 不知道关于 b 的任何事。详细情况请参见 23.14 节。

6.2.4　协议 4

对保密的多方计算存在另一个问题[1373]：这里有一个七方委员会，他们定期开会对某些问题秘密表决。（不错，他们秘密地统治着世界——不要把我告诉你的事告诉任何人。）所有委员会成员可以投票表决 yes 或 no。另外，有两方有权利投超级选票：S-yes 和 S-no。但他们不一定要投超级选票，如果他们愿意，也可以投一般选票。如果没有人投超级选票，则选票的多数决定这个问题；在一张或两张结果相同的超级选票情况下，所有普通选票被忽略；在两张结果相反的超级选票情况下，普通选票的多数决定这一问题。我们需要一个能安全执行这类投票的协议。

下面两个例子将阐述投票过程。假设有 5 个普通投票者：$N_1 \sim N_5$；两个超级投票者：S_1 和 S_2。下面是关于问题 1 的选票：

S_1	S_2	N_1	N_2	N_3	N_4	N_5
S-yes	no	no	no	no	yes	yes

在这个例子中唯一起作用的选票是 S_1 的票并且结果是 yes。

下面是关于问题 2 的选票：

S_1	S_2	N_1	N_2	N_3	N_4	N_5
S-yes	S-no	no	no	no	yes	yes

这里两张超级选票抵消，普通选票多数的 no 决定这一问题。

如果隐藏是超级选票还是普通选票起决定性作用这样的信息并不重要，则这是一个安全投票协议的简单应用；如果隐藏这样的信息很重要，则需要一个更复杂的保密多方计算协议。

这种投票可能会发生在现实生活中。它可以是一个公司组织结构的一部分，这里某些人比其他人有更大的权力，或者它是联合国做法的一部分，其中某些国家比其他国家有更大的权力。

6.2.5　无条件多方安全协议

这只是一般定理的一种简单情况：任何 n 个输入的函数可以被 n 个人用这种办法计算，使得所有人都知道函数的值，但任何少于 $n/2$ 个人的一群人都得不到除了他们自己的输入和输出信息值之外的任何附加信息。细节见文献 [136，334，1288，621]。

6.2.6　保密电路计算

Alice 的输入为 a，Bob 的输入为 b。他们希望一起计算一些普通函数 $f(a, b)$，这样使得 Alice 不知道 Bob 的输入情况，Bob 也不知道关于 Alice 的输入情况。保密多方计算的一般性问题也称为保密电路计算（secure circuit evaluation）。这里，Alice 和 Bob 可以创造一个任意的布尔电路，这个电路接收来自 Alice 和 Bob 的输入并产生一个输出。保密电路计算是一个完成下面三件事的协议：

（1）Alice 可以键入她的输入且 Bob 不能知道它。

（2）Bob 可以键入他的输入且 Alice 不能知道它。

（3）Alice 和 Bob 都能计算这个输出，双方都确信输出是正确的且没有一方能窜改它。

保密电路计算的详细情况参见文献［831］。

6.3　匿名消息广播

你无法同一群密码员一起出去进餐而不引起争吵。在文献［321］中，David Chaum 提出了密码员进餐问题：

> 三位密码员正坐在他们最喜欢的三星级餐馆准备进餐。侍者通知他们这是餐馆领班安排的且需匿名支付账单。其中一个密码员可能正在付账，或者可能已由 NSA 付过了。这三位密码员都尊重彼此匿名付账的权力，但他们要知道是不是 NSA 在付账。

这三个密码员分别叫 Alice、Bob 和 Carol，他们怎样才能确定他们之中的一个正在付账同时又要保护付账者的匿名呢？

Chaum 接着解决了这个问题：

> 每个密码员在他的菜单后，在他和他右边的密码员之间抛掷一枚公平的硬币，以致只有他们两个能看到结果。然后每个密码员都大声说他能看到的两枚梗币（他抛的一个和他左手邻居抛的那个），落下来是同一面还是不同的一面。如果有一个密码员付账，他就说所看到的相反的结果。在桌子上说不同的人数为奇数表明有一个密码员在付账；不同为偶数表明 NSA 在付账（假设晚餐只付一次账）。还有，如果一个密码员在付账，另两个人都不能从所说的话中得知关于那个密码员付账的任何事。

为了明白这是如何起作用的。不妨想象 Alice 试图弄清其他哪个密码员为晚餐付了账（假设既不是她也不是 NSA 付的）。如果她看见两个不同的硬币，那么另外两个密码员 Bob 和 Carol 或者都说"相同"，或者都说"不同"（记住，密码员说"不同"的次数为奇数，表明他们中有一个付了账）。如果都说"不同"，那么付账者是最靠近与隐藏的硬币（指 Bob 与 Carol 之间的硬币）相同的那枚硬币的密码员；如果都说"相同"，那么付账者是最靠近与隐藏的硬币不同的那枚硬币的密码员。但是，如果 Alice 看见两枚硬币是相同的，那么或者 Bob 说"相同"而 Carol 说"不同"，或者 Bob 说"不同"而 Carol 说"相同"。如果隐藏的硬币和她看到的两枚硬币相同，那么说"不同"的密码员是付账者；如果隐藏的硬币和她看到的两枚硬币不同，那么说"相同"的密码员是付账者。在所有这些情况中，Alice 都需要知道 Bob 和 Carol 抛掷硬币的结果以决定是他们中的哪一位付的账。

这个协议可以推广到任意数量的密码员：他们全都坐成一圈并在他们中抛掷硬币。甚至两个密码员也能执行这个协议，当然他们知道谁付的账，但是观看这个协议的人只知道是一个密码员付的账还是 NSA 付的账，他们不会知道是哪个密码员付的账。

这个协议的应用远远超出了围坐在一家餐桌的范围。这是一个无条件的发送者和接收者不可追踪性（unconditional sender and recipient untraceability）的例子。在网络上的一群用户可以用这个协议发送匿名消息。

（1）用户把他们自己排成一个逻辑圆圈。

（2）在一定的时间间隔内，相邻的每对用户在他们之间抛掷硬币，使用一些公平的硬币抛掷协议防止窃听者。

（3）在每次抛掷之后每个用户说"相同"或"不同"。

如果 Alice 希望广播一条消息，那么她可以简单地从用二进制表示的消息 1 开始颠倒陈述。例如，如果消息是"1001"，则她依次颠倒陈述，说出真情，说出真情然后再颠倒陈述。假设她抛掷的结果是"不同""相同""相同""相同"，则她将说"相同""相同""相同""不同"。

如果 Alice 发现协议的所有结果都和她要发送的消息不匹配，那么她知道其他人同时也正在试图发送一条消息。然后她停止发送消息，并在试图再次发送前等待一个随机的轮次。虽然人们必须基于这个网络上消息通信的数量算出准确参数，但这个想法应该是清楚的。

为了让这些事更令人感兴趣，可以用其他用户的公开密钥加密。然后，当每个人都收到这个消息（这个协议的真正实现应该加上一种标准的消息开始和消息结束字符串）时，只有想要接收的人能解密并读出这条消息，而其他人都不知道是谁发送的，也不知道谁能读它。虽然信息流量分析可以跟踪并编辑人们通信的模式，即使这些消息本身被加密，但对此也无能为力。

代替在相邻方之间抛掷硬币的一种方法是保留一个随机位的共同文件。他们也许可以把它们放在一个 CD-ROM 上，或者这一对中一方可以产生一堆随机位并把它们送给另一方（当然是加密的）。另一种办法是，他们可以在他们之间商定一个保密的伪随机数产生器，并且他们每一个都能为协议产生相同的伪随机位字符串。

这个协议的一个问题是，虽然一个恶意的参与者不能读出消息，但他能通过在第（3）步中说谎来破坏系统。修改先前的协议可以检测破坏[1578,1242]，这个问题称为"在迪斯科舞厅里吃饭的密码员"。

6.4　数字现金

现金是一个问题。它难于搬运、传播病菌并且别人能从你那里把它偷走。支票和信用卡大大减少了社会上实际现金的流通量，但根本不可能完全取消现金。这永远不会发生，毒品贩子和政治家永远不会赞成它。支票和信用卡具有审计线索，你不可能隐瞒你把钱给了谁。

另一方面，支票和信用卡使别人可以侵犯你的隐私，其程序是以前想象不到的。你决不会同意警察跟随你一生，但是警察可以查看你的金融交易。他们能知道你在哪里买汽油，在哪里买食物，你和谁通电话——所有这一切都逃不过他们的计算机终端。为了保护隐私，人们需要有一种方法来保护他们的匿名权。

幸运的是，有一个复杂协议容许消息可以确证，但不可跟踪。说客 Alice 能把数字现金（digital cash）转移给参议员 Bob，并使得新闻记者 Eve 不知道 Alice 的身份，Bob 然后可把这笔电子货币存入他的账户，即使是银行也不知道 Alice 是谁。但是如果 Alice 试图以用来贿赂 Bob 的同一笔数字现金来买可卡因，那么她会被银行检测出来。如果 Bob 试图把同一笔数字现金存入两个不同账户，他也会被发现——但 Alice 仍保持匿名。为了把它与带审计追踪的数字现金如信用卡相区别，有时把它叫作**匿名数字现金**（anonymous digital cash）。这类东西有着很大的社会需求。随着网上商业交易的发展，商业上日益需要更多称为网络隐私和网络匿名的东西。（人们有很好的理由不愿意通过互联网传送他们的信用卡号。）另一方面，银行和政府似乎不愿放弃目前银行系统提供的审计追踪控制。尽管如此，他们不得不放弃。有些可信赖的机构愿意将数字现金转换为真正的现金。

数字现金协议非常复杂。下面我们将构建一个，一步一步来。较正式的细节，参见文献[318，339，325，335，340]。要认识到这只是一个数字现金协议，还有其他的。

6.4.1　协议 1

前面几个协议是密码协议的具体应用。这第一个协议是一个有关匿名汇票的简单化的物理协议：

（1）Alice 准备了 100 张 1000 美元的匿名汇票。

（2）Alice 把每张汇票和一张复写纸放进 100 个不同信封内，她把这些全部交给银行。

（3）银行开启 99 个信封并确认每个都是一张 1000 美元的汇票。

（4）银行在余下的一个未开启的信封上签名，签名通过复写纸印到汇票上。银行把这个未开启的信封交还给 Alice，并从她的账户上扣除 1000 美元。

（5）Alice 打开信封并在一个商人处花掉了这张汇票。

（6）商人检查银行的签名以确信这张汇票是合法的。

（7）商人拿着这张汇票去银行。

（8）银行验证它的签名并把 1000 美元划入这个商人的账户。

这个协议能起作用。银行从未看到它签的那张汇票，因此当这个商人把它带到银行时，银行不知道它是 Alice 的。虽然如此，因为这个签名的缘故银行还是相信它有效。银行相信未开启的汇票是 1000 美元的（既不是 100 000 美元也不是 100 000 000 美元），那是因为采用分割选择协议（参见 5.1 节）的缘故。它验证了其他 99 个信封，故 Alice 仅有 1％的机会欺骗银行。当然，银行对于欺诈将进行足够狠的惩罚以致它与机会相比是不值的。如果银行只是拒绝在最后一张支票上签名（如果 Alice 被发现在欺骗）而不惩罚 Alice 的话，她将继续尝试直到她碰上大运。坐牢是一种较好的威慑。

6.4.2　协议 2

前一个协议防止了 Alice 在一张汇票上写入比她宣称的更多的钱，但它没有防止 Alice 将这张汇票照相复制并两次花掉它。这叫作**双重花费问题**（double spending problem），为了解决这个问题，需要一个复杂的协议：

（1）Alice 准备 100 张 1000 美元的匿名汇票。在每一张汇票上包含了一个不同的唯一的随机字符串，字符串长到足以使另一个人也用它的机会微乎其微。

（2）Alice 把每张汇票和一张复写纸一起装入 100 个不同的信封，并把它们全部交给银行。

（3）银行开启 99 个信封并确认每张汇票都是 1000 美元，而且所有随机唯一字符串都不同。

（4）银行在余下的一个未开启的信封上签名，签名通过复写纸印到汇票上。银行把这个未开启的信封交回给 Alice，并从她的账户上扣除 1000 美元。

（5）Alice 打开信封并在一个商人处花掉这张汇票。

（6）商人检查银行的签名以确信汇票是合法的。

（7）商人拿着这张汇票来到银行。

（8）银行验证它的签名，并检查它的数据库以确信有相同的唯一字符串的汇票先前没有被存过。如果没有，银行把 1000 美元划到这个商人的账户上。银行在数据库中记录这个随机字符串。

（9）如果它先前被存过，银行不接受这张汇票。

现在，如果 Alice 试图使用这张汇票的复制件，或者如果这个商人试图用这张汇票的复制件存款，银行都会知道。

6.4.3　协议 3

前一个协议保护了银行不受欺骗者的欺骗，但它没有识别出这些欺骗者。银行不知道是买这张汇票的人（银行不知道是 Alice）试图欺骗这个商人还是这个商人试图欺骗银行。这个协议纠正如下：

（1）Alice 准备了 100 张 1000 美元的匿名汇票。在每一张汇票上包含了一个不同的唯一的随机字符串，字符串长到足以使另一个人也用它的机会微乎其微。

（2）Alice 把每张汇票和一张复写纸一起装入 100 个不同的信封，并把它们全部交给银行。

（3）银行开启 99 个信封并确认每张汇票都是 1000 美元，而且所有随机字符串都不同。

（4）银行在余下的一个未开启的信封上签名，签名通过复写纸印到汇票上。银行把这个未开启的信封交回给 Alice，并从她的账户上扣除 1000 美元。

（5）Alice 打开信封并在商人处花掉了这张汇票。

（6）商人检查银行的签名以确信汇票是合法的。

（7）商人要求 Alice 在汇票上写一个随机识别字符串。

（8）Alice 同意。

（9）这个商人拿着这张汇票来到银行。

（10）银行验证签名并检查它的数据库以确信具有相同唯一字符串的汇票先前没有被存过。如果没有，银行把 1000 美元划归到商人的账户上。银行在数据库中记下这个唯一字符串和识别字符串。

（11）如果这个唯一字符串在数据库中，银行拒收这张汇票。接着，它将汇票上的识别字符串同存储在数据库中的识别字符串比较。如果相同，银行知道商人复制了这张汇票；如果不同，银行知道买这张汇票的人复制了它。

这个协议假设一旦 Alice 在汇票上写上这个识别字符串，那个商人就不能改变它。汇票可能有一系列小方格，商人会要求 Alice 用 X 或 O 填充这些小方格。汇票可能是用如果要抹去就撕掉的纸做成。

由于商人和银行之间的交互发生在 Alice 花钱之后，所以商人可能和一张空头汇票牵连在一起。这个协议的具体实现可以要求 Alice 在商人与银行交互期间在柜台前等着，很像是今天的信用卡交易操作的方式。

Alice 可能会试图陷害这个商人。她可以第二次花一张汇票的复制，在第（7）步中给一个同样的识别字符串。除非这个商人保持一个已收到汇票的数据库，否则他将遭到欺骗。下一个协议将消除这个问题。

6.4.4　协议 4

如果证明是买汇票的人试图欺骗商人，银行就希望知道那个人是谁。为了做到这一点，要求我们从实际模拟中出来进入密码的世界。

秘密分割技术可以用来在数字汇票中隐藏 Alice 的名字。

（1）Alice 对给定数量的美元准备 n 张匿名汇票。

每张汇票都包含了一个不同的随机唯一字符串 X，X 足够长，足以使有两个字符串相同的机会微乎其微。

在每张汇票上也有 n 对鉴别位字符串 I_1，I_2，$\cdots$，I_n。这些字符串对中的每一个都是按如下方式产生的：Alice 创造一个给出她的名字、地址以及任何其他银行希望见到的鉴别信息的字符串。接着，她用秘密分割协议（参见 3.6 节）将它分成两部分。然后，她使用一种位承诺协议传送每一部分。

例如，I_{37} 由两部分组成：I_{37_L} 和 I_{37_R}。每一部分是一个可以要求 Alice 打开的位承诺分组，其正确打开与否也可以立即验证。任何对，如 I_{37_L} 和 I_{37_R}，但不是 I_{37_L} 和 I_{38_R} 都会揭示 Alice 的身份。

每张汇票看起来像这样：

总数
唯一字符串：X
鉴别字符串：$I_1 = (I_{1_L}, I_{1_R})$
$I_2 = (I_{2_L}, I_{2_R})$
$\cdots$
$I_n = (I_{n_L}, I_{n_R})$

（2）Alice 用盲签名协议隐蔽所有 n 张汇票。她把它们全部给银行。

（3）银行要求 Alice 恢复随机的 $n-1$ 张汇票并确认它们都是合格的。银行检查总数、唯一字符串并要求 Alice 出示所有鉴别字符串。

（4）如果银行对 Alice 没有任何进行欺骗的企图感到满意，则在余下的一张隐蔽汇票上签名。银行把这张隐蔽汇票交回 Alice，并从她的账户上扣除这笔钱。

（5）Alice 恢复这张汇票，并在一个商人那里花掉它。

（6）商人验证银行的签名以确信这张汇票是合法的。

（7）商人要求 Alice 随机揭示汇票上每个鉴别字符串的左半或右半。实际上，商人给 Alice 一个随机的 n 位选择字符串（select string）b_1，b_2，$\cdots$，b_n。Alice 根据 b_i 是 0 还是 1 公开 I_i 的左半或右半。

（8）Alice 同意。

（9）商人拿着这张汇票来到银行。

（10）银行验证这个签名并检查它的数据以确信有相同唯一字符串的汇票先前没有被存过。如果没有，银行把这笔钱划到商人的账上。银行在它的数据库中记下这个唯一字符串和所有识别信息。

（11）如果这个唯一字符串在数据库中，银行就拒收汇票。接着，它把汇票上的识别字符串同它数据库中存储的相比较。如果相同，银行知道商人复制了汇票；如果不同，银行知道买汇票的人复制了它。由于接收这张汇票的第二个商人交给 Alice 一个和第一个商人不同的选择字符串，银行找出一个位的位置，在这个位的位置上，一个商人让 Alice 公开了左半，而另一个商人让 Alice 公开了右半。银行异或这两半以揭露 Alice 的身份。

这是一个相当迷人的协议，故我们从不同角度来看看它。

Alice 能进行欺骗吗？她的数字汇票不过是一个位字符串，所以可以复制它。第一次花它不会有问题，她只需完成协议，则一切进展顺利。商人在第（7）步中给她一个随机的 n 位选择字符串，并且 Alice 在第（8）步中将公开 I_i 的左半或右半。在第（10）步中，银行将记录所有这些数据，连同汇票的唯一字符串。

当她试图第二次使用同一张数字汇票时，商人（同一个商人或另一商人）将在第（7）步中给她一个不同的随机选择字符串。Alice 必须在第（8）步中同意，如果不这样做势必立即提醒商人有些事值得怀疑。现在，当这个商人在第（10）步中将汇票带到银行时，银行会立即发现带相同唯一字符串的汇票已经存过。银行接着比较鉴别字符串中所有公开的部分。两个随机选择字符串相同的机会是 $1/2^n$，在下一个冰期前是不可能发生的。现在，银行找出这样一对，其中一半第一次被公开，另一半第二次被公开。它把这两半异或，马上得到 Alice 的名字，于是银行知道谁试图两次花这张汇票。

应当指出，这个协议不能让 Alice 不进行欺骗，但它几乎能肯定地检测她的欺骗。如果 Alice 进行欺骗，她不可能不暴露身份。她不可能改变唯一字符串或识别字符串，否则银行的签名将不再有效。商人将在第（6）步中马上意识到这点。

Alice 可能试图偷一张空头汇票骗过银行，这张汇票上的识别字符串不会泄露她的名字，或者最好是一张其识别字符串泄露其他人名字的汇票。她在第（3）步中进行这种欺诈骗过银行的机会是 $1/n$。这并非不可能，但如果惩罚足够严厉的话，Alice 就不敢以身试法。或者，你可以增加 Alice 在第（1）步中制作的多余汇票的数目。

这个商人能进行欺骗吗？他的机会甚至更小。他不能将这张汇票存两次，银行将会发现选择字符串被重复使用。他不能捏造以陷害 Alice，只有 Alice 才能打开任意的识别字符串。

甚至 Alice 和商人合谋也不能欺骗银行。一旦银行在带有唯一字符串的汇票上签名，银行就确信只能使用这张汇票一次。

银行又怎样呢？它能不能知道它从商人那儿收到的汇票是它为 Alice 签的那张呢？在第（2）～（5）步中的盲签名协议保护了 Alice。银行无法做出判断，即使它保留了每次交易的完整记录。说得更重些，银行和商人在一起也无法知道 Alice 是谁。Alice 可以走进商店并且完全匿名地购买东西。

Eve 可以进行欺骗。如果她能窃听 Alice 和商人之间的通信，并能在商人到达银行之前先到达银行，她就能第一个把这笔数字现金存入她的账户。银行将会接受，甚至更糟的是，当商人试图存入数字现金时他会被认为是一个欺骗者。如果 Eve 偷到数字现金并在 Alice 之前花掉它，那么 Alice 会被认为是一个欺骗者。没有办法防止这种情况，它是现金匿名的直接后果。

这个协议是介于被仲裁协议和自我执行协议之间的协议。Alice 和商人都相信银行能兑现汇票，但 Alice 不必信任知道她购物的银行。

6.4.5 数字现金和高明的犯罪

数字现金也有它不利的一面。有时人们并不需要那么多的隐私。看看 Alice 进行的高明的犯罪[1575]：

（1）Alice 绑架了一个婴儿。

（2）Alice 准备了 10 000 张每张 1000 美元的匿名汇票（或者多到她想要的那么多）。

（3）Alice 用盲签名协议隐蔽所有 10 000 张汇票，她把它们送给当局并威胁除非按下列指示去做，否则要杀死婴儿：

    （a）让银行签所有 10 000 张汇票。

（b）在报纸上公布结果。

（4）当局同意。

（5）Alice 买了一张报纸，恢复那些汇票，并开始花它们。当局没有办法靠追踪这些汇票来抓到她。

（6）Alice 放了这个婴儿。

注意这种情况比任何涉及实际特征的情况（如现金）都更糟糕。因为没有物理接触，警察很难有机会抓住绑架者。

不过，话虽如此，数字现金对犯罪分子来说也算不上理想。问题是匿名只有一种方式奏效：消费者是匿名的而商人不是。而且，商人不能隐藏他收到钱的事实。数字现金使政府容易知道你挣了多少钱，但不可能知道你把钱花在什么上。

6.4.6 实用化的数字现金

一家荷兰公司 DigiCash 拥有数字现金的大部分专利并已经在实际产品中实现了数字现金协议。任何感兴趣的人可按以下地址与该公司联系：

DigiCash BV，Kruislaan 419，1098 VA Amsterdam，Netherlands。

6.4.7 其他数字现金协议

其他数字现金协议，见文献［707，1554，734，1633，973］。它们中的一些涉及相当复杂的数学问题。通常，各种数字现金协议可以分为不同的种类。**联机系统**（on-line system）需要商人在每次销售时和银行联系，很像今天的信用卡协议。如果有问题，银行不会接受数字现金，Alice 不能行骗。

脱机系统（off-line system），如协议 4，直到商人与顾客交易之后都不需要商人和银行之间的通信。这类系统可以发现 Alice 行骗但不能防止 Alice 行骗。协议 4 中通过验证 Alice 的身份知道她是否试图欺骗来发现她的欺骗。Alice 知道这种情况会出现，因此她不会欺骗。

另一种方法是制造一个特定的智能卡（参见 24.13 节），它包含一个叫作观察者（observer）[332,341,387] 的防窜改芯片。观察者芯片保存了一个所有关于智能卡上花掉的数字现金信息的袖珍数据库。如果 Alice 企图复制数字现金并再次花掉它，这个被嵌入在内的观察者芯片就会发现并禁止交易。因为观察者芯片是防窜改的，所以 Alice 不能抹掉袖珍数据库，除非永久性地损坏智能卡。数字现金以它自己的方式在经济领域中流通，当它最终被存入银行时，银行可以检查数字现金并发现是否有人进行欺骗以及谁在进行欺骗。

数字现金协议也可以被分在另一类。**电子货币**（electronic coin）有固定的价值，使用这个系统的人们需要若干不同面额的硬币。**电子支票**（electronic check）可以用在任何数量直到最大值上，然后作为退款返回没有用完的部分。

两个优秀而且完整的不同脱机电子货币协议见文献［225，226，227］和［563，564，565］。有一个系统叫作 NetCash，有弱匿名性质，也在文献［1048，1049］中提出。另一个新系统见文献［289］。

在文献［1211］中，Tatsuaki Okamoto 和 Kazuo Ohta 列出了一个理想数字现金系统的六个性质：

（1）独立性。数字现金的安全性不依赖于任何物理位置。现金能通过计算机网络传送。

（2）安全性。数字现金不能被复制和重用。

（3）隐私性（不可追踪性）。用户的隐私受到保护，没有人能追踪发现用户和他们所购物之间的关系。

（4）脱机付款。当一个用户用电子现金为所购物付款时，用户和商人之间的协议是脱机执行的。也就是说，商店不必与一台主机相连以处理用户的付款。

（5）可转移性。数字现金可被转移给其他用户。

（6）可分性。给定数量的数字现金能被分成较小数额的多份数字现金。（当然，每份最后加起来总数还是那么多。）

上面讨论的协议满足性质（1）、（2）、（3）和（4），但不满足性质（5）和（6）。[318，413，1243]中讨论了一些满足除性质（4）以外所有性质的联机数字现金系统。文献[339]中提出了第一个满足性质（1）、（2）、（3）和（4）的脱机数字现金系统，它与上面讨论的协议类似。Okamoto 和 Ohta 提出了一个满足性质（1）～（5）的系统[1209]。他们也提出了一个满足性质（1）～（6）的系统，但购买一件物品要求的数据大约为 200MB。其他的脱机可分货币系统在文献[522]中讨论。

文献[1211]中还提出了一个满足性质（1）～（6）的数字现金系统，这个系统无庞大的数据要求。一次付款的总数据传输量大约是 20KB，并且协议能在几秒钟内完成。作者认为这是第一个理想的不可追踪的电子现金系统。

6.4.8　匿名信用卡

文献[988]中的这个协议用在多个不同的银行以保护顾客的身份。每一位顾客在两个不同银行拥有一个账户，第一个银行知道此人的身份并愿意发给他信用卡，第二个银行仅仅知道他的假名（类似于瑞士银行的账号）。

顾客可以通过证明账户是他的从而从第二个银行取出资金。但是，银行不知道这个人也不愿发给他信用卡。第一个银行知道这个顾客并转账给第二个银行——用不着知道假名。顾客然后就可以匿名地使用这笔资金。在月末，第二个银行给第一个银行一份账单，这是银行真正应该支付的。第一个银行把顾客应该支付的账单送给顾客。当顾客付账后，第一个银行把附加资金转账到第二个银行。所有的交易都是通过一个中间媒介处理的，就像电子联邦储备所做的那样：在银行之间结算账目、登记消息和产生审计追踪。

顾客、商人和各个银行的交易在文献[988]中描述。除非每个人都串通起来陷害顾客，否则顾客的匿名是可以保证的。然而，这不是数字现金，银行很容易进行欺骗。这个协议允许顾客在不泄露隐私的情况下保护其信用卡的利益。

Applied Cryptography: Protocols, Algorithms, and Source Code in C, Second Edition

密 码 技 术

密 钥 长 度

7.1 对称密钥长度

对称密码系统的安全性是算法强度和密钥长度的函数：前者更加重要而后者则更容易描述。

假设算法具有足够的强度。实际上这点极难做到，不过本例却很容易。这里足够的意思是：除了用穷举攻击的方式试探所有的密钥外没有更好的方法破译该密码系统。

为了发动对密码系统的攻击，密码分析者需要少量的密文和对应的明文，穷举攻击是一种已知明文的攻击。对分组密码来说，密码分析者需要密文分组和对应的明文分组：通常是64位。获得明文和密文比你想象的要容易，密码分析者可通过一些手段获取明文消息的副本而后去截取相应的密文。他们可能知道有关密文格式的一些信息：如它是一个 WordPerfect 文件，它有一个标准的电子邮件消息头，它是一个 UNIX 目录文件、一幅 TIFF 图像或用户数据库中的一个标准记录。而所有这些格式都有一些预定义字节。密码分析者不需要太多的明文来发起这种攻击。

很容易计算一次穷举攻击的复杂程度。如果密钥长度为8位，那么有 $2^8 = 256$ 种可能的密钥，因而找出正确的密钥将需要 256 次尝试，在 128 次尝试后找到正确密钥的概率是50%。假如密钥长度为 56 位，就有 2^{56} 种可能的密钥。设想有一台每秒能检验100万个密钥的超级计算机，也需要 2285 年时间才能找出正确的密钥。如果密钥长度为 64 位，则将需要585 000 年才能在 2^{64} 种可能的密钥中找出正确的密钥。如果密钥长 128 位，则需要 10^{25} 年的时间。宇宙也只有 10^{10} 年的历史，相对而言 10^{25} 年太长了。对于一个长为 2048 位的密钥，用每秒尝试百万个密钥的百万个计算机并行工作要 10^{597} 年才能完成，到那时宇宙或许早已爆炸或膨胀得无影无踪了。

在你急着去发明一个 8KB 密钥的密码系统之前，请记住其强度问题的另一面：加密算法必须非常安全，以至于除穷举攻击外没有其他更好的方法来破译它。这并不像看上去那样容易。密码学是一门奇妙的艺术，看上去完善的密码系统往往是非常脆弱的。很强的密码系统，哪怕是一点点的改变就会使它变得非常脆弱。对业余密码设计人员的忠告是要对任意新的算法进行健康的、执着的怀疑，最好信任那些专业密码人员分析了多年而未能攻破的算法，怀疑那些设计者宣称其安全性是如何好的算法。

记得 1.1 节里的一个要点：密码系统的安全性应依赖于密钥，而不是依赖于算法的细节，假设密码分析者已经获得了你的算法的所有细节，假设他们能够得到发起唯密文攻击的足够多的密文，假设他们能够得到发起明文攻击所需要的尽可能多的数据，甚至假设他们能进行选择明文攻击。在这些情况下，如果密码体制仍然是安全的，那么它就达到所需要的安全性要求。

忠告归忠告，在密码学领域业余密码人员还是有许多事可以做。其实，这里讨论的安全性在许多情况下并非必需，大多数敌人并不具备这方面的知识，也不具有一个强大国家所拥有的计算资源，甚至他们连破译密码的兴趣都没有。如果你正密谋推翻一个强大的政府，就得依靠本书后面讲的那些可靠而正确的算法。剩下的，就是如何玩得开心了。

7.1.1　穷举攻击所需时间和金钱估计

记住，穷举攻击是一种典型的已知明文攻击。它需要少量的密文和相应的明文。如果你假设穷举攻击是对算法最有效的攻击（一个大的假设），密钥必须足够长以致使攻击不可行，那么密钥要多长呢？

有两个参数决定了穷举攻击的速度：需要测试的密钥数量及每个测试的速度。大多数对称密码算法接受一个固定位长度模式作为密钥。DES 算法有 56 位密钥，共 2^{56} 个可能的密钥。本书讨论的某些算法有 64 位密钥，也就是说，有 2^{64} 个可能的密钥，另外一些有 128 位密钥。

每一个可能密钥的测试速度也是一个因素，但重要性次之。为了便于分析，假定每种不同算法的测试时间相同。实际上测试一种算法的速度可能比另一种算法的速度快两三倍，甚至 10 倍。但由于我们正在寻找的密钥长度比破译密码的难度大百万倍之多，所以测试速度小小的差异可以忽略。

在密码通信中关于穷举攻击效率的多数讨论都集中在 DES 算法上。1977 年，Whitfield Diffie 和 Martin Hellman[497] 假设了一种专门破译 DES 的机器。这台机器由 100 万个芯片组成，每秒能测试 100 万个密钥。这样它可在 20 个小时内测试 2^{56} 个密钥，如果要破译 64 位密钥的算法，它可在 214 天内尝试所有的密钥。

穷举攻击必须有并行处理器。每个处理器测试密钥空间中的一个子集，它们之间不需要通信（除了报道成功的消息），并且它们没有共享的内存。设计这样一台具有 100 万个并行处理器的机器，并让它们彼此独立地工作是很容易的。

最近，Micheal Wiener 决定设计一台穷举攻击机器[1597,1598]。（这台机器是为攻击 DES 设计的，但对任何算法都适用。）他设计了专门的芯片、主板、支架，并且估算了其价格。他发现只要给 100 万美元就能制造出一台这样的机器使其在平均 3.5 小时（最多不超过 7 小时）内破译 56 位密钥的 DES 算法。他还发现机器的价格和破译速度之比是线性的，表 7-1 列出了各种密钥长度的对应数据。记住摩尔定律：大约每经过 18 个月，计算机的计算能力就翻一番。这意味着每 5 年价格就会下降到原来的 10%，所以 1995 年所需要的 100 万美元到了 2000 年就只用花 10 万美元。流水线计算机能够做得更好[724]。

表 7-1　1995 年硬件穷举攻击的平均时间和金钱估计

花费的金钱（美元）	密钥长度（位）					
	40	56	64	80	112	128
10 万	2 秒	35 小时	1 年	70 000 年	10^{14} 年	10^{19} 年
100 万	0.2 秒	3.5 小时	37 天	7000 年	10^{13} 年	10^{18} 年
1000 万	0.02 秒	21 分钟	4 天	700 年	10^{12} 年	10^{17} 年
1 亿	2 毫秒	2 分钟	9 小时	70 年	10^{11} 年	10^{16} 年
10 亿	0.2 毫秒	13 秒	1 小时	7 年	10^{10} 年	10^{15} 年
100 亿	0.02 毫秒	1 秒	5.4 分钟	245 天	10^{9} 年	10^{14} 年
1000 亿	2 微秒	0.1 秒	32 秒	24 天	10^{13} 年	10^{13} 年
1 万亿	0.2 微秒	0.01 秒	3 秒	2.4 天	10^{7} 年	10^{12} 年
10 万亿	0.02 微秒	1 毫秒	0.3 秒	6 小时	10^{6} 年	10^{11} 年

对于 56 位密钥，穷举攻击所需金额对很多大公司和一些犯罪组织来说还是可以承受的。对于 64 位密钥，则只有一些发达国家的军事预算才能承受。而破译 80 位密钥现在仍然不

行，但是如果按目前的形势继续发展下去，这种情况将会在 30 年内发生改变。

当然，估计未来 35 年计算机的计算能力是很可笑的，一些科幻小说里出现的技术突破可能会觉得上述预测很可笑。相反，目前一些未知的物理限制又使人们产生不切实际的乐观。在密码学中悲观一点是很明智的。用 80 位密钥的加密算法是一种目光非常短浅的行为，还是坚持用至少 112 位的密钥吧。

如果攻击者想要不择手段地破译一个密钥，他们必须要做的全部事情就是花钱。所以，估计密钥的最小"价值"似乎是明智的：在试图破译一个有经济价值的密钥之前，要确信它到底有多大价值呢？举个极端的例子，如果一个加密的消息仅值 1.39 美元，那么用一台价值 1000 万美元的破译机来寻找它的密钥在经济上就毫无意义了。另一方面，如果明文消息值 1 亿美元，那么建造一台破译机破译此信息是值得的。此外，有些消息的价值会随时间迅速减少。

7.1.2 软件破译机

没有特殊用途的硬件设备和大规模并行计算机，穷举攻击很难有效地工作。对密码系统的软件攻击比硬件攻击大约慢 1000 倍。

基于软件穷举攻击的真正威胁不是它的确定性，而是它的"自由性"。装配一台微型计算机来测试可能的密钥，无论其是否在测试都不涉及成本问题，如果能找到正确的密钥——那太好了；如果没找到，也不会失去什么。建立整个这样的微型计算机网络同样不涉及成本问题。最近一次对 DES 的试验，在一天内用了 40 个工作站的空闲时间对 2^{34} 个密钥进行测试[603]。按这样的速度，将需要 400 万天来测试所有的密钥，但是如果足够多的人试图像这样破译的话，总有某个人会在某处交上好运。文献 [603] 中这样写道：

> 软件威胁的关键是十足的坏运气。设想一个具有 512 个工作站的大学计算机网络，对某些校园来说这是一个中等规模的网络，它们甚至可以遍及世界，通过电子邮件来协调各自行动。假设每个工作站能以每秒加密 15 000 次的速率运行，考虑测试和更换密钥的时间，则每台每秒测试 8192 次。用这样的速度测试完一个 56 位密钥空间将需要 545 年（假定网络每天工作 24 小时）。但是请注意，假设学生破译者进行同样的计算，他们在一天内破译出密钥的机会是 1/200 000，在一周内破译出的机会增加到 1/66 000。他们的设备越先进，或者使用的机器越多，成功的机会自然就越大。这种概率对靠赛马谋生来说机会太小了，但在某些情况下它还算好的，如同政府的博彩中奖相比它要好得多。"1/106?""1000 年能发生一次吗？"要简单地说清楚这些事已不再可能。这种不断发展的冒险能接受吗？

如果用一个 64 位密钥来替换 56 位密钥，密码算法的破译难度要大 256 倍。而对于 40 位的密钥，情况就远比这简单得多。一个由 400 台、每台每秒能加密 32 000 次的计算机组成的网络，能够在短短一天内完成对 40 位密钥的破译（1992 年，40 位密钥的 RC2 和 RC4 算法已经被成功破译了——参见 13.8 节）。

对 128 位密钥来说，进行穷举攻击是十分荒唐的。工业专家估计：到 1996 年，世界上将有 2 亿台计算机在运行，这种估计包括从巨大的 Cray 大型机到笔记本电脑在内的计算机。如果所有的这些计算机同时进行穷举攻击，并且每台以每秒 100 万次的加密速度进行，那么破译这个 128 位的密钥也需要 100 万倍宇宙年龄的时间才能成功。

7.1.3　神经网络

神经网络对密码分析来说并不是非常有用，这主要是由其解空间的模式导致的。神经网络最善于处理那些连续解的问题，这些解比另一些更好。这就允许神经网络学习并在学习中得出越来越好的解。而破译密码算法并没有提供太多学习"机会"的方法：你要么找到密钥要么没有（至少对稍微好的算法是这样）。神经网络适用于那些结构化环境，那里一些东西必须要学习，而在信息熵很高、随机性非常强的密码学领域就不适用了。

7.1.4　病毒

让数以百万台计算机放在一起进行穷举攻击所遇到的最大难题是说服这些计算机的拥有者同意他们的机器参与。你会有礼貌地请求，但那是浪费时间，因为他们会说"不"；你也可以试图侵占他们的机器，但那更是浪费时间，你还可能被捕；你还可以利用计算机病毒来散布攻击程序，以更加有效地覆盖到尽可能多的计算机上。

这是在文献［1593］中首次提到的特别有趣的思想。攻击者写下并散布计算机病毒，这些病毒并不重新格式化硬盘驱动器和删除文件，它只是在受染计算机的空闲时间处理穷举攻击的密码分析问题。各种各样的研究已表明微型计算机 70%～90% 的时间是空闲的，于是病毒可以无任何阻碍地找到时间来完成它的任务。如果它是良性的，在它发作的时候甚至可能逃过人们的注意。

最后，某个机器也会偶然碰到正确的密钥，此时有两条路可以选择：其一，攻击病毒将引发另一个不同的病毒。它除了复制有关正确密钥的信息和删除攻击病毒留下的其他信息外不做任何事情。然后，新的病毒通过计算机网络传播，直到它回到编写原始病毒的人的计算机上为止。

其二，卑鄙的方法将是病毒在屏幕上显示以下信息：

> **本机中有严重的病毒存在！**
> 请拨 1-800-123-4567 并且读入下面的 64 位数字给操作人员：
> XXXX　XXXX　XXXX　XXXX
> 对于第一个报告该病毒的人给予 100 美元的奖金。

这种攻击的有效性有多大呢？假设一台被感染了病毒的计算机可以每秒测试 1000 个密钥，这远远低于计算机的最大潜力，因为我们不得不假设它会干其他事情，我们也假设病毒感染了 1000 万台机器，这样这个病毒可以在 83 天里破译一个 56 位密钥，在 58 年内破译一个 64 位密钥。你或许会收买抗病毒软件的制造者，但那是你们的问题。任何计算机速度或者病毒感染速度的增长必然会使这种攻击更加有效。

7.1.5　中国式抽彩法

中国式抽彩法是一种折中的方法，但对于大规模并行密码分析机来说是一个可行的建议[1278]。设想一种用于穷举攻击的每秒有百万次测试速度的破译芯片被安装在每台收音机与电视机中售出，每块芯片在通过广播收到一对明文/密文后便自动利用其中的程序检测不同的密钥。于是，每当想要破译密钥时，就广播这个数据，这时所有的收音机和电视机便开始嘎嚓嘎嚓地开动起来。最后，正确的密钥将会在某个地方被某人找到，这个人也因此得到抽彩所中的奖金，这样就确保了结果会有迅速而正确的报告，也有助于带有破译芯片的收音机和电视机的销售。

如果中国每个成年男人、妇女和小孩都拥有一台这样的收音机或电视机，那么 56 位算法的正确密钥在 61 秒内可找到。如果仅仅 1/10 的中国人拥有收音机或电视机（这更接近于现实），正确的密钥将在 10 分钟内找到。64 位算法的密钥将在 4.3 小时内找到。如果 1/100 的人拥有收音机或电视机，则需要 43 小时。

为了使攻击能付诸实际，要求进行一些修改。首先，使每块芯片测试随机的密钥，而不是唯一的一组密钥将会更加容易，这样将使攻击减慢 39% 左右——从目前我们正处理的数字来看这并不算多。如果每一个人都在测试中，最后有人就在其"发现密钥"的灯灭了时要打电话通报这个结果，然后读出出现在他们屏幕上的一串数字。

表 7-2 显示了中国式抽彩对不同国家和不同长度密钥的有效性。中国显然是最有利于实施这种攻击的地方，但他们不得不使每一个人都拥有电视机或收音机。美国人数较少，但有多得多的设备。怀俄明州能够在不到一天之内破译一个 56 位的密钥。

表 7-2　使用中国式抽彩的穷举攻击估计

国家/地区	人口	电视和收音机数	破译时间	
			56 位	64 位
中国	1 190 431 000	257 000 000	280 秒	20 小时
美国	260 714 000	739 000 000	97 秒	6.9 小时
伊拉克	19 890 000	4 730 000	4.2 小时	44 天
以色列	5 051 000	3 640 000	5.5 小时	58 天
美国怀俄明州	470 588	1 330 000	15 小时	160 天
美国内华达州温尼马卡	6 100	17 300	48 天	34 年

注：所有数据摘自 1995 *World Almanac and Book of Facts*。

7.1.6　生物工程技术

如果生物芯片是可能的，那么不用它作为分布式穷举攻击密码分析工具将是愚蠢的。考虑一种假想的动物，很不幸地称它为 DESosaur[1278]。它由能够检验可能密钥的生物细胞组成，这些生物细胞可以通过光学通道接收明文/密文对（细胞是透明的，你可以看见）。而密钥解则通过生物体内的特殊细胞经由循环系统送到 DESosaur 的发音器官。

典型的恐龙古生物具有 10^{14} 个细胞（包括细菌），如果它们每秒能完成 100 万次加密（应该承认，这是一个大的假设），那么破译一个 56 位的密钥需要 7/10 000 秒，破译一个 64 位的密钥少于 1/5 秒的时间，但破译一个 128 位的密钥仍需 10^{11} 年。

另一种生物方法是利用遗传密码分析海藻，它能够完成对密码算法的穷举攻击[1278]。这些生物体使制造多处理器的分布式机器成为可能，因为他们能够覆盖很大的区域。每个明文/密文对可以通过卫星广播。如果一个生物体找到了结果，它附近的细胞将改变颜色并把结果传回卫星。

假设典型的海藻细胞大小为 10^2 立方微米（这或许是一个大的估计），那么 10^{15} 个可占据 1 立方米，把它们放入海洋，覆盖深 1 米的 200 平方英里（518 平方公里）的海水（你可以考虑怎样做到这点——我只是出主意的人），这样将有 10^{23} 个海藻漂浮在海洋中（超过了1000 亿加仑的石油）。如果它们中的每一个每秒能够尝试 100 万个密钥，那么它们得花超过100 年的时间才能破译 128 位的密钥（让海藻处于繁荣期是一个问题），不管海藻处理速度、海藻直径，或者能够在海洋中扩散的区域的大小，其中任何一个取得突破，都将有效地减少这些数字。

请不要问我有关纳诺技术的问题。

7.1.7 热力学的局限性

热力学第二定律的结论是：信息的表达需要一定的能量。通过改变系统的状态，记录单独的 1 位所需要的能量不少于 kT，其中 T 表示系统的绝对温度，k 是波耳兹曼常数。（依靠我，物理课程几乎就结束了。）

假定 $k=1.38\times10^{-16}\text{erg/K}$，宇宙的环境温度为 3.2K，那么在此温度下运行的计算机每设置或清除 1 位将消耗 $4.4\times10^{-16}\text{erg}$ 的能量。在比宇宙辐射温度低的环境中运行一台计算机将需要附加的能量来运行热泵。

目前，太阳每年辐射出的能量约为 $1.21\times10^{41}\text{erg}$，该能量足以使理想的计算机上的 2.7×10^{56} 个单独位发生改变，也足以使一个 187 位计算器中的所有状态值发生改变。如果绕太阳建造一个 Dyson 球，并且让它一点也不少地吸收 32 年的能量，那么我们就能使一台计算机的能量增加到 2^{192}。当然，它不会让能量剩余，以便计算器完成任何有用的计算。

但是，这仅仅是一颗星体，所有星体中很渺小的一颗。一颗典型的超新星释放的能量可达 10^{51}erg（约是能量以微中子形式释放的 100 倍，还得现在就开始）。如果所有这些能量被用于运算，那么一个 219 位的计算器会循环其所有的状态值。

这些数字与设备的技术性能无关，它只是热力学允许的最大值。所以我们可以断言：对 256 位的密钥进行穷举攻击是绝对行不通的，除非在超空间里用超物质制造计算机。

7.2 公开密钥长度

2.3 节中已经讨论了单向函数。例如，两个大素数进行相乘就是一个单向函数，得到相乘的结果很容易，但是由这个结果分解得到两个素数却非常困难（参见 11.3 节）。公开密码系统就是利用这种思想做成单向陷门函数。实际上，那不过是一个谎言，因子分解被推测是一个难题（参见 11.4 节）。众所周知，它似乎是这样。如果它的确是，也没有人能够证明难题就真的很难。大多数人都假定因子分解是困难的，但它从来没有被从数学上证明过。

还有必要再啰唆一点。不难想象 50 年后的情形，人们围坐在一起，兴致勃勃地谈论着过去的美好时光：那时候，人们习惯于认为因子分解是难的，密码术正基于这种难度，而公司实际上依靠这种素材大赚其钱。也可以很容易地设想到，未来在数论方面的发展使因子分解更加容易或者复杂度定理的发展使因子分解变得毫无意义。没有理由相信这会发生（并且大多数懂得很多而有主见的人也会告诉你这是不可能的），但是也没有什么理由相信它不会发生。

无论怎样，今天主要的公开密钥加密算法都是基于分解一个大数的难度，这个大数一般是两个大素数的乘积。（其他一些算法基于称为离散对数问题的东西，这里我们做相同的讨论。）这些算法也会受到穷举攻击的威胁，只不过方式不同。破译它们的出发点并不是穷举所有的密钥进行测试而是试图分解那个大数（或者在一个非常大的有限域内取离散对数——一个类似的问题）。如果所取的数太小，那么就无安全可言。如果所取的数足够大，则会非常安全：集中世界上所有的计算机力量从现在开始工作直到太阳变成一颗新星为止都不能奈何它——当然是基于目前对数学的理解。11.3 节更注重数学细节，讨论了大数因子分解的有关问题，这里仅讨论分解不同长度的数需要花费多长时间。

对大数进行因子分解是困难的。不幸的是，对算法设计者来说它正变得越来越容易。更加糟糕的是，它比数学家所希望的还快。1976 年，Richard Guy 写道："本世纪内如果有人不采用特殊的方式成功地对 10^{80} 大小的数进行因子分解的话那我将非常地惊讶！"[680] 1977 年，Ron Rivest 说过分解一个 125 位（十进制）的数据需要 40×10^{15} 年[599]。可是，一个 129 位的数据在 1994 年被成功分解。如果有什么教训的话，那就是做出预言将是很愚蠢的。

表 7-3 列出了过去 10 年有关因子分解的记录。其间，最快的分解算法是二次筛选法（参见 11.3 节）。

表 7-3　使用二次筛选算法进行因子分解

年度	位数（十进制）	分解 512 位数据的难度	年度	位数（十进制）	分解 512 位数据的难度
1983	71	>20 000 000	1989	100	30 000
1985	80	>2 000 000	1993	120	500
1988	90	250 000	1994	129	100

这些数据是触目惊心的。今天已经很不容易看到 512 位的数据在操作系统中使用了，因为对这些数据进行因子分解并危及系统的安全，是非常可能的：因特网上的蠕虫可在一个周完成。

计算机的计算能力是以 mips-year 来衡量的，即每秒百万条指令的计算机运行一年，或大约 3×10^{13} 条指令。根据约定，一台 1 mips 的计算机就等同于一台 DEC VAX 11/780。因此，1 mips-year 就相当于一台 VAX 11/780 运行一年，或等同的机器。（一台 Pentium 100 计算机大约是 50 mips，而一台 1800-node Intel Paragon 机器则是 50 000 mips。）

1983 年对一个有 71 位的数据进行因子分解需要 0.1 mips-year，1994 年对一个 129 位的数据进行因子分解则需要 5000 mips-year。计算能力这一令人激动的增长很大程度上归功于分布式计算的引入：利用网络上工作站的空闲时间。这一趋势是由 Bob Silverman 发起并由 Arjen Lenstra 和 Mark Manasse 大力发展的。1983 年因子分解在一台单独的 Cray X-MP 机器上使用了 9.5 小时，1994 年因子分解却耗费了 5000 mips-year 和全球范围内 1600 台计算机将近 8 个月的空闲时间。可见，现代的因子分解从这种分布式应用中大受其益。

情况变得更糟了。一种新的因子分解算法取代了二次筛选法：一般数域筛选法。1989 年数学家会告诉你一般数域筛选法永远不会行得通。1992 年他们又说一般数域筛选是可行的，但是它仅仅当被分解的数大于 130～150 位（十进制）时才比二次筛选法快。可是今天，众所周知，对于小于 116 位的数，一般数域筛选法也快得多[472,635]。同时分解一个 512 位的数，一般数域筛选法比二次筛选法快 10 倍。在一台 1800-node Intel Paragon 机器上运行该算法只需要不到一年的时间。表 7-4 给出了应用该算法对一系列不同大小的数进行因子分解所需的 mips-year[1190]。

表 7-4　利用一般数域筛选法进行因子分解

位	进行因子分解所需的 mips-year	位	进行因子分解所需的 mips-year
512	30 000	1280	1×10^{14}
768	2×10^8	1536	3×10^{16}
1024	3×10^{11}	2048	3×10^{20}

然而，一般数域分解法的速度仍在加快，数学家努力紧跟这些新技巧、新优化和新技术，现在还没有任何理由认为这种趋势不会继续。与其相关的一个算法：特殊数域筛选法，现在已经能够分解一些特殊形式的数（一般并不用于密码分析），其速度比一般数域筛选法还要快。假定一般数域筛选法优化后也能做得这样快是不无道理的，或许 NSA 已经知道怎

样做。表 7-5 给出了用特殊数域筛选法进行因子分解的 mips-year[1190]。

表 7-5　利用特殊数域筛选法因子分解

位	进行因子分解所需的 mips-year	位	进行因子分解所需的 mips-year
512	<200	1280	3×10^9
768	100 000	1536	2×10^{11}
1024	3×10^7	2048	4×10^{14}

1991 年在欧洲系统安全研究所的一个实验室里，参与者一致认为一个 1024 位的模数可以足够保密到 2002 年[150]。然而，他们又警告说："尽管实验室的参与者在各自的领域中都有很高的资格，但是对这些声明（关于安全的持续性）要提高警惕。"这是一个好建议。

在选择公开密钥长度时，明智的密码人员应该是极端的保守主义者。为了断定所需要的密钥有多长，你必须考虑想要的安全性和密钥的生命周期，并了解当前因子分解的发展水平。今天使用 1024 位长的数仅能获得 20 世纪 80 年代初期 512 位的安全性。如果你希望你的密钥能够保持 20 年的安全，那么 1024 位似乎太短了。

即使你的特殊安全性并不值得花力气对模数进行因子分解，但仍然处于危险中。设想用 RSA 加密的自动银行系统吧。Mallory 站在法庭上大声说："难道你没读报，1994 年 RSA-129 就已经被破译，任何组织只要花上几百万美元等上几个月就能将 512 位的数分解吗？我的银行就是使用 512 位的数进行保密的，顺便说一下，我并没有不断地撤销更换。"即使他在撒谎，法官也会责令银行证实。

为什么不用 10 000 位的密钥呢？可以用，但你必须为密钥变长所需的计算时间付出代价。通常，你既想密钥足够长又想计算所需的时间足够短。

在本节的开始时我就说过做出预测是愚蠢的。但是现在我也预测一些。表 7-6 给出了公开密钥多长才安全的一些忠告。其中，每年列出了三个密钥长度，分别针对个人、大公司和政府。

表 7-6　公开密钥长度的推荐值（位）

年度	对于个人	对于公司	对于政府
1995	768	1280	1536
2000	1024	1280	1536
2005	1280	1536	2048
2010	1280	1536	2048
2015	1536	2048	2048

下面是摘自文献 [66] 的一些假设：

我们相信能够获得 10 万台没有超人的或缺乏职业道德能力的机器。也就是说，我们绝对不会释放任何因特网蠕虫或病毒为我们寻求资源。很多组织都有几千台计算机在网上。充分利用这些设备的确需要很有技术性的外交能力，但不是不可能的。假定平均计算能力是 5 mips，那么一年的时间就能从事一项需要 50 万 mips-year 的工程。

对 129 位的数进行因子分解这样一个工程估计需要整个因特网计算能力的 0.03%[1190]，这不会令它感到困难。假定一个非常引人注意的工程需要花一年时间使用全球 2% 的计算力量并非不可理解。

假设一个专注的密码分析家能得到 10^4 mips-year 的计算能力，一个大公司能得到 10^7 mips-year，并且政府能得到 10^9 mips-year。同时假定计算机的计算能力每 5 年增长 10 倍。最后假定数学领域因子分解的进步能够让我们以特殊数域筛选法的速度分解一个一般的数（然而这是不可能的，但话又说回来，技术突破随时可能发生）。表 7-6 推荐了不同年份不同的安全密钥长度。

一定要记住需考虑密钥的价值。公开密钥经常用来加密那些时间长、价值大的东西：银行顾客用于数字化取款系统的密钥，政府用于检验其护照的密钥，以及公证人的公开数字签名密钥。或许并不值得花上几个月的计算机时间对一个私人密钥进行攻击，但如果你能用一个破译的密钥印制自己的钞票，那么它就非常吸引人了。一个 1024 位的密钥足以作为那些用一个星期或一个月，甚至几年才验证的东西的签名。但是你并不想拿着一份数字签名的文件从现在开始在法庭上站上 20 年，并且不断让对手演示如何用相同的签名伪造文件。

对更远的未来进行预测会更加愚蠢。谁能知道 2020 年计算机、网络、数学等方面发展成什么样？然而，如果你看得更远点，你就会发现每个年代分解数的长度是上个十年的一倍。这引出了表 7-7。

表 7-7　对未来因子分解的预测

年度	密钥长度（位）	年度	密钥长度（位）
1995	1024	2025	8192
2005	2048	2035	16 384
2015	4096	2045	32 768

另一方面，分解技术可能在 2045 年之前就达到它的极限值。从现在起的 20 年里我们可以分解任何的数。尽管如此，我认为未必。

不是每个人都同意我的推荐。NSA 指定将 512～1024 位的密钥作为数字签名标准（参见 20.1 节）——远远低于我所推荐的长期安全的数值，Pretty Good Privacy（参见 24.12 节）使用了最大长度的 RSA 密钥——2047 位。Arjen Lenstra，世界上最成功的因子分解专家，在过去 10 年里拒绝做出预测[949]。表 7-8 给出了 Ron Rivest 对密钥长度的建议值，它们最早是 1990 年做出的，但我却认为太乐观了[1323]。当他的分析在纸面上看来非常合理时，最新的历史却展示了令人惊奇的事正有规律地发生着。这对你在选择密钥后，面对未来的"惊奇"重新保持沉默是非常有意义的。

表 7-8　Rivest 乐观的密钥长度推荐值（位）

年度	较小值	平均值	较大值
1990	398	515	1289
1995	405	542	1399
2000	422	572	1512
2005	439	602	1628
2010	455	631	1754
2015	472	661	1884
2020	489	677	2017

25 000 美元的预算，使用二次筛选算法，每年的技术进步为 20%，这是较低的估计；25 000 000 美元的预算，使用一般数域筛选法，每年 33% 的技术进步，这是一般的估计；而较高的估计是预算为 25 亿美元，使用一般二次筛选法运行在特殊数域筛选法的速度下，每年有 45%

的技术进步。

一直有这样一种可能性存在，那就是因子分解方面的进步同样令我吃惊，但归因于我的计算。但是为什么要相信我呢？我也只是通过预测证明了我的愚蠢。

7.2.1　DNA 计算法

现在的情况正变得不可思议。1994 年，Leonard M. Adleman 在一个生物化学实验室里竟然演示了 NP 完全问题的解决方法（参见 11.2 节），他用 DNA 分子链描述对该问题解的推测[17]。Adleman 所解决的问题是引向单向汉密尔顿路径问题的一个实例。单向汉密尔顿路径问题是指，给定一张有关城市的地图，其中这些城市由单向马路连接，要求在地图上找到一条从城市 A 到城市 Z 而恰恰仅一次通过所有城市的路径。在 Adleman 的演示中，每一个城市由一系列不同的随机的 20 基点的 DNA 链表示，用传统的微生物技术，Adleman 综合处理了 50 皮摩尔（相当于 3×10^{13} 个分子）的 DNA 链。每一条路径也是由一个 20 基点的 DNA 链表示，但这些 DNA 链并不是随机选取的，Adleman 聪明地选择它们以使表示每条路径（如路径 PK）的 DNA 链的开始端连到该路径的起始城市（如 P）的 DNA 链，而其尾部则连到终止城市（如 K）。

Adleman 使用了 50 皮摩尔的 DNA 链表示每一条路径，再用一条表示所有城市的 DNA 链将它们混合在一起，然后加入一种捆绑酶使所有 DNA 分子的尾部相连。酶素利用 DNA 路径和 DNA 城市之间非常技巧的关系把各个表示路径的 DNA 链连接成了一个正当的模式。也就是，路径 PK 的"出"端连接到了始于城市 K 的所有路径的"入"端，而不是其他路径的"出"端或始于其他城市的那些路径的"入"端。这些混合物经过一段时间的反应（时间是精心计算的），酶会生产大量的 DNA 链，这些 DNA 链就表示地图上合法的但随机的多路路径。

在所有的路径中，Adleman 可以观察到最细微的痕迹（甚至单个分子），该痕迹表示该问题解的 DNA 链。利用微生物学的一般技术，他丢弃那些表示路径过长或过短的 DNA 链（在所希望得到的路径中，路径的数目应该等于城市的个数减 1）。接着，他依次丢弃那些不经过城市 A，B，…，Z 的 DNA 链。如果最后某个 DNA 链"幸存"，那么就检测它以找到它所表示的路径序列，这就是单向汉密尔顿路径问题。

根据定义，任何 **NP** 完全（NP-comlete）问题的一个实例都可以在多项式时间里变换成其他 **NP** 完全问题的一个实例，当然也可以转换成单向汉密尔顿问题的一个实例。从 20 世纪 70 年代开始，密码学家才尝试将 **NP** 完全问题用于公开密钥密码系统中。

由于 Adleman 解决的这个实例非常"朴素"（地图上仅有 7 个城市，用眼睛观察也不过几分钟就能解决），这项技术还处于初期，并且在发展上没有太大的障碍。所以，有关基于 **NP** 完全问题的密码协议的安全性讨论到目前为止才开始。"假定破译者有 100 万个处理器，每个处理器每秒能测试 100 万次"，或许很快就被改成"假定破译者有 1000 个发酵桶，每个发酵桶有 20 000 升的容量"。

7.2.2　量子计算法

现在，已经更不可思议了。量子计算法的基本原理就是爱因斯坦的波粒二象性：光子可以同时存在于多种状态。一个典型的例子就是，当光照射到银白色的镜面时，它会有波一样的特性，既可以反射也可以传播，就像波浪撞击一堵带有缺口的防波堤，有的会翻回去，有的却可以穿过去。然而对光子进行测量时它又表现出粒子的特性，有一个唯一的可被测量的状态。

在文献［1143］中，Peter Shor 阐述了一个基于量子力学的因子分解机器的设计模型。与一般的计算机在某一特定时刻可以认为有一个固定的状态不同，量子计算机有一个内部波动函数，这个函数是所有可能基状态的联合重叠。计算机在单步运算中通过改变整套的状态值来改变波动函数。在这种意义上，量子计算机是基于经典的有限状态机改进而成的：它利用量子特性允许在多项式时间里进行因子分解。理论上可以用来破译基于大数分解或离散对数问题的密码系统。

舆论一致认为，量子计算机与基本量子力学定理是可以和谐共存的。然而，在可预见的未来制造出一台量子因子分解机基本上是不可能的。最大的障碍是非连贯性问题，因为它容易导致叠加后的波形丢失某些特性，从而使计算失败。非连贯性会使运行在 1K 温度下的计算机仅 1 纳秒后就死机。另外，制造一台量子因子分解设备需要超大量的逻辑门，这使得制造它不太可能。Shor 的设计需要一部完整的模取幂计算机。由于没有内部时钟，所以数以千万计甚至数以亿计的独立门用于分解密码上非常大的数，如果 n 个量子门有很小的错误概率 p，则每成功运行一次所需实验的次数就是 $(1/(1-p))^n$。假定量子门的数目按被分解数的长度（位）呈多项式增加，那么实验次数将随该长度呈超级指数增长——这比用试除法进行分解还要糟糕！

所以，虽然量子因子分解法在学术上非常令人兴奋，但它在不远的将来被用于实践却是不可能的。别说我没有提醒你！

7.3 对称密钥和公开密钥长度的比较

一个系统往往是在其最弱处被攻击。如果你同时用对称密钥算法和公开密钥算法设计一个系统，那么你应该好好选择每一种算法的密钥长度，使它们被不同方式攻击时有同样的难度。同时使用 128 位的对称密钥算法和 386 位的公开密钥算法将毫无意义，就如同使用 56 位的对称密钥算法和 1024 位的公开密钥算法一样。

表 7-9 列出了一系列攻击难度相同的对称密钥和公开密钥长度。

表 7-9 能阻止穷举攻击的对称和公开密钥密码的密钥长度

对称密钥长度	公开密钥长度	对称密钥长度	公开密钥长度
56 位	384 位	112 位	1792 位
64 位	512 位	128 位	2304 位
80 位	768 位		

该表说明，如果你认为对称密钥算法的密钥长度必须 112 位才安全，那么你的公开密钥算法的模数就是 1792 位。尽管如此，一般而言你应该选择比对称密钥算法更安全的公开密钥长度，因为公开密钥算法通常持续时间长，且保护更多的信息。

7.4 对单向散列函数的生日攻击

对单向散列函数有两种穷举攻击的方法。第一种最明显：给定消息的散列函数 $H(M)$，破译者逐个创建其他文件 M'，以使 $H(M)=H(M')$；第二种攻击方法更巧妙：攻击者寻找两个随机消息：M、M'，并使 $H(M)=H(M')$，这就是所谓的冲突（collision）攻击，它比第一种方法容易。

生日悖论是一个标准的统计问题。房子里应有多少人才有可能使至少一个人与你生日相同？答案是 253。既然这样，那么应该有多少人才能使他们中至少两个人的生日相同呢？答案出人意料地低：23 人。对于仅有 23 个人的屋里，在屋里仍有 253 个不同对的人。

寻找特定生日的某人类似于第一种攻击，而寻找两个随机的具有相同生日的两个人则是第二种攻击。第二种方法通常称为生日攻击（birthday attack）。

假设一个单向散列函数是安全的，并且攻击它最好的方法是穷举攻击。假定其输出为 m 位，那么寻找一个消息，使其单向函数值与给定函数值相同则需要计算 2^m 次；而寻找两个消息具有相同的散列值仅需要试验 $2^{m/2}$ 个随机消息。每秒能进行 100 万次散列运算的计算机需要花 60 万年才能找到第二个消息与给定的 64 位散列值相匹配。同样的机器可以在大约 1 小时里找到一对有相同的散列值的消息。

这就意味着如果你对生日攻击非常担心，那么你所选择的散列函数值的长度应该是你本以为可以的两倍。例如，如果你想让他们成功破译系统的可能低于 $1/2^{80}$，那么应该使用 160 位的单向散列函数。

7.5 密钥应该多长

答案并不固定，要视情况而定。为了确定你需要多高的安全性，你应该问自己一些问题：你的数据价值有多大？你的数据要多长的安全期？攻击者的资源情况怎样？

一个顾客清单或许值 1000 美元；一起令人痛苦的离婚案件的财政数据或许值 1 万美元；一个大公司的广告和市场数据应该值 100 万美元；而一个数据取款系统的主密钥价值可能会超过亿元。

在商品贸易的世界里，保密仅需要数分钟。在报纸行业，今天的秘密将是明天的头条标题。产品开发信息或许需要保密一两年。根据法律，美国人口普查数据要保密 100 年。

参加你小妹妹令人惊讶的生日晚会的客人名单只能引起那些爱管闲事的亲戚的兴趣；公司的贸易秘密是那些竞争公司所感兴趣的；对敌军来说军事秘密是值得感兴趣的。

你可以据此阐述你的安全需求。例如：

密钥长度必须足够长，以使破译者花费 1 亿美元在一年中破译系统的可能性不超过 $1/2^{32}$，甚至假设技术在此期间每年有 30% 的增长速度。

表 7-10 部分摘自文献 [150]，给出了对不同信息安全需要的估计。

表 7-10　不同信息的安全需要

信息类型	时间	最小密钥长度
战场军事信息	数分钟/小时	56～64 位
产品发布、合并和利率	数天/数周	64 位
长期商业计划	数年	64 位
贸易秘密	数十年	112 位
氢弹秘密	>40 年	128 位
间谍的身份	>50 年	128 位
个人隐私	>50 年	128 位
外交秘密	>65 年	至少 128 位
美国普查数字	100 年	至少 128 位

将来的计算机能力是难以估计的，但这里有一个合情合理的经验方法：计算机设备的性价比每 18 个月翻一番或者以每 5 年 10 倍的速度增长。这样，在 50 年内最快的计算机将比

今天快 10^{10} 倍，并且这些数字仅对于普通用途的计算机而言，谁能知道某种特制的密码破译机在下个 50 年内如何发展呢？

假定一种加密算法能用 30 年，你就能对它是多么安全有一个概念。现在设计的一种算法或许直到 2000 年才会普遍使用，并将在 2025 年仍然运用它来为那些需要保密至 2075 年或更晚的信息加密。

7.6　小结

有关对未来 10 年计算能力的预测是十分滑稽的，更不用说 50 年了。那些计算仅可以理解为一个指导，仅此而已。如果说过去就是一个向导，那么现实已经表明，未来与我们预测的情况会有很大不同。

保守一点吧。如果你的密钥比你认为必须有的长度还要长的话，就没有太多令人惊讶的技术能够伤害到你。

密钥管理

Alice 与 Bob 有一个保密通信系统。他们玩智力扑克游戏，签订合同，甚至相互交换数字现金。他们的通信协议是安全的，算法也是一流的。不幸的是，他们的密钥来自 Eve 的 "keys-R-Us"，该店的口号是 "你可以相信我们：安全性是我们前任婆婆的旅行社在 Kwik-E-Mart 遇到的某个人的别名"。

Eve 不需要破译这些算法，也不依靠协议的微小缺陷，她尽可以使用他们的密钥阅读所有 Alice 与 Bob 的通信而不用动一根指头去破译。

在现实世界里，密钥管理是密码学领域最困难的部分。设计安全的密钥算法和协议是不容易的，但你可以依靠大量的学术研究。相对来说，对密钥进行保密更加困难。

密码分析者经常通过密钥管理来破译对称密钥和公开密钥系统，假如 Eve 能从粗心的密钥管理程序中很容易找到密钥，她何必为破译而操心烦恼呢？如果花 1000 美元能贿赂一个书记员，她何必花 1000 万去制造一台破译机器呢？利用 100 万美元收买外交大使馆里一个职位不错的通信记录员是一笔划得来的买卖。美国海军的加密密钥很多年前就已经被内贼卖到了苏联。中央情报局（CIA）的军事情报人员，包括他们的妻子，可以为不到 20 万美元所引诱，这可比建造大型的攻击机器和雇佣聪明的密码分析专家便宜得多。Eve 还可以偷到密钥，也可以逮到或绑架知道密钥的人。当然，Eve 利用色相对知晓密钥者进行勾引，也能得到密钥（保卫莫斯科美国大使馆的海军陆战兵对此并不具备免疫力）。在人身上找到漏洞比在密码系统中找到漏洞更容易。

Alice 与 Bob 必须像保护他们的数据那样保护他们的密钥。如果一个密钥不经常更改，那么分析者可获得大量的数据。不幸的是，许多商业产品只简单地标注 "使用 DES" 而将其他事情抛在脑后。这样的结果往往并不令人振奋。

举个例子，大多数软件店出售的对 Macintosh（2.1 版）的磁盘锁程序声称具有 DES 加密算法的安全性。他们的文件的确是用 DES 加密的，并且对 DES 算法的实现也正确。然而磁盘锁将 DES 密钥放在加密后的文件中。如果你知道到哪里去寻找密钥，并想阅读用磁盘锁的 DES 加密后的文件，从加密的文件中恢复密钥，然后用它解密。这与是否使用 DES 加密该程序没有任何关系——这种应用是完全不安全的。

有关密钥管理的进一步资料可见文献 [457，98，1273，1225，775，357]。下面几节将深入讨论一些细节及其解决方案。

8.1 产生密钥

算法的安全性依赖于密钥，如果用一个弱的密钥产生方法，那么整个系统都将是弱的。因为能破译密钥产生算法，所以 Eve 就不需要破译加密算法了。

8.1.1 减少的密钥空间

DES 有 56 位的密钥，正常情况下任何一个 56 位的数据串都能成为密钥，所以共有 2^{56}（10^{16}）种可能的密钥。Norton Discreet for MS-DOS（8.0 版或更低的版本）仅允许 ASCII 码的密钥，并强制每一字节的最高位为零。该程序将小写字母转换成大写（使得每个字节的第5位是第6位的逆），并忽略每个字节的最低位。这样就导致该程序只能产生 2^{40} 个可能的密钥。这些糟糕的密钥产生程序使 DES 的攻击难度比正常情况低了1万倍。

表 8-1 给出了在不同输入限制下可能的密钥数。表 8-2 给出了在每秒 100 万次测试的情况下，寻找所有这些密钥消耗的时间，记住，穷举搜索 8 字节密钥与搜索 4、5、6、7、8 字节密钥在所费时间上只有很小的区别。

表 8-1 不同密钥空间的可能密钥数

	4 字节	5 字节	6 字节	7 字节	8 字节
小写字母（26）	460 000	1.2×10^7	3.1×10^8	8.0×10^9	2.1×10^{11}
小写字母和数字（36）	1 700 000	6.0×10^7	2.2×10^9	7.8×10^{10}	2.8×10^{12}
字母数字字符（62）	1.5×10^7	9.2×10^8	5.7×10^{10}	3.5×10^{12}	2.2×10^{14}
印刷字符（95）	8.1×10^7	7.7×10^9	7.4×10^{11}	7.0×10^{13}	6.6×10^{15}
ASCII 字符（128）	2.7×10^8	3.4×10^{10}	4.4×10^{12}	5.6×10^{14}	7.2×10^{16}
8 位 ASCII 字符（256）	4.3×10^9	1.1×10^{12}	2.8×10^{14}	7.2×10^{16}	1.8×10^{19}

表 8-2 不同密钥空间穷举搜索时间（假设每秒测试 100 万次）

	4 字节	5 字节	6 字节	7 字节	8 字节
小写字母（26）	0.5 秒	12 秒	5 分钟	2.2 小时	2.4 天
小写字母和数字（36）	1.7 秒	1 分钟	36 分钟	22 小时	33 天
字母数字字符（62）	15 秒	15 分钟	16 小时	41 天	6.9 年
印刷字符（95）	1.4 分钟	2.1 小时	8.5 天	2.2 年	210 年
ASCII 字符（128）	4.5 分钟	9.5 小时	51 天	18 年	2300 年
8 位 ASCII 字符（256）	1.2 小时	13 天	8.9 年	2300 年	580 000 年

特定的穷举攻击硬件和并行工具将在这里工作，每秒测试 100 万次（一台机器或多台机器并行运转），那么将能破译小写字母和小写字母与数字的 8 字节的密钥，7 字节的字母数字字符密钥，6 字节的印刷字符和 ASCII 字符密钥，5 字节长的 8 位 ASCII 字符密钥。

记住，计算机的计算能力每 18 个月翻一倍。如果期望密钥能够抵抗穷举攻击 10 年，那么最好相应地做出计划。

8.1.2 弱密钥选择

人们选择自己的密钥时，通常选择一个弱密钥。他们常常喜欢选择"Barney"而不是"＊9（hH/A"。并不能总归罪于不良的安全实践，而是"Barney"的确比"＊9（hH/A"更容易记忆。最安全的密码系统也帮不了那些习惯用他们配偶的名字作为密钥或者把密钥写下来揣在兜里的人。聪明的穷举攻击并不按照数字顺序去尝试所有可能的密钥，它们首先尝试最可能的密钥。

这就是所谓的字典式攻击，因为攻击者使用一本公用的密钥字典。Baniel Klein 用这个系统能够破译一般计算机上 40％ 的口令[847,848]。试图登录时，他并不是一个口令接一个口令地试验，他把加密的口令文件复制下来然后进行离线攻击。下面是他的试验：

（1）用户的姓名、简写字母、账户姓名和其他有关的个人信息都是可能的口令，基于所有这些信息可以尝试 130 个口令。对于一个名叫 Daniel V. Klein，账户名为 klone 的用户，可用来尝试口令的一些词是 klone、klone0、klonel、klone123、dvk、dvkdvk、dkdein、Dklein、leinad、nielk、dvklein、danidk、DvkkvD、DANIEL-KLEIN、（klone）和 KleinD 等。

（2）使用从各种数据库中得到的单词。这些单词是男人和女人的姓名名单（总共约为16 000）；地点（包括像 spain、spanish 和 spaniard 这样的排列也会考虑在内）；名人的姓名：卡通漫画和卡通人物；电影和科幻小说故事的标题、有关人物和地点；神话中的生物名字（从《布尔芬奇神话集》和神话动物字典中产生出的）；体育活动（包括球队名、别名和专用名称）；数字（比如 2001 和 twelve）；一串字母和数字（如 a、aa、aaa 和 aaaa 等）；中文音节（选自汉语拼音字母或在英文键盘上输入中文的国际标准系统）；《圣经》的权威英译本；生物术语；公用的粗话（如 fuckyou、ibmsux 和 deadhead）；键盘模式（如 qwerty、asdf 和 zxcvbn）；缩写（如 roygbiv——彩虹的七种颜色和 ooottafagvah——帮助记忆头部 12条神经的东西）；机器名称（可从 *letc/hosts* 中获得）；莎士比亚作品中的人物、戏剧和地点；常用的犹太语；小行星名称和 Klein 以前发表的技术论文中搜集到的单词。综上所述，每个使用者可以考虑超过 66 000 个独立的单词（舍弃字典内外复制的那些）。

（3）第（2）步得到的单词的不同置换形式。这包括使第一个字母大写或作为控制符；使整个单词大写；颠倒单词的顺序（不管前面有无大写）；将字母 O 换成数字 0（使得单词 scholar 变作 sch0lar）；将字母 l 换成数字 1（使单词 scholar 变成 scho1ar），以及进行同样操作将字母 Z 换成数字 2、S 换成 5；另一种测试是将单词变为复数形式（不管它是否为名词），非常聪明地将 dress 变为 dresses、house 变为 houses、daisy 变为daisies，Klein 并不考虑复数规则，datum 可以变为 datums（不是 data）、sphynx 变为sphynxs（而不是 sphynges）；同样，将后缀-ed、-er 和-ing 加到单词上，如 phase 变为phased、phaser 和 phasing。这些附加的测试使得每一位使用者可能的口令清单增加了100 万个单词。

（4）从第（2）步得到的单词的不同的大写置换形式，不考虑第（3）步。这包括所有单字母的单个大写置换（如 michael 可换为 mIchael、miChael、michAel 等），双字母大写置换（MIchael、MiChael、MicHael、…、mIChael、micHael 等）；三字母置换；等等。对于每一个使用者，单字母置换增加了大约 40 万个单词，双字母置换增加 150 万个单词，三字母置换增加至少 300 万个单词。必须要有足够的时间来完成测试，测试完成 4、5、6 个字母的置换没有充足的计算机"马力"是不可能的。

（5）对外国用户要尝试外语单词，对有中文名称的用户要使用中文口令来进行特别的测试。汉语拼音字母组成单音节、双音节或三音节的单词，但由于不能测试确定它们是否实际存在，所以必要启动穷举搜索（在汉语拼音中共有 298 个音节，158 404 个双音节，多于1600 万个三音节词）。一种类似的攻击方式，就是穷举构造出来的可以发音但并不存在的单词，可以很容易地被用于英语中。

（6）尝试词组。自然测试所耗费的数字量是令人惊愕的。为了简化测试，只有在/*usr/dict/words* 中存在，且仅有三四个字母长的才被测试。即使这样，词组数目也有数千万。

当字典攻击被用于破译密钥文件而不是单个密钥时就显得更加有力。单个用户可以很机灵地选择好的密钥，如果 1000 个人各自选择自己的密钥作为计算机系统的口令，那么至少有一个人将选择攻击者字典中的词作为密钥。

8.1.3 随机密钥

好的密钥是指那些由自动处理设备产生的随机位串。如果密钥为 64 位长，每一个可能的 64 位密钥必须具有相等的可能性。这些密钥位串要么从可靠的随机源中产生（见 17.14节），要么从安全的伪随机位发生器中产生（见第 16 章和第 17 章）。如果自动处理办不到，就抛硬币或掷骰子吧！

这是非常重要的，但不要太拘泥于声源产生的随机噪声和放射性衰减产生的噪声谁更随机。这些随机噪声源都不是很完善，但已经足够好了。用一个好的随机数发生器产生密钥很重要，然而更加重要的是要有好的加密算法和密钥管理程序。如果你对密钥的随机性产生怀疑的话，请用后面讲的密钥碾碎技术。

许多加密算法都有弱密钥：特定的密钥往往比其他密钥的安全性差。建议对这些弱密钥进行测试，并且发现一个就用一个新的代替。DES 在 2^{56} 个密钥中仅有 16 个弱密钥，因此生成这些密钥的机会很小。已经证明，密码分析者对使用弱密钥一无所知，因而也就不能从这个偶然的使用中获得什么，不用弱密钥加密反而给密码分析者提供了信息。然而，对几个弱密钥进行检测非常容易，所以我们不能轻率地这么做。

对公开密钥密码术来说，产生密钥更加困难，因为密钥必须满足某些数学特征（必须是素数的、二次剩余的等）。11.5 节讨论了产生大随机素数的技术。从密钥管理的观点看，发生器的随机种子也必须是随机的，这一点应该记住。

产生一个随机密钥并不总是可能的。有时你需要记住密钥（看你用多长时间记住这串字符：25E856F2E8BAC820）。如果必须用一个容易记忆的密钥，那就使它晦涩难懂。理想的情况是该密钥既容易记忆，又难以被猜中。下面是一些建议：

- 词组用标点符号分开，例如 turtle ∗ moose 或者 zorch! splat。
- 由较长短语的首字母组成字母串。例如由 Mein Luftkissenfahrzeug ist Voller Aale! 产生密钥 MLivA!。

8.1.4　通行短语

一个比较好的办法是利用一个完整的短语代替一个单词，然后将该短语转换成密钥。这些短语称为通行短语（pass phrase）。一项称为密钥碾碎（key crunching）的技术可以把容易记忆的短语转换为随机密钥，使用单向散列函数可将一个任意长度的文字串转换为一个伪随机位串。

例如，易于记忆的文本串：

My name is Ozymandias, king of kings. Look on my works, ye mighty, and despair.

可以被碾碎成一个 64 位的密钥：

e6c1 4398 5ae9 0a9b

当然，向一个关闭回显的计算机输入完整的短语是很困难的，所以需要大家为此提出好建议是值得推荐的。

如果这个短语足够长，那么所得到的密钥将是随机的。"足够长"的确切含义还有待解释。信息论告诉我们，在标准的英语中平均每个字符含有 1.3 位的信息（参见 11.1 节）。对于一个 64 位的密钥来说，一个大约有 49 个字符或者 10 个常见英语单词的通行短语应当是足够的。根据经验，每 4 个字节的密钥就需要 5 个单词。这是保守的假设，因为字母的大小写、空格键，以及标点符号都没有考虑在内。

这种技术甚至可为公开密钥密码术产生私人密钥：文本串被碾碎成一个随机种子，将该种子输入到一个确定性系统后就能产生公开密钥/私人密钥对。

如果你正打算选择一个通行短语，那么就选择独特而容易记忆的，最好别在文学著作里面选取——如 Ozyrmndias 就很差。莎士比亚的全本著作和《星球大战》里的对话都在线提供，并且很容易用来进行字典攻击。要选择难懂但有个性的词，包括一些标点符号和大写字母。如果能够，还可以包括数字和非字母符号。糟糕的或者不正确的英语，甚至一门外语都会使通行短语对字典攻击缺乏敏感性。对使用通行短语有一个建议就是"鬼扯"：容易记住但不可能被写出的胡言乱语。

不管上面怎么叙述，难懂绝不是真正随机的代替品。最好的密钥还是随机密钥，尽管很难记住。

8.1.5 X9.17 密钥产生

ANSI X9.17 标准规定了一种密钥产生方法（见图 8-1）[55]。它并不产生容易记忆的密钥，而更适合在一个系统中产生会话密钥或伪随机数。用来产生密钥的加密算法是三重 DES，它就像其他算法一样容易。

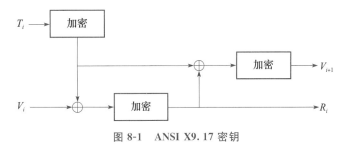

图 8-1　ANSI X9.17 密钥

设 $E_K(X)$ 表示用密钥 K 对 X 进行三重 DES 加密。K 是为密钥发生器保留的一个特殊密钥。V_0 是一个秘密的 64 位种子，T 是一个时间标记。为了产生随机密钥 R_i，计算：

$$R_i = E_K(E_K(T_i) \oplus V_i)$$

为了产生 V_{i+1}，计算：

$$V_{i+1} = E_K(E_K(T_i) \oplus R_i)$$

为了把 R_i 转换为 DES 密钥，简单地调整每一个字节第 8 位奇偶性就可以。如果你需要一个 64 位密钥，按上面计算就可以得到。如果你需要一个 128 位密钥，产生一对密钥后再把它们串接起来。

8.1.6 DoD 密钥产生

美国国防部建议用 DES 在 OFB 方式（参见 9.8 节）下产生随机密钥[1144]。由系统中断向量、系统状态寄存器和系统计数器产生 DES 密钥；由系统时钟、系统 ID 号、日期和时间产生初始化向量。明文采用外部产生的 64 位量：如系统管理员键入的 8 个字符。这样，其输出就可作为密钥。

8.2 非线性密钥空间

假设你是一个军事密码组织，为手下制造了一批加密设备。你想使用一个安全的算法，但又怕这些设备落入敌人手里。最后你想做的就是敌人能够用这些设备保护"他们"的秘密。

如果能将你的算法加入一个防窜改模块中，则可以要求有特殊保密形式的密钥，而其他密钥都会引起模块用非常弱的算法加密和解密。你这样做可以使那些不知道这个特殊形式的人偶然碰到正确密钥的机会几乎为零。

这就是所谓的非线性密钥空间（nonlinear keyspace），因为所有密钥的强壮程度并不相等。[与之相对应的是线性（linear）或平坦（flat）密钥空间。]可以用一种很简单的方法，即按照两部分来生成密钥：密钥本身和用该密钥加密的某个固定字符串。模块用这个密钥对字符串进行解密，如果不能得到这个固定的字符串，则用另一个不同的弱算法。如果该算法有一个 128 位的密钥和一个 64 位的字符块，密钥总长度为 192 位，那么共有有效密钥 2^{128} 个，但是随机选择一个好密钥的机会却成了 $1/2^{64}$。

可以设计一种算法使某些密钥比其他密钥更好。一个没有弱密钥，至少没有明显弱密钥的算法仍然可以有非线性密钥空间。

使用非线性密钥空间仅当在算法是安全的，并且敌人不能对其进行反控制，或者密钥强度的差异足够细微以至于敌人不能计算出来时才可行。NSA 对 Overtake 模块中的安全算法进行非线性密钥空间的使用（参见 25.1 节）。他们会不会对 Skipjack 算法（参见 13.12 节）做同样的事情呢？没人知道。

8.3　传输密钥

Alice 和 Bob 采用对称加密算法进行保密通信：他们需要同一个密钥。Alice 使用随机密钥发生器产生一个密钥，然后必须安全地送给 Bob。如果她能在某个地方碰见 Bob（一个僻静的小巷，一个无窗户的小屋或者木星的某个卫星上），她能将密钥副本交给他，否则就会出问题。公开密钥密码术用最小的预先安排可以很好地解决这个问题，但是这项技术并不总是有效（参见 3.1 节）。某些系统使用公认安全的备用信道，Alice 可以通过一个可靠的通信员把密钥传送给 Bob，也可以用合格的邮政或通宵传递业务来传送。或者，她可能同 Bob 一起建立另一个希望无人窃听的通信信道。

Alice 可以通过他们加密的通信信道把对称密钥送给 Bob。但这是愚蠢的。如果信道能够保证加密，那么在同一个信道上发送加密密钥就能够保证在该信道上的任何窃听者都能破解全部通信。

X9.17 标准[55] 描述了两种密钥：密钥加密密钥和数据密钥。密钥加密密钥（key-encryption key）加密其他需要分发的密钥，而数据密钥（datakey）只对信息序列进行加密。除少数外，密钥加密密钥必须进行手动分发（尽管也可在一个防窜改设备里安全进行，如智能卡）。数据密钥的分发更加频繁，更多细节参见文献［75］，密钥分发中用到了这两种密钥的概念。

对密钥分发问题的另一个解决方法是将密钥分成许多不同的部分（参见 3.6 节），然后用不同的信道发送出去：有的通过电话，有的通过邮寄，有的还可以通过通宵专递或信鸽传书等（见图 8-2）。即使截获者能收集到密钥，但缺少某一部分，他仍然不知道密钥是什么，所以该方法可以用于除个别特殊情况外的任何场合。3.6 节讨论了拆分密钥的有关方案。Alice 甚至可以用秘密共享方案（参见 3.7 节），允许 Bob 在传输过程丢失部分密钥时能重构完整密钥。

Alice 可以面对面地或者用刚讨论过的密钥拆分技术将密钥加密密钥传送给 Bob，一旦他们两人同时拥有了该密钥，Alice 就可以先用它对每天的数据密钥进行加密，然后在同一信道上把它传送给 Bob。由于用密钥加密密钥对大量的数据加密速度非常慢，所以它不需要经常改动。然而，一旦密钥加密密钥遭到损害，那些用它加密的密钥加密的所有信息就会受到损害，所以必须对它进行安全的存储。

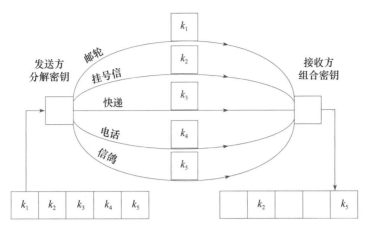

图 8-2　通过并行信道分发密钥

大型网络的密钥分发

在小型网络中，每对用户可以很好地使用密钥加密密钥。如果网络变大，将很快变得令人讨厌。因为每对用户必须交换密钥，n 个人网络总的交换次数为 $n(n-1)/2$。

6 个人网络需交换 15 次密钥，1000 个人网络则需近 50 万次。在这种情况下，创建一个中央密钥服务器（或服务器组）会使操作更加有效。

另外，在 3.1 节中讲到的对称密码术或公开密钥密码术协议都提供了安全的密钥分发。

8.4　验证密钥

当 Bob 收到密钥时，他如何知道这是 Alice 传送的而不是其他人伪装成 Alice 传送的呢？如果是 Alice 亲自递给他的，那自然简单；如果 Alice 通过可靠的信使传送密钥，Bob 必须相信信使；如果密钥由密钥加密密钥加密，Bob 必须相信只有 Alice 才拥有那个加密密钥；如果 Alice 运用数字签名协议来给密钥签名，那么当 Bob 验证签名时就必须相信公开密钥数据库；如果某个 KDC 在 Alice 的公开密钥上签名，Bob 必须相信 KDC 的公开密钥副本不曾被篡改过。

结果，控制了 Bob 整个网络的人都能够蒙骗 Bob。Mallory 可以传送一个加密和签名的消息而将它伪装成来自 Alice。当 Bob 试图访问公开密钥数据库以验证 Alice 的签名时，Mallory 可以用他自己的公开密钥来代替。他可以发明自己的假 KDC，并把真正的 KDC 公开密钥换成他自己的公开密钥。Bob 不会察觉。

利用该缺陷的一些人声称公开密钥密码术是无用的。既然 Alice 与 Bob 保证他们密钥不被篡改的唯一方式是面对面交换，那么公开密钥密码术对提高安全性一点用处也没有。

这种观点是幼稚的。理论上，这种说法是错误的，但实际情况却复杂得多。采用数字签名和可信赖 KDC 的公开密钥密码术，使得用一个密钥代替另一个密钥变得非常困难，Bob 从来都不能绝对肯定 Mallory 没有控制他的整个网络，但他相信那样做需要 Mallory 能够访问比他实际上能访问到的资源多得多的资源。

Bob 可以通过电话验证 Alice 的密钥，那样他可以听到她的声音。声音辨别是一个真正好的鉴别方案。如果这是一个公开密钥，那么他可以当着大家的面通过电话安全地背诵出来。如果是一个秘密密钥，他就用一个单向散列函数来验证密钥。PGP（参见 24.12 节）和 AT&T TSD（参见 24.18 节）就是用这种方法对密钥进行验证的。

有时，验证一个公开密钥到底属于谁并不重要，而验证它是否属于去年的同一个人或许是有必要的。如果某人发送了一个已签名提款的信息到银行，银行并不关心到底谁来提款，它仅关心是否与第一次来存款的人属同一个人。

8.4.1 密钥传输中的错误检测

有时密钥在传输中会发生错误。密钥错误就意味着大量的密文无法解密，所以这是一个问题。所有的密钥必须附着一些检错和纠错位来传输。这样，密钥在传输中的错误很容易被检测出来，并且如果需要，密钥可被重传。

最广泛采用的一种方法是用密钥加密一个常数，然后把密文的前 2～4 字节与密钥一起发送。在接收端，做同样的工作，如果接收端加密后的常数能与发送端的常数匹配，则传输无错。检测不出错误的概率在 $1/2^{16} \sim 1/2^{32}$ 之间。

8.4.2 解密过程中的错误检测

有时接收者想检测他拥有的某个密钥是否是正确的对称解密密钥。如果明文与 ASCII 码类似，他就尝试解密并阅读它。如果得到的明文是随机的，那么密钥就有问题。

最简单的方法是附加一个验证分组（verification block）：加密之前给明文添加一个已知的标题。在接收端，Bob 解密标题，并验证它的正确性。这是可行的，但是它却给 Eve 提供了已知的明文来帮助分析密码系统，也使得对 DES 这样的短密钥密文和对所有可出口的密码攻击变得容易。一旦对每个密钥的校验和进行了预计算，就可以用它来确定之后截取到的任何信息的密钥。这就是校验和的特性，它不包含随机数据，至少在每一个校验和中没有随机数据。当利用通行短语产生密钥时，它在概念上类似于使用 salt。

下面是更好的方法[821]：

（1）产生一个初始化向量 IV（不用于消息）。

（2）用该初始化向量 IV 产生一个大的位块，如 512 位。

（3）进行单向散列运算。

（4）使用散列运算结果的相同固定位（如 32 位）作为密钥校验和。

这种方法不可避免地给 Eve 提供一些信息，但非常少。如果她试图利用最后散列值的低 32 位采取穷举攻击，她必须进行多重加密并对每一个候选密钥做散列运算，对密钥本身进行穷举攻击将更迅速。

她也得不到更多的已知明文信息以供攻击，即使她能设法选中随机值，她也得不到明文，因为它已经在她看到之前被散列运算了。

8.5 使用密钥

软件加密是可怕的。一台微机在一种程序控制下的时代已过去了。现在有 Macintosh 系统 7、Windows NT 和 UNIX，谁也说不准什么时候操作系统将会中止加密的运行，而将一些东西写在磁盘上或者处理另外一些急需的工作。当操作系统最后回过头后继续进行加密工作时，一切好像还是那么好。没有谁意识到操作系统已把加密应用程序写到磁盘上，并同时将密钥也写了下来。这些密钥未被加密，在计算机重新覆盖那个存储区之前它一直留在磁盘上，或许几分钟，或许几个月，甚至永远。当攻击者采用好的工具彻底搜索该硬盘驱动器时，密钥可能还在那里。在一个可抢先的、多任务环境中，你可以给你的加密操作设置足够高的优先权以防止被中断。尽管这样可以减轻危险度，但仍有风险。

硬件实现更安全。如果受到损害，许多加密设备被设计成能够擦除密钥，例如 IBM PS/2 加密卡有一个包含 DES 芯片、电池和内存的环氧单元。当然，你必须相信硬件制造者正确地实现了这些特征。

在某些通信应用中，如电话加密机，可以使用会话密钥。会话密钥是指用于一次通信会话（一次单独的电话通话），通话完毕就抛弃的密钥。这种密钥使用一次后不再存储，并且如果你使用一些密钥交换协议将密钥从一端传送到另一端，在使用之前也不会被存储。这样就减小密钥被损害的可能性。

控制密钥使用

在一些应用中控制怎样使用会话密钥是有意义的。有的用户需要它或许仅仅是为了加密，有的或许是为了解密，而会话密钥应该被授权仅用于某个特定机器或时间。运用这些限制的一个方案是在密钥后面附加一个控制向量（Control Vector，CV）——用它来标定密钥的使用和限制（参见 24.1 节）[1025,1026]。对 CV 取单向散列运算，然后与主密钥异或，把得到的结果作为密钥对会话密钥进行加密，再把合成的加密会话密钥与 CV 存储在一起。恢复会话密钥时，对 CV 取散列运算再与主密钥异或，最后用结果进行解密。

该方案的好处是 CV 可以任意长，并且总是以明的方式与加密的密钥一起存储。本方案假定硬件防窜改和用户不能直接得到密钥。本系统进一步的讨论请参见 24.1 节和 24.8 节。

8.6　更新密钥

设想你每天都想改变加密的数据链路的密钥。有时，每天进行新的密钥分发的确是一件痛苦的事。更容易的解决办法是从旧的密钥中产生新的密钥，有时称为**密钥更新**（key updating）。

更新密钥使用的是单向函数。如果 Alice 和 Bob 共享同一个密钥，并用同一个单向函数进行操作，他们就会得到相同的结果。那么他们就可以从结果中得到所需要的数据来产生新的密钥。

密钥更新是可行的，但记住新密钥只是与旧密钥一样安全。如果 Eve 能够得到旧密钥，她自己可以完成密钥更新功能。然而，如果 Eve 得不到旧密钥，并试图对加密的数据序列进行唯密文攻击，那对 Alice 和 Bob 来说这是一个很好地保护他们数据的方法。

8.7　存储密钥

最不复杂的密钥存储问题是单用户的密钥存储，Alice 加密文件以备以后用。因为只涉及她一个人，所以只有她一个人对密钥负责。某些系统采用简单方法：密钥存储于 Alice 的脑子中，而绝不放在系统中，Alice 只需记住密钥，并在需要对文件加密或解密时输入。

该系统的一个例子是 IPS[881]。用户可直接输入 64 位密钥，或者输入一个更长的字符串，系统自动通过密钥碾碎技术从这个字符串产生 64 位密钥。

其他解决方案有：将密钥存储在磁条卡中，使用嵌入 ROM 芯片的塑料密钥（称为 **ROM 密钥**，ROM，key）或智能卡[556,557,455]。用户先将物理标记插入加密箱或连在计算机终端上的特殊读入装置中，然后把密钥输入系统中。当用户使用这个密钥时，他并不知道它，也不能泄露它，他只能用这种方法使用它。

ROM 密钥是一个很聪明的主意。人们已经对物理钥匙很熟悉了，知道它们意味着什么和怎样保护它们。将一个加密密钥做成同样的物理形式就会使存储和保护它更加的直观。把密钥平分成两部分，一半存入终端、另一半存入 ROM 密钥使得这项技术更加安全。美国政府的 STU-Ⅲ保密电话就是用的这种方法。丢失了 ROM 密钥并不能使加密密钥受到损害——换掉它一切就正常如初，丢失终端密钥情况也如此。这样，两者之一被损害都不能损害整个密钥——敌人必须两部分都有才行。

可采用类似于密钥加密密钥的方法对难以记忆的密钥进行加密保存。例如，RSA 私人密钥可用 DES 密钥加密后存储在磁盘上。要恢复密钥时，用户只需把 DES 密钥输入到解密程序中即可。

如果密钥是确定性地产生的（使用密码学上安全的伪随机序列发生器），那么每次需要时从一个容易记住的口令产生出密钥会更加简单。

理想的情况是密钥永远也不会以未加密的形式暴露在加密设施外。这始终是不可能的，但是可以将此作为一个非常有价值的奋斗目标。

8.8 备份密钥

Alice 是保密有限公司的首席财政官员——"我不能告诉你我们的秘密"，像任何好的公司官员一样，她遵守公司的保密规则，把所有数据都加密。不幸的是，她没注意到公司旁边的过街警告线而被一辆卡车撞倒了。公司的董事长，Bob 该怎么办呢？

除非 Alice 留下了密钥的副本，否则 Bob 麻烦就大了。加密的意义就是使文件在没有密钥时不能恢复。除非 Alice 是笨蛋，并用糟糕透顶的加密软件，否则她的文件便永远地丢失了。

Bob 有几种方法可避免这种事情发生。最简单的方法，有时称**密钥托管方案**（key escrow）（见 4.14 节）：他要求所有雇员将自己的密钥写下来交给公司的安全官，由安全官将文件锁在某个地方的保险柜里（或用主密钥对它们进行加密）。现在，当 Alice 在州际公路上被撞倒后，Bob 可向他的安全官索取她的密钥。Bob 应该保证自己也可以打开保险箱；否则，如果他的安全官被另一辆卡车撞倒了，Bob 只得再次倒霉。

与密钥管理相关的问题是，Bob 必须相信他的安全官不会滥用任何人的密钥。更重要的是，所有雇员都必须相信安全官不会滥用他们的密钥。一个更好的方法是采用一种秘密共享协议（参见 3.7 节）。

当 Alice 产生密钥时，她将密钥分成多片，然后她把每片（当然加密）发给不同的公司官员。单独的任何一片都不是密钥，但是某人可以搜集所有的密钥片，并重新把密钥恢复出来。于是，Alice 对任何恶意者做了防备，Bob 也对 Alice 被撞引起的数据丢失做了预防。或者，她可以用每一位官员不同的公开密钥把不同的片加密，然后存入自己的硬盘中。这样在需要进行密钥管理之前，没有人介入密钥管理中。

另一个备份方案是用智能卡（参见 24.13 节）作为临时密钥托管[188]。Alice 把加密她硬盘的密钥存入智能卡，当她不在时就把它交给 Bob。Bob 可以利用该卡进入 Alice 的硬盘，但是由于密钥存储在卡中，所以 Bob 不知道密钥是什么。并且系统具有双向审计功能：Bob 可以验证智能卡能否进入 Alice 的硬盘；当 Alice 回来后可以检查 Bob 是否用过该密钥，并用了多少次。

这样的方案对数据传输来说是毫无意义的。对于保密电话，密钥在通话的时间有效，以后就无效了。像刚才描述的那样，对数据存储来说，密钥托管方案可能是一个好主意。虽然我的记忆力比大多数人都好，但大约每隔 5 年我就丢失一把钥匙。如果 2 亿人都用密码，那么按这个概率每年约有 4000 万个密钥丢失。我把另一把房门钥匙放到邻居那里以防止把它弄丢。如果房门钥匙就像密钥一样让我给丢了，那我永远也不能进入房子，并挽回财产了。就像我把数据换个地方备份一样，对数据加密密钥进行备份是非常有意义的。

8.9　泄露密钥

本书中所有的协议、技术、算法仅当在密钥（公开密钥系统中的私人密钥）保密的情况下安全。如果 Alice 的密钥丢失、被盗、出现在报纸上或以其他方式泄露，则她所有的保密性都失去了。

如果泄露了称密码系统的密钥，Alice 必须更换密钥，并希望实际损失最小。如果是一个私人密钥，问题就大了，她的公开密钥或许就在所有网络的服务器上。Eve 如果得到了 Alice 的私人密钥，她就可以在网络上冒充 Alice：读加密邮件、对信件签名、签合同等。Eve 能很有效地变成 Alice。

私人密钥泄露的消息通过网络迅速蔓延是最致命的。任何公开密钥数据库必须立即声明一个特定私人密钥被泄露，以免有人用该泄露的密钥加密消息。

希望 Alice 能知道她的密钥是何时泄露的。如果 KDC 正在管理密钥，Alice 应该通知它密钥已经泄露。如果没有 KDC，她就要通知所有可能接收她消息的人。有人应该公布在丢失密钥之后再收到她的任何消息都是值得怀疑的，以及其他人也不应该再用与丢失密钥相对应的公开密钥给 Alice 发送消息。实际应用中应该采用各种时间标记，这样用户就能识别哪些消息是合法的，哪些是值得怀疑的。

如果 Alice 不知道她的密钥泄露的确切时间，事情就难办多了。Alice 要求撕毁合同，因为偷密钥者冒名代替她签了名。如果系统允许这样，那么任何人都可以以密钥已泄露为由在签名前撕毁合同。这对于裁决者来说的确是一个难题。

这是非常严重的问题，并且它给 Alice 带来一个危险信号：将所有身份约束到一个单一密钥上。对 Alice 来说，对于不同的应用，使用不同的密钥会更好——就像她钱柜上不同的锁有不同的钥匙一样。该问题的其他解决办法包括：生物统计学、限制密钥的作用、时间延迟和会签等。

这些程序和建议很难说是完善的，但这是我们能做得最好的解决办法。所有这些目的就是为了保护密钥，其中最重要的是保护私人密钥。

8.10　密钥有效期

没有哪个加密密钥能无限期使用，它应当和护照、许可证一样能够自动失效。原因如下：

- 密钥使用时间越长，它泄露的机会就越大。人们会写下密钥，也会丢失它，偶然事件也会发生的。如果你使用一年，那泄露的可能性比你使用一天要大得多。
- 如果密钥已泄露，那么密钥使用越久，损失就越大。如果密钥仅用于加密一个文件服务器上的单个预算文件，它的丢失仅意味着该文件的丢失；如果密钥用来加密文件服务器上所有预算信息，那么损失就大得多。
- 密钥使用越久，人们花费精力破译它的诱惑力就越大——甚至采用穷举攻击法。破译了两个军事单位使用一天的共享密钥，会使某人能阅读当天两个单位之间的通信信息；而破译所有军事机构使用一年的共享密钥，会使同样的人获取和伪造通行全球一年的信息。在我们的意识里，冷战后的世界里，哪个密钥会受到攻击呢？
- 对用同一密钥加密的多个密文进行密码分析一般比较容易。

对任何密码应用，必须有一个策略能够检测密钥的有效期。不同密钥应有不同的有效期，基于连接的系统（如电话），就是把通话时间作为密钥有效期，当再次通话时就启用新的密钥。

专用通信信道就不这么明显了。密钥应当有相对较短的有效期，这主要依赖数据的价值和给定时间里加密数据的数量。每秒千兆位的通信链路所用的密钥自然应该比只有 9600 波特的调制解调器所用的密钥更换得频繁。假定存在一种有效方法传送新密钥，那么会话密钥至少每天就得更换。

密钥加密密钥无须频繁更换，因为它们只是偶尔地（一天很难用到一次）用于密钥交换。这只给密钥破译者提供很少的密文分析，且相应的明文也没有特殊的形式。然而，如果密钥加密密钥泄露，那么其潜在损失将是巨大的：所有的通信密钥都经其加密。在某些应用中，密钥加密密钥仅一月或一年更换一次。你必须在保存密钥的潜在危险和分发新密钥的潜在危险之间进行权衡。

用来加密保存数据文件的加密密钥不能经常地变换。在人们重新使用文件前，文件可以加密存储在磁盘上数月或数年，每天将它们解密，再用新的密钥进行加密，这无论如何都不能加强其安全性，这只是给破译者带来了更多的方便。一种解决方法是每个文件用唯一的密钥加密，然后再用密钥加密密钥把所有密钥加密，密钥加密密钥要么被记住，要么保存在一个安全地点或某个地方的保险柜中。当然，丢失该密钥意味着丢失所有的文件加密密钥。

公开密钥应用中私人密钥的有效期是根据应用的不同而变化的。用于数字签名和身份识别的私人密钥必须持续数年（甚至终身），用于抛掷硬币协议的私人密钥在协议完成之后就应该立即销毁。即使期望密钥的安全性持续终身，两年更换一次密钥也是要考虑的。许多网络中的私人密钥仅使用两年，此后用户必须采用新的私人密钥。旧密钥仍需保密，以防用户需要验证从前的签名。但是新密钥将用于新文件签名，以减少密码分析者所能攻击的签名文件数目。

8.11　销毁密钥

如果密钥必须定期替换，旧密钥就必须销毁。旧密钥是有价值的，即使不再使用，有了它们，攻击者就能读到由它加密的一些旧消息[65]。

密钥必须安全地销毁（参见 10.9 节）。如果密钥是写在纸上的，那么必须切碎或烧掉。小心地使用高质量切碎机，市面上有许多劣质的切碎机。本书中的算法对花费上百万美元及上百万年的穷举攻击是安全的，如果攻击者在你的垃圾中获取到一包切碎的文件碎片，然后支付某贫困县城的 100 个失业工人用每小时 10 美分的报酬让他们用一年的时间将这些碎片拼凑起来，这样重新找到密钥将只需花 26 000 美元。

如果密钥在 EEPROM 硬件中，密钥应进行多次重写；如果在 EPROM 或 PROM 硬件中，芯片应该被打碎成小碎片四散开来；如果密钥保存在计算机磁盘里，应多次重写覆盖磁盘存储的实际位置（参见 10.9 节）或将磁盘切碎。

一个潜在的问题是，在计算机中密钥可以很容易地进行复制和存储在多个地方。对于自己进行内存管理的任何计算机，不断地接收和刷新内存的程序，这个问题更加严重，没有办法保证计算机中密钥被安全地销毁，特别是在计算机操作系统控制销毁过程的情况下。谨慎的做法是：写一个特殊的删除程序，让它查看所有磁盘，寻找在未用存储区上的密钥副本，并将它们删除。还要记住删除所有临时文件或交换文件的内容。

8.12 公开密钥的密钥管理

公开密钥密码术使得密钥较易管理，但它有自己的问题。无论网络上有多少人，每个人只有一个公开密钥。如果 Alice 想传送一条消息给 Bob，她必须知道 Bob 的公开密钥。这有以下几种方式：

- 她可以从 Bob 处获得。
- 她可以从中央数据库获得。
- 她可以从她自己的私人数据库获得。

2.5 节讨论了基于 Mallory 用自己的密钥代替 Bob 的密钥引起的针对公开密钥密码术的多种可能的攻击。该攻击是 Alice 想给 Bob 发送信息，她进入公开密钥数据库获得 Bob 的公开密钥。但是 Mallory 偷偷摸摸地用他自己的密钥代替了 Bob 的密钥。（如果 Alice 直接向 Bob 询问，Mallory 必须截取 Bob 的通信，并用他的密钥取代 Bob 的密钥。）Alice 使用 Mallory 的密钥加密她的消息，并传给 Bob，Mallory 窃听到消息，破译并阅读该消息。他重新用 Bob 的密钥加密，并传给 Bob，Alice 与 Bob 都被蒙在鼓里。

8.12.1 公开密钥证书

公开密钥证书（public-key certificate）是某人的公开密钥，由一个值得信赖的人签发。证书可用来防范用一个密钥替换另一个密钥的攻击[879]。Bob 的证书在公开密钥数据库中包含比他的公开密钥更多的数据，它含有关于 Bob 姓名、地址等信息，并由 Alice 相信的某个人签名：Trent（通常作为证书机关（Certification Authority，CA））。通过对 Bob 的密钥及其有关信息签名，Trent 证实有关 Bob 的信息是正确的，且公开密钥属于 Bob 而非其他人。证书在许多公开密钥协议，如 PEM[825]（参见 24.10 节）和 X.509[304]（参见 24.9 节）中扮演了重要的角色。

这类系统存在一个复杂的非密码学问题：证书到底意味着什么？或者换个角度，谁值得信任，他给谁发证书？任何人都可以给其他人签发证书，但总得需要一些办法过滤掉那些值得怀疑的证书：例如，由其他公司的 CA 给公司雇员签发的证书。一般情况下，一个证书链是这样传送信任的：一个唯一的可信任的实体认证多个可信任的代理机构，这些机构再认证一些公司 CA，最后这些公司的 CA 再认证他们的雇员。

下面是一些值得思考的问题：

- 通过某人的证书能够对他的身份信任到什么程度？
- 某人与给他公开密钥证书的 CA 之间是什么关系？怎样从证书中断定这种关系？
- 谁可以被信任作为证书链的最高层：唯一的可信任实体？
- 证书链可以有多长？

理想的情况是，Bob 在 CA 签发证书之前遵循某种鉴别程序。另外，各种时间标记或证书有效期对防止密钥泄露都是很重要的[461]。

使用时间标记远远不够。密钥或者因为泄露或者因为管理的原因在没有到期之前就已经无效。所以，CA 保存一个合法的证书清单很重要，这样用户就可以定期查看它。密钥撤销仍然是很难解决的问题。

使用一个公开密钥/私人密钥对仍然不够。当然，任何好的公开密钥密码的实现需要把加密密钥和数字签名密钥分开。分离密钥要考虑到不同的安全级别、有效期、备份过程等。有人或许用存储在智能卡中的 2048 位的密钥给消息签名，并能保密 20 年，然而他或许用存储在计算机中的只能保密 6 个月的 768 位的密钥给它加密。

同样，单独一对加密和签名密钥还是不够的。与身份证一样，私人密钥证明了一种关系，而人不止有一种关系：Alice 分别可以以私人名义、Monolith 公司的副总裁以及组织的主席名义给某个文件签名。其中有些密钥比其他的密钥更有价值，所以它们应该更好地保护。Alice 必须将工作密钥的备份存储在公司的安全官那里，但她并不想公司拥有她用来对抵押契约签名的密钥。就像她口袋里有多把钥匙一样，Alice 也将拥有多个密码密钥。

8.12.2 分布式密钥管理

在有些情况下，进行集中密钥管理是不可能的，或许没有 Alice 和 Bob 都相信的 CA，或许他们只相信他们的朋友，或许他们谁都不相信。

用于 PGP（参见 24.12 节）的分布式密钥管理，通过介绍人（introducer）解决了此问题。介绍人是系统中对他们朋友的公开密钥签名的其他用户。例如，当 Bob 产生他的公开密钥时，把副本给他的朋友 Carol 和 Dave，他们认识 Bob，两人分别在 Bob 的密钥上签名并给 Bob 一个签名副本。现在，当 Bob 把他的密钥送给 Alice 这个新来者时，他就将两个介绍人的签名一起给 Alice。如果 Alice 也认识并相信 Carol，她有理由相信 Bob 的密钥是合法的；如果 Alice 不认识和信任 Carol 和 Dave，她也有理由认为 Bob 的密钥有效；如果她既不认识 Carol 也不认识 Dave，便没有理由相信 Bob 的密钥。

随着时间的推移，Bob 将收集更多的介绍人。如果 Alice 和 Bob 在同一个社交圈子里，Alice 很可能会认识 Bob 的介绍人。为了防止 Mallory 替换 Bob 的密钥，介绍人必须在签名前确信密钥是属于 Bob 的。也许介绍人需要面对面地收到密钥或者通过电话证实它。

此机制的好处是不需要人人都得相信的 CA。缺点就是当 Alice 接收到 Bob 的密钥时，并不能保证她认识介绍人中的哪一个，因此就不能保证她相信密钥的合法性。

算法类型和模式

对称密码算法有两种基本类型：分组密码和序列密码。分组密码（block cipher）是在明文分组和密文分组上进行运算——通常分组长为 64 位，但有时更长；序列密码（stream cipher）是在明文和密文数据序列的 1 位或 1 字节（有时甚至是一个 32 位的字）上进行运算。利用分组密码，相同的明文用相同的密钥加密永远得到相同的密文；利用序列密码，每次对相同的明文位或字节加密都会得到不同的密文位或字节。

密码模式（mode）通常由基本密码、一些反馈和一些简单运算组合而成。运算很简单，因为安全性依赖于基础的密码，而不依赖模式。强调一点，密码模式不会损害算法的安全性。

还有其他的安全考虑事项：明文的模式应当隐藏；输入的密文应当是随机的；通过向密文中引入错误来对明文进行控制很困难；以及可以用同一个密钥加密多个信息。这些问题将在以后章节里详细讨论。

效率是另一个值得考虑的事情。该模式的效率不应该明显低于基础的密码。在某些情况下，密文和明文的大小相同非常重要。

第三个要考虑的事情是容错。一些应用需要并行加密或解密，而其他一些则需要能够尽可能多地进行预处理。无论怎样，在丢失或增加位的密文序列中，解密过程能够从位错误中恢复很重要。正如我们将看到的，不同的模式将有不同的特征子集。

9.1 电子密码本模式

电子密码本（Electronic Code Book，ECB）模式是使用分组密码最明显的方式：一个明文分组加密成一个密文分组。因为相同的明文分组永远被加密成相同的密文分组，所以在理论上制作一个包含明文和相应密文的密码本是可能的。然而，如果分组的大小是 64 位，那么密码本就有 2^{64} 项——对预计算和存储来说太大了。记住，每一个密钥有一个不同的密码本。

这是最容易的运行模式。每个明文分组可被独立地进行加密。不必按次序进行，可以先加密中间 10 个分组，然后是尾部分组，最后加密最开始的分组。这对加密随机存取的文件，如数据库，是非常重要的。如果一个数据库用 ECB 模式进行加密，那么任意一个记录都可以独立于其他记录被添加、删除或者解密——假定记录是由离散数量的加密分组组成。如果你有多个加密处理器，当然处理是并行的，那么它们就可以独立地对不同的分组进行加密或解密而不会相互干涉。

ECB 模式所带来的问题是：如果密码分析者有很多消息的明文和密文，那他就可在不知道密钥的情况下编辑密码本。在许多实际情况中，消息格式趋于重复，不同的消息可能会有一些位序列是相同的。计算机产生的消息，如电子邮件，可能有固定的结构。这些消息在很大程度上是冗余的或者有一个很长的 0 和空格组成的字符串。

如果密码分析者知道了明文 5e081bc5 被加密成密文 7ea593a4，那么无论它什么时候出现在另一段消息中，他都能立即将其解密。如果加密的消息具有一些冗余信息，那么这些信息趋向于在不同消息的同一位置出现，密码分析者可获得很多信息。然后他就可以对明文发动统计学攻击，而不必考虑密文分组的长度。

消息的开头和结尾是致命之处，因为那里规定了消息头和消息尾，其中包含了关于发送者、接收者、日期等信息。这个问题有时叫作格式化开头（stereotyped beginning）和格式化结尾（stereotyped ending）。

该模式好的一面就是用同一个密钥加密多个消息时不会有危险。实际上，每一个分组可被看作用同一个密钥加密的单独消息。如果密文中数据位出错，解密时，就会使得相对应的整个明文分组解密错误，但它不会影响其他明文。然而，如果密文中偶尔丢失或添加一些数据位，那么整个密文序列将不能正确地解密，除非有某种帧结构能够重新排列分组的边界。

填充

大多数消息并不是刚好分成 64 位（或者任意长度）的加密分组，它们通常在尾部有一个短分组。ECB 要求是 64 位分组。处理该问题的一个方法是填充（padding）。

用一些有规律的模式（0、1 或者 0 和 1 交替）把最后的分组填充成一个完整的分组。如果你想在解密后将填充位去掉，就在最后一个分组的最后一字节中加上填充字节的数目。例如，假定分组的大小是 64 位，且最后一个分组含有 3 字节（24 位）。也就是说，需要填充 5 字节以使最后一个分组达到 64 位，这时就要添加 4 个字节的 0 然后再用 5 填充最后一个字节。解密后删除最后分组的后面 5 个字节。因为该方法能正确工作，所以每一个消息都必须填充。即使明文以分组的边界结束，也必须添加一个整分组。可以用一个文件结束字符表示明文的最后一个字节，然后在该字符后面进行填充。

图 9-1 是一个可供选择的方案，称为密文挪用（ciphertext stealing）[402]。P_{n-1} 是最后一个完整的明文分组，P_n 是最后一个短的明文分组。C_{n-1} 是最后一个完整的密文分组，C_n 是最后一个短的密文分组。C' 仅作为一个中间结果，并不是传输密文的一部分。

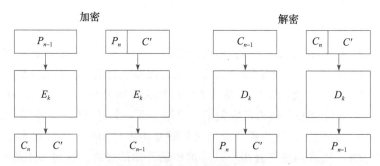

图 9-1　ECB 模式中的密文挪用

9.2　分组重放

ECB 模式最严重的问题是敌人可以在不知道密钥的情况下修改被加密过的消息，用这种办法可以欺骗指定的接收者。最早在文献［291］中讨论过这个问题。

为了说明这个问题，考察在不同银行的账号之间进行资金往来的资金转账系统。为使计算机系统方便有效，银行制定了一个标准的消息格式用来转账，格式如下：

银行 1：发送者	1.5 个分组
银行 2：接收者	1.5 个分组
储户姓名	6 个分组
储户账号	2 个分组
存款金额	1 个分组

上述的一个"分组"对应一个 8 字节的加密分组。这些消息用 ECB 模式下的某个分组算法进行加密。

Mallory 正在窃听银行间（如 Alice 所在的银行与 Bob 所在的银行）的通信线路，他可以利用这些信息致富。首先，他用自己的计算机记录下所有从 Alice 的银行到 Bob 的银行的加密消息。接着，他从 Alice 的银行传送 100 美元到他在 Bob 的银行的账户上。然后，他又重复该过程。利用计算机记录的信息，他可以找到一对完全相同的消息，这些消息就是授权将 100 美元转到他的账户上。如果发现有多于一对的消息相同（实际生活中更有可能），他就进行另一个款项转移，并将结果记录下来，最终他能分离出授权他的款项转移的消息。

现在他可以按照他的意愿在通信链路中插入消息，每次他给 Bob 银行发送一则消息，就有 100 美元进入他的账户，当两个银行核对他们的往来账目（总有那么一天），他们将注意到幽灵般的转款授权现象。但如果 Mallory 聪明的话，他早就将钱款取出，并逃到没有引渡法律的中南美洲国家去了，并且他可在许多不同的银行用同样的手法每次搞到远多于 100 美元的款项。

乍看起来，银行可以通过在消息中附加时间标记来防止这种情况的发生：

字段	大小
日期/时间标记	1 分组
银行 1：发送者	1.5 分组
银行 2：接收者	1.5 分组
储户姓名	6 分组
储户账号	2 分组
存款金额	1 分组

用这种系统可以很容易识别两条完全相同的消息。尽管如此，使用一种叫作分组重放（block replay）的技术，Mallory 仍然可以发财。见图 9-2，Mallory 可以挑选 8 个与他的名字和账号相对应的密文分组：分组 5 到分组 12。这时一阵恶魔般的笑声传来，Mallory 已做好了准备。

分组号

字段

图 9-2　一个记录实例的加密分组

他截取从银行 1 到银行 2 的随机消息，并用他的名字和账号替代分组 5 和分组 12 之间相应的位消息，然后将其发往银行 2。他不必知道原先的储户，甚至不必知道那个账号（虽然他可以通过比较他窜改后存入他账户金额的消息来确定对应于同样金额的加密分组），他只需简单地将姓名和账号换上他自己的，然后查看他的进账就行了。

银行将花费一天以上的时间才能发现。当他们每天核对账目时，一切都正常，直到某一天合法客户注意到钱最终没存进他的账户，或什么时候某人意外地发现 Mallory 的账户出奇地活跃，银行才会发现问题。Mallory 并不蠢，到那时他将取消他的账户，改名换姓在阿根廷买了一幢别墅。

银行可通过频繁地改变密钥来尽可能地降低风险。但这只是意味着 Mallory 的行动要更加迅速。然而，增加一个 MAC 字段可解决此问题。即使这样，这仍然是 ECB 模式的根本性问题。Mallory 仍可以按自己的意愿或删除或重复或改换密文分组。该问题的解决方法是采用称为分组链接（chaining）的技术。

9.3 密码分组链接模式

链接将一种反馈（feedback）机制加入分组密码中：将前一个分组的加密结果反馈到当前分组的加密中。换句话说，每个分组用来修改下一个分组的加密。每个密文分组不仅依赖于产生它的明文分组，而且还依赖于所有前面的明文分组。

在密码分组链接（Cipher Block Chaining，CBC）模式中，明文被加密之前要与前面的密文进行异或运算。图 9-3a 展示了 CBC 是如何工作的。第一个分组明文被加密后，其结果存储在反馈寄存器中。在下一个明文分组加密之前，它将与反馈寄存器进行异或作为下一次加密的输入，其结果又被存储在反馈寄存器中，再与下一个明文分组进行异或，如此这般直到消息结束。每个分组的加密都依赖于所有前面的分组。

解密一样简单易行（见图 9-3b）。第一个分组密文被正常地解密，并将该密文存入反馈寄存器。在下一个分组被解密后，将它与反馈寄存器中的结果进行异或。接着，下一个密文分组被存入反馈寄存器，如此下去直到整个消息结束。

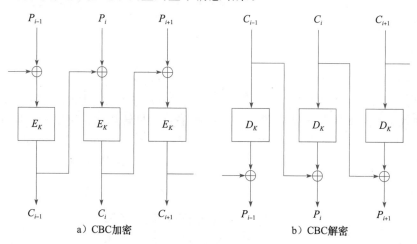

a）CBC加密　　　　　　　　b）CBC解密

图 9-3　密码分组链接模式

用数学语言表示为：

$$C_i = E_K(P_i \oplus C_{i-1})$$
$$P_i = C_{i-1} \oplus D_K(C_i)$$

9.3.1 初始化向量

CBC 模式仅在前面的明文分组不同时，才能将完全相同的明文分组加密成不同的密文分组，因此两个相同的消息仍将加密成相同的密文。更糟糕的是，任意两则消息在它们的第一个不同之处出现前，将被加密成相同的结果。

有些消息有相同的开头：如一封信的信头、"发件人"行或其他东西。虽然使用分组重放是不可能的，但这些相同的开头的确给密码分析者提供了一些有用的线索。

防止这种情况发生的办法是用加密随机数据作为第一个分组，这个随机数据分组称为初始化向量（Initialization Vector，IV），也称为初始化变量或初始链接值。IV 没有任何意义，它只是使每个消息唯一化。当接收者进行解密时，只是用它来填充反馈寄存器，然后将忽略它。时间标记是一个好的 IV，当然也可以用一些随机位串作为 IV。

使用 IV 后，完全相同的消息可以被加密成不同的密文消息。这样，窃听者企图再用分组重放进行攻击是完全不可能的，并且制造密码本将更加困难。尽管要求用同一个密钥加密的消息所使用的 IV 是唯一的，但这也不是绝对的。

IV 不需要保密，它可以明文形式与密文一起传送。如果觉得这样错了，那就看看如下的讨论：假设有一个消息的各个分组为 B_1，B_2，$\cdots$，B_i。B_1 用 IV 加密，B_2 使用 B_1 的密文作为 IV 进行加密，B_3 用 B_2 的密文作为 IV 进行加密，以此类推。所以，如果有 n 个分组，即使第一个 IV 是保密的，仍然有 $n-1$ 个 IV 暴露在外。因此没有理由对 IV 进行保密，它只是一个虚拟密文分组——你可以将它看作链接开始的 B_0 分组。

9.3.2　填充

就像 ECB 模式一样进行填充，但在许多应用中需要使密文与明文有同样的长度。或许明文加密后就放在内存原来的位置，这样你必须对最后那一个短分组进行不同的加密处理。假定最后一个分组有 j 位，在对最后一个完整分组加密之后，再对密文进行加密，然后选择加密密文最左边的 j 位，让其与不完整分组（短分组）进行异或运算，见图 9-4。

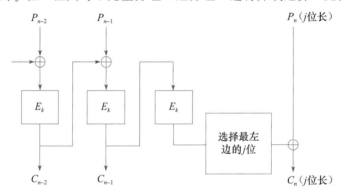

图 9-4　CBC 模式最后短分组的加密方法

这种方法的不足之处是，当 Mallory 不能恢复最后的明文分组时，他可以通过修改密文的个别位系统地改变它们。如果最后几位密文含有重要信息，这将是一个弱点；如果最后几位只含有一些简单的不重要的东西，就无关紧要。

密文挪用是一个很好的方法（见图 9-5）[402]。P_{n-1} 是最后一个完整的明文分组，P_n 是最后短的明文分组，C_{n-1} 是最后一个完整的密文分组，C_n 是最后的短密文分组，C' 是一个中间结果并非传送密文的一部分。该方法的好处是明文消息的所有位都通过了加密算法。

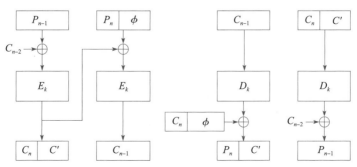

图 9-5　CBC 模式下的密文挪用

9.3.3 错误扩散

CBC 模式具有在加密端是密文反馈（feedback）和解密端是密文前馈（feedforward）的性质，这意味着要对错误进行处理。明文分组中单独一位发生错误将影响密文分组以及其后的所有密文分组。这没什么大不了，因为解密将反转这种影响，恢复的明文也还是那个错误。

密文错误更加常见。信道噪声或存储介质损坏很容易引起这些错误。在 CBC 模式中，密文中一个单独位的错误将影响一个分组以及恢复明文的 1 位错误。含有 1 位错误的分组完全不能恢复，随后的分组在同样的位置有 1 位错误。

密文的小错误能够转变成明文很大的错误，这种现象叫作错误扩散（error extension）。它是最烦人的事。错误分组的第二分组之后的分组不受错误影响，所以 CBC 模式是自恢复的（self-recovering）。虽然两个分组受到一个错误的影响，但系统可以恢复并且所有后面的分组都不受影响。CBC 是用于自同步方式的分组密码的一个实例，但仅在分组级。

尽管 CBC 能很快将位错误恢复，但它却不能恢复同步错误。如果从密文序列中增加或丢失 1 位，那么所有后续分组要移动 1 位，并且解密将全部错误。任何使用 CBC 的加密系统都必须确保分组结构的完整，要么用帧，要么在有多个分组大小的组块中存储数据。

9.3.4 安全问题

一些潜在的安全问题是由 CBC 的结构引起的。首先，因为密码分组都用同样的方式影响后面的分组，所以 Mallory 可以在加密消息的后面加上一些分组而不被发觉。当然，它或许被解密成一堆杂乱无用的数据，但在很多情况下这是不需要的。

如果你正在使用 CBC，你应当组织好明文以便弄清楚消息在何处结束，并且能检测出额外附加的分组。

其次，Mallory 可以通过改变一个密文分组，控制其余解密的明文分组。例如，如果 Mallory 切换一个密文位，那么就使得整个密文分组将不能被正确解密，其后的分组在相应的同一位置出现 1 位错误。在很多情况下这是所需要的。整个明文消息应当包括某些控制冗余或鉴别。

最后，尽管通过链接可将明文的模式隐藏起来，但若消息很长则仍然有一定的模式。由生日悖论可以预知 $2^{m/2}$ 个分组后就有完全相同的分组，其中 m 为分组的大小。对一个 64 位的分组，约为 34GB。当消息必须足够长时，才有这样的问题。

9.4 序列密码算法

序列密码算法将明文逐位转换成密文。该算法最简单的应用见图 9-6。密钥序列发生器（keystream generator，也称为滚动密钥发生器）输出一系列位序列：K_1，K_2，K_3，…，K_i。密钥序列（也称为滚动密钥）与明文位序列 P_1，P_2，P_3，…，P_i 进行异或运算产生密文位序列。

$$C_i = P_i \oplus K_i$$

在解密端，密文位序列与完全相同的密钥序列异或恢复明文序列。

$$P_i = C_i \oplus K_i$$

由于

$$P_i \oplus K_i \oplus K_i = P_i$$

所以该方式是正确的。

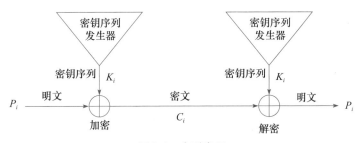

图 9-6 序列密码

系统的安全性完全依靠密钥序列发生器的内部机制。如果它的输出是无穷的 0 序列，那么密文就是明文，这样整个系统一文不值；如果它输出的是一个周期性的 16 位模式，那么该算法仅是一个可忽略安全性的异或运算（参见 1.4 节）；如果它的输出是一系列无穷的随机位序列（是真正的随机，不是伪随机——参见 2.8 节），那么就有一次一密乱码本和非常完美的安全。

实际的序列密码算法的安全性依赖于简单的异或运算和一次一密乱码本。密钥序列发生器产生的看似随机的密钥序列实际上是确定的，在解密的时候能很好地将其再现。密钥序列发生器输出的密钥越接近随机，对密码分析者来说就越困难。

然而，如果密钥序列发生器每次都产生同样的密钥序列，对攻击来说，破译该算法就容易了。举例说明为什么。

如果 Eve 得到一份密文和相应的明文，她就可以将两者异或恢复出密钥序列。或者，如果她有两个用同一个密钥序列加密的密文，她就可以让两者异或得到两个明文相互异或产生的消息。这是很容易破译的，接着她就可以用明文与密文异或得出密钥序列。

现在，无论她拦截到什么密文消息，她都可以用她所拥有的密钥序列进行解密。另外，她还可以解密并阅读以前截获的消息。一旦 Eve 得到一个明文/密文对，她就可以读懂任何东西了。

这就是为什么所有序列密码也有密钥的原因。密钥序列发生器的输出是密钥的函数。这样，即使 Eve 有一个明文/密文对，但她只能读到用特定密钥加密的消息。更换密钥，攻击者就不得不重新分析。序列密码算法对加密那些永不结束的通信数据序列特别有用，如两台计算机之间的 T-1 连接。

密钥序列发生器有三个基本组成部分（见图 9-7）。内部状态描述了密钥序列发生器的当前状态。两台密钥序列发生器如果有相同的密钥和内部状态，那么就会产生相同的密钥序列。输出函数处理内部状态，并产生密钥序列；下一状态函数处理内部状态，并产生新的内部状态。

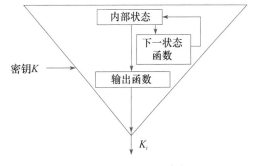

图 9-7 密钥序列发生器内部机理

9.5 自同步序列密码

对于自同步序列密码（self-synchronizing stream cipher），密钥序列的每一位都是前面固定数量密文位的函数[1378]。军方称之为密文自动密钥（Cipher Text Auto Key，CTAK）。其基本思想是在 1946 年成形的[667]。

图 9-8 描述了其工作原理。其中，内部状态是前面 n 位密文的函数。该算法的密码复杂

性在于输出函数，它收到内部状态后产生密钥序列位。

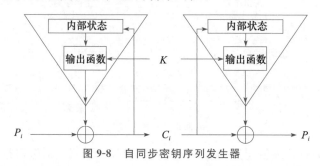

图 9-8　自同步密钥序列发生器

因为内部状态完全依赖前面 n 个密文位，所以解密密钥序列发生器在收到 n 个密文位后自动与加密密钥序列发生器同步。

在该模式的智能化应用中，每个消息都以随机的 n 位标题开始。这个标题被加密、传输、解密，在 n 位密文之前整个解密是不正确的，直到两个密钥序列发生器同步。

自同步密码的缺点是错误扩散。如果传输中一个密文位被窜改，解密密钥序列发生器就有 n 个密钥序列位不能正确产生。因此，1 位密文错误就会导致 n 位相应的明文错误，直到内部状态中不再有该错误位。

安全问题

自同步序列密码算法同样对回放攻击很敏感。Mallory 先记录一些密文位，一段时间后他就用这些记录代替当前数据序列。在一些无用的信息过后，当接收端再同步时，一些旧的密文仍正常地解密。接收端没有办法知道它是不是当前数据，但旧的数据则可以被回放。如果不用时间标记，Mallory 就可以回放相同的信息（当然假定密钥还没更换）使银行相信并将大笔的钱一遍又一遍地存入他的账户。在频繁再同步的情况下，该方案还有其他可利用的漏洞[408]。

9.6　密码反馈模式

分组密码算法也可以用于自同步序列密码，就是所谓的密码反馈（Cipher-FeedBack，CFB）模式。在 CBC 模式下，整个数据分组在接收完之后才能进行加密。对许多网络应用来说，这是一个问题。例如，在一个安全的网络环境中，当从某个终端输入时，它必须把每一个字符马上传给主机。当数据在字节大小的分组里进行处理时，CBC 模式就不能做到了。

在 CFB 模式下，数据可以在比分组小的单元里进行加密。下面的例子就是一次加密一个 ASCII 字符（称为 **8 位 CFB**），这里数字 8 没任何特殊性，也可以用 1 位 CFB 一次加密一位数据。尽管用完整的分组加密算法对单独一位进行加密好像也能工作，但用序列密码算法更好（并不提倡利用减少分组的大小来加快速度[1269]）。也可以使用 64 位 CFB 或者任意 n 位 CFB（其中 n 小于或等于分组大小）。

图 9-9 说明了 64 位分组算法下的 8 位 CFB 模式的工作原理。CFB 模式下的分组算法对输入分组大小的队列进行操作。开始，该队列就像在 CBC 模式下一样用 IV 填充，然后对队列进行加密。加密后最左端的 8 位与明文最初的 8 位字符异或，生成密文最初的 8 位字符，并传送出去。将这 8 位移至队列的最右端，然后其他位向左移动 8 位，最左端的 8 位丢弃。其他明文字符如法炮制。解密是一个逆过程。在加密和解密端，分组算法用于其加密模式中。

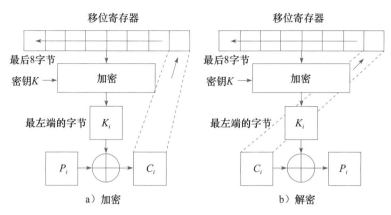

a）加密　　　　　　　b）解密

图 9-9　8 位密码反馈方式

如果算法的分组是 n 位，那么，n 位 CFB 就像（见图 9-10）：

$$C_i = P_i \oplus E_K(C_{i-1})$$
$$P_i = C_i \oplus E_K(C_{i-1})$$

与 CBC 模式类似，CFB 模式将明文字符连接起来以使密文依赖所有以前的明文。

9.6.1　初始化向量

为了初始化 CFB 过程，分组算法的输入必须用 IV 初始化。就像在 CBC 模式中使用 IV 一样，它并不需要保密。

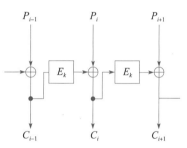

图 9-10　n 位分组算法下的 n 位 CFB 模式

尽管这样，IV 必须是唯一的。（这是与 CBC 模式不同的地方，CBC 模式中 IV 应该唯一旦不是必须。）如果在 CFB 模式下 IV 不是唯一的，密码分析者就可以恢复相应的明文。对不同的消息，IV 必须不同。它可以是一个序列号，每一个消息后递增，以保证在密钥有效期内不会重复。对用于存储的加密数据，它可以是用来查找数据的索引函数。

9.6.2　错误扩散

在 CFB 模式中，明文的一个错误就会影响所有后面的密文以及在解密过程中改变它自己。密文出现错误就更有趣了：首先，密文中 1 位的错误会引起明文的一个单独错误。除此之外，错误进入移位寄存器，导致密文变成无用的信息直到该错误从移位寄存器的另一端移出。在 8 位 CFB 模式中，密文中 1 位的错误会使加密的明文产生 9 字节的错误。之后，系统恢复正常，后面的密文也重新正确解密。通常情况下，在 n 位 CFB 模式中一个密文错误会影响当前和随后的 $m/n-1$ 个分组的解密，其中 m 是分组大小。

该类错误扩散的一个严重问题是，如果 Mallory 熟悉某个正在传输的明文，他就可以窜改某个分组里的某些位，使它们解密成自己想要的信息。下一个分组会解密成"垃圾"，但破坏已经发生了。他还可以更改消息的最后一些位而不被发现。

CFB 模式对同步错误来说，同样是自恢复的。错误进入移位寄存器就可以使 8 字节的数据毁坏，直到它从另一端移出寄存器。CFB 是分组密码算法用于自同步序列密码算法的一个实例（分组级）。

9.7　同步序列密码

在同步序列密码（synchronous stream cipher）中密钥序列是独立于消息序列而产生的。军方称之为密钥自动密钥（Key Auto-Key，KAK）。在加密端，密钥序列发生器产生密钥序列位；在解密端，另一个发生器产生完全相同的密钥序列位。两个密钥序列发生器同步以后，这种一致就开始了。如果其中一个发生器跳过一个周期或者一个密文位在传输过程中丢失了，那么错误后面的每一个密文字符都不能正确解密。

如果错误不幸发生了，发送者和接收者就必须在继续进行之前使两个密钥序列发生器重新同步。他们必须这样做以保证密钥序列的任意部分不会重复，重新设置发生器回到前一个状态，这个简单的方法是不行的。

幸运的是，同步密码并不扩散传输错误。如果一位在传输中改变了（这比丢失一位的可能性大得多），那么只有该位不能正确解密，前面和后面的位都不会受影响。

由于在加密和解密两端密钥序列发生器必须产生同样的输出，所以它必须是确定的。因为它是用有限状态机器实现的（如计算机），所以密钥序列一定会重复。这些密钥序列发生器称为周期性的（periodic）。除一次一密乱码本外，所有密钥序列发生器都是周期性的。

发生器的周期必须非常长，要比密钥更换之前发生器所能输出位的长度还要长得多。如果其周期比明文短，那么明文的不同部分将用同样的密钥序列加密——这是一个严重的弱点。如果密码分析者熟悉这样的一批明文，他就可以恢复密钥序列，然后恢复更多的明文。即使分析者仅有密文，他也可以将用同一个密钥序列加密的不同部分密文进行异或得到明文与明文的异或，这只是一个有非常长密钥的简单异或运算。

周期需要多长取决于应用。用于加密连续 T-1 连接的密钥序列发生器每天加密 2^{37} 位，那么它的周期应该比这个数大几个数量级，而且密钥每天都要更换。如果周期足够长，你仅仅需要每周或者甚至每月才更换密钥。

同步序列密码同样可防止密文中的插入和删除，因为它们会使系统失去同步而立即被发现。然而，却不能避免某个位被审改。就像 CFB 模式下的分组密码算法，Mallory 更换数据序列中的某个位，如果他熟悉明文，他就可以使那些位解密成他想要的。后面的位仍正确地解密，所以在很多应用中 Mallory 仍可进行某些破坏。

插入攻击

同步序列密码对插入攻击（insertion attack）非常敏感[93]。Mallory 记录了一些密文序列，但他并不知道明文或用来加密明文的密钥序列。

原始明文：　　　P_1　P_2　P_3　P_4　…
原始密钥序列：　K_1　K_2　K_3　K_4　…
原始密文：　　　C_1　C_2　C_3　C_4　…

Mallory 在明文 p_1 后面插入一个已知位 p'，他能够使修改后的明文被相同的密钥序列加密。他记录新的密文：

新的明文：　　　P_1　P'　P_2　P_3　P_4　…
原始密钥序列：　K_1　K_2　K_3　K_4　K_5　…
更新的密文：　　C_1　C_2'　C_3'　C_4'　C_5'　…

假定他知道 P' 的值，他可以根据原始密文和新的密文确定整个明文：

由 $K_2 = C_2' \oplus P'$ 得到 $P_2 = C_2 \oplus K_2$
由 $K_3 = C_3' \oplus P_2$ 得到 $P_3 = C_3 \oplus K_3$
由 $K_4 = C_4' \oplus P_3$ 得到 $P_4 = C_4 \oplus K_4$

Mallory 并不需要知道插入的确切位置，他只需比较原始密文和更新后的密文从哪个地方不同即可。为了防止这种攻击，永远不要使用同一个密钥序列加密两个不同的消息。

9.8 输出反馈模式

输出反馈（Output-Feedback，OFB）模式是将分组密码作为同步序列密码运行的一种方法。它与密码反馈模式相似，不同的是 OFB 是将前一个 n 位输出分组送入队列最右端的位置（见图 9-11）。解密是其逆过程，称为 n 位 OFB。在加密和解密两端，分组算法都以加密模式使用。这种方法有时也叫作内部反馈（internal feedback），因为反馈机制独立于明文和密文而存在[291]。

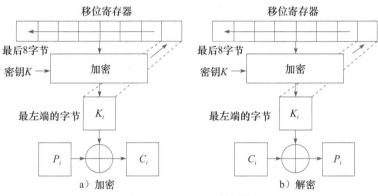

图 9-11　8 位输出反馈模式

如果 n 是该算法分组的大小，那么 n 位 OFB 看上去像（见图 9-12）：

$$C_i = P_i \oplus S_i, \quad S_i = E_K(S_{i-1})$$
$$P_i = C_i \oplus S_i, \quad S_i = E_K(S_{i-1})$$

S_i 是状态，它独立于明文和密文。

OFB 模式有一个很好的特性就是在明文存在之前大部分工作可以离线进行。当消息最终到达时，它可以与算法的输出相异或产生密文。

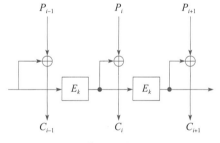

图 9-12　n 位算法下的 n 位 OFB 模式

9.8.1 初始化向量

OFB 移位寄存器也必须装入 IV 初始化矢量，IV 应当唯一，但无须保密。

9.8.2 错误扩散

OFB 模式没有错误扩散。密文中单个位的错误只引起已恢复明文的单个错误，这点对某些数字化模拟传输非常有用，如数字化声音或视频，这些场合可以容忍单个位错误，但不能容忍扩散错误。

另一方面，不同步则是致命的。如果加密端和解密端的移位寄存器不同，那么恢复的明文将是一些无用的杂乱数据，任何使用 OFB 的系统必须有检测不同步和用新的（或同一个）IV 填充双方移位寄存器的机制以重新获得同步。

9.8.3 安全问题

OFB 模式的安全分析[588,430,431,789] 表明，OFB 模式应当只用在反馈量大小与分组大小相同时。例如，在 64 位 OFB 模式中只能用 64 位分组算法。即使美国政府授权在 DES[143] 中使用其他大小的反馈，也应尽量避免。

OFB 模式将密钥序列与明文异或。密钥序列最终会重复。对于同一个密钥，使密钥序列不重复很重要；否则，就毫无安全可言。当反馈大小与分组大小相同时，分组密码算法起到 m 位数值置换（m 是分组长度）的作用，并且平均周期长度为 $2^m - 1$。对 64 位的分组长度，这是一个很大的数。当反馈大小 n 小于分组大小时，平均周期长度将减小到约为 $2^{m/2}$。对 64 位分组算法，就是 2^{32}——不够长。

9.8.4 OFB 模式中的序列密码

用 OFB 模式也能产生序列密码。在这种情况下，密钥将影响下一状态函数（见图 9-13）。输出函数并不依赖密钥，而是经常简单地使用内部状态的某个位或多位的异或值。密码复杂性在于下一状态函数，该函数依赖于密钥。这种方法称为内部反馈[291]，因为对密钥产生算法来说，反馈机制存在于内部。

在该模式的一个变体中，密钥只决定密钥序列发生器的初始状态。在密钥设置了发生器的内部状态后，发生器就不再受到干扰。

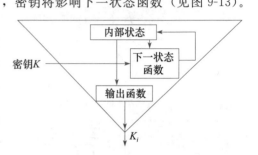

图 9-13　OFB 模式中的密钥序列发生器

9.9　计数器模式

计数器模式（counter mode）中的分组密码算法使用序列号作为算法的输入[824,498,7151]。不是用加密算法的输出填充寄存器，而是将一个计数器输入到寄存器中。每一个分组完成加密后，计数器都要增加某个常数，一般为 1。计数器模式的同步和错误扩散特性与 OFB 模式完全一样，但它解决了 OFB 模式小于分组长度的 n 位输出问题。

没有什么是专供计数器用的，它不必根据可能的输入计数。可以将第 16、17 章讲到的任何随机序列发生器作为分组算法的输入，而不管其在密码学上是否安全。

计数器模式中的序列密码

计数器模式中的序列密码算法有简单的下一状态函数和复杂的依赖于密钥的输出函数。这种技术（见图 9-14）在文献 [498，715] 中提及。下一状态函数可以与计数器一样简单，只要在前一状态上加 1 即可。

使用计数器模式序列密码算法，可以直接产生第 i 个密钥位 K_i，而不用先产生前面所有的密钥位。只需简单地手动设置计数器到第 i 个内部状态，然后产生该位即可。这在保护随机访问数据文件时是非常有用的。不用解密整个文件就可以直接解密某个特殊的数据分组。

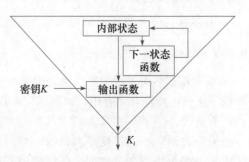

图 9-14　计数器模式中的密钥序列发生器

9.10　其他分组密码模式

9.10.1　分组链接模式

为了在分组链接（Block Chaining，BC）模式中使用分组算法，可以简单地将分组密码算法的输入与所有前面密文分组的异或值相异或。就像 CBC 算法一样，过程要从一个初始向量 IV 开始。

数学式表达如下：

$$C_i = E_K(P_i \oplus F_i), \quad F_{i+1} = F_i \oplus C_i$$
$$P_i = F_i \oplus D_K(C_i), \quad F_{i+1} = F_i \oplus C_i$$

与 CBC 模式类似，BC 模式的反馈过程具有扩散明文错误的性质，BC 的这个问题是由于密文分组的解密依赖于所有前面的密文分组而引起的，密文中单一的错误都将导致所有后续密文分组在解密中出错。

9.10.2　扩散密码分组链接模式

扩散密码分组链接（Propagating Cipher Block Chaining，PCBC）模式[1080] 与 CBC 模式相似，只是它在加密前（或解密后），前面的明文分组、密文分组都与当前明文分组相异或（见图 9-15）。

$$C_i = E_K(P_i \oplus C_{i-1} \oplus P_{i-1})$$
$$P_i = C_{i-1} \oplus P_{i-1} \oplus D_K(C_i)$$

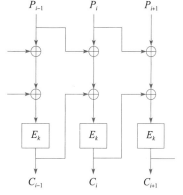

图 9-15　扩散密码分组链接模式

PCBC 模式用在 Kerberos 4（参见 24.5 节）中进行加密，并在一次传递中完成加密和完整性检查。在 PCBC 模式中，密文分组的一个错误将引起所有后续分组在解密时产生错误，这意味着检验消息尾的一个标准分组将能确保整个消息的完整性。

不幸的是，这个模式有一个问题[875]。交换两个密文分组，将使两个对应的明文分组不能正确解密，但根据明文和密文异或的性质，错误将抵消。所以，如果完整性检查只检查最后几个解密的明文分组，它就可能欺骗接收者接收部分错误的消息。尽管现在还没有人利用这个漏洞，但 Kerberos 5 还是在发现上述缺点后用 CBC 模式取代了它。

9.10.3　带校验和的密码分组链接

带校验和的密码分组链接（Cipher Block Chaining with Checksum，CBCC）是 CBC 的一个变体[1618]。该模式保存所有明文分组的异或，并在加密前与最后的明文分组异或。CBCC 保证任何对密文的改动都将引起最后分组解密输出的改动。如果最后分组包含某种完整校验或常数，那么用很小的额外操作就能检验解密明文的完整性。

9.10.4　带非线性函数的输出反馈

带非线性函数的输出反馈（Output Feed-Back with a NonLinear Function，OFBNLF）[777] 是 OFB 和 ECB 的一个变体，它的密钥随每一个分组而改变：

$$C_i = E_{K_i}(P_i), \quad K_i = E_K(K_{i-1})$$

$$P_i = D_{K_i}(C_i), \quad K_i = E_K(K_{i-1})$$

密文的 1 位错误将只扩散到一个明文分组。然而，如果丢失或增加 1 位，将会导致无限的错误扩散。如果使用一个有复杂的密钥编排算法的分组算法（如 DES），该模式将很慢。据我所知还没有对该模式的密码分析。

9.10.5 其他模式

可能还有其他的模式，虽然它们并没有被广泛应用。明文分组链接（Plaintext Block Chaining，PBC）模式与 CBC 相似，只是前一个明文分组与当前明文分组进行异或，而不是与密文分组异或。明文反馈（Plaintext Feed-Back，PFB）与 CFB 相似，只是将明文而非密文用于反馈。为了阻止已知明文攻击，这两种模式准许选择明文攻击。还有明文差分密文分组链接（Ciper Block Chaining of Plaintext Difference，CBCPD）模式，我肯定它会变得更加离奇。

如果密码分析者有一台穷举密钥搜索机器，那么如果能猜出一个明文分组的话，就能恢复出密钥。在使用加密算法之前利用一些陌生的模式对加密可以起到奇妙的作用：如将文本与一确定秘密串进行异或，或者对文本进行置换。几乎任何非标准的东西都将有助于挫败这类密码分析。

9.11 选择密码模式

如果你关心的主要是简单和速度，那么 ECB 是最简单和最快的分组密码模式，当然也是最弱的。除了容易受到重放攻击外，ECB 模式中的算法也是最易分析的。建议不要将 ECB 用于消息加密。

为了加密随机数据，如其他的密钥，ECB 是一个很好的模式。由于数据短而随机，对这种应用 ECB 几乎没什么缺点。

对于一般的明文，请使用 CBC、CFB 或 OFB 模式。选择的模式依赖于你的特殊需要。表 9-1 列出了各种模式的安全性和效率。

表 9-1　分组密码模式一览表

ECB	CBC
安全性	**安全性**
－明文模式不能被隐藏	＋明文模式通过与前一个密文分组相异或被隐藏
－分组密码的输入并不是随机的，它与明文一样	＋通过与前一个密文分组相异或，分组密码的输入是随机的
＋一个密钥可以加密多个消息	＋一个密钥可以加密多个消息
－明文很容易被窜改；分组可被删除、再现或互换	＋/－窜改明文稍难；分组可以从消息头和消息尾删除，第一分组位可被更换，并且复制允许某些控制的改变
效率	**效率**
＋速度与分组密码相同	＋速度与分组密码相同
－由于填充，密文比明文长一个分组	＋不考虑 IV，密文比明文长一个分组
－不可能进行预处理	－不可能进行预处理
＋处理过程并行进行	＋/－加密不是并行的；解密是并行的且有随机存取特性
容错性	**容错性**
－一个密文错误会影响整个明文分组	－一个密文错误会影响整个明文分组以及下一个分组的相应位
－同步错误不可恢复	－同步错误不可恢复

（续）

CFB	OFB 计数器
安全性	**安全性**
＋明文模式被隐藏	＋明文模式被隐藏
＋分组密码的输入是随机的	＋分组密文的输入是随机的
＋用不同的 IV，一个密钥可加密多个消息	＋用不同的 IV，一个密钥可以加密多个消息
＋/－窜改明文稍难；分组可以从消息头和消息尾删除，第一分组位可被更换，并且复制允许某些控制的改变	－明文很容易被控制窜改，任何对密文的改变都会直接影响明文
效率	**效率**
＋速度与分组密码相同	＋速度与分组密码相同
－不考虑 IV，密文与明文同大小	－不考虑 IV，密文与明文有同样大小
－在分组出现之前做些预处理是可能的，前面的密文分组可以被加密	＋消息出现前做些预处理是可能的
＋/－加密不是并行的；解密是并行的且有随机存取特性	－/＋OFB 处理过程不是并行的；计数器处理是并行的
容错性	**容错性**
－一个密文错误会影响明文的相应位及下一个分组	＋一个密文错误仅影响明文的相应位
＋同步错误是可恢复的，1 位 CFB 能够恢复 1 位的添加或丢失	－同步错误不可恢复

一般来说，加密文件最好的模式是 CBC。安全性增加是很有意义的，并且当存储数据中存在某些错误位时，同步错误几乎从不发生。如果应用是基于软件的，CBC 总是最好的选择。

CFB（特别是 8 位 CFB）通常是加密字符序列所选择的模式，此时每个字符需要分别处理，如在终端和主机链路中。OFB 通常用在不能容忍错误扩散的高速同步系统中。如果需要预处理，那么 OFB 也是可以选择的模式。

OFB 是在容易出错的环境中所选择的模式，因为它没有错误扩散。

除了所谓"神奇"模式外，ECB、CBC、OFB 和 OFB 四种模式之一几乎能够满足任何应用需要，这些模式既不过分复杂也不会减少系统的安全性。尽管复杂的模式或许能增加安全性，但大多数情况下它仅仅是增加复杂性。没有什么神奇模式具有好的错误扩散特性或错误恢复能力。

9.12　交错

在大多数模式中，对 1 位（或分组）的加密依赖于前面位（或分组）的加密。这就使得并行处理成为可能。例如，假定在 CBC 模式下加密硬件盒，假设它由四块加密芯片组成，其中仅有一块能在任意时间工作，其余的芯片需要得到前一芯片的结果后才开始工作。

解决方案就是交错（interleave）多重加密序列（不是 15.1 节和 15.2 节讲到的多重加密）。它使用四个链代替单一的 CBC 链。第一、第五及每隔四块的分组使用一个 IV 的 CBC 模式加密；第二、第六及每隔四块之后再用另一个 IV 在 CBC 模式下加密；以此类推。总的 IV 比没有交错时长得多。

可把它想成是用相同的密钥和四个不同的 IV 对四个不同的消息进行加密。所有这些消息也都是相互交错的。

该技巧可用于提高硬件的整体加密速度。如果你有三个加密芯片，每一个加密速度是 33Mbit/s，那么使用交错就可以对一个 100Mbit/s 的单一信道进行加密。

图 9-16 显示了在 CFB 模式下三个并行交错的序列加密。这种思想也可以用任意数目的

并行序列在 CBC 和 OFB 模式下工作。只是要记住每个序列都需要自己的 IV，不能共享。

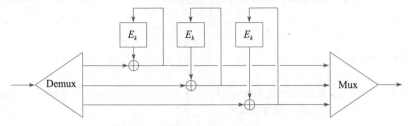

图 9-16 交错的三个 CFB 模式加密

9.13 分组密码与序列密码

尽管分组和序列密码非常不同，但分组密码也可作为序列密码使用，反之亦然。我所见到的对两者最好的区别定义是在文献 [1362] 中：

> 分组密码是对一个大的明文数据块（分组）进行固定变换的操作；
> 序列密码是对单个明文位的随时间变换的操作。

在现实世界中，分组密码似乎更加通用（如它们能够用四种模式中的任意一种），而序列密码好像更多用于数学分析。有大量序列密码分析和设计方面的理论著作——由于某些原因，大多数在欧洲完成。自从电子技术发明以来，它们被各国军方所使用。不过，情况好像正在改变。近年来，有大量论文是关于分组密码设计的。或许不久以后，分组密码设计方面的理论就能像现在序列密码设计的理论一样丰富。

然而，两者之间的区别主要体现在实现上。每次只能对一个数据位进行加密和解密的序列密码并不适用于软件实现。分组密码算法就可以很容易地用软件实现，因为它可以避免耗时的位操作，并且它易于处理计算机界定大小的数据分组。另一方面，序列密码更适合用硬件实现，因为使用硅材料可以非常有效地实现它。

这些是值得考虑的事情。对数字通信信道上的硬件加密设备来说，每经过 1 位就加密 1 位非常有意义，这是这些设备的长处。另一方面，用软件加密设备加密每一个分离的单个位没有意义。还有一些特殊的场合：在一个计算机系统中逐位、逐字节加密是必需的（例如，对键盘和 CPU 之间的连接进行加密），但是一般来说，加密分组至少是数据总线的宽度。

第 10 章

使 用 算 法

将安全性（包括数据安全性、通信安全性、信息安全性等）想象为一条链子。整个系统的安全性是其中最脆弱连接的安全性。每一件东西都必须安全：加密算法、协议、密钥管理以及更多。如果算法很好，但是随机数发生器非常糟，那么聪明的分析者就能通过该发生器攻击系统；如果你修复了一个漏洞，但忘了安全地删除包含密钥的那块内存，那么分析者通过程序可以攻破你的系统；如果你的什么东西都是正确的，但偶尔将一封含有你安全文件副本的 E-mail 发给了《华尔街日报》，你可能得到同样的结果。

太不公平了。作为一个安全系统的设计者，你必须想到每一个可能的攻击方法及其对策，而一个密码分析者只需找到你的安全漏洞及怎样利用它。

密码学仅是安全性的一部分，甚至经常是很小的一部分。它仅在数学上使一个系统安全，这与实际使系统安全是两码事。密码学有它的 "size queens："人们在花费很多的时间讨论密钥应该有多长时，通常忘记了其他的事情。如果秘密警察想知道计算机里有什么，那么对他们来说潜入房间中安置一个摄像机，让它记录你的计算机屏幕总比分析你的硬盘驱动器容易得多。

此外，对于计算机密码学，传统的看法是 "间谍与反间谍" 技术，并且这种看法越来越不恰当。世界上超过 99% 的密码学并没有用来保护军事机密，它们被用于诸如银行卡、付费电视、道路收费、办公大楼以及计算机访问令牌、抽彩设备、预付款电子计量器等[43,44]。在这些应用中，密码的作用就是使卑鄙的犯罪更困难，而对那些拥有许多高薪聘请的有才能的密码分析者和满屋子计算机的攻击者并不适用。

这些应用大部分使用了性能差的密码算法，但是成功地攻击它们与密码分析没有多大关系。它们与受欺骗的雇员、聪明的敲诈行为、愚蠢的实现、频繁地说漏嘴、随便的举止等有关（我强烈建议上面所述的某些人阅读 Ross Anderson 的论文 "Why Cryptosystems Fail"）。甚至 NSA 也承认，在它关注领域的大多数安全失败是由工作运作错误引起的，而不是算法或协议上的失败[1119]。在这些场合，密码算法再好也没有什么用处，成功的攻击完全可以绕过它。

10.1 选择算法

当开始估计并选择算法时，人们有下面几种选择：

- 他们可以选择一个公开的算法，基于相信一个公开的算法已经受到许多分析者的攻击，如果还没有人破解它，说明它很好。
- 他们可以相信制造商，基于相信一个很有名的制造商不会用他们的名誉冒险出售具有缺陷算法的设备。
- 他们可以相信私人顾问，基于相信一个公正的很有名望的顾问对市场上算法的估计很有见解。
- 他们可以相信政府，基于相信政府是最值得信赖的，它不会欺骗公民。
- 他们可以写自己的算法，基于相信他们的算法不次于别人的，并且他们除了自己，不信任任何人。

当然这些选择都有些问题，但第一种选择似乎是最明智的。相信制造商、顾问、政府就等于是自找麻烦。那些自称是安全顾问的多数人（甚至来自很有名的公司），通常连加密知识都不懂。大多数安全产品的制造商也不会更好。NSA 有一大批世界著名的密码学家为它工作，但他们从来未告诉你所有他们知道的，他们所追逐的利益并不与他们公民的利益相一致。即使你是天才，在没有同行审查的情况下，使用你自己编写的算法也将是愚蠢的。

本书中的所有算法都是公开的，它们已公开发行并被这方面的专家分析过。我列出了所有公布的结果，其中有正面的也有反面的。我并没有接近世界上任何军事安全组织所做的分析（它们也许比学术组织做得好——他们已做了很长时间并有很高的薪水），所以这些算法也许很容易被破译，即使这样，它们也很可能比那些在某个公司的地下室秘密设计和实现的算法更安全。

所有这些理由的漏洞是我们并不知道各种军事密码分析组织的能力。

NSA 可以破译什么样的算法？对我们中的大多数人来说，确实无法知道。如果你同一块用 DES 加密的计算机硬盘一起被捕的话，在审讯你时，FBI 是不可能引用硬盘的解密明文的，他们能够攻破一个算法这个事实经常比破译的任何信息更值得保密。第二次世界大战期间，盟军被禁止使用解密的德国过激的信息，除非能够巧妙地从其他地方获得这些信息。NSA 承认，能够攻破某个给定算法的唯一方法是加密一个非常有价值的东西，然后公布加密的消息。或者，可能更好，制造一个真正滑稽的笑话，然后通过加密的 E-mail 把它传给一个不可靠的人。NSA 的雇员同样是人，我对他们能为一个好笑话保住秘密持怀疑态度。

一个好的、可行的假设是 NSA 可以读到它选择的任何信息，而不是它不能读任何它选择的信息。NSA 受资源限制不得不在各种目标中进行挑选。另一个好的假设是他们宁愿破译一些关键部位而不破译整个密码。这种偏爱非常强烈，以至于当他们想为他们曾读过该消息保密时，就不得不求助于攻击整个密码。

无论怎么样，我们能够做得最好的选择是选择公开的算法，它们已经历过了公开检验和分析。

算法的出口

美国出口算法必须经美国政府批准（实际上是 NSA——参见 25.1 节）。广泛认为这些被批准出口的算法 NSA 都能破译它。虽然没有人承认它，但谣传 NSA 对那些希望出口密码成果的公司曾私下建议：

- 偶尔泄露一位密钥，将其藏在密文中。
- 在 30 位内隐埋有效密钥。比如，一个算法可能接收 100 位的密钥，但大部分可能是等价的。
- 使用固定的 IV，或者在每条加密消息的开头加密一个固定头部，以允许选择明文攻击。
- 产生一些随机字节，并用密钥将其加密，接着将这些随机字节的明文和密文放在被加密消息的开头，这也允许已知明文攻击。

NSA 得到一个源码副本，但加密算法细节对外仍保密，当然没有人大肆宣扬这些细节的弱点，但请意识到你买的是得到出口许可的美国加密产品。

10.2 公开密钥密码系统与对称密码系统

公开密钥密码系统与对称密码系统哪一个更好呢？这个问题没有任何意义，但是自从公开密钥密码系统产生以来就一直争论不休。这个争论假定两种密码算法可以基于同一个基础点进行比较。事实上并非如此。

Needham 和 Schroeder[1159] 指出使用公开密钥算法的消息的数量和长度比对称算法大得多。他们的结论是对称算法比公开密钥算法更有效，尽管这是正确的，但这种分析忽视了公开密钥方案的安全性意义。

Whitfield Diffie 在文献［492，494］中写道：

> 按照把公开密钥作为一种新的密码系统而不是新的密钥管理形式的观点，从安全性与性能两方面考虑，我站在批评者的一边。反对者立即指出 RSA 体制运行速度是 DES 的千分之一且要求 10 倍长的密钥。尽管从一开始公开密钥系统就被限制用于传统（对称）密码学的密钥交换，明显这也是不必要的。在这种情况下，建立一种混合密码系统[879] 的建议被作为一个新的发现得到了很大的响应。

公开密钥密码与对称密码是两种不同的东西，它们解决不同的问题。对称密码适合加密数据，它速度极快并且对选择密文攻击不敏感；公开密钥密码可以做对称密码所不能做的事情，它最擅长密钥分配和第一部分讨论的大量协议。

第一部分还介绍了其他一些术语：单向散列函数、消息鉴别码等。表 10-1 列出了各种不同算法及其性质[804]。

表 10-1　各类算法

算法	机密性	验证	完整性	密钥管理
对称加密算法	是	否	否	是
公开密钥加密算法	是	否	否	是
数字签名算法	否	是	是	否
密钥共识算法	是	可选	否	是
单向散列函数	否	否	是	否
消息验证代码	否	是	是	否

10.3　通信信道加密

这是一个典型的 Alice 与 Bob 问题：Alice 想传送一个安全的消息给 Bob，她怎样做？她将消息加密。

理论上，加密可以在开放系统互联（Open Systems Interconnect，OSI）通信模型的任何层进行。（更多信息参见 OSI 安全结构标准[305]。）事实上，加密一般在最底层（第一或第二层）或较高层。如果在最底层加密，就称为链-链加密（link-by-link encryption），通过特定数据连接的任何数据都要被加密。如果发生在较高的层，就称为端-端加密（end-to-end encryption）。数据被选择性地加密，并且只在最后的接收端进行解密。两种方法各有优缺点。

10.3.1　链-链加密

最容易加密的地方是在物理层（见图 10-1），这叫作链-链加密。通常，物理层接口是标准的，并且在此处最容易连接硬件加密设备。这些设备对通过它们的所有数据进行加密，包括数据、路由信息、协议信息等。它们可以用于任何类型的数据通信链路上。另一方面，发送端与接收端之间的任何智能交换或存储节点都必须在处理这些数据序列之前对其进行解密。

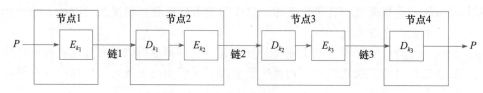

图 10-1　链路加密

这种类型的加密非常有效，因为任何东西都被加密，密码分析者得不到任何关于消息结构的信息，他们不知道谁正在与谁通话，发送消息多长，哪天进行的通信等，这叫作流量保密（traffic-flow security）。敌人不仅不能存取消息，而且也不知道消息的出处与去处。

系统安全性不依赖于任何流量管理技术。密钥管理也简单，仅仅是线路的两端需要共同的密钥，它们可以独立于网络其他部分而更换密钥。

设想一个用 1 位 CFB 加密的同步通信线路。在初始化后，线路可以无限地运行，位或同步错误自动恢复。无论什么时候消息从一端发往另一端，线路都被加密，没有消息时就加密、解密随机数据。Eve 不知道什么时候发送消息，什么时候不发，也不知其开始与结束。她所看见的只是无穷无尽的看上去随机的位序列。

如果通信线路是异步的，同样可以使用 1 位 CFB 模式。不同的是敌方可以知道信息的传输率。如果信息必须隐蔽，那么必须做些防备，以使消息在空余时间悄悄传过。

物理层加密的最大问题是：网络中的每个物理链路都必须加密，如果有一处没加密就会危及整个网络的安全。如果网络很大，这类加密的开销会变得很大，以至于限制了它的实施。

另外，必须保护网络中每个节点，因为它处理未加密的数据。如果网络中的每个用户都相互信任，并且每个节点都很安全，这或许可以接受。但这是不可能的，即使在一个公司里，信息可能必须在某个部门里保密，如果网络偶然将信息发错了路线，任何人都可以看到它。表 10-2 是链-链加密的优缺点。

表 10-2　链-链加密的优点与缺点

优点
易操作，因为它对用户是透明的，即在通过链路传送之前所有数据都被加密
每一次链接只需要一组密钥
因为任何路由信息都被加密，所以能够提供安全的通信序列
加密是在线的
缺点
在中间节点间数据易被暴露

10.3.2　端-端加密

另一种处理方法是将加密设备放在网络层和传输层之间，加密设备必须根据低三层的协议理解数据，并且只加密传输层的数据单元。这些加密的数据单元与未加密的路由信息重新结合，然后送到下一层进行传输。

这种处理方法避免了在物理层中出现的加密和解密问题。通过端-端加密，数据一直保持加密状态，直到到达目的地才被解密（见图 10-2）。端-端加密的主要问题是路由信息未被加密，一个好的密码分析者可以据此知道谁和谁通信，何时通信以及时间多长，而并不需要知道通信内容。其次，密钥管理也很困难，因为每个用户必须确保他们与其他人有共同的密钥。

图 10-2 端-端加密

制造端-端加密设备很困难。每一个特殊的通信系统有其自身的协议。有时这些层之间的接口没有很好的定义也使任务更加困难。

如果加密发生在通信系统的高层，如应用层或表示层，那么它可以独立于网络所用的通信结构。它仍是端-端加密，但加密实现并不扰乱线路编码、两个调制解调器间的同步、物理接口等。在早期的电子机械密码学中，加密和解密完全是离线的，这里只是向前走了一步。

在这些高层进行加密会与相应层的软件相互作用，这些软件因计算机结构的不同而不同，因而必须针对不同的计算机系统，通过软件自身或特殊的硬件进行加密。后一种情况下，计算机在发送到低层进行传输之前数据必须用特殊的硬件加密。这种处理需要智能终端而不适合非智能终端，另外可能还有各种不同类型计算机之间的兼容问题。

端-端加密的最大缺点是它允许流量分析（traffic analysis）。流量分析主要分析：数据从哪里来，到哪里去，什么时候发送，传送多长时间，发送频繁程度，是否与其他事件（如会议等）有关联等。大量有用的信息埋藏在传送的数据中，密码分析者可得到很大帮助。表 10-3 列出了端-端加密的优缺点。

表 10-3　端-端加密的优点与缺点

优点
保密级别更高
缺点
需要更复杂的密钥管理系统
流量分析是可能的，因为路由信息未被加密
加密是离线的

10.3.3　两者的结合

表 10-4 主要摘自文献［1244］，对上面两种加密方法进行了比较。将端-端与链-链加密相结合，尽管很昂贵，却是一种有效的网络安全方法，加密每个物理链路使得对路由信息的分析成为不可能，而端-端加密减少了网络节点中未加密数据处理带来的威胁。对两种方案的密钥管理可以完全分开：网络管理人员可以只关心物理层，而每个用户只负责相应的端-端加密。

表 10-4　链-链加密与端-端加密的比较

链-链加密	端-端加密
主机内部安全性	
发送主机内部消息暴露	发送主机内部消息被加密
交换节点消息暴露	在交换节点消息被加密
用户的作用	
发送主机使用	发送过程使用
对用户不可见	用户应用加密
主机保持加密	用户必须选择算法
对所有用户便利	用户选择加密
可以硬件完成	软件更易完成
消息全部被加密或全部不加密	对每一条消息用户可选择加密或者否
有关实现	
每一主机对需要一个密钥	每一用户对需要一个密钥
每一台主机需要加密硬件或软件	在每一个节点需要加密硬件或软件
提供节点验证	提供用户验证

10.4 用于存储的加密数据

用于存储的加密数据可以通过 Alice 和 Bob 模式来检查。Alice 仍可以向 Bob 发送消息，只是此处的 "Bob" 是某时间后的 Alice。然而，该问题有着本质的不同。

在通信信道里，传输中的消息并没有价值。如果 Bob 不接收某个特定消息，Alice 将一直发送下去。这对于用于存储的数据加密来说是不正确的。如果 Alice 不能对她的消息进行解密，她将不能及时回过头去重新加密，她已经永远地失去了这些数据。这就意味着用于数据存储的加密实现应该有某些机制，以防止由于密文中的错误引起的不可恢复。

加密密钥与加密消息有同样的价值，只是它小一点儿。事实上，加密就是将大秘密变成小秘密。由于较小，所以它更容易丢失。密钥管理程序应当假定同一个密钥可以被一遍又一遍地使用，并且数据可以在磁盘上保存数年，直到被销毁。

此外，密钥应该保存很长一段时间。用于通信的密钥，理想情况下仅存在通信维持时间。而用于数据存储的密钥则需要数年，因此必须安全地保存数年。

文献［357］列出针对计算机数据加密存储的其他一些问题：

- 数据可以以明文形式存在，或者在其他的磁盘、计算机，或者在纸上。对密码分析者来说，进行已知明文攻击有很大的机会。
- 在数据库应用中，数据片比大多数算法的数据分组小。这使得密文比明文大。
- I/O 设备的速度要求快速地加密和解密，这可能需要硬件加密。在一些应用中，可能需要特殊的高速算法。
- 需要安全、长期的密钥存储。
- 密钥管理更复杂，因为不同的人需要存取不同的文件或同一文件的不同部分等。

如果加密文件不是以记录和字段构造（如文本文件），恢复将很容易：整个文件在使用之前进行解密。如果加密文件是数据库文件，这个解决方案会有很多问题。为了存取单个记录而解密整个数据库文件是无效率的，但独立地加密各个记录又容易受到分组重放类的攻击。

另外，你必须确认加密后未加密的文件已删除（参见 10.9 节）。进一步的细节和研究参见文献［425，569］。

10.4.1 非关联密钥

当对一个大的硬盘驱动器进行加密时，有两种方法。你可以用一个单独的密钥对所有的数据进行加密。但这给分析者提供了大量用于分析的密文，并使多个用户只查看驱动器的一部分成为不可能。或者，你可以用不同的密钥对各个文件进行加密，这迫使用户去记住每个文件的密钥。

解决办法是使用独立的密钥对每一个文件进行加密，然后用一个每个用户都知道的密钥加密这些密钥。每个用户只需要记住一个密钥，不同的用户可以有一个用他们的密钥加密的文件加密密钥子集。使用主密钥对每一个文件加密密钥加密。这会更加安全，因为文件加密密钥是随机的，并对字典攻击不敏感。

10.4.2 驱动器级与文件级加密

有两种方法加密硬盘驱动器：文件级和驱动器级。文件级加密是指每一个文件被单独加密。为了使用被加密的文件，你必须先解密，再使用，再重新加密。

驱动器级加密用在用户的一个逻辑驱动器上，对所有的数据加密。如果做得好，可以提供很好的安全性，它比选择好的通信字更安全，不需要为用户担心。然而，因为必须要处理一些诸如驱动器的安装、文件新扇区的划分、文件老扇区的反复应用、逻辑磁盘上数据的随机存取和更新请求等，所以这个驱动器级加密肯定比单一的文件加密程序复杂得多。

通常，启动前驱动器会提示用户输入一个口令，它用于产生主解密密钥，然后用主密钥解密用于不同数据的真正的解密密钥。

两种加密方法的比较见表 10-5。

表 10-5　文件级加密与驱动器级加密的比较

文件级加密	驱动器加密
优点	
易实现和使用	临时文件、工作文件等存储在安全的驱动器中
具有较大的灵活性	在这种系统里很难忘记重复加密
相对较小的性能损失	
用户可以在不同机器间移动文件	
用户可以对文件做备份	
安全问题	
通过无安全意识程序（如为了暂存将文件写入磁盘）存在潜在泄露量	用设备驱动器或内存驻留程序会使一些事情出错差的程序实现允许选择明文或选择密文攻击
差的程序实现会对同一个口令用相同的密钥重复加密	如果整个系统用一个口令加密，那么丢失它意味着攻击者得到了一切
	可以使用有限的密码算法，如不能使用 OFB 序列密码
可用性问题	
用户必须弄明白要做什么	存在性能缺陷
对不同的文件可能有不同的口令	该驱动器可与 Windows、OS/2 DOS 仿真、设备驱动器
所选文件的手动加密是唯一的存取控制	等相互作用

10.4.3　提供加密驱动器的随机存取

大多数系统都期望能够随机存取单个磁盘扇区，这给在链接模式下使用序列密码和分组密码增加了不少难度。下面提供了多种可能的解决方法。

可以使用扇区地址为每一个被加密或解密的扇区产生一个唯一的 IV。该方法的缺点是每一个扇区将一直用同一个 IV 进行加密。确信这不是一个安全问题。

为了得到主密钥，可产生一个与某个扇区同样大小的伪随机分组（例如，运行 OFB 模式的某个算法可以做到这点）。加密扇区时，先将它与该伪随机分组异或，然后用 ECB 模式正常地加密。该方法叫作 ECB＋OFB（参见 15.4 节）。

由于 CBC 和 CFB 模式是错误恢复模式，所以可以用扇区上除了第一和第二个分组的所有数据为该扇区产生一个 IV。例如，扇区 3001 的 IV 可以是扇区除了前 128 位的所有数据的散列函数。产生该 IV 后，可以正常地在 CBC 模式下进行加密。为了对该扇区解密，把扇区的第二个 64 位分组作为一个 IV，然后对扇区的其余部分进行解密，接着利用解密的数据，重新产生一个 IV，再对第一个 128 位解密。

可以使用有很大分组的分组密码算法，这样就可以一次对整个扇区进行加密。Crab（参见 14.6 节）是一个例子。

10.5 硬件加密与软件加密

10.5.1 硬件

直到最近，所有加密产品都是特定的硬件形式。将这些加密/解密盒子嵌入到通信线路中，然后对所有通过的数据进行加密。虽然软件加密在今天正变得很流行，但硬件仍是商业和军事应用的主要选择。例如，NSA 只对硬件加密授权使用。为什么这样是有原因的。

首先是速度。正如我们在第三部分看到的那样，加密算法含有很多对明文位的复杂运算，没有哪类这样的运算能在一般的计算机上进行。两种最常见的加密算法，DES 和 RSA，在普通用途的微处理器上运行没有效率可言。尽管有些密码设计者不断尝试使算法更适合软件实现，但特殊的硬件将一直占据速度的优势。

另外，加密常常是高强度的计算任务。计算机微处理器对此效率不高，将加密移到芯片上，即使那个芯片仅是另一个处理器，也会使整个系统速度加快。

硬件流行的第二个原因是安全性。对运行在没有物理保护的一般计算机上的某个加密算法，Mallory 可以用各种跟踪工具秘密修改算法而使任何人都不知道。硬件加密设备可以安全地封装起来，以避免此类事情发生，防窜改盒能防止别人修改硬件加密设备。特殊目的的 VLSI 芯片可以覆盖一层化学物质，使得任何企图对它们内部进行访问都将导致芯片逻辑的破坏。美国政府的 Clipper 和 Capstone 芯片（参见 24.16 节和 24.17 节）都设计成防窜改，芯片设计成这样就使 Mallory 不可能读到未加密的密钥。

IBM 开发了一种用来加密主机数据和通信的加密系统[515,1027]。它包括用防窜改模块保存密钥，这个系统在 24.1 节中讨论。

电磁辐射有时会暴露电子设备内正在处理的东西。可以将加密盒子屏蔽起来，使得信息不泄露。一般的计算机也可以屏蔽，但却是一个非常复杂的问题。美军称这类操作为 **TEMPEST**，这个课题远远超出了本书范围。

硬件流行的最后一个原因是易于安装。大多数加密应用与普通计算机无关。多数人希望加密他们的电话会话、传真或数据链路。将专用加密硬件放在电话、传真机和调制解调器中比放在微处理器或软件中便宜得多。

即使当加密数据来自计算机时，安装一个专用加密设备也比修改计算机系统软件更容易。

加密应该是不可见的，它不应该妨碍用户。对于软件，要做到这点的唯一办法是将加密程序写在操作系统软件的深处，这很不容易。另一方面，就是初学者也能将加密盒插在计算机和外接调制解调器之间。

目前，市场上有三类基本的加密硬件：自带加密模块（可完成一些如银行口令确认和密钥管理等功能）、用于通信链路的专用加密盒以及可插入个人计算机的插卡。

某些加密盒是为某些具体的通信链路设计的，如 T-1 加密盒设计成不加密同步位。用于同步或异步通信链路的加密盒是不同的。较新的一些加密盒趋向于处理更高的位速率和高通用性。

即使如此，许多加密设备也有一些不相容问题，购买者应该小心注意这些差别，并了解它们的特殊用处，避免自己购买的加密设备不能满足要求。特别要注意硬件类型、操作系统、应用软件、网络等方面的限制。

PC 板加密器通常将所有写到硬盘上的东西进行加密，并且可以进行配置以将写到软盘和串口的东西都加密。这些板并不屏蔽电磁辐射或物理干扰，因为如果计算机不受影响，那么保护这些板是没有意义的。

越来越多的公司开始将加密硬件设备安装到他们的通信设备上。保密电话、传真机和调制解调器都可以买到。

虽然有多少种设备，就有多少种不同的解决方案，但这些设备的内部密钥管理通常是安全的。有些方案在一种场合比在另一种场合更合适，购买者应该懂得哪类密钥管理与加密盒相结合，哪类是自己所期望的。

10.5.2　软件

任何加密算法都可以用软件实现。软件实现的不利之处是速度、开销和易于改动（或操作）。有利之处是灵活性和可移植性、易使用、易升级。本书末尾采用 C 语言写的算法，稍做修改便可以在任何计算机上实现。可以不花一分钱将它们容易地复制，并安装在许多机器上。它们也能和大型应用（如通信或字处理程序）相结合。

软件加密程序很大众化，并可以用于大多数操作系统。这些可用于保护个人文件，用户通常必须手动加密和解密文件。密钥管理方案的安全性很重要，密钥不应当存储在磁盘的任何一处（甚至也不应该写在处理器与磁盘交换数据的内存中）。密钥和未加密文件在加密后应删除，许多程序对这点都很草率，用户必须仔细选择。

当然，Mallory 可以一直用无用的东西替换软件加密算法。但对大多数用户来说，这不是什么问题。如果 Mallory 能够潜入办公室将加密程序修改，也能将一台隐形摄像机置于墙中，搭线窃听电话线路，或者将一台 TEMPEST 检测仪放于墙下。如果 Mallory 确实比一般用户更强有力，那么用户早在游戏开始之前就输掉了。

10.6　压缩、编码及加密

将数据压缩算法与加密算法一起使用很有意义：
- 如果密码分析依靠明文中的冗余，那么压缩将使文件在加密之前减少冗余。
- 加密是耗时的，在加密之前压缩文件可以提高整个处理过程的速度。

需要重点记住的是压缩要在加密之前进行。如果加密算法真的很好，那么密文是不可压缩的，它看上去就像随机数据。（这个可作为一种检验加密算法的测试方法，如果密文是可以压缩的，说明所使用的算法不是很好。）

如果你想加进某种传输编码或错误检测和恢复，记住要在加密之后。如果在通信信道有噪声存在，解密的错误扩散特性会使得噪声更严重。图 10-3 总结了这些步骤。

图 10-3　带有压缩和错误控制的加密

10.7　检测加密

Eve 怎样检测一个加密的文件呢？Eve 从事间谍行业，所以这是一个重要的问题。设想她在网络上偷听向四方高速传播的信息，她必须挑选对她有意义的那些。加密文件确实是有趣的，但她是怎样知道它们是加密的呢？

通常，她依赖于以下事实：大多数流行的加密程序都有定义良好的标题。由于这个原因，用 PEM 和 PGP（参见 24.10 和 24.12 节）加密的电子邮件消息可以很容易地被辨别出来。

其他加密器（包括软件）也只是产生貌似随机位序列的密文文件。她是怎样从其他貌似随机位序列中将其区分出来的呢？没有确定的方法，但 Eve 可以试着做大量的事情：

- 检查文件。ASCII 码文本很容易认出。其他的文件格式，如 TIFF、TeX、C、信末附言、G3 传真和微软 Excel 等都有标准的辨别特性。执行代码同样也是可以检测到的。UNIX 文件通常有"幻数"可供检测。
- 用常用的压缩算法试着对文件进行解压。如果文件被压缩（并没有加密），她就可以恢复出原始文件。
- 试着压缩文件。如果文件是密文（且算法良好），那么文件被通用压缩程序有效压缩的可能性会很小（"有效"是指超过 $1\% \sim 2\%$）。如果是其他文件（例如，二进制图像、二进制数据文件等），都可能被压缩。

任何不能被压缩且没被压缩过的文件很可能就是密文。（当然，也可以特别制造可被压缩的密文。）对算法进行识别更加困难。如果算法是好的，你不可能识别；如果算法有某种轻微的偏差，那么就有可能在文件中辨别出这些偏差。然而，偏差必须有明显的意义，或文件必须足够大才能很好地进行。

10.8 密文中隐藏密文

在过去几年里，Alice 和 Bob 一直是互相用密文发送消息。Eve 将所有的这些消息全部收集起来，但对它们无可奈何。最后，秘密警察为这些不可读的密文烦透了，于是就把他俩抓了起来，"把密钥交出来！"他们命令道。Alice 和 Bob 拒绝了，但随后他们就找到了对付的办法。他们怎样去做呢？

加密一个文件而有两种解密方法，每一种用各自不同的密钥，这不是很好。Alice 可以用他们的共享密钥加密发给 Bob 的真正消息，再用其他密钥加密一些无关紧要的消息。如果 Alice 被捕，她可以供出加密无关紧要消息的密钥，而对真正的密钥守口如瓶。

做到这点最简单的方法是使用一次一密乱码本。假设 P 是明文，D 是虚假明文，C 是密文，K 是真正的密钥，K' 是虚假密钥。Alice 加密 P：

$$P \oplus K = C$$

Alice 和 Bob 共享密钥 K，所以 Bob 可以解密 C：

$$C \oplus K = P$$

如果秘密警察强迫他们供出密钥，他们并不会供出密钥 K，而是：

$$K' = C \oplus D$$

秘密警察就用它恢复出了明文——虚假明文：

$$C \oplus K' = D$$

因为使用的是一次一密乱码本，且 K 是完全随机的，所以没有任何方法证实 K' 不是真正密钥。为了更具信服力，Alice 和 Bob 可以编造一些轻度不犯法的虚假消息代替根本没有犯法的真正消息。一对以色列间谍曾经这样做过。

Alice 可以用她喜爱的算法和密钥 K 加密 P 得到 C。然后将 C 与一些世俗的明文（如《傲慢与偏见》）异或来得到 K'。她将 C 和这些异或运算存储在她的硬盘上。现在，当安全局审讯她时，她可以解释她是一个业余的密码爱好者，K' 只不过是 C 的一次一密乱码本。安全局可能怀疑某些东西，但除非他们已知密钥 K；否则他们无法证实 Alice 的解释不合理。

　　另一个方法是用对称算法的密钥 K 对 P 加密，用密钥 K' 对 D 进行加密。打乱密文的位（或字节）产生最后的密文。如果安全局需要密钥，Alice 就将 K' 交出并说出打乱的位（或字节）是为挫败密码分析而设计的随机噪声。麻烦就出在她的解释太令人相信了，以至于安全局很可能不信她（仔细考虑本书的建议）。

　　对 Alice 来说，一个更好的方法是产生一个虚假消息 D，将明文 P 和 D 级联，然后压缩后使大小与 D 一样。令级联为 P'。Alice 接着用她跟 Bob 共享的算法加密 P'，得到 C，并将它传给 Bob，Bob 解密得到 P'、P 和 D。然后两人同时计算 $C \oplus D = K'$。当安全局叩开他们的门时，K' 就变成了虚假一次一密乱码本。Alice 必须把 D 传送出去，这样两人就伪造了现场。

　　对 Alice 来说，其他方法是利用无关紧要的消息，并通过某些纠错编码运行它。然后引入一些与秘密的加密消息有关的错误。在接收端，Bob 提取错误，恢复秘密消息并解密。Alice 和 Bob 或许被强迫去解释为什么在无噪声的计算机网络上会一直有 30% 的错码率，但在其他环境中该方案可以实施。

　　最后，Alice 和 Bob 可以在他们的数字签名算法中使用阈下信道（参见 4.2 和 23.3 节）。该方法是检测不到的，可以很好地使用，但它有一个缺点是每个签名无关紧要的消息只允许20 左右的阈下文本字符。它并不适合传送密钥。

10.9　销毁信息

　　在大多数计算机上删除一个文件时，该文件并没有真的被删除。删除的唯一的东西就是磁盘索引文件中的入口，磁盘索引文件用来告诉机器磁盘上的数据在哪里。许多软件供应商不失时机地出售文件恢复软件，它们可以在文件被删除后将其恢复。

　　还有其他方面的担忧：虚拟内存意味着计算机可以随时将内存读、写到磁盘。即使你没有保存它，也永远不知道你正在运行的一个敏感文件是什么时候写到磁盘上的。这就是说，即使你从来未保存过明文，计算机也可能替你做。即使像 Stacker 和 DoubleSpace 这样的驱动器级的压缩程序也很难预测数据是怎样和什么时候存储到磁盘上的。

　　为了删除某个文件，以使文件恢复软件读它，必须对磁盘上文件的所有位进行物理写覆盖。根据国家计算机安全中的规定[1148]：

> 　　写覆盖就是将不涉及安全的数据写到以前曾存放敏感数据的存储位置……为了
> 彻底清除……存储介质，DoD 要求先用一种格式进行写覆盖，然后用该格式的补
> 码，最后用另一种格式。例如，先用 0011 0101，接着用 1100 1010，再接着用
> 1001 0111。写覆盖的次数根据存储介质而定，有时依赖信息的敏感程度，有时依
> 赖不同的 DoD 部分要求。无论怎样，在最后没有用不涉及安全的数据写覆盖之前，
> 彻底清除就没有完成。

　　你可能必须删除某个文件或清除整个驱动器，你也应当清除磁盘上所有没有用的空间。大多数商用程序声称实现了 DoD 标准覆盖 3 次：首先用全 1；接着用全 0；最后用 1-0格式重复进行。按照我的一般的偏执狂级别，我建议覆盖一个被删除的文件需要 7 次：首先全 1；其次全 0；其余 5 次用密码学安全的伪随机序列。最近，国家标准和技术研究所对电子隧道显微镜的研究表明，即使这样也是不够的。说实话，如果你的数据的确有足够大的价值，还是相信从磁性介质上完全清除数据是不可能的吧！将介质烧掉或切碎，买张新磁盘比丢失秘密便宜得多。

Applied Cryptography：Protocols，Algorithms，and Source Code in C，Second Edition

密 码 算 法

数 学 背 景

11.1 信息论

Claude Elmwood Shannon 于 1948 年首先确立了现代信息论[1431,1432]（IEEE 出版社最近再版了他的论文）。更好的数学论述见文献［593］。本节将简单地介绍这方面的一些重要思想。

11.1.1 熵和不确定性

信息论定义一条消息的信息量（amount of information）如下：假设所有消息是等可能的，对消息中所有可能的值进行编码所需要的最少位数。例如，数据库中有关"一周中的每一天"这一字段包含不超过 3 位的信息，因为此消息可以用 3 位进行编码：

```
000＝星期日
001＝星期一
010＝星期二
011＝星期三
100＝星期四
101＝星期五
110＝星期六
111 是未用的
```

如果这些信息用对应的 ASCII 码字符串来表示，它将占用更多的存储空间，但不会包含更多的信息。同样，数据库中"性别"这项仅含有 1 位信息，即使它或许可以用两个 6 字节的 ASCII 码字符串 MAN 或 FEMALE 中的一种存储。

形式化地，一条消息 M 的信息量可通过它的熵（entropy）来度量，表示为 $H(M)$。一条表示性别消息的熵是 1 位；一条表示一周天数消息的熵稍微小于 3 位。通常，一条消息的熵是 $\log_2 n$，其中 n 是消息所有可能的值。此处假设每一个值是等可能的。

一条消息的熵也表示了它的不确定性（uncertainty），即当消息被加密成密文时，为了获取明文，需要解密的明文的位数。例如，如果密文"QHP * 5M"要么是"男"，要么是"女"，那么此消息的不确定性是 1。密码分析者为了恢复此消息，仅需选择 1 位。

11.1.2 语言信息率

对一种给定的语言，其语言信息率（rate of language）是

$$r = H(M)/N$$

其中，N 是消息的长度。在 N 相当大时，标准英语的语言信息率（r 值）在 1.0 位/字母与 1.5 位/字母之间。Shanon 指出信息率与文本的长度有关[1434]，8 个字母的字符串的语言信息率为 2.3 位/字母，而 16 个字母的字符串的语言信息率则降到了 1.3 位/字母与 1.5 位/字母之间。Thomas Cover 采用随机估算技术得到的信息率为 1.3 位/字符[386]。（本书将采用 1.3 位/字符）。语言绝对信息率（absolute rate）的定义为：假定每一个字符串是等可能的，对每一个字母而言可被编码的最大位数。如果在一种语言中有 L 个字母，其绝对信息率是

$$R = \log_2 L$$

这就是单个字母的最大熵。

英语有 26 个字母，其绝对信息率是 $\log_2 26 = 4.7$ 位/字母。英语的实际信息率大大低于其绝对信息率，这一点任何人都不会感到惊奇。自然语言具有高冗余度。

一种语言的**冗余度**（redundancy）称为 D，定义为：

$$D = R - r$$

已知英语的信息率是 1.3，其冗余度是 3.4 位/字母。这意味着每个英语字母携带 3.4 位的冗余信息。

一条 ASCII 码消息，其每字节消息含有与英语相等的 1.3 位的信息。这意味着它的冗余信息为 6.7 位，相当于每位 ASCII 码文本有 0.84 位信息的冗余度。同样的消息在博多机（BAUDOT）中，每个字符表示成 5 位，则博多机文本的每一位有 0.74 位的冗余度和 0.26 位的熵。空格、标点、数字和格式码将会改变这些结果。

11.1.3　密码系统的安全性

Shannon 给安全的密码系统定义了一个精确的数学模型。密码分析者的目的是获取密钥 K 或明文 P，或两者都要。然而，他们也乐于得到一些有关 P 的统计信息：它是否是数字化的语音信号、德文或电子报表数据等。

在几乎所有实际的密码分析中，分析者在开始着手前，总有一些有关 P 的统计信息。他们可能知道明文的语言。这种语言有一个确定的与之相伴的冗余度。如果它是给 Bob 的消息，它在开头可能用"Dear Bob"。当然"Dear Bob"比"e8T&g[,m"更有可能。密码分析的目的是通过分析改变关于每个可能明文的可能性。最后，一个明文当然（至少非常可能）会从所有可能的明文集合中暴露出来。

有一种方法可获得**完全保密**（perfect secrecy）的密码系统。在这样的系统中，密文不会给出有关明文的任何信息（除了它的长度可能给出外）。Shannon 从理论上证明，仅当可能的密钥数目至少与可能的消息数目一样多时，它（完全保密）才是有可能的。换句话说，密钥必须至少与消息本身一样长，并且不重复使用。简而言之，仅有一次一密乱码本（参见 1.5 节）的密码系统才能获得完全保密。

从完全保密的角度而言，密文给出一些有关其对应明文的信息是不可避免的。一个好的密码算法可使这样的信息最少，一个好的密码分析者利用这类信息可以确定明文。

密码分析者利用自然语言的冗余度来减少可能的明文数目。语言的冗余度越大，它就越容易被攻击。许多正在使用的密码装置在加密明文前，都要用一个压缩程序减少明文大小，其原因就在于此。加密、解密时均须压缩处理来降低消息的冗余度。

密码系统的熵可由密钥空间大小 K 来衡量：

$$H(K) = \log_2 K$$

密钥为 64 位的密码系统的熵是 64，同样，56 位密钥密码系统的熵是 56。一般来说，密码系统的熵越大，破译它就越困难。

11.1.4　唯一解距离

对一个长度为 n 的消息而言，将一个密文消息解密为同一语言中某个有意义的明文，不同密钥的数目由下式给出[712,95]：

$$2^{H(k)-nD} - 1$$

Shannon[1432] 定义**唯一解距离**（unidty distance）U（也称为唯一解点）为：使得对应

明文的实际信息（熵）与加密密钥的熵之和等于所用的密文位数的渐近密文量。他接着指出，比这个距离长的密文可合理地确定唯一的有意义的解密文本；比这个距离短的密文则可能会有多个同样有效的解密文本，因而令敌手从其中选出正确的一个是困难的，从而获得了安全性。

对大多数对称密码系统而言，唯一解距离定义为密码系统的熵除以语言的冗余度。

$$U = H(K)/D$$

唯一解距离与所有统计的或信息论的指标一样，只能给出可能的结果，并不能给出肯定预测。唯一解距离指出了当进行穷举攻击时，可能解密出唯一有意义的明文所需要的最少密文量。一般而言，唯一解距离越长，密码系统越好。对有 56 位密钥和用 ASCII 码字符表示的英文消息来说，DES 的唯一解距离大约是 8.2 个 ASCII 码字符，或 66 位。表 11-1 给出了密钥长度变化对应的唯一解距离。一些经典的密码系统的唯一解距离见文献［445］。

表 11-1 可变密钥长度的 ASCII 码文本加密算法的唯一解距离

密钥长度（位）	唯一解距离（字符）	密钥长度（位）	唯一解距离（字符）
40	5.9	80	11.8
56	8.2	128	18.8
64	9.4	256	37.6

唯一解距离不是对密码分析需要多少密文的度量，而是对存在唯一合理的密码分析所需要的密文数量的指标。对密码系统进行破译在计算上有可能是不可行的，即使它在理论上以相对少量的密文是可能的（非常深奥的相对密码学理论见文献［230，231，232，233，234，235］）。唯一解距离与冗余度成反比。当冗余度接近于零时，即使一个普通的密码系统也可能是不可破的。

Shannon 把唯一解距离为无穷大的密码系统定义为具有理想保密（ideal secrecy）的。注意，虽然一个完全保密的密码系统必须是一个理想保密的密码系统，但一个理想保密的密码系统不一定是一个完全保密的密码系统。如果一个密码系统具有理想保密性，即使成功的密码分析者也不能确定解的明文是否是真正的明文。

11.1.5　信息论的运用

虽然以上这些结论具有很大的理论价值，但实际上密码分析者很少沿这个方向工作。唯一解距离可以保证当其太小时，密码系统是不安全的，但并不保证当其较大时，密码系统就是安全的。很少有实际的算法在密码分析上是绝对不可破的。各种特点起着破译加密信息的突破作用。然而，类似于上述信息论方面的考虑有时也很有用。例如，为一个确定的算法建议一个密钥变化间隔（周期）。密码分析者也曾利用各种统计和信息论的检测方法，以便在许多可能的方向中帮助引导分析。不幸的是，大多数有关信息论在密码分析上的应用文献仍然是保密的，包括 Alan Turing 1940 年的最初成果。

11.1.6　混乱和扩散

Shannon 提出了两种隐蔽明文消息中冗余度的基本技术：混乱和扩散[1432]。

混乱（confusion）用于掩盖明文和密文之间的关系。这可以挫败通过研究密文以获取冗余度和统计模式的企图。做到这点最容易的方法是通过代替。简单的代替密码，如恺撒移位密码，其中每一个确定的明文字符被一个密文字符所代替。现代的代替密码更复杂：一个长的明文分组被代替成一个不同的密文分组，并且代替的机制随明文或密钥中的每一位发生变化。这种代替也不一定就够了，德国的恩尼格马是一个复杂的代替算法，但在第二次世界大战期间就被破译了。

扩散（diffusion）通过将明文冗余度分散到密文中使之分散开来。密码分析者寻求这些冗余度将会更难。产生扩散最简单的方法是通过换位（也称为置换）。简单的换位密码，如列换位体制，只简单地重新排列明文字符。现代密码也有这种类型的置换，但它们也利用其他能将部分消息散布到整个消息的扩散类型。

虽然序列密码的一些反馈设计加进了扩散，但它只依赖于混乱。分组密码算法既用到混乱，又用到扩散。通常，单独用扩散容易被攻破（尽管二重换位密码优于其他的许多手工系统）。

11.2　复杂性理论

复杂性理论提供了一种分析不同密码技术和算法的计算复杂性（computational complexity）的方法。它对密码算法和技术进行比较，然后确定它们的安全性。信息论告诉我们，所有的密码算法（除了一次一密乱码本）都能被破译。复杂性理论告诉我们在宇宙爆炸前它们能否被破译。

11.2.1　算法的复杂性

算法的复杂性即运行它所需要的计算能力。算法的计算复杂性常常用两个变量来度量：T［时间复杂性（time complexity）］和 S［空间复杂性（space complexity），或所需的存储空间］。T 和 S 通常表示为 n 的函数，n 是输入的大小（算法的计算复杂性还有其他许多度量尺度：随机位的数目、通信带宽、数据总量等）。

通常，算法的计算复杂性用称为"大 O"的符号来表示：计算复杂性的数量级。当 n 增大时，计算复杂性的数量级函数增长得最快。所有较低阶形式的函数均忽略不计。例如，一个给定算法的时间复杂性是 $4n^2+7n+12$，那么其计算复杂性是 n^2 阶的，表示为 $O(n^2)$。

用以上方法度量时间复杂性不依赖于系统。这样，就不必知道各种指令的精确时间，或用于表示不同变量的位数，甚至连处理器的速度也不必知道。一台计算机或许比另一台快 50%，而第三台或许有两倍的数据宽度，但对一个算法的复杂性数量级而言是一样的。这不是欺诈，在如此复杂的算法中，与时间复杂性的量级相比，其他信息（常数项）常常可忽略不计。

这个符号令你看到的是时间和空间的需求怎样被输入的大小所影响。例如，如果 $T=O(n)$，那么输入大小加倍，算法的运行时间也加倍；如果 $T=O(2^n)$，那么输入大小增加 1 位，算法运行时间增加一倍。

通常，算法按其时间和空间复杂性进行分类。如果一个算法的复杂性不依赖于 n，即为 $O(1)$，那么它是常数的（constant）。如果它的时间复杂性是 $O(n)$，那么它是线性的（linear）。有些算法还可分为二次方的（quadratic）、三次方的（cubic）等。所有这些算法都是多项式的（polynomial），复杂性可表示为 $O(n^m)$，其中 m 是一个常数。具有多项式时间复杂性的算法族称为多项式时间（polynomial-time）算法。

若算法的复杂性为 $O(t^{f(n)})$，则该算法称为指数的（exponential），这里 t 是一个大于 1 的常数，$f(n)$ 是 n 的多项式函数。复杂性为 $O(c^{f(n)})$ 的指数算法的子集，称为超多项式

（superpdynomial）算法，其中 c 是一个常数，$f(n)$ 是大于常数而小于线性的函数。

理论上，密码设计者都期望对其密码的任何攻击算法具有指数级的时间复杂性。事实上，根据目前计算复杂性理论的状况而言，"所有已知的攻击算法均具有超多项式时间复杂性"。这就是说，对这些应用在实际中的密码，我们所知的攻击算法是超多项式时间复杂性的，但是还不能证明永远不会发现非多项式时间攻击算法。或许某一天，计算复杂性（理论）的发展使得有可能设计这样的密码：能以数学的确定性排除多项式时间攻击算法的存在。

当 n 增大时，算法的时间复杂性能够显示算法是否实际可行方面的巨大差别。表 11-2 给出了当 n 等于 10^6 时，不同算法族的运行时间。表中忽略了常数，并给出了忽略常数的原因。

表 11-2　不同算法族的运行时间（$n = 10^6$）

族	复杂性	操作次数	时间
常数的	$O(1)$	1	1 微秒
线性的	$O(n)$	10^6	1 秒
二次方的	$O(n^2)$	10^{12}	11.6 天
三次方的	$O(n^3)$	10^{18}	32 000 天
指数的	$O(2^n)$	$10^{301\,030}$	宇宙年龄的 $10^{301\,006}$ 倍

假定计算机的时间单位是微秒，那么这台计算机能够在 1 微秒内完成一个常数阶的算法，在 1 秒内完成一个线性阶的算法，在 11.6 天内完成一个二次方阶的算法，而完成一个三次方阶的算法要花 32 000 年。这并非骇人的事实，但如果宇宙在那之前还存在的话，从计算机上最终得到一个解决方案将是可能的。而解决指数阶的算法是枉费心机的，不管你认为（那时的）计算能力、并行处理能力或与超智能的外星人的联系是多么强。

现在来看看对密码系统的穷举攻击问题，这种攻击的时间复杂性与可能的密钥总数成比例，它是密钥长度的指数函数。如果 n 是密钥长度，那么穷举攻击的复杂性是 $O(2^n)$。12.3 节讨论了用 112 位密钥替代 DES 的 56 位密钥的争论。穷举攻击对 56 位密钥的复杂性是 2^{56}；而对 112 位密钥，其复杂性是 2^{112}。前面一个可能被破译，而后一个是绝对不可能被破译的。

11.2.2　问题的复杂性

复杂性理论同时也对问题的内在复杂性进行分类，这并不同于用于解决问题的算法复杂性（对此专业性的介绍见文献 [600，211，1226]，也可见于文献 [1096，27，739]）。这个理论可看到称为图灵机（Turing machine）的理论计算机上解决最难的问题实例所需要的最小时间和空间。图灵机是一种有无限读-写存储带的有限状态机。看来图灵机是一个实际的计算模型。

能够用多项式时间算法解决的问题称为易处理的（tractable），因为它们能够用适当的输入大小，在适当的时间开销内解决（"适当的"的精确定义取决于实际情况）。不能在多项式时间内解决的问题称为难处理的（intractable），因为计算它们的解法很快变得不行。难处理的问题有时也称为难解的（hard）。能够用超多项式阶算法求解的问题在计算上是很难的，甚至 n 的值很小时也一样。

更糟糕的是，Alan Turing 证明了某些问题是不可判定的。不管算法的时间复杂性如何，编写算法来解决它们都是不可能的。

问题分成一些复杂性类型，它取决于解法的复杂性。图 11-1 给出了几种比较重要的复杂
性类型以及它们之间可能存在的关系（不幸的
是，关于这一点还没有太多的资料从数学上证
明过）。

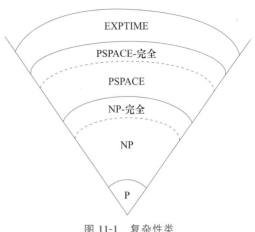

图 11-1 复杂性类

在底层，**P** 类包括所有能用多项式时间解决
的问题。**NP** 类包括所有在非确定型图灵机上可
用多项式时间解决的问题。非确定型图灵机是标
准图灵机的变形，它能进行猜测。此机器通过
"幸运猜测"或平行尝试猜测所有可能问题的解，
然后在多项式时间内检查它的猜测。

NP 问题与密码学的关系如下：许多对称算
法和所有公开密钥算法能够用非确定性的多项
式时间（算法）进行攻击。如果已知密文 C，
密码分析者简单地猜测一个明文 X 和一个密钥 K，然后在输入 X 和 K 的基础上，以多项式
时间运行加密算法，然后检查结果是否等于 C。这在理论上很重要，因为它给出了对于这类
密码算法，密码分析复杂性的上限。当然，实际上它是密码分析者所要寻找的确定的多项式
时间算法。还有，这个结论不是对所有的密码类型都适合，它尤其不适合于一次一密乱码本
方式，因为对任何 C，当运行加密算法求解时，有许多 X、K 对可以产生 C，但这些 X 的
大多数都是毫无意义的，没有合法的明文。

NP 类包括 **P** 类，因为任何在确定性图灵机上用多项式时间算法可解决的问题，在非确
定性图灵机上用多项式时间（算法）也是可解决的，因为猜测阶段可以简单地省略。

如果所有 **NP** 问题在确定性图灵机上用多项式时间（算法）是可解决的，那么 **P＝NP**。
虽然一些 **NP** 问题看上去显然比另一些困难得多（如穷举攻击与加密明文的一个随机分组明
文），但 **P≠NP**（或 **P＝NP**）还未被证明。然而，在复杂性理论领域内进行研究的每一个人
都猜想它们是不相等的。

更奇特的是，在 **NP** 中有些特殊的问题被证明与此类中的任何问题一样困难。Steven
Cook[365] 证明了可满足性问题（给出一个命题的布尔公式，有对变量赋值，使公式为真的
方法吗？）是 **NP** 完全（NP-complete）问题。这意味着，如果可满足性问题在多项式时间
（算法）内是可解决的，那么 **P＝NP**。相反，如果 **NP** 中的任何问题能够被证明没有一个确
定的多项式时间算法，此证明就将给出可满足性问题也没有一个确定的多项式时间算法。因
此，可满足性问题在 **NP** 中是最难的问题。

自 Cook 的创造性论文发表以来，大量的问题被证明等价于可满足性问题，文献［600］
中列出了数百个表，以下给出一些例子。根据等价性，我认为这些问题也是 **NP** 完全问题：
它们是 **NP** 问题，而且与 **NP** 中的任何问题一样困难。如果它们在确定的多项式时间（算法）
上的可解性得到解决，那么 **P** 与 **NP** 问题也将获得解决。**P** 是否等价于 **NP** 这个问题是计算
复杂性理论未解决的中心问题，没有人指望它会很快得到解决。如果有人证明 **P＝NP**，那
么这本书的绝大部分将是落后于时代的。如前所述，密码的许多类型用非确性型的多项式时
间是很容易破译的。如果 **P＝NP**，那么它们用可行的、确定性的算法就可破译了。

在复杂性等级中，比 **NP** 高的是 **PSPACE**。**PSPACE** 中的问题能在多项式空间中解决，
且不一定需要多项式时间。**PSPACE** 包括 **NP**，但 **PSPACE** 中的一些问题被认为比 **NP** 还要
难解。当然，这也未被证明。有一类称为 **PSPACE** 完全（PSPACE complete）问题，它具

有这样的性质：如果它们中任何一个在 **NP** 中，那么 **PSPACE＝NP**；如果它们中任何一个在 **P** 中，那么 **PSAPCE＝P**。

最后，有一类称为 **EXPTIME** 的问题。这些问题在指数时间内可以解决。实际上能够证明，**EXPTIME** 完全（EXPTIME-complete）问题在确定的多项式时间内是不可解的。那就是说，**P** 不等于**EXPTIME** 已经得到证明。

11.2.3 NP 完全问题

Michael Gareg 和 David Johnson 编辑了一份 300 多个 **NP** 完全问题（NP-complete problem）的目录[600]，在此列出其中一些：

- 旅行商问题。一名旅行商必须旅行到 n 个不同的城市，而他仅有一箱汽油（即有一个他能旅行的最远距离）。有方法使他仅用一箱汽油而旅行到每个城市恰好一次吗？（这是一般的汉密尔顿问题，见 5.1 节）

- 三方匹配问题。有一屋子的人，包括 n 个男人、n 个女人和 n 个牧师（祖父、犹太教士等）。正常的婚礼将包括一个男人、一个女人和一个愿主持仪式的牧师。有了这样一张可能的三人一组的表，是否可能安排 n 场婚礼，使每一个人要么和一个人结婚，要么主持一个婚礼？

- 三方满足性问题。有 n 个逻辑语句，每一个语句具有三个表达式：if（x and y）then z；（x and w）or（not z）；if（（not u and not x）or（z and（u or not x）））then（（not z and u）or x）对所有的表达式有一个为真的赋值使所有语句均满足吗？（这是前面提到的满足性问题的特殊例子。）

11.3 数论

这不是一本关于数论的书，因此我仅仅列出一些对密码学有用的思想。如果你想得到数论方面更详细些的知识，可查询文献 [1430，72，1171，12，959，681，742，420]。我最喜欢两本有限域数学方面的文献 [971，1042]。还可查询文献 [88，1157，1158，1060]。

11.3.1 模运算

你们在学校里都学过模运算，它称为"时钟算术"。记得这些问题吧：如果 Mildred 说她 10：00 钟就会到家，而她迟到了 13 小时，那么她什么时候回家，她的父亲等了她几小时呢？那就是模 12 运算。23 模 12 等于 11：

$$（10＋13）\bmod 12＝23 \bmod 12＝11 \bmod 12$$

另一种写法认为 23 和 11 的模 12 运算相等：

$$23≡11 （\bmod 12）$$

本质上，如果 $a＝b＋kn$ 对某些整数 k 成立，那么 $a≡b （\bmod n）$。如果 a 为正，b 为 $0～n$，那么你可将 b 看作 a 被 n 整除后的余数。有时 b 叫作 a 模 n 的余数（residue）。有时 a 叫作与 b 模 n 同余（congruent）（三元等号≡表示同余）。这些都是对同一事物的不同说法而已。

从 $0～n－1$ 的整数组成的集合构成了模 n 的完全剩余集（complete set of residue）。这意味着，对于每一个整数 a，它的模 n 的余项是从 $0～n－1$ 的某个数。

a 模 n 的运算给出了 a 的余数，余数是从 $0～n－1$ 的某个整数，这种运算称为模变换（modular reduction）。例如，5 mod 3＝2。

这里模的定义与一些编程语言中的模定义或许有些不同。例如，PASCAL 的模操作符有时返回一个负数。它返回一个从 $-(n-1) \sim n-1$ 的数。在 C 语言中，%操作符返回第一个表示项被第二个表示项相除所得出的余数，如果其中任意一个操作项是负的，那么结果就为负。对于本书的所有算法，如果它返回一个负数，你应该将 n 加到这个模运算操作的结果上。

模运算就像普通运算一样，它是可交换的、可结合的和可分配的。而且，简化每一个中间结果的模 n 运算，其作用与先进行全部运算再简化模 n 运算是一样的。

$$(a + b) \bmod n = ((a \bmod n) + (b \bmod n)) \bmod n$$
$$(a - b) \bmod n = ((a \bmod n) - (b \bmod n)) \bmod n$$
$$(a \times b) \bmod n = ((a \bmod n) \times (b \bmod n)) \bmod n$$
$$(a \times (b + c)) \bmod n = (((a \times b) \bmod n) + ((a \times c) \bmod n)) \bmod n$$

密码学用了许多模 n 运算，因为像计算离散对数和平方根这样的问题很困难，而模运算可将所有中间结果和最后结果限制在一个范围内，所以用它进行计算比较容易。对一个 k 位的模数 n，任何加、减、乘的中间结果将不会超过 2k 位长。因此可以用模运算进行指数运算而又不会产生巨大的中间结果。虽然计算某数的乘方并对其取模的运算

$$a^x \bmod n$$

将导致一系列的乘法和除法运算，但有加速运算的方法：一种方法旨在最小化模乘法运算的数量；另一种旨在优化单个模乘法运算。因为操作步骤划分后，当完成一串乘法，并且每次都进行模运算后，指数运算就更快，这样就与一般取幂没有多大差别，但当用 200 位的数字进行运算时，情况就不同了。

例如，如果要计算 $a^8 \bmod n$，不要直接进行七次乘法和一个大数的模化简：

$$(a \times a \times a \times a \times a \times a \times a \times a) \bmod n$$

相反，应进行三次较小的乘法和三次较小的模化简：

$$((a^2 \bmod n)^2 \bmod n)^2 \bmod n$$

以此类推，

$$a^{16} \bmod n = (((a^2 \bmod n)^2 \bmod n)^2 \bmod n)^2 \bmod n$$

当 x 不是 2 的幂次方时，计算 $a^x \bmod n$ 稍微要难些。可将 x 表示成 2 的幂次方之和：在二进制中，25 是 11001，因此 $25 = 2^4 + 2^3 + 2^0$。故：

$$a^{25} \bmod n = (a \times a^{24}) \bmod n = (a \times a^8 \times a^{16}) \bmod n = (a \times ((a^2)^2)^2 \times (((a^2)^2)^2)^2) \bmod n$$
$$= ((((a^2 \times a)^2)^2)^2 \times a) \bmod n$$

适当利用存储的中间结果，只需要 6 次乘法：

$$(((((((a^2 \bmod n) \times a) \bmod n)^2 \bmod n)^2 \bmod n) \bmod n) \times a) \bmod n$$

这种算法称为加法链（addition chaining）[863]，或二进制平方和乘法方法。它用二进制表示了一个简单明了的加法链。算法的 C 语言描述如下：

```
unsigned long qe2(unsigned long x, unsigned long y, unsigned long n) {
    unsigned long s,t,u;
    int i;

    s = 1; t = x; u = y;
    while(u) {
            if(u&1) s = (s* t)%n;
            u>>=1;
            t = (t* t)%n;
    }
    return(s);
}
```

另一种递归算法为：

```
unsigned long fast_exp(unsigned long x, unsigned long y, unsigned long N) {
    unsigned long tmp;
    if(y==1) return(x % N);
    if ((y&1)==0) {
        tmp = fast_exp(x,y/2,N);
        return ((tmp* tmp)%N);
    }
    else {
        tmp = fast_exp(x,(y-1)/2,N);
        tmp = (tmp* tmp)%N;
        tmp = (tmp* x)%N;
        return (tmp);
    }
}
```

如果用 k 表示数 x 中位数的长度，这项技术平均可减少 $1.5k$ 次操作。虽然寻找最短的可能序列很困难（已经证明这样的序列必须包含至少 $k-1$ 次操作），但当 k 增大时，获得低于 $1.1k$ 次（甚至更好）的操作是不太难的。

Montgomery 方法[1111] 被认为是用相同的 n 进行多次模化简的有效方法。另一种方法称为 **Barrett 算法**[87]。这两种算法的软件性能和算法的前期讨论见文献 [210]；我们已经讨论了对单个模化简的最佳选择算法。对于小变量的模化简，Barrett 算法最好；对于一般的指数模化简，Montgomery 方法最好（Montgomery 方法还可利用小指数的混合算法）。

与指数模 n 运算相对的是计算离散对数（discrete logarithm）。本书将简短地讨论这种运算。

11.3.2 素数

素数是这样一种数：比 1 大，其因子只有 1 和它本身，没有其他数可以整除它。2 是一个素数，其他的素数如 73、2521、2365347734339 和 $2^{756839}-1$ 等。素数是无限的。密码学，特别是公开密钥密码学常用大的素数（512 位，甚至更大）。

Evengelos Kranakis 写了一本关于数论、素数以及它们在密码学上应用的优秀书[896]。Paulo Ribenboim 写了两篇优秀的一般性介绍素数的文章[1307,1308]。

11.3.3 最大公因子

两个数互素（relatively prime）是指：当它们除了 1 外没有共同的因子。换句话说，如果 a 和 n 的最大公因子（greatest common divisor）等于 1，那么可写作：

$$\gcd(a,\ n)=1$$

数 15 和 28 是互素的，15 和 27 不是，而 13 和 500 是。一个素数与它的倍数以外的任何其他数都是互素的。

计算两个数的最大公因子最容易的方法是用欧几里得算法（Euclid's algorithm）。欧几里得在公元前 300 年所写的《几何原本》中描述了这个算法。这个算法并非由他发明，历史学家相信这个算法在当时已有 200 年历史。它是幸存到现在最古老的非凡的算法，至今它仍是完好的。Knuth 在文献 [863] 中描述了这个算法和一些现代的改进。

算法的 C 语言描述如下：

```
/* returns gcd of x and y */
int gcd (int x, int y)
{
    int g;
    if (x < 0)
     x = -x;
    if (y < 0)
     y = -y;
    if (x + y == 0)
     ERROR;
    g = y;
    while (x > 0) {
     g = x;
     x = y % x;
     y = g;
    }
    return g;
}
```

这个算法可以推广为返回由 m 个数组成的 gcd 数组。

```
/* returns the gcd of x1, x2...xm */
int multiple_gcd (int m, int *x)
{
    size_t i;
    int g;

    if (m < 1)
        return 0;
    g = x[0];
    for (i=1; i<m; ++i) {
        g = gcd(g, x[i]);
/* optimization, since for random x[i], g==1 60% of the time: */
        if (g == 1)
            return 1;
    }
    return g;
}
```

11.3.4 求模逆元

记得逆元吗？ 4 的乘法逆元是 $1/4$，因为 $4 \times 1/4 = 1$。在模运算的领域，这个问题更复杂：

$$4 \times x \equiv 1 (\bmod 7)$$

这个方程等价于寻找一组 x 和 k，以使：

$$4x = 7k + 1$$

这里 x 和 k 均为整数。

更为一般的问题是寻找一个 x，使得：

$$1 = (a \times x) \bmod n$$

也可写作：

$$a^{-1} \equiv x (\bmod n)$$

解决模的逆元问题很困难。有时候有一个方案，有时候没有。例如，5 模 14 的逆元是 3： $5 \times 3 = 15 \equiv 1 \ (\bmod 14)$。2 模 14 却没有逆元。

一般而论，如果 a 和 n 是互素的，那么 $a^{-1} \equiv x \ (\bmod n)$ 有唯一解；如果 a 和 n 不是互素的，那么 $a^{-1} \equiv x \ (\bmod n)$ 没有解。如果 n 是素数，那么从 $1 \sim n-1$ 的每一个数与 n 都是互素的，且在这个范围内恰好有一个逆元。

一切顺利。现在，怎样找出 a 模 n 的逆元呢？有一系列的方法。欧几里得算法也能计算 a 模 n 的逆元，有时候这叫作扩展欧几里得算法（extended Euclidean algorithm）。

下面是用 C++ 写的算法：

```cpp
#define isEven(x)    ((x & 0x01) == 0)
#define isOdd(x)     (x & 0x01)
#define swap(x,y)    (x ^= y, y ^= x, x ^= y)

void ExtBinEuclid(int *u, int *v, int *u1, int *u2, int *u3)
{
    // warning: u and v will be swapped if u < v
    int k, t1, t2, t3;

    if (*u < *v) swap(*u,*v);
    for (k = 0; isEven(*u) && isEven(*v); ++k) {
    *u >>= 1; *v >>= 1;
    }
    *u1 = 1; *u2 = 0; *u3 = *u; t1 = *v; t2 = *u-1; t3 = *v;
    do {
    do {
        if (isEven(*u3)) {
            if (isOdd(*u1) || isOdd(*u2)) {
                *u1 += *v; *u2 += *u;
            }
            *u1 >>= 1; *u2 >>= 1; *u3 >>= 1;
        }
        if (isEven(t3) || *u3 < t3) {
            swap(*u1,t1); swap(*u2,t2); swap(*u3,t3);
        }
    } while (isEven(*u3));
    while (*u1 < t1 || *u2 < t2) {
        *u1 += *v; *u2 += *u;
    }
    *u1 -= t1; *u2 -= t2; *u3 -= t3;
    } while (t3 > 0);
    while (*u1 >= *v && *u2 >= *u) {
    *u1 -= *v; *u2 -= *u;
    }
    *u1 <<= k; *u2 <<= k; *u3 <<= k;
}
main(int argc, char **argv) {
    int a, b, gcd;

    if (argc < 3) {
    cerr << "Usage: xeuclid u v" << endl;
    return -1;
    }
    int u = atoi(argv[1]);
    int v = atoi(argv[2]);
    if (u <= 0 || v <= 0) {
    cerr << "Arguments must be positive!" << endl;
    return -2;
    }
    // warning: u and v will be swapped if u < v
    ExtBinEuclid(&u, &v, &a, &b, &gcd);
    cout << a << " * " << u << " + (-"
    << b << ") * " << v << " = " << gcd << endl;
    if (gcd == 1)
    cout << "the inverse of " << v << " mod " << u << " is: "
        << u - b << endl;
    return 0;
}
```

在此，我不打算马上证明它是正确的或给出它的理论基础。在文献［863］或者前面提到的任一篇数论文章中可找到详细的介绍。

此算法通过迭代运算来实现，对于大的整数，其运行可能较慢。Knuth 指出这个算法完

成的除法的平均数目是

$$0.843 \times \log_2(n) + 1.47$$

11.3.5 求系数

欧几里得算法可用于解决下面的一类问题：给出一个包含 m 个变量 x_1，x_2，…，x_m 的数组，求一个包含 m 个系数 u_1，u_2，…，u_m 的数组，使得

$$u_1 \times x_1 + \cdots + u_m \times x_m = 1$$

11.3.6 费尔马小定理

如果 m 是一个素数，且 a 不是 m 的倍数，那么，根据费尔马小定理（Fermat's little theorem）有：

$$a^{m-1} \equiv 1 (\bmod\ m)$$

［Pierre de Fermat (1601—1665 年)，译为"费尔马"，法国数学家。该定理与他其后的定理无关。］

11.3.7 欧拉 φ 函数

还有另一种方法计算模 n 的逆元，但不是在任何情况下都能使用。模 n 的余数化简集（reduced set of residues）是余数完全集合的子集，与 n 互素。例如，模 12 的余数化简集是 $\{1，5，7，11\}$。如果 n 是素数，那么模 n 的余数化简集是从 $1 \sim n-1$ 的所有整数集合。对 n 不等于 1 的数，数 0 不是余数化简集的元素。

欧拉函数（Euler totient fuction），也称为欧拉 φ 函数，写作 $\phi(n)$，它表示模 n 的余数化简集中元素的数目。换句话说，$\phi(n)$ 表示与 n 互素的小于 n 的正整数的数目（$n>1$）。［Leonhard Euler (1707—1783 年)，译作"欧拉"，瑞士数学家。］

如果 n 是素数，那么 $\phi(n) = n-1$；如果 $n = pq$，且 p 和 q 互素，那么 $\phi(n) = (p-1)(q-1)$。这些数字在随后谈到的公开密钥密码系统中将再次出现，它们都来自于此。

根据费尔马小定理的欧拉推广，如果 $\gcd(a，n) = 1$，那么

$$a^{\phi(n)} \bmod n = 1$$

现在计算 a 模 n 很容易：

$$x = a^{\phi(n)-1} \bmod n$$

例如，求 5 模 7 的逆元是多少？既然 7 是素数，$\phi(7) = 7-1 = 6$。因此，5 模 7 的逆元是

$$5^{6-1} \bmod 7 = 5^5 \bmod 7 = 3$$

计算逆元的两种方法都可推广到在一般性的问题中求解 x［如果 $\gcd(a，n) = 1$］：

$$(a \times x) \bmod n = b$$

用欧拉推广公式，解：

$$x = (b \times a^{\phi(n)-1}) \bmod n$$

用欧几里得算法，解：

$$x = (b \times (a^{-1} \bmod n)) \bmod n$$

通常，欧几里得算法在计算逆元方面比欧拉推广更快，特别是对于 500 位范围内的数。如果 $\gcd(a，n) \neq 1$，并非一切都没用了。这种一般情况而言，$(a \times x) \bmod n = b$，可能有多个解或无解。

11.3.8 中国剩余定理

如果已知 n 的素因子，那么就能利用中国剩余定理（Chinese remainder theorem）求解

整个方程组。这个定理的最初形式是由 1 世纪的中国数学家孙子发现的。

一般而言，如果 n 的素因子可分解为 $n=p_1 \times p_2 \times \cdots \times p_t$，那么方程组

$$(x \bmod p_i) = a_i \quad i=1, 2, \cdots, t$$

有唯一解，这里 $x<n$（注意，有些素数可能不止一次地出现。例如，p_1 可能等于 p_2）。换句话说，一个数（小于一些素数之积）被它的余数模这些素数唯一确定。

例如，取素数 3 和 5，取一个数 14，那么 14 mod 3=2，14 mod 5=4。则小于 $3 \times 5 = 15$ 且具有上述余数的数只有 14，即由这两个余数唯一地确定了数 14。

如果对任意 $a<p$ 和 $b<q$（p 和 q 都是素数），那么，当 $x<p \times q$ 时，存在一个唯一的 x，使得

$$x \equiv a(\bmod p) \text{ 且 } x \equiv b(\bmod q)$$

为求出这个 x，首先用欧几里得算法找到 u，使得

$$u \times q \equiv 1(\bmod p)$$

然后计算：

$$x = (((a - b) \times u) \bmod p) \times q + b$$

用 C 语言所写的中国剩余定理如下：

```
/* r is the number of elements in arrays m and u;
m is the array of (pairwise relatively prime) moduli
u is the array of coefficients
return value is n such than n == u[k]%m[k] (k=0..r-1) and
    n < m[0]*m[1]*...*m[r-1]
*/

/* totient() is left as an exercise to the reader. */

int chinese_remainder (size_t r, int *m, int *u)
{
    size_t i;
    int modulus;
    int n;
    modulus = 1;
    for (i=0; i<r; ++i)
    modulus *= m[i];
    n = 0;
    for (i=0; i<r; ++i) {
    n += u[i] * modexp(modulus / m[i], totient(m[i]),
    m[i]);
    n %= modulus;
    }

    return n;
}
```

中国剩余定理的一个推论可用于求出一个类似问题的解：如果 p 和 q 都是素数，且 $p<q$，那么存在一个唯一的 $x<p \times q$，使得

$$a \equiv x(\bmod p) \text{ 且 } b \equiv x(\bmod q)$$

如果 $a \geqslant b \bmod p$，那么

$$x = (((a - (b \bmod p)) \times u) \bmod p) \times q + b$$

如果 $a<b \bmod p$，那么

$$x = (((a + p - (b \bmod p)) \times u) \bmod p) \times q + b$$

11.3.9 二次剩余

如果 p 是素数，且 $a<p$，如果

$$x^2 \equiv a \pmod{p} \quad \text{对某些 } x \text{ 成立}$$

那么称 a 是对模 p 的二次剩余（quadratic residue）。

不是所有的 a 的值都满足这个特性。如果 a 是对模 n 的一个二次剩余，那么它必定是对模 n 的所有素因子的二次剩余。例如，如果 $p=7$，那么二次剩余是 1、2 和 4：

$$1^2 = 1 \equiv 1 \pmod{7}$$
$$2^2 = 4 \equiv 4 \pmod{7}$$
$$3^2 = 9 \equiv 2 \pmod{7}$$
$$4^2 = 16 \equiv 2 \pmod{7}$$
$$5^2 = 25 \equiv 4 \pmod{7}$$
$$6^2 = 36 \equiv 1 \pmod{7}$$

注意，每一个二次剩余在上面都出现了两次。

没有 x 值可满足下列这些方程的任意一个：

$$x^2 = 3 \pmod{7}$$
$$x^2 = 5 \pmod{7}$$
$$x^2 = 6 \pmod{7}$$

对模 7 的二次非剩余（quadratic nonresidue）是 3、5 和 6。

很容易证明，当 p 为奇数时，对模 p 的二次剩余数目恰好是 $(p-1)/2$，且与其二次非剩余的数目相同。而且，如果 x^2 等于二次剩余模 p，那么 x^2 恰好有两个平方根：其中一个在 $1 \sim (p-1)/2$ 之间；另一个在 $(p+1)/2 \sim (p-1)$ 之间。这两个平方根中的一个也是模 p 的二次剩余，称为主平方根（pricipal square root）。

如果 n 是两个素数 p 和 q 之积，那么模 n 恰好有 $(p-1)(q-1)/4$ 个二次剩余。模 n 的一个二次剩余是模 n 的一个完全平方。这是因为要成为模 n 的平方，其余数必须有模 p 的平方和模 q 的平方。例如，模 35 有 11 个二次剩余：1、4、9、11、14、15、16、21、25、29、30。每一个二次剩余恰好有 4 个平方根。

11.3.10　勒让德符号

勒让德符号（Legendre symbol），写作 $L(a, p)$，当 a 为任意整数且 p 是一个大于 2 的素数时，它等于 0、1 或 -1。

$$L(a, p) = 0 \quad \text{如果 } a \text{ 被 } p \text{ 整除}$$
$$L(a, p) = 1 \quad \text{如果 } a \text{ 是二次剩余}$$
$$L(a, p) = -1 \quad \text{如果 } a \text{ 是非二次剩余}$$

一种计算 $L(a, p)$ 的方法是：

$$L(a, p) = a^{(p-1)/2} \bmod p$$

或者用下面的算法计算：

（1）如果 $a=1$，那么 $L(a, p)=1$。

（2）如果 a 是偶数，那么 $L(a, p)=L(a/2, p) \times (-1)^{(p^2-1)/8}$。

（3）如果 a 是奇数（且 $a \neq 1$），那么 $L(a, p)=L(p \bmod a, a) \times (-1)^{(a-1) \times (p-1)/4}$。

注意，这也是确定 a 是否是对模 p 的二次剩余的有效方法（虽然仅当 p 是素数时成立）。

11.3.11　雅可比符号

雅可比符号（Jacobi symbol），写作 $J(a, n)$，是勒让德符号的合数模的一般化表示，

它定义在任意整数 a 和奇整数 n 上。这个函数首先出现在素数测试中。雅可比符号是基于 n 的除数的余数化简集上的函数，可按多种方法进行计算[1412]，下面列举一种方法：

定义 1：$J(a, n)$ 只定义在 n 为奇数的情况下。

定义 2：$J(0, n) = 0$。

定义 3：如果 n 是素数，且 n 能整除以 a，那么 $J(a, n) = 0$。

定义 4：如果 n 是素数，且 a 是模 n 的一个二次剩余，那么 $J(a, n) = 1$。

定义 5：如果 n 是素数，且 a 是模 n 的一个非二次剩余，那么 $J(a, n) = -1$。

定义 6：如果 n 是合数，那么 $J(a, n) = J(a, p_1) \times \cdots \times J(a, p_m)$，其中 $p_1 \cdots p_m$ 是 n 的素因子。

计算雅可比符号的递归算法如下：

规则 1：$J(1, n) = 1$。

规则 2：$J(a \times b, n) = J(a, n) \times J(b, n)$。

规则 3：如果 $(n^2 - 1)/8$ 是偶数，则 $J(2, n) = 1$；否则，为 -1。

规则 4：$J(a, n) = J((a \bmod n), n)$。

规则 5：$J(a, b_1 \times b_2) = J(a, b_1) \times J(a, b_2)$。

规则 6：如果 a 和 b 都是奇数，且它们的最大公因子是 1，那么

规则 6a：如果 $(a-1)(b-1)/4$ 是偶数，那么 $J(a, b) = J(b, a)$。

规则 6b：如果 $(a-1)(b-1)/4$ 是奇数，那么 $J(a, b) = -J(b, a)$。

算法的 C 语言描述如下：

```
/* This algorithm computes the Jacobi symbol recursively */
int jacobi(int a, int b)
{
int g;
    assert(odd(b));
    if (a >= b) a %= b;         /* by Rule 4 */
    if (a == 0) return 0;        /* by Definition 2 */
    if (a == 1) return 1;        /* by Rule 1 */
    if (a < 0)
    if (((b-1)/2 % 2 == 0)
        return jacobi(-a,b);
    else
        return -jacobi(-a,b);
    if (a % 2 == 0) /* a is even */
    if (((b*b - 1)/8) % 2 == 0)
        return +jacobi(a/2, b)
    else
        return -jacobi(a/2, b) /* by Rule 3 and Rule 2 */
    g = gcd(a,b);
    assert(odd(a)); /* this is guaranteed by the (a % 2 == 0)
test */
    if (g == a) /* a exactly divides b */
    return 0; /* by Rules 5 and 4, and Definition 2 */
    else if (g != 1)
    return jacobi(g,b) * jacobi(a/g, b); /* by Rule 2 */
    else if (((a-1)*(b-1)/4) % 2 == 0)
    return +jacobi(b,a);      /* by Rule 6a */
    else
    return -jacobi(b,a);      /* by Rule 6b */
}
```

如果已知 n 是素数，则不需要运行以上算法，而只需简单地计算 $a^{((n-1)/2)} \bmod n$。这种情况下，雅可比符号 $J(a, n)$ 等同于勒让德符号。

雅可比符号不能用来确定一个数 a 是否是对模 n 的二次剩余（当然，除非 n 是素数）。

注意，如果 $J(a，n)=1$，且 n 是合数，那么 a 是对模 n 的二次剩余这一点不一定为真。例如：

$$J(7，143)=J(7，11)\times J(7，13)=(-1)(-1)=1$$

然而，没有一个整数使得 $x^2=7\bmod 143$。

11.3.12 Blum 整数

如果 p 和 q 是两个素数，且都是与 3 模 4 同余的，那么 $n=p\times q$ 叫作 **Blum** 整数（Blum integar）。如果 n 是一个 Blum 整数，那么它的每一个二次剩余恰好有 4 个平方根，其中一个也是平方，这就是主平方根。例如，139 模 437 的主平方根是 24。其他三个平方根是 185、252 和 413。

11.3.13 生成元

如果 p 是一个素数，且 g 小于 p，对于从 $0\sim p-1$ 的每一个 b，都存在某个 a，使得 $g^a\equiv b(\bmod p)$，那么 g 是模 p 的生成元（generator）。也称为 g 是 p 的本原元（primitive）。

例如，如果 $p=11$，2 是模 11 的一个生成元：

$$2^{10}=1024\equiv 1(\bmod 11)$$
$$2^1=2\equiv 2(\bmod 11)$$
$$2^8=256\equiv 3(\bmod 11)$$
$$2^2=4\equiv 4(\bmod 11)$$
$$2^4=16\equiv 5(\bmod 11)$$
$$2^9=512\equiv 6(\bmod 11)$$
$$2^7=128\equiv 7(\bmod 11)$$
$$2^3=8\equiv 8(\bmod 11)$$
$$2^6=64\equiv 9(\bmod 11)$$
$$2^5=32\equiv 10(\bmod 11)$$

从 $1\sim 10$ 的每一个数都可由 2^a（$\bmod p$）表示出来。

对于 $p=11$，生成元是 2、6、7 和 8。其他数不是生成元。例如，3 不是生成元，因为下列方程无解。

$$3^a\equiv 2(\bmod 11)$$

通常，找出生成元不是一个容易的问题。然而，如果你知道 $p-1$ 的因子怎样分解，它就变得很容易。令 $q_1，q_2\cdots，q_n$ 是 $p-1$ 的素因子，为了测试一个数 g 是否是模 p 的生成元，对所有的 $q=q_1，q_2，\cdots，q_n$ 计算：

$$g^{(p-1)/q}(\bmod p)$$

如果对 q 的某个值，其结果为 1，那么 g 不是生成元；如果对 q 的任何值，结果不等于 1，那么 g 是生成元。

例如，令 $p=11$。$p-1=10$ 的素因子是 2 和 5。测试 2 是否是生成元：

$$2^{(11-1)/5}(\bmod 11)=4$$
$$2^{(11-1)/2}(\bmod 11)=10$$

没有一个结果是 1，因此 2 是生成元。

测试 3 是否是生成元：

$$3^{(11-1)/5} (\bmod\ 11) = 9$$
$$3^{(11-1)/2} (\bmod\ 11) = 1$$

因此，3 不是生成元。

如果你要找模 p 的一个生成元，那么你只需随机地选择一个 $1 \sim p-1$ 的数，测试它是否是生成元。只要有足够多的选择，你就可能很快地找到模 p 的一个生成元。

11.3.14 伽罗瓦域中的计算

不用事先说明，我们就正在这样做了。如果 n 是一个素数或一个大素数的幂，那么就存在数学家称之为有限域（finite field）的东西。因此，我们将它称为 p 而不是 n。事实上，这种类型的有限域是如此令人激动，以至于数学家给它取了一个专有的名字：伽罗瓦域（Galosi field），用 $\mathrm{GF}(p)$ 表示。（Evariste Galois 是生活在 19 世纪早期的法国数学家，在他 20 岁死于一次决斗之前，他在数论方面做了许多工作。）

在伽罗瓦域上，非零元的加、减、乘、除均有定义。有一个加法单位元 0 和一个乘法单位元 1。每一个非零数都有唯一的逆元（如果 p 不是素数，这一点不成立）。交换律、结合律、分配律在其上均成立。

伽罗瓦域上的运算大量地用于密码方面。整个数论运算都可在其中进行：它给数一个限制范围，除法将不会有任何舍入错误。许多密码系统都基于 $\mathrm{GF}(p)$，这里 p 是一个大的素数。

为了使算法更复杂，密码设计者也使用模 n 次不可约（irreducible）多项式的算术运算，它的系数是模 q 的整数，q 是素数。这些域称为 $\mathrm{GF}(q^n)$。所有的运算都模 $p(x)$，$p(x)$ 是 n 次不可约多项式。

后面的这些数学理论大大超出了本书的范围，尽管我将谈到一些应用了这些理论的密码系统。如果你想在这方面做更多的工作，那么 $\mathrm{GF}(2^3)$ 有以下元素：0，1，x，$x+1$，x^2，x^2+1，x^2+x，x^2+x+1。有一个适合并行处理的计算 $\mathrm{GF}(2^n)$ 中逆元的算法，见文献 [421]。

当我们谈到多项式时，"素数" 这个术语常用 "不可约" 这个术语来代替。一个多项式是不可约的，如果它不能表示成其他两个多项式的积（当然，除了 1 和它本身外）。多项式 x^2+1 在整数（域）上是不可约的。多项式 x^3+2x^2+x 不是，因为它可表示为 $x(x+1)(x+1)$。

给定域中生成元的多项式叫作本原多项式，它的所有系数是互素的。当我们讨论线性反馈移位寄存器时（参见 16.2 节），我们将再次谈到本原多项式。

$\mathrm{GF}(2^n)$ 中的计算能用线性反馈移位寄存器以硬件快速实现。由于这些因素，$\mathrm{GF}(2^n)$ 上的运算通常比 $\mathrm{GF}(p)$ 上的运算快，且计算 $\mathrm{GF}(2^n)$ 上的幂要有效得多，这也用于计算离散对数[180,181,368,379]。如果你想了解更多这方面的东西，参见文献 [140]。

在伽罗瓦域 $\mathrm{GF}(2^n)$ 上，密码设计者喜欢用三项式 $p(x) = x^n + x + 1$ 作为模，因为 x^n 和 x 的系数之间，长长的零序列使快速的模乘法较易实现[183]。这个三项式必须是本原的，否则数学上不能成立。对那些本原的 $x^n + x + 1$ 来说，小于 1000 的 n 值是[1649,1648]：

1，3，4，6，9，15，22，28，30，46，60，63，127，153，172，303，471，532，865，900

当 $p(x) = x^{127} + x + 1$ 时，存在一个 $\mathrm{GF}(2^n)$ 的硬件实现[1631,1632,1129]。一篇讨论在 $\mathrm{GF}(2^n)$ 中实现幂运算应采用的有效硬件结构的文章见文献 [147]。

11.4　因子分解

对一个数进行因子分解就是找出它的素因子：

$10 = 2 \times 5$

$60 = 2 \times 2 \times 3 \times 5$

$252601 = 41 \times 61 \times 101$

$2^{113} - 1 = 3391 \times 23279 \times 65993 \times 1868569 \times 1066818132868207$

在数论中，因子分解问题是一个最古老的问题。分解一个数很简单，但是其过程较费时。尽管如此，在这方面还是有一些进展。

目前，最好的因子分解算法是：

- 数域筛选法（Number Field Sieve，NFS）[953]（也可参阅文献［952，16，279］）。对大于 110 位左右数字长的数[472,635] 来说，一般的数域筛选是目前已知的最快的因子分解算法。当它最初提出来时，它是不实用的，但随着过去几年的一系列改进[953]，这一点已经改变。NFS 目前作为一种新的算法，还未突破任何因子分解的记录，不过这种情况很快就会改变。早期的 NFS 算法曾用于对第九个费尔马数 $2^{512} + 1$ 进行因子分解[955,954]。

其他一些算法已被 NFS 算法取代：

- 二次筛选法（Quadratic Sieve，QS）[1257,1617,1259]。对于低于 110 位的十进制数来说，这是目前已知的最快的算法，且已得到广泛的应用[440]。这个算法一个较快的版本叫作多重多项式二次筛选法[1453,302]。这个算法最快的版本叫作多重多项式二次筛选的双重大素数变量。
- 椭圆曲线法（Elliptic Curve Method，ECM）[957,1112,1113]。这个方法曾用于寻找 43 位数字的因子，对于更大数是没用的。
- **Pollard** 的蒙特卡罗算法（Pollard's Monte Carlo algorithm）[1254,248]。这个算法也发表在 Knuth 的第 2 卷 370 页上[863]。
- 连分式算法（continued fraction algorithm）。见文献［1123，1252，863］，这个算法甚至是不能运行的。
- 试除法（trial division）。这是最古老的因子分解法，涉及测试小于或等于所选数平方根的每一个素数。

对这些不同因子分解算法（除 NFS 外）较好的介绍见文献［251］。对 NFS 的最好介绍见文献［953］。另外，较老的参考文献是［505，1602，1258］。有关并行因子分解的内容见文献［250］。

如果 n 是要被分解的数，那么最快的 QS 的各种版本所需要的渐近运行时间是：

$$e^{(1+O(1))(\ln(n))^{(1/2)}}(\ln(\ln(n)))^{(1/2)}$$

NFS 法要快得多，其渐近的时间估计值是：

$$e^{(1.923+O(1))(\ln(n))^{(1/3)}}(\ln(\ln(n)))^{(2/3)}$$

1970 年，最大的新闻是一个难分解的 41 位数的因子分解[1123]（难分解数是指这样一种数，它没有任何因子，且不具备某种特殊的容易被分解的形式）。10 年后，分解一个两倍于前述的难分解数，Cray 计算机只用了几个小时[440]。

1988 年，Carl Pomerance 用定制的 VLSI 片[1259] 设计了一台因子分解机器。能分解的数字的大小取决于你能够建立多大的一台机器。他本人也从未实现它。

1993 年，用 QS 已能分解 120 位数字的难分解数。该运算用了 825 mips-year，实际完成的时间为 3 个月[463]，其他结果见文献 [504]。

当今的因子分解算法正尝试使用计算机网络实现[302,955]。在对一个 116 位数进行因子分解时，Arjen Lenstra 和 Mark Manasse 用了 400 mips-year——相当于占用一组遍及世界的计算机数月的空余时间。

1994 年 3 月，由 Lenstra 领导的一组数学家用多重多项式二次筛选的双重大素数算法[66]，分解了一个 129 个数字（428 位）的数。因特网上的 600 名志愿者和 1600 台机器完成了该运算，整个过程花费了 8 个月时间，相当于 4000~6000 mips-year，这可能是最大的专用多处理器。这些计算机之间通过电子邮件互相通信，将各自的运行结果发送给中心智囊团，由中心智囊团进行最后的分析。这个算法使用了 QS 和五年前的旧理论，如果使用 NFS 算法分解仅需花费 1/10 的时间[949]。文献 [66] 中写道：“我们得出推断，对任何能花费几百万美元、几个月的准备时间的组织，一般使用 512 位 RSA 模数是易受攻击的。”他们认为使用该技术来分解 512 位的数将困难 100 倍，使用 NFS 或当前的技术则只增加了 10 倍的难度[949]。

为了跟上因子分解的现状，RSA 数据安全公司在 1991 年 3 月设立了 RSA 因子分解难题[532]。该难题包含一系列较难分解的数，每个数均为大小大致相等的两个素数之积。每个被挑选的素数都是 2 模 3 的同余。该难题中有 42 个数，数据位数从 100~500，按步径为 10 位递增（加一个额外数，129 位长）。到目前为止，RSA-100、RSA-110、RSA-120 和 RSA-129 都已用 QS 方法分解。下一个将被分解的数可能是 RSA-130（用 NFS 方法），或直接跳跃到 RSA-140。

因子分解是一个迅速发展的领域。推断因子分解技术的发展是很困难的，因为没有人能够预见数学理论的进展。在发现 NFS 之前，许多人猜测 QS 接近于任何因子分解方法所能做到的最快（极限），但他们错了。

在 NFS 中，近期的进展将复杂性降低一个常数：1.923。有些数具有特殊的格式，如费尔马数，有一个 1.5 左右的常数[955,954]。当今，如果在公开密钥密码学中，难分解的数含有那种类型的常数，1024 位的数也能分解。一种降低常数项的方法是找到更好的方法将数表示成小系数的多项式。这个问题还未广泛深入研究，但可能很快就能取得进展[949]。

如果想了解 RSA 因子分解难题的最新研究成果，请发 e-mail 到 challenge-info@rsa.com。

模 n 的平方根

如果 n 是两个素数的乘积，那么计算模 n 的平方根在计算上等价于对 n 进行因子分解[1283,35,36,193]。换句话说，如果知道 n 的素因子，那么就能容易计算出一个数模 n 的平方根，但这个计算已被证明与计算 n 的素因子一样困难。

11.5 素数的产生

公开密钥算法需要素数，任何合理规模的网络也需要许多这样的素数。在讨论素数生成的数学理论之前，先解决以下显而易见的问题：

（1）如果每个人都需要不同的素数，难道素数不会被用光吗？当然不会。事实上，在长度为 512 位或略短一些的数中，有超过 10^{151} 个素数。对大小为 n 的数，一个随机数是素数的概率接近于 $(1/\ln n)$，那么小于 n 的素数的总数为 $n/(\ln n)$。宇宙中仅有 10^{77} 个原子，如果宇宙中的每一个原子从宇宙诞生到现在为止，每 1 微秒都需要 10 亿个新的素数，那么总共需要 10^{109} 个素数，现在仍将剩下接近 10^{151} 个 512 位的素数。

（2）是否会有两个人偶然地选择了相同素数的情况呢？这种情况不会发生。从超过 10^{151} 个素数中选择相同的素数，发生这种情况的可能性比在你获得抽奖时你的计算机恰好自然烧坏的可能性还要小。

（3）如果有人建立了所有素数的数据库，难道他不能用这个数据库来破译公开密钥算法？是的，他可以，但他不会这样做。如果你能将 10 亿字节的信息存储在 1 克重的设备上，那么所有 512 位的素数的重量将超过 Chandrasekhar 限，导致系统崩溃，进入黑洞……那样的话，你将无论如何也不能重新找回你的数据。

如果进行因子分解很困难，那么怎样才能使素数的生成容易些呢？这是一个 Yes/No 的问题，问题"n 是素数吗？"比复杂点的问题"n 的因子是什么？"更容易回答。

如果你产生随机候选数，然后试着分解它们，从而找出素数，这种方法是错误的。正确的方法是对产生的随机数先测试是否是素数。有许多测试能够确定是否是素数。可用可信度来测试一个数是否是素数。假设该"可信度"有足够大，那么这类测试就很可靠。我听说通过该方法找到的素数称为"工业级素数"：这些数只有可控制的小概率不是素数。

假定测试的失败概率设置为 $1/2^{50}$，这意味着有 $1/10^{15}$ 的概率可能将合数错误地判定为素数（该测试永远不会将素数错判为合数）。如果为了某些原因，你需要更多的可信度来确认一个数是素数，那么你可以将错判的概率设定得更低。另一方面，如果你考虑到一个数是合数的可能性比你在全国抽奖中赢得头奖的可能性小 300 百万次，那么你也许就不必为此担忧太多。

这个领域最新的进展可参见文献［1256，206］，其他一些重要论文见文献［1490，384，11，19，626，651，911］。

11.5.1　Solovag-Strassen

Robert Solovag 和 Volker Strassen 开发了一种概率的基本测试算法[1490]。这个算法使用了雅可比函数来测试 p 是否为素数：

（1）选择一个小于 p 的随机数 a。

（2）如果 $\gcd(a，p) \neq 1$，那么 p 不能通过测试，它是合数。

（3）计算 $j = a^{(p-1)/2} \bmod p$。

（4）计算雅可比符号 $J(a，p)$。

（5）如果 $j \neq J(a，p)$，那么 p 肯定不是素数。

（6）如果 $j = J(a，p)$，那么 p 不是素数的可能性至多是 50%。

数 a 称为一个证据（wimess），如果 a 不能确定 p，p 肯定不是素数。如果 p 是合数，随机数 a 是证据的概率不小于 50%。对 a 选择 t 个不同的随机值，重复 t 次这种测试。p 通过所有 t 次测试后，它是合数的可能性不超过 $1/2^t$。

11.5.2　Lehmann

另一种更简单的测试是由 Lehmann 独自研究出的[945]。下面是他的测试算法：

（1）选择一个小于 p 的随机数 a。

（2）计算 $a^{(p-1)/2} \bmod p$。

（3）如果 $a^{(p-1)/2} \not\equiv 1$ 或 $-1 (\bmod p)$，那么 p 肯定不是素数。

（4）如果 $a^{(p-1)/2} \equiv 1$ 或 $-1 (\bmod p)$，那么 p 不是素数的可能性至多是 50%。

同样，如果 p 是合数，随机数 a 是 p 的证据的概率不小于 50％。对 a 选择 t 个不同的随机数，重复 t 次这种测试。如果计算结果等于 1 或 −1，但并不恒等于 1，那么 p 可能是素数所冒的错误风险不超过 $1/2^t$。

11.5.3 Rabin-Miller

这是一个很容易且广泛使用的简单算法，它基于 Gary Miller 的部分想法，由 Michael Rabin 开发[1093,1284]。事实上，这是在 NIST（美国国家标准和技术研究所）的 DSS 建议中推荐算法的一个简化版[1149,1154]。

首先选择一个待测的随机数 p，计算 b，b 是 2 整除 $p-1$ 的次数（即，2^b 是能整除 $p-1$ 的 2 的最大幂数）。然后计算 m，使得 $n=1+2^b m$。

（1）选择一个小于 p 随机数 a。

（2）设 $j=0$ 且 $z=a^m \bmod p$。

（3）如果 $z=1$ 或 $z=p-1$，那么 p 通过测试，p 可能是素数。

（4）如果 $j>0$ 且 $z=1$，那么 p 不是素数。

（5）设 $j=j+1$。如果 $j<b$ 且 $z \neq p-1$，设 $z=z^2 \bmod p$，然后回到第（4）步。如果 $z=p-1$，那么 p 通过测试，p 可能是素数。

（6）如果 $j=b$ 且 $z \neq p-1$，那么 p 不是素数。

这个测试较前一个速度更快。数 a 被当成证据的概率为 3/4。这意味着当迭代次数为 t 时，它产生一个假素数所花费的时间不超过 $1/4^t$。实际上，其结果是非常令人悲观的。对于大多数的随机数，几乎 99.9％ 肯定 a 是证据[96]。

更好的估计见文献［417］。对 n 位（$n>100$）待测的素数，一次测试错误可能性小于 $1/4 n 2^{(k/2)^{(1/2)}}$。如果 n 为一个 256 位的数，则六次测试的错误可能性小于 $1/2^{51}$。更多的理论参见文献［418］。

11.5.4 实际考虑

在实际执行算法时，产生素数是很快的。

（1）产生一个 n 位的随机数 p。

（2）设高位位和低位位为 1（设高位位为 1 是为了确保该素数达到要求的长度，设低位位为 1 是为了确保该素数是奇数）。

（3）检查以确保 p 不能被任何小素数整除：如 3，5，7，11 等。许多算法测试 p 对小于 256 的所有素数的整除性。最有效的测试整除性的方法是整除所有小于 2000 的素数[949]。使用字轮方法（wheel），可以做得更快[863]。

（4）对某个随机数 a 运行 Rabin-Miller 测试。如果 p 通过测试，则另外产生一个随机数 a，再重新进行测试。选取较小的 a 值，以保证较快的计算速度。进行 5 次 Rabin-Miller 测试[651]（一次看起来已足够，但我们还是做 5 次。）如果 p 在其中的一次测试中失败，重新产生一个 p，再进行测试。

另一种做法是：不是每次都产生一个随机数 p，而是按递增的方式搜索以某随机数为起点的所有数，直到找到一个素数。

第（3）步是可选择的，但并不是一个好方法。测试一个随机奇数 p，确保它不能被 3、5 和 7 整除，就可以在进行第（4）步前排除 54％ 的奇数。对测试小于 100 的所有素数的算法排除了 76％ 的奇数，对测试小于 256 的所有素数的算法排除了 80％ 的奇数。通常，测试

的 n 越大，在进行 Rabin-Miller 测试前所要进行的预先计算就越多。

在 SparcⅡ上实现上面描述的方法，可以在平均 2.8 秒的时间内找到 256 位的素数，在平均 24.0 秒的时间内找到 512 位的素数，在平均 2 分钟的时间内找到 768 位的素数，在平均 5.1 分钟的时间内找到 1024 位的素数[918]。

11.5.5 强素数

如果 n 是两个素数 p 和 q 之积，那么 p 和 q 采用强素数（strong prime）将更可取。强素数是满足某些特性的素数，使得用某些特殊的因子分解方式对它们的乘积 n 进行分解很困难。文献 [1328，651] 中给出了以下特性：

- $p-1$ 和 $q-1$ 的最大公因子应该较小。
- $p-1$ 和 $q-1$ 都应有大的素因子，分别记为 p' 和 q'。
- $p'-1$ 和 $q'-1$ 都应有大的素因子。
- $p+1$ 和 $q+1$ 都应有大的素因子。
- $(p-1)/2$ 和 $(q-1)/2$ 都应该是素数[182]。（注意，如果这一条件满足，那么前两个条件也满足。）

强素数是否必要是一个争论的话题。设计这些性质是为了对抗一些古老的因子分解算法。然而，最快的因子分解算法对满足这些准则的数进行因子分解的概率与对不满足这些准则的数进行因子分解的概率几乎是一样的[831]。

我特别推荐使用强素数。一个素数的长度比它的结构更重要。并且，缺少随机性的结构可被破坏。

这一点或许会改变，或许会发现新的因子分解算法，它对某些具有确定性质的数比对不具有这些特性的数能更好地进行攻击。如果这样，强素数或许会再次被强调。查看某些理论数学刊物，以得到最近的分解消息。

11.6 有限域上的离散对数

模指数运算是频繁地用于密码学中的另一种单向函数。计算下面的表达式很容易：

$$a^x \bmod n$$

模指数运算的逆问题是找出一个数的离散对数，这是一个难题：

$$求解 x，\quad 使是 a^x \equiv b \pmod n$$

例如：

$$如果 3^x \equiv 15 \bmod 17，\quad 那么 x = 6$$

不是所有的离散对数都有解（记住，只有整数才是合法的解）。发现下面的方程没有解 x 很容易：

$$3^x \equiv 7 \bmod 13$$

对 1024 位的数求离散对数更加困难。

计算有限群中的离散对数

密码设计者对下面三个主要群的离散对数很感兴趣：

- 素数域的乘法群：$GF(p)$。
- 特征为 2 的有限域上的乘法群：$GF(2^n)$。
- 有限域 F 上的椭圆曲线群：$EC(F)$。

许多公开密钥算法的安全性是基于寻找离散对数的，因此对这个问题进行了广泛的研究。这个问题的综合性概述和目前最好的解法可参见文献 [1189，1039]。这个方面目前最好的文章见 [934]。

如果 p 是模数，且为素数，那么在 $\mathrm{GF}(p)$ 上寻找离散对数的复杂性实质上与对同样大小的一个整数 n 进行因子分解的复杂性一样，n 是两个大致等长的素数的乘积[1378,934]，即

$$e^{(1+O(1))(\ln(p))^{(1/2)}(\ln(\ln(p)))^{(1/2)}}$$

NFS 更快一些，其渐近的时间估计值是：

$$e^{(1.923+O(1))(\ln(p))^{(1/3)}(\ln(\ln(p)))^{(2/3)}}$$

如果 $p-1$ 仅有小的素因子，Stephen Pohlig 和 Martin Hellman 发现了一种在 $\mathrm{GF}(p)$ 上计算离散对数的快速方法[1253]。由于这个原因，只有 $p-1$ 至少有一个大因子的域才能用于密码学中。另一个计算离散对数的算法见文献 [14]，其速度可与因子分解相比较，它随即被推广到形如 $\mathrm{GF}(p^n)$ 的域上[716]。这个算法由于有某些理论上的问题而遭到批评[727]。另一些文章[1588]指出这个问题实际上有更多困难。

计算离散对数与因子分解有紧密的关系。如果你能解决离散对数问题，那么你就能解决因子分解问题。（逆命题的正确性还未被证明）。目前，在素数域上有三种方法计算离散对数[370,934,648]：线性筛选法（linear sieve）、高斯整数法（Gaussian integer scheme）和 NFS。

基本的扩展计算必须在每个域上做一次。之后，单个的对数就能快速进行计算。对基于这些域的系统而言，这是一个安全缺陷。所以，不同的用户采用不同的素数域是很重要的，尽管多个用户对同一应用可以使用一个共同的域。

在扩展域的世界里，$\mathrm{GF}(2^n)$ 并未被研究者忽略，一个算法已被提出[727]。Coppersmith 算法使得在诸如 $\mathrm{GF}(2^{127})$ 这样的域上找到离散对数是可能的，而在诸如 $\mathrm{GF}(2^{400})$ 这样的域上找到它们也几乎是可能的[368]，这些都基于文献 [180] 中的工作。虽然这个算法的预计算过程很庞大，但它却是不错和有效的。相同算法的一个低效的版本实际执行时，在经过 7 小时的预计算后，对 $\mathrm{GF}(2^{127})$ 在几秒内就找到一个离散对数[1130,180]。（曾用于某些密码系统[142,1631,1632]中的这个特定域是不安全的。）这些结果的综述参见[1189,1039]。

最近，对 $\mathrm{GF}(2^{227})$、$\mathrm{GF}(2^{313})$ 和 $\mathrm{GF}(2^{401})$ 的预计算都已完成，对 $\mathrm{GF}(2^{503})$ 也已取得了显著进步。这些计算都是在一台具有 1024 个处理器的紧耦合并行机 nCube-2 上执行的[649,650]。计算 $\mathrm{GF}(2^{593})$ 上的离散对数还是一个未实现的目标。

像素数域上的离散对数一样，预计算在多项式域上也要求仅计算一次离散对数。Taher ElGamal[520] 给出了一个计算 $\mathrm{GF}(p^2)$ 域上的离散对数的算法。

数据加密标准

12.1 背景

数据加密标准（Data Encryption Standard，DES），作为 ANSI 的数据加密算法（Data Encryption Algorithm，DEA）和 ISO 的 DEA-1，成为一个世界范围内的标准已经 20 多年了。尽管它带有过去时代的特征，但它很好地抗住了多年的密码分析，除了可能的最强有力的敌人外，对其他的攻击仍是安全的。

12.1.1 标准的开发

在 20 世纪 70 年代初，非军用密码学的研究处在混乱不堪的状态中。在这个领域几乎没有研究论文发表。大多数人都知道军方采用特殊的编码设备来进行通信，但很少有人懂得密码学这门科学。尽管国家安全局（NSA）对此知之甚多，但他们却不公开承认自己的存在。

当时的购买者也并不清楚他们所买的东西。只有几家小公司制造和出售密码设备，主要是卖给外国政府。这些设备千差万别，而且不能相互通信。也没有人真正清楚这些设备是否保密，那时没有独立的机构来认证它们的安全性。正如一个政府报告[441] 中所说：

无论过去还是现在，事实上几乎所有买主并不懂得密钥变化和工作原理对加密/解密设备的实际强度影响的复杂程度，也很难对诸如联机、脱机、密钥产生等这些满足购买者安全所需的正确方式做出有根有据的判断。

1972 年，国家标准局（NBS），即现在的国家标准与技术研究所（NIST），拟定了一个旨在保护计算机和通信数据的计划。作为该计划的一部分，他们想开发一个单独的标准密码算法。这个独立的算法应该能测试和验证，而不同的密码设备可互操作，而且实现起来便宜并易于得到。

在 1973 年 5 月 15 日的《联邦公报》上，NBS 发布了公开征集标准密码算法的请求，他们确定了一系列的设计准则：

- 算法必须提供较高的安全性。
- 算法必须完全确定且易于理解。
- 算法的安全性必须依赖于密钥，而不应该依赖于算法。
- 算法必须对所有的用户都有效。
- 算法必须适用于各种应用。
- 用以实现算法的电子器件必须很经济。
- 算法必须能有效使用。
- 算法必须能验证。
- 算法必须能出口。

公众的回答表明大家对密码标准具有相当大的兴趣，但对这个领域的专业知识知之甚少。提交的算法都与要求相去甚远。

1974 年 8 月 27 日，NBS 在《联邦公报》上第二次发布征集。最后，他们收到了一个有前途的候选算法：该算法是从 IBM 1970 年初开发出的一个叫 Lucifer（参见 13.1 节）的算法发展起来的。IBM 在 Kingston 和 Yorktown Heights 有一支致力于密码学的研究小组，其人员包括 Roy Adler、Don Coppersmith、Horst Feistd、Edna Grossman、Alan Konheim、Carl Meyer、Bill Notz、Lynn Smith、Walt Tuchman 和 Bryant Tuckerman。

尽管该算法复杂难懂，但易于实现。它只对小的位组进行简单的逻辑运算，用硬件和软件实现起来都比较有效。

NBS 请求 NSA 帮助，对算法的安全性进行评估以决定它是否适于作为联邦标准。IBM 已为该算法[514] 申请了专利，但他们同意让其他公司在制造、实现和使用中使用他们的知识产权。NBS 与 IBM 达成协议，制订了条款，最后获得了制造、使用和销售用该算法实现的设备免去版税的特许。

最后，在 1975 年 3 月 17 日的《联邦公报》上，NBS 公布了算法细节和 IBM 准予该算法免去版税的声明及征求评论[536]，在 1975 年 8 月 1 日的《联邦公报》上发表了通知，征求各机构和广大公众的评论。

在文献 [721，497，1120] 中提到了一些评论。许多密码学家对 NSA 在开发该算法时的“看不见的手”很警惕，他们担心 NSA 修改了算法以安装陷门。他们抱怨 NSA 把密钥长度从原来的 112 位减少到 56 位（参见 13.1 节）。他们还抱怨算法的内部操作。NSA 许多做法的原因到 1990 年初已很清楚，但在 20 世纪 70 年代，却显得神秘而令人忧虑。

1976 年，NBS 成立了两个专题研究小组来评估所提出的标准。第一个专题小组讨论算法的数学问题及安放陷门的可能性[1139]；第二个专题小组讨论增加算法密钥长度的可能性[229]。讨论会邀请了算法的设计者、评估者、实现者、零售商、用户和批评者。从所有的报道看来，讨论会开得非常热烈[1118]。

尽管备受责难，1976 年 11 月 23 日 DES 还是被采纳作为联邦标准[229]，并授权在非密级的政府通信中使用。该标准的正式文本，FIPS PUB 46（DES），在 1977 年 1 月 15 日公布，并在 6 个月后生效[1140]；FIPS PUB 81（DES 工作方式）于 1980 年公布[1143]；FIPS PUB 74（实现和使用 DES 的指南）于 1981 年公布[1142]。另外 NBS 还公布了指定 DES 用作口令加密的 FIPS PUB 112[1144] 和指定 DES 用作计算机数据鉴别的 FIPS PUB 113[1145]（FIPS 代表联邦信息处理标准）。

这些标准都是前所未有的。在这之前，没有一个 NSA 执行的算法被公布。这可能就是导致 NSA 和 NBS 相互误解的原因。NSA 认为 DES 仅仅是一个硬件。该标准要求一个硬件的实现，但 NBS 对这一标准公布了足够多的细节，所以人们完全可以写出 DES 的实现软件。没有记录的报道称，NSA 曾经将 DES 视为他们一个最大的错误。如果他们知道细节被公布，从而人们可以写出 DES 的软件，那么他们永远不会同意公布。DES 在密码分析学的电子实现领域做得更多一些。目前 NSA 正在研究一个号称是安全的算法。不出意外的话，它将是下一个官方标准算法：Skipjack（参见 13.12 节），这方面的资料是保密的。

12.1.2 标准的采用

1981 年，美国国家标准研究所（ANSI）批准 DES 作为私营部门的标准（ANSI X3.92)[50]，他们称之为 DEA。ANSI 公布了一个 DEA 工作方式的标准（ANSI X3.106)[52] 和一个用 DES 进行网络加密的标准（ANSI X3.105)[51]，前者借鉴了 NBS 的文档说明。

ANSI 内的其他两个组（零售金融和批发金融）开发了基于 DES 的标准。零售金融包括金融机构与个体之间的业务，而批发金融包括金融机构与客户团体之间的业务。

ANSI 的金融机构零售安全工作组为 PIN 的管理和安全开发了一个标准（ANSI X9.8）[53]，另外又为零售金融信息的鉴别开发一个基于 DES 的标准（ANSI X9.19）[56]。这个组还拟定了一个秘密密钥分配标准的草案（ANSI X9.24）[58]。

ANSI 的金融机构批发安全工作组自己开发一套标准，这套标准用于信息鉴别（ANSI X9.9）[54]、密钥管理（ANSI X9.17）[55,1151]、加密（ANSI X9.23）[57] 和个人及节点的安全鉴别（ANSI X9.26）[59]。

美国银行家协会为金融业开发了几个自愿性标准。他们发布了一个标准，推荐在加密时使用 DES[1]，另外，他们还发布了一个密钥管理标准[2]。

在 1987 年计算机安全条令颁布之前，由美国总务署（GSA）负责制订联邦电信标准。自从计算机安全条令颁布以后，改由 NIST 负责。GSA 发布了三个基于 DES 的标准：其中两个是为了满足一般的安全性和互操作性需要的联邦标准 1026[662] 和 1027[663]，另一个用于Ⅲ类传真设备的联邦标准 1028[664]。

美国财政部制定政策，要求所有的电子资金转账电文使用 DES 鉴别[468,470]。他们也拟订了基于 DES 的准则[469]，所有的鉴别设备必须符合这些准则。

国际标准化组织（ISO）想先投票赞成将 DES（改名为 DEA-1）作为国际标准，后来又决定不涉足密码的标准化工作。然而，1987 年，ISO 下属的国际销售金融标准组在国际认证标准中使用了 DES[758]，并将它用于密钥管理[761]。在澳大利亚金融标准中也使用了 DES[1497]。

12.1.3 DES 设备的鉴定和认证

作为 DES 标准的一部分，NIST 对 DES 的实现进行鉴定。通过这种鉴定，确认该实现是否遵循标准。直到 1994 年，NIST 也只鉴定硬件和固件实现方法——那时标准还禁止软件实现。到 1995 年 3 月，有 45 种不同的实现方法已通过鉴定。

NIST 还开发了一个程序来认证设备是否符合 ANSI X9.9 和 FIPS 113，到 1995 年 3 月，已有 33 种产品通过鉴定。财政部还有一个认证规程。并且，NIST 开发了一个程序以鉴定设备是否达到批发密钥管理的 ANSI X9.17 要求[1151]，到 1995 年 3 月，已有 4 种产品通过鉴定。

12.1.4 1987 年的标准

标准的条款中规定每五年对标准重新审查一次。1983 年，DES 被重新认证了一次。在 1987 年 3 月 6 日的《联邦公报》上，NBS 发表了一个请求，要求对 DES 的第二个五年进行评估。NBS 提出了三个方案以供参考[1480,1481]：再使用该标准三年、取消该标准或者修改该标准的适用性。

NBS 和 NSA 重新审查了这个标准，这次 NSA 参与得要多一些。根据里根总统签署的 NSDD-145 的行政命令，NSA 在密码方面上对 NBS 有否决权。起初，NSA 声称不再担保这个标准，其原因并不是已经破译了 DES，甚至连怀疑破译了都不是，而仅仅是 DES 看起来很快将被破译。

作为替代，NSA 提出了商业通信安全担保计划（CCEP），该计划最终提供了一系列的算法来代替 DES[85]。NSA 设计的这些算法将不会公开，而且只运用在防拆的 VLSI 芯片上

（见 25.1 节）。

此通告没被很好地接受。许多人士指出商业上（尤其是金融上）已广泛使用了 DES，没有合适的方案来代替它。废除这个标准将使得许多机构无法保护他们的数据。经过大量的争论，DES 再获肯定，可以作为美国政府标准使用到 1992 年[1141]。根据 NBS 的看法，DES 将不会再被认证了[1480]。

12.1.5　1993 年的标准

"话不要说绝了"。到 1992 年，仍然没有 DES 的替代方案。NBS 现在称为 NIST，只好在《联邦公报》上再次征求对 DES 的评估[540]：

这个通告的目的是征求对继续使用这个标准保护计算机数据的合适性的评价。对于 FIPS 46-1 来自工业界及公众的评论如下。评论中包括了这些可选方案所带来的代价和益处：

- 再使用该标准五年。NISI 则继续鉴定实现该标准的设备。FIPS 46-1 将继续是唯一获批准保护非密计算机数据的方法。
- 取消该标准。NISI 将不再继续支持该标准。各机构可以继续使用现有的实现该标准的设备。NIST 将发表另外的标准代替 DES。
- 修改该标准的适用性和实现说明。修改将包括改变标准，除硬件外也允许用软件方法实现 DES、允许在特定应用中反复使用 DES、允许使用由 NIST 批准并注册的替代算法。

评估于 1992 年 12 月 10 日结束。依照 NIST 的代理所长 Raymond Kammer 的话[813]：

去年，NIST 就 DES 的重新审查问题正式征求了意见。在考察了这些评价和收到的其他技术性的建议后，我打算向商业部长建议再认证 DES 五年。我也打算向部长建议，在宣布认证的同时，也要在接下来的五年里考虑该算法的替代方案。通过将通告公之于众的方式，我们希望给人们一个讨论合适的技术过渡期的机会。同时，我们必须考虑依赖于这个已证明标准的巨大的已安装系统的基础。

尽管技术评审局引用 NIST 的 Dennis Branstead 的话，说 DES 的使用寿命将在 20 世纪 90 年代末期结束[1191]，但 DES 算法还是又被认证了五年[1150]。DES 算法的软件实现最后也被允许鉴定。

人们都在猜测，1998 年会发生什么？

12.2　DES 的描述

DES 是一个分组加密算法，它以 64 位为分组对数据加密。64 位一组的明文从算法的一端输入，64 位的密文从另一端输出。DES 是一个对称算法：加密和解密用的是同一算法（除密钥编排不同以外）。

密钥的长度为 56 位。（密钥通常表示为 64 位的数，但每个第 8 位都用作奇偶校验，可以忽略。）密钥可以是任意的 56 位的数，且可在任意的时候改变。其中极少量的数被认为是弱密钥，但能容易地避开它们。所有的保密性都依赖于密钥。

简单地说，算法只不过是加密的两个基本技术——混乱和扩散的组合。DES 基本组建分组是这些技术的一个组合（先代替后置换），它基于密钥作用于明文，这是众所周知的轮（round）。DES 有 16 轮，这意味着要在明文分组上 16 次实施相同的组合技术（见图 12-1）。

此算法只使用了标准的算术和逻辑运算，而其作用的数也最多只有 64 位，因此用 20 世纪 70 年代末期的硬件技术很容易实现。算法的重复特性使得它可以非常理想地用在一个专用芯片中。最初的软件实现很粗陋，但现在已好多了。

12.2.1 算法概要

DES 对 64 位的明文分组进行操作。通过一个初始置换，将明文分组分成左半部分和右半部分，各 32 位长。然后进行 16 轮完全相同的运算，这些运算称为函数 f，在运算过程中数据与密钥结合。经过 16 轮后，左、右半部分合在一起经过一个末置换（初始置换的逆置换），这样该算法就完成了。

在每一轮中（见图 12-2），密钥位移位，然后再从密钥的 56 位中选出 48 位。通过一个扩展置换将数据的右半部分扩展成 48 位，并通过一个异或运算与 48 位密钥结合，通过 8 个 S 盒将这 48 位替代成新的 32 位数据，再将其置换一次。这四步运算构成了函数 f。然后，通过另一个异或运算，函数 f 的输出与左半部分结合，其结果即成为新的右半部分，原来的右半部分成为新的左半部分。将该运算重复 16 次，便实现了 DES 的 16 轮运算。

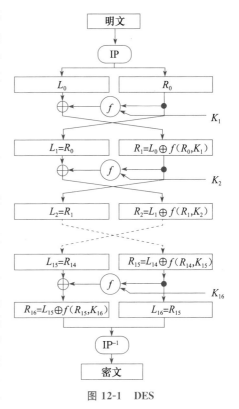

图 12-1 DES

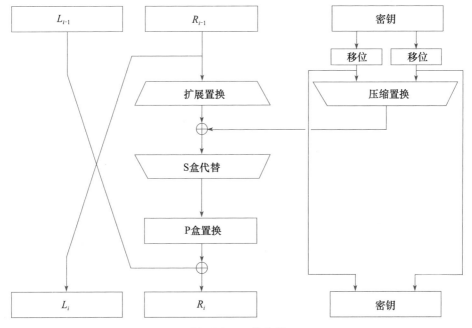

图 12-2 一轮 DES

假设 B_i 是第 i 次迭代的结果，L_i 和 R_i 是 B_i 的左半部分和右半部分，K_i 是第 i 轮的 48 位密钥，且 f 是实现代替、置换及密钥异或等运算的函数，那么每一轮就是：

$$L_i = R_{i-1}$$
$$R_i = L_{i-1} \oplus f(R_{i-1}, K_i)$$

12.2.2 初始置换

初始置换在第一轮运算之前执行，对输入分组实施如表 12-1 所示的变换。此表如本章中的其他表一样，应从左向右、从上向下读。例如，初始置换把明文的第 58 位换到第 1 位的位置，把第 50 位换到第 2 位的位置，把第 42 位换到第 3 位的位置等。

表 12-1 初始置换

58,	50,	42,	34,	26,	18,	10,	2,	60,	52,	44,	36,	28,	20,	12,	4,
62,	54,	46,	38,	30,	22,	14,	6,	64,	56,	48,	40,	32,	24,	16,	8,
57,	49,	41,	33,	25,	17,	9,	1,	59,	51,	43,	35,	27,	19,	11,	3,
61,	53,	45,	37,	29,	21,	13,	5,	63,	55,	47,	39,	31,	23,	15,	7

初始置换和对应的末置换并不影响 DES 的安全性。（正如人们所说，它的主要目的是更容易地将明文和密文数据以字节大小放入 DES 芯片中。记住，DES 早于 16 位和 32 位微处理器总线。）因为这种位方式的置换用软件实现很困难（虽然用硬件实现较容易），所以 DES 的许多软件实现方式删去了初始置换和末置换。尽管这种新算法的安全性不比 DES 差，但它并未遵循 DES 标准，所以而不应叫作 DES。

12.2.3 密钥置换

开始，由于不考虑每个字节的第 8 位，所以 DES 的密钥由 64 位减至 56 位，如表 12-2 所示。每个字节的第 8 位可作为奇偶校验以确保密钥不发生错误。在 DES 的每一轮中，从 56 位密钥产生出不同的 48 位**子密钥**（subkey），这些子密钥 K_i 由下面的方式确定。

表 12-2 密钥置换

57,	49,	41,	33,	25,	17,	9,	1,	58,	50,	42,	34,	26,	18,
10,	2,	59,	51,	43,	35,	27,	19,	11,	3,	60,	52,	44,	36,
63,	55,	47,	39,	31,	23,	15,	7,	62,	54,	46,	38,	30,	22,
14,	6,	61,	53,	45,	37,	29,	21,	13,	5,	28,	20,	12,	4

首先，56 位密钥被分成两部分，每部分 28 位。然后，根据轮数，这两部分分别循环左移 1 位或 2 位。表 12-3 给出了每轮移动的位数。

表 12-3 每轮移动的位数

轮	1	2	3	4	5	6	7	8	9	10	11	12	13	14	15	16
位数	1	1	2	2	2	2	2	2	1	2	2	2	2	2	2	1

移动后，就从 56 位中选出 48 位。因为这个运算不仅置换了每位的顺序，同时也选择了子密钥，因而称为**压缩置换**（compression permutaion）。这个运算提供了一组 48 位的集。表 12-4 定义了压缩置换（也称为置换选择）。例如，处在第 33 位的那一位在输出时移到了第 35 位的位置，而处在第 18 位的那一位被略去了。

表 12-4　压缩置换

14,	17,	11,	24,	1,	5,	3,	28,	15,	6,	21,	10,
23,	19,	12,	4,	26,	8,	16,	7,	27,	20,	13,	2,
41,	52,	31,	37,	47,	55,	30,	40,	51,	45,	33,	48,
44,	49,	39,	56,	34,	53,	46,	42,	50,	36,	29,	32

因为有移动运算，所以在每一个子密钥中使用了不同的密钥子集的位。虽然不是所有的位在子密钥中使用的次数均相同，但在 16 个子密钥中，每一位大约使用了其中 14 个子密钥。

12.2.4　扩展置换

这个运算将数据的右半部分 R_i 从 32 位扩展到了 48 位。由于这个运算改变了位的次序，重复了某些位，所以称为扩展置换（expansion permutation）。这个运算有两个方面的目的：它产生了与密钥同长度的数据以进行异或运算；它提供了更长的结果，使得在替代运算时能进行压缩。但是，以上的两个目的都不是它在密码学上的主要目的。由于输入的一位将影响两个替换，所以输出对输入的依赖性将传播得更快，这叫作雪崩效应（avalanche effect）。故 DES 的设计着重于尽可能快地使得密文的每一位依赖明文和密钥的每一位。

图 12-3 显示了扩展置换，有时它也叫作 E 盒（E-box）。对每个 4 位输入分组，第 1 位和第 4 位分别表示输出分组中的两位，而第 2 位和第 3 位分别表示输出分组中的一位。表 12-5 给出了哪个输出位对应于哪个输入位。例如，处于输入分组中第 3 位的位置位移到了输出分组中第 4 位的位置，而输入分组中第 21 位的位置位移到了输出分组中第 30 位和第 32 位的位置。

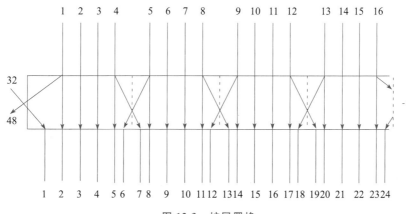

图 12-3　扩展置换

表 12-5　扩展置换

32,	1,	2,	3,	4,	5,	4,	5,	6,	7,	8,	9,
8,	9,	10,	11,	12,	13,	12,	13,	14,	15,	16,	17,
16,	17,	18,	19,	20,	21,	20,	21,	22,	23,	24,	25,
24,	25,	26,	27,	28,	29,	28,	29,	30,	31,	32,	1

尽管输出分组大于输入分组，但每一个输入分组产生唯一的输出分组。

12.2.5　S 盒代替

压缩后的密钥与扩展分组异或以后，将 48 位的结果送入进行代替运算。代替由 8 个代替盒（substitution box），或 S 盒（S-box）完成。每一个 S 盒都有 6 位输入、4 位输出，且这 8 个 S 盒是不同的。（DES 的这 8 个 S 盒占的存储空间为 256 字节。）48 位的输入被分为 8 个 6 位的分组，每个分组对应一个 S 盒代替操作：分组 1 由 S 盒 1 操作，分组 2 由 S 盒 2 操作等。见图 12-4。

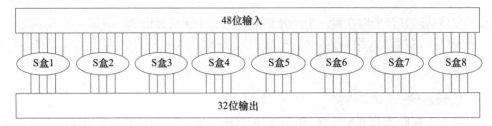

图 12-4 S 盒代替

每个 S 盒是一个 4 行、16 列的表。盒中的每一项都是一个 4 位的数。S 盒的 6 个位输入确定了其对应的输出在哪一行哪一列。表 12-6 列出了所有 8 个 S 盒。

表 12-6 S 盒

S 盒 1：

14,	4,	13,	1,	2,	15,	11,	8,	3,	10,	6,	12,	5,	9,	0,	7,
0,	15,	7,	4,	14,	2,	13,	1,	10,	6,	12,	11,	9,	5,	3,	8,
4,	1,	14,	8,	13,	6,	2,	11,	15,	12,	9,	7,	3,	10,	5,	0,
15,	12,	8,	2,	4,	9,	1,	7,	5,	11,	3,	14,	10,	0,	6,	13,

S 盒 2：

15,	1,	8,	14,	6,	11,	3,	4,	9,	7,	2,	13,	12,	0,	5,	10,
3,	13,	4,	7,	15,	2,	8,	14,	12,	0,	1,	10,	6,	9,	11,	5,
0,	14,	7,	11,	10,	4,	13,	1,	5,	8,	12,	6,	9,	3,	2,	15,
13,	8,	10,	1,	3,	15,	4,	2,	11,	6,	7,	12,	0,	5,	14,	9,

S 盒 3：

10,	0,	9,	14,	6,	3,	15,	5,	1,	13,	12,	7,	11,	4,	2,	8,
13,	7,	0,	9,	3,	4,	6,	10,	2,	8,	5,	14,	12,	11,	15,	1,
13,	6,	4,	9,	8,	15,	3,	0,	11,	1,	2,	12,	5,	10,	14,	7,
1,	10,	13,	0,	6,	9,	8,	7,	4,	15,	14,	3,	11,	5,	2,	12,

S 盒 4：

7,	13,	14,	3,	0,	6,	9,	10,	1,	2,	8,	5,	11,	12,	4,	15,
13,	8,	11,	5,	6,	15,	0,	3,	4,	7,	2,	12,	1,	10,	14,	9,
10,	6,	9,	0,	12,	11,	7,	13,	15,	1,	3,	14,	5,	2,	8,	4,
3,	15,	0,	6,	10,	1,	13,	8,	9,	4,	5,	11,	12,	7,	2,	14,

S 盒 5：

2,	12,	4,	1,	7,	10,	11,	6,	8,	5,	3,	15,	13,	0,	14,	9,
14,	11,	2,	12,	4,	7,	13,	1,	5,	0,	15,	10,	3,	9,	8,	6,
4,	2,	1,	11,	10,	13,	7,	8,	15,	9,	12,	5,	6,	3,	0,	14,
11,	8,	12,	7,	1,	14,	2,	13,	6,	15,	0,	9,	10,	4,	5,	3,

（续）

S盒6：

12,	1,	10,	15,	9,	2,	6,	8,	0,	13,	3,	4,	14,	7,	5,	11,
10,	15,	4,	2,	7,	12,	9,	5,	6,	1,	13,	14,	0,	11,	3,	8,
9,	14,	15,	5,	2,	8,	12,	3,	7,	0,	4,	10,	1,	13,	11,	6,
4,	3,	2,	12,	9,	5,	15,	10,	11,	14,	1,	7,	6,	0,	8,	13,

S盒7：

4,	11,	2,	14,	15,	0,	8,	13,	3,	12,	9,	7,	5,	10,	6,	1,
13,	0,	11,	7,	4,	9,	1,	10,	14,	3,	5,	12,	2,	15,	8,	6,
1,	4,	11,	13,	12,	3,	7,	14,	10,	15,	6,	8,	0,	5,	9,	2,
6,	11,	13,	8,	1,	4,	10,	7,	9,	5,	0,	15,	14,	2,	3,	12,

S盒8：

13,	2,	8,	4,	6,	15,	11,	1,	10,	9,	3,	14,	5,	0,	12,	7,
1,	15,	13,	8,	10,	3,	7,	4,	12,	5,	6,	11,	0,	14,	9,	2,
7,	11,	4,	1,	9,	12,	14,	2,	0,	6,	10,	13,	15,	3,	5,	8,
2,	1,	14,	7,	4,	10,	8,	13,	15,	12,	9,	0,	3,	5,	6,	11

输入位以一种非常特殊的方式确定了 S 盒中的项。假定将 S 盒的 6 位输入标记为 b_1、b_2、b_3、b_4、b_5、b_6。b_1 和 b_6 组合构成了一个 2 位的数，从 0～3，它对应于表中的一行。从 b_2～b_5 构成了一个 4 位的数，从 0～15，对应于表中的一列。

例如，假设第 6 个 S 盒的输入（即异或函数的第 31～36 位）为 110011。第 1 位和最后一位组合形成了 11，它对应着第 6 个 S 盒的第三行。中间的 4 位组合在一起形成了 1001，它对应着同一个 S 盒的第 9 列。S 盒 6 的第三行第 9 列的数是 14（记住，行、列的记数均从 0 开始，而不是从 1 开始），则值 1110 就代替了 110011。

当然，用软件实现 64 项的 S 盒更容易。仅需要花费一些精力重新组织 S 盒的每一项，这并不困难。（S 盒的设计必须非常仔细，不要仅仅改变查找的索引，而不重新编排 S 盒中的每一项。）然而，S 盒的这种描述，使它的工作过程可视化了。每个 S 盒可看做一个 4 位输入的代替函数：b_2～b_5 直接输入，输出结果为 4 位。b_1 和 b_6 位来自临近的分组，它们从特定 S 盒的四个代替函数中选择一个。

这是该算法的关键步骤。所有其他的运算都是线性的，易于分析。而 S 盒是非线性的，它比 DES 的其他任何一步都提供了更好的安全性。

这个代替过程的结果是 8 个 4 位的分组，它们重新合在一起形成了一个 32 位的分组。这个分组将进行下一步：P 盒置换。

12.2.6　P 盒置换

S 盒代替运算后的 32 位输出依照 P 盒（P-box）进行置换。该置换把每输入位映射到输出位，任一位不能映射两次，也不能被略去，这个置换叫作直接置换（straight permutation），或就叫作置换。表 12-7 给出了每位移至的位置。例如，第 21 位移到了第 4 位，同时第 4 位移到了第 31 位。

表 12-7 P 盒置换

16,	7,	20,	21,	29,	12,	28,	17,	1,	15,	23,	26,	5,	18,	31,	10,
2,	8,	24,	14,	32,	27,	3,	9,	19,	13,	30,	6,	22,	11,	4,	25

最后，将 P 盒置换的结果与最初的 64 位分组的左半部分异或，然后左、右半部分交换，接着开始另一轮。

12.2.7 末置换

末置换是初始置换的逆过程，表 12-8 列出了该置换。注意 DES 在最后一轮后，左半部分和右半部分并未交换，而是将 R_{16} 与 L_{16} 并在一起形成一个分组作为末置换的输入。到此，不再做其他的事。其实交换左、右两部分并循环移动，仍将获得完全相同的结果。但这样做，就使该算法既能用作加密，又能用作解密。

表 12-8 末置换

40,	8,	48,	16,	56,	24,	64,	32,	39,	7,	47,	15,	55,	23,	63,	31,
38,	6,	46,	14,	54,	22,	62,	30,	37,	5,	45,	13,	53,	21,	61,	29,
36,	4,	44,	12,	52,	20,	60,	28,	35,	3,	43,	11,	51,	19,	59,	27,
34,	2,	42,	10,	50,	18,	58,	26,	33,	1,	41,	9,	49,	17,	57,	25

12.2.8 DES 解密

在经过所有的代替、置换、异或和循环移动之后，你或许认为解密算法与加密算法完全不同，并且也像加密算法一样有很强的混乱效果。恰恰相反，经过精心选择各种运算，获得了这样一个非常有用的性质：加密和解密可使用相同的算法。

DES 使得用相同的函数来加密或解密每个分组成为可能。两者的唯一不同是密钥的次序相反。这就是说，如果各轮的加密密钥分别是 K_1, K_2, K_3, …, K_{16}, 那么解密密钥就是 K_{16}, K_{15}, K_{14}, …, K_1。为各轮产生密钥的算法也是循环的。密钥向右移动，每次移动的个数为 0, 1, 2, 2, 2, 2, 2, 2, 1, 2, 2, 2, 2, 2, 2, 1。

12.2.9 DES 的工作模式

FIPS PUB 81 定义了四种工作方式：电子密本（ECB）、密码分组链接（CBC）、输出反馈（OFB）和密文反馈（CFB）（见第 9 章）[1143]。ANSI 银行标准中规定加密用 ECB 和 CBC 方式，鉴别用 CBC 和 n 位的 CFB 方式[52]。

在软件界，认证问题没有引起争论。因为 ECB 方式简单，所以尽管它最易于攻击，但在流行的商业软件产品中，它仍是最常采用的方式。CBC 方式只是偶尔采用，尽管它比 ECB 方式仅仅复杂一点儿，但它提供了更好的安全性。

12.2.10 DES 的硬件和软件实现

有关该算法高效的硬件和软件实现方式的文章，参见文献 [997, 81, 553, 534, 437, 738, 1573, 176, 271, 1572]。到目前为止，DES 芯片速度的最快纪录保持者是由数字设备公司（DEC）开发的一个样品[512]。它支持 ECB 和 CBC 方式，有基于 GaAS 门阵的 5 万个晶体管，数据加密/解密速率达 1Gbit/s，它能在 1 秒内加密 1680 万个数据分组，这个速率是令人难忘的。表 12-9 列出了一些商用 DES 芯片的描述。由于芯片内部管线的不同，它们在时钟速率和数据速率上存在着差异。一个芯片中可能有多个并行工作的 DES 模块。

表 12-9　商用 DES 芯片

制造商	芯　片	制造日期	时钟（MHz）	数据速率（MB/s）	可用性
AMD	Am9518	1981	3	1.3	否
AMD	Am9568	?	4	1.5	否
AMD	AmZ8068	1982	4	1.7	否
AT&T	T7000A	1985	?	1.9	否
CE-Infosys	SuperCrypt CE99C003	1992	20	12.5	是
CE-Infosys	SuperCrypt CE99C003A	1994	30	20.0	是
Cryptech	Cry12C102	1989	20	2.8	是
Newbridge	CA20C03A	1991	25	3.85	是
Newbridge	CA20C03W	1992	8	0.64	是
Newbridge	CA95C68/18/09	1993	33	14.67	是
Pijnenburg	PCC100	?	?	2.5	是
Semaphore Communications	Roadrunner284	?	40	35.5	是
VLSI	VM007	1993	32	200.0	是
VLSI	VM009	1993	33	14.0	是
VLSI	6868	1995	32	64.0	是
Western Digital	WD2001/2002	1984	3	0.23	否

令人印象最深的 DES 芯片是 VLSI 的 6868（正式的叫法为 Gatekeeper）。它不仅可以在 8 个时钟周期内完成 DES 加密（其样品在实验室内只用了 4 个时钟周期），而且可以在 25 个时钟周期内完成 ECB 方式加密，在 35 个时钟周期内完成 OFB 或 CBC 方式加密。这听起来简直不可能，但它确实如此。

DES 的软件实现方法，在 IBM 3090 大型计算机上每秒能完成 32 000 次加密。微机要慢一点儿，但仍相当快。表 12-10[603,793] 给出了在 Intel 和 Motorola 的几种微处理器上运算的结果和估计。

表 12-10　不同微处理器上的 DES 速度

处理器	速度（MHz）	DES 分组（每秒）
8088	4.7	370
68000	7.6	900
80286	6	1100
68020	16	3500
68030	16	3900
80286	25	5000
68030	50	10 000
68040	25	16 000
68040	40	23 000
80486	66	43 000

（续）

处理器	速度（MHz）	DES 分组（每秒）
Sun ELC		26 000
HyperSparc		32 000
RS6000-350		53 000
Sparc 10/52		84 000
DEC Alpha 4000/610		154 000
HP 9000/887	125	196 000

12.3　DES 的安全性

长久以来人们对 DES 的安全性都持怀疑态度[458]。对密钥长度、迭代次数和 S 盒的设计有颇多的臆测，特别是 S 盒——所有的 S 盒都是固定的，而又没有明显的理由说明为什么要这样。尽管 IBM 声称，DES 内部的工作方式是 17 个人多年集体密码分析的结果，但仍有些人担心 NSA 在算法中嵌入了陷门，这样一来，他们就能用一个简便的方法对消息进行解密。

美国参议院情报调查委员会于 1978 年得到了最高密级的许可，调查了这件事。调查结果是保密的，但调查结果的总结不保密，这个总结为 NSA 洗脱了不适当地卷入了该算法设计的罪名[1552] ——"据说，NSA 使 IBM 相信，使用短的密钥比较合适，还直接帮助设计了 S 盒的结构，并证明了最终的 DES 算法没有统计上和数学上的弱点。"[435] 然而，由于政府一直没有将调查的细节公之于众，很多人仍持怀疑态度。

设计 DES 的两个 IBM 密码学家 Tuchman 和 Meyer 说过 NSA 并未改动设计[481]：

> 他们的基本方法是寻找强的代替、置换和密钥编排函数……IBM 按照 NSA 的要求将含有选择准则的记录予以保密……Tuchman 解释道："NSA 告诉我们，我们无意地用到了一些深层次的秘密，NSA 就是使用它们来编写自己的算法。"

在那篇文章的后面，Tuchman 引述："我们完全在 IBM 范围内，由 IBM 的人员来开发 DES 算法。NSA 并没有指导过一点点！"在 1992 年的美国国家计算机安全讨论会上，Tuchman 在回顾 DES 的历史时重申了这一点。

另一方面，Coppersmith 在文献［373，374］中写道："NSA 也为 IBM 提供了技术建议。"而且，Konheim 曾经引述道："我们将 S 盒送到华盛顿。他们将它反馈回来，并且与以前的都不相同。我们运行了我们的测试，这些 S 盒都通过了。"人们以此作为 NSA 在 DES 算法中嵌入了陷门的证据。

当 NSA 被质询是否在 DES 上强加了漏洞时，NSA 说[363]：

> 关于 DES，我们相信 1978 年参议院情报委员会关于 NSA 在开发 DES 中所起作用的公开报道中已经回答了这个问题。该委员会的报告表明，NSA 并没有以任何形式左右 DES 算法的设计，而 DES 提供的保密性能，对它要保护的非机密数据而言足够用至少 5～10 年的时间。简言之，NSA 没有把缺陷强加或试图

强加到 DES 中。

那么，他们为什么要修改 S 盒？也许是为了确保 IBM 没有在 DES 算法中嵌入了陷门。NSA 没有理由相信 IBM 的研究成果，而且如果他们不能绝对确定 DES 没有陷门，那么将是他们职责上的疏忽。修改 S 盒是他们确定 DES 有无陷门的一种方法。

最近，一些新的密码分析结果弄清了这个问题，但多年来，关于它们一直存在着多种猜测。

12.3.1　弱密钥

由于算法各轮的子密钥是通过改变初始密钥这种方式得到的，所以有些初始密钥成了弱密钥（weak key）[721,427]。大家记得，初始值分成了两部分，每部分各自独立地移动。如果每部分的所有位都是 0 或 1，那么算法的任意周期的密钥都是相同的。当密钥是全 1、全 0 或者一半是全 1、一半是全 0 时，就会发生这种情况。此外，其中两种弱密钥还具有使其安全性变差的其他性质[427]。

表 12-11 以十六进制编码方式给出了四种弱密钥。（注意，每个第 8 位是奇偶校验位。）

表 12-11　DES 弱密钥

弱密钥值（带奇偶校验位）				真实密钥	
0101	0101	0101	0101	0000000	0000000
1F1F	1F1F	0E0E	0E0E	0000000	FFFFFFF
E0E0	E0E0	F1F1	F1F1	FFFFFFF	0000000
FEFE	FEFE	FEFE	FEFE	FFFFFFF	FFFFFFF

此外，还有一些密钥对把明文加密成相同的密文。换句话说，密钥对里的一个密钥能解密另一个密钥加密的信息。这也是由于 DES 产生子密钥这种方式所决定的。这些密钥只产生 2 个不同的子密钥，而不是 16 个不同的子密钥。算法中每个这样的子密钥都使用了 8 次。这些子密钥叫作半弱密钥（semiweak key），表 12-12 以十六进制表示方法给出了它们。

表 12-12　DES 半弱密钥

01FE	01FE	01FE	01FE	和	FE01	FE01	FE01	FE01
1FE0	1FE0	0EF1	0EF1	和	E01F	E01F	F10E	F10E
01E0	01E0	01F1	01F1	和	E001	E001	F101	F101
1FFE	1FFE	0EFE	0EFE	和	FE1F	FE1F	FE0E	FE0E
011F	011F	010E	010E	和	1F01	1F01	0E01	0E01
E0FE	E0FE	F1FE	F1FE	和	FEE0	FEE0	FEF1	FEF1

也有只产生 4 个子密钥的密钥，每个这样的子密钥在算法中使用了 4 次。这些可能的弱密钥在表 12-13 中列出。

表 12-13 DES 可能的弱密钥

1F	1F	01	01	0E	0E	01	01	E0	01	01	E0	F1	01	01	F1
01	1F	1F	01	01	0E	0E	01	FE	1F	01	E0	FE	0E	01	F1
1F	01	01	1F	0E	01	01	0E	FE	01	1F	E0	FE	01	0E	F1
01	01	1F	1F	01	01	0E	0E	E0	01	1F	E0	F1	01	0E	F1
E0	E0	01	01	F1	F1	01	01	FE	01	01	FE	FE	01	01	FE
FE	FE	01	01	FE	FE	01	01	E0	01	01	FE	F1	01	01	FE
FE	E0	1F	01	FE	F1	0E	01	E0	01	1F	FE	F1	01	0E	FE
E0	FE	1F	01	F1	FE	0E	01	FE	1F	1F	FE	FE	0E	0E	FE
FE	E0	01	1F	FE	F1	01	0E	1F	FE	01	E0	0E	FE	01	F1
E0	FE	01	1F	F1	FE	01	0E	01	FE	01	E0	01	FE	0E	F1
E0	E0	1F	1F	F1	F1	0E	0E	1F	E0	01	FE	0E	F1	01	FE
FE	FE	1F	1F	FE	FE	0E	0E	01	E0	1F	FE	01	F1	0E	FE
FE	1F	E0	01	FE	0E	F1	01	01	01	E0	E0	01	01	F1	F1
E0	1F	FE	01	F1	0E	FE	01	1F	1F	E0	E0	0E	0E	F1	F1
FE	01	E0	1F	FE	01	F1	0E	1F	01	E0	FE	0E	01	F1	FE
E0	01	FE	1F	F1	01	FE	0E	01	1F	FE	E0	01	0E	FE	F1
01	E0	E0	01	01	F1	F1	01	1F	01	FE	E0	0E	01	FE	F1
1F	FE	E0	01	0E	FE	F0	01	01	1F	E0	FE	01	0E	F1	FE
1F	E0	FE	01	0E	F1	FE	01	01	01	FE	FE	01	01	FE	FE
01	FE	FE	01	01	FE	FE	01	1F	1F	FE	FE	0E	0E	FE	FE
1F	E0	E0	1F	0E	F1	F1	0E	FE	FE	E0	E0	FE	FE	F1	F1
01	FE	E0	1F	01	FE	F1	0E	E0	FE	FE	E0	F1	FE	FE	F1
01	E0	FE	1F	01	F1	FE	0E	FE	E0	E0	FE	FE	F1	F1	FE
1F	FE	FE	1F	0E	FE	FE	0E	E0	E0	FE	FE	F1	F1	FE	FE

在责备 DES 有弱密钥之前，请先考察下列事实，即这张 64 个密钥的密钥表相对于总数为 72、057、594、037、927、936 个可能密钥的密钥集而言只是零头。如果你随机选择密钥，选中这些弱密钥中一个的可能性可以忽略。如果你实在对此耿耿于怀，你可以在密钥产生时不断地检查，以防产生弱密钥。有些人认为不值得如此麻烦。另一些人说，这么容易检查，没有理由不做。

在文献［1116］中有对弱密钥和半弱密钥更进一步的分析。此外，关于密钥的虚弱性对其他密钥模式也已做了调查，但什么也没有发现。

12.3.2 补密钥

将密钥的每一位取反，也就是说，将所有的 0 用 1 代替，将所有的 1 用 0 代替。假设用原来的密钥加密一个明文分组得到一个密文分组，那只用该密钥的补密钥加密将该明文分组的补便得到该密文分组的补。

如果 x' 是 x 的补，则有如下的等式：

$$E_K(P) = C$$
$$E'_K(P') = C'$$

这并不神秘。子密钥与每一轮经扩展置换输出的右半部分异或运算，使其具有互补特性的直接结果。

这表明，对 DES 的选择明文攻击仅需要测试其可能的 2^{56} 个密钥的一半，2^{55} 个即可[1080]。Eli Biham 和 Adi Shamir 已经证明对相同复杂度的已知明文攻击，至少要有 2^{33} 个已知明文[172]。

这是否是 DES 的弱点有待讨论。因为绝大多数消息并无明文补分组（对随机的明文，出现明文补分组的可能性还是相当大），用户被告戒不要使用补密钥。

12.3.3 代数结构

将所有可能的 64 位明文分组映射到所有可能的 64 位密文分组共有 $2^{64}!$ 种不同的方法。56 位密钥的 DES 算法，为我们提供了 2^{56}（大约 10^{17}）个这种映射关系，采用多重加密看起来似乎可以获得这些可能映射关系中的更多部分。然而，这仅在 DES 运算不具有某种代数结构的条件下才成立。

如果 DES 是闭合的（closed），那么对任意的 K_1 和 K_2，必将存在 K_3 使得

$$E_{K_2}(E_{K_1}(P)) = E_{K_3}(P)$$

换言之，DES 对一组明文用 K_1 加密后再用 K_2 加密，这等同于用 K_3 对该明文进行加密。更糟糕的是，DES 将很容易受到中间相遇明文攻击，这种攻击只需要搜索 2^{28} 步[807]。

如果 DES 是纯洁的（pure），那么对任意的 K_1、K_2 和 K_3，必将存在 K_4 使得

$$E_{K_3}(E_{K_2}(E_{K_1}(P))) = E_{K_4}(P)$$

三重的加密将是无用的（注意，一个闭合的密码必定是纯洁的，但纯洁的密码不一定是闭合的）。

Don Coppersmith 写的早期理论性文章给出了一些提示，但不充分[377]。许多数学家曾仔细研究过这个问题[588,427,431,527,723,789]，这些研究虽获得了 DES 不是一个群的"大量证据"[807,371,808,1116,809]，但直到 1992 年密码学家才证明 DES 不是一个群[293]。Coppersmith 称 IBM 的研究队伍一直都知道这个问题。

12.3.4 密钥的长度

IBM 最初向 NBS 提交的方案有 112 位密钥。直到 DES 成为一个标准时，才被削减至 56 位密钥。许多密码学家力荐使用更长的密钥，他们的理由集中在穷举攻击的可能性上（参看 7.1 节）。

1976 年和 1977 年，Diffie 和 Hellman 证明一台专用于破译 DES 的并行计算机能在一天中重新找到密钥，但将耗资 2000 万美元。1981 年，Diffie 将这个数据增加到 2 天的搜索时间和 5000 万美元的费用[491]。Diffie 和 Hellman 据此指出，除了像 NSA 这种机构外，任何人都不可能破译 DES，但到 1990 年时，DES 将完全是不安全的[714]。

Hellman[716] 提出了另一个反对短密钥长度的理由：用存储空间的增大来换取时间的减少，将加速这一搜索过程。如用每个可能的密钥加密一个明文分组得到 2^{56} 个可能的结果，Hellman 提出了计算和存储这些结果的可能性。这样的话，要破译一个未知的密钥，密码分析者所要的一切即是把明文分组插入加密序列中，恢复得到的密文，从而找到密钥。Hellman 估计，这种破译机的费用将不会超过 500 万美元。

关于是否在某个政府的某个地下室里秘密地存在有一台 DES 破译机的争论仍在继续。有些人指出，这些 DES 芯片的平均故障间隔时间不能确保机器正常工作，这个疑虑已在文献 [1278] 中被证明是不必要的。另一些人提出了提高处理速度和减少芯片出错带来影响的

方法。

同时，DES 的硬件实现方法逐步接近 Diffie 和 Hellman 的专用机所要求每秒百万次加密的速度。1984 年制造出了每秒完成 256 000 次加密的 DES 芯片[533,534]。1987 年又研制出了每秒完成 512 000 次加密的芯片，并且还研制出了每秒能搜索 100 万个密钥的芯片[738,1573]。而且，1993 年，Michael Wiener 设计了一个 100 万美元的机器，它能在平均 3.5 小时内，完成对 DES 的穷举攻击（参见 7.1 节）。

尽管假定有人拥有这种穷举破译机是有一定道理的，但没有人公开承认建造了这种机器。100 万美元对一个大国或者甚至一个中等大小的国家，都不是一个大数目。

直到 1990 年，两位以色列数学家 Biham 和 Shamir 发现了差分密码分析技术（differential cryptanalysis），这种技术将密钥长度问题暂且搁置起来。在讨论这个技术前，让我先转到 DES 的其他一些设计准则上。

12.3.5 迭代的次数

DES 为什么是 16 轮而不是 32 轮？经过 5 轮迭代后，密文每一位基本上是所有明文和密钥位的函数[1078,1080]；经过 8 轮迭代后，密文基本上是所有明文和密钥位的随机函数[880]（这称为雪崩效应）。那为什么算法在 8 轮后还不停止呢？

近年来，多种降低轮数的 DES 已被成功地攻击。1982 年，3 轮或 4 轮 DES 就被轻易地破译了[49]。几年后，6 轮 DES 也被破译了[336]。Biham 和 Shamir 的差分密钥分析同样也阐明了这一点：对低于 16 轮的任意 DES 的已知明文攻击比穷举攻击有效。有趣的是，当算法恰好有 16 轮时，只有穷举攻击最有效的。

12.3.6 S 盒的设计

除了因为减少了密钥长度而遭非难外，NSA 还被指责修改了 S 盒的内容。当被质询 S 盒的设计依据时，NSA 表示，算法设计原理是"敏感的"，不宜公之于众。许多密码学家担心 NSA 设计 S 盒时隐藏了"陷门"，使得只有他们才可以破译算法。

自从那时起，人们在分析 S 盒的设计和运算上做了大量的工作。20 世纪 70 年代中叶，Lexar 公司[961,721] 和 Bell 实验室[1120] 研究了 S 盒的运算，尽管他们都发现了不能解释的特征，但研究中并没有找到弱点。如果 S 盒是随机选择的，那么 S 盒的线性变换将具有比预期更大的普遍性。Bell 实验小组说 S 盒可能隐藏了陷门，Lexar 的报告结论是：

> 已发现的 DES 的结构毫无疑问增强了系统抗击一定攻击的能力，同时也正是这些结构似乎削弱了系统抗攻击的能力。

另一方面，这个报告也提出了警告：

> （探寻 S 盒的结构）问题是很复杂的事，借助人的思维能力去发现随机数的结构与实际的结构根本不相同。

在 DES 的第二次讨论会上，NSA 透露了 S 盒的几条设计准则[229]。这些并未消除人们的猜测，争论还在继续[228,422,714,1506,1551]。

关于 S 盒的文献有很多。第 4 个 S 盒的后三位输出可以像第一位的输出一样，通过对某些输入位取补推出[436,438]。经过精心挑选的两个不同输入可使 S 盒产生相同的输出[436]。如果只改变三个相邻 S 盒的输入位，可使单轮 DES 输出相同[487]。Shamir 注意到 S 盒的输入项看起来具有某种不平衡，但这种不平衡并不导致可能的攻击[1423]（他提到了第 5 个 S 盒的一个特性，但 8 年后才由线性分析证明了这一特性）。其他的研究者指出，已公开的设计准则可以用来产生 S 盒[266]。

12.3.7　其他结论

还发表了一些 DES 的分析结果。一位密码学家研究了基于频谱测试的非随机性[559]。另外一些密码学家研究过 DES 的线性因子序列，但攻击在第 8 轮后即告失败[1297,336,531]。1987年，Donald Davies 未公布的攻击，探索了用扩展置换重复接入 S 盒的方法，这种攻击也在 8轮后失败[172,429]。

12.4　差分及线性分析

12.4.1　差分密码分析

1990 年，Eli Biham 和 Adi Shamir 提出了差分密码分析（differential cryptanalysis）[167,168,171,172]。这是个新的密码分析方法，在此之前没有公之于众。利用这种方法，Biham 和 Shamir 找到了一个选择明文的 DES 攻击方法，该方法比穷举攻击有效。

差分密码分析考查那些明文有特定差分的密文对。当明文使用相同的密钥加密时，分析其在通过 DES 的轮扩散时差分的演变。

简单地，选择具有固定差分的一对明文。这两个明文可随机选取，只要求它们符合特定的差分条件，密码分析者甚至不必知道它们的值。（"差分"在 DES 中定义为异或运算。不同算法定义不同。）然后，使用输出密文中的差分，按照不同的概率分配给不同的密钥。随着分析的密文对越来越多，其中最可能的一个密钥将显现出来。这就是正确的密钥。

详细的过程比较复杂。图 12-5 所示为 DES 的轮函数。假定有一对输入 X 和 X'，它们的差分为 ΔX，则输出 Y 和 Y' 也是已知的，因而它们也有差分为 ΔY。扩展置换和 P 盒都是已知的，那么 ΔA 和 ΔC 也已知。虽然 B 和 B' 是未知的，但它们的差分 ΔB 等于 ΔA。（当考查差分时，K_i 与 A 和 A' 的异或可略去。）到目前为止，一切顺利。这有一个技巧：对任意给定的 ΔA，ΔC 的值不一定都相同。将 ΔA 和 ΔC 联合起来，就可以猜测出 A 异或 K_i 及 A' 异或 K_i 的位值，因为 A 和 A' 是已知的，所以可推出关于 K_i 的信息。

让我们来考查 DES 的最后一轮（差分分析忽略了初始置换和末置换。它们除了使 DES 难解释外，不影响对 DES 的攻击）。如果能确定 K_{16}，那就能知道 48 位的密钥（记住，每一轮的子密钥由 56 位密钥中的 48 位构成）。其余的 8 位可通过穷举攻击得到。至此，我们通过差分分析就可以得到 K_{16}。

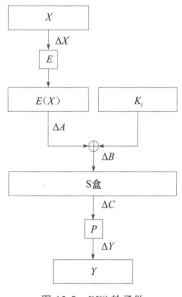

图 12-5　DES 轮函数

明文对中的一些差分在得到的密文对中有很高的重现率，这些差分就叫作特征（characteristic）。特征在轮数上得以扩充，并定义了一条轮间路径。对某一个输入差分，每一轮的差分及最终的输出差分之间都有一个特定的概率。

可以通过产生这样一个表来找到这些特征：行表示可能的输入异或（两个不同输入位集

的异或）；列表示可能的输出异或；输入项表示对于给定的输入异或，产生特定输出异或的次数。对 DES8 个 S 盒的每一个，都可以产生这样的一个表。

例如，图 12-6a 是一个一轮的特征。左边的输入差分为 L，它可以是任意的，右边的输入差分为 0（两个输入的右半部分相同，所以差分为 0）。因为轮函数没有差分输入，所以它没有输出差分。因此，左边的输出差分为 $L \oplus 0 = L$，右边的输出差分为 0。这是一个平凡特征，其概率为 1。

图 12-6b 所示是一个不明显的特征。同上，左边的输入差分为任意值 L，右边的输入差分为 0x60000000。两个输入差分仅第二位及第三位不同。轮函数的输出差分为 $L \oplus$ 0x00808200 的概率是 14/64。这意味着，左边的输出差分为 $L \oplus$ 0x00808200、右边的输出差分为 0x60000000 的概率是 14/64。

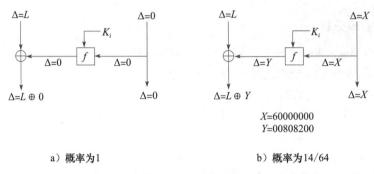

a）概率为1　　　　　　b）概率为14/64

图 12-6　DES 特征

不同的特征可以结合。而且，假定轮与轮之间是独立的，那么轮与轮之间的输出概率可以相乘。图 12-7 将前面介绍的两个特征结合在一起。左边的输入差分为 0x00808200，右边的输入差分为 0x60000000。第一轮结束时，轮函数的输入差分和输出差分被略去，使得其输出差分为 0。这个值输入第二轮运算。最后，左边的输出差分为 0x60000000，右边的输出差分为 0。具有这两轮运算特征的可能性为 14/64。

满足特征的明文对称为正确对（right pair），不满足的称为错误对（wrong pair）。正确对将可以猜测正确的轮密钥（对特征的最后一轮），错误对猜测的轮密钥是随机的。为了找到正确的轮密钥，只需收集足够的猜测结果，必然有一个子密钥被猜的频率大于其他的猜测结果。这将是很有效的，正确的子密钥将从所有的随机候选密钥中浮现出来。

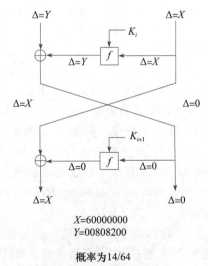

X=60000000
Y=00808200

概率为14/64

图 12-7　2 轮 DES 特征

因此，对一个 n 轮 DES，经过 n 轮的基本差分攻击，将可以恢复 48 位子密钥，剩余的 8 位可通过穷举攻击猜测得到。

还有一些值得思考的问题。首先，你要达到某个门限，否则取得成功的机会微乎其微。也就是说，即使你计算了足够多的数据，你也不能从所有这些随机结果中确定正确的子密钥。而且，这种攻击并不实用：你必须对 2^{48} 个可能的密钥，用计数器来统计各自不同的概率，要完成这个工作，需要的数据量太大。

基于上述这点，Biham 和 Shamir 改变了他们的攻击。对 16 轮的 DES，他们使用了 13 轮特征，而不是 15 轮特征，并使用一些技巧来得到后几轮的特征。具有高概率的短特征，攻击效果更好。而且，他们使用了一些技巧方法来得到 56 位的候选密钥，这些密钥可以立即被检测，从而省略了计数器的使用。一旦找到正确对，这种攻击就取得了成功，它避开了门限和给定的线性成功率的问题。如果所选择的对小于所需对的 1000 倍，那么攻击的成功率也将减小 1000 倍。这听起来很可怕，但比门限问题要好一些。它总存在一定的立即成功的机会。

这个结论很有意义。表 12-14 所示为对不同轮数的 DES 进行攻击的最佳差分分析的一个总结[172]。第一列表示轮数，紧接着的两列为攻击必须检测的选择明文或已知明文个数，第四列为实际分析的明文数目，最后一列是找到需要明文的分析复杂性。

表 12-14　DES 的差分密码分析攻击

轮数	选择明文	已知明文	实际分析明文	分析的复杂性
8	2^{14}	2^{38}	4	2^{9}
9	2^{24}	2^{44}	2	2^{32} *
10	2^{24}	2^{43}	2^{14}	2^{15}
11	2^{31}	2^{47}	2	2^{32} *
12	2^{31}	2^{47}	2^{21}	2^{21}
13	2^{39}	2^{52}	2	2^{32} *
14	2^{39}	2^{51}	2^{29}	2^{29}
15	2^{47}	2^{56}	27	2^{37}
16	2^{47}	2^{55}	2^{36}	2^{37}

注：* 通过使用囤的方法，对 4 倍的明文进行分析，分析的复杂性能大幅度地降低。

对一个完整的 16 轮 DES 的最佳攻击需要 2^{47} 个选择明文，也可转换为已知明文攻击，但将需要 2^{55} 个已知明文，而且在分析过程中要经过 2^{37} 次 DES 运算。

差分分析的攻击方法是针对 DES 和其他类似有固定 S 盒的算法。它极大地依赖于 S 盒的结构。DES 的 S 盒恰好最适宜于抗差分分析。而且，对 DES 的任何一种工作方式（ECB、CBC、CFB 和 OFB），差分分析攻击具有相同的复杂性。

通过增加代的次数可改善 DES 抗差分分析的性能。对 17 轮或 18 轮 DES 的差分分析（选择明文）所需要的时间与穷举搜索的时间大致相等[160]。轮数为 19 或更多时，采用差分分析将是不可能的，因为那将需要 2^{64} 个选择明文：记住 DES 的分组大小为 64 位，因而它最多有 2^{64} 可能的明文分组（通常，对某算法通过演示出完成攻击所需的明文数量大于可能的明文数量，就可以证明该算法对差分分析有抵抗性）。

这里有几个要点。首先，差分分析主要是理论上的。差分分析所要求的巨大时间量和数据量几乎超过了每个人的承受能力。为了获得差分分析所不可少的数据，你必须对选择明文的速度为 1.5Mbit/s 的数据序列加密 3 年。其次，这首先是一种选择明文攻击。差分分析也可以进行已知明文攻击，但为了得到有用的明文-密文对，必须所有的明文-密文对进行筛选。对于 16 轮 DES 来说，这使得穷举攻击甚至比差分分析攻击有效一点（差分分析攻击需 $2^{55.1}$ 次运算，而穷举攻击需 2^{55} 次运算）。对此一致认为，如果 DES 能够正确地实现，那么它对差分分析仍然是安全的。

为什么 DES 能如此抗差分分析？为什么 S 盒被优化使得差分分析变得尽可能困难？为

什么 DES 有抗差分分析所要求的那么多轮数，但又为什么不采用更多的轮数？原因在于设计者知道差分分析。最近，IBM 的 Don Coppersmith 在文献［373，374］中写道：

> 设计者运用了一些密码分析学的技术，其中最主要的技术是差分密码分析技术，这在公开的文献上未报道过。我们同 NSA 讨论后，认为公布我们的设计思路，就将暴露差分分析技术，而这是一个可以攻击许多密码的强有力的技术，这必然会削弱美国在密码学领域与其他国家的竞争优势。

Adi Shamir 对此做出反应，他质问 Coppersmith 说，自那以后他怎么没有发现更强的攻击 DES 的方法？对此反驳，Coppersmith 选择了沉默[1426]。

12.4.2　相关密钥密码分析

表 12-3 给出了每轮后 DES 密钥的环移位数：除了在 1、2、9、16 轮后左移 1 位外，其余的都左移 2 位。这是为什么呢？

相关密钥密码分析（related-key cryptanalysis）类似于差分分析，但它考查不同密钥间的差分，这种攻击不同于以前所讨论的任何攻击方法：密码分析者选择的是密钥对间的关系，而不是密钥本身。数据由两个密钥加密。在已知明文的相关密钥攻击中，密码分析者知道明文和用这种密钥加密的密文；在选择明文的相关密钥攻击中，密码分析者选择明文，并用这两个密钥加密。

若 DES 修改成其密钥在每轮后环移两位，它的安全性就会降低。相关密钥分析能用 2^{17} 个选择密钥选择明文或 2^{33} 个选择密钥已知明文破译 DES 的这种变体[158,163]。

相关密钥攻击一点也不实用，但它有三个方面的意义：第一，它是第一个攻击 DES 子密钥产生算法的密码分析方法；第二，此攻击方法与密码算法轮数无关，它对 16 轮、32 轮或 1000 轮 DES 同样有效；第三，此攻击方法对 DES 无影响。DES 密钥的环移变化阻止了相关密钥分析的影响。

12.4.3　线性密码分析

线性密码分析（linear cryptanalysis）是 Mitsuru Matsui 提出的另一种密码分析攻击方法[1016,1015,1017]。这种攻击使用线性近似值来描述分组密码（这里指 DES）的操作。

这意味着，如果你将明文的一些位、密文的一些位分别进行异或运算，然后再将这两个结果异或，那么你将得到一位，这一位是将密钥的一些位进行异或运算的结果。这就是概率为 p 的线性近似值。如果 $p \neq 1/2$，那么就可以使用该偏差，用得到的明文和对应的密文来猜测密钥的位值。得到的数据越多，猜测越可靠。偏差越大，用同样数据量的成功率越高。

如何确定 DES 的一个好的线性逼近呢？找到好的 1 轮线性逼近，再将它们组合在一起（同差分分析一样，忽略初始置换和末置换，因为它们不影响线性分析攻击的效果）。再来考察 S 盒。它是 6 位输入，4 位输出，因而输入位的组合异或运算有（$2^6 - 1$）＝63 种有效方式，输出位有 15 种有效方式。那么现在，对每一个 S 盒的随机选择输入，你都能计算输入的组合异或等于某个输出组合异或的可能性。如果某个组合具有足够高的偏向性，那么线性分析就可能已找到了。

如果线性逼近无偏向性，那么它可能有 64 种可能输入中的 32 种。我将不再用表格和纸张来描述它，但最大偏差的 S 盒是 S 盒 5。实际上，对只有 12 个输入的 S 盒，第 2 个输入位等于它所有 4 个输出位的组合异或。该转换的可能性为 3/16，或概率为 5/16，这也是所有 S 盒的最大概率值（Shamir 在文献［1423］中提到了这点，但没有找到实施方法）。

图 12-8 显示了如何对 DES 的轮函数进行线性攻击。S 盒 5 的输入位是 b_{26}（按照从左到右，从 1 到 64 的顺序对位计数。Matsui 忽略 DES 的这种惯例，而是按照从右往左，从 0 到 63 的顺序计数。一定要分清楚）。S 盒 5 的 4 个输出位是 c_{17}、c_{18}、c_{19} 及 c_{20}。我们向后追溯到 S 盒的输入端来追踪 b_{26} 的踪迹。a_{26} 与子密钥 $K_{i,26}$ 中的一位异或，得到 b_{26}。而位 X_{17} 通过扩展置换得到 a_{26}。经过 S 盒运算后的 4 位输出，通过 P 盒运算成为轮函数的 4 位输出：Y_3、Y_8、Y_{14} 及 Y_{25}。这意味着下式成立的可能性为 1/2～5/16：

$$X_{17} \oplus Y_3 \oplus Y_8 \oplus Y_{14} \oplus Y_{25} = K_{i,26}$$

不同轮的线性分析可采用差分分析中讨论过的类似的组合方式。图 12-9 所示是一个可能性为 1/2＋.0061 的 3 轮线性分析。每轮的逼近性是变化的：最后一轮非常好，第一轮较好，中间一轮差。但将这 3 个 1 轮的逼近组合起来，显示了一个非常好的 3 轮的逼近性。

对 16 轮 DES 采取最佳线性逼近分析的基本攻击，需要 2^{47} 个已知明文分组才能得到 1 个密钥位，这将不太有用。如果将明文和密文互换，即加密又解密，就可得到 2 密钥位，但这仍然不太有用。

有一个改进方法。对 2～15 轮采用一个 14 轮的线性逼近分析。对 S 盒的第一轮和最后一轮（总共有 12 密钥位），猜测其相关的 6 位子密钥。并行地进行 2^{12} 次线性分析，挑选具有一定概率的正确密钥位，是很有效的方法。通过这种方式得到 12 位加上 b_{26}，颠倒明文和密文可得到另外 13 位，再用穷举搜索法得到剩余的 30 位。其中有一些技巧，但不是必需的。

攻击完整的 16 轮 DES，当已知明文的平均数为 2^{43} 时，线性分析攻击可得到密钥。在 12 台 HP9000/735 工作站上完成这种攻击的软件实现，花费了 50 天时间[1019]。到目前为止，它还是最有效的攻击 DES 的方法。

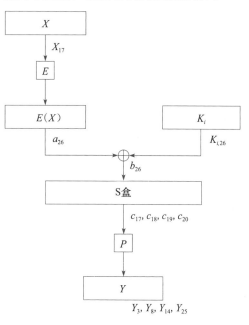

图 12-8　DES 的 1 轮线性逼近

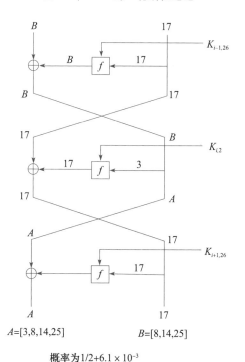

$A=[3,8,14,25]$　　　　$B=[8,14,25]$

概率为 $1/2+6.1 \times 10^{-3}$

图 12-9　DES 的 3 轮线性逼近

线性分析极大地依赖于 S 盒的结构，而 DES 的 S 盒对线性分析来说不是最合适的。事实上，DES 选择的 S 盒的阶数只有 9％～16％，只具有极小的抗线性分析的能力[1018]。按照

Don Coppersmith 的说法，抗线性分析"不属于 DES 标准的设计范畴"。他们或许不知道线性分析，或者了解更有效、更高级的对抗 S 盒准则的方法。

线性分析比差分分析新，在未来的几年内，它的性能将会得到更多的改进。文献[1270，811] 中提出了一些建议，但不清楚对完整的 DES 攻击是否有效。然而，对轮数减少的 DES 变体，这些方法很有效。

12.4.4　未来的方向

将差分分析的内涵延伸到高阶差分分析的工作已经有人在做了[702,161,927,858,860]，Lars Knudsen 采用一种称为部分差分分析的方法攻击 6 轮的 DES，它需要 32 个选择明文和 2 万个加密数据[860]。这种扩展方法太新，因而还不清楚它对完整的 16 轮 DES 攻击是否要容易些。

另一种方法是**差分-线性分析**（differential-linear cryptanalysis），即将差分分析和线性分析结合起来。Susan Langford 和 Hellman 对一个 8 轮 DES 进行攻击，选择明文数为 512 时，恢复 10 密钥位的可能性为 80%；选择明文数为 768 时，恢复 10 密钥位的可能性为 95%。在上述攻击进行后，再采用穷举搜索得到剩余的密钥空间（2^{46} 个可能密钥）。这种攻击不仅在时间上与前面介绍的攻击有可比性，而且需要的明文数目少得多。然而，对更多轮数的 DES，这种扩展似乎也不易实现。

因为这种攻击技术还是比较新的，而且这方面的工作还在进行中。也许，在不久的将来就会在这方面取得突破。也许将来高阶差分分析会更有用。谁能知道呢？

12.5　实际设计准则

在差分分析公开后，IBM 公布了 S 盒和 P 盒的设计准则[373,374]。S 盒的设计准则是：
- 每个 S 盒均为 6 位输入，4 位输出。（这是在 1974 年的技术条件下，单个芯片所能容纳的最大尺寸。）
- 没有一个 S 盒的输出位是接近输入位的线性函数。
- 如果将输入位的最左及最右端的位固定，变化中间的 4 位，那么每个可能的 4 位输出只能得到一次。
- 如果 S 盒的两个输入仅有 1 位的差异，则其输出至少必须有 2 位不同。
- 如果 S 盒的两个输入仅有中间 2 位不同，则其输出至少必须有 2 位不同。
- 如果 S 盒的两个输入前 2 位不同，后 2 位已知，则其输出必不同。
- 对于输入之间的任何非零的 6 位差分，32 对中至多有 8 对显示出的差分导致了相同的输出差分。
- 类似于前一个准则，但是针对三个有效的 S 盒。

P 盒的设计准则是：
- 在第 i 轮 S 盒的 4 位输出中，2 位将影响 S 盒第 $i+1$ 轮的中间位，其余 2 位将影响最后位。
- 每个 S 盒的 4 位输出影响 6 个不同的 S 盒，但没有两个影响同一个 S 盒。
- 如果一个 S 盒的 4 位输出影响另一个 S 盒的中间 1 位，那么后一个输出位不会影响前一个 S 盒的中间 1 位。

本书将继续讨论该准则。在今天看来，产生 S 盒非常容易，但 20 世纪 70 年代初，这是一个很复杂的工作。Tuchman 曾经引述说，他们当时将计算机程序运行几个月来产生 S 盒。

12.6　DES 的各种变体

12.6.1　多重 DES

某些 DES 实现采用了三重 DES（见图 12-10）[55]。因为 DES 不是一个群，所以得到的密文更难用穷举搜索破译：DES 需要 2^{112} 次穷举，而不是 2^{56} 次。详细描述见 15.2 节。

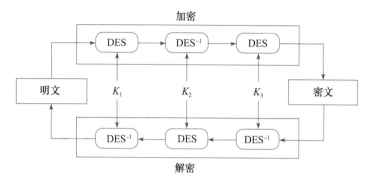

图 12-10　三重 DES

12.6.2　使用独立子密钥的 DES

另一个 DES 变体是每轮都使用不同的子密钥，而不是由单个的 56 位密钥来产生[851]。因为 16 轮的每轮都需要 48 密钥位，这就意味着这种变体的密钥长度为 768 位。这种变体将极大地增加穷举攻击算法的难度。这种攻击的复杂性将达到 2^{768}。

但是中间相遇攻击（参见 15.1 节）还是可能的，攻击的复杂性将降低到 2^{384}，这对任何考虑到的安全性需求来说还是足够长的。

尽管独立子密钥对线性密码分析不敏感，但这种变体对差分分析很敏感，而且可以用 2^{61} 个选择明文破译（见表 12-15）[167,172]。这表明对密钥编排的改动并不能使 DES 变得更安全。

12.6.3　DESX

DESX 是 RSA 数据安全公司提出的 DES 的一种变体。自 1986 年以来的 MailSafe 电子邮件安全程序及自 1987 以来的 BSAFE 工具包版本都包含了 DESX。DESX 采用一种称为随机化的技术（见 15.6 节）来掩盖 DES 的输入及输出。除了有 DES 的 56 位密钥外，DESX 还有附加的 64 位随机密钥。这 64 位随机密钥在 DES 的第一轮之前与明文异或。附加的 64 位密钥通过一个单向函数合成为 120 位的 DES 密钥，并与最后一轮输出的密文异或[155]。DESX 的随机技术使它比 DES 抗穷举攻击的能力更强。在有 n 个已知明文的情况下，对 DESX 的攻击需要做 $(2^{120})/n$ 次运算。同时，DESX 的随机化技术也提高了抗线性分析和差分分析的安全能力，它们分别需要 2^{61} 个选择明文和 2^{60} 个已知明文[1338]。

12.6.4　CRYPT(3)

CRYPT(3) 是应用在 UNIX 系统上的 DES 变体。它主要用作对口令的单向函数，有时也用来加密。CRYPT(3) 与 DES 的区别在于 CRYPT(3) 的扩展置换是与密钥相关的，而且有 2^{12} 种可能的置换。这样做的原因主要是使 DES 芯片能用来构造硬件的口令破译。

12.6.5 GDES

GDES（通用 DES）是为了提高 DES 的速度及算法的强度而设计的[1381,1382]。总的分组长度增加了，但总的计算量保持不变。

图 12-11 是 GDES 的分组框图。GDES 对不同长度的明文分组操作，加密分组被分成 q 个 32 位的子分组，子分组的确切数目依赖于整个分组的长度（在这个设计中它是可变的，但在实现时都必须固定）。一般地，q 等于分组长度除以 32。

函数 f 每轮在最右端的分组上计算一次，其结果与其他的所有部分相异或，异或的结果再循环右移。GDES 的轮数 n 是变化的。在最后一轮稍有不同，使得加密和解密过程仅在子密钥的次序上有所不同（就像 DES 一样）。事实上，当 $q=2$，$n=16$ 时，它就是 DES。

Biham 和 Shamir[167,168] 证明，使用差分分析破译 $q=8$ 且 $n=16$ 的 GDES 仅需 6 个选择明文。如果使用独立子密钥，它也只需要 16 个已知明文；$q=8$ 且 $n=22$ 的 GDES 可以由 48 个选择明文破译；而 $q=8$ 且 $n=31$ 的 GDES 也

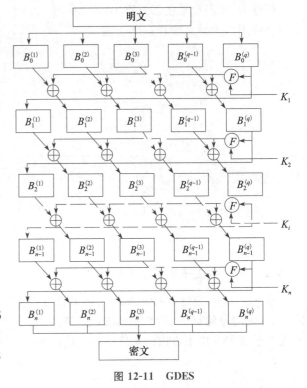

图 12-11　GDES

仅需要 50 万个选择明文就能破译；$q=8$ 且 $n=64$ 的 GDES 需要 2^{49} 个已知明文才能破译，它还是比 DES 弱。事实上，比 DES 快的任何 GDES 同时也就比它不安全（见表 12-15）。

近来也出现了 GDES 设计的变体[1591]。它可能比原来的 GDES 更不安全。通常，比 DES 快的任何大的 DES 的变体同时也就比它不安全。

12.6.6　更换 S 盒的 DES

DES 的其他一些改变集中在 S 盒上。在某些设计中，S 盒的次序是变化的。还有些设计得使 S 盒的内容本身是可变的。Biham 和 Shamir 证明，S 盒的设计，甚至 S 盒自身的内容抗差分分析也是最优的[170,171]：

> 8 个 DES 的 S 盒次序的改变（并不改变 S 盒的值）仍使得 DES 变弱许多；S 盒为某一特定次序的 16 轮 DES 能用大约 2^{38} 步破译……已经证明，采用随机 S 盒的 DES 很容易破译。即使是 DES 的一个 S 盒的数字最小的改变，也会导致 DES 易于破译。

DES 的 S 盒抗线性分析不是最优的。可能存在比 DES 的 S 盒抗线性分析性能更好的 S 盒，但盲目地选择新的 S 盒并不是一个好主意。

表 12-15 列举出了对 DES 的一些改变及差分分析攻击所需要的选择明文数目。有一种

改变未被列入表中，即将左半部分和右半部分先做加法运算，得到的和再做模 2^4 运算，而不做异或运算，这种改变后的 DES 的破译比以前困难 2^{17} 倍[689]。

表 12-15　对 DES 变体的差分攻击

变体运算	选择明文
完整 DES（无变体）	2^{47}
P 置换	不能变强
恒等置换	2^{19}
改变 S 盒顺序	2^{38}
用加法取代异或	2^{39}，2^{31}
S 盒：	
随机	$2^{18} \sim 2^{20}$
随机置换	$2^{33} \sim 2^{41}$
改变一项	2^{33}
均匀表	2^{26}
去掉 E 扩散	2^{26}
改变 E 和子密码异或的次序	2^{44}
GDES（$q=8$）	
16 轮	6、16
64 轮	2^{49}（独立密钥）

12.6.7　RDES

RDES 是在每一轮结束时用相关密钥交换取代左、右两部分交换的一种变体[893]。这种交换是固定的，只依赖于密钥。这意味着，15 个相关密钥的交换可产生 2^{15} 个可能的样例。RDES 有大量的弱密钥，故对差分分析没有抵抗性[816,894,112]。事实上，几乎所有的 RDES 密钥都弱于典型的 DES 密钥，所以这种变体不应被采用。

更好的一种想法是在每一轮的开始，仅对右半部分进行交换。另一种好的思路是使交换依赖于输入数据，而不是一个密钥的静态函数。文献 [813，815] 中介绍了 RDES 变体：RDES-1，在每一轮的开始，对 16 位的字进行相关数据交换；RDES-2，在每一轮开始，经过类似 RDES-1 中 16 位的字相关数据交换后，再进行字节交换；以此类推，直到 RDES-4。RDES-1 是抗线性和差分分析的，故可推测 RDES-2 及更高阶也如此。

12.6.8　s^nDES

由 Kwangjo Kim 领导的韩国研究小组，曾经尝试寻找一组 S 盒，使它更具有抗线性和差分分析的最优性能。他们首先探索了称为 s^2DES 的方法，文献 [834] 中有这方面的介绍。已证明这种方法产生的 S 盒在抗差分分析方面比原 DES 更差[855,858]。他们探索下一个称为 s^3DES 的方法，文献 [839] 中有介绍，这种方法在抗线性分析方面也比原 DES 差[856,1491,1527,858,838]。Biham 建议做一个小的改动，使 s^3DES 既抗线性分析，又抗差分分析[165]。韩国研究小组又开始研究性能更好的 S 盒设计技术，并提出了 s^4DES[836]，后又提出了 s^5DES[838,944]。

表 12-16 给出了 s^3DES 的 S 盒的逆序 S 盒 1 和 S 盒 2，这种 s^3DES 的 S 盒既抗线性分析又抗差分分析。把这样的 S 盒用在 3 重 DES 中就可保证使密码分析变得更加困难。

表 12-16 s³DES 的 S 盒 (包括逆序 S 盒 1 和 S 盒 2)

S 盒 1：

13	14	0	3	10	4	7	9	11	8	12	6	1	15	2	5
8	2	11	13	4	1	14	7	5	15	0	3	10	6	9	12
14	9	3	10	0	7	13	4	8	5	6	15	11	12	1	2
1	4	14	7	11	13	8	2	6	3	5	10	12	0	15	9

S 盒 2：

15	8	3	14	4	2	9	5	0	11	10	1	13	7	6	12
6	15	9	5	3	12	10	0	13	8	4	11	14	2	1	7
9	14	5	8	2	4	15	3	10	7	6	13	1	11	12	0
10	5	3	15	12	9	0	6	1	2	8	4	11	14	7	13

S 盒 3：

13	3	11	5	14	8	0	6	4	15	1	12	7	2	10	9
4	13	1	8	7	2	14	11	15	10	12	3	9	5	0	6
6	5	8	11	13	14	3	0	9	2	4	1	10	7	15	12
1	11	7	2	8	13	4	14	6	12	10	15	3	0	9	5

S 盒 4：

9	0	7	11	12	5	10	6	15	3	1	14	2	8	4	13
5	10	12	6	0	15	3	9	8	13	11	1	7	2	14	4
10	7	9	12	5	0	6	11	3	14	4	2	8	13	15	1
3	9	15	0	6	10	5	12	14	2	1	7	13	4	8	11

S 盒 5：

5	15	9	10	0	3	14	4	2	12	7	1	13	6	8	11
6	9	3	15	5	12	0	10	8	7	13	4	2	11	14	1
15	0	10	9	3	5	4	14	8	11	1	7	6	12	13	2
12	5	0	6	15	10	9	3	7	2	14	11	8	1	4	13

S 盒 6：

4	3	7	10	9	0	14	13	15	5	12	6	2	11	1	8
14	13	11	4	2	7	1	8	9	10	5	3	15	0	12	6
13	0	10	9	4	3	7	14	1	15	6	12	8	5	11	2
1	7	4	14	11	8	13	2	10	12	3	5	6	15	0	9

S 盒 7：

4	10	15	12	2	9	1	6	11	5	0	3	7	14	13	8
10	15	6	0	5	3	12	9	1	8	11	13	14	4	7	2
2	12	9	6	15	10	4	1	5	11	3	0	8	7	14	13
12	6	3	9	0	5	10	15	2	13	4	14	7	11	1	8

S 盒 8：

13	10	0	7	3	9	14	4	2	15	12	1	5	6	11	8
2	7	13	1	4	14	11	8	15	12	6	10	9	5	0	3
4	13	14	0	9	3	7	10	1	8	2	11	15	5	12	6
8	11	7	14	2	4	13	1	6	5	9	0	12	15	3	10

12.6.9　使用相关密钥 S 盒的 DES

无论线性分析或差分分析都仅在已知 S 盒结构的情况下有效。如果 S 盒与密钥有关，且是通过强密码方法选择构成的，那么线性分析或差分分析将更困难。记住，随机产生的 S 盒的差分及线性特征都很弱，即使 S 盒是保密的。

下面介绍用 48 位的附加密钥产生 S 盒的方法，该方法产生的 S 盒既抗线性分析，又抗差分分析[165]。

（1）重排 DES 的 S 盒的次序：24673158。

（2）从 48 密钥位中选出 16 位。在这 16 位中，如第一位为 1，将 DES 的第一个 S 盒的前两行与后两行交换。如第二位为 1，将 DES 的第一个 S 盒的前 8 列与后 8 列交换。根据第 3 位、第 4 位的取值，按上述方法处理 DES 的第二个 S 盒。并以此类推处理 DES 的第 3～第 8 个 S 盒。

（3）取出剩余的 32 位。前 4 位异或 DES 的第一个 S 盒的每一项，第二个 4 位异或 DES 的第二个 S 盒的每一项，以此类推处理所有 DES 的 S 盒。

攻击这种系统的复杂性，差分分析是 2^{51}、线性分析是 2^{53}、穷举搜索法是 2^{102}。

这种 DES 变体能用现有的硬件实现。有些 DES 芯片商出售的 DES 芯片可加载 S 盒。这就使得 S 盒的产生可在片外进行，然后再把它加载到芯片内。差分分析和线性分析都需要很多已知明文或选择明文，否则对 DES 不能攻击，而穷举攻击的时间复杂性是不可思议的。

12.7　DES 现今的安全性

这个问题回答起来既容易又困难。如果仅考察密钥长度（见 7.1 节），则容易回答。1993 年，仅花费 100 万美元建造的穷举 DES 破译机[1597,1598] 平均 3.5 小时就能找到一个密钥。DES 的应用如此广泛，所以要想阻止 NSA 和他的伙伴不制造穷举 DES 破译机真是太天真了。请记住，这种机器的造价以每 10 年下跌 20％的速度下降。随着时间的推移，DES 只会更加不安全。

密码分析技术的评估是比较难的。20 世纪 70 年代中期以前，当 DES 第一次成为标准时，NSA 就掌握了差分分析技术。NSA 的理论家自那以后就无所事事。这自然是不可能的，几乎可以肯定，他们研究出了新的密码分析技术，并且这种新技术可用来攻击 DES。但没有证据，只能作为传闻。

Winn Schwartau 曾说过，NSA 早在 20 世纪 80 年代中期就建造了一台巨大的并行工作的 DES 破译机[1404]。最终，Harris 公司用 Cray Y-MP 作为前端，建造了这样一台机器。假设有一组算法可将 DES 穷举搜索的复杂性减小几个数量级。基于 DES 内部工作方式的上下文算法，将可能的密钥分成小的密钥集，再进行每个密钥集的部分处理。统计计算法减小了有效密钥的大小。另外的算法选择可能的密钥（字、可输出的 ASCII 码等（见 8.1 节））来测试。有传闻说，NSA 能在 3～5 分钟内破译 DES，具体的时间依赖于他们采用了多大的数据处理量，而且这种机器每台仅花费 5 万美元。

另一种传闻说，如果 NSA 掌握了大量的明文和密文，NSA 专家就可以通过某类统计计算，将结果输出到光盘，从而得到密钥。

这些仅仅是传闻,它们并不能使我对 DES 感到担心。这只是一个长时间研究的大目标。DES 的任何一次改动几乎都更恼人。也许合成密钥更易于被破译,但 NSA 可能没有致力于这方面的研究投入。

我推荐采用 Biham 的相关密钥的构造方法产生 S 盒。这种方法易于软件实现,而且它的硬件芯片的 S 盒可装载,性能超过了 DES,同时还增强了 DES 算法抗穷举攻击的能力,使差分分析和线性分析攻击都更困难,并且至少给 NSA 制造了一些有比 DES 更强算法的担忧。

其他分组密码算法

13.1 Lucifer 算法

20 世纪 60 年代末期，在 Horst Feistel 和后来的 Walt Tuchman 的倡导下，IBM 开始把这个称为 Lucifer 的研究成果用在计算机密码学中。Lucifer 这个名字还用于表示 20 世纪 70 年代早期设计的分组密码算法[1482,1484]。事实上至少有两个不同的算法用了这个名字[552,1492]，同时文献 [552] 在该算法的一些解释中也留下了一些空白。所有这些引起了一些混淆。

Lucifer 是一个包含类似 DES 构造模块的代替-置换网络。在 DES 中，函数 f 的输出与前一轮输入异或后，作为下一轮的输入。Lucifer 的 S 盒有 4 位输入、4 位输出，S 盒的输入是前一轮 S 盒输出的位置换，S 盒的第一轮输入是明文。密钥位用于从两个可能的 S 盒中选出实际使用的 S 盒。（Lucifer 可看成一个 9 位输入及 8 位输出的 T 盒。）与 DES 不同的是，在两轮之间没有交换而且不使用半个分组。Lucifer 有 16 轮、128 位的分组，且密钥编制算法比 DES 简单。

Biham 和 Shamir 指出，用差分密码分析技术攻击具有 32 位分组和 8 轮的第一种形式的 Lucifer，只需要用 40 个选择明文和 2^{29} 步即可破译。同样可用 60 个选择明文和 2^{53} 步破译 128 位分组和 8 轮的 Lucifer。采用另一种形式的差分密码分析攻击用 24 个选择明文可在 2^{21} 步内破译 18 轮和 128 位的 Lucifer。所有的这些攻击都使用了 DES 强 S 盒。用差分密码分析技术攻击 Lucifer 的第二种形式，他们发现 S 盒比 DES 弱得多。进一步的密码分析表明：可能超过一半的密钥是不安全的[112]。相关密钥密码分析用 2^{33} 个选择密钥选择明文或 2^{65} 个选择密钥已知明文可破译任何轮数的 128 位分组的 Lucifer[158]。Lucifer 的第二种形式更不安全[170,172,112]。

有些人认为 Lucifer 比 DES 更安全，因为有更长的密钥和缺乏公开的结果，显然结果不是这样。

Lucifer 拥有多个美国专利[553,554,555,1483]，但如今都已到期。

13.2 Madryga 算法

W. E. Madryga 于 1984 年提出这个分组算法。对软件实现而言，它很有效：没有烦人的置换运算，所有运算都基于字节。

他的设计目标为：

（1）如果不用密钥，将不能从密文中推出明文（这就意味着算法是安全的）。

（2）从一个明文和密文的数据中确定密钥所需要的运算次数从统计上应该等于加密中的运算与可能密钥数的乘积（这意味着不会有比穷举攻击更好的明文攻击）。

（3）对算法的了解不应使密码的强度降低。（所有的安全性应依赖密钥。）

（4）在相同明文中密钥一位的变化应引起密文的根本变化，在相同密钥中明文一位的变化应引起密文的根本变化（这叫做雪崩效应）。

（5）这个算法应包含一个不可交换的代替与置换组合。

（6）这个算法应该包括在输入数据和密钥控制下的代替和置换。

（7）明文中的冗余位组在密文中应该全部被掩盖。

（8）密文长度应该与明文长度相同。

（9）在任何可能的密钥和密文之间，不应该有简单的关系。

（10）任何一个可能密钥将产生一个强密码（不应该有弱密钥）。

（11）为了满足各种应用，密钥和文本长度应该是可调的。

（12）算法在大型机、小型机、微型机以及其他离散逻辑设备上能以软件的形式有效地实现。（事实上，算法中所用到的运算仅限于异或和移位。）

DES 满足第（1）～（9）条，而后面 3 条是新的。假定破译该密码算法最好的方法是穷举攻击，一个可变长度的密钥将完全能使那些认为 56 位太低的人哑口无言。他们能够使用期望的任意长度的密钥来实现这个算法。而且，对那些企图在软件中使用 DES 的人而言，此算法把软件的应用考虑进去将是受欢迎的。

13.2.1 Madryga 的描述

Madryga 包括两层嵌套循环。外层循环 8 次（如果安全性需要，这个次数可增加），而且包括一个对明文的内层循环的应用。内层循环将明文转换成密文，并且对明文的每 8 位分组（字节）就重复运行一次。因此，这个算法经过连续 8 次运算就可将全部明文处理完。

一个在 3 字节的数据窗口上运行的内层迭代，称为工作框架（见图 13-1）。每次迭代窗口前进 1 个字节（当处理最后两个字节时，认为数据是循环的）。最后一个字节与某些密钥位异或，同时工作框架的头 2 个字节一起环移不定数目的位移。当这个工作框架向前移动时，所有的字节都连续环移，且与密钥进行异或运算。连续的环移与前面的异或和环移的结果相互叠加，异或后的数据用于对环移产生影响，这使得整个处理过程是可逆的。

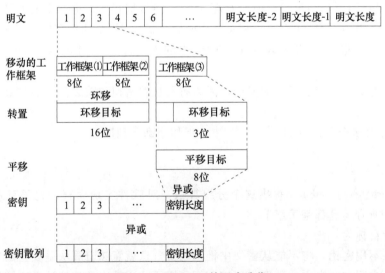

图 13-1 Madryga 的一次迭代

因为数据的每一个字节都影响它左边的 2 个字节和右边的 1 个字节，因此，在经过 8 轮迭代后，密文的每一个字节都与其右边的 16 个字节和左边的 8 个字节相关。

加密时，内层循环的每次迭代工作框架从明文的倒数第 2 个字节开始，然后前进到明文倒数第 3 个字节。首先，整个密钥与一个随机常数异或，然后向左环移 3 位。工作框架低字节的低 3 位被存储下来，它们将控制其他 2 个字节的环移。然后，工作框架的低字节与密钥的低字节异或。下一步，两个较高字节被一起向左环移不定的数目（0～7）。最后，工作框架右移 1 个字节，然后重复整个处理过程。

随机常数的目的是将密钥都转换为伪随机序列。此常数的长度必须与密钥长度相等，且对希望相互间通信的人来说，此常数必须是一样的。对于 64 位密钥，Madryga 建议的常数是 0x0f1e2d3c4b5a6978。

解密是加密处理的逆过程。内层循环的每一次迭代使工作框架从密文的倒数第 3 个字节开始，逆方向前进到密文的倒数第 2 个字节。密钥和 2 个密文字节都向右移动，在循环前先进行异或运算。

13.2.2　Madryga 的密码分析

昆士兰技术大学的研究者对 Madryga 进行了测试[675]，并将它与其他几个分组密码进行比较。他们发现该算法没有体现明文和密文间的雪崩效应。另外，在许多密文中 1 的百分比比 0 的百分比高。

虽然我不知道这个算法的正式分析结果，但它看起来是极其不安全的。Eli Biham 粗略地总结了下列一些结果[160]：

　　这个算法仅包括线性运算（环移和异或），它们对数据的修改是很弱的。

　　这里没有使用像 DES 的 S 盒那样强的东西。

　　明文和密文所有位的奇偶性是常数，只与密钥有关。因此，如果你有一个明文和与之对应的密文，你就能预测任何明文的密文奇偶。

这不是对这个算法本身的指责，但它使我对这个算法印象不佳，我不推荐 Madryga。

13.3　NewDES 算法

NewDES 是 Robert Scott 于 1985 年设计的一种 DES 的替换算法[1405,364]。像该算法的名字所暗指的，该算法不是 DES 的变体。它基于 64 位的明文分组，但具有 120 位密钥。它比 DES 简单，没有初始或末置换，所有的运算都针对完整的字节。（实际上，NewDES 与 DES 的新类型没有任何关系，该算法的名字是不幸的。）

明文分组被分成 8 个单字节长的子分组：B_0，B_1，…，B_6，B_7。然后这些子分组要进行 17 轮运算，每一轮有 8 步。在每一步中，子分组中的一个与某个密钥异或（只有一个例外），然后通过 f 函数输出代替字节，接着与另一个子分组异或并产生子分组。120 位的密钥分成 15 个密钥子分组：K_0，K_1，…，K_{13}，K_{14}。通过图示来理解这个过程比描述这个过程要容易些。图 13-2 给出了 NewDES 加密算法。

f 函数可从相关的解释中得到，详见文献［1405］。

Scott 指出，明文分组的每一位仅在第 7 轮以后才会对密文分组的每一位产生影响。他也分析了 f 函数，发现没有明显的问题。NewDES 与 DES 一样具有相同的互补性质[364]：如果 $E_K(P)=C$，那么 $E_{K'}(P')=C'$。这使得穷举攻击所需要的工作量从 2^{120} 步降到 2^{119} 步。Biham 注意到，作用于所有密钥字节和数据字节的整个字节的任何变化，将导致另一个互补问题[160]。这将使穷举攻击的工作量进一步降到 2^{112} 步。

这并非对 NewDES 的指责，但 Biham 的相关密钥密码分析攻击能够利用 2^{33} 个选择密钥选择明文在 2^{48} 步内破译 NewDES[160]。虽然这个攻击很费时且基本上是理论上的，但它表明 NewDES 比原来的 DES 弱得多。

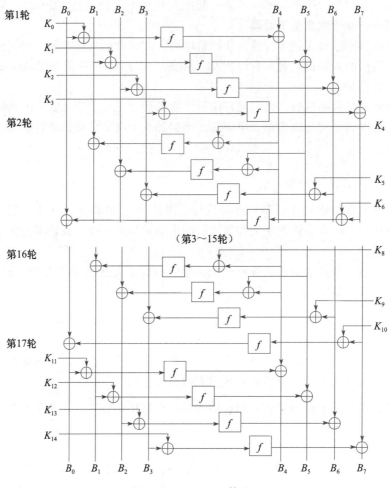

图 13-2 NewDES 算法

13.4 FEAL 算法

FEAL 由日本电报电话公司的 Akihiro Shimizu 和 Shoji Miyaguchi 设计，它使用了 64 位分组和 64 位密钥。它的想法是设计一个类似于 DES 但比 DES 的轮函数更强的算法。因为所需要的轮数更小，所以这个算法运行得较快。不幸的是，该算法的实际情况远没有达到它的设计目标。

13.4.1 FEAL 的描述

图 13-3 是 FEAL 算法的框图，其加密过程由一个 64 位的明文分组开始。首先，这个明文分组与 64 位的密钥异或，然后数据分组被分成左半部分和右半部分。左半部分与右半部分异或构成新的右半部分，左半部分和新的右半部分运行 n 轮（最初是 4 轮）。在每一轮中，右半部分与 16 位密钥混合（用函数 f），然后与左半部分异或，从而构成新的右半部分。原来的右半部分（这轮之前的）构成新的左半部分。在 n 轮之后（记住在 n 轮之后，不要把左、右部分相交换），左半部分再次与右半部分异或构成新的右半部分，然后左、右部分连接起来构成 64 位。这个数据分组与密钥的另外 64 位异或，算法结束。

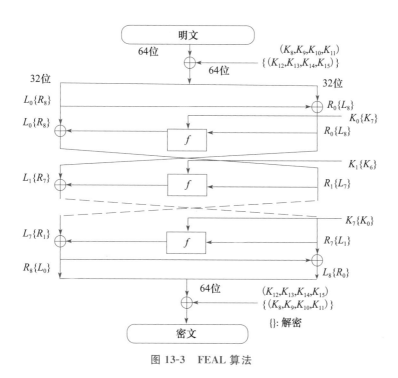

图 13-3 FEAL 算法

函数 f 将数据的 32 位和密钥的 16 位混合在一起。首先将这个数据分组分成 8 位的分组，然后这些分组相互异或和替换。图 13-4 是函数 f 的框图。其中函数 S_0 和 S_1 定义为：

$$S_0(a, b) = 把 (a + b) \bmod 256 \text{ 向左环移 2 位}$$

$$S_1(a, b) = 把 (a + b + 1) \bmod 256 \text{ 向左环移 2 位}$$

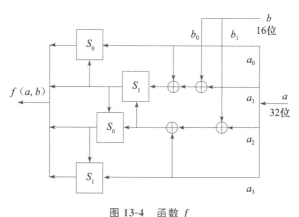

图 13-4 函数 f

解密采用相同的算法，唯一的区别是解密时密钥需要用逆序。

图 13-5 是密钥生成函数的框图。首先，将 64 位密钥分成两部分，这两部分异或，并通过图中的函数 f_k 进行运算。图 13-6 是函数 f_k 的框图。将两个 32 位的输入分成 8 位的分组，然后进行混合和代替。S_0 和 S_1 在前面已经定义。而后，16 位密钥分组就可用于加密/解密算法中。

在 10MHz 的 80286 微处理器上，用汇编语言实现的 FEAL-32 程序能够以 220kbit/s 的速度加密数据，FEAL-64 能够以 120kbit/s 的速度加密数据[1104]。

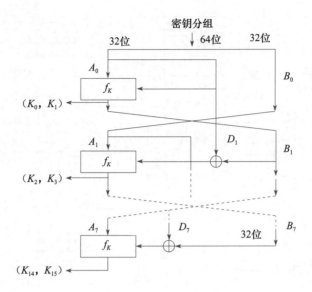

图 13-5 FEAL 密钥生成

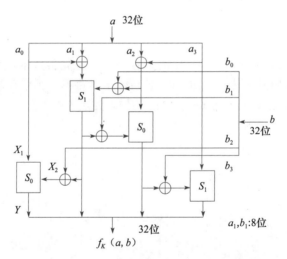

$Y=S_0(X_1, X_2)=\text{Rot2}((X_1+X_2)\bmod 256)$
$Y=S_1(X_1, X_2)=\text{Rot2}((X_1+X_2+1)\bmod 256)$
Y:8位输出，X_1X_2（8位）:输入，
Rot2（Y）:将8位的数据Y向左环移2位

图 13-6 函数 f_k

13.4.2 FEAL 的密码分析

具有 4 轮运算的 FEAL 叫作 FEAL-4，在文献 [201] 中用选择明文攻击方法对它进行了成功的密码分析，随后在文献 [1132] 中它被攻破。后者由 Sean Murphy 完成，他采用了差分密码分析且仅需要 20 个选择明文。设计者用 8 轮 FEAL（FEAL-8）予以还击[1436,1437,1108]，Biham 和 Shamir 曾在 SECURICOM'89 会议[1424] 上宣布了该算法的密码分析。另一个针对 FEAL-8[610] 的、仅采用了 1 万个明文分组的选择明文攻击使其设计者不得不认输，并重新定义了使用可变轮数的 FEAL-N[1102,1104]（N 当然要大于 8）。

Biham 和 Shamir 对 FEAL-N 使用了差分密码分析技术后发现，对少于 32 轮的算法版本，差分分析比穷举搜索更快（用了不到 2^{64} 个选择明文）[169]。破译 FEAL-16 需要 2^{28} 个选择明文或 $2^{46.5}$ 个已知明文；破译 FEAL-8 需要 2000 个选择明文或 $2^{37.5}$ 个已知明文；破译 FEAL-4 仅用 8 个仔细选择的选择明文就可破译。

FEAL 的设计者也定义了 FEAL 的改进型——FEAL-NX，它有 128 位的密钥（见图 13-7）[1103,1104]。Biham 和 Shamir 指出，不论 N 取什么值，128 位密钥的 FEAL-NX 与 64 位密钥的 FFAL-N 一样容易遭到破译[169]。最近又提出了一个具有动态交换函数的增强 FEAL 版 FFAL-$N(X)$S[1525]。

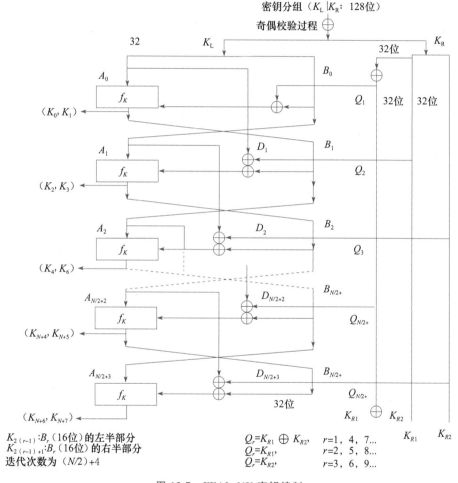

图 13-7　FEAL-NX 密钥编制

还有更多的攻击，在文献［1520］中公布的另一种攻击方法对 FEAL-4 仅需要 1000 个已知明文，对 FEAL-8 仅需 2 万个已知明文。在文献［1549，1550］中还有其他攻击方法。最好的攻击方法是 Mitsuru Matsui 和 Atshuiro Yamagishi 提出的[1020]，该方法是线性密码分析的首次使用，只需要 5 个已知明文即可攻破 FEAL-4，只需要 100 个已知明文即可攻破 FEAL-6，只需要 2^{15} 个已知明文即可攻破 FEAL-8。更好的攻击方法是在文献［64］中，差分线性分析仅需要 12 个选择明文即可攻破 FEAL-8[62]。无论何时只要某人提出了新的分析方法，他似乎总是先来攻击 FEAL。

13.4.3 专利

FEAL 在美国得到了专利[1438]，而在英国、法国和德国，其专利仍悬而未决。希望获取此算法许可权的任何人都可与以下地址联系：Intellectual Property Department，NTT，1-6 Uchisaiwai-cho，1-chome，Chiyada-ku，100 Japan。

13.5 REDOC 算法

REDOCⅡ是由 Michael Wood 为 Cryptech 公司设计的另一个分组算法[1613,400]。它包含 20 字节（160 位）密钥和 80 位明文分组。

REDOCⅡ所有的运算（置换、代替和密钥异或）都基于字节。该算法可有效地用软件实现。REDOCⅡ使用可变函数表，不像 DES 那样，使用固定的（尽管由于安全性的因素，经过了优化）置换和代替函数表，REDOCⅡ使用依赖于密钥和明文的表（实际上是 S 盒）。REDOCⅡ由 10 个加密轮组成，每一轮都对分组进行复杂的运算。

在这个设计中，另一个独特的特性是掩码（mask）的使用。从密钥表中获得的数用来为给定轮的给定函数选择表（S 盒）。数据值和掩码一起用来选择函数表。

如果假定穷举攻击是最有效的攻击方法，那么 REDOCⅡ是非常安全的。如果想获取密钥，那么需 2^{160} 次运算。Thomas Cusick 对 REDOCⅡ的一轮进行了密码分析，但他不能将这种攻击推广到多轮上[400]。Biham 和 Shamir 采用差分分析利用 2300 个选择明文能成功地对 REDOCⅡ的一轮进行密码分析[170]，这种攻击也不能扩展到多轮上，但可获得 4 轮后的 3 个掩码值，我还不知道有其他攻击。

13.5.1 REDOC Ⅲ

REDOC Ⅲ是由 Michael Wood 设计的 REDOCⅡ的精简型版本[1615]。它在 80 位分组上进行运算，密钥长度是可变的，且能够增大到 2560 字节（20 480 位）。这个算法只包含消息字节和密钥字节间的异或运算，没有置换或代替。

(1) 用秘密密钥产生具有 256 个 10 字节密钥的密钥表。

(2) 产生两个 10 字节的掩码分组：M_1 和 M_2，M_1 是前 128 个 10 字节密钥的异或；M_2 是后 128 个 10 字节密钥的异或。

(3) 加密 10 字节分组：

(a) 数据分组的第一个字节与 M_1 的第一个字节异或。从第（1）步中计算出的密钥表中选择一个密钥，使用计算出的异或值作为该选择密钥的地址。除了第一个字节外，将数据分组中的每一个字节与所选密钥对应的字节进行异或运算。

(b) 数据分组的第二个字节与 M_1 的第二个字节异或。从第（1）步中计算出的密钥表中选择一个密钥，使用计算出的异或值作为该选择密钥的地址。除了第二个字节外，将数据分组中的每一个字节与所选密钥对应的字节进行异或运算。

(c) 继续对整个数据分组进行运算（字节 3~10），直到每一个字节都已在与对应的 M_1 值异或后，用于从密钥表中选择一个密钥，然后将除了用于选择密钥的字节外的每一字节与密钥的每一字节进行异或。

(d) 用 M_2 重复（a）~（c）。

这个算法容易实现且速度很快。在一个 33MHz 的 80386 上，此算法加密数据的速率是 2.75Mbit/s。Wood 估计具有 64 位数据路径，采用流水线设计的 VLSI，用 20MHz 时钟，其数据加密速率可超过 1.28Gbit/s。

REDOC Ⅲ 是不安全的[1440]，它容易受到差分攻击，仅利用 2^{23} 个选择明文就可重构两个掩码。

13.5.2 专利和许可证

REDOC 的两个版本在美国获得了专利[1614]，国外的专利还悬而未决，有兴趣获得 REDOC Ⅱ 或 REDOC Ⅲ 使用许可的任何人可与其设计者 Michal C. Wood 联系，地址为：Delta Computec，Inc.，6647 Old Thompson Rd.，Syracuse，NY 13211。

13.6 LOKI 算法

LOKI 是澳大利亚人在 1990 年首先提出的作为 DES 的一种潜在替换算法[273]。它使用了 64 位数据分组和 64 位密钥。该算法的一般结构和密钥编制算法可在文献［274，275］中找到，S 盒的设计方法可在文献［1247］中找到。

Biham 和 Shamir 利用差分分析比穷举攻击更快地破译小于 12 轮的 LOKI[170]。并且，该算法存在一个 8 位的互补特性，这使得穷举攻击的复杂性降低了 256 倍[170,916,917]。

Lars Knudsen 证明了小于 15 轮的 LOKI 容易受到差分攻击[852,853]。另外，如果 LOKI 用替换的 S 盒来实现，形成的密码也容易受到差分攻击。

13.6.1 LOKI91

为了对付这些攻击，LOKI 的设计者去掉了一些已公开的缺陷，修改了该算法，这就是 LOKI91[272]（LOKI 的前一个版本称为 LOKI89）。

为了使该算法更加能抗差分攻击并能消除互补特性，LOKI91 有下列一些变化：

（1）改变了子密钥的产生方法，使得每两轮交换左右两半部分，而不是每轮交换。

（2）改变了子密钥的产生方法，使得左子密钥交替进行向左环移 12 位和 13 位。

（3）取消了数据和密钥的初始和最终异或运算。

（4）S 盒具有更好的异或差分特性（该改进可阻止差分分析），同时取消了 x 的任意值以满足 $f(x)=0$，此处 f 是 E 盒、S 盒和 P 盒的组合。

13.6.2 LOKI91 的描述

LOKI 与 DES 的原理类似（见图 13-8）。首先将数据分组分成左半部分和右半部分，并运行 16 轮，很像 DES。在每一轮中，右半部分首先与子密钥异或，然后通过一个扩展置换（见表 13-1）。

表 13-1 扩展置换

4,	3,	2,	1,	32,	31,	20,	29,	28,	27,	26,	25,
28,	27,	26,	25,	24,	23,	22,	21,	20,	19,	18,	17,
20,	19,	18,	17,	16,	15,	14,	13,	12,	11,	10,	9,
12,	11,	10,	9,	8,	7,	6,	5,	4,	3,	2,	1

将 48 位输出划分为 4 个 12 位分组，每个分组进入 S 盒代替，S 盒代替如下：取每 12 位作为输入，用它的最左 2 位和最右 2 位形成一个数 r，中间的 8 位形成数 c，S 盒的输出 O 定义为：

$$O(r，c)=(c+(r\times 17)\oplus 0xff \,\&\, 0xff)^{31} \bmod Pr$$

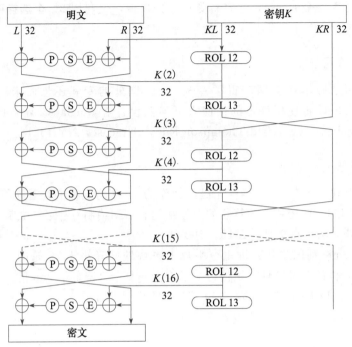

图 13-8　LOKI91

Pr 在表 13-2 中给出。

表 13-2　Pr

r:	1,	2,	3,	4,	5,	6,	7,	8,	9,	10,	11,	12,	13,	14,	15,	16
Pr:	375,	379,	391,	395,	397,	415,	419,	425,	433,	445,	451,	463,	471,	477,	487,	499

　　然后，4 个 8 位输出重新组合成 32 位数据，并通过表 13-3 描述的置换。最后，左半部分与右半部分异或形成新的左半部分，原来的左半部分与右半部分异或变成新的右半部分。在 16 轮后，数据分组再次与密钥异或产生密文。

表 13-3　P 盒置换

32,	24,	16,	8,	31,	23,	15,	7,	30,	22,	14,	6,	29,	21,	13,	5
28,	20,	12,	4,	27,	19,	11,	3,	26,	18,	10,	2,	25,	17,	9,	1

　　从密钥中产生子密钥的方法很简单。64 位密钥被分成左半部分和右半部分。在每一轮中，子密钥是左半部分。左半部分随后向左环移 12 位或 13 位，然后在每两轮之间左半部分和右半部分交换。像 DES 一样，加密和解密使用同样的算法，只是在怎样使用子密钥上有些不同。

13.6.3　LOKI91 的密码分析

　　Knudsen 曾尝试对 LOKI91 进行密码分析[854,858]，他发现该算法能安全地对抗差分密码分析。但他发现了一种相关密钥的选择明文攻击，它能将穷举攻击的复杂性降低了几乎 1/4。这个攻击暴露了密钥编制算法中的弱点，如果将这个算法用作一个单向散列函数，也存在这个弱点（参见 18.11 节）。

　　利用相关密钥的另一种密码分析使用 2^{32} 个选择密钥选择明文或 2^{48} 个选择密钥已知明

文能够破译 LOKI91[158]。这个攻击与算法的轮数无关（在同一篇论文里，Biham 利用相关密钥攻击用 2^{17} 个选择密钥选择明文或 2^{33} 选择密钥已知明文破译了 LOKI89）。LOKI91 很容易抗击这个攻击，避免了简单密钥编制。

13.6.4 专利和许可证

LOKI 没有专利，任何人都可使用它。本书源代码版权属于新南威尔士大学。那些对在商业产品中使用这个代码（或他们的其他代码，它们的运行速度不一样）感兴趣的任何人都可与下列地址取得联系：Director CITRAD，Department of Computer Science，University College，UNSW，Australian Defense Force Academy，Canberra ACCT2600，Australia，传真为＋61 6 268 8581。

13.7 Khufu 和 Khafre 算法

1990 年，Ralph Merkle 提出了两个算法，算法的基本设计原理如下[1071]：

（1）DES 的 56 位密钥长度太短。考虑到增加密钥长度花费微不足道（计算机内存很廉价且容量很大），故它应该加长。

（2）DES 的置换适合于硬件实现，用软件实现则非常困难。DES 的快速软件实现采用查表来实现置换。查表能提供与置换同样的"扩散"特性，但它具有更大的灵活性。

（3）DES 中的 S 盒很小，每个盒仅有 64 个 4 位单元。现在存储器更大了，S 盒应该增大。况且，同时使用全部 8 个 S 盒，这一点对硬件很合适，但对软件来说却是不合理的限制。应该顺序地（而非并行地）使用大的 S 盒。

（4）普遍认为 DES 的初始和末置换没有密码学意义，应该取消。

（5）所有 DES 的快速实现都为每一轮预先计算出密钥。基于这个事实，使得这种计算更复杂。

（6）不像 DES，S 盒的设计应该公开。

针对这些问题，Merkle 现在可能要增加"抗差分密码分析和线性攻击"，但这些攻击在当时还是未知的。

13.7.1 Khufu

Khufu 是一个 64 位分组密码。首先将 64 位明文分为 32 位的两部分：L 和 R。首先，两半部分都与密钥异或。然后，它们通过类似于 DES 的一系列轮运算。在每一轮中，L 的最低字节作为一个 S 盒的输入，每个 S 盒有 8 位输入和 32 位输出，输出的 32 位再与 R 异或。然后 L 环移 8 位的某个倍数，接着 L 和 R 交换，这一轮就结束了。S 盒本身是动态的，每 8 轮就要改变。最后一轮结束后，L 和 R 与更多的密钥异或，然后组成密文分组。

虽然部分密钥在算法开始和结束时与加密分组异或，但密钥的主要目的是产生 S 盒。这些 S 盒都是秘密的，且本质上可看成密钥的一部分。Khufu 算法需要 512 位（64 字节）长的密钥，并给出了一个从密钥产生 S 盒的算法。这个算法的轮数是未定的。Merkle 认为 8 轮的 Khufu 可能受到选择明文分析，因此推荐使用 16、24 或 32[1071]（他把轮数的选择限制为 8 的倍数）。

由于 Khufu 有一个相关密钥和秘密的 S 盒，所以它对差分密码分析是免疫的。存在一种攻击 16 轮 Khufu 的差分攻击，它需要 2^{31} 个选择明文来恢复密钥[611]，但该方法不能扩展到更多的轮。如果穷举攻击是攻击 Khufu 的最好方法，那么破译它将非常地困难。512 位密

钥给出了 2^{512} 的复杂性——在这种情形下，破译它是不可想象的。

13.7.2   Khafre

Khafre 是 Merkle 提出的两个密码算法中的第二个[1071]。（Khufu 和 Khafre 以两个埃及法老的名字命名。）在设计上，它类似于 Khufu，只是它被设计在不需要预计算时间的应用上，S 盒与密钥无关，相反使用了一个固定的 S 盒集，且密钥与加密数据分组的异或不仅在第一轮之前和最后一轮之后，而且也在每 8 轮加密之后。

Merkle 认为在 Khafre 中需要用 64 位或 128 位密钥，且 Khafre 比 Khufu 应用更多加密轮。考虑到 Khafre 的每一轮比 Khufu 更复杂，这使得该算法更慢。作为补偿，Khafre 不要求任何预计算，因此对于加密少量数据速度更快。

1990 年，Biham 和 Shamir 对 Khafre 使用差分密码分析技术[170]。他们用了 1500 次不同加密的选择明文攻击法破译了 16 轮 Khafre。用他们的个人计算机，花了大约 1 小时。如用已知明文攻击需要大约 2^{38} 次加密。用 2^{53} 次加密的选择明文攻击或用 2^{59} 次加密的已知明文攻击能破译 24 轮 Khafre。

13.7.3   专利

Khufu 和 Khafre 都申请了专利[1072]，算法的源代码也受专利保护。对这两个算法的使用许可感兴趣的人可与以下地址取得联系：Director of Licensing，Xerox Corporation，P. O. Box 1600，Stamford，CT，06904-1600。

13.8   RC2 算法

RC2 Ron Rivest 为 RSA 数据安全公司（RSADSI）设计的密钥长度可变的加密算法。虽然 "RC" 的官方标准表示 "Rivest Cipher"，实际上，它表示 "Ron's Code"（RC3 在开发过程中在 RSADSI 被攻破了，RC1 除了在 Rivest 的记事本上外，从未公开）。它的细节未公开，但不要认为这有助于它的安全。RC2 已经出现在某些商业产品中。就我所知，RC2 没有申请专利，仅作为商业秘密进行保护。

RC2 被设计成取代 DES 的一种密钥长度可变的 64 位分组密码。按照这家公司的说法，用软件实现的 RC2 比 DES 快 3 倍。该算法接收可变长度的密钥，其长度可从 0 字节到计算机系统所能接收的最大长度的字符串，加密速度与密钥的长度无关。这个密钥预处理成 128 字节的相关密钥表，所以有效的不同密钥的数目是 2^{1024}。RC2 没有 S 盒[805]，两个运算是 "混合" 和 "掩码"，其有一个是从每一轮中选取。根据他们的文献 [1334]：

> RC2 不是一个迭代型的分组密码，这说明 RC2 比其他安全性依赖于复制 DES
> 设计的分组密码算法更能对抗差分和线性攻击。

RSADSI 拒绝公开出版 RC2 算法，这令人对他们的说法产生怀疑。他们愿意将算法的细节提供给愿意签署对该算法保密的人，同时他们允许密码分析学家公开他们发现的任意否定的结果。我不知道除了该公司研究 RC2 算法的人外，还有其他什么人愿意对它们进行分析，因为这相当于为他们做分析工作。

然而，Ron Rivest 不是一般的 "滑头" 兜售者，他是一个受尊重并有能力的密码学者。尽管我没亲自审查这些代码，但我还是对这个算法有一定程度的信任。一旦 RSADSI 的专利问题得到解决，RC4 将放在互联网上（参见 17.1 节），将 RC2 也放到网上仅是时间问题。

软件出版商协会（SPA）和美国政府之间最近达成了一项协议，美国政府在出口方面给予 RC2 和 RC4（参见 17.1 节）特殊的地位（参见 25.14 节）。采用这两种算法之一的产品有更简单的出口审批手续，前提是提供的密钥长度不超过 40 位。

40 位密钥足够长吗？总共有 2^{40}（10^{12}）个可能的密钥。假定穷举搜索法是最有效的密码分析方法（一个大胆的假设，考虑到算法从未公布才做出的），假定穷举分析芯片每秒能测试 100 万个密钥，那么找出正确的密钥将需要 12.7 天。如果 1000 台设备同时工作，那么在 20 分钟内就可找出这个正确的密钥。

RSA 数据安全公司坚持认为，当加密和解密过程很快时，穷举密钥搜索是不能成功的。大量的时间将花费在建立密钥表上。尽管加密和解密消息时花费的时间可以忽略不计，但当尝试每一个可能的密钥时，花费的时间必须考虑。

美国政府绝不会允许出口它不能破译的（至少在理论上）算法。他们可以生成用每一个可能密钥加密的明文分组的磁带或 CD。为了破译一个给定的消息，只需要运行这个磁带，然后将消息中的密文分组与磁带上的密文分组相比较，如果匹配，试试选出的密钥，然后看消息有何意义。如果你选择一个普通的明文分组（全零、对应于空格键的 ASCII 码字符等），这种方法应该有效。对一个 64 位明文用全部 10^{12} 个可能的密钥加密，其所需要的存储空间是 8TB——这当然可能。

如果要获得 RC2 许可证的信息，可以与 RSADSI 联系（参见 25.4 节）。

13.9　IDEA 算法

Xuejia Lai 和 James Massey 于 1990 公布了 IDEA 密码算法的第 1 版[929]，它叫作推荐加密标准（Proposed Encryption Standard，PES）。在 Biham 和 Shamir 演示了差分密码分析之后，第二年设计者为抵抗此攻击，增加了密码算法的强度，他们把新算法称为改进型推荐加密标准（Improved Proposed Encryption Standard，IPES）[931,924]。IPES 在 1992 年又改名为国际数据加密算法（International Data Encryption Algorithm，IDEA）[925]。

IDEA 基于某些可靠的基础理论，虽然密码分析者能对轮数减少的变体算法进行一些分析工作，但该算法仍然是安全的。依我看来该算法是目前已公开的最好和最安全的分组密码算法。

现在还不清楚 IDEA 的未来怎样，也还没有打算用它来替换 DES，部分原因是它有专利和必须有商业使用的许可证，部分原因是人们仍在等待密码分析家在将来几年中分析该算法是否安全，它目前已作为 PGP 的一部分（参见 24.12 节）。

13.9.1　IDEA

IDEA 是一个分组长度为 64 位的分组密码算法，密钥长度为 128 位，同一个算法既可用于加密，又可用于解密。

与我们已看到过的所有其他分组密码算法一样，IDEA 既用混乱又用扩散。该算法的设计原则是一种"来自不同代数群的混合运算"。3 个代数群进行混合运算，无论用硬件还是软件，它们都易于实现。

- 异或。
- 模 2^{16} 加。
- 模 $2^{16}+1$ 乘（这个运算可看成是 IDEA 的 S 盒）。

所有这些运算（这些是算法中仅有的运算——没有位置换）都在 16 位子分组上进行。这个算法对 16 位处理器尤其有效。

13.9.2 IDEA 的描述

图 13-9 是 IDEA 的一个总览。64 位数据分组分成 4 个 16 位子分组：X_1、X_2、X_3 和 X_4。这 4 个子分组成为算法的第一轮输入，总共有 8 轮。在每一轮中，这 4 个子分组相互间异或、相加、相乘，且与 6 个 16 位子密钥异或、相加、相乘。在轮与轮之间，第二和第三个子分组交换。最后在输出变换中 4 个子分组与 4 个子密钥进行运算。

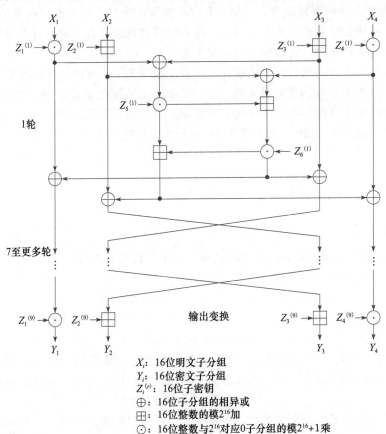

X_i：16 位明文子分组
Y_i：16 位密文子分组
$Z_i^{(r)}$：16 位子密钥
$\oplus$：16 位子分组的相异或
$\boxplus$：16 位整数的模 2^{16} 加
$\odot$：16 位整数与 2^{16} 对应 0 子分组的模 $2^{16}+1$ 乘

图 13-9　IDEA

在每一轮中，执行的顺序如下：

（1）X_1 和第 1 个子密钥相乘。

（2）X_2 和第 2 个子密钥相加。

（3）X_3 和第 3 个子密钥相加。

（4）X_4 和第 4 个子密钥相乘。

（5）将第（1）步和第（3）步的结果相异或。

（6）将第（2）步和第（4）步的结果相异或。

（7）将第（5）步的结果与第 5 个子密钥相乘。

（8）将第（6）步和第（7）步的结果相加。

（9）将第（8）步的结果与第 6 个子密钥相乘。

（10）将第（7）步和第（9）步的结果相加。

（11）将第（1）步和第（9）步的结果相异或。

（12）将第（3）步和第（9）步的结果相异或。

（13）将第（2）步和第（10）步的结果相异或。

（14）将第（4）步和第（10）步的结果相异或。

每一轮的输出是第（11）、（12）、（13）和（14）步的结果形成的 4 个子分组。将中间两个分组交换（最后一轮除外）后，即为下一轮的输入。

经过 8 轮运算之后，有一个最终的输出变换：

（1）X_1 和第 1 个子密钥相乘。

（2）X_2 和第 2 个子密钥相加。

（3）X_3 和第 3 个子密钥相加。

（4）X_4 和第 4 个子密钥相乘。

最后，这 4 个子分组重新连接到一起产生密文。

产生子密钥也很容易。这个算法用了 52 个子密钥（8 轮中的每一轮需要 6 个，其他 4 个用于输出变换）。首先，将 128 位密钥分成 8 个 16 位子密钥。这些是算法的第一批 8 个子密钥（第一轮六个，第二轮的头两个）。然后，密钥向左环移 25 位后再分成 8 个子密钥。开始 4 个用在第二轮，后面 4 个用在第三轮。密钥再次向左环移 25 位产生另外 8 个子密钥，如此进行直到算法结束。

解密过程基本上一样，只是子密钥需要求逆且有些微小差别，解密子密钥要么是加密子密钥加法的逆要么是乘法的逆。（对 IDEA 而言，对于模 $2^{16}+1$ 乘，全 0 子分组用 $2^{16}=-1$ 来表示，因此 0 的乘法逆是 0）。计算子密钥要花点时间，但对每一个解密密钥，只需做一次。表 13-4 给出加密子密钥和相对应的解密子密钥。

表 13-4　IDEA 加密和解密子密钥

轮　数	加密子密钥	解密子密钥
1	$Z_1^{(1)} Z_2^{(1)} Z_3^{(1)} Z_4^{(1)} Z_5^{(1)} Z_6^{(1)}$	$Z_1^{(9)-1} -Z_2^{(9)} -Z_3^{(9)} Z_4^{(9)-1} Z_5^{(8)} Z_6^{(8)}$
2	$Z_1^{(2)} Z_2^{(2)} Z_3^{(2)} Z_4^{(2)} Z_5^{(2)} Z_6^{(2)}$	$Z_1^{(8)-1} -Z_3^{(8)} -Z_2^{(8)} Z_4^{(8)-1} Z_5^{(7)} Z_6^{(7)}$
3	$Z_1^{(3)} Z_2^{(3)} Z_3^{(3)} Z_4^{(3)} Z_5^{(3)} Z_6^{(3)}$	$Z_1^{(7)-1} -Z_3^{(7)} -Z_2^{(7)} Z_4^{(7)-1} Z_5^{(6)} Z_6^{(6)}$
4	$Z_1^{(4)} Z_2^{(4)} Z_3^{(4)} Z_4^{(4)} Z_5^{(4)} Z_6^{(4)}$	$Z_1^{(6)-1} -Z_3^{(6)} -Z_2^{(6)} Z_4^{(6)-1} Z_5^{(5)} Z_6^{(5)}$
5	$Z_1^{(5)} Z_2^{(5)} Z_3^{(5)} Z_4^{(5)} Z_5^{(5)} Z_6^{(5)}$	$Z_1^{(5)-1} -Z_3^{(5)} -Z_2^{(5)} Z_4^{(5)-1} Z_5^{(4)} Z_6^{(4)}$
6	$Z_1^{(6)} Z_2^{(6)} Z_3^{(6)} Z_4^{(6)} Z_5^{(6)} Z_6^{(6)}$	$Z_1^{(4)-1} -Z_3^{(4)} -Z_2^{(4)} Z_4^{(4)-1} Z_5^{(3)} Z_6^{(3)}$
7	$Z_1^{(7)} Z_2^{(7)} Z_3^{(7)} Z_4^{(7)} Z_5^{(7)} Z_6^{(7)}$	$Z_1^{(3)-1} -Z_3^{(3)} -Z_2^{(3)} Z_4^{(3)-1} Z_5^{(2)} Z_6^{(2)}$
8	$Z_1^{(8)} Z_2^{(8)} Z_3^{(8)} Z_4^{(8)} Z_5^{(8)} Z_6^{(8)}$	$Z_1^{(2)-1} -Z_3^{(2)} -Z_2^{(2)} Z_4^{(2)-1} Z_5^{(1)} Z_6^{(1)}$
输出变换	$Z_1^{(9)} Z_2^{(9)} Z_3^{(9)} Z_4^{(9)}$	$Z_1^{(1)-1} -Z_2^{(1)} -Z_3^{(1)} Z_4^{(1)-1}$

13.9.3　IDEA 的速度

目前软件实现的 IDEA 比 DES 快两倍。在 33MHz 386 机器上 IDEA 加密数据速率达 880kbit/s，在 66MHz 486 机器上加密数据速率达 2400kbit/s。你可能认为 IDEA 将很快，但乘法是很费时的，在 486 上进行两个 32 位数的乘法需要 40 个时钟周期（在 Pentium 上需要 10 个时钟周期）。

一个 VLSI 实现的 PES 在 25MHz 时钟下加密数据速率达 55Mbit/s[208,398]。由 ETH Zurich 开发的另一种 VLSI 芯片，在 107.8mm² 的芯片上包含了 251 000 个晶体管，当时钟为 25MHz 时，采用 IDEA 算法加密数据速率可达 177Mbit/s[926,207,397]。

13.9.4 IDEA 的密码分析

IDEA 的密钥长度是 128 位——比 DES 长两倍多。假定穷举攻击是最有效的，那么为获取密钥需要 2^{128}（10^{38}）次加密运算。设计一个每秒能测试 10 亿个密钥的芯片，并采用 10 亿个芯片来并行处理，它将花费 10^{13} 年——比宇宙的年龄还要长。10^{24} 个这样的芯片可在一天内找出密钥，但在宇宙中没有足够的硅原子可用来建造这样一个机器。现在我们正在接近某个目标——虽然对不明事物我还是拭目以待为好。

或许蛮力攻击不是攻击 IDEA 的最好方法。对任何确定的密码分析结果来说，这个算法太新了。设计者已经尽力使这个算法抗差分密码分析，他们定义了马尔可夫链且证明了能抗差分攻击的模型和量化大小[931,925]（图 13-10 给出原始的 PES 算法，将它与图 13-9 中增加了抗差分密码分析的 IDEA 算法进行比较。为什么一点微小的改变能导致这么大的差别，真令人惊奇）。在文献［925］中，Lai 证明（他给出了证据，不仅仅是一个证明），在 IDEA 的 8 轮运算中第 4 轮后就对差分密码分析有免疫了。按照 Biham 所述，他的相关密钥密码攻击对 IDEA 是无用的[160]。

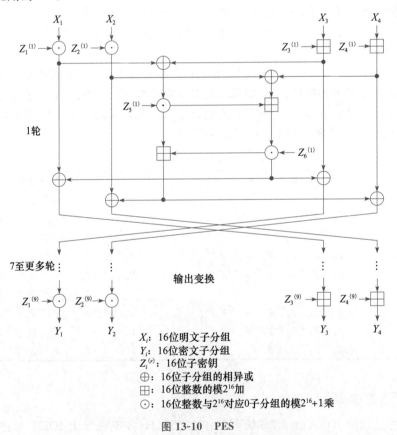

X_i：16位明文子分组
Y_i：16位密文子分组
$Z_i^{(r)}$：16位子密钥
⊕：16位子分组的相异或
⊞：16位整数的模2^{16}加
⊙：16位整数与2^{16}对应0子分组的模2^{16}+1乘

图 13-10　PES

Willi Meier 考察了 IDEA 的 3 个代数运算，并指出它们是不兼容的，并给出了一个例子，他们能简单地以该方式减少密码分析者的工作量几个百分比[1050]。对 2 轮 IDEA，该攻击比穷举攻击更有效（需要 2^{42} 次运算），但对 3 轮或 3 轮以上的 IDEA，该攻击是无效的。正常的 IDEA 是 8 轮，因而它是安全的。

Joan Daemen 发现了 IDEA 的一族弱密钥[496,409]。从某种意义来说，它们不是 DES 弱密钥意义下的弱密钥，即加密函数是自逆的。在某种意义上，它们又是弱密钥，如果使用它们，攻击者使用选择明文攻击可以很容易识别它们。例如，一个弱密钥是（十六进制）：

0000, 0000, 0x00, 0000, 0000, 000x, xxxx, x000

在"x"位置的数可以是任何数。如果使用了这个密钥，从某些明文对的异或可得到相应密文对的异或。

在任何情况下，偶然产生这些密钥中一个的机会非常小，只有 $1/2^{96}$。如果随机选择密钥，就不会有危险。同时很容易修改 IDEA 使得它没有任何弱密钥：把每一个子密钥与 0xdae 异或[409]。

虽然许多人都在分析 IDEA，但我还未听到其他有关 IDEA 的分析结果。

13.9.5　IDEA 的操作方式和变体

IDEA 能在第 9 章中讨论的分组密码的任何模式中使用。与 DES 类似，2 重 IDEA 的实现似乎易受中间相遇攻击（参见 15.1 节）。然而，因为 IDEA 的密钥长度大于 DES 密钥长度两倍多，所以这个攻击是不可能的。它将需要 64×2^{128} 位或 10^{39} 字节的存储空间，也许宇宙中有足够的东西可产生如此大的一个存储设备，但我对此持怀疑态度。

如果你还对并行领域感到担忧，那么采用三重 IDEA 实现（参见 15.2 节）：

$$C = E_{K3}(D_{K2}(E_{K1}(P)))$$

它对中间相遇攻击是免疫的。

这里没有理由限制你不可用独立子密钥来实现 IDEA，此时你需要一个密钥管理工具来处理这样长的密钥。对于总长度为 832 位的密钥，IDEA 需要 52 个 16 位密钥。这个变体的安全性比 IDEA 更高，但没有人知道能高到多少。

一个自然变体是把分组的长度加倍。这个算法用 32 位子分组替换 16 位子分组，并使用 256 位密钥。这样，加密操作将加快，安全性将增加到 2^{32} 倍。它可能吗？支撑这个算法的理论主要基于这个事实：$2^{16}+1$ 是素数，而 $2^{32}+1$ 不是。或许这个算法经修改后能运行，但它的安全性将大不一样。Lai 说使它运行将是困难的。

尽管 IDEA 比 DES 表现出更大的安全性，但取代一个当今正在使用的算法是不容易的。如果你的数据库和消息模板接受了 64 位密钥，它或许就不可能实现 IDEA 的 128 位密钥。

对这些应用，通过将 64 位密钥自身连接起来形成 128 位密钥。记住，经这样修改的 IDEA 被明显地弱化了。

如果你更多地关心速度和安全性，你可以考虑更少轮数的 IDEA 变体，现在比穷举攻击更快地对 IDEA 的攻击仅对 2.5 轮或更少轮有效[1050]。4 轮 IDEA 是目前最快的，它刚好是安全的。

13.9.6　敬告使用者

IDEA 是一个相对较新的算法，还有许多问题没有解决。IDEA 是一个群吗？（Lai 认为不是[926]）有破译这个密码的方法吗？IDEA 有坚强的理论基础，但随着时间的流逝，看似安全的算法往往会被新的密码分析方法破译。有多家研究组织和军事组织已经对 IDEA 进行密码分析。他们中无任何人愿意公开他们可能成功破译 IDEA 的结果，但将来某一天可能会成功。

13.9.7　专利和许可证

IDEA 在欧洲和美国已获专利[1012,1013]。专利由 Ascom-Tech AG 拥有，对非商业用途没有专利使用费。对取得这个算法使用许可证感兴趣的商业用户可以与以下地址联系：Ascom Systec AG，Dept CMVV，Gewerbepark，CH-5506，Mägenwil，Switzerland；电话：＋41 64 56 59 83；传真：＋41 64 56 59 90；Email：idea@ascom.ch。

13.10　MMB 算法

Joan Daemem 提出的基于模乘法运算的分组密码（Modular Multiplication-based Block cipher，MMB）算法对 IDEA 使用 64 位加密块提出了异议。MMB 与 IDEA 基于相同的基础理论：不同代数群的混合运算。MMB 是一个迭代的分组密码算法，它主要由线性步骤（异或和密钥应用）和四个大的非线性可逆代替并行运算步骤组成，这些代替由带常数因子的模 $2^{32}-1$ 乘来确定。得到的是一个既有 128 位密钥，又有 128 位分组的算法。

MMB 在 32 位的文本子分组（X_0，X_1，X_2，X_3）和 32 位子密钥（K_0，K_1，K_2，K_3）上运算。这使此算法更适合在当今的 32 位处理器上实现。算法中交替应用了 6 次非线性函数 f 和密钥异或运算，算法过程如下（所有下标模 4 运算）：

$$x_i = x_i \oplus k_i, i = 0 \text{ 至 } 3$$
$$f(x_0, x_1, x_2, x_3)$$
$$x_i = x_i \oplus k_{i+1}, i = 0 \text{ 至 } 3$$
$$f(x_0, x_1, x_2, x_3)$$
$$x_i = x_i \oplus k_{i+2}, i = 0 \text{ 至 } 3$$
$$f(x_0, x_1, x_2, x_3)$$
$$x_i = x_i \oplus k_i, i = 0 \text{ 至 } 3$$
$$f(x_0, x_1, x_2, x_3)$$
$$x_i = x_i \oplus k_{i+1}, i = 0 \text{ 至 } 3$$
$$f(x_0, x_1, x_2, x_3)$$
$$x_i = x_i \oplus k_{i+2}, i = 0 \text{ 至 } 3$$
$$f(x_0, x_1, x_2, x_3)$$

函数 f 有 3 步：

（1）$x_i = c_i \cdot x_i$，$i = 0 \sim 3$（如果乘法的输入为全 1，那么输出也为全 1）。

（2）如果 x_0 的最低有效位为 1，那么 $x_0 = x_0 \oplus C$；如果 x_3 的最低有效位为 0，那么 $x_3 = x_3 \oplus C$。

（3）$x_i = x_{i-1} \oplus x_i \oplus x_{i+1}$，$i = 0 \sim 3$。

运算中的所有变量下标将模 4。第（1）步中的乘法运算是模 $2^{32}-1$ 乘法运算。对这个算法来说，如果第二个运算数是 $2^{32}-1$，那么结果就是 $2^{32}-1$。各种常数是（十六进制）：

$$C = 2aaaaaaa$$
$$c_0 = 025f1cdb$$
$$c_1 = 2c_0$$
$$c_2 = 2^3 c_0$$
$$c_3 = 2^7 c_0$$

常数 C 是一个最简单的具有高的三进制权重的常数，最低有效位为零，且没有循环对称性。常数 c_0 具有某些其他特性。为了抵抗基于对称性的攻击，常数 c_1、c_2 和 c_3 是 c_0 的移位。了解更多细节，参见文献 [405]。

解密是一个逆过程。第（2）步和第（3）步是它们自身的逆。第（1）步用 c_j^{-1} 替换 c_i，c_0^{-1} 的值是 0dad4694。

MMB 的安全性

MMB 的设计保证了每一轮具有与密钥无关的扩散特性。在 IDEA 中，扩散量仅与特定子密钥的某些扩展相关。并且，MMB 被设计成没有类似 IDEA 的弱密钥。

MMB 不安全[402]，虽然没有公开的密码分析，但它有以下几个原因。首先它不能阻止线性分析，选择一个乘法因子可阻止差分分析，但算法的设计者并没有意识到线性分析。

其次，Eli Biham 有一个有效的选择密钥攻击[160]，该攻击揭露出：所有轮是相同的，使用的密钥刚好向左环移 32 位。再次，虽然 MMB 算法用软件实现非常有效，但该算法在硬件中的实现就没有 DES 有效。

Daemem 建议，任何对 MMB 算法改进感兴趣的人应当首先对模整数乘进行线性密码分析，并选择新的模乘因子，然后对每一轮选择不同的常数 C[402]。然后，通过增加常数到每一轮的密钥中以去掉该偏差来达到改进密钥表的目的。设计者并没有这样做，而是重新设计了 3-Way 算法来取代它（参见 14.5 节）。

13.11　CA-1.1 算法

CA 是由 Howard Gutowitz 设计的基于细胞式自动机的一种分组密码算法[677,678,679]。它的分组长度为 384 位，密钥为 1088 位（它实际上有两个密钥，一个 1024 位密钥和一个 64 位密钥）。由于细胞式自动机自身的性质，在大规模并行集成电路中使用该算法最为有效。

CA-1.1 采用了可逆的和不可逆的细胞式自动机规则。在可逆规则下，网络的每一个状态取决于一个唯一的前导状态；而在不可逆规则下，每个状态能够有许多前导状态。在加密过程中，不可逆法则准时逆向迭代。为了从一个已知状态回溯，随机选择一个可能的前导状态。这个处理过程可以重复多次。回溯迭代因此可用于将消息信息与随机信息混合。CA-1.1 采用了一种特别的局部线性不可逆法则，其作用是对于任何已给定的状态，可快速建立它的一个随机前导状态。可逆法则也用于某些加密阶段。

可逆法则（对状态子分组的简单并行置换）是非线性的。不可逆法则完全可以从密钥信息中推导出来，而可逆法则既取决于密钥信息又取决于用不可逆法则加密期间各阶段插入的随机信息。

CA-1.1 建立在分组链接的结构上。也就是说，消息分组的处理将从加密期间插入的随机信息序列的处理中部分地分离出来。随机信息的作用是将每个阶段加密链接到一起。它也能用于将一系列分组的加密链接到一起。链接中的信息在加密部件内产生。

CA-1.1 是一个新算法，在安全性方面做任何断言还为时过早。Gutowitz 讨论了某些可能的攻击，包括差分密码分析，但它们都不能破译这个算法。作为奖励，Gutowitz 愿提供 1000 美元资金给"研究出一种破译 CA-1.1 可行方法的第一个人"。

专利和许可证

CA-1.1 有专利[678]，但它对任何非商业使用是免费的，对获得算法的使用授权或密码分析奖金感兴趣的人可与以下地址联系：Howard Gutowitz, ESPCI, Laboratore d'Électronique, 10 rue Vauquelin, 75005, Paris, France。

13.12 Skipjack 算法

Skipjack 是 NSA 为 Clipper 和 Capstone 芯片开发的加密算法（见 24.16 节和 24.17 节）。由于该算法被归入秘密类，所以它的细节从未公开。它仅以防窜改的硬件实现。

该算法是保密的，但这并不能增强它的安全性，因为 NSA 并不打算将 Skipjack 算法使用在 Clipper 密钥托管机制以外，他们也不打算将该算法以软件实现并在世界上广泛传播。

Skipjack 算法安全吗？如果 NSA 打算设计一个安全算法，它们能够做到。另一方面，如果他们打算设计一个有陷门的算法，他们也能做到。

以下是已公开的部分[1154,462]：

- 它是一个迭代的分组密码算法。
- 它的分组大小为 64 位。
- 它的密钥为 80 位。
- 它可用于 ECB、CFB、64 位 OFB 或 1、8、16、32 及 64 位 CBC 等任意一种模式。
- 每次加密或解密要进行 32 轮运算。
- NSA 声明该算法在 1985 年开始设计，1990 年完成了对它的评价。

在 Mykotronx Clipper 芯片说明书中说，Skipjack 算法的运算时间为 64 个时钟周期，这意味着每一轮仅有两个时钟周期：猜想一个用于 S 盒替换，另一个用于轮结束时的异或（记住，置换在硬件实现时不需要时间）。Mykotronx 说明书调用这两个时钟周期来运算 "G 盒" 以及 "移位"（G 盒的一部分称为 F 表，可能是一个常数表，也可能是一个函数表）。

据说 Skipjack 使用了 16 个 S 盒，另外存储 S 盒需要的总存储量为 128 字节，不希望这两个说法是真的。

另一种说法是：不同于 DES，Skipjack 轮函数并不是以数据分组的一半来进行运算。结合 "移位" 记号和在 Crypto'94 会议上的偶然声明，Skipjack 有 "一个 48 位内部结构"，这意味着它与 SHA 设计类似（参见 18.7 节），但它用了 4 个 16 位分组：3 个分组通过相关密钥的单向函数产生一个 16 位分组，该分组与剩下的一个分组相异或；然后整个分组环移 16 位变成下一轮的输入，这也意味着 128 字节的 S 盒。我猜想 S 盒与密钥有关。

Skipjack 的结构可能类似 DES，NSA 意识到了防窜改的硬件最终将是逆向工程，他们不会用任何先进的密码技术来冒险。

NSA 正计划用 Skipjack 算法加密他们的防御信息系统（DMS），该事实说明该算法是安全的。为了取消这个怀疑，NIST 已宣称 "将向政府以外的有声望的专家提供接触该算法机密细节的机会，以评价它的性能，并公开报告对它的发现"[812]。

这些专家的初步报告包括（从未有最终报告，可能永远没有）[262]：

> 假定处理能力的成本每十八个月降低一半，仍需要 36 年的时间，用穷举搜索破译 Skipjack 的难度才可能等于今天破译 DES 的难度。因此，在今后 30～40 年中，用穷举搜索将不会对 Skipjack 构成明显威胁。
> 用捷径的攻击方法（包括差分密码分析）破译 Skipjack 也不会构成很大威胁。它没有弱密钥，没有互补特性。这些专家没有时间更深入地评价这个算法，只评价了 NSA 自己的设计和评价过程。
> Skipjack 对密码分析的攻击强度不依赖于算法的保密。

当然，评测小组专家没有足够长的时间来得出自己的结论，他们仅能查看 NSA 给他们的结果。

一个不能回答的问题是 Skipjack 算法的密钥空间是否均匀（参见 8.2 节），甚至如果 Skipjack 没有类似 DES 的弱密钥，密钥编制算法的某些结构能使某些密钥比其他密钥强。Skipjack 有 2^{70} 个强密钥，远多于 DES，随机选择一个强密钥的概率为 $1/1000$。我个人认为 Skipjack 算法的密钥空间是均匀的，但没有一个人曾公开说过这个结论是错误的。

Skipjack 算法有专利，但这个专利正受限于专利秘密协商的分发[1122]。当且仅当 Skipjack 算法成功地实现逆向工程时，该专利才能发布。这样既保护了专利，又保证了商业秘密的保密性。

其他分组密码算法（续）

14.1 GOST 算法

GOST 是苏联设计的分组密码算法[655,1393]，GOST 是 GOsudarstvennyi STandard 或 GOvernment STandard 的缩写，它除了泛指任何标准外，其实类似于 FIPS。该标准的编号为 28147-89。苏联的政府标准会议授予了该标准。

我不知道 GOST 2817-89 是否使用在传统的交通或民用加密中，该算法的初始陈述中表明：该算法"满足所有的密码需求且对保护的信息没有任何限制"，我听说该算法开始用在级别非常高的通信中，包括典型的军事通信，但我还不能肯定。

14.1.1 GOST 的描述

GOST 是一个 64 位分组及 256 位密钥的分组密码算法，GOST 也有一些附加的密钥，这将在后面讨论。该算法是一个 32 轮的简单迭代加密算法。

加密时，首先把输入分成左半部分 L 和右半部分 R，第 i 轮的子密钥为 K_i，GOST 的第 i 轮为：

$$L_i = R_{i-1}$$
$$R_i = L_{i-1} \oplus f(R_{i-1}，K_i)$$

图 14-1 给出了 GOST 算法的框图，函数 f 是直接的。首先，右半部分与第 i 轮的子密钥进行模 2^{32} 加，该结果分成 8 个 4 位分组，每个分组作为不同的 S 盒的输入，在 GOST 中使用了 8 个不同的 S 盒，第一个 4 位进入第一个 S 盒，第二个 4 位进入第二个 S 盒，以此类

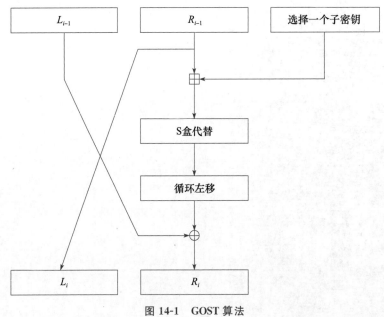

图 14-1　GOST 算法

推。每个 S 盒是数 0～15 的一个置换。例如，S 盒可能为：

$$7,\ 10,\ 2,\ 4,\ 15,\ 9,\ 0,\ 3,\ 6,\ 12,\ 5,\ 13,\ 1,\ 8,\ 11$$

在这种情况下，如果 S 盒的输入为 0，那么输出为 7；如果输入为 1，那么输出为 10 等。所有 8 个 S 盒都不同，这些被认为是附加的密钥。S 盒是保密的。

8 个 S 盒的输出重组为 32 位字，然后整个字循环左移 11 位。最后，该结果与左半部分异或变为新的右半部分，原右半部分变为新的左半部分，将此操作重复进行 32 次。

子密钥的产生很简单，256 位密钥划分为 8 个 32 位分组：K_1，K_2，$\cdots$，K_8。每一轮使用表 14-1 给出的不同子密钥，除了密钥 K_i 逆序外，解密与加密相同。

表 14-1　在 GOST 不同轮中使用的子密钥

轮 数	1	2	3	4	5	6	7	8	9	10	11	12	13	14	15	16
子密钥	1	2	3	4	5	6	7	8	1	2	3	4	5	6	7	8
轮 数	17	18	19	20	21	22	23	24	25	26	27	28	29	30	31	32
子密钥	1	2	3	4	5	6	7	8	8	7	6	5	4	3	2	1

GOST 标准并没有讨论怎样产生 S 盒，它们仅提供了 S 盒[655]。有一个说法：某些苏联机构将好的 S 盒提供给他们喜欢的机构，而将坏的 S 盒提供给他们打算破译的机构。虽然这个说法非常可能是真实的，但与俄罗斯的 GOST 芯片制造商的进一步交谈给出了另一种说法，他们用随机数发生器自己产生 S 盒置换。

最近，一组 S 盒用于俄罗斯联邦中央银行，这些 S 盒也使用在 GOST 的单向散列函数中（参见 18.11 节)[657]。它们列出在表 14-2 中。

表 14-2　GOST 的 S 盒

S 盒 1：															
4	10	9	2	13	8	0	14	6	11	1	12	7	15	5	3
S 盒 2：															
14	11	4	12	6	13	15	10	2	3	8	1	0	7	5	9
S 盒 3：															
5	8	1	13	10	3	4	2	14	15	12	7	6	0	9	11
S 盒 4：															
7	13	10	1	0	8	9	15	14	4	6	12	11	2	5	3
S 盒 5：															
6	12	7	1	5	15	13	8	4	10	9	14	0	3	11	2
S 盒 6：															
4	11	10	0	7	2	1	13	3	6	8	5	9	12	15	14
S 盒 7：															
13	11	4	1	3	15	5	9	0	10	14	7	6	8	2	12
S 盒 8：															
1	15	13	0	5	7	10	4	9	2	3	14	6	11	8	12

14.1.2　GOST 的密码分析

在 GOST 和 DES 之间有以下几个主要区别：

- 在 DES 中，从密钥产生子密钥的过程比较复杂，而 GOST 的过程非常简单。

- DES 有 56 位密钥，而 GOST 有 256 位密钥。如果你把 S 盒置换保密，GOST 将有 610 位的秘密信息。
- DES 的 S 盒是 6 位输入和 4 位输出，而 GOST 的 S 盒是 4 位输入和 4 位输出。这两个算法都有 8 个 S 盒，但 GOST 的 S 盒的大小仅为 DES 的 S 盒的 1/4。
- DES 有一个非正规的置换，称为 P 盒，而 GOST 有一个 11 位的循环左移。
- DES 有 16 轮，而 GOST 有 32 轮。

除了穷举攻击外，还没有发现更好的攻击 GOST 的方法，它是一个非常安全的算法。GOST 有 256 位密钥——加上秘密的 S 盒将更长。在抗差分攻击和线性攻击中，GOST 比 DES 强。虽然 GOST 的随机 S 盒可能比 DES 的固定 S 盒弱，但它增强了 GOST 阻止差分攻击和线性攻击的性能。这两个攻击也依赖于轮数：轮数越多，攻击就越困难。GOST 的轮数是 DES 的两倍，这就可能使差分攻击和线性攻击失败。

GOST 的其他部分要么与 DES 中的安全性等价，要么比 DES 中的坏。GOST 没有使用 DES 中的扩展置换，从 DES 中删除置换可以降低雪崩效果从而使它变得更弱。有理由认为没有置换的 GOST 更弱。GOST 使用加法取代 DES 异或并没有降低安全性。

它们之间的更大差别似乎是 GOST 的循环移位取代了置换。DES 的置换增加了雪崩效果。在 GOST 中改变一个输入位将影响一轮中的一个 S 盒，然后将影响下一轮的两个 S 盒，然后是 3 个 S 盒……在 GOST 中，改变一个输入位要影响所有的输出位需要 8 轮，DES 仅需要 5 轮。这肯定是一个弱点，但记住：GOST 有 32 轮，而 DES 仅有 16 轮。

GOST 的设计者打算在有效性和安全性之间达到平衡，他们修改了 DES 的基本设计以便产生一个更适宜于软件实现的算法。他们似乎对算法的安全性没有信心，因此通过增大密钥长度、对 S 盒保密、增加加密轮数来尽量去掉这个弱点。不管他们努力的结果如何，我们已经看到了比 DES 更安全的算法。

14.2 CAST 算法

CAST 算法是加拿大的 Carlisle Adams 和 Stafford Tavares 设计的[10,7]。他们声明：该命名涉及他们的设计过程，并体现随机性的设想，但注意这并不是设计者的初意。一个 CAST 算法的示例使用了 64 位分组和 64 位密钥。

CAST 算法的结构也很类似，该算法使用了 6 个 8 位输入和 32 位输出的 S 盒，S 盒的构造是与实现相关的，并且很复杂。详情看参考资料。

加密时，首先把明文分组成左半部分和右半部分。这个算法使用了 8 轮，在每一轮中，右半部分和密钥经过函数 f 形成的输出值与左半部分异或形成新的右半部分，原右半部分变成新的左半部分。在 8 轮后（在 8 轮后左、右部分不交换），将两部分并起来形成密文。

函数 f 很简单：

(1) 把 32 位输入分成 4 个 8 位分组：a、b、c、d。

(2) 把 16 位子密钥分成 2 个 8 位子密钥：e、f。

(3) 把 a 通过 S 盒 1，把 b 通过 S 盒 2，把 c 通过 S 盒 3，把 d 通过 S 盒 4，把 e 通过 S 盒 5，把 f 通过 S 盒 6。

(4) 把 6 个 S 盒的输出进行异或形成最终的 32 位输出。

另外，32 位输入也可与 32 位密钥进行异或，分成 4 个 8 位分组，通过 S 盒，然后异或到一起[7]。该方法的 N 轮似乎与原选择的 $N+2$ 轮有相同的安全性。

在每一轮中使用的 16 位子密钥很容易从 64 位密钥计算出，如果 K_1，K_2，…，K_8 是

64 位密钥的 8 个字节，那么每一轮的子密钥为：

第 1 轮：K_1，K_2

第 2 轮：K_3，K_4

第 3 轮：K_5，K_6

第 4 轮：K_7，K_8

第 5 轮：K_4，K_3

第 6 轮：K_2，K_1

第 7 轮：K_8，K_7

第 8 轮：K_6，K_5

这个算法的强度依赖于 S 盒，CAST 算法没有固定的 S 盒，对每一次应用都需要一个新的 S 盒。S 盒的设计准则见文献［10］。bent 函数是 S 盒的列，它是从满足 S 盒的特性中选择出来的（参见 14.10 节）。对于给定的 CAST 实现，一旦一组 S 盒构造出来了，它将固定下来，这些 S 盒与实现相关，但与密钥不相关。

在文献［10］中证明了 CAST 算法能抗差分攻击，在文献［728］中证明了 CAST 算法能抗线性攻击。还不知道比穷举攻击更有效地攻击 CAST 算法的方法。

北方电信（Northen Telecom）正把 CAST 算法作为 Macintosh、PC、UNIX 工作站上的可信安全软件包。它们选择的特定 S 盒未公开。加拿大政府正在评估 CAST 算法，打算作为新的加密标准。CAST 算法的专利问题还没有解决。

14.3　Blowfish 算法

Blowfish 是我自己设计的算法，目标是用大的微处理器实现[1388,1389]，该算法是非专利的，本书后面的 C 代码是公开的。Blowfish 的设计准则如下：

（1）快速。Blowfish 在 32 位微处理器上的加密速度达到每字节 26 个时钟周期。

（2）紧凑。Blowfish 能在容量小于 5KB 的存储器中运行。

（3）简单。Blowfish 仅使用了一些简单运算：基于 32 位的加、异或和查表。它的设计容易分析，且可阻止它的错误实现[1391]。

（4）可变的安全性，Blowfish 的密钥长度是可变的，且能达到 448 位。

在密钥不需要经常更改的应用中，如通信连接和自动文件加密器，Blowfish 是最优秀的一个算法，当在 32 位具有大内存（如 Pentium 和 PowerPC）的微处理器上实现时，其速度比 DES 快得多。Blowfish 不适合于分组交换、经常更换密钥和单向函数中。它需要大的存储器，使得它不能有效地在智能卡应用中实现。

14.3.1　Blowfish 的描述

Blowfish 是一个 64 位分组及可变密钥长度的分组密码算法，算法由两部分组成：密钥扩展和数据加密。密钥扩展把长度可达到 448 位的密钥转变成总共 4168 字节的多个子密钥组。

数据加密由一个简单函数迭代 16 轮，每一轮由密钥相关的置换、密钥相关和数据相关的代替组成。所有的运算都是 32 位字的加法和异或，只有的一个运算是每轮的 4 个索引组数据查表。

Blowfish 使用了大量的子密钥，这些密钥必须在加密和解密之前进行预计算。

P 数组由 18 个 32 位子密钥组成：

P_1，P_2，P_3，…，P_{18}

4 个 32 位的 S 盒，每个有 256 个单元：

$S_{1,0}$，$S_{1,1}$，$S_{1,2}$，$\cdots$，$S_{1,255}$

$S_{2,0}$，$S_{2,1}$，$S_{2,2}$，$\cdots$，$S_{2,255}$

$S_{3,0}$，$S_{3,1}$，$S_{3,2}$，$\cdots$，$S_{3,255}$

$S_{4,0}$，$S_{4,1}$，$S_{4,2}$，$\cdots$，$S_{4,255}$

这些子密钥的计算方法将在本节的后面介绍。

Blowfish 是一个由 16 轮构成的 Feistel 结构（参见 14.10 节）。输入是 64 位数据 x，加密过程为（见图 14-2）：

把 x 分成 32 位的两部分：x_L，x_R

对于 $i=1$ 至 16

$x_L = x_L \oplus P_i$

$x_R = F(x_L) \oplus x_R$

交换 x_L 和 x_R（最后一轮取消该运算）

$x_R = x_R \oplus P_{17}$

$x_L = x_L \oplus P_{18}$

重新合并 x_L 和 x_R

函数 F 为（见图 14-3）：

把 x_L 分成 4 个 8 位分组：a、b、c 和 d

输出为：$F(x_L) = ((S_{1,a} + S_{2,b} \bmod 2^{32}) \oplus S_{3,c}) + S_{4,d} \bmod 2^{32}$

解密时，除了 P_1，P_2，P_3，$\cdots$，P_{18} 以逆序使用外，与加密相同。

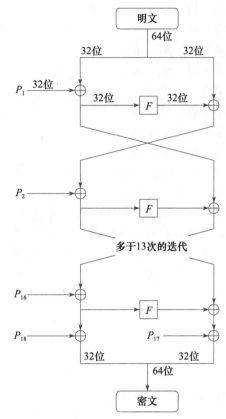

图 14-2 Blowfish 算法

要求更高速 Blowfish 的实现将把迭代展开并确保所有的子密钥都存储在高速内存中，详情见文献 [568]。

Blowfish 算法中子密钥的计算过程如下：

（1）初始化 P 数组，然后是 4 个 S 盒及固定的串。这些串由 p 的十六进制数组成。

（2）用密钥的第一个 32 位与 P_1 异或，用密钥的第二个 32 位与 P_2 异或，以此类推，直到密钥的所有位（直到 P_{18}）。周期性地循环密钥的所有位直到整个 P 数组与密钥异或完为止。

（3）利用 Blowfish 算法加密全零串，其密钥为在第（1）步和第（2）步中描述的子密钥。

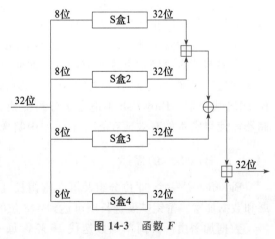

图 14-3 函数 F

（4）用第（3）步的输出取代 P_1 和 P_2。

（5）利用 Blowfish 算法加密第（3）步的输出，其密钥为修改过的子密钥。

（6）用第（5）步的输出取代 P_3 和 P_4。

（7）重复上述操作，直到 P 数组的所有元素及 4 个 S 盒全部被连续变化的 Blowfish 的输出所取代。

为了产生所需要的全部子密钥，总共需要迭代 512 次。在应用时这些子密钥全部被存储下来——不需要多次执行推导过程。

14.3.2 Blowfish 的安全性

Serge Vaudenay 检查了已知 S 盒的 r 轮 Blowfish 算法，能恢复 P 数组的差分攻击需要 2^{8r+1} 个选择明文[1568]。对某些弱密钥产生的 S 盒（随机选择的概率为 $1/2^{14}$）能恢复 P 数组的差分攻击共需要 2^{4r+1} 个选择明文。对未知的 S 盒，这种攻击能探测出是否使用了弱密钥，但不能确定该密钥的值（既不能求出 S 盒也不能求出 P 数组）。这个攻击仅能对减少轮数的 S 盒有效，对 16 轮的 Blowfish 完全无效。

当然，弱密钥的发现是有意义的，甚至虽然它们似乎不能揭示有用的东西。弱密钥就是对给定的 S 盒，它的两个元素是相同的，在没做密钥扩展之前没有办法来探测弱密钥，如果你担心的话，那么必须做密钥扩展，并检查相同的 S 盒元素。尽管如此，我并不认为有这个必要。

我还不知道有针对 Blowfish 的成功的密码分析，为了安全，不要使用减少轮数的 Blowfish 算法。

Ken Marsh 公司已把 Blowfish 算法用在为 Microsoft Windows 和 Macintosh 生产的 FolderBolt 安全产品中。它也是 Nautilus 和 PGPfone 中的一部分。

14.4 SAFER 算法

SAFER K-64 表示有 64 位密钥的安全和快速加密算法[1009]。James Massey 为 Cylink 公司设计了这个非专利性的算法，并在他们的产品中使用了这个算法。新加坡政府打算将 128 位密钥的该算法使用到更大范围的应用中[1010]。这个算法没有专利、版权或其他使用限制。

这个算法的分组长度和密钥长度皆为 64 位。它不属于 DES 类的 Feistel 结构（参见 14.10 节），但它是一个迭代的分组密码算法：相同的函数用于某些轮中，每一轮使用了两个 64 位子密钥，且该算法面向字节运算。

14.4.1 SAFER K-64 的描述

明文分组划分为 8 字节长度的子分组：B_1，B_2，$\cdots$，B_7，B_8。然后这些子分组进行 r 轮运算，最后使用一个输出变换。每一轮使用两个子密钥：K_{2i-1} 和 K_{2i}。

图 14-4 给出了 SAFER K-64 算法的框图，首先子分组与子密钥 K_{2i-1}，要么进行字节异或，要么进行字节加法，然后 8 个子分组进入下列两个非线性变换之一：

$$y = 45^x \bmod 257 \text{（如果 } x = 128 \text{，那么 } y = 0\text{）}$$
$$y = \log_{45} x \text{（如果 } x = 0 \text{，那么 } y = 128\text{）}$$

这些运算在有限域 GF(257) 上进行，45 是该域的本原元，在 SAFER K-64 的实现中，以查表的方式实现这两个运算比每次开始计算快得多。

然后，子分组与子密钥 K_{2i} 要么进行字节异或，要么进行字节加法，这些运算的结果进入三层线性运算中，设计三层线性运算的目的是增加雪崩效应。每一次运算称为伪哈达码变换（Pseudo-Hadamard Transform，PHT），如果对 PHT 的输入为 a_1 和 a_2，那么输出为：

$$b_1 = (2a_1 + a_2) \bmod 256$$
$$b_2 = (a_1 + a_2) \bmod 256$$

在 r 轮后，有一个最终输出变换，它与每一轮的前面步骤是相同的。B_1，B_4，B_5 和 B_8 与最后子密钥的相应字节异或；B_2，B_3，B_6 和 B_7 与最后子密钥的相应字节相加。其结果为密文。

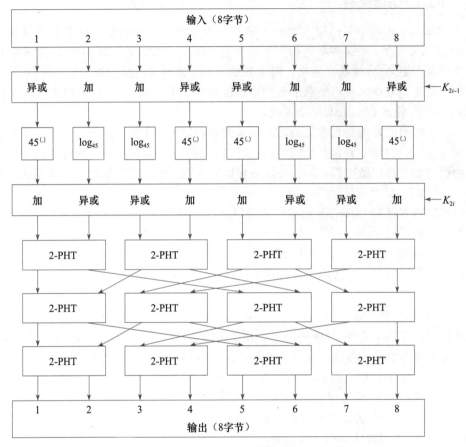

图 14-4 SAFER 算法

解密过程是一个逆过程：输出变换（用减替换加），然后 r 轮逆运算。逆 PHT（IPHT）为：

$$a_1 = (b_1 - b_2) \bmod 256$$
$$a_2 = (-b_1 + 2b_2) \bmod 256$$

Massey 推荐使用 6 轮，但你如果需要更大的安全性，可以增加轮数。

产生子密钥的方法很简单，第一个子密钥 K_1 即为用户选择的密钥，后面的子密钥通过下列方程产生：

$$K_{i+1} = (K_i <<< 3i) + c_i$$

符号 $<<<$ 表示循环左移，循环逐字节进行。c_i 是轮常数，如果 c_{ij} 是第 i 轮常数的第 j 个字节，那么可以通过以下公式计算所有的轮常数：

$$c_{ij} = 45^{45^{((9i+j) \bmod 256)} \bmod 257} \bmod 257$$

一般情况下，这些值存储在表中。

14.4.2 SAFER K-128

SAFER K-128 是由新加坡内政部开发的另一个密钥编制算法，然后通过 Massey 把它加入 SAFER 中[1010]。它使用了两个密钥 K_a 和 K_b，每个都是 64 位长，方法是并行地产生两个子密钥序列，然后交替地使用每个子密钥序列，这就意味着如果你选择 $K_a = K_b$，那么 128 位密钥与 64 位密钥兼容。

14.4.3　SAFER K-64 的安全性

Massey 证明了 SAFER K-64 在 8 轮后可抗差分攻击，在 6 轮后对差分攻击来说也是相当安全的，在仅 3 轮后线性分析对该算法无效[1010]。

Knudsen 发现了密钥编制中的一个弱点：对每一个有效密钥，至少存在 1 个（有时多到 9 个）其他的密钥，它们加密不同的明文产生相同的密文[862]，在 6 轮后加密成相同密文的明文数目为 $2^{22} \sim 2^{28}$。当该算法用于加密时，攻击并不影响该算法的安全性，当它用于单向函数时，攻击将极大地降低它的安全性。在任何情况下，Knudsen 推荐至少使用 8 轮。

SAFER 是为 Cylink 公司设计的，而 Cylink 公司受到 NSA 的影响[80]。在以任何形式使用 SAFER 之前，我推荐再等密码学家分析几年。

14.5　3-Way 算法

3-Way 算法是 Joan Daemen 设计的分组密码算法[402,410]，它的分组长度和密钥长度皆为 96 位，它的设计非常便于硬件实现。

3-Way 算法不是 Feistel 结构，但它是一个迭代的分组密码算法，3-Way 算法为 n 轮，Daemen 推荐 11 轮。

3-Way 的描述

该算法的描述很简单，x 为需加密的明文分组：

对于 $i = 0$ 至 $n-1$
　　$x = x$ XOR K_i
　　$x = \text{theta}(x)$
　　$x = \text{pi}-1(x)$
　　$x = \text{gamma}(x)$
　　$x = \text{pi}-2(x)$
$x = x \oplus K_n$
$x = \text{theta}(x)$

其中用到的函数为：
- theta(x) 是线性代替函数——基本上是循环移位和异或。
- pi$-1(x)$ 和 pi$-2(x)$ 是简单的置换。
- gamma(x) 是非线性代替函数，这是取 3-Way 这个名字的一步，它是一个基于输入的 3 位分组的代替并行运算。

解密与加密类似，除了输入位和输出位必须是可逆的外，实现 3-Way 算法的代码可在本书的后面找到。

到目前为止，还没有成功地对 3-Way 的密码分析。这个算法没有专利。

14.6　Crab 算法

Crab 算法是 RSA 实验室的 Burt Kaliski 和 Matt Robshaw 开发的[810]。Crab 的思想是使

用单向散列函数技术来实现快速加密，因此 Crab 非常类似于 MD5，这里假设你已经非常熟悉 18.5 节。

Crab 有一个大的分组：1024 字节。因为提出的 Crab 算法较其实现具有更大的研究价值，所以该算法没有给出密钥产生程序。设计者假设：虽然该算法很容易接受可变长度的密钥，但仍存在一个能将 80 位密钥转变为三个必不可少的子密钥的方法。

Crab 使用了两个大的子密钥集：

数 0～255 的一个置换：$P_0, P_1, P_2, \cdots, P_{255}$。

32 位数的 2048 单元数组：$S_0, S_1, S_2, \cdots, S_{2047}$。

这些子密钥在加密或解密之前必须全部计算出来。

为加密 1024 字节的分组 X：

（1）把 X 分成 256 个 32 位的子分组：$X_0, X_1, X_2, \cdots, X_{255}$。

（2）根据 P 对这些子分组进行置换。

（3）对于 $r = 0$ 至 3

对于 $g = 0$ 至 63

$$A = X_{(4g)} <<< 2r$$
$$B = X_{(4g+1)} <<< 2r$$
$$C = X_{(4g+2)} <<< 2r$$
$$D = X_{(4g+3)} <<< 2r$$

对于 $s = 0$ 至 7

$$A = A \oplus (B + f_r(B, C, D) + S_{512r+8g+s})$$
$$TEMP = D$$
$$D = C$$
$$C = B$$
$$B = A <<< 5$$
$$A = TEMP$$

$$X_{(4g)} <<< 2r = A$$
$$X_{(4g+1)} <<< 2r = B$$
$$X_{(4g+2)} <<< 2r = C$$
$$X_{(4g+3)} <<< 2r = D$$

（4）重新合并 $X_0, X_1, X_2, \cdots, X_{255}$，形成密文。

函数 $f_r(B, C, D)$ 与 MD5 中使用的类似：

$$f_0(B, C, D) = (B \wedge C) \vee ((\neg B) \wedge D)$$
$$f_1(B, C, D) = (B \wedge D) \vee (C \wedge (\neg D))$$
$$f_2(B, C, D) = B \oplus C \oplus D$$
$$f_3(B, C, D) = C \oplus (B \vee (\neg D))$$

解密是逆过程。

产生子密钥是一个巨大的任务，下面是从一个 80 位密钥 K 产生置换数组 P 的过程：

（1）用密钥 K 的 10 字节初始化 $K_0, K_1, K_2, \cdots, K_9$。

（2）对于 $i = 10$ 至 255

$$K_i = K_{i-2} \oplus K_{i-6} \oplus K_{i-7} \oplus K_{i-10}$$

（3）对于 $i = 10$ 至 255，$P_i = i$

（4）$m=0$

（5）对于 $i=0$ 至 1

对于 $i=256$ 至 1 步长 -1

$m=(K_{256-i}+K_{257-i})\bmod i$

$K_{257-i}=K_{257-i}<<<3$

交换 P_i 和 P_{i-1}

可以用类似的方式从相同的 80 位密钥或从其他密钥中产生 S 数组的 2048 个 32 位字。设计者认为，应将这些细节"看成一个动力，可能存在更有效及更安全的密钥编制"[810]。

Crab 可看成是一个新思想的试验台，而不是一个算法。它使用了许多与 MD5 相同的技术。Biham 认为巨大的分组可使该算法更容易分析[160]。另一方面，Crab 可能做了一个巨大密钥的有效应用。在这种情况下，"更容易分析"可能并不意味着更多的东西。

14.7　SXAL8/MBAL 算法

这是一个来自日本的 64 位分组的分组密码算法[769]。SXAL8 是一个基本算法，MBAL 是可变分组长度的扩展类型。因为 MBAL 内部做了一些聪明的设计，所以设计者声称该算法仅需要几轮就可得到适当的安全性。采用 1024 字节的分组，MBAL 大约比 DES 快 70 倍。不幸的是，文献 [1174] 证明了 MBAL 可能被差分攻击，同时文献 [865] 证明该算法可能受到线性攻击。

14.8　RC5 算法

RC5 是参数变量的分组密码算法：分组大小、密钥大小和加密轮数。它是 Ron Rivest 发明的，由 RSA 实验室分析[1324,1325]。

该算法使用了三种运算：异或、加和循环。对大多数处理器而言，循环需要固定的时间，同时可变的循环是一个非线性函数。依赖于密钥和数据的循环是一个有趣的运算。

RC5 有一个可变长度的分组，但本书的例子将集中在 64 位的分组。加密使用了 $2r+2$ 个密钥相关的 32 位字：S_0，S_1，S_2，…，S_{2r+1}，这里 r 表示加密的轮数。后面将产生这些字。加密时，首先将明文分组划分为两个 32 位字：A 和 B（RC5 假设将字节封装为字采用了低字节序，即第一个字节进入寄存器 A 的最低位位置等），然后：

$A=A+S_0$

$B=B+S_1$

对于 $i=1$ 至 r：

$A=((A\oplus B)<<<B)+S_{2i}$

$B=((B\oplus A)<<<A)+S_{2i+1}$

输出是在寄存器 A 和 B 中。

解密很容易，把明文分组划分为两个字：A 和 B，然后：

对于 $i=r$ 递减至 1：

$B=((B-S_{2i+1})>>>A)\oplus A$

$A=((A-S_{2i})>>>B)\oplus B$

$B=B-S_1$

$A=A-S_0$

这里符号 $>>>$ 是循环右移，当然所有的加和减都是模 2^{32}。

创建密钥组非常复杂，但它也是直接的。首先把密钥字节复制到 c 的 32 位字的数组 L 中，如果需要，最后一个字可以用零填充。然后利用线性同余发生器模 2^{32} 初始化数组 S：

$$S_0 = P$$

对于 $i=1$ 至 $2(r+1)-1$：

$$S_i = (S_{i-1} + Q) \bmod 2^{32}$$

$P = 0\text{xb7e15163}$ 和 $Q = 0\text{x9e3779b9}$，这些常数是 e 和 phi 的二进制表示。

最后将 L 与 S 混合：

$$i = j = 0$$
$$A = B = 0$$

做 $3n$ 次（这里 n 是 $2(r+1)$ 和 c 中的最大值）

$$A = S_i = (S_i + A + B) <<< 3$$
$$B = L_j = (L_j + A + B) <<< (A + B)$$
$$i = (i+1) \bmod 2(r+1)$$
$$j = (j+1) \bmod c$$

实际上 RC5 是一族算法。以上定义了 32 位字和 4 位分组的 RC5，没有任何理由认为同一个算法不能是 64 位字和 128 位分组。对于 $w=64$，P 和 Q 分别为 0xb7151628aeb2a6b 和 $0\text{x9e3779b97f4a7c15}$。Rivest 设计了 RC5 的一个特殊的实现：RC5-$w/r/b$，这里 w 是字长、r 是加密轮数、b 是密钥字节长度。

RC5 是一种新的算法，但 RSA 实验室花费了相当的时间分析 64 位分组算法，在 5 轮后统计特性看起来非常好。在 8 轮后，每一个明文位至少影响一个循环。对 5 轮的 RC5，差分攻击需要 2^{24} 个选择明文；对 10 轮，需要 2^{45} 个；对 12 轮，需要 2^{53} 个；对 15 轮，需要 2^{68} 个。当然这里仅有 2^{64} 个可能明文，所以该攻击对 15 轮或以上的 RC5 是失败的。在 6 轮后线性分析就是安全的。Rivest 推荐至少 12 轮，甚至可能 16 轮[1325]。这个轮数可以变化。

RSADSI 已经为 RC5 申请了专利，且名称是一个商业标志。公司声明使用许可的费用将很少，但你最好先对它进行检查。

14.9　其他分组密码算法

在文献［301］中有一个称为 CRYPTO-MECCANO 的算法，它是不安全的。四个日本密码学家在 Eurocrypt'91 上发表了一种基于混沌理论的算法[687,688]，Biham 在同一届会议上对此算法进行了分析[157]。另一个算法依赖于随机码特定集的子集[693]。还有多个基于纠错编码理论的算法：McEliece 算法的变体（参见 19.7 节）[786,1290]、Rao-Nam 算法[1292,733,1504,1291,1056,1057,1058,1293]、Rao-Nam 算法的变体[464,749,1503] 和 Li-Wang 算法[964,1561]——它们都是不安全的。CALC 是不安全的[1109]。微小加密算法（TEA）太新，所以还没有任何评价[1592]。Vino 是另一个算法[503]。Matt Blaze 和我设计的分组密码算法 MacGuffin 算法是不安全的[189]，它在提出的会议上被破译了。类似 3-Way 算法设计原理的 192 位分组的 BaseKing 算法太新，还没来得及做评价[402]。

在密码团体外，还有更多的有实用价值的分组算法。其中的一些正被不同的政府和军事组织所采用。这方面的情况我一无所知。还有一些有商业价值的算法，有些可能好，但大部分可能不好。如果某公司认为公开他们的算法会损害公司利益，那么最好假定他们是对的，且避开该算法。

14.10　分组密码设计理论

在 11.1 节中描述了 Shanon 的扩散和混乱原理，在给出这个原理 50 年之后，它们仍是分组密码算法设计的基石。

混乱可隐藏明文、密文和密钥之间的任何关系。记住线性攻击和差分攻击是怎样揭示这三者之间的任何小关系的呢？好的混乱使得这种统计关系变得复杂以至强有力的密码分析工具都不能有效。

扩散就是把单个明文位或密钥位的影响尽可能扩大到更多的密文中去。这也隐藏了统计关系同时使密码分析更困难。

仅使用混乱对安全性来说是足够的，由 64 位明文到 4 位密文的密钥相关表组成的算法是相当安全的，问题是需要很大的存储空间来实现它：需要 10^{20} 字节的存储空间。分组密码算法的设计就是用较少的存储空间创建这样大的表。

技巧是在一个密码中以不同的组合方式多次混合扩散和混乱（用更小的表），这称为乘积密码（product cipher）。有时由代替和置换层构成的分组密码称为代替-置换网络（sub-stitution-permutation network），或 **SP** 网络（SP network）。

让我们回过头去看看 DES 的函数 f。扩展置换和 P 盒完成扩散，S 盒完成混乱。扩展置换和 P 盒是线性的，S 盒是非线性的。它们中的每一个运算都相当简单，将它们组合在一起也非常好用。

DES 还演示了分组密码算法更多的设计原理。首先它是一个迭代的分组密码算法，这意味着将一个简单的轮函数迭代多次。2 轮 DES 不强，所有输出位依赖于所有输入位和密钥位需要至少 5 轮[1078,1080]。16 轮 DES 较强，32 轮 DES 更强。

14.10.1　Feistel 网络

大多数分组算法都是 Feistel 网络，这个思想要追溯到 20 世纪 70 年代的早期[552,553]。取一个长度为 n 的分组，然后把它分成长度为 $n/2$ 的两个部分：L 和 R，当然 n 必须是偶数。可以定义一个迭代的分组密码算法，其第 i 轮的输出取决于前一轮的输出：

$$L_i = R_{i-1}$$
$$R_i = L_{i-1} \oplus f(R_{i-1}, K_i)$$

K_i 是第 i 轮使用的子密钥，f 是任意轮函数。

你已经在 DES、Lucifer、FEAL、Khufu、Khafre、LOKI、GOST、CAST、Blowfish 和其他分组密码算法中看到了这个概念。它为什么会有这样大的作用？因为该函数保证了它的可逆性，异或用来合并左半部分和轮函数的输出，它肯定满足：

$$L_{i-1} \oplus f(R_{i-1}, K_i) \oplus f(R_{i-1}, K_i) = L_{i-1}$$

只要在每轮中 f 的输入能重新构造，那么使用了这种结构的密码就可保证它是可逆的。它不管 f 函数如何，也不需要它可逆。我们能将 f 函数设计成如我们希望的那样复杂，并且不必实现两个不同算法——一个用于加密，一个用于解密。Feistel 网络的结构将自动实现这些。

14.10.2　简单关系

DES 有一个性质，如果 $E_K(P) = C$，那么 $E_{K'(P')} = C'$，这里 P'、C'、K' 是 P、C、K 的逐位取补。这个特性使穷举攻击的复杂性降低了 2 的因子。LOKI 的互补特性使穷举攻击的复杂性降低了 256 的因子。

简单关系（simple relation）的定义为[857]：

如果 $E_K(P) = C$，那么 $E_{f(K)}(g(P, K)) = h(C, K)$

这里 f、g 和 h 是一个简单函数。对这个简单关系我认为它很容易计算，比分组密码的迭代更容易。在 DES 中，f 是 K 的逐位取补，g 是 P 的逐位取补，h 是 C 的逐位取补。这是将密钥和部分明文异或的结果。

在一个好的分组密码算法中应没有简单关系，发现这些弱点的方法见文献［917］。

14.10.3 群结构

在讨论算法设计时，提出的一个问题是它是否是一个群。群的元素是每一个可能密钥的密文分组，群的运算是合成。考察算法群结构的目的是掌握在多次加密下有多少额外的混乱发生。

然而有用的问题不是一个算法是否是一个群，而是它与一个群有多接近。如果它仅缺少一个元素，它将不是一个群，但从统计上来说双重加密将是费时的。对 DES 的分析显示 DES 不是一个群。这里仍有一个有趣的问题是 DES 加密产生的半群问题。它包含恒等式吗？也就是说它能产生一个群吗？以另一种方式看，加密（不是解密）运算的一些组合能最终产生恒等函数吗？如果是，最短的这种组合是多长？

对穷举攻击来说，目的就是估计密钥空间的大小，该结果远远低于密钥空间的熵。

14.10.4 弱密钥

在好的分组密码中，所有的密钥都是强的。有很少弱密钥的算法（如 DES）一般也没有多大问题。随机选择一个弱密钥的机会很小，它很容易测试并放弃。然而，当分组密码算法用于单向散列函数时，弱密钥有时能暴露出来（见 8.11 节）。

14.10.5 强的抗差分攻击和线性攻击

差分和线性攻击的研究阐明了好的分组密码的设计理论，IDEA 的发明者引入了差分（differential）概念，它是基本特征思想的实现[931]。他们讨论了能抗击这个攻击的分组密码，IDEA 是他们研究的结果[931]。当 Kaisa Nyberg 和 Lars Knudsen 证明怎样才能使一个分组密码对抗差分攻击时，这个概念被进一步形式化[1181,1182]，这个理论被扩展到高阶差分[702,161,927,858,860] 和部分差分[860]。高阶差分似乎仅用在轮数较少的密码中，但部分差分能与差分很好地组合。

线性攻击较新，它仍在进行改进。已经定义了密钥等级[1019] 和多级逼近的符号[811,812]。扩展线性攻击思想的其他工作能在文献［1270］中找到，文献［928］打算把线性和差分攻击组合成一个攻击，还不清楚什么样的设计技术能阻止这类攻击。

Knudsen 已做了一些工作，对他称为特别安全的 Feistel 网络（practically secure Feistel networks）考虑了一些必要（非充分）条件：该密码能阻止差分和线性攻击[857]。在线性攻击中，Nyberg 引进了差分攻击中类似差分的概念[1180]。

有趣的是在线性攻击和差分攻击之间似乎有对偶性，这个对偶性明显体现在构造好的差分特性和线性逼近的设计技术中[164,1018]，同时也出现在使密码算法能安全地对抗这两种攻击的设计准则中[307]。这个研究领域将走向哪里现在仍不知道。作为开始，Daemen 已开发了一种基于线性攻击和差分攻击的算法设计策略[402]。

14.10.6 S 盒的设计

各种 Feistel 网络的强度（特别是对抗差分攻击和线性攻击的能力）与它们的 S 盒紧密相关。这给出了一个研究问题：构造好的 S 盒。

一个 S 盒是一个简单的代替：将 m 位输入映射到 n 位输出。前面已介绍了一个 64 位输入到 64 位输出的大的查询表，它是 64×64 位的 S 盒。一个 m 位输入到 n 位输出的 S 盒称为 $m \times n$ 位的 S 盒（$m \times n$-bits S-box）。在算法中，S 盒通常情况下是仅有的一个非线性步骤，它们给出了分组密码的安全性。通常它们越大越好。

DES 有 8 个不同的 6×4 位的 S 盒，Khufu 和 Khafre 有一个 8×32 位的 S 盒，LOKI 有一个 12×8 位的 S 盒，Blowfish 和 CAST 有 8×32 位的 S 盒。在 IDEA 中模乘是一个有效的 S 盒，它是 16×16 位的 S 盒。S 盒越大，要找到在差分攻击和线性攻击中使用的统计关系就越困难[653,729,1626]。并且，当随机产生的 S 盒对抗差分攻击和线性攻击来说不是最优的，如果 S 盒很大，则很容易找到强的 S 盒。大多数随机的 S 盒是非线性的，非退化的，有强的阻止线性攻击的能力——并且，当输入位减少时，这些特性不会很快地减少[1185,1186,1187]。

m 的大小比 n 的大小重要，增加 n 的大小将降低差分攻击的有效性，但极大地增加了线性攻击的有效性。事实上，如果 $n \geqslant 2^m - m$，那么在 S 盒的输入和输出位中存在着一个明显的线性关系；如果 $n \geqslant 2^m$，那么仅在 S 盒的输出位中存在着线性关系[164]。

大部分工作涉及布尔函数（Boolean function）的研究[94,1098,1262,1408]。为了保证安全，在 S 盒中使用的布尔函数必须满足特定的条件，它们不能是线性的或仿射的，甚至也不能接近线性或仿射[9,1177,1178,1188]。0 和 1 是平衡的，在不同的位组合中没有相关性。这些设计准则也与 **bent 函数**（bent function）的研究有关：能证明 bent 函数是一个最优的非线性函数。虽然它们的定义很简单和自然，但它们的研究却非常复杂[1344,1216,947,905,1176,1271,295,296,297,149,349,471,298]。

有一个特性似乎非常重要，即雪崩效应：当某些 S 盒的输入位发生改变时，S 盒的输出位改变了多少。对布尔函数来说很容易给出条件使它满足某些雪崩特性，但构造它们非常困难。**严格雪崩准则**（Strict Avalanche Criteria，SAC）保证了当一个输入位发生改变时输出位将有一半要发生改变[1568]。相关的文献还有[982,571,1262,399]，文献 [1640] 试图以信息泄露术语给出所有这些准则。

多年前密码设计人员提出了选择 S 盒以使其差分分布表均匀。这将通过抹平任何特定轮的差分来使差分攻击无效[6,443,444,1177]。LOKI 是该设计的一个例子。然而这个方法有时对差分攻击来说是有帮助的[172]，实际上更好的方法是保证最大差分尽可能小。Kwangio Kim 提出了 5 个类似 DES 的 S 盒设计准则的 S 盒构造法则[834]。

选择一个好的 S 盒不是一件容易的事情，在许多充满相互矛盾的思想中，被认同的有如下 4 个：

（1）随机选择。显然小的随机 S 盒是不安全的，但大的随机 S 盒可能足够强。有 8 个或更多个输入的随机 S 盒是相当强的[1186,1187]，12 位的 S 盒更好。如果 S 盒是随机的且与密钥相关，那么 S 盒将更强。IDEA 使用了大的且与密钥相关的 S 盒。

（2）选择和测试。某些密码产生随机的 S 盒，然后根据需要的特性来测试它，这个方法的例子见文献 [9，729]。

（3）人为构造。这个技术几乎不使用数学方法，而是使用更直接的方法来产生 S 盒。Bart Preneel 认为：“……有趣的准则在理论上是不充分的（用选择布尔函数的方法来产生 S 盒）……”并且“需要专门的设计准则”[1262]。

（4）数学方法构造。根据数学原理产生 S 盒使得它们能抗差分攻击和线性攻击，且具有好的扩散特性。这种方法一个极好的例子见文献 [1179]。

还有一些人为构造和数学构造的组合方法[1334]，但实际争论发生在随机选择的 S 盒和满足某些特性的 S 盒之间。当然后一种方法对于抗已知攻击（线性攻击和差分攻击）来说是最优的，但还不知道它能否提供抗未知攻击。DES 的设计者了解差分攻击，它的 S 盒对于抗该攻击来说是最优的。他们似乎不知道线性攻击，所以对于抗线性攻击来说 DES 的 S 盒是非常弱的[1018]。在 DES 中随机选择 S 盒对于抗差分攻击来说更弱，而对于抗线性攻击来说更强。

另一方面，对于抗这些攻击来说随机选择的 S 盒可能不是最优的，但可以使它们足够大，因此足以抗这些攻击。并且，对于未知攻击它们具有足够的抵抗性。争论仍然存在，但我个人认为 S 盒应当尽可能大、随机且与密钥相关。

14.10.7 设计分组密码

设计一个分组密码很容易。如果把 64 位分组密码看成是一个 64 位数的置换，显然几乎所有这样的置换都是安全的。困难的是设计一个分组密码不仅要安全，而且要容易描述和简单实现。

如果有一个巨大的存储器来存储 48×32 的 S 盒，那么设计一个分组密码很容易。如果把 DES 迭代 128 轮，那么想要设计一个不安全的 DES 变形将十分困难。如果密钥长度为 512 位，实际上就不用关心这些密钥是否有互补特性。

实际上，设计分组密码非常困难的原因，是该密码要具有尽可能小的密钥、尽可能小的存储空间以及尽可能快的运行速度。

14.11 使用单向散列函数

用单向函数加密的一个简单方法是与密钥相连的前一个密文分组进行散列运算。然后将结果和当前的明文分组异或：

$$C_i = P_i \oplus H(K, C_{i-1})$$
$$P_i = C_i \oplus H(K, C_{i-1})$$

设分组的长度等于单向散列函数的输出，这实际上是将单向函数作为 CFB 模式中的分组密码使用。类似的构造也可以使用 OFB 模式中的单向函数：

$$C_i = P_i \oplus S_i, \quad S_i = H(K, C_{i-1})$$
$$P_i = C_i \oplus S_i, \quad S_i = H(K, C_{i-1})$$

这种方法的安全性依赖于单向函数的安全性。

14.11.1 Karn

由 Phil Karn 发明且公开发表的 Karn 方法用确定的单向散列函数设计可逆加密算法。

该算法对 32 字节的明文和密文进行运算，密钥可以为任意长度，不过对于确定的单向散列函数来说，确定密钥长度将更有效。对单向散列函数 MD4 和 MD5，96 字节密钥最有效。

加密时，首先将明文分成两个 16 字节：P_l 和 P_r。然后，将密钥分成两个 48 字节：K_l 和 K_r。

$$P = P_l, P_r$$
$$K = K_l, K_r$$

将 K_l 附加到 P_l，用单向散列函数对它进行散列运算，然后将该结果与 P_r 异或产生密文的右半部分 C_r。然后，将 K_r 附加到 C_r，并用单向散列函数对它进行散列运算，然后将该结果与 P_l 异或产生密文的左半部分 C_l。最后，将 C_r 附加到 C_l，产生密文。

$$C_r = P_r \oplus H(P_l, K_l)$$
$$C_l = P_l \oplus H(C_r, K_r)$$
$$C = C_l, C_r$$

解密是一个简单的逆过程，将 K_r 附加到 C_r，进行散列运算并与 C_l 异或产生明文 P_l。将 K_l 附加到 C_l，进行散列运算并与 C_r 异或产生明文 P_r。

$$P_l = C_l \oplus H(C_r, K_r)$$
$$P_r = C_r \oplus H(P_l, K_l)$$
$$P = P_l, P_r$$

这个算法的整体结构与本节讨论的许多其他分组算法类似。因为这个算法的复杂性嵌入在单向散列函数中，所以它仅有两轮。同时由于密钥仅作为散列函数的输入，所以即使用选择明文攻击，它也不能被破译，当然，要假定这个单向散列函数是安全的。

14.11.2 Luby-Rackoff

Michael Luby 和 Charles Rackoff 指出 Karn 是不安全的[992]。考虑两个单分组的消息：AB 和 AC。如果密码分析者既知道第一个消息的明文又知道密文，那么他们就知道第二个消息明文的第一部分，随后就能够容易地计算出完整的第二个消息。这种已知明文攻击仅对确定情况有用，但它是一个主要的安全性问题。

3 轮加密算法将避免这个问题[992,1643,1644]，它使用 3 个不同的散列函数：H_1、H_2 和 H_3，进一步的证明给出 H_1 能等于 H_2，或 H_2 能等于 H_3，但两者不能同时满足[1193]。并且 H_1、H_2 和 H_3 不能是基于同一个基本函数的迭代[1643]，无论如何还需假设 $H(k, x)$ 像一个伪随机函数，因此 3 轮加密过程为：

（1）把密钥分成两部分：K_l 和 K_r。

（2）把明文分组分成两部分：L_0 和 R_0。

（3）将 K_l 附加到 L_0，并进行散列运算。其结果与 R_0 异或产生 R_1：
$$R_1 = R_0 \oplus H(K_l, L_0)$$

（4）将 K_r 附加到 R_1，并进行散列运算。其结果与 L_0 异或产生 L_1：
$$L_1 = R_0 \oplus H(K_l, L_0)$$

（5）将 K_l 附加到 L_1，并进行散列运算。其结果与 R_1 异或产生 R_2：
$$R_2 = R_1 \oplus H(K_l, L_1)$$

（6）将 L_1 附加到 R_2，产生消息。

14.11.3 消息摘要密码

由 Peter Gutmann 发明的消息摘要密码（Message Digest Cipher，MDC）[676] 是一种将单向散列函数转变成运行于 CFB 模式下的分组密码的方法。实际上这个密码算法与散列函数一样快，且安全性至少与散列函数一样。本节的剩余部分假设你已经熟悉第 18 章的内容。

散列函数（如 MD5 和 SHA）使用 512 位分组把输入值（MD5 是 128 位，SHA 是 160 位）变为相同长度的输出值。这个变换是不可逆的，但对于 CFB 模式它很完美：同样的运算既用于加密又用于解密。

让我们用 SHA 来看看 MDC。MDC 拥有 160 位分组和 512 位密钥。散列函数的使用作为"单行道"，将旧的散列状态作为输入明文分组（160 位），512 位散列输入作为密钥（见图 14-5）。正常情况下，当使用散列对某些输入进行散列运算时，当每一个新的 512 位分组进行散列运算时，散列的 512 位输入将改变，但是此时 512 位输入变成一个不变化的密钥。

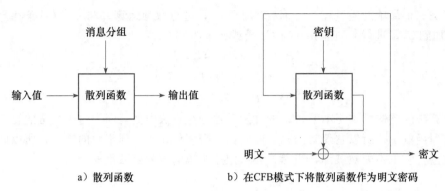

a）散列函数　　　　　　　　　b）在CFB模式下将散列函数作为明文密码

图 14-5　消息摘要密码

MDC 能使用任何单向散列函数：MD4、MD5、Snefru 和其他的。MDC 无专利权，任何人可在任意时间以任意方式免费使用它[676]。

然而，我并不相信这种结构。以某种散列函数在设计中没有考虑到的方式来攻击散列函数是可能的。对于散列函数来说，能阻止选择明文攻击并不重要，这里密码分析者选择几个160 位值，然后用相同的 512 位"密钥"加密它，使用它能学到使用 512 位密钥的一些信息。因为设计者不必担心它，在计算密码能阻止这种攻击方面它似乎是一个坏主意。

14.11.4　基于单向散列函数的密码安全性

这种构造方法的安全性依赖于基本的单向散列函数的选择。一个好的单向散列函数并不一定能使密码算法安全，密码的需要是不同的。例如，线性攻击并不能对单向散列函数有效，但它能对加密算法有效。一个单向散列函数（如 SHA）能有一个线性特征，但并不影响它作为单向散列函数的安全性，仅使它在一个加密算法（如 MDC）中不安全。据我了解，还没有对某一个特定单向散列函数构成的分组密码算法的密码分析，在你们相信这些算法之前还是再等等吧。

14.12　分组密码算法的选择

这是一个很难回答的问题。对于世界上主要的政府部门来说 DES 几乎肯定是不安全的，除非你仅用一个密钥来加密一个非常小的数据块。对其他人来说可能也是这样，但这种情况不久就会改变。对所有机构来说，DES 密钥的穷举搜索机器将很快变得很经济。

Biham 的 DES 密钥相关的 S 盒将至少在几年内对已发现的所有攻击者（甚至可能包括他们自己）来说是安全的。如果你需要将安全性维持 10 年，或者担心来自政府的密码分析，那么可以使用有 3 个独立密钥的 3 重 DES。

其他算法也不是没有价值。我喜欢 Blowfish 算法，因为它很快并且是我设计了它。3-Way 看起来很好，GOST 可能也很好。问题是 NSA 肯定有很强的密码分析技术，我并不知道他们可以破译哪一个算法。表 14-3 给出了一些算法的运算速度，它们仅用于比较。

表 14-3　一些分组密码算法在 33MHz 486SX 上的加密速度

密码算法	加密速度 （KB/s）	密码算法	加密速度 （KB/s）
Blowfish(12 轮)	182	MDC(使用 MD4)	186
Blowfish(16 轮)	135	MDC(使用 MD5)	135

（续）

密码算法	加密速度 （KB/s）	密码算法	加密速度 （KB/s）
Blowfish(20 轮)	110	MDC(使用 SHA)	23
DES	35	NewDES	233
FEAL-8	300	REDOCII	1
FEAL-16	161	REDOCIII	78
FEAL-32	91	RC5-32/8	127
GOST	53	RC5-32/12	86
IDEA	70	RC5-32/16	65
Khufu(16 轮)	221	RC5-32/20	52
Khufu(24 轮)	153	SAFER(6 轮)	81
Khufu(32 轮)	115	SAFER(8 轮)	61
Luby-Rackoff(使用 MD4)	47	SAFER(10 轮)	49
Luby-Rackoff(使用 MD5)	34	SAFER(12 轮)	41
Luby-Rackoff(使用 SHA)	11	3-Way	25
Lucifer	52	3 重 DES	12

　　IDEA 是我喜爱的算法。它的 128 位密钥中融合了对任何已公开密码分析的抵抗性，这使我对该算法有信任的感觉。此算法已被许多不同的组织分析过，到目前为止还没有严重的问题发生，明天可能会出现一些爆炸性的密码分析新闻，但今天我仍看好 IDEA。

Applied Cryptography：Protocols，Algorithms，and Source Code in C，Second Edition

组合分组密码

将一个分组密码算法组合成一个新的算法有很多途径，这些途径是在人们不想设计新算法，又想增加密码算法强度的情况下产生的。自 DES 产生后的二十多年里，人们一直在分析它。到目前为止，对它最有效的攻击仍然是穷举攻击，所以 DES 是一个安全的算法。但是，它的密钥太短了。用 DES 作为一个结构模块组成一个具有较长密钥的密码算法是否较好呢？这样便综合了两方面的优势：二十多年来的分析结果表明，加长密钥是一个有效的方法。

多重加密（multiple encryption）是一种组合技术：用同一个算法在多重密钥的作用下多次加密同一个明文分组。级联加密有点像多重加密，但它用不同的算法。另外还有其他一些技术。

不管使用同一个算法，还是使用不同的算法，用同一个密钥加密一个明文分组两次都是不明智的。对于同一个算法，它不会影响穷举搜索的复杂性（记住：假设密码分析者知道密码算法，包括加密的次数）；对于不同的算法，有时行，有时不行。如果你想用这部分描述技术中的任何一种，一定要保证多重密钥是不同且相互独立的。

15.1 双重加密

提高分组密码算法安全性最简单的方法是用不同的密钥对一个分组进行两次加密。首先用第一个密钥加密明文分组，然后用第二个密钥加密用第一个密钥加密后的密文。解密是一个相反的过程。

$$C = E_{K_2}(E_{K_1}(P))$$

$$P = D_{K_1}(D_{K_2}(C))$$

如果分组密码算法是一个群（参见 11.3 节），那么总有一个 K_3 满足

$$C = E_{K_2}(E_{K_1}(P)) = E_{K_3}(P)$$

如果不是这种情况，那么对以上合成的双重加密的密文分组，利用穷举搜索方法破解它就非常困难。它不只需要 2^n（n 是密钥的位长度）次尝试，而是需要 2^{2n} 次尝试。如果算法是 64 位密钥算法，那么要找到双重加密的密钥需要 2^{128} 次尝试。

这不是真正的已知明文攻击。Merkle 和 Hellman[1075] 研究了一种时间-存储折中技术，用它能攻击双重加密，只需通过 2^{n+1} 次加密，而不是 2^{2n} 次加密（他们将它用于攻击 DES，但是结果表明它能用于任何分组算法）。这种攻击叫作中间相遇攻击（meet-in-the-middle attack）。它的工作原理是加密从其中一端开始，解密从另一端开始，在中间匹配结果。

在这种攻击中，密码分析者知道 P_1、C_1、P_2 和 C_2：

$$C_1 = E_{K_2}(E_{K_1}(P_1))$$

$$C_2 = E_{K_2}(E_{K_1}(P_2))$$

对于每一个 K，他计算出 $E_K(P_1)$，并将结果存储在存储器中。对于所有的 K，都计算出 $E_K(P_1)$ 后，他再对每一个 K，计算出 $D_K(C_1)$，并且寻找相同的结果。如果找到了相同的结果，那么可能当前的 K 是 K_2，并且产生存储器中加密结果的 K 是 K_1。然后，他试着用 K_1 和 K_2 加密 P_2，如果他得到了 C_2（成功的概率为 $1/2^{2m-2n}$，其中 m 为分组长度），则说明他得到了正确的 K_1 和 K_2。如果加密后没有得到 C_2，则继续寻找。这种加密最多需要尝

试 2×2^n，即 2^{n+1} 次。如果错误的可能性太大，那么他还可以利用第三个密文分组，成功的可能性为 $1/2^{3m-2n}$。还存在其他一些优化方法[912]。

这种攻击需要大量的存储空间：2^n 个分组。对于 56 位密钥的算法，加密后转化成 2^{56} 个 64 位分组，或者 10^{17} 字节。这仍需要一个非常大的存储空间，远超过人们能理解的空间，但这足以让大多数密码设计人员相信双重加密并不是没有价值。

对于 128 位密钥，所需要的存储空间将大到 10^{39} 字节。如果我们假定将 1 位信息作为铝的单个原子，发起攻击所需要的存储器容量将超过 1 立方千米的固体铝，何况我们还需要地方将它存放起来。所以中间相遇攻击对这种密钥长度是不可行的。

另一个双重加密方法，有时也叫作 Davies-Price，它是 CBC[435] 工作方式的一个变体。

$$C_i = E_{K_1}(P_i \oplus E_{K_2}(C_{i-1}))$$

$$P_i = D_{K_1}(C_i) \oplus E_{K_2}(C_{i-1})$$

他们声称"这种方式没有特殊的优点"。但是它似乎与其他双重加密一样易受到中间相遇攻击。

15.2　三重加密

15.2.1　用两个密钥进行三重加密

Tuchman 在文献［1551］中提出了一个较好的方法，用两个密钥对一个分组进行 3 次加密：首先用第一个密钥，然后用第二个密钥，最后再用第一个密钥。他建议发送者首先用第一个密钥加密，然后用第二个密钥解密，最后再用第一个密钥加密。接收者首先用第一个密钥解密，然后用第二个密钥加密，最后再用第一个密钥解密。

$$C = E_{K_1}(D_{K_2}(E_{K_2}(P)))$$

$$P = D_{K_1}(E_{K_2}(D_{K_2}(C)))$$

这种工作模式有时叫作加密-解密-加密（Encrypt-Decrypt-Encrypt，EDE）模式[55]。如果分组算法有一个 n 位密钥，那么用这种方法将有 $2n$ 位密钥。IBM 描述了这种新颖的加密-解密-加密模式与算法的传统实施之间的兼容性：如果设定 K_1 等于 K_2，这种加密方法与传统加密方法只用一个密钥加密相同。在加密-解密-加密模式下，它自身并没有多少安全性，但这种模式在 X9.17 和 ISO 8732 标准[55,761] 中被用于改进 DES 算法。

K_1 和 K_2 轮流使用是用于抵抗中间相遇攻击。假设 $C = E_{K_2}(E_{K_1}(E_{K_1}(P)))$，那么一个密码分析者先要对每一个可能的 K_1 计算出 $E_{K_1}(E_{K_1}(P))$，然后再对它进行攻击。这只需要 2^{n+2} 次加密。

用两个密钥进行三重加密不会受到前文所述的中间相遇攻击的影响。但是 Merkle 和 Hellman 研究了另一种时间-存储折中办法，它只需 2^n 个分组的存储空间和 2^{n-1} 步就可攻破这种技术[1075]。

对每一个可能的密钥 K_2，对 0 做解密运算，并将结果存储在存储器中，然后对每一个可能的密钥 K_1，对 0 做解密运算，得到 P。对 P 作三重加密，得到 C，然后用 K_1 解密 C。如果解密结果与用某一个密钥 K_2 解密 0 得到的结果（存储在存储器中）相同，那么 K_1 和 K_2 密钥对可能是所需要的结果。检验它是否是正确的结果，如果不是，继续寻找。

以上是选择明文攻击，需要选择大量的明文。它需要 2^n 次操作和存储空间，并且需要 2^m 个选择明文。这种攻击不是很实际，但是这是一个弱点。

Paul van Oorschot 和 Michael Wiener 将这种攻击方法更改成已知明文攻击，需要 p 个已知明文。对于 EDE 模式，这种攻击的例子描述如下。

（1）假设第一个中间值为 a。

（2）对于每一个可能的 K_1，用第一个中间值 a 和已知明文计算出第二个中间值 b，然后将 K_1 和 b 制作成表：

$$b = D_{K_1}(C)$$

其中 C 是已知明文加密的密文结果。

（3）对于每一个可能的密钥 K_2，在表中依次查看，找到第二个中间值 b，使得

$$b = E_{K_2}(a)$$

（4）这种方法成功的概率为 p/m，其中 p 是已知明文的数量，m 是分组长度。如果没有找到相匹配的 b 值，那么另外找一个 a，再重复以上操作。

这种攻击需要 $2^{n+m}/p$ 次操作和 p 存储空间。对于 DES，该值为 $2^{120}/p$ [1558]。因为 $p >$ 256，所以这种攻击比穷举攻击快。

15.2.2 用三个密钥进行三重加密

如果你准备使用三重加密，那么建议你使用三个不同的密钥。虽然增加了密钥的长度，但是因为只是多了一些位，所以密钥的存储并不困难。

$$C = E_{K_3}(D_{K_2}(E_{K_1}(P)))$$
$$P = D_{K_1}(E_{K_2}(D_{K_3}(C)))$$

对于这种加密模式，最好的时间-存储折中攻击是中间相遇攻击 [1075]，它需要花费 2^{2n} 步运算，并且需要 2^n 个存储分组。用三个独立密钥进行三重加密，与我们所期望的双重加密的安全性一样。

15.2.3 用最小密钥进行三重加密

还有一个用两个密钥进行三重加密，并且能抵抗前文所述攻击的安全方法，它就是用最小密钥进行三重加密（Triple Encryption with Minimum Key，TEMK）[858]。其诀窍在于用两个密钥 X_1 和 X_2 产生三个密钥。

$$K_1 = E_{X_1}(D_{X_2}(E_{X_1}(T_1)))$$
$$K_2 = E_{X_1}(D_{X_2}(E_{X_1}(T_2)))$$
$$K_3 = E_{X_1}(D_{X_2}(E_{X_1}(T_3)))$$

T_1、T_2 和 T_3 是常数，完全没有必要保密。对于特殊的密钥这是一个专门的结构。对它最好的攻击是已知明文攻击。

15.2.4 三重加密模式

这些并不是所有的三重加密，只是一些实现方法。应根据安全性和效率决定使用哪一种方法。这里给出了两个可能的三重加密模式：

- 内部 CBC（Inner-CBC）：用 CBC 方式对整个文件进行三次不同的加密（见图 15-1a）。这需要三个不同的 IV 值。

$$C_i = E_{K_3}(S_i \oplus C_{i-1}),\ S_i = D_{K_2}(T_i \oplus S_{i-1}),\ T_i = E_{K_1}(P_i \oplus T_{i-1})$$
$$P_i = T_{i-1} \oplus D_{K_1}(T_i),\ T_i = S_{i-1} \oplus E_{K_2}(S_i),\ S_i = C_{i-1} \oplus D_{K_3}(C_i)$$

其中 C_0、S_0 和 T_0 都是初值 IV。

- 外部 **CBC**（Outer-CBC）：用 CBC 方式对整个文件进行三重加密（见图 15-1b）。需要一个 IV 值。

$$C_i = E_{K_3}(D_{K_2}(E_{K_1}(P_i \oplus C_{i-1})))$$
$$P_i = C_{i-1} \oplus D_{K_1}(E_{K_2}(D_{K_3}(C_i)))$$

这两种模式都比单重加密需要更多的资源：更多的硬件或时间。然而，如果将内部 CBC 方式制作成加密芯片，其加密并不比单重加密慢。因为 3 次加密是独立的，每重加密是自反馈的，所以 3 块加密芯片可以同时独立地工作。

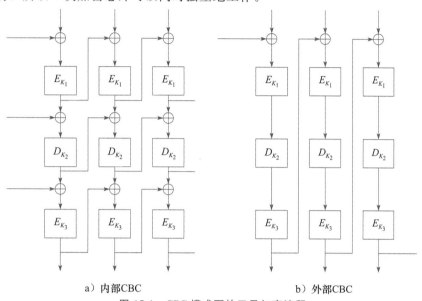

a）内部CBC　　　　　　　　b）外部CBC

图 15-1　CBC 模式下的三元加密流程

另一方面，外部 CBC 中反馈是在 3 次加密之后。这意味着即使使用 3 块芯片，其处理能力也只有单重加密的 1/3。要用外部 CBC 方式得到同样的处理能力，需要交替 IV 值（参见 9.12 节）：

$$C_i = E_{K_3}(D_{K_2}(E_{K_1}(P_i \oplus C_{i-3})))$$

这里，C_0、C_{-1} 和 C_{-2} 都是 IV。这种方式不会给软件实现带来任何帮助，除非你用多台机器并行运算。

不幸的是，简单加密模式的保密性也差。Biham 对不同模式进行选择密文差分分析，发现内部 CBC 方式比单重加密安全性要好一点。如果将三重加密作为一个较大的单重加密算法来考虑，然后将一些客观数据和已知信息作为内部反馈数据引入算法的运算中，算法分析起来就会变得容易些。差分分析需要大量的选择密文，这很不现实，足以使密码破译者望而却步。对于中间相遇攻击和穷举攻击，它们的安全性相同[806]。

还有一种模式。你可以用 ECB 方式对整个文件加密一次，然后用 CBC 方式加密两次；或者用 CBC 方式加密一次，然后用 ECB 方式加密一次，最后用 CBC 方式再加密一次；或者用 CBC 方式加密两次，再用 ECB 方式加密一次。Biham 表明这些变体抗选择明文差分分析攻击的能力并不比单重 DES 强[162]。并且，他对其他变体也不抱任何希望。如果要使用三重加密，可以用外部反馈模式。

15.2.5　三重加密的变体

在证明 DES 不能形成群之前，人们提出了一些多重加密方法。一个保证三重加密不变弱成单重加密的方法是改变有效分组长度。一个简单的方法是加一小段填充。用一串长度为分组长度一半的随机位填充文本，填充位于第一次和第二次加密以及第二次和第三次加密之间（见图 15-2）。假设 p 是填充函数，那么：

$$C = E_{K_3}(p(E_{K_2}(p(E_{K_1}(P)))))$$

这种填充不仅打乱了原有的结构，而且像砖一样交叠加密。它仅增加了一个分组长度。

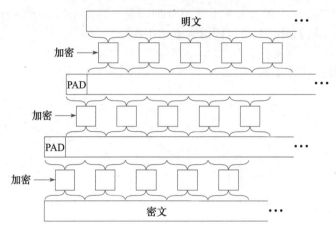

图 15-2　带填充的三重加密

Carl Ellison 提出了另一种技术，就是在三次加密之间用一些无密钥置换函数。这些置换能够处理较大的分组（大约 8KB），并且能够给出 8KB 分组的一个有效变体。假定这种置换很快，那么这种变体不会比基本的三重加密慢。

$$C = E_{K_3}(T(E_{K_2}(T(E_{K_1}(P)))))$$

T 收集输入的一个分组（长度可达到 8KB），并用一个伪随机数发生器来转换它。输入中 1 位发生改变，在第一次加密后将引起输出中 8 字节的改变，第二次加密后至少有 64 字节发生改变，第三次加密后至少有 512 字节发生改变。如果每一个分组算法都用 CBC 方式，那么输入中 1 位发生了变化，将会影响整个 8KB 数据分组，甚至与原始数据分组完全不同。

针对 Biham 对内部 CBC 的攻击，这个方案的最新变体包括用一个随机过程来隐藏明文。这个随机过程是一个序列与一个被称为 R 的密码学上安全的随机数发生器相异或。任意一边的 T 都可以阻止密码分析者知道这个先验（priori），这个先验的密钥过去常常用于加密最后一次加密的输入中的任何给定字节。第二次加密这里表示为 nE（用 n 个不同的密钥循环加密）：

$$C = E_{K_3}(R(T(nE_{K_2}(T(E_{K_1}(R))))))$$

所有的加密都用 ECB 方式，并且提供至少 $n+2$ 个加密密钥和密码上安全的随机数发生器。

这种方法为 DES 设计，但是适用于任何分组密码算法。我还不知道关于这种方式安全性的分析。

15.3　加倍分组长度

在一些学术团体中，对 64 位分组是否足够长展开了讨论。一方面，64 位分组长度仅仅将明文扩散到 8 字节的密文中。另一方面，更长的分组使得安全地隐藏模式更加困难，产生错误的机会也更大。

有些人建议采用多重加密的方法将密码算法的分组长度加倍[299]。在实施这些方法之前，需要寻找中间相遇攻击的可能性。根据 Richard Outerbridge 的设计[300]（见图 15-3），它并不比单重加密和用两个密钥进行三重加密安全[859]。

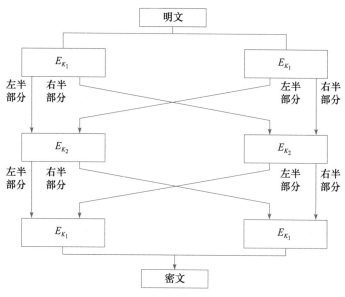

图 15-3 加倍分组长度

然而，我不赞成这种做法。它并不比传统的三重加密快：加密两个数据分组仍然需要加密 6 次。我们都知道三重加密的特征，像这种结构常常隐含了一些问题。

15.4 其他多重加密方案

用两个密钥进行三重加密的问题仅仅在于将密钥空间加大了一倍，但是每个明文分组需要进行 3 次加密。能否找到一些办法只进行两次加密即可将密钥空间加倍呢？

15.4.1 双重 OFB/计数器

这种方法采用分组算法产生两个密钥序列来加密明文。

$$S_i = E_{K_1}(S_{i-1} \oplus I_1), \quad I_1 = I_1 + 1$$

$$T_i = E_{K_2}(T_{i-1} \oplus I_2), \quad I_2 = I_2 + 1$$

$$C_i = P_i \oplus S_i \oplus T_i$$

S_i 和 T_i 是内部变量，I_1 和 I_2 是计数器。分组算法的两个副本运行在一种混合的 OFB/计数器模式下，并且明文、S_i、T_i 一起进行异或运算。两组密钥 K_1 和 K_2 相互独立。我还不知道有关这种变体的密码分析。

15.4.2 ECB + OFB

这种方法用于加密长度固定的多个消息，如磁盘分组[186,188]。使用两个密钥 K_1 和 K_2。首先用算法和 K_1 产生一个所需分组长度的掩码，并用同样的密钥和该掩码循环加密消息。然后，将明文消息与该掩码异或。最后，用算法和 K_2 采用 ECB 方式加密异或后的明文。

这种模式的分析没有在提出该方法的报刊上发表出来。显然，它至少与 ECB 加密方式一样安全，并且可能与用算法处理两次一样安全。也许，如果用相同密钥加密某些已知明文，那么密码分析者能够找到这两个相互独立的密钥。

为了阻碍对不同消息同一个位置的相同分组的分析，可以添加一个 IV。不同于其他任何模式下的 IV，这里的 IV 在进行 ECB 方式加密以前与消息中的每一个分组异或。

Matt Blaze 为他的 UNIX 密码文件系统（CFS）设计了这种模式。这是一种好的加密模式，因为仅采用了一次 ECB 方式加密，并且掩码能够在每次加密时产生和存储。在 CFS 中，采用 DES 作为分组算法。

15.4.3 xDES^i

在文献 [1644，1645] 中，DES 被用作基本分组模块，构成一系列有较长密钥和较长分组的分组密码算法。这些结构在任何方式下都不依靠 DES，并且能够用于任何分组密码算法。

首先，xDES^1 是一个简单地将分组密码作为基本函数的 Luby-Rackoff 结构（参见14.11 节）。分组长度是基本分组密码的两倍，密钥长度是基本分组密码的 3 倍。在三轮中的每一轮，用分组算法和一个密钥加密右半部分，然后与左半部分异或，并将两部分交换。

它比传统的三重加密快，因为三次加密过程只需对与基本算法具有同样长度的分组进行两次加密。但是中间相遇攻击可以用 2^k 长的表找到密钥，这里 k 是基本密码算法的密钥长度。用所有可能的 K_1 来加密明文分组的右半部分，然后与明文的左半部分异或，并且将这些值存放于表中。然后，用所有可能的 K_3 值加密明文的右半部分并在表中寻找与之相匹配的值。如果找到了，那么 K_1 和 K_3 可能是正确的密钥。将这样的攻击重复多次，就可以找到一个唯一的结果。这表明 xDES^1 不是一个理想的解决方案。更糟的是，有一种选择明文攻击可以证明 xDES^1 还不如基本加密密码的强度高[858]。

xDES^2 将这种思路推广到 5 轮算法，其分组长度是基本分组密码的 4 倍，密钥长度是基本分组密码的 10 倍。图 15-4 是 xDES^2 的一轮，4 个子分组中每一个分组的长度都是基本分组密码的长度，并且所有 10 个密钥都是独立的。

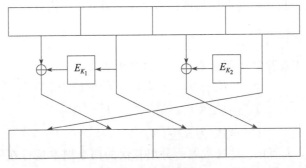

图 15-4 xDES^2

这种方法也比三重加密快：加密一个 4 倍于基本分组密码的分组将进行 10 次加密运算。然而，它易受差分分析的攻击[858]，所以不应该使用。即使 DES 使用了相互独立的轮密钥，这种方法也易受攻击。

当 $i \geqslant 3$ 时，xDES^i 可能太大而不适合作为一个分组算法。例如，xDES^3 的分组长度是基本分组密码的 6 倍，密钥的长度是它的 21 倍，并且加密一个 6 倍于基本分组密码的分组将进行 21 次加密运算。三重加密要快一些。

15.4.4　五重加密

如果三重加密还不够安全（也许你需要用一个强度更高的算法来加密三重加密的密钥），那么更高重加密会更适宜一些。对付中间相遇攻击，五重加密的强度足够（对类似双重加密的一些讨论表明四重加密在三重加密的基础上提供了最小的改进）。

$$C = E_{K_1}(D_{K_2}(E_{K_3}(D_{K_2}(E_{K_1}(P)))))$$

$$P = D_{K_1}(E_{K_2}(D_{K_3}(E_{K_2}(D_{K_1}(C)))))$$

在这种结构中，如果 $K_2 = K_3$，那么它等同于三重加密；如果 $K_1 = K_2 = K_3$，那么它等同于单重加密。当然，如果 5 个密钥相互独立，那么其强度将更高。

15.5　缩短 CDMF 密钥

这种方法是 IBM 公司为他们的商业数据加密设备或 CDMF（参见 24.8 节）设计的，它将出口机器中的 56 位 DES 密钥缩短成 40 位[785]。它假定原始的 DES 密钥包含校验位。

（1）将以下位赋 0：8、16、24、32、40、48、56、64。

（2）用 DES 和密钥 0xc408b0540ba1e0ae 加密第（1）步的输出，并且与第（1）步的结果异或。

（3）得到第（2）步的输出，并且将以下位赋 0：1、2、3、4、8、16、17、18、19、20、24、32、33、34、35、36、40、48、49、50、51、52、56、64。

（4）用 DES 和密钥 0xef2c041ce6382fe6 加密第（3）步的输出。然后，将这个密钥用于加密消息。

这种方法缩短了密钥的长度，因此它减弱了算法。

15.6　白化

白化（whitening）是将分组密码算法的输入与一部分密钥异或，并且将其输出与另一部分密钥异或的技术。这种技术首先被 RSA 数据安全公司用在 DESX 的变体中，然后（可能是独立地）用在 Khufu 和 Khafre 中。（Rivest 对这种技术命名，这个词的用法不标准。）

这种方法是想阻止密码分析者在已知基本密码算法的前提下获得一组明文/密文对。这种技术迫使密码分析者不仅要猜出算法密钥，而且必须要猜出白化值中的一个。因为在分组算法前后都有一个异或运算，所以这种技术不会受到中间相遇攻击的影响。

$$C = K_3 \oplus E_{K_2}(P \oplus K_1)$$

$$P = K_1 \oplus D_{K_2}(C \oplus K_3)$$

如果 $K_1 = K_3$，那么穷举攻击需要 $2^{n+m/p}$ 次运算，其中 n 是密钥长度，m 是分组长度，p 是已知明文的数量。如果 K_1 和 K_3 不同，那么用三个已知明文进行穷举攻击需要 2^{n+m+1} 次运算。这种方法在防差分攻击和线性攻击时只能保护很少一些密钥。但是从运算上来说，这是一种增加算法安全性非常廉价的方法。

15.7　级联多重加密算法

用算法 A 和密钥 K_A 加密一个消息，然后用算法 B 和密钥 K_B 再加密，情况会怎样呢？也许 Alice 和 Bob 对这个问题会有不同的意见：Alice 想用 A，而 Bob 想用 B。这种技术有时叫作级联（cascading），并且已经扩展到远远超过两个密码算法和密钥。

悲观主义者会说两个密码算法在一起运行对增加安全性没有保证。两个算法之间微妙的交换也许会降低其安全性。甚至用三个不同的算法进行三重加密也许并没有你想象的那么安全。密码是一种黑色艺术，如果你不知道你正在干什么，你将很容易陷入困境。

现实比较乐观一些。如果不同的密钥相互相关，那么真的需要上述的警告。如果所有的多重密钥都是相互独立的，那么级联抗破译性至少与级联中第一个算法一样强。如果第二个算法易受选择明文攻击，那么当使用级联时，第一个算法攻击起来就容易一些，并且第二个算法易受已知明文攻击。这种潜在的攻击在密码算法上是不允许的：如果在加密前你想让其他某个人指定某个算法来加密消息，那么你最好确信加密将能抵抗选择明文攻击（注意，加密前最常使用的压缩和数字化算法是 CELP——由 NSA 设计）。

这能更好地用短语表达：使用选择明文攻击时，级联加密至少比它的组成部分难于破译[858]。前面的结果表明：级联加密至少与最强的算法一样难于破译，但是这一结论基于一些不明确的假定[528]。仅当算法做过一些处理，如级联序列密码的情形（或分组密码的 OFB 工作方式），级联至少与最强的算法一样难以攻破。

如果 Alice 和 Bob 相互都不信任对方的算法，他们可以用级联的方式。如果是序列密码算法，那么其顺序就没有关系；如果是分组密码算法，Alice 首先用算法 A，然后 Bob 用算法 B。Bob 更相信算法 B 一些，他可以用算法 A 以后，接着用算法 B。他们甚至可以在两个密码算法之间加一个较好的序列密码，这并不会对其产生危害，并且能更好地增加其安全性。

记住，在级联中每个算法的密钥是相互独立的。如果算法 A 有一个 64 位密钥并且算法 B 有一个 128 位密钥，那么级联就有 192 位密钥。如果你没有用相互独立的密钥，那么悲观主义者的担心就更正确了。

15.8 组合多重分组算法

这里还有一个组合多重分组算法的方法，它能够保证组合后的算法至少与两个算法具有相同的安全性。它使用两个算法（和两个独立的密钥）：

（1）产生一个随机的位序列 R，其长度与消息 M 的长度一样。

（2）用第一个算法加密 R。

（3）用第二个算法加密 $M \oplus R$。

（4）第（2）步和第（3）步的结果就是密文。

假定随机位序列是真正随机的，这种方法用一次填充加密 M，然后加密两次填充和用两个算法加密后的消息。因为都需要重建 M，所以密码分析者必须攻破两个算法。其缺点是密文长度是明文长度的两倍。

这种方法能够扩展到多个算法，但是密文被每一个附加的算法加密。这是一个好办法，但并不现实。

伪随机序列发生器和序列密码

16. 1 线性同余发生器

线性同余发生器（linear congruential generator）是

$$X_n = (aX_{n-1} + b) \bmod m$$

形式的伪随机序列发生器，其中 X_n 是序列的第 n 个数，X_{n-1} 是序列的第 $n-1$ 个数，变量 a、b、m 是常数，a 是乘数（multiplier），b 是增量（increment），m 是模。密钥，也即种子是初始值 X_0。

这种发生器的周期不会超过 m。如果 a、b 和 m 都是可选的，那么发生器将是一个最大周期发生器（maximal period generator，有时也叫作最大长度），周期为 m（例如，b 是与 m 相关的素数）。在选择常数时需要仔细，以保证能找到最大的周期[863,942]。关于线性同余发生器及其理论的另外一篇好文章是文献 [1446]。

表 16-1 取自 [1272]，它给出了线性同余发生器的好的常数。它们都能产生最大周期发生器，更重要的，它们都能通过 2 维、3 维、4 维、5 维和 6 维的随机性频谱检验[385,863]。这张表按不超过特定字长的最大乘积来组织。

表 16-1　线性同余发生器常数

溢出位置	a	b	m	溢出位置	a	b	m
2^{20}	106	1 283	6 075	2^{28}	1 277	24 749	117 128
2^{21}	211	1 663	7 875		741	66 037	312 500
2^{22}	421	1 663	7 875		2 041	25 673	121 500
2^{23}	430	2 531	11 979	2^{29}	2 311	25 367	120 050
	936	1 399	6 655		1 807	45 289	214 326
	1 366	1 283	6 075		1 597	51 749	244 944
2^{24}	171	11 213	53 125		1 861	49 297	233 280
	859	2 531	11 979		2 661	36 979	175 000
	419	6 173	29 282		4 081	25 673	121 500
	967	3 041	14 406		3 661	30 809	145 800
2^{25}	141	28 411	134 456	2^{30}	3 877	29 573	139 968
	625	6 571	31 104		3 613	45 289	214 326
	1 541	2 957	14 000		1 366	150 889	714 025
	1 741	2 731	12 960	2^{31}	8 121	28 411	134 456
	1 291	4 621	21 870		4 561	51 349	243 000
	205	29 573	139 968		7 141	54 773	259 200
2^{26}	421	17 117	81 000	2^{32}	9 301	49 297	233 280
	1 255	6 173	29 282		4 096	150 889	714 025
	281	28 411	134 456	2^{33}	2 416	374 441	1 771 875
2^{27}	1 093	18 257	86 436	2^{34}	17 221	107 839	510 300
	421	54 773	259 200		36 261	66 037	312 500
	1 021	24 631	116 640	29^{35}	84 589	45 989	217 728
	1 021	25 673	121 500				

线性同余发生器的优点是：速度快，每位只需很少的运算。

然而，线性同余发生器不能用在密码学中，因为它们是可预测的。线性同余发生器首先被 Jim Reeds 破译[1294,1295,1296]，然后被 Joan Boyar 破译[1251]。她还破译了二次同余发生器：

$$X_n = (aX_{n-1}^2 + bX_{n-1} + c) \bmod m$$

和三次同余发生器：

$$X_n = (aX_{n-1}^3 + bX_{n-1}^2 + cX_{n-1} + d) \bmod m$$

另一些研究人员将 Boyar 的成果扩展到了任意多项式同余发生器[923,899,900]。截短线性同余发生器[581,705,580] 和未知参数的截短线性同余发生器[1500,212] 也被破译。上述证据表明：同余发生器在密码学中并不适用。

然而线性同余发生器在非密码学应用中得到了使用，比如仿真。根据最合理的经验测试，它们是有效的，并具有很好的统计性能。关于线性同余发生器和实现方面的重要信息可在文献［942］中找到。

组合线性同余发生器

许多人考察了组合线性同余发生器[1595,941]。结果是它并没有增加安全性，但是它有更长的周期并在某些随机性测试方面具有更好的性能。

下面给出了一个 32 位计算机使用的发生器[941]：

```
static long s1 = 1 ; /* A "long" must be 32 bits long. */ static long s2 = 1 ;

#define MODMULT(a,b,c,m,s) q = s/a; s = b*(s-a*q) - c*q; if (s<0) s+=m  ;
/* MODMULT(a,b,c,m,s) computes s*b mod m, provided that m=a*b+c and 0 <= c < m. *

/* combinedLCG returns a pseudorandom real value in the range
 * (0,1). It combines linear congruential generators with
 * periods of 2^31-85 and 2^31-249, and has a period that is the
 * product of these two prime numbers. */

double combinedLCG ( void )
{
  long q ;
  long z ;

  MODMULT ( 53668, 40014, 12211, 2147483563L, s1 )
  MODMULT ( 52774, 40692, 3791, 2147483399L, s2 )
  z = s1 - s2 ;
  if ( z < 1 )
    z += 2147483562 ;
  return z * 4.656613e-10 ;
}

/* In general, call initLCG before using combinedLCG. */
void initLCG ( long InitS1, long InitS2 )
{
  s1 = InitS1 ;
  s2 = InitS2 ;
}
```

当计算机能够表示 $-2^{31}+85 \sim 2^{31}-85$ 的所有整数时，这个发生器就能工作。变量 s_1 和 s_2 是全局变量，它们保存发生器的当前状态。在第一次调用前，它们必须被初始化。变量 s_1 的初始值为 $1 \sim 2\,147\,483\,562$，变量 s_2 的初始值为 $1 \sim 2\,147\,483\,398$，这个发生器在某些地方的周期能够达到 10^{18} 左右。

如果只有 16 位计算机，可以使用下面这个发生器：

```
static int s1 = 1 ; /* An "int" must be 16 bits long. */
static int s2 = 1 ;
static int s3 = 1 ;

#define MODMULT(a,b,c,m,s) q = s/a; s = b*(s-a*q) - c*q; if
(s<0) s+=m  ;

/* combined LCG returns a pseudorandom real value in the
range
* (0,1). It combines linear congruential generators with
* periods of 2^15-405, 2^15-1041, and 2^15-1111, and has a period
* that is the product of these three prime numbers. */

double combinedLCG ( void )
{
  int q ;
  int z ;

  MODMULT ( 206, 157, 21, 32363, s1 )
  MODMULT ( 217, 146, 45, 31727, s2 )
  MODMULT ( 222, 142, 133, 31657, s3 )
  z = s1 - s2 ;
  if ( z > 706 )
    z -= 32362 ;
  z += s3 ;
  if ( z < 1 )
    z += 32362 ;
  return z * 3.0899e-5 ;
}

/* In general, call initLCG before using combinedLCG. */
void initLCG ( int InitS1, int InitS2, InitS3 )
{
  s1 = InitS1 ;
  s2 = InitS2 ;
  s3 = InitS3 ;
}
```

当计算机能够表示 $-32\,363 \sim 32\,363$ 的所有整数时，这个发生器就能工作。变量 s_1、s_2 和 s_3 是全局变量，它们保存发生器的当前状态。在第一次调用前，它们必须被初始化。变量 s_1 的初值为 $1 \sim 32\,362$，变量 s_2 的初值为 $1 \sim 31\,726$，变量 s_3 的初值为 $1 \sim 31\,656$。这个发生器的周期是 1.6×10^{13}。

这两种类型的发生器，线性同余常数项 b 均为 0。

16.2 线性反馈移位寄存器

移位寄存器序列用于密码学和编码理论方面已有很多报道。自从电子时代开始以来，基于移位寄存器的序列密码已经广泛地用于军事密码学中。

一个反馈移位寄存器（feedback shift register）由两部分组成：移位寄存器和反馈函数（feedback function）（见图 16-1）。移位寄存器是一个位序列。（移位寄存器的长度用位表示，如果它是 n 位，则称为 n 位移位寄存器。）每次需要 1 位，移位寄存器中所有位右移 1 位。新的最左端的位根据寄存器中其他位计算得到。移位寄存器输出的 1 位常常是最低有效位。移位寄存器的周期（period）是指输出序列从开始到重复时的长度。

密码设计者喜欢用移位寄存器构造序列密码，因为这容易通过数字硬件实现。本书仅介绍数学原理。挪威政府的首席密码学家 Ernst Selmer，1965 年研究出移位

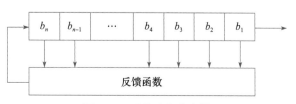

图 16-1 反馈移位寄存器

寄存器序列的理论[1411]。NSA 的数学家 Solomon Golomb，用 Selmer 和他自己的成果写了一本书［643］。参见文献［970，971，1647］。

最简单的反馈移位寄存器是线性反馈移位寄存器（Linear Feedback Shift Register，LFSR）（见图 16-2）。反馈函数与寄存器中的某些位简单异或，这些位叫作抽头序列（tap sequence），有时也叫作 **Fibonacci** 配置（Fibonacci configuration）。因为这是一个简单的反馈序列，所以大量的数学理论都能用于分析 LFSR。密码设计者喜欢分析序列，确保它们是随机并充分安全的。在密码学中，LFSR 是移位寄存器中最普通的类型。

图 16-3 所示为 4 位 LFSR，抽头位置在第 1 位和第 4 位，如果其初始值为 1111，那么在重复之前能够产生下列的内部状态序列：

1111

0111

1011

0101

1010

1101

0110

0011

1001

0100

0010

0001

1000

1100

1110

输出序列是最低有效位的字符串：

1 1 1 1 0 1 0 1 1 0 0 1 0 0 0 ⋯

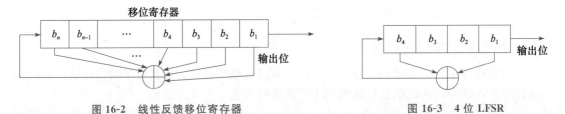

图 16-2 线性反馈移位寄存器   图 16-3 4 位 LFSR

一个 n 位 LFSR 能够处于 $2^n - 1$ 个内部状态中的一个。这意味着，理论上，n 位 LFSR 在重复之前能够产生 $2^n - 1$ 位长的伪随机序列（是 $2^n - 1$ 而不是 2^n，因为全零的移位寄存器将使 LFSR 无止境地输出零序列——这特别没有用处）。只有具有一定抽头序列的 LFSR 才能循环地通过所有 $2^n - 1$ 个内部状态，这个输出序列称为 m 序列（m-sequence）。

为了使 LFSR 成为最大周期的 LFSR，由抽头序列加上常数 1 形成的多项式必须是本原多项式模 2。多项式的阶是移位寄存器的长度。一个 n 阶本原多项式是不可约多项式，它能整除 $x^{2^n-1} + 1$ 而不能整除 $x^d + 1$，其中 d 能整除 $2^n - 1$（参见 11.3 节）。更详细的数学理论参见文献［643，1649，1648］。

通常，产生一个给定阶数的本原多项式模 2 并不容易。最简单的方法是选择一个随机的多项式，然后测试它是否本原。这是很困难的（有时像测试一个随机数是否素数一样），但是很多数学软件包可以做这件事。具体的方法见文献 [970，971]。

表 16-2 是一些不同阶数的本原多项式模 $2^{[1583,643,1649,1648,1272,691]}$，但这并不是全部。例如，列出的 (32，7，5，3，2，1，0) 是指下列本原多项式模 2：

$$x^{32} + x^7 + x^5 + x^3 + x^2 + x + 1$$

很容易把它转变成最大周期 LFSR。第一个数是 LFSR 的长度，最后一个数总是 0，所以可以忽略。除 0 以外的所有数字指明了抽头序列，这些抽头从移位寄存器的左边开始计数。简而言之：本原多项式中抽头的阶数越低，越靠近移位寄存器的左边。

表 16-2　一些本原多项式模 2

(1, 0)	(31, 3, 0)	(53, 6, 2, 1, 0)	(76, 5, 4, 2, 0)
(2, 1, 0)	(31, 6, 0)	(54, 8, 6, 3, 0)	(77, 6, 5, 2, 0)
(3, 1, 0)	(31, 7, 0)	(54, 6, 5, 4, 3, 2, 0)	(78, 7, 2, 1, 0)
(4, 1, 0)	(31, 13, 0)	(55, 24, 0)	(79, 9, 0)
(5, 2, 0)	(32, 7, 6, 2, 0)	(55, 6, 2, 1, 0)	(79, 4, 3, 2, 0)
(6, 1, 0)	(32, 7, 5, 3, 2, 1, 0)	(56, 7, 4, 2, 0)	(80, 9, 4, 2, 0)
(7, 1, 0)	(33, 13, 0)	(57, 7, 0)	(80, 7, 5, 3, 2, 1, 0)
(7, 3, 0)	(33, 16, 4, 1, 0)	(57, 5, 3, 2, 0)	(81, 4, 0)
(8, 4, 3, 2, 0)	(34, 8, 4, 3, 0)	(58, 19, 0)	(82, 9, 6, 4, 0)
(9, 4, 0)	(34, 7, 6, 5, 2, 1, 0)	(58, 6, 5, 1, 0)	(82, 8, 7, 6, 1, 0)
(10, 3, 0)	(35, 2, 0)	(59, 7, 4, 2, 0)	(83, 7, 4, 2, 0)
(11, 2, 0)	(36, 11, 0)	(59, 6, 5, 4, 3, 1, 0)	(84, 13, 0)
(12, 6, 4, 1, 0)	(36, 6, 5, 4, 2, 1, 0)	(60, 1, 0)	(84, 8, 7, 5, 3, 1, 0)
(13, 4, 3, 1, 0)	(37, 6, 4, 1, 0)	(61, 5, 2, 1, 0)	(85, 8, 2, 1, 0)
(14, 5, 3, 1, 0)	(37, 5, 4, 3, 2, 1, 0)	(62, 6, 5, 3, 0)	(86, 6, 5, 2, 0)
(15, 1, 0)	(38, 6, 5, 1, 0)	(63, 1, 0)	(87, 13, 0)
(16, 5, 3, 2, 0)	(39, 4, 0)	(64, 4, 3, 1, 0)	(87, 7, 5, 1, 0)
(17, 3, 0)	(40, 5, 4, 3, 0)	(65, 18, 0)	(88, 11, 9, 8, 0)
(17, 5, 0)	(41, 3, 0)	(65, 4, 3, 1, 0)	(88, 8, 5, 4, 3, 1, 0)
(17, 6, 0)	(42, 7, 4, 3, 0)	(66, 9, 8, 6, 0)	(89, 38, 0)
(18, 7, 0)	(42, 5, 4, 3, 2, 1, 0)	(66, 8, 6, 5, 3, 2, 0)	(89, 51, 0)
(18, 5, 2, 1, 0)	(43, 6, 4, 3, 0)	(67, 5, 2, 1, 0)	(89, 6, 5, 3, 0)
(19, 5, 2, 1, 0)	(44, 6, 5, 2, 0)	(68, 9, 0)	(90, 5, 3, 2, 0)
(20, 3, 0)	(45, 4, 3, 1, 0)	(68, 7, 5, 1, 0)	(91, 8, 5, 1, 0)
(21, 2, 0)	(46, 8, 7, 6, 0)	(69, 6, 5, 2, 0)	(91, 7, 6, 5, 3, 2, 0)
(22, 1, 0)	(46, 8, 5, 3, 2, 1, 0)	(70, 5, 3, 1, 0)	(92, 6, 5, 2, 0)
(23, 5, 0)	(47, 5, 0)	(71, 6, 0)	(93, 2, 0)
(24, 4, 3, 1, 0)	(48, 9, 7, 4, 0)	(71, 5, 3, 1, 0)	(94, 21, 0)
(25, 3, 0)	(48, 7, 5, 4, 2, 1, 0)	(72, 10, 9, 3, 0)	(94, 6, 5, 1, 0)
(26, 6, 2, 1, 0)	(49, 9, 0)	(72, 6, 4, 3, 2, 1, 0)	(95, 11, 0)
(27, 5, 2, 1, 0)	(49, 6, 5, 4, 0)	(73, 25, 0)	(95, 6, 5, 4, 2, 1, 0)
(28, 3, 0)	(50, 4, 3, 2, 0)	(73, 4, 3, 2, 0)	(96, 10, 9, 6, 0)
(29, 2, 0)	(51, 6, 3, 1, 0)	(74, 7, 4, 3, 0)	(96, 7, 6, 4, 3, 2, 0)
(30, 6, 4, 1, 0)	(52, 3, 0)	(75, 6, 3, 1, 0)	(97, 6, 0)

（续）

(98, 11, 0)	(133, 9, 8, 2, 0)	(159, 34, 0)	(231, 26, 0)
(98, 7, 4, 3, 1, 0)	(134, 57, 0)	(159, 40, 0)	(231, 34, 0)
(99, 7, 5, 4, 0)	(135, 11, 0)	(160, 5, 3, 2, 0)	(234, 31, 0)
(100, 37, 0)	(135, 16, 0)	(161, 18, 0)	(234, 103, 0)
(100, 8, 7, 2, 0)	(135, 22, 0)	(161, 39, 0)	(236, 5, 0)
(101, 7, 6, 1, 0)	(136, 8, 3, 2, 0)	(161, 60, 0)	(250, 103, 0)
(102, 6 5 3 0)	(137, 21, 0)	(162, 8, 7, 4, 0)	(255, 52, 0)
(103, 9, 9)	(138, 8, 7, 1, 0)	(163, 7, 6, 3, 0)	(255, 56, 0)
(104, 11, 10, 1, 0)	(139, 8, 5, 3, 0)	(164, 12, 6, 5, 0)	(255, 82, 0)
(105, 16, 0)	(140, 29, 0)	(165, 9, 8, 3, 0)	(258, 83, 0)
(106, 15, 0)	(141, 13, 6, 1, 0)	(166, 10, 3, 2, 0)	(266, 47, 0)
(107, 9, 7, 4, 0)	(142, 21, 0)	(167, 6, 0)	(270, 133, 0)
(108, 31, 0)	(143, 5, 3, 2, 0)	(170, 23, 0)	(282, 35, 0)
(109, 5, 4, 2, 0)	(144, 7, 4, 2, 0)	(172, 2, 0)	(282, 43, 0)
(110, 6, 4, 1, 0)	(145, 52, 0)	(174, 13, 0)	(286, 69, 0)
(111, 10, 0)	(145, 69, 0)	(175, 6, 0)	(286, 73, 0)
(111, 49, 0)	(146, 5, 3, 2, 0)	(175, 16, 0)	(294, 61, 0)
(113, 9, 0)	(147, 11, 4, 2, 0)	(175, 18, 0)	(322, 67, 0)
(113, 15, 0)	(148, 27, 0)	(175, 57, 0)	(333, 2, 0)
(113, 30, 0)	(149, 10, 9, 7, 0)	(177, 8, 0)	(350, 53, 0)
(114, 11, 2, 1, 0)	(150, 53, 0)	(177, 22, 0)	(366, 29, 0)
(115, 8, 7, 5, 0)	(151, 3, 0)	(177, 88, 0)	(378, 43, 0)
(116, 6, 5, 2, 0)	(151, 9, 0)	(178, 87, 0)	(378, 107, 0)
(117, 5, 2, 1, 0)	(151, 15, 0)	(183, 56, 0)	(390, 89, 0)
(118, 33, 0)	(151, 31, 0)	(194, 87, 0)	(462, 73, 0)
(119, 8, 0)	(151, 39, 0)	(198, 65, 0)	(521, 32, 0)
(119, 45, 0)	(151, 43, 0)	(201, 14, 0)	(521, 48, 0)
(120, 9, 6, 2, 0)	(151, 46, 0)	(201, 17, 0)	(521, 158, 0)
(121, 18, 0)	(151, 51, 0)	(201, 59, 0)	(521, 168, 0)
(122, 6, 2, 1, 0)	(151, 63, 0)	(201, 79, 0)	(607, 105, 0)
(123, 2, 0)	(151, 66, 0)	(202, 55, 0)	(607, 147, 0)
(124, 37, 0)	(151, 67, 0)	(207, 43, 0)	(607, 273, 0)
(125, 7, 6, 5, 0)	(151, 70, 0)	(212, 105, 0)	(1279, 216, 0)
(126, 7, 4, 2, 0)	(152, 6, 3, 2, 0)	(218, 11, 0)	(1279, 418, 0)
(127, 1, 0)	(153, 1, 0)	(218, 15, 0)	(2281, 715, 0)
(127, 7, 0)	(153, 8, 0)	(218, 71, 0)	(2281, 915, 0)
(127, 63, 0)	(154, 9, 5, 1, 0)	(218, 83, 0)	(2281, 1029, 0)
(128, 7, 2, 1, 0)	(155, 7, 5, 4, 0)	(225, 32, 0)	(3217, 67, 0)
(129, 5, 0)	(156, 9, 5, 3, 0)	(225, 74, 0)	(3217, 576, 0)
(130, 3, 0)	(157, 6, 5, 2, 0)	(225, 88, 0)	(4423, 271, 0)
(131, 8, 3, 2, 0)	(158, 8, 6, 5, 0)	(225, 97, 0)	(9689, 84, 0)
(132, 29, 0)	(159, 31, 0)	(225, 109, 0)	

继续这个例子，列出的（32，7，5，3，2，1，0）意味着如果使用了 32 位移位寄存器，且通过对第 32、7、5、3、2 和 1 位进行异或产生一个新位（见图 16-4），则得到的 LFSR 将是最大长度 LFSR。在重复之前，它将循环地通过 $2^{32}-1$ 个值。

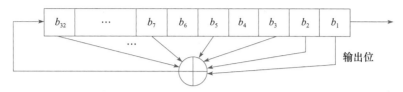

图 16-4　32 位最大长度 LFSR

这个 LFSR 的 C 语言代码为：

```
int LFSR () {
    static unsigned long ShiftRegister = 1;
    /* Anything but 0. */
    ShiftRegister = (((((ShiftRegister >> 31)
            ^ (ShiftRegister >> 6)
            ^ (ShiftRegister >> 4)
            ^ (ShiftRegister >> 2)
            ^ (ShiftRegister >> 1)
            ^ ShiftRegister))
            & 0x00000001)
            << 31)
            | (ShiftRegister >> 1) ;
    return ShiftRegister & 0x00000001;
}
```

当移位寄存器比计算机的字长还要长时，这个程序稍微复杂一些，但不会有较大的变化。

注意，表中列出的所有项的系数都是奇数。我提供了这么大的表是因为 LFSR 经常用在序列密码中，这么多不同的实例可使得不同的人选择不同的本原多项式。如果 $p(x)$ 是本原多项式，那么 $x^n p(1/x)$ 也是本原多项式，因此这张表中的每一项实质上包括了两个本原多项式。

例如，如果（a，b，0）是本原多项式，那么（a，$a-b$，0）也是本原多项式；如果（a，b，c，d，0）是本原多项式，那么（a，$a-d$，$a-c$，$a-b$，0）也是本原多项式。数学上可表示为：

如果 x^a+x^b+1 是本原多项式，那么 $x^a+x^{a-b}+1$ 也是。

如果 $x^a+x^b+x^c+x^d+1$ 是本原多项式，那么 $x^a+x^{a-d}+x^{a-c}+a x^{a-b}+1$ 也是。

本原三项式软件实现速度最快，因为每产生一个新位仅需要移位寄存器中的两位异或。事实上，表 16-2 中列出的所有反馈多项式是很稀疏的（sparse），意思是指其系数较少，这常常会使算法变弱，有时足以破译算法。稠密的（dense）本原多项式是指系数较多，这对于密码学应用来说要好得多。如果用稠密的本原多项式并使其成为密钥的一部分，那么可以用许多较短的 LFSR。

产生稠密的本原多项式模 2 并不容易。通常，产生一个 k 阶本原多项式需要进行 2^k-1 次因式分解。这里提供了三本较好的产生本原多项式的参考书，见文献 [652,1285,1287]。

LFSR 本身是适宜的伪随机序列发生器，但它们也有一些讨厌的非随机特性。时序位都是线性的，这使它们在加密时都没有用处。对长度为 n 的 LFSR，发生器的前 n 个输出位就是它的内部状态，甚至在反馈形式未知的情况下，也仅需要发生器的 $2n$ 个输出位就可用高效的 Berlekamp-Massey 算法来确定该状态[1082,1083]（参见 16.3 节）。

从这个序列中产生的大的随机数具有高的相关性，而且对某些应用类型，它完全不随机。虽然如此，LFSR 在加密算法中仍经常被用于构造分组。

LFSR 的软件实现

LFSR 用软件实现起来比较慢，但是用汇编语言实现比 C 语言快。一种解决办法是并列运行 16 个 LFSR（或 32 个，视计算机字长而定）。这种方法采用字的数组，其长度是 LFSR 的长度，字中每一位表示不同 LFSR 中的相应位。假定所有的反馈多项式相同，则运行速度非常快。通常，更新线性寄存器最好的方法是通过适当的二进制结构产生当前的状态[901]。

也可以改变 LFSR 的反馈形式，得到的生成器从密码学意义上来说不会更好，但是它仍然具有最大周期并且容易用软件实现[1272]。不使用抽头序列中的位来产生新的最左位，而是采用抽头序列中的每一位与发生器的输出相异或，并用异或结果取代抽头序列的那一位，同时发生器的输出作为新的最左位（见图 16-5）。这有时叫作 **Galois** 配置（Galois configuration）。

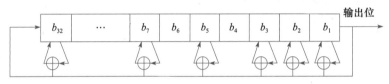

图 16-5　Galois LFSR

C 语言描述如下：

```
#define mask 0x80000057

static unsigned long ShiftRegister=1;
void seed_LFSR (unsigned long seed)
{
    if (seed == 0) /* avoid calamity */
        seed = 1;
    ShiftRegister = seed;
}

int modified_LFSR (void)
{
    if (ShiftRegister & 0x00000001) {
        ShiftRegister = ((ShiftRegister ^ mask >> 1) |
0x8000000;
        return 1;
    } else {
        ShiftRegister >>= 1;
        return 0;
    }
}
```

这里解决的是把所有异或作为单个运算来进行。它也可以并行处理，并且不同的反馈多项式也是不同的。Galois 配置用硬件实现更快，尤其是用自制的 VLSI 实现。一般而言，如果你使用有利于移位的硬件，那么就用 Fibonacci 配置；如果使用并行运算，那么就用 Galois 配置。

16.3　序列密码的设计与分析

大多数实际的序列密码都围绕 LFSR 进行设计。在电子时代的早期，它们非常容易构造。一个移位寄存器除了一个存储位的数组外就没有其他什么东西了，并且反馈序列是一串异或门。倘若用 VLSI 电路，一个基于 LFSR 的序列密码仅用一些逻辑门就能给你较高的安全性。

LFSR 的问题是，用软件实现其效率非常低。想要避免稀疏的反馈多项式（它们很容易遭到相关攻击[1051,1090,350]），但是稠密的反馈多项式效率也很低。序列密码一次只输出 1 位。为了加密 DES 执行一次迭代就能加密的数据，用 LFSR 不得不重复迭代 64 次。事实上，一个类似后面所描述的收缩式发生器的 LFSR 算法用软件实现并不比 DES 快。

密码学的这一个分支发展很快，并受政治的影响很大。大多数设计都是保密的，现在所用的大量军事密码系统都基于 LFSR。事实上，大多数的 Cray 计算机（Cray 1、Cray X-MP 和 Cray Y-MP）都有一个相当古怪的通常叫作"人口计算"的结构。它在寄存器中计算一个位组，并能用于有效地计算两个二进制字之间的 Hamming 距离，还能执行 LFSR 的向量码。我听说这叫作规范的 NSA 指示，要求所有的计算机都得如此。

另一方面，令人吃惊的是大量看上去很复杂的基于移位寄存器的发生器均被破译了。许多类似于 NSA 的军事密码分析机构破译了许多发生器。有时，一次又一次地提出简单问题让人很惊讶。

16.3.1　线性复杂性

分析序列密码常常比分析分组密码容易。例如，用于分析基于 LFSR 的一个重要的公认准则是线性复杂性（linear complexity）。它定义了一个最短长度为 n 的 LFSR，它能模拟发生器的输出。有限状态机产生的任何序列都覆盖整个具有有限线性复杂性的有限域[1006]。线性复杂性很重要，因为一个称为 **Berlekamp-Massey** 的简单算法，在仅检测密钥序列的 $2n$ 个位后就能够产生 LFSR[1005]。一旦产生了这个 LFSR，你就破译了这个序列密码。

当输出序列被看作覆盖整个具有奇数特性的域的序号时[842]，这种方法从域扩展到环[1298]。进一步的提高是提出了线性复杂性曲线（linear complexity profile）概念。当序列越来越长时，线性复杂性曲线用于评估其线性复杂性[1357,1168,411,1582]。计算线性复杂性的另一个算法仅仅用于非常特殊的环境中[597,595,596,1333]。在文献［776］中对线性复杂性有一个概括。此外，还提出了二维复杂性[844] 和三维复杂性[502] 的概念。

在任何情况下，都必须记住：高的线性复杂性并不代表一个安全的发生器，而一个低的线性复杂性则表明它肯定不安全[1357,1249]。

16.3.2　相关免疫性

密码设计者通过采用非线性方法组合多个输出序列得到高的线性复杂性。这里的危险是一个或者更多的内部输出序列（常常正好是独立 LFSR 的输出）与组合密码序列相关，并且易受线性代数的攻击。常常将这称为相关攻击（correlation attack）或分治攻击（divide-and-conquer attack）。Thomas Siegenthaler 给出了相关免疫性（correlation immunity）的精确定义，并且在相关免疫性和线性复杂性之间给出了一个折中办法。

相关攻击的基本思想是识别发生器的输出和它内部块的某一块之间的相关性。然后，通过观察输出序列，获得关于其内部输出的一些信息。用这些信息和其他的相关性，搜集其他内部输出的相关性，直到整个发生器被破译。

相关攻击和它的变体，如快速相关攻击（这里指介于计算复杂性和效率之间的一个折中），成功地应用于许多基于 LFSR 的密钥序列发生器中[1451,278,1452,572,1636,1051,1090,350,633,1054,1089,995]。沿着这种基本思想的一些有趣的新方法见文献［46，1641］。

16.3.3 其他攻击

还有其他一些针对密钥序列发生器的一般攻击。线性一致性测试（linear consistency test）试图利用矩阵确定加密密钥的子集[1638]。还有中间相遇一致性攻击（meet-in-the-middle consistency attack）[39,41]。线性并发位算法（linear syndrome algorithm）依靠将输出序列的片段作为一个线性等式[1636,1637]。还有最佳仿射逼近攻击（best affine approximation attack）[502] 和派生序列攻击（derived sequence attack）[42]。与线性密码分析一样[631]，差分密码分析技术也可用于序列密码中[501]。

16.4 使用 LFSR 的序列密码

设计使用 LFSR 的密码序列发生器的方法很简单。首先，用一个或两个 LFSR，通常要求它们具有不同长度和不同反馈多项式（如果其长度互素，并且反馈多项式是本原的，那么整个发生器具有最大的长度）。密钥是 LFSR 的初始状态，每次取 1 位，然后将 LFSR 移位一次（有时叫作一个时钟（clock））。输出位是 LFSR 中某些位的函数，最好是非线性函数，这个函数叫作组合函数（combining function），并且整个发生器叫作组合发生器（combination generator）（如果输出位是单个 LFSR 函数，那么这个发生器叫作过滤发生器（filter generator））。有关这类问题更多的理论，Selmer 和 Neal Zierler 在文献［1647］中有所记载。

复杂程度渐渐增加。有些发生器用不同频率的时钟驱动，有时一个发生器的时钟依赖于另一个发生器的输出。第二次世界大战之前，所有密码机方案的电子版本称为钟控发生器（clock-controlled generators）[641]。时钟控制能够向前反馈，使得一个 LFSR 的输出控制另一个 LFSR 的时钟；或者向后反馈，使得一个 LFSR 的输出控制它自己的时钟。

尽管这些发生器至少在理论上易受嵌入和概率相关攻击[634,632]，但是大多数目前还是很安全的。关于钟控移位寄存器的更多理论见文献［89］。

作为剑桥大学纯数学的前领导者和 Bletchly Park 前密码学家，Ian Cassells 说："密码学是数学和混乱的一个混合体，如果没有混乱，数学将会背叛你。"他的意思是指在序列密码中，你需要一些密码结构（比如 LFSR）以保证具有最大长度和其他特性，然后复杂的非线性混乱将阻止别人得到寄存器并解密它。这个建议对分组算法也很有效。

下面是文献中基于 LFSR 密钥序列发生器的一些简单的描述。我并不知道它们是否真的用于密码产品中。它们中的大多数仅在理论上较好。有些已经被破译，有些可能还是安全的。

因为基于 LFSR 的密码通常用硬件产生，所以在图中使用了电子逻辑标识符。在文本中，$\oplus$ 表示异或、$\wedge$ 表示与、$\vee$ 表示或、$\neg$ 表示非。

16.4.1 Geffe 发生器

这个密钥序列发生器使用了 3 个 LFSR，它们以非线性方式组合而成（见图 16-6）[606]，两个 LFSR 作为复合器的输入，第三个 LFSR 控制复合器的输出，如果 a_1、a_2 和 a_3 是 3 个 LFSR 的输出，则 Geffe 发生器的输出表示为：

$$b = (a_1 \wedge a_2) \oplus ((\neg a_1) \wedge a_3)$$

如果 3 个 LFSR 的长度分别为 n_1、n_2 和 n_3，那么这个发生器的线性复杂性为：

$$(n_1 + 1)n_2 + n_1 n_3$$

这个发生器的周期是 3 个 LFSR 周期的最小公倍数。假设 3 个本原反馈多项式的阶数互素，那么这个发生器的周期是 3 个 LFSR 周期的积。

图 16-6 Geffe 发生器

虽然这个发生器从理论上看起来很好，但实质上很弱，并不能抵抗相关攻击[829,1638]。发生器的输出与 LFSR-2 的输出有 75% 的时间是相同的。因此，如果已知反馈抽头，便能猜出 LFSR-2 的初值和寄存器所产生的输出序列。然后就能计算出 LFSR-2 的输出与这个发生器的输出相同的次数。如果猜错了，两个序列相同的概率为 50%；如果猜对了，两个序列相同的概率为 75%。

类似地，发生器的输出与 LFSR-3 的输出相等的概率为 75%。有了这种相关性，密钥序列发生器很容易被破译。例如，如果 3 个本原多项式都是三项式，其中最大长度为 n，那么仅需要 $37n$ 位的一段输出序列就可重构这 3 个 LFSR 的内部状态[1639]。

16.4.2 推广的 Geffe 发生器

这种方法不在两个而在 k 个 LFSR 中进行选择，k 是 2 的幂。总共有 $k+1$ 个 LFSR（见图 16-7）。LFSR-1 必须比其他 k 个 LFSR 运行快 $\log_2 k$ 倍。

这种方法比 Geffe 发生器复杂，而且同样可能受到相关攻击。我不推荐这种发生器。

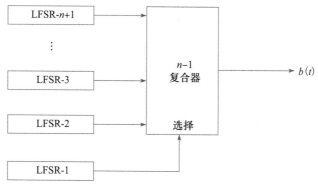

图 16-7 推广的 Geffe 发生器

16.4.3 Jennings 发生器

这个发生器用了一个复合器来组合两个 LFSR[778,779,780]。由 LFSR-1 控制的复合器为每一个输出位选择 LFSR-2 的一位。用一个函数将 LFSR-2 的输出映射到复合器的输入（见图 16-8）。

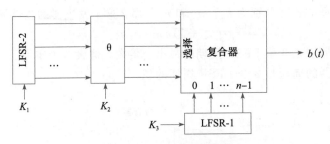

图 16-8　Jennings 发生器

　　密钥是两个 LFSR 和映射函数的初始状态。虽然这个发生器有好的统计特性，但它不能抗 Ross Anderson 的中间相遇一致性攻击[39] 和线性一致性攻击[1638,442]。不要使用这个发生器。

16.4.4　Beth-Piper 停走式发生器

　　这个发生器用一个 LFSR 的输出来控制另一个 LFSR 的时钟[151] （见图 16-9）。LFSR-1 的输出控制 LFSR-2 的时钟输入，使得 LFSR-2 仅当 LFSR-1 在时间 $t-1$ 的输出是 1 时，能在时间 t 改变它的状态。

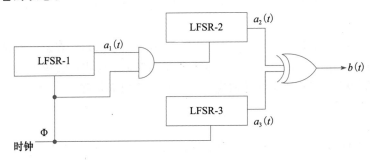

图 16-9　Beth-Piper 停走式发生器

　　没人能够证明这种发生器在通常情况下的线性复杂性。然而，它不能抗相关攻击[1639]。

16.4.5　交错停走式发生器

　　这个发生器用了 3 个不同长度的 LFSR。当 LFSR-1 的输出是 1 时，LFSR-2 被时钟驱动；当 LFSR-1 的输出是 0 时，LFSR-3 被时钟驱动。这个发生器的输出是 LFSR-2 和 LFSR-3 输出的异或 （见图 16-10）[673]。

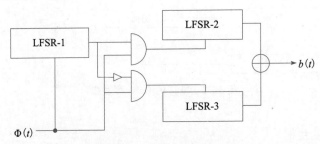

图 16-10　交错停走式发生器

　　这个发生器具有长的周期和大的线性复杂性，设计者找到了针对 LFSR-1 的相关攻击，但本质上它并没有削弱这个发生器。沿着这种基本思想，还有其他一些密钥序列发生器[1534,1574,1477]。

16.4.6　双侧停走式发生器

这个发生器使用了两个长度为 n 的 LFSR（见图 16-11）[1638]。这个发生器的输出是两个 LFSR 输出的异或。如果 LFSR-2 在时间 $t-1$ 时，输出是 0；在时间 $t-2$ 时，输出是 1，那么在时间 t 时，LFSR-2 将不会步进。相反，如果 LFSR-1 在时间 $t-1$ 时，输出为 0；在时间 $t-2$ 时，输出为 1，同时 LFSR-1 在时间 t 时已经步进，那么 LFSR-2 在时间 t 时不能步进。

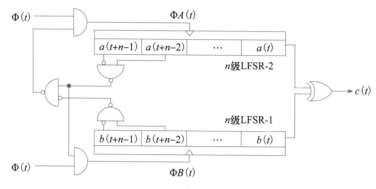

图 16-11　双侧停走式发生器

这个发生器的线性复杂性大约等于它的周期，根据文献 [1638]，"在这个系统中没有发现明显的密钥冗余度。"

16.4.7　门限发生器

这个发生器试图通过使用可变数量的 LFSR 来避免前面发生器的安全性问题[277]。理论根据是，如果使用了很多 LFSR，将更难破译这种密码。

这个发生器如图 16-12 所示，考虑一个大数的 LFSR 的输出（使 LFSR 的数目是奇数），确信所有 LFSR 的长度互素，且所有的反馈多项式都是本原的，这样可以达到最大周期。如果超过一半的 LFSR 的输出是 1，那么发生器输出是 1；如果超过一半的 LFSR 的输出是 0，那么发生器的输出是 0。

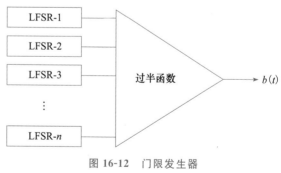

图 16-12　门限发生器

3 个 LFSR 发生器的输出可表示为：

$$b = (a_1 \wedge a_2) \oplus (a_1 \wedge a_3) \otimes (a_2 \wedge a_3)$$

这个发生器与 Geffe 发生器非常类似，除了它具有大的线性复杂性外：

$$n_1 n_2 + n_1 n_3 + n_2 n_3$$

这里 n_1、n_2 和 n_3 分别表示第一、第二和第三个 LFSR 的长度。

这个发生器并不好，发生器的每个输出位产生 LFSR 状态的一些信息（刚好是 0.189 位），并且它不能抗相关攻击。我建议不要使用这种发生器。

16.4.8   自采样发生器

自采样发生器是控制自己时钟的发生器。已提出了两种类型的自采样发生器，一种是 Rainer Rueppel 提出的（见图 16-13）[1359]，另一个是 Bill Chambers 和 Dieter Gollmann 提出的（见图 16-14）[308]。

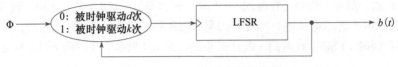

图 16-13   Rueppel 自采样发生器

在 Rueppel 发生器中，当 LFSR 的输出是 0 时，LFSR 被时钟驱动 d 次；当 LFSR 的输出是 1 时，它被时钟驱动 k 次。Chambers 和 Gollmann 发生器更复杂，但思想是相同的。不幸的是，这两个发生器都不安全[1639]，尽管提出了一些更改意见来更正那些缺点[1362]。

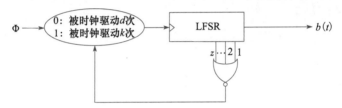

图 16-14   Chambers 和 Gollmann 自采样发生器

16.4.9   多倍速率内积式发生器

Massey 和 Rueppd 提出的这个发生器[1014] 使用两个利用不同速率时钟驱动的 LFSR（见图 16-15），LFSR-2 的时钟是 LFSR-1 时钟的 d 倍，将两个 LFSR 的独立位相与，然后异或以产生这个发生器的最终输出位。

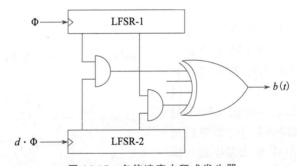

图 16-15   多倍速率内积式发生器

虽然这个发生器有很高的线性复杂性，也有极好的统计特性，但它仍不能抗线性相关攻击[1639]。如果 n_1 是 LFSR-1 的长度，n_2 是 LFSR-2 的长度，d 是它们之间的速率因子，那么这个发生器能从长度为 $n_1 + n_2 + \log_2 d$ 的一段输出序列中恢复发生器的内部状态。

16.4.10   求和式发生器

Rainer Rueppel 设计了这个发生器。这个发生器把两个带进位的 LFSR 的输出相加[1358,1357]。这种运算是高度非线性的。直到 20 世纪 80 年代末这个发生器还是安全的。但近来它被相关攻击破译$^{[1053,1054,1091]}$。在 17.4 节中给出了一个带进位移位寄存器的反馈例子，它也能被破译$^{[844]}$。

16.4.11　DNRSG

它代表"动态随机数发生器"$^{[1117]}$，其基本思路是用两个不同的过滤发生器（门限、求和或其他），它由一个 LFSR 设置，并由另一个 LFSR 控制。

首先驱动所有的 LFSR，如果 LFSR-0 的输出是 1，那么计算第一个过滤发生器的输出；如果 LFSR-0 的输出是 0，那么计算第二个过滤发生器的输出。最后将这两个输出异或得到最后的输出。

16.4.12　Gollmann 级联

在文献［636，309］中描述的 Gollmann 级联是停走式发生器的加强形式（见图 16-16）。它由一串 LFSR 组成，其中每一个 LFSR 的时钟都受前一个 LFSR 的控制。如果在时间 $t-1$ 时，LFSR-1 的输出是 1，那么将步进到 LFSR-2；如果在时间 $t-1$ 时，LFSR-2 的输出是 1，那么将步进到 LFSR-3；以此类推。最后一个 LFSR 的输出就是这个发生器的输出。如果所有的 LFSR 有相同的长度 n，那么由 k 个 LFSR 组成的这个发生器的线性复杂性为 $n(2^n-1)^{k-1}$。

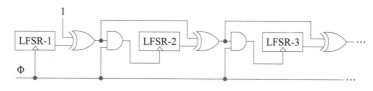

图 16-16　Gollmann 级联

级联是一个很好的办法：它在概念上非常简单，并且可以用来产生长周期、高线性复杂性和好的统计特性的序列。它易受锁定（lock-in）攻击$^{[640]}$。锁定是一种密码分析者重构级联中最后一个移位寄存器的输入，然后逐级攻击的技术。在某些情况下，这是一个很严重的问题，并且它减弱了算法的有效密钥长度。采取一些预防措施能减轻这种攻击。

进一步的分析表明当 k 增大时，序列更接近随机$^{[637,638,642,639]}$。基于最近对较小的 Gollmann 级联的攻击，我建议值至少为 15。用大量的短 LFSR 比用少量的长 LFSR 好。

16.4.13　收缩式发生器

与前面的发生器相比较，收缩式发生器$^{[378]}$采用不同类型的时钟控制。发生器使用两个 LFSR：LFSR-1 和 LFSR-2。它们都受时钟控制。如果 LFSR-1 的输出是 1，那么发生器输出 LFSR-2；如果 LFSR-1 的输出是 0，则丢掉两位，两个 LFSR 在时钟控制下重复操作。

这个方法很简单，效率很高，并且看上去也安全。如果反馈多项式稀疏，那么发生器易受攻击，但是还没有发现其他问题。尽管如此，它还是一个新的方法。其实现上的问题是速度不固定，如果 LFSR-1 有很长一段连续的 0，那么发生器就不会输出。设计者建议用缓冲器来解决这个问题$^{[378]}$。文献［90］中也讨论了收缩式发生器的实现问题。

16.4.14　自收缩式发生器

自收缩式发生器$^{[1050]}$是收缩式发生器的一个变体。它没有使用两个 LFSR，而是使用从一个 LFSR 中产生出的一对位。时钟驱动一个 LFSR 两次。如果第一位是 1，那么发生器的输出就是第二位；如果第一位是 0，丢掉这两位并且重试。与收缩式发生器比较，自收缩式发生器只需要前者一半的存储空间，同时其速度也只有前者的一半。

虽然自收缩式发生器看上去也是安全的，但它具有一些无法解释的行为和未知的特性。这是一个非常新的发生器，还需要经受时间的考验。

16.5　A5 算法

A5 是用于 GSM 加密的序列密码。那是一个数字蜂窝移动电话的非美国标准。它用于加密从电话到基站的连接。连接的其他部分是不加密的，电话公司很容易偷听你的电话。

大量的政治争议一直围绕着 A5。起初，认为 GSM 加密将阻碍对某些国家的电话出口。现在一些官员正在讨论 A5 是否会伤害出口贸易，其意思是它是如此的弱，以至于会带来困窘。据说 20 世纪 80 年代中期，关于 GSM 加密应该强还是弱，在 NATO 情报机构内部有过激烈的争论。德国希望强一些，因为他们离苏联较近，而其他国家不赞成这样，并且 A5 是由法国人设计的。

我们知道许多详细资料。一家英国电话公司没有签署保密协议便将他们所有的文件给了 Bradford 大学。文件被四处传播，并且终于传到了因特网上。描述 A5 的资料见文献 [1622]，本书的后面也有它的程序代码。

A5 由 3 个 LFSR 组成，寄存器的长度分别是 19、22 和 23。所有的反馈多项式系数都较少。3 个 LFSR 的异或值作为输出。A5 用不同的时钟控制。每一个寄存器由基于它自己中间位的时钟控制，并且 3 个寄存器中间位的反向门限函数相异或。通常，在每一轮中时钟驱动两个 LFSR。

有一种直接攻击需要 2^{40} 次加密：先猜测前两个 LFSR 的内容，然后试着通过密钥序列决定第三个 LFSR（这种攻击实际上是否可行尚待讨论，但是目前一个硬件密钥搜索机正在设计中，并且将解决这个问题[40]）。

总之，有一点可以明确，那就是 A5 的基本思路是好的，它的效率非常高。它能通过所有已知的统计测试，它已知的仅有弱点是寄存器太短而不能抗穷举攻击。带较长寄存器和稠密反馈多项式的 A5 的变体是安全的。

16.6　Hughes XPD/KPD 算法

这种算法是休斯飞机公司设计的，它用于战术电台和卖给国外军队的导航设备中。它于 1986 年为可出口的保密设备设计，被称为 XPD。后来它更名为运动保护设备（Kinetic Protection Device，KPD），并且已解密[1037,1036]。

算法采用 61 位 LFSR。共有 2^{10} 个不同的本原反馈多项式，这一点已经被 NSA 认可。与 LFSR 的初始状态一样，密钥选择这些多项式中的一个（它们存储在 ROM 中）。

它有 8 个不同的非线性过滤器，每一个都有来自 LFSR 的 6 个抽头，并且每一个都产生 1 位。这些位组成 1 字节，用于对数据序列加密或解密。

这个算法看上去非常好，但是我还是怀疑它。NSA 允许它出口，那么在规定的 2^{40} 或更短的密钥范围内，一定存在某些攻击。

16.7　Nanoteq 算法

Nanoteq 是南非的一家电子公司，这个算法为南非警察局设计，用于他们的传真传输中，并且还有其他的一些用户。

这个算法在文献［902，903］中或多或少地有所描述。它使用了一个具有固定组合反馈多项式的 127 位 LFSR，密钥是反馈寄存器的初始状态。寄存器的 127 位缩短成一个使用 25 个本原元的密钥序列位，每一个本原元有 5 个输入和 1 个输出：

$$f(x_1, x_2, x_3, x_4, x_5) = x_1 + x_2 + (x_1 + x_3)(x_2 + x_4 + x_5) + (x_1 + x_4)(x_2 + x_3) + x_5$$

函数的每一个输入与密钥的一些位异或。在算法中还有一个依赖于特殊实现的秘密置换，在资料中没有描述。这个算法仅对硬件实现可行。

这个算法安全吗？我持怀疑态度。按照常理，从一个警察局到另一个警察局的传真时常会出现在报纸上，这是美国、英国或苏联努力的结果。Ross Anderson 在文献［46］中用了一些原始的步骤分析这个算法。我期待着将来有更多的结果。

16.8　Rambutan 算法

Rambutan 是一个英国的算法，由通信电子安全组织（GCHQ 所用别名中的一个）设计。它仅作为一个硬件模块出售，用于保护"机密"的资料。算法本身是安全的，但芯片通常在商业上是无效的。

Rambutan 有一个 112 位密钥（加上校验位）并且能够用于 3 种工作方式：ECB、CBC 和 8 位 CFB。这充分说明它是一个分组密码算法，但是据说不全是这样。根据推测，它是一个 LFSR 序列密码。它有 5 个移位寄存器，每一个的长度都在 80 位左右。反馈多项式非常稀疏，每一个大概只有 10 个抽头。每一个移位寄存器给一个非常大的复杂的非线性函数提供 4 个输入，经非线性函数运算后产生 1 个输出位。

为什么叫它为 Rambutan 呢？也许，它就像那种叫 Rambutan 的水果一样，外面多刺且不易接近，而内部松软且容易变形。当然，也许根本不是这样。

16.9　附加式发生器

附加式发生器（additive generator）（有时叫作延迟 Fibonacci 发生器）非常高效，因为它用随机字取代了随机位[863]，它本身并不安全，但是可以作为安全发生器的一个构造模块。

发生器的初始状态是一个 n 位字：8 位、16 位或 32 位，无论是哪一种，令其为 X_1，X_2，X_3，$\cdots$，X_m。初始状态就是密钥。发生器的第 i 个字是：

$$X_i = (X_{i-a} + X_{i-b} + X_{i-c} + \cdots + X_{i-m}) \bmod 2^n$$

如果系数 a，b，c，$\cdots$，m 选择正确，那么发生器的周期至少是 $2^n - 1$。系数的一个必要条件是用最少的位组成最大长度的 LFSR。

例如，（55，24，0）在表 16-2 中是一个本原多项式模 2，这意味着下面的附加式发生器有最大长度。

$$X_i = (X_{i-55} + X_{i-24}) \bmod 2^n$$

因为这个本原多项式有 3 个系数，所以它能正常运行。如果系数超过 3 个，则需要一些附加的必要条件才能使它达到最大长度。详细的描述见文献［249］。

16.9.1　Fish 发生器

Fish 是一种基于收缩式发生器的附加式发生器[190]。它产生一个 32 位字的密钥序列，这个密钥序列与明文序列异或产生密文序列，或者与密文序列异或产生明文序列。算法叫作

Fish，因为它是一个 Fibonacci 收缩式发生器。

首先，使用这两个附加式发生器。密钥是这些发生器的初始值。

$$A_i = (A_{i-55} + A_{i-24}) \bmod 2^{32}$$
$$B_i = (A_{i-52} + A_{i-19}) \bmod 2^{32}$$

这些序列都是收缩式的，作为一个组合处理，依赖于 B_i 的最低有效位：如果它是 1，则利用组合；如果它是 0，则忽略组合。C_j 是从 A_i 中产生的序列，而 D_j 是从 B_i 产生的序列。这些字用在组合中（C_{2j}、C_{2j+1}、D_{2j} 和 D_{2j+1} 中）产生两个 32 位输出字：K_{2j} 和 K_{2j+1}。

$$E_{2j} = C_{2j} \oplus (D_{2j} \wedge D_{2j+1})$$
$$F_{2j} = C_{2j+1} \wedge (E_{2j} \wedge C_{2j+1})$$
$$K_{2j} = E_{2j} \oplus F_{2j}$$
$$K_{2i+1} = C_{2i+1} \oplus F_{2j}$$

这个算法运行速度很快。在 33MHz 的 486 机器上，Fish 加密数据的 C 语言实现速度为 15Mbit/s。不幸的是，它仍然是不可靠的，一次攻击大概需要 2^{40} 次运算[45]。

16.9.2 Pike 发生器

Pike 是 Fish 的一个简化版本，是由 Ross Anderson，即那个破译了 Fish 的人设计的[45]。它使用了 3 个附加式发生器。例如，

$$A_i = (A_{i-55} + A_{i-24}) \bmod 2^{32}$$
$$B_i = (B_{i-57} + B_{i-7}) \bmod 2^{32}$$
$$C_i = (B_{i-58} + B_{i-19}) \bmod 2^{32}$$

为了产生密钥序列字，寻找附加的进位位。如果 3 个位相同（全 0 或者全 1），那么钟控所有的发生器；如果不相同，那么钟控两个相同的发生器。同时为下一个时钟保存进位。最后的输出是 3 个发生器的异或值。

Pike 比 Fish 快，因为每产生一个输出大概需要 2.75 步运算而不需要 3 步。它太新还不能让人相信，但到目前为止看上去还是好的。

16.9.3 Mush 发生器

Mush 是一个相互收缩的发生器，在文献 [1590] 中解释得很清楚。它使用了两个附加式发生器：A 和 B。如果 A 设置了进位，则钟控 B；如果 B 设置了进位，则钟控 A。钟控 A 时如果有进位，则设置进位；钟控 B 时如果有进位，则设置进位。最后的输出是 A 和 B 输出的异或值。

最容易的发生器是来自 Fish：

$$A_i = (A_{i-55} + A_{i-24}) \bmod 2^{32}$$
$$B_i = (B_{i-52} + B_{i-19}) \bmod 2^{32}$$

产生一个输出字平均需要 3 个发生器迭代一次。如果附加式发生器的系数选得合适且互素，那么输出序列将有最大长度。我不知道有成功的攻击，但是记住，这个算法还非常新的。

16.10 Gifford 算法

David Gifford 发明了一种序列密码，并在 1984 年到 1988 年在波士顿地区用来加密新闻

有线报道[608,607,609]。该算法有一个 8 字节寄存器：b_0，b_1，$\cdots$，b_7。密钥就是寄存器的初始状态。该算法工作在 OFB 模式下，且明文对算法没有一点影响（见图 16-17）。

产生一个密钥字节 k_i，连接 b_0 与 b_2 以及 b_4 与 b_7。将两者相乘得到一个 32 位数。左起第三字节就是 k_i。

更新寄存器，取 b_1 且将它右移 1 位。这就意味着最左位既移位又原处保留了。取 b_7 且左移 1 位，则最右位的位置应该为 0。将改变后的 b_1、b_7 和 b_0 异或。将原寄存器向右移 1 字节并将该字节放入最左位置。

该算法自诞生以来一直都很安全，直到 1994 年被破译[287]。这表明反馈多项式不是本原的，可以用某些方法破译。

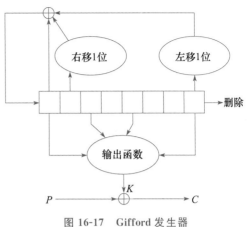

图 16-17　Gifford 发生器

16.11　M 算法

这个名字来自 Knuth[863]。这是一个通过组合多个伪随机序列来增加安全性的方法。一个发生器的输出往往是从其他发生器的输出中选择一个延迟输出[996,1003]。C 语言描述为：

```
#define ARR_SIZE (8192) /* for example — the larger the better
*/

static unsigned char delay[ ARR_SIZE ] ;

unsigned char prngA( void ) ;
long prngB( void ) ;

void init_algM( void )
{
  long i ;

  for ( i = 0 ; i < ARR_SIZE ; i++ )
    delay[i] = prngA() ;

} /* init_algM */

unsigned char algM( void )
{
  long j,v ;
  j = prngB() % ARR_SIZE ;     /* get the delay[] index */
  v = delay[j] ;          /* get the value to return */
  delay[j] = prngA() ;        /* replace it */

  return ( v ) ;
} /* algM */
```

如果 prngA 为真随机的，那么这个算法足够强，没有人能得到关于 prngB 的任何东西（因此不能进行密码分析）。如果 prngA 有可以进行密码分析的形式，只有按次序输出（也就是说，只有 prngB 先被密码分析），且它是真随机的时，组合才是安全的。

16.12　PKZIP 算法

Roger Schlafly 设计了这个算法，并把它嵌入 PKZIP 数据压缩程序中。它是一个一次加密一字节的序列密码算法。至少，2.04g 版本的算法是这样的。我不能预测以后的版本，除非有相关通告使你能假设它们是相同的。

该算法使用了 3 个 32 位变量,初始化如下:

$$K_0 = 305419896$$
$$K_1 = 591751049$$
$$K_2 = 878082192$$

它有一个从 K_2 派生出来的 8 字节密钥 K_3。算法如下 (所有符号均为标准的 C 符号):

$$C_i = P_i \wedge K_3$$
$$K_0 = \text{crc32}(K_0, P_i)$$
$$K_1 = K_1 + (K_0 \,\&\, 0x000000ff)$$
$$K_1 = K_1 \times 134775813 + 1$$
$$K_2 = \text{crc32}(K_2, K_1 >> 24)$$
$$K_3 = ((K_2 | 2) \times ((K_2 | 2) \wedge 1)) >> 8$$

函数 crc32 将前一个值和一个字节相异或,然后用由 0xedb88320 表示的 CRC 多项式计算下一个值。实际上,可以预先计算一个 256 项的表,crc32 计算如下:

$$\text{crc32}(a, b) = (a >> 8) \wedge \text{table}[(a \,\&\, 0xff) \oplus b]$$

该表是通过 crc32 前面的定义计算出来的:

$$\text{table}[i] = \text{crc32}(i, 0)$$

为了加密明文序列,首先利用加密算法对密钥字节进行循环更新。在这步中忽略密文输出。然后加密明文,一次加密一字节。将随机产生的 12 字节作为明文,但是它并不真正重要。除了在算法的第二步中用 C_i 代替 P_i 外,解密与加密类似。

PKZIP 的安全性

不幸的是,PKZIP 的安全性并不好。一次攻击需要 40~200 字节的已知明文,并且时间复杂性大约为 $2^{27[166]}$。在个人计算机上只需要数小时就可以完成它。如果压缩文件有任何标准的标题,那么得到已知明文就不成问题。建议不要在 PKZIP 中使用这种内置的加密方式。

其他序列密码和真随机序列发生器

17.1 RC4 算法

RC4 是 Ron Rivest 在 1987 年为 RSA 数据安全公司开发的可变密钥长度的序列密码。在开始的七年中它有专利，算法的细节仅在签署保密协议后才能得到。

1994 年 9 月，有人把它的源代码匿名张贴到 Cypherpunks 邮件列表中。该代码迅速传到 Usenet 新闻组 sci.crypt 栏目中，并且通过互联网传遍了全世界的 ftp 站点。拥有 RC4 合法副本的用户对它进行了完全的验证。RSA 数据安全公司试图亡羊补牢，宣称即使代码公开它仍然是商业秘密，但一切都太晚了。后来它在 Usenet 上得到了讨论和仔细的研究，在各种会议上散发，在密码学课程上讲解。

RC4 可以简单地描述。该算法以 OFB 方式工作：密钥序列与明文相互独立。它有一个 8×8 的 S 盒：S_0，S_1，$\cdots$，S_{255}。所有项都是数字 0～255 的置换，并且这个置换是一个可变长度密钥的函数。它有两个计数器：i 和 j，初值为 0。

要产生随机字节，需要按下列步骤进行：

$i = (i + 1) \bmod 256$

$j = (j + S_i) \bmod 256$

交换 S_i 和 S_j

$t = (S_i + S_j) \bmod 256$

$K = S_t$

字节 K 与明文异或产生密文或者与密文异或产生明文。加密速度很快——大约比 DES 快 10 倍。

初始化 S 盒也很容易。首先，进行线性填充：$S_0 = 0$，$S_1 = 1$，$\cdots$，$S_{255} = 255$。然后用密钥填充另一个 256 字节的数组，不断重复密钥直至填充整个数组：K_0，K_1，$\cdots$，K_{255}。将指针 j 设为 0。然后：

对于 $i = 0$ 至 255

$j = (j + S_i + K_i) \bmod 256$

交换 S_i 和 S_j

以上就是全部的描述。RSA 数据安全公司宣称该算法对差分和线性分析是免疫的，似乎没有任何的小循环，并有很高的非线性（没有公开的密码分析结果。RC4 大约有 2^{1700}（$256! \times 256^2$）种可能的状态，一个巨大的数字）。S 盒在使用中慢慢改变：i 保证每个元素的改变和 j 保证元素随机地改变。算法简单到足以使大多数程序员能很快地对它进行编程。

用大的 S 盒和字长来实现这个思想是可能的。早期版本是 8 位 RC4。没有任何理由不能用一个 16×16 的 S 盒（100KB 存储空间）和一个 16 位字定义 16 位 RC4。你不得不对初始设置迭代许多次（65 536 次可保证与设计目标一致），但最终算法应该更快。

如果 RC4 的密钥长度在 40 位或者以下（参见 13.8 节），它可允许出口。出口与算法保密无关，虽然 RSA 数据安全公司已使算法保密多年。这个名字已经商标化，因此任何自己编写代码的人都不得以这个名字命名。RSA 数据安全公司的很多内部文档尚未公布于众[1320,1337]。

因此，怎么看待 RC4 呢？它已不再是一个商业秘密，任何人都可以使用它。然而，RSA 数据安全公司几乎会控告在商业产品中未经许可使用 RC4 的任何人。他们不一定能赢，但他们相信对于一个公司来说，打官司所花费的钱比购买许可证所花的钱更多。

RC4 广泛应用于商业密码产品中，包括 Lotus Notes、苹果计算机的 AOCE 和 Oracle 安全 SQL 数据库。它还是蜂窝数字数据包数据规范的一部分[37]。

17.2 SEAL 算法

SEAL 是 IBM 的 Phil Rogaway 和 Don Coppermfith 设计的一种对软件有效的序列密码[1340]。该算法针对 32 位处理器优化：它需要 8 个 32 位寄存器和较多字节的缓存才能很好地运行。SEAL 预先采用相对较慢的速度将密钥放入一组表中，这些表将用来加快加密和解密的速度。

17.2.1 伪随机函数族

SEAL 的一个特性就是它并不是传统意义上的序列密码：它是一个伪随机函数族（preudo random function family）。给定一个 160 位密钥 k 和一个 32 位 n，SEAL 将 n 扩展到一个 L 位串 $k(n)$ 中。L 可以赋值为小于 64KB 的任何值。SEAL 有一种属性，即如果 k 是随机选择的，那么在计算上无法区分 $k(n)$ 与 n 的随机 L 位函数。

作为一个伪随机函数族，SEAL 的实际影响就是它能应用在传统序列密码不能用的地方。使用大多数序列密码只能单向产生位序列：已知密钥和一个位置 i，那么确定产生第 i 位的唯一方法就是产生第 i 位之前所有的位。但伪随机函数族不同：你可以轻易访问密钥序列中任何你所想访问的地方。这一点非常有用。

假设你需要保护一个硬盘驱动器。你想加密每个 512 字节的扇区。使用类似于 SEAL 的伪随机函数族，可以通过将扇区 n 的内容与 $k(n)$ 异或来对它进行加密。这样整个驱动器看起来就像用一个长的伪随机串异或，而这个长串的任意部分都能被轻易计算出来。

伪随机函数族也简化了在标准序列密码中遇到的同步问题。假设你通过一个有时会丢失消息的通道发送加密消息。使用伪随机函数族，你可以基于 k 将传输的第 n 个消息 x_n 加密为 n，同时与 x_n 和是 $k(n)$ 的异或相加。接收者不必保存任何状态来恢复 x_n，也不必担心丢失的消息会对解密过程产生影响。

17.2.2 SEAL 的描述

SEAL 的内部循环见图 17-1。3 个源密钥表 R、S 和 T 用来驱动算法。预处理阶段使用基于 SHA 的方法将密钥 k 映射到（参见 18.7 节）这 3 张表中。2KB 的表 T 是一个 9×32 位 S 盒。

SEAL 使用了 4 个 32 位寄存器：A、B、C、D，其初值由 n 和表 R 和 T 决定。这些寄存器通过数次迭代来改变，每个迭代包括 8 轮。在每轮中，第一个寄存器（A、B、C 或 D）的 9 位作为查表 T 的地址。将从 T 中得到的值与第二个寄存器（A、B、C 或 D）的内容相加或者异或。然后第一个寄存器环移 9 位。在某些轮中，由于第二个寄存器与第一个寄存器（已经移位）相加或异或而发生更大的改变。这样，8 轮后，将 A、B、C、D 加到密钥序列中，每一个掩码都首先与 S 中一个确定的字相加或异或。通过将由 n、n_1、n_2、n_3 和 n_4 所决定的附加值加到 A 和 C 上来完成迭代，该附加值具体是哪一个取决于迭代次数的奇偶性。

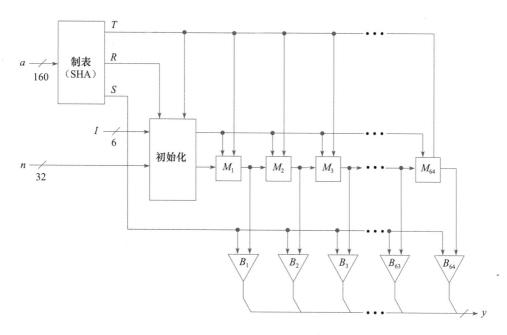

图 17-1　SEAL 的内部循环

在设计中最重要的思想似乎是：

（1）使用一个大的、秘密的、密钥派生的 S 盒（T）。

（2）交替使用不交换的算法运算（加和异或）。

（3）使用一个在数据序列中未直接修改的密码所支持的内部状态（n_i 的值在每次迭代结束时改变 A 和 C 的值）。

（4）根据轮数改变轮函数，根据迭代次数改变迭代函数。

SEAL 需要大约 5 个基本机器运算来加密明文的每个字节。在 50MHz 的 486 机器上它每秒运算 58Mbit。这可能是本书中最快的软件算法。

另一方面，SEAL 必须将它的密钥预处理到内部表中。这些表大概有 3KB，并且它们的计算大约需要 200 个 SHA 计算。因此，SEAL 不能用在没有预处理密钥时间或没有内存来保存表的情况下。

17.2.3　SEAL 的安全性

SEAL 是一个新的算法，还没有任何公开的密码分析。在使用时需要小心。尽管如此，SEAL 仍是一个好的算法。最终它的特性的确能产生许多好的想法，并且 Don Coppersmith 被认为是世界上最聪明的密码分析家。

17.2.4　专利和许可证

SEAL 有专利权[380]。任何希望得到 SEAL 许可证的人都必须与专利权的拥有者联系：IBM Corporation，500Columbus Ave.，Thumwood，NY，10594。

17.3　WAKE 算法

WAKE 是 David Wheeler 发明的字自动密钥加密算法[1589]。它产生一个 32 位字串与明文序列异或形成的密文，或者同密文序列异或形成的明文，并且它的速度很快。

WAKE工作在CFB模式下，前一个密文字用来产生下一个密钥字。它也使用了一个包含256个32位值的S盒。这个S盒具有如下特性：所有项的高字节是所有可能字节的置换，且低3字节是随机的。

首先，从密钥中产生S盒的一项S_i。然后用密钥（或者另一个密钥）初始化4个寄存器：a_0、b_0、c_0和d_0。产生一个32位密钥序列字K_i：

$$K_i = d_i$$

密文字C_i是明文字P_i与K_i异或的结果。

然后，更新4个寄存器：

$$a_{i+1} = M(a_i, d_i)$$
$$b_{i+1} = M(b_i, a_{i+1})$$
$$c_{i+1} = M(c_i, b_{i+1})$$
$$d_{i+1} = M(d_i, c_{i+1})$$

函数M为

$$M(x, y) = (x + y) \gg 8 \oplus S_{(x+y) \wedge 255}$$

这个过程表示在图17-2中。操作符$\gg$表示右移，不循环。$x+y$的低8位是S盒的输入。Wheeler给出了产生S盒的过程，但实际上并不是这样的。任何一个产生随机字节和随机置换的算法都可用来产生S盒。

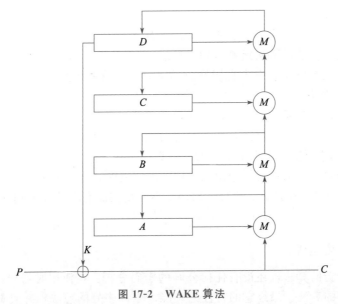

图 17-2   WAKE算法

WAKE的最大优点是它的速度快。然而，对某些选择明文和选择密文攻击来说，它不安全。它用在Solomon博士的抗病毒软件的当前版本中。

17.4   带进位的反馈移位寄存器

带进位的反馈移位寄存器也称为FCSR，与LFSR类似。它们都有一个移位寄存器和一个反馈函数。不同之处在于，FCSR有一个进位寄存器（见图17-3）。它不是把抽头序列中所有的位异或，而是把所有的位相加，并与进位寄存器的值相加。将结果模2可得到b_n的新值。将结果除以2就得到进位寄存器的新值。

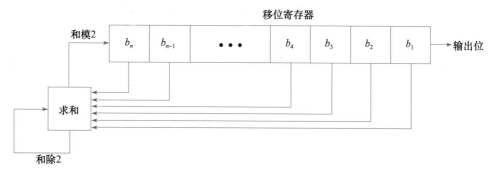

图 17-3　带进位的反馈移位寄存器

图 17-4 是一个在第一位和第二位抽头的 3 位 FCSR 的例子。它的初始值是 001，进位寄存器初始值是 0。输出位是移位寄存器最右端的一位。

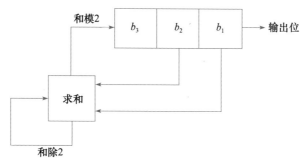

图 17-4　3 位 FCSR

移位寄存器	进位寄存器
001	0
100	0
010	0
101	0
110	0
111	0
011	1
101	1
010	1
001	1
000	1
100	0

注意，最后的内部状态（包括进位寄存器的值）与第二个内部状态是一样的。此时序列将循环，且它的周期为 10。

这里有几点要注意。第一，进位寄存器不是一位，它是个数。进位寄存器最小必须为 $\log_2 t$，其中 t 是抽头的数目。在前面的例子中只有两个抽头，因此进位寄存器只有一位。如果有 4 个抽头，进位寄存器就有两位，其值可以是 0、1、2 或 3。

第二，在 FCSR 稳定到它的重复周期之前，有一个初始瞬态值。在前面的例子中，只有一个状态永远不会重复。对于更大更复杂的 FCSR，就可能有更多的状态。

第三，FCSR 的最大周期不是 2^n-1，其中 n 是移位寄存器的长度。最大周期是 $q-1$，其中 q 是连接整数（connection integer）。这个数给出了抽头数，且定义为：

$$q = 2_{q1} + 2_{q2}^2 + 2_{q4}^4 + \cdots + 2_{qn}^n - 1$$

（是的，$q_1 \cdot s$ 是从左向右计数的。）更坏情况下，q 是个以 2 为本原根的素数。以下假定 q 是这种形式。

在这个例子中，$q = 2 \times 0 + 4 \times 1 + 8 \times 1 - 1 = 11$。并且 11 是一个以 2 为本原根的素数。因此，最大周期是 10。

并不是所有的初值都给出最大周期。例如，当初始值为 101 并且进位寄存器置为 4 时，让我们看看 FCSR。

移位寄存器	进位寄存器
101	4
110	2
111	1
111	1

此时，寄存器不停地产生一个为常数 1 的序列。

任何初始值将产生以下 4 件事中的一个：第一，它是最长周期的一部分；第二，它在初始值后达到最大周期；第三，它在初始值后变为一个全 0 序列；第四，它在初始值后变为全 1 序列。

有一个数学公式用于确定给出初始值后哪种情况将发生，但测试它太简单了。运行 FCSR 一会儿（如果 m 是初始存储空间，t 是抽头数，则需运行 $\log_2(t) + \log_2(m) + 1$ 步），如果它在 n 位内退化成一个全 0 或全 1 序列，其中，n 为 FCSR 的长度，那么不要用它；如果没有，则可以用它。因为 FCSR 的初始值对应着序列密码的密钥，这就意味着基于 FCSR 的发生器将有弱密钥。

表 17-1 列出了所有以 2 为本原根的小于 10 000 的连接整数，它们都有最大周期 $q-1$。为了把这些数之一变成抽头序列，必须计算 $q+1$ 的二进制展开。例如，9949 可以转化为抽头序列 1，2，3，4，6，7，9，10 和 13，因为

$$9950 = 2^{13} + 2^{10} + 2^9 + 2^7 + 2^6 + 2^4 + 2^3 + 2^2 + 2^1$$

表 17-1 最长周期 FCSR 的连接整数

2	131	349	557	797
5	139	373	563	821
11	149	379	587	827
13	163	389	613	829
19	173	419	619	853
29	179	421	653	859
37	181	443	659	877
53	197	461	661	883
59	211	467	677	907
61	227	491	701	941
67	269	509	709	947
83	293	523	757	1019
101	317	541	773	1061
107	347	547	787	1091

（续）

1109	1949	2741	3659	4493
1117	1973	2789	3677	4507
1123	1979	2797	3691	4517
1171	1987	2803	3701	4547
1187	1997	2819	3709	4603
1213	2027	2837	3733	4621
1229	2029	2843	3779	4637
1237	2053	2851	3797	4691
1259	2069	2861	3803	4723
1277	2083	2909	3851	4787
1283	2099	2939	3853	4789
1291	2131	2957	3877	4813
1301	2141	2963	3907	4877
1307	2213	3011	3917	4933
1373	2221	3019	3923	4957
1381	2237	3037	3931	4973
1427	2243	3067	3947	4987
1451	2267	3083	3989	5003
1453	2269	3187	4003	5011
1483	2293	3203	4013	5051
1493	2309	3253	4019	5059
1499	2333	3299	4021	5077
1523	2339	3307	4091	5099
1531	2357	3323	4093	5107
1549	2371	3347	4099	5147
1571	2389	3371	4133	5171
1619	2437	3413	4139	5179
1621	2459	3461	4157	5189
1637	2467	3467	4219	5227
1667	2477	3469	4229	5261
1669	2531	3491	4243	5309
1693	2539	3499	4253	5333
1733	2549	3517	4259	5387
1741	2557	3533	4261	5443
1747	2579	3539	4283	5477
1787	2621	3547	4349	5483
1861	2659	3557	4357	5501
1867	2677	3571	4363	5507
1877	2683	3581	4373	5557
1901	2693	3613	4397	5563
1907	2699	3637	4451	5573
1931	2707	3643	4483	5651

（续）

5659	6547	7331	8179	9173
5683	6619	7349	8219	9181
5693	6637	7411	8221	9203
5701	6653	7451	8237	9221
5717	6659	7459	8243	9227
5741	6691	7477	8269	9283
5749	6701	7499	8291	9293
5779	6709	7507	8293	9323
5813	6733	7517	8363	9341
5827	6763	7523	8387	9349
5843	6779	7541	8429	9371
5851	6781	7547	8443	9397
5869	6803	7549	8467	9419
5923	6827	7573	8539	9421
5939	6829	7589	8563	9437
5987	6869	7603	8573	9467
6011	6883	7621	8597	9491
6029	6899	7643	8627	9533
6053	6907	7669	8669	9539
6067	6917	7691	8677	9547
6101	6947	7717	8693	9587
6131	6949	7757	8699	9613
6173	6971	7789	8731	9619
6197	7013	7829	8741	9629
6203	7019	7853	8747	9643
6211	7027	7877	8803	9661
6229	7043	7883	8819	9677
6269	7069	7901	8821	9733
6277	7109	7907	8837	9749
6299	7187	7933	8861	9803
6317	7211	7949	8867	9851
6323	7219	8053	8923	9859
6373	7229	8069	8933	9883
6379	7237	8093	8963	9901
6389	7243	8117	8971	9907
6397	7253	8123	9011	9923
6469	7283	8147	9029	9941
6491	7307	8171	9059	9949

表 17-2 列出了对于 32、64 和 128 位移位寄存器，产生最大长度 FCSR 的所有 4 抽头序列。四个值 a、b、c 和 d 的结合产生了一个以 2 为本原根的素数 q。

$$q = 2^a + 2^b + 2^c + 2^d - 1$$

表 17-2　最大长度 FCSR 的抽头序列

(32, 6, 3, 2)	(64, 24, 19, 2)	(64, 59, 28, 2)	(96, 55, 53, 2)
(32, 7, 5, 2)	(64, 25, 3, 2)	(64, 59, 38, 2)	(96, 56, 9, 2)
(32, 8, 3, 2)	(64, 25, 4, 2)	(64, 59, 44, 2)	(96, 56, 51, 2)
(32, 13, 8, 2)	(64, 25, 11, 2)	(64, 60, 49, 2)	(96, 57, 3, 2)
(32, 13, 12, 2)	(64, 25, 19, 2)	(64, 61, 51, 2)	(96, 57, 17, 2)
(32, 15, 6, 2)	(64, 27, 5, 2)	(64, 63, 8, 2)	(96, 57, 47, 2)
(32, 16, 2, 1)	(64, 27, 16, 2)	(64, 63, 13, 2)	(96, 58, 35, 2)
(32, 16, 3, 2)	(64, 27, 22, 2)	(64, 63, 61, 2)	(96, 59, 46, 2)
(32, 16, 5, 2)	(64, 28, 19, 2)		(96, 60, 29, 2)
(32, 17, 5, 2)	(64, 28, 25, 2)	(96, 15, 5, 2)	(96, 60, 41, 2)
(32, 19, 2, 1)	(64, 29, 16, 2)	(96, 21, 17, 2)	(96, 60, 45, 2)
(32, 19, 5, 2)	(64, 29, 28, 2)	(96, 25, 19, 2)	(96, 61, 17, 2)
(32, 19, 9, 2)	(64, 31, 12, 2)	(96, 25, 20, 2)	(96, 63, 20, 2)
(32, 19, 12, 2)	(64, 32, 21, 2)	(96, 29, 15, 2)	(96, 65, 12, 2)
(32, 19, 17, 2)	(64, 35, 29, 2)	(96, 29, 17, 2)	(96, 65, 39, 2)
(32, 20, 17, 2)	(64, 36, 7, 2)	(96, 30, 3, 2)	(96, 65, 51, 2)
(32, 21, 9, 2)	(64, 37, 2, 1)	(96, 32, 21, 2)	(96, 67, 5, 2)
(32, 21, 15, 2)	(64, 37, 11, 2)	(96, 32, 27, 2)	(96, 67, 25, 2)
(32, 23, 8, 2)	(64, 39, 4, 2)	(96, 33, 5, 2)	(96, 67, 34, 2)
(32, 23, 21, 2)	(64, 39, 25, 2)	(96, 35, 17, 2)	(96, 68, 5, 2)
(32, 25, 5, 2)	(64, 41, 5, 2)	(96, 35, 33, 2)	(96, 68, 19, 2)
(32, 25, 12, 2)	(64, 41, 11, 2)	(96, 39, 21, 2)	(96, 69, 17, 2)
(32, 27, 25, 2)	(64, 41, 27, 2)	(96, 40, 25, 2)	(96, 69, 36, 2)
(32, 29, 19, 2)	(64, 43, 21, 2)	(96, 41, 12, 2)	(96, 70, 23, 2)
(32, 29, 20, 2)	(64, 43, 28, 2)	(96, 41, 27, 2)	(96, 71, 6, 2)
(32, 30, 3, 2)	(64, 45, 28, 2)	(96, 41, 35, 2)	(96, 71, 40, 2)
(32, 30, 7, 2)	(64, 45, 41, 2)	(96, 42, 35, 2)	(96, 72, 53, 2)
(32, 31, 5, 2)	(64, 47, 5, 2)	(96, 43, 14, 2)	(96, 73, 32, 2)
(32, 31, 9, 2)	(64, 47, 21, 2)	(96, 44, 23, 2)	(96, 77, 27, 2)
(32, 31, 30, 2)	(64, 47, 30, 2)	(96, 45, 41, 2)	(96, 77, 31, 2)
	(64, 49, 19, 2)	(96, 47, 36, 2)	(96, 77, 32, 2)
(64, 3, 2, 1)	(64, 49, 20, 2)	(96, 49, 31, 2)	(96, 77, 71, 2)
(64, 14, 3, 2)	(64, 52, 29, 2)	(96, 51, 30, 2)	(96, 78, 39, 2)
(64, 15, 8, 2)	(64, 53, 8, 2)	(96, 53, 17, 2)	(96, 79, 4, 2)
(64, 17, 2, 1)	(64, 53, 43, 2)	(96, 53, 19, 2)	(96, 81, 80, 2)
(64, 17, 9, 2)	(64, 56, 39, 2)	(96, 53, 32, 2)	(96, 83, 14, 2)
(64, 17, 16, 2)	(64, 56, 45, 2)	(96, 53, 48, 2)	(96, 83, 26, 2)
(64, 19, 2, 1)	(64, 59, 5, 2)	(96, 54, 15, 2)	(96, 83, 54, 2)
(64, 19, 18, 2)	(64, 59, 8, 2)	(96, 55, 44, 2)	(96, 83, 54, 2)

（续）

(96, 83, 60, 2)	(128, 31, 25, 2)	(128, 81, 55, 2)	(128, 105, 11, 2)
(96, 83, 65, 2)	(128, 33, 21, 2)	(128, 82, 67, 2)	(128, 105, 31, 2)
(96, 83, 78, 2)	(128, 35, 22, 2)	(128, 83, 60, 2)	(128, 105, 48, 2)
(96, 84, 65, 2)	(128, 37, 8, 2)	(128, 83, 61, 2)	(128, 107, 40, 2)
(96, 85, 17, 2)	(128, 41, 12, 2)	(128, 83, 77, 2)	(128, 107, 62, 2)
(96, 85, 31, 2)	(128, 42, 35, 2)	(128, 84, 15, 2)	(128, 107, 102, 2)
(96, 85, 76, 2)	(128, 43, 25, 2)	(128, 84, 43, 2)	(128, 108, 35, 2)
(96, 85, 79, 2)	(128, 43, 42, 2)	(128, 85, 63, 2)	(128, 108, 73, 2)
(96, 86, 39, 2)	(128, 45, 17, 2)	(128, 87, 57, 2)	(128, 108, 75, 2)
(96, 86, 71, 2)	(128, 45, 27, 2)	(128, 87, 81, 2)	(128, 108, 89, 2)
(96, 87, 9, 2)	(128, 49, 9, 2)	(128, 89, 81, 2)	(128, 109, 11, 2)
(96, 87, 44, 2)	(128, 51, 9, 2)	(128, 90, 43, 2)	(128, 109, 108, 2)
(96, 87, 45, 2)	(128, 54, 51, 2)	(128, 91, 9, 2)	(128, 110, 23, 2)
(96, 88, 19, 2)	(128, 55, 45, 2)	(128, 91, 13, 2)	(128, 111, 61, 2)
(96, 88, 35, 2)	(128, 56, 15, 2)	(128, 91, 44, 2)	(128, 113, 59, 2)
(96, 88, 43, 2)	(128, 56, 19, 2)	(128, 92, 35, 2)	(128, 114, 83, 2)
(96, 88, 79, 2)	(128, 56, 55, 2)	(128, 95, 94, 2)	(128, 115, 73, 2)
(96, 89, 35, 2)	(128, 57, 21, 2)	(128, 96, 23, 2)	(128, 117, 105, 2)
(96, 89, 51, 2)	(128, 57, 37, 2)	(128, 96, 61, 2)	(128, 119, 30, 2)
(96, 89, 69, 2)	(128, 59, 29, 2)	(128, 97, 25, 2)	(128, 119, 101, 2)
(96, 89, 87, 2)	(128, 59, 49, 2)	(128, 97, 68, 2)	(128, 120, 9, 2)
(96, 92, 51, 2)	(128, 60, 57, 2)	(128, 97, 72, 2)	(128, 120, 27, 2)
(96, 92, 71, 2)	(128, 61, 9, 2)	(128, 97, 75, 2)	(128, 120, 37, 2)
(96, 93, 32, 2)	(128, 61, 23, 2)	(128, 99, 13, 2)	(128, 120, 41, 2)
(96, 93, 39, 2)	(128, 61, 52, 2)	(128, 99, 14, 2)	(128, 120, 79, 2)
(96, 94, 35, 2)	(128, 63, 40, 2)	(128, 99, 26, 2)	(128, 120, 81, 2)
(96, 95, 4, 2)	(128, 63, 62, 2)	(128, 99, 54, 2)	(128, 121, 5, 2)
(96, 95, 16, 2)	(128, 67, 41, 2)	(128, 99, 56, 2)	(128, 121, 67, 2)
(96, 95, 32, 2)	(128, 69, 33, 2)	(128, 99, 78, 2)	(128, 121, 95, 2)
(96, 95, 44, 2)	(128, 71, 53, 2)	(128, 100, 13, 2)	(128, 121, 96, 2)
(96, 95, 45, 2)	(128, 72, 15, 2)	(128, 100, 39, 2)	(128, 123, 40, 2)
	(128, 72, 41, 2)	(128, 101, 44, 2)	(128, 123, 78, 2)
(128, 5, 4, 2)	(128, 73, 5, 2)	(128, 101, 97, 2)	(128, 124, 41, 2)
(128, 15, 4, 2)	(128, 73, 65, 2)	(128, 103, 46, 2)	(128, 124, 69, 2)
(128, 21, 19, 2)	(128, 73, 67, 2)	(128, 104, 13, 2)	(128, 124, 81, 2)
(128, 25, 5, 2)	(128, 75, 13, 2)	(128, 104, 19, 2)	(128, 125, 33, 2)
(128, 26, 11, 2)	(128, 80, 39, 2)	(128, 104, 35, 2)	(128, 125, 43, 2)
(128, 27, 25, 2)	(128, 80, 53, 2)	(128, 105, 7, 2)	(128, 127, 121, 2)

这些抽头序列中任何一个都能用来创建一个周期为 $q-1$ 的 FCSR。

把 FCSR 用在密码学中的观点非常新，Andy Klapper 和 Mark Goresky 是这方面的先驱[844,845,654,843,846]。与 LFSR 的分析基于本原多项式模 2 一样，FCSR 的分析基于称为 **2-adic** 的数。该理论已经超出了本书的范畴，但任何事物都是类似的。就好像你如果可以定义线性复杂性一样，也可以定义 2-adic 复杂性。甚至有类似于 Berlekamp-Massey 算法的 2-adic 算法。这就意味着潜在的序列密码列至少必须加倍。用 LFSR 能做的任何事在 FCSR 中同样也能做。

对这种思想已有进一步的增强，其中包括多级进位寄存器。这些序列发生器的分析基于 2-adic 数的分支扩展[845,846]。

17.5 使用 FCSR 的序列密码

在文献中没有任何有关 FCSR 序列密码的记载，该理论很新。为了抓住关键，我这里有些建议。我提出两个不同的方法：一是，建议用和 LFSR 发生器一样的 FCSR 序列密码，二是，建议同时使用 FCSR 和 LFSR 序列密码。前者的安全或许可以用 2-adic 数来分析，后者不能用代数方法来分析——它们大概只能间接地分析。无论采用哪种方式，选择周期互素的 LFSR 和 FCSR 是很重要的。

所有这些以后都将出现。目前我还不知道有这些思想的实现或分析。在你相信这些之前，还是先等上几年并仔细浏览有关这方面的文献。

17.5.1 级联发生器

在级联发生器中，有两种方法使用 FCSR：
- FCSR 级联。用 FCSR 代替 LFSR 的 Gollmann 级联。
- LFSR/FCSR 级联。交替使用 LFSR 和 FCSR 的 Gollmann 级联。

17.5.2 FCSR 组合发生器

该发生器使用可变数目的 LFSR 和域 FCSR 以及它们的组合函数。异或运算可以消除 FCSR 的代数特性，因此可用它来组合它们。图 17-5 给出了一个使用可变数目 FCSR 的发生器。它的输出是 FCSR 输出的异或。

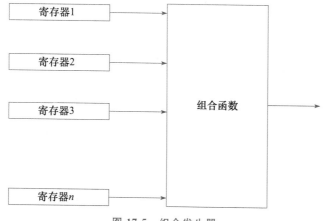

图 17-5 组合发生器

其他类似的发生器有：
- FCSR 奇偶发生器。所有寄存器都是 FCSR，并且组合函数是异或。
- LFSR/FCSR 奇偶发生器。寄存器是 LFSR 和 FCSR 的混合，并且组合函数是异或。
- FCSR 门限发生器。所有寄存器都是 FCSR，并且组合函数是多数逻辑函数。
- LFSR/FCSR 门限发生器。寄存器是 LFSR 和 FCSR 的混合，并且组合函数是多数逻辑函数。
- FCSR 加法发生器。所有寄存器都是 FCSR，并且组合函数是带进位的加法。
- LFSR/FCSR 加法发生器。寄存器是 LFSR 和 FCSR 的混合，并且组合函数是带进位的加法。

17.5.3 LFSR/FCSR 加法/奇偶级联

该发生器的理论基础是带进位的加法可去掉 LFSR 的代数特性，且异或可去掉 FCSR 的代数特性。发生器用 Gollmann 级联组合了采用上述思想的 LFSR/FCSR 加法发生器和 LFSR/FCSR 奇偶发生器，这两种发生器在上面都提及了。

该发生器是一组寄存器，每一组的时钟都被前一组的输出控制。图 17-6 是这种发生器的一级。第一组 LFSR 被钟控，其结果进入带进位的加法器中。如果这个组合函数的输出是 1，那么下一组（FCSR）就被钟控，且这些 FCSR 的输出进入异或组合函数；如果第一个组合函数的输出是 0，那么下一组 FCSR 就不会被钟控，且输出被简单地加到前一轮的进位上。如果第二个组合函数的输出是 1，那么第三组 LFSR 就被钟控，以此类推。

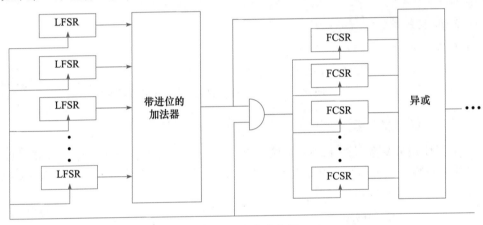

图 17-6 混合发生器

该发生器使用了很多寄存器：$n \times m$，其中 n 是级数，m 是每级的寄存器数目。我推荐 $n=10$，$m=5$。

17.5.4 交错停走式发生器

该发生器是用 FCSR 代替 LFSR 的停走式发生器。另外，用异或运算替换带进位的加法（见图 17-7）。

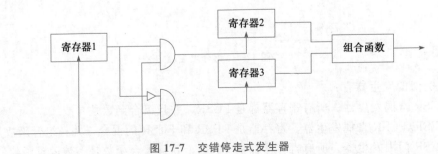

图 17-7 交错停走式发生器

- FCSR 停走式发生器。寄存器 1、寄存器 2 和寄存 3 均为 FCSR，并且组合函数是异或。
- FCSR/LFSR 停走式发生器。寄存器 1 是 FCSR，寄存器 2 和寄存器 3 是 LFSR，并且组合函数是带进位的加法。
- LFSR/FCSR 停走式发生器。寄存器 1 是 LFSR，寄存器 2 和寄存器 3 是 FCSR，并且组合函数是异或。

17.5.5　收缩式发生器

有 4 个使用 FCSR 的基本发生器类型：
- FCSR 收缩式发生器。用 FCSR 代替 LFSR 的收缩式发生器。
- FCSR/LFSR 收缩式发生器。用 LFSR 收缩 FCSR 的收缩式发生器。
- LFSR/FCSR 收缩式发生器。用 FCSR 收缩 LFSR 的收缩式发生器。
- FCSR 自收缩式发生器。用 FCSR 代替 LFSR 的自收缩式发生器。

17.6　非线性反馈移位寄存器

很容易想象一个比 LFSR 或 FCSR 中更复杂的反馈序列。问题是没有任何数学理论可分析它们。你可以获得一些东西，但那是什么？尤其是，存在一些非线性反馈移位寄存器序列的问题。

- 在输出序列中可能有些偏差，如 1 比 0 多，或者游程数比预期的少。
- 序列的最长周期可能比预期的短。
- 序列的周期可能因初始值的不同而不同。
- 序列可能出现随机性仅一段时间，然后"死锁"成一个单一的值（这个很容易用最右位与非线性函数异或的方法来解决）。

另外，如果没有理论来对非线性反馈移位寄存器的安全性进行分析，那么分析基于它们的序列密码的工具将会很少。我们可以在序列密码设计中使用非线性反馈移位寄存器，但必须小心。

在非线性反馈移位寄存器中，反馈函数可以是你想要的任何形式（见图 17-8）。

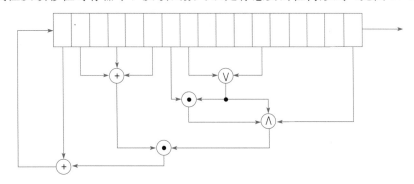

图 17-8　非线性反馈移位寄存器（可能不安全）

图 17-9 是一个采用以下反馈函数的 3 位移位寄存器：新位是第一位乘以第二位。如果用值 110 初始化，它可以产生以下的内部状态序列：

1 1 0
0 1 1
1 0 1

      0 1 0
      0 0 1
      0 0 0
      0 0 0

如此不停。

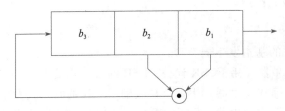

图 17-9　3 位非线性反馈移位寄存器

输出序列是最低位的串：

0 1 1 0 1 0 0 0 0 0 0 0…

这个绝对不能使用。

　　甚至有更坏的情况。如果初始值是 100，它就会产生 010、001，然后在 000 处无限循环下去。如果初始值是 111，它就会无限自循环。

　　已经做了部分工作来计算两个 LFSR 乘积的线性复杂性[1650,726,1364,630,658,659]。建立于奇特征域[310] 上涉及 LFSR 计算的构造是不安全的[842]。

17.7　其他序列密码

　　文献中还有很多其他的序列密码，以下列出其中的一些。

17.7.1　Pless 发生器

　　该发生器是基于 J-K 触发器的特性来设计的[1250]。8 个 LFSR 驱动 4 个 J-K 触发器，每一个触发器为其中两个 LFSR 做非线性组合。为了避免从触发器的输出可推出下一个输出位的值和触发器的输入，需钟控 4 个触发器，然后将交替输出作为最终密钥序列。

　　通过分别攻击 4 个触发器中的每一个该算法已被破译。另外，从密码学上来说，组合 J-K 触发器性能很差，这种类型的发生器容易受到相关攻击[1451]。

17.7.2　蜂窝式自动发生器

　　在文献 [1608，1609] 中，Steve Wolfram 建议用一维空间的蜂窝式自动机作为一个伪随机数发生器。蜂窝式自动机器不是本书的主题，但 Wolfram 的发生器由一维位数组 a_1，a_2，a_3，$\cdots$，a_k，$\cdots$，a_n 和一个修正函数组成：

$$a'_k = a_{k-1} \oplus (a_k \vee a_{k+1})$$

该位从 a_k 值中取出一位，到底是哪一位没有关系。

　　该发生器产生的序列看上去十分随机。然而，对这个发生器存在已知明文攻击[1052]。在 PC 机上只需 $n(=500)$ 位就可破译。另外，Paul Bardell 证明了蜂窝式自动机的输出也可以用一个等长的线性反馈移位寄存器来产生，因此它也没有更多的安全性[83]。

17.7.3　1/p 发生器

　　文献 [193] 中提出了该发生器，并对它进行了分析。如果发生器在时刻 t 内部状态是

x_t，那么

$$x_{t+1} = bx_t \bmod p$$

发生器的输出是 x_t 除以 p 的最低位，这里的除是取余数。为了获得最长周期，常数 b 和 p 应仔细选择：p 是素数而 b 是模 p 的本原根。不幸的是，该发生器是不安全的（注意 $b=2$ 时，具有连接整数 p 的 FCSR 输出是这个序列的逆）。

17.7.4　crypt(1)

最初的 UNIX 加密算法 crypt(1) 是一种基于与恩尼格马算法相同理论的序列密码。有 256 个元素，带反射器的单轮代替密码。轮和反射器都从密钥产生。该算法比第二次世界大战期间德国的恩尼格马算法简单得多，对于一个熟练的密码分析者来说是很容易破解的[1576,1299]。一个称为密码破译工作台（CBW）的公开 UNIX 程序可以用来破解用 crypt(1) 加密的文件。

17.7.5　其他方案

另一个发生器是基于背包问题的（参见 19.2 节）[1363]。CRYPTO-LEGGO 是不安全的[301]。Joan Daemen 已经开发出 Substream、Jam 和 StepRightUp 等方法[402]，它们太新，还不能评价它们。文献中还描述了许多其他算法，更多的是保密的，并且已经用到设备中。

17.8　序列密码设计的系统理论方法

在实践中，序列密码设计很像分组密码设计。它涉及更多的数学理论，但最终是由密码设计者提出一个设计然后分析它。

根据 Rainer Rueppel 的理论，可用 4 种不同的方法来构造序列密码[1360,1362]：

- 系统理论方法。使用一套基本的设计原理和准则，保证每一个设计对密码分析者来说是一个困难且未知的问题。
- 信息理论方法。使密码分析者不能得到明文。不论密码分析者做了多少工作，他将永远得不到唯一解。
- 复杂性理论方法。使密码系统基于或等同于一些已知的难题，如因子分解或解离散对数。
- 随机性方法。通过迫使密码分析者检测大量无用的数据来产生一个难于控制的大难题。

各种方法因对密码分析员的能力和运气、密码成功定义和安全概念的不同而有差别。这个领域绝大多数研究都是理论上的，但在那些不实用的研究中也有一些好的序列密码。

系统理论方法已经用在前面所讲的所有序列密码中，它所产生的大多数序列密码都可以在实际中使用。密码设计者设计的密钥序列发生器都有可测试的安全特性（周期、位的分布、线性复杂性等），且密码不是基于数学理论。密码设计者也研究针对这些发生器的各种密码分析技术，并确保发生器可以防止这些攻击。

许多年来，这些方法已经导出了序列密码设计标准中一套设计准则[1432,99,1357,1249]。Rueppel 在文献 [1362] 中详细地论述了这些准则。

- 长周期，没有重复。
- 线性复杂性准则。大的线性复杂性、线性复杂性曲线、局部线性复杂性等。
- 统计特性，如理想的 k 元分布。
- 混乱。每个密钥序列位必定是一个所有的或大多数密钥位的复杂变换。

- 扩散。子结构中的冗余度必须扩大到大范围的统计特性中。
- 布尔函数的非线性准则，如 m 阶相关免疫性、与线性函数的距离，雪崩准则等。

这些列出的设计准则并不仅仅适用于系统理论方法设计的序列密码，它对所有的序列密码来说都是正确的。它甚至对所有的分组密码也是正确的。系统理论方法的优点是设计出的序列密码可直接满足要求。

这些密码系统的主要问题是还无法证明它们的安全性，从未证明过设计准则对安全性来说是否是充分和必要的。一个密钥序列发生器满足所有的设计原理，但仍然被证明是不安全的。另一个则可能是安全的。这里有一些魔法在起作用。

另一方面，破译这些密钥序列发生器中的每一个，对密码分析者来说都是困难的。如果许多不同的发生器都能被破译，那么密码分析者也不值得花时间去攻击每个发生器，他可以找到更好的分解大数因子或计算离散对数的方法来获得名声和荣誉。

17.9   序列密码设计的复杂性理论方法

Rueppel 也描绘了序列密码的复杂性理论设计方法。这里，密码设计者打算用复杂性理论证明他的发生器是安全的。结果，基于类似于公开密钥密码学难题的发生器往往变得更复杂。并且与公开密钥算法一样，它们变得更慢而且笨重。

17.9.1   Shamir 伪随机数发生器

Adi Shamir 使用 RSA 算法作为伪随机数发生器[1417]。Shamir 证明预测伪随机数发生器的输出等于破译 RSA，输出中潜在的偏差见文献 [1401，200]。

17.9.2   Blum-Micali 发生器

该发生器通过计算离散对数的难度来保证它的安全性[200]。设 g 是素数，且 p 是奇素数。x_0 为密钥，则有：

$$x_{i+1} = g^{x_i} \bmod p$$

如果 $x_i < (p-1)/2$，则发生器的输出是 1；否则，输出是 0。

如果 p 足够大，则计算模 p 的离散对数是不可行的，那么该发生器就安全了。其他理论结果可在文献 [1627，986，985，1237，896，799] 中找到。

17.9.3   RSA

RSA 发生器[35,36]是对文献 [200] 中的发生器的修改。初始参数是由两个大素数 p 和 q 乘积产生的 N、与 $(p-1)(q-1)$ 互素的整数 e 和一个小于 N 的随机种子 x_0。

$$x_{i+1} = x_i^e \bmod N$$

发生器的输出是 x_i 的最低位。该发生器的安全性基于破译 RSA 的难度。如果 N 足够大，则发生器是安全的。其他的理论可在文献 [1569，1570，1571，30，354] 中找到。

17.9.4   Blum、Blum 和 Shub

最简单有效的复杂性理论发生器称为 Blum、Blum 和 Shub 发生器，是以它的发明者命名的。为方便起见，将其缩写为 **BBS**，尽管它有时称为二次剩余发生器[193]。

BBS 发生器的理论是必须做模 n 二次剩余（参见 11.3 节）。这里讲述了它是如何工作的。

首先找到两个大素数 p 和 q，它们满足模 4 余 3。这两个数的乘积得到的 n 是 Blum 整

数。选择另外一个与 n 互素的随机整数。计算

$$x_0 = x^2 \bmod n$$

这个就是发生器的种子。

现在可以开始计算位序列。第 i 个伪随机位是 x_i 的最低位，这里

$$x_i = x_{i-1}^2 \bmod n$$

该发生器最令人感兴趣的特性就是你不必为了得到第 i 位而迭代所有的 $i-1$ 位。如果已知 p 和 q，可以直接计算第 i 位。

b_i 是 x_i 的最低位，这里 $x_i = x_0^{(2^i)\bmod((p-1)(q-1))}$

这个特性意味着你可以使用这个密码学意义上的强伪随机位发生器作为随机访问文件的序列密码系统。

该发生器的安全性依赖于因子分解 n 的难度。你可以公开 n，任何人都能使用该发生器产生位序列。然而，除非密码分析者能够因式分解 n，否则他永远不能预知发生器的输出——甚至不可能做出如下声明："下一位有 51％ 的概率是 1。"

更好的是，BBS 发生器对左不可预测、对右不可预测。这意味着如果给出一个由该发生器产生的序列，则密码分析者既不能预测序列中的下一位，也不能预知序列中的前一位。一些无人能理解的复杂的位发生器往往是不安全的，但该方法的数学基础是 n 的因子分解问题。

该算法很慢，但可加速。结果，你可以使用每个 x_i 更多的最低位用于伪随机位。根据文献 [1569，1570，1571，35，36]，如果 n 是 x_i 的长度，则可以使用 x_i 的最低 $\log_2 n$ 位。BBS 发生器相对要慢一些，对于序列密码并没有用处。然而，对于高安全性的应用程序（如密钥产生），该发生器是最好的选择。

17.10　序列密码设计的其他方法

在序列密码的信息理论方法中，假定密码分析者有无限的时间和计算能力。对这样的敌手来说，唯一安全且实用的序列密码是前面的一次一密乱码本（参见 1.5 节）。因为实际上位并不在乱码本中，所以也称为一次一密带（one-time tape）。两个磁带，一个在加密端，一个在解密端，它们有同样的随机密钥序列。加密时，只需将碰带上的位与明文异或；解密时，就用另一个同样碰带上的位与密文异或。同一个密钥序列不能使用两次。因为密钥序列是真随机的，所以没有人能预测密钥序列。如果你在完成后将磁带烧毁，那就完全保密了（假定没有其他人有磁带的副本）。

Claus Schnorr 提出了另一个信息理论序列密码设计方法，该方法假设密码分析者仅可以访问有限的密文位[1395]。该结果具有较高的理论价值，但到目前为止还没有实用价值。要了解更多细节，请参考文献 [1361，1643，1193]。

在随机性的序列密码中，密码设计者总是保证密码分析者有一个不可解决的大问题。目标是在采用小密钥的同时，增加密码分析者必须处理的密钥位数。这可以通过利用一个大的公开随机串来实现。密钥将指定该随机串中的哪一部分来加密和解密。不知道密钥的密码分析者被迫用穷举攻击来搜索随机串。这种密码的安全性可以通过密码分析者在用纯猜想确定密钥的机会之前必须检查的平均位数来表示。

17.10.1　Rip van Winkle 密码

James Massey 和 Ingemar Ingemarsson 提出了 Rip van Winkle 密码[1011]，如此命名的原因是在试图解密前接收者必须接收 2^n 位密文。该算法如图 17-10 所示，实现起来简单，被

证明是安全的，但完全不实用。只是简单地将密钥序列与明文异或，且密钥序列可延迟
0～20 年——准确的延迟是密钥的一部分。用 Massey 的话说："如果一个人愿意等数百万年
去读明文的话，他就可以轻易地保证敌方密码分析员需要数千年的时间才能破译密码。"这
方面思想的进一步描述可在文献［1577，755］中找到。

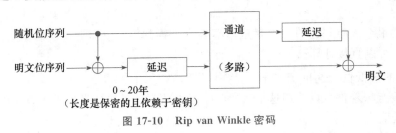

图 17-10 Rip van Winkle 密码

17.10.2 Diffie 随机序列密码

该方案首先由 Whitfield Diffie 提出[1362]。数据是 2^n 长的随机序列。密钥 k 是一个随机
n 位串。为了加密消息，Alice 将第 k 个随机串作为一次一密乱码本。然后她通过 2^n+1 个
不同的信道发送密文和 2^n 个随机串。

Bob 知道 k，因此他很容易选择哪个一次一密乱码本来解密消息。Eve 则别无选择，只
得每次都检查随机序列直到找到正确的一次一密乱码本。任何一个攻击都必须检查 $O(2^n)$
个期望的位数。Rueppel 指出如果你发送 n 而不是 2^n 个随机串，且密钥用来指定这些随机
串的线性组合，那么它同样是安全的。

17.10.3 Maurer 随机序列密码

Ueli Maurer 描述了用几个大的公开随机位序列与明文相异或的方案[1034,1029,1030]。密钥
置于每个序列内的开始位置。该算法几乎可以证明是安全的，破译者必须配置很大的存储
器，而不管他有多大的计算能力。Maurer 宣称该方案可实际用在大约 100 种不同的序列中，
每个序列为 10^{20} 随机位。数字化月球表面面积可能是得到这么多位的一种方法。

17.11 级联多个序列密码

如果性能没有问题，那么就没有理由不选择多个序列密码并级联它们。只需将明文与每个发
生器的输出相异或就可得到密文。Ueli Maurer 的结果（参见 15.7 节）表明，如果各个发生器有
独立的密钥，那么这种级联的安全性至少和级联中最强算法的安全性一样，可能还更安全。

序列密码可以采用与分组密码相同的方法来组合（参见第 15 章）。序列密码可以同其他
序列密码级联（参见 15.7 节），也可以同分组密码级联。

一个聪明的诀窍是用一种算法（不论分组或序列算法）经常地在快速序列算法（甚至可
能是分组算法的 OFB 模式）中更换密钥。快速算法可以很弱，因为密码分析者绝不可能得
到用相同密钥加密的许多明文。

在快速算法内部状态的大小（这可能影响安全）和更换密钥的频率之间有一个折中。更
换密钥必须相对快一些，有较长密钥预处理时间的算法不适合这种应用。并且更换密钥应该
独立于快速算法的内部状态。

17.12 选择序列密码

对序列密码的研究表明，新的攻击方法具有惊人的正则性。以前的序列密码都是基于数学理

论。这种理论可以用来证明密码具有好的特性，但也能用来找到对密码的破译方法。基于这种原因，我担心任何基于 LFSR 的序列密码。

我更喜欢沿用分组密码的方法来设计序列密码：非线性变换、大的 S 盒等。RC4 是我最喜欢的，SEAL 其次。我很关注对我自己设计的发生器以及组合 LFSR 和 FCSR 发生器的密码分析结果，这对我来说似乎是在实际设计中对序列密码一个非常成功的研究领域。或者，你可以在 OFB 或 CFB 模式中使用分组密码来得到序列密码。

表 17-3 给出了一些算法的速度测量。它仅用来做比较。

表 17-3　在 33MHz 的 486SX 上一些序列密码的加密速度

算法	加密速度（千字节/秒）	算法	加密速度（千字节/秒）
A5	5	RC4	164
PIKE	62	SEAL	381

17.13　从单个伪随机序列发生器产生多个序列

如果你在一个应用中需要加密多个信道（如多路复用器），简单的解决方法就是对每个信道使用不同的伪随机序列发生器。这就有两个问题：需要更多的硬件，且所有的发生器都必须同步。如只使用一个发生器则问题会更加简单。

一个解决办法就是用时钟来控制多个发生器的时间。如果你想要 3 个独立的序列，那么钟控发生器 3 次，并发送 1 位到每个序列中。这种技术是可行的，但可能在发生器达到你希望的速度时发生问题。例如，如果你只能以 3 倍于数据序列的速度钟控发生器，那么你只能产生 3 个序列。另一个方法就是对每个通道使用同一个序列——可能要使用不同的延迟。这很不安全。

一个由 NSA 拥有专利的真正好的思想[1489] 见图 17-11。将你喜欢的发生器的输出转储到一个 m 位的简单移位寄存器中。在每一个时钟脉冲，将寄存器向右移动一位。然后，对于每个输出序列，将寄存器与作为每个序列唯一身份的 m 位控制向量进行与运算，然后将所有位异或后作为序列的输出。如果要将多个输出序列并行处理，那么需要一个独立控制向量和一个对每个输出序列的异或/与逻辑阵列。

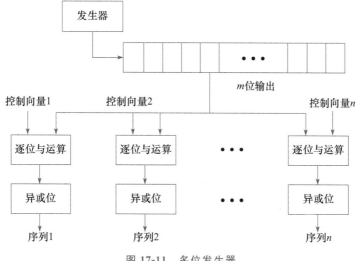

图 17-11　多位发生器

有些事情需要注意。如果某个序列是其他序列的线性组合，那么系统就可能被破译。但如果你足够聪明，就可以找到一个解决该问题简单且安全的办法。

17.14 真随机序列发生器

有时密码学意义上安全的伪随机数并不足够好。在密码学多个应用中，需要的是真正的随机数。密钥的产生就是一个最好的例子。伪随机序列发生器产生的随机密钥是不错的，但如果敌方得到了一份此发生器和主密钥的副本，他们就能产生相同的密钥来破解你的密码系统。一个真正的随机序列发生器产生的序列是不可再现的。任何人，即便是你自己都不能再次产生它们。

是否能产生真正的随机数，长期以来这个问题都处在激烈的争论之中。我并不想对这个争论谈什么。这里的目的是产生具有与随机位相同统计特性并且不可再现的位。

对于任何真正的随机序列发生器来说，最重要的是它能经得起测试。关于这个，许多文献都有记载。随机性测试可见文献 [863，99]。Maurer 证明了所有这些测试都建立在压缩序列的基础上[1031,1032]。如果你能压缩一个随机序列，那么它不具有真正的随机性。

最重要的是产生一个让你的对手不可能想到的序列。这听上去很容易，但实现起来比你想的要困难得多。这里我并不给出某些产生随机序列方法的证明，这些方法提供了不能轻易再现的序列。要想知道更多的细节，参考文献 [1375，1376，511]。

17.14.1 RAND 表

回到 1955 年，那时计算机仍是一个新东西，Rand 公司出版了一本包括 100 万个随机数的书[1289]。书中描述了以下方法：

> 本书中的随机数通过随机化电子轮盘的转轮产生的基本表获得。简要地说，平均每秒产生大约 100 000 个脉冲的随机频率脉冲源，用一个固定频率脉冲大约每秒选通一次。脉冲标准电路使脉冲通过 5 位二进制计数器，在原理上机器是 32 位轮盘赌转，平均每次试验旋转 3000 圈且每秒产生一个数。使用二进制至十进制转换器转换 32 个数字中的 20 个（剩下的 12 个丢弃），并仅剩下最后 2 位数字，该数馈入 IBM 穿孔器中最终产生随机数的穿孔卡表。

该书继续讨论了数据的各种随机性测试结果，它还指出怎样使用该书来寻找随机数：

> 数字表的行编号从 00 000～19 999。使用该表时，首先寻找一个随机起始位置。把书翻到还没有选择数字表的一页，并且随机地选一个 5 位数，用这个数的第一位数字模 2 来决定起始行，用右边两位数模 50 来确定起始行中的起始列。为了避免重复打开同一页，朝页的中心选择随机数，每一个用来确定起始位置的 5 位数都应做上标记，并且不再次使用。

这本书的主要内容是"随机数字表"，它以 5 位数字组的形式列出（"10097 32533 76520 13586…"）一行 50 个数字，一页 50 行。除了第 283 页有一个读作"69696"的特别生动部分之外，其余 400 页的表读起来都使人厌烦。这本书还包括了 100 000 个正态偏差。

关于 RAND 的书，有趣的事情不是这里有 100 万个随机数，而是它们在计算机革新前产生。许多密码算法使用了一个称为"魔数"的任意常数，从 RAND 表中选择的魔数能确保它们不会用于某种极坏的动机。例如，Khafre 这样做了。

17.14.2　使用随机噪声

采集大量随机数的最好方法是选取真实世界的自然随机性，这种方法经常需要一个特定的硬件，但仍需要一定的计算机技巧。

寻找一个有规律但又随机发生的事件：超过某一门限值的大气噪声、刚学走路的婴孩等。测量并记录第一个事件和第二个事件的时间间隔，同样测量并记录第二个事件和第三个事件的时间间隔。如果第一个时间间隔大于第二个时间间隔，则输出 1 作为位；如果第二个时间间隔大于第一个时间间隔，则输出 0 作为事件。对下一个事件重复上述步骤。

在当地报纸上关于纽约股票交易所收盘价的一个草图上，比较它今天和昨天的收盘价，若升了，输出 0；否则，输出 1。

在计算机上挂一个 Geiger 计数器，在固定时间间隔内对发射次数计数，保留最低有效位。或者测量两次滴答声之间的间隔时间。（既然辐射源是有衰减性的，两次滴答声之间的间隔时间会越来越长，你需要选择一种长达半个世纪的辐射源以忽略此影响——如钚。如果你担心你的健康，你可以使用适当的统计特性）。

G. B. Agnew 提出了一个适用于集成到 VLSI 设备的真随机位发生器[21]。它是一个金属绝缘体半导体电容器（MISC）。将两个 MISC 很近地放在一起，随机位是它们两个之间的电荷量之差的函数。另一个随机数发生器产生一个基于自激振荡器中频率不稳定性随机位序列[535]。AT&T 公司商业芯片产生的随机数也是基于相同的现象[67]。M. Gude 制造了一个根据物理现象（例如，放射性衰变）采集随机位的随机数发生器[668,669]。Manfield Richter 研制了一个基于半导体二极管热噪声的随机数发生器[1309]。

假定从一个捕获的水银原子发出的连续 2e4 光之间的间隔时间是随机的，那么可以用它来产生随机数。更好的方法是找一家生产随机数产生芯片的半导体公司，它们就产生那个东西。

也有使用计算机磁盘驱动器的随机数发生器[439]。它测量读取磁盘扇区的时间，并利用时间差作为随机数源。为了消除从量化中产生的结构性，它过滤定时数据，然后将快速傅里叶变换应用到数字向量中，这就去掉了偏差和相关性。最终，它用（0，π）之间单元间隔规范化的频率中的频谱来作为随机位。磁盘转动中的大部分偏差都是因为空气震荡引起的，所以系统具有很大的随机性。如果在输出中保持太多的位，那么可以用快速傅里叶变换作为随机数发生器，且可预见风险。最好是反复读同一个磁盘扇区，这样就不必过虑从磁盘而来的结构性了。该系统运行一次每分钟能收集大约 100 位[439]。

17.14.3　使用计算机时钟

如果你想用一个随机位（或甚至多个），那么你从任何时钟寄存器中取最低有效位即可。因为存在各种潜在的同步，所以在 UNIX 系统中这也许是极不随机的，但它在个人计算机上是可行的。

注意这种方法产生太多的二进制数字。连续运行相同子程序多次很容易使这种方式产生的位歪斜。例如，如果每一个产生位的子程序都用偶数个时钟驱动，那么发生器将输出一个相同位的无穷序列；如果每一个产生位的子程序都用奇数个时钟驱动，那么发生器将输出一个无穷的交错位序列。即使结果不是这么明显，所产生的位序列也远不是随机的。

随机数发生器工作如下[918]：

我们的真随机数发生器……工作时先设置一个报警，然后在 CPU 中迅速增加计数器寄存器直到中断发生。然后将寄存器的内容同输出缓冲区字节的内容（将寄存器数据分成8位）异或。在输出缓冲区的每个字节都填满后，将缓冲区的每一位循环右移两位。这样做的效果是将最活跃的（和最随机的）最低位移到最高位上。整个过程重复3次。最后，缓冲区的每一个字符都在中断后被两个计数寄存器中的最随机位用过。那就是发生了4n次中断，这里n指所希望的随机字节数。

这种方法对系统中断和时钟间隔的随机性非常敏感。在 UNIX 机器中测试时，其输出看起来相当好。

17.14.4 测量键盘反应时间

人们的打字方式有随机和非随机的。他们的非随机方式可用作身份识别，随机可用来产生随机位。测量连续按键的时间，然后取这些测量的最低有效位。这个技术在 UNIX 终端可能行不通，因为它们在获得你的程序之前要通过滤波器和其他机制，但在个人计算机上行得通。

理想的情况是，每按键一次，仅取一个随机位，采集更多的位可能会使结果有偏差，因为此结果取决于打字员能否胜任连续敲击键盘一段时间。然而，这个技术是有限的。在产生密钥时，某人输入 100 个左右的单词是很容易的事情，没有理由为一次一密乱码本产生密钥系列而要求打字员进行输入 10 万个单词的试验。

17.14.5 偏差和相关性

所有这些系统的一个主要问题是产生序列的非随机性。基本的物理过程可能是随机的，但在计算机的数字部分和物理过程之间存在着许多类型的测量仪器，这些仪器很容易引起一些问题。

排除偏差（bias）的一种方式是把几个位异或在一起。如果一个随机位对于因子 e 偏差趋于 0，那么 0 出现的概率可表述为

$$P(0) = 0.5 + e$$

异或这些位中的两个：

$$P(0) = (0.5 + e)^2 + (0.5 - e)^2 = 0.5 + 2^2$$

采用相同的方法，异或 4 个这样的位：

$$P(0) = 0.5 + 8e^4$$

异或 m 位将指数式收敛于 0 或 1 的概率。如果你知道应用程序所能接受的最大偏差，那么就能计算出需要异或多少位来得到允许偏差的随机位。

一个更好的方法就是看一对中的两位。如果两位一样，则放弃它们看下一对；如果两位不一样，则取第一位作为发生器的输出。这样就完全避免了偏差。其他减少偏差的技术还有变换映射、压缩和快速傅里叶变换[511]。

两种方式的潜在问题就是，如果在相邻位之间存在相关性（correlation），那么这些方法将增加偏差。修正的唯一方法就是使用多个随机源。取 4 个不同的随机源并异或它们，或者取两个随机源并成对地处理它们。

例如，取一个放射性源，把 Geiger 计数器挂到计算机上。取一对噪声二极管，每次记录噪声超过某峰值的事件。测量大气噪声。从每个事件中得到一个随机位，将它们异或产生一个随机位，这种可能性是无穷的。

随机数发生器有偏差这个事实并不意味它没有用处，仅仅意味着它不太安全。例如，考

虑 Alice 产生三重 DES 的 168 位密钥的问题，她拥有的一切就是具有 0 偏差的一个随机位发生器：它产生 55％的 0 和 45％的 1。这意味着每个密钥位的熵仅为 0.992 77 位。如果发生器是完备的，那么每个密钥位的熵应为 1 位。企图破译这个密钥的 Mallory 能优化穷举搜索，首先从最可能的密钥（000…0）开始，朝最不可能的密钥（111…1）依次搜索。因为有偏差，Mallory 能在 2^{109} 次尝试后找到密钥。如果没有偏差，Mallory 则可能要尝试 2^{111} 次。结果密钥有更少的安全性，但不仅只有一点。

17.14.6　提取随机性

在通常情况下，产生随机数的最好办法就是找出许多似乎是随机的事件，然后从中提取随机性。这种随机性能存储在一个应用程序需要的库或存储器中。单向散列函数即可用于此，它们速度很快，因此可以用它们寻找一位而不用担心性能或实际随机性。将能找到的任何东西进行散列运算，这至少有些随机性。可尝试：

- 每个按键的一个副本。
- 鼠标命令。
- 扇区数、一天的某个时间和寻找每个磁盘操作的延迟。
- 实际鼠标位置。
- 显示器扫描线数。
- 实际显示图像的内容。
- FAT 表、核心表等的内容。
- 访问/修改次数/设备/tty。
- CPU 负载。
- 网络数据包到达次数。
- 麦克风的输入。
- 没有连接麦克风的设备/音频。

如果系统对 CPU 和日历钟使用了独立的晶体振荡器，那么可在紧密的循环中读取时间。在有些（不是全部）系统中，这样可反映两个振荡器之间随机相位的抖动。

因为在这些事件中，很多随机性在它们的时限内，所以最好使用精确的时钟。使用 Intel 8254 时钟芯片的（或等价的）标准 PC 的驱动频率为 1.193 181 8MHz，因此直接读计数器寄存器将导致一个 838 纳秒的结果。为了避免结果的偏差，就要避免取时钟中断内的事例。

下面就是用 MD5（参见 18.5 节）作为散列函数的 C 程序：

```
char Randpool[16];

/* Call early and call often on a wide variety of random or semi-
 * random system events to churn the randomness pool.
 * The exact format and length of randevent doesn't matter as long as
 * its contents are at least somewhat unpredictable.
 */
void churnrand(char *randevent,unsigned int randlen)
{
    MD5_CTX md5;
    MD5Init(&md5);
    MD5Update(&md5,Randpool,sizeof(Randpool));
    MD5Update(&md5,randevent,randlen);
    MD5Final(Randpool,&md5);
}
```

在调用了 chumrand() 后可以建立 Randpool 中的随机性，现在可以从中产生随机位。再次使用 MD5，这次它是作为计数器模式的伪随机字节序列发生器。

```
long Randcnt;
void genrand(char *buf,unsigned int buflen)
{
    MD5_CTX md5;

    char tmp[16];
    unsigned int n;

    while(buflen != 0) {
        /* Hash the pool with a counter */
        MD5Init(&md5);
        MD5Update(&md5,Randpool,sizeof(Randpool));
        MD5Update(&md5,(unsigned char *)&Randcnt,sizeof(Randcnt));
        MD5Final(tmp,&md5);
        Randcnt++; /* Increment counter */

        /* Copy 16 bytes or requested amount, whichever is less,
         * to the user's buffer */
        n = (buflen < 16) ? buflen : 16;
        memcpy(buf,tmp,n);
        buf += n;
        buflen -= n;
    }
}
```

散列函数至关重要的原因有几个。首先，它提供了一个简单的方法产生任意数量的伪随机数据而不必每次都调用 churnrand()。这样一来，系统从完美性退化到实用的随机性，从而达到了要求。在这种情况下，使用 genrand() 的结果来确定以前或以后的结果仅是理论上可能的。但这需要逆的 MD5，而这在计算上是不可行的。

这是很重要的，因为程序不知道调用者怎样处理返回的随机数据。一个调用可能为某个以明文形式发送的协议产生随机数，这也许与攻击者的直接询问相对应。接下来的调用可能给破译者正打算渗透的非相关的会议产生一个秘密密钥。显然，破译者不能及时推出秘密密钥是很重要的。

剩下一个问题。在第一次调用 genrand() 前，Randpool[] 数组必须具有足够的随机性。如果系统已经通过当前用户敲击键盘运行了一会儿，就没有问题。但是，一个看不到任何键盘和鼠标输入的自动启动的独立系统怎么办？

这是一个棘手的问题。部分解决办法就是每次启动前都需要操作员敲击键盘一会儿，并在系统关闭前在磁盘上创建一个种子文件来实现启动 Randseed[] 的随机性。但不要直接保存 Randseed[] 数组。一个偷到这个文件的破译者可以确定在最后一次调用 churnrand() 之后及创建这个文件之前的来自 genrand() 的所有的结果。

这个问题的修正就是在保存之前对 Randseed[] 数组进行散列运算，这也许只调用 genrand()。当系统启动时，读出这个种子文件，将它传到 churnrand()，然后迅速地删除它。不幸的是，这并不能消除某些人在启动间偷取种子文件并用它来猜测 genrand() 函数的下一个值。我看除了在启动后和允许调用 genrand() 产生结果之前，等待足够多的外部随机事件发生外，没有其他解决办法了。

单向散列函数

18.1　背景

单向散列函数 $H(M)$ 作用于任意长度的消息 M，它返回固定长度的散列值 h：

$$h = H(M)$$

其中 h 的长度为 m。

输入为任意长度且输出为固定长度的函数有很多种，但单向散列函数还具有使其单向有如下特性：

- 给定 M，很容易计算 h。
- 给定 h，根据 $H(M)=h$ 计算 M 很难。
- 给定 M，要找到另一消息 M' 并满足 $H(M)=H(M')$ 很难。

如果 Mallory 能做到这几点，那么它将破坏所有利用单向散列函数各种协议的安全性。单向散列函数的重要之处就是赋予 M 唯一的"指纹"。如果 Alice 用数字签名算法 $H(M)$ 来对 M 进行签名，而 Bob 能产生满足 $H(M)=H(M')$ 的另一信息 M'，那么 Bob 就可声称 Alie 对 M' 签名了。

在某些应用中，仅有单向性是不够的，还需要称为抗碰撞（collision-resistance）的条件。

要找出两个随机消息 M 和 M'，使 $H(M)=H(M')$ 成立很难。

是否还记得 7.4 节的生日攻击？并不是找出另一消息 M' 来满足 $H(M)=H(M')$ 而是找出两个消息 M 和 M' 来满足 $H(M)=H(M')$。

下面的协议，最先由 Gideon Yuval 描述[1635]，如果前面的条件不成立，Alice 能够利用生日攻击欺骗 Bob。

（1）Alice 准备一份合同的两种版本，一种对 Bob 有利，而另一种将使他破产。

（2）Alice 对这两种版本的每一份都做一些细微的改变，并分别计算其散列值（这些可能的改变是：用空格-退格-空格代替空格、在回车前放一两个空格等。通过在 32 行中分别做或不做改变，Alice 能容易地产生 2^{32} 种不同的文件）。

（3）Alice 比较这两种不同版本文件的散列值集合，找出相匹配的一组（如果散列函数仅输出 64 位值，那么通常她从每个文件的 2^{32} 种形式中就能找到匹配的一对）。她重新构造这两份散列值相同的文件。

（4）Alice 使用 Bob 只能对该散列值签名的协议，要求他对有利于他的那份合同版本签名。

（5）在以后的某个时候，Alice 用 Bob 未签名的合同代替他签过名的合同。现在她能使公证人员确信 Bob 签署过另一份合同。

这是一个严重的问题（在你签署过的文件中，道德准则总是被美化了）。

其他相似的攻击也能起到一个成功的生日攻击所起的作用。例如，敌方可以向某个自动控制系统（可能是在一个卫星上）发送带有随机签名序列的随机消息串。最后，其中某一随机消息将是一个具体有效的签名。而敌方并不清楚哪条指令将起作用，但如果他们唯一的目的是破坏卫星系统的话，就可以这样做。

18.1.1 单向散列函数的长度

64 位的单向散列函数对付生日攻击显然是太小了。大多数的单向散列函数产生 128 位的散列值。这迫使试图进行生日攻击的人必须对 2^{64} 个随机文件进行散列运算才能找到散列值相同的两个文件，不足以维持散列函数的安全性。NIST 在其安全散列标准（SHS）中用的是 160 位的散列值。这使生日攻击更难进行，需要 2^{80} 次随机散列运算。

若要产生的值比散列函数产生的值更长，建议用以下方法：

（1）用本书中列出的一种单向散列函数产生该消息的散列值。

（2）将该散列值附加在该消息后面。

（3）产生消息和散列值级联之后的散列值。

（4）将第（1）步产生的散列值与第（3）步产生的散列值级联而形成一个更大的散列值。

（5）重复第（1）～（3）步多次，直到获得你想要的值。

虽然该方法的安全性没有得到证明，但许多人已给出了对于它的多种严格的限制[1262,859]。

18.1.2 单向散列函数综述

要设计一个接收任意长度输入的函数不是容易的事，更不用说还要单向。在实际中，单向散列函数建立在压缩函数（compression function）的想法上。给定一长度为 m 的输入，单向函数输出长为 n 的散列值[1069,414]。压缩函数的输入是消息分组和文本前一个分组的输出（见图 18-1）。输出是到该点的所有分组的散列，即分组 M_i 的散列为：

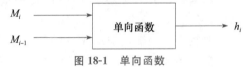

图 18-1 单向函数

$$h_i = f(M_i，h_{i-1})$$

该散列值和下一轮的消息分组一起，作为压缩函数下一轮的输入。最后一个分组的散列就成为整个消息的散列。

散列的信息应该包含整个消息长度的某种二进制表示。这种方法能消除由不同长度消息可能会具有相同散列值所带来的潜在安全问题[1069,414]，这种技术有时称为增强的 **MD**（MD-strengthening）[930]。

许多研究者已经提出，如果压缩函数是安全的，那么用它散列任意长度的消息也是安全的[1138,1070,414]。该结论还有待证明。

单向散列函数的设计我们已讨论了很多。要获得更详细的数学信息，参见文献［1028，793，791，1138，1069，414，91，858，1264］。Bart Preneel 的理论[1262] 可能是关于单向散列函数最详细的描述。

18.2 Snefru 算法

Snefru 是 Ralph Merlde 设计的一种单向散列函数[1070]（Snefru 正如 Khufu 和 Khafre，是一个埃及法老的名字），它将任意长度的消息散列成 128 或 256 位的值。

首先将消息分成长为 $512m$ 的分组（m 是散列值的长度）。若输出是 128 位散列值，则每个分组为 384 位长；若输出是 256 位散列值，则每个分组为 256 位长。

算法的核心是函数 H，它将 512 位值散列成 m 位值。H 输出的前 m 位是这个分组的散列，余下的丢弃。下一个分组附在上一个分组散列的后面，然后又进行散列（初始分组附在一串零后）。在最后一个分组散列之后（如果消息不是分组的整倍长，就用零填充最后一个分组），将最先的 m 位附在消息长度的二进制表示之后并进行最后一次散列。

函数 H 基于另一个作用于 512 位分组的可逆分组密码函数 E。H 是 E 输出的最后 m 位与 E 输入的最先 m 位相异或的结果。

Snefru 的安全性取决于函数 E，它用多轮运算使数据随机化。每轮由 64 个随机化的子轮组成。在每个子轮中用不同的字节作为 S 盒的输入，S 盒输出的一个字与消息相邻的两个字相异或。S 盒的构造方式与 Khafre 中的相似（参见 13.7 节），同时还加入一些循环移位。最初的 Snefru 设计为两轮。

Snefru 的密码分析

Biham 和 Shamir 利用差分密码分析证明了两轮 Snefru（128 位散列值）是不安全的[172]。在数分钟内，他们找到了能散列到相同值的一对消息。

对 4 轮或更少轮的 128 位的 Snefru，能够找到比穷举攻击更好的方法。对 Snefru 的生日攻击需要 2^{64} 次运算，而差分密码分析用 $2^{28.5}$ 次运算能找到 3 轮 Snefru 具有相同散列值的一对消息，4 轮 Snefru 为 $2^{44.5}$ 次运算。用穷举攻击寻找一给定散列值的消息需要 2^{128} 次运算，差分密码分析对 3 轮 Snefru 需要 2^{56} 次运算，对 4 轮 Snefru 需要 2^{88} 次运算。

尽管 Biham 和 Shamir 没有分析 256 位散列值，但他们已将分析扩展至 224 位。对于两轮 Snefru 和需要 2^{112} 次运算的生日攻击比较，他们仅需要 $2^{12.5}$ 次运算就找到了具有相同值的消息，而 3 轮 Snefru 只要 2^{33} 次运算，对 4 轮 Snefru 也只要 2^{81} 次运算。

最近，Merkle 建议使用至少 8 轮的 Snefru[1073]，但是如此多轮的算法比 MD5 或 SHA 要慢很多。

18.3 N-Hash 算法

N-Hash 是由日本电话电报公司的研究人员发明的，他们曾于 1990 年发明了 FEAL[1105,1106]。N-Hash 使用 128 位消息分组和一个与 FEAL 类似的复杂随机函数，产生 128 位散列值。

每个 128 位分组的散列是这个分组和上一个分组散列的函数：

$$H_0 = I \quad I \text{ 是一个随机初始值}$$
$$H_i = g(M_i，H_{i-1}) \oplus M_i \oplus H_{i-1}$$

整个消息的散列是最后一个消息分组的散列。随机初始值 I 可以是用户设置的任意值（甚至为全零）。

g 是一个复杂函数。图 18-2 是算法的概貌。初始化时，上一个消息分组 H_{i-1} 的 128 位散列的 64 位左半部分和 64 位右半部分交换，然后与 1010…1010（128 位）二进制数异或，再与本轮消息分组 M_i 相异或。该值级联进入 N（图中 $N=8$）轮处理。轮处理的另一输入是上一个分组散列值与 8 个二进制常数值之一的异或结果。

图 18-3 给出了一个轮处理。消息分组分成 4 个 32 位值，前一个散列值也被分成 4 个 32 位值。图 18-4 给出了函数 f。函数 S_0 和 S_1 与在 FEAL 中的一致：

EXG：交换左半部分和右半部分

v：1010$\cdots$1010二进制（128位）

PS：轮处理

$v_j = \delta \| A_{j1} \| \delta \| A_{j2} \| \delta \| A_{j3} \| \delta \| A_{j4}$

（$\|$：级联）

δ：000$\cdots$0二进制（24位）

$A_{jk} = 4 \times (j-1) + k\,(k=1,2,3,4,A_{jk}$：8位长)

$H_i = g(M_i,M_{i-1}) \oplus (M_i \oplus M_{i-1})$

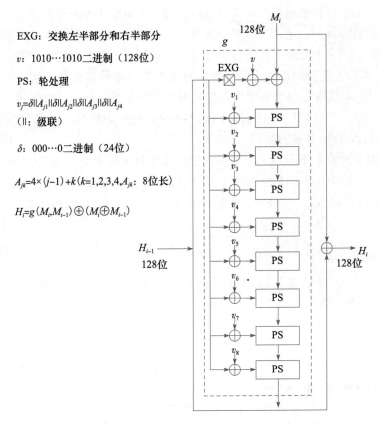

图 18-2　N-Hash 框图

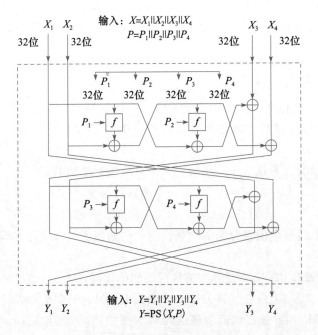

图 18-3　N-Hash 的一个轮处理

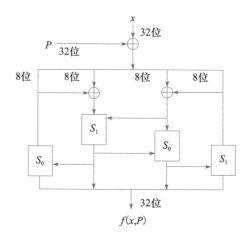

$$Y=S_0(X_1,X_2)=Rot2((X_1,X_2)\bmod 256)$$
$$Y=S_1(X_1,X_2)=Rot2((X_1+X_2+1)\bmod 256)$$
Y(8位)：输出，X_1/X_2(8位)：输入
$Rot2(T)$：8位数据T向左环移2位

图 18-4　函数 f

$S_0(a，b)=((a+b)\bmod 256)$ 向左环移二位。

$S_1(a，b)=((a+b+1)\bmod 256)$ 向左环移二位。

轮处理的输出变成下一轮处理的输入。在前一轮处理后，输出与 M_i 和 H_{i-1} 相异或，然后下一个分组准备散列。

N-Hash 的密码分析

Bert den Boer 发现了一种在 N-Hash 轮函数中产生碰撞的方法[1262]。Biham 和 Shamir 用差分密码分析破解了 6 轮 N-Hash[169,172]。他们这种特殊的攻击法（肯定还有其他的方法）对被 3 整除的 N 能起作用，对小于 15 的 N 比生日攻击更有效。

同样的攻击对 12 轮 N-Hash 需用 2^{56} 次运算能找到具有相同散列值的消息，而穷举攻击需要 2^{64} 次运算。15-轮 N-Hash 对差分密码分析是安全的：攻击需要 2^{72} 次运算。

算法的设计者建议使用至少 8 轮的 N-Hash[1106]。鉴于已证明 N-Hash 和 FEAL 是不安全的，我建议用另一种全新的算法。

18.4　MD4 算法

MD4 是 Ron Rivest 设计的单向散列函数[1318,1319,1321]。MD 表示消息摘要（Message Digest）。对输入消息，算法产生 128 位散列值（或消息摘要）。

在文献［1319］中，Rivest 概括了该算法的设计目标：

- 安全性。找到两个具有相同散列值的消息在计算上是不可行的，不存在比穷举攻击更有效的攻击。
- 直接安全性。MD4 的安全性不基于任何假设，如因子分解的难度。
- 速度。MD4 适用于高速软件实现，基于 32 位运算数的一些简单位运算。
- 简单性和紧凑性。MD4 尽可能简单，没有大的数据结构和复杂的程序。
- 有利的 Little-Endian 结构。MD4 最适合微处理器结构（特别是 Intel 微处理器），更大型速度更快的计算机要做必要的转换。

该算法首次公布之后，Bert den Boer 和 Antoon Rosselaers 对算法 3 轮中的后两轮进行了成功的密码分析[202]。在一个不相关的分析结果中，Palph Merkle 成功地攻击了前两轮[202]。Eli Biham 讨论了对 MD4 前两轮进行差分密码攻击的可能性[159]。尽管这些攻击都没有扩展到整个算法，但 Rivest 还是改进了其算法，结果就是 MD5 算法。

18.5 MD5 算法

MD5 是 MD4 的改进版[1386,1322]，它比 MD4 更复杂，但设计思想相似，并且也产生 128 位散列值。

18.5.1 MD5 的描述

在一些初始化处理之后，MD5 以 512 位分组来处理输入文本，每个分组又划分为 16 个 32 位子分组。算法的输出由 4 个 32 位分组组成，将它们级联形成一个 128 位散列值。

首先填充消息使其长度恰好为一个比 512 的倍数仅小 64 位的数。填充方法是附加一个 1 在消息后面，后接所要求的多个 0，然后在其后附加上 64 位的消息长度（填充前）。这两步的作用是使消息长度恰好是 512 位的整数倍（算法的其余部分要求如此），同时确保不同的消息在填充后不相同。

4 个 32 位变量初始化为：

$A = 0x01234567$
$B = 0x89abcdef$
$C = 0xfedcba98$
$D = 0x76543210$

它们称为链接变量（chaining variable）。

接着进行算法的主循环，循环的次数是消息中 512 位消息分组的数目。

将上面 4 个变量复制到另外的变量中：A 到 a、B 到 b、C 到 c、D 到 d。

主循环有 4 轮（MD4 只有 3 轮），每轮很相似。每一轮进行 16 次运算。每次运算对 a、b、c 和 d 中的其中 3 个做一次非线性函数运算，然后将所得结果加上第 4 个变量、文本的一个子分组和一个常数。再将所得结果向右环移一个不定的数，并加上 a、b、c 或 d 中之一。最后用该结果取代 a、b、c 或 d 中之一。见图 18-5 和图 18-6。

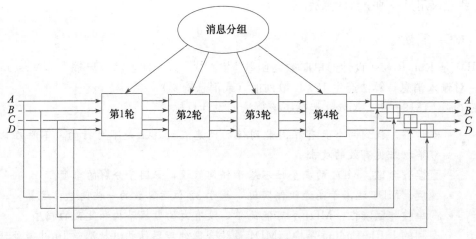

图 18-5　MD5 主循环

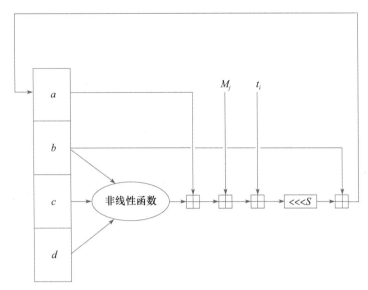

图 18-6　MD5 的一个执行过程

以下是每次运算中用到的 4 个非线性函数（每轮一个）。

$$F(X, Y, Z) = (X \wedge Y) \vee ((\neg X) \wedge Z)$$
$$G(X, Y, Z) = (X \wedge Z) \vee (Y \wedge (\neg Z))$$
$$H(X, Y, Z) = X \oplus Y \oplus Z$$
$$I(X, Y, Z) = Y \oplus (X \vee (\neg Z))$$

（$\oplus$ 是异或、$\wedge$ 是与、$\vee$ 是或、$\neg$ 是反。）

这些函数是这样设计的：如果 X、Y 和 Z 的对应位是独立和均匀的，那么结果的每一位也应该是独立和均匀的。函数 F 是按逐位方式运算：如果 X，那么 Y，否则 Z。函数 H 是逐位奇偶操作符。

设 M_j 表示消息的第 j 个子分组（j 从 0~15），$<<<$ 表示循环左移 s 位，则 4 种运算为：

FF(a, b, c, d, M_j, s, t_i) 表示 $a = b + ((a + (F(b, c, d) + M_j + t_i) <<< s)$
GG(a, b, c, d, M_j, s, t_i) 表示 $a = b + ((a + (G(b, c, d) + M_j + t_i) <<< s)$
HH(a, b, c, d, M_j, s, t_i) 表示 $a = b + ((a + (H(b, c, d) + M_j + t_i) <<< s)$
II(a, b, c, d, M_j, s, t_i) 表示 $a = b + ((a + (I(b, c, d) + M_j + t_i) <<< s)$

这 4 轮（64 步）是：

第一轮

FF(a, b, c, d, M_0, 7, 0xd76aa478)
FF(d, a, b, c, M_1, 12, 0xe8c7b756)
FF(c, d, a, b, M_2, 17, 0x242070db)
FF(b, c, d, a, M_3, 22, 0xc1bdceee)
FF(a, b, c, d, M_4, 7, 0xf57c0faf)
FF(d, a, b, c, M_5, 12, 0x4787c62a)
FF(c, d, a, b, M_6, 17, 0xa8304613)
FF(b, c, d, a, M_7, 22, 0xfd469501)
FF(a, b, c, d, M_8, 7, 0x698098d8)

FF(d, a, b, c, M_9, 12, 0x8b44f7af)

FF(c, d, a, b, M_{10}, 17, 0xffff5bb1)

FF(b, c, d, a, M_{11}, 22, 0x895cd7be)

FF(a, b, c, d, M_{12}, 7, 0x6b901122)

FF(d, a, b, c, M_{13}, 12, 0xfd987193)

FF(c, d, a, b, M_{14}, 17, 0xa679438e)

FF(b, c, d, a, M_{15}, 22, 0x49b40821)

第二轮

GG(a, b, c, d, M_1, 5, 0xf61e2562)

GG(d, a, b, c, M_6, 9, 0xc040b340)

GG(c, d, a, b, M_{11}, 14, 0x265e5a51)

GG(b, c, d, a, M_0, 20, 0xe9b6c7aa)

GG(a, b, c, d, M_5, 5, 0xd62f105d)

GG(d, a, b, c, M_{10}, 9, 0x02441453)

GG(c, d, a, b, M_{15}, 14, 0xd8a1e681)

GG(b, c, d, a, M_4, 20, 0xe7d3fbc8)

GG(a, b, c, d, M_9, 5, 0x21e1cde6)

GG(d, a, b, c, M_{14}, 9, 0xc33707d6)

GG(c, d, a, b, M_3, 14, 0xf4d50d87)

GG(b, c, d, a, M_8, 20, 0x455a14ed)

GG(a, b, c, d, M_{13}, 5, 0xa9e3e905)

GG(d, a, b, c, M_2, 9, 0xfcefa3f8)

GG(c, d, a, b, M_7, 14, 0x676f02d9)

GG(b, c, d, a, M_{12}, 20, 0x8d2a4c8a)

第三轮

HH(a, b, c, d, M_5, 4, 0xfffa3942)

HH(d, a, b, c, M_8, 11, 0x8771f681)

HH(c, d, a, b, M_{11}, 16, 0x6d9d6122)

HH(b, c, d, a, M_{14}, 23, 0xfde5380c)

HH(a, b, c, d, M_1, 4, 0xa4beea44)

HH(d, a, b, c, M_4, 11, 0x4bdecfa9)

HH(c, d, a, b, M_7, 16, 0xf6bb4b60)

HH(b, c, d, a, M_{10}, 23, 0xbebfbc70)

HH(a, b, c, d, M_{13}, 4, 0x289b7ec6)

HH(d, a, b, c, M_0, 11, 0xeaa127fa)

HH(c, d, a, b, M_3, 16, 0xd4ef3085)

HH(b, c, d, a, M_6, 23, 0x04881d05)

HH(a, b, c, d, M_9, 4, 0xd9d4d039)

HH(d, a, b, c, M_{12}, 11, 0xe6db99e5)

HH(c, d, a, b, M_{15}, 16, 0x1fa27cf8)

HH(b, c, d, a, M_2, 23, 0xc4ac5665)

第四轮

II(a，b，c，d，M_0，6，0xf4292244)

II(d，a，b，c，M_7，10，0x432aff97)

II(c，d，a，b，M_{14}，15，0xab9423a7)

II(b，c，d，a，M_5，21，0xfc93a039)

II(a，b，c，d，M_{12}，6，0x655b59c3)

II(d，a，b，c，M_3，10，0x8f0ccc92)

II(c，d，a，b，M_{10}，15，0xffeff47d)

II(b，c，d，a，M_1，21，0x85845dd1)

II(a，b，c，d，M_8，6，0x6fa87e4f)

II(d，a，b，c，M_{15}，10，0xfe2ce6e0)

II(c，d，a，b，M_6，15，0xa3014314)

II(b，c，d，a，M_{13}，21，0x4e0811a1)

II(a，b，c，d，M_4，6，0xf7537e82)

II(d，a，b，c，M_{11}，10，0xbd3af235)

II(c，d，a，b，M_2，15，0x2ad7d2bb)

II(b，c，d，a，M_9，21，0xeb86d391)

常数 t_i 可以如下选择：

在第 i 步中，t_i 是 $2^{32} \times \mathrm{abs}(\sin(i))$ 的整数部分，i 的单位是弧度。

所有这些完成之后，将 A、B、C、D 分别加上 a、b、c、d。然后用下一个分组数据继续运行算法，最后的输出是 A、B、C 和 D 的级联。

18.5.2　MD5 的安全性

Ron Rivest 概述了 MD5 相对 MD4 所做的改进[1322]：

(1) 增加了第四轮。

(2) 每一步均有唯一的加法常数。

(3) 为减弱第二轮中函数 G 的对称性从 $((X \wedge Y) \vee (X \wedge Z) \vee (Y \vee Z))$ 变为 $((X \wedge Z) \vee (Y \wedge \neg Z))$。

(4) 每一步加上了上一步的结果，这将引起更快的雪崩效应。

(5) 改变了第二轮和第三轮中访问消息子分组的次序，使其形式更不相似。

(6) 近似优化了每一轮中的循环左移位移量以实现更快的雪崩效应。各轮的位移量互不相同。

Tom Berson 试图用差分密码分析攻击 MD5 的单轮[144]，但此攻击还远未达到对全部四轮都有效的程度。相比之下，Bert den Boer 和 Antoon Bosselaers 的攻击要成功得多，他们使用 MD5 中的压缩函数产生碰撞[203,1331,1336]。但这并不能对实际应用中的 MD5 进行攻击，也不影响 Lu-by-Rackoff-like 加密算法中 MD5 的使用（参见 14.11 节）。同时这也没有违背 MD5 的基本设计原则之一——设计一个无碰撞的压缩函数。尽管有一种说法"压缩函数看起来有一个弱点，但它对散列函数安全性的实际应用没有丝毫的影响[1336]"，我还是小心地使用 MD5。

18.6　MD2 算法

MD2 是 Ron Rivet 设计的另一个单向散列函数[801,1335]，它与 MD5 一起用于 PEM 协议中（参见 24.10 节）。它的安全性依赖于字节间的随机置换。置换过程是固定的并依赖于数字 π。S_0，S_1，S_2，…，S_{255} 是置换操作。对消息 M 进行散列运算：

（1）用值为 i 的字节对消息进行填充使填充后的消息长度为 16 字节的整数倍。

（2）将 16 字节的校验和附加到消息中。

（3）初始化 48 字节的分组：X_0，X_1，X_2，…，X_{47}。将 X 的前 16 字节置为 0，第二个 16 字节对应消息的前 16 字节，第三个 16 字节与 X 的前 16 字节及第二个 16 字节相异或。

（4）压缩函数为：

$t = 0$

对于 $j = 0$ 至 17

对于 $k = 0$ 至 47

$t = X_k$ XOR S_t

$X_k = t$

$t = (t + j)$ mod 256

（5）将消息的第二个 16 字节置为 X 的第二个 16 字节，X 的第三个 16 字节是 X 的第一个 16 字节和 X 的第二个 16 字节的异或。重复第（4）步。消息的每 16 字节重复执行第（5）和第（4）步。

（6）输出 X 的第一个 16 字节。尽管没有发现 MD2 的弱点[1262]，但它比其他建议的大多数散列函数慢很多。

18.7 安全散列算法

NISI 和 NSA 一道设计了与 DSS 一起使用的安全散列算法（SHA）[1154]（参见 20.2 节）[标准是安全散列标准（SHS），SHA 是用于标准的算法]。

据《联邦公报》[539]：

> 建议提出一种安全散列标准（SHS）的联邦信息处理标准（FIPS），该标准规定了一种与用数字签名标准一起使用的安全散列算法（SHA）。另外，对于不需要数字签名的应用，SHA 应能用到任何需要安全散列算法的各联邦应用中。

同时

> 本标准规定一种保证数字签名算法（DSA）安全所必需的安全散列算法（SHA）。当输入是长度小于 2^{64} 位的消息时，SHA 产生称为消息摘要的 160 位输出，然后将该摘要输入到用于计算该消息签名的 DSA 中。对消息摘要而不是对消息进行签名通常能改善处理效率，因为消息摘要通常比消息小很多。接收到已输入至 SHA 的消息版本后，签名验证者应获得同样的消息摘要，因为 SHA 设计无论从给定的消息摘要中恢复相同消息，还是寻找两个产生相同消息摘要的消息在计算上均是不可行的，所以它是安全的。传输中因消息的任何改变而产生不同的消息摘要的概率非常高，从而使签名不能通过验证。SHA 基于的原则与 MIT 的 Ronald L-Rivest 教授在设计 MD4 消息摘要算法时所用的原理相似[1319]，并且模仿了该算法。

SHA 产生 160 位散列值，比 MD5 长。

18.7.1 SHA 的描述

首先将消息填充为 512 位的整数倍。填充方法与 MD5 完全一样：先添加一个 1，然后填充尽量多的 0 使其长度为 512 的倍数刚好减去 64 位，最后 64 位表示消息填充前的长度。

5 个 32 位变量（MD5 仅有 4 个变量，但该算法却要产生 160 位散列值）初始化为：

$$A = 0x67452301$$
$$B = 0xefcdab89$$
$$C = 0x98badcfe$$
$$D = 0x10325476$$
$$E = 0xc3d2e1f0$$

然后开始算法的主循环。它一次处理 512 位消息，循环的次数是消息中 512 位分组的数目。

先把这 5 个变量复制到另外的变量中：A 到 a、B 到 b、C 到 c、D 到 d、E 到 e。

主循环有 4 轮，每轮 20 次操作（MDS 有 4 轮，每轮 16 次操作）。每次操作对 a、b、c、d 和 e 中的 3 个进行一次非线性运算，然后进行与 MD5 中类似的移位运算和加运算。

SHA 的非线性函数集合为：

$f_t(X，Y，Z) = (X \wedge Y) \vee ((\neg X) \wedge Z)$　　对于 $t = 0$ 至 19

$f_t(X，Y，Z) = X \oplus Y \oplus Z$　对于 $t = 20$ 至 39

$f_t(X，Y，Z) = (X \wedge Y) \vee (X \wedge Z) \vee (Y \wedge Z)$　　对于 $t = 40$ 至 59

$f_t(X，Y，Z) = X \oplus Y \oplus Z$　对于 $t = 60$ 至 79

（$\oplus$ 是异或、$\wedge$ 是与、$\vee$ 是或、$\neg$ 是反。）

该算法同样用了 4 个常数：

$K_t = 0x5a827999$　对于 $t = 0$ 至 19

$K_t = 0x6ed9eba1$　对于 $t = 20$ 至 39

$K_t = 0x8f1bbcdc$　对于 $t = 40$ 至 59

$K_t = 0xca62c1d6$　对于 $t = 60$ 至 79

（这些数来自：$0x5a827999 = 2^{1/2}/4$、$0x6ed9eba1 = 3^{1/2}/4$、$0x8f1bbcdc = 5^{1/2}/4$、$0xca62c1d6 = 10^{1/2}/4$，所有数乘以 2^{32}。）

用下面的算法将消息分组从 16 个 32 位字（$M_0 \sim M_{15}$）变成 80 个 32 位字（$W_0 \sim W_{79}$）：

$$W_t = M_t　\text{对于} t = 0 \text{ 至 15}$$
$$W_t = (M_{t-3} \oplus M_{t-8} \oplus M_{t-14} \oplus M_{t-16}) <<< 1　\text{对于} t = 16 \text{ 至 79}$$

（如果感兴趣，原始的 SHA 中没有循环左移。"修改标准将使其安全性比预想的安全性更差"[543] 已发生变化。NSA 已拒绝详细描述缺陷的细节。）

设 t 是运算序号（从 0～79），M_t 表示扩展后消息的第 t 个子分组，$<<< s$ 表示循环左移 s 位，则主循环如下所示：

对于 $t = 0$ 至 79

$\quad$ TEMP = $(a <<< 5) + f_t(b，c，d) + e + W_t + K_t$

$\quad e = d$

$\quad d = c$

$\quad c = b <<< 30$

$\quad b = a$

$\quad a =$ TEMP

图 18-7 给出了 SHA 的一次运算过程。通过不同的移位与在 MD5 算法中不同阶段采用不同变量相比，两者实现了同样的目的。

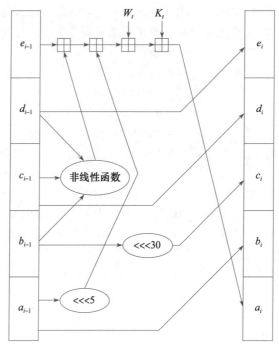

图 18-7 SHA 的一次运算

在这之后，a、b、c、d 和 e 分别加上 A、B、C、D 和 E，然后用下一个数据分组继续运行算法，最后的输出由 A、B、C、D 和 E 级联而成。

18.7.2 SHA 的安全性

SHA 与 MD4 非常相似，但它有 160 位散列值。主要的改变是添加了扩展转换，并且为产生更快的雪崩效应而将上一轮的输出送至下一轮。Ron Rivest 公开了 MD5 的设计思想，但 SHA 的设计者却没有这样做。这里给出 Rivest 的 MD5 相对于 MD4 的改进，以及它们与 SHA 的比较：

（1）"增加了第四轮"。SHA 也是如此。但在 SHA 中，第四轮使用了与第二轮同样的 f 函数。

（2）"每一步均有唯一的加法常数"。SHA 保留了 MD4 的方案，它每隔 20 轮就重复使用这些常数。

（3）"为减弱第二轮中函数 G 的对称性，将其从 $((X \wedge Y) \vee (X \wedge Z) \vee (Y \wedge Z))$ 变为 $((X \wedge Z) \vee (Y \wedge \neg Z))$"。SHA 采用 MD4 的形式：$((X \wedge Y) \vee (X \wedge Z) \vee (Y \wedge Z))$。

（4）"每一步加上了上一步的结果，这将引起更快的雪崩效应"。SHA 也做了这种改变。不同的是，在 SHA 中增加了第五个变量，不是 f_t 已经使用的 b、c 或 d。这个精巧的变化使得能用于 MD5 的 den Boer-Bosselaers 攻击对 SHA 不起作用。

（5）"改变了第二轮和第三轮中访问消息子分组的次序，使其形式更不相似"。SHA 完全不同，因它采用循环纠错编码。

（6）"近似优化了每一轮中的循环左移位移量以实现更快的雪崩效应，各轮的位移量互不相同"。SHA 在每轮中采用与 MD4 中同样的一个常数位移量，该位移量与字长互素。

以上结论产生了如下的等式：SHA＝MD4＋扩展转换＋附加轮＋更好的雪崩效应；MD5＝MD4＋改进的位散列运算＋附加轮＋更好的雪崩效应。

对 SHA 还没有已知的密码攻击，并且由于它产生 160 位散列，所以它比本章中所列的其他 128 位散列函数更能有效抵抗穷举攻击（包括生日攻击）。

18.8　RIPE-MD 算法

RIPE-MD 是为欧共体的 RIPE 项目而研制的[1305]（参见 25.7 节）。该算法是 MD4 的一种变体，用以抵抗已知的密码攻击，并产生 128 位散列值。该算法改变了循环移位和消息字的顺序。另外，该算法仅常数不同的两个实例是并行运行的，每个分组之后，两个实例的输出都加上链接变量。这样一来，该算法能更有效抵抗攻击。

18.9　HAVAL 算法

HAVAL 是一种长度可变的单向散列函数[1646]，它是 MD5 的改进版本。HAVAL 以 1024 位分组处理消息，是 MD5 的两倍。它有 8 个 32 位链接变量，也是 MD5 的两倍。它的轮数可在 3～5 中变化（每轮有 16 步），并且它能产生长度为 128、160、192、224 或 256 位的散列值。

HAVAL 用高非线性的 7 变量函数取代了 MD5 的简单非线性函数，且每个函数均能满足严格雪崩准则的要求。每轮使用单个函数，但在每一步对输入进行了不同的置换。该算法有一个新的消息次序，且每一步（第一轮除外）使用了不同的加法常数。该算法同样有两种环移方式。

该算法的核心是：

$$\text{TEMP} = (f(i, A, B, C, D, E, F, G) <<< 7) + (H <<< 11) + M[i][r(j)] + K(j)$$
$$H = G, \quad G = F, \quad F = E, \quad E = D, \quad D = C, \quad C = B, \quad B = A, \quad A = \text{TEMP}$$

可变的轮数和可变的输出长度，意味着该算法有 15 种不同的形式。由于对 H 使用了环移，所以 Den Boer 和 Bosselaers 对 MD5 的攻击[203] 不适用于 HAVAL。

18.10　其他单向散列函数

MD3 也是 Ron Rivest 设计的另一种散列函数。它有几个缺陷，故从未在实验室之外运用，关于它更进一步的描述参见[1335]。

滑铁卢大学的一组研究人员提出了一种基于 GF（2^{593}）中的迭代指数运算的单向散列函数[22]。该方案将消息分为 593 位分组，从第一个分组开始相继对这些分组做指数运算，指数是上一个分组计算的结果，第一个指数由 IV 给出。

Ivan Damgård 设计了一种基于背包问题的单向散列函数[414]，用大约 2^{32} 次运算就能破解它[290,1232,787]。

Steve Wolfram 的细胞自动机[1608] 是单向散列函数的基础，该方案较早的实现[414] 是不安全的[1052,404]。Cellhash 单向散列函数[384,404] 及其改进版 Subhash[384,402,405] 均是基于细胞自动机的，并且它们都是面向硬件设计的。Boognish 混合了 Cellhash 和 MD4 的设计原理[402,407]。StepRightUp 也可作为散列函数来运行[402]。

1991 年夏季，Claus Schnorr 提出一种基于离散傅里叶变换的单向散列函数，称为 FFT-Hash[1399]，几个月之后被两个独立的小组破解[403,84]。Schnorr 又提出了修改版 FFT-Hash II（前一个版本更名为 FFT-Hash[1400]，几周后又被破解了[1567]。Schnorr 提出了更进一步的修改版本，但就现实情况来看该算法比本章中其余算法慢很多。另外一种叫 SL_2 的[1526] 散列函数是不安全的[315]。

另一些有关由单向函数和单向置换构造单向散列函数的理论研究工作参见文献[412，1138，1342]。

18.11 使用对称分组算法的单向散列函数

可以把对称分组密码算法用作单向散列函数。其思想是，如果分组算法是安全的，那么单向散列函数也将是安全的。

最显而易见的方法是使用分组密码算法的 CBC 或 CFB 方式、一个固定的密钥和 IV。将最后的密文分组作为散列值。这些方法在使用 DES 的各种标准中也有描述：文献［1143］中的两种模式、文献［1145］中的 CFB、文献［55，56，54］中的 CBC。以上方法作为单向散列函数并不是太理想，尽管它用作 MAC（参见 18.14 节）[29]。

更好的方法是用消息分组作为密钥，上一个散列值作为输入，当前散列值作为输出。

实际中提出的散列函数更为复杂。分组长度通常等于密钥长度，散列值的长度等于分组长度。由于大多数分组算法是 64 位的，所以已有几种方案的散列值为分组长度的两倍。

假设散列函数是正确的，那么方案的安全性就建立在基本分组函数的安全性上。但也有例外。差分分析法攻击散列函数内的分组函数就比攻击单独以加密方式出现的分组函数容易：密钥可知，所以可以采用多种攻击手段，成功仅需要一个正确对，可以生成需要的足够多的选择明文。相关的工作参见文献［1263，858，1313］

下面是文献［925，1465，1262］中各种散列函数的简介。关于对这些方案的攻击，假定其分组算法是安全的。就是说，对其最好的攻击是穷举攻击。

建立在分组密码机制上的散列函数的一个很实用的测试手段是散列率（hash rate），或 n 位消息分组的数目，其中 n 是在每次加密过程中算法分组的大小。散列率越高，算法的运行就越快（文献［1262］中给出了该名词的相反定义，但此处给出的定义更直观，用得更普遍。这可能引起混淆）。

18.11.1 散列长度等于分组长度的方案

一般的方案描述如下（见图 18-8）：

$H_0 = I_H$　I_H 是随机初始值

$H_i = E_A (B) \oplus C$

其中 A、B 和 C 可以为 M_i、M_i、H_{i-1}、$(M_i \oplus H_{i-1})$ 或常数（假定为 0）中的任何一个。H_0 是某个随机初始值：I_H。将消息分成多个分组 M_i，并能单独处理它们。它可看成是加强 MD，采用了与 MD5 和 SHA 同样的填充过程。

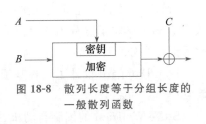

图 18-8　散列长度等于分组长度的一般散列函数

3 个不同的变量可以取 4 个可能值中的一个，所以总共有 64 种不同的方案。Bart Preneel 已全部研究了它们[1262]。

其中有 15 种方案很不安全，原因为输出结果不依赖于输入。有 37 种方案是不安全的，原因更多。表 18-1 列出了剩下的 12 种方案：前 4 种很安全，能抵抗所有的攻击（见图 18-9）；后面 8 种足够安全，能抵抗除定点攻击以外的所有攻击，没有值得担心的地方。

表 18-1　分组长度等于散列长度的安全散列函数

$$H_i = E_{H_{i-1}}(M_i) \oplus M_i$$

$$H_i = E_{H_{i-1}}(M_i \oplus H_{i-1}) \oplus M_i \oplus H_{i-1}$$

$$H_i = E_{H_{i-1}}(M_i) \oplus H_{i-1} \oplus M_i$$

$$H_i = E_{H_{i-1}}(M_i \oplus H_{i-1}) \oplus M_i$$

$$H_i = E_{M_i}(H_{i-1}) \oplus H_{i-1}$$

$$H_i = E_{M_i}(M_i \oplus H_{i-1}) \oplus M_i \oplus H_{i-1}$$

$$H_i = E_{M_i}(H_{i-1}) \oplus M_i \oplus H_{i-1}$$

$$H_i = E_{M_i}(M_i \oplus H_{i-1}) \oplus H_{i-1}$$

$$H_i = E_{M_i \oplus H_{i-1}}(M_i) \oplus M_i$$

$$H_i = E_{M_i \oplus H_{i-1}}(H_{i-1}) \oplus H_{i-1}$$

$$H_i = E_{M_i \oplus H_{i-1}}(M_i) \oplus H_{i-1}$$

$$H_i = E_{M_i \oplus H_{i-1}}(H_{i-1}) \oplus M_i$$

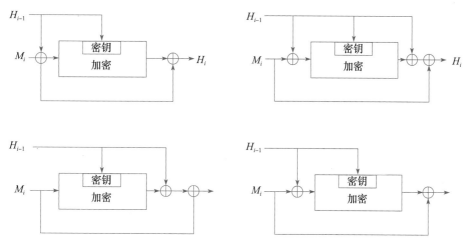

图 18-9　分组长度等于散列长度的 4 种保密散列函数

第 1 种方案在文献 [1028] 中有描述。第 3 种方案在文献 [1555，1105，1106] 中有描述，并被建议作为 ISO 标准[766]。第 15 种方案由 Carl Meyer 提出，在文献 [1606，1607，434，1028] 中一般称为 Davies-Meyer 算法。第 10 种方案作为 LOKI 的散列函数模式[273]。

第 1、2、3、4、9、11 种方案的散列率为 1，密钥长度等于分组长度。其余方案散列率为 k/n，其中 k 是密钥长度。这就意味着，如果密钥长度比分组长度短，那么消息分组的长度就只能是密钥长度。不推荐消息分组长度比密钥长度长，即使加密算法的密钥长度比分组长度长。

如果分组密码算法有类似 DES 的实现特性和弱密钥，那么针对这 12 种方案可能就有其他的攻击方法。该攻击虽不能破译算法但得小心防范。不过，可以通过在密钥中固定位 2 和 3 的值为 01 或 10 来防止这种攻击[1081，1107]。当然，这将 k 的长度从 56 位减少到 54 位（假设在 DES 中），并降低散列率。

文献中提出的以下方案已证明是不安全的。

文献 [369] 攻破了文献 [1282] 中的方案：

$$H_i = E_{M_i}(H_{i-1})$$

Davies 和 Price 提出了一个变体，该变体将整个消息循环两次[432,433]。Coppersmish 的攻击正是在不需要大的计算要求下针对该变体的[369]。

文献［432，458］中的另一个方案在文献［1606］中已证明是不安全的：

$$H_i = E_{M_{i \oplus H_{i-1}}}(H_{i-1})$$

这个方案在文献［1028］中已证明是不安全的（c 是一个常数）：

$$H_i = E_c(M_i \oplus H_{i-1}) \oplus M_i \oplus H_{i-1}$$

18.11.2　改进的 Davies-Meyer

Lai 和 Massey 用 IDEA 密码算法修改了 Davies-Meyer 方案[930,925]。IDEA 的分组长度为 64 位，密钥长度为 128 位，方案如下：

$H_0 = I_H$　其中 I_H 是随机初始值

$H_i = E_{H_{i-1}, M_i}(H_{i-1})$

该函数对 64 位分组消息进行散列运算，并产生 64 位散列值（见图 18-10）。

图 18-10　改进的 Davies-Meyer

对该方案还没有已知的比穷举攻击更容易的攻击方法。

18.11.3　Preneel-Bosselaers-Govaerts-Vandewalle

在文献［1266］中首次提出的这种散列函数用于产生两倍于分组密码算法分组长度的散列函数：64 位法产生 128 位散列。

该方案利用 64 位分组算法产生两个 64 位散列值 G_i 和 H_i，它们级联产生 128 位散列。对大多数分组算法来说，分组的大小是 64 位。具有分组长度的相邻消息分组 L_i 和 R_i 同时进行如下散列运算：

$$G_0 = I_G \quad I_G \text{ 是随机初始值}$$
$$H_0 = I_H \quad I_H \text{ 是随机初始值}$$
$$G_i = E_{L_i \oplus H_{i-1}}(R_i \oplus G_{i-1}) \oplus R_i \oplus G_{i-1} \oplus H_{i-1}$$
$$H_i = E_{L_i \oplus R_i}(H_{i-1} \oplus G_{i-1}) \oplus L_i \oplus G_{i-1} \oplus H_{i-1}$$

Lai 通过一些实例，说明生日攻击是可行的，由此来论证对该方案的攻击[925,926]。Prened[1262] 和 Don Coppersmith[372] 也对该方案进行了成功地攻击。不要使用这种方案。

18.11.4　Quisquater-Girault

在文献［1279］中首次提出的这种方案也是用于产生两倍于分组算法长度的散列值，并且散列率为 l。它有两个散列值 G_i 和 H_i，也有两个分组 L_i 和 R_i，并同时进行散列运算：

$$G_0 = I_G \quad I_G \text{ 是随机初始值}$$
$$H_0 = I_H \quad I_H \text{ 是随机初始值}$$
$$W_i = E_{L_i}(G_{i-1} \oplus R_i) \oplus R_i \oplus H_{i-1}$$
$$G_i = E_{R_i}(W_i \oplus L_i) \oplus G_{i-1} \oplus H_{i-1} \oplus L_i$$
$$H_i = W_i \oplus G_{i-1}$$

该方案出现于 1989 年的 ISO 标准草案中[764]，但在后来的版本中被取消了[765]。在文献 [1107，925，1262，372] 中证实了该方案中存在的安全问题（实际上，自从先前的版本在会议上被攻击后，现有版本已被加强）。在某些实例中，生日攻击的复杂性为 2^{39}，而不是穷举攻击的 2^{64}。不要使用这种方案。

18. 11. 5　LOKI 双分组

该算法是 Quisquater-Girault 的一种改进版，特别为 LOKI 设计[273]。所有的参数与 Quisquater-Girault 的一致。

$$G_0 = I_G \quad I_G \text{ 是随机初始值}$$
$$H_0 = I_H \quad I_H \text{ 是随机初始值}$$
$$W_i = E_{L_i \oplus G_{i-1}}(G_{i-1} \oplus R_i) \oplus R_i \oplus H_{i-1}$$
$$G_i = E_{R_i \oplus H_{i-1}}(W_i \oplus L_i) \oplus G_{i-1} \oplus H_{i-1} \oplus L_i$$
$$H_i = W_i \oplus G_{i-1}$$

同样，在一些实例中，生日攻击是可行的[925,926,1262,372,736]。不要使用该方案。

18. 11. 6　并行 Davies-Meyer

还有其他的散列率为 1 的算法能产生两倍于分组算法长度的散列值[736]。

$$G_0 = I_G \quad I_G \text{ 是随机初始值}$$
$$H_0 = I_H \quad I_H \text{ 是随机初始值}$$
$$G_i = E_{L_i \oplus R_i}(G_{i-1} \oplus L_i) \oplus L_i \oplus H_{i-1}$$
$$H_i = E_{L_i}(H_{i-1} \oplus R_i) \oplus R_i \oplus H_{i-1}$$

很不幸，该方案也不安全[928,861]。结论是，散列率为 1 的双倍散列函数没有比 Davies-Meyer 更安全的[861]。

18. 11. 7　串联和并联 Davies-Meyer

由于 64 位密钥的分组密码存在内在缺陷，所以还有一种解决办法是使用 64 位分组和 128 位密钥的算法，如 IDEA（参见 13.9 节）。在文献 [930，925] 中有两种方案均产生 128 位散列值且散列率为 $1/2$。

在第一种方案中，两个改进的 Davies-Meyer 函数以串联方式工作（见图 18-11）。

$$G_0 = I_G \quad I_G \text{ 是随机初始值}$$
$$H_0 = I_H \quad I_H \text{ 是随机初始值}$$
$$W_i = E_{G_{i-1}, M_i}(H_{i-1})$$
$$G_i = G_{i-1} \oplus E_{M_i, W_i}(G_{i-1})$$
$$H_i = W_i \oplus H_{i-1}$$

在第二种方案中，两个改进的 Davies-Meyer 函数以并联方式工作（见图 18-12）。

$$G_0 = I_G \quad I_G \text{ 是随机初始值}$$
$$H_0 = I_H \quad I_H \text{ 是随机初始值}$$
$$G_i = G_{i-1} \oplus E_{M_i, H_{i-1}}(\neg G_{i-1})$$
$$H_i = H_{i-1} \oplus E_{G_{i-1}, M_i}(H_{i-1})$$

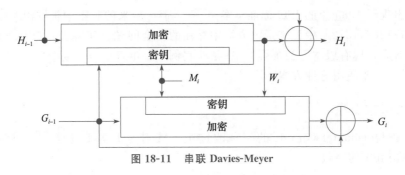

图 18-11 串联 Davies-Meyer

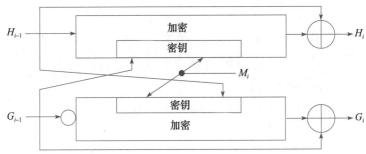

图 18-12 并联 Davies-Meyer

在这两种方案中，两个 64 位散列值 G_I 和 H_i 级联形成 128 位散列值。

迄今为止，该算法具有对 128 位散列函数而言最理想的安全性：寻找给定散列值的消息需要 2^{128} 次尝试，寻找具有相同散列值的两个随机消息需要 2^{64} 次尝试——假定除了用穷举攻击外，对分组密码算法没有更好的攻击方法。

18.11.8 MDC-2 和 MDC-4

MDC-2 和 MDC-4 首先由 IBM 开发[1081,1079]。MDC-2，有时称为 Meyer-Schilling，已考虑用作 ANSI 和 ISO 标准[61,765]。在文献［762］中提出了它的一个变体。MDC-4 是为 RIPE 项目研制的[1305]（参见 25.7 节）。尽管理论上可以使用任何加密算法，但 MDC-4 还是用 DES 作为分组函数。

MDC-2 的散列率为 1/2，产生的散列值的长度为分组长度的两倍。图 18-13 表明了这一点。MDC-4 产生的散列值的长度也为分组长度的两倍，不过其散列率为 1/4，见图 18-14。

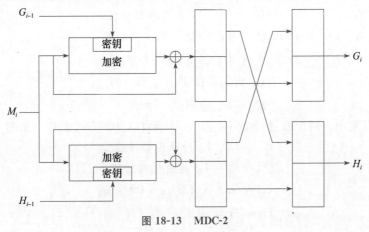

图 18-13 MDC-2

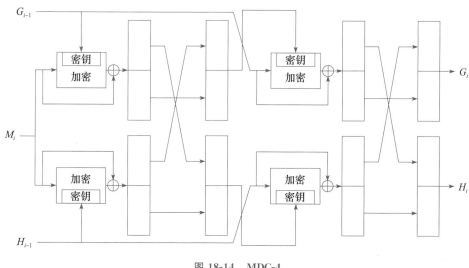

图 18-14　MDC-4

　　这些方案在文献 [925，1262] 中已做过分析。在现有计算能力下它们是安全的，但不如设计者估计的安全。假如分组算法是 DES，这些方案已用差分分析方法攻击过[1262]。

　　MDC-2 和 MDC-4 都已取得专利[223]。

18.11.9　AR 散列函数

　　AR 散列函数由算法研究公司开发，并已由 ISO 仅用于信息目的予以发布[767]。其基本结构是 CBC 模式中基本分组密码的变体（参考了 DES）。最后的两个密文分组和常数与当前的消息分组异或，并由算法加密。散列由最后的两个密文分组计算。消息被执行两次，分别采用不同的密钥，所以散列率为 1/2。第一个密钥为 0x0000000000000000，第二个密钥为 0x2a41522f4446502a，c 为 0x0123456789abcdef。结果被压缩成一个 128 位散列值。具体细节参见文献 [750]。

$$H_i = E_K(M_i \oplus H_{i-1} \oplus H_{i-2} \oplus c) \oplus M_i$$

　　这听起来很有意思，但它不安全。在考虑其预处理后，很容易找到对该散列函数的攻击方法[416]。

18.11.10　GOST 散列函数

　　该散列函数来自俄罗斯，被指定用于 COST R 34.11-94 标准中[657]。尽管在理论上它可以用任何 64 位分组和 128 位密钥，但它采用了 GOST 分组算法（参见 14.1 节）。该散列函数产生 256 位散列值。

　　压缩函数 $H_i = f(M_i，H_{i-1})$（运算数均为 256 位）定义如下：

　　(1) 通过对 M_i、H_{i-1} 和一些常数进行某些线性运算，产生 4 个 GOST 加密密钥。

　　(2) 利用每一个密钥以 ECB 方式对 H_{i-1} 的不同 64 位进行加密。将结果的 256 位存入临时变量 S 中。

　　(3) H_i 是 S、M_i、H_{i-1} 的复杂线性函数。

　　M 的最终散列值不是最后分组的散列值。实际上使用了 3 个链接变量：H_n 是最后消息分组的散列值，Z 是所有消息分组之和模 2^{256}，L 是消息的长度。给出这些变量和填充的最后分组 M'，最后的散列值为：

$$H = f(Z \oplus M', \; f(L, \; f(M', \; H_n)))$$

该描述有点难以理解，但我认为它是正确的。无论如何，该方案已考虑用在俄罗斯数字签名标准中（RDSS）（参见 20.3 节）。

18.11.11 其他方案

Ralph Merkle 提出了一个使用 DES 的方案，但它太慢：在每次迭代中它仅处理 7 位消息，而且在每次迭代中涉及两个 DES 加密[1065,1069]。[1642，1645]中的另一个方案是不安全的[1267]，该方案曾被建议作为 ISO 标准。

18.12 使用公开密钥算法

在分组链接模式中使用公开密钥算法作为单向散列函数是可能的。如果扔掉了私人密钥，破译散列就将与没有私人密钥读消息同样困难。

这里给出如何使用 RSA 的一个例子。设 M 是待进行散列运算的消息，n 为两个素数 p 和 q 的乘积，e 是一个与 $(p-1) \times (q-1)$ 互素的大数，则散列函数 $H(M)$ 应为：

$$H(M) = M^e \bmod n$$

还有一个更容易的解决方法是使用单个强素数 p 作为模数，则：

$$H(M) = M^e \bmod p$$

破译这个问题可能与寻找 e 的离散对数同样困难。该算法存在的问题是，它比这里讨论的所有其他算法慢很多。基于这个理由我建议不要使用它。

18.13 选择单向散列函数

可选的方案可能有 SHA、MD5 和基于分组密码的构造，而其他的方案实在没有得到足够的研究。我建议使用 SHA。它的散列值比 MD5 长，比各种分组密码构造更快，并且是由 NSA 研制的。我坚信 NSA 在密码学上的能力，尽管他们没将其结果公之于众。

表 18-2 给出了一些散列函数的实时测量结果。它们仅做比较之用。

表 18-2　在 33MHz 486SX 上一些散列函数的加密速度

算法	散列长度	加密速度（千字节/秒）
并联 Davies-Meyer（IDEA）	128	22
Davies-Meyer（DES）	64	9
GOST	256	11
HAVAL（3 轮）	可变	168
HAVAL（4 轮）	可变	118
HAVAL（5 轮）	可变	95
MD2	128	23
MD4	128	236
MD5	128	174
N-Hash（12 轮）	128	29
N-Hash（15 轮）	128	24
RIPE-MD	128	182
SHA	160	75
Sneeru（4 轮）	128	48
Sneeru（8 轮）	128	23

18.14 消息鉴别码

与密钥相关的单向散列函数通常称为 MAC，即消息鉴别码。MAC 具有与先前讨论的单向散列函数同样的特性，但 MAC 还包括一个密钥。只有拥有相同密钥的人才能鉴别这个散列。这对于在没有保密的情况下提供可鉴别性是非常有用的。

MAC 可在用户之间鉴别文件。它还可以被单个用户用来确定他的文件者否已改动，或者否感染了病毒。用户也可以计算出文件的 MAC，并将该值存入某个表中。如果用户采用了单向散列函数，在感染病毒后就可计算出新的散列值，并用它代替表中的值。病毒就不能做到这一点，因为它不知道密钥。

将单向散列函数变成 MAC 的一个简单办法是用对称算法加密散列值。相反，将 MAC 变成单向散列函数则只需将密钥公开即可。

18.14.1　CBC-MAC

创建一个与密钥相关的单向散列函数最简单的方法是用分组算法的 CBC 或 CFB 模式加密消息。将最后一个密文分组的散列再一次用 CBC 或 CFB 模式加密。在 ANSI X9.9[54]、ANSI X9.19[56]、ISO 8731-1[759]、ISO 9797[763] 中规定了 CBC 方法，它同时也是澳大利亚标准[1496]。差分分析法能破译以减少轮数的 DES 或 FEAL 作为基本分组算法的该方案[1197]。

该方法的安全问题是接收者必须知道密钥，该密钥允许他靠逆向解密产生一个与给定消息散列值相同的另一消息。

18.14.2　消息鉴别算法

该算法是一个 ISO 标准[760]。它产生 32 位散列，并为具有快速乘法指令的大型计算机所设计[428]。

$$v = v <<< 1$$
$$e = v \oplus w$$
$$x = (((((e+y) \bmod 2^{32}) \vee A \wedge C) \times (x \oplus M_i)) \bmod 2^{32} - 1$$
$$y = (((((e+x) \bmod 2^{32}) \vee B \wedge D) \times (y \oplus M_i)) \bmod 2^{32} - 2$$

迭代每个消息分组 M_i，散列结果是 x 和 y 的异或。变量 v 和 e 由密钥决定，A、B、C、D 是常数。

该算法有很广泛的应用，但我不相信它总是安全的。它已设计很久了，也不复杂。

18.14.3　双向 MAC

该 MAC 产生的散列值大小是分组长度的两倍[978]。首先，计算消息的 CBC-MAC。然后，按逆序计算消息分组的 CBC-MAC。双向 MAC 的值是两者的级联。很不幸，该方案是不安全的[1097]。

18.14.4　Jueneman 方法

该类 MAC 又称为二次同余操作探测码（QCMDC）[792,798]。首先，将消息分成 m 位分组。然后：

$$H_0 = I_H \quad I_H \text{ 是安全密钥}$$

$$H_i = (H_{i-1} + M_i)^2 \bmod p \quad p \text{ 是小于 } 2^m - 1 \text{ 的素数，并且 + 为整数加法}$$

Jueneman 建议 $n = 16$，$p = 2^{31} - 1$。在文献［792］中他建议增加一个密钥作为 H_1，实际消息起点为 H_2。

因为在 Don Coppermith 中常伴随诸如生日攻击类的攻击，所以 Jueneman 建议计算

QCMDC4 次，把每一次迭代的结果作为下一次迭代的 IV，并把结果级联获得 128 位散列值[793]。采用 4 次迭代和进行级联使该方案大大加强了[790,791]。该方案被 Coppersmith 破译[376]。

另一种变体[432,434] 就是用异或替换加法，且使用比 p 小的消息分组。H_0 也重新设置为不是密钥的单向散列函数。该方案被攻击后[612]，又作为欧洲开放市场信息项目（EOSITT）的一部分得到加强[1221]，并且被 CCITT X.509[304] 所引用，被 ISO 10118[764,765] 采用。很不幸，该方案又被 Coppersmith 破译[376]。此外还做了一些不是指数 2 的研究工作[603]，但都没有前途。

18.14.5 RIPE-MAC

RIPE-MAC 由 Bart Preneel 发明[1262]，在 RIPE 项目中被采用[1305]（参见 18.8 节）。它基于 ISO 9797[763]，并且使用 DES 作为分组加密函数。RIPE-MAC 有两种形式：一种使用通用的 DES，称为 RIPE-MAC1；另一种使用三重 DES 以获得更高的安全性，称为 RIPE-MAC3。RIPE-MAC1 对每 64 位消息分组进行一次 DES 加密。RIPE-MAC3 进行 3 次。

算法由 3 部分组成。首先，扩展消息使其长度为 64 位的倍数。然后，将扩展后的消息分成 64 位分组。在一个保密的密钥控制下，用一个带密钥的压缩函数将这些分组散列成一个 64 位分组。这是 DES 或三重 DES 均需要的步骤。最后，从压缩时使用的密钥导出另一个不同的密钥，对压缩的输出进行另一次基于 DES 的加密。详见文献［1305］。

18.14.6 IBC-Hash

IBC-Hash 是另一个在 RIPE 项目中采用的 MAC[1305]（参见 18.8 节）。它有吸引力的原因是因为它被证明是正确的，成功攻击的概率能被量化。不幸的是，每条消息必须用不同的密钥进行散列。安全级的选择受能进行散列的最大消息长度的制约——而与本章中的其他函数不同。基于这些考虑，RIPE 报告建议将 IBC-Hash 仅用于长而不经常发送的消息。

该函数的核心为：

$$h_i = ((M_i \bmod p) + v) \bmod 2^n$$

p 和 v 是秘密密钥对，其中 p 是 n 位素数，v 是比 2^n 小的随机数。M_i 的值可从规定的填充过程推导出。攻破单向函数和进行碰撞攻击的概率可以计算出来，用户还可以靠改变参数来选择其安全级。

18.14.7 单向散列函数 MAC

单向散列函数也可作为 MAC 来使用[1537]。假定 Alice 和 Bob 共享一个密钥 K，并且 Alice 欲向 Bob 发送消息 M 的 MAC。Alice 将 M 和 K 级联并计算其结果的单向散列值 $H(K, M)$，该散列就是 MAC。只要 Bob 知道 K，他就能重新恢复 Alice 的结果。而 Mallory 不知道 K，所以他不能恢复 Alice 的结果。

该方案采用增强的 MD 技术，但它有严重的问题。Mallory 也能在消息末尾增加一个新消息分组，并产生其合法的 MAC。假如在消息开始处放入消息的长度，可使该攻击受阻，但 Preneel 怀疑这方案的安全性[1265]。把密钥放在 $H(M, K)$ 的末尾，还可能会好些，但也有一些问题[1265]。如果 H 是单向的且能出现一些碰撞，Mallory 就能伪造该消息。所以最好是 $H(K, M, K)$ 或 $H(K_1, M, K_2)$，其中 K_1、K_2 不同[1537]。Preneel 对此仍然有疑虑。

下面的构造似乎是安全的：

$$H(K_1, H(K_2, M))$$

$$H(K, H(K, M))$$

$$H(K, p, M, K)$$ 用 p 填充 K 形成完整的消息分组

最好的方法是每个消息分组至少级联 64 位密钥。这使单向散列函数的效率降低了，因为消息分组变得更小，但更安全[1265]。

可采用单向散列函数和对称算法。散列文件，然后加密该散列。它比先加密文件，后散列已加密的文件安全很多，但它容易受到与 $H(M, K)$ 同样的攻击[1265]。

18.14.8 序列密码 MAC

这种 MAC 采用序列密码（见图 18-15）[932]。一个密码学上安全的伪随机位发生器将消息序列分离成两个子序列。如果位发生器的输出位 k_i 是 1，那么将当前消息位 m_i 送入第一个子序列；若是 k_i 为 0，则将 m_i 送入第二个子序列。这两个子序列分别反馈至不同的线性反馈移位寄存器中（LFSR）（参见 16.2 节）。MAC 的输出就是移位寄存器的最后状态。

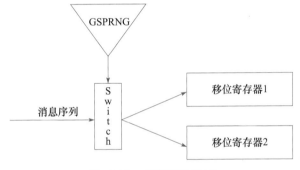

图 18-15　序列密码 MAC

很不幸，该方案对消息的细微变化是不安全的。例如，如果你改变消息的最后一位，MAC 中的相应值只需要改变两位就能产生伪造的 MAC。要做到这一点很容易。后来，设计者提出了一个更安全更复杂的方法。

公开密钥算法

19.1 背景

公开密钥密码学的概念是由 Whitfield Diffie 和 Martin Hellman 发明的，Ralph Merkle 也独立提出了此概念。它在密码学上的贡献在于使用了一对密钥（加密密钥和解密密钥），并且从解密密钥推出加密密钥是不可行的（参见 2.5 节）。1976 年，Diffie 和 Hellman 在美国国家计算机会议上首先公布了这个概念[495]，几个月后，出版了这篇开创性的论文 "New Directions in Cryptography"（密码学的新方向）[496]（由于处理过程很烦琐，所以 Merkle 对这一领域的首次贡献直到 1978 年才公开[1064]）。

1976 年后，提出了多种公开密钥算法，其中许多是不安全的。而那些被视为安全的算法，有许多却不实用，要么密钥太大，要么密文远大于明文。

只有少数几个算法既安全又实用。这些算法大多针对 11.2 节中讨论的难题。在这些既安全又实用的算法中，一些仅适用于密钥分配，一些适用于加密（且扩展作为密钥分配），还有一些只适用于数字签名。只有三种算法可以同时很好地用于加密和数字签名：RSA、ElGamal 和 Rabin。不过这些算法都很慢。它们加密和解密速度比对称算法慢很多，通常太慢以至于无法用于许多快速数据加密。

混合密码系统（参见 2.5 节）提供了一种较好的方法：使用带随机会话密钥的对称算法来加密消息，使用公开密钥算法来加密随机会话密钥。

公开密钥算法的安全性

因为密码分析者能获取公开密钥，他们总是可以选择任意消息来加密。这意味着，给定了 $C = E_k(P)$ 的密码分析者能够猜测 P 的值并很容易验证他们的猜想。如果可能的明文数少到足以进行穷尽搜索，这就将是一个严重的问题，但这能够通过用随机位串填充消息的方法来解决。这使相同的明文加密得到不同的密文（有关该方法的更多知识，参见 23.15 节）。

用公开密钥算法来加密会话密钥，这一点尤其重要。Eve 能够产生一个由 Bob 的公开密钥加密的所有可能会话密钥的数据库。当然，这需要很多时间和大容量存储器，但对 40 位出口密钥或 56 位 DES 密钥而言，这比攻击 Bob 的公开密钥算法所用的时间和存储空间要少很多。一旦 Eve 获得了该数据库后，她就可以任意地读取 Bob 的邮件。

公开密钥算法能抵抗选择明文攻击，它们的安全性依赖于由公开密钥恢复出私人密钥的难度和由密文恢复出明文的难度。然而，大多数公开密钥算法特别容易受到选择密文的攻击（见 1.1 节）。

数字签名是加密的逆过程，除非在加密和签名中采用了不同的密钥，否则攻击是不可避免的。

因此，重要的是从整体上研究一个系统，而不应局限于系统的一部分。好的公开密钥协议应设计成任何一方都不能解密其他方产生的任何消息。对等证明协议就是一个很好的例子（参见 5.2 节）。

19.2　背包算法

公开密钥加密的第一个算法是由 Palph Merkle 和 Martin Hellman 开发的背包算法[713,1074]。它只能用于加密，后来 Adi Shamir 将它改进使之也能用于数字签名[1413]。背包算法的安全性起源于背包难题，它是一个 **NP** 完全问题。尽管这个算法后来发现是不安全的，但由于它证明了如何将 **NP** 完全问题用于公开密钥密码学，所以很值得研究。

背包问题描述起来很简单。给定一堆物品，每个重量不同，能否将这些物品中的几件放入一个背包中使之等于一个给定的重量？更公式化的描述：给定一系列值 M_1，M_2，$\cdots$，M_n 和一个和 S，计算 b_i，使之满足：

$$S = b_1 M_1 + b_2 M_2 + \cdots + b_n M_n$$

b_i 的值可为 0 或 1，1 表示这个物品在背包中，0 表示不在。

例如，这些物品可能分别重为 1、5、6、11、14、20，可以用 5、6 和 11 组装一个重为 22 的背包。而要组装一个重为 24 的背包则是不可能的。一般来说，解决这个问题所需的时间似乎会随着堆中物品个数的增加呈指数增长。

Merkle-Hellman 背包算法的思想是将消息编码为背包问题的解。明文分组长度等于堆中物品个数，且明文位与 b 的值相对应，密文是计算得到的和值。图 19-1 给出了一段用例子中的背包问题来加密的明文。

```
明文: 111001    010110    000000    011000
背包: 156111420  156111420  156111420  156111420
密文: 1+5+6+20=  5+11+14=   0=        5+6=
      32         30         0         11
```

图 19-1　背包算法加密

奥妙在于实际上存在两类不同的背包问题，一类在线性时间内可解，而另一类不能。易解的背包问题可以修改成难解的背包问题。公开密钥使用难解的背包问题，它可很容易地用来加密明文但不能用来解密密文。私人密钥用易解的背包问题，它给出一个解密的简单方法。不知道私人密钥的人要破译密文就不得不解一个难的背包问题。

19.2.1　超递增背包

什么是易解的背包问题？如果重量的序列是一个超递增序列（superincreasing sequence），那么相应的背包问题易求解。超递增序列是这样一个序列，它的每一项都大于它之前所有项之和。例如 {1，3，6，13，27，52} 是一个超递增序列，而 {1，3，4，9，15，25} 则不是。

超递增背包（superincreasing knapsack）问题的解很容易找到。计算其总重量并与序列中最大的数比较，如果总重量小于这个数，则它不在背包中。如果总重量大于这个数，则它在背包中，背包重量减去这个数，进而考查序列中下一个最大的数，重复直到结束。如果总重量减为零，那么有一个解；否则，无解。

例如，考查总重量为 70 的一个背包，超递增重量序列为 {2，3，6，13，27，52}。最大的重量 52，小于 70，所以 52 在背包中。70 减去 52 剩 18，下一个重量 27 比 18 大，所以 27 不在背包中。再下一个重量 13 小于 18，所以 13 在背包中。从 18 中减去 13 剩 5，再下一个重量 6 比 5 大，所以 6 不在背包中。继续这个过程将得出 2 和 3 都在背包中，总重量减为

0，表明已求出一个解。如果这是一个 Merkle-Hellman 背包加密分组，那么对密文 70 的解为 110101。

非超递增（或一般）的背包是困难的问题，它们没有快速算法。要决定哪一项在背包中的唯一方法是依次测试所有解直到你得到正确的解为止。考虑了各种试探法后，最快的算法仍随背包中物品数目的增长而呈指数增长。向重量序列中增加一项，将花两倍的时间找出其解。这远比超递增背包问题困难，对于后者，当你加入一项到序列中，求解只需再进行一次运算即可。

Merkle-Hellman 算法就是利用了这个性质。私人密钥是一个超递增背包问题的重量序列。公开密钥是有相同解的普通背包问题的重量序列。Merkle 和 Hellman 设计了一种方法可将超递增背包问题转化为普通的背包问题，他们用模运算来完成此变化。

19.2.2 由私人密钥产生公开密钥

本书不打算深入到数论中，只简单说明该算法如何工作：为了获得一个普通的背包序列，取一个超递增序列，比如 $\{2, 3, 6, 13, 27, 52\}$，用 n 去乘所有的项，再用 m 做模数进行模运算。这个模数应比序列中所有数的和大，比如 105。乘数应与序列中的任何一个数没有公因子，比如 31。那么，一般的背包序列为：

$$2 \times 31 \bmod 105 = 62$$
$$3 \times 31 \bmod 105 = 93$$
$$6 \times 31 \bmod 105 = 81$$
$$13 \times 31 \bmod 105 = 88$$
$$27 \times 31 \bmod 105 = 102$$
$$52 \times 31 \bmod 105 = 37$$

因而，得到的背包是 $\{62, 93, 81, 88, 102, 37\}$。

超递增背包序列就是私人密钥，而得到的背包序列就是公开密钥。

19.2.3 加密

要加密一个二进制消息，首先将它分成长度等于背包序列中项数的许多分组。然后，用 1 表示该项存在，用 0 表示该项不在其中，计算背包的总重量。对所有分组都重复这个运算。

例如，如果消息是二进制数 011000110101101110，采用上面的背包加密过程如下：

$$消息 = 011000\ 110101\ 101110$$
$$011000 \text{ 对应 } 93 + 81 = 174$$
$$110101 \text{ 对应 } 62 + 93 + 88 + 37 = 280$$
$$101110 \text{ 对应 } 62 + 81 + 88 + 102 = 333$$

密文为：174，280，333。

19.2.4 解密

消息的合法接收者知道私人密钥：原始的超递增背包、用于把它转化成一般背包的 n 和 m 的值。为解密消息，接收者必须首先计算出 n^{-1} 以满足 $n \times n^{-1} \equiv 1 \pmod{m}$。用 n^{-1} 模 m 乘密文值的每项，然后用私人背包对它进行划分就可获得明文。

在本例中，超递增背包为 $\{2, 3, 6, 13, 27, 52\}$，m 等于 105，n 等于 31，密文消息为 174，280，333。n^{-1} 等于 61，所以密文值必须用 61 模 105 乘。

$$174 \times 61 \bmod 105 = 9 = 3 + 6 \qquad\qquad 对应\ 011000$$
$$280 \times 61 \bmod 105 = 70 = 2 + 3 + 13 + 52 \qquad 对应\ 110101$$
$$333 \times 61 \bmod 105 = 48 = 2 + 6 + 13 + 27 \qquad 对应\ 101110$$

恢复出的明文为 011000 110101 101110。

19.2.5　实际的实现方案

要解决仅有 6 项的背包序列问题不是很难，甚至对非超递增序列也是如此。实际使用的背包算法至少应该包含 250 项。在超递增背包中每项值一般为 200～400 位。模数一般为 100～200 位。该算法在实际使用中用随机序列发生器来产生这些值。

对这样的背包，试图用穷举攻击来破译是无用的。即使一台计算机每秒能运行 100 万次，要试完所有可能的背包值也需要 10^{46} 年。即使用 100 万台计算机并行工作，在太阳毁灭之前也不能解决这个问题。

19.2.6　背包的安全性

事实上，不是 100 万台计算机而是两个密码学家破译了背包密码系统。首先可恢复出明文的一位[725]。然后，Shamir 指出某些情况下背包算法能被破译[1415,1416]。还有其他一些结果[1428,38,754,516,488]，但没有人能破译一般的 Merkle-Hellman 系统。最后 Shamir 和 Zippel[1418,1419,1421] 发现了变换中的缺陷，即可以允许它们从普通的背包中重构出超递增背包。关于这个问题完整的讨论超出了本书的范围，精辟的总结可在文献 [1233，1244] 中找到。在一次会议上，提出了该结果，并用 AppleⅡ计算机现场演示了对它的破译[492,494]。

19.2.7　背包变体

自从最初的 Merkle-Hellman 方案被破译后，又有许多其他的背包系统被提出：多次迭代背包、Graham-Shamir 背包等。这些背包中的大多数都被用同样的密码分析方法攻破了，少数则采用更高级的分析方法[260,253,269,921,15,919,920,922,366,254,263,255]。对这些系统好的综述和它们的密码分析能从文献 [267，479，257，268] 中找到。

利用类似于背包密码系统思想提出的其他密码算法也被破译了。Lu-Lee 密码系统[990,13] 在文献 [20，614，873] 中被破译，文献 [507] 中的修改版也被破译了[1620]。对 Goodman-McAuley 密码系统的攻击可从文献 [646，647，267，268] 中找到。Pieprzyk 系统[1246] 能用相似的攻击方法破译。基于模背包的 Niemi 密码系统[1169] 在文献 [345，788] 中被破译。一种新的多级背包[747] 还没有被破译，但我对此并不乐观。文献 [294] 中还给出了其他变体。

还有一种背包变体，至今仍然是安全的（Chor-Rivest 背包[356]，尽管有"特殊的攻击"[743]），但其计算量太大以至它远没有这里讨论的算法有用。有一种称为 Powerline System 的变体是不安全的[958]。更重要的是，考虑到其他变体如此容易攻破，对它们给予信赖似乎是不可取的。

19.2.8　专利

最初的 Merkle-Hellman 算法在美国[720] 和世界各国都申请了专利（见表 19-1）。公开密钥协会（PKP）认可了此专利和其他公开密钥专利（参见 25.5 节）。美国专利于 1997 年 8 月 19 日到期。

表 19-1 不同国家的 Merkle-Hellman 背包算法专利

国家	专利号	发布日期	国家	专利号	发布日期
比利时	871039	1979/4/5	德国	2843583	1982/6/3
荷兰	7810063	1979/4/10	德国	2857905	1982/7/15
英国	2006580	1979/5/2	加拿大	1128159	1982/7/20
德国	2843583	1979/5/10	英国	2006580	1982/8/18
瑞典	7810478	1979/5/14	瑞士	63416114	1983/1/14
法国	2405532	1979/6/8	意大利	1099780	1985/9/28

19.3 RSA 算法

Merkle 背包算法出现后不久，出现了第一个较完善的公开密钥算法 RSA，它既能用于加密也能用于数字签名[1328,1329]。在已提出的公开密钥算法中，RSA 是最容易理解和实现的（Martin Gardner 在《Scientific American》[599] 的数学游戏栏中发表对这个算法的较早描述）。这个算法也是最流行的。RSA 以它的三个发明者 Ron Rivest、Adi Shamir 和 Leonard Adleman 的名字命名。该算法已经经受住了多年深入的密码分析，虽然密码分析者既不能证明也不能否定 RSA 的安全性，但这恰恰说明该算法有一定的可信度。

RSA 的安全基于大数分解的难度。其公开密钥和私人密钥是一对大素数（$100 \sim 200$ 个十进制数或更大）的函数。从一个公开密钥和密文中恢复出明文的难度等价于分解两个大素数之积。

为了产生两个密钥，选取两个大素数 p 和 g。为了获得最大程度的安全性，两数的长度一样。计算乘积

$$n = pq$$

然后随机选取加密密钥 e，使 e 和 $(p-1)(q-1)$ 互素。最后用欧几里得扩展算法计算解密密钥 d，以满足

$$ed \equiv 1 \bmod (p-1)(q-1)$$

则

$$d = e^{-1} \bmod ((p-1)(q-1))$$

注意 d 和 n 也互素。e 和 n 是公开密钥，d 是私人密钥。两个素数 p 和 q 不再需要，它们应该被舍弃，但绝不可泄露。

加密消息 m 时，首先将它分成比 n 小的数据分组（采用二进制数，选取小于 n 的 2 的最大次幂）。也就是说，如果 p 和 q 为 100 位的素数，那么 n 将有 200 位，每个消息分组 m_i 应小于 200 位长（如果你需要加密固定的消息分组，那么可以在它的左边填充一些 0 并确保该数比 n 小）。加密后的密文 c，将由相同长度的分组 c_i 组成。加密公式简化为：

$$c_i = m_i^e (\bmod n)$$

解密消息时，取每一个加密后的分组 c_i 并计算：

$$m_j = c_i^d (\bmod n)$$

由于

$$c_i^d = (m_i^e)^d = m_i^{ed} = m_i^{k(p-1)(q-1)+1} = m_i \times m_i^{k(p-1)(q-1)} = m_i \times 1 = m_i \quad 全部 (\bmod n)$$

这个公式能恢复出明文，总结见表 19-2。

表 19-2 RSA 解密

公开密钥	n：两素数 p 和 q 的乘积（p 和 q 必须保密）
	e：与 $(p-1)(q-1)$ 互素
私人密钥	d：$e^{-1} \bmod ((p-1)(q-1))$
加密	$c = m^e \bmod n$
解密	$m = c^d \bmod n$

消息用 d 加密就像用 e 解密一样容易。这里不引入数论来证明这样做为什么可行，现在的许多密码学教材中都包括了这些细节。

举一个简单的例子可能更清楚地说明这一点。如果 $p=47$，$q=71$，那么

$$n = pq = 3337$$

加密密钥 e 必须与 $(p-1)(q-1) = 46 \times 70 = 3220$ 没有公因子。

随机选取 e，如 79，那么

$$d = 79^{-1} \bmod 3220 = 1019$$

该数用扩展的欧几里得算法（参见 11.3 节）计算。公开 e 和 n，将 d 保密，丢弃 p 和 q。

为了加密消息

$$m = 6882326879666683$$

首先将其分成小的分组。在此例中，按 3 位数字一组就可以进行加密。这个消息将分成 6 个分组 m，进行加密：

$$m_1 = 688$$
$$m_2 = 232$$
$$m_3 = 687$$
$$m_4 = 966$$
$$m_5 = 668$$
$$m_6 = 003$$

第一个分组加密为：

$$688^{79} \bmod 3337 = 1570 = c_1$$

对随后的分组进行同样的运算产生加密后的密文：

$$c = 1570\ 2756\ 2091\ 2276\ 2423\ 158$$

解密消息时需要用解密密钥 1019 进行相同的指数运算。因而

$$1570^{1019} (\bmod 3337) = 688 = m_1$$

消息的其余部分可用同样的方法恢复出来。

19.3.1 RSA 的硬件实现

关于 RSA 的硬件实现这个主题已经在文献 [1314，1474，1456，1316，1485，874，1222，87，1410，1409，1343，998，367，1429，523，772] 中都有介绍。较好的综述性文章见文献 [258，872]。已经制造出了许多实现 RSA 加密的芯片[1310,252,1101,1317,874,69,737,594,1275,1563,509,1223]。目前正在使用的部分 RSA 芯片如表 19-3 所示[150,258]。在开放市场内不是所有芯片都能买到。

表 19-3　已有的 RSA 芯片

公司	时钟速度	每 512 位波特率	每 512 位加密的时钟周期	技术	每个芯片的位	晶体管数目
Alpha Techn.	25MHz	13K	.98M	2 微米	1024	180 000
AT&T	15MHz	19K	.4M	1.5 微米	298	100 000
British Telewm	10MHz	5.1K	1M	2.5 微米	256	—
Business Sim. Ltd.	5MHz	3.8K	.67M	门阵列	32	—
Calmos Syst. Inc.	20MHz	28K	.36M	2 微米	593	95 000
CNET	25MHz	5.3K	2.3M	1 微米	1024	100 000
Cryptech	14MHz	17K	.4M	门阵列	120	33 000
Cylink	30MHz	6.8K	1.2M	1.5 微米	1024	150 000
GEC Marconi	25MHz	10.2K	.67M	1.4 微米	512	160 000
Pijnenbuig	25MHz	50K	.256M	1 微米	1024	400 000
Sandia	8MHz	10K	.4M	2 微米	272	86 000
Siemens	5MHz	8.5K	.3M	1 微米	512	60 000

19.3.2　RSA 的速度

硬件实现时，RSA 比 DES 慢大约 1000 倍。最快的具有 512 位模数的 VLSI 硬件实现的吞吐量为 64kbit/秒[258]。也有一些实现 1024 位 RSA 的加密芯片。现今设计的具有 512 位模数的芯片可达到 1Mbit/s，该芯片在 1995 年制成。在智能卡中已大量实现了 RSA，这些实现都较慢。

软件实现时，DES 大约比 RSA 快 100 倍。这些数字会随着技术发展而发生相应的变化，但 RSA 的速度将永远不会达到对称算法的速度。表 19-4 给出了 RSA 软件速度的实例[918]。

表 19-4　具有 8 位公开密钥的 RSA 对于不同长度模数的加密速度（在 SPARC Ⅱ 中）

	512 位	768 位	1024 位
加密	0.03 秒	0.05 秒	0.08 秒
解密	0.16 秒	0.48 秒	0.93 秒
签名	0.16 秒	0.52 秒	0.97 秒
验证	0.02 秒	0.07 秒	0.08 秒

19.3.3　软件加速

如果你很聪明地选择一个 e 值，RSA 加密速度将快很多。最常用的三个 e 值是 3、17 和 65537（216＋1）（65537 的二进制表示中只有两个 1，所以它只需要 17 次乘法来实现指数运算）。X.509 中建议采用 65537[304]，PEM 中建议采用 3[76]，PKCS♯1（参见 24.14 节）中建议采用 3 或 65537[1345]。即便是一组用户使用同样的 e 值，采用这三个值中的任何一个都不存在安全问题（建议你用随机数填充消息——参见以后的章节）。

假如你已经保存了 p 和 g 值，以及诸如 $d \bmod (p-1)$、$q^{-1}d \bmod (g-1)$、$\bmod p$ 这类的数，那么运用中国剩余理论就能使私人密钥的运行速度加快[1283,1276]。这些数很容易从私人密钥和公开密钥中计算出来。

19.3.4　RSA 的安全性

RSA 的安全性完全依赖于分解大数的难度。从技术上来说这是不正确的，这只是一种推测。从数学上从未证明过需要分解 n 才能从 c 和 e 中计算出 m。用一种完全不同的方法来对 RSA 进行密码分析还只是一种想象。如果这种新方法能让密码分析者推算出 d，也可作为分解大数的一种新方法。我对此还不甚担忧。

也可通过猜测 $(p-1)(q-1)$ 的值来攻击 RSA。但这种攻击没有分解 n 容易[1616]。

对那些持极端怀疑态度的人来说，有些 RSA 的变体已被证明和大数分解同样困难（参见 19.5 节）。也可参见文献 [36]，它给出了从 RSA 加密的密文中恢复某一位与恢复出整个文本同样困难这一结论。

分解 n 是最显而易见的攻击方法。敌方手中有公开密钥 e 和模数 n，要找到解密密钥 d，他们就必须分解 n。11.4 节讨论了分解技术的现状。目前，129 位十进制数字的模数是能分解的临界数。所以，n 应该大于这个数。参见 7.2 节关于公开密钥长度的讨论。

对密码分析者而言，他有可能尝试每一种可能的 d，直到获得正确的一个。这种穷举攻击还没有试图分解 n 更有效。

随着时间的推移，人们声称已经找到了破译 RSA 的简单方法，但直到现在这些宣称还站不住脚。举例来说，1993 年 William Payne 的论文草案中提出了一种基于费尔马小定理的方法[1234]。很不幸，它的速度仍比分解模数慢。

还有其他的担心。大多数用于计算素数 p 和 q 的算法是有概率的，假如 p 或 g 不是素数又如何呢？很好，你可以首先找出这件事发生尽可能小的概率。如果它不是素数，这就意味着加密和解密均不能正确地工作——你马上就可放弃它。有些称为 Carmichael 的数可以使某些概率算法检测不出它的素数性。它们非常少，但它们是不安全的[746]。老实说，我对此并不担心。

19.3.5　对 RSA 的选择密文攻击

有些攻击专门针对 RSA 的实现。它们不攻击基本的算法，而是攻击协议。仅使用 RSA 而不重视它的实现是不够的。实现细节也很重要。

情况 1：Eve 在 Alice 的通信过程中进行窃听，设法成功选取一个用她的公开密钥加密的密文 c。Eve 想读出消息。从数学上讲，她想得到 m，这里：

$$m = c^d$$

为了恢复 m，她首先选取一个随机数 r，满足 r 小于 n。她得到 Alice 的公开密钥 e，然后计算：

$$x = r^e \bmod n$$
$$y = xc \bmod n$$
$$t = r^{-1} \bmod n$$

如果 $x = r^e \bmod n$，那么 $r = x^d \bmod n$。

现在，Eve 让 Alice 用她的私人密钥对 y 签名，以便解密 y（Alice 必须对消息，而非消息的散列值签名）。记住，Alice 以前从未见过 y。Alice 发送给 Eve：

$$u = y^d \bmod n$$

现在 Eve 计算：

$$tu \bmod n = r^{-1} y^d \bmod n = r^{-1} x^d c^d \bmod n = c^d \bmod n = m$$

Eve 现在就获得了 m。

情况 2：Trent 是一个公开的计算机公证人。如果 Alice 打算让一份文件被公证，她将它发送给 Trent，Trent 将它用 RSA 进行数字签名，然后发送回来（这里没有使用单向散列函数，Trent 用他的私人密钥加密整个消息）。

Mallory 想让 Trent 对一个 Trent 本来不愿签名的消息签名。或许它有一个假的时间标记，或许是另外的人所为。不管是何种理由，如果允许 Trent 选择的话，他是绝不会对它签名的。让我们将这个消息称作为 m'。

首先，Mallory 选取任意一个值 x，计算 $y = x^e \bmod n$。他能很容易地获得 e，这是 Trent 的公开密钥，必须公开以便使用来验证他的签名。然后，他计算 $m = ym' \bmod n$，并将 m 发送给 Trent 并让 Trent 对它签名。Trent 回送 $M'^d \bmod n$，现在 Mallory 计算 $(m^d \bmod n)x^{-1} \bmod n$，它等于 $n'_d \bmod n$，是 m' 的签名。

实际上，Mallory 可以用多种方法来完成相同的事[423,458,486]。他们利用的缺陷都是指数运算保持了输入的乘积结构，即

$$(xm)^d \bmod n = x^d m^d \bmod n$$

情况 3：Eve 想让 Alice 对 m_3 签名。她产生两份消息 m_1、m_2，满足

$$m_3 \equiv m_1 m_2 (\bmod n)$$

如果她能让 Alice 对 m_1 和 m_2 签名，就能计算 m_3：

$$m_3^d = (m_1^d \bmod n)(m_2^d \bmod n)$$

记住：绝对不要对陌生人提交给你的随机消息进行签名。记住，要先利用一个单向散列函数对消息进行散列运算。ISO 9796 分组格式可防止这种攻击。

19.3.6 对 RSA 的公共模数攻击

有一个可能的 RSA 实现，每个人具有相同的 n 值，但有不同的指数 e 和 d。不幸的是，这样做是不行的。最显而易见的问题是，假如同一个消息用两个不同的指数（模数相同）加密，且这两个指数又互素（它们在一般情况下会如此）。那么无需任何一个解密指数就可以恢复出明文[1457]。

设 m 是明文消息，两个加密密钥为 e_1 和 e_2，共同的模数为 n。两个密文为：

$$c_1 = m^{e_1} \bmod n$$

$$c_2 = m^{e_2} \bmod n$$

密码分析者知道 n、e_1、e_2、c_1 和 c_2，下面是他如何恢复出 m 的。

由于 e_1 和 e_2 互素，由扩展欧几里得算法能找出 r 和 s，满足：

$$re_1 + se_2 = 1$$

假定 r 是负数（r 或 s 中有一个必须是负数，此处假设它为负数），那么再用欧几里得算法可计算 c_1^{-1}，然后有：

$$(c_1^{-1})^{-r} \times c_2^s = m \bmod n$$

对这类系统还有两个更巧妙的攻击方法。一种攻击是用概率方法来分解 n，另外一种是利用一种确定算法而非利用分解模数来计算私人密钥。两种攻击在文献［449］中做了详细的描述。

记住：不要在一组用户之间共享 n。

19.3.7 对 RSA 的低加密指数攻击

在 RSA 加密和数字签名验证中，如果选取了较低的 e 值可以加快速度，但这是不安全

的[704]。如果你采用不同的 RSA 公开密钥和相同的 e 值，对 $e(e+1)/2$ 个线性相关的消息加密，就存在一种能攻击该系统的方法。如果消息比较短，或者消息不相关，就不存在这个问题。如果消息相同，那么 e 个消息就够了。阻止该攻击最简单的方法是用独立随机值填充消息。这也能保证 $m^e \bmod n \ne m^e$。RSA 的大多数实现中（例如，PEM 和 PGP），都是这样做的。

　　记住：在加密前要用随机值填充消息，以确保 m 和 n 的大小一样。

19.3.8　对 RSA 的低解密指数攻击

　　Michael Wiener 给出了另外一种攻击，如果 d 达到 n 的 1/4 大小，且 e 比 n 小，那么该方法可以恢复 d[1596]。假如 e 和 d 随机选择，则该攻击很少发生；假如 e 的值很小，则它不可能发生。

　　记住：选择大的 d。

19.3.9　经验

　　根据这些成功的攻击[1114,1115]，Jadith Moore 列出使用 RSA 的一些限制：

- 知道了对于一个给定模数的一个加/解密密钥指数对，攻击者就能分解这个模数。
- 知道了对于一个给定模数的一个加/解密密钥指数对，使攻击者无须分解 n 就可以计算出其他的加/解密对。
- 在通信网络中，利用 RSA 的协议不应该使用公共模数（这一点从前述两点即可看出）。
- 消息应用随机数填充以避免对加密指数的攻击。
- 解密指数应该大。

　　记住，仅有一个安全的密码算法是不够的。整个密码系统必须是安全的，密码协议也必须是安全的。如果这三个方面中任意一个环节出了问题，整个系统就是不安全的。

19.3.10　对 RSA 的加密和签名攻击

　　在对一个消息加密之前进行签名很有意义（参见 2.7 节），但不是所有人都这样做。有一种攻击在签名前对加密协议进行攻击[48]。

　　Alice 想给 Bob 发一条消息。首先，她用 Bob 的公开密钥加密该消息，然后用自己的私人密钥对它签名。加密并签名的消息为：

$$(m^{e_B} \bmod n_B)^{d_A} \bmod n_A$$

下面看看 Bob 如何宣称 Alice 发送给他的是 m' 而不 m。因为 Bob 知道 n_B 的分解（是他的模数），所以他能计算出针对 n_B 的离散对数。因此，他要做的只是找到一个 x 满足：

$$m'^x = m \bmod n_B$$

然后，假如他能将 xe_B 作为他新的公开指数并保留 n_B 为其模数时，他就能宣称 Alice 已经用他的新指数向他发送了加密消息 m'。

　　在某些情况下，这是一个特别有威胁的攻击。注意，散列函数不能解决这个问题，但可以迫使每一个用户采用固定的加密指数。

19.3.11　标准

　　RSA 在世界上许多地方已成事实上的标准。ISO 几乎（但没有明确）已指定 RSA 用作数字签名标准。在 ISO 9796 内，RSA 已成为其信息附件[762]。法国银行界也使 RSA 标准化[525]，澳大利亚也是如此[1498]。美国现在还没有公开密钥加密标准，因为存在 NSA 和专利组织的压力。许多美国公司都采用 RSA 数据安全公司编写的 PKCS（参见 24.14 节）。ANSI 银行标准的草案也利用 RSA[61]。

19.3.12　专利

RSA 算法在美国申请了专利[1330]，但在其他国家无专利。PKP 注册了此专利和其他公开密钥密码专利（参见 25.5 节）。美国专利将于 2000 年 9 月 20 日到期。

19.4　Pohlig-Hellman 算法

Pohlig-Hellman 加密方案[1253] 类似于 RSA，它不是一种对称算法，因为加密、解密采用不同的密钥。它也不是一种公开密钥方案，因为密钥很容易相互推导出。它的加密密钥和解密密钥都要保密。

类似于 RSA，有：

$$C = P^e \bmod n$$
$$P = C^d \bmod n$$

其中　$ed \equiv 1$（mod 某些复杂数）。

与 RSA 不同，n 不是依据两个大素数来定义的，它还必须作为私人密钥的一部分。如果某人有 e 和 n，他就能计算出 d。如果不知道 e 或 d，则不得不计算：

$$e = \log_P C \bmod n$$

我们已知道这是一个难题。

专利

Pohlig-Hellman 算法在美国[722] 和加拿大申请了专利。PKP 注册了此专利和其他公开密钥专利（参见 25.5 节）。

19.5　Rabin 算法

Rabin 方案[1283,1601] 的安全性基于求合数的模平方根的难度。这个问题等价于因子分解。下面是该方案的描述。

首先选取两个素数 p 和 q，两个都同余 3 模 4。将这两个素数作为私人密钥，$n = pq$ 作为公开密钥。

加密一个消息 M（M 必须小于 n）时，只需计算：

$$C = M^2 \bmod n$$

解密消息一样容易，但稍微麻烦一些。由于接收者知道 p 和 g，所以可以用中国剩余定理解两个同余式。计算：

$$m_1 = C^{(p+1)/4} \bmod p$$
$$m_2 = (p - C^{(p+1)/4}) \bmod p$$
$$m_3 = c^{(q+1)/4} \bmod p$$
$$m_4 = (q - C^{(q+1)/4}) \bmod q$$

然后选择整数。$a = q(q^{-1} \bmod p)$ 和整数 $b = p(p^{-1} \bmod q)$。4 个可能的等式为：

$$M_1 = (am_1 + bm_3) \bmod n$$

$$M_2 = (am_1 + bm_4) \bmod n$$
$$M_3 = (am_2 + bm_3) \bmod n$$
$$M_4 = (am_2 + bm_4) \bmod n$$

这 4 个结果 M_1、M_2、M_3 和 M_4 中之一等于 M。如果消息是英语文本，很容易选择正确的 M_i。另一方面，如果消息是一个随机位流（比如说，密钥产生或数字签名），就没有办法决定哪一个 M_i 是正确的。解决这个问题的方法是在消息加密前加入一个已知的标题。

Williams 方案

Hugh Williams 重新定义了 Rabin 方案以消除其缺陷[1601]。在他的方案中，p 和 q 这样选取：

$$p \equiv 3 \bmod 8$$
$$q \equiv 7 \bmod 8$$

且

$$N = pq$$

还有一个小整数 S，满足 $J(S, N) = -1$（J 是雅可比符号——参见 11.3 节）。N 和 S 公开。私人密钥 k 满足：

$$k = 1/2 \times (1/4 \times (p-1) \times (q-1) + 1)$$

为了加密消息 M，计算 c_1 使之满足 $J(M, N) = (-1)^{c_1}$。然后，计算 $M' = (S^{c_1} \times M) \bmod N$。类似于 Rabin 方案，$C = M'^2 \bmod N$，$c_2 = M' \bmod 2$。最后的密文是三重组：

$$(C, c_1, c_2)$$

解密 C 时，接收者利用

$$C^k \equiv \pm M'' (\bmod N)$$

计算 M''。M'' 的符号由 c_2 给出。最后：

$$M = (S^{c_1} \times (-1)^{c_1} \times M') \bmod N$$

Williams 在文献 [1603，1604，1605] 中进一步改进了这个方案。将消息平方代之以立方。大素数必须同余 1 模 3，否则公开密钥和私人密钥相同。更好的是，对每个加密仅有唯一的解密。

Rabin 和 Williams 算法在证明其安全性取决于大数因子分解上比 RSA 算法有优势。然而，它们对选择密文攻击是不安全的。如果你打算在攻击者能攻击的地方（例如，在数字签名算法中，攻击者选择签名的消息的地方）使用这些算法，要保证在签名前使用单向散列函数。Rabin 提出了另一种抵抗这种攻击的方法：在每条消息散列运算和签名前添加一个不同的随机串。不幸的是，一旦你将单向散列函数添加到系统中，其安全性将不再依赖于因子分解，尽管添加的散列值在实际意义上对系统没有任何削弱。

Rabin 算法的其他变体见文献 [972，909，696，697，1439，989]。文献 [866，889] 中描述了二维变体。

19.6　ElGamal 算法

ElGamal 算法[518,519] 既可用于数字签名又可用于加密，其安全性依赖计算有限域上离散对数的难度。

要产生一对密钥，首先选择素数 p，两个随机数 g 和 x，g 和 x 都小于 p，然后计算：

$$y = g^x \bmod p$$

公开密钥是 y、g 和 p，g 和 p 可由一组用户共享。私人密钥是 x。

19.6.1 ElGamal 签名

对消息 M 签名时，首先选择一个随机数 k，k 与 $p-1$ 互素。然后计算

$$a = g^k \bmod p$$

利用扩展欧几里得算法从下式中求出 b：

$$M = (xa + kb) \bmod (p-1)$$

签名为一对数：a 和 b。随机数值 k 必须保密。

为了验证签名，只要验证：

$$y^a a^b \bmod p = g^M \bmod p$$

每个 ElGamal 签名或加密都需要一个新的 k 值，该值必须随机选取。假如 Eve 曾恢复过 Alice 使用过的一个 k，她就能恢复 Alice 的私人密钥 x。假如 Eve 曾用同样的 k 得到过签名或加密的两个消息，甚至她不知道消息是什么，她也可以恢复 x。

表 19-5 总结了这种方法。

表 19-5 ElGamal 签名

公开密钥:	p：素数（可由一组用户共享）
	$g < p$（可由一组用户共享）
	$y = g^x \pmod p$
私人密钥:	$x < p$
签名:	k：随机选择，与 $p-1$ 互素
	a（签名）$= g^k \pmod p$
	b（签名）满足 $M = (xa + kb) \bmod (p-1)$
验证:	如果 $y^a a^b \pmod p = g^M \pmod p$ 认可签名有效

例如，选择 $p=11$ 和 $g=2$，私人密钥 $x=8$，计算：

$$y = g^x \pmod p = 2^8 \pmod{11} = 3$$

公开密钥是 $y=3$，$g=2$ 和 $p=11$。

为鉴别 $M=5$，首先选择随机数 $k=9$，验证 $\gcd(9, 10)=1$，计算：

$$a = g^k \pmod p = 2^9 \pmod{11} = 6$$

利用欧几里得算法求 b：

$$M = (ax + kb) \bmod (p-1)$$
$$5 = (8 \times 6 + 9 \times b) \bmod 10$$

解是 $b=3$，签名是一对数：$a=6$ 和 $b=3$。

验证签名时，只需要确保：

$$y^a a^b \pmod p = g^M \pmod p$$
$$3^6 6^3 \pmod{11} = 2^5 \pmod{11}$$

ElGamal 签名的一种变体在文献 [1377] 中有描述。Thomas Beth 发明了一种适合于身份证明的 ElGamal 方案的变体[146]。还有一些变体适用于口令验证[312]，也有用于密钥交换的[773]。这类变体达千种以上（参见 20.4 节）。

19.6.2 ElGamal 加密

ElGamal 方案的一种修改版可以对消息进行加密。要加密消息 M，首先选择随机数 k，

只要 k 与 $p-1$ 互素。然后计算：

$$a = g^k \bmod p$$

$$b = y^k M \bmod p$$

a 和 b 是密文对。注意，密文的大小是明文的两倍。

解密 a 和 b 时，计算：

$$M = b/a^x (\bmod\ p)$$

因为 $a^x \equiv g^{kx} \bmod p$ 以及 $b/a^x \equiv y^k M/a^x \equiv g^{xk} M/g^{xk} \equiv M \bmod p$ 都成立（见表 19-6），除了 y 是密钥的一部分以及通过乘以 y^k 加密外，它和 Diffie-Hellman 密钥交换（参见 22.1 节）几乎一样。

表 19-6　ElGamal 加密

公开密钥：	p：素数（可由一组用户共享）
	$g < p$（可由一组用户共享）
	$y = g^x (\bmod\ p)$
私人密钥：	$x < p$
加密：	k：随机选择，与 $p-1$ 互素
	a（密文）$= g^k \bmod p$
	b（密文）$= y^k M \bmod p$
解密：	M（明文）$= b/a^x (\bmod\ p)$

19.6.3　速度

表 19-7 给出了 ElGamal 的软件实现速度[918]。

表 19-7　具有 160 位指数的 ElGamal 对于不同长度模数的速度（在 SPARC Ⅱ 上）

	512 位	768 位	1024 位
加密	$0.33s$	$0.80s$	$1.09s$
解密	$0.24s$	$0.58s$	$0.77s$
签名	$0.25s$	$0.47s$	$0.63s$
验证	$1.37s$	$5.12s$	$9.30s$

19.6.4　专利

ElGamal 方案未申请专利。但是，当你继续研究实现该算法时，应该知道公开密钥伙伴（PKP）认为该算法涉及了 Diffie-Hellman 专利[718]。但是，Diffie-Hellman 专利将于 1997 年 4 月 29 日到期，到那时使 ElGamal 公开密钥加密算法适用于加密和数字签名领域的专利将在美国不受阻碍。我们已等到了。

19.7　McEliece 算法

1978 年 McEliece 研究出了一种基于代数编码理论的公开密钥密码系统[1041]。该算法使用了一类称为 Goppa 码的纠错编码的存在性，其思想是构造一个 Goppa 码并将其伪装成普通的线性码。解 Goppa 码有一种快速算法，但要在线性二进制码中找到一种给定大小的代码字则是一个 NP 完全问题。该算法的详细描述见文献 [1233]，也可见文献 [1562]。下面是其摘要。

令 $d_H(X, Y)$ 表示 x 和 y 之间的汉明距离，数 n、k 和 t 是系统参数。

私人密钥由三部分组成：G' 是一个能纠 t 个错的 $k \times n$ 阶 Goppa 码发生器矩阵，P 是 $n \times n$ 阶置换矩阵，S 是 $k \times k$ 阶非退化矩阵。

公开密钥是 $k \times n$ 阶矩阵 G：$G = SG'P$。

明文是 k 位的串，以 GF(2) 上的 k 维向量表示。

加密消息时，随机选择 GF(2) 上的 n 维向量 z，其汉明距离小于或等于 t。

$$c = mG + 2$$

解密时，首先计算 $c' = cP^{-1}$。然后用 Goppa 码的解码算法寻找 m'，使之满足 $d_H(m'G, c') \leqslant t$。最后计算 $m = m'S^{-1}$。

在他最初的论文中，McEliece 建议 $n = 1024$，$t = 50$，$k = 524$。这是达到安全要求的最小值。

尽管该算法是最早的公开密钥算法之一，并且对它没有成功的密码分析结果，但是它从未获得密码学界的广泛接受。该方案比 RSA 快两三个数量级，但也存在着多个问题：公开密钥太庞大，为 219 位长、数据扩展太大，密文长度是明文的两倍。

对该系统进行密码分析的一些尝试见文献 [8，943，1559，306]，这些均没有取得一般意义上的成功，尽管 McEliece 算法和背包之间的相似性使人担忧。

1991 年，两位俄罗斯的密码学家声称采用一些参数破译了 McEliece 系统[882]。他们的论文没有证据证实他们的结论，大多数密码学家对此结果持怀疑态度。另外一个俄罗斯的攻击[1447,1448] 不能直接对 McEliece 系统进行攻击。McEliece 的扩展可在文献 [424，1227，976] 中找到。

其他基于线性纠错编码的算法

Niederreiter 算法与 McEliece 算法紧密相关，假设公开密钥是纠错编码的随机奇偶校验矩阵，私人密钥则是这个矩阵的有效解码算法。

用作身份识别和数字签名的另一个算法基于 syndrome 解码[1501]，其评论见文献 [306]。基于纠错编码的算法[1621] 是不安全的[698,33,31,1560,32]。

19.8 椭圆曲线密码系统

椭圆曲线已研究了很多年，关于这方面有大量的文献。1985 年，Neal Koblitz 和 V. S. Miller 分别提出将它用于公开密钥密码体制[867,1095]。他们没有发明有限域上使用椭圆曲线的新的密码算法，但他们用椭圆曲线实现了已存在的公开密钥密码算法，如 Diffie-Hellman 算法。

椭圆曲线的吸引人之处在于它提供了由"元素"和"组合规则"来组成群的构造方式。用这些群来构造密码算法具有完全相似的特性，但它们并没有减少密码分析的分析量。例如，采用椭圆曲线就没有"平滑"的概念。也就是说，在一个随机元素能以大的概率被一个简单算法表示的情况下，不存在小元素的集合。这样，离散对数算法的指数计算不起作用。文献 [1095] 中有详尽的说明。

有限域 GF(2^n) 上的椭圆曲线特别有趣，域上的运算处理器很容易构造，并且 n 在 130～200 位之间的实现是相当简单的。它们提供了一个更快的具有更小密钥长度的公开密钥密码系统。很多公开密钥算法，如 Diffie-Hellman、ElGamal 和 Schnorr 可以在有限域上用椭圆曲线实现。

这里的数学原理很复杂，超出了本书的范围。感兴趣的读者可阅读上面提到的两篇参考文献和 Alfred Menezes 的优秀读本[1059]。椭圆曲线上的 RSA 的两个分析见文献［890，454］。其他论文见文献［23，119，1062，869，152，871，892，25，895，353，1061，26，913，914，915］。文献［701］中讨论了具有短密钥的椭圆曲线密码系统。Next 计算机公司的快速椭圆加密（FEE）算法也使用了椭圆曲线[388]。FEE 还有一个好的特性是，私人密钥可以是任何容易牢记的字符串。文献［868，870，1441，1214］中都提出了使用椭圆曲线的公开密钥密码系统。

19.9　LUC 算法

有些密码学家已研究出 RSA 的一般算法，它采用各种置换多项式取代指数运算。一种称为 Kravitz-Reed 的变体，采用了不可约的二项式[898]，它是不安全的[451,589]。Winfried Müiller 和 Wilfries Nöbauer 采用了 Dickson 多项式[1127,1128,965]。Rudolph Lidl 和 Müller 在文献［966，1126］中采用了该方法（称为 Réidi 方案的一种变体），Nöbauer 在文献［1172，1173］中研究了其安全性。（用 Lucas 函数产生素数的内容在文献［969，967，968，598］中提及）。尽管这些是已有技术，但来自新泽西的一组研究人员试图在 1993 年对该方案申请专利，称之为 LUC[1486,521,1487]。

第 n 个 Lucas 数 $V_n(P，1)$ 定义为：
$$V_n(P，1)=PV_{n-1}(P，1)-V_{n-2}(P，1)$$

还有更多的关于 Lucas 数的理论，我都不予考虑。Lucas 序列的一种好的理论处理见［1307，1308］。一种非常好的 LUC 数学描述见［1494，708］。

无论如何，要产生公开密钥/私人密钥对，首先要找到两个大素数 p 和 q。计算 p 和 q 的乘积 n。加密密钥 e 是随机数，并与 $p-1$、$q-1$、$p+1$ 和 $q+1$ 互素。

4 种可能的解密密钥为：
$$d=e^{-1} \bmod (\mathrm{lcm}((p+1)，(q+1)))$$
$$d=e^{-1} \bmod (\mathrm{lcm}((p+1)，(q-1)))$$
$$d=e^{-1} \bmod (\mathrm{lcm}((p-1)，(q+1)))$$
$$d=e^{-1} \bmod (\mathrm{lcm}((p-1)，(q-1)))$$
其中 lcm 是最小公倍数。

公开密钥是 d 和 n，私人密钥是 e 和 n。丢弃 p 和 g。

加密消息 P（P 必须小于 n）时，计算：
$$C=V_e(P，1)(\bmod n)$$

解密为：
$$p=V_d(P，1)(\bmod n) \quad 使用适当的 d$$

LUC 最多能达到 RSA 的安全级。目前，有一些未公开的结果表明，至少某些实现中可破译 LUC，我不相信这个算法。

19.10　有限自动机公开密钥密码系统

中国密码学家陶仁骥发明了一种基于有限自动机的公开密钥算法[1301,1302,1303,1300,1304,666]。就像分解两个大素数的乘积很困难一样，分解两个有限自动机的合成也很困难。假如其中的一个或两个是非线性时，那就更困难了。

该领域的大量研究发生在 20 世纪 80 年代的中国，并以中文公开发表。陶仁骥开始用英语发表论文。他的主要结论为：某些非线性自动机（准自动机）当且仅当它们有某种梯形矩阵结构时，具有弱的可逆性。如果是其他矩阵结构（甚至是线性结构），它就不具有该特性。在公开密钥算法中，私人密钥就是一个可逆的准自动机，也是线性自动机，相应的公开密钥就由它们逐项相乘来获得。数据经过公开的自动状态机后加密，解密经过有上述自动状态机的各个组件的反向路径得到（在某些情况下，它们设置成适当的初始化值）。该方案可用于加密和数字签名。

该系统的性能概括地说像 McElience 系统，它们运行比 RSA 快，但也需要更长的密钥。要获得与 512 位 RSA 相似的安全性，密钥长度应为 2792 位；而要获得与 1024 位 RSA 相似的安全性，密钥长度应为 4152 位。在一台 33MHz 的 80486 上运行前一种情况，系统加密数据速率为 20 869 字节/秒，解密数据速率为 17 117 字节/秒。

陶仁骧公开了三个算法。第一个为 FAPKC0。这是系统很弱，使用了线性组件，且主要用于解释。另外两个重要的系统为 FAPKC1 和 FAPKC2，每一个都采用了线性和非线性的组件。后者更复杂，研究的目的是为了进行身份鉴别。

对于这些算法的强度，中国在这方面已经做了很多研究工作（有 30 多个研究机构公开了密码学和安全方面的论文）。人们可从相当多的中文文献中了解对该问题的研究。

FAPKC1 和 FAPKC2 一个可能的吸引力是它们没有获得任何美国专利。因此，一旦 Diffie Hellman 专利在 1997 年过期，它们将毫无疑问地成为公开的讨论对象。

公开密钥数字签名算法

20.1 数字签名算法

1991 年 8 月，NIST 提出了数字签名算法（DSA）用于他们的数字签名标准（DSS）中。根据《联邦公报》[538]：

> 在此提出一种数字签名标准（DSS）的联邦信息处理标准（FIPS）。该标准规定了一种适用于联邦数字签名应用中的公开密钥数字签名算法（DSA）。DSS 使用公开密钥，为接收者验证数据的完整性和数据发送者的身份。它也可用于由第三方去确定签名和所签数据的真实性。

> 该标准采纳了用一对变换去产生和验证称为签名的数值的公开密钥签名方案。

并且：

> FIPS 是经过对许多种可选的数字签名技术进行评价之后提出的。NIST 遵循 1987 年的计算机安全法案第二节中的规定做出选择，该规定要求 NIST "……确保以最低的成本实现联邦信息最有效的安全性和保密性，并且在多种具有相当安全性的方法中选择操作性和使用性最好的那个。"

> 进行这次选择时考虑的因素有安全程度、软件和硬件实现的容易程度、从美国出口的容易程度、专利的适用范围、对国家安全和法律执行的影响程度，以及签名和验证函数的效率。许多技术都能对联邦系统提供合适的保护。选用的技术应具有如下的特点：

> NIST 期望使用它无专利问题，公开的可用性有利于该技术的广泛使用，这将给政府和公众带来经济利益。

> 选用的技术应保证在智能卡应用中有效地实现签名操作。在这些应用中签名操作应在计算能力适中的智能卡环境中进行，而验证过程可在计算能力较强的环境中实现，如个人计算机、硬件密码模块和大型计算机。

为了不引起混淆，我们再回顾一下术语：DSA 是算法，DSS 是标准。标准采用算法，算法是标准的一部分。

20.1.1 对通告的反应

NIST 的通告引起了大量的非难和谴责。遗憾的是，它的政治性多于学术性。RSA 算法的供应商 RSADSI 站在反对 DSS 的前沿，他们希望是 RSA 而不是另一种算法成为标准。该公司花了大量经费来获得 RSA 算法的专利许可权，因而无专利权的数字签名标准将会直接影响他们的收入（注：RSA 未必是毫无专利侵权的，这一点将在后面讨论）。

在该算法公布之前，RSADSI 曾发起了一场反对"公共模数"的运动，理由是它可能使政府具有伪造签名的能力。而当公布的算法没有这种公共模数之后，他们又以向 NIST 写信和向新闻界发表声明的方式，从其他方面对它攻击[154]（写给 NIST 的 4 封信见文献 [1326]。阅读这些信件时，不要忘了其中至少有两位作者 Rivest 和 Hellman 不赞成将 DSS

用于金融方面）。

许多已经取得 RSA 算法专利许可权的大型软件公司也站出来反对 DSS。1982 年，美国政府征求用于标准的公开密钥算法[537]，其后九年 NIST 未透露一点消息。IBM、苹果、网威、莲花、北方电信、微软，DEC 和 SUN 等公司已经投入大量的资金来实现 RSA 算法，他们当然不希望这些资金白白流失。

到 1992 年 2 月 28 日第一次征求意见结束时，NIST 共收到 109 篇评论。

我们逐一看看这些反对 DSA 的评论。

(1) DSA 不能用于加密或密钥分配。

确实如此，但这不是该标准的主要问题。这是一个签名标准，NIST 应该有一个公开密钥加密的标准。NIST 没有提供一个公开密钥加密标准对美国人极不公平。NIST 推荐一个不能用于加密的数字签名标准的动机值得怀疑（虽然变换形式它也能用于加密——参见 23.3 节）。这并不是说该签名标准毫无用处。

(2) DSA 是由 NSA 研制的，并且算法中可能存在陷门。

最初的许多评论源于密码学家的妄想症：“NIST 毫无理由地拒绝建议，不仅不能使人对 DSS 充分信任，反而令人担心其后是否隐藏着什么，如全国的公开密钥密码系统是建立在它很容易被 NIST 和 NSA 破译的基础上[154]。Bellcore 的 Arjen Lenstra 和 Stuart Haber 的确得出了有关 DSS 安全性的一个严重问题，关于这一点后面将详细讨论。

(3) DSA 比 RSA 慢[800]。

大致是这样的。两者产生签名的速度相同，但验证签名时 DSA 慢 10～40 倍。其密钥产生比 RSA 快。但是密钥产生关系不大，用户很少做这项工作。签名和验证才是最常用的操作。

这种批评存在的问题是可用多种方法对参数进行测试，取决于你所想得到的结果。预先计算可以加快 DSA 的签名，但这并不可行。RSA 的支持者使用优化的数来使计算更容易，DSA 支持者也有他们自己的优化措施。总之，计算机越来越快。尽管存在着差别，但在大多数应用中并不明显。

(4) RSA 是一个事实上的标准。

有两个这种申述的例子。IBM 的标准规划主任 Robert Follett 说[570]：

> IBM 关心的是 NIST 没有采纳国际标准，而是提出了另一种数字签名方案的标准。用户和用户组织已经使我们相信，在不久的将来采用 RSA 的国际标准是销售安全产品的先决条件。

摩托罗拉副总裁兼 MIS 和通信部主任 Les Shroyer 认为：

> 我们必须拥有一种单一的、坚固的并且是政治上可以接受的数字签名标准，它可通用于全世界、美国和非美国、摩托罗拉和非摩托罗拉都可使用。在过去八年中，由于缺乏其他成熟的数字签名技术，RSA 已成为事实上的标准……摩托罗拉公司和其他许多公司……已经投入数百万美元用于 RSA。我们为两种不同标准之间的互操作性和相互支持而忧虑，这种情形将带来额外的成本，并使推广使用延期和复杂化……

许多公司希望 NIST 采纳使用 RSA 的国际数字签名标准 ISO 9796[762]。虽然理由比较正当，但对一个标准来说并不是十分恰当，无专利权的标准带给美国公众的好处要大得多。

(5) DSA 的选择过程不公开，并且提供的分析时间不充分。

NIST 先是称是他们设计了 DSA，后来又承认 NSA 帮助过他们。最后，他们证实是 NSA 设计了该算法。这使许多人感到担心，NSA 不能使人信任。尽管如此，算法是公开的和可分析的，并且 NIST 延长了分析和评论的时间。

（6）DSA 可能侵犯其他专利。

这是可能的，将在有关专利的地方详细讨论。

（7）密钥长度太小。

这是对 DSS 的唯一合理的批评。最初的实现将模数设置为 512 位[1149]。由于算法的安全性依赖于计算模数的离散对数的难度，因此许多密码学家对此忧心忡忡。在有限域上计算离散对数的问题已有进展，对长期的安全性来说 512 位太小（参见 7.2 节）。据 Brian LaMacchia 和 Andrew Odlyzko 称："……即使是 512 位的素数也只能提供勉强合格的安全性……"[934] NIST 对该批评做出的反应是使该密钥长度可变，变化范围从 512～1024 位。没有大的变化，但更好。

1994 年 5 月 19 日，该标准最终颁布[1154]。颁布的声明指出[542]：

> 该标准适用于所有联邦部门和机构保护非密信息……该标准将用来设计和执行基于签名方案的公开密钥，该签名方案用于联邦部门和机构以及他们的合同。该标准也可被个人和商业组织采纳和使用。

如果打算在新产品中使用和执行该标准，请读一读专利这一节（20.1.11 节）的内容。

20.1.2　DSA 的描述

DSA 是 Schnorr 和 ElGamal 签名算法的变体，在文献［1154］中有关于它完整的描述。算法中用到了以下参数：

p 是 L 位长的素数，其中 L 从 512～1024 且是 64 的倍数（在标准的最初版本中，p 的长度固定为 512 位。这引起了许多批评，之后 NIST 改变了它）。

q 是 160 位长且与 $p-1$ 互素的因子。

$g = h^{(p-1)/q} \bmod p$，其中 h 是小于 $p-1$ 并且满足 $h^{(p-1)/q} \bmod p$ 大于 1 的任意数。

x 是小于 q 的数。

$y = g^x \bmod p$。

另外，算法使用一个单向散列函数 $H(m)$。标准指定了安全散列算法（SHA），详细的讨论见 18.7 节。

前面的三个参数 p、q 和 g 是公开的，且可以被网络中所有的用户公有。私人密钥是 x，公开密钥是 y。

对消息 m 签名时：

（1）Alice 产生一个小于 q 的随机数 k。

（2）Alice 产生：

$$r = (g^k \bmod p) \bmod q$$
$$s = (k^{-1}(H(m) + xr)) \bmod q$$

r 和 s 就是她的签名，她将它们发送给 Bob。

（3）Bob 通过计算来验证签名：

$$w = s^{-1} \bmod q$$
$$u_1 = (H(m) \times w) \bmod q$$

$$u_2 = (rw) \bmod q$$

$$v = ((g^{u_1} \times y^{u_2}) \bmod p) \bmod q$$

如果 $v = r$，则签名有效。

有关数学关系的证明见文献 [1154]，表 20-1 给出了 DSA 签名的小结。

表 20-1　DSA 签名

公开密钥：

p　512～1024 位的素数（可以在一组用户中共享）

q　160 位长，并与 $p-1$ 互素的因子（可以在一组用户中共享）

$g = h^{(p-1)/q} \bmod p$，其中 h 小于 $p-1$ 并且 $h^{(p-1)}/q$ 模 $p > 1$（可以在一组用户中共享）

$y = g^x \bmod p$（一个 p 位的数）

私人密钥：

$x < q$（一个 160 位的数）

签名：

k 选取小于 q 的随机数

r（签名）$= (g^k \bmod p) \bmod q$

s（签名）$= (k^{-1}(H(m) + xr)) \bmod q$

验证：

$w = s^{-1} \bmod q$

$u_1 = (H(m) \times w) \bmod q$

$u_2 = (rw) \bmod q$

$v = ((g^{u_1} \times y^{u_2}) \bmod p) \bmod q$

如果 $v = r$，则签名被验证

20.1.3　快速预计算

表 20-2 给出了 DSA 的软件速度的例子[918]。

表 20-2　具有 160 位指数的 DSA 对于不同长度模数的速度（在 SPARC Ⅱ 上）

	512 位	**768 位**	**1024 位**
签名	0.20s	0.43s	0.57s
验证	0.35s	0.80s	1.27s

实际上，实现 DSA 时可通过预计算来加快速度。注意 r 的值与消息无关，因此可以产生一串随机的 k，并且预先计算出与之对应的 r 值，还可以对每个 k 值预先计算 k^{-1}。这样，一旦有消息，对给定的 r 和 k^{-1} 就可计算 s。

这种预先计算大大加快了 DSA。表 20-3 是在智能卡中实现 DSA 和 RSA 的计算时间的比较[1479]。

表 20-3　RSA 和 DSA 计算时间的比较

	DSA	**RSA**	**p、q、g 公有**
全局计算	卡外（P）	N/A	卡外（P）
密钥产生	14s	卡外（S）	4s
预计算	14s	N/A	4s
签名	0.03s	15s	0.03s
验证	16s	1.5s	10s
	1～5s，卡外（P）	1～3s，卡外（P）	

注：卡外计算在 33MHz 的 80386 个人机上进行。（P）表示公开参数，（S）表示秘密参数。两种算法都使用 512 位模数。

20.1.4　DSA 的素数产生

Lenstra 和 Haber 指出某些模数比其他模数更容易破解[950]。如果有人用了一个这种"杜撰的"模数，那么其签名就很容易伪造。但这不成为一个问题，理由有二：首先，真正具有这种特性的模数很容易检测出来。其次，这种模数非常少，随机选择模数时碰到它们的机会很小——实际上比用概率素数产生方法得到的合数还小。

NIST 在文献［1154］中推荐了一种产生素数 p 和 q 的方法，其中 q 能整除 $p-1$。素数 p 为 L 位，介于 512～1024 位，是 64 的倍数。素数 q 是 160 位。设 $L-1=160n+b$，其中 L 是 p 的长度，n 和 b 是两个数并且 b 小于 160。

(1) 选取一个至少 160 位的任意序列，称为 S。设 g 是 S 的位长度。

(2) 计算 $U=\mathrm{SHA}(S)\oplus\mathrm{SHA}((S+1)\bmod 2^g)$，SHA 是安全散列算法（参见 18.7 节）。

(3) 将 U 的最高位和最低位置为 1 形成 q。

(4) 检验 q 是否是素数。

(5) 如果 q 不是素数，回到第 (1) 步。

(6) 设 $C=0$，$N=2$。

(7) 对 $k=0$，1，$\cdots$，n，令 $V_k=\mathrm{SHA}((S+N+k)\bmod 2^g)$

(8) 令 $W=V_0+2^{160}V_1+\cdots+2^{160(n-1)}V_{n-1}+2^{160n}(V_n\bmod 2^b)$，$W$ 为整数，且 $X=W+2^{L-1}$。注意 X 是 L 位长的数。

(9) 令 $p=X-((X\bmod 2q)-1)$。注意 p 同余 1 模 $2q$。

(10) 若 $p<2^{L-1}$，转到第 (13) 步。

(11) 检测 p 是否为素数。

(12) 如果 p 是素数，转到第 (15) 步。

(13) 令 $C=C+1$，$N=N+n+1$。

(14) 如 $C=4096$，转到第 (1) 步；否则，转到第 (7) 步。

(15) 将用于产生 p 和 q 的 S 和 C 值保存起来。

在文献［1154］中，变量 S 称为"种子"，C 称为"计数"，N 称为"偏差"。

这表明存在着公开的方法来产生 p 和 q。实际上，这种方法能杜绝"杜撰的" p 和 q 值的产生。如果某人给你一个 p 和一个 q，你可能会想知道他是从哪里得到它们的。但是，如果给你的是产生随机 p 和 q 的 S 和 C 的值，你就可以自己进行这个过程。单向散列函数 SHA 的使用能防止他人在背后做手脚。

这样做的安全性比 RSA 高。在 RSA 中，素数是秘密保存的。某人可能产生假素数或容易分解的特殊形式的素数，除非你知道私人密钥，否则你不知道这一点。而这里，即使你不知道私人密钥，你也可以确信 p 和 g 是随机产生的。

20.1.5　使用 DSA 的 ElGamal 加密

曾经有人断言政府偏爱 DSA，因为它仅仅是数字签名算法而不能用于加密。尽管事实如此，但是调用 DSA 函数进行 ElGamal 加密是可能的。

假定 DSA 算法由单个函数调用来实现：

DSAsign(p，q，g，k，x，h，r，s)

给出 p、q、g、k、x 和 h，函数返回签名参数 r 和 s。

用公开密钥 y 对消息 m 进行 ElGamal 加密时，选择一个随机数 k，并调用：

DSAsign(p, p, g, k, 0, 0, r, s)

r 值返回的是 ElGamal 方案中的 a，s 弃之不用，然后调用：

DSAsign(p, p, y, k, 0, 0, r, s)

将 r 的值记为 u，s 弃之不用，调用：

DSAsign(p, p, m, 1, u, 0, r, s)

放弃 r。返回的 s 值即是 ElGamal 方案中的 b。这样就得到了密文 a 和 b。

解密很容易。使用私人密钥 x、密文 a 和 b，调用：

DSAsign(p, p, a, x, 0, 0, r, s)

r 的值是 a^x 模 p，记为 e。然后调用：

DSAsign(p, p, 1, e, b, 0, r, s)

s 的值就是明文 m。

这种方法并不是对所有的 DSA 实现都行得通，某些实现可能会固定 p 和 q 的值，或者固定其他参数的长度。只要实现具有充分的通用性，这就是用数字签名函数进行加密的一条途径。

20.1.6 使用 DSA 的 RSA 加密

RSA 加密更为简单。使用模数 n、消息 m 和公开密钥 e，调用：

DSAsign(n, n, m, e, 0, 0, r, s)

返回的 r 值就是密文。

RSA 解密可用同样的方法。如果 d 是私钥，则：

DSAsign(n, n, m, d, 0, 0, r, s)

明文是返回的 r 值。

20.1.7 DSA 的安全性

512 位的 DSA 不能提供长期的安全性，而 1024 位则可以。

NSA 在其关于这个问题的第一次公开访谈中，针对 DSS 中有陷门这个说法，以书面形式回复了《休斯敦纪事报》Joe Abernathy 的采访[363]：

谈及所谓的 DSS 中的陷门，我们发现术语陷门有点使人误解，因为它暗示用 DSS 发出的消息被加密，并且通过一个陷门存取，而某人能以某种方法解密（读）该消息，而无须了解发送者。

DSS 并没有加密任何数据，真正的问题是 DSS 是否容易被人伪造签名，从而使整个系统不可信。我们确认当 DSS 被正确地使用和实现时，任何人（包括 NSA）用 DSS 伪造签名几乎是不可能的。

而且，所谓陷门脆弱性对任何基于公开密钥的鉴别系统都存在，包括 RSA。以某种方式暗示这仅仅影响 DSS（新闻界的观点）完全使人误解。这是一个实现和怎样进行素数选择的问题。请注意最近的欧密会（EUROCRYPT）有关于 DSS 中陷门问题的专题讨论。最初提出陷门断言的 Bellcore 研究人员也在该专题小组中，我们的理解是该专题小组（包括来自 Bellcore 的那位）得出的结论是所谓的陷门不是 DSS 的问题，不仅如此，一致的意见是陷门问题很普通，但是被新闻界夸大了。尽管如此，为了响应有关陷门的断言，应 NIST 的请求我们设计了一种素数产生过程，它能保证避免选取那些非常少的但用于 DSS 时将引起安全弱点的弱素数。另外，NIST 打算允许使用长至 1024 位的模数，这样的话就不必采用上述消除弱素数的素数产生过程。另一个非常重要但常常被忽视的问题是：DSS 中的素数是公开的，因而可接受公开的检验。并不是所有的公开密钥系统都具有与此相同的检验。

信息安全系统的完整性要求人们注意恰当地实现系统。由于众多的脆弱性可能引起用户之间的差别，所以为了使系统的风险最小，NSA 传统上使用集中式的可信中心。为了满足 NIST 对更为分散方法的需求，我们对 DSS 做了技术上的改进，但仍然应该强调《联邦公报》中有关 DSS 的这一部分：

"尽管本标准的目的是规定产生数字签名的一般安全需求，但并不保证遵照本标准执行的某个特定的实现是安全的。每个部门或机构的负责人应确保一个全面的实现能达到可接受的安全程度，NIST 将与政府用户一起工作，以保证合适地实现。"

在我们最终读完了所有声称 DSS 不安全的论点之后，仍不能确信其正确性。在 NSA 内部曾对 DSS 进行了认真的评估，在用它对一个智能系统中的一般数据进行签名和对一个选定的系统中的机密数据进行签名之后，信息系统安全部门的主任在鉴定书上签名认可了该算法。我们认为这是对所谓正确使用和实现的 DSS 提供的完整性缺乏令人置信的攻击这一说法的回答。从美国政府对数字签名的技术和安全需求来说，我们认为 DSS 是最好的。事实上，DSS 目前正处于国际信息系统的试验中，以保证重要命令和控制信息的电子消息的真实性。参加最初试验的有联合参谋部、各军种和国防部。在 NIST 的协助下，该项目正在进行之中。

我并不打算评价 NSA 的可信赖程度，如何对待其评论取决于你自己。

20.1.8　攻击 k

每个签名都需要一个新值 k，并且该值必须是随机选择的。如果 Eve 恢复了 Alice 用来签名消息的 k，也许通过随机数发生器的某些特征来产生 k，她就可以恢复 Alice 的私人密钥 x。如果 Eve 获得了使用同一个 k 签名的两个消息，即使她不知道 k 的任何情况，也可以恢复 x。拥有了 k，Eve 就可以产生 Alice 的签名。在 DSA 的实现中，一个好的随机数发生器对系统安全是至关重要的。

20.1.9　公共模数的危险

尽管 DSS 并没有为所有人指定一个共享的公共模数，但不同的实现可能会这样。例如，税务局正在考虑将 DSS 用于税收的电子支付系统。如果他们要求全国所有纳税人使用公有的 p 和 q 会怎么样？尽管标准不需要公共模数，但这种实现用来完成同样的事情。公共模数很容易变成密码分析者诱人的目标。尽管现在确定 DSS 将会有多少种实现类型还为时尚早，但这的确是一个值得关注的问题。

20.1.10　DSA 中的阈下信道

Gus Simmons 发现了 DSA 中的一种阈下信道。该阈下信道使人们可以在其签名中嵌入秘密消息，只有另一个知道密钥的人能阅读它。据 Simmons 称，在 DSS 中"能克服所有在使用 ElGamal 方案时阈下信道中显而易见的内在缺点"是一种"奇异的巧合"，并且 DSS"提供了至今发现的最适合阈下信道通信的环境"。NIST 和 NSA 还未对这种阈下信道做出评论，没人知道他们是否早知道阈下信道。既然阈下信道使不诚实的 DSS 实现者可以在每次签名时泄露私人密钥的一部分，那么最重要的是，如果你不信任实现者就不要使用 DSS。

20.1.11 专利

David Kravitz，从前效力于 NSA，拥有 DSA 的专利[897]。据 NIST 称[538]：

> 为了公众的利益，NIST 打算使该 DSS 技术可以在全世界免费使用。我们相信该技术可以取得专利，并且没有其他专利适用于 DSS，但是在专利发布之前我们不能做出太多保证。

尽管如此，还是有三个专利权拥有者声称 DSA 侵犯了他们的专利：Diffie-Hellman（参见 22.1 节）[718]、Merkle-Hellman（参见 19.2 节）[720] 和 Schnorr（参见 21.3 节）[1398]。最麻烦的是 Schnorr 专利，另外两个专利于 1997 年到期，而 Schnorr 专利直到 2008 年都有效（这本书原书出版于 1996——编辑注）。Schnorr 算法的研制没有使用美国政府的经费，与 PKP 专利不一样，美国政府对 Schnorr 专利无使用权，并且 Schnorr 在全世界为他的算法申请了专利。即使美国法庭判决对 DSA 有利，也不清楚世界上其他法庭将怎么判。跨国公司会采用在某些国家合法，而在另外的国家又侵权的标准吗？这个问题有待解决。在本书编写过程中该问题在美国仍悬而未决。

1993 年 7 月，NIST 建议给 PKP 一个独家的 DSA 专利许可证[541]。由于公众强烈地抗议，致使协商失败，标准在没有协议的情况下颁布了。NIST 声称[542]：

> ……NIST 讨论了可能的违反专利的索赔，甚至包括无理的索赔。

因此标准是官方的，诉讼的威胁是存在的，并且没有人知道该怎么办。NIST 说如果将 DSA 用于政府合同，它将帮助反对的人们提出对专利的诉讼。看起来每个人都拥有自己。ANSI 有一个使用 DSA 的银行标准草案[60]。NIST 在政府范围内标准化 DSA。壳牌石油公司已在将 DSA 成为国际标准。我知道没有其他的人赞同 BSA 标准。

20.2 DSA 的变体

这种变体使签名者在计算上变得容易，因为不必计算 k^{-1}[1135]。所有的参数都与 DSA 一样。对消息 m 签名时，Alice 产生两个长度都小于 q 的随机数 k 和 d。签名过程如下

$$r = (g^k \bmod p) \bmod q$$
$$s = (H(m) + xr) \times d \bmod q$$
$$t = kd \bmod q$$

Bob 通过计算验证签名：

$$w = t/s \bmod q$$
$$u_1 = (H(m) \times w) \bmod q$$
$$u_2 = (rw) \bmod q$$

如果 $r = ((g^{u_1} \times y^{u_2}) \bmod p) \bmod q$，那么签名被验证。

第二个变体使验证者计算更容易[1040,1629]。所有的参数与 DSA 一样。对消息 m 签名时，Alice 产生一个小于 q 的随机数 k。签名如下：

$$r = (g^k \bmod p) \bmod q$$

$$s = k \times (H(m) + xr)^{-1} \bmod q$$

Bob 通过计算验证签名：

$$u_1 = (H(m) \times s) \bmod q$$

$$u_2 = (sr) \bmod q$$

如果 $r = ((g^{u_1} \times y^{u_2}) \bmod p) \bmod q$，那么签名被验证。

另一个 DSA 变体允许成批地验证。Bob 可以成批地验证签名[1135]。如果它们都有效，他可以如此。如果任何一个无效，那么他必须找到它。不幸的是，这种方法并不安全，签名者或验证者可以产生一系列满足准则的伪造签名[974]。

还有 DSA 产生素数的变体，一个嵌入 q 和 p 内用来产生素数的参数。这种方案是否降低了 DSA 的安全性仍然不知道。

(1) 选择一个至少 160 位的任意序列，记为 S。g 表示 S 的位长度。

(2) 计算 $U = \text{SHA}(S) \oplus \text{SHA}((S+1) \bmod 2^g)$，SHA 是安全的散列算法（参见 18.7 节）。

(3) 通过设置 U 的最高位和最低位为 1 而形成 q。

(4) 检验 q 是否为素数。

(5) 用 p 表示 q、S、C 和 $\text{SHA}(S)$ 的连接。C 是 32 个 0 位。

(6) $p = p - (p \bmod q) + 1$。

(7) $p = p + q$。

(8) 如果 p 中的 c 为 0x7fffffff，跳到第 (1) 步。

(9) 检验 p 是否为素数。

(10) 如果 p 是合数，跳到第 (7) 步。

这种变体的简洁之处是不用存储用来产生 p 和 q 的 C 和 S 的值。它们已嵌入 p 中。对于像智能卡这样没有大量存储器的应用，这是一个大的优点。

20.3　GOST 数字签名算法

这是俄罗斯的数字签名标准。官方称为 GOST R34.10-94[656]。该算法与 DSA 非常相似，并且使用了下面的参数：

$p = $ 一个长度在 509~512 位或 1020~1024 位的素数。

$q = $ 一个长度在 254~256 位，并与 $p-1$ 互素的因子。

$a = $ 任何小于 $p-1$ 并且满足 $a^q \bmod p = 1$ 的数。

$x = $ 一个小于 q 的数。

$y = a^x$ 模 p。

算法同样使用了一个单向散列函数 $H(x)$。标准指定了 GOST R34.11-94（参见 18.11 节），一个基于 GOST 对称算法的函数（参见 14.1 节）[657]。

前面 3 个参数 p、q 和 a 是公开的，并且对网络中的所有用户都是公共的。私人密钥是 x，公开密钥是 y。

对消息 m 签名时：

(1) Alice 产生一个小于 q 的随机数 k。

(2) Alice 产生：

$$r = (a^k \bmod p) \bmod q$$

$$s = (xr + k(H(m))) \bmod q$$

如果 $H(m) \bmod q = 0$，那么设置它等于 1。如果 $r = 0$，那么另选一个 k 并重新开始。签名是两个数：$r \bmod 2^{256}$ 和 $s \bmod 2^{256}$。她将这些数发送给 Bob。

（3）Bob 通过计算验证签名：

$$v = H(m)^{q-2} \bmod q$$
$$z_1 = (sv) \bmod q$$
$$z_2 = ((q - r) \times v) \bmod q$$
$$u = ((a^{z_1} \times y^{z_2}) \bmod p) \bmod q$$

如果 $u = r$，那么签名被验证。

本方案与 DSA 的区别在于：在 DSA 中，由于 $s = (xr + k^{-1}(H(m))) \bmod q$，导致了不同的验证等式。令人感兴趣的是，$q$ 是 256 位。绝大多数西方密码学家认为 q 为 160 位就满足了。这也许反映了俄罗斯倾向于使它更安全。

该标准在 1995 年年初已开始使用，并且对于"特殊使用"是非密的——正如此义。

20.4 离散对数签名方案

ElGamal、Schnorr（参见 21.3 节）和 DSA 签名方案都非常相似。事实上，它们仅仅是基于离散对数问题的一般数字签名的 3 个例子。与其他成千上万的签名方案一样，它们是同一系列的一部分[740,741,699,1184]。

选择一个大素数 p 和 g，g 是 $p-1$ 或 $p-1$ 的大素数因子。然后选择 g，其值在 $1 \sim p$ 并满足 $g^q \equiv 1 (\bmod\ p)$。所有这些数都是公开的，并且对组中的用户都是公共的。私人密钥 x 小于 q。公开密钥 $y = g^x \bmod p$。

对消息 m 签名时，首先选择一个小于 q 并互素的随机数。如果 q 也是素数，任何小于 q 的数 k 都能工作。首先计算：

$$r = g^k \bmod p$$

现在，一般的签名等式（signature equation）变成如下形式：

$$ak = b + cx \bmod q$$

系数 a、b 和 c 根据情况而变。表 20-4 中每行给出了 6 个可能值。

表 20-4 a、b 和 $c(r' = r \bmod q)$ 的可能置换

$\pm r'$	$\pm s$	m	$\pm mr'$	$\pm r's$	1
$\pm r'm$	$\pm s$	1	$\pm ms$	$\pm r's$	1
$\pm r'm$	$\pm ms$	1			

验证签名时，接收者必须证实：

$$r^a = g^b y^c \bmod p$$

这叫作验证等式（verification equation）。

表 20-5 列出了来自上表第一行忽略了正、负的 a、b 和 c 的可能的签名和验证等式。

表 20-5 离散对数签名方案

签名等式	验证等式	签名等式	验证等式
(1) $r'k = s + mx \bmod q$	$r^{r'} = g^s y^m \bmod p$	(4) $sk = m + r'x \bmod q$	$r^s = g^m y^{r'} \bmod p$
(2) $r'k = m + sx \bmod q$	$r^{r'} = g^m y^s \bmod p$	(5) $mk = s + r'x \bmod q$	$r^m = g^s y^{r'} \bmod p$
(3) $sk = r' + mx \bmod q$	$r^s = g^{r'} y^m \bmod p$	(6) $mk = r' + sx \bmod q$	$r^m = g^{r'} y^s \bmod p$

这是 6 个不同的签名方案，加上负号总共是 24 个，使用列出的 a、b 和 c 的其他可能

值，则总数是 120 个。

ElGamal[518,519] 和 DSA[1154] 都是基于式（4），其他方案基于式（2）[24,1629]。Schno-rr[1396,1397] 同其他方案[1183] 一样，基于式 [5]。并且式（1）可修改产生文献 [1630] 中的方案。剩下的等式都是新的。

可以定义 r 来产生更多类似 DSA 的方案：

$$r = (g^k \bmod p) \bmod q$$

使用相同的签名等式，并且定义如下验证等式：

$$u_1 = a^{-1} b \bmod q$$

$$u_2 = a^{-1} c \bmod q$$

$$r = (g^{u_1} y^{u_2} \bmod p) \bmod q$$

此外还有两种其他的可能性[740,741]。你可以对 120 个方案进行类似处理，将产生总共 480 个基于离散对数的数字签名方案。

但是还有更多的。各种变化能产生多达 13 000 种变体（并非所有的变体都是有效的）[740,741]。

使用 RSA 来进行数字签名的好处是具有消息恢复（message recovery）的特征。验证 RSA 签名时需计算 m。然后比较从消息计算出来的 m，从而看消息的签名是否有效。在前面的方案中，当计算签名时，不能恢复 m。在使用验证等式中，需要一个候选 m。当然，对于前面所有的签名方案，都可以构造出消息恢复的变体。

签名时，首先计算：

$$r = mg^k \bmod p$$

并且在签名等式中用 1 替代 m。然后可以构造验证等式，从而使 m 可以直接计算。可以用类似 DSA 的方法：

$$r = (mg^k \bmod p) \bmod q$$

所有变体具有相同的安全性，因此应选择一个容易计算的方案。倒数的计算降低了大多数方案的速度。在这些方案中有一个允许不用倒数来计算签名等式和验证等式，并可以给出消息恢复的方案，它就是 p-NEW 方案[1184]。

$$r = mg^{-k} \bmod p$$

$$s = k - r'x \bmod q$$

并且 m 可通过下式恢复（并且验证签名）：

$$m = g^s y^{r'} r \bmod p$$

某些变体可以同时对两三个消息分组进行签名[740]，还有一些变体可于盲签名[741]。

这是研究中引人注目的部分。所有基于离散对数的数字签名方案都有一个相关的框架。从我的观点来讲，最终 Schnorr[1398] 和 DSA[897] 不存在任何专利之争。DSA 不是 Schnorr 也不是 ElGamal 的导出形式，这三种形式都是通用结构的例子，而通用结构是没有专利的。

20.5　Ong-Schnorr-Shamir 签名方案

这种签名方案使用多项式模 n[1219,1220]。选择一个大整数 n（不必知道 n 的因子分解），再选择一个与 n 互素的随机整数 k，计算 h：

$$h = -k^{-2} \bmod n = -(k^{-1})^2 \bmod n$$

h 和 n 是公开密钥，k 是私人密钥。

对消息 M 签名时，首先产生一随机数 r，r 与 n 互素。然后计算：

$$S_1 = 1/2 \times (M/r + r) \bmod n$$
$$S_2 = k/2 \times (M/r - r) \bmod n$$

S_1 和 S_2 就是签名。

验证时，只需验证：

$$S_1^2 + h \times S_2^2 \equiv M (\bmod n)$$

该方案基于二次多项式。当它首次在文献 [1217] 中提出时，曾悬赏 100 美元对它进行密码分析。文献 [1255，18] 证明了它是不安全的，但是方案的设计者并未退却，他们又提出了基于三次多项式的算法，同样也被破译[1255]。然后提出了四次的形式，但又被破译了[524,1255]。解决这些问题的变体在文献 [1134] 中提出。

20.6 ESIGN 签名方案

ESIGN 是由日本 NTT 提出的数字签名方案[1205,583]。对同样的密钥和签名长度，它的安全性至少与 RSA 或 DSA 一样，但速度要快得多。

私人密钥是一对大素数 p 和 q，公开密钥为 n：

$$n = p^2 q$$

H 是作用于消息 m 上的散列函数，并且 $H(m)$ 处于 $0 \sim n-1$。另外，还有一个安全参数 k，后面将简要地讨论它。

（1）Alice 选择一个小于 pq 的随机数 x。

（2）Alice 计算：

w 大于等于 $(H(m) - x^k \bmod n)/pq$ 的最小整数
$$s = x + ((w/kx^{k-1}) \bmod p)pq$$

（3）Alice 发送 s 给 Bob。

（4）验证签名时，Bob 计算 $s^k \bmod n$。他还要计算 a，a 是大于等于 n 除以 3 的位数的两倍的最小整数。如果 $H(m)$ 小于等于 $s^k \bmod n$，并且如果 $s^k \bmod n$ 小于 $H(m) + 2^a$，那么就认为该签名有效。

利用预计算可加快这个算法。预计算可在任何时候进行，并且与待签名的消息无任何关系。在选择 x 之后，Alice 可以将第（2）步分成两小步，第一小步进行预计算：

（2a）Alice 计算：

$$u = x^k \bmod n$$
$$v = 1/(kx^{k-1}) \bmod p$$

（2b）Alice 计算：

$w =$ 大于等于$(H(m) - u)/pq)$ 的最小整数；
$$s = x + (wv \bmod p)pq$$

对通常使用的数的长度，这种预计算可使签名过程快 10 倍。几乎所有困难的事情都在预计算阶段完成。关于用模运算加快 ESIGN 算法的讨论见文献 [1625，1624]。该算法经扩展后也可用于椭圆曲线[1206]。

20.6.1 ESIGN 的安全性

最初 k 被置为 $2^{[1215]}$，算法很快被 Ernie Brickell 和 John DeLaurentis 破译[261]，并将其攻击扩展到 3。算法的改进版本[1203] 被 Shamir 破译。ESIGN 是这种算法的最新形式，另一新的攻击[963]对 ESIGN 不起作用。

最近设计者推荐 k 值为：8、16、32、64、128、256、512 和 1024。他们同时建议 p 和 q 各自至少为 192 位，使得 n 至少为 576 位长。在这些参数的情况下，设计者估计 ESIGN 与 RSA 或 Rabin 同样安全，并且他们的分析表明其速度比 RSA、ElGamal 及 DSA 快[582]。

20.6.2　专利

ESIGN 在美国[1208]、加拿大、英国、法国、德国和意大利申请了专利。获得算法许可证的联系地址是：Intellectual Property Department，NTT，1-6 Uchisaiwai-cho，1-chome，Chiyadaku，100 Japan。

20.7　细胞自动机

Papua Guam 研究出了一种新奇的思想[665]，即在公开密钥系统中使用细胞自动机。这种系统还太新，未做广泛的研究，其最初的测试使人觉得它有一些密码上的弱点[562]，但是仍然是一个有希望的研究领域。细胞自动机具有这样的特点，纵然它们是可逆的，但是用寻找后继的规则反过来计算某个任意状态的前驱是不可能的。听起来这很像单向函数。

20.8　其他公开密钥算法

近几年来，其他许多公开密钥算法不断地被提出又被破译。Matstumoto-Imai 算法[1021]在文献 [450] 中被破译。Cade 算法首先于 1985 年提出，1986 年被破译[774]，同年又得到增强[286]。除了这些攻击外，还有对有限域上多项式分解的一般攻击[605]。所有安全性建立在有限域上的多项式分解的算法即使不是彻底地值得怀疑，也应该打上问号。

Yagisawa 算法结合了模 p 指数运算和模 $p-1$ 算术运算[256]，在文献 [256] 中被破译。另一种公开密钥算法由 Tsujii-Kurosawa、Itoh-Fujioka-Matsumoto 提出[1548]，它也是不安全的[948]。第三种系统 Luccio-Mazzone[993] 同样不安全。一种基于双有理置换[1425] 的签名方案在提出后就被破译了[717]。Tatsuaki Okamoto 有多个签名方案：一个被证明与离散对数问题一样安全，另一个被证明与离散对数问题和大数分解问题一样安全。类似的方案见文献 [709]。

Gustavus Simmons 建议用 J 代数作为公开密钥算法的基础[1455,145]，该想法在发现了多项式分解和有效方法之后放弃了[951]。关于特殊的多项式半群也进行了一些研究[1619,145]，但迄今未得出任何结论。Harald Niederreiter 提出了基于移位寄存器序列的公开密钥算法[1166]。还有一种基于 Lyndon 字[1476]，另一种基于命题演算[817]。最近的公开密钥算法从矩阵覆盖问题中获得了安全性[82]。Tatsuaki Okamoto 和 Kazuo Ohta 在文献 [1212] 中比较了许多种数字签名方案。

要构造一个崭新的公开密钥算法看来不太可能。1988 年，Whitfield Diffie 提出绝大多数公开密钥算法都基于以下三种疑难问题之一[492,494]：

(1) 背包问题：给定一个由互不相同的数组成的集合，找出一个子集其和为 N。

(2) 离散对数：如果 p 是素数，g 和 M 是整数，找出 x 满足 $g^x \equiv M \pmod{p}$。

(3) 因子分解：设 N 是两个素数的乘积，则

　　(a) 分解 n。

　　(b) 给定整数 M 和 C，寻找 d 满足 $M^d \equiv C \pmod{N}$。

　　(c) 给定整数 e 和 C，寻找 M 满足 $M^e \equiv C \pmod{N}$。

　　(d) 给定整数 x，判定是否存在整数 y，满足 $x \equiv y^2 \pmod{N}$。

据 Diffie[492,494] 称离散对数问题由 J. Gill 提出，因子分解问题由 Knuth 提出，而背包问

题则由 Diffie 本人提出。

公开密钥密码学如此狭窄的数学基础令人担忧。因子分解或者离散对数问题的突破将使所有公开密钥算法不安全。Diffie 指出有两个因素缓解了这种危险[492,494]：

（1）目前公开密码学所依赖的运算（乘法、指数运算和因子分解）都是基本的数学现象。几个世纪以来它们都是缜密的数学研究的主题，用于公开密钥密码系统之后引起了人们更大的兴趣，这只会增强而不会丧失我们的信心。

（2）进行大数计算的能力在持续地增加，所以在实现系统时可用充分大的数，只有在因子分解、对数问题或求根取得重大突破时才会使系统脆弱。

如我们已经看到的一样，并不是所有基于这些问题的公开密钥算法都是安全的。公开密钥算法的强度更多地取决于它所基于问题的复杂性，难题并不一定都包含了强的算法。Adi Shamir 列出了三条理由说明为什么会这样[1415]：

（1）复杂性理论通常处理问题的单个孤立的实例，密码分析者常常用一大堆统计相关的问题来解决——用相同密钥加密的多个密文。

（2）一个问题的计算复杂性是用它的最坏和平均行为来度量的。一个有用的密码，其问题必然在任何情况下都难解。

（3）一个任意的难题不一定能转变成一个密码系统，只有在这个问题中能插入陷门信息，并且仅当拥有该信息时可能存在捷径解法才行。

鉴 别 方 案

21.1 Feige-Fiat-Shamir 算法

Amos Fiat 和 Adi Shamir 的鉴别和数字签名方案已在文献［566，567］中讨论了。Urid Feige、Fiat 和 Shamir 改进这个算法使之成为身份的零知识证明[544,545]。这是最著名的身份的零知识证明。

1986 年 7 月 9 日，三位设计者递交了一份美国专利申请[1427]。由于其在军事上的潜在应用，申请由军方审阅。终于专利局有了回应，但不是专利，而是一个密令。1987 年 1 月 6 日，在六个月期限到达的前三天，专利局应军方的要求下达了命令。他们宣称"……泄露或公布关键内容……将危害国家安全……"并命令设计者通知所有得到该成果的美国人，未经授权泄露此项研究将处以两年监禁，1 万美元罚款，或上述两项并罚。而且，设计者必须通知已获取该情报的外国专利局和商标局的官员。

这种做法荒谬至极。1986 年的整个下半年，设计者在以色列、欧洲和美国的会议上宣布了此项成果。设计者甚至不是美国公民，所有的工作都是在以色列的 Weizmann 研究所进行的。

通知传遍了整个学术界和出版界。两天内，密令被取消。Shamir 和其他人认为是在 NSA 操纵下撤销了命令，但没有得到任何官方的解释。此次事件的详情见文献［936］。

21.1.1 简化的 Feige-Fiat-Shamir 身份鉴别方案

在发放私人密钥之前，仲裁者随机选取一个模数 n，n 为两个大素数之乘积。实际上，n 应至少为 512 位，尽量接近 1024 位。n 值可以在一组证明者之间共享（选择一个 Blum 整数更容易，但它不安全）。

为了产生 Peggy 的公开密钥和私人密钥，可信仲裁者选取一个数 v，v 为对模 n 的二次剩余。换言之，选择 v 使得 $x^2 \equiv v \pmod{n}$ 有一个解且 $v^{-1} \bmod n$ 存在。v 就是 Peggy 的公开密钥。然后计算满足 $s \equiv \mathrm{sqrt}(v^{-1}) \pmod{n}$ 的最小 s，将它作 Peggy 的私人密钥。

这样，身份鉴别协议如下进行：

（1）Peggy 选取一个随机数 r，$r < n$，接着计算 $x = r^2 \bmod n$，并将 x 发送给 Victor。

（2）Victor 发送一个随机位 b 给 Peggy。

（3）如果 $b = 0$，Peggy 将 r 发送给 Victor；如果 $b = 1$，Peggy 发送 $y = r \times s \bmod n$。

（4）如果 $b = 0$，Victor 验证 $x = r^2 \bmod n$，以证实 Peggy 知道 $\mathrm{sqrt}(x)$；如果 $b = 1$，Victor 验证 $x = y^2 \times v \bmod n$，以证实 Peggy 知道 $\mathrm{sqrt}(v^{-1})$。

这个协议是单轮鉴定（叫作一次鉴定合格（accreditation））。Peggy 和 Victor 重复这个协议 t 次，直到 Victor 确信 Peggy 知道 s，这是一个分割选择协议。如果 Peggy 不知道 s，她可以选取 r 以便在 Victor 送给她 0 时欺骗 Victor，或者选取 r 以便在 Victor 送给她 1 时欺骗 Victor。但她不能同时做到上述两点。她欺骗 Victor 一次的可能性为 50%，t 次的可能性为 $1/2^t$。

攻击这个协议的另一种方法是 Victor 试图冒充 Peggy。他和另一个验证者 Valerie 开始进行这个协议。在第（1）步，他重新使用他曾看到 Peggy 用过的 r，而不是随机选取 r。然而 Valerie 在第（2）步选取与 Victor 所选取的奇数值相同的可能性为 1/2。所以，他欺骗 Valerie 的可能性为 50%。他欺骗她 t 次的可能性为 $1/2^t$。

要避免这点，Peggy 不能重新使用 r。如果她重新使用 r，在第（2）步，Victor 发给 Peggy 另外一个随机位，那么他能获得 Peggy 的两种应答。从中，Victor 能计算出 s，然后冒充她。

21.1.2 Feige-Fiat-Shamir 身份鉴别方案

在文献〔544，545〕中，Feige、Fiat 和 Shamir 证明：并行构造可以增加每轮鉴定的数量，以减少 Peggy 和 Victor 交互的次数。

首先如上产生 n，n 为两个大素数之积。要产生 Peggy 的公开密钥和私人密钥，先选取 k 个不同的数：v_1，v_2，…，v_k，这里 v_i 为对模 n 的二次剩余。换言之，$x^2 = v_i \bmod n$ 有一个解且 $v_i^{-1} \bmod n$ 存在。串 v_1，v_2，…，v_k 作为公开密钥。然后计算满足 $s_i = \mathrm{sqrt}(v_i^{-1}) \bmod n$ 的最小值 s_i。串 s_1，s_2，…，s_k 作为私人密钥。

协议为：

（1）由 Peggy 选取一个随机数 r，$r < n$。然后计算 $x = r^2 \bmod n$，并将 x 发送给 Victor。

（2）Victor 将一个 k 位随机二进制串 b_1，b_2，…，b_k 发送给 Peggy。

（3）Peggy 计算 $y = r \times (s_1^{b_1} \times s_2^{b_2} \times \cdots \times s_k^{b_k}) \bmod n$（她将与 $b_i = 1$ 对应的 s_i 值相乘。如果 Victor 的第 1 位为 1，则用 s_1，做乘法因子；如果第 1 位为 0，则不用 s_1 做乘法因子）。她将 y 发送给 Victor。

（4）Victor 验证 $x = y^2 (v_1^{b_1} \times v_2^{b_2} \times \cdots \times v_k^{b_k}) \bmod n$（他将随机二进制中的 v_i 值相乘。如果第 1 位为 1，则用 v_1 做乘法因子；如第 1 位为 0，则不用 v_1 做乘法因子）。

Peggy 和 Victor 重复这个协议 t 次，直到 Victor 确信 Peggy 知道 s_1，s_2，…，s_k。

Peggy 欺骗 Victor 的概率为 $1/2^{kt}$。设计者建议，取 $k = 5$，$t = 4$，则作弊者欺骗 Victor 的概率为 $1/2^{20}$。如果你想要更安全些，可增大这两个值。

21.1.3 例子

让我们看这个协议在小数情况下如何工作。

如果 $n = 35$（两素数为 5 和 7），那么可能的二次剩余为：

1：$x^2 \equiv 1 \bmod 35$ 有解：$x = 1$，6，29 或 34。

4：$x^2 \equiv 4 \bmod 35$ 有解：$x = 2$，12，23 或 33。

9：$x^2 \equiv 9 \bmod 35$ 有解：$x = 3$，17，18 或 32。

11：$x^2 \equiv 11 \bmod 35$ 有解：$x = 9$，16，19 或 26。

14：$x^2 \equiv 14 \bmod 35$ 有解：$x = 7$ 或 28。

15：$x^2 \equiv 15 \bmod 35$ 有解：$x = 15$ 或 20。

16：$x^2 \equiv 16 \bmod 35$ 有解：$x = 4$，11，24 或 31。

21：$x^2 \equiv 21 \bmod 35$ 有解：$x = 14$ 或 21。

25：$x^2 \equiv 25 \bmod 35$ 有解：$x = 5$ 或 30。

29：$x^2 \equiv 29 \bmod 35$ 有解：$x = 8$，13，22 或 27。

30：$x^2 \equiv 30 \bmod 35$ 有解：$x = 10$ 或 25。

逆元（模 35）和它们的平方根为：

v	v^{-1}	$s = \mathrm{sqrt}(v^{-1})$
1	1	1
4	9	3
9	4	2
11	16	4
16	11	9
29	29	8

注意 14、15、21、25 和 30 对模 35 没有逆元，因为它们与 35 不互素。这很容易理解，因为 35 有 $(5-1) \times (7-1)/4$ 个二次剩余，$\gcd(x, 35) = 1$（参见 11.3 节）。

所以，Peggy 取 4 个值 {4，11，16，29} 作为其公开密钥。相应的秘密密钥为 {3，4，9，8}。下面为该协议的一轮：

(1) Peggy 选择一个随机数 $r = 16$，计算 $16^2 \bmod 35 = 11$ 并发送给 Victor。

(2) Victor 发送一个随机二进制串 {1，1，0，1} 给 Peggy。

(3) Peggy 计算 $16 \times ((3^1) \times (4^1) \times (9^0) \times (8^1)) \bmod 35 = 31$，并发送给 Bob。

(4) Bob 证实 $31^2 \times ((4^1) \times (11^1) \times (16^0) \times (29^1)) \bmod 35 = 11$。

Peggy 和 Victor 重复这个协议，每次用一个随机数 r，直到 Victor 满意为止。

对于这种小的整数，没有实际上的安全性。但当 n 为 512 位或更长时，Victor 不可能知道 Peggy 的密钥，除非她本来就知道。

21.1.4 加强方案

将身份鉴别信息嵌入协议中是可能的。假定 I 是代表 Peggy 身份的二进制串：她的名字、住址、社会保险号、帽子大小、喜爱的软饮料牌子等个人信息。用一个单向散列函数 $H(x)$ 计算 $H(I, j)$，这里 j 为跟在 I 后面的一个小随机数。找出一系列 j 值使 $H(I, j)$ 为对模 n 的二次剩余。$H(I, j)$ 变成 $v_1, v_2, \cdots, v_k$（这里 j 不必是二次剩余）。Peggy 的公开密钥为 I 和这一串 j 值。在协议第一步以前，她将 I 和这一串 j 值发送给 Victor（或者 Victor 从公告板之类的地方获取），然后 Victor 从 $H(I, j)$ 产生 $v_1, v_2, \cdots, v_k$。

在 Victor 与 Peggy 成功地完成协议之后，他假定 Trent 知道模数的因子分解，并通过给她由 I 派生出来的 v_i 的平方根证明了 I 和 Peggy 的联系。（参见 5.2 节的背景资料。）

Feige、Fiat 和 Shamir 给出了如下实现记录[544,545]：

对非理想的散列函数，在 I 后跟一个长的随机串 R 使 I 随机化是可行的。这个串由仲裁方选取，随 I 发送给 Victor。

在典型应用中，k 在 $1 \sim 18$ 之间选取。较大的尾值能通过减少轮数以减少时间和通信复杂性。

n 应至少 512 位长。（当然，从那以后，在因子分解上又有了很大的进步。）

如果所有的用户选取他们自己的 n，并在一个公开密钥文件中公布，他们就不必需要仲裁者。然而，这个类似于 RSA 的变体使方案明显地变得不方便。

21.1.5 Fiat-Shamir 签名方案

将这个身份鉴别方案变成一个数字签名方案，本质上就是将 Victor 变成一个散列函数。FiatShamir 数字签名比 RSA 的主要好处在于速度，Fiat-Shamir 数字签名只需要 RSA 的 $1\% \sim 4\%$ 的模乘法。在这个协议里，将再用到 Alice 和 Bob。

初始设置同身份鉴别方案。选择 n 为两个大素数之积。产生公开密钥 v_1，v_2，…，v_k，和私人密钥 s_1，s_2，…，s_k，满足 $s_i = \text{sqrt}(v_i^{-1}) \bmod n$。

（1）Alice 取 t 个 $1 \sim n$ 之间的随机整数：r_1，r_2，…，r_t，并计算 x_1，x_2，…，x_t 满足 $x_i = r_i^2 \bmod n$。

（2）Alice 对消息和这些 x 串的连接做散列运算，得到一个位序列：$H(m, x_1, x_2, \cdots, x_t)$，她将串开始的 $k \times t$ 位作为 b_{ij} 的值，其中 $1 < j < t$，$1 < j < k$。

（3）Alice 计算 y_1，y_2，…，y_t：

$$y_i = r_i \times (s_1^{b_{i1}} \times s_2^{b_{i2}} \times \cdots \times s_k^{b_{ik}}) \bmod n$$

（对于每一个 i，她对基于随机 b_{ij} 值的 s_i 值做乘法运算。如果 $b_{i,1}$ 等于 1，则乘 s_1；如果 $b_{i,1}$ 等于 0，则不乘 s_1。）

（4）Alice 将 b_i、m 和 y_i 发送给 Bob，他已经获取了 Alice 的公开密钥：v_1，v_2，…，v_k。

（5）Bob 计算 z_1，z_2，…，z_t：

$$z_i = y_i^2 \times (v_1^{b_{i1}} \times v_2^{b_{i2}} \times \cdots \times v_k^{b_{ik}}) \bmod n$$

（Bob 也是依据 $b_{i,j}$ 做乘法。）注意 z_i 应该等于 x_i。

（6）Bob 验证 $H(m, z_1, z_2, \cdots, z_t)$ 开始的 $k \times t$ 位是 Alice 发送给他的 $b_{i,j}$ 值。

与身份鉴别方案一样，这种签名方案的安全性正比于 $1/2^{kt}$。它也依赖于分解 n 的难度。Fiat 和 Shamir 指出，当分解 n 的复杂性低于 2^{kt} 时伪造一个签名很容易。并且，由于生日类型的攻击（参见 18.1 节），他们推荐 $k \times t$ 应从 20 至少增至 72，他们建议取 $k = 9$，$t = 8$。

21.1.6 改进的 Fiat-Shamir 签名方案

Silvio Micali 和 Adi Shamir 改进了 Fiat-Shamir 方案[1088]。选择 v_1，v_2，…，v_k 为前 k 个素数。则 $v_1 = 2$，$v_2 = 3$，$v_3 = 5$ 等。这就是公开密钥。

私人密钥 s_1，s_2，…，s_k 是一个随机平方根，由 $s_i = \text{sqrt}(v_i^{-1}) \bmod n$ 给出。

在这个方案中，每个人必须有一个不同的 n 值。这种改进使得验证签名变得更容易，产生签名所需要的时间和这些签名的安全性不受影响。

21.1.7 其他加强方案

在文献 [264] 中给出了一个基于 Fiat-Shamir 算法的 N 方身份鉴别方案。对 Fiat-Shamir 方案的其他两个改进方案在文献 [1218] 中提出，另一个变体在文献 [1368] 中给出。

21.1.8 Ohta-Okamoto 身份鉴别方案

这个方案也是基于 Feige-Fiat-Shamir 身份鉴别方案的改进，它的安全性依赖于因子分解的难度[1198,1109]。该方案的设计者还编写了一个多人连续签名信息的多重签名方案（参见 23.1 节)[1200]，该方案适合智能卡应用[850]。

21.1.9 专利

Fiat-Shamir 算法申请了专利[1427]。有意取得算法应用许可证的人，请与以下地址联系：Yeda Research and Development，The Weizmann Institute of Science，Rehovot 76100，Israel。

21.2 Guillou-Quisquater 算法

Feige-Fiat-Shamir 算法是第一个实用的基于身份证明的算法。它通过增加迭代次数和每次迭代中鉴别的次数，将所需的计算量减至最小。但对于诸如智能卡这样的应用，该算法不甚理想。因为与外部的信息交换很耗时，并且每次鉴别所需的存储量使卡中有限的资源更为紧张。

Louis Guillou 和 Jean-Jacque Quisquater 研究的零知识身份鉴别算法更适合于这些应用[670,1280]。它将 Peggy 和 Victor 之间的信息交换和每次交换中的并行鉴别都控制至最少。每次证明只进行一次鉴别信息的交换。对于同样的安全级别，Guillou-Quisquater 算法比 Feige-Fiat-Shamir 算法所需的计算量大三倍。像 Feige-Fiat-Shamir 算法一样，该身份鉴别算法也可转换成一个数字签名算法。

21.2.1 Guillou-Quisquater 身份鉴别方案

假设智能卡 Peggy 欲向 Victor 证明其身份。Peggy 的身份是一些凭证的集合：由卡的名称、有效期、银行账号和其他应用所需的信息组成的数据串，记为 J。（实际上，凭证可能是一个很长的位串，通过散列运算而形成 J，但是这个复杂过程对协议无任何改变。）它与公开密钥相类似。可被所有 "Peggy" 共用的其他公开信息是指数 v 和模数 n，其中 n 是两个秘密素数的乘积。私人密钥是 B，通过 $JB^V \equiv 1 \pmod{n}$ 计算得出。

Peggy 将她的凭证 J 发送给 Victor，为了向 Victor 证明这的确是她的凭证，她必须让 Victor 确信她知道 B。协议如下：

（1）Peggy 选取一个 $1 \sim n-1$ 之间的随机整数 r，计算 $T = r^v \bmod n$ 并将 T 发送给 Victor。

（2）Victor 选取一个 $0 \sim v-1$ 之间的随机整数 d，并发送给 Peggy。

（3）Peggy 计算 $D = rB^d \bmod n$ 并发送给 Victor。

（4）Victor 计算 $T' = D^v J^d \bmod n$。如果 $T \equiv T' \pmod{n}$，则鉴别成功。

数学表示并不复杂：

$$T' = D^v J^d = (rB^d) v J^d = r^v B^{dv} J^d = r^v (JB^v)^d = r^v \equiv T \pmod{n}$$

其中 B 满足 $JB^v \equiv 1 \pmod{n}$。

21.2.2 Guillou-Quisquater 数字签名方案

这种身份鉴别方案可转变成数字签名方案，它也适用于智能卡的应用[671,672]。

公开密钥和私人密钥与前面设置一样，协议如下：

（1）Alice 选取一个 $1 \sim n-1$ 之间的随机整数 r，并计算 $T = r^v \bmod n$。

（2）Alice 计算 $d = H(M, T)$，其中 M 是待签名的消息，而 $H(x)$ 是单向散列函数。由散列函数产生的 d 必须在 $0 \sim u-1$ 之间[1280]。如果散列函数的结果不在这个范围内，则它必须减小模数 v。

（3）Alice 计算 $D = rB^d \bmod n$。这样签名就由消息 M、两个计算值 d 和 D 以及她的凭证 J 组成。Alice 把签名发送 Bob。

（4）Bob 计算 $T' = D^v J^d \bmod n$，然后再计算 $d' = H(m, T')$。如果 $d \equiv d'$，那么 Alice 必然知道 B，因而该签名有效。

21.2.3 多重签名

如果多个人想对同一文件进行签名该怎么办？简单的解决方法是他们分别对该文件进行签名，但下面这个签名方案更好。Alice 和 Bob 对同一个文件进行签名，Carol 来验证签名。

可以有任意多人介入签名过程。与前面同样，Alice 和 Bob 有他们各自唯一的 J 和 B 值：$(J_A，B_A)$ 和 $(J_B，B_B)$。n 和 v 的值是整个系统公有的。

（1）Alice 选取一个 $1\sim n-1$ 之间的随机整数 r_A，计算 $T_A=r_A^v \bmod n$，并把 T_A 发送给 Bob。

（2）Bob 选取一个 $1\sim n-1$ 之间的随机整数 r_B，计算 $T_B=r_B^v \bmod n$，并把 T_B 发送给 Alice。

（3）Alice 和 Bob 分别计算 $T=(T_A T_B) \bmod n$。

（4）Alice 和 Bob 分别计算 $d=H(M，T)$，其中 M 是待签名的消息，$H(x)$ 是单向散列函数。散列函数产生的 d 必须在 $0\sim v-1$ 之间[1280]。如果散列函数的结果不在这个范围之内，则它必须减小模数 v。

（5）Alice 计算 $D_A=r_A B_A^d \bmod n$，并把 D_A 发送给 Bob。

（6）Bob 计算 $D_B=r_B B_B^d \bmod n$，并把 D_B 发送给 Alice。

（7）Alice 和 Bob 计算 $D=D_A D_B \bmod n$。这样签名就由消息 M、两个计算结果 d 和 D 以及他们的凭证 J_A 和 J_B 所组成。

（8）Carol 计算 $J=A_A J_B \bmod n$。

（9）Carol 计算 $T'=D^v J^d \bmod n$。然后计算 $d'=H(M，T')$。如果 $d\equiv d'$，那么该复合签名有效。

此协议可推广到任意多个人的情形。多个人签名时，在第（3）步他们分别将所有的 T_i 值相乘，在第（7）步将所有的 D_i 值相乘。验证复合签名时，在第（8）步将所有的 J_i 值相乘。至此，要么所有签名都有效，要么至少有一个签名无效。

21.3 Schnorr 算法

Claus Schnorr 鉴别与签名方案[1396,1397] 的安全性建立在计算离散对数的难度上。为了产生一密钥对，首先选取两个素数 p 和 q，q 是 $p-1$ 的素数因子。然后选择 $a(a\ne 1)$，满足 $a^q\equiv 1 \bmod p$。所有这些数可由一组用户共用，并公开发布。

为产生特定的公开密钥/私人密钥密钥对，选择一个小于 q 的随机数，也就是私人密钥 s。然后计算 $v=a^{-s} \bmod p$，也就是公开密钥。

21.3.1 鉴别协议

（1）Peggy 选取一个小于 q 的随机数 r，并计算 $x=a^r \bmod p$。这是预处理步骤，可在 Victor 出现之前完成。

（2）Peggy 传送 x 给 Victor。

（3）Victor 传送一个 $0\sim 2^t-1$ 之间的随机数 e 给 Peggy（下面将对 t 进行讨论）。

（4）Peggy 计算 $y=(r+se) \bmod n$，并把 y 传送给 Victor。

（5）Victor 验证 $x=a^y v^e \bmod p$。

安全性基于参数 t，破解该算法的难度大约是 2^t。Schnorr 建议 p 大约为 512 位，q 为 140 位，t 为 72 位。

21.3.2 数字签名协议

Schnorr 算法也用于对消息 M 的数字签名协议。公开密钥/私人密钥密钥对与上面相同，但要加上一个单向散列函数 $H(M)$。

（1）Alice 选取一个小于 q 的随机数 r，并计算 $x = a^r \bmod p$，这是预处理步骤。

（2）Alice 将消息 M 与 x 连接起来，计算其散列值 $e = H(M, x)$。

（3）Alice 计算 $y = (r + se) \bmod q$。e 和 y 为签名。Alice 将 e 和 y 传送给 Bob。

（4）Bob 计算 $x' = a^y v^e \bmod p$，然后进一步证实消息 M 和 x' 级联之后的散列结果为 $e = H(M, x')$。如果成立，他认可该签名有效。

Schnorr 在他的论文中论述了该算法的新特点：

> 产生签名所需的大部分计算都可在预处理阶段完成，并且这些计算与待签名的消息无关。这样，可在空闲时间进行计算，并且不会影响签名速度。在文献［475］中论述了一种针对这种预处理过程的攻击，但我认为它并不实用。
>
> 对于相同的安全级，Schnorr 的签名长度比 RSA 短。例如，对 140 位长的 q，签名仅为 212 位长，低于 RSA 签名长度的一半。Schnorr 的签名长度也比 ElGamal 签名短很多。

当然，实际因素使得对于给定方案可使用更短的位。例如，在身份鉴别方案中，欺骗者必须在几秒钟内完成在线攻击；而在数字签名方案中，欺骗者为了伪造签名可以离线计算数年。

Ernie Brickell 和 Kevin McCurly 对算法进行了改进，加强了它的安全性[265]。

21.3.3 专利

Schnorr 在美国[1398] 和许多其他国家都申请了专利。1993 年 PKP 取得了该专利在全世界范围的使用权（参见 25.5 节）。美国专利于 2008 年 2 月 19 日到期。

21.4 将身份鉴别方案转为数字签名方案

有一个将身份识别方案转为数字签名方案的标准方法：用一个单向散列函数取代 Victor。消息在签名之前并不进行散列运算，而是与签名算法结合在一起。理论上，对任何身份识别方案都可以这样处理。

密钥交换算法

22.1 Diffie-Hellman 算法

Diffie-Hellman 算法是第一个公开密钥算法，早在 1976 年就发明了[496]。其安全性源于在有限域上计算离散对数比计算指数更为困难。Diffie-Hellman 算法能够用于密钥分配（Alice 和 Bob 能用它产生秘密密钥），但是它不能用于加密或解密消息。

数学原理很简单。首先，Alice 和 Bob 协商一个大的素数 n 和 g，g 是模 n 的本原元。这两个整数不必是秘密的，故 Alice 和 Bob 可以通过即使是不安全的途径协商它们。它们可在一组用户中公用。

协议如下：

（1）Alice 选取一个大的随机整数 x，并发送给 Bob：$X = g^x \bmod n$。

（2）Bob 选取一个大的随机整数 y，并发送给 Alice：$Y = g^y \bmod n$。

（3）Alice 计算 $k = Y^x \bmod n$。

（4）Bob 计算 $k' = X^y \bmod n$。

k 和 k' 都等于 $g^{xy} \bmod n$。即使线路上的窃听者也不可能计算出这个值，他们只知道 n、g、X 和 Y。除非他们计算离散对数，恢复 x、y，否则无济于事。因此 k 是 Alice 和 Bob 独立计算的秘密密钥。

g 和 n 的选取对系统的安全性有很大的影响。$(n-1)/2$ 也应该是一个素数[1253]。最重要的是 n 应该很大：因为系统的安全性取决于与 n 同样长度的数的因子分解的难度。可以选择任何满足模 n 的本原元 g，没有理由不选择所能选择的最小 g——通常只是个 1 位数（实际上 g 不必是素数，但它必须能产生一个大的模 n 的乘法组子群）。

22.1.1 三方或多方 Diffie-Hellman

Diffie-Hellman 密钥交换协议很容易扩展到三人或更多的人。在下例中，Alice、Bob 和 Carol 一起产生秘密密钥。

（1）Alice 选取一个大的随机整数 x，并发送给 Bob：$X = g^x \bmod n$。

（2）Bob 选取一个大的随机整数 y，并发送给 Carol：$Y = g^y \bmod n$。

（3）Carol 选取一个大的随机整数 z，并发送给 Alice：$Z = g^z \bmod n$。

（4）Alice 发送给 Bob：$Z' = Z^x \bmod n$。

（5）Bob 发送给 Carol：$X' = X^y \bmod n$。

（6）Carol 发送给 Alice：$Y' = Y^z \bmod n$。

（7）Alice 计算 $k = Y'^x \bmod n$。

（8）Bob 计算 $k = Z'^y \bmod n$。

（9）Carol 计算 $k = X'^z \bmod n$。

秘密密钥 $k = g^{xyz} \bmod n$，没有其他人能计算出 k 值，这个协议很容易扩展到四人或更多的人中，只是增加更多的人和增加计算的轮数。

22.1.2　扩展 Diffie-Hellman

Diffie-Hellman 算法也可用于交换环[1253]。Z. Shmuley 和 Kevin McCurley 研究了这种算法的一种变体，其中模数是合数[1442,1038]。V. S. Miller 和 Neal Koblitz 把这个算法扩展到椭圆曲线[1095,867]。Taher ElGamal 基于这些基本思想开发了一个加密和数字签名算法（参见 19.6 节）。

该算法也可用于 Galois 域 $GF(2^k)$[1442,1038]。有些实现已经用到了该算法[884,1631,1632]，因为其计算速度很快。同样，密码分析计算速度也非常快，因此仔细选择一个足够大的域以保证安全性是非常重要的。

22.1.3　Hughes

Diffie-Hellman 的这种变体允许 Alice 产生一个密钥并发送给 Bob[745]。

（1）Alice 选取一个大的随机整数 x，并产生 $k = g^x \bmod n$。

（2）Bob 选取一个大的随机整数 y，并发给 Alice：$Y = g^y \bmod n$。

（3）Alice 发送给 Bob：$X = Y^x \bmod n$。

（4）Bob 计算 $z = y^{-1}$，$k' = X^z \bmod n$。

如果整个过程没有差错，那么 $k = k'$。

与 Diffie-Hellman 相比，该协议的优点在于 k 能在交互之前计算，Alice 在接触 Bob 之前就能够用 k 加密消息。她可以把 k 发送给任何人，然后与他们交互，以便分别交换密钥。

22.1.4　不用交换密钥的密钥交换

如果你有一个用户群，每个用户都可以在公用数据库发布一个公开密钥：$X = g^x \bmod n$。如果 Alice 想与 Bob 通信，她只需取回 Bob 的公开密钥，并产生他们共享的秘密密钥。然后她用这个密钥加密消息并发送给 Bob。Bob 也将取回 Alice 的公开密钥来产生他们之间共享的秘密密钥。

每一对用户有唯一的秘密密钥，他们之间不需要预先的通信过程。为了防止欺骗攻击，公开密钥必须是经过鉴定的，并且应该定期改变，不管怎样这是很好的主意。

22.1.5　专利

Diffie-Hellman 密钥交换算法在美国[718] 和加拿大[719] 都获得了专利。由公开密钥合作商（PKP）颁布许可证，包括另外一些公开密钥算法的专利权（参见 25.5 节）。美国专利在 1997 年 4 月 29 日到期。

22.2　站间协议

Diffie-Hellman 密钥交换协议容易受到中间人攻击。防止这种攻击的一个方法是让 Alice 和 Bob 分别对消息签名[500]。

协议假定 Alice 有 Bob 的公开密钥证书，同时 Bob 有 Alice 的公开密钥证书。这些证书由协议之外的一些值得信赖的机关签名。下面是 Alice 和 Bob 产生秘密密钥 k 的过程：

（1）Alice 产生随机数 x，并把它发送给 Bob。

（2）Bob 产生随机数 y。根据 Diffie-Hellman 协议，他计算他们之间基于 x、y 的共享秘密密钥 k。他对 x、y 签名，并且用 k 加密签名。然后把它和 y 一起发送给 Alice：

$$y, \ E_k(S_B(x, \ y))$$

（3）Alice 也计算 k。她对 Bob 发送的消息解密，并验证他的签名。然后她把包括 x、y

的签名消息用他们的共享密钥加密后发送给 Bob：

$$E_k(S_A(x, y))$$

（4）Bob 解密消息并验证 Alice 的签名。

22.3 Shamir 的三次传递协议

Shamir 发明但从未公开的这个协议能使 Alice 和 Bob 无须预先交换任何秘密密钥或公开密钥就可进行保密通信[1008]。

这里假设存在一个可交换的对称密码：

$$E_A(E_B(P)) = E_B(E_A(P))$$

Alice 的秘密密钥是 A，Bob 的秘密密钥是 B，Alice 想给 Bob 发送一个消息 M，协议如下：

（1）Alice 用她的密钥加密 M，同时把密文发给 Bob：

$$C_1 = E_A(M)$$

（2）Bob 用他的密钥加密 C_1，同时把密文发给 Alice：

$$C_2 = E_B(E_A(M))$$

（3）Alice 用她的密钥解密 C_2，同时把结果发给 Bob：

$$C_3 = D_A(E_B(E_A(M))) = D_A(E_A(E_B(M))) = E_B(M)$$

（4）Bob 用他的密钥解密 C_3 恢复明文消息 M。

一次一密乱码本是可交换且完全保密的，但它们不能用在这个协议中。若采用一次一密乱码本，三个密文消息将是：

$$C_1 = P \oplus A$$
$$C_2 = P \oplus A \oplus B$$
$$C_3 = P \oplus B$$

当这三个密文在 Alice 和 Bob 之间传递时，Eve 能记下它们，然后简单地把它们异或便可恢复明文消息：

$$C_1 \oplus C_2 \oplus C_3 = (P \oplus A) \oplus (P \oplus A \oplus B) \oplus (P \oplus B) = P$$

这显然是不行的。

Shamir（Jim Omura 也独立地）描述了一个适于该协议的加密算法，它类似于 RSA。设 p 是一个大素数，$p-1$ 有一个大的素数因子，选择加密密钥 e，使 e 与 $p-1$ 互素。计算 d，使 $de \equiv 1 \bmod (p-1)$。

加密消息时，计算：

$$C = M^e \bmod p$$

解密时则计算：

$$M = C^d \bmod p$$

看起来不解决离散对数问题 Eve 便无法恢复 M，但这尚未被证明。

与 Diffie-Hellman 类似，该协议允许 Alice 在不知道 Bob 的任何密钥的情况下，便可与 Bob 通信。若 Alice 使用公开密钥算法，她必须知道 Bob 的公开密钥。按照 Shamir 三次传递协议，她只需把密文消息发送给 Bob；而如果使用公开密钥算法，则要：

（1）Alice 向 Bob（或 KDC）请求获得他的公开密钥。

（2）Bob（或 KDC）把他的公开密钥发送给 Alice。

（3）Alice 用 Bob 的公开密钥加密 M 并把它发送给 Bob。

Shamir 三次传递协议不能防止中间人攻击。

22.4　COMSET 协议

COMSET 是为 RIPE 项目研制的相互识别和密钥交换的协议[1305]（参见 25.7 节）。该协议使用公开密钥密码，允许 Alice 和 Bob 相互识别，也可交换秘密密钥。

COMSET 背后的数学原理是 Rabin 方案[1283]（参见 19.5 节）。这个方案最初出现在文献 [224] 中，详细情况见文献 [1305]。

22.5　加密密钥交换

Steve Bellovin 和 Michael Merritt 设计了加密密钥交换（EKE）协议[109]。它以一种新奇的方法同时使用对称和公开密钥密码给计算机网络提供了安全性和鉴别。该方法用共享的秘密密钥加密随机产生的公开密钥。

22.5.1　基本 EKE 协议

Alice 和 Bob（两个用户、一个用户和主机，或其他什么）共享一个公共口令 P，利用这个协议，他们能相互鉴别并产生一个公共会话密钥 K。

（1）Alice 产生一个随机公开密钥/私人密钥密钥对，并用对称算法和 P 作为密钥对公开密钥 K' 进行加密：$E_P(K')$，将结果发送给 Bob：

$$A，E_P(K')$$

（2）Bob 知道 P，他解密这个消息得到 K'，然后产生一个随机会话密钥 K，用从 Alice 处得到的公开密钥和 P 作为密钥来加密 K，并把它发送给 Alice：

$$E_P(E_{K'}(K))$$

（3）Alice 解密该消息获得 K，她产生一个随机串 R_A，用 K 加密后，发送给 Bob：

$$E_K(R_A)$$

（4）Bob 解密这个消息得到 R_A，他产生另一个随机串 R_B，用 K 加密这两个串，同时把结果发送给 Alice：

$$E_K(R_A，R_B)$$

（5）Alice 解密该消息获得 R_A 和 R_B，假设她从 Bob 处得到的 R_A 与她在第（3）步发送给 Bob 的 R_A 一样，她就用 K 加密 R_B 同时把它发送给 Bob：

$$E_K(R_B)$$

（6）Bob 解密该消息获得 R_B，假定他从 Alice 处得到的 R_B 与他在第（4）步发送给 Alice 的 R_B 相同，这个协议便完成了，现在双方可用 K 作为会话密钥进行通信。

在第（3）步中，Alice 和 Bob 两人都知道 K' 和 K，K 是会话密钥，用它可加密 Alice 和 Bob 之间的所有其他消息。处于 Alice 和 Bob 之间的 Eve 仅知道 $E_P(K')$、$E_P(E_{K'}(K))$ 和一些用 K 来加密的消息。在其他协议中，Eve 能够猜测 P（人们总是选择坏的口令，并且如果 Eve 足够聪明，她总可做一些好的猜测），然后证实她的猜测。但在这个协议中，在没有破译公开密钥算法之前，Eve 不能证实她的猜想。如果 K 和 K' 两个都随机选择，这就是一个无法解决的难题。

协议的第（3）～（6）步的挑战-应答部分证实了协议的有效性，第（3）～（5）步 Alice 证实了 Bob 知道 K，第（4）～（6）步 Bob 证实了 Alice 知道 K。Kerberos 协议时间标记交换能完成相同的事情。

EKE 能用各种公共密钥算法实现：RSA，ElGamal，Diffie-Hellman。用背包算法实现的

EKE 存在着安全问题（撇开背包算法固有的不安全性不谈）：密文消息的分布对 EKE 不利。

22.5.2 用 RSA 实现 EKE

RSA 算法看来很适合这种应用，但还存在一些微妙的问题。设计者建议在第（1）步仅对加密指数加密而模数以明文形式发送，其理由以及使用 RSA 时涉及的其他细节问题在文献 [109] 中有说明。

22.5.3 用 ElGamal 实现 EKE

用 ElGamal 算法实现 EKE 是很容易的，甚至还有一种基本协议中的简化形式。使用 19.6 节中的概念，g 和 p 是所有用户公用的公开密钥部分，私人密钥是随机数 r，公开密钥是 $g^r \bmod p$。在第（1）步中，Alice 发送给 Bob 的消息变为：

$$\text{Alice}, \quad g^r \bmod p$$

注意，这个公开密钥不必用 p 来加密。在一般情况下，这是不正确的。但对 ElGamal 算法它是正确的。详情见文献 [109]。

Bob 选择随机数 R（专门针对 ElGamal 算法，且与 EKE 中选择的所有随机数都无关），在第（2）步中他发送给 Alice 的消息变为：

$$E_P(g^R \bmod p, \quad Kg^{Rr} \bmod p)$$

对于 ElGamal，选择变量的限制参见 19.6 节。

22.5.4 用 Diffie-Hellman 实现 EKE

根据 Diffie-Hellman 协议，K 是自动产生的。最终的协议甚至更简单，g 和 n 的值对网络中的所有用户都相同。

（1）Alice 选择随机数 r_A 并发送给 Bob：

$$A, \quad g^{r_A} \bmod n$$

使用 Diffie-Hellman，Alice 不必用 P 来加密她的第一个消息。

（2）Bob 选择一个随机数 r_B，并计算：

$$K = g^{r_A \times r_B} \bmod n$$

他产生一个随机串 R_B，然后计算并发给 Alice：

$$E_P(g^{r_B} \bmod n), \quad E_K(R_B)$$

（3）Alice 解密该消息的前一半获得 $g^{r_B} \bmod n$，然后计算 K，并用 K 来解密 R_B。她产生另一个随机串 R_A，用 K 来加密这两个随机串，同时把结果发送给 Bob：

$$E_K(R_A, R_B)$$

（4）Bob 解密消息得到 R_A 和 R_B。假定他从 Alice 处得到的 R_B 与他在第（2）步中发送给 Alice 的 R_B 一样，他便用 K 加密 R_A，并把它发送给 Alice：

$$E_K(R_A)$$

（5）Alice 解密该消息得到 R_A。假定她从 Bob 处得到的 R_A 与她在第（3）步中发送给 Bob 的 R_A 一样，那么这个协议就完成了。现在双方可用 K 作为会话密钥开始通信。

22.5.5 加强的 EKE

Bellovin 和 Merritt 提出一个增强协议挑战-应答部分的建议，以防止密码分析者恢复旧的 K 值的可能攻击。

对照基本的 EKE 协议，在第（3）步，Alice 产生另一个随机数 S_A，同时发送给 Bob：

$$E_K(R_A，S_A)$$

在第（4）步，Bob 产生另一个随机数 S_B，同时发送给 Alice：

$$E_K(R_A，R_B，S_B)$$

Alice 和 Bob 现在可以同时计算会话密钥 $S_A \oplus S_B$。这个密钥可用于 Alice 和 Bob 之间所有以后的消息，K 只用作密钥交换密钥。

考察 EKE 提供的保护级别，恢复 S 值不会给 Eve 关于 P 的任何信息，因为 P 没有直接用来加密可直接导出 S 的任何东西。对 K 的密码分析攻击也是不可行的，因为 K 仅用来加密随机数据，且 S 从没有单独加密。

22.5.6 扩充的 EKE

EKE 协议存在一个严重的缺陷：它需要双方都知道 P。绝大多数基于口令的鉴别系统存储的是用户口令的单向散列值，而不是口令本身（参见 3.2 节）。扩充的 EKE 协议（AEKE）使用用户口令的单向散列值作为用 Diffie-Hellman 实现的 EKE 变体中的超级密码。用户发送用初始口令加密的额外消息，这个消息用来鉴别新选择的会话密钥。

以下是协议过程。通常，Alice 和 Bob 想要相互鉴别并产生一个公用的密钥。他们协商某个数字签名方案，其中有些数字可以用于私人密钥，并方案中的公开密钥可以从私人密钥导出，而不是和私人密钥一起产生。ElGamal 和 DSA 算法很适合这个方案。Alice 的口令 P（或口令的简单散列值）将用作私人密钥，并记为 P'。

（1）Alice 选取一个随机指数 R_A，并发送：

$$E_{P'}(g^{R_A} \bmod n)$$

（2）Bob 只知道 P'，但不能从中得出 P，他选取一个随机指数 R_B，并发送：

$$E_{P'}(g^{R_B} \bmod n)$$

（3）Alice 和 Bob 都能计算共享的会话密钥 $K = g^{R_A \times R_B} \bmod n$，最后，Alice 通过发送下面的消息，证实她知道的是 P，而不是 P'：

$$E_K(S_P(K))$$

Bob 知道 K 和 P'，他能解密并验证签名。Alice 仅在知道 P 时，才能发送消息。一个获得 Bob 口令文件的入侵者能尽力猜出 P，但不能对会话密钥签名。

由于是一方选取会话密钥而另一方应用，所以 A-EKE 方案不能与 EKE 的公开密钥变体一起工作。这使得中间人攻击能通过捕获 P' 来发动攻击。

22.5.7 EKE 的应用

Bellovin 和 Merritt 建议在保密公用电话中使用该协议[109]：

> 我们假设安装了多部加密的公用电话。如果有人想用其中的一部电话，他必须提供某种密钥信息。传统的解决办法就是要求呼叫者有一把物理钥匙，但这在很多场合是不理想的。EKE 则允许使用一种较短的用键盘输入的口令，但用于通话的会话密钥要长得多。

> 对于蜂窝电话系统 EKE 也适用。在蜂窝电话中，欺骗已成为令人头痛的问题。EKE 可以克服这一难题（且确保通话的保密）。采用的方法是，如果使用者不输入正确的个人识别号（PIN），电话机就不能使用。由于 PIN 并不存放在电话机内，所以想从偷来的电话机中找出 PIN 是不可能的。

EKE 的基本强度以一种对称密码和公开密钥密码学都得到加强的方式联合使用这两种密码系统：

> 从一般的观点看来，EKE 起一种秘密放大器的作用。也就是说，当对称的和非对称系统一起使用时，可加强这两种比较弱的密码系统。例如，当使用指数密钥交换时，我们考虑需要保持安全性的密钥的长度。LaMacchia 和 Odlyzko 已证明[934]，曾经认为安全的模数长度（即 192 位）是脆弱的，计算机仅需几分钟就能破译它。但若在攻击之前必须猜出口令，则攻击是不可行的。

> 反之，破译指数密钥交换的难度能用于挫败猜测口令的所有企图。猜测口令攻击是可行的，因为每一次猜测都可非常快地得到验证。如果完成这样的验证需要求解一个指数密钥交换，假如不是概念上的困难，那么总的时间将急剧增加。

EKE 已申请专利[111]。

22.6 加强的密钥协商

这个方案也可防止密钥协商受到拙劣选择口令和中间人攻击[47,983]。它利用了具有特殊性能的两个变量的散列函数：在第二个变量没有明显冲突时，第一个变量存在许多冲突。

$$H'(x, y) = H(H(k, x) \bmod 2^m, x)$$

其中 $H(k, x)$ 是 k、x 的普通的散列函数。

协议如下。Alice 和 Bob 共享一个密钥口令 P，用 Diffie-Hellman 密钥交换协议得到一个秘密密钥 K。他们用 P 验证两个会话密钥是否一样（Eve 不可能采用中间人攻击），Eve 不可能得到 P。

（1）Alice 发送给 Bob：

$$H'(P, K)$$

（2）Bob 计算 $H'(P, K)$，并与他从 Alice 处收到的比较。如果一致，他发送给 Alice：

$$H'(H(P, K))$$

（3）Alice 计算 $H'(H(P, K))$ 并与她从 Bob 处收到的比较。

如果 Eve 正在试图采用中间人攻击，她与 Alice 共享一个密钥 K_1，与 Bob 共享另一个密钥 K_2。为了在第（2）步欺骗 Bob，她必须计算出共享口令，然后发送 $H'(P, K_2)$ 给 Bob。对于一般的散列函数，Eve 能试出一个正确的共享口令，然后成功入侵协议。但对于两个变量的散列函数，很多口令与 K_1 一起散列时导出同样的结果。因此，当她找到一个匹配的口令时，有可能只是错误的口令，并不能欺骗 Bob。

22.7 会议密钥分发和秘密广播

Alice 想通过单一的发射机广播消息 M。然而她不想让每一个听众都理解。事实上，她只想其中选定的一部分人能恢复 M，而其他人得不到任何信息。

Alice 能与每一个听众共享一个不同的密钥（公开密钥或秘密密钥）。她用随机密钥 K 加密消息，然后用每一个听众的密钥加密密钥 K 的副本。最后，她广播加密消息和每一个加密的 K。听众 Bob 用他的秘密密钥解密所有的密钥 K，得到正确的密钥。如果 Alice 并不在乎大家知道她的消息是给谁的，她可以把听众的名字附在密钥之后。以前讨论的多重密钥密码也可用于此。

在文献［352］中给出了另一种方法。首先，每一个听众与 Alice 共享一个秘密密钥，其中密钥比要加密的消息长。所有的这些密钥都是成对的素数。她用随机密钥 K 加密消息。然后她计算一个整数 R，满足 R 模用于解密消息的秘密密钥与 K 同余，而 R 模其他的秘密密钥与 0 同余。

例如，如果 Alice 只想秘密消息被 Bob、Carol 和 Ellen 接收，但不包括 Dave 和 Frank，她就用 K 加密消息，然后计算 R：

$$R \equiv K \pmod{K_B}$$
$$R \equiv K \pmod{K_C}$$
$$R \equiv 0 \pmod{K_D}$$
$$R \equiv K \pmod{K_E}$$
$$R \equiv 0 \pmod{K_F}$$

这是一个简单的代数问题，Alice 能很容易地解出。当听众收到广播时，他们计算收到的密钥模他们的秘密密钥。如果他想接收消息，则恢复密钥；否则，什么也不做。

第三种方法是文献〔141〕中建议的门限方案（参见 3.7 节）。与其他方案一样，每一个潜在的接收者得到一个秘密密钥。在非创建门限方案中，该密钥是不可见的。Alice 为自己保存一些秘密密钥，并给系统增加一些随机性。假设有 k 个人。

广播消息 M 时，Alice 用 K 加密消息 M，然后：

（1）Alice 选取一个随机数 j，这个数用于隐藏消息接收者的数量。它不必很大，甚至可以小到 0。

（2）Alice 创建（$k+j+1$，$2k+j+1$）的门限方案，满足：

　　K 是秘密的。

　　接收者的秘密密钥作为影子。

　　非接收者的秘密密钥不作为影子。

　　j 是随机选取的影子，对于每一个秘密密钥都不一样。

（3）Alice 广播 $k+j$ 个随机选取的影子，而不是在第（2）步中选取的影子。

（4）所有接收到广播的听众在 $k+j$ 后加上他们的影子。如果加上影子后可以计算秘密密钥，则他们恢复密钥；如果不行，则什么也不做。

另一种方案见文献〔885，886，1194〕，还有一种方案见文献〔1000〕。

22.7.1　会议密钥分发

该协议允许一组 n 个用户通过不安全信道协商秘密密钥。组用户共享两个大的素数 p、q 和与 q 有同样长度的生成元 g。

（1）用户 $i(1 < i < n)$ 选取一个小于 g 的随机数 r_i，并广播

$$z_i = g^{r_i} \bmod p$$

（2）每个用户验证 $z_i^q \equiv 1 \pmod{p}(1 < i < n)$。

（3）用户 i 广播

$$x_i = (z_{i+1}/z_{i-1})^{r_i} \bmod p$$

（4）用户 i 计算

$$K = (z_{i-1})^{nr_i} \times x_i^{n-1} \times x_{i+1}^{n-2} \times \cdots \times x_{i-2} \bmod p$$

上述协议的所有下标运算（$i-1$、$i-2$ 和 $i+1$）应该模 n。协议的最后，每一个诚实的用户都得到相同的 K，其他人不可能得到任何东西。然而，这个协议容易遭到中间人攻击。

另一个不很完美的协议见文献 [757]。

22.7.2 Tatebayashi-Matsuzaki-Newman

该密钥分发协议适用于网络[1521]。Alice 想通过 Trent（KDC）与 Bob 产生会话密钥。网络中所有用户都知道 Trent 的公开密钥 n。Trent 知道 n 的两个大素数因子，因此很容易计算 n 的三次方根模 n。下面描述的协议省掉了许多细节，但是你可以明白它：

（1）Alice 选取一个随机数 r_A，并发送给 Trent：

$$r_A^3 \bmod n$$

（2）Trent 告诉 Bob 有人想与他交换密钥。

（3）Bob 选取一个随机数 r_B，并发送给 Trent：

$$r_B^3 \bmod n$$

（4）Trent 用他的秘密密钥恢复 r_A 和 r_B，并发送给 Alice：

$$r_A \oplus r_B$$

（5）Alice 计算：

$$(r_A \oplus r_B) \oplus r_A = r_B$$

她用 r_B 与 Bob 安全地通信。

该协议看起来不错，但有一个可怕的缺陷。Carol 能在第（3）步监听，并在毫无怀疑的 Trent 和另一个怀有恶意的用户 Dave 的帮助下利用那个信息，并恢复 r_B[1472]。

（1）Carol 选取一个随机数 r_C，并发送给 Trent：

$$r_B^3 r_C^3 \bmod n$$

（2）Trent 告诉 Dave 有人想与他交换密钥。

（3）Dave 选取一个随机数 r_D，并发送给 Trent：

$$r_D^3 \bmod n$$

（4）Trent 用他的秘密密钥恢复 r_C 和 r_D，并发送给 Carol：

$$(r_B r_C) \bmod n \oplus r_D$$

（5）Dave 把 r_D 发送给 Carol。

（6）Carol 用 r_C 和 r_D 恢复 r_B，就可窃听 Alice 和 Bob 之间的通信了。

协议的专用算法

23.1 多重密钥的公开密钥密码系统

这是 RSA 的一种推广（参见 19.3 节）[217,212]。模数 n 是两个素数 p 和 q 的乘积，然而，这里不是选择 e 和 d 使得 $ed \equiv 1 \bmod ((p-1)(q-1))$，而是选择 t 个密钥 K_i，使得

$$K_1 \times K_2 \times \cdots \times K_t \equiv 1 \bmod ((p-1)(q-1))$$

因为

$$M^{K_1 \times K_2 \times \cdots \times K_t} = M$$

这就是 3.5 节中描述的多重密钥方案。

例如，有 5 个密钥，用 K_3 和 K_5 加密的消息能用 K_1、K_2 和 K_4 解密：

$$C = M^{K_3 \times K_5} \bmod n$$

$$M = C^{K_1 \times K_2 \times K_4} \bmod n$$

这可用于多重签名。设想在一种情况下，Alice 和 Bob 都必须签署一个文件才能使之合法化。可以使用 3 个密钥：K_1、K_2 和 K_3，前两个发送给 Alice 和 Bob 各一个，第三个公开。

（1）Alice 首先签署 M，并发送给 Bob：

$$M' = M^{K_1} \bmod n$$

（2）Bob 可以从 M' 中恢复 M：

$$M = M'^{K_2 \times K_3} \bmod n$$

（3）Bob 还可以添加自己的签名：

$$M'' = M'^{K_2} \bmod n$$

（4）任何人都能用公开密钥 K_3 验证这个签名：

$$M = M''^{K_3} \bmod n$$

注意，可信方必须设置这种系统，并将密钥分配给 Alice 和 Bob。具有相同问题的另一个方案见文献 [484]。此外还有第三个方案见文献 [695,830,700]，但是验证方面的成效与签名者的数量成正比。基于零知识签别方案的最新方案[220,1200] 解决了上述系统的两个缺陷。

23.2 秘密共享算法

在 3.7 节中论述了秘密共享方案的想法。下面 4 个不同的算法基于一般理论框架的所有特定情况[883]。

23.2.1 LaGrange 插值多项式方案

Adi Shamir 利用有限域中的多项式方程来构造门限方案[1414]。选择一个素数 p，使之比可能的影子数目和最大可能秘密都大。共享秘密时，需要产生一个次数为 $m-1$ 的任意多项式。例如，如果打算形成一个 $(3, n)$ 门限方案（重构 M 需要 3 个影子），则产生一个二次多项式：

$$(ax^2 + bx + M) \bmod p$$

其中 p 是一个比所有系数都大的随机素数。系数 a 和 b 随机选择，它们是秘密的，在分发影子之后便丢弃。M 是消息。素数必须公开。

影子通过计算该多项式在几个不同点上的值得到：

$$k_i = F(x_i)$$

换句话说，第一个影子就是多项式在 $x=1$ 的值，第二个影子就是多项式在 $x=2$ 的值，以此类推。

由于二次多项式有 3 个未知系数 a、b 和 M，因此，任意 3 个影子都能用来建立 3 个方程。2 个影子不能，1 个影子也不能，4 或 5 个影子则是多余的。

例如，设 $M=11$，构造（3，5）门限方案，在这个方案中 5 个人中任意 3 个都能重构 M，首先产生一个二次方程（7 和 8 是随机选择）：

$$F(x) = (7x^2 + 8x + 11) \bmod 13$$

5 个影子是：

$$k_1 = F(1) = 7 + 8 + 11 \equiv 0 (\bmod 13)$$
$$k_2 = F(2) = 28 + 16 + 11 \equiv 3 (\bmod 13)$$
$$k_3 = F(3) = 63 + 24 + 11 \equiv 7 (\bmod 13)$$
$$k_4 = F(4) = 112 + 32 + 11 \equiv 12 (\bmod 13)$$
$$k_5 = F(5) = 175 + 40 + 11 \equiv 5 (\bmod 13)$$

为了从 3 个影子（比如 k_2、k_3 和 k_5）重构 M，解线性方案程组：

$$a \times 2^2 + b \times 2 + M \equiv 3 (\bmod 13)$$
$$a \times 3^2 + b \times 3 + M \equiv 7 (\bmod 13)$$
$$a \times 5^2 + b \times 5 + M \equiv 5 (\bmod 13)$$

解为 $a=7$、$6=8$ 和 $M=11$，这样就恢复了 M。

这个共享方案对于较大的数也容易实现。如果打算把消息分成 30 个相等的部分，使得任意 6 个人在一起都能重构消息，则给这 30 个人每人一个六次多项式：

$$F(x) = (ax^6 + bx^5 + cx^4 + dx^3 + ex^2 + fx + M) \bmod p$$

对 6 个未知数（包括 M）6 个人才能解，5 个人就不可能得到有关 M 的任何东西。

秘密共享最惊人的方面是，如果系数随机地选择，即使是有无限计算能力的 5 个人也不能得到除消息长度外的任何东西（消息长度每个人都知道）。这个方案像一次一密乱码本一样安全，任何想揭示消息的穷举搜索（即试验所有可能的第 6 个影子）的企图都可能是无效的。本节所介绍的所有秘密共享方案都如此。

23.2.2 矢量方案

George Blaldey 发明了利用空间中点的方案[182]。消息定义为 m 维空间中的一个点，每一个影子都是包含这个点的 $(m-1)$ 维超平面的方程，任意 m 个这种超平面的交点刚好确定这个点。

例如，如果需要 3 个影子来重构消息，那么此消息就是三维空间中的一个点，每一个影子都是一个不同的平面。如果有 1 个影子，则仅知道点在该平面上的某处；如果有 2 个影子，则可知道点在两个平面交线上某处；如果有 3 个影子，则刚好能确定点在三个平面的交点。

23.2.3 Asmuth-Bloom

这种方案使用素数[65]。对一个 $(m，n)$ 门限方案，选择一个大于 M 的大素数 p，然后

选择 n 个小于 p 的数 d_1，d_2，$\cdots$，d_n，使得：

（1）d_i 的值按递增顺序排列，即 $d_i < d_{i+1}$。

（2）d_i 两两互素。

（3）$d_1 \times d_2 \times \cdots \times d_m > p \times d_{n-m+2} \times d_{n-m+3} \times \cdots \times d_n$。

分配影子时，首先选择一个随机数 r，计算

$$M' = M + rp$$

影子 k_i 是

$$k_i = M' \bmod d_i$$

利用中国剩余定理，由任意 m 个影子就能恢复 M，任意 $m-1$ 个影子却不能，详细情况见文献 [65]。

23.2.4　Kamin-Greene-Hellman

这个方案使用了矩阵乘法[818]。选择 $n+1$ 个 m 维向量 V_0，V_1，V_2，$\cdots$，V_n，使得由它们形成的任意可能 $m \times m$ 阶矩阵的秩为 m。向量 U 是 $(m+1)$ 维的行向量。

M 是矩阵乘积 $U \cdot V_0$，影子是乘积 $U \cdot V_i (1 < i < n)$。

任何 m 个影子能用来解 $m \times m$ 的线性方程组，其中未知数是 U 的系数。知道了 U，就能够计算 $U \cdot V_i$。任意 $m-1$ 个影子不能解这个线性方程组，因此不能恢复这个秘密。

23.2.5　高级门限方案

前面的例子仅解释了最简单的门限方案：把一个秘密分成 n 个影子，使得使用其中任意 m 个影子就能恢复这个秘密。这些算法能用来构造更复杂的方案。下面的例子将使用 Shamir 算法，也可使用前面算法中任何一个。

构造方案时，如果其中一个人比其他人更重要，就给那个人更多的影子。比如说，如果需要 5 个影子才能重建一个秘密，其中一个人有 3 个不同的影子而其他人仅有 1 个，那么这个人和另外两个人就能恢复秘密，没有这个人，则需要 5 个人才能恢复秘密。

两个或更多人能得到多个影子，每个人都能拥有不同数目的影子。不论影子按何种方式分布，使用其中任意 m 个影子都能重构这个秘密。如果仅有 $m-1$ 个影子，那么无论是属于一个人还是全房间的人都不能重构这个秘密。

在其他类型的方案中，设想有两个敌对代表团。也可在这两个代表团间共享秘密，使得来自 7 人代表团 A 中的 2 个人和来自 12 人代表团 B 中的 3 个人一起才能恢复秘密。构造一个三次多项式，它是一个线性方程和一个二次方程的乘积，给代表团 A 中每人 1 个影子，这个影子是线性方程的值，给代表团 B 中每人 1 个影子，这个影子是二次方程的值。

代表团 A 中任意 2 个影子能用来重构线性方程，但不管它有多少其他的影子，都不能得到有关秘密的任何信息。对代表团 B 也如此：他们只需要 3 个影子就可重构二次方程，但不能获得为重构秘密所需的更多信息。仅当两个代表团共享他们的方程时，才能将两个方程相乘用于重构秘密。

总之，任何能想象得到的共享方案都能够实现，所要做的只是设想一个与特定方案相对应的方程组。文献 [1462，1463，1464] 是阐述秘密共享方案的一些好文章。

23.2.6　有骗子情况下的秘密共享

该算法为检测骗子改进了标准的 (m, n) 门限方案[1529]。虽然它也能用于其他方案，

但以下只使用 LaGrange 方案予以说明。

选择一个素数 p，它比 n 和

$$(s-1)(m-1)/e+m$$

大，其中 s 是最大可能的秘密，e 是成功欺骗的概率。可以使 e 与你希望的一样小，这使计算更为复杂。像前面一样构造影子，但 x_i 取 $1，2，\cdots，n$，而使用 $1\sim p-1$ 之间的随机数。

现在，Mallory 带着他的假共享秘密潜入秘密重构会议，他的共享秘密不是可能秘密的概率很高，当然，一个不可能秘密就是伪造的秘密，有关数学问题见文献 [1529]。

不幸的是，虽然 Mallory 作为骗子被暴露了，但仍然得到了秘密（假设有 m 个其他有效的共享秘密）。文献 [1529，975] 中的另一个协议能防止这种情况发生。基本思想是创建一系列的 k 个秘密，使参与者中任何人都不能事先知道哪一个是正确的秘密。除了真正的秘密外，每一个秘密都比前一个秘密大，参与者组合他们的影子产生一个又一个的秘密，直到他们能产生一个比前面的秘密小的秘密，这就是一个正确的秘密。

该方案能在秘密产生前尽早暴露骗子。参与者每次交付一个影子的过程有些繁杂，详情参见那两篇论文。在门限方案中检测和防止骗子的其他文章可见文献 [355，114，270]。

23.3 阈下信道

23.3.1 Ong-Schnorr-Shamir

Gustavus Simmons[1458,1459,1460] 设计的阈下信道方案（参见 4.2 节）使用了 Ong-Schnorr-Shamir 识别方案（参见 20.5 节）。和原方案中相同的是：发送者（Alice）选择一个公开的模数 n 和一个秘密密钥 k，使得 n 与 k 互素。和原方案不相同的是：k 是在 Alice 和阈下消息接收者 Bob 之间共享的。

计算公开密钥：

$$h=-k^2 \bmod n$$

如果 Alice 打算通过无害消息 M' 来发送阈下消息 M，那么她首先需确认 M' 和 n 互素，M 和 n 互素。

Alice 计算：

$$S_1=1/2\times(M'/M+M)\ \bmod\ n$$
$$S_2=k/2\times(M'/M-M)\ \bmod\ n$$

将数对 S_1 和 S_2 合在一起就是传统的 Ong-Schnorr-Shamir 方案的签名，而且是阈下消息的载体。

像 Ong-Schnorr-Shamir 签名方案所描述的那样，监狱看守人 Walter（记得他吗？）能够鉴别消息，但 Bob 做得更好。Bob 能鉴别消息（Walter 总是能够产生他自己的消息），还能进一步确认：

$$S_1^2-S_2^2/k^2 \equiv M'(\bmod\ n)$$

如果这个消息是可靠的，接收者就能使用下列公式恢复阈下消息：

$$M=M'/(S_1+S_2k^{-1})\ \bmod\ n$$

这是可行的，但要记住基本的 Ong-Schnorr-Shamir 方案已经被破译了。

23.3.2 ElGamal

在文献［1407，1473］中描述的 Simmons 第二阈下信道[1459] 基于 ElGamal 签名方案（参见 19.6 节）。

密钥产生与基本的 ElGamal 签名方案相同。首先选择一个素数 p，两个随机数 g 和 r，g 和 r 都小于 p。然后计算：

$$K = g^r \bmod p$$

公开密钥是 K、g 和 p，私人密钥是 r。除 Alice 外，Bob 也知道 r，这个密钥用来发送和阅读阈下消息，另外还用来签署无害消息。

使用无害消息 M' 来发送阈下消息 M 时，M'、M 和 p 都必须相互完全互素，同时 M 和 $p-1$ 也必须互素。Alice 计算：

$$K = g^M (\bmod p)$$

并对 Y 解下列方程（使用扩展的欧几里得算法）

$$M' = rX + MY \bmod (p-1)$$

和基本的 ElGamal 方案一样，签名是数对 X 和 y。

Walter 能验证 ElGamal 签名，他确认：

$$K^X X^Y \equiv g^{M'} (\bmod p)$$

Bob 能恢复阈下消息，首先他确认：

$$(g^r)^X X^Y \equiv g^{M'} (\bmod p)$$

如果上面的等式确认成立，他接收到的消息就是真实的（不是来自 Walter）。

其次，恢复 M 时，他计算

$$M = (Y^{-1}(M' - rX)) \bmod (p-1)$$

例如，设 $p=11$ 和 $g=2$，秘密密钥 r 选为 8，这意味着 Walter 能用来验证签名的公开密钥是 $g^r \bmod p = 2^8 \bmod 11 = 3$。

使用无害消息 $M'=5$ 来发送阈下消息 $M=9$ 时，Alice 确认 9 和 11 互素，同时 5 和 11 互素，她还证实 9 和 $11-1=10$ 也互素。因此 Alice 计算：

$$X = g^M \bmod p = 2^9 \bmod 11 = 6$$

然后，她对 Y 解下列方程：

$$5 = 8 \times 6 + 9 \times Y \bmod 10$$

得 $Y=3$，所以签名是数对 X 和 Y：6 和 3。

Bob 进一步确认：

$$(g^r)^X X^Y \equiv g^{M'} (\bmod p)$$
$$(2^8)^6 6^3 \equiv 2^5 (\bmod 11)$$

上式是成立的（如果不相信我，你可以自己进行数学运算），所以 Bob 就可通过计算下式恢复阈下信息：

$$M = (Y^{-1}(M' - rx)) \bmod (p-1) = 3^{-1}(5 - 8 \times 6) \bmod 10 = 7(7) \bmod 10 = 49 \bmod 10 = 9$$

23.3.3 ESIGN

阈下信道能增添到 ESIGN[1460] 中（参见 20.6 节）。

在 ESIGN 中，秘密密钥是一对大素数 p 和 g，公开密钥是 $n = p^2 q$。在阈下信道情况下，秘密密钥是 3 个素数 p、g 和 r，公开密钥是 n，且：

$$n = p^2 qr$$

变量 r 是 Bob 需要用来阅读阈下消息的附加信息。

对消息签名时，Alice 首先选择一个随机数 x，使得 x 小于 pqr，并计算：

$$w \text{ 是比}(H(m) - x^k \mod n)/pqr) \text{ 大的最小整数}$$
$$s = x + ((w/kx^{k-1}) \mod p)pqr$$

$H(m)$ 是消息的散列函数，k 是安全参数，值 s 就是签名。

验证该签名时，Bob 计算 $s^k \mod n$，他还计算 a，a 是比 n 的位数除以 3 大的最小整数。如果 $H(m)$ 小于或等于 $s^k \mod n$，且如果 $s^k \mod n$ 比 $H(m)+2^a$ 小，那么该签名被认为是有效的。

使用无害消息 M' 来发送阈下消息 M 时，Alice 用 M 取代 $H(m)$ 来计算 s。这意味着该消息必须小于 p^2qr。然后她选择一个随机数 u，并计算：

$$x' = M' + ur$$

然后，使用这个 x' 值作为"随机数" x 来签署 M'。第二个 s 值就作为一个签名来发送。

Walter 能够验证 s（第二个）是 M' 的有效签名。

Bob 也能用相同的方法来鉴别消息，但因为他还知道 r，所以他能计算：

$$s = x' + ypqr = M + ur + ypqr \equiv M \pmod{r}$$

阈下信道的这种实现方法比前两种好。在 Ong-Schnorr-Shamir 和 ElGamal 实现方法中，Bob 拥有 Alice 的私人密钥，除了能阅读来自 Alice 的阈下消息外，Bob 还能假冒 Alice 并签署文件。Alice 对此却无能为力。为了建立这个阈下信道，Alice 必须信任 Bob。

ESIGN 方案则没有这个问题，Alice 的私人密钥是 3 个素数 p、q 和 r 的集，Bob 的秘密密钥正是 r，他知道 $n = p^2qr$，但要恢复 p 和 q，就必须分解数 n。如果该素数足够大，Bob 要假冒 Alice，就像 Walter 或其他任何人一样很难。

23.3.4 DSA

在 DSA 中也有一个阈下信道（参见 20.1 节）[1468,1469,1473]。事实上，是有多个。最简单的阈下信道涉及选择。假定它是一个 160 位的随机数。然而，如果 Alice 选择了一个特定的 k，那么知道 Alice 私人密钥的 Bob 就能够恢复它。Alice 能在每一个 DSA 签名中发送给 Bob 一个 160 位的阈下消息，其他任何人都能简单地验证 Alice 的签名。另外还有一个更复杂的问题，因为 k 应当是随机的，所以为了产生 k，Alice 和 Bob 必须共享一个一次一密乱码本，并用该一次一密乱码本来加密阈下消息。

DSA 还有一些不需要 Bob 知道 Alice 私人密钥的阈下信道。它们也涉及选择特定 k 值，但不能用于发送 160 位的信息。在文献［1468，1469］中提出的这个方案允许 Alice 和 Bob 在每一次签署的消息中交换 1 位阈下信息。

（1）Alice 和 Bob 商定一个随机素数 p（不同于签名方案中的参数 p）。对该阈下信道来说，这是他们的秘密密钥。

（2）Alice 签署一个无害消息 M。如果她想发送给 Bob 阈下位 1，她确保签名的参数 r 是对模 p 的二次剩余。如果她想给 Bob 阈下位 0，她确保签名的参数 r 是对模 P 非二次剩余。她通过对带有随机 k 值的消息进行签名直到她得到一个满足需要特性的签名参数 r 来完成这一工作。因为二次剩余和非二次剩余大约相等，这样这一步应当不太困难。

（3）Alice 发送一个签名消息给 Bob。

（4）Bob 验证签名，以确信该消息是真实的。然后他检查 r 是对模 p 的二次剩余还是非二次剩余，同时恢复阈下位。

通过这种使 r 是模各种参数的二次剩余或非二次剩余的方法可以发送多个位，详情见文

献 [1468，1469]。

　　该方案很容易扩展到在每一个签名中发送多个阈下位。如果 Alice 和 Bob 共同协商了两个随机素数 P 和 Q，Alice 通过选择一个随机数 k，使得 r 既是对模 P 的二次剩余或非二次剩余，又是对模 Q 的二次剩余或非二次剩余的方法，就能够发送两位。一个随机的 k 值有 25% 机会产生一个正确形式的 r。

　　下面便是 Mallory，DSA 的一个不择手段的实现者，如何使 Alice 每签署一个文件，就泄露她 10 位私人密钥的算法：

　　（1）Mallory 用一个防拆的 VLSI 芯片实现 DSA，使得没有人能检查这个芯片内部工作状况。他在这个芯片中建立了一个 14 位的阈下信道。也就是说，他选择 14 个随机素数，而且该芯片可以根据阈下消息，选择一个 k 值使得 r 对那 14 个素数中的每一个而言都是二次剩余或非二次剩余。

　　（2）Mallory 将这种芯片分发给 Alice、Bob 以及想要的任何人。

　　（3）Alice 用她的 160 位私人密钥 x，像通常一样签署消息。

　　（4）芯片随机地选择 x 的 10 位分组：第一个 10 位、第二个 10 位……因为总共有 16 个可能的 10 位分组，所以用 4 位数就可标识这些分组。该 4 位标识符加上 10 位密钥，就是 14 位的阈下消息。

　　（5）芯片对随机的 k 值进行测试，直到找到一个对于要发送的阈下消息具有正确的二次剩余特性的 k。一个随机的 k 具有正确的二次剩余特性的可能性是 1/16 384。假设该芯片每秒钟测试 1 万个 k，那么不到 2 秒就能找到一个。这种计算不涉及消息，因此可在 Alice 签署消息前脱机完成。

　　（6）芯片使用第（5）步中选定的 k 值，像通常那样签署该消息。

　　（7）Alice 将该数字签名发送给 Bob，或者在网络上或其他什么地方公布。

　　（8）Mallory 恢复 r，而且因为他知道那 14 个素数，所以就可解密阈下消息。

　　可怕的是，即使 Alice 知道正在发生的一切，也无法证明这一事实。只要这 14 个素数继续保持秘密，Mallory 仍将安然无恙。

23.3.5　挫败 DSA 阈下信道

　　阈下信道依赖于 Alice 能选择 k 来传送阈下信息这一事实。为了挫败阈下信道，就不能允许 Alice 选择 k，并且其他任何人也都不能。因为如果允许其他某个人选择 k，那就等于允许那个人伪造 Alice 的签名。唯一的解决办法就是：Alice 和另一方（称为 Bob）共同产生 k。在这种产生方法中，Alice 不能控制 k 的单个位，而 Bob 不能知道是 k 的单个位。在这个协议的末尾，Bob 应能验证 Alice 使用过的他们共同产生的那个 k。

　　该协议如下[1470,1472,1473]：

　　（1）Alice 选择 k'，并发送给 Bob：

$$u = g^{k'} \bmod p$$

　　（2）Bob 选择 k''，并将 k'' 发送给 Alice。

　　（3）Alice 计算 $k = k'^{k''} \bmod (p-1)$。她用 DSA 签署消息 M，并把她的签名 r 和 s 发送给 Bob。

　　（4）Bob 验证：

$$((u^{k''} \bmod p) \bmod q) = r$$

如果上式成立，Bob 就知道 k 被用于签署 M。

　　在第（4）步之后，Bob 知道没有任何阈下信息能嵌入 r 中。如果他是一个可信方，他就能证明 Alice 的签名是无阈下信道的。其他人必须相信他的证明。对于拥有该协议副本的第三方，Bob 却不能证明这个事实。

一个意想不到的结果是，如果 Bob 想要做的话，他能够使用该协议建立他自己的阈下信道。通过选择具有一定特征的 k''，Bob 就能把阈下消息嵌入 Alice 的一个签名中。当 Simmons 发现这个问题时，他把它叫做"布谷鸟信道"。有关"布谷鸟信道"怎样工作的详细情况，以及为防止"布谷鸟信道"而提出的产生 k 的一种 3 趟协议见文献 [1471，1473]。

23.3.6 其他方案

任何签名方案都能转换成阈下信道[1458,1460,1406]。在 Fiat-Shamir 和 Feige-Fiat-Shamir 协议中嵌入阈下信道的协议以及对这个阈下信道的可能滥用见文献 [485]。

23.4 不可抵赖的数字签名

David Chaum 提出了这个不可抵赖的数字签名算法（参见 4.3 节）[343,327]。首先，公开一个大素数 p 和一个本原元 g，它们可由一组签名者使用。Alice 有一个私人密钥 x 和一个公开密钥 $g^x \bmod p$。

对消息签名时，Alice 计算 $z = x^x \bmod p$，这就是 Alice 必须完成的全部工作。

验证稍微复杂一些：

（1）Bob 选择两个小于 p 的随机数 a 和 b，并发送给 Alice：

$$c = z^a (g^x)^b \bmod p$$

（2）Alice 计算 $t = x^{-1} \bmod (p-1)$，并发送给 Bob：

$$d = c^t \bmod p$$

（3）Bob 进一步确认：

$$d \equiv m^a g^b \pmod{p}$$

如果此式成立，Bob 就认为该签名是真的。

设想 Alice 和 Bob 都履行该协议，并且 Bob 相信 Alice 签署了消息。Bob 打算使 Carol 也相信，因此他把协议的一个副本给 Carol 看。然而，Dave 打算使 Carol 相信是其他人签署了该文件。他伪造了该协议的一个副本。首先他产生第（1）步中的消息，然后他先做第（3）步中的计算，产生 d，再编制第（2）步的虚假传送，称这个 d 是从其他人传送来的，最后他制造第（2）步中的消息。对 Carol 来说，Bob 和 Dave 两个人的副本是相同的，她还不能相信签名的有效性，除非她自己亲自履行这个协议。

当然，如果当 Bob 完成该协议时，Carol 曾注视 Bob 的行为，那么就应当相信 Carol。她必须看到如 Bob 所做的那样的，按次序做的那些步骤。

该签名方案可能存在一个问题，但是我不知道具体细节，在使用该签名方案之前请注意这方面的文献。

另一个协议不仅有一个确认协议（通过它 Alice 能够使 Bob 相信她的签名是有效的），而且还有一个否定协议。在这个协议中，如果不是 Alice 的签名，她可用零知识交互协议使他深信，签名是无效的[329]。

像前面的协议一样，一组签名者共用一个公开的大素数 p 和一个本原元 g。Alice 有一个唯一的私人密钥 x 和一个公开密钥 $g^x \bmod p$。签署消息时，Alice 计算 $z = m^x \bmod p$。

验证一个签名时：

（1）Bob 选择两个比 p 小的随机数 a 和 b，并且发送给 Alice：

$$c = m^a g^b \bmod p$$

（2）Alice 选择一个比 p 小的随机数 q，计算并发送给 Bob：

$$s_1 = cg^q \bmod p, \quad s_2 = (cg^q)^x \bmod p$$

（3）Bob 把 a 和 b 发送给 Alice，使得 Alice 能进一步确认 Bob 没有在第（1）步中欺骗她。

（4）Alice 把 q 发送给 Bob，使得 Bob 能利用 m^x 且重新构造 s_1 和 s_2，如果

$$s_1 = cg^q (\bmod p)$$
$$s_2 = (g^x)^{b+q} z^a (\bmod p)$$

那么签名有效。

Alice 也能够否定对消息 m 的一个签名 z，详情见文献 [329]。

不可抵赖签名的其他协议可在文献 [584，344] 中找到。Lein Harn 和 Shoubao Yang 提出了一个不可抵赖的组签名方案[700]。

可转换的不可抵赖签名

文献 [213] 中给出了一个可转换的不可抵赖签名（convertible undeniable signature）的算法，该算法能验证及否定签名，同时也能将签名转换成常规的数字签名。该算法基于 ElGamal 数字签名算法。

像 ElGamal 算法一样，首先选择两个素数 p 和 q，使得 q 能整除 $p-1$。此时必须产生一个小于 q 的数 g。首先选择一个在 $2 \sim p-1$ 之间的随机数 h，计算：

$$g = h^{(p-1)/q} \bmod p$$

如果 g 等于 1，则选择另一个随机数 h；如果 g 不等于 1，则保留这个 g。

私人密钥是两个小于 q 的不同的随机数 x 和 z，公开密钥是 p，g，y 和 u，其中

$$y = g^x \bmod p$$
$$u = g^z \bmod p$$

计算消息 m 的可转换的不可抵赖签名（它实质上是消息的散列值）时，首先选择一个 $1 \sim q-1$ 之间的随机数，然后计算：

$$T = g^t \bmod p$$

和

$$m' = Ttzm \bmod q$$

现在计算 m' 的标准 ElGamal 签名。选择一个随机数 R，使得 R 小于 $(p-1)$ 且与 $(p-1)$ 互素。然后计算 $r = g^R \bmod p$，并使用扩展欧几里得算法计算 s，使得：

$$m' = rx + Rs (\bmod q)$$

此签名是 ElGamal 签名 $(r，s)$ 和 T。

以下是 Alice 向 Bob 验证她的签名的过程：

（1）Bob 产生两个随机数 a 和 b，计算 $c = T^{Tma} g^b \bmod p$，同时把它发送给 Alice。

（2）Alice 产生一个随机数 k，并计算 $h_1 = cg^k \bmod p$ 和 $h_2 = h_1^z \bmod p$，同时把这两个数发送给 Bob。

（3）Bob 把 a 和 b 发送给 Alice。

（4）Alice 验证 $c = T^{Tma} g^b \bmod p$，她把 k 发送给 Bob。

（5）Bob 验证 $h_1 = T^{Tma} g^{b+k} \bmod p$ 和 $h_2 = y^{ra} r^{sa} u^{b+k} \bmod p$。

Alice 通过公布 z，能把她所有不可抵赖签名转换成常规的签名。现在即使没有 Alice 的

帮助，任何人都能验证她的签名。

不可抵赖签名方案能够和秘密共享方案组合在一起产生分布式可转换的不可抵赖签名[1235]。某人先签署一个消息，然后将确认签名有效的能力分散。为了使 Bob 相信签名是有效的，他们可能需要，例如 5 个人中的 3 个人参与这个协议。对这种概念的改进取消了对可信方的要求[700,1369]。

23.5　指定的确认者签名

下面叙述了 Alice 怎样签署消息，而 Bob 又怎样验证消息，才能使得 Carol 在以后某个时刻向 Dave 验证 Alice 的签名（参见 4.4 节）[333]。

首先，公开一个大素数 p 和一个本原元素 g，p 和 g 由一组用户公用，两个素数的积 n 也是公开的。Carol 拥有一个私人密钥 z 和一个公开密钥 $h = g^x \bmod p$。

在该协议中，Alice 能够签署消息 m，使得 Bob 确信此签署是合法的，但是不能使第三方确信。

（1）Alice 选择一个随机数 x，并计算：

$$a = g^x \bmod p$$
$$b = h^x \bmod p$$

她计算 m 的散列值 $H(m)$，以及 a 和 b 连接的散列值 $H(a, b)$。然后计算：

$$j = (H(m) \oplus H(a, b))^{1/3} \bmod n$$

并将 a、b 和 j 发送给 Bob。

（2）Bob 选择两个小于 p 的随机数 s 和 t，并发送给 Alice：

$$c = g^s h^t \bmod p$$

（3）Alice 选择一个小于 p 的随机数 q，并发送给 Bob：

$$d = g^q \bmod p$$
$$e = (cd)^x \bmod p$$

（4）Bob 把 s 和 t 发送给 Alice。

（5）Alice 确认：

$$g^s h^t \equiv c \pmod{p}$$

然后将 q 发送给 Bob。

（6）Bob 确认：

$$d \equiv g^q \pmod{p}$$
$$e/a^q \equiv a^s b^t \pmod{p}$$
$$H(m) \oplus H(a, b) \equiv j^{1/3} \bmod n$$

如果 Alice 和 Bob 全都验算完毕，Bob 就认为这个签名是真实的。

Bob 不能使用这个证明的副本使 Dave 相信这个签名是真实的，但是 Dave 能够和 Alice 指定的确认者 Carol 一起构造一个协议。下面叙述了 Carol 怎样使 Dave 相信 a 和 b 构成一个有效签名。

（1）Dave 选择两个小于 p 的随机数 u 和 v，并发送给 Carol：

$$k = g^u a^v \bmod p$$

（2）Carol 选择一个小于 p 的随机数 w，并发送给 Dave：

$$l = g^w \bmod p$$
$$y = (kl)^z \bmod p$$

（3）Dave 将 u 和 v 发送给 Carol。

（4）Carol 确认：

$$g^u a^v \equiv k \pmod p$$

然后将 w 发送给 Dave。

（5）Dave 确认：

$$g^w \equiv l \pmod p$$
$$y/h^w \equiv h^u b^v \pmod p$$

如果 Carol 和 Dave 全都验算完毕，Dave 就认为这个签名是真实的。

在另一个协议中，Carol 能将指定的确认者协议转换成一个传统的数字签名。详情见文献 [333]。

23.6　用加密数据计算

离散对数问题

有一个大素数 p 和一个产生元 g，Alice 有一个特定的 x 值，想知道 e，使得

$$g^e \equiv x \pmod p$$

这是一个难题，且 Alice 缺少计算它的能力，而 Bob 拥有解决这个问题的计算能力——他代表政府或大的计算机构或诸如此类。下面是在 Alice 不泄漏 x 的情况下，Bob 的计算过程[547,4]：

（1）Alice 选择一个小于 p 的随机数 r。

（2）Alice 计算：

$$x' = xg^r \bmod p$$

（3）Alice 要求 Bob 解：

$$g^{e'} \equiv x' \pmod p$$

（4）Bob 计算 e'，同时将它发送给 Alice。

（5）Alice 通过计算 $e = (e' - r) \bmod (p-1)$ 来恢复 e。

对二次剩余问题和本原根问题的类似协议见[3,4]，也可参见 4.8 节。

23.7　公平的硬币抛掷

下列协议允许 Alice 和 Bob 在一个数据网络上抛掷公平的硬币（参见 4.9 节）[194]。这是一个抛币入井的例子（参见 4.10 节）。开始只有 Bob 知道硬币抛掷的结果，并且由他把结果告诉 Alice。后来，Alice 可以进行检验以确信 Bob 告诉她抛掷的结果是否正确。

23.7.1　利用平方根的硬币抛掷

硬币抛掷子协议如下：

（1）Alice 选择两个大素数 p 和 q，并把它们的乘积 n 发送给 Bob。

（2）Bob 选择一个随机的正整数 r，使 r 小于 $n/2$。Bob 计算：

$$z = r^2 \bmod n$$

并把 z 发送给 Alice。

（3）Alice 计算 $z \pmod n$ 的 4 个平方根。她能够计算，因为她知道 n 的因子分解。我们把这 4 个根称为 $+x$、$-x$、$+y$、$-y$。设 x' 是下面两个数中较小的一个：

$$x \bmod n \text{ 或 } - x \bmod n$$

类似地，设 y' 是下面两个数中较小的一个：

$$y \bmod n \text{ 或 } - y \bmod n$$

请注意 r 等于 x' 或 y'。

（4）Alice 猜测 $r=x'$，或者 $r=y'$，并将其猜测发送给 Bob。

（5）如果 Alice 的猜测是正确的，硬币抛掷的结果是正面；如果 Alice 的猜测不正确，硬币抛掷的结果是反面。Bob 宣布硬币抛掷的结果。

验证子协议如下：

（6）Alice 将 p 和 q 发送给 Bob。

（7）Bob 计算 x' 和 y'，并将它们发送给 Alice。

（8）Alice 计算 r。

Alice 不知道 r，所以她的猜测是真实的。她仅在第（4）步中告诉 Bob 她猜测的 1 位，这样可防止 Bob 获得 x' 和 y'。如果 Bob 有这两个数，他就能在第（4）步后改变 r。

23.7.2 利用模 p 指数运算的硬币抛掷

模素数 p 的指数运算被用作该协议中的单向函数[1306]。

硬币抛掷子协议如下：

（1）Alice 选择一个素数 p，$(p-1)$ 的因子分解已知且至少含有一个大的素数因子。

（2）Bob 选择 GF(p) 中的两个本原元 h 和 t，并将它们发送给 Alice。

（3）Alice 检验 h 和 t 是否本原，选择一个和 $(p-1)$ 互素的随机整数 x，然后计算下列两个值中的一个：

$$y = h^x \bmod p \text{ 或 } y = t^x \bmod p$$

并将 y 发送给 Bob。

（4）Bob 猜测 Alice 是将 y 作为 h 还是 t 的一个函数计算的，并将他的猜测发送给 Alice。

（5）如果 Bob 的猜测是正确的，那么硬币抛掷的结果是正面；如果 Bob 的猜测不正确，那么硬币抛掷的结果是背面。Alice 宣布硬币抛掷的结果。

验证子协议如下：

（6）Alice 把 x 泄露给 Bob，Bob 计算 $h^x (\bmod\ p)$ 或 $t^x (\bmod\ p)$，使得他既能确认 Alice 是否公正地进行硬币抛掷，又能确认抛掷的结果。他还能检验 x 和 $(p-1)$ 是否互素。

如果 Alice 想欺骗，她必须知道满足 $h^x \equiv t^x (\bmod\ p)$ 的两个整数 x 和 x'。如果她知道这些值，她就能计算：

$$\log_t h = x' x^{-1} \bmod p - 1 \text{ 和 } \log_t h = x^{-1} x' \bmod p - 1$$

这些都是难题。

如果 Alice 知道了 $\log_t h$，她应能计算，但在第（2）步中 Bob 选择了 h 和 t。Alice 除了计算离散对数外没有其他方法。Alice 也可能通过选择一个与 $p-1$ 不互素的 x 来欺骗 Bob，但 Bob 在第（6）步中能检测出来。

若 Bob 选择的 h 和 t 不是 GF(p) 中的两个本原元，他就能欺骗 Alice，但 Alice 在第（2）步后就能很容易地检验出来，因为她知道 $p-1$ 的素因子。

这个协议有一个优点，如果 Alice 和 Bob 打算抛掷多个硬币，他们可使用相同的 p、h 和 t。Alice 每产生一个新的 x，协议便从第（3）步继续下去。

23.7.3　利用 Blum 整数的硬币抛掷

Blum 整数能使用在硬币抛掷协议中：

（1）Alice 产生一个 Blum 整数 n 和一个与 n 互素的随机数 x，$x_0 = x^2 \bmod n$，且 $x_1 = x_0^2 \bmod n$，她将 n 和 x_1 发送给 Bob。

（2）Bob 猜测 x_0 究竟是奇数还是偶数。

（3）Alice 将 x 发送给 Bob。

（4）Bob 检验 n 是否是 Blum 整数（Alice 必须把 n 的因子及这些因子互素的证明给 Bob，或通过执行某个零知识协议使他相信 n 是一个 Blum 整数），并且验证 $x_0 = x^2 \bmod n$ 和 $x_1 = x_0^2 \bmod n$。如果所有检验无误，同时他的猜测是正确的，那么 Bob 取得这次抛币的成功。

n 是一个 Blum 整数很关键，否则 Alice 能找到一个 x_0' 使得 $x_0'^2 \bmod n \equiv x_0'^2 \bmod n = x_1$，其中 x_0' 也是一个二次剩余。如果 x_0 是偶数而 x_0' 是奇数（或反之），Alice 就能很容易地进行欺骗。

23.8　单向累加器

有一种简单的单向累加器函数[116]（参见 4.12 节）：
$$A(x_i,\ y) = x_{i-1}^y \bmod n$$
数 n（n 是两个素数的乘积）和 x_0 必须事先商定。然后，y_1、y_2 和 y_3 的累加应是
$$((x_0^{y_1} \bmod n)^{y_2} \bmod n)^{y_3} \bmod n$$
该计算与 y_1、y_2 及 y_3 的顺序无关。

23.9　秘密的全或无泄露

该协议允许多个参与者（该协议至少需要两个参与者）从一个卖者手中购买各自的秘密（参见 4.13 节）[1374,1175]。

首先定义如下。考虑两个位串 x 和 y，x 和 y 的固定位索引（Fixed Bit Index，FBI）是 x 的第 i 位等于 y 的第 i 位的那些位。

例如：
$$x = 110101001011$$
$$y = 101010000110$$
$$\text{FBI}(x,\ y) = \{1,\ 4,\ 5,\ 11\}（从右到左读这些位，最右一位为 0）$$

协议如下。Alice 是卖者，Bob 和 Carol 是买者。Alice 有 k 个 n 位的秘密：S_1，S_2，$\cdots$，S_k。Bob 想买秘密 S_b，Carol 想买秘密 S_c。

（1）Alice 产生一个公开/私人密钥对，并把公开密钥告诉 Bob（但不告诉 Carol）。她再产生另一公开/私人密钥对，并把该公开密钥告诉 Carol（但不告诉 Bob）。

（2）Bob 产生 k 个 n 位随机数 B_1，B_2，$\cdots$，B_k，并把它们告诉 Carol。Carol 产生 k 个 n 位随机数 C_1，C_2，$\cdots$，C_k，并把它们告诉 Bob。

（3）Bob 用从 Alice 得到的公开密钥加密 C_b（记住，S_b 是他想买的秘密），他计算 C_b 和他刚加密结果的 FBI。他把 FBI 发送给 Carol。

Carol 用从 Alice 得到的公开密钥加密 B_c（记住，S_c 是她想买的秘密），她计算 B_c 和她刚加密结果的 FBI。她把 FBI 发送给 Bob。

（4）Bob 对 n 位数 B_1，B_2，…，B_k，中的每一个，凡是其索引不在他从 Carol 接收到的 FBI 中出现的每一位都用其补代替，他把这个新的 n 位数 B_1'，B_2'，…，B_k' 发送给 Alice。

Carol 对 n 位数 C_1，C_2，…，C_k 中的每一个，凡是其索引不在她从 Bob 处接收到的 FBI 中出现的每一位都用其补代替，她把这个新的 n 位数 C_1'，C_2'，…，C_k' 发送给 Alice。

（5）Alice 用 Bob 的私人密钥解密所有 C_i'，得到 k 个 n 位数 C_1''，C_2''，…，C_k''，她计算 $S_i \oplus C_i''$，（$i = 1$，…，k），并把结果发送给 Bob。

Alice 用 Carol 的私人密钥解密所有 B_i'，得到 k 个 n 位数 B_1''，B_2''，…，B_k''，她计算 $S_i \oplus B_i''$，（$i = 1$，…，k），并将结果发送给 Carol。

（6）Bob 通过将 C_b 与他从 Alice 接收到的第 b 个数相异或来计算 S_b。

Carol 通过将 B_c 与他从 Alice 接收到的第 c 个数相异或来计算 S_c。

该协议较复杂，下面举例说明以帮助理解。

Alice 有 8 个 12 位秘密将出售：$S_1 = 1990$，$S_2 = 471$，$S_3 = 3860$，$S_4 = 1487$，$S_5 = 2235$，$S_6 = 3751$，$S_7 = 2546$ 和 $S_8 = 4043$。Bob 想买 S_7，Carol 想买 S_2。

（1）Alice 使用 RSA 算法，她和 Bob 一起使用的密钥对是：$n = 7387$，$e = 5145$ 和 $d = 777$；她和 Carol 一起使用的密钥对是：$n = 2747$，$e = 1421$ 和 $d = 2261$。她把各对公开密钥分别告诉给 Bob 和 Carol。

（2）Bob 产生 8 个 12 位的随机数：$B_1 = 743$，$B_2 = 1988$，$B_3 = 4001$，$B_4 = 2942$，$B_5 = 3421$，$B_6 = 2210$，$B_7 = 2306$，$B_8 = 222$，并把它们告诉 Carol；Carol 产生 8 个 12 位的随机数：$C_1 = 1708$，$C_2 = 711$，$C_3 = 1969$，$C_4 = 3112$，$C_5 = 4014$，$C_6 = 2308$，$C_7 = 2212$ 和 $C_8 = 222$，并把它们告诉 Bob。

（3）Bob 想买 S_7，所以他用 Alice 给他的公开密钥加密 C_7。

$$2212^{5145} \bmod 7387 = 5928$$

由于

$$2212 = 0100010100100$$
$$5928 = 1011100101000$$

所以这两个数的 FBI 是 {0，1，4，5，6}，他把该 FBI 发送给 Carol。

Carol 想买 S_2，所以她用 Alice 给她的公开密钥加密 B_2，并计算 B_2 和她的加密结果的 FBI，她把 {0，1，2，6，9，10} 发送给 Bob。

（4）Bob 取 B_1，B_2，…，B_8，并对索引不在集合 {0，1，2，6，9，10} 中的每一个位用其补来代替。例如：

$$B_2 = 111111000100 = 1988$$
$$B_2' = 011001111100 = 1660$$

他将 B_1'，B_2'，…，B_8' 发送给 Alice。

Carol 取 C_1，C_2，…，C_8。并对索引不在集合 {0，1，4，5，6} 中的每一个位用其补来代替。例如：

$$C_7 = 0100010100100 = 2212$$
$$C_7' = 1011100101000 = 5928$$

她将 C_1'，C_2'，…，C_8' 发送给 Alice。

（5）Alice 用 Bob 的私人密钥来解密所有的 C_i'，并把该结果与 S_i 相异或。例如，对于 $i = 7$，

$$5928^{777} \bmod 7387 = 2212，\quad 2546 \oplus 2212 = 342$$

她将该结果发送给 Bob。

Alice 用 Carol 的私人密钥来解密所有的 B_i'，并把该结果与 S_i 相异或。例如，对于 $i=2$，

$$1660^{2261} \bmod 2747 = 1988，471 \oplus 1988 = 1555$$

她将该结果发送给 Carol。

（6）Bob 通过将 C_7 与他从 Alice 接收到的第 7 个数相异或来计算 S_7：

$$2212 \oplus 342 = 2546$$

Carol 通过将 B_2 与她从 Alice 接收到的第 2 个数相异或来计算 S_2：

$$1988 \oplus 1555 = 471$$

该协议对任意数目的买主都有效。如果 Bob、Carol 和 Dave 三人想买秘密，则给每个买者两个公开密钥，分别相对于另外两个人。每一个买者能从其他每一个买主得到一组数。然后，他们与 Alice 一起对每组数都完成该协议，并将其与所有来自 Alice 的最终结果相异或就得到他们的秘密。详情见文献 [1374，1175]。

遗憾的是，一对不诚实的参与者能够进行欺骗。Alice 和 Carol 合谋可以很容易地找出 Bob 得到什么秘密：如果他们知道 C_b 的 FBI 和 Bob 的加密算法，他们就能找到 b 使得 C_b 有正确的 FBI。而 Bob 和 Carol 合谋可以很容易地从 Alice 得到所有的秘密。

如果假定参与者都很诚实，则协议很简单[389]。

（1）Alice 用 RSA 加密所有的秘密，并把它们发送给 Bob：

$$C_i = S_i^e \bmod n$$

（2）Bob 选择他的秘密 C_b 及一个随机数 r，并将 C' 发送给 Alice：

$$C' = C_b r^e \bmod n$$

（3）Alice 将 P' 发送给 Bob：

$$P' = C'^d \bmod n$$

（4）Bob 计算 S_b：

$$S_b = P' r^{-1} \bmod n$$

如果参与者可能是不诚实的，那么 Bob 可以用零知识证明：他知道某个 r 使得 $C' = C_b r^e \bmod n$，并保持 b 的秘密直到在第（3）步中 Alice 把 P' 给他[246]。

23.10 公正和故障保险密码系统

23.10.1 公正的 Diffie-Hellman

公正密码系统是以软件方式进行密钥托管的一种方法（参见 4.14 节）。这个例子取自 Silvio Micali[1084,1085]。它已取得专利[1086,1087]。

在基本 Diffie-Hellman 方案中，一组用户共享一个素数 p 和一个产生元 g，Alice 的私人密钥是 s，公开密钥是 $t = g^s \bmod p$。

下面介绍怎样使 Diffie-Hellman 方案公正（这个例子使用了 5 个托管人）。

（1）Alice 选择 5 个比 $p-1$ 小的整数 s_1、s_2、s_3、s_4 和 s_5，Alice 的私人密钥是：

$$s = (s_1 + s_2 + s_3 + s_4 + s_5) \bmod (p-1)$$

公开密钥是：

$$t = g^s \bmod p$$

Alice 计算：

$$t_i = g^{s_i} \bmod p \quad i = 1, 2, \cdots, 5$$

Alice 的公开的共享密钥是 t_i，私人的共享密钥是 s_i。

（2）Alice 发送给每个托管人一段私人密钥及其相应的一段公开密钥。例如，她把 s_1 和 t_1 发送给 1 号托管人。她把 t 发送给 KDC。

（3）每一个托管人验证：

$$t_i = g^{s_i} \bmod p$$

如果它成立，则该托管人对 t_i 签名，并把它发送给 KDC。然后托管人把 s_i 存储在一个安全的地方。

（4）在接收到所有 5 段公开密钥后，KDC 验证

$$t = (t_1 \times t_2 \times t_3 \times t_4 \times t_5) \bmod p$$

如果它成立，KDC 认可这个公开密钥。

至此 KDC 知道每一个托管人都有一段有效密钥，而且如果需要他们还能一起重构该私人密钥。然而，无论是 KDC 还是任意 4 个托管人都不能重构 Alice 的私人密钥。

Micali 的文章[1084,1085]还含有使 RSA 成为公正的过程以及把门限方案和公正的密码系统组合在一起的过程，使得 n 个托管人中有 m 个在场就能重构该私人密钥。

23.10.2 故障保险的 Diffie-Hellman

和前面的协议一样，一组用户共享一个素数 p 和一个产生元 g，Alice 的私人密钥是 s，公开密钥是 $t = g^s \bmod p$。

（1）KDC 选择一个 $0 \sim p-2$ 之间的随机数 B，并使用位承诺协议承诺 B（参见 4.9 节）。

（2）Alice 选择一个 $0 \sim p-2$ 之间的随机数 A，并将 $g^A \bmod p$ 发送给 KDC。

（3）用户和使用一种可验证的秘密共享方案（参见 3.7 节）的每一个托管人共享 A。

（4）KDC 把 B 泄露给 Alice。

（5）Alice 验证第（1）步中的承诺，然后将她的公开密钥设置为：

$$t = (g^A) g^B \bmod p$$

将她的私人密钥设置为：

$$s = (A+B) \bmod (p-1)$$

托管人能够重构 A。因为 KDC 知道 B，所以能重构 s。而且，Alice 不能利用任意阈下信道发送未经认可的信息。在文献 [946，833] 中讨论的这种协议已取得专利。

23.11 知识的零知识证明

23.11.1 离散对数的零知识证明

Peggy 打算向 Victor 证明她知道一个 x 满足：

$$A^x \equiv B \pmod p$$

其中 p 是素数，而 x 是与 $p-1$ 互素的随机数。数 A、B 和 p 是公开的，x 是秘密的，下面是 Peggy 怎样在不泄露 x 的情况下证明她知道 x（参见 5.1 节）[338,337]。

（1）Peggy 产生 t 个随机数 r_1，r_2，…，r_t。r_i 小于 $p-1$。

（2）Peggy 对所有的 i 值计算 $h_i = A^{r_i} \bmod p$，并将结果发送给 Victor。

（3）Peggy 和 Victor 参与硬币抛掷协议以产生 t 个位 b_1，b_2，…，b_t。

（4）对所有 t 个位，Peggy 完成下列两种情况中的一种：

　　(a) 如果 $b_i = 0$，她将 r_i 发送给 Victor。

　　(b) 如果 $b_i = 1$，她将 $S_i = (r_i - r_j) \bmod (p-1)$ 发送给 Victor，其中 j 是 $b_i = 1$ 的最小值。

(5) 对所有 t 位，Victor 进一步证明下列两种情况中的一种：

　　(a) 如果 $b_i = 0$，那么 $A^{r_i} \equiv h_i \pmod{p}$。

　　(b) 如果 $b_i = 1$，那么 $A^{s_i} \equiv h_i h_j^{-1} \pmod{p}$。

(6) Peggy 把 Z 发送给 Victor：

$$Z = (x - r_j) \bmod (p-1)$$

(7) Victor 进一步证明：

$$A^Z \equiv B h_j^{-1} \pmod{p}$$

Peggy 欺骗成功的概率是 2^{-t}。

23.11.2　破译 RSA 能力的零知识证明

　　Alice 知道 Carol 的私人密钥，或许她破译了 RSA，或许她进入 Carol 的房子并偷到了该密钥。Alice 打算使 Bob 相信她知道 Carol 的密钥，然而，她不打算将这个密钥告诉 Bob，甚至也不为 Bob 解密 Carol 的任何一个消息。下面是 Alice 使 Bob 相信她知道 Carol 的私人密钥的一个零知识协议[888]。

　　Carol 的公开密钥是 e，私人密钥是 d，RSA 模数是 n。

(1) Alice 和 Bob 商定一个随机的 k 和 m，使得

$$km \equiv e \pmod{n}$$

他们应当随机地选择这些数：使用一种硬币抛掷协议来产生一个 k，然后计算 m。如果 k 和 m 两个都大于 3，协议继续；否则，重新选择。

(2) Alice 和 Bob 产生一个随机密文 C，他们应当再一次使用硬币抛掷协议。

(3) Alice 使用 Carol 的秘密密钥来计算：

$$M = c^d \bmod n$$

然后计算：

$$X = M^k \bmod n$$

并将 X 发送给 Bob。

(4) Bob 证明 $x^m \bmod n = C$，如果成立，他相信 Alice 所说的事是真的。

有一个类似的协议能用来说明破译离散对数问题的能力[888]。

23.11.3　n 是一个 Blum 整数的零知识证明

　　有无真正实用的零知识来证明 $n = pq$（p 和 q 是同余 3 模 4 的素数）仍是未知的。然而，如果使 n 具有 $p^r q^s$（r 和 s 是奇数）的形式，那么可以将 Blum 整数用在密码学中。而且存在一种零知识证明，证明 n 具有那种形式。

　　假定 Alice 知道 Blum 整数 n 的因子分解，其中 n 具有上述形式。下面所介绍的就是 Alice 怎样向 Bob 证明 n 具有上述形式[660]。

(1) Alice 把具有雅克比符号 $-1 \bmod n$ 的一个数 u 发送给 Bob。

(2) Alice 和 Bob 共同商定随机二进制数：b_1，b_2，…，b_k。

(3) Alice 和 Bob 共同商定随机数：x_1，x_2，…，x_k。

(4) 对于 $i = 1, 2, \cdots, k$，Alice 将以下 4 个数中一个数的平方根模 n 发送给 Bob：x_i，

$-x_i$，ux_i，$-ux_i$。该平方根必须具有雅克比符号 b_i。

Alice 成功欺骗的可能性是 $1/2^k$。

23.12 盲签名

David Chatum 发明了盲签名的概念（参见 5.3 节）[317,323]，还给出了第一个实现方案[318]，该方案使用 RSA 算法。

Bob 有一个公开密钥 e、一个私人密钥 d 和一个公开模数 n，Alice 打算让 Bob 对消息 m 进行盲签。

（1）Alice 在 $1 \sim n$ 之间选择一个随机值 k，然后她通过下列计算隐蔽 m：

$$t = mk^e \bmod n$$

（2）Bob 签署 t：

$$t^d = (mk^e)^d \bmod n$$

（3）Alice 通过下列计算揭开 t^d：

$$s = t^d / k \bmod n$$

（4）其结果是：

$$s = m^d k \bmod n$$

这很容易证明，因为：

$$t^d \equiv (mk^e)^d \equiv m^d k \pmod{n}$$

所以

$$t^d / k = m^d k / k = m^d \pmod{n}$$

Chaum 在文献［320，324］中发明了一簇更复杂的盲签名算法，称为无预测的盲签名。这些签名在结构上更为复杂，但是更为灵活。

23.13 不经意传输

在 Michael Rabin 提出的这个协议[1286] 中，Alice 有 50% 的机会把两个素数 p 和 q 发送给 Bob。Alice 不知道传输是否成功（参见 5.5 节）。（如果 p 和 q 泄露了 RSA 的私人密钥，那么该协议可用于以 50% 的成功率向 Bob 发送任意消息。）

（1）Alice 将两个素数的乘积：$n = pq$，发送给 Bob。

（2）Bob 选择一个小于 n 的随机数 x，使得 x 与 n 互素，他发送给 Alice：

$$a = x^2 \bmod n$$

（3）知道 p 和 q 的 Alice 计算 a 的 4 个平方根：x、$n-x$、y 和 $n-y$。她随机地选择这些根中的一个，并将它发送给 Bob。

（4）如果 Bob 接收到 y 和 $n-y$，他能计算 $x+y$ 和 n 的最大公因数。该公因数不是 p 就是 q，因此很自然就有 $n/p = q$。

如果 Bob 接收到 x 或 $n-x$，他什么都不能计算出来。

该协议可能有一个弱点：Bob 能计算一个数 a，使得给定 a 的平方根，就始终能计算 n 的因子。

23.14 保密的多方计算

下面这个协议来自文献［1373］。Alice 知道一个整数 i，Bob 知道一个整数 j，Alice 和 Bob 都想知道 $i \leqslant j$，还是 $i > j$，但 Alice 和 Bob 都不希望泄露他们各自知道的整数。这种保密的多方计算的特殊情况（参见 6.2 节）有时称为姚氏百万富翁问题[1627]。

例如，假定 i 和 j 的取值范围是从 1~100，Bob 有一个公开密钥和一个私人密钥。

（1）Alice 选择一个大随机数 x，并用 Bob 的公开密钥加密：

$$c = E_B(x)$$

（2）Alice 计算 $c-i$，并将结果发送给 Bob。

（3）Bob 计算下面的 100 个数：

$$y_u = D_B(c-i+u) \quad 1 \leqslant u \leqslant 100$$

D_B 是使用 Bob 的私人密钥的解密算法。

他选择一个大的随机素数 p（p 应该比 x 稍小一点儿，Bob 不知道 x，但 Alice 能容易地告诉他 x 的大小），然后计算下面 100 个数：

$$z_u = y_u \bmod p \quad 1 \leqslant u \leqslant 100$$

然后他对所有 $u \neq v$，验证

$$|z_u - z_v| \geqslant 2$$

并对所有的 u，验证

$$0 < z_u < p-1$$

如果不成立，Bob 就选择另一个素数并重复试验。

（4）Bob 将以下数列发送给 Alice：

$$z_1, z_2, \cdots, z_j, z_{j+1}+1, z_{j+2}+1, \cdots, z_{100}+1, p$$

（5）Alice 检查这个数列中的第 i 个数是否同余 x 模 p。如果同余，她得出的结论是 $i \leqslant j$；如果不同余，她得出的结论是 $i > j$。

（6）Alice 把这个结论告诉 Bob。

Bob 在第（3）步中所做的验证完全是为了保证第（4）步产生的数列中没有任何一个数出现两次；否则，如果 $z_a = z_b$，Alice 就将知道 $a \leqslant j < b$。

该协议的一个缺点是：Alice 在 Bob 之前就获悉了计算的结果。没有什么能阻止她完成该协议直到第（5）步，然后在第（6）步拒绝告诉 Bob 结果，甚至在第（6）步有可能对 Bob 撒谎。

协议的一个例子

假设他们使用 RSA。Bob 的公开密钥是 7，私人密钥是 23，$n=55$。Alice 的秘密值 i 是 4，Bob 的秘密值 j 是 2（假设 i 和 j 的可能取值仅为（1，2，3，4））。

（1）Alice 选择 $x=39$，而 $c = E_B(39) = 19$。

（2）Alice 计算 $C-i = 19-4 = 15$，她将 15 发送给 Bob。

（3）Bob 计算下面 4 个数：

$$y_1 = D_B(15+1) = 26$$
$$y_2 = D_B(15+2) = 18$$
$$y_3 = D_B(15+3) = 2$$
$$y_4 = D_B(15+4) = 39$$

他选择 $p=31$，并计算

$$z_1 = 26 \bmod 31 = 26$$
$$z_2 = 18 \bmod 31 = 18$$
$$z_3 = 2 \bmod 31 = 2$$

$$z_4 = 39 \bmod 31 = 8$$

他完成所有的验证，证明该数列是好的。

（4）Bob 以下述顺序把这个数列发送给 Alice：

$$26, 18, 2+1, 8+1, 31 = 26, 18, 3, 9, 31$$

（5）Alice 检查这个数列中的第 4 个数是否同余 x 模 P。因为 $9 \ne 39 \pmod{31}$，所以 $i > j$。

（6）Alice 把结果告诉 Bob。

该协议可被用来创建更复杂的协议。一群人能够在计算机网络上进行秘密拍卖。他们将自己安排在逻辑组中，并通过单一的两两比较来确定出价最高的那个组。为了防止人们在拍卖中间改变自己的出价，还应当使用某类位承诺协议。如果拍卖是荷兰式拍卖，那么最高出价人得到最高价的项目；如果是英国式拍卖，那么最高出价人得到次高价的项目。（这由第二轮两两比较就能确定。）类似的应用还有议价、谈判和仲裁。

23.15 概率加密

Shafi Goldwasser 和 Silvio Micali 发明了概率加密（probabilistic encryption）的概念[624]。虽然它的理论使它成为已发明的最安全的密码系统，但它的早期实现是不切实际的[625]。最近的一些实现方案已有了改变。

概率加密的本质在于消除了由公开密钥密码学引起的信息泄露。因为密码分析者总能用公开密钥加密一些随机消息，所以他能够得到一些信息。假设他已有密文 $C = E_K(M)$，并企图恢复明文 M，他可随机地选择一个消息 M'，并对它进行加密 $C' = E_K(M')$。如果 $C' = C$，那么他猜到了那个正确的明文；如果 $C' \ne C$，他可再次猜测。

而且，该加密系统不会泄露原始消息的任何信息。用公开密钥密码学编码，有时密码分析者能分析到一些位特性，如第 5、17 和 39 位的异或是 1 等。使用概率加密，甚至这类信息都是隐蔽的。

虽然没有获得很多信息，但是允许密码分析者用公开密钥加密随机消息存在的潜在问题是：每当密码分析者加密一个消息时，就有一些信息泄露给他，没有人能实际地知道泄露了多少。

概率加密试图消除这种泄露，目标是对密文或任何其他试验明文的任何计算都不能给密码分析者关于对应明文的任何信息。

在概率加密中，加密算法是概率性的而不是确定性的。换句话说，大量的密文将解密成一个给定的明文，而用于任何给定加密中的特定密文是随机选择的。

$$C_1 = E_K(M), \quad C_2 = E_K(M), \quad C_3 = E_K(M), \quad \cdots, \quad C_i = E_K(M)$$
$$M = D_K(C_1) = D_K(C_2) = D_K(C_3) = \cdots = D_K(C_i)$$

按照概率加密，密码分析者不再能用加密随机明文寻找正确的密文。为了解释这一点，假定密码分析者有密文 $C^i = E_K(M)$，即使他正确地猜到了 M，但当他们加密 $E_K(M)$ 时，结果将是完全不问的 $C : C_j$。他不能比较 C_i 和 C_j，所以他也就不可能知道他已正确地猜到了消息。

这是一个令人惊异的严酷事实。即使密码分析者有公开加密密钥、明文和密文，但他在没有私人解密密钥情况下仍不能证明该密文就是明文加密的结果。即使他采用穷举搜索也只能证明每一个可想象到的明文都是可能的明文。

在该方案中，密文数目始终比明文多。你不必在这方面花力气，它是许多密文解密成相同明文这一事实的结果。第一个概率加密方案[625] 的密文比明文多得多，以至于无法使用。

然而，Manuel Blum 和 Shafi Goldwasser 提出了概率加密的有效实现方案，此方案使用 17.9 节描述的 Blum Blum Shab（BBS）随机位发生器[199]。

BBS 发生器基于二次剩余理论。有两个同余 3 模 4 的素数 p 和 q，它们是私人密钥，它们的积 $pq=n$ 是公开密钥（小心保存你的 p 和 q，这个方案的安全性取决于分解 n 的难度）。

加密消息 M 时，首先选择一个与 n 互素的随机数 x，然后计算：

$$x_0 = x^2 \bmod n$$

用 x_0 作为 BBS 伪随机位发生器的种子，并且将发生器的输出作为一个序列密码。将发生器的输出与 M 进行异或，每次 1 位。发生器的输出位为 b_i（x_i 的最低有效位，$x_i = x_{i-1}^2 \bmod n$），所以：

$$M = M_1, M_2, M_3, \cdots, M_t$$
$$C = M_1 \oplus b_1, M_2 \oplus b_2, M_3 \oplus b_3, \cdots, M_t \oplus b_t \quad t \text{ 是明文的长度}$$

将最后计算的值 x_t 附在该消息的尾部，便完成了加密过程。

解密这个消息的唯一办法是恢复 x_0，然后建立一个相同的 BBS 发生器与密文异或。因为 BBS 发生器对左边是安全的，所以 x_t 对密码分析者没有用，只有知道 p 和 q 的人才能解密该消息。

从 x_t 中恢复 x_0 的 C 语言程序如下：

```
int x0 (int p, int q, int n, int t, int xt)
{
    int a, b, u, v, w, z;
    /* we already know that gcd(p, q) == 1 */
    (void)extended_euclidian(p, q, &a, &b);
    u = modexp ((p+1)/4, t, p-1);
    v = modexp ((q+1)/4, t, q-1);
    w = modexp (xt%p, u, p);
    z = modexp (xt%q, v, q);
    return (b*q*w + a*p*z) % n;
}
```

一旦有了 x_0，解密就容易了。只要建立 BBS 发生器并用密文异或它的输出。

通过使用所有的保密位 x_i，而不是最低有效位，能使该方案运行得更快。如此改进后，Blum-Goldwasser 概率加密比 RSA 还快，且不会泄露有关明文的任何消息。破译该方案的难度与分解 n 的难度相同。

另一方面，该方案完全不能抗选择密文攻击。根据右边的二次剩余的最低有效位可以计算出任何二次剩余的平方根，如果能这样计算，那么就能分解因子。详情见文献 [1570，1571，35，36]。

23.16 量子密码学

量子密码学起因于量子世界的自然不确定性。可用量子密码学创建一个具有下述特性的通信信道：在该信道中想不干扰传输而进行窃听是不可能的。物理法则保证了这个量子信道的安全性：即使窃听者能做他想做的任何事情，并有无限的计算资源，甚至 **P = NP**。Charles Bennett、Gilles Brassrd、Claude Crépeau 以及其他人已经扩展了这种思想，描述了量子密钥分配、量子硬币抛掷、量子位承诺、量子不经意传输，以及量子保密多方计算，见文献 [128，129，123，124，125，133，126，394，134，392，243，517，132，130，244，

393，396] 中。最好的量子密码学综述可在文献［131］中找到，文献［1651］是另外一篇较好的非技术性综述。完整的量子密码学文献目录是［237］。

尽管量子密码学仍然是密码学中一个极其初步的科目，但 Bennett 和 Brassard 却实际建立了量子密码的一种工作模型[127,121,122]。现在我们已经有了实验性的量子密码。

所以请你回到座位去，喝杯饮料放松一下，我正打算解释这里所谈的事情。

根据量子力学，粒子实际上不会在任何一个单独的地方存在，它们以不同概率同时在多个地方出现，如果某人能看见的话。直到科学家取得进展并测量粒子时，它才跌入一个单独的场所。但你不能同时测量粒子的每个方面（例如，位置和速率），如果你测量了这两个量中的一个，那么正是这种测量活动破坏了测量另一个量的任何可能性。在量子世界中存在一种基本的不确定性，并且是无法避免的。

这种不确定性能用来产生秘密密钥。当光子传导时会在某个方向上发生振荡，上、下、左、右，多数则是按某个角度振荡。正常的太阳光是非极化的，在每一个方向都有光子振荡。当大量的光子在同一个方向振荡时，它们是极化的（polarized），极化滤波器只允许在某一方向极化的光子通过。而其余的光子则不能通过。例如，水平极化滤波器只允许水平方向极化的光子通过。将极化滤波器旋转 90°，则只允许垂直方向的极化光子通过。

假如你有一束水平极化光子，如果它们企图通过一个水平方向的极化滤波器，那么它们可以全部通过。慢慢地将极化滤波器转动 90°，通过的光子数目逐渐减小，直到完全没有光子通过，这是反直觉的。你会认为极化滤波器刚旋转一点儿，就将阻止所有光子通过，因为这些光子是水平极化的。但是在量子力学中，每一个粒子都有突然将其极化切换以便与极化滤波器匹配的可能性。如果角度偏一点儿，这种可能性就大；如果偏离角度是 90°，可能性为 0；如果偏离角度为 45°，可能性为 50%。

可以在任意基（basis）上测量极化强度：直角的两个方向。一个基例子就是直线：水平线和垂直线。另一个就是对角线：左对角线和右对角线。如果一个光子脉冲在一个给定的基上被极化，而且你在同一个基上测量，你就得到了极化强度。如果你在一个错误的基上测量极化强度，你得到的将是随机结果。我们将使用这个特性来产生秘密密钥：

（1）Alice 把一串光子脉冲发送给 Bob，其中每一个脉冲都随机地在 4 个方向上被极化：水平线、垂直线、左对角线和右对角线。

例如，Alice 给 Bob 发送的是：

$$| | / — — \ — | —/$$

（2）Bob 有一个极化检测器。他能将检测器设置成测量直线极化，或设置成测量对角线极化，但他不能同时做这两种测量，因为量子力学不允许他这样做。测量一个就破坏了测量另外一个的任何可能性。所以他随机地设置检测器。例如，

$$× + + × × × + × + +$$

现在，当 Bob 正确地设置了他的检测器时，他将记录正确的极化。如果他将检测器设置成测量直线极化，而脉冲被直线极化，那么他将获得 Alice 极化光子的方向；如果他将检测器设置成测量对角线极化，而脉冲被直线极化，那么他将得到一个随机的测量结果。他不知道差别，在本例中，他可能获得结果：

$$/ | — \ / \ —/— |$$

（3）Bob 在一个不安全的信道上告诉 Alice，他使用了什么设置。

（4）Alice 告诉 Bob 哪些设置上是正确的。在本例中，检测器对第 2、6、7、9 脉冲是正

确设置。

（5）Alice 和 Bob 只保存被正确测量的那些极化。在本例中，他们保存：

$$* \mid * * * \setminus - * - *$$

使用预先设置的代码，Alice 和 Bob 能把那些极化测量转变成位。例如，水平线和左对角线是 1，垂直线和右对角线是 0。在本例中，他们两人都有：0011。

所以，Alice 和 Bob 产生了 4 位，利用该系统他们能产生需要的位。Bob 猜出正确设置的机会平均是每次 50%，所以为了产生 n 位，Alice 必须发送 $2n$ 个光子脉冲。他们能使用这些位作为对称算法的秘密密钥，或者能为一次一密乱码本产生足够的位并提供绝对的安全性。

但是别高兴得太早，Eve 有可能正在窃听。与 Bob 一样，她必须猜测测量的是哪一种类型的极化，并且像 Bob 一样，她的猜测中有一半是错误的。因为错误的猜测改变了光子的极化，所以她在她窃听的脉冲中引起了错误。如果她这样做了，Alice 和 Bob 将最后得出不同的位串。如果是这样，Alice 和 Bob 可以像下面这样完成协议：

（6）Alice 和 Bob 比较位串中少量的几位。如果有差别，他们知道正在被窃听；如果没有任何差别，他们放弃用于比较的那些位，而使用剩下的位。

增强这个协议，即使在 Eve 存在的情况下，仍然允许 Alice 和 Bob 使用他们的位[133,134,192]。他们只能比较那些位的子集中的一部分。然后，如果没有找到差别，他们只需要放弃子集中的一位。虽然只有 50% 的概率检测到窃听，但是，如果他们采用 n 个不同的子集，那么在不检测的情况下 Eve 窃听的概率为 $1/2^n$。

在量子世界没有被动窃听这样的事情。如果 Eve 试图恢复所有的位，那么她就必须破坏通信。

Bennett 和 Brassard 建立了一个量子密钥分配的工作模型，并在一张激光工作台上进行了安全的位交换。最近我听说英国电信部门中一些人正通过一根 10 千米长的光纤链路发送位[276,1245,1533]。他们预测 50 千米长是可行的。这种想法是惊人的。

真 实 世 界

实现方案实例

设计协议和算法只是密码学的一个方面，将它们实际应用在可操作的系统中则是另一方面。理论上，理论与实践是一致的。但在实际应用中，它们还是有区别的。通常，理论上很好的方案在实际中却无法实现。或者是对带宽的要求太高，或者协议中延迟太多。第 10 章讨论了一些有关应用密码算法的问题，本章给出了一些实际实施方案的例子。

24.1 IBM 秘密密钥管理协议

20 世纪 70 年代末，针对计算机网络中通信及文件安全问题，IBM 公司开发了一个完整的密钥管理系统，该系统仅采用了对称密码学[515,1027]。该协议的总体原理更重于实际机制：密钥的自动化产生、分发、安装、存储、更改以及清除，该协议确保基本密码学算法的安全性。

该协议主要提供了三项功能：一个服务器与多个终端之间的安全通信、服务器上安全的文件存储和服务器之间的安全通信。虽然该协议经过修改后能够支持直接的端-端通信，但协议本身并不提供此种服务。

网络上的每一个服务器都与一个既用作加密又用作解密的密码设备相连。每个服务器都有一个主密钥 (Master Key)KM_0 和 KM_0 的两个简单变体 KM_1 与 KM_2。这些密钥用于加密其他密钥和产生的新密钥。每个终端都有一个终端主密钥 (Master Terminal Key)KMT，用于实现不同终端之间的密钥交换。

服务器存储 KMT，并用 KM_1 加密。所有其他密钥，如用于加密文件的密钥（称为 KNF），则以 KM_2 加密形式存储。主密钥 KM_0 存储在某个非易失的安全模块中。如今它既可以是存储在 ROM 中的密钥，也可以是一个磁卡，甚至可由用户手工输入（可能作为文字串然后作为密钥碾压）。KM_1 和 KM_2 并不存储在系统内，需要时，由 KM_0 计算出来。服务器之间通信所用的会话密钥在服务器内通过伪随机数处理产生。KNF 也以同样的方式产生。

该协议的核心是一个能防篡改的模块，称为密码设备 (cryptographic facility)。在服务器和终端上，所有的加密与解密都在该设备内完成。最重要的密钥，即那些用于产生实际加密密钥的密钥，也存储在这个模块内。这些密钥一旦存入便无法读出。它们根据用途分类：专用于某一目的的密钥不会误用于其他的目的。密钥控制矢量 (key control vector) 的概念也许是该系统最大的贡献。Donald Davies 和 William Price 在文献 [435] 中详细讨论了该密钥管理协议。

一种变体

文献 [1478] 给出了对该方案的主密钥和会话密钥的一种变体。该方案围绕网络节点设置，具有为本地终端服务的密钥公证 (key notarization) 设备。该方案设计旨在提供：

- 任何两个终端用户之间的双向安全通信。
- 使用加密邮件的安全通信。
- 个人文件的保护。
- 数字签名功能。

在用户间进行通信和文件传递时，该方案使用在密钥公证设备中产生的密钥，并用主密钥加密后传给用户，用户的身份与密钥一起提供证明：在一对特定的用户之间使用了会话密钥。密钥公证属性就是该体制的核心。尽管该系统没有使用公开密钥密码学，但它却具有类似数字签名的功能：密钥只有一个特定的来源，也只能被一个特定的目的站读出。

24.2　MITRENET

公开密钥密码学最早的实现之一是一个实验系统 MEMO（MITRE Encrypted Mail Office）。MITRE 是美国国防部的一个承包商，也是政府智囊团。MEMO 是为 MITRENET 的网络用户提供安全的电子邮件系统。MEMO 使用公开密钥密码进行密钥交换，使用 DES 进行文件加密。

在 MEMO 系统中，公开密钥分配中心是网络上单独的一个节点，所有的公开密钥都存储在该中心。这些公开密钥存储在 EPROM 中，以防任何人对它进行更改。私钥由用户或系统产生。

为了使用户安全地发送信息，系统首先与公开密钥分配中心建立一条安全通信信道。用户向中心请求一个含有所有公开密钥的文件。如果用户使用私人密钥通过了身份识别测试，中心就将该文件发给该用户的工作站。为了保证文件的完整性，这份清单用 DES 加密。

该系统使用 DES 加密信息。系统首先产生一个随机的 DES 密钥对文件加密，用户用该 DES 密钥加密文件，并用接收者的公开密钥加密 DES 密钥。用 DES 加密的文件和用公开密钥加密的密钥都发送给接收者。

MEMO 没有考虑密钥丢失，但考虑了用校验和来检测消息的完整性。系统内没有鉴别。

该系统所用的特定公开密钥实现基于 $GF(2^{127})$ 域上的 Diffie-Hellman 密钥交换协议，虽然它易于更改系统以使用更大的数，但在系统实现之前即就证明是不安全的（参见 11.6 节）。MEMO 主要趋于实验的目的，在实际运行的 MITRENET 系统中从未使用过。

24.3　ISDN

Bell-Northern 实验室开发了一种安全的综合业务数字网（Integrated Services Digital Network，ISDN）电话终端[499,1192,493,500]。作为电话，它的开发没有超过原型。最终的产品是分组数据加密重叠（Packet Data Securitures Overlay）。该终端采用 Diffie-Hellman 密钥交换、RSA 数字签名和 DES 数据加密，它能以 64kbit/s 传输和接收语音和数据。

24.3.1　密钥

该终端将一个长期使用的公开密钥/私人密钥密钥对嵌入在电话中，私人密钥存储在电话中防篡改的区域内，公开密钥则作为电话的身份识别，这些密钥都是电话机自身的部分，不能以任何方式更改它们。

此外，电话中还存储另外两个公开密钥。其一是电话所有者的公开密钥，它用于鉴别来自所有者的命令，并可通过所有者签发的指令而改变，这样，电话的所有权可以从一个人转到另一个人。

存储在电话中的另一个公开密钥是网络的公开密钥，它用于鉴别来自网络密钥管理设备的指令，同时也用于鉴别网络中其他用户的呼叫。该密钥也可通过所有者发出指令而更改，这一特性允许所有者将电话从一个网络移到另一个网络。

这些密钥都作为长期密钥，即它们极少改变。电话中还存储短期公开密钥/私人密钥密钥对，它们包装在一个由密钥管理设备签发的证书中。当两个电话准备通话时，彼此要交换证书，这些证书将由网络的公开密钥来鉴别。

证书的这种交换和验证只能建立电话到电话的保密呼叫，要建立个人到个人的保密呼叫，还要使用另外的协议。所有者的私人密钥存储在一个叫作点火密钥（ignition key）的硬件中，该硬件由所有者插入电话中。点火密钥包括所有者的私人密钥，私人密钥是用只有所有者才知道的口令加密的（电话、网络密钥管理设备和任何其他人均不知道该口令）。点火密钥还包括一个由网络密钥管理设备签发的证书，该证书含有所有者的公开密钥和某些识别信息（如名称、公司、安全许可、职称、最喜欢的比萨饼等）。证书也是加密的，要解密这些信息并将其输入到电话中，所有者必须在电话键盘上键入其口令。电话利用这些信息建立呼叫后，所有者一旦取出其点火密钥，这些信息就会被删去。

电话中还存储一组来自网络密钥管理设备的证书，这些证书授权特定的用户使用特定的电话。

24.3.2 呼叫

从 Alice 到 Bob 的呼叫以如下方式进行：

（1）Alice 将其点火密钥插入电话并输入口令。

（2）电话质询点火密钥以确定 Alice 身份并向 Alice 发出拨号音。

（3）电话审核各种证书以保证用户具有使用特定电话的授权。

（4）Alice 拨号，电话开始呼叫。

（5）两个电话用公开密钥密码学的密钥交换协议产生一个唯一且随机的会话密钥。所有的后续协议步骤均用该密钥加密。

（6）Alice 的电话传送其证书和用户鉴别。

（7）Bob 的电话用网络公开密钥鉴别证书和用户认证上的签名。

（8）Bob 的电话初始化一个询问应答（challenge-and-reply）序列，它要求对发出的时间相关的询问做实时签名应答（以防止敌人利用从以前的密钥交换中得到的证书欺骗）。其中一个应答必用 Alice 电话的私人密钥签名，另一个必须用 Alice 的私人密钥签名。

（9）除非 Bob 已经在打电话，否则电话振铃。

（10）如果 Bob 在家，他将其点火密钥插入电话中，他的电话如第（2）、（3）步那样质询点火密钥和检查 Bob 的证书。

（11）Bob 传送其证书和用户鉴别。

（12）Alice 的电话像第（7）步一样鉴别 Bob 的签名，并像第（8）步一样初始化一个询问应答序列。

（13）两部电话分别在显示屏上显示出对方用户和电话的身份。

（14）保密通话开始。

（15）当一方挂机后，会话密钥就被删除，同时 Bob 从 Alice 那里收到的证书与 Alice 从 Bob 那里收到的证书也被删除。

对于每次呼叫，DES 密钥都是唯一的。它只在通话期间存在于两部电话的内部，通话结束立即销毁。即使敌人截获了通话中的一个电话，或者两个电话，也无法破解这两部电话以前的任何通话内容。

24.4 STU-Ⅲ

保密电话单元（Secure Telephone Unit，STU）是由 NSA 设计的保密电话。该保密电话与普通电话的大小和形状一样，使用方法也相同。该电话也是防篡改的，如果没有密钥，它也不安全。它有一个数据端口，可用于调制解调器及声音信号的保密通信[1133]。

Whitfield Diffie 在文献［494］中描述了 STU-Ⅲ：

> 用 STU-Ⅲ 通话时，呼叫方首先向另一个 STU-Ⅲ 发出一个普通电话呼叫，接着插入一个钥匙形状的含有密码变量的设备，并且按下"加密"按钮。经过大约 15 秒的时间等待密码建立，电话显示双方的身份和许可，接下来就可以进行通话。

> 在一个史无前例的提议中，NSA 通信安全主管 Walter Deeley 在接受《纽约时报》独家访问时，宣布了 STU-Ⅲ 或者未来的保密通话系统[282]。

> 新系统主要为国防部以及与国防部相连的单位提供安全的语音和低速数据通信。这次访问没有公开系统的工作原理，但是渐渐地有一些信息泄露出来。新系统采用了公开密钥。新的密钥管理方法早些时候已经在文献［68］中提出，并且明确提出保密电话"每年利用保密电话链路重新编程一次"，强烈暗示了一种能够最大程度降低保密电话与密钥管理中心通话需要的证书交换协议。最近一些报告更多地提给一个称为 FIREFLY[1341] 的密钥管理系统，它"由公开密钥技术发展而来，用于建立一对通信加密密钥"。Cylink 的 Lee Neuwirth 已将建议的描述和陈述递交给美国国会，他建议将密钥交换与证书结合起来，它类似于在 ISDN 保密电话中使用的协议。FIREFLY 也是基于求幂，这一点似乎是可行的。

STU-Ⅲ 由 AT&T 和 GE 公司制造，1994 年已经生产了 30～40 万台。一种新版本，安全终端设备（Secure Terminal Equipment，STE）可以使用在 ISDN 线路上。

24.5　Kerberos

Kerberos 是为 TCP/IP 网络设计的可信第三方鉴别协议。网络上的 Kerberos 服务起着可信仲裁者的作用。Kerberos 可提供安全的网络鉴别，允许个人访问网络中不同的机器。Kerberos 基于对称密码学（采用的是 DES，但也可用其他算法替代）。它与网络上的每个实体分别共享一个不同的秘密密钥，知道该秘密密钥就是身份的证明。

Kerberos 最初是在麻省理工学院（MIT）为 Athena 项目而开发的，Kerberos 模型基于 Needham-Schroeder 的可信第三方协议（参见 3.3 节）[1159]。Kerberos 的最初版本，第 4 版见［1094，1499］。（第 1～3 版为内部开发版本），第 5 版是第 4 版的改进版，内容详见［876，877，878］。最好的介绍 Kerberos 的文献是［1163］，其他的一些评论文章见［1384，1493］，介绍 Kerberos 实际应用的两篇佳作是文献［781，782］。

24.5.1　Kerberos 模型

基本的 Kerberos 协议已在 3.3 节做过介绍。在 Kerberos 模型中，具有安装在网络上的实体：客户机和服务器。客户机可以是用户，也可以是处理事务所需的独立软件程序：下载文件、发送消息、访问数据库、访问打印机、获取管理特权等。

Kerberos 有一个所有客户和秘密密钥的数据库。对于个人用户来说，秘密密钥是一个加密的口令，需要鉴别的网络业务和希望运用这些业务的客户机需要用 Kerberos 注册其秘密密钥。

由于 Kerberos 知道每个人的秘密密钥，所以而它能产生一个实体证实另一个实体身份的消息。Kerberos 还能产生会话密钥，只供一个客户机和一个服务器（或两个客户机）使用。会话密钥用来加密双方间的通信消息，通信完毕，即销毁会话密钥。

　　Kerberos 使用 DES 加密。Kerberos 第 4 版提供一个不标准的鉴别模型。该模型的弱点是：它不能检测密文的某些改变（参见 9.10 节）。Kerberos 第 5 版使用 CBC 模式。

24.5.2　Kerberos 工作原理

　　下面讨论 Kerberos 第 5 版，它与第 4 版的区别稍后再介绍。Kerberos 协议很简明（见图 24-1），客户从 Kerberos 请求一张票据作为票据许可服务（Ticket-Granting Service，TGS），该票据客户的秘密密钥加密后发送给客户。为了使用特定的服务器，客户需要从 TGS 中请求一张票据。假定所有事情均按序进行，TGS 将票据发回给客户，客户将此票据提交给服务器和鉴别器。如果客户的身份没有问题，服务器就会让客户访问该服务。

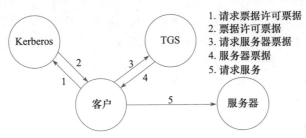

1. 请求票据许可票据
2. 票据许可票据
3. 请求服务器票据
4. 服务器票据
5. 请求服务

图 24-1　Kerberos 鉴别协议步骤

24.5.3　凭证

　　Kerberos 使用两类凭证：票据（ticket）和鉴别码（authenticator）（本节后面使用 Kerberos 中的缩写，见表 24-1）。票据用于秘密地向服务器发送持有票据用户的身份识别，票据中还包括有一些信息，服务器能够用这些信息来确认使用票据的客户与发给票据的客户是同一个客户。鉴别码是另外一个凭证，与票据一起发送。

表 24-1　Kerberos 的缩写

c	客户（机）
s	服务器
a	客户的网络地址
v	票据的有效起止时间
t	时间标记
K_x	x 的秘密密钥
$K_{x,y}$	x 与 y 的会话密钥
$\{m\}K_x$	以 x 的秘密密钥加密的 m
$T_{x,y}$	使用 y 的 x 的票据
$A_{x,y}$	从 x 到 y 的鉴别码

　　Kerberos 票据的格式如下：

$$T_{c,s} = s, \{c, a, v, K_{c,s}\} K_s$$

　　对单个的服务器和客户而言，票据很有用。它包括客户名、服务器名、网络地址、时间标记和会话密钥。这些信息用服务器的秘密密钥加密。客户一旦获得该票据，她便可以多次使用它来访问服务器，直到票据过期。客户无法解密票据（她不知道服务器的秘密密钥），但她可以以其加密的形式呈递给服务器。票据在网络上传送时，任何在网上窃听的人都无法阅读或修改它。

　　Kerberos 鉴别码的格式如下：

$$A_{c,s} = \{c, t, \text{key}\} K_{c,s}$$

客户在每次需要使用服务器上的服务时，都要产生一个鉴别码。该鉴别码包括用户名、时间标记和一个可选的附加会话密钥，它们用服务器与客户共享的会话密钥加密。与票据不同的是，鉴别码只能使用一次。然而，由于客户可以根据需要产生鉴别码（它知道共享的秘密密钥），所以这是没有问题的。

　　鉴别码可达到两个目的：首先，它包括一些以会话密钥加密的明文，这表明鉴别码的发送者也知道密钥。更重要的是，加封的明文包括时间标记，即使记录票据和鉴别码的窃听者在两天后也无法重放它们。

24.5.4 Kerberos 第 5 版消息

Kerberos 第 5 版有 5 个消息（见图 24-1）：

(1) 客户到 Kerberos：c，tgs。

(2) Kerberos 到客户：$\{K_{c,\text{tgs}}\}K_c$，$\{T_{c,\text{tgs}}\}K_{\text{tgs}}$。

(3) 客户到 TGS：$\{A_{c,s}\}K_{c,\text{tgs}}$，$\{T_{c,\text{tgs}}\}K_{\text{tgs}}$。

(4) TGS 到客户：$\{K_{c,s}\}K_{c,\text{tgs}}$，$\{T_{c,s}\}K_s$。

(5) 客户到服务器：$\{A_{c,s}\}K_{c,s}$，$\{T_{c,s}\}K_s$。

下面将详细讨论它们。

24.5.5 最初票据的获取

客户拥有一个能证明其身份的信息：口令。显然我们并不希望客户在网络上传送其口令。Kerberos 协议将口令泄露的风险降至最低，同时不允许客户在不知道口令的情况下鉴别自己的身份。

客户给 Kerberos 鉴别服务器发送一个消息，该消息包括客户名及其 TGS 服务器名（TGS 服务器可以有多个）。在实际中，客户一般只是将其名字输入系统，注册程序发送该请求。

Kerberos 鉴别服务器在其数据库中查找客户。如果客户在数据库中，Kerberos 便产生一个在客户和 TGS 之间使用的会话密钥，这叫作票据许可票据（Ticket Granting Ticket，TGT）。Kerberos 利用客户的秘密密钥加密会话密钥。然后为客户产生一个 TGT 向 TGS 证实她的身份，并用 TGS 的秘密密钥对其加密。鉴别服务器将这两种加密的消息发送给客户。

客户解密第一个消息，并恢复会话密钥。秘密密钥是客户口令的单向散列函数，因此合法客户可以很方便地实施解密。如果客户是一个冒名顶替的骗子，他由于不知道正确的口令，所以无法解密 Kerberos 鉴别服务器发来的响应消息。系统将拒绝其访问，他便无法获得票据或会话密钥。

客户将 TGT 和会话密钥保存，并销毁口令和单向散列函数，以减小泄密的机会。如果敌人能够复制客户的存储器，他仅仅得到 TGT 和会话密钥，这些有价值的信息只有在 TGT 的有效期内才有用。一旦 TGT 过期，这些信息便一文不值。

客户现在可在 TGT 的有效期内向 TGS 证实她的身份。

24.5.6 服务器票据的获取

客户必须为她想使用的每一项业务获得不同的票据。TGS 给每个服务器分配票据。

当客户需要一个她从未拥有的票据时，她向 TGS 发送一个请求。（实际上，程序将自动完成此项工作，而且它对客户来说是隐蔽的。）

TGS 接收到请求后，用自己的秘密密钥解密此 TGT，然后再用 TGT 中的会话密钥解密鉴别码。最后，TGS 比较鉴别码中的信息与票据中的信息、客户的网络地址与发送的请求地址，以及时间标记与当前时间。如果每一项都匹配，便允许处理该请求。

检查时间标记假设所有的机器都有同步时钟，至少在几分钟内是同步。如果请求中的时间与未来或过去都相差太远，那么 TGS 把该请求当作以前请求的重放。因为过去请求的时间标记可能仍然有效，所以 TGS 也应保留所有有效的鉴别码记录。与已收到的请求具有相同票据和时间标记的请求则被忽略。

TGS 通过将客户有效的票据返回给服务器的方式来响应一个有效请求。TGS 还为客户和服务器产生一个新的会话密钥，此密钥由客户和 TGS 共享的会话密钥加密。然后将这两种消息返回给客户。客户解密消息，同时得到会话密钥。

24.5.7　服务请求

现在客户向服务器鉴别自己的身份。她产生一个与传送给 TGS 非常类似的消息（因为从本质上来说，TGS 是一个服务器）。

客户产生一个鉴别码，鉴别码由客户名、客户网络地址和时间标记组成，用 TGS 为客户和服务器产生的会话密钥加密得到。请求由从 Kerberos 接收到的票据（已用服务器的秘密密钥加密）和加密的鉴别码组成。

如前面讨论的那样，服务器解密并检查票据和鉴别码，以及客户地址和时间标记。当一切检查无误后，根据 Kerberos，服务器可知该客户是不是她所宣称的那个人。

在需要相互鉴别的应用中，服务器给客户返回一个包含时间标记的消息，该消息由会话密钥加密。这证明服务器知道客户的秘密密钥而且能解密票据和鉴别码。

客户和服务器可以用共享的密钥加密信息。由于只有他们共享这个密钥，所以他们都能猜测出最近收到的用该密钥加密的消息来自另一方。

24.5.8　Kerberos 第 4 版

前一节讨论了 Kerberos 第 5 版，Kerberos 第 4 版在消息、票据和鉴别码的结构上略有区别。

在第 4 版中，5 种消息格式如下：

（1）客户到 Kerberos：c，tgs。

（2）Kerberos 到客户：$\{K_{c,\text{tgs}}, \{T_{c,\text{tgs}}\}K_{\text{tgs}}\}K_c$。

（3）客户到 TGS：$\{A_{c,s}\}K_{c,\text{tgs}}, \{T_{c,\text{tgs}}\}K_{\text{tgs}}$。

（4）TGS 到客户：$\{K_{c,s}, \{T_{c,s}\}K_s\}K_{c,\text{tgs}}$。

（5）客户到服务器：$\{A_{c,s}\}K_{c,s}, \{T_{c,s}\}K_s$。

$$T_{c,s} = \{s, c, a, v, i, K_{c,s}\}K_s$$

$$A_{c,s} = \{c, a, t\}K_{c,s}$$

消息（1）、（3）、（5）在两个版本中都是相同的。第 5 版删除了消息（2）、（4）中的票据双重加密。第 5 版的票据增加了多重地址的功能并且用开始和结束的时间代替有效时间，此外鉴别码增加了包括一个附加密钥的选项。

24.5.9　Kerberos 的安全性

Steve Bellovin 和 Michael Merri 讨论了 Kerberos 中几个潜在的安全弱点[108]。尽管该文写的是第 4 版协议，但许多评价也适用于第 5 版。

旧的鉴别码很有可能被存储和重用。尽管时间标记可用于防止这种攻击，但在票据的有效时间内仍可发生重用。假设服务器存储所有的有效票据以阻止重放，但实际上这很难做到。票据的有效期可能很长，典型的为 8 小时。

鉴别码基于这样一个事实，即网络中的所有时钟基本上是同步的。如果能够欺骗主机，使它的正确时间发生错误，那么旧鉴别码毫无疑问能被重放。大多数的网络时间协议是不安全的，因此这可能导致严重的问题。

Kerberos 对猜测口令攻击也很脆弱。攻击者可以收集票据并试图破译它们。一般的客户通常很难选择到最佳口令。如果 Mallory 收集了足够多的票据，他就有很大的机会找到口令。

最严重的攻击可能是恶意软件。Kerberos 协议依赖于 Kerberos 软件都是可信的这一事实。没什么可以阻止 Mallory 用完成 Kerberos 协议和记录口令的软件来代替所有客户的 Kerberos 软件。任何一种安装在不安全的计算机中的密码软件都会面临这种问题，但 Kerberos 在这种不安全环境中的广泛使用，使它特别容易成为被攻击的目标。

加强 Kerberos 的工作包括执行公开密钥算法和密钥管理中的智能卡接口。

24.5.10　许可证

Kerberos 是非公开的，但是 MIT 的源代码是公开的。实际上，在 UNIX 环境中实现这些代码则是另一个问题。有多家公司出售各种版本的 Kerberos，有兴趣获得自由版本的机构可与下述地址联络：814 University Ave.，Palo Alto，CA，94301，电话：(415)322-3811，传真：(415)322-3270。

24.6　KryptoKnight

KryptoKnight 是由 IBM 公司设计的一种鉴别和密钥分配系统。它是一种秘密密钥协议并使用了 DES 的 CBC 模式（参见 9.3 节）或 MD5 的增强版（参见 18.5 节）。

KryptoKnight 支持 4 项保密业务：
- 用户鉴别（称为单个签名）。
- 双方鉴别。
- 密钥分配。
- 数据源和数据内容的鉴别。

从用户角度看，KryptoKnight 类似于 Kerberos。它们的区别在于：
- KryptoKnight 采用单向散列函数鉴别和加密票据。
- KryptoKnight 不依靠同步时钟，使用当前时间（参见 3.3 节）。
- 如果 Alice 想与 Bob 通信，KryptoKnight 有选项允许 Alice 传送一条消息给 Bob，接着 Bob 初始化密钥交换协议。

与 Kerberos 一样，KryptoKnight 具有票据和鉴别码。KryptoKnight 也有 TGS，但是它通过鉴别服务器调用它们。KryptoKnight 的设计者花了大量心血使消息的数量、消息的长度和加密的数量减至最小。有关 KryptoKnight 和其协议的详细情况见文献 [1110，173，174，175]。

24.7　SESAME

SESAME 代表欧洲安全多环境应用系统（Secure European System for Application in Multivendor Environment）。这是一个欧洲团体安全项目，其 50% 的资金由 RACE（参见 25.7 节）提供。RACE 计划主要研究分布式访问控制的用户鉴别技术。SESAME 被认为是一种欧洲版本的 Kerberos。它由两部分构成：第一部分是一个基础体系原型，第二部分是一套商业方案。研究开发该项目的 3 个最大的公司是英国的 ICL、德国的西门子和法国的 Bull。

SESAME 是一个鉴别和密钥交换系统[361,1248,797,1043]。它在不同的安全领域采用 Needham-Schroeder 协议和公开密钥算法通信。该系统在某些方面有严重的缺陷。它使用一个 64 位密钥异或代替了实时加密算法。更糟的是，在 CBC 模式中采用了异或，这使一半的明文没有被加密。在防御方面，一直计划采用 DES 算法直到法国政府发出抱怨。它用 DES 加密代码，接着将代码公开，希望人们解密代码并将它返回。

SESAME 中的鉴别功能并不在整个消息而是在第一个消息分组，其效果是仅对签名的 DearSir 有效，但对信件正文部分无效。密钥由两次调用 UNIX 随机函数产生，但它们并不十分随机。SESAME 采用 crc32 和 MD5 作为单向散列函数。它与 Kerberos 一样易受口令猜测攻击。

24.8 IBM 通用密码体系

IBM 设计和研制了通用密码体系（Common Cryptographic Architecture，CCA），它为机密性、完整性、密钥管理、个人身份号（PIN）处理提供了简单密码算法[751,784,1025,1026,940,752]。密钥通过控制向量（Control Vector，CV）进行管理（参见 8.5 节）。每一个密钥都与一个控制向量异或，除非在安全的硬件设备中，否则密钥都不会脱离控制向量而单独存在。CV 是一个数据结构，提供对与特定密钥相关特权的直观理解。

CV 的单个位被具体定义为使用和处理 CCA 所管理的每个密钥。CV 通过在数据结构中称为密钥令牌的加密密钥传输。内部密钥令牌仅仅在本地使用，包含用本地的主密钥（Master Key，MK）加密的密钥。外部密钥令牌应用于系统之间出口和进口的加密密钥。外部密钥令牌中的密钥使用密钥加密密钥（KEK）加密。KEK 通过内部密钥令牌进行管理。各种密钥按照它们的使用范围进行隔离。

密钥长度同样通过 CV 中的位进行详细说明和控制。单个的密钥长度为 56 位，它用于诸如加密和消息鉴别的功能。双倍的密钥长度为 112 位，它用于密钥管理、PIN 功能和其他一些特殊用处。密钥可以要求为只是双倍的（DOUBLE-ONLY），其左右两部分必须不同；或者双倍的（DOUBLE），其两部分允许相同；或者单个重复的（SINGLE REOLICATED），其左右两部分相同；或者单个的（SINGLE），由 56 位组成。CCA 功能规定对某些操作中使用的某些密钥类型采用强制的硬件形式。

CV 通过保密硬件处理器进行检验：它必须使每一个 CCA 功能与允许的 CCA 规则一致。如果 CV 成功地通过了测试要求，就可以获得一个 CV 与 KEK 或 MK 异或后的 KEK 或 MK 的变体，且明文目标密钥可以用 CCA 功能恢复供内部使用。当新的密钥产生后，CV 将详细说明产生的密钥用途。那些可能用于攻击系统密钥类型的组合将不产生或导入 CCA 系统中。

CCA 采用结合公开密钥算法和秘密密钥算法的密钥分配方法。密钥分配中心用与用户共享的主密钥加密会话密钥。主密钥用公开密钥算法分配。

系统设计者采用这种混合方式有两个原因。其一是性能，公开密钥算法的计算量较大，如果会话密钥用公开密钥算法分配，系统的性能将降低。其二是向后的兼容性，系统能用最少的中断覆盖已经存在的秘密密钥表。

CCA 系统被设计为可以互操作的系统。对于某些与 CCA 不兼容的系统，控制向量转变（CVXLT）功能允许在两个实现间传递密钥。CVXLT 功能的初始化要求双重控制。两个个体必须独立建立所需的转化表。这种双重控制在系统中提供了高度可靠的完整性和密钥的真实性。

系统提供了数据型密钥与其他系统兼容。数据型密钥与 CV 存储在一起，CV 把它标识为数据型密钥。数据型密钥可以广泛使用，但也需提出质疑并小心使用。数据型密钥不可以用于任何密钥管理功能。

商业数据掩盖设备（CDMF）是 CCA 的一种出口版本。它的特点是：为了出口，将 DES 密钥简化到 40 位（参见 15.5 节）[785]。

24.9 ISO 鉴别框架

建议将公开密钥密码学与 ISO 鉴别框架一起使用，ISO 鉴别框架也称为 X.509 协议[304]。此框架提供了网间鉴别功能。尽管没有为鉴别或安全指定一个特别的算法，但建议使用 RSA，当然还可选择多种算法和散列函数。X.509 最初于 1988 年公布。在公开讨论后，于 1993 年做了一些安全问题的修正[1100,750]。

24.9.1 证书

X.509 中最重要的部分是公开密钥证书结构。每一个用户有一个各不相同的名字。一个可信的证书机构（CA）给每个用户分配一个唯一的名字并签发一个包含名字和用户公开密钥的证书。图 24-2 给出了一个 X.509 证书[304]。

版本
序列号
算法标识 ·算法 ·参数
发布者
有效期 ·起始日期 ·结束日期
主体
主体的公开密钥 ·算法 ·参数 ·公开密钥
签名

图 24-2　X.509 证书

版本字段用于识别证书格式。序列号在 CA 中是唯一的。接下来的字段标识了用来对证书签名的算法，以及算法所需的参数。发布者为 CA 的名称。有效期是一对日期，证书在这段日期内有效。主体为用户名。主体的公开密钥信息包括算法名称、需要的参数和公开密钥。最后一个字段为 CA 的签名。

如果 Alice 想和 Bob 通信，她首先必须从数据库中取得 Bob 的证书，然后对它进行验证。如果他们使用相同的 CA，事情就很简单，Alice 只需验证 Bob 证书上的 CA 签名；如果他们使用不同的 CA，问题就复杂了。考虑一种由不同的 CA 确认其他 CA 和用户的树形结构，顶部是一个主 CA。每个 CA 存放从它上一级 CA 获取的证书和由上级 CA 签发的所有证书。Alice 和 Bob 必须回溯证书树以寻找共同信任的点。

图 24-3 给出了上述过程。Alice 的证书由 CA_A 签发，Bob 的证书由 CA_B 签发。Alice 知道 CA_A 的公开密钥。CA_C 持有由 CA_A 签发的证书，Alice 可以验证证书的有效性。CA_D 的证书由 CA_D 签发，CA_B 的证书也由 CA_D 签发，因此 CA_D 是一个双方都信任的点。Alice 可以通过沿着证书树找到 CA_D 来验证 Bob 的证书。

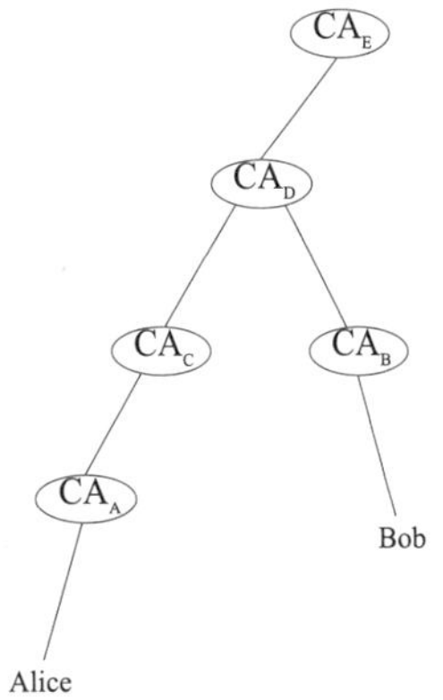

图 24-3　证书层次实例

证书可以存储在网络上的数据库中。用户可以利用网络彼此交换证书。当证书撤销后，它将从公共目录中删除。然而签发此证书的 CA 仍保留此证书的副本，以备日后解决可能引起的纠纷。

如果用户的密钥或 CA 的密钥被破坏，或者 CA 不再对用户进行验证，都可能导致证书的撤销。每一个 CA 必须保留一个已经撤销但还没有过期的证书列表。当 Alice 收到一个新证书时，首先应该检查证书是否已经撤销。她能在网络上检查失效密钥数据库，但更可能是检查本地失效证书列表。该系统可能被滥用，密钥撤销可能是它最薄弱的环节。

24.9.2　鉴别协议

Alice 想与 Bob 通信时，她首先查找数据库并得到一个从 Alice 到 Bob 的证书路径（certification path）和 Bob 的公开密钥。这时 Alice 可使用单向、双向或三向鉴别协议。

单向协议是从 Alice 到 Bob 的单向通信。它建立 Alice 和 Bob 双方身份的证明以及从 Alice 到 Bob 的任何通信信息的完整性。它还可防止通信过程中的任何重放攻击。

双向协议与单向协议类似，但它增加了来自 Bob 的应答。它保证是 Bob 而不是冒名者发送来的应答。它还保证双方通信的机密性并可防止重放攻击。

单向和双向协议都使用了时间标记。三向协议增加了从 Alice 到 Bob 的另外消息，并避免使用时间标记（用鉴别时间取代）。

单向协议如下：

（1）Alice 产生一个随机数 R_A。

（2）Alice 构造一条消息，$M=(T_A, R_A, I_B, d)$，其中 T_A 是 Alice 的时间标记，I_B 是 Bob 的身份证明，d 为任意的一条数据信息。为了安全，数据可用 Bob 的公开密钥 E_B 加密。

（3）Alice 将 $(C_A, D_A(M))$ 发送给 Bob。（C_A 为 Alice 的证书，D_A 为 Alice 的私人密钥。）

（4）Bob 确认 C_A 并得到 E_A。他确认这些密钥没有过期（E_A 为 Alice 的公开密钥）。

（5）Bob 用 E_A 解密 $D_A(M)$，这样既证明了 Alice 的签名又证明了所签发信息的完整性。

（6）为了准确，Bob 检查 M 中的 I_B。

（7）Bob 检查 M 中的 T_A 以证实消息是刚发来的。

（8）作为一个可选项，Bob 对照旧随机数数据库检查 M 中的 R_A 以确保消息不是旧消息重放。

双向协议包括一个单向协议和一个从 Bob 到 Alice 的类似的单向协议。除了完成单向协议的第（1）～（8）步外，双向协议还包括：

（9）Bob 产生另一个随机数 R_B。

（10）Bob 构造一条消息 $M'=(T_B, R_B, I_A, R_A, d)$，其中 T_B 是 Bob 的时间标记，I_A 是 Alice 的身份，d 为任意的数据。为了确保安全，可用 Alice 的公开密钥对数据加密。R_A 是 Alice 在第（1）步中产生的随机数。

（11）Bob 将 $D_B(M')$ 发送给 Alice。

（12）Alice 用 E_B 解密 $D_B(M')$，以确认 Bob 的签名和消息的完整性。

（13）为了准确，Alice 检查 M' 中的 I_A。

（14）Alice 检查 M' 中的 T_B，并证实消息是刚发送来的。

（15）作为可选项，Alice 可检查 M' 中的 R_B 以确保消息不是重放的旧消息。

三向协议完成双向协议的工作，但没有时间标记。当 $T_A=T_B=0$ 时，从第（1）～（15）步与双向协议相同。

（16）Alice 对照第（3）步中他发送给 Bob 的 R_A 检查接收到的 R_A。

（17）Alice 将 $D_A(R_B)$ 发送给 Bob。

（18）Bob 用 E_A 解密 $D_A(R_B)$，这样可证明 Alice 的签名和消息的完整性。

（19）Bob 对照他在第（10）步中发送给 Alice 的 R_B 检查他接收到的 R_B。

24.10　保密性增强邮件

保密性增强邮件（Privacy-Enhanced Mail，PEM）是因特网保密性增强邮件标准。由因特网结构委员会（IAB）采用，在因特网上提供保密电子邮件。它最初由因特网研究特别工作队（IRTF）' 的保密和安全研究组（PSRG）设计，然后提交给因特网工程特别工作组（IETF）的 PEM 研究组。PEM 协议提供了加密、鉴别、消息完整性和密钥管理功能。

完整的 PEM 协议最初出现在 RFC 系列文件中[977]，其修订本见文献［978］。在文献［177，178］中第三次总结了这个协议[979,827,980]。协议经不断修改和完善，最终协议详述在另一系列的 RFC 文件中[981,825,76,802]。Matthew Bishop 在文献［179］中详细介绍了这些变化。其他试图实现 PEM 的论文还有文献［602，1505，1522，74，351，1366，1367，1394］。

PEM 是一个内容丰富的标准。PEM 的程序和协议考虑了与多种密钥管理方式的兼容，其中包括用于加密数据加密密钥的对称和公开密钥方案。对称密码学用于消息文本加密。密码散列算法用于消息完整性。另一些文档支持利用公开密钥证书的密钥管理机制、算法、格式和相关标识以及为支持这些业务建立的密钥管理基础结构的电子格式和程序。

PEM 仅支持少数算法，但允许在后来使用不同的算法。消息用 DES 的 CBC 方式加密。由消息完整性检查（Message Integrity Check，MIC）提供的鉴别使用了 MD2 或 MD5。对称密钥管理可使用 ECB 方式的 DES，也可使用两个密钥的三重 DES（称为 EDE 方式）。PEM 还支持用于密钥管理的公开密钥证书，使用 RSA 算法（密钥长度为 1024 位）和 X.509 标准作为证书结构。

PEM 提供 3 项保密性增强业务：保密性、鉴别和消息完整性。这些业务在电子邮件系统上没有增加特殊的处理要求。PEM 可在不影响网络其余部分的情况下，由站点或用户有选择性地加入。

24.10.1　PEM 的有关文件

PEM 文件有 4 种：

* RFC 1421：第 1 部分，消息加密和鉴别过程。为因特网中的电子邮件传输提供保密性增强邮件业务，此文件定义了消息加密和鉴别过程。
* RFC 1422：第 2 部分，基于证书的密钥管理。此文件定义了基于公开密钥证书技术的密钥管理体系和基础结构，为消息发送者和接收者提供密钥信息。
* RFC 1423：第 3 部分，算法、模式和标识。此文件为密码算法、使用模式、相关的标识和参数提供了定义、格式、参考文献和引文。
* RFC 1424：第 4 部分，密钥证书和相关业务。此文件介绍了支持 PEM 的 3 类业务：密钥证书、证书撤销列表（CRL）存储和 CRL 恢复。

24.10.2　证书

PEM 与文献［304］中介绍的鉴别框架相兼容，也可见文献［826］。PEM 是 X.509 的扩展集，它为将来与其他协议（源自 TCO/IP 和 OSI）一起使用建立了密钥管理基础结构的过程和规范。

密钥管理基础结构为所有的因特网证书建立了一个根：因特网政策注册机构（IPRA）。IPRA 为所有与其有关的证书建立了一个全球性的政策。IPRA 根的下一级是政策证书机构（PCA），每一个机构都为注册的用户或机构建立和发布其政策。每个 PCA 由 IPRA 签证。在 PCA 的下一级，CA 对用户和下属机构（如部、局、子公司等）签证。最初，大多数用户都希望与一些组织一起注册。

但是，也有一些用户希望不依赖于任何机构而独立注册，这就需要有另外的一些 PCA 为其提供证书。对那些希望匿名同时又想利用 PEM 保密设施的用户，可以建立一个或多个 PCA，以允许不想泄露身份的用户注册。

24.10.3 PEM 的消息

PEM 的核心是其消息格式。图 24-4 显示了为使用对称密钥管理的加密消息，图 24-5 显示了为使用公开密钥管理的鉴别和加密消息，图 24-6 显示了为使用公开密钥密钥管理的鉴别消息（但没有加密）。

```
-----BEGIN PRIVACY-ENHANCED MESSAGE-----
Proc-Type: 4,ENCRYPTED
Content-Domain: RFC822
DEK-Info: DES-CBC,F8143EDE5960C597
Originator-ID-Symmetric: schneier@counterpane.com,,
Recipient-ID-Symmetric: schneier@chinet.com,ptf-kmc,3
Key-Info:
DES-ECB,RSA-MD2,9FD3AAD2F2691B9A,B70665BB9BF7CBCDA60195DB94F727D3
Recipient-ID-Symmetric: pem-dev@tis.com,ptf-kmc,4
Key-Info:
DES-ECB,RSA-MD2,161A3F75DC82EF26,E2EF532C65CBCFF79F83A2658132DB47
LLrHB0eJzyhP+/fSStdW8okeEnv47jxe7SJ/iN72ohNcUk2jHEUSoH1nvNSIWL9M
8tEjmF/zxB+bATMtPjCUWbz8Lr9wloXIkjHUlBLpvXR0UrUzYbkNpk0agV2IzUpk
J6UiRRGcDSvzrsoK+oNvqu6z7Xs5Xfz5rDqUcMlK1Z6720dcBWGGsDLpTpSCnpot
dXd/H5LMDWnonNvPCwQUHt==
-----END PRIVACY-ENHANCED MESSAGE-----
```

图 24-4 封装消息的实例（对称情况）

第一个字段是 Proc-Type，它标识所处理消息的类型。有 3 种可能类型的消息。ENCRYPTED 指出消息是已加密和签名的。MIC-ONLY 和 MIC-CLEAR 指出消息已签名但未加密。其中 MIC-CLEAR 表明消息未编码，可用非 PEM 软件阅读。而 MIC-ONLY 需要用 PEM 软件转换成可读的形式。PEM 消息都要求签名，但加密与否可供选择。

下一个字段 Content-Domain，它说明邮件消息的类型。它与安全无关。DEK-Info 字段说明了与数据交换密钥（Data Exchange Key，DEK）相关的信息，即用于加密文本的加密算法以及与加密算法有关的所有参数。目前只使用了一种模式：DES 的 CBC 模式（用 DES-CBC 表示）。第二个子字段规定了初始向量（IV）。将来 PEM 还可能使用另外一些算法，它们的使用方法将在 DEK-Info 和标识算法的另一些字段中说明。

对那些使用对称密钥管理的消息（见图 24-4），下一个字段是 Originator-ID-Symmetric。它有 3 个子字段。第一个子字段定义了唯一的电子邮件地址的发送者。第二个是可选项，用于标识发布相互交换密钥的机构。第 3 个字段是可选的版本/有效期。

继续讨论对称密钥管理情况，下一个字段与接收者有关。每个接收者有两个字段：Recipient-ID-Symmetric 和 Key-Info。前者有 3 个子字段，它用与 Originator-ID-Symmetric 证明发送者同样的方法来鉴定接收者。

Key-Info 字段定义了密钥管理的参数。此字段有 4 个子字段，第一个子字段指出了用于加密 DEK 的算法，因为消息中的密钥管理是对称的，所以发送者和接收者必须共享一个密钥，即相互交换密钥（Interchange Key，IK），用于加密 DEK。DEK 可用 DES 的 ECB 模式（用 DES-ECB 表示）或 3 重 DES（用 DES-EIS 表示）加密。第二个子字段指出了 MIC 算法。它可以是 MD2（记为 RSA-MD2）或 MD5（记为 RSA-MD5）。第三个子字段是用 IK 加密的 DEK。第四个子字段是用 IK 加密的 MIC。

图 24-5 和图 24-6 显示了公开密钥密钥管理的消息（在 PEM 术语中也称为非对称）。首字段不同。在加密后的消息中，DEK-Info 字段后是 Originator-Certificate 字段。证书遵从 X.509 标准（参见 24.9 节）。下一字段是 Key-Info，它有两个子字段。第一个指出了用于加密 DEK 的公开密钥算法，目前只使用了 RSA。第二个是用发送者的公开密钥加密的 DEK。这是一个可选项，目的是让发送者在消息通过邮件系统返回时进行解密。再下一个字段 Issuer-Certificate 是对 Originator-Certificate 签名的机构的证书。

```
    -----BEGIN PRIVACY-ENHANCED MESSAGE-----
    Proc-Type: 4,ENCRYPTED
    Content-Domain: RFC822
    DEK-Info: DES-CBC,BFF968AA74691AC1
    Originator-Certificate:
MIIBlTCCAScCAWUwDQYJKoZIhvcNAQECBQAwUTELMAkGA1UEBhMCVVMxIDAeBgNV
BAoTF1JTQSBEYXRhIFNlY3VyaXR5LCBJbmMuMQ8wDQYDVQQLEwZCZXRhIDExDzAN
BgNVBAsTBk5PVEFSWTAeFw05MTA5MDQxODM4MTdaFw05MzA5MDMxODM4MTZaMEUx
CzAJBgNVBAYTAlVTMSAwHgYDVQQKExdSU0EgRGF0YSBTZWN1cml0eSwgSW5jLjEU
MBIGA1UEAxMLVGVzdCBVc2VyIDEwWTAKBgRVCAEBAgICAANLADBIAkEAwHZHl7i+
yJcqDtjJCowzTdBJrdAiLAnSC+CnnjOJELyuQiBgkGrgIh3j8/x0fM+YrsyFlu3F
LZPVtzlndhYFJQIDAQABMA0GCSqGSIb3DQEBAgUAA1kACKr0PqphJYw1j+YPtcIq
iWlFPuN5jJ79Khfg7ASFxskYkEMjRNZV/HZDZQEhtVaU7Jxfzs2wfX5byMp2X3U/
    5XUXGx7qusDgHQGs7Jk9W8CW1fuSWUgN4w==
    Key-Info: RSA,
I3rRIGXUGWAF8js5wCzRTkdhO34PTHdRZY9Tuvm03M+NM7fx6qc5udixps2Lng0+
    wGrtiUm/ovtKdinz6ZQ/aQ==
    Issuer-Certificate:
MIIB3DCCAUgCAQowDQYJKoZIhvcNAQECBQAwTzELMAkGA1UEBhMCVVMxIDAeBgNV
BAoTF1JTQSBEYXRhIFNlY3VyaXR5LCBJbmMuMQ8wDQYDVQQLEwZCZXRhIDExDTAL
BgNVBAsTBFRMQ0EwEwHhcNOTEwOTAxMDgwMDAwWhcNOTIwOTAxMDc1OTU5WjBRMQsw
CQYDVQQGEwJVUzEgMB4GA1UEChMXUlNBIERhdGEgU2VjdXJpdHksIEluYy4xDzAN
BgNVBAsTBkJldGEgMTEPMA0GA1UECxMGTk9UQVJZMHAwCgYEVQgBAQICArwDYgAw
XwJYCsnp6lQCxYykNlODwutF/jMJ3kL+3PjYyHOwk+/9rLg6X65B/LD4bJHtO5XW
cqAz/7R7XhjYCm0PcqbdzoACZtIlETrKrcJiDYoP+DkZ8k1gCk7hQHpbIwIDAQAB
MA0GCSqGSIb3DQEBAgUAA38AAICPv4f9Gx/tY4+p+4DB7MV+tKZnvBoy8zgoMGOx
dD2jMZ/3HsyWKWgSF0eH/AJB3qr9zosG47pyMnTf3aSy2nBO7CMxpUWRBcXUpE+x
EREZd9++32ofGBIXaialnOgVUn0OzSYgugiQ077nJLDUj0hQehCizEs5wUJ35a5h
    MIC-Info: RSA-MD5,RSA,
UdFJR8u/TIGhfH65ieewe21OW4tooa3vZCvVNGBZirf/7nrgzWDABz8w9NsXSexv
    AjRFbHoNPzBuxwmOAFeA0HJszL4yBvhG
    Recipient-ID-Asymmetric:
MFExCzAJBgNVBAYTAlVTMSAwHgYDVQQKExdSU0EgRGF0YSBTZWN1cml0eSwgSW5j
    LjEPMA0GA1UECxMGQmV0YSAxMQ8wDQYDVQQLEwZOT1RBUlk=,
    66
    Key-Info: RSA,
O6BS1ww9CTyHPtS3bMLD+L0hejdvX6Qv1HK2ds2sQPEaiXhX8EhvVphHYTjwekdWv
    7x0Z3Jx2vTAhOYHMcqqCjA==
qeWlj/YJ2Uf5ng9yznPbtD0mYloSwIuV9FRYx+gzY+8iXd/NQrXHfi6/MhPfPF3d
    jIqCJAxvld2xgqQimUzoS1a4r7kQQ5c/Iua4LqKeq3ciFzEv/MbZhA==
    -----END PRIVACY-ENHANCED MESSAGE-----
```

图 24-5　封装消息实例（非对称情况）

继续非对称密钥管理的情况，下一个字段是 MEC-Info。第一个子字段指出计算 MIC 的算法。第二个指出对 MIC 签名的算法。第三个是用发送者的私人密钥签名的 MIC。

仍然继续讨论非对称密钥管理，下一个字段是关于接收者的。每个接收者有两个字段：

```
-----BEGIN PRIVACY-ENHANCED MESSAGE-----
Proc-Type: 4,MIC-ONLY
Content-Domain: RFC822
Originator-Certificate:
MIIBlTCCAScCAWUwDQYJKoZIhvcNAQECBQAwUTELMAkGA1UEBhMCVVMxIDAeBgNV
BAoTF1JTQSBEYXRhIFN1Y3VyaXR5LCBJbmMuMQ8wDQYDVQQLEwZCZXRhIDExDzAN
BgNVBAsTBk5PVEFSWTAeFw05MTA5MDQxODM4MTdaFw05MzA5MDMxODM4MTZaMEUx
CzAJBgNVBAYTAlVTMSAwHgYDVQQKExdSU0EgRGF0YSBTZWN1cml0eSwgSW5jLjEU
MBIGA1UEAxMLVGVzdCBVc2VyIDEwWTAKBgRVCAEBAgICAANLADBIAkEAwHZHl7i+
yJcqDtjJCowzTdBJrdAiLAnSC+CnnjOJELyuQiBgkGrgIh3j8/x0fM+YrsyF1u3F
LZPVtzlndhYFJQIDAQABMA0GCSqGSIb3DQEBAgUAA1kACKr0PqphJYw1j+YPtcIq
iWlFPuN5j79Khfg7ASFxskYkEMjRNZV/HZDZQEhtVaU7Jxfzs2wfX5byMp2X3U/
5XUXGx7qusDgHQGs7Jk9W8CW1fuSWUgN4w==
Issuer-Certificate:
MIIB3DCCAUgCAQowDQYJKoZIhvcNAQECBQAwTzELMAkGA1UEBhMCVVMxIDAeBgNV
BAoTF1JTQSBEYXRhIFN1Y3VyaXR5LCBJbmMuMQ8wDQYDVQQLEwZCZXRhIDExDTAL
BgNVBAsTBFRMQ0EwHhcNOTEwOTAxMDgwMDAwWhcNOTIwOTAxMDc1OTU5WjBRMQsw
CQYDVQQGEwJVUzEgMB4GA1UEChMXUlNBIERhdGEgU2VjdXJpdHksIEluYy4xDzAN
BgNVBAsTBkJldGEgMTEPMA0GA1UECxMGTk9UQVJZMHkwCgYEVQgBAQICArwDYgAw
XwJYCsnp6lQCxYykNlODwutF/jMJ3kL+3PjYyHOwk+/9rLg6X65B/LD4bJHtO5XW
cqAz/7R7XhjYCm0PcqbdzoACZtIlETrKrcJiDYoP+DkZ8k1gCk7hQHpbIwIDAQAB
MA0GCSqGSIb3DQEBAgUAA38AAICPv4f9Gx/tY4+p+4DB7MV+tKZnvBoy8zgoMGOx
dD2jMZ/3HsyWKWgSF0eH/AJB3qr9zosG47pyMnTf3aSy2nBO7CMxpUWRBcXUpE+x
EREZd9++32ofGBIXaialnOgVUn0OzSYgugiQ077nJLDUj0hQehCizEs5wUJ35a5h
MIC-Info: RSA-MD5,RSA,
jV2OfH+nnXHU8bnL8kPAad/mSQlTDZlbVuxvZAOVRZ5q5+Ejl5bQvqNeqOUNQjr6
EtE7K2QDeVMCyXsdJlA8fA==
LSBBIGllc3NhZ2UgZm9yIHVzZSBpbiB0ZXN0aW5nLgKLSBGb2xsb3dpbmcgaXMg
YSBibGFuayBsaW5lOg0KDQpUaGlzIGlzIHRoZSBlbmQuDQo=
-----END PRIVACY-ENHANCED MESSAGE-----
```

图 24-6　封装 MIC-ONLY 消息实例（非对称情况）

Recipient-ID-Asymmetric 和 Key-Info。Recipient-ID-Asymmetric 有两个子字段。第一个指出发布接收者公开密钥的机构。第二个是可选的版本/有效期子字段。Key-Info 指出了密钥管理参数。第一个子字段指出了用于加密消息的算法。第二个是用接收者的公开密钥加密的 EEK。

24.10.4　PEM 的安全性

PEM 中 RSA 密钥长度为 508～1024 位，这种长度对任何人的安全需求来说都是足够的。最可能的攻击是破坏密钥管理协议。Mallory 可能会偷走你的私人密钥（所以千万别把它随意地写下来）或试图欺骗你接收一个伪造的公开密钥。如果每个人都遵循正确的程序，PEM 的密钥证书规定将避免上述情况的发生。但人们一般都很粗心。

一个更隐蔽的攻击是 Mallory 可能修改系统中运行的 PEM 的执行过程。修改过的执行过程可使你的邮件用 Mallory 的公开密钥加密后发送给他，它甚至将你的私人密钥的副本发送给他。如果修改过的执行过程运行得很好，那么你将永远不知道这种攻击的存在。

还没有真正有效的方法来防止这种攻击。你可以用单向散列函数和给 PEM 代码印指纹。这样每次运行时，通过检查指纹来判断是否修改。但 Mallory 可能在他修改 PEM 代码的同时修改指纹代码。你可以在指纹代码上再做指纹，但 Mallory 也可以修改它。如果 Mallory 能进入你的机器，他完全可以破坏 PEM 的安全。

一般来说，如果你不能信任运行软件的某种硬件，你也不能真正信任运行的软件。对于大多数人，这种偏见是不必要的，但有时却是正确的。

24.10.5　TIS/PEM

由美国政府高级研究计划局提供部分资助的可信信息系统（Trusted Information System，TIS）也设计并实现了一种保密性增强邮件 PEM 的参考模型（TIS/PEM），此模型为基于 UNIX 的操作平台而开发的，但同样支持 VMS、DOS 和 Windows。

尽管 PEM 说明书介绍了因特网采用的一个单一证书层次，但 TIS/PEM 可支持多证书层次。站点可以指出一系列被认为是有效的证书，并包括所有由他们签发的证书。另外，为了使用 TIE/PEM，不需要将站点加入因特网中。

目前 TIS/PEM 已被广泛提供给美国和加拿大的许多机构和公民。它将以源代码形式分发。有兴趣的组织可与下述地址联络：Privacy-Enhanced Mail，Trusted lnfonnation Systems，Inc.，3060 Washington Road（Rte. 97），Glenwood，MD 21738；电话：（301）854-6889；传真：（301）8545363；E-mail：pem-Info@tis. com

24. 10. 6　RIPEM

RIPEM 是 Mark Riordan 编写的实现 PEM 协议的程序。尽管技术是不公开的，但此程序可公开得到，并可由个人和非商业组织免费使用。使用许可证包括在文件中。

但它的代码是不能出口的。当然，美国政府的法律在美国之外并不适用，因此人们往往忽视出口条例。RIPEM 代码已在美国之外发现，它已在世界范围内使用。仅用于数字签名的 RIPEM/SIG 可以出口。

到本书写作时，RIPEM 还没有完全实现 PEM 协议，也没有实现对鉴别密钥的证书。

编写 RIPEM 之前，Riordan 曾编写过一个类似的称为 RPEM 的程序。它试图成为一个公开的电子邮件加密程序。为了避免出现专利问题，Riordan 使用了 Rabin 的算法（参见 19.5 节）。公开密钥合作商宣称他们的专利范围足以包括公开密钥加密的所有领域并威胁要提出上诉，Riordan 只好停止传播该程序。

RPEM 确实不能再用了，因为它与 RIPEM 不兼容。既然 RIPEM 在公开密钥合作商的同意下使用，自然没有理由再使用 RPEM。

24. 11　消息安全协议

消息安全协议（Message Security Protocol，MSP）是军用的 PEM 等效协议，它是在 20 世纪 80 年代后期在安全数据网络系统（SDNS）项目下由 NSA 开发的。MSP 是一个用于保密电子邮件与 X.400 兼容的应用层协议。它将用于国防部计划的国防消息系统（DMS）网络中，用于对消息签名和加密。

初级消息保密协议（PMSP）用于"公开但敏感"的消息，它是一种与 X.400 和 TCP/IP 一起使用的 MSP 版本，也称为 Mosaic。

像 PEM 一样，MSP 和 PMSP 的软件使用可方便地设计成适应各种保密功能的保密算法，其功能包括签名、散列运算和加密。PMSP 将与 Capstone 芯片一起工作（参见 24.17 节）。

24. 12　Pretty Good Privacy

PGP（Pretty Good Privacy）是由 Philip Zimmermann 设计的免费保密电子邮件程序[1652]。它采用 IDEA 进行数据加密，采用 RSA（密钥长度可达 2047 位）进行密钥管理和数字签名，采用 MD5 作为单向散列函数。

PGP 的随机公开密钥采用概率检验器，它通过测量用户打字时的键盘等待时间得到初始值。PGP 采用 ANSI X9.17[55]（参见 8.1 节）方法产生随机的 IDEA 密钥，PGP 中用对称算法 IDEA 替代 DES 算法，并使用经过散列运算的代替口令来加密用户的私人密钥。

PGP 加密的消息具有层次性的安全性。假定密码分析者知道接收者的密钥 ID，他从加密的消息中仅能知道接收者是谁。如果消息是签名的，接收者只有在解密消息后方知对此消息签名的人。此方法与 PEM 不同的是：PEM 在未加密的头部留下一些有关发送者、接收者和消息的信息。

PGP 中最令人感兴趣的是密钥管理中的分发方法（参见 8.12 节），PGP 中没有密钥证书管理机构，所有的用户产生并分发他们自己的公开密钥。用户可通过相互对公开密钥签名以创建一个所有 PGP 用户的互联组。

例如，Alice 可能将她的公开密钥传给 Bob。由于 Bob 认识 Alice，所以在 Alice 的公开密钥上签名。接着 Bob 将签名的密钥传回给 Alice，同时保留副本。当 Alice 想与 Carol 通信时，Alice 将 Bob 签名的密钥副本传给 Carol。Carol 可能在某个时候已经得到了 Bob 的公开密钥，并且信任 Bob 签名的其他用户的密钥。他用 Alice 的密钥验证签名，如果签名有效就接受。这样 Bob 就将 Alice 介绍给了 Carol。

PGP 没有说明建立信任的方法。用户可以自由决定信任谁。PGP 提供用公开密钥建立相互信任的机制。每一个用户保留一个收集公开密钥签名的文件，称为公开密钥环（public-key ring）。密钥环的每一个密钥都有一个密钥合法性字段，说明特殊用户信任密钥有效性的程度。信任标准越高，用户越信任密钥的合法性。签名的信任字段可衡量用户信任签名者对其他用户公开密钥签名的程度。最后，用户自身信任字段说明了一个特定用户信任密钥所有者对其他公开密钥签名的程度，该字段由用户手动设置的，随着用户提供新的信息，PGP 将继续更新这些字段。

图 24-7 显示了在这种模型中怎样寻找一个特定用户 Alice。顶层是 Alice 的密钥，其他用户都完全信任她。Alice 已经对 Bob、Carol、Dave、Ellen 和 Frank 的密钥进行了签名。她信任 Bob 和 Carol 对其他用户公开密钥的签名。但不完全信任 Dave 和 Ellen 对其他用户的签名。

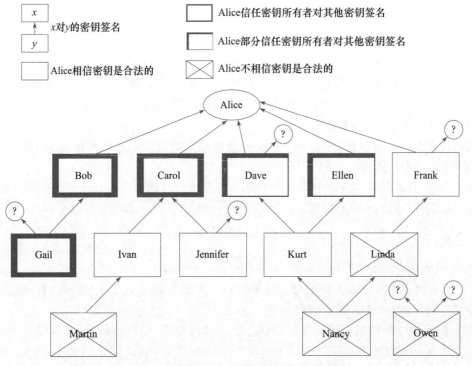

图 24-7 PGP 信息模型

两个部分信任者的签名可以证明一个密钥。因为 Dave 和 Ellen 都对 Kurt 的密钥进行了签名，所以 Alice 相信 Kurt 的密钥是有效的。这在 PGP 中不是自动完成的。Alice 可以根据自己的需要设置级别。

正因为 Alice 相信某个密钥是有效的，所以她无须信任它对其他用户密钥的签名。她不信任 Frank 对其他用户公开密钥的签名，尽管她自己给他的公开密钥签了名。并且，她不信任 Martin 密钥上 Ivan 的签名，以及 Nancy 密钥上 Kurt 的签名。

Owen 的密钥没有存放在网络中的任何地方。Alice 可能从某个密钥服务器得到 Owen 的密钥。PGP 没有指定这个密钥是否有效。Alice 必须决定是相信密钥有效，还是决定相信密钥的某个签发者。

当然，没有什么可以阻止 Alice 使用她不信任的密钥。PGP 的工作是警告 Alice 那个密钥不能相信，而不是阻止通信。

整个系统最薄弱的环节是密钥的撤销。它不能保证没人会使用不安全的密钥。如果 Alice 的私人密钥被盗，她将发出一个密钥撤销证书（key revocation certificate），但是由于这个密钥的分发是非正式的且将花费大量的时间和口舌，故不能保证密钥环中每一个有 Alice 公开密钥的用户都能收到。由于 Alice 必须用她的私人密钥签名撤销的证书，所以如果 Alice 同时丢失了私人密钥，她就不能撤销密钥。

在本书写作时，PGP 的版本是 2.6.2，PGP 3.0 在 1995 年年底发表。PGP 3.0 包含了可选的 3 重 DES、SHA 和其他的一些公开密钥算法，以及一个分离加密和签名的公开密钥/私人密钥密钥对，增加了密钥撤销程序，改进了密钥管理功能，并在其他程序中集成了 PGP 的应用程序接口（APl）和完全重写代码库。

PGP 支持的操作系统有 MS-DOS、UNIX、Macintosh、Amiga 和 Atari。对私人及非商业性使用它是免费的，并且可从许多因特网的 ftp 站点获得。如果想从 MIT 的 ftp 站点下载 PGP，可用 getpgp 身份远程登录到 net-disk. mit. edu，回答一些问题，接着登录到 net-disk. mit. edu 上，然后可在远程登录会话中改变路径名。它同样可以从 ftp. ox. ac. uk、ftp. dsi、unimi. it、ftp. funet. fi、ftp. demon. co. uk、Compuserve、AOL 和其他地方获得。对于美国商业用户来说，可以花大约 100 美元从一家名为 ViaCrypt 的公司获得完版版。该公司的地址是：9033 N 24th Ave，Phoenix，AZ，85021；电话：（602）944-0773；E-mail：viacrypt@acm. org。有多个共享软件可将 PGP 集成到 MS-DOS、Windows、Macintosh 和 UNIX 系统中。

目前有一些书讲到了 PGP[601,1394,1495]。其源代码甚至在一本试图打击美国国务院的书中出现[1653]，因为国务院继续坚持源代码只能以书面的形式而不能以电子方式出口。假如你信任 IDEA，PGP 将可能是接近军事级加密的最佳捷径。

24.13 智能卡

智能卡是一个塑料卡，大小和形状与信用卡一样，内部嵌入有计算机芯片。这并不是一种新技术（20 年前就已申请了专利），但由于实际的限制，直到大约五年前才使它的生产成为可能。它们大多在欧洲生产。许多国家用智能卡收取电话费。现在已有信用卡、现金卡和其他的一些智能卡。美国的一些智能卡公司正在研究一项技术，使今后的美国公民在钱包里只需放智能卡而不用放现金。

智能卡含有一个小的计算机（通常是一个 8 位的微处理器）、RAM（大约 250 字节）、ROM（大约 6 或 8KB）和 EPROM 或 EEPROM（大约几 KB）。将来的智能卡将有更大的容量，但是智能卡的物理限制使扩充变得困难。智能卡有它自己的操作系统、程序和数据。（它不自带电源，它的电源从连接的读卡器中获得。）智能卡是安全的，在这个世界上，你可能不信任其他人的计算机或电话或者其他什么，但你仍然可以相信你钱包里的卡。

智能卡中可以有不同的加密算法协议和算法程序。它们可能配置成一种电子钱包，可以花费和接收数字现金。它们可以执行零知识鉴别协议，并且可以有自己的加密密钥。它们可以对文件签名或者解锁计算机中的一些应用。

某些智能卡被设成是防篡改的，这样可以保护发卡机构。银行不希望用户攻击他们的智能卡来获得更多的钱。

智能卡很有意思，关于它们的信息也很多。文献 [672] 是一篇很好的有关智能卡加密的综述文章。每年 10 月在巴黎都将举行一次 CARTES 会议，同时每年的 4 月将在华盛顿举行一次 CardTech 会议。文献 [342，382] 是另外两个智能卡会议的会议录。已有数百计的智能卡专利，大部分属于欧洲公司。文献 [1682] 是一篇有趣的文章，关于智能卡将来可能的应用：完整性验证、鉴别、副本保护、数字现金和保密的邮资计费。

24.14　公开密钥密码学标准

公开密钥密码学标准（Public-Key Cryptography Standard，PKCS）是 RSA 数据安全公司试图为公开密钥密码学提供的一个工业标准接口。传统上说，这种事情应由 ANSI 处理，但是考虑到当前加密制度的情况，RSADSI 公司认为他们最好自己制定标准。在多个公司的共同努力下，他们研制了一系列标准。其中某些标准可与其他标准兼容而有些则不兼容。

这些标准还算不上传统意义的标准，对 PKCS 标准没有标准团体召集会议和投票。依照 RSADSI 自己的说法，RSADSI 将“单独保留制定每个标准的权力”，并将“在适当的时候发表修订后的标准”[803]。

即使如此，仍然有许多好的东西。如果你在对公开密钥算法编程时不知道使用何种句法和数据结构，这些标准可能会给你带来帮助。由于它们不是真正的标准，你可以根据需要进行裁剪。

下面简单地描述了每一个 PKCS（PKCS♯1 中包含了 PKCS♯2 和 PKCS♯4）。

- PKCS ♯1[1345] 描述了 RSA 加密和解密的方法，主要用于组织 PKCS♯7 中所描述的数字签名结构和数字信封。对于数字签名，用签名者的私人密钥对散列运算后的消息进行加密。PKCS ♯7 对消息和散列进行了详细描述。对于数字信封（加密信息），首先信息用一个对称的加密算法加密，然后用接收者的公开密钥加密消息密钥。依照 PKCS♯7 的句法对加密的消息和加密的密钥进行了描述。这两个功能都与 PEM 标准兼容。对于 RSA 的公开密钥、私人密钥、三个签名算法（MD2 和 RSA、MD4 和 RSA 以及 MD5 和 RSA）以及签名证书，PKCS ♯1 也描述了与 X. 509 和 PEM 中同样的语法。
- PKCS ♯3[1346] 描述了实现 Diffie-Hellman 密钥交换功能的方法。
- PKCS ♯5[1347] 描述了用一个从口令中派生的秘密密钥加密消息的功能。它使用 MD2 或 MD5 从口令中派生密钥，并采用 DES 的 CBC 模式加密。这个功能主要用于加密从一个计算机传送到另一个计算机的私人密钥，但是不能用于加密消息。
- PKCS ♯6[1348] 描述了公开密钥证书的标准语法。该语法是 X. 509 证书的扩展，如果需要，可以取出 X. 509 证书。除了 X. 509 证书外，其他附加属性已使证书处理不限于公开密钥。这些包括其他一些信息，如电子邮件的地址。

- PKCS ♯7[1349] 是一个对数据加密或签名的通用语法，如数字信封和数字签名。这些语法是递归的，所以信封可以进行嵌套，或者可以签名已经加密的数据。这些语法还提供了其他一些属性，如可与消息内容一起鉴别的时间标记。PKCS ♯7 与 PEM 兼容，所以不需其他密码操作就可以将加密的消息转换成 PEM 消息，反之亦然。PKCS♯7 支持多种基于证书的管理系统，PEM 是其中的一个。

- PKCS ♯8[1350] 描述了私人密钥信息语法，包括私人密钥、一组属性和加密私人密钥的语法。PKCS ♯5 可以用于加密私人密钥信息。

- PKCS ♯9[1351] 定义了 PKCS ♯6 扩展证书、PKCS ♯7 数字签名消息和 PKCS ♯8 加密私人密钥信息的选择属性类型。

- PKCS ♯10[1352] 描述了证书请求的标准语法。一个证书包含可区别的名字、公开密钥和（可选的）一组属性，所有这些均由请求证书的用户签名。将证书请求发送至证书机构，证书机构将请求转换成 X.509 公开密钥证书或 PKCS ♯6 证书。

- PKCS ♯11[1353] 是密码标记的 API 标准，详细规定了一个称为 Cryptoki 的编程接口，它可用于各种可移植的密码设备。Cryptoki 给出了一个通用逻辑模型，不需要知道详细的技术细节就可以在可移植的设备上完成加密操作。这个标准还定义了应用范围：设备可以支持的多组算法。

- PKCS ♯12[1354] 描述了将用户公开密钥、受保护的私人密钥、证书和其他相关的加密信息存放在软件中的语法。它的目标是为各种应用提供一个标准的单一密钥文件。

这些标准是全面的，但并不是完善的。许多东西未包含在标准的范围内，如命名的问题、围绕证书的未加密问题、密钥长度和各种参数的条件等。PKCS 所提供的是基于公开密钥加密的数据传输格式和支持这个传输的基本结构。

24.15　通用电子支付系统

通用电子电付系统（Universal Electronic Payment System，UEPS）最初是为南非农村而开发研制的一种智能卡银行应用系统，后来被南非主要的银行组织所采用。到 1995 年南非可能已经发行了 200 万张智能卡。它同样被纳米比亚所采用，在俄罗斯也至少有一家银行配置了它。

该系统可提供保密的借方卡。它适用于电话服务质量很差、不能进行在线鉴别的地方。消费者和批发商都有卡，消费者可以通过卡将钱转交给批发商。然后批发商用他们的卡打电话并将钱存放在他们银行的账户里。消费者可以用卡打电话将钱存放在他们的卡里。该系统不提供匿名，仅仅为了防止欺骗。

下面是消费者 Alice 和批发商 Bob 之间的通信协议。（实际上，Alice 和 Bob 只需要将他们的卡插入一个机器，然后等待它完成交易。）当 Alice 第一次得到卡时，她同时得到了一对密钥 K_1 和 K_2。银行通过她的姓名和一些秘密的函数计算出这些密钥。只有批发商的卡掌握了计算出消费者密钥所需的秘密。

（1）Alice 用 DES 算法对她的姓名 A、Bob 的姓名 B、随机数 R_A 加密，首先用 K_2 加密，然后用 K_1 加密，并且与她的没有加密的姓名 A 一起传输给 Bob。

$$A，E_{K_1}(E_{K_2}(A，B，R_A))$$

（2）Bob 通过 Alice 的姓名计算出 K_1 和 K_2。他解密收到的信息，确认 A 和 B 的正确性，然后用 K_2 加密 Alice 加密前的明文信息。

$$E_{K_2}(A, B, R_A)$$

Bob 并不将这个结果发送给 Alice，密文的 56 位变成密钥 K_3。接着 Bob 用 DES 算法对他的姓名、Alice 的姓名和另外的一个随机数 R_B 先用 K_3 加密，再用 K_1 加密，他将加密的结果发送给 Alice。

$$E_{K_1}(E_{K_3}(A, B, R_B))$$

（3）Alice 用与 Bob 同样的方法计算出 K_3。她解密 Bob 发给她的消息，确认 B 和 A 的正确性，接着用 K_3 加密 Bob 加密前的信息。

$$E_{K_3}(A, B, R_B)$$

Alice 并不将这个结果发给 Bob，密文的 56 位变成密钥 K_4。然后 Alice 将她和 Bob 的姓名以及数字校验 C 发给 Bob。这个校验包含发送者和接收者的姓名、日期、校验数字、金额和两个 MAC，均用 DES 算法先用密钥 K_4 再用 K_1 加密，其中一个 MAC 可通过 Alice 的银行验证，另一个则只能由结算中心验证。

$$E_{K_1}(E_{K_4}(A, B, C))$$

（4）Bob 用与 Alice 相同的方法计算出 K_4。假如所有的姓名和校验都正确，他就接受付款。

该协议的高明之处在于每一次加密密钥都依靠先前的消息提供。每一个消息作为所有先前消息的双重认证。这意味着某人不能重放一个旧的消息，否则接收者根本不能将它解密。

该协议的另一个高明之处在于它加强了正确性执行。如果一个应用开发者没有正确执行该协议，协议将不起作用。

双方的卡记录每一次交易。当卡可以同银行直接通信时（批发商存放他的钱，消费者取出更多的钱存入卡中），银行将这些记录保存下来用于审计。

防篡改硬件可防止参与者混淆数据。Alice 不能改变她卡中的数据。大量的审计可提供数据来识别和检举欺诈交易。这些卡中有一些通用的秘密：消费者卡中的 MAC 密钥、批发商卡中将消费者的姓名转化为 K_1 和 K_2 的函数，但其逆过程的实现则被认为很困难。

该方案并不是绝对的完善的，仅比纸质钞票和传统的借用卡安全。欺骗的威胁不是来自军事对手，而是来自批发商和消费者中的机会主义者。UEPS 可防止这种欺骗。

消息交换是该协议成功的例子：每一个消息包含双方名字和新的唯一的信息，并且每一个消息均依靠先前的所有消息。

24.16 Clipper

Clipper 芯片（也叫作 MYK-78T）是一种由 NSA 设计的、防篡改的、用于加密声音的 VLSI 芯片。它是美国政府执行托管加密标准（EES）的两种芯片之一[1153]。芯片由 VLSI 公司制造，由 Mykotronx 公司对芯片进行程序设计。最初，Clipper 用于 AT&T3600 型电话保密设备中（参见 24.18 节）。芯片实现了 Skipjack 加密算法（参见 13.12 节），该算法是由 NSA 设计的机密秘密密钥加密算法，仅用于 OFB 模式下。

Clipper 芯片及整个 EES 最具争议的是密钥委托协议（参见 4.14 节）。每个芯片有一个特定的密钥，但对于消息不是必需的。该密钥用于加密每个用户消息密钥的副本。在同步处理过程中，发送者 Clipper 芯片产生和发送一个法律强制的访问字段（Law Enforcement Access Field，LEAF）给接收者 Clipper 芯片。LEAF 包含了一个用特殊密钥（称为设备密钥（unit key））加密当前会话密钥的副本。这允许政府窃听者恢复会话密钥，然后用会话密钥恢复出会话的明文信息。

根据 NIST 主任的介绍[812]：

　　预计将用一个"密钥托管"系统来确保采用 Clipper 芯片保护美国公民合法的秘密。由芯片组成的每套设备有两个唯一的密钥，政府机构授权需用这两个密钥来解密由设备加密的消息。在设备制造好后，将两个密钥分别存入由首席检察官建立的两个"密钥托管"数据库。密钥的存取仅限于有合法授权、执行窃听的政府官员。

政府同样鼓励出口的电话采用这些设备。没有人知道那些密钥托管数据库将会发生什么事。

抛开政治来说，LEAF 内部结构值得讨论[812,1154,1594,459,107,462]。LEAF 是一个 128 位的字符串，假定两个掌握了这些密钥托管数据库的托管机构（escrow agency）合作，LEAF 包含了足够的信息允许司法部门恢复会话密钥 K_S。LEAF 包含了一个 32 位的设备标识符 U，标识符对 Clipper 芯片是唯一的。它还包含了用芯片唯一的设备密钥 K_U 加密的 80 位的会话密钥和称为托管标识符的 16 位的校验和 C，这个校验和是会话密钥、IV 和其他的一些信息的函数。这 3 个字段用固定的密钥系列 K_F 加密，K_F 由所有互操作的 Clipper 芯片共享。K_F 所用的加密模式、校验和的细节和 LEAF 精确的结构都是保密的。它看起来像这种形式：

$$E_{K_F}(U, {}_{K_U}(K_S, C))$$

K_U 在制造时就已经编程到 Clipper 芯片中。接着这个密钥被拆开（参见 3.6 节），并保存在两个不同的密钥托管数据库中，由两个不同的托管机构保护。

如果 Eve 想从 LEAF 中恢复 K_S，首先她必须用 K_F 解密 LEAF 恢复 U，接着必须把法院命令出示给每个托管机构，每个机构将对所给 U 返回半个 K_U。Eve 将收到的两半进行异或恢复 K_U，然后用 K_U，恢复 K_S，接下来她就可以用 K_S 进行窃听了。

设计校验和是为了阻止某些人进行欺骗。如果校验和有误，接收者 Clipper 芯片就不会解密。然而由于校验和只有 2^{16} 个可能的值，所以可以在 42 分钟内找到一个具有正确校验和但密钥错误的假 LEAF[187]。这对 Clipper 通话丝毫没有帮助。因为密钥交换协议不是 Clipper 芯片的组成部分，所以 42 分钟的穷举攻击必须发生在密钥交换以后，不能发生在电话通话前。该攻击对传真或者 Fortezza 卡可行（参见 24.17 节）。

据猜测，Clipper 芯片能够阻止"非常专业的、资金雄厚的对手"的逆向工程攻击[1154]，但传闻桑迪亚国家实验室对 Clipper 芯片进行了成功的逆向工程攻击。即使这些传闻不是真的，我想世界上最大的芯片生产商也能够生产逆向工程的 Clipper。这仅仅是一个时间问题，将来一定有人能用正确的资源和道德实现它。

与该方案有关的是公众的隐私问题。许多公民自由宣传组织强烈反对密钥托管机制赋予政府偷听公民通话的权利。但不可理解的是该主意从未被国会通过。NIST 出版了托管加密标准作为 FIPS[1153]，缓冲了这个令人愤怒的法律过程。现在看来 EES 将慢慢地、静静地消失，但标准会渐渐对你产生影响。

表 24-2 中列出了一些参与该项目的各个机构。每一个机构都想做威胁分析。是使两个托管机构都参与执行呢？还是使托管机构除了盲目同意外，根本不知道有关搭线窃听请求的任何事情呢？或是使政府强制采用一个秘密算法作为商业标准呢？

无论如何，执行 Clipper 产生了很多问题，在法庭上将对它的价值表示怀疑。记住，Clipper 仅仅采用 OFB 方式工作。无论你是否被告之，它不提供完整性和鉴别。

表 24-2　EES 参与机构

司法机构	系统发起者和系列密钥机构
NIST	程序管理员和托管机构
FBI	解密用户和系列密钥机构
财政部	托管代理
NSA	程序开发者

设想 Alice 正在受审，并且一个 Clipper 加密电话是证据的一部分。Alice 声称从来没有打过这个电话，声音不是她的。电话的压缩算法非常差，它几乎不能辨别出 Alice 的声音，但控方证明：由于只有 Alice 的托管密钥能够解密这个通话，因此它一定是来自 Alice 的电话。

Alice 将用类似 [984，1339] 的方法证明这个电话是假的：利用给出的明文和密文进行异或，可以得到密钥流。接着这个密钥流与完全不同的明文异或，从而得到一个伪造的密文。当把伪造的密文输入到 Clipper 解密时，它将转变为一个伪造的明文。不管真假，把打电话作为证据都将在陪审团中引起足够的怀疑。

另一个攻击称为挤压攻击，允许 Alice 陷害 Bob。文献 [575] 中介绍了该攻击：Alice 使用 Clipper 呼叫 Bob。Alice 保存 LEAF 和会话密钥的副本。接着，她呼叫 Carol（Alice 知道 Carol 已经被窃听）。在密钥建立期间，Alice 迫使与 Carol 通话的会话密钥和与 Bob 通话的会话密钥一样。这要求改动电话，但并不困难。接着 Alice 用 Bob 的 LEAF 代替她自己的 LEAF 发送给 Carol。这是一个有效的 LEAF，因此不会引起 Carol 电话的注意。现在她就可以与 Carol 进行通话了。当警察解密 LEAF 时，他们将发现它是 Bob 的 LEAF。即使 Bob 没有被 Alice 陷害，在法庭上他也能声明这样的事实，以破坏 Clipper 计划的目的。

美国法律执行机构不会在商业犯罪中搜集证据，它在法庭上是无效的。即使密钥托管是一个好主意，但是采用 Clipper 实现它是一个低劣的办法。

24.17 Capstone

Capstone（也称为 MYK-80）是 NSA 开发的另一个 VLSI 加密芯片，它实现了美国政府的托管加密标准[1153]。Capstone 包含了下面的一些功能[1155,462]：

- 4 种基本模式：ECB、CBC、CFB 和 OFB 下的 Skipjack 密码算法。
- 公开密钥交换算法（KEA），可能是 Diffie-Hellman。
- 数字签名算法（DSA）。
- 安全散列算法（SHA）。
- 通用的求幂算法。
- 采用纯噪声源的通用的随机数发生器。

Capstone 提供安全电子商务和其他基于计算机应用所需要的密码功能。第一个应用是在称为 Fortezza 的 PCMCIA 卡上。（在一家名为 Tessera 的公司抱怨前它最初叫作 Tessera。）

为防止前面讨论的对 LEAF 的穷举攻击，在 NSA 为 Fortezza 卡生产的版本中曾考虑增加 Capstone 的 LEAF 校验和的长度。实际上，他们增加了一个特性，即出现 10 个错误的 LEAF 后对卡进行复位。这仅将找到假的但有效的 LEAF 所需的时间增加了 10%，即 46 分钟。我对此不敢苟同。

24.18 AT&T 3600 型电话保密设备

AT&T 电话保密模块（Telephone Security Device，TSD）是 Clipper 电话。事实上，TSD 有 4 个模块。一个包含 Clipper 芯片，另一个包含可出口 AT&T 专有的加密算法，第三个包含用于国内和可出口算法的专用算法，第四个包含 Clipper、国内和可出口的算法。

对每个电话，TSD 使用不同的会话密钥。一对 TSD 不依靠 Clipper 芯片，而是利用 Diffie-Hellman 密钥交换产生一个会话密钥。由于 Diffie-Hellman 不包含鉴别，所以 TSD 有两种方法来阻止中间人攻击。

首先是屏幕。TSD 对会话密钥进行散列运算，在一个小屏幕上显示该函数为 4 个十六进制数字。通话者应确认其屏幕上显示的是同样的数字。语音质量很好，使双方可识别出对方的声音。

Eve 仍有可能进行攻击。假设 Eve 在 Alice 与 Bob 通话的中间。她在 Alice 的线上使用一个 TSD，在与 Bob 的线上用另一个改进过的 TSD，她在中间把这两个电话桥接起来。Alice 想进行保密通信，她通常会产生一个密钥，除非 Eve 正在扮演 Bob。Eve 恢复出密钥，然后利用改进过的 TSD，迫使她产生的密钥和 Bob 具有相同的散列值。这种攻击听起来不太可能，但 TSD 可用一种连锁协议的变体来防止这种攻击。

TSD 利用噪声源和一个具有数字反馈的混沌放大器来产生随机数。通过使用数字信号处理器的白噪声化滤波器的反馈来产生位流。

除此之外，TSD 手册根本未提及保密问题，实际上，它是这样写的[70]：

> AT&T 不能保证 TSD 能防止由任何政府部门、它的代理或任何第三方对任何加密的通信进行的密码攻击。此外，AT&T 也不保证 TSD 可以防止采用旁路加密的方法而对通信进行的攻击。

Applied Cryptography：Protocols，Algorithms，and Source Code in C，Second Edition

政　　治

25.1　国家安全局

NSA 是美国国家安全局的缩写［尽管如此，在专业圈内，人们戏称它为查无此局（No Such Agency）或从不开口（Nerver Say Anything）］，它是美国政府的官方安全机构，1952 年由哈里·杜鲁门总统创建，设在国防部内。多年来，它的存在一直是秘而不宣的。NSA 参与情报的破译，其任务是监听和破译所有与美国安全相关的国外通信。

以下段落摘自 NSA 的成立宪章，它于 1952 年由杜鲁门总统签署，并在其后多年内属于机密文件：

> NSA 中的 COMINT 任务是提供有效、统一的组织，并对由美国政府下达的针对外国政府的通信情报活动进行控制，同时提供与之有关的综合操作政策和手段。在该指导思想下，"通信情报"或 COMINT 应理解为用于除外国出版和宣传广播以外的通信拦截的所有手段和方法，并包含除通信指定接收外的途径获取的通信信息，但排除审查机构和最终情报的产生与分发。
>
> COMINT 活动的特殊性质要求它们在所有方面区别于其他的或普通的情报活动。与情报的搜集、产生、安全、执行、分发、利用和秘密材料有关的执行部门的长官下达的命令、指令、政策或建议不能用于 COMINT 活动，除非由委员会资格部门或权威人士声明和下达。其余对情报中心长官下达的国家安全委员会情报指令和相关的由情报中心颁布的实施指令同样不能用于 COMINT 活动，除非国家安全委员会制订了专门适用于 COMINT 的指令。

NSA 从事密码方面的研究，既设计保护美国通信的保密算法，同时又设计密码分析技术，以监听他国通信。众所周知，NSA 是世界上最大的数学家的雇主，也是世界上最大的计算机硬件的买主。NSA 拥有的密码学专家的水平比公开的技术发展水平可能领先许多年（在算法上，而非协议），它毫无疑问可以破译实际使用的许多系统，但是由于国家安全，几乎所有有关 NSA 的信息（甚至它的预算）都是保密的（传言它的预算是每年 130 亿美元（包括 NSA 军方项目的人员的投资）并拥有雇员 16 000 人）。

NSA 运用自己的权力限制密码在公开场合的使用，以阻止敌国使用太强的加密方法而使 NSA 无法破译。James Massey 论述了在密码学研究方面学术界与军事界之间的这种斗争[1007]：

> 如果人们将密码学视为政府的特权，那么就意味着大多数密码学研究将关起门来进行。毫无疑问，今天秘密从事密码学研究的人远远超过了公开从事密码学研究的人。事实上，密码学公开研究的普及还只是近 10 年的事，这两种研究团体之间的矛盾一直存在并将继续存在下去。公开研究是对知识进行共同探索，主要通过学术杂志、会议文献和出版物进行公开的思想交流而使其具有生命力。但是，对于一个负有破译他国密码责任的政府机构来说，它能鼓励公布它不能破译的密码吗？对于一个有良知的密码研究者来说，他能公布这种有可能危害自己政府的密码破译者

效率的密码吗？人们可能会辩解说，只要将一个证明是安全的密码公布，各国政府就会成为"正人君子"。但是，人们必须清楚，与大多数学科领域不同，密码学的公开研究充满了更多的严酷的政治和道德问题。让人感到诧异的不是政府机构和公开研究者之间在密码学方面产生了某些矛盾，而是这些矛盾（至少我们了解其中一些）一直非常少并且十分温和。

James Bamford 写了一本有关 NSA 的十分有趣的书《The Puzzle Palace》[79]，最近由 Bamford 和 Wayne Macdsen 修订[80]。

商业 COMSEC 认可程序

商业 COMSEC 认可程序（CCEP），其代码名为 Overtake，于 1984 年由 NSA 首创，以推动采用嵌入式密码的计算机和通信产品的发展[85,1165]。军队一直在为这类昂贵的事情投资。据 NSA 统计，如果生产保密设备的公司同时向军队和社会用户甚至海外的使用者出售设备，成本必将会下降并且各方都会受益。他们不用再遵照联邦标准 1027 对设备的要求，这样 CCEP 就能提供政府认可的密码设备[419]。

NSA 为不同的目的开发了一系列的密码模块。针对不同的应用，模块中的算法各不相同，制造商可以拔出一个模块而插入另一个用户要求的模块。有用于军队的模块（Ⅰ型），有"非保密但敏感的"用于政府部门的模块（Ⅱ型），用于企业的模块（Ⅲ型），用于出口的模块（Ⅳ型）。表 25-1 总结了不同的模块、应用及名称。

表 25-1　CCEP 模块

应用	Ⅰ 型	Ⅱ 型
语音/低速数据	Winster	Edgeshot
计算机	Tepache	Bulletproof
高速数据	Foresee	Brushstrokc
下一代	Countersign Ⅰ	Countersign Ⅱ

这个程序依然有效，但从未流行于政府之外。所有的模块都防篡改，所有的算法都是保密的，你只能从 NSA 获得密钥。很多公司从未真正想过要采用政府指定的保密算法。你别以为 NSA 已经从中吸取了教训，并不再为 Clipper、Skipjack 及托管加密芯片所烦扰。

25.2　国家计算机安全中心

国家计算机安全中心（NCSC）是 NSA 的一个分支机构，负责政府的可信计算机计划。目前，该中心评估商用保密产品（软件和硬件），发起并公布研究，开发技术指南，通常还提供这方面的建议、支持和培训。

NCSC 出版了小有名气的"橘皮书"[465]。该书真正的书名是 *Department of Defense Trusted Computer System Evaluation Criteria*（国防部可信计算机系统评估准则）。但这个书名太长了，而该书的封面是橘色，因而称为橘皮书。橘皮书尝试定义安全要求，给计算机生产商一种客观的方法来衡量其系统的安全性，并指导他们按照一定的准则来建立他们的保密产品。它着重于计算机安全而非密码学。

橘皮书将安全保护主要划分为 4 种。另外还对其中一些进行了保护分类，见表 25-2。

有时，制造商会说"我们具有 C2 级安全"之类的话，指的就是上面的划分。有关这方面更详细的内容，请阅读文献[1365]。在这些标准中应用的计算机安全模块称为 Bell-LaPadula 模块[100,101,102,103]。

表 25-2　橘皮书分类

D：最低安全
C：随意保护
　　C1：随意安全保护
　　C2：控制访问保护
B：强制保护
　　B1：标记安全保护
　　B2：结构化保护
　　B3：安全域
A：验证保护
　　A1：验证设计

NCSC 已经出版了一整套有关计算机安全的系列丛书，有的称为"彩虹丛书"（因为所有封皮的颜色各不相同），这些书分别讨论计算机安全的某个方面。如 *Trusted Network Interpretation of the Trusted Computer System Evaluation Criteria*（可信计算机系统评价准则的可信网络解释）[1146]，有时称其为"红皮书"，它就网络和网络设备解释橘皮书。*Trusted Database Management System Interpretation of the Trusted Computer System Evaluation Criteria*（可信计算机系统评价准则的可信数据库管理系统解释）[1147]，我甚至不能描述封面的颜色，它对数据库做同样的事情。目前，这类丛书共有 30 本，有些封面的颜色令人讨厌。

要获得一整套彩虹丛书，请与以下地址联系：Director，National Security Agency，INFOSEC Awareness，C81，9800 Savage Road，Fort George G. Meade，MD 20755-6000；电话：（410）7668729。

不要告诉他们是我说的。

25.3 国家标准技术所

国家标准技术所（NIST）是美国商业部下属的一个部门，以前叫作国家标准局（NBS），1988 年改为现在这个名。NIST 通过它的计算机系统实验室（CSL）促进开放标准和互操作性，希望以此刺激计算机产业的经济发展。为实现这个目的，它颁布标准和指南，以期被美国所有计算机系统采纳。官方标准作为 FIPS 出版物出版。

如果你想索取任何 FIPS（或任何其他 NIST 出版物）的副本，请与下面地址联系：National Technical information Service（NTIS），U. S. Department of Commerce，5285 Port Royal Road，Springfield，VA 22161；电话：（703）487-4650；或访问：//csrc. ncsl. nist. gov。

1987 年，国会通过了计算机安全法案，责成 NIST 制订标准，以保证政府计算机系统中敏感但非密信息的安全。（机密信息和 Warner Amendment 数据属于 NSA 管辖范围。）该法案授权 NIST 可与其他政府机构和私人产业共同评估提出的技术标准。

NIST 颁布密码使用方面的标准，要求美国政府机构对敏感但非密的信息使用这些标准。通常，私营产业也采用这些标准，NIST 采纳了 DES、DSS、SHS 和 EES。

所有这些算法都是在 NSA 的帮助下开发的，从分析 DES 到设计 DSS、SHS 以及在 EES 中采用的 Skipjack 算法。有人批评 NIST 让 NSA 对这些标准拥有太多的控制权，因为 NSA 的利益与 NIST 的某些利益可能不一致。NSA 对这些算法设计和开发的实际影响有多大，人们并不清楚。考虑到 NIST 在人员、财力和资源上的限制，NSA 的卷入可能是无可指责的，因为 NSA 可以使用大量的资源，它在计算机设施上几乎无人可比。

这两个机构之间的官方"谅解备忘录"（MOU）写道：

根据公共法律100～235条之规定国家标准技术所所长
与国家安全局局长之间的谅解备忘录

承认

（1）根据 1987 年计算机安全法案第 2 部分（公共法律 100～235），国家标准技术所（NIST）在联邦政府中对下述方面负有责任：

（a）开发技术、管理、物理和行政管理标准及指南，用于该法案定义的联邦计算机系统中的敏感信息的成本-效果核算安全和保密。

（b）在这方面适当借鉴国家安全局（NSA）的计算机系统技术安全指南。

（2）在该法案的第 3 部分，NIST 将与其他机构和办公室，包括 NSA 密切协作，以确保：

（a）最大限度地利用所有与计算机系统安全和保密有关的现有计算机中的程序、材料、研究和报告，以避免不必要的且耗资的重复劳动。

（b）在该法案下，由 NIST 开发的标准以最大的灵活性满足并兼容有关联邦计算机系统中机密信息保护的标准和程序。

（3）在该法案下，商务部长授权 NIST 所长任命计算机系统安全和保密顾问委员会的成员，其中至少有一位应来自 NSA。

因此，在该谅解备忘录（MOU）宗旨的推动下，NIST 所长和 NSA 局长由此达成下述协议。

1. NIST。

（1）将任命计算机安全和保密顾问委员会，其中至少一名代表由 NSA 局长任命。

（2）在一定程度上吸收 NSA 开发的计算机系统技术安全指南，其程度由 NIST 决定，这些指南要与联邦计算机系统中的敏感信息保护要求一致。

（3）承认 NSA 在可信计算机安全评估准则程序下对已评估可信系统证明合格的评定，不要求另外评估。

（4）开发电信安全标准以保护敏感但非密的计算机数据，尽可能最大限度地吸收 NSA 的经验和产品，及时满足这些任务要求，并做到成本-效果核算。

（5）尽可能避免重复，与 NSA 相互协商以寻求 NSA 的支持。

（6）请求 NSA 在所有与密码算法和密码技术相关的事情上给予帮助，包括但不仅限于研究、开发、评估和担保等方面。

2. NSA。

（1）将为 NIST 提供可用于成本-效果核算系统中的可信技术、电信安全和个人识别方面的技术指南，以保护敏感计算机数据。

（2）进行或发起可信技术、电信安全、密码技术和个人识别方法的研究和开发计划。

（3）响应 NIST 要求在所有与密码算法和密码技术相关的事情上给予帮助，包括但又不仅限于研究、开发、评估或担保的请求。

（4）建立标准并保证产品应用时能满足 10USC 第 2315 部分（Warner Amendment）提到的系统安全要求。

（5）根据联邦机构以及它们的承包人和其他政府所办实体的请求，对威胁联邦信息系统的有敌意的情报进行评估，提供技术援助并推荐担保的应用产品来保证系统安全以抵抗威胁。

3. NIST 和 NSA。

（1）将按照该法案第 6（b）部分的规定，共同考察从属于 NIST 和 NSA 的计算机系统的安全和保密的机构计划。

（2）在必要时交换技术标准和指南，从而达到该法案的目的。

（3）尽可能以最高的效率共同实现该备忘录的目的，避免不必要的重复劳动。

（4）保持一种不断进行的、开放的对话，以保证每个组织同时保持呈现技术和发布影响基于计算机系统中的自动化信息系统安全。

（5）建立一个技术工作小组，审查并分析双方对处理敏感或其他非密信息系统保护感兴趣的问题。该小组将由 6 个联邦雇员组成，NIST 和 NSA 各选择 3 人，需要时可增加其他机构的代表。问题可由 NSA 信息安全副局长或 NIST 副所长提交给该小组讨论，或者经他们同意，由该小组提出并讨论问题。在 NSA 信息安全副局长或 NIST 副所长将问题提交该小组后，该小组将以进展报告和深入分析计划的形式给予答复。

（6）每年交换所有有关处理敏感或其他非密信息系统保护的研究和开发项目的工作计划，包括保护数据完整性和可用性的可信技术、电信安全和个人识别方法。每个季度交换一次更新计划，任何一方请示另一方提供计划评述时均要满足要求。

（7）确保该技术工作组在评述以后才能公开透露所有涉及将要开发的、用于保护联邦计算机系统敏感信息的技术性系统的安全技术方面的事情，以保证美国的国家安全。如果 NIST 和 NSA 在 60 天以内不能解决这样一个问题，那么任何一方均可选择将该问题往上提交给国防部和商务部。该问题也可通过 NSC 提交给总统解决。在问题得到解决以前，不能采取任何行动。

（8）当 NSA 和 NIST 达成协议后，可将附加的可操作协议以附录形式列入该 MOU 中。

4. 任何一方在书面通知 6 个月之内可选择中止该 MOU，该 MOU 必须得到双方签名方可生效。

/签名/

RAYMOND G. KAMMER

NIST 执行所长，1989 年 3 月 24 日

W. O. STUDEMAN

美国海军中将，NSA 局长，1989 年 3 月 23 日

25.4　RSA 数据安全有限公司

RSA 数据安全有限公司（RSADSI）成立于 1982 年，主要开发 RSA 专利产品，颁发许可证书并销售 RSA 专利产品。它有一些商用产品，包括独立的 E-mail 保密软件包和各种密码库（以源代码和目标代码两种形式提供）。RSADSI 也销售 RC2 和 RC4 对称算法（参见 11.8 节）。RSA 实验室提供密码学方面的咨询服务。

如对其专利或产品感兴趣，可与下述地址联系：RSA Data Saecurity, Inc., 100 Marine Parkway, Redwood City, CA 94065；电话（415）595-8782；传真：（415）595-1873

25.5　公开密钥合作商

表 25-3 中的 5 项专利是由加州 Sunnyvale 公开密钥合作商（PKP）所掌握，这个组织是 RSADSI 和 Caro-Kahn 公司——Cylink 的母公司的联盟。（其中 RSADSI 获得利润的 65%，Caro-Kahn 获得 35%。）他们声称，这些专利，特别是 4218582 号专利，都可应用于公开密钥密码学的所有应用。

表 25-3　公开密钥合作商的专利

专 利 号	日　　期	发 明 人	专 利 包 括
4 200 770	1980 年 4 月 29 日	Hellman、Diffie、Merkle	Diffie-Hellman 密钥交换
4 218 582	1980 年 8 月 19 日	Hellman、Merkle	Merkle-Hellman 背包
4 405 829	1983 年 9 月 20 日	Rivest、Shamir、Adleman	RSA
4 424 414	1984 年 3 月 3 日	Hellman、Pohlig	Pohlig-Hellman
4 995 082	1991 年 2 月 19 日	Schnorr	Schnorr 签名

在文献 [574] 中，PKP 写道：

　　　这些专利（指专利 4 200 770，4 218 582，4 405 829，4 424 414）涉及所有实现公开密钥技术的已知方法，包括各种统称为 ElGamal 的方法。

　　　由于 RSA 数字签名在国际上被广泛接受，所以公开密钥合作商坚决向数字签名标准靠拢。我们向所有有利害关系的各方保证，公开密钥合作商将遵循 ANSI 和 IEFE 有关获得应用这一技术的许可证方面的所有政策。特别是，在支持可能被采纳的任何 RSA 签名标准方面，公开密钥合作商保证，在合理的情况和条件下，在无歧视性的基础上，应用 RSA 签名的许可证将是可以获得的。

　　上述这段话是否真实取决于谈话的对象。PKP 的许可证大多数一直是保密的，因此没有办法审查这些许可证是否是标准的。尽管他们声称他们从来没有否认过任何人的许可证，但至少有两个公司的许可证被否认过。PKP 牢牢地保护它的专利，任何人如果企图使用无许可证的公开密钥密码学将受到 PKP 的威胁。在某种程度上讲，这是美国专利法的使然。如果你掌握了一项专利，但却没有对侵犯专利的行为进行起诉，那么你就可能失去你的专利。关于这些专利是否合法一直说法颇多，但到目前为止，还只是谈论而已。所有合法的对 PKP 专利的挑战在判决前就已达成协议。

　　在本书中，我不准备对法律问题做出评论。也许 RSA 专利在法庭上将不会继续有效，也许这些专利并未应用于全部的公开密钥密码学，也许有人最终将赢得对 PKP 或 RSADSI 的诉讼。但是，必须记住，那些拥有自己法律部门的大公司，如 IBM、微软、莲花、苹果、网威、Digital、国家半导体、AT&T 和 Sun 等都获得了在其产品中应用 RSA 的许可证，而不是在法庭上与之对抗。此外，波音、壳牌、杜邦 Raytheon 和 CitiCorp 公司也获得了内部使用 RSA 的许可证。

　　在最近的一场诉讼案中，PKP 起诉 TRW 公司无许可证使用 ElGamal 算法。TRW 声称，他们不需要许可证。PKP 和 TRW 于 1992 年 6 月达成调解，调解的详细内容不清楚，但 TRW 同意申请专利许可证。这并不预示前景看好。TRW 能够支付请名律师的费用，而我只能假设，如果他们认为不需要花那么多钱就能打赢这场官司，那么他们肯定会奋起抗争。

　　同时，PKP 内部也存在问题。1994 年 6 月，Caro-Kahn 控告 RSADSI 宣称 RSA 专利无效及不可执行[401]。两位合作商都试图结束其合作关系。专利究竟是否有效？用户是否必须向 CaroKahn 提出申请许可证以使用 RSA 算法？谁是 Schnorr 专利的所有人？本书出版时该问题可能已得到解决。

　　专利的有效时间只有 17 年，并不再延期。1997 年 4 月 29 日，Diffie-Hellman 密钥交换（以及 ElGamal 算法）公开。到 2000 年 9 月 20 日，RSA 将为公众使用。

25.6 国际密码研究协会

国际密码研究协会（IACR）是世界性的密码研究组织。其宣扬的宗旨是促进密码学及相关领域的理论及实践的发展。会员资格对任何人都是开放的，该协会主办两种年度会议，即美洲密码学年会和欧洲密码学年会，并出版《The Journal of Cryptology》和《IACR Newsletter》两种刊物。

IACR 商务办公室地址随其总裁的变化而变化。目前的地址是：

IACR Business Office，Aarhus Science Park，Gustav Wieds Vej 10，DK-8000 Aarhus C，Denmark。

25.7 RACE 完整性基本评估

欧洲高级通信技术研究与开发（RACE）计划是由欧共体发起的，旨在支持通信标准和技术方面的先导性竞争和规范工作，以支持综合宽带通信（IBC）。作为这项工作的一部分，RACE 成立了 RACE 完整性基本评估（RIPE），它通过集成现有的技术来满足 IBC 的安全要求。

欧洲 6 个领先的密码研究小组组成了 RIPE 集团，它们分别是：阿姆斯特丹数字及计算机科学中心、西门子 AC、飞利浦密码机 Crypto BV：Royal PPT Nederland NV，PTT Rearch、Katholieke Universiteit Leuven：Aarhus Universitet。自 1989 年和 1991 年征集算法以后，从世界各地收到 32 个提议，在经过 350 个人月的评估后，该集团出版了《RIPE Integrity Primitives》[1305,1332]。该报告包括一个引言、一些基本的完整性概念和下述这些原函数：MDCC-4（参见 18.11 节）、RIPE-MD（参见 18.8 节）、RIPE-MAC（参见 18.14 节）、IBC-HASH、SKID（参见 3.2 节）、RSA、COMSET（参见 16.1 节）和 RSA 密钥产生。

25.8 对欧洲的有条件访问

对欧洲的有条件访问（CAFE）是欧共体 ESPRIT 项目中的一个工程[204,205]。工作开始于 1992 年 12 月，计划于 1995 年年底结束。有关的协会包含社会与市场研究组织（如 CardWare、Institute für Sozialforschung）、软硬件制造商（如 DigiCash、Gemplus、Ingenico、西门子）和密码学组织（如 CWI Amsterdam、PTI Research Netherlands、SPET、Sintef Delab Trondheim、奥尔胡斯大学、希尔德斯海姆大学、鲁汶大学）。

工程的目标是开发对欧洲有条件访问系统，特别是数字支付系统。支付系统必须一直为每个人提供合法的确认，要求信任关系尽可能少——这种确认并不依赖于任何设备的防篡改。

CAFE 的基本设备是电子钱包：一个看起来类似计算器的小计算机。它具备电池、键盘、屏幕，以及与其他钱包通信的红外线通道。每一个用户拥有和使用自己的钱包以管理自己的权益，保证自己的安全。

拥有键盘和屏幕的设备比智能卡更具优势，它可以独立于终端进行操作。用户可以直接输入口令和款额。不像当前采用的信用卡，用户不需要给出钱包来完成交易。

该系统还具有以下特点：

- 离线交易。系统的目的是替代小额现金交易，而在线系统十分不方便。
- 损失容忍性。如果用户丢失了自己的钱包，或者损坏、失窃，他仍可以得到自己的钱。

- 支持不同的流通方式。
- 开放的体系结构和开放的系统。用户能够在任意服务中进行支付，如由各个服务商提供的购物、电话、公共运输等服务。该系统可以在任何电子货币发行商，以及不同的钱包类型和制造商中使用。
- 低成本。

该系统已有软件版本，联盟正在努力开发硬件原型。

25.9　ISO/IEC 9979

20 世纪 80 年代中期，ISO 打算使那时已是 FIPS 和 ANSI 标准的 DES 算法标准化。经过一些政治上的辩论后，ISO 决定不再对密码算法进行标准化，改为算法注册。仅有加密算法能够注册，散列函数和签名方案不需要。任何国家实体均可递交算法以注册。

到目前为止只递交了 3 个算法，见表 25-4。递交文件包含应用、参量、执行、方式以及测试向量等资料。由于细节描述可能提供注册算法的秘密，所以为可选项。

实际上，算法注册并不意味它的质量上乘，也并不意味 ISO/IEC 对该算法的认同。注册仅仅表示一个国家实体在它采用的标准上想注册算法。

表 25-4　ISO/IEC 9979 注册算法

名　　称	注 册 号
B-CRYPT	0001
LDEA	0002
LUC	0003

我并非在强调这个观点。注册妨碍了标准化的进程。ISO 允许任何算法进行注册，而不是仅仅同意一些算法。由于在注册内容上的控制不力，声称一个算法经 "ISO/IEC 9979 注册" 并不如它听起来那么好。无论如何，英国国家计算机中心坚持算法注册。

25.10　专业人员、公民自由和工业组织

25.10.1　电子秘密信息中心

电子秘密信息中心（EPIC）成立于 1994 年，在公布秘密出版物方面引人注目，这些出版物与国家信息基础设施有关，如 Clipper 密码芯片、数字电话建议、国家识别号和系统、医疗记录的秘密以及消费者的销售数据等。EPIC 指导诉讼、主办会议、产品报告、出版 EPIC Alert 并且领导针对秘密出版物的活动。任何有兴趣参加的人可与下列地址联系：Electronic Privacy Informmtion Center，666 Pennsylvania Avenue SE，Suit 301，Washington，D. C. 20003；电话（202）544-9240；传真：（202）547-5482；E-mail：info@epic.org

25.10.2　电子战线基金会

电子战线基金会（EFF）是在计算机领域保护公民权利的社会性团体。对于美国的密码政策，他们相信了解和使用密码是人们的基本权利，因此不应受政府的限制。他们组织了数字保密和安全工作组，由 50 个组织组成，该工作组成功地推翻了数字电话倡议，并正致力于反对 Clipper 倡议。EFF 也正在推动法律诉讼反对对密码出口的控制[143]。

任何有兴趣加入 EFF 的人都可与下面地址联系：Electronic Frontier Foundation，1001 G Street NW，Suite 950E，Washington D. C. 20001；电话：（202）34-5400；传真：（202）393-5509；E-mail：eff@eff.org

25.10.3 计算机协会

计算机协会（ACM）是国际性的计算机工业组织。1994年美国ACM公众政策委员会就美国密码政策发表了一篇优秀的报告。任何对密码政策感兴趣的人都应该读一读该报告。它可通过匿名ftp由/reports/acm_crypto/acm_crypto_study.ps的info.acm.org获得。

25.10.4 电气和电子工程师学会

电气和电子工程师学会（IEEE）是另一个专业组织。美国办事处就与秘密相关的论点（如加密政策、身份识别码以及互联网的安全防护）做出调查和建议。

25.10.5 软件出版商协会

软件出版商协会（SPA）是一个商业协会，包括超过1000家个人计算机软件公司。他们为放宽密码出口限制而游说，并支持一系列的外国商用密码产品。

25.11 sci.crypt

sci.crypt是指因特网中的密码学新闻组，估计世界上有超过10万的人阅读。大多数邮件是无意义的、富有争论性的，或两者兼而有之，有些是政治性的，其他大多是对信息或基本问题的请求，偶尔有一些有价值的新的有用的信息。如果你定期阅读sci.crypt，你将学会怎样使用称为"删除文件"的东西。

另一个新闻组是sci.crypt.research，一个致力于讨论密码研究的中等新闻组。极少有邮件发表但更引人注意。

25.12 Cypherpunks

Cypherpunks是由那些对密码学的教育和学习有兴趣的人组成的一个非正式团体，他们也进行密码学试验并试图投入使用。他们的看法是，如果得不到使用，世界上所有的密码研究都不会给社会带来任何好处。

在"Cypherpunks宣言"中，Eric Hughes写到[744]：

我们Cypherpunks致力于建立匿名系统。我们采用密码、匿名邮件系统、数字签名和电子钱包保护我们的秘密。

Cypherpunks编写代码。我们知道有些人编写软件以保护私人秘密，除非我们一起做，否则毫无秘密可言，所以我们编写代码。我们公布我们的代码，这样Cypherpunks的成员可以实践并完善它。我们的代码全世界免费使用。我们并不关心您是否赞同我们编写的软件。我们知道软件不会被破坏，大范围的分散系统不会崩溃。

有兴趣加入Cypherpunks的人可发电子邮件到majordomo@toad.com。邮件列表存档于/pub/cypherpunks的ftp.csua.berkeley.edu。

25.13 专利

软件专利问题的讨论大大超越了本书的范围。无论它们是好是坏，它们都存在。各种算法，包括密码算法在美国都可取得专利，IBM拥有DES算法的专利权[514]，IDEA也取得了专利。几乎每一种公开密钥算法都取得了专利权，NIST 甚至为 DSA 申请专利。在 1940 年的发明保密法案和 1947 年的国家保密法案的授权之下，由于 NSA 的干涉，有些密码专利已经被封闭起来。这意味着尽管有专利，发明者也必须遵守秘密，禁止和任何人讨论他的发明。

NSA 对专利有特殊的管理体系。他们先申请使用专利，然后封闭不以公开。这也是一条保密法令，只是 NSA 既是发明者又是命令的颁布者。后来，当保密法令取消时，专利局颁布了专利 17 年有效的规定。这在保密的同时无疑地保护了发明。如果其他人发明了同样的东西，NSA 早已将专利存档。如果没有人发明，那么它将仍然是保密的。

专利程序是既要公开又要保护发明者，这样做不仅公然违背了专利程序，而且它允许 NSA 保持一项专利超过 17 年。这 17 年的时间由专利发布而非存档开始计算。虽然美国已经认可了关贸总协定，但什么时候改变并不清楚。

现在有许多公开密钥密码专利。第一项公开密钥专利是在 1980 年授予 Hellman-Diffie 和 Merkle 的。1980 年的另一项专利是 Merkle-Hellman 背包。RSA 专利是 1983 年颁布的，Pohlig-Hellman 专利是 1984 年颁布的。

25.14　美国出口法规

根据美国政府的规定，密码属于军用品，这意味着它与 TOW 导弹或 F-16 战斗机一样，受同样的法规制约。如果向海外出售密码而无合适的出口许可证，那么将被视为国际军火走私，如果你不想在联邦监狱里待上一段时间从而给你的历史抹上一笔的话，那么就请你留心那些法规。

随着 1949 年冷战时期的到来，所有北约国家（除冰岛）及后来的澳大利亚、日本、西班牙组成了巴统（CoCom），即多边出口控制统筹委员会。这是一个非官方无条约的组织，对向苏联、华约国家以及中国出口的敏感军事技术进行协调和限制。被控技术的例子，如计算机、铣床和密码技术。目的是减缓这些国家的技术转化，使其军事力量处于较低水平。

冷战结束后，CoCom 发现他们的控制政策中很多已经过时，他们正定义另一个称为"新论坛"的多国组织，以阻止军事技术向他们不喜欢的国家流传。

无论如何，美国战略物资出口政策由出口管理法案、武器出口控制法案、原子能法案以及非增长核武器法案等明确规定。所有这些立法制定的控制行为通过很多法令实施，它们之间互不调和。包括军事服务管理在内的许多机构，他们的调节程序常常交叠矛盾。

受控技术出现在很多清单上。加密软件一直被认为是军需品加以保密，出现在美国军需品清单（USML）、国际军需品清单（IML）、商业控制清单（CCL）和国际工业产品清单（IIL）。国务院负责管理 USML，它被认为是军火国际贸易法规（ITAR）的一部分[466,467]。

有两个政府机构控制加密软件的出口。一个是商业部的出口管理局（BXA），由出口管理法（EAR）授权。另一个是国务院的国防贸易控制（DTC）办公室，由国防贸易法授权。粗略地看，商业部的 BXA 没有那么多细节性要求，但 DTC（接受并一贯服从来自 NSA 的命令）总想要最先了解所有的密码出口产品，并拒绝将管辖权移交给 BXA。

ITAR 对此有详细规定（1990 年以前，国防贸易控制办公室习惯上称为军用品控制办公室，这听起来好像只是一个庞大的公共关系部门，实际上是让人们忘记我们正在与军火打交道）。历来，DTC 一直不愿意为高于特定密级的加密产品颁发出口许可证，而且他们并不公开这种密级究竟是多少。

以下部分摘自 ITAR[466,467]：

- 120.10 技术数据

本节所指的技术数据是指：

（1）设计、开发、生产、加工、制造、组装、操作、修理、维护或修改国防商品所需要的，如120.10(d)中定义的那些信息而非"软件"。包括如蓝图、草图、照片、计划、指令和文献等各种形式的信息。

（2）与国防产品和国防业务有关的机密信息。

（3）发明保密令涉及的信息。

（4）第121.8(f)部分定义的、直接与国防产品有关的软件。

（5）这个定义不包括120.11公共领域中定义的在学校、院校和大学普通教授的一般性的科学、数字或工程原理方面的信息，也不包括有关国防产品的功能目的或一般性系统描述的基本市场信息。

- 120.11 公共领域

公共领域是指已经出版的，公众可在下述方面访问或可获得的信息：

（1）通过报刊或书店的出售物。

（2）通过可以获得的、对任何想获得或购买出版信息的个人不加限制的订购物。

（3）通过美国政府批准的二类邮件。

（4）在向公众开放的图书馆或从公众可获得文献的地方。

（5）通过在任何专利办公室可获得的专利。

（6）通过在美国公众通常可以访问的会议、座谈、专家讨论会、贸易展览或展示上的未限制的分发物。

（7）通过知名的美国政府部门或机构同意后，任何形式（不一定是出版形式）的公众物品（即未限制的分发物）（参见125.4(b)（13）部分）。

（8）通过已授权的、信息通常已公开并在科学团体内共享的美国高等教育研究所的基础科学研究。基础研究是指在科学及工程领域已经公开或共享的基本应用研究，区别于因所有权原因或特殊的受美国政府访问和分发控制的研究。大学研究将在以下情况下不能视为基础研究：

（ⅰ）由于项目或行为的原因，大学或其研究人员接受了其他有关科学技术公布的限制。

（ⅱ）研究由美国政府投资，用于保护研究成果的特殊访问和分发是可用的。

- 120.17 出口

出口指：

（1）以任何方式从美国发送或带走国防产品，了解技术数据的个人在国外单纯旅行的情况除外。

（2）将美国军用品清单中所列的任何飞行器、舰船或卫星的注册、控制或所有权转让给外国人，无论是美国国内还是国外。

（3）在美国泄露（包括口述和书面泄露）或转让任何国防产品给外国政府的大使、任何机构或分支机构（如外交使团）。

（4）在美国泄露（包括口述和书面泄露）或转让技术数据给外国人，无论在美国国内还是国外。

（5）代表某个外国人或为了某外国人的利益进行某项国防业务，无论在美国国内或国外。

（6）运载火箭或发射这种火箭的有效负荷不视为本节所指的输出，该节的大多数规定只与上面所定义的出口条款有关。但是，由于某些限制性目的，该节的控制应用于该节的国防产品和国防业务的销售和其他转让（参见126.1）。

第 121 部分——美国军用品清单

• 121.1　通则。美国军用品清单

ⅩⅢ类——辅助军用设备

（1）有能力支持信息或信息系统保密和机密性的密码学（含密钥管理）系统、装备、部件、模块、集成电路、元件或软件，下列密码设备和软件例外：

（ⅰ）用于允许复制被保护软件的特殊设计的解密函数，用户不能访问该函数。

（ⅱ）为用于银行或现金交易的机器专门设计、开发或修改的用途，且仅限于此类交易。银行或现金交易机器包括自动点钞机、自助式报告打印机、银行内部交易加密用销售终端或设备。

（ⅲ）使用类似技术，为确保在下列应用中的信息安全而提供密码方法……

（ⅳ）仅用于 USML 控制之外的设备或系统中的采用了密码学的个人智能卡。

（ⅴ）限于访问控制，如自动点钞机、自助式报告打印机、销售终端、可保护口令、个人身份识别码（PIN）或类似数据以阻止非法访问，但并不加密文件或文本，除非这些文件或文本与 PIN 保护的口令直接相关。

（ⅵ）限于计算消息鉴别码（MAC）或类似结果的数据认证，以确保文本未被篡改或用于对使用者的鉴别，但对用于鉴别之外的数据、文本或其他媒介不予加密。

（ⅶ）限于固定数据压缩或编码技术。

（ⅷ）限于接收没有数字加密且在视频、音频和管理功能上不能进行数字解密的广播、付费电视或有线电视。

（ⅸ）防止计算机遭蓄意破坏（如病毒）而设计和修改的软件。

（2）有能力为扩频系统或设备产生扩频和跳频代码的密码软件（含密钥管理）系统、装备、部件、模块、集成电路、元件或软件。

（3）密码系统、装备、部件、模块、集成电路、元件或软件。

• 125.2　非密技术数据的出口

（a）通则。非密技术数据的出口要求国防贸易控制办公室颁发的许可证（DSP-5），除非这种出口不受限于本节有关颁发许可证方面的要求。接待来访的外国人时，准备讨论的具体细节必须递交到国防贸易控制办公室，对技术数据进行评价。必须提供 7 个技术数据副本或讨论的具体内容。

（b）专利。技术数据的出口要求国防贸易控制办公室颁发的许可证，只要这种数据超越了支持国内专利应用归档或支持国外专利应用归档，而没有对国内应用归档的时候。在国外请求专利应用归档以及请求这种专利的修正、修改或补遗归档时，应遵循美国专利和商标办公室在 37 CFR 第 5 部分中的有关法规。输出技术以支持国外专利应用归档和处理应遵循美国专利和商标办公室在 35 USC 184 中颁布的有关法规。

（c）泄露。除非该节表明可以免除，否则当美国人向外国人以口头、可视或文件形式泄露技术数据时，要求有许可证。无论以何种方式传递技术数据（如通过电话、通信、电子方式等）均要求许可证。当美国人在与外国外交使团和领事馆打交道时，这类泄露都要求许可证。

诸如此类。在这个文件中有更完整、更多的信息。如果你试图出口密码，我建议你去找一本完整的文件和了解这方面知识的律师。

实际上，NSA 拥有对密码产品出口的控制权。如果你想得到出口许可证（CJ），你必须首先将其产品呈交 NSA，NSA 通过后向国务院呈交出口许可证申请表。国务院同意后，以后的事情就属于商业部管辖，而该部对密码出口决不过多干涉。但是，如果 NSA 不同意，那么国务院决不会通过。

1977 年，根据官方报道一个名叫 Joseph A. Meyer 的 NSA 雇员越权写了一封信给 IEEE，警告他们按计划发表原始 RSA 论文将违反 ITAR。以下摘自 *The Puzzle Palace* 一书：

> 他有一种观点。ITAR 涉及任何"可以被使用或被采纳用于所列材料的设计、生产、制造、修理、检修、加工、工艺、开发、操作、维护或再构造的非密信息"，以及"任何提高美国重大军用应用领域的现状或建立新技艺的技术"。出口包括以书面和口头或视觉方式传送信息，包括以简报和论文集形式提供给外国公民。
>
> 但是接下来的法规在字面上含糊不清，范围过于广泛，似乎要求任何人在准备公开撰写或谈论涉及军用品清单时，首先必须经国务院同意——这种让人寒心的前景明显与第一修正案不一致，这种法规还没有经联邦最高法院审查通过。

最后，NSA 拒绝对 Meyer 的行为承担责任，RSA 论文如期发表。没有对任何发明者采取任何行动，尽管人们议论他们的工作极大地增强了国外密码能力，而不仅限于发表的东西。

下面是 NSA 就有关密码出口的声明[363]：

> 密码技术对国家安全利益极其重要。这包含经济利益、军事利益和对外政策。
>
> 我们不赞同众议院司法委员会 1992 年 5 月 7 日听取会的暗示和最近新闻报道的倾向，报道声称美国出口法阻碍了美国企业对尖端加密设备的制造和使用。我们没有听说过任何一起由于美国出口限制而妨碍美国企业在本国制造和使用加密设备或者国外的美国企业或它的子公司使用加密设备的事件。事实上，NSA 历来支持在国内外运营的美国商业企业使用加密以保护敏感信息。
>
> 对于向国外出口，NSA 作为国防部（以及国务院和商业部）的一个分支，审查由出口管理法或国际武器贸易法控制的、信息安全技术方面的出口许可证。类似的出口控制系统在所有多边出口控制统筹委员会即巴统（CoCom）成员国以及许多非巴统国家有效，因为这些技术被普遍视为敏感技术。我们并不限制这类技术出口，但必须逐项进行审查。作为出口审查过程的一部分，可能要求这些系统具有许可证，并对许可证进行审查以确定这种出口可能对国家安全利益，包括经济、军事和政治安全利益带来的影响。出口许可证被同意或拒绝根据所涉及的设备类型、建议的使用和最终的用户。
>
> 我们的分析旨在表明：美国在制造和出口信息安全技术方面处于世界领先地位。国务院委托 NSA 对有些密码产品颁发出口许可证。我们历来的通过率达到90% 以上。属于商业部管辖下的信息安全产品出口许可证不需要委托 NSA 或 DoD，可由该部处理并通过。这包括使用 DSS 和 RSA 这类技术的产品，这些产品

对计算机或网络提供鉴别和访问控制。事实上，在过去的时间里，NSA 在成功倡导放松对用于鉴别的 RSA 和相关技术的出口控制上一直起着主要作用。这类技术对解决黑客问题和未授权使用资源问题具有相当的价值。

NSA 对政策做了声明：不限制鉴别产品的出口，而只限制加密产品的出口。如果你只想出口鉴别产品，那么你只需展示该装置不容易改装为加密装置即可获准。而且，鉴别产品比加密产品的官方程序简单得多。鉴别产品只需要国务院一次性通过，而加密产品的每次修改或甚至于每次销售可能均需要得到批准。

如果没有出口许可证，每次要出口产品均需取得出口允许。国务院不同意具有强加密算法的产品出口，即使是使用 DES 算法的产品的出口也不行。但也有例外，如出口到与美国通信的美国附属地区、银行应用方面的出口，以及向适当的美国军品用户出口。SPA 最近一直在同政府谈判以放宽对出口许可证的限制。1992 年 SPA 与国务院达成了一项协议，只要密钥长度为 40 位或更少，就可放宽对两种算法（RC2 和 RC4）的出口许可规定。具体内容参见 7.1 节。

1993 年，Maria Cantwell 议员（D-WA）按软件工业的要求提出了一项法案，旨在放松对加密软件的出口控制。参议员 Patty Murray（D-WA）在参议院紧跟着提出一项法案。Cantwell 法案作为综合出口控制法案的附加部分在国会通过，但在 NSA 的极力游说下被国家情报委员会否决。NSA 无论做了什么，都给人留下深刻印象，委员们无一例外地投票要求删除该内容。我都快忘记上一次立法者全体一致地做一件事是什么时候了。

1995 年，Dan Bernstein 在 EFF 的帮助下，向美国政府提出诉讼，要求政府放宽在密码文献和软件出版物方面的限制[143]。申诉书称出口控制法是违背宪法的，是"限制言论，与第一修正案不一致"。诉讼尤其控诉了现有的出口控制过程：

- 允许官员任意限制出版物。
- 对第一修正案的权利没有有力的程序上的保证。
- 要求发行人在政府注册，产生有效的"发行许可"。
- 不允许一般性的出版物，要求对接受者逐个确定。
- 含糊不清以致一般人不知道什么行为是允许的，什么行为是禁止的。
- 范围过广，对明显受保护的行为加以限制（如在美国国内与外国人交谈）。
- 应用过滥，限制目前不含密码，但理论上以后可增加密码的软件出口。
- 由于禁止关于密码学的私人言论而极大地违反了第一修正案，因为政府希望用自己的密码学观点来引导公众。
- 出口控制法很多方面超出了国会赋予的权利，同样超出了委员会赋予的权利。每个人都预计这场官司会持续多年，没人知道结果会怎样。

与此同时，NIST 的一个官方顾问团，计算机安全和保密顾问团在 1992 年 3 月投票推荐了一项国家性的密码问题审查政策，包括出口政策。他们说出口政策只需要涉及国家安全的机构来确定，不需要商业促进机构介入。那些与国家安全有关的机构尽可能地希望美国出口政策在以后几年中及时调整。

25.15 其他国家的密码进出口

其他国家有自己的进出口法规[311]。以下总结并不完全，有可能已经过时。其他国家可能有法规但并未执行，也可能没有法规但对进口、出口和使用加以了限制。

- 澳大利亚仅在出口国的请求下需要密码进口证书。

- 加拿大没有进口控制，出口控制与美国类似。加拿大出口条款将服从限制，如果该条款包含在进出口允许法案的出口控制清单中。加拿大在密码技术规章方面遵从 CoCom 的规章。密码设备被划到加拿大出口规定的第五类中的第二部分，这些规定类似于美国的出口管理规定的第五类。
- 中国在商品进口方面有许可证，出口商必须在对外贸易部申请归档。在 1987 年颁布的中国进出口禁止和限制清单的基础上，中国限制语音加密设备的进出口。
- 法国在密码进口方面没有特殊的法规，但他们对在国内销售和使用密码设备制定了法规。所有的产品必须被认证：无论它们适应于公开的规范，还是将公司所有的规范提供给政府。政府也可能要求两套规范以供自己使用。公司在法国国内销售密码产品必须获得许可，许可指定了目标市场。使用者必须有购买和使用密码设备的许可，许可包括一项声明，大意是使用者必须在使用 4 月后将其密钥上交政府。这项限制在一些情况下例外：银行、大公司等。对由美国出口的密码设备没有许可要求。
- 德国遵照 CoCom 的方针，对出口密码要求许可。他们特别坚持对公共领域和大市场的密码软件加以控制。
- 以色列有进口限制，但好像没人知道有些什么。
- 比利时、意大利、日本、荷兰和英国在密码方面遵从 CoCom 的方针，要求出口许可。
- 巴西、印度、墨西哥、俄罗斯、沙特阿拉伯、西班牙、南非、瑞典和瑞士在密码进出口方面都没有限制。

25.16 合法性问题

数字签名是真正的签名吗？它们在法庭上站得住脚吗？一些刚起步的法律研究结果认为，数字签名将满足大多数在法律上具有约束力的签名要求，包括统一商用代码（UCC）中定义的商业使用。GAO（政府结算办公室）根据 NIST 的请求做了一项决定，认为数字签名将满足手写签名的法律标准[362]。

犹他州数字签名法案于 1995 年 5 月 1 日生效，为在司法界使用数字签名提供了合法的框架。加利福尼亚有一项悬而未决的法案，同时俄勒刚州和华盛顿州正在编写自己的法案。德州和佛罗里达州紧跟其后。到本书出版时，更多州都相继有法案出台。

美国律师协会为各州产生一份法案模版用于各自的立法。法案尝试将数字签名合并于已存在的法律中作为签名：统一商业码、美国联邦储备规则、有关合同和签名的普通法律、联合国国际贸易惯例、联合国关于国际交换议案和国际许可委员会的惯例。法案中包括证书发放机构的责任和义务、可靠性问题、限制和政策。

在美国，有关签名、合同以及商业贸易的法律都是州立法律，所以这个法案模版为各州设计。最终目标是联邦法案，但如果这一切由州开始，NSA 就不会有机会破坏它。

即使数字签名的有效性在法庭上没有引起异议，但它们的合法地位仍然没有确定。为了让数字签名具有与手写签名相同的权威性，首先必须将数字签名用来签署在法律上具有约束力的文献，然后在法庭上由另一方提出质疑。法庭然后考虑该签名体制的安全并发布裁决。反复这样做多次，一批优先裁决将产生，从而对数字签名需要什么样的数字签名方法及密钥长度才具有法律约束力做出要求。这一切仍需时日。

至此，如果两个人希望在合同方面（或购买请求，或工作合作等）使用数字签名，那么建议他们在书面合同上签名，以表示他们将来同意数字签署的任何文件[1099]。该文件指出了算法、密钥长度及其他参数，并描述了问题该怎样得到解决。

Matt Blaze 跋

密码研究（广义上，也包括本书在内）最危险的一个方面是它几乎可以被度量。密钥长度、因子分解的方法以及密码分析技术的知识使得估算（在不知道密码设计的真正原理的情况下）用于破译一个特定密文所需的"工作因子"成为可能。我们很容易错误地运用这些估算方法，好像它们就是应用系统的全部安全度量准则。现实世界提供给攻击者丰富的选择，而不仅仅是密码分析。通常更令人担忧的是协议攻击、特洛伊木马、病毒、电磁监视、物理损害、黑色邮件、胁迫密钥持有者、操作系统漏洞、应用程序漏洞、硬件漏洞、用户错误、物理窃听、社交公关等，不胜枚举。

高质量的密码和协议是重要的工具，但它们本身并不能代替现实的、挑剔的关于实际上保护的是什么东西，以及不同的防御措施怎样可能失效的思考（毕竟，攻击者很少将自己局限于学术领域中规则的、良好定义的攻击模式）。Ross Anderson 提供了一个很强的密码系统的例子（银行业中的），当其暴露在现实世界的威胁中时失效了[43,44]。甚至在攻击者只能访问密文的情况下，系统其他部分的微小漏洞似乎都有可能泄露足够的信息致使良好的密码系统失效。第二次世界大战中，盟军通过仔细分析操作员的错误而破译了德国的恩尼格马[1587]。

有一位 NSA 的熟人，当被问及政府是否能够破解 DES 通信数据时，他嘲讽地说，实际的系统很不安全，他们从来都不必操这份心。不幸的是，没有一种简单的办法来使一个系统变得安全，唯有进行仔细的设计和挑剔的审查。好的加密系统具有这样一种特性：它会给攻击者带来比合法用户大得多的麻烦，但在计算机和通信安全方面几乎有半数的情况并不是这样。考虑下面列出的（还很不完整）"现实系统安全的十大威胁"，所有情况都是攻击容易、防护难。

（1）令人遗憾的软件状态。每个人都知道没有人知道如何写软件。现代的系统很复杂，有数十万行代码，它们中的任何一行都有可能危及安全性。软件安全部分的致命漏洞甚至可能是难以消除的。

（2）低效的针对拒绝服务攻击的保护。有些密码协议允许匿名方式。如果匿名协议增加了不可识别的破坏者破坏服务的机会，实施这样的协议就特别危险。因此匿名系统尤其需要能够抵抗拒绝服务攻击。坚固的系统更能轻松地支持匿名方式，考虑下面这种情况：几乎没有人担心像电话系统或邮政系统这样非常强健的网络上的数百万的匿名入口点，在这样的网络中，对个人来说要造成大规模的故障相对比较困难（或昂贵）。

（3）没有地方存放秘密。加密系统用小秘密（密钥）保护大秘密。不幸的是，现代计算机并不特别适于保护哪怕最小的秘密。多个用户的联网工作站可能被闯入，使它们的存储器丧失安全性。另外，单个用户的机器可能被盗或者由于异步泄露秘密的病毒而丧失安全性。不能让用户输入口令短语的远程服务器（参见威胁 5）是一个特别严重的问题。

（4）糟糕的随机数产生。密钥和会话变量需要有良好的不可预测的位来源。一台运行的计算机里有大量信息，但很少提供应用程序以方便或可靠的方式来利用它。大量技术已经计划用软件得到真正的随机数（利用如 I/O 间隔定时、时钟和定时器的偏差、甚至磁盘封装内的气流等事物的不可预测性），但所有这些方法都对应用环境的轻微变化十分敏感。

(5) 弱口令短语。大多数密码软件引起了密钥存储和密钥产生的问题，它们依赖用户产生的口令短语字符串，这些字符串被假定为具有足够的不可预知性，以产生好的密钥，并且好记，不需要安全存储。虽然短口令字的字典攻击已成为著名的问题，但关于针对用户选择的基于口令短语密钥的攻击方式还知之甚少。Shannon 告诉我们，英文文本每字符仅含有 1 位多的熵值，口令短语似乎能在穷举搜索的范围内保存完好。然而，对利用这一点来枚举口令短语的好技术了解太少。在我们对如何攻击口令短语有一个较好的认识之前，我们无从得知口令短语到底有多强或多弱。

(6) 不合要求的信任关系。几乎所有现成的密码软件都假定用户直接控制软件运行的系统，并且可以安全地访问它。例如，类似 PGP 的程序界面假定它们的口令短语总是由用户通过一条安全的路径输入，如本地控制台。这当然不总是实际情况，考虑这样一种情况：通过网络连接登录，阅读加密邮件带来的问题。系统设计者假定的信任关系可能并不符合实际用户的要求或期望，特别是能通过不安全的网络对软件进行控制的时候。

(7) 没有正确理解的协议与服务的相互作用。随着系统变得越来越大，越来越复杂，良性的特性常常反过来困扰我们，当出现故障时甚至很难知道应该检查哪里。因特网蠕虫就是通过邮件发送程序中一个不明显的、看起来没什么问题的特性传播的。到底还有多少其他程序中的多少其他特性会带来不可预期的结果呢？这个问题正等待我们去回答。

(8) 非现实的威胁和风险评估。安全专家倾向于把注意力集中在那些他们知道如何建模和防御的威胁上。不幸的是，攻击者却把注意力集中在他们知道如何利用的东西上。而这两者通常并不完全一致。太多"安全"系统并没有考虑攻击者实际上可能怎么做就被设计出来了。

(9) 使安全功能变得昂贵和特殊的接口。如果要使用安全特性，它们就必须足够方便和透明，以便用户实际使用。容易设计出牺牲了性能或易用性的加密机制，甚至更容易设计出引入了错误的机制。关闭安全功能应该比打开安全功能更困难。不幸的是，很少有系统按这种方式工作。

(10) 没有对安全功能的广泛需求。几乎在所有靠销售安全产品盈利的人中，这是一个众所周知的问题。如果对透明安全功能没有广泛的需求，支持它的工具和基础设施对于许多应用来说都会比较昂贵，高不可攀。在一定程度上，这是一个理解和暴露现实应用的威胁和风险的问题，也是一个不能将系统设计成把安全功能作为一个基本特征，而不是作为以后的添加部件的问题。

就这些类型的威胁做更完备的罗列和讨论会很轻松地填满如本书一样厚的书，而且还只能涉及表面。它们之所以特别困难和危险的原因是，要想避开它们，除了良好的工程设计和进行详细的审查外并没有什么魔法。对有抱负的密码学家的忠告是瞄准密码技术的极限。

Matt Blaze

纽约，NY

附录 A　源　代　码

A.1　DES

```
#define EN0    0       /* MODE == encrypt */
#define DE1    1       /* MODE == decrypt */

typedef struct {
        unsigned long ek[32];
        unsigned long dk[32];
} des_ctx;

extern void deskey(unsigned char *, short);
/*              hexkey[8]      MODE
 * Sets the internal key register according to the hexadecimal
 * key contained in the 8 bytes of hexkey, according to the DES,
 * for encryption or decryption according to MODE.
 */

extern void usekey(unsigned long *);
/*              cookedkey[32]
 * Loads the internal key register with the data in cookedkey.
 */

extern void cpkey(unsigned long *);
/*              cookedkey[32]
 * Copies the contents of the internal key register into the storage
 * located at &cookedkey[0].
 */

extern void des(unsigned char *, unsigned char *);
/*              from[8]           to[8]
 * Encrypts/Decrypts (according to the key currently loaded in the
 * internal key register) one block of eight bytes at address 'from'
 * into the block at address 'to'.  They can be the same.
 */

static void scrunch(unsigned char *, unsigned long *);
static void unscrun(unsigned long *, unsigned char *);
static void desfunc(unsigned long *, unsigned long *);
static void cookey(unsigned long *);

static unsigned long KnL[32] = { 0L };
static unsigned long KnR[32] = { 0L };
static unsigned long Kn3[32] = { 0L };
static unsigned char Df_Key[24] = {
    0x01,0x23,0x45,0x67,0x89,0xab,0xcd,0xef,
    0xfe,0xdc,0xba,0x98,0x76,0x54,0x32,0x10,
    0x89,0xab,0xcd,0xef,0x01,0x23,0x45,0x67 };

static unsigned short bytebit[8]    = {
    0200, 0100, 040, 020, 010, 04, 02, 01 };

static unsigned long bigbyte[24] = {
    0x800000L,    0x400000L,    0x200000L,    0x100000L,
    0x80000L,     0x40000L,     0x20000L,     0x10000L,
    0x8000L,      0x4000L,      0x2000L,      0x1000L,
    0x800L,       0x400L,       0x200L,       0x100L,
    0x80L,        0x40L,        0x20L,        0x10L,
    0x8L,         0x4L,         0x2L,         0x1L  };
```

```
/* Use the key schedule specified in the Standard (ANSI X3.92-1981). */
static unsigned char pc1[56] = {
        56, 48, 40, 32, 24, 16,  8,    0, 57, 49, 41, 33, 25, 17,
         9,  1, 58, 50, 42, 34, 26,   18, 10,  2, 59, 51, 43, 35,
        62, 54, 46, 38, 30, 22, 14,    6, 61, 53, 45, 37, 29, 21,
        13,  5, 60, 52, 44, 36, 28,   20, 12,  4, 27, 19, 11,  3 };

static unsigned char totrot[16] = {
        1,2,4,6,8,10,12,14,15,17,19,21,23,25,27,28 };

static unsigned char pc2[48] = {
        13, 16, 10, 23,  0,  4,     2, 27, 14,  5, 20,  9,
        22, 18, 11,  3, 25,  7,    15,  6, 26, 19, 12,  1,
        40, 51, 30, 36, 46, 54,    29, 39, 50, 44, 32, 47,
        43, 48, 38, 55, 33, 52,    45, 41, 49, 35, 28, 31 };
void deskey(key, edf)        /* Thanks to James Gillogly & Phil Karn! */
unsigned char *key;
short edf;
{
        register int i, j, l, m, n;
        unsigned char pc1m[56], pcr[56];
        unsigned long kn[32];

        for ( j = 0; j < 56; j++ ) {
                l = pc1[j];
                m = l & 07;
                pc1m[j] = (key[l >> 3] & bytebit[m]) ? 1 : 0;
                }
        for( i = 0; i < 16; i++ ) {
                if( edf == DE1 ) m = (15 - i) << 1;
                else m = i << 1;
                n = m + 1;
                kn[m] = kn[n] = 0L;
                for( j = 0; j < 28; j++ ) {
                        l = j + totrot[i];
                        if( l < 28 ) pcr[j] = pc1m[l];
                        else pcr[j] = pc1m[l - 28];
                        }
                for( j = 28; j < 56; j++ ) {
                    l = j + totrot[i];
                    if( l < 56 ) pcr[j] = pc1m[l];
                    else pcr[j] = pc1m[l - 28];
                    }
                for( j = 0; j < 24; j++ ) {
                        if( pcr[pc2[j]] ) kn[m] |= bigbyte[j];
                        if( pcr[pc2[j+24]] ) kn[n] |= bigbyte[j];
                        }
                }
        cookey(kn);
        return;
}

static void cookey(raw1)
register unsigned long *raw1;
{
        register unsigned long *cook, *raw0;
        unsigned long dough[32];
        register int i;

        cook = dough;
        for( i = 0; i < 16; i++, raw1++ ) {
                raw0 = raw1++;
                *cook   = (*raw0 & 0x00fc0000L) << 6;
                *cook  |= (*raw0 & 0x00000fc0L) << 10;
```

```
                *cook  |= (*raw1 & 0x00fc0000L) >> 10;
                *cook++       |= (*raw1 & 0x00000fc0L) >> 6;
                *cook   = (*raw0 & 0x0003f000L) << 12;
                *cook  |= (*raw0 & 0x0000003fL) << 16;
                *cook  |= (*raw1 & 0x0003f000L) >> 4;
                *cook++       |= (*raw1 & 0x0000003fL);
                }
        usekey(dough);
        return;
}

void cpkey(into)
register unsigned long *into;
{
        register unsigned long *from, *endp;

        from = KnL, endp = &KnL[32];
        while( from < endp ) *into++ = *from++;
        return;
}

void usekey(from)
register unsigned long *from;
{
        register unsigned long *to, *endp;

        to = KnL, endp = &KnL[32];
        while( to < endp ) *to++ = *from++;
        return;
}

void des(inblock, outblock)
unsigned char *inblock, *outblock;
{
        unsigned long work[2];

        scrunch(inblock, work);
        desfunc(work, KnL);
        unscrun(work, outblock);
        return;
}

static void scrunch(outof, into)
register unsigned char *outof;
register unsigned long *into;
{
        *into   = (*outof++ & 0xffL) << 24;
        *into  |= (*outof++ & 0xffL) << 16;
        *into  |= (*outof++ & 0xffL) << 8;
        *into++ |= (*outof++ & 0xffL);
        *into   = (*outof++ & 0xffL) << 24;
        *into  |= (*outof++ & 0xffL) << 16;
        *into  |= (*outof++ & 0xffL) << 8;
        *into  |= (*outof   & 0xffL);
        return;
}

static void unscrun(outof, into)
register unsigned long *outof;
register unsigned char *into;
{
        *into++ = (*outof >> 24) & 0xffL;
        *into++ = (*outof >> 16) & 0xffL;
```

```
        *into++ = (*outof >>  8) & 0xffL;
        *into++ =  *outof++         & 0xffL;
        *into++ = (*outof >> 24) & 0xffL;
        *into++ = (*outof >> 16) & 0xffL;
        *into++ = (*outof >>  8) & 0xffL;
        *into   =  *outof        & 0xffL;
        return;
}

static unsigned long SP1[64] = {
        0x01010400L, 0x00000000L, 0x00010000L, 0x01010404L,
        0x01010004L, 0x00010404L, 0x00000004L, 0x00010000L,
        0x00000400L, 0x01010400L, 0x01010404L, 0x00000400L,
        0x01000404L, 0x01010004L, 0x01000000L, 0x00000004L,
        0x00000404L, 0x01000400L, 0x01000400L, 0x00010400L,
        0x00010400L, 0x01010000L, 0x01010000L, 0x01000404L,
        0x00010004L, 0x01000004L, 0x01000004L, 0x00010004L,
        0x00000000L, 0x00000404L, 0x00010404L, 0x01000000L,
        0x00010000L, 0x01010404L, 0x00000004L, 0x01010000L,
        0x01010400L, 0x01000000L, 0x01000000L, 0x00000400L,
        0x01010004L, 0x00010000L, 0x00010400L, 0x01000004L,
        0x00000400L, 0x00000004L, 0x01000404L, 0x00010404L,
        0x01010404L, 0x00010004L, 0x01010000L, 0x01000404L,
        0x01000004L, 0x00000404L, 0x00010404L, 0x01010400L,
        0x00000404L, 0x01000400L, 0x01000400L, 0x00000000L,
        0x00010004L, 0x00010400L, 0x00000000L, 0x01010004L };


static unsigned long SP2[64] = {
        0x80108020L, 0x80008000L, 0x00008000L, 0x00108020L,
        0x00100000L, 0x00000020L, 0x80100020L, 0x80008020L,
        0x80000020L, 0x80108020L, 0x80108000L, 0x80000000L,
        0x80008000L, 0x00100000L, 0x00000020L, 0x80100020L,
        0x00108000L, 0x00100020L, 0x80008020L, 0x00000000L,
        0x80000000L, 0x00008000L, 0x00108020L, 0x80100000L,
        0x00100020L, 0x80000020L, 0x00000000L, 0x00108000L,
        0x00008020L, 0x80108000L, 0x80100000L, 0x00008020L,
        0x00000000L, 0x00108020L, 0x80100020L, 0x00100000L,
        0x80008020L, 0x80100000L, 0x80108000L, 0x00008000L,
        0x80100000L, 0x80008000L, 0x00000020L, 0x80108020L,
        0x00108020L, 0x00000020L, 0x00008000L, 0x80000000L,
        0x00008020L, 0x80108000L, 0x00100000L, 0x80000020L,
        0x00100020L, 0x80008020L, 0x80000020L, 0x00100020L,
        0x00108000L, 0x00000000L, 0x80008000L, 0x00008020L,
        0x80000000L, 0x80100020L, 0x80108020L, 0x00108000L };


static unsigned long SP3[64] = {
        0x00000208L, 0x08020200L, 0x00000000L, 0x08020008L,
        0x08000200L, 0x00000000L, 0x00020208L, 0x08000200L,
        0x00020008L, 0x08000008L, 0x08000008L, 0x00020000L,
        0x08020208L, 0x00020008L, 0x08020000L, 0x00000208L,
        0x08000000L, 0x00000008L, 0x08020200L, 0x00000200L,
        0x00020200L, 0x08020000L, 0x08020008L, 0x00020208L,
        0x08000208L, 0x00020200L, 0x00020000L, 0x08000208L,
        0x00000008L, 0x08020208L, 0x00000200L, 0x08000000L,
        0x08020200L, 0x08000000L, 0x00020008L, 0x00000208L,
        0x00020000L, 0x08020200L, 0x08000200L, 0x00000000L,
        0x00000200L, 0x00020008L, 0x08020208L, 0x08000200L,
        0x08000008L, 0x00000200L, 0x00000000L, 0x08020008L,
        0x08000208L, 0x00020000L, 0x08000000L, 0x08020208L,
        0x00000008L, 0x00020208L, 0x00020200L, 0x08000008L,
        0x08020000L, 0x08000208L, 0x00000208L, 0x08020000L,
        0x00020208L, 0x00000008L, 0x08020008L, 0x00020200L };
```

```
static unsigned long SP4[64] = {
        0x00802001L, 0x00002081L, 0x00002081L, 0x00000080L,
        0x00802080L, 0x00800081L, 0x00800001L, 0x00002001L,
        0x00000000L, 0x00802000L, 0x00802000L, 0x00802081L,
        0x00000081L, 0x00000000L, 0x00800080L, 0x00800001L,
        0x00000001L, 0x00002000L, 0x00800000L, 0x00802001L,
        0x00000080L, 0x00800000L, 0x00002001L, 0x00002080L,
        0x00800081L, 0x00000001L, 0x00002080L, 0x00800080L,
        0x00002000L, 0x00802080L, 0x00802081L, 0x00000081L,
        0x00800080L, 0x00800001L, 0x00802000L, 0x00802081L,
        0x00000081L, 0x00000000L, 0x00000000L, 0x00802000L,
        0x00002080L, 0x00800080L, 0x00800081L, 0x00000001L,
        0x00802001L, 0x00002081L, 0x00002081L, 0x00000080L,
        0x00802081L, 0x00000081L, 0x00000001L, 0x00002000L,
        0x00800001L, 0x00002001L, 0x00802080L, 0x00800081L,
        0x00002001L, 0x00002080L, 0x00800000L, 0x00802001L,
        0x00000080L, 0x00800000L, 0x00002000L, 0x00802080L };

static unsigned long SP5[64] = {
        0x00000100L, 0x02080100L, 0x02080000L, 0x42000100L,
        0x00080000L, 0x00000100L, 0x40000000L, 0x02080000L,
        0x40080100L, 0x00080000L, 0x02000100L, 0x40080100L,
        0x42000100L, 0x42080000L, 0x00080100L, 0x40000000L,
        0x02000000L, 0x40080000L, 0x40080000L, 0x00000000L,
        0x40000100L, 0x42080100L, 0x42080100L, 0x02000100L,
        0x42080000L, 0x40000100L, 0x00000000L, 0x42000000L,
        0x02080100L, 0x02000000L, 0x42000000L, 0x00080100L,
        0x00080000L, 0x42000100L, 0x00000100L, 0x02000000L,
        0x40000000L, 0x02080000L, 0x42000100L, 0x40080100L,
        0x02000100L, 0x40000000L, 0x42080000L, 0x02080100L,
        0x40080100L, 0x00000100L, 0x02000000L, 0x42080000L,
        0x42080100L, 0x00080100L, 0x42000000L, 0x42080100L,
        0x02080000L, 0x00000000L, 0x40080000L, 0x42000000L,
        0x00080100L, 0x02000100L, 0x40000100L, 0x00080000L,
        0x00000000L, 0x40080000L, 0x02080100L, 0x40000100L };

static unsigned long SP6[64] = {
        0x20000010L, 0x20400000L, 0x00004000L, 0x20404010L,
        0x20400000L, 0x00000010L, 0x20404010L, 0x00400000L,
        0x20004000L, 0x00404010L, 0x00400000L, 0x20000010L,
        0x00400010L, 0x20004000L, 0x20000000L, 0x00004010L,
        0x00000000L, 0x00400010L, 0x20004010L, 0x00004000L,
        0x00404000L, 0x20004010L, 0x00000010L, 0x20400010L,
        0x20400010L, 0x00000000L, 0x00404010L, 0x20404000L,
        0x00004010L, 0x00404000L, 0x20404000L, 0x20000000L,
        0x20004000L, 0x00000010L, 0x20400010L, 0x00404000L,
        0x20404010L, 0x00400000L, 0x00004010L, 0x20000010L,
        0x00400000L, 0x20004000L, 0x20000000L, 0x00004010L,
        0x20000010L, 0x20404010L, 0x00404000L, 0x20400000L,
        0x00404010L, 0x20404000L, 0x00000000L, 0x20400010L,
        0x00000010L, 0x00004000L, 0x20400000L, 0x00404010L,
        0x00004000L, 0x00400010L, 0x20004010L, 0x00000000L,
        0x20404000L, 0x20000000L, 0x00400010L, 0x20004010L };

static unsigned long SP7[64] = {
        0x00200000L, 0x04200002L, 0x04000802L, 0x00000000L,
        0x00000800L, 0x04000802L, 0x00200802L, 0x04200800L,
        0x04200802L, 0x00200000L, 0x00000000L, 0x04000002L,
        0x00000002L, 0x04000000L, 0x04200002L, 0x00000802L,
        0x04000800L, 0x00200802L, 0x00200002L, 0x04000800L,
        0x04000002L, 0x04200000L, 0x04200800L, 0x00200002L,
        0x04200000L, 0x00000800L, 0x00000802L, 0x04200802L,
        0x00200800L, 0x00000002L, 0x04000000L, 0x00200800L,
```

```
        0x04000000L, 0x00200800L, 0x00200000L, 0x04000802L,
        0x04000802L, 0x04200002L, 0x04200002L, 0x00000002L,
        0x00200002L, 0x04000000L, 0x04000800L, 0x00200000L,
        0x04200800L, 0x00000802L, 0x00200802L, 0x04200800L,
        0x00000802L, 0x04000002L, 0x04200802L, 0x04200000L,
        0x00200800L, 0x00000000L, 0x00000002L, 0x04200802L,
        0x00000000L, 0x00200802L, 0x04200000L, 0x00000800L,
        0x04000002L, 0x04000800L, 0x00000800L, 0x00200002L };

static unsigned long SP8[64] = {
        0x10001040L, 0x00001000L, 0x00040000L, 0x10041040L,
        0x10000000L, 0x10001040L, 0x00000040L, 0x10000000L,
        0x00040040L, 0x10040000L, 0x10041040L, 0x00041000L,
        0x10041000L, 0x00041040L, 0x00001000L, 0x00000040L,
        0x10040000L, 0x10000040L, 0x10001000L, 0x00001040L,
        0x00041000L, 0x00040040L, 0x10040040L, 0x10041000L,
        0x00001040L, 0x00000000L, 0x00000000L, 0x10040040L,
        0x10000040L, 0x10001000L, 0x00041040L, 0x00040000L,
        0x00041040L, 0x00040000L, 0x10041000L, 0x00001000L,
        0x00000040L, 0x10040040L, 0x00001000L, 0x00041040L,
        0x10001000L, 0x00000040L, 0x10000040L, 0x10040000L,
        0x10040040L, 0x10000000L, 0x00040000L, 0x10001040L,
        0x00000000L, 0x10041040L, 0x00040040L, 0x10000040L,
        0x10040000L, 0x10001000L, 0x10001040L, 0x00000000L,
        0x10041040L, 0x00041000L, 0x00041000L, 0x00001040L,
        0x00001040L, 0x00040040L, 0x10000000L, 0x10041000L };

static void desfunc(block, keys)
register unsigned long *block, *keys;
{
        register unsigned long fval, work, right, leftt;
        register int round;

        leftt = block[0];
        right = block[1];
        work = ((leftt >> 4) ^ right) & 0x0f0f0f0fL;
        right ^= work;
        leftt ^= (work << 4);
        work = ((leftt >> 16) ^ right) & 0x0000ffffL;
        right ^= work;
        leftt ^= (work << 16);
        work = ((right >> 2) ^ leftt) & 0x33333333L;
        leftt ^= work;
        right ^= (work << 2);
        work = ((right >> 8) ^ leftt) & 0x00ff00ffL;
        leftt ^= work;
        right ^= (work << 8);
        right = ((right << 1) | ((right >> 31) & 1L)) & 0xffffffffL;
        work = (leftt ^ right) & 0xaaaaaaaaL;
        leftt ^= work;
        right ^= work;
        leftt = ((leftt << 1) | ((leftt >> 31) & 1L)) & 0xffffffffL;

        for( round = 0; round < 8; round++ ) {
                work  = (right << 28) | (right >> 4);
                work ^= *keys++;
                fval  = SP7[ work         & 0x3fL];
                fval |= SP5[(work >>  8) & 0x3fL];
                fval |= SP3[(work >> 16) & 0x3fL];
                fval |= SP1[(work >> 24) & 0x3fL];
                work  = right ^ *keys++;
                fval |= SP8[ work         & 0x3fL];
                fval |= SP6[(work >>  8) & 0x3fL];
```

```
                    fval |= SP4[(work >> 16) & 0x3fL];
                    fval |= SP2[(work >> 24) & 0x3fL];
                    leftt ^= fval;
                    work  = (leftt << 28) | (leftt >> 4);
                    work ^= *keys++;
                    fval  = SP7[ work              & 0x3fL];
                    fval |= SP5[(work >>  8) & 0x3fL];
                    fval |= SP3[(work >> 16) & 0x3fL];
                    fval |= SP1[(work >> 24) & 0x3fL];
                    work  = leftt ^ *keys++;
                    fval |= SP8[ work              & 0x3fL];
                    fval |= SP6[(work >>  8) & 0x3fL];
                    fval |= SP4[(work >> 16) & 0x3fL];
                    fval |= SP2[(work >> 24) & 0x3fL];
                    right ^= fval;
                    }

        right = (right << 31) | (right >> 1);
        work = (leftt ^ right) & 0xaaaaaaaaL;
        leftt ^= work;
        right ^= work;
        leftt = (leftt << 31) | (leftt >> 1);
        work = ((leftt >> 8) ^ right) & 0x00ff00ffL;
        right ^= work;
        leftt ^= (work << 8);
        work = ((leftt >> 2) ^ right) & 0x33333333L;
        right ^= work;
        leftt ^= (work << 2);
        work = ((right >> 16) ^ leftt) & 0x0000ffffL;
        leftt ^= work;
        right ^= (work << 16);
        work = ((right >> 4) ^ leftt) & 0x0f0f0f0fL;
        leftt ^= work;
        right ^= (work << 4);
        *block++ = right;
        *block = leftt;
        return;
}

/* Validation sets:
 *
 * Single-length key, single-length plaintext
 * Key    : 0123 4567 89ab cdef
 * Plain  : 0123 4567 89ab cde7
 * Cipher : c957 4425 6a5e d31d
 *
 ************************************************************************/

void des_key(des_ctx *dc, unsigned char *key){
        deskey(key,EN0);
        cpkey(dc->ek);
        deskey(key,DE1);
        cpkey(dc->dk);
}
/* Encrypt several blocks in ECB mode.  Caller is responsible for
   short blocks. */
void des_enc(des_ctx *dc, unsigned char *data, int blocks){
        unsigned long work[2];
        int i;
        unsigned char *cp;

        cp = data;
```

```
        for(i=0;i<blocks;i++){
                scrunch(cp,work);
                desfunc(work,dc->ek);
                unscrun(work,cp);
                cp+=8;
        }
}

void des_dec(des_ctx *dc, unsigned char *data, int blocks){
        unsigned long work[2];
        int i;
        unsigned char *cp;

        cp = data;
        for(i=0;i<blocks;i++){
                scrunch(cp,work);
                desfunc(work,dc->dk);
                unscrun(work,cp);
                cp+=8;
        }
}

void main(void){
        des_ctx dc;
        int i;
        unsigned long data[10];
        char *cp,key[8] = {0x01,0x23,0x45,0x67,0x89,0xab,0xcd,0xef};
        char x[8] = {0x01,0x23,0x45,0x67,0x89,0xab,0xcd,0xe7};

        cp = x;

        des_key(&dc,key);
        des_enc(&dc,cp,1);
        printf("Enc(0..7,0..7) = ");
        for(i=0;i<8;i++) printf("%02x ", ((unsigned int) cp[i])&0x00ff);
        printf("\n");

        des_dec(&dc,cp,1);

        printf("Dec(above,0..7) = ");
        for(i=0;i<8;i++) printf("%02x ",((unsigned int)cp[i])&0x00ff);
        printf("\n");

        cp = (char *) data;
        for(i=0;i<10;i++)data[i]=i;

        des_enc(&dc,cp,5); /* Enc 5 blocks. */
        for(i=0;i<10;i+=2) printf("Block %01d = %08lx %08lx.\n",
                        i/2,data[i],data[i+1]);

        des_dec(&dc,cp,1);
        des_dec(&dc,cp+8,4);
        for(i=0;i<10;i+=2) printf("Block %01d = %08lx %08lx.\n",
                        i/2,data[i],data[i+1]);
}
```

A.2 LOK191

```
#include <stdio.h>

#define LOKIBLK        8              /* No of bytes in a LOKI data-block    */
#define ROUNDS        16              /* No of LOKI rounds                   */

typedef unsigned long          Long;  /* type specification for aligned LOKI blocks
```

```
*/

    extern Long    lokikey[2];     /* 64-bit key used by LOKI routines      */
    extern char    *loki_lib_ver;        /* String with version no. & copyright    */

    #ifdef __STDC__                      /* declare prototypes for library functions */
    extern void enloki(char *b);
    extern void deloki(char *b);
    extern void setlokikey(char key[LOKIBLK]);
    #else                           /* else just declare library functions extern */
    extern void enloki(), deloki(), setlokikey();
    #endif __STDC__

    char P[32] = {
            31, 23, 15, 7, 30, 22, 14, 6,
            29, 21, 13, 5, 28, 20, 12, 4,
            27, 19, 11, 3, 26, 18, 10, 2,
            25, 17, 9, 1, 24, 16, 8, 0
            };
    typedef        struct {
            short  gen;              /* irreducible polynomial used in this field */
            short  exp;              /* exponent used to generate this s function */
            } sfn_desc;
    sfn_desc sfn[] = {
            { /* 101110111 */ 375, 31}, { /* 101111011 */ 379, 31},
            { /* 110000111 */ 391, 31}, { /* 110001011 */ 395, 31},
            { /* 110001101 */ 397, 31}, { /* 110011111 */ 415, 31},
            { /* 110100011 */ 419, 31}, { /* 110101001 */ 425, 31},
            { /* 110110001 */ 433, 31}, { /* 110111101 */ 445, 31},
            { /* 111000011 */ 451, 31}, { /* 111001111 */ 463, 31},
            { /* 111010111 */ 471, 31}, { /* 111011101 */ 477, 31},
            { /* 111100111 */ 487, 31}, { /* 111110011 */ 499, 31},
            { 00, 00}        };

    typedef struct {
            Long loki_subkeys[ROUNDS];
    } loki_ctx;

    static Long    f();                   /* declare LOKI function f */
    static short   s();                   /* declare LOKI S-box fn s */

    #define ROL12(b) b = ((b << 12) | (b >> 20));
    #define ROL13(b) b = ((b << 13) | (b >> 19));

    #ifdef  LITTLE_ENDIAN
    #define bswap(cb) {                                  \
            register char   c;                           \
            c = cb[0]; cb[0] = cb[3]; cb[3] = c;   \
            c = cb[1]; cb[1] = cb[2]; cb[2] = c;   \
            c = cb[4]; cb[4] = cb[7]; cb[7] = c;   \
            c = cb[5]; cb[5] = cb[6]; cb[6] = c;   \
    }
    #endif

    void
    setlokikey(loki_ctx *c, char *key)
    {
            register        i;
            register Long  KL, KR;
    #ifdef LITTLE_ENDIAN
            bswap(key);                          /* swap bytes round if little-endian */
    #endif
```

```
            KL = ((Long *)key)[0];
            KR = ((Long *)key)[1];

            for (i=0; i<ROUNDS; i+=4) {              /* Generate the 16 subkeys */
                c->loki_subkeys[i] = KL;
                ROL12 (KL);
                c->loki_subkeys[i+1] = KL;
                ROL13 (KL);
                c->loki_subkeys[i+2] = KR;
                ROL12 (KR);
                c->loki_subkeys[i+3] = KR;
                ROL13 (KR);
            }
#ifdef LITTLE_ENDIAN
            bswap(key);                  /* swap bytes back if little-endian */
#endif
}

void
enloki (loki_ctx *c, char *b)
{
            register        i;
            register Long  L, R;         /* left & right data halves  */

#ifdef LITTLE_ENDIAN
            bswap(b);                    /* swap bytes round if little-endian */
#endif

            L = ((Long *)b)[0];
            R = ((Long *)b)[1];

            for (i=0; i<ROUNDS; i+=2) {              /* Encrypt with the 16 subkeys */
                L ^= f (R, c->loki_subkeys[i]);
                R ^= f (L, c->loki_subkeys[i+1]);
            }

            ((Long *)b)[0] = R;          /* Y = swap(LR) */
            ((Long *)b)[1] = L;

#ifdef LITTLE_ENDIAN
            bswap(b);                    /* swap bytes round if little-endian */
#endif
}

void
deloki(loki_ctx *c, char *b)
{
            register        i;
            register Long  L, R;                     /* left & right data halves  */

#ifdef LITTLE_ENDIAN
            bswap(b);                    /* swap bytes round if little-endian */
#endif

            L = ((Long *)b)[0];                       /* LR = X XOR K */
            R = ((Long *)b)[1];

            for (i=ROUNDS; i>0; i-=2) {                       /* subkeys in reverse order */
                L ^= f(R, c->loki_subkeys[i-1]);
                R ^= f(L, c->loki_subkeys[i-2]);
            }

            ((Long *)b)[0] = R;                       /* Y = LR XOR K */
```

```
        ((Long *)b)[1] = L;
}

#define MASK12        0x0fff                /* 12 bit mask for expansion E */

static Long
f(r, k)
register Long  r;      /* Data value R(i-1) */
Long           k;      /* Key    K(i)  */
{
        Long    a, b, c;              /* 32 bit S-box output, & P output */

        a = r ^ k;                    /* A = R(i-1) XOR K(i) */

        /* want to use slow speed/small size version */
        b = ((Long)s((a            & MASK12))       ) | /* B = S(E(R(i-1))^K(i)) */
            ((Long)s(((a >>  8) & MASK12)) <<  8) |
            ((Long)s(((a >> 16) & MASK12)) << 16) |
            ((Long)s((((a >> 24) | (a << 8)) & MASK12)) << 24;

        perm32(&c, &b, P);            /* C = P(S( E(R(i-1)) XOR K(i))) */

        return(c);                    /* f returns the result C */
}

static short s(i)
register Long i;       /* return S-box value for input i */
{
        register short r, c, v, t;
        short  exp8();                /* exponentiation routine for GF(2^8) */

        r = ((i>>8) & 0xc) | (i & 0x3);              /* row value-top 2 & bottom 2 */
        c = (i>>2) & 0xff;                           /* column value-middle 8 bits */
        t = (c + ((r * 17) ^ 0xff)) & 0xff;          /* base value for Sfn */
        v = exp8(t, sfn[r].exp, sfn[r].gen);         /* Sfn[r] = t ^ exp mod gen */
        return(v);
}

#define       MSB     0x80000000L              /* MSB of 32-bit word */

perm32(out, in , perm)
Long    *out;       /* Output 32-bit block to be permuted             */
Long    *in;        /* Input  32-bit block after permutation          */
char    perm[32];   /* Permutation array                              */
{
        Long   mask = MSB;                    /* mask used to set bit in output   */
        register int   i, o, b;       /* input bit no, output bit no, value */
        register char  *p = perm;     /* ptr to permutation array  */

        *out = 0;                     /* clear output block */
        for (o=0; o<32; o++) {                /* For each output bit position o */
                i =(int)*p++;                 /* get input bit permuted to output o */
                b = (*in >> i) & 01;          /* value of input bit i */
                if (b)                /* If the input bit i is set */
                        *out |= mask;                 /* OR in mask to output i */
                mask >>= 1;                   /* Shift mask to next bit    */
        }
}

#define SIZE 256              /* 256 elements in GF(2^8) */

short mult8(a, b, gen)
short   a, b;           /* operands for multiply */
```

```
short    gen;              /* irreducible polynomial generating Galois Field */
{
        short  product = 0;              /* result of multiplication */

        while(b != 0) {                          /* while multiplier is non-zero */
                if (b & 01)
                        product ^= a;            /*   add multiplicand if LSB of b set */
                a <<= 1;                 /*   shift multiplicand one place */
                if (a >= SIZE)
                        a ^= gen;        /*   and modulo reduce if needed */
                b >>= 1;                 /*   shift multiplier one place  */
        }
        return(product);
}

short exp8(base, exponent, gen)
short    base;             /* base of exponentiation       */
short    exponent;         /* exponent                     */
short    gen;              /* irreducible polynomial generating Galois Field */
{
        short  accum = base;             /* superincreasing sequence of base */
        short  result = 1;       /* result of exponentiation       */

        if (base == 0)                   /* if zero base specified then      */
                return(0);       /* the result is "0" if base = 0    */

        while (exponent != 0) {          /* repeat while exponent non-zero */
                if (( exponent & 0x0001) == 0x0001)          /* multiply if exp 1 */
                        result = mult8(result, accum, gen);
                exponent >>= 1;                  /* shift exponent to next digit */
                accum = mult8(accum, accum, gen);            /* & square   */
        }
        return(result);
}
void loki_key(loki_ctx *c, unsigned char *key){
        setlokikey(c,key);
}

void loki_enc(loki_ctx *c, unsigned char *data, int blocks){
        unsigned char *cp;
        int i;

        cp = data;
        for(i=0;i<blocks;i++){
                enloki(c,cp);
                cp+=8;
        }
}

void loki_dec(loki_ctx *c, unsigned char *data, int blocks){
        unsigned char *cp;
        int i;

        cp = data;
        for(i=0;i<blocks;i++){
                deloki(c,cp);
                cp+=8;
        }
}

void main(void){
        loki_ctx lc;
        unsigned long data[10];
```

```
        unsigned char *cp;
        unsigned char key[] = {0,1,2,3,4,5,6,7};
        int i;

        for(i=0;i<10;i++) data[i]=i;

        loki_key(&lc,key);

        cp = (char *)data;
        loki_enc(&lc,cp,5);
        for(i=0;i<10;i+=2) printf("Block %01d = %081x %081x\n",
                     i/2,data[i],data[i+1]);
        loki_dec(&lc,cp,1);
        loki_dec(&lc,cp+8,4);
        for(i=0;i<10;i+=2) printf("Block %01d = %081x %081x\n",
                     i/2,data[i],data[i+1]);
}
```

A.3 IDEA

```
typedef unsigned char boolean;       /* values are TRUE or FALSE */
typedef unsigned char byte; /* values are 0-255 */
typedef byte *byteptr;       /* pointer to byte */
typedef char *string;/* pointer to ASCII character string */
typedef unsigned short word16;       /* values are 0-65535 */
typedef unsigned long word32;        /* values are 0-4294967295 */

#ifndef TRUE
#define FALSE 0
#define TRUE (!FALSE)
#endif /* if TRUE not already defined */
#ifndef min   /* if min macro not already defined */
#define min(a,b) ( (a)<(b) ? (a) : (b) )
#define max(a,b) ( (a)>(b) ? (a) : (b) )
#endif /* if min macro not already defined */

#define IDEAKEYSIZE 16
#define IDEABLOCKSIZE 8

#define IDEAROUNDS 8
#define IDEAKEYLEN (6*IDEAROUNDS+4)

typedef struct{
      word16 ek[IDEAKEYLEN],dk[IDEAKEYLEN];
}idea_ctx;

/* End includes for IDEA.C */
#ifdef IDEA32       /* Use >16-bit temporaries */
#define low16(x) ((x) & 0xFFFF)
typedef unsigned int uint16;/* at LEAST 16 bits, maybe more */
#else
#define low16(x) (x) /* this is only ever applied to uint16's */
typedef word16 uint16;
#endif

#ifdef SMALL_CACHE
static uint16
mul(register uint16 a, register uint16 b)
{
        register word32 p;

        p = (word32)a * b;
```

```
        if (p) {
                b = low16(p);
                a = p>>16;
                return (b - a) + (b < a);
        } else if (a) {
                return 1-b;
        } else {
                return 1-a;
        }
} /* mul */
#endif /* SMALL_CACHE */

static uint16
mulInv(uint16 x)
{
uint16 t0, t1;
uint16 q, y;

if (x <= 1)
        return x;       /* 0 and 1 are self-inverse */
t1 = 0x10001L / x;      /* Since x >= 2, this fits into 16 bits */
y = 0x10001L % x;
if (y == 1)
        return low16(1-t1);
t0 = 1;
do {
        q = x / y;
        x = x % y;
        t0 += q * t1;
        if (x == 1)
                        return t0;
                q = y / x;
                y = y % x;
                t1 += q * t0;
        } while (y != 1);
        return low16(1-t1);
} /* mukInv */

static void
ideaExpandKey(byte const *userkey, word16 *EK)
{
        int i,j;

        for (j=0; j<8; j++) {
                EK[j] = (userkey[0]<<8) + userkey[1];
                userkey += 2;
        }
        for (i=0; j < IDEAKEYLEN; j++) {
                i++;
                EK[i+7] = EK[i & 7] << 9 | EK[i+1 & 7] >> 7;
                EK += i & 8;
                i &= 7;
        }
} /* ideaExpandKey */

static void
ideaInvertKey(word16 const *EK, word16 DK[IDEAKEYLEN])
{
        int i;
        uint16 t1, t2, t3;
        word16 temp[IDEAKEYLEN];
        word16 *p = temp + IDEAKEYLEN;
```

```
        t1 = mulInv(*EK++);
        t2 = -*EK++;
        t3 = -*EK++;
        *--p = mulInv(*EK++);
        *--p = t3;
        *--p = t2;
        *--p = t1;

        for (i = 0; i < IDEAROUNDS-1; i++) {
                t1 = *EK++;
                *--p = *EK++;
                *--p = t1;

                t1 = mulInv(*EK++);
                t2 = -*EK++;
                t3 = -*EK++;
                *--p = mulInv(*EK++);
                *--p = t2;
                *--p = t3;
                *--p = t1;
        }
        t1 = *EK++;
        *--p = *EK++;
        *--p = t1;

        t1 = mulInv(*EK++);
        t2 = -*EK++;
        t3 = -*EK++;
        *--p = mulInv(*EK++);
        *--p = t3;
        *--p = t2;
        *--p = t1;
/* Copy and destroy temp copy */
        memcpy(DK, temp, sizeof(temp));
        for(i=0;i<IDEAKEYLEN;i++)temp[i]=0;
} /* ideaInvertKey */

#ifdef SMALL_CACHE
#define MUL(x,y) (x = mul(low16(x),y))
#else /* !SMALL_CACHE */
#ifdef AVOID_JUMPS
#define MUL(x,y) (x = low16(x-1), t16 = low16((y)-1), \
                t32 = (word32)x*t16 + x + t16 + 1, x = low16(t32), \
                t16 = t32>>16, x = (x-t16) + (x<t16) )
#else /* !AVOID_JUMPS (default) */
#define MUL(x,y) \
        ((t16 = (y)) ? \
                (x=low16(x)) ? \
                        t32 = (word32)x*t16, \
                        x = low16(t32), \
                        t16 = t32>>16, \
                        x = (x-t16)+(x<t16) \
                : \
                        (x = 1-t16) \
        : \
                (x = 1-x))
#endif
#endif

static void
ideaCipher(byte *inbuf, byte *outbuf, word16 *key)
{
```

```
        register uint16 x1, x2, x3, x4, s2, s3;
        word16 *in, *out;
#ifndef SMALL_CACHE
        register uint16 t16; /* Temporaries needed by MUL macro */
        register word32 t32;
#endif
        int r = IDEAROUNDS;

        in = (word16 *)inbuf;
        x1 = *in++;   x2 = *in++;
        x3 = *in++;   x4 = *in;
#ifndef HIGHFIRST
        x1 = (x1 >>8) | (x1<<8);
        x2 = (x2 >>8) | (x2<<8);
        x3 = (x3 >>8) | (x3<<8);
        x4 = (x4 >>8) | (x4<<8);
#endif
        do {
                MUL(x1,*key++);
                x2 += *key++;
                x3 += *key++;
                MUL(x4, *key++);

                s3 = x3;
                x3 ^= x1;
                MUL(x3, *key++);
                s2 = x2;

                x2 ^= x4;
                x2 += x3;
                MUL(x2, *key++);
                x3 += x2;

                x1 ^= x2;   x4 ^= x3;

                x2 ^= s3;   x3 ^= s2;
        } while (--r);
        MUL(x1, *key++);
        x3 += *key++;
        x2 += *key++;
        MUL(x4, *key);

        out = (word16 *)outbuf;
#ifdef HIGHFIRST
        *out++ = x1;
        *out++ = x3;
        *out++ = x2;
        *out = x4;
#else /* !HIGHFIRST */
        *out++ = (x1 >>8) | (x1<<8);
        *out++ = (x3 >>8) | (x3<<8);
        *out++ = (x2 >>8) | (x2<<8);
        *out = (x4 >>8) | (x4<<8);
#endif
} /* ideaCipher */

void idea_key(idea_ctx *c, unsigned char *key){
        ideaExpandKey(key,c->ek);
        ideaInvertKey(c->ek,c->dk);
}

void idea_enc(idea_ctx *c, unsigned char *data, int blocks){
        int i;
        unsigned char *d = data;
```

```
        for(i=0;i<blocks;i++){
                ideaCipher(d,d,c->ek);
                d+=8;
        }
}

void idea_dec(idea_ctx *c, unsigned char *data, int blocks){
        int i;
        unsigned char *d = data;

        for(i=0;i<blocks;i++){
                ideaCipher(d,d,c->dk);
                d+=8;
        }
}

#include <stdio.h>

#ifndef BLOCKS
#ifndef KBYTES
#define KBYTES 1024
#endif
#define BLOCKS (64*KBYTES)
#endif

int
main(void)
{       /* Test driver for IDEA cipher */
        int i, j, k;
        idea_ctx c;
        byte userkey[16];
        word16 EK[IDEAKEYLEN], DK[IDEAKEYLEN];
        byte XX[8], YY[8], ZZ[8];
        word32 long_block[10]; /* 5 blocks */
        long l;
        char *lbp;

        /* Make a sample user key for testing... */
        for(i=0; i<16; i++)
                userkey[i] = i+1;

        idea_key(&c,userkey);

        /* Make a sample plaintext pattern for testing... */
        for (k=0; k<8; k++)
                XX[k] = k;

        idea_enc(&c,XX,1); /* encrypt */

        lbp = (unsigned char *) long_block;
        for(i=0;i<10;i++) long_block[i] = i;
        idea_enc(&c,lbp,5);
        for(i=0;i<10;i+=2) printf("Block %01d = %081x %081x.\n",
                                i/2,long_block[i],long_block[i+1]);

        idea_dec(&c,lbp,3);
        idea_dec(&c,lbp+24,2);

        for(i=0;i<10;i+=2) printf("Block %01d = %081x %081x.\n",
                                i/2,long_block[i],long_block[i+1]);

        return 0;        /* normal exit */
} /* main */
```

A.4　GOST

```
typedef unsigned long u4;
typedef unsigned char byte;

typedef struct {
        u4 k[8];
        /* Constant s-boxes -- set up in gost_init(). */
        char k87[256],k65[256],k43[256],k21[256];
} gost_ctx;

/* Note:  encrypt and decrypt expect full blocks--padding blocks is
          caller's responsibility.  All bulk encryption is done in
          ECB mode by these calls.  Other modes may be added easily
          enough.                                                    */
void gost_enc(gost_ctx *, u4 *, int);
void gost_dec(gost_ctx *, u4 *, int);
void gost_key(gost_ctx *, u4 *);
void gost_init(gost_ctx *);
void gost_destroy(gost_ctx *);

#ifdef __alpha   /* Any other 64-bit machines? */
typedef unsigned int word32;
#else
typedef unsigned long word32;
#endif

kboxinit(gost_ctx *c)
{
        int i;

        byte k8[16] = {14,  4, 13,  1,  2, 15, 11,  8,  3, 10,  6,
                       12,  5,  9,  0,  7 };
        byte k7[16] = {15,  1,  8, 14,  6, 11,  3,  4,  9,  7,  2,
                       13, 12,  0,  5, 10 };
        byte k6[16] = {10,  0,  9, 14,  6,  3, 15,  5,  1, 13, 12,
                        7, 11,  4,  2,  8 };
        byte k5[16] = { 7, 13, 14,  3,  0,  6,  9, 10,  1,  2,  8,
                        5, 11, 12,  4, 15 };
        byte k4[16] = { 2, 12,  4,  1,  7, 10, 11,  6,  8,  5,  3,
                       15, 13,  0, 14,  9 };
        byte k3[16] = {12,  1, 10, 15,  9,  2,  6,  8,  0, 13,  3,
                        4, 14,  7,  5, 11 };
        byte k2[16] = { 4, 11,  2, 14, 15,  0,  8, 13,  3, 12,  9,
                        7,  5, 10,  6,  1 };
        byte k1[16] = {13,  2,  8,  4,  6, 15, 11,  1, 10,  9,  3,
                       14,  5,  0, 12,  7 };

      for (i = 0; i < 256; i++) {
              c->k87[i] = k8[i >> 4] << 4 | k7[i & 15];
              c->k65[i] = k6[i >> 4] << 4 | k5[i & 15];
              c->k43[i] = k4[i >> 4] << 4 | k3[i & 15];
              c->k21[i] = k2[i >> 4] << 4 | k1[i & 15];
      }
}

static word32
f(gost_ctx *c,word32 x)
{
      x = c->k87[x>>24 & 255] << 24 | c->k65[x>>16 & 255] << 16 |
          c->k43[x>> 8 & 255] <<  8 | c->k21[x & 255];

      /* Rotate left 11 bits */
```

```
      return x<<11 | x>>(32-11);
}

void gostcrypt(gost_ctx *c, word32 *d){
      register word32 n1, n2; /* As named in the GOST */

          n1 = d[0];
          n2 = d[1];

      /* Instead of swapping halves, swap names each round */
          n2 ^= f(c,n1+c->k[0]); n1 ^= f(c,n2+c->k[1]);
          n2 ^= f(c,n1+c->k[2]); n1 ^= f(c,n2+c->k[3]);
          n2 ^= f(c,n1+c->k[4]); n1 ^= f(c,n2+c->k[5]);
          n2 ^= f(c,n1+c->k[6]); n1 ^= f(c,n2+c->k[7]);

          n2 ^= f(c,n1+c->k[0]); n1 ^= f(c,n2+c->k[1]);
          n2 ^= f(c,n1+c->k[2]); n1 ^= f(c,n2+c->k[3]);
          n2 ^= f(c,n1+c->k[4]); n1 ^= f(c,n2+c->k[5]);
          n2 ^= f(c,n1+c->k[6]); n1 ^= f(c,n2+c->k[7]);

          n2 ^= f(c,n1+c->k[0]); n1 ^= f(c,n2+c->k[1]);
          n2 ^= f(c,n1+c->k[2]); n1 ^= f(c,n2+c->k[3]);
          n2 ^= f(c,n1+c->k[4]); n1 ^= f(c,n2+c->k[5]);
          n2 ^= f(c,n1+c->k[6]); n1 ^= f(c,n2+c->k[7]);

          n2 ^= f(c,n1+c->k[7]); n1 ^= f(c,n2+c->k[6]);
          n2 ^= f(c,n1+c->k[5]); n1 ^= f(c,n2+c->k[4]);
          n2 ^= f(c,n1+c->k[3]); n1 ^= f(c,n2+c->k[2]);
          n2 ^= f(c,n1+c->k[1]); n1 ^= f(c,n2+c->k[0]);

          d[0] = n2; d[1] = n1;
}

void
gostdecrypt(gost_ctx *c, u4 *d){
      register word32 n1, n2; /* As named in the GOST */

          n1 = d[0]; n2 = d[1];

          n2 ^= f(c,n1+c->k[0]); n1 ^= f(c,n2+c->k[1]);
          n2 ^= f(c,n1+c->k[2]); n1 ^= f(c,n2+c->k[3]);
          n2 ^= f(c,n1+c->k[4]); n1 ^= f(c,n2+c->k[5]);
          n2 ^= f(c,n1+c->k[6]); n1 ^= f(c,n2+c->k[7]);

          n2 ^= f(c,n1+c->k[7]); n1 ^= f(c,n2+c->k[6]);
          n2 ^= f(c,n1+c->k[5]); n1 ^= f(c,n2+c->k[4]);
          n2 ^= f(c,n1+c->k[3]); n1 ^= f(c,n2+c->k[2]);
          n2 ^= f(c,n1+c->k[1]); n1 ^= f(c,n2+c->k[0]);

          n2 ^= f(c,n1+c->k[7]); n1 ^= f(c,n2+c->k[6]);
          n2 ^= f(c,n1+c->k[5]); n1 ^= f(c,n2+c->k[4]);
          n2 ^= f(c,n1+c->k[3]); n1 ^= f(c,n2+c->k[2]);
          n2 ^= f(c,n1+c->k[1]); n1 ^= f(c,n2+c->k[0]);

          n2 ^= f(c,n1+c->k[7]); n1 ^= f(c,n2+c->k[6]);
          n2 ^= f(c,n1+c->k[5]); n1 ^= f(c,n2+c->k[4]);
          n2 ^= f(c,n1+c->k[3]); n1 ^= f(c,n2+c->k[2]);
          n2 ^= f(c,n1+c->k[1]); n1 ^= f(c,n2+c->k[0]);

          d[0] = n2; d[1] = n1;
}

void gost_enc(gost_ctx *c, u4 *d, int blocks){
          int i;
```

```
            for(i=0;i<blocks;i++){
                    gostcrypt(c,d);
                    d+=2;
            }
}

void gost_dec(gost_ctx *c, u4 *d, int blocks){
        int i;

        for(i=0;i<blocks;i++){
                gostdecrypt(c,d);
                d+=2;
        }
}

void gost_key(gost_ctx *c, u4 *k){
        int i;
        for(i=0;i<8;i++) c->k[i]=k[i];
}

void gost_init(gost_ctx *c){
        kboxinit(c);
}

void gost_destroy(gost_ctx *c){
        int i;
        for(i=0;i<8;i++) c->k[i]=0;
}

void main(void){
        gost_ctx gc;
        u4 k[8],data[10];
        int i;

        /* Initialize GOST context. */
        gost_init(&gc);

        /* Prepare key--a simple key should be OK, with this many rounds! */
        for(i=0;i<8;i++) k[i] = i;
        gost_key(&gc,k);

        /* Try some test vectors. */
        data[0] = 0; data[1] = 0;
        gostcrypt(&gc,data);
        printf("Enc of zero vector:  %08lx %08lx\n",data[0],data[1]);
        gostcrypt(&gc,data);
        printf("Enc of above:        %08lx %08lx\n",data[0],data[1]);
        data[0] = 0xffffffff; data[1] = 0xffffffff;
        gostcrypt(&gc,data);
        printf("Enc of ones vector:  %08lx %08lx\n",data[0],data[1]);
        gostcrypt(&gc,data);
        printf("Enc of above:        %08lx %08lx\n",data[0],data[1]);

        /* Does gost_dec() properly reverse gost_enc()?  Do
           we deal OK with single-block lengths passed in gost_dec()?
           Do we deal OK with different lengths passed in? */

        /* Init data */
        for(i=0;i<10;i++) data[i]=i;

        /* Encrypt data as 5 blocks. */
        gost_enc(&gc,data,5);

        /* Display encrypted data. */
        for(i=0;i<10;i+=2) printf("Block %02d = %08lx %08lx\n",
```

```
                                    i/2,data[i],data[i+1]);

        /* Decrypt in different sized chunks. */
        gost_dec(&gc,data,1);
        gost_dec(&gc,data+2,4);
        printf("\n");
        /* Display decrypted data. */
        for(i=0;i<10;i+=2) printf("Block %02d = %08lx %08lx\n",
                                    i/2,data[i],data[i+1]);

        gost_destroy(&gc);
}
```

A.5 BLOWFISH

```
#include <math.h>
#include <stdio.h>
#include <stdlib.h>
#include <time.h>
#ifdef little_endian    /* Eg: Intel */
    #include <alloc.h>
#endif

#include <ctype.h>

#ifdef little_endian    /* Eg: Intel */
    #include <dir.h>
    #include <bios.h>
#endif

#ifdef big_endian
    #include <Types.h>
#endif

typedef struct {
        unsigned long S[4][256],P[18];
} blf_ctx;

#define MAXKEYBYTES 56          /* 448 bits */
// #define little_endian 1              /* Eg: Intel */
#define big_endian 1             /* Eg: Motorola */

void Blowfish_encipher(blf_ctx *,unsigned long *xl, unsigned long *xr);
void Blowfish_decipher(blf_ctx *,unsigned long *xl, unsigned long *xr);

#define N               16
#define noErr           0
#define DATAERROR       -1
#define KEYBYTES        8

FILE*           SubkeyFile;

unsigned long F(blf_ctx *bc, unsigned long x)
{
    unsigned short a;
    unsigned short b;
    unsigned short c;
    unsigned short d;
    unsigned long  y;
    d = x & 0x00FF;
    x >>= 8;
    c = x & 0x00FF;
    x >>= 8;
    b = x & 0x00FF;
```

```
    x >>= 8;
    a = x & 0x00FF;
    //y = ((S[0][a] + S[1][b]) ^ S[2][c]) + S[3][d];
    y = bc->S[0][a] + bc->S[1][b];
    y = y ^ bc->S[2][c];
    y = y + bc->S[3][d];

    return y;
}
void Blowfish_encipher(blf_ctx *c,unsigned long *xl, unsigned long *xr)
{
    unsigned long  Xl;
    unsigned long  Xr;
    unsigned long  temp;
    short          i;

    Xl = *xl;
    Xr = *xr;

    for (i = 0; i < N; ++i) {
        Xl = Xl ^ c->P[i];
        Xr = F(c,Xl) ^ Xr;

        temp = Xl;
        Xl = Xr;
        Xr = temp;
    }

    temp = Xl;
    Xl = Xr;
    Xr = temp;

    Xr = Xr ^ c->P[N];
    Xl = Xl ^ c->P[N + 1];

    *xl = Xl;
    *xr = Xr;
}


void Blowfish_decipher(blf_ctx *c, unsigned long *xl, unsigned long *xr)
{
    unsigned long  Xl;
    unsigned long  Xr;
    unsigned long  temp;
    short          i;

    Xl = *xl;
    Xr = *xr;
for (i = N + 1; i > 1; --i) {
    Xl = Xl ^ c->P[i];
    Xr = F(c,Xl) ^ Xr;

    /* Exchange Xl and Xr */
    temp = Xl;
    Xl = Xr;
    Xr = temp;
}

/* Exchange Xl and Xr */
temp = Xl;
Xl = Xr;
Xr = temp;
```

```
Xr = Xr ^ c->P[1];
Xl = Xl ^ c->P[0];

*xl = Xl;
*xr = Xr;


short InitializeBlowfish(blf_ctx *c, char key[], short keybytes)

short           i;
short           j;
short           k;
short           error;
short           numread;
unsigned long   data;
    unsigned long   datal;
    unsigned long   datar;

unsigned long ks0[] = {
0xd1310ba6, 0x98dfb5ac, 0x2ffd72db, 0xd01adfb7, 0xb8e1afed, 0x6a267e96,
0xba7c9045, 0xf12c7f99, 0x24a19947, 0xb3916cf7, 0x0801f2e2, 0x858efc16,
0x636920d8, 0x71574e69, 0xa458fea3, 0xf4933d7e, 0x0d95748f, 0x728eb658,
0x718bcd58, 0x82154aee, 0x7b54a41d, 0xc25a59b5, 0x9c30d539, 0x2af26013,
0xc5d1b023, 0x286085f0, 0xca417918, 0xb8db38ef, 0x8e79dcb0, 0x603a180e,
0x6c9e0e8b, 0xb01e8a3e, 0xd71577c1, 0xbd314b27, 0x78af2fda, 0x55605c60,
0xe65525f3, 0xaa55ab94, 0x57489862, 0x63e81440, 0x55ca396a, 0x2aab10b6,
0xb4cc5c34, 0x1141e8ce, 0xa15486af, 0x7c72e993, 0xb3ee1411, 0x636fbc2a,
0x2ba9c55d, 0x741831f6, 0xce5c3e16, 0x9b87931e, 0xafd6ba33, 0x6c24cf5c,
0x7a325381, 0x28958677, 0x3b8f4898, 0x6b4bb9af, 0xc4bfe81b, 0x66282193,
0x61d809cc, 0xfb21a991, 0x487cac60, 0x5dec8032, 0xef845d5d, 0xe98575b1,
0xdc262302, 0xeb651b88, 0x23893e81, 0xd396acc5, 0x0f6d6ff3, 0x83f44239,
0x2e0b4482, 0xa4842004, 0x69c8f04a, 0x9e1f9b5e, 0x21c66842, 0xf6e96c9a,
0x670c9c61, 0xabd388f0, 0x6a51a0d2, 0xd8542f68, 0x960fa728, 0xab5133a3,
0x6eef0b6c, 0x137a3be4, 0xba3bf050, 0x7efb2a98, 0xa1f1651d, 0x39af0176,
0x66ca593e, 0x82430e88, 0x8cee8619, 0x456f9fb4, 0x7d84a5c3, 0x3b8b5ebe,
0xe06f75d8, 0x85c12073, 0x401a449f, 0x56c16aa6, 0x4ed3aa62, 0x363f7706,
0x1bfedf72, 0x429b023d, 0x37d0d724, 0xd00a1248, 0xdb0fead3, 0x49f1c09b,
0x075372c9, 0x80991b7b, 0x25d479d8, 0xf6e8def7, 0xe3fe501a, 0xb6794c3b,
0x976ce0bd, 0x04c006ba, 0xc1a94fb6, 0x409f60c4, 0x5e5c9ec2, 0x196a2463,
0x68fb6faf, 0x3e6c53b5, 0x1339b2eb, 0x3b52ec6f, 0x6dfc511f, 0x9b30952c,
0xcc814544, 0xaf5ebd09, 0xbee3d004, 0xde334afd, 0x660f2807, 0x192e4bb3,
0xc0cba857, 0x45c8740f, 0xd20b5f39, 0xb9d3fbdb, 0x5579c0bd, 0x1a60320a,
0xd6a100c6, 0x402c7279, 0x679f25fe, 0xfb1fa3cc, 0x8ea5e9f8, 0xdb3222f8,
0x3c7516df, 0xfd616b15, 0x2f501ec8, 0xad0552ab, 0x323db5fa, 0xfd238760,
0x53317b48, 0x3e00df82, 0x9e5c57bb, 0xca6f8ca0, 0x1a87562e, 0xdf1769db,
0xd542a8f6, 0x287effc3, 0xac6732c6, 0x8c4f5573, 0x695b27b0, 0xbbca58c8,
0xe1ffa35d, 0xb8f011a0, 0x10fa3d98, 0xfd2183b8, 0x4afcb56c, 0x2dd1d35b,
0x9a53e479, 0xb6f84565, 0xd28e49bc, 0x4bfb9790, 0xe1ddf2da, 0xa4cb7e33,
0x62fb1341, 0xcee4c6e8, 0xef20cada, 0x36774c01, 0xd07e9efe, 0x2bf11fb4,
0x95dbda4d, 0xae909198, 0xeaad8e71, 0x6b93d5a0, 0xd08ed1d0, 0xafc725e0,
0x8e3c5b2f, 0x8e7594b7, 0x8ff6e2fb, 0xf2122b64, 0x8888b812, 0x900df01c,
0x4fad5ea0, 0x688fc31c, 0xd1cff191, 0xb3a8c1ad, 0x2f2f2218, 0xbe0e1777,
0xea752dfe, 0x8b021fa1, 0xe5a0cc0f, 0xb56f74e8, 0x18acf3d6, 0xce89e299,
0xb4a84fe0, 0xfd13e0b7, 0x7cc43b81, 0xd2ada8d9, 0x165fa266, 0x80957705,
0x93cc7314, 0x211a1477, 0xe6ad2065, 0x77b5fa86, 0xc75442f5, 0xfb9d35cf,
0xebcdaf0c, 0x7b3e89a0, 0xd6411bd3, 0xae1e7e49, 0x00250e2d, 0x2071b35e,
0x226800bb, 0x57b8e0af, 0x2464369b, 0xf009b91e, 0x5563911d, 0x59dfa6aa,
0x78c14389, 0xd95a537f, 0x207d5ba2, 0x02e5b9c5, 0x83260376, 0x6295cfa9,
0x11c81968, 0x4e734a41, 0xb3472dca, 0x7b14a94a, 0x1b510052, 0x9a532915,
0xd60f573f, 0xbc9bc6e4, 0x2b60a476, 0x81e67400, 0x08ba6fb5, 0x571be91f,
0xf296ec6b, 0x2a0dd915, 0xb6636521, 0xe7b9f9b6, 0xff34052e, 0xc5855664,
0x53b02d5d, 0xa99f8fa1, 0x08ba4799, 0x6e85076a};
```

```c
unsigned long ks1[] = {
0x4b7a70e9, 0xb5b32944, 0xdb75092e, 0xc4192623, 0xad6ea6b0, 0x49a7df7d,
0x9cee60b8, 0x8fedb266, 0xecaa8c71, 0x699a17ff, 0x5664526c, 0xc2b19ee1,
0x193602a5, 0x75094c29, 0xa0591340, 0xe4183a3e, 0x3f54989a, 0x5b429d65,
0x6b8fe4d6, 0x99f73fd6, 0xa1d29c07, 0xefe830f5, 0x4d2d38e6, 0xf0255dc1,
0x4cdd2086, 0x8470eb26, 0x6382e9c6, 0x021ecc5e, 0x09686b3f, 0x3ebaefc9,
0x3c971814, 0x6b6a70a1, 0x687f3584, 0x52a0e286, 0xb79c5305, 0xaa500737,
0x3e07841c, 0x7fdeae5c, 0x8e7d44ec, 0x5716f2b8, 0xb03ada37, 0xf0500c0d,
0xf01c1f04, 0x0200b3ff, 0xae0cf51a, 0x3cb574b2, 0x25837a58, 0xdc0921bd,
0xd19113f9, 0x7ca92ff6, 0x94324773, 0x22f54701, 0x3ae5e581, 0x37c2dadc,
0xc8b57634, 0x9af3dda7, 0xa9446146, 0x0fd0030e, 0xecc8c73e, 0xa4751e41,
0xe238cd99, 0x3bea0e2f, 0x3280bba1, 0x183eb331, 0x4e548b38, 0x4f6db908,
0x6f420d03, 0xf60a04bf, 0x2cb81290, 0x24977c79, 0x5679b072, 0xbcaf89af,
0xde9a771f, 0xd9930810, 0xb38bae12, 0xdccf3f2e, 0x5512721f, 0x2e6b7124,
0x501adde6, 0x9f84cd87, 0x7a584718, 0x7408da17, 0xbc9f9abc, 0xe94bd7d8c,
0xec7aec3a, 0xdb851dfa, 0x63094366, 0xc464c3d2, 0xef1c1847, 0x3215d908,
0xdd433b37, 0x24c2ba16, 0x12a14d43, 0x2a65c451, 0x50940002, 0x133ae4dd,
0x71dff89e, 0x10314e55, 0x81ac77d6, 0x5f11199b, 0x043556f1, 0xd7a3c76b,
0x3c11183b, 0x5924a509, 0xf28fe6ed, 0x97f1fbfa, 0x9ebabf2c, 0x1e153c6e,
0x86e34570, 0xeae96fb1, 0x860e5e0a, 0x5a3e2ab3, 0x771fe71c, 0x4e3d06fa,
0x2965dcb9, 0x99e71d0f, 0x803e89d6, 0x5266c825, 0x2e4cc978, 0x9c10b36a,
0xc6150eba, 0x94e2ea78, 0xa5fc3c53, 0x1e0a2df4, 0xf2f74ea7, 0x361d2b3d,
0x1939260f, 0x19c27960, 0x5223a708, 0xf71312b6, 0xebadfe6e, 0xeac31f66,
0xe3bc4595, 0xa67bc883, 0xb17f37d1, 0x018cff28, 0xc332ddef, 0xbe6c5aa5,
0x65582185, 0x68ab9802, 0xeecea50f, 0xdb2f953b, 0x2aef7dad, 0x5b6e2f84,
0x1521b628, 0x29076170, 0xecdd4775, 0x619f1510, 0x13cca830, 0xeb61bd96,
0x0334fe1e, 0xaa0363cf, 0xb5735c90, 0x4c70a239, 0xd59e9e0b, 0xcbaade14,
0xeecc86bc, 0x60622ca7, 0x9cab5cab, 0xb2f3846e, 0x648b1eaf, 0x19bdf0ca,
0xa02369b9, 0x655abb50, 0x40685a32, 0x3c2ab4b3, 0x319ee9d5, 0xc021b8f7,
0x9b540b19, 0x875fa099, 0x95f7997e, 0x623d7da8, 0xf837889a, 0x97e32d77,
0x11ed935f, 0x16681281, 0x0e358829, 0xc7e61fd6, 0x96dedfa1, 0x7858ba99,
0x57f584a5, 0x1b227263, 0x9b83c3ff, 0x1ac24696, 0xcdb30aeb, 0x532e3054,
0x8fd948e4, 0x6dbc3128, 0x58ebf2ef, 0x34c6ffea, 0xfe28ed61, 0xee7c3c73,
0x5d4a14d9, 0xe864b7e3, 0x42105d14, 0x203e13e0, 0x45eee2b6, 0xa3aaabea,
0xdb6c4f15, 0xfacb4fd0, 0xc742f442, 0xef6abbb5, 0x654f3b1d, 0x41cd2105,
0xd81e799e, 0x86854dc7, 0xe44b476a, 0x3d816250, 0xcf62a1f2, 0x5b8d2646,
0xfc8883a0, 0xc1c7b6a3, 0x7f1524c3, 0x69cb7492, 0x47848a0b, 0x5692b285,
0x095bbf00, 0xad19489d, 0x1462b174, 0x23820e00, 0x58428d2a, 0x0c55f5ea,
0x1dadf43e, 0x233f7061, 0x3372f092, 0x8d937e41, 0xd65fecf1, 0x6c223bdb,
0x7cde3759, 0xcbee7460, 0x4085f2a7, 0xce77326e, 0xa6078084, 0x19f8509e,
0xe8efd855, 0x61d99735, 0xa969a7aa, 0xc50c06c2, 0x5a04abfc, 0x800bcadc,
0x9e447a2e, 0xc3453484, 0xfdd56705, 0x0e1e9ec9, 0xdb73dbd3, 0x105588cd,
0x675fda79, 0xe3674340, 0xc5c43465, 0x713e38d8, 0x3d28f89e, 0xf16dff20,
0x153e21e7, 0x8fb03d4a, 0xee6e39f2b, 0xdb83adf7};
unsigned long ks2[] = {
0xe93d5a68, 0x948140f7, 0xf64c261c, 0x94692934, 0x411520f7, 0x7602d4f7,
0xbcf46b2e, 0xd4a20068, 0xd4082471, 0x3320f46a, 0x43b7d4b7, 0x500061af,
0x1e39f62e, 0x97244546, 0x14214f74, 0xbf8b8840, 0x4d95fc1d, 0x96b591af,
0x70f4ddd3, 0x66a02f45, 0xbfbc09ec, 0x03bd9785, 0x7fac6dd0, 0x31cb8504,
0x96eb27b3, 0x55fd3941, 0xda2547e6, 0xabca0a9a, 0x28507825, 0x530429f4,
0x0a2c86da, 0xe9b66dfb, 0x68dc1462, 0xd7486900, 0x680ec0a4, 0x27a18dee,
0x4f3ffea2, 0xe887ad8c, 0xb58ce006, 0x7af4d6b6, 0xaace1e7c, 0xd3375fec,
0xce78a399, 0x406b2a42, 0x20fe9e35, 0xd9f385b9, 0xee39d7ab, 0x3b124e8b,
0x1dc9faf7, 0x4b6d1856, 0x26a36631, 0xeae397b2, 0x3a6efa74, 0xdd5b4332,
0x6841e7f7, 0xca7820fb, 0xfb0af54e, 0xd8feb397, 0x454056ac, 0xba489527,
0x55533a3a, 0x20838d87, 0xfe6ba9b7, 0xd096954b, 0x55a867bc, 0xa1159a58,
0xcca92963, 0x99e1db33, 0xa62a4a56, 0x3f3125f9, 0x5ef47e1c, 0x9029317c,
0xfdf8e802, 0x04272f70, 0x80bb155c, 0x05282ce3, 0x95c11548, 0xe4c66d22,
0x48c1133f, 0xc70f86dc, 0x07f9c9ee, 0x41041f0f, 0x404779a4, 0x5d886e17,
0x325f51eb, 0xd59bc0d1, 0xf2bcc18f, 0x41113564, 0x257b7834, 0x602a9c60,
0xdff8e8a3, 0x1f636c1b, 0x0e12b4c2, 0x02e1329e, 0xaf664fd1, 0xcad18115,
0x6b2395e0, 0x333e92e1, 0x3b240b62, 0xeebeb922, 0x85b2a20e, 0xe6ba0d99,
```

```
0xde720c8c, 0x2da2f728, 0xd0127845, 0x95b794fd, 0x647d0862, 0xe7ccf5f0,
0x5449a36f, 0x877d48fa, 0xc39dfd27, 0xf33e8d1e, 0x0a476341, 0x992eff74,
0x3a6f6eab, 0xf4f8fd37, 0xa812dc60, 0xa1ebddf8, 0x991be14c, 0xdb6e6b0d,
0xc67b5510, 0x6d672c37, 0x2765d43b, 0xdcd0e804, 0xf1290dc7, 0xcc00ffa3,
0xb5390f92, 0x690fed0b, 0x667b9ffb, 0xcedb7d9c, 0xa091cf0b, 0xd9155ea3,
0xbb132f88, 0x515bad24, 0x7b9479bf, 0x763bd6eb, 0x37392eb3, 0xcc115979,
0x8026e297, 0xf42e312d, 0x6842ada7, 0xc66a2b3b, 0x12754ccc, 0x782ef11c,
0x6a124237, 0xb79251e7, 0x06a1bbe6, 0x4bfb6350, 0x1a6b1018, 0x11caedfa,
0x3d25bdd8, 0xe2e1c3c9, 0x44421659, 0x0a121386, 0xd90cec6e, 0xd5abea2a,
0x64af674e, 0xda86a85f, 0xbebfe988, 0x64e4c3fe, 0x9dbc8057, 0xf0f7c086,
0x60787bf8, 0x6003604d, 0xd1fd8346, 0xf6381fb0, 0x7745ae04, 0xd736fccc,
0x83426b33, 0xf01eab71, 0xb0804187, 0x3c005e5f, 0x77a057be, 0xbde8ae24,
0x55464299, 0xbf582e61, 0x4e58f48f, 0xf2ddfda2, 0xf474ef38, 0x8789bdc2,
0x5366f9c3, 0xc8b38e74, 0xb475f255, 0x46fcd9b9, 0x7aeb2661, 0x8b1ddf84,
0x846a0e79, 0x915f95e2, 0x466e598e, 0x20b45770, 0x8cd55591, 0xc902de4c,
0xb90bace1, 0xbb8205d0, 0x11a86248, 0x7574a99e, 0xb77f19b6, 0xe0a9dc09,
0x662d09a1, 0xc4324633, 0xe85a1f02, 0x09f0be8c, 0x4a99a025, 0x1d6efe10,
0x1ab93d1d, 0x0ba5a4df, 0xa186f20f, 0x2868f169, 0xdcb7da83, 0x573906fe,
0xa1e2ce9b, 0x4fcd7f52, 0x50115e01, 0xa70683fa, 0xa002b5c4, 0x0de6d027,
0x9af88c27, 0x773f8641, 0xc3604c06, 0x61a806b5, 0xf0177a28, 0xc0f586e0,
0x006058aa, 0x30dc7d62, 0x11e69ed7, 0x2338ea63, 0x53c2dd94, 0xc2c21634,
0xbbcbee56, 0x90bcb6de, 0xebfc7da1, 0xce591d76, 0x6f05e409, 0x4b7c0188,
0x39720a3d, 0x7c927c24, 0x86e3725f, 0x724d9db9, 0x1ac15bb4, 0xd39eb8fc,
0xed545578, 0x08fca5b5, 0xd83d7cd3, 0x4dad0fc4, 0x1e50ef5e, 0xb161e6f8,
0xa28514d9, 0x6c51133c, 0x6fd5c7e7, 0x56e14ec4, 0x362abfce, 0xddc6c837,
0xd79a3234, 0x92638212, 0x670efa8e, 0x406000e0};
unsigned long ks3[] = {
0x3a39ce37, 0xd3faf5cf, 0xabc27737, 0x5ac52d1b, 0x5cb0679e, 0x4fa33742,
0xd3822740, 0x99bc9bbe, 0xd5118e9d, 0xbf0f7315, 0xd62d1c7e, 0xc700c47b,
0xb78c1b6b, 0x21a19045, 0xb26eb1be, 0x6a366eb4, 0x5748ab2f, 0xbc946e79,
0xc6a376d2, 0x6549c2c8, 0x530ff8ee, 0x468dde7d, 0xd5730a1d, 0x4cd04dc6,
0x2939bbdb, 0xa9ba4650, 0xac9526e8, 0xbe5ee304, 0xa1fad5f0, 0x6a2d519a,
0x63ef8ce2, 0x9a86ee22, 0xc089c2b8, 0x43242ef6, 0xa51e03aa, 0x9cf2d0a4,
0x83c061ba, 0x9be96a4d, 0x8fe51550, 0xba645bd6, 0x2826a2f9, 0xa73a3ae1,
0x4ba99586, 0xef5562e9, 0xc72fefd3, 0xf752f7da, 0x3f046f69, 0x77fa0a59,
0x80e4a915, 0x87b08601, 0x9b09e6ad, 0x3b3ee593, 0xe990fd5a, 0x9e34d797,
0x2cf0b7d9, 0x022b8b51, 0x96d5ac3a, 0x017da67d, 0xd1cf3ed6, 0x7c7d2d28,
0x1f9f25cf, 0xadf2b89b, 0x5ad6b472, 0x5a88f54c, 0xe029ac71, 0xe019a5e6,
0x47b0acfd, 0xed93fa9b, 0xe8d3c48d, 0x283b57cc, 0xf8d56629, 0x79132e28,
0x785f0191, 0xed756055, 0xf7960e44, 0xe3d35e8c, 0x15056dd4, 0x88f46dba,
0x03a16125, 0x0564f0bd, 0xc3eb9e15, 0x3c9057a2, 0x97271aec, 0xa93a072a,
0x1b3f6d9b, 0x1e6321f5, 0xf59c66fb, 0x26dcf319, 0x7533d928, 0xb155fdf5,
0x03563482, 0x8aba3cbb, 0x28517711, 0xc20ad9f8, 0xabcc5167, 0xccad925f,
0x4de81751, 0x3830dc8e, 0x379d5862, 0x9320f991, 0xea7a90c2, 0xfb3e7bce,
0x5121ce64, 0x774fbe32, 0xa8b6e37e, 0xc3293d46, 0x48de5369, 0x6413e680,
0xa2ae0810, 0xdd6db224, 0x69852dfd, 0x09072166, 0xb39a460a, 0x6445c0dd,
0x586cdecf, 0x1c20c8ae, 0x5bbef7dd, 0x1b588d40, 0xccd2017f, 0x6bb4e3bb,
0xdda26a7e, 0x3a59ff45, 0x3e350a44, 0xbcb4cdd5, 0x72eacea8, 0xfa6484bb,
0x8d6612ae, 0xbf3c6f47, 0xd29be463, 0x542f5d9e, 0xaec2771b, 0xf64e6370,
0x740e0d8d, 0xe75b1357, 0xf8721671, 0xaf537d5d, 0x4040cb08, 0x4eb4e2cc,
0x34d2466a, 0x0115af84, 0xe1b00428, 0x95983a1d, 0x06b89fb4, 0xce6ea048,
0x6f3f3b82, 0x3520ab82, 0x011a1d4b, 0x277227f8, 0x611560b1, 0xe7933fdc,
0xbb3a792b, 0x344525bd, 0xa08839e1, 0x51ce794b, 0x2f32c9b7, 0xa01fbac9,
0xe01cc87e, 0xbcc7d1f6, 0xcf0111c3, 0xa1e8aac7, 0x1a908749, 0xd44fbd9a,
0xd0dadecb, 0xd50ada38, 0x0339c32a, 0xc6913667, 0x8df9317c, 0xe0b12b4f,
0xf79e59b7, 0x43f5bb3a, 0xf2d519ff, 0x27d9459c, 0xbf97222c, 0x15e6fc2a,
0x0f91fc71, 0x9b941525, 0xfae59361, 0xceb69ceb, 0xc2a86459, 0x12baa8d1,
0xb6c1075e, 0xe3056a0c, 0x10d25065, 0xcb03a442, 0xe0ec6e0e, 0x1698db3b,
0x4c98a0be, 0x3278e964, 0x9f1f9532, 0xe0d392df, 0xd3a0342b, 0x8971f21e,
0x1b0a7441, 0x4ba3348c, 0xc5be7120, 0xc37632d8, 0xdf359f8d, 0x9b992f2e,
0xe60b6f47, 0x0fe3f11d, 0xe54cda54, 0x1edad891, 0xce6279cf, 0xcd3e7e6f,
0x1618b166, 0xfd2c1d05, 0x848fd2c5, 0xf6fb2299, 0xf523f357, 0xa6327623,
```

```
0x93a83531, 0x56cccd02, 0xacf08162, 0x5a75ebb5, 0x6e163697, 0x88d273cc,
0xde966292, 0x81b949d0, 0x4c50901b, 0x71c65614, 0xe6c6c7bd, 0x327a140a,
0x45e1d006, 0xc3f27b9a, 0xc9aa53fd, 0x62a80f00, 0xbb25bfe2, 0x35bdd2f6,
0x71126905, 0xb2040222, 0xb6cbcf7c, 0xcd769c2b, 0x53113ec0, 0x1640e3d3,
0x38abbd60, 0x2547adf0, 0xba38209c, 0xf746ce76, 0x77afa1c5, 0x20756060,
0x85cbfe4e, 0x8ae88dd8, 0x7aaaf9b0, 0x4cf9aa7e, 0x1948c25c, 0x02fb8a8c,
0x01c36ae4, 0xd6ebe1f9, 0x90d4f869, 0xa65cdea0, 0x3f09252d, 0xc208e69f,
0xb74e6132, 0xce77e25b, 0x578fdfe3, 0x3ac372e6};

/* Initialize s-boxes without file read. */
        for(i=0;i<256;i++){
                c->S[0][i] = ks0[i];
                c->S[1][i] = ks1[i];
                c->S[2][i] = ks2[i];
                c->S[3][i] = ks3[i];
        }

        j = 0;
        for (i = 0; i < N + 2; ++i) {
                data = 0x00000000;
                for (k = 0; k < 4; ++k) {
                        data = (data << 8) | key[j];
                        j = j + 1;
                        if (j >= keybytes) {
                                j = 0;
                        }
                }
        c->P[i] = c->P[i] ^ data;
        }

    datal = 0x00000000;
    datar = 0x00000000;

    for (i = 0; i < N + 2; i += 2) {
            Blowfish_encipher(c,&datal, &datar);

            c->P[i] = datal;
            c->P[i + 1] = datar;
    }

    for (i = 0; i < 4; ++i) {
            for (j = 0; j < 256; j += 2) {

                    Blowfish_encipher(c,&datal, &datar);

                    c->S[i][j] = datal;
                    c->S[i][j + 1] = datar;
            }
    }
}

void blf_key(blf_ctx *c, char *k, int len){
        InitializeBlowfish(c,k,len);
}

void blf_enc(blf_ctx *c, unsigned long *data, int blocks){
        unsigned long *d;
        int i;

        d = data;
        for(i=0;i<blocks;i++){
                Blowfish_encipher(c,d,d+1);
                d += 2;
```

```
                }
        }

void blf_dec(blf_ctx *c, unsigned long *data, int blocks){
        unsigned long *d;
        int i;
        d = data;
        for(i=0;i<blocks;i++){
                Blowfish_decipher(c,d,d+1);
                d += 2;
        }
}

void main(void){
        blf_ctx c;
        char key[]="AAAAA";
        unsigned long data[10];
        int i;

        for(i=0;i<10;i++) data[i] = i;

        blf_key(&c,key,5);
        blf_enc(&c,data,5);
        blf_dec(&c,data,1);
        blf_dec(&c,data+2,4);
        for(i=0;i<10;i+=2) printf("Block %01d decrypts to: %081x %081x.\n",
                                i/2,data[i],data[i+1]);
```

A.6   3-Way

```
#define     STRT_E    0x0b0b /* round constant of first encryption round */
#define     STRT_D    0xb1b1 /* round constant of first decryption round */
#define      NMBR         11 /* number of rounds is 11                   */

typedef    unsigned long int  word32 ;
                /* the program only works correctly if long = 32bits */
typedef unsigned long u4;
typedef unsigned char u1;

typedef struct {
        u4 k[3],ki[3], ercon[NMBR+1],drcon[NMBR+1];
} twy_ctx;

/* Note:  encrypt and decrypt expect full blocks--padding blocks is
          caller's responsibility.  All bulk encryption is done in
          ECB mode by these calls.  Other modes may be added easily
          enough.                                                    */

/* destroy:  Context. */
/* Scrub context of all sensitive data. */
void twy_destroy(twy_ctx *);

/* encrypt:  Context, ptr to data block, # of blocks. */
void twy_enc(twy_ctx *, u4 *, int);

/* decrypt:  Context, ptr to data block, # of blocks. */
void twy_dec(twy_ctx *, u4 *, int);
/* key:  Context, ptr to key data. */
void twy_key(twy_ctx *, u4 *);

/* ACCODE------------------------------------------------------------- */
/* End of AC code prototypes and structures.                           */
/* ------------------------------------------------------------------- */
```

```
void mu(word32 *a)        /* inverts the order of the bits of a */
{
int i ;
word32 b[3] ;

b[0] = b[1] = b[2] = 0 ;
for( i=0 ; i<32 ; i++ )
   {
   b[0] <<= 1 ; b[1] <<= 1 ; b[2] <<= 1 ;
   if(a[0]&1) b[2] |= 1 ;
   if(a[1]&1) b[1] |= 1 ;
   if(a[2]&1) b[0] |= 1 ;
   a[0] >>= 1 ; a[1] >>= 1 ; a[2] >>= 1 ;
   }
a[0] = b[0] ;     a[1] = b[1] ;     a[2] = b[2] ;
}

void theta(word32 *a)     /* the linear step */
{
word32 b[3];

b[0] = a[0] ^  (a[0]>>16) ^ (a[1]<<16) ^    (a[1]>>16) ^ (a[2]<<16) ^
               (a[1]>>24) ^ (a[2]<<8)  ^    (a[2]>>8)  ^ (a[0]<<24) ^
               (a[2]>>16) ^ (a[0]<<16) ^    (a[2]>>24) ^ (a[0]<<8)  ;
b[1] = a[1] ^  (a[1]>>16) ^ (a[2]<<16) ^    (a[2]>>16) ^ (a[0]<<16) ^
               (a[2]>>24) ^ (a[0]<<8)  ^    (a[0]>>8)  ^ (a[1]<<24) ^
               (a[0]>>16) ^ (a[1]<<16) ^    (a[0]>>24) ^ (a[1]<<8)  ;
b[2] = a[2] ^  (a[2]>>16) ^ (a[0]<<16) ^    (a[0]>>16) ^ (a[1]<<16) ^
               (a[0]>>24) ^ (a[1]<<8)  ^    (a[1]>>8)  ^ (a[2]<<24) ^
               (a[1]>>16) ^ (a[2]<<16) ^    (a[1]>>24) ^ (a[2]<<8)  ;
a[0] = b[0] ;     a[1] = b[1] ;     a[2] = b[2] ;
}

void pi_1(word32 *a)
{
a[0] = (a[0]>>10) ^ (a[0]<<22);
a[2] = (a[2]<<1)  ^ (a[2]>>31);
}

void pi_2(word32 *a)
{
a[0] = (a[0]<<1)  ^ (a[0]>>31);
a[2] = (a[2]>>10) ^ (a[2]<<22);
}

void rho(word32 *a)     /* the round function       */
{
theta(a) ;
pi_1(a) ;
gamma(a) ;
pi_2(a) ;
}

void rndcon_gen(word32 strt,word32 *rtab)
{                        /* generates the round constants */
int i ;

for(i=0 ; i<=NMBR ; i++ )
   {
   rtab[i] = strt ;
   strt <<= 1 ;
```

```
   if( strt&0x10000 ) strt ^= 0x11011 ;
   }
}

/* Modified slightly to fit the caller's needs. */
void encrypt(twy_ctx *c, word32 *a)
{
char i ;
for( i=0 ; i<NMBR ; i++ )
   {
   a[0] ^= c->k[0] ^ (c->ercon[i]<<16) ;
   a[1] ^= c->k[1] ;
   a[2] ^= c->k[2] ^ c->ercon[i] ;
   rho(a) ;
   }
a[0] ^= c->k[0] ^ (c->ercon[NMBR]<<16) ;
a[1] ^= c->k[1] ;
a[2] ^= c->k[2] ^ c->ercon[NMBR] ;
theta(a) ;
}

/* Modified slightly to meet caller's needs. */
void decrypt(twy_ctx *c, word32 *a)
{
char i ;

mu(a) ;
for( i=0 ; i<NMBR ; i++ )
   {
   a[0] ^= c->ki[0] ^ (c->drcon[i]<<16) ;
   a[1] ^= c->ki[1] ;
   a[2] ^= c->ki[2] ^ c->drcon[i] ;
   rho(a) ;
   }
a[0] ^= c->ki[0] ^ (c->drcon[NMBR]<<16) ;
a[1] ^= c->ki[1] ;
a[2] ^= c->ki[2] ^ c->drcon[NMBR] ;
theta(a) ;
mu(a) ;
}

void twy_key(twy_ctx *c, u4 *key){
      c->ki[0] = c->k[0] = key[0];
      c->ki[1] = c->k[1] = key[1];
      c->ki[2] = c->k[2] = key[2];
      theta(c->ki);
      mu(c->ki);
      rndcon_gen(STRT_E,c->ercon);
      rndcon_gen(STRT_D,c->drcon);

}

/* Encrypt in ECB mode. */
void twy_enc(twy_ctx *c, u4 *data, int blkcnt){
      u4 *d;
      int i;

      d = data;
      for(i=0;i<blkcnt;i++) {
             encrypt(c,d);
             d +=3;
      }
```

```
        }
        /* Decrypt in ECB mode. */
        void twy_dec(twy_ctx *c, u4 *data, int blkcnt){
                u4 *d;
                int i;

                d = data;
                for(i=0;i<blkcnt;i++){
                        decrypt(c,d);
                        d+=3;
                }
        }
        /* Scrub sensitive values from memory before deallocating. */
        void twy_destroy(twy_ctx *c){
                int i;

                for(i=0;i<3;i++) c->k[i] = c->ki[i] = 0;
        }

        void printvec(char *chrs, word32 *d){
                printf("%20s : %08lx %08lx %08lx \n",chrs,d[2],d[1],d[0]);
        }

        main()
        {
        twy_ctx gc;
        word32 a[9],k[3];
        int i;

        /* Test vector 1. */

        k[0]=k[1]=k[2]=0;
        a[0]=a[1]=a[2]=1;
        twy_key(&gc,k);

        printf("*********\n");
        printvec("KEY = ",k);
        printvec("PLAIN = ",a);
        encrypt(&gc,a);
        printvec("CIPHER = ",a);

        /* Test vector 2. */

        k[0]=6;k[1]=5;k[2]=4;
        a[0]=3;a[1]=2;a[2]=1;
        twy_key(&gc,k);

        printf("*********\n");
        printvec("KEY = ",k);
        printvec("PLAIN = ",a);
        encrypt(&gc,a);
        printvec("CIPHER = ",a);

        /* Test vector 3. */

        k[2]=0xbcdef012;k[1]=0x456789ab;k[0]=0xdef01234;
        a[2]=0x01234567;a[1]=0x9abcdef0;a[0]=0x23456789;
        twy_key(&gc,k);

        printf("*********\n");
        printvec("KEY = ",k);
        printvec("PLAIN = ",a);
        encrypt(&gc,a);
```

```
printvec("CIPHER = ",a);

/* Test vector 4. */

k[2]=0xcab920cd;k[1]=0xd6144138;k[0]=0xd2f05b5e;
a[2]=0xad21ecf7;a[1]=0x83ae9dc4;a[0]=0x4059c76e;
twy_key(&gc,k);

printf("**********\n");
printvec("KEY = ",k);
printvec("PLAIN = ",a);
encrypt(&gc,a);
printvec("CIPHER = ",a);

/*  TEST VALUES

key        : 00000000 00000000 00000000
plaintext  : 00000001 00000001 00000001
ciphertext : ad21ecf7 83ae9dc4 4059c76e

key        : 00000004 00000005 00000006
plaintext  : 00000001 00000002 00000003
ciphertext : cab920cd d6144138 d2f05b5e

key        : bcdef012 456789ab def01234
plaintext  : 01234567 9abcdef0 23456789
ciphertext : 7cdb76b2 9cdddb6d 0aa55dbb

key        : cab920cd d6144138 d2f05b5e
plaintext  : ad21ecf7 83ae9dc4 4059c76e
ciphertext : 15b155ed 6b13f17c 478ea871

*/

/* Enc/dec test: */
for(i=0;i<9;i++) a[i]=i;
twy_enc(&gc,a,3);
for(i=0;i<9;i+=3) printf("Block %01d encrypts to %08lx %08lx %08lx\n",
                        i/3,a[i],a[i+1],a[i+2]);

twy_dec(&gc,a,2);
twy_dec(&gc,a+6,1);

 for(i=0;i<9;i+=3) printf("Block %01d decrypts to %08lx %08lx %08lx\n",
                        i/3,a[i],a[i+1],a[i+2]);
}
```

A.7 RC5

```
#include <stdio.h>

/* An RC5 context needs to know how many rounds it has, and its subkeys. */
typedef struct {
        u4 *xk;
        int nr;
} rc5_ctx;

/* Where possible, these should be replaced with actual rotate instructions.
   For Turbo C++, this is done with _lrotl and _lrotr. */

#define ROTL32(X,C) (((X)<<((C))|((X)>>(32-(C))))
#define ROTR32(X,C) (((X)>>(C))|((X)<<(32-(C))))
/* Function prototypes for dealing with RC5 basic operation:
void rc5_init(rc5_ctx *, int);
```

```c
void rc5_destroy(rc5_ctx *);
void rc5_key(rc5_ctx *, u1 *, int);
void rc5_encrypt(rc5_ctx *, u4 *, int);
void rc5_decrypt(rc5_ctx *, u4 *, int);

/* Function implementations for RC5. */

/* Scrub out all sensitive values. */
void rc5_destroy(rc5_ctx *c){
        int i;
    for(i=0;i<(c->nr)*2+2;i++) c->xk[i]=0;
    free(c->xk);
}

/* Allocate memory for rc5 context's xk and such. */
void rc5_init(rc5_ctx *c, int rounds){
    c->nr = rounds;
    c->xk = (u4 *) malloc(4*(rounds*2+2));
}

void rc5_encrypt(rc5_ctx *c, u4 *data, int blocks){
        u4 *d,*sk;
        int h,i,rc;

    d = data;
        sk = (c->xk)+2;
        for(h=0;h<blocks;h++){
                d[0] += c->xk[0];
                d[1] += c->xk[1];
                for(i=0;i<c->nr*2;i+=2){
                        d[0] ^= d[1];
                        rc = d[1] & 31;
                        d[0] = ROTL32(d[0],rc);
                        d[0] += sk[i];
            d[1] ^= d[0];
                        rc = d[0] & 31;
                        d[1] = ROTL32(d[1],rc);
                        d[1] += sk[i+1];
/*printf("Round %03d : %08lx %08lx  sk= %08lx %08lx\n",i/2,
                        d[0],d[1],sk[i],sk[i+1]);*/
                }
            d+=2;
        }
}

void rc5_decrypt(rc5_ctx *c, u4 *data, int blocks){
    u4 *d,*sk;
        int h,i,rc;

    d = data;
        sk = (c->xk)+2;
    for(h=0;h<blocks;h++){
                for(i=c->nr*2-2;i>=0;i-=2){
/*printf("Round %03d: %08lx %08lx  sk: %08lx %08lx\n",
        i/2,d[0],d[1],sk[i],sk[i+1]); */
                        d[1] -= sk[i+1];
                        rc = d[0] & 31;
                        d[1] = ROTR32(d[1],rc);
                        d[1] ^= d[0];

                        d[0] -= sk[i];
                        rc = d[1] & 31;
```

```
                                    d[0] = ROTR32(d[0],rc);
                    d[0] ^= d[1];
                     }
                     d[0] -= c->xk[0];
                     d[1] -= c->xk[1];
            d+=2;
        }
}
void rc5_key(rc5_ctx *c, u1 *key, int keylen){
    u4 *pk,A,B; /* padded key */
    int xk_len, pk_len, i, num_steps,rc;
    u1 *cp;

    xk_len = c->nr*2 + 2;
    pk_len = keylen/4;
    if((keylen%4)!=0) pk_len += 1;

    pk = (u4 *) malloc(pk_len * 4);
    if(pk==NULL) {
        printf("An error occurred!\n");
        exit(-1);
    }

    /* Initialize pk -- this should work on Intel machines, anyway.... */
    for(i=0;i<pk_len;i++) pk[i]=0;
    cp = (u1 *)pk;
    for(i=0;i<keylen;i++) cp[i]=key[i];

    /* Initialize xk. */
    c->xk[0] = 0xb7e15163; /* P32 */
    for(i=1;i<xk_len;i++) c->xk[i] = c->xk[i-1] + 0x9e3779b9; /* Q32 */

    /* TESTING */
    A = B = 0;
    for(i=0;i<xk_len;i++) {
        A = A + c->xk[i];
        B = B ^ c->xk[i];
    }

    /* Expand key into xk. */
    if(pk_len>xk_len) num_steps = 3*pk_len;else num_steps = 3*xk_len;

    A = B = 0;
    for(i=0;i<num_steps;i++){
        A = c->xk[i%xk_len] = ROTL32(c->xk[i%xk_len] + A + B,3);
        rc = (A+B) & 31;
            B = pk[i%pk_len] = ROTL32(pk[i%pk_len] + A + B,rc);

        }

        /* Clobber sensitive data before deallocating memory. */
        for(i=0;i<pk_len;i++) pk[i] =0;

        free(pk);
    }

    void main(void){
        rc5_ctx c;
    u4 data[8];
    char key[] = "ABCDE";
    int i;

    printf("------------------------------------------------\n");
```

```
        for(i=0;i<8;i++) data[i] = i;
      rc5_init(&c,10); /* 10 rounds */
      rc5_key(&c,key,5);

        rc5_encrypt(&c,data,4);
        printf("Encryptions:\n");
        for(i=0;i<8;i+=2) printf("Block %01d = %081x %081x\n",
                                 i/2,data[i],data[i+1]);
        rc5_decrypt(&c,data,2);
      rc5_decrypt(&c,data+4,2);
        printf("Decryptions:\n");
        for(i=0;i<8;i+=2) printf("Block %01d = %081x %081x\n",
                                 i/2,data[i],data[i+1]);

}
```

A.8 A5

```
typedef struct {
        unsigned long r1,r2,r3;
} a5_ctx;

static int threshold(r1, r2, r3)
unsigned int r1;
unsigned int r2;
unsigned int r3;
{
int total;

  total = (((r1 >>  9) & 0x1) == 1) +
          (((r2 >> 11) & 0x1) == 1) +
          (((r3 >> 11) & 0x1) == 1);

  if (total > 1)
    return (0);
  else
    return (1);
}

unsigned long clock_r1(ctl, r1)
int ctl;
unsigned long r1;
{
unsigned long feedback;

  ctl ^= ((r1 >> 9) & 0x1);
  if (ctl)
  {
    feedback = (r1 >> 18) ^ (r1 >> 17) ^ (r1 >> 16) ^ (r1 >> 13);
    r1 = (r1 << 1) & 0x7ffff;
    if (feedback & 0x01)
      r1 ^= 0x01;
  }
  return (r1);
}

unsigned long clock_r2(ctl, r2)
int ctl;
unsigned long r2;
{
unsigned long feedback;

  ctl ^= ((r2 >> 11) & 0x1);
```

```
  if (ctl)
  {
    feedback = (r2 >> 21) ^ (r2 >> 20) ^ (r2 >> 16) ^ (r2 >> 12);
    r2 = (r2 << 1) & 0x3fffff;

    if (feedback & 0x01)
      r2 ^= 0x01;
  }
  return (r2);
}

unsigned long clock_r3(ctl, r3)
int ctl;
unsigned long r3;
{
unsigned long feedback;

  ctl ^= ((r3 >> 11) & 0x1);
  if (ctl)
  {
    feedback = (r3 >> 22) ^ (r3 >> 21) ^ (r3 >> 18) ^ (r3 >> 17);
    r3 = (r3 << 1) & 0x7fffff;
    if (feedback & 0x01)
      r3 ^= 0x01;
  }
  return (r3);
}
int keystream(key, frame, alice, bob)
unsigned char *key;     /* 64 bit session key                 */
unsigned long frame;    /* 22 bit frame sequence number       */
unsigned char *alice;   /* 114 bit Alice to Bob key stream    */
unsigned char *bob;     /* 114 bit Bob to Alice key stream    */
{
unsigned long r1;       /* 19 bit shift register */
unsigned long r2;       /* 22 bit shift register */
unsigned long r3;       /* 23 bit shift register */
int i;                  /* counter for loops     */
int clock_ctl;          /* xored with clock enable on each shift register */
unsigned char *ptr;     /* current position in keystream */
unsigned char byte;     /* byte of keystream being assembled */
unsigned int bits;      /* number of bits of keystream in byte */
unsigned int bit;       /* bit output from keystream generator */

  /* Initialise shift registers from session key */

  r1 = (key[0] | (key[1] << 8) | (key[2] << 16) ) & 0x7ffff;
  r2 = ((key[2] >> 3) | (key[3] << 5) | (key[4] << 13) | (key[5] << 21)) &
0x3fffff;
  r3 = ((key[5] >> 1) | (key[6] << 7) | (key[7] << 15) ) & 0x7fffff;

  /* Merge frame sequence number into shift register state, by xor'ing it
   * into the feedback path
   */
for (i=0;i<22;i++)
{
  clock_ctl = threshold(r1, r2, r2);
  r1 = clock_r1(clock_ctl, r1);
  r2 = clock_r2(clock_ctl, r2);
  r3 = clock_r3(clock_ctl, r3);
  if (frame & 1)
  {
    r1 ^= 1;
    r2 ^= 1;
```

```
      r3 ^= 1;
    }
    frame = frame >> 1;
  }

  /* Run shift registers for 100 clock ticks to allow frame number to
   * be diffused into all the bits of the shift registers
   */

  for (i=0;i<100;i++)
  {
    clock_ctl = threshold(r1, r2, r2);
    r1 = clock_r1(clock_ctl, r1);
    r2 = clock_r2(clock_ctl, r2);
    r3 = clock_r3(clock_ctl, r3);
  }

  /* Produce 114 bits of Alice->Bob key stream */
  ptr = alice;
  bits = 0;
  byte = 0;
  for (i=0;i<114;i++)
  {
    clock_ctl = threshold(r1, r2, r2);
    r1 = clock_r1(clock_ctl, r1);
    r2 = clock_r2(clock_ctl, r2);
    r3 = clock_r3(clock_ctl, r3);

    bit = ((r1 >> 18) ^ (r2 >> 21) ^ (r3 >> 22)) & 0x01;
    byte = (byte << 1) | bit;
    bits++;
    if (bits == 8)
    {
      *ptr = byte;
      ptr++;
      bits = 0;
      byte = 0;
    }
  }
  if (bits)
    *ptr = byte;

  /* Run shift registers for another 100 bits to hide relationship between
   * Alice->Bob key stream and Bob->Alice key stream.
   */

  for (i=0;i<100;i++)
  {
    clock_ctl = threshold(r1, r2, r2);
    r1 = clock_r1(clock_ctl, r1);
    r2 = clock_r2(clock_ctl, r2);
    r3 = clock_r3(clock_ctl, r3);
  }

  /* Produce 114 bits of Bob->Alice key stream */

  ptr = bob;
  bits = 0;
  byte = 0;
  for (i=0;i<114;i++)
  {
    clock_ctl = threshold(r1, r2, r2);
    r1 = clock_r1(clock_ctl, r1);
```

```
r2 = clock_r2(clock_ctl, r2);
r3 = clock_r3(clock_ctl, r3);

bit = ((r1 >> 18) ^ (r2 >> 21) ^ (r3 >> 22)) & 0x01;
byte = (byte << 1) | bit;
bits++;
if (bits == 8)
{
  *ptr = byte;
     ptr++;
     bits = 0;
     byte = 0;
   }
 }
 if (bits)
   *ptr = byte;

 return (0);

}

void a5_key(a5_ctx *c, char *k){
       c->r1 = k[0]<<11|k[1]<<3 | k[2]>>5          ; /* 19 */
       c->r2 = k[2]<<17|k[3]<<9 | k[4]<<1 | k[5]>>7; /* 22 */
       c->r3 = k[5]<<15|k[6]<<8 | k[7]             ; /* 23 */
}

/* Step one bit in A5, return 0 or 1 as output bit. */
int a5_step(a5_ctx *c){
       int control;
       control = threshold(c->r1,c->r2,c->r3);
       c->r1 = clock_r1(control,c->r1);
       c->r2 = clock_r2(control,c->r2);
       c->r3 = clock_r3(control,c->r3);
       return( (c->r1^c->r2^c->r3)&1);
}

/* Encrypts a buffer of len bytes. */
void a5_encrypt(a5_ctx *c, char *data, int len){
       int i,j;
       char t;

       for(i=0;i<len;i++){
               for(j=0;j<8;j++) t = t<<1 | a5_step(c);
               data[i]^=t;
       }
}

void a5_decrypt(a5_ctx *c, char *data, int len){
       a5_encrypt(c,data,len);
}

void main(void){
       a5_ctx c;
       char data[100];
       char key[] = {1,2,3,4,5,6,7,8};
       int i,flag;

       for(i=0;i<100;i++) data[i] = i;

       a5_key(&c,key);
       a5_encrypt(&c,data,100);
       a5_key(&c,key);
       a5_decrypt(&c,data,1);
```

```
        a5_decrypt(&c,data+1,99);

        flag = 0;
        for(i=0;i<100;i++) if(data[i]!=i)flag = 1;
        if(flag)printf("Decrypt failed\n"); else printf("Decrypt succeeded\n");
}
```

A.9 SEAL

```
#undef SEAL_DEBUG

#define ALG_OK 0
#define ALG_NOTOK 1
#define WORDS_PER_SEAL_CALL 1024

typedef struct {
    unsigned long t[520]; /* 512 rounded up to a multiple of 5 + 5*/
    unsigned long s[265]; /* 256 rounded up to a multiple of 5 + 5*/
    unsigned long r[20];  /* 16 rounded up to multiple of 5 */
        unsigned long counter; /* 32-bit synch value. */
        unsigned long ks_buf[WORDS_PER_SEAL_CALL];
        int ks_pos;
} seal_ctx;

#define ROT2(x) (((x) >> 2) | ((x) << 30))
#define ROT9(x) (((x) >> 9) | ((x) << 23))
#define ROT8(x) (((x) >> 8) | ((x) << 24))
#define ROT16(x) (((x) >> 16) | ((x) << 16))
#define ROT24(x) (((x) >> 24) | ((x) << 8))
#define ROT27(x) (((x) >> 27) | ((x) << 5))

#define WORD(cp)  ((cp[0] << 24)|(cp[1] << 16)|(cp[2] << 8)|(cp[3]))

#define F1(x, y, z) (((x) & (y)) | ((~(x)) & (z)))
#define F2(x, y, z) ((x)^(y)^(z))
#define F3(x, y, z) (((x) & (y)) | ((x) & (z)) | ((y) & (z)))
#define F4(x, y, z) ((x)^(y)^(z))

int g(in, i, h)
unsigned char *in;
int i;
unsigned long *h;
{
unsigned long h0;
unsigned long h1;
unsigned long h2;
unsigned long h3;
unsigned long h4;
unsigned long a;
unsigned long b;
unsigned long c;
unsigned long d;
unsigned long e;
unsigned char *kp;
unsigned long w[80];
unsigned long temp;

    kp = in;
    h0 = WORD(kp); kp += 4;
    h1 = WORD(kp); kp += 4;
    h2 = WORD(kp); kp += 4;
    h3 = WORD(kp); kp += 4;
    h4 = WORD(kp); kp += 4;
```

```
        w[0] = i;
        for (i=1;i<16;i++)
            w[i] = 0;
        for (i=16;i<80;i++)
            w[i] = w[i-3]^w[i-8]^w[i-14]^w[i-16];

        a = h0;
        b = h1;
        c = h2;
        d = h3;
        e = h4;

        for (i=0;i<20;i++)
        {
            temp = ROT27(a) + F1(b, c, d) + e + w[i] + 0x5a827999;
            e = d;
            d = c;
            c = ROT2(b);
            b = a;
            a = temp;
        }
        for (i=20;i<40;i++)
        {
            temp = ROT27(a) + F2(b, c, d) + e + w[i] + 0x6ed9eba1;
            e = d;
            d = c;
            c = ROT2(b);
            b = a;
            a = temp;
        }
        for (i=40;i<60;i++)
        {
            temp = ROT27(a) + F3(b, c, d) + e + w[i] + 0x8f1bbcdc;
            e = d;
            d = c;
            c = ROT2(b);
            b = a;
            a = temp;
        }
        for (i=60;i<80;i++)
        {
            temp = ROT27(a) + F4(b, c, d) + e + w[i] + 0xca62c1d6;
            e = d;
            d = c;
            c = ROT2(b);
            b = a;
            a = temp;
        }
        h[0] = h0+a;
        h[1] = h1+b;
        h[2] = h2+c;
        h[3] = h3+d;
        h[4] = h4+e;

        return (ALG_OK);
}
unsigned long gamma(a, i)
unsigned char *a;
int i;
{
unsigned long h[5];
```

```
    (void) g(a, i/5, h);
    return h[i % 5];
}

int  seal_init(seal_ctx *result, unsigned char *key)
{
int i;
unsigned long h[5];

    for (i=0;i<510;i+=5)
        g(key, i/5, &(result->t[i]));
    /* horrible special case for the end */
    g(key, 510/5, h);
    for (i=510;i<512;i++)
        result->t[i] = h[i-510];
    /* 0x1000 mod 5 is +1, so have horrible special case for the start */
    g(key, (-1+0x1000)/5, h);
    for (i=0;i<4;i++)
        result->s[i] = h[i+1];
    for (i=4;i<254;i+=5)
        g(key, (i+0x1000)/5, &(result->s[i]));
    /* horrible special case for the end */
    g(key, (254+0x1000)/5, h);
    for (i=254;i<256;i++)
        result->s[i] = h[i-254];
    /* 0x2000 mod 5 is +2, so have horrible special case at the start */
    g(key, (-2+0x2000)/5, h);
    for (i=0;i<3;i++)
        result->r[i] = h[i+2];
    for (i=3;i<13;i+=5)
        g(key, (i+0x2000)/5, &(result->r[i]));
    /* horrible special case for the end */
    g(key, (13+0x2000)/5, h);
    for (i=13;i<16;i++)
        result->r[i] = h[i-13];
    return (ALG_OK);
}

int seal(seal_ctx *key, unsigned long in, unsigned long *out)
{
int i;
int j;
int l;
unsigned long a;
unsigned long b;
unsigned long c;
unsigned long d;
unsigned short p;
unsigned short q;
unsigned long n1;
unsigned long n2;
unsigned long n3;
unsigned long n4;
unsigned long *wp;
    wp = out;

    for (l=0;l<4;l++)
    {
        a = in ^ key->r[4*l];
        b = ROT8(in) ^ key->r[4*l+1];
        c = ROT16(in) ^ key->r[4*l+2];
        d = ROT24(in) ^ key->r[4*l+3];
```

```
    for (j=0;j<2;j++)
    {
        p = a & 0x7fc;
        b += key->t[p/4];
        a = ROT9(a);

        p = b & 0x7fc;
        c += key->t[p/4];
        b = ROT9(b);

        p = c & 0x7fc;
        d += key->t[p/4];
        c = ROT9(c);

        p = d & 0x7fc;
        a += key->t[p/4];
        d = ROT9(d);

    }
    n1 = d;
    n2 = b;
    n3 = a;
    n4 = c;

    p = a & 0x7fc;
    b += key->t[p/4];
    a = ROT9(a);

    p = b & 0x7fc;
    c += key->t[p/4];
    b = ROT9(b);

    p = c & 0x7fc;
    d += key->t[p/4];
    c = ROT9(c);

    p = d & 0x7fc;
    a += key->t[p/4];
    d = ROT9(d);
/* This generates 64 32-bit words, or 256 bytes of keystream. */
    for (i=0;i<64;i++)
    {
        p = a & 0x7fc;
        b += key->t[p/4];
        a = ROT9(a);
        b ^= a;

        q = b & 0x7fc;
        c ^= key->t[q/4];
        b = ROT9(b);
        c += b;

        p = (p+c) & 0x7fc;
        d += key->t[p/4];
        c = ROT9(c);
        d ^= c;

        q = (q+d) & 0x7fc;
        a ^= key->t[q/4];
        d = ROT9(d);
        a += d;
```

```
            p = (p+a) & 0x7fc;
            b ^= key->t[p/4];
            a = ROT9(a);

            q = (q+b) & 0x7fc;
            c += key->t[q/4];
            b = ROT9(b);

            p = (p+c) & 0x7fc;
            d ^= key->t[p/4];
            c = ROT9(c);

            q = (q+d) & 0x7fc;
            a += key->t[q/4];
            d = ROT9(d);

            *wp = b + key->s[4*i];
            wp++;
            *wp = c ^ key->s[4*i+1];
            wp++;
            *wp = d + key->s[4*i+2];
            wp++;
            *wp = a ^ key->s[4*i+3];
            wp++;

            if (i & 1)
            {
                a += n3;
                c += n4;
            }
            else
            {
                a += n1;
                c += n2;
            }

        }

    }
    return (ALG_OK);
}
/* Added call to refill ks_buf and reset counter and ks_pos. */
void seal_refill_buffer(seal_ctx *c){
        seal(c,c->counter,c->ks_buf);
        c->counter++;
        c->ks_pos = 0;

}
void seal_key(seal_ctx *c, unsigned char *key){
        seal_init(c,key);
        c->counter = 0;  /* By default, init to zero. */
        c->ks_pos = WORDS_PER_SEAL_CALL;
                /* Refill keystream buffer on next call. */
}

/* This encrypts the next w words with SEAL. */
void seal_encrypt(seal_ctx *c, unsigned long *data_ptr, int w){
        int i;

        for(i=0;i<w;i++){
                if(c->ks_pos>=WORDS_PER_SEAL_CALL) seal_refill_buffer(c);
                data_ptr[i]^=c->ks_buf[c->ks_pos];
                c->ks_pos++;
        }
}
```

```
void seal_decrypt(seal_ctx *c, unsigned long *data_ptr, int w) {
        seal_encrypt(c,data_ptr,w);
}

void seal_resynch(seal_ctx *c, unsigned long synch_word){
        c->counter = synch_word;
        c->ks_pos = WORDS_PER_SEAL_CALL;
}

void main(void){
        seal_ctx sc;
        unsigned long buf[1000],t;
        int i,flag;
        unsigned char key[] =
                {0,1,2,3,4,5,6,7,8,9,10,11,12,13,14,15,16,17,18,19};

        printf("1\n");
        seal_key(&sc,key);

        printf("2\n");
        for(i=0;i<1000;i++) buf[i]=0;
        printf("3\n");
        seal_encrypt(&sc,buf,1000);
        printf("4\n");
        t = 0;
        for(i=0;i<1000;i++) t = t ^ buf[i];
                printf("XOR of buf is %081x.\n",t);

        seal_key(&sc,key);
        seal_decrypt(&sc,buf,1);
        seal_decrypt(&sc,buf+1,999);
        flag = 0;
        for(i=0;i<1000;i++) if(buf[i]!=0)flag=1;
        if(flag) printf("Decrypt failed.\n");
        else printf("Decrypt succeeded.\n");
}
```

参 考 文 献

1. ABA Bank Card Standard, "Management and Use of Personal Information Numbers," Aids from ABA, Catalog no. 207213, American Bankers Association, 1979.

2. ABA Document 4.3, "Key Management Standard," American Bankers Association, 1980.

3. M. Abadi, J. Feigenbaum, and J. Kilian, "On Hiding Information from an Oracle," *Proceedings of the 19th ACM Symposium on the Theory of Computing*, 1987, pp. 195–203.

4. M. Abadi, J. Feigenbaum, and J. Kilian, "On Hiding Information from an Oracle," *Journal of Computer and System Sciences*, v. 39, n. 1, Aug 1989, pp. 21–50.

5. M. Abadi and R. Needham, "Prudent Engineering Practice for Cryptographic Protocols," Research Report 125, Digital Equipment Corp Systems Research Center, Jun 1994.

6. C.M. Adams, "On Immunity Against Biham and Shamir's 'Differential Cryptanalysis,'" *Information Processing Letters*, v. 41, 14 Feb 1992, pp. 77–80.

7. C.M. Adams, "Simple and Effective Key Scheduling for Symmetric Ciphers," *Workshop on Selected Areas in Cryptography—Workshop Record*, Kingston, Ontario, 5–6 May 1994, pp. 129–133.

8. C.M. Adams and H. Meijer, "Security-Related Comments Regarding McEliece's Public-Key Cryptosystem," *Advances in Cryptology—CRYPTO '87 Proceedings*, Springer-Verlag, 1988, pp. 224–230.

9. C.M. Adams and S.E. Tavares, "The Structured Design of Cryptographically Good S-Boxes," *Journal of Cryptology*, v. 3, n. 1, 1990, pp. 27–41.

10. C.M. Adams and S.E. Tavares, "Designing S-Boxes for Ciphers Resistant to Differential Cryptanalysis," *Proceedings of the 3rd Symposium on State and Progress of Research in Cryptography*, Rome, Italy, 15–16 Feb 1993, pp. 181–190.

11. W. Adams and D. Shanks, "Strong Primality Tests That Are Not Sufficient," *Mathematics of Computation*, v. 39, 1982, pp. 255–300.

12. W.W. Adams and L.J. Goldstein, *Introduction to Number Theory*, Englewood Cliffs, N.J.: Prentice-Hall, 1976.

13. B.S. Adiga and P. Shankar, "Modified Lu-Lee Cryptosystem," *Electronics Letters*, v. 21, n. 18, 29 Aug 1985, pp. 794–795.

14. L.M. Adleman, "A Subexponential Algorithm for the Discrete Logarithm Problem with Applications to Cryptography," *Proceedings of the IEEE 20th Annual Symposium of Foundations of Computer Science*, 1979, pp. 55–60.

15. L.M. Adleman, "On Breaking Generalized Knapsack Public Key Cryptosystems," *Proceedings of the 15th ACM Symposium on Theory of Computing*, 1983, pp. 402–412.

16. L.M. Adleman, "Factoring Numbers Using Singular Integers," *Proceedings of the 23rd Annual ACM Symposium on the Theory of Computing*, 1991, pp. 64–71.

17. L.M. Adleman, "Molecular Computation of Solutions to Combinatorial Problems," *Science*, v. 266, n. 11, Nov 1994, p. 1021.

18. L.M. Adleman, D. Estes, and K. McCurley, "Solving Bivariate Quadratic Congruences in Random Polynomial Time," *Mathematics of Computation*, v. 48, n. 177, Jan 1987, pp. 17–28.

19. L.M. Adleman, C. Pomerance, and R.S. Rumeley, "On Distinguishing Prime Numbers from Composite Numbers," *Annals of Mathematics*, v. 117, n. 1, 1983, pp. 173–206.

20. L.M. Adleman and R.L. Rivest, "How to Break the Lu-Lee (COMSAT) Public-Key Cryptosystem," MIT Laboratory for Computer Science, Jul 1979.

21. G.B. Agnew, "Random Sources for Cryptographic Systems," *Advances in Cryptology—EUROCRYPT '87 Proceedings*, Springer-Verlag, 1988, pp. 77–81.

22. G.B. Agnew, R.C. Mullin, I.M. Onyszchuk, and S.A. Vanstone, "An Implementation for a Fast Public-Key Cryptosystem," *Journal of Cryptology*, v. 3, n. 2, 1991, pp. 63–79.

23. G.B. Agnew, R.C. Mullin, and S.A. Vanstone, "A Fast Elliptic Curve Cryptosystem," *Advances in Cryptology—EUROCRYPT '89 Proceedings*, Springer-Verlag, 1990, pp. 706–708.

24. G.B. Agnew, R.C. Mullin, and S.A. Van-

stone, "Improved Digital Signature Scheme Based on Discrete Exponentiation," *Electronics Letters*, v. 26, n. 14, 5 Jul 1990, pp. 1024–1025.

25. G.B. Agnew, R.C. Mullin, and S.A. Vanstone, "On the Development of a Fast Elliptic Curve Cryptosystem," *Advances in Cryptology—EUROCRYPT '92 Proceedings*, Springer-Verlag, 1993, pp. 482–287.

26. G.B. Agnew, R.C. Mullin, and S.A. Vanstone, "An Implementation of Elliptic Curve Cryptosystems over F_2155," *IEEE Selected Areas of Communications*, v. 11, n. 5, Jun 1993, pp. 804–813.

27. A. Aho, J. Hopcroft, and J. Ullman, *The Design and Analysis of Computer Algorithms*, Addison-Wesley, 1974.

28. S.G. Akl, "Digital Signatures: A Tutorial Survey," *Computer*, v. 16, n. 2, Feb 1983, pp. 15–24.

29. S.G. Akl, "On the Security of Compressed Encodings," *Advances in Cryptology: Proceedings of Crypto 83*, Plenum Press, 1984, pp. 209–230.

30. S.G. Akl and H. Meijer, "A Fast Pseudo-Random Permutation Generator with Applications to Cryptology," *Advances in Cryptology: Proceedings of CRYPTO 84*, Springer-Verlag, 1985, pp. 269–275.

31. M. Alabbadi and S.B. Wicker, "Security of Xinmei Digital Signature Scheme," *Electronics Letters*, v. 28, n. 9, 23 Apr 1992, pp. 890–891.

32. M. Alabbadi and S.B. Wicker, "Digital Signature Schemes Based on Error-Correcting Codes," *Proceedings of the 1993 IEEE-ISIT*, IEEE Press, 1993, p. 199.

33. M. Alabbadi and S.B. Wicker, "Cryptanalysis of the Harn and Wang Modification of the Xinmei Digital Signature Scheme," *Electronics Letters*, v. 28, n. 18, 27 Aug 1992, pp. 1756–1758.

34. K. Alagappan and J. Tardo, "SPX Guide: Prototype Public Key Authentication Service," Digital Equipment Corp., May 1991.

35. W. Alexi, B.-Z. Chor, O. Goldreich, and C.P. Schnorr, "RSA and Rabin Functions: Certain Parts Are as Hard as the Whole," *Proceedings of the 25th IEEE Symposium on the Foundations of Computer Science*, 1984, pp. 449–457.

36. W. Alexi, B.-Z. Chor, O. Goldreich, and C.P. Schnorr, "RSA and Rabin Functions: Certain Parts are as Hard as the Whole," *SIAM Journal on Computing*, v. 17, n. 2, Apr 1988, pp. 194–209.

37. Ameritech Mobile Communications et al., "Cellular Digital Packet Data System Specifications: Part 406: Airlink Security,"

CDPD Industry Input Coordinator, Costa Mesa, Calif., Jul 1993.

38. H.R. Amirazizi, E.D. Karnin, and J.M. Reyneri, "Compact Knapsacks are Polynomial Solvable," *ACM SIGACT News*, v. 15, 1983, pp. 20–22.

39. R.J. Anderson, "Solving a Class of Stream Ciphers," *Cryptologia*, v. 14, n. 3, Jul 1990, pp. 285–288.

40. R.J. Anderson, "A Second Generation Electronic Wallet," *ESORICS 92, Proceedings of the Second European Symposium on Research in Computer Security*, Springer-Verlag, 1992, pp. 411–418.

41. R.J. Anderson, "Faster Attack on Certain Stream Ciphers," *Electronics Letters*, v. 29, n. 15, 22 Jul 1993, pp. 1322–1323.

42. R.J. Anderson, "Derived Sequence Attacks on Stream Ciphers," presented at the rump session of CRYPTO '93, Aug 1993.

43. R.J. Anderson, "Why Cryptosystems Fail," *1st ACM Conference on Computer and Communications Security*, ACM Press, 1993, pp. 215–227.

44. R.J. Anderson, "Why Cryptosystems Fail," *Communications of the ACM*, v. 37, n. 11, Nov 1994, pp. 32–40.

45. R.J. Anderson, "On Fibonacci Keystream Generators," *K.U. Leuven Workshop on Cryptographic Algorithms*, Springer-Verlag, 1995, to appear.

46. R.J. Anderson, "Searching for the Optimum Correlation Attack," *K.U. Leuven Workshop on Cryptographic Algorithms*, Springer-Verlag, 1995, to appear.

47. R.J. Anderson and T.M.A. Lomas, "Fortifying Key Negotiation Schemes with Poorly Chosen Passwords," *Electronics Letters*, v. 30, n. 13, 23 Jun 1994, pp. 1040–1041.

48. R.J. Anderson and R. Needham, "Robustness Principles for Public Key Protocols," *Advances in Cryptology—CRYPTO '95 Proceedings*, Springer-Verlag, 1995, to appear.

49. D. Andleman and J. Reeds, "On the Cryptanalysis of Rotor Machines and Substitution-Permutation Networks," *IEEE Transactions on Information Theory*, v. IT-28, n. 4, Jul 1982, pp. 578–584.

50. ANSI X3.92, "American National Standard for Data Encryption Algorithm (DEA)," American National Standards Institute, 1981.

51. ANSI X3.105, "American National Standard for Information Systems—Data Link Encryption," American National Standards Institute, 1983.

52. ANSI X3.106, "American National Standard for Information Systems—Data Encryption Algorithm—Modes of Opera-

tion," American National Standards Institute, 1983.

53. ANSI X9.8, "American National Standard for Personal Information Number (PIN) Management and Security," American Bankers Association, 1982.

54. ANSI X9.9 (Revised), "American National Standard for Financial Institution Message Authentication (Wholesale)," American Bankers Association, 1986.

55. ANSI X9.17 (Revised), "American National Standard for Financial Institution Key Management (Wholesale)," American Bankers Association, 1985.

56. ANSI X9.19, "American National Standard for Retail Message Authentication," American Bankers Association, 1985.

57. ANSI X9.23, "American National Standard for Financial Institution Message Encryption," American Bankers Association, 1988.

58. ANSI X9.24, "Draft Proposed American National Standard for Retail Key Management," American Bankers Association, 1988.

59. ANSI X9.26 (Revised), "American National Standard for Financial Institution Sign-On Authentication for Wholesale Financial Transaction," American Bankers Association, 1990.

60. ANSI X9.30, "Working Draft: Public Key Cryptography Using Irreversible Algorithms for the Financial Services Industry," American Bankers Association, Aug 1994.

61. ANSI X9.31, "Working Draft: Public Key Cryptography Using Reversible Algorithms for the Financial Services Industry," American Bankers Association, Mar 1993.

62. K. Aoki and K. Ohta, "Differential-Linear Cryptanalysis of FEAL-8," *Proceedings of the 1995 Symposium on Cryptography and Information Security (SCIS 95)*, Inuyama, Japan, 24–27 Jan 1995, pp. A3.4.1-11. (In Japanese.)

63. K. Araki and T. Sekine, "On the Conspiracy Problem of the Generalized Tanaka's Cryptosystem," *IEICE Transactions*, v. E74, n. 8, Aug 1991, pp. 2176–2178.

64. S. Araki, K. Aoki, and K. Ohta, "The Best Linear Expression Search for FEAL," *Proceedings of the 1995 Symposium on Cryptography and Information Security (SCIS 95)*, Inuyama, Japan, 24–27 Jan 1995, pp. A4.4.1-10.

65. C. Asmuth and J. Bloom, "A Modular Approach to Key Safeguarding," *IEEE Transactions on Information Theory*, v. IT-29, n. 2, Mar 1983, pp. 208–210.

66. D. Atkins, M. Graff, A.K. Lenstra, and P.C.

Leyland, "The Magic Words are Squeamish Ossifrage," *Advances in Cryptology—ASIACRYPT '94 Proceedings*, Springer-Verlag, 1995, pp. 263–277.

67. AT&T, "T7001 Random Number Generator," Data Sheet, Aug 1986.

68. AT&T, "AT&T Readying New Spy-Proof Phone for Big Military and Civilian Markets," *The Report on AT&T*, 2 Jun 1986, pp. 6–7.

69. AT&T, "T7002/T7003 Bit Slice Multiplier," product announcement, 1987.

70. AT&T, "Telephone Security Device TSD 3600—User's Manual," AT&T, 20 Sep 1992.

71. Y. Aumann and U. Feige, "On Message Proof Systems with Known Space Verifiers," *Advances in Cryptology—CRYPTO '93 Proceedings*, Springer-Verlag, 1994, pp. 85–99.

72. R.G. Ayoub, *An Introduction to the Theory of Numbers*, Providence, RI: American Mathematical Society, 1963.

73. A. Aziz and W. Diffie, "Privacy and Authentication for Wireless Local Area Networks," *IEEE Personal Communications*, v. 1, n. 1, 1994, pp. 25–31.

74. A. Bahreman and J.D. Tygar, "Certified Electronic Mail," *Proceedings of the Internet Society 1994 Workshop on Network and Distributed System Security*, The Internet Society, 1994, pp. 3–19.

75. D. Balenson, "Automated Distribution of Cryptographic Keys Using the Financial Institution Key Management Standard," *IEEE Communications Magazine*, v. 23, n. 9, Sep 1985, pp. 41–46.

76. D. Balenson, "Privacy Enhancement for Internet Electronic Mail: Part III: Algorithms, Modes, and Identifiers," RFC 1423, Feb 1993.

77. D. Balenson, C.M. Ellison, S.B. Lipner, and S.T. Walker, "A New Approach to Software Key Escrow Encryption," TIS Report #520, Trusted Information Systems, Aug 94.

78. R. Ball, *Mathematical Recreations and Essays*, New York: MacMillan, 1960.

79. J. Bamford, *The Puzzle Palace*, Boston: Houghton Mifflin, 1982.

80. J. Bamford and W. Madsen, *The Puzzle Palace*, Second Edition, Penguin Books, 1995.

81. S.K. Banerjee, "High Speed Implementation of DES," *Computers & Security*, v. 1, 1982, pp. 261–267.

82. Z. Baodong, "MC-Veiled Linear Transform Public Key Cryptosystem," *Acta Electronica Sinica*, v. 20, n. 4, Apr 1992, pp. 21–24. (In Chinese.)

83. P.H. Bardell, "Analysis of Cellular

Automata Used as Pseudorandom Pattern Generators," *Proceedings of 1990 International Test Conference*, pp. 762–768.

84. T. Baritaud, H. Gilbert, and M. Girault, "FFT Hashing is not Collision-Free," *Advances in Cryptology—EUROCRYPT '92 Proceedings*, Springer-Verlag, 1993, pp. 35–44.

85. C. Barker, "An Industry Perspective of the CCEP," *2nd Annual AIAA Computer Security Conference Proceedings*, 1986.

86. W.G. Barker, *Cryptanalysis of the Hagelin Cryptograph*, Aegean Park Press, 1977.

87. P. Barrett, "Implementing the Rivest Shamir and Adleman Public Key Encryption Algorithm on a Standard Digital Signal Processor," *Advances in Cryptology—CRYPTO '86 Proceedings*, Springer-Verlag, 1987, pp. 311–323.

88. T.C. Bartee and D.I. Schneider, "Computation with Finite Fields," *Information and Control*, v. 6, n. 2, Jun 1963, pp. 79–98.

89. U. Baum and S. Blackburn, "Clock-Controlled Pseudorandom Generators on Finite Groups," *K.U. Leuven Workshop on Cryptographic Algorithms*, Springer-Verlag, 1995, to appear.

90. K.R. Bauer, T.A. Bersen, and R.J. Feiertag, "A Key Distribution Protocol Using Event Markers," *ACM Transactions on Computer Systems*, v. 1, n. 3, 1983, pp. 249–255.

91. F. Bauspiess and F. Damm, "Requirements for Cryptographic Hash Functions," *Computers & Security*, v. 11, n. 5, Sep 1992, pp. 427–437.

92. D. Bayer, S. Haber, and W.S. Stornetta, "Improving the Efficiency and Reliability of Digital Time-Stamping," *Sequences '91: Methods in Communication, Security, and Computer Science*, Springer-Verlag, 1992, pp. 329–334.

93. R. Bayer and J.K. Metzger, "On the Encipherment of Search Trees and Random Access Files," *ACM Transactions on Database Systems*, v. 1, n. 1, Mar 1976, pp. 37–52.

94. M. Beale and M.F. Monaghan, "Encrytion Using Random Boolean Functions," *Cryptography and Coding*, H.J. Beker and F.C. Piper, eds., Oxford: Clarendon Press, 1989, pp. 219–230.

95. P. Beauchemin and G. Brassard, "A Generalization of Hellman's Extension to Shannon's Approach to Cryptography," *Journal of Cryptology*, v. 1, n. 2, 1988, pp. 129–132.

96. P. Beauchemin, G. Brassard, C. Crépeau, C. Goutier, and C. Pomerance, "The Generation of Random Numbers that are Probably Prime," *Journal of Cryptology*, v. 1, n. 1, 1988, pp. 53–64.

97. D. Beaver, J. Feigenbaum, and V. Shoup,

"Hiding Instances in Zero-Knowledge Proofs," *Advances in Cryptology—CRYPTO '90 Proceedings*, Springer-Verlag, 1991, pp. 326–338.

98. H. Beker, J. Friend, and P. Halliden, "Simplifying Key Management in Electronic Funds Transfer Points of Sale Systems," *Electronics Letters*, v. 19, n. 12, Jun 1983, pp. 442–444.

99. H. Beker and F. Piper, *Cipher Systems: The Protection of Communications*, London: Northwood Books, 1982.

100. D.E. Bell and L.J. LaPadula, "Secure Computer Systems: Mathematical Foundations," Report ESD-TR-73-275, MITRE Corp., 1973.

101. D.E. Bell and L.J. LaPadula, "Secure Computer Systems: A Mathematical Model," Report MTR-2547, MITRE Corp., 1973.

102. D.E. Bell and L.J. LaPadula, "Secure Computer Systems: A Refinement of the Mathematical Model," Report ESD-TR-73-278, MITRE Corp., 1974.

103. D.E. Bell and L.J. LaPadula, "Secure Computer Systems: Unified Exposition and Multics Interpretation," Report ESD-TR-75-306, MITRE Corp., 1976.

104. M. Bellare and S. Goldwasser, "New Paradigms for Digital Signatures and Message Authentication Based on Non-Interactive Zero Knowledge Proofs," *Advances in Cryptology—CRYPTO '89 Proceedings*, Springer-Verlag, 1990, pp. 194–211.

105. M. Bellare and S. Micali, "Non-Interactive Oblivious Transfer and Applications," *Advances in Cryptology—CRYPTO '89 Proceedings*, Springer-Verlag, 1990, pp. 547–557.

106. M. Bellare, S. Micali, and R. Ostrovsky, "Perfect Zero-Knowledge in Constant Rounds," *Proceedings of the 22nd ACM Symposium on the Theory of Computing*, 1990, pp. 482–493.

107. S.M. Bellovin, "A Preliminary Technical Analysis of Clipper and Skipjack," unpublished manuscript, 20 Apr 1993.

108. S.M. Bellovin and M. Merritt, "Limitations of the Kerberos Protocol," *Winter 1991 USENIX Conference Proceedings*, USENIX Association, 1991, pp. 253–267.

109. S.M. Bellovin and M. Merritt, "Encrypted Key Exchange: Password-Based Protocols Secure Against Dictionary Attacks," *Proceedings of the 1992 IEEE Computer Society Conference on Research in Security and Privacy*, 1992, pp. 72–84.

110. S.M. Bellovin and M. Merritt, "An Attack on the Interlock Protocol When Used for Authentication," *IEEE Transactions on Information Theory*, v. 40, n. 1, Jan 1994,

pp. 273–275.

111. S.M. Bellovin and M. Merritt, "Cryptographic Protocol for Secure Communications," U.S. Patent #5,241,599, 31 Aug 93.

112. I. Ben-Aroya and E. Biham, "Differential Cryptanalysis of Lucifer," *Advances in Cryptology—CRYPTO '93 Proceedings*, Springer-Verlag, 1994, pp. 187–199.

113. J.C. Benaloh, "Cryptographic Capsules: A Disjunctive Primitive for Interactive Protocols," *Advances in Cryptology—CRYPTO '86 Proceedings*, Springer-Verlag, 1987, 213–222.

114. J.C. Benaloh, "Secret Sharing Homomorphisms: Keeping Shares of a Secret Secret," *Advances in Cryptology—CRYPTO '86 Proceedings*, Springer-Verlag, 1987, pp. 251–260.

115. J.C. Benaloh, "Verifiable Secret-Ballot Elections," Ph.D. dissertation, Yale University, YALEU/DCS/TR-561, Dec 1987.

116. J.C. Benaloh and M. de Mare, "One-Way Accumulators: A Decentralized Alternative to Digital Signatures," *Advances in Cryptology—EUROCRYPT '93 Proceedings*, Springer-Verlag, 1994, pp. 274–285.

117. J.C. Benaloh and D. Tuinstra, "Receipt-Free Secret Ballot Elections," *Proceedings of the 26th ACM Symposium on the Theory of Computing*, 1994, pp. 544–553.

118. J.C. Benaloh and M. Yung, "Distributing the Power of a Government to Enhance the Privacy of Voters," *Proceedings of the 5th ACM Symposium on the Principles in Distributed Computing*, 1986, pp. 52–62.

119. A. Bender and G. Castagnoli, "On the Implementation of Elliptic Curve Cryptosystems," *Advances in Cryptology—CRYPTO '89 Proceedings*, Springer-Verlag, 1990, pp. 186–192.

120. S. Bengio, G. Brassard, Y.G. Desmedt, C. Goutier, and J.-J. Quisquater, "Secure Implementation of Identification Systems," *Journal of Cryptology*, v. 4, n. 3, 1991, pp. 175–184.

121. C.H. Bennett, F. Bessette, G. Brassard, L. Salvail, and J. Smolin, "Experimental Quantum Cryptography," *Advances in Cryptology—EUROCRYPT '90 Proceedings*, Springer-Verlag, 1991, pp. 253–265.

122. C.H. Bennett, F. Bessette, G. Brassard, L. Salvail, and J. Smolin, "Experimental Quantum Cryptography," *Journal of Cryptology*, v. 5, n. 1, 1992, pp. 3–28.

123. C.H. Bennett and G. Brassard, "Quantum Cryptography: Public Key Distribution and Coin Tossing," *Proceedings of the IEEE International Conference on Computers, Systems, and Signal Processing*, Banjalore, India, Dec 1984, pp. 175–179.

124. C.H. Bennett and G. Brassard, "An Update on Quantum Cryptography," *Advances in Cryptology: Proceedings of CRYPTO 84*, Springer-Verlag, 1985, pp. 475–480.

125. C.H. Bennett and G. Brassard, "Quantum Public-Key Distribution System," *IBM Technical Disclosure Bulletin*, v. 28, 1985, pp. 3153–3163.

126. C.H. Bennett and G. Brassard, "Quantum Public Key Distribution Reinvented," *SIGACT News*, v. 18, n. 4, 1987, pp. 51–53.

127. C.H. Bennett and G. Brassard, "The Dawn of a New Era for Quantum Cryptography: The Experimental Prototype is Working!" *SIGACT News*, v. 20, n. 4, Fall 1989, pp. 78–82.

128. C.H. Bennett, G. Brassard, and S. Breidbart, *Quantum Cryptography II: How to Re-Use a One-Time Pad Safely Even if $P=NP$*, unpublished manuscript, Nov 1982.

129. C.H. Bennett, G. Brassard, S. Breidbart, and S. Weisner, "Quantum Cryptography, or Unforgeable Subway Tokens," *Advances in Cryptology: Proceedings of Crypto 82*, Plenum Press, 1983, pp. 267–275.

130. C.H. Bennett, G. Brassard, C. Crépeau, and M.-H. Skubiszewska, "Practical Quantum Oblivious Transfer," *Advances in Cryptology—CRYPTO '91 Proceedings*, Springer-Verlag, 1992, pp. 351–366.

131. C.H. Bennett, G. Brassard, and A.K. Ekert, "Quantum Cryptography," *Scientific American*, v. 267, n. 4, Oct 1992, pp. 50–57.

132. C.H. Bennett, G. Brassard, and N.D. Mermin, "Quantum Cryptography Without Bell's Theorem," *Physical Review Letters*, v. 68, n. 5, 3 Feb 1992, pp. 557–559.

133. C.H. Bennett, G. Brassard, and J.-M. Robert, "How to Reduce Your Enemy's Information," *Advances in Cryptology—CRYPTO '85 Proceedings*, Springer-Verlag, 1986, pp. 468–476.

134. C.H. Bennett, G. Brassard, and J.-M. Robert, "Privacy Amplification by Public Discussion," *SIAM Journal on Computing*, v. 17, n. 2, Apr 1988, pp. 210–229.

135. J. Bennett, "Analysis of the Encryption Algorithm Used in WordPerfect Word Processing Program," *Cryptologia*, v. 11, n. 4, Oct 1987, pp. 206–210.

136. M. Ben-Or, S. Goldwasser, and A. Wigderson, "Completeness Theorems for Non-Cryptographic Fault-Tolerant Distributed Computation," *Proceedings of the 20th ACM Symposium on the Theory of Computing*, 1988, pp. 1–10.

137. M. Ben-Or, O. Goldreich, S. Goldwasser, J. Håstad, J. Kilian, S. Micali, and P. Rogaway, "Everything Provable is Provable in Zero-Knowledge," *Advances in Cryptology—CRYPTO '88 Proceedings*, Springer-

Verlag, 1990, pp. 37–56.

138. M. Ben-Or, O. Goldreich, S. Micali, and R.L. Rivest, "A Fair Protocol for Signing Contracts," *IEEE Transactions on Information Theory*, v. 36, n. 1, Jan 1990, pp. 40–46.

139. H.A. Bergen and W.J. Caelli, "File Security in WordPerfect 5.0," *Cryptologia*, v. 15, n. 1, Jan 1991, pp. 57–66.

140. E.R. Berlekamp, *Algebraic Coding Theory*, Aegean Park Press, 1984.

141. S. Berkovits, "How to Broadcast a Secret," *Advances in Cryptology—EUROCRYPT '91 Proceedings*, Springer-Verlag, 1991, pp. 535–541.

142. S. Berkovits, J. Kowalchuk, and B. Schanning, "Implementing Public-Key Scheme," *IEEE Communications Magazine*, v. 17, n. 3, May 1979, pp. 2–3.

143. D.J. Bernstein, Bernstein vs. U.S. Department of State et al., Civil Action No. C95-0582-MHP, United States District Court for the Northern District of California, 21 Feb 1995.

144. T. Berson, "Differential Cryptanalysis Mod 2^{32} with Applications to MD5," *Advances in Cryptology—EUROCRYPT '92 Proceedings*, 1992, pp. 71–80.

145. T. Beth, *Verfahren der schnellen Fourier-Transformation*, Teubner, Stuttgart, 1984. (In German.)

146. T. Beth, "Efficient Zero-Knowledge Identification Scheme for Smart Cards," *Advances in Cryptology—EUROCRYPT '88 Proceedings*, Springer-Verlag, 1988, pp. 77–84.

147. T. Beth, B.M. Cook, and D. Gollmann, "Architectures for Exponentiation in $GF(2^n)$," *Advances in Cryptology—CRYPTO '86 Proceedings*, Springer-Verlag, 1987, pp. 302–310.

148. T. Beth and Y. Desmedt, "Identification Tokens—or: Solving the Chess Grandmaster Problem," *Advances in Cryptology—CRYPTO '90 Proceedings*, Springer-Verlag, 1991, pp. 169–176.

149. T. Beth and C. Ding, "On Almost Nonlinear Permutations," *Advances in Cryptology—EUROCRYPT '93 Proceedings*, Springer-Verlag, 1994, pp. 65–76.

150. T. Beth, M. Frisch, and G.J. Simmons, eds., *Lecture Notes in Computer Science 578; Public Key Cryptography: State of the Art and Future Directions*, Springer-Verlag, 1992.

151. T. Beth and F.C. Piper, "The Stop-and-Go Generator," *Advances in Cryptology: Proceedings of EUROCRYPT 84*, Springer-Verlag, 1984, pp. 88–92.

152. T. Beth and F. Schaefer, "Non Supersingular Elliptic Curves for Public Key Cryptosystems," *Advances in Cryptology—EUROCRYPT '91 Proceedings*, Springer-Verlag, 1991, pp. 316–327.

153. A. Beutelspacher, "How to Say 'No'," *Advances in Cryptology—EUROCRYPT '89 Proceedings*, Springer-Verlag, 1990, pp. 491–496.

154. J. Bidzos, letter to NIST regarding DSS, 20 Sep 1991.

155. J. Bidzos, personal communication, 1993.

156. P. Bieber, "A Logic of Communication in a Hostile Environment," *Proceedings of the Computer Security Foundations Workshop III*, IEEE Computer Society Press, 1990, pp. 14–22.

157. E. Biham, "Cryptanalysis of the Chaotic-Map Cryptosystem Suggested at EUROCRYPT '91," *Advances in Cryptology—EUROCRYPT '91 Proceedings*, Springer-Verlag, 1991, pp. 532–534.

158. E. Biham, "New Types of Cryptanalytic Attacks Using Related Keys," Technical Report #753, Computer Science Department, Technion—Israel Institute of Technology, Sep 1992.

159. E. Biham, "On the Applicability of Differential Cryptanalysis to Hash Functions," lecture at EIES Workshop on Cryptographic Hash Functions, Mar 1992.

160. E. Biham, personal communication, 1993.

161. E. Biham, "Higher Order Differential Cryptanalysis," unpublished manuscript, Jan 1994.

162. E. Biham, "On Modes of Operation," *Fast Software Encryption, Cambridge Security Workshop Proceedings*, Springer-Verlag, 1994, pp. 116–120.

163. E. Biham, "New Types of Cryptanalytic Attacks Using Related Keys," *Journal of Cryptology*, v. 7, n. 4, 1994, pp. 229–246.

164. E. Biham, "On Matsui's Linear Cryptanalysis," *Advances in Cryptology—EUROCRYPT '94 Proceedings*, Springer-Verlag, 1995, pp. 398–412.

165. E. Biham and A. Biryukov, "How to Strengthen DES Using Existing Hardware," *Advances in Cryptology—ASIACRYPT '94 Proceedings*, Springer-Verlag, 1995, to appear.

166. E. Biham and P.C. Kocher, "A Known Plaintext Attack on the PKZIP Encryption," *K.U. Leuven Workshop on Cryptographic Algorithms*, Springer-Verlag, 1995, to appear.

167. E. Biham and A. Shamir, "Differential Cryptanalysis of DES-like Cryptosystems," *Advances in Cryptology—CRYPTO '90 Proceedings*, Springer-Verlag, 1991, pp. 2–21.

168. E. Biham and A. Shamir, "Differential

Cryptanalysis of DES-like Cryptosystems," *Journal of Cryptology*, v. 4, n. 1, 1991, pp 3–72.

169. E. Biham and A. Shamir, "Differential Cryptanalysis of Feal and N-Hash," *Advances in Cryptology—EUROCRYPT '91 Proceedings*, Springer-Verlag, 1991, pp. 1–16.

170. E. Biham and A. Shamir, "Differential Cryptanalysis of Snefru, Khafre, REDOC-II, LOKI, and Lucifer," *Advances in Cryptology—CRYPTO '91 Proceedings*, 1992, pp. 156–171.

171. E. Biham and A. Shamir, "Differential Cryptanalysis of the Full 16-Round DES," *Advances in Cryptology—CRYPTO '92 Proceedings*, Springer-Verlag, 1993, 487–496.

172. E. Biham and A. Shamir, *Differential Cryptanalysis of the Data Encryption Standard*, Springer-Verlag, 1993.

173. R. Bird, I. Gopal, A. Herzberg, P. Janson, S. Kutten, R. Molva, and M. Yung, "Systematic Design of Two-Party Authentication Protocols," *Advances in Cryptology—CRYPTO '91 Proceedings*, Springer-Verlag, 1992, pp. 44–61.

174. R. Bird, I. Gopal, A. Herzberg, P. Janson, S. Kutten, R. Molva, and M. Yung, "Systematic Design of a Family of Attack-Resistant Authentication Protocols," *IEEE Journal of Selected Areas in Communication*, to appear.

175. R. Bird, I. Gopal, A. Herzberg, P. Janson, S. Kutten, R. Molva, and M. Yung, "A Modular Family of Secure Protocols for Authentication and Key Distribution," *IEEE/ACM Transactions on Networking*, to appear.

176. M. Bishop, "An Application for a Fast Data Encryption Standard Implementation," *Computing Systems*, v. 1, n. 3, 1988, pp. 221–254.

177. M. Bishop, "Privacy-Enhanced Electronic Mail," *Distributed Computing and Cryptography*, J. Feigenbaum and M. Merritt, eds., American Mathematical Society, 1991, pp. 93–106.

178. M. Bishop, "Privacy-Enhanced Electronic Mail," *Internetworking: Research and Experience*, v. 2, n. 4, Dec 1991, pp. 199–233.

179. M. Bishop, "Recent Changes to Privacy Enhanced Electronic Mail," *Internetworking: Research and Experience*, v. 4, n. 1, Mar 1993, pp. 47–59.

180. I.F. Blake, R. Fuji-Hara, R.C. Mullin, and S.A. Vanstone, "Computing Logarithms in Finite Fields of Characteristic Two," *SIAM Journal on Algebraic Discrete Methods*, v. 5, 1984, pp. 276–285.

181. I.F. Blake, R.C. Mullin, and S.A. Vanstone, "Computing Logarithms in GF (2^n)," *Advances in Cryptology: Proceedings of CRYPTO 84*, Springer-Verlag, 1985, pp. 73–82.

182. G.R. Blakley, "Safeguarding Cryptographic Keys," *Proceedings of the National Computer Conference, 1979*, American Federation of Information Processing Societies, v. 48, 1979, pp. 313–317.

183. G.R. Blakley, "One-Time Pads are Key Safeguarding Schemes, Not Cryptosystems—Fast Key Safeguarding Schemes (Threshold Schemes) Exist," *Proceedings of the 1980 Symposium on Security and Privacy*, IEEE Computer Society, Apr 1980, pp. 108–113.

184. G.R. Blakley and I. Borosh, "Rivest-Shamir-Adleman Public Key Cryptosystems Do Not Always Conceal Messages," *Computers and Mathematics with Applications*, v. 5, n. 3, 1979, pp. 169–178.

185. G.R. Blakley and C. Meadows, "A Database Encryption Scheme which Allows the Computation of Statistics Using Encrypted Data," *Proceedings of the 1985 Symposium on Security and Privacy*, IEEE Computer Society, Apr 1985, pp. 116–122.

186. M. Blaze, "A Cryptographic File System for UNIX," *1st ACM Conference on Computer and Communications Security*, ACM Press, 1993, pp. 9–16.

187. M. Blaze, "Protocol Failure in the Escrowed Encryption Standard," *2nd ACM Conference on Computer and Communications Security*, ACM Press, 1994, pp. 59–67.

188. M. Blaze, "Key Management in an Encrypting File System," *Proceedings of the Summer 94 USENIX Conference*, USENIX Association, 1994, pp. 27–35.

189. M. Blaze and B. Schneier, "The MacGuffin Block Cipher Algorithm," *K.U. Leuven Workshop on Cryptographic Algorithms*, Springer-Verlag, 1995, to appear.

190. U. Blöcher and M. Dichtl, "Fish: A Fast Software Stream Cipher," *Fast Software Encryption, Cambridge Security Workshop Proceedings*, Springer-Verlag, 1994, pp. 41–44.

191. R. Blom, "Non-Public Key Distribution," *Advances in Cryptology: Proceedings of Crypto 82*, Plenum Press, 1983, pp. 231–236.

192. K.J. Blow and S.J.D. Phoenix, "On a Fundamental Theorem of Quantum Cryptography," *Journal of Modern Optics*, v. 40, n. 1, Jan 1993, pp. 33–36.

193. L. Blum, M. Blum, and M. Shub, "A Simple Unpredictable Pseudo-Random Number

Generator," *SIAM Journal on Computing*, v. 15, n. 2, 1986, pp. 364–383.

194. M. Blum, "Coin Flipping by Telephone: A Protocol for Solving Impossible Problems," *Proceedings of the 24th IEEE Computer Conference (CompCon)*, 1982, pp. 133–137.

195. M. Blum, "How to Exchange (Secret) Keys," *ACM Transactions on Computer Systems*, v. 1, n. 2, May 1983, pp. 175–193.

196. M. Blum, "How to Prove a Theorem So No One Else Can Claim It," *Proceedings of the International Congress of Mathematicians*, Berkeley, CA, 1986, pp. 1444–1451.

197. M. Blum, A. De Santis, S. Micali, and G. Persiano, "Noninteractive Zero-Knowledge," *SIAM Journal on Computing*, v. 20, n. 6, Dec 1991, pp. 1084–1118.

198. M. Blum, P. Feldman, and S. Micali, "Non-Interactive Zero-Knowledge and Its Applications," *Proceedings of the 20th ACM Symposium on Theory of Computing*, 1988, pp. 103–112.

199. M. Blum and S. Goldwasser, "An *Efficient* Probabilistic Public-Key Encryption Scheme Which Hides All Partial Information," *Advances in Cryptology: Proceedings of CRYPTO 84*, Springer-Verlag, 1985, pp. 289–299.

200. M. Blum and S. Micali, "How to Generate Cryptographically-Strong Sequences of Pseudo-Random Bits," *SIAM Journal on Computing*, v. 13, n. 4, Nov 1984, pp. 850–864.

201. B. den Boer, "Cryptanalysis of F.E.A.L.," *Advances in Cryptology—EUROCRYPT '88 Proceedings*, Springer-Verlag, 1988, pp. 293–300.

202. B. den Boer and A. Bosselaers, "An Attack on the Last Two Rounds of MD4," *Advances in Cryptology—CRYPTO '91 Proceedings*, Springer-Verlag, 1992, pp. 194–203.

203. B. den Boer and A. Bosselaers, "Collisions for the Compression Function of MD5," *Advances in Cryptology—EUROCRYPT '93 Proceedings*, Springer-Verlag, 1994, pp. 293–304.

204. J.-P. Boly, A. Bosselaers, R. Cramer, R. Michelsen, S. Mjølsnes, F. Muller, T. Pedersen, B. Pfitzmann, P. de Rooij, B. Schoenmakers, M. Schunter, L. Vallée, and M. Waidner, "Digital Payment Systems in the ESPRIT Project CAFE," *Securicom 94*, Paris, France, 2–6 Jan 1994, pp. 35–45.

205. J.-P. Boly, A. Bosselaers, R. Cramer, R. Michelsen, S. Mjølsnes, F. Muller, T. Pedersen, B. Pfitzmann, P. de Rooij, B. Schoenmakers, M. Schunter, L. Valléc, and M. Waidner, "The ESPRIT Project CAFE—High Security Digital Payment System,"

Computer Security—ESORICS 94, Springer-Verlag, 1994, pp. 217–230.

206. D.J. Bond, "Practical Primality Testing," *Proceedings of IEE International Conference on Secure Communications Systems*, 22–23 Feb 1984, pp. 50–53.

207. H. Bonnenberg, *Secure Testing of VSLI Cryptographic Equipment*, Series in Microelectronics, Vol. 25, Konstanz: Hartung Gorre Verlag, 1993.

208. H. Bonnenberg, A. Curiger, N. Felber, H. Kaeslin, and X. Lai, "VLSI Implementation of a New Block Cipher," *Proceedings of the IEEE International Conference on Computer Design: VLSI in Computers and Processors (ICCD 91)*, Oct 1991, pp. 510–513.

209. K.S. Booth, "Authentication of Signatures Using Public Key Encryption," *Communications of the ACM*, v. 24, n. 11, Nov 1981, pp. 772–774.

210. A. Bosselaers, R. Govaerts, and J. Vanderwalle, *Advances in Cryptology—CRYPTO '93 Proceedings*, Springer-Verlag, 1994, pp. 175–186.

211. D.P. Bovet and P. Crescenzi, *Introduction to the Theory of Complexity*, Englewood Cliffs, N.J.: Prentice-Hall, 1994.

212. J. Boyar, "Inferring Sequences Produced by a Linear Congruential Generator Missing Low-Order Bits," *Journal of Cryptology*, v. 1, n. 3, 1989, pp. 177–184.

213. J. Boyar, D. Chaum, and I. Damgård, "Convertible Undeniable Signatures," *Advances in Cryptology—CRYPTO '90 Proceedings*, Springer-Verlag, 1991, pp. 189–205.

214. J. Boyar, K. Friedl, and C. Lund, "Practical Zero-Knowledge Proofs: Giving Hints and Using Deficiencies," *Advances in Cryptology—EUROCRYPT '89 Proceedings*, Springer-Verlag, 1990, pp. 155–172.

215. J. Boyar, C. Lund, and R. Peralta, "On the Communication Complexity of Zero-Knowledge Proofs," *Journal of Cryptology*, v. 6, n. 2, 1993, pp. 65–85.

216. J. Boyar and R. Peralta, "On the Concrete Complexity of Zero-Knowledge Proofs," *Advances in Cryptology—CRYPTO '89 Proceedings*, Springer-Verlag, 1990, pp. 507–525.

217. C. Boyd, "Some Applications of Multiple Key Ciphers," *Advances in Cryptology—EUROCRYPT '88 Proceedings*, Springer-Verlag, 1988, pp. 455–467.

218. C. Boyd, "Digital Multisignatures," *Cryptography and Coding*, H.J. Beker and F.C. Piper, eds., Oxford: Clarendon Press, 1989, pp. 241–246.

219. C. Boyd, "A New Multiple Key Cipher and an Improved Voting Scheme," *Advances in Cryptology—EUROCRYPT '89 Proceed-*

ings, Springer-Verlag, 1990, pp. 617–625.

220. C. Boyd, "Multisignatures Revisited," *Cryptography and Coding III*, M.J. Ganley, ed., Oxford: Clarendon Press, 1993, pp. 21–30.

221. C. Boyd and W. Mao, "On the Limitation of BAN Logic," *Advances in Cryptology—EUROCRYPT '93 Proceedings*, Springer-Verlag, 1994, pp. 240–247.

222. C. Boyd and W. Mao, "Designing Secure Key Exchange Protocols," *Computer Security—ESORICS 94*, Springer-Verlag, 1994, pp. 217–230.

223. B.O. Brachtl, D. Coppersmith, M.M. Hyden, S.M. Matyas, C.H. Meyer, J. Oseas, S. Pilpel, and M. Schilling, "Data Authentication Using Modification Detection Codes Based on a Public One Way Function," U.S. Patent #4,908,861, 13 Mar 1990.

224. J. Brandt, I.B. Damgård, P. Landrock, and T. Pederson, "Zero-Knowledge Authentication Scheme with Secret Key Exchange," *Advances in Cryptology—CRYPTO '88*, Springer-Verlag, 1990, pp. 583–588.

225. S.A. Brands, "An Efficient Off-Line Electronic Cash System Based on the Representation Problem," Report CS-R9323, Computer Science/Department of Algorithms and Architecture, CWI, Mar 1993.

226. S.A. Brands, "Untraceable Off-line Cash in Wallet with Observers," *Advances in Cryptology—CRYPTO '93*, Springer-Verlag, 1994, pp. 302–318.

227. S.A. Brands, "Electronic Cash on the Internet," *Proceedings of the Internet Society 1995 Symposium on Network and Distributed Systems Security*, IEEE Computer Society Press 1995, pp 64–84.

228. D.K. Branstad, "Hellman's Data Does Not Support His Conclusion," *IEEE Spectrum*, v. 16, n. 7, Jul 1979, p. 39.

229. D.K. Branstad, J. Gait, and S. Katzke, "Report on the Workshop on Cryptography in Support of Computer Security," NBSIR 77-1291, National Bureau of Standards, Sep 21–22, 1976, September 1977.

230. G. Brassard, "A Note on the Complexity of Cryptography," *IEEE Transactions on Information Theory*, v. IT-25, n. 2, Mar 1979, pp. 232–233.

231. G. Brassard, "Relativized Cryptography," *Proceedings of the IEEE 20th Annual Symposium on the Foundations of Computer Science*, 1979, pp. 383–391.

232. G. Brassard, "A Time-Luck Tradeoff in Relativized Cryptography," *Proceedings of the IEEE 21st Annual Symposium on the Foundations of Computer Science*, 1980, pp. 380–386.

233. G. Brassard, "A Time-Luck Tradeoff in Relativized Cryptography," *Journal of Computer and System Sciences*, v. 22, n. 3, Jun 1981, pp. 280–311.

234. G. Brassard, "An Optimally Secure Relativized Cryptosystem," *SIGACT News*, v. 15, n. 1, 1983, pp. 28–33.

235. G. Brassard, "Relativized Cryptography," *IEEE Transactions on Information Theory*, v. IT-29, n. 6, Nov 1983, pp. 877–894.

236. G. Brassard, *Modern Cryptology: A Tutorial*, Springer-Verlag, 1988.

237. G. Brassard, "Quantum Cryptography: A Bibliography," *SIGACT News*, v. 24, n. 3, Oct 1993, pp. 16–20.

238. G. Brassard, D. Chaum, and C. Crépeau, "An Introduction to Minimum Disclosure," *CWI Quarterly*, v. 1, 1988, pp. 3–17.

239. G. Brassard, D. Chaum, and C. Crépeau, "Minimum Disclosure Proofs of Knowledge," *Journal of Computer and System Sciences*, v. 37, n. 2, Oct 1988, pp. 156–189.

240. G. Brassard and C. Crépeau, "Non-Transitive Transfer of Confidence: A *Perfect* Zero-Knowledge Interactive Protocol for SAT and Beyond," *Proceedings of the 27th IEEE Symposium on Foundations of Computer Science*, 1986, pp. 188–195.

241. G. Brassard and C. Crépeau, "Zero-Knowledge Simulation of Boolean Circuits," *Advances in Cryptology—CRYPTO '86 Proceedings*, Springer-Verlag, 1987, pp. 223–233.

242. G. Brassard and C. Crépeau, "Sorting Out Zero-Knowledge," *Advances in Cryptology—EUROCRYPT '89 Proceedings*, Springer-Verlag, 1990, pp. 181–191.

243. G. Brassard and C. Crépeau, "Quantum Bit Commitment and Coin Tossing Protocols," *Advances in Cryptology—CRYPTO '90 Proceedings*, Springer-Verlag, 1991, pp. 49–61.

244. G. Brassard, C. Crépeau, R. Jozsa, and D. Langlois, "A Quantum Bit Commitment Scheme Provably Unbreakable by Both Parties," *Proceedings of the 34th IEEE Symposium on Foundations of Computer Science*, 1993, pp. 362–371.

245. G. Brassard, C. Crépeau, and J.-M. Robert, "Information Theoretic Reductions Among Disclosure Problems," *Proceedings of the 27th IEEE Symposium on Foundations of Computer Science*, 1986, pp. 168–173.

246. G. Brassard, C. Crépeau, and J.-M. Robert, "All-or-Nothing Disclosure of Secrets," *Advances in Cryptology—CRYPTO '86 Proceedings*, Springer-Verlag, 1987, pp. 234–238.

247. G. Brassard, C. Crépeau, and M. Yung, "Everything in **NP** Can Be Argued in Per-

fect Zero-Knowledge in a Bounded Number of Rounds," *Proceedings on the 16th International Colloquium on Automata, Languages, and Programming,* Springer-Verlag, 1989, pp. 123–136.

248. R.P. Brent, "An Improved Monte-Carlo Factorization Algorithm," *BIT,* v. 20, n. 2, 1980, pp. 176–184.

249. R.P. Brent, "On the Periods of Generalized Fibonacci Recurrences, *Mathematics of Computation,* v. 63, n. 207, Jul 1994, pp. 389–401.

250. R.P. Brent, "Parallel Algorithms for Integer Factorization," Research Report CMA-R49-89, Computer Science Laboratory, The Australian National University, Oct 1989.

251. D.M. Bressoud, *Factorization and Primality Testing,* Springer-Verlag, 1989.

252. E.F. Brickell, "A Fast Modular Multiplication Algorithm with Applications to Two Key Cryptography," *Advances in Cryptology: Proceedings of Crypto 82,* Plenum Press, 1982, pp. 51–60.

253. E.F. Brickell, "Are Most Low Density Polynomial Knapsacks Solvable in Polynomial Time?" *Proceedings of the 14th Southeastern Conference on Combinatorics, Graph Theory, and Computing,* 1983.

254. E.F. Brickell, "Solving Low Density Knapsacks," *Advances in Cryptology: Proceedings of Crypto 83,* Plenum Press, 1984, pp. 25–37.

255. E.F. Brickell, "Breaking Iterated Knapsacks," *Advances in Cryptology: Proceedings of Crypto 84,* Springer-Verlag, 1985, pp. 342–358.

256. E.F. Brickell, "Cryptanalysis of the Uagisawa Public Key Cryptosystem," *Abstracts of Papers, EUROCRYPT '86,* 20–22 May 1986.

257. E.F. Brickell, "The Cryptanalysis of Knapsack Cryptosystems," *Applications of Discrete Mathematics,* R.D. Ringeisen and F.S. Roberts, eds., Society for Industrial and Applied Mathematics, Philadelphia, 1988, pp. 3–23.

258. E.F. Brickell, "Survey of Hardware Implementations of RSA," *Advances in Cryptology—CRYPTO '89 Proceedings,* Springer-Verlag, 1990, pp. 368–370.

259. E.F. Brickell, D. Chaum, I.B. Damgård, and J. van de Graff, "Gradual and Verifiable Release of a Secret," *Advances in Cryptology—CRYPTO '87 Proceedings,* Springer-Verlag, 1988, pp. 156–166.

260. E.F. Brickell, J.A. Davis, and G.J. Simmons, "A Preliminary Report on the Cryptanalysis of Merkle-Hellman Knapsack," *Advances in Cryptology: Proceedings of Crypto 82,* Plenum Press, 1983, pp. 289–303.

261. E.F. Brickell and J. DeLaurentis, "An Attack on a Signature Scheme Proposed by Okamoto and Shiraishi," *Advances in Cryptology—CRYPTO '85 Proceedings,* Springer-Verlag, 1986, pp. 28–32.

262. E.F. Brickell, D.E. Denning, S.T. Kent, D.P. Maher, and W. Tuchman, "SKIPJACK Review—Interim Report," unpublished manuscript, 28 Jul 1993.

263. E.F. Brickell, J.C. Lagarias, and A.M. Odlyzko, "Evaluation of the Adleman Attack of Multiple Iterated Knapsack Cryptosystems," *Advances in Cryptology: Proceedings of Crypto 83,* Plenum Press, 1984, pp. 39–42.

264. E.F. Brickell, P.J. Lee, and Y. Yacobi, "Secure Audio Teleconference," *Advances in Cryptology—CRYPTO '87 Proceedings,* Springer-Verlag, 1988, pp. 418–426.

265. E.F. Brickell and K.S. McCurley, "An Interactive Identification Scheme Based on Discrete Logarithms and Factoring," *Advances in Cryptology—EUROCRYPT '90 Proceedings,* Springer-Verlag, 1991, pp. 63–71.

266. E.F. Brickell, J.H. Moore, and M.R. Purtill, "Structure in the S-Boxes of the DES," *Advances in Cryptology—CRYPTO '86 Proceedings,* Springer-Verlag, 1987, pp. 3–8.

267. E.F. Brickell and A.M. Odlyzko, "Cryptanalysis: A Survey of Recent Results," *Proceedings of the IEEE,* v. 76, n. 5, May 1988, pp. 578–593.

268. E.F. Brickell and A.M. Odlyzko, "Cryptanalysis: A Survey of Recent Results," *Contemporary Cryptology: The Science of Information Integrity,* G.J. Simmons, ed., IEEE Press, 1991, pp. 501–540.

269. E.F. Brickell and G.J. Simmons, "A Status Report on Knapsack Based Public Key Cryptosystems," *Congressus Numerantium,* v. 7, 1983, pp. 3–72.

270. E.F. Brickell and D.R. Stinson, "The Detection of Cheaters in Threshold Schemes," *Advances in Cryptology—CRYPTO '88 Proceedings,* Springer-Verlag, 1990, pp. 564–577.

271. A.G. Broscius and J.M. Smith, "Exploiting Parallelism in Hardware Implementation of the DES," *Advances in Cryptology—CRYPTO '91 Proceedings,* Springer-Verlag, 1992, pp. 367–376.

272. L. Brown, M. Kwan, J. Pieprzyk, and J. Seberry, "Improving Resistance to Differential Cryptanalysis and the Redesign of LOKI," *Advances in Cryptology—ASIACRYPT '91 Proceedings,* Springer-Verlag,

1993, pp. 36–50.

273. L. Brown, J. Pieprzyk, and J. Seberry, "LOKI: A Cryptographic Primitive for Authentication and Secrecy Applications," *Advances in Cryptology—AUSCRYPT '90 Proceedings*, Springer-Verlag, 1990, pp. 229–236.

274. L. Brown, J. Pieprzyk, and J. Seberry, "Key Scheduling in DES Type Cryptosystems," *Advances in Cryptology—AUSCRYPT '90 Proceedings*, Springer-Verlag, 1990, pp. 221–228.

275. L. Brown and J. Seberry, "On the Design of Permutation P in DES Type Cryptosystems," *Advances in Cryptology—EUROCRYPT '89 Proceedings*, Springer-Verlag, 1990, pp. 696–705.

276. W. Brown, "A Quantum Leap in Secret Communications," *New Scientist*, n. 1585, 30 Jan 1993, p. 21.

277. J.O. Brüer, "On Pseudo Random Sequences as Crypto Generators," *Proceedings of the International Zurich Seminar on Digital Communication*, Switzerland, 1984.

278. L. Brynielsson "On the Linear Complexity of Combined Shift Register Sequences," *Advances in Cryptology—EUROCRYPT '85*, Springer-Verlag, 1986, pp. 156–166.

279. J. Buchmann, J. Loho, and J. Zayer, "An Implementation of the General Number Field Sieve," *Advances in Cryptology—CRYPTO '93 Proceedings*, Springer-Verlag, 1994, pp. 159–165.

280. M. Burmester and Y. Desmedt, "Broadcast Interactive Proofs," *Advances in Cryptology—EUROCRYPT '91 Proceedings*, Springer-Verlag, 1991, pp. 81–95.

281. M. Burmester and Y. Desmedt, "A Secure and Efficient Conference Key Distribution System," *Advances in Cryptology—EUROCRYPT '94 Proceedings*, Springer-Verlag, 1995, to appear.

282. D. Burnham, "NSA Seeking 500,000 'Secure' Telephones," *The New York Times*, 6 Oct 1994.

283. M. Burrows, M. Abadi, and R. Needham, "A Logic of Authentication," Research Report 39, Digital Equipment Corp. Systems Research Center, Feb 1989.

284. M. Burrows, M. Abadi, and R. Needham, "A Logic of Authentication," *ACM Transactions on Computer Systems*, v. 8, n. 1, Feb 1990, pp. 18–36.

285. M. Burrows, M. Abadi, and R. Needham, "Rejoinder to Nessett," *Operating System Review*, v. 20, n. 2, Apr 1990, pp. 39–40.

286. J.J. Cade, "A Modification of a Broken Public-Key Cipher," *Advances in Cryptology—CRYPTO '86 Proceedings*, Springer-Verlag, 1987, pp. 64–83.

287. T.R. Cain and A.T. Sherman, "How to Break Gifford's Cipher," *Proceedings of the 2nd Annual ACM Conference on Computer and Communications Security*, ACM Press, 1994, pp. 198–209.

288. C. Calvelli and V. Varadharajan, "An Analysis of Some Delegation Protocols for Distributed Systems," *Proceedings of the Computer Security Foundations Workshop V*, IEEE Computer Society Press, 1992, pp. 92–110.

289. J.L. Camenisch, J.-M. Piveteau, and M.A. Stadler, "An Efficient Electronic Payment System Protecting Privacy," *Computer Security—ESORICS 94*, Springer-Verlag, 1994, pp. 207–215.

290. P. Camion and J. Patarin, "The Knapsack Hash Function Proposed at Crypto '89 Can Be Broken," *Advances in Cryptology—EUROCRYPT '91*, Springer-Verlag, 1991, pp. 39–53.

291. C.M. Campbell, "Design and Specification of Cryptographic Capabilities," *IEEE Computer Society Magazine*, v. 16, n. 6, Nov 1978, pp. 15–19.

292. E.A. Campbell, R. Safavi-Naini, and P.A. Pleasants, "Partial Belief and Probabilistic Reasoning in the Analysis of Secure Protocols," *Proceedings of the Computer Security Foundations Workshop V*, IEEE Computer Society Press, 1992, pp. 92–110.

293. K.W. Campbell and M.J. Wiener, "DES Is Not a Group," *Advances in Cryptology—CRYPTO '92 Proceedings*, Springer-Verlag, pp. 512–520.

294. Z.F. Cao and G. Zhao, "Some New MC Knapsack Cryptosystems," *CHINACRYPT '94*, Xidian, China, 11–15 Nov 1994, pp. 70–75. (In Chinese).

295. C. Carlet, "Partially-Bent Functions," *Advances in Cryptology—CRYPTO '92 Proceedings*, Springer-Verlag, 1993, pp. 280–291.

296. C. Carlet, "Partially Bent Functions," *Designs, Codes and Cryptography*, v. 3, 1993, pp. 135–145.

297. C. Carlet, "Two New Classes of Bent Functions" *Advances in Cryptology—EUROCRYPT '93 Proceedings*, Springer-Verlag, 1994, pp. 77–101.

298. C. Carlet, J. Seberry, and X.M. Zhang, "Comments on 'Generating and Counting Binary Bent Sequences,' " *IEEE Transactions on Information Theory*, v. IT-40, n. 2, Mar 1994, p. 600.

299. J.M. Carroll, *Computer Security*, 2nd edition, Butterworths, 1987.

300. J.M. Carroll, "The Three Faces of Information Security," *Advances in Cryptology—AUSCRYPT '90 Proceedings*, Springer-Verlag, 1990, pp. 433–450.

301. J.M. Carroll, " 'Do-it-yourself' Cryptogra-

phy," *Computers & Security*, v. 9, n. 7, Nov 1990, pp. 613–619.

302. T.R. Caron and R.D. Silverman, "Parallel Implementation of the Quadratic Scheme," *Journal of Supercomputing*, v. 1, n. 3, 1988, pp. 273–290.

303. CCITT, Draft Recommendation X.509, "The Directory—Authentication Framework," Consultation Committee, International Telephone and Telegraph, International Telecommunications Union, Geneva, 1987.

304. CCITT, Recommendation X.509, "The Directory—Authentication Framework," Consultation Committee, International Telephone and Telegraph, International Telecommunications Union, Geneva, 1989.

305. CCITT, Recommendation X.800, "Security Architecture for Open Systems Interconnection for CCITT Applications," International Telephone and Telegraph, International Telecommunications Union, Geneva, 1991.

306. F. Chabaud, "On the Security of Some Cryptosystems Based on Error-Correcting Codes," *Advances in Cryptology—EUROCRYPT '94 Proceedings*, Springer-Verlag, 1995, to appear.

307. F. Chabaud and S. Vaudenay, "Links Between Differential and Linear Cryptanalysis," *Advances in Cryptology—EUROCRYPT '94 Proceedings*, Springer-Verlag, 1995, to appear.

308. W.G. Chambers and D. Gollmann, "Generators for Sequences with Near-Maximal Linear Equivalence," *IEE Proceedings*, V. 135, Pt. E, n. 1, Jan 1988, pp. 67–69.

309. W.G. Chambers and D. Gollmann, "Lock-In Effect in Cascades of Clock-Controlled Shirt Registers," *Advances in Cryptology—EUROCRYPT '88 Proceedings*, Springer-Verlag, 1988, pp. 331–343.

310. A. Chan and R. Games, "On the Linear Span of Binary Sequences from Finite Geometries," *Advances in Cryptology—CRYPTO '86 Proceedings*, Springer-Verlag, 1987, pp. 405–417.

311. J.P. Chandler, D.C. Arrington, D.R. Berkelhammer, and W.L. Gill, "Identification and Analysis of Foreign Laws and Regulations Pertaining to the Use of Commercial Encryption Products for Voice and Data Communications," National Intellectual Property Law Institute, George Washington University, Washington, D.C., Jan 1994.

312. C.C. Chang and S.J. Hwang, "Cryptographic Authentication of Passwords," *Proceedings of the 25th Annual 1991 IEEE International Carnahan Conference on Security Technology*, Taipei, China, 1–3 Oct 1991, pp. 126–130.

313. C.C. Chang and S.J. Hwang, "A Strategy for Transforming Public-Key Cryptosystems into Identity-Based Cryptosystems," *Proceedings of the 25th Annual 1991 IEEE International Carnahan Conference on Security Technology*, Taipei, China, 1–3 Oct 1991, pp. 68–72.

314. C.C. Chang and C.H. Lin, "An ID-Based Signature Scheme Based upon Rabin's Public Key Cryptosystem," *Proceedings of the 25th Annual 1991 IEEE International Carnahan Conference on Security Technology*, Taipei, China, 1–3 Oct 1991, pp. 139–141.

315. C. Charnes and J. Pieprzyk, "Attacking the SL_2 Hashing Scheme," *Advances in Cryptology—ASIACRYPT '94 Proceedings*, Springer-Verlag, 1995, pp. 322–330.

316. D. Chaum, "Untraceable Electronic Mail, Return Addresses, and Digital Pseudonyms," *Communications of the ACM*, v. 24, n. 2, Feb 1981, pp. 84–88.

317. D. Chaum, "Blind Signatures for Untraceable Payments," *Advances in Cryptology: Proceedings of Crypto 82*, Plenum Press, 1983, pp. 199–203.

318. D. Chaum, "Security Without Identification: Transaction Systems to Make Big Brother Obsolete," *Communications of the ACM*, v. 28, n. 10, Oct 1985, pp. 1030–1044.

319. D. Chaum, "Demonstrating that a Public Predicate Can Be Satisfied without Revealing Any Information about How," *Advances in Cryptology—CRYPTO '86 Proceedings*, Springer-Verlag, 1987, pp. 159–199.

320. D. Chaum, "Blinding for Unanticipated Signatures," *Advances in Cryptology—EUROCRYPT '87 Proceedings*, Springer-Verlag, 1988, pp. 227–233.

321. D. Chaum, "The Dining Cryptographers Problem: Unconditional Sender and Receiver Untraceability," *Journal of Cryptology*, v. 1, n. 1, 1988, pp. 65–75.

322. D. Chaum, "Elections with Unconditionally Secret Ballots and Disruptions Equivalent to Breaking RSA," *Advances in Cryptology—EUROCRYPT '88 Proceedings*, Springer-Verlag, 1988, pp. 177–181.

323. D. Chaum, "Blind Signature Systems," U.S. Patent #4,759,063, 19 Jul 1988.

324. D. Chaum, "Blind Unanticipated Signature Systems," U.S. Patent #4,759,064, 19 Jul 1988.

325. D. Chaum, "Online Cash Checks," *Advances in Cryptology—EUROCRYPT '89 Proceedings*, Springer-Verlag, 1990, pp. 288–293.

326. D. Chaum, "One-Show Blind Signature

Systems," U.S. Patent #4,914,698, 3 Apr 1990.

327. D. Chaum, "Undeniable Signature Systems," U.S. Patent #4,947,430, 7 Aug 1990.

328. D. Chaum, "Returned-Value Blind Signature Systems," U.S. Patent #4,949,380, 14 Aug 1990.

329. D. Chaum, "Zero-Knowledge Undeniable Signatures," *Advances in Cryptology—EUROCRYPT '90 Proceedings*, Springer-Verlag, 1991, pp. 458–464.

330. D. Chaum, "Group Signatures," *Advances in Cryptology—EUROCRYPT '91 Proceedings*, Springer-Verlag, 1991, pp. 257–265.

331. D. Chaum, "Unpredictable Blind Signature Systems," U.S. Patent #4,991,210, 5 Feb 1991.

332. D. Chaum, "Achieving Electronic Privacy," *Scientific American*, v. 267, n. 2, Aug 1992, pp. 96–101.

333. D. Chaum, "Designated Confirmer Signatures," *Advances in Cryptology—EUROCRYPT '94 Proceedings*, Springer-Verlag, 1995, to appear.

334. D. Chaum, C. Crépeau, and I.B. Damgård, "Multiparty Unconditionally Secure Protocols," Proceedings of the 20th ACM Symposium on the Theory of Computing, 1988, pp. 11–19.

335. D. Chaum, B. den Boer, E. van Heyst, S. Mjølsnes, and A. Steenbeek, "Efficient Offline Electronic Checks," *Advances in Cryptology—EUROCRYPT '89 Proceedings*, Springer-Verlag, 1990, pp. 294–301.

336. D. Chaum and J.-H. Evertse, "Cryptanalysis of DES with a Reduced Number of Rounds; Sequences of Linear Factors in Block Ciphers," *Advances in Cryptology—CRYPTO '85 Proceedings*, Springer-Verlag, 1986, pp. 192–211.

337. D. Chaum, J.-H. Evertse, and J. van de Graff, "An Improved Protocol for Demonstrating Possession of Discrete Logarithms and Some Generalizations," *Advances in Cryptology—EUROCRYPT '87 Proceedings*, Springer-Verlag, 1988, pp. 127–141.

338. D. Chaum, J.-H. Evertse, J. van de Graff, and R. Peralta, "Demonstrating Possession of a Discrete Logarithm without Revealing It," *Advances in Cryptology—CRYPTO '86 Proceedings*, Springer-Verlag, 1987, pp. 200–212.

339. D. Chaum, A. Fiat, and M. Naor, "Untraceable Electronic Cash," *Advances in Cryptology—CRYPTO '88 Proceedings*, Springer-Verlag, 1990, pp. 319–327.

340. D. Chaum and T. Pedersen, "Transferred Cash Grows in Size," *Advances in Cryp-*

tology—EUROCRYPT '92 Proceedings*, Springer-Verlag, 1993, pp. 391–407.

341. D. Chaum and T. Pedersen, "Wallet Databases with Observers," *Advances in Cryptology—CRYPTO '92 Proceedings*, Springer-Verlag, 1993, pp. 89–105.

342. D. Chaum and I. Schaumuller-Bichel, eds., *Smart Card 2000*, North Holland: Elsevier Science Publishers, 1989.

343. D. Chaum and H. van Antwerpen, "Undeniable Signatures," *Advances in Cryptology—CRYPTO '89 Proceedings*, Springer-Verlag, 1990, pp. 212–216.

344. D. Chaum, E. van Heijst, and B. Pfitzmann, "Cryptographically Strong Undeniable Signatures, Unconditionally Secure for the Signer," *Advances in Cryptology—CRYPTO '91 Proceedings*, Springer-Verlag, 1992, pp. 470–484.

345. T.M. Chee, "The Cryptanalysis of a New Public-Key Cryptosystem Based on Modular Knapsacks," *Advances in Cryptology—CRYPTO '91 Proceedings*, Springer-Verlag, 1992, pp. 204–212.

346. L. Chen, "Oblivious Signatures," *Computer Security—ESORICS 94*, Springer-Verlag, 1994, pp. 161–172.

347. L. Chen and M. Burminster, "A Practical Secret Voting Scheme which Allows Voters to Abstain," *CHINACRYPT '94*, Xidian, China, 11–15 Nov 1994, pp. 100–107.

348. L. Chen and T.P. Pedersen "New Group Signature Schemes," *Advances in Cryptology—EUROCRYPT '94 Proceedings*, Springer-Verlag, 1995, to appear.

349. J. Chenhui, "Spectral Characteristics of Partially-Bent Functions," *CHINACRYPT '94*, Xidian, China, 11–15 Nov 1994, pp. 48–51.

350. V. Chepyzhov and B. Smeets, "On a Fast Correlation Attack on Certain Stream Ciphers," *Advances in Cryptology—EUROCRYPT '91 Proceedings*, Springer-Verlag, 1991, pp. 176–185.

351. T.C. Cheung, "Management of PEM Public Key Certificates Using X.500 Directory Service: Some Problems and Solutions," *Proceedings of the Internet Society 1994 Workshop on Network and Distributed System Security*, The Internet Society, 1994, pp. 35–42.

352. G.C. Chiou and W.C. Chen, "Secure Broadcasting Using the Secure Lock," *IEEE Transactions on Software Engineering*, v. SE-15, n. 8, Aug 1989, pp. 929–934.

353. Y.J. Choie and H.S. Hwoang, "On the Cryptosystem Using Elliptic Curves," *Proceedings of the 1993 Korea-Japan Workshop on Information Security and Cryptography*, Seoul, Korea, 24–26 Oct 1993,

pp. 105–113.

354. B. Chor and O. Goldreich, "RSA/Rabin Least Significant Bits are 1/2+1/poly(log *N*) Secure," *Advances in Cryptology: Proceedings of CRYPTO 84*, Springer-Verlag, 1985, pp. 303–313.

355. B. Chor, S. Goldwasser, S. Micali, and B. Awerbuch, "Verifiable Secret Sharing and Achieving Simultaneity in the Presence of Faults," *Proceedings of the 26th Annual IEEE Symposium on the Foundations of Computer Science*, 1985, pp. 383–395.

356. B. Chor and R.L. Rivest, "A Knapsack Type Public Key Cryptosystem Based on Arithmetic in Finite Fields," *Advances in Cryptology: Proceedings of CRYPTO 84*, Springer-Verlag, 1985, pp. 54–65.

357. P. Christoffersson, S.-A. Ekahll, V. Fåk, S. Herda, P. Mattila, W. Price, and H.-O. Widman, *Crypto Users' Handbook: A Guide for Implementors of Cryptographic Protection in Computer Systems*, North Holland: Elsevier Science Publishers. 1988.

358. R. Cleve, "Controlled Gradual Disclosure Schemes for Random Bits and Their Applications," *Advances in Cryptology—CRYPTO '89 Proceedings*, Springer-Verlag, 1990, pp. 572–588.

359. J.D. Cohen, "Improving Privacy in Cryptographic Elections," Yale University Computer Science Department Technical Report YALEU/DCS/TR-454, Feb 1986.

360. J.D. Cohen and M.H. Fischer, "A Robust and Verifiable Cryptographically Secure Election Scheme," *Proceedings of the 26th Annual IEEE Symposium on the Foundations of Computer Science*, 1985, pp. 372–382.

361. R. Cole, "A Model for Security in Distributed Systems," *Computers and Security*, v. 9, n. 4, Apr 1990, pp. 319–330.

362. Comptroller General of the United States, "Matter of National Institute of Standards and Technology—Use of Electronic Data Interchange Technology to Create Valid Obligations," File B-245714, 13 Dec 1991.

363. M.S. Conn, letter to Joe Abernathy, National Security Agency, Ser: Q43-111-92, 10 Jun 1992.

364. C. Connell, "An Analysis of NewDES: A Modified Version of DES," *Cryptologia*, v. 14, n. 3, Jul 1990, pp. 217–223.

365. S.A. Cook, "The Complexity of Theorem-Proving Procedures," *Proceedings of the 3rd Annual ACM Symposium on the Theory of Computing*, 1971, pp. 151–158.

366. R.H. Cooper and W. Patterson, "A Generalization of the Knapsack Method Using Galois Fields," *Cryptologia*, v. 8, n. 4, Oct 1984, pp. 343–347.

367. R.H. Cooper and W. Patterson, "RSA as a Benchmark for Multiprocessor Machines," *Advances in Cryptology—AUSCRYPT '90 Proceedings*, Springer-Verlag, 1990, pp. 356–359.

368. D. Coppersmith, "Fast Evaluation of Logarithms in Fields of Characteristic Two," *IEEE Transactions on Information Theory*, v. 30, n. 4, Jul 1984, pp. 587–594.

369. D. Coppersmith, "Another Birthday Attack," *Advances in Cryptology—CRYPTO '85 Proceedings*, Springer-Verlag, 1986, pp. 14–17.

370. D. Coppersmith, "Cheating at Mental Poker," *Advances in Cryptology—CRYPTO '85 Proceedings*, Springer-Verlag, 1986, pp. 104–107.

371. D. Coppersmith, "The Real Reason for Rivest's Phenomenon," *Advances in Cryptology—CRYPTO '85 Proceedings*, Springer-Verlag, 1986, pp. 535–536.

372. D. Coppersmith, "Two Broken Hash Functions," Research Report RD 18397, IBM T.J. Watson Center, Oct 1992.

373. D. Coppersmith, "The Data Encryption Standard (DES) and Its Strength against Attacks," Technical Report RC 18613, IBM T.J. Watson Center, Dec 1992.

374. D. Coppersmith, "The Data Encryption Standard (DES) and its Strength against Attacks," *IBM Journal of Research and Development*, v. 38, n. 3, May 1994, pp. 243–250.

375. D. Coppersmith, "Attack on the Cryptographic Scheme NIKS-TAS," *Advances in Cryptology—CRYPTO '94 Proceedings*, Springer-Verlag, 1994, pp. 294–307.

376. D. Coppersmith, personal communication, 1994.

377. D. Coppersmith and E. Grossman, "Generators for Certain Alternating Groups with Applications to Cryptography," *SIAM Journal on Applied Mathematics*, v. 29, n. 4, Dec 1975, pp. 624–627.

378. D. Coppersmith, H. Krawczyk, and Y. Mansour, "The Shrinking Generator," *Advances in Cryptology—CRYPTO '93 Proceedings*, Springer-Verlag, 1994, pp. 22–39.

379. D. Coppersmith, A. Odlykzo, and R. Schroeppel, "Discrete Logarithms in GF(*p*)," *Algorithmica*, v. 1, n. 1, 1986, pp. 1–16.

380. D. Coppersmith and P. Rogaway, "Software Efficient Pseudo Random Function and the Use Thereof for Encryption," U.S. Patent pending, 1995.

381. D. Coppersmith, J. Stern, and S. Vaudenay, "Attacks on the Birational Signature Schemes," *Advances in Cryptology—CRYPTO '93 Proceedings*, Springer-Verlag,

1994, pp. 435–443.

382. V. Cordonnier and J.-J. Quisquater, eds., *CARDIS '94—Proceedings of the First Smart Card Research and Advanced Application Conference*, Lille, France, 24–26 Oct 1994.

383. C. Couvreur and J.-J. Quisquater, "An Introduction to Fast Generation of Large Prime Numbers," *Philips Journal Research*, v. 37, n. 5–6, 1982, pp. 231–264.

384. C. Couvreur and J.-J. Quisquater, "An Introduction to Fast Generation of Large Prime Numbers," *Philips Journal Research*, v. 38, 1983, p. 77.

385. C. Coveyou and R.D. MacPherson, "Fourier Analysis of Uniform Random Number Generators," *Journal of the ACM*, v. 14, n. 1, 1967, pp. 100–119.

386. T.M. Cover and R.C. King, "A Convergent Gambling Estimate of the Entropy of English," *IEEE Transactions on Information Theory*, v. IT-24, n. 4, Jul 1978, pp. 413–421.

387. R.J.F. Cramer and T.P. Pedersen, "Improved Privacy in Wallets with Observers," *Advances in Cryptology—EUROCRYPT '93 Proceedings*, Springer-Verlag, 1994, pp. 329–343.

388. R.E. Crandell, "Method and Apparatus for Public Key Exchange in a Cryptographic System," U.S. Patent #5,159,632, 27 Oct 1992.

389. C. Crépeau, "A Secure Poker Protocol That Minimizes the Effect of Player Coalitions," *Advances in Cryptology—CRYPTO '85 Proceedings*, Springer-Verlag, 1986, pp. 73–86.

390. C. Crépeau, "A Zero-Knowledge Poker Protocol that Achieves Confidentiality of the Players' Strategy, or How to Achieve an Electronic Poker Face," *Advances in Cryptology—CRYPTO '86 Proceedings*, Springer-Verlag, 1987, pp. 239–247.

391. C. Crépeau, "Equivalence Between Two Flavours of Oblivious Transfer," *Advances in Cryptology—CRYPTO '87 Proceedings*, Springer-Verlag, 1988, pp. 350–354.

392. C. Crépeau, "Correct and Private Reductions among Oblivious Transfers," Ph.D. dissertation, Department of Electrical Engineering and Computer Science, Massachusetts Institute of Technology, 1990.

393. C. Crépeau, "Quantum Oblivious Transfer," *Journal of Modern Optics*, v. 41, n. 12, Dec 1994, pp. 2445–2454.

394. C. Crépeau and J. Kilian, "Achieving Oblivious Transfer Using Weakened Security Assumptions," *Proceedings of the 29th Annual Symposium on the Foundations of Computer Science*, 1988, pp.

42–52.

395. C. Crépeau and J. Kilian, "Weakening Security Assumptions and Oblivious Transfer," *Advances in Cryptology—CRYPTO '88 Proceedings*, Springer-Verlag, 1990, pp. 2–7.

396. C. Crépeau and L. Salvail, "Quantum Oblivious Mutual Identification," *Advances in Cryptology—EUROCRYPT '95 Proceedings*, Springer-Verlag, 1995, pp. 133–146.

397. A. Curiger, H. Bonnenberg, R. Zimmermann, N. Felber, H. Kaeslin and W. Fichtner, "VINCI: VLSI Implementation of the New Block Cipher IDEA," *Proceedings of IEEE CICC '93*, San Diego, CA, May 1993, pp. 15.5.1–15.5.4.

398. A. Curiger and B. Stuber, "Specification for the IDEA Chip," Technical Report No. 92/03, Institut für Integrierte Systeme, ETH Zurich, Feb 1992.

399. T. Cusick, "Boolean Functions Satisfying a Higher Order Strict Avalanche Criterion," *Advances in Cryptology—EUROCRYPT '93 Proceedings*, Springer-Verlag, 1994, pp. 102–117.

400. T.W. Cusick and M.C. Wood, "The REDOC-II Cryptosystem," *Advances in Cryptology—CRYPTO '90 Proceedings*, Springer-Verlag, 1991, pp. 545–563.

401. Cylink Corporation, Cylink Corporation vs. RSA Data Security, Inc., Civil Action No. C94-02332-CW, United States District Court for the Northern District of California, 30 Jun 1994.

402. J. Daeman, "Cipher and Hash Function Design," Ph.D. Thesis, Katholieke Universiteit Leuven, Mar 95.

403. J. Daeman, A. Bosselaers, R. Govaerts, and J. Vandewalle, "Collisions for Schnorr's Hash Function FFT-Hash Presented at Crypto '91," *Advances in Cryptology—ASIACRYPT '91 Proceedings*, Springer-Verlag, 1993, pp. 477–480.

404. J. Daeman, R. Govaerts, and J. Vandewalle, "A Framework for the Design of One-Way Hash Functions Including Cryptanalysis of Damgård's One-Way Function Based on Cellular Automata," *Advances in Cryptology—ASIACRYPT '91 Proceedings*, Springer-Verlag, 1993, pp. 82–96.

405. J. Daeman, R. Govaerts, and J. Vandewalle, "A Hardware Design Model for Cryptographic Algorithms," *ESORICS 92, Proceedings of the Second European Symposium on Research in Computer Security*, Springer-Verlag, 1992, pp. 419–434.

406. J. Daemen, R. Govaerts, and J. Vandewalle, "Block Ciphers Based on Modular Arithmetic," *Proceedings of the 3rd Symposium on State and Progress of Research in Cryptography*, Rome, Italy, 15–16 Feb 1993, pp.

80–89.

407. J. Daemen, R. Govaerts, and J. Vandewalle, "Fast Hashing Both in Hardware and Software," presented at the rump session of CRYPTO '93, Aug 1993.

408. J. Daeman, R. Govaerts, and J. Vandewalle, "Resynchronization Weaknesses in Synchronous Stream Ciphers," *Advances in Cryptology—EUROCRYPT '93 Proceedings*, Springer-Verlag, 1994, pp. 159–167.

409. J. Daeman, R. Govaerts, and J. Vandewalle, "Weak Keys for IDEA," *Advances in Cryptology—CRYPTO '93 Proceedings*, Springer-Verlag, 1994, pp. 224–230.

410. J. Daemen, R. Govaerts, and J. Vandewalle, "A New Approach to Block Cipher Design," *Fast Software Encryption, Cambridge Security Workshop Proceedings*, Springer-Verlag, 1994, pp. 18–32.

411. Z.-D. Dai, "Proof of Rueppel's Linear Complexity Conjecture," *IEEE Transactions on Information Theory*, v. IT-32, n. 3, May 1986, pp. 440–443.

412. I.B. Damgård, "Collision Free Hash Functions and Public Key Signature Schemes," *Advances in Cryptology—EUROCRYPT '87 Proceedings*, Springer-Verlag, 1988, pp. 203–216.

413. I.B. Damgård, "Payment Systems and Credential Mechanisms with Provable Security Against Abuse by Individuals," *Advances in Cryptology—CRYPTO '88 Proceedings*, Springer-Verlag, 1990, pp. 328–335.

414. I.B. Damgård, "A Design Principle for Hash Functions," *Advances in Cryptology—CRYPTO '89 Proceedings*, Springer-Verlag, 1990, pp. 416–427.

415. I.B. Damgård, "Practical and Provably Secure Release of a Secret and Exchange of Signatures," *Advances in Cryptology—EUROCRYPT '93 Proceedings*, Springer-Verlag, 1994, pp. 200–217.

416. I.B. Damgård and L.R. Knudsen, "The Breaking of the AR Hash Function," *Advances in Cryptology—EUROCRYPT '93 Proceedings*, Springer-Verlag, 1994, pp. 286–292.

417. I.B. Damgård and P. Landrock, "Improved Bounds for the Rabin Primality Test," *Cryptography and Coding III*, M.J. Ganley, ed., Oxford: Clarendon Press, 1993, pp. 117–128.

418. I.B. Damgård, P. Landrock and C. Pomerance, "Average Case Error Estimates for the Strong Probable Prime Test," *Mathematics of Computation*, v. 61, n. 203, Jul 1993, pp. 177–194.

419. H.E. Daniels, Jr., letter to Datapro Research Corporation regarding CCEP, 23 Dec 1985.

420. H. Davenport, *The Higher Arithmetic*, Dover Books, 1983.

421. G.I. Davida, "Inverse of Elements of a Galois Field," *Electronics Letters*, v. 8, n. 21, 19 Oct 1972, pp. 518–520.

422. G.I. Davida, "Hellman's Scheme Breaks DES in Its Basic Form," *IEEE Spectrum*, v. 16, n. 7, Jul 1979, p. 39.

423. G.I. Davida, "Chosen Signature Cryptanalysis of the RSA (MIT) Public Key Cryptosystem," *Technical Report TR-CS-82-2*, Department of EECS, University of Wisconsin, 1982.

424. G.I. Davida and G.G. Walter, "A Public Key Analog Cryptosystem," *Advances in Cryptology—EUROCRYPT '87 Proceedings*, Springer-Verlag, 1988, pp. 143–147.

425. G.I. Davida, D. Wells, and J. Kam, "A Database Encryption System with Subkeys," *ACM Transactions on Database Systems*, v. 6, n. 2, Jun 1981, pp. 312–328.

426. D.W. Davies, "Applying the RSA Digital Signature to Electronic Mail," *Computer*, v. 16, n. 2, Feb 1983, pp. 55–62.

427. D.W. Davies, "Some Regular Properties of the DES," *Advances in Cryptology: Proceedings of Crypto 82*, Plenum Press, 1983, pp. 89–96.

428. D.W. Davies, "A Message Authentication Algorithm Suitable for a Mainframe Computer," *Advances in Cryptology: Proceedings of Crypto 82*, Springer-Verlag, 1985,

429. D.W. Davies and S. Murphy, "Pairs and Triplets of DES S-boxes," *Cryptologia*, v. 8, n. 1, 1995, pp. 1–25.

430. D.W. Davies and G.I.P. Parkin, "The Average Size of the Key Stream in Output Feedback Encipherment," *Cryptography, Proceedings of the Workshop on Cryptography, Burg Feuerstein, Germany, March 29–April 2, 1982*, Springer-Verlag, 1983, pp. 263–279.

431. D.W. Davies and G.I.P. Parkin, "The Average Size of the Key Stream in Output Feedback Mode," *Advances in Cryptology: Proceedings of Crypto 82*, Plenum Press, 1983, pp. 97–98.

432. D.W. Davies and W.L. Price, "The Application of Digital Signatures Based on Public-Key Cryptosystems," *Proceedings of the Fifth International Computer Communications Conference*, Oct 1980, pp. 525–530.

433. D.W. Davies and W.L. Price, "The Application of Digital Signatures Based on Public-Key Cryptosystems," National Physical Laboratory Report DNACS 39/80, Dec 1980.

434. D.W. Davies and W.L. Price, "Digital Signature—An Update," *Proceedings of International Conference on Computer Communications, Sydney, Oct 1984*, North

Holland: Elsevier, 1985, pp. 843–847.

435. D.W. Davies and W.L. Price, *Security for Computer Networks*, second edition, John Wiley & Sons, 1989.

436. M. Davio, Y. Desmedt, M. Fosseprez, R. Govaerts, J. Hulsbrosch, P. Neutjens, P. Piret, J.-J. Quisquater, J. Vandewalle, and S. Wouters, "Analytical Characteristics of the Data Encryption Standard," *Advances in Cryptology: Proceedings of Crypto 83*, Plenum Press, 1984, pp. 171–202.

437. M. Davio, Y. Desmedt, J. Goubert, F. Hoornaert, and J.-J. Quisquater, "Efficient Hardware and Software Implementation of the DES," *Advances in Cryptology: Proceedings of CRYPTO 84*, Springer-Verlag, 1985, pp. 144–146.

438. M. Davio, Y. Desmedt, and J.-J. Quisquater, "Propagation Characteristics of the DES," *Advances in Cryptology: Proceedings of EUROCRYPT 84*, Springer-Verlag, 1985, 62–73.

439. D. Davis, R. Ihaka, and P. Fenstermacher, "Cryptographic Randomness from Air Turbulence in Disk Drives," *Advances in Cryptology—CRYPTO '94 Proceedings*, Springer-Verlag, 1994, pp. 114–120.

440. J.A. Davis, D.B. Holdbridge, and G.J. Simmons, "Status Report on Factoring (at the Sandia National Laboratories)," *Advances in Cryptology: Proceedings of CRYPTO 84*, Springer-Verlag, 1985, pp. 183–215.

441. R.M. Davis, "The Data Encryption Standard in Perspective," *Computer Security and the Data Encryption Standard*, National Bureau of Standards Special Publication 500-27, Feb 1978.

442. E. Dawson and A. Clark, "Cryptanalysis of Universal Logic Sequences," *Advances in Cryptology—EUROCRYPT '93 Proceedings*, Springer-Verlag, to appear.

443. M.H. Dawson and S.E. Tavares, "An Expanded Set of Design Criteria for Substitution Boxes and Their Use in Strengthening DES-Like Cryptosystems," *IEEE Pacific Rim Conference on Communications, Computers, and Signal Processing*, Victoria, BC, Canada, 9–10 May 1991, pp. 191–195.

444. M.H. Dawson and S.E. Tavares, "An Expanded Set of S-Box Design Criteria Based on Information Theory and Its Relation to Differential-like Attacks," *Advances in Cryptology—EUROCRYPT '91 Proceedings*, Springer-Verlag, 1991, pp. 352–367.

445. C.A. Deavours, "Unicity Points in Cryptanalysis," *Cryptologia*, v. 1, n. 1, 1977, pp. 46–68.

446. C.A. Deavours, "The Black Chamber: A Column; How the British Broke Enigma," *Cryptologia*, v. 4, n. 3, Jul 1980, pp. 129–132.

447. C.A. Deavours, "The Black Chamber: A Column; La Méthode des Bâtons," *Cryptologia*, v. 4, n. 4, Oct 1980, pp. 240–247.

448. C.A. Deavours and L. Kruh, *Machine Cryptography and Modern Cryptanalysis*, Norwood MA: Artech House, 1985.

449. J.M. DeLaurentis, "A Further Weakness in the Common Modulus Protocol for the RSA Cryptosystem," *Cryptologia*, v. 8, n. 3, Jul 1984, pp. 253–259.

450. P. Delsarte, Y. Desmedt, A. Odlyzko, and P. Piret, "Fast Cryptanalysis of the Matsumoto-Imai Public-Key Scheme," *Advances in Cryptology: Proceedings of EUROCRYPT 84*, Springer-Verlag, 1985, pp. 142–149.

451. P. Delsarte and P. Piret, "Comment on 'Extension of RSA Cryptostructure: A Galois Approach'," *Electronics Letters*, v. 18, n. 13, 24 Jun 1982, pp. 582–583.

452. R. DeMillo, N. Lynch, and M. Merritt, "Cryptographic Protocols," *Proceedings of the 14th Annual Symposium on the Theory of Computing*, 1982, pp. 383–400.

453. R. DeMillo and M. Merritt, "Protocols for Data Security," *Computer*, v. 16, n. 2, Feb 1983, pp. 39–50.

454. N. Demytko, "A New Elliptic Curve Based Analogue of RSA," *Advances in Cryptology—EUROCRYPT '93 Proceedings*, Springer-Verlag, 1994, pp. 40–49.

455. D.E. Denning, "Secure Personal Computing in an Insecure Network," *Communications of the ACM*, v. 22, n. 8, Aug 1979, pp. 476–482.

456. D.E. Denning, *Cryptography and Data Security*, Addison-Wesley, 1982.

457. D.E. Denning, "Protecting Public Keys and Signature Keys," *Computer*, v. 16, n. 2, Feb 1983, pp. 27–35.

458. D.E. Denning, "Digital Signatures with RSA and Other Public-Key Cryptosystems," *Communications of the ACM*, v. 27, n. 4, Apr 1984, pp. 388–392.

459. D.E. Denning, "The Data Encryption Standard: Fifteen Years of Public Scrutiny," *Proceedings of the Sixth Annual Computer Security Applications Conference*, IEEE Computer Society Press, 1990.

460. D.E. Denning, "The Clipper Chip: A Technical Summary," unpublished manuscript, 21 Apr 1993.

461. D.E. Denning and G.M. Sacco, "Timestamps in Key Distribution Protocols," *Communications of the ACM*, v. 24, n. 8, Aug 1981, pp. 533–536.

462. D.E. Denning and M. Smid, "Key Escrowing Today," *IEEE Communications Maga-*

zine, v. 32, n. 9, Sep 1994, pp. 58–68.

463. T. Denny, B. Dodson, A.K. Lenstra, and M.S. Manasse, "On the Factorization of RSA-120," *Advances in Cryptology—CRYPTO '93 Proceedings*, Springer-Verlag, 1994, pp. 166–174.

464. W.F. Denny, "Encryptions Using Linear and Non-Linear Codes: Implementations and Security Considerations," Ph.D. dissertation, The Center for Advanced Computer Studies, University of Southern Louisiana, Spring 1988.

465. Department of Defense, "Department of Defense Trusted Computer System Evaluation Criteria," DOD 5200.28-STD, Dec 1985.

466. Department of State, "International Traffic in Arms Regulations (ITAR)," 22 CFR 120–130, Office of Munitions Control, Nov 1989.

467. Department of State, "Defense Trade Regulations," 22 CFR 120–130, Office of Defense Trade Controls, May 1992.

468. Department of the Treasury, "Electronic Funds and Securities Transfer Policy," Department of the Treasury Directives Manual, Chapter TD 81, Section 80, Department of the Treasury, 16 Aug 1984.

469. Department of the Treasury, "Criteria and Procedures for Testing, Evaluating, and Certifying Message Authentication Decisions for Federal E.F.T. Use," Department of the Treasury, 1 May 1985.

470. Department of the Treasury, "Electronic Funds and Securities Transfer Policy—Message Authentication and Enhanced Security," Order No. 106-09, Department of the Treasury, 2 Oct 1986.

471. H. Dobbertin, "A Survey on the Construction of Bent Functions," *K.U. Leuven Workshop on Cryptographic Algorithms*, Springer-Verlag, 1995, to appear.

472. B. Dodson and A.K. Lenstra, "NFS with Four Large Primes: An Explosive Experiment," draft manuscript.

473. D. Dolev and A. Yao, "On the Security of Public-Key Protocols," *Communications of the ACM*, v. 29, n. 8, Aug 1983, pp. 198–208.

474. J. Domingo-Ferrer, "Probabilistic Authentication Analysis," *CARDIS 94—Proceedings of the First Smart Card Research and Applications Conference*, Lille, France, 24–26 Oct 1994, pp. 49–60.

475. P. de Rooij, "On the Security of the Schnorr Scheme Using Preprocessing," *Advances in Cryptology—EUROCRYPT '91 Proceedings*, Springer-Verlag, 1991, pp. 71–80.

476. A. De Santis, G. Di Crescenzo, and G. Persiano, "Secret Sharing and Perfect Zero Knowledge," *Advances in Cryptology—CRYPTO '93 Proceedings*, Springer-Verlag, 1994, pp. 73–84.

477. A. De Santis, S. Micali, and G. Persiano, "Non-Interactive Zero-Knowledge Proof Systems," *Advances in Cryptology—CRYPTO '87 Proceedings*, Springer-Verlag, 1988, pp. 52–72.

478. A. De Santis, S. Micali, and G. Persiano, "Non-Interactive Zero-Knowledge with Preprocessing," *Advances in Cryptology—CRYPTO '88 Proceedings*, Springer-Verlag, 1990, pp. 269–282.

479. Y. Desmedt, "What Happened with Knapsack Cryptographic Schemes" *Performance Limits in Communication, Theory and Practice*, NATO ASI Series E: Applied Sciences, v. 142, Kluwer Academic Publishers, 1988, pp. 113–134.

480. Y. Desmedt, "Subliminal-Free Authentication and Signature," *Advances in Cryptology—EUROCRYPT '88 Proceedings*, Springer-Verlag, 1988, pp. 23–33.

481. Y. Desmedt, "Abuses in Cryptography and How to Fight Them," *Advances in Cryptology—CRYPTO '88 Proceedings*, Springer-Verlag, 1990, pp. 375–389.

482. Y. Desmedt and M. Burmester, "An Efficient Zero-Knowledge Scheme for the Discrete Logarithm Based on Smooth Numbers," *Advances in Cryptology—ASIACRYPT '91 Proceedings*, Springer-Verlag, 1993, pp. 360–367.

483. Y. Desmedt and Y. Frankel, "Threshold Cryptosystems," *Advances in Cryptology—CRYPTO '89 Proceedings*, Springer-Verlag, 1990, pp. 307–315.

484. Y. Desmedt and Y. Frankel, "Shared Generation of Authentication and Signatures," *Advances in Cryptology—CRYPTO '91 Proceedings*, Springer-Verlag, 1992, pp. 457–469.

485. Y. Desmedt, C. Goutier, and S. Bengio, "Special Uses and Abuses of the Fiat-Shamir Passport Protocol," *Advances in Cryptology—CRYPTO '87 Proceedings*, Springer-Verlag, 1988, pp. 21–39.

486. Y. Desmedt and A.M. Odlykzo, "A Chosen Text Attack on the RSA Cryptosystem and Some Discrete Logarithm Problems," *Advances in Cryptology—CRYPTO '85 Proceedings*, Springer-Verlag, 1986, pp. 516–522.

487. Y. Desmedt, J.-J. Quisquater, and M. Davio, "Dependence of Output on Input in DES: Small Avalanche Characteristics," *Advances in Cryptology: Proceedings of CRYPTO 84*, Springer-Verlag, 1985, pp. 359–376.

488. Y. Desmedt, J. Vandewalle, and R. Govaerts, "Critical Analysis of the Security of

Knapsack Public Key Algorithms," *IEEE Transactions on Information Theory*, v. IT-30, n. 4, Jul 1984, pp. 601–611.

489. Y. Desmedt and M. Yung, "Weaknesses of Undeniable Signature Schemes," *Advances in Cryptology—EUROCRYPT '91 Proceedings*, Springer-Verlag, 1991, pp. 205–220.

490. W. Diffie, lecture at IEEE Information Theory Workshop, Ithaca, N.Y., 1977.

491. W. Diffie, "Cryptographic Technology: Fifteen Year Forecast," BNR Inc., Jan 1981.

492. W. Diffie, "The First Ten Years of Public-Key Cryptography," *Proceedings of the IEEE*, v. 76, n. 5, May 1988, pp. 560–577.

493. W. Diffie, "Authenticated Key Exchange and Secure Interactive Communication," *Proceedings of SECURICOM '90*, 1990.

494. W. Diffie, "The First Ten Years of Public-Key Cryptography," in *Contemporary Cryptology: The Science of Information Integrity*, G.J. Simmons, ed., IEEE Press, 1992, pp. 135–175.

495. W. Diffie and M.E. Hellman, "Multiuser Cryptographic Techniques," *Proceedings of AFIPS National Computer Conference*, 1976, pp. 109–112.

496. W. Diffie and M.E. Hellman, "New Directions in Cryptography," *IEEE Transactions on Information Theory*, v. IT-22, n. 6, Nov 1976, pp. 644–654.

497. W. Diffie and M.E. Hellman, "Exhaustive Cryptanalysis of the NBS Data Encryption Standard," *Computer*, v. 10, n. 6, Jun 1977, pp. 74–84.

498. W. Diffie and M.E. Hellman, "Privacy and Authentication: An Introduction to Cryptography," *Proceedings of the IEEE*, v. 67, n. 3, Mar 1979, pp. 397–427.

499. W. Diffie, L. Strawczynski, B. O'Higgins, and D. Steer, "An ISDN Secure Telephone Unit," *Proceedings of the National Telecommunications Forum*, v. 41, n. 1, 1987, pp. 473–477.

500. W. Diffie, P.C. van Oorschot, and M.J. Wiener, "Authentication and Authenticated Key Exchanges," *Designs, Codes and Cryptography*, v. 2, 1992, 107–125.

501. C. Ding, "The Differential Cryptanalysis and Design of Natural Stream Ciphers," *Fast Software Encryption, Cambridge Security Workshop Proceedings*, Springer-Verlag, 1994, pp. 101–115.

502. C. Ding, G. Xiao, and W. Shan, *The Stability Theory of Stream Ciphers*, Springer-Verlag, 1991.

503. A. Di Porto and W. Wolfowicz, "VINO: A Block Cipher Including Variable Permutations," *Fast Software Encryption, Cambridge Security Workshop Proceedings*, Springer-Verlag, 1994, pp. 205–210.

504. B. Dixon and A.K. Lenstra, "Factoring Integers Using SIMD Sieves," *Advances in Cryptology—EUROCRYPT '93 Proceedings*, Springer-Verlag, 1994, pp. 28–39.

505. J.D. Dixon, "Factorization and Primality Tests," *American Mathematical Monthly*, v. 91, n. 6, 1984, pp. 333–352.

506. D. Dolev and A. Yao, "On the Security of Public Key Protocols," *Proceedings of the 22nd Annual Symposium on the Foundations of Computer Science*, 1981, pp. 350–357.

507. L.X. Duan and C.C. Nian, "Modified Lu-Lee Cryptosystems," *Electronics Letters*, v. 25, n. 13, 22 Jun 1989, p. 826.

508. R. Durstenfeld, "Algorithm 235: Random Permutation," *Communications of the ACM*, v. 7, n. 7, Jul 1964, p. 420.

509. S. Dussé and B. Kaliski, Jr., "A Cryptographic Library for the Motorola DSP56000," *Advances in Cryptology—EUROCRYPT '90 Proceedings*, Springer-Verlag, 1991, pp. 230–244.

510. C. Dwork and L. Stockmeyer, "Zero-Knowledge with Finite State Verifiers," *Advances in Cryptology—CRYPTO '88 Proceedings*, Springer-Verlag, 1990, pp. 71–75.

511. D.E. Eastlake, S.D. Crocker, and J.I. Schiller, "Randomness Requirements for Security," RFC 1750, Dec 1994.

512. H. Eberle, "A High-Speed DES Implementation for Network Applications," *Advances in Cryptology—CRYPTO '92 Proceedings*, Springer-Verlag, pp. 521–539.

513. J. Edwards, "Implementing Electronic Poker: A Practical Exercise in Zero-Knowledge Interactive Proofs," Master's thesis, Department of Computer Science, University of Kentucky, May 1994.

514. W.F. Ehrsam, C.H.W. Meyer, R.L. Powers, J.L. Smith, and W.L. Tuchman, "Product Block Cipher for Data Security," U.S. Patent #3,962,539, 8 Jun 1976.

515. W.F. Ehrsam, C.H.W. Meyer, and W.L. Tuchman, "A Cryptographic Key Management Scheme for Implementing the Data Encryption Standard," *IBM Systems Journal*, v. 17, n. 2, 1978, pp. 106–125.

516. R. Eier and H. Lagger, "Trapdoors in Knapsack Cryptosystems," *Lecture Notes in Computer Science 149; Cryptography—Proceedings, Burg Feuerstein 1982*, Springer-Verlag, 1983, pp. 316–322.

517. A.K. Ekert, "Quantum Cryptography Based on Bell's Theorem," *Physical Review Letters*, v. 67, n. 6, Aug 1991, pp. 661–663.

518. T. ElGamal, "A Public-Key Cryptosystem and a Signature Scheme Based on Discrete

Logarithms," *Advances in Cryptology: Proceedings of CRYPTO 84*, Springer-Verlag, 1985, pp. 10–18.

519. T. ElGamal, "A Public-Key Cryptosystem and a Signature Scheme Based on Discrete Logarithms," *IEEE Transactions on Information Theory*, v. IT-31, n. 4, 1985, pp. 469–472.

520. T. ElGamal, "On Computing Logarithms Over Finite Fields," *Advances in Cryptology—CRYPTO '85 Proceedings*, Springer-Verlag, 1986, pp. 396–402.

521. T. ElGamal and B. Kaliski, letter to the editor regarding LUC, *Dr. Dobb's Journal*, v. 18, n. 5, May 1993, p. 10.

522. T. Eng and T. Okamoto, "Single-Term Divisible Electronic Coins," *Advances in Cryptology—EUROCRYPT '94 Proceedings*, Springer-Verlag, 1995, to appear.

523. M.H. Er, D.J. Wong, A.A. Sethu, and K.S. Ngeow, "Design and Implementation of RSA Cryptosystem Using Multiple DSP Chips," *1991 IEEE International Symposium on Circuits and Systems*, v. 1, Singapore, 11–14 Jun 1991, pp. 49–52.

524. D. Estes, L.M. Adleman, K. Konpella, K.S. McCurley, and G.L. Miller, "Breaking the Ong-Schnorr-Shamir Signature Schemes for Quadratic Number Fields," *Advances in Cryptology—CRYPTO '85 Proceedings*, Springer-Verlag, 1986, pp. 3–13.

525. ETEBAC, "Échanges Télématiques Entre Les Banques et Leurs Clients," Standard ETEBAC 5, *Comité Français d'Organisation et de Normalisation Bancaires*, Apr 1989. (In French.)

526. A. Evans, W. Kantrowitz, and E. Weiss, "A User Identification Scheme Not Requiring Secrecy in the Computer," *Communications of the ACM*, v. 17, n. 8, Aug 1974, pp. 437–472.

527. S. Even and O. Goldreich, "DES-Like Functions Can Generate the Alternating Group," *IEEE Transactions on Information Theory*, v. IT-29, n. 6, Nov 1983, pp. 863–865.

528. S. Even and O. Goldreich, "On the Power of Cascade Ciphers," *ACM Transactions on Computer Systems*, v. 3, n. 2, May 1985, pp. 108–116.

529. S. Even, O. Goldreich, and A. Lempel, "A Randomizing Protocol for Signing Contracts," *Communications of the ACM*, v. 28, n. 6, Jun 1985, pp. 637–647.

530. S. Even and Y. Yacobi, "Cryptography and **NP**-Completeness," *Proceedings of the 7th International Colloquium on Automata, Languages, and Programming*, Springer-Verlag, 1980, pp. 195–207.

531. H.-H. Evertse, "Linear Structures in Block

Ciphers," *Advances in Cryptology—EUROCRYPT '87 Proceedings*, Springer-Verlag, 1988, pp. 249–266.

532. P. Fahn and M.J.B. Robshaw, "Results from the RSA Factoring Challenge," Technical Report TR-501, Version 1.3, RSA Laboratories, Jan 1995.

533. R.C. Fairfield, A. Matusevich, and J. Plany, "An LSI Digital Encryption Processor (DEP)," *Advances in Cryptology: Proceedings of CRYPTO 84*, Springer-Verlag, 1985, pp. 115–143.

534. R.C. Fairfield, A. Matusevich, and J. Plany, "An LSI Digital Encryption Processor (DEP)," *IEEE Communications*, v. 23, n. 7, Jul 1985, pp. 30–41.

535. R.C. Fairfield, R.L. Mortenson, and K.B. Koulthart, "An LSI Random Number Generator (RNG)," *Advances in Cryptology: Proceedings of CRYPTO 84*, Springer-Verlag, 1985, pp. 203–230.

536. "International Business Machines Corp. License Under Patents," *Federal Register*, v. 40, n. 52, 17 Mar 1975, p. 12067.

537. "Solicitation for Public Key Cryptographic Algorithms," *Federal Register*, v. 47, n. 126, 30 Jun 1982, p. 28445.

538. "Proposed Federal Information Processing Standard for Digital Signature Standard (DSS)," *Federal Register*, v. 56, n. 169, 30 Aug 1991, pp. 42980–42982.

539. "Proposed Federal Information Processing Standard for Secure Hash Standard," *Federal Register*, v. 57, n. 21, 31 Jan 1992, pp. 3747–3749.

540. "Proposed Reaffirmation of Federal Information Processing Standard (FIPS) 46-1, Data Encryption Standard (DES)," *Federal Register*, v. 57, n. 177, 11 Sep 1992, p. 41727.

541. "Notice of Proposal for Grant of Exclusive Patent License," *Federal Register*, v. 58, n. 108, 8 Jun 1993, pp. 23105–23106.

542. "Approval of Federal Information Processing Standards Publication 186, Digital Signature Standard (DSS)," *Federal Register*, v. 58, n. 96, 19 May 1994, pp. 26208–26211.

543. "Proposed Revision of Federal Information Processing Standard (FIPS) 180, Secure Hash Standard," *Federal Register*, v. 59, n. 131, 11 Jul 1994, pp. 35317–35318.

544. U. Feige, A. Fiat, and A. Shamir, "Zero Knowledge Proofs of Identity," *Proceedings of the 19th Annual ACM Symposium on the Theory of Computing*, 1987, pp. 210–217.

545. U. Feige, A. Fiat, and A. Shamir, "Zero Knowledge Proofs of Identity," *Journal of Cryptology*, v. 1, n. 2, 1988, pp. 77–94.

546. U. Feige and A. Shamir, "Zero Knowledge

Proofs of Knowledge in Two Rounds," *Advances in Cryptology—CRYPTO '89 Proceedings*, Springer-Verlag, 1990, pp. 526–544.

547. J. Feigenbaum, "Encrypting Problem Instances, or, . . . , Can You Take Advantage of Someone Without Having to Trust Him," *Advances in Cryptology—CRYPTO '85 Proceedings*, Springer-Verlag, 1986, pp. 477–488.

548. J. Feigenbaum, "Overview of Interactive Proof Systems and Zero-Knowledge," in *Contemporary Cryptology: The Science of Information Integrity*, G.J. Simmons, ed., IEEE Press, 1992, pp. 423–439.

549. J. Feigenbaum, M.Y. Liberman, E. Grosse, and J.A. Reeds, "Cryptographic Protection of Membership Lists," *Newsletter of the International Association of Cryptologic Research*, v. 9, 1992, pp. 16–20.

550. J. Feigenbaum, M.Y. Liverman, and R.N. Wright, "Cryptographic Protection of Databases and Software," *Distributed Computing and Cryptography*, J. Feigenbaum and M. Merritt, eds., American Mathematical Society, 1991, pp. 161–172.

551. H. Feistel, "Cryptographic Coding for Data-Bank Privacy," RC 2827, Yorktown Heights, NY: IBM Research, Mar 1970.

552. H. Feistel, "Cryptography and Computer Privacy," *Scientific American*, v. 228, n. 5, May 1973, pp. 15–23.

553. H. Feistel, "Block Cipher Cryptographic System," U.S. Patent #3,798,359, 19 Mar 1974.

554. H. Feistel, "Step Code Ciphering System," U.S. Patent #3,798,360, 19 Mar 1974.

555. H. Feistel, "Centralized Verification System," U.S. Patent #3,798,605, 19 Mar 1974.

556. H. Feistel, W.A. Notz, and J.L. Smith, "Cryptographic Techniques for Machine to Machine Data Communications," RC 3663, Yorktown Heights, N.Y.: IBM Research, Dec 1971.

557. H. Feistel, W.A. Notz, and J.L. Smith, "Some Cryptographic Techniques for Machine to Machine Data Communications," *Proceedings of the IEEE*, v. 63, n. 11, Nov 1975, pp. 1545–1554.

558. P. Feldman, "A Practical Scheme for Non-interactive Verifiable Secret Sharing," *Proceedings of the 28th Annual Symposium on the Foundations of Computer Science*, 1987, pp. 427–437.

559. R.A. Feldman, "Fast Spectral Test for Measuring Nonrandomness and the DES," *Advances in Cryptology—CRYPTO '87 Proceedings*, Springer-Verlag, 1988, pp. 243–254.

560. R.A. Feldman, "A New Spectral Test for Nonrandomness and the DES," *IEEE Transactions on Software Engineering*, v. 16, n. 3, Mar 1990, pp. 261–267.

561. D.C. Feldmeier and P.R. Karn, "UNIX Password Security—Ten Years Later," *Advances in Cryptology—CRYPTO '89 Proceedings*, Springer-Verlag, 1990, pp. 44–63.

562. H. Fell and W. Diffie, "Analysis of a Public Key Approach Based on Polynomial Substitution," *Advances in Cryptology—CRYPTO '85 Proceedings*, Springer-Verlag, 1986, pp. 427–437.

563. N.T. Ferguson, "Single Term Off-Line Coins," Report CS-R9318, Computer Science/Department of Algorithms and Architecture, CWI, Mar 1993.

564. N.T. Ferguson, "Single Term Off-Line Coins," *Advances in Cryptology—EUROCRYPT '93 Proceedings*, Springer-Verlag, 1994, pp. 318–328.

565. N.T. Ferguson, "Extensions of Single-term Coins," *Advances in Cryptology—CRYPTO '93 Proceedings*, Springer-Verlag, 1994, pp. 292–301.

566. A. Fiat and A. Shamir, "How to Prove Yourself: Practical Solutions to Identification and Signature Problems," *Advances in Cryptology—CRYPTO '86 Proceedings*, Springer-Verlag, 1987, pp. 186–194.

567. A. Fiat and A. Shamir, "Unforgeable Proofs of Identity," *Proceedings of Securicom 87*, Paris, 1987, pp. 147–153.

568. P. Finch, "A Study of the Blowfish Encryption Algorithm," Ph.D. dissertation, Department of Computer Science, City University of New York Graduate School and University Center, Feb 1995.

569. R. Flynn and A.S. Campasano, "Data Dependent Keys for Selective Encryption Terminal," *Proceedings of NCC, vol. 47*, AFIPS Press, 1978, pp. 1127–1129.

570. R.H. Follett, letter to NIST regarding DSS, 25 Nov 1991.

571. R. Forré, "The Strict Avalanche Criterion: Spectral Properties and an Extended Definition," *Advances in Cryptology—CRYPTO '88 Proceedings*, Springer-Verlag, 1990, pp. 450–468.

572. R. Forré, "A Fast Correlation Attack on Nonlinearity Feedforward Filtered Shift Register Sequences," *Advances in Cryptology—CRYPTO '89 Proceedings*, Springer-Verlag, 1990, pp. 568–595.

573. S. Fortune and M. Merritt, "Poker Protocols," *Advances in Cryptology: Proceedings of CRYPTO 84*, Springer-Verlag, 1985, pp. 454–464.

574. R.B. Fougner, "Public Key Standards and

Licenses," RFC 1170, Jan 1991.

575. Y. Frankel and M. Yung, "Escrowed Encryption Systems Visited: Threats, Attacks, Analysis and Designs," *Advances in Cryptology—CRYPTO '95 Proceedings*, Springer-Verlag, 1995, to appear.

576. W.F. Friedman, *Methods for the Solution of Running-Key Ciphers*, Riverbank Publication No. 16, Riverbank Labs, 1918.

577. W.F. Friedman, *The Index of Coincidence and Its Applications in Cryptography*, Riverbank Publication No. 22, Riverbank Labs, 1920. Reprinted by Aegean Park Press, 1987.

578. W.F. Friedman, *Elements of Cryptanalysis*, Laguna Hills, CA: Aegean Park Press, 1976.

579. W.F. Friedman, "Cryptology," *Encyclopedia Britannica*, v. 6, pp. 844–851, 1967.

580. A.M. Frieze, J. Hastad, R. Kannan, J.C. Lagarias, and A. Shamir, "Reconstructing Truncated Integer Variables Satisfying Linear Congruences," *SIAM Journal on Computing*, v. 17, n. 2, Apr 1988, pp. 262–280.

581. A.M. Frieze, R. Kannan, and J.C. Lagarias, "Linear Congruential Generators Do not Produce Random Sequences," *Proceedings of the 25th IEEE Symposium on Foundations of Computer Science*, 1984, pp. 480–484.

582. E. Fujiaski and T. Okamoto, "On Comparison of Practical Digitial Signature Schemes," *Proceedings of the 1992 Symposium on Cryptography and Information Security (SCIS 92)*, Tateshina, Japan, 2–4 Apr 1994, pp. 1A.1–12.

583. A. Fujioka, T. Okamoto, and S. Miyaguchi, "ESIGN: An Efficient Digital Signature Implementation for Smart Cards," *Advances in Cryptology—EUROCRYPT '91 Proceedings*, Springer-Verlag, 1991, pp. 446–457.

584. A. Fujioka, T. Okamoto, and K. Ohta, "Interactive Bi-Proof Systems and Undeniable Signature Schemes," *Advances in Cryptology—EUROCRYPT '91 Proceedings*, Springer-Verlag, 1991, pp. 243–256.

585. A. Fujioka, T. Okamoto, and K. Ohta, "A Practical Secret Voting Scheme for Large Scale Elections," *Advances in Cryptology—AUSCRYPT '92 Proceedings*, Springer-Verlag, 1993, pp. 244–251.

586. K. Gaardner and E. Snekkenes, "Applying a Formal Analysis Technique to the CCITT X.509 Strong Two-Way Authentication Protocol," *Journal of Cryptology*, v. 3, n. 2, 1991, pp. 81–98.

587. H.F. Gaines, *Cryptanalysis*, American Photographic Press, 1937. (Reprinted by Dover Publications, 1956.)

588. J. Gait, "A New Nonlinear Pseudorandom Number Generator," *IEEE Transactions on Software Engineering*, v. SE-3, n. 5, Sep 1977, pp. 359–363.

589. J. Gait, "Short Cycling in the Kravitz-Reed Public Key Encryption System," *Electronics Letters*, v. 18, n. 16, 5 Aug 1982, pp. 706–707.

590. Z. Galil, S. Haber, and M. Yung, "A Private Interactive Test of a Boolean Predicate and Minimum-Knowledge Public-Key Cryptosystems," *Proceedings of the 26th IEEE Symposium on Foundations of Computer Science*, 1985, pp. 360–371.

591. Z. Galil, S. Haber, and M. Yung, "Cryptographic Computation: Secure Fault-Tolerant Protocols and the Public-Key Model," *Advances in Cryptology—CRYPTO '87 Proceedings*, Springer-Verlag, 1988, pp. 135–155.

592. Z. Galil, S. Haber, and M. Yung, "Minimum-Knowledge Interactive Proofs for Decision Problems," *SIAM Journal on Computing*, v. 18, n. 4, 1989, pp. 711–739.

593. R.G. Gallager, *Information Theory and Reliable Communications*, New York: John Wiley & Sons, 1968.

594. P. Gallay and E. Depret, "A Cryptography Microprocessor," *1988 IEEE International Solid-State Circuits Conference Digest of Technical Papers*, 1988, pp. 148–149.

595. R.A. Games, "There are no de Bruijn Sequences of Span n with Complexity $2^{n-1} + n + 1$," *Journal of Combinatorical Theory*, Series A, v. 34, n. 2, Mar 1983, pp. 248–251.

596. R.A. Games and A.H. Chan, "A Fast Algorithm for Determining the Complexity of a Binary Sequence with 2^n," *IEEE Transactions on Information Theory*, v. IT-29, n. 1, Jan 1983, pp. 144–146.

597. R.A. Games, A.H. Chan, and E.L. Key, "On the Complexity of de Bruijn Sequences," *Journal of Combinatorical Theory*, Series A, v. 33, n. 1, Nov 1982, pp. 233–246.

598. S.H. Gao and G.L. Mullen, "Dickson Polynomials and Irreducible Polynomials over Finite Fields," *Journal of Number Theory*, v. 49, n. 1, Oct 1994, pp. 18–132.

599. M. Gardner, "A New Kind of Cipher That Would Take Millions of Years to Break," *Scientific American*, v. 237, n. 8, Aug 1977, pp. 120–124.

600. M.R. Garey and D.S. Johnson, *Computers and Intractability: A Guide to the Theory of NP-Completeness*, W.H. Freeman and Co., 1979.

601. S.L. Garfinkel, *PGP: Pretty Good Privacy*, Sebastopol, CA: O'Reilly and Associates, 1995.

602. C.W. Gardiner, "Distributed Public Key

Certificate Management," *Proceedings of the Privacy and Security Research Group 1993 Workshop on Network and Distributed System Security*, The Internet Society, 1993, pp. 69–73.

603. G. Garon and R. Outerbridge, "DES Watch: An Examination of the Sufficiency of the Data Encryption Standard for Financial Institution Information Security in the 1990's," *Cryptologia*, v. 15, n. 3, Jul 1991, pp. 177–193.

604. M. Gasser, A. Goldstein, C. Kaufman, and B. Lampson, "The Digital Distributed Systems Security Architecture," *Proceedings of the 12th National Computer Security Conference*, NIST, 1989, pp. 305–319.

605. J. von zur Gathen, D. Kozen, and S. Landau, "Functional Decomposition of Polynomials," *Proceedings of the 28th IEEE Symposium on the Foundations of Computer Science*, IEEE Press, 1987, pp. 127–131.

606. P.R. Geffe, "How to Protect Data With Ciphers That are Really Hard to Break," *Electronics*, v. 46, n. 1, Jan 1973, pp. 99–101.

607. D.K. Gifford, D. Heitmann, D.A. Segal, R.G. Cote, K. Tanacea, and D.E. Burmaster, "Boston Community Information System 1986 Experimental Test Results," MIT/LCS/TR-397, MIT Laboratory for Computer Science, Aug 1987.

608. D.K. Gifford, J.M. Lucassen, and S.T. Berlin, "The Application of Digital Broadcast Communication to Large Scale Information Systems," *IEEE Journal on Selected Areas in Communications*, v. 3, n. 3, May 1985, pp. 457–467.

609. D.K. Gifford and D.A. Segal, "Boston Community Information System 1987–1988 Experimental Test Results," MIT/LCS/TR-422, MIT Laboratory for Computer Science, May 1989.

610. H. Gilbert and G. Chase, "A Statistical Attack on the Feal-8 Cryptosystem," *Advances in Cryptology—CRYPTO '90 Proceedings*, Springer-Verlag, 1991, pp. 22–33.

611. H. Gilbert and P. Chauvaud, "A Chosen Plaintext Attack of the 16-Round Khufu Cryptosystem," *Advances in Cryptology—CRYPTO '94 Proceedings*, Springer-Verlag, 1994, pp. 259–268.

612. M. Girault, "Hash-Functions Using Modulo-N Operations," *Advances in Cryptology—EUROCRYPT '87 Proceedings*, Springer-Verlag, 1988, pp. 217–226.

613. J. Gleick, "A New Approach to Protecting Secrets is Discovered," *The New York Times*, 18 Feb 1987, pp. C1 and C3.

614. J.-M. Goethals and C. Couvreur, "A Cryptanalytic Attack on the Lu-Lee Public-Key Cryptosystem," *Philips Journal of Research*, v. 35, 1980, pp. 301–306.

615. O. Goldreich, "A Uniform-Complexity Treatment of Encryption and Zero-Knowledge, *Journal of Cryptology*, v. 6, n. 1, 1993, pp. 21–53.

616. O. Goldreich and H. Krawczyk, "On the Composition of Zero Knowledge Proof Systems," *Proceedings on the 17th International Colloquium on Automata, Languages, and Programming*, Springer-Verlag, 1990, pp. 268–282.

617. O. Goldreich and E. Kushilevitz, "A Perfect Zero-Knowledge Proof for a Problem Equivalent to Discrete Logarithm," *Advances in Cryptology—CRYPTO '88 Proceedings*, Springer-Verlag, 1990, pp. 58–70.

618. O. Goldreich and E. Kushilevitz, "A Perfect Zero-Knowledge Proof for a Problem Equivalent to Discrete Logarithm," *Journal of Cryptology*, v. 6, n. 2, 1993, pp. 97–116.

619. O. Goldreich, S. Micali, and A. Wigderson, "Proofs That Yield Nothing but Their Validity and a Methodology of Cryptographic Protocol Design," *Proceedings of the 27th IEEE Symposium on the Foundations of Computer Science*, 1986, pp. 174–187.

620. O. Goldreich, S. Micali, and A. Wigderson, "How to Prove All **NP** Statements in Zero Knowledge and a Methodology of Cryptographic Protocol Design," *Advances in Cryptology—CRYPTO '86 Proceedings*, Springer-Verlag, 1987, pp. 171–185.

621. O. Goldreich, S. Micali, and A. Wigderson, "How to Play Any Mental Game," *Proceedings of the 19th ACM Symposium on the Theory of Computing*, 1987, pp. 218–229.

622. O. Goldreich, S. Micali, and A. Wigderson, "Proofs That Yield Nothing but Their Validity and a Methodology of Cryptographic Protocol Design," *Journal of the ACM*, v. 38, n. 1, Jul 1991, pp. 691–729.

623. S. Goldwasser and J. Kilian, "Almost All Primes Can Be Quickly Certified," *Proceedings of the 18th ACM Symposium on the Theory of Computing*, 1986, pp. 316–329.

624. S. Goldwasser and S. Micali, "Probabilistic Encryption and How to Play Mental Poker Keeping Secret All Partial Information," *Proceedings of the 14th ACM Symposium on the Theory of Computing*, 1982, pp. 270–299.

625. S. Goldwasser and S. Micali, "Probabilistic

Encryption," *Journal of Computer and System Sciences*, v. 28, n. 2, Apr 1984, pp. 270–299.

626. S. Goldwasser, S. Micali, and C. Rackoff, "The Knowledge Complexity of Interactive Proof Systems," *Proceedings of the 17th ACM Symposium on Theory of Computing*, 1985, pp. 291–304.

627. S. Goldwasser, S. Micali, and C. Rackoff, "The Knowledge Complexity of Interactive Proof Systems," *SIAM Journal on Computing*, v. 18, n. 1, Feb 1989, pp. 186–208.

628. S. Goldwasser, S. Micali, and R.L. Rivest, "A Digital Signature Scheme Secure Against Adaptive Chosen-Message Attacks," *SIAM Journal on Computing*, v. 17, n. 2, Apr 1988, pp. 281–308.

629. S. Goldwasser, S. Micali, and A.C. Yao, "On Signatures and Authentication," *Advances in Cryptology: Proceedings of Crypto 82*, Plenum Press, 1983, pp. 211–215.

630. J.D. Golić, "On the Linear Complexity of Functions of Periodic GF(q) Sequences," *IEEE Transactions on Information Theory*, v. IT-35, n. 1, Jan 1989, pp. 69–75.

631. J.D. Golić, "Linear Cryptanalysis of Stream Ciphers," *K.U. Leuven Workshop on Cryptographic Algorithms*, Springer-Verlag, 1995, pp. 262–282.

632. J.D. Golić, "Towards Fast Correlation Attacks on Irregularly Clocked Shift Registers," *Advances in Cryptology—EUROCRYPT '95 Proceedings*, Springer-Verlag, 1995, to appear.

633. J.D. Golić and M.J. Mihajlević, "A Generalized Correlation Attack on a Class of Stream Ciphers Based on the Levenshtein Distance," *Journal of Cryptology*, v. 3, n. 3, 1991, pp. 201–212.

634. J.D. Golić and L. O'Connor, "Embedding and Probabilistic Correlation Attacks on Clock-Controlled Shift Registers," *Advances in Cryptology—EUROCRYPT '94 Proceedings*, Springer-Verlag, 1995, to appear.

635. R. Golliver, A.K. Lenstra, K.S. McCurley, "Lattice Sieving and Trial Division," *Proceedings of the Algorithmic Number Theory Symposium*, Cornell, 1994, to appear.

636. D. Gollmann, "Kaskadenschaltungen taktgesteuerter Schieberegister als Pseudozufallszahlengeneratoren," Ph.D. dissertation, Universität Linz, 1983. (In German.)

637. D. Gollmann, "Pseudo Random Properties of Cascade Connections of Clock Controlled Shift Registers," *Advances in Cryptology: Proceedings of EUROCRYPT 84*, Springer-Verlag, 1985, pp. 93–98.

638. D. Gollmann, "Correlation Analysis of Cascaded Sequences," *Cryptography and Coding*, H.J. Beker and F.C. Piper, eds., Oxford: Clarendon Press, 1989, pp. 289–297.

639. D. Gollmann, "Transformation Matrices of Clock-Controlled Shift Registers," *Cryptography and Coding III*, M.J. Ganley, ed., Oxford: Clarendon Press, 1993, pp. 197–210.

640. D. Gollmann and W.G. Chambers, "Lock-In Effect in Cascades of Clock-Controlled Shift-Registers," *Advances in Cryptology—EUROCRYPT '88 Proceedings*, Springer-Verlag, 1988, pp. 331–343.

641. D. Gollmann and W.G. Chambers, "Clock-Controlled Shift Registers: A Review," *IEEE Journal on Selected Areas in Communications*, v. 7, n. 4, May 1989, pp. 525–533.

642. D. Gollmann and W.G. Chambers, "A Cryptanalysis of Step$_{k,m}$-cascades," *Advances in Cryptology—EUROCRYPT '89 Proceedings*, Springer-Verlag, 1990, pp. 680–687.

643. S.W. Golomb, *Shift Register Sequences*, San Francisco: Holden-Day, 1967. (Reprinted by Aegean Park Press, 1982.)

644. L. Gong, "A Security Risk of Depending on Synchronized Clocks," *Operating Systems Review*, v. 26, n. 1, Jan 1992, pp. 49–53.

645. L. Gong, R. Needham, and R. Yahalom, "Reasoning About Belief in Cryptographic Protocols," *Proceedings of the 1991 IEEE Computer Society Symposium on Research in Security and Privacy*, 1991, pp. 234–248.

646. R.M. Goodman and A.J. McAuley, "A New Trapdoor Knapsack Public Key Cryptosystem," *Advances in Cryptology: Proceedings of EUROCRYPT 84*, Springer-Verlag, 1985, pp. 150–158.

647. R.M. Goodman and A.J. McAuley, "A New Trapdoor Knapsack Public Key Cryptosystem," *IEE Proceedings*, v. 132, pt. E, n. 6, Nov 1985, pp. 289–292.

648. D.M. Gordon, "Discrete Logarithms Using the Number Field Sieve," Preprint, 28 Mar 1991.

649. D.M. Gordon and K.S. McCurley, "Computation of Discrete Logarithms in Fields of Characteristic Two," presented at the rump session of CRYPTO '91, Aug 1991.

650. D.M. Gordon and K.S. McCurley, "Massively Parallel Computation of Discrete Logarithms," *Advances in Cryptology—CRYPTO '92 Proceedings*, Springer-Verlag, 1993, pp. 312–323.

651. J.A. Gordon, "Strong Primes are Easy to Find," *Advances in Cryptology: Proceed-*

ings of EUROCRYPT 84, Springer-Verlag, 1985, pp. 216–223.

652. J.A. Gordon, "Very Simple Method to Find the Minimal Polynomial of an Arbitrary Non-Zero Element of a Finite Field," *Electronics Letters*, v. 12, n. 25, 9 Dec 1976, pp. 663–664.

653. J.A. Gordon and R. Retkin, "Are Big S-Boxes Best?" *Cryptography, Proceedings of the Workshop on Cryptography, Burg Feuerstein, Germany, March 29–April 2, 1982*, Springer-Verlag, 1983, pp. 257–262.

654. M. Goresky and A. Klapper, "Feedback Registers Based on Ramified Extension of the 2-adic Numbers," *Advances in Cryptology—EUROCRYPT '94 Proceedings*, Springer-Verlag, 1995, to appear.

655. GOST, Gosudarstvennyi Standard 28147-89, "Cryptographic Protection for Data Processing Systems," Government Committee of the USSR for Standards, 1989. (In Russian.)

656. GOST R 34.10-94, Gosudarstvennyi Standard of Russian Federation, "Information technology. Cryptographic Data Security. Produce and check procedures of Electronic Digital Signature based on Asymmetric Cryptographic Algorithm." Government Committee of the Russia for Standards, 1994. (In Russian.)

657. GOST R 34.11-94, Gosudarstvennyi Standard of Russian Federation, "Information technology. Cryptographic Data Security. Hashing function." Government Committee of the Russia for Standards, 1994. (In Russian.)

658. R. Göttfert and H. Niederreiter, "On the Linear Complexity of Products of Shift-Register Sequences," *Advances in Cryptology—EUROCRYPT '93 Proceedings*, Springer-Verlag, 1994, pp. 151–158.

659. R. Göttfert and H. Niederreiter, "A General Lower Bound for the Linear Complexity of the Product of Shift-Register Sequences," *Advances in Cryptology—EUROCRYPT '94 Proceedings*, Springer-Verlag, 1995, to appear.

660. J. van de Graaf and R. Peralta, "A Simple and Secure Way to Show the Validity of Your Public Key," *Advances in Cryptology—CRYPTO '87 Proceedings*, Springer-Verlag, 1988, pp. 128–134.

661. J. Grollman and A.L. Selman, "Complexity Measures for Public-Key Cryptosystems," *Proceedings of the 25th IEEE Symposium on the Foundations of Computer Science*, 1984, pp. 495–503.

662. GSA Federal Standard 1026, "Telecommunications: General Security Requirements for Equipment Using the Data Encryption Standard," General Services Administra-tion, Apr 1982.

663. GSA Federal Standard 1027, "Telecommunications: Interoperability and Security Requirements for Use of the Data Encryption Standard in the Physical and Data Link Layers of Data Communications," General Services Administration, Jan 1983.

664. GSA Federal Standard 1028, "Interoperability and Security Requirements for Use of the Data Encryption Standard with CCITT Group 3 Facsimile Equipment," General Services Administration, Apr 1985.

665. P. Guam, "Cellular Automaton Public Key Cryptosystems," *Complex Systems*, v. 1, 1987, pp. 51–56.

666. H. Guan, "An Analysis of the Finite Automata Public Key Algorithm," *CHINACRYPT '94*, Xidian, China, 11–15 Nov 1994, pp. 120–126. (In Chinese.)

667. G. Guanella, "Means for and Method for Secret Signalling," U.S. Patent #2,405,500, 6 Aug 1946.

668. M. Gude, "Concept for a High-Performance Random Number Generator Based on Physical Random Phenomena," *Frequenz*, v. 39, 1985, pp. 187–190.

669. M. Gude, "Ein quasi-idealer Gleichverteilungsgenerator basierend auf physikalischen Zufallsphänomenen," Ph.D. dissertation, Aachen University of Technology, 1987. (In German.)

670. L.C. Guillou and J.-J. Quisquater, "A Practical Zero-Knowledge Protocol Fitted to Security Microprocessor Minimizing Both Transmission and Memory," *Advances in Cryptology—EUROCRYPT '88 Proceedings*, Springer-Verlag, 1988, pp. 123–128.

671. L.C. Guillou and J.-J. Quisquater, "A 'Paradoxical' Identity-Based Signature Scheme Resulting from Zero-Knowledge," *Advances in Cryptology—CRYPTO '88 Proceedings*, Springer-Verlag, 1990, pp. 216–231.

672. L.C. Guillou, M. Ugon, and J.-J. Quisquater, "The Smart Card: A Standardized Security Device Dedicated to Public Cryptology," *Contemporary Cryptology: The Science of Information Integrity*, G. Simmons, ed., IEEE Press, 1992, pp. 561–613.

673. C.G. Günther, "Alternating Step Generators Controlled by de Bruijn Sequences," *Advances in Cryptology—EUROCRYPT '87 Proceedings*, Springer-Verlag, 1988, pp. 5–14.

674. C.G. Günther, "An Identity-based Key-exchange Protocol," *Advances in Cryptology—EUROCRYPT '89 Proceedings*, Springer-Verlag, 1990, pp. 29–37.

675. H. Gustafson, E. Dawson, and B. Caelli,

"Comparison of Block Ciphers," *Advances in Cryptology—AUSCRYPT '90 Proceedings*, Springer-Verlag, 1990, pp. 208–220.

676. P. Gutmann, personal communication, 1993.

677. H. Gutowitz, "A Cellular Automaton Cryptosystem: Specification and Call for Attack," unpublished manuscript, Aug 1992.

678. H. Gutowitz, "Method and Apparatus for Encryption, Decryption, and Authentication Using Dynamical Systems," U.S. Patent #5,365,589, 15 Nov 1994.

679. H. Gutowitz, "Cryptography with Dynamical Systems," *Cellular Automata and Cooperative Phenomenon*, Kluwer Academic Press, 1993.

680. R.K. Guy, "How to Factor a Number," *Fifth Manitoba Conference on Numeral Mathematics Congressus Numerantium*, v. 16, 1976, pp. 49–89.

681. R.K. Guy, *Unsolved Problems in Number Theory*, Springer-Verlag, 1981.

682. S. Haber and W.S. Stornetta, "How to Time-Stamp a Digital Document," *Advances in Cryptology—CRYPTO '90 Proceedings*, Springer-Verlag, 1991, pp. 437–455.

683. S. Haber and W.S. Stornetta, "How to Time-Stamp a Digital Document," *Journal of Cryptology*, v. 3, n. 2, 1991, pp. 99–112.

684. S. Haber and W.S. Stornetta, "Digital Document Time-Stamping with Catenate Certificate," U.S. Patent #5,136,646, 4 Aug 1992.

685. S. Haber and W.S. Stornetta, "Method for Secure Time-Stamping of Digital Documents," U.S. Patent #5,136,647, 4 Aug 1992.

686. S. Haber and W.S. Stornetta, "Method of Extending the Validity of a Cryptographic Certificate," U.S. Patent #5,373,561, 13 Dec 1994.

687. T. Habutsu, Y. Nishio, I. Sasase, and S. Mori, "A Secret Key Cryptosystem by Iterating a Chaotic Map," *Transactions of the Institute of Electronics, Information, and Communication Engineers*, v. E73, n. 7, Jul 1990, pp. 1041–1044.

688. T. Habutsu, Y. Nishio, I. Sasase, and S. Mori, "A Secret Key Cryptosystem by Iterating a Chaotic Map," *Advances in Cryptology—EUROCRYPT '91 Proceedings*, Springer-Verlag, 1991, pp. 127–140.

689. S. Hada and H. Tanaka, "An Improvement Scheme of DES against Differential Cryptanalysis," *Proceedings of the 1994 Symposium on Cryptography and Information Security (SCIS 94)*, Lake Biwa, Japan, 27–29 Jan 1994, pp 14A.1–11. (In Japanese.)

690. B.C.W. Hagelin, "The Story of the Hagelin Cryptos," *Cryptologia*, v. 18, n. 3, Jul 1994, pp. 204–242.

691. T. Hansen and G.L. Mullen, "Primitive Polynomials over Finite Fields," *Mathematics of Computation*, v. 59, n. 200, Oct 1992, pp. 639–643.

692. S. Harada and S. Kasahara, "An ID-Based Key Sharing Scheme Without Preliminary Communication," IEICE Japan, Technical Report, ISEC89-38, 1989. (In Japanese.)

693. S. Harari, "A Correlation Cryptographic Scheme," *EUROCODE '90—International Symposium on Coding Theory*, Springer-Verlag, 1991, pp. 180–192.

694. T. Hardjono and J. Seberry, "Authentication via Multi-Service Tickets in the Kuperee Server," *Computer Security—ESORICS 94*, Springer-Verlag, 1994, pp. 144–160.

695. L. Harn and T. Kiesler, "New Scheme for Digital Multisignatures," *Electronics Letters*, v. 25, n. 15, 20 Jul 1989, pp. 1002–1003.

696. L. Harn and T. Kiesler, "Improved Rabin's Scheme with High Efficiency," *Electronics Letters*, v. 25, n. 15, 20 Jul 1989, p. 1016.

697. L. Harn and T. Kiesler, "Two New Efficient Cryptosystems Based on Rabin's Scheme," *Fifth Annual Computer Security Applications Conference*, IEEE Computer Society Press, 1990, pp. 263–270.

698. L. Harn and D.-C. Wang, "Cryptanalysis and Modification of Digital Signature Scheme Based on Error-Correcting Codes," *Electronics Letters*, v. 28, n. 2, 10 Jan 1992, p. 157–159.

699. L. Harn and Y. Xu, "Design of Generalized ElGamal Type Digital Signature Schemes Based on Discrete Logarithm," *Electronics Letters*, v. 30, n. 24, 24 Nov 1994, p. 2025–2026.

700. L. Harn and S. Yang, "Group-Oriented Undeniable Signature Schemes without the Assistance of a Mutually Trusted Party," *Advances in Cryptology—AUSCRYPT '92 Proceedings*, Springer-Verlag, 1993, pp. 133–142.

701. G. Harper, A. Menezes, and S. Vanstone, "Public-Key Cryptosystems with Very Small Key Lengths," *Advances in Cryptology—EUROCRYPT '92 Proceedings*, Springer-Verlag, 1993, pp. 163–173.

702. C. Harpes, "Notes on High Order Differential Cryptanalysis of DES," internal report, Signal and Information Processing Laboratory, Swiss Federal Institute of Technology, Aug 1993.

703. G.W. Hart, "To Decode Short Cryptograms," *Communications of the ACM*, v. 37, n. 9, Sep 1994, pp. 102–108.

704. J. Hastad, "On Using RSA with Low Exponent in a Public Key Network," *Advances in Cryptology—CRYPTO '85 Proceedings*, Springer-Verlag, 1986, pp. 403–408.

705. J. Hastad and A. Shamir, "The Cryptographic Security of Truncated Linearly Related Variables," *Proceedings of the 17th Annual ACM Symposium on the Theory of Computing*, 1985, pp. 356–362.

706. R.C. Hauser and E.S. Lee, "Verification and Modelling of Authentication Protocols," *ESORICS 92, Proceedings of the Second European Symposium on Research in Computer Security*, Springer-Verlag, 1992, pp. 131–154.

707. B. Hayes, "Anonymous One-Time Signatures and Flexible Untraceable Electronic Cash," *Advances in Cryptology—AUSCRYPT '90 Proceedings*, Springer-Verlag, 1990, pp. 294–305.

708. D.K. He, "LUC Public Key Cryptosystem and its Properties," *CHINACRYPT '94*, Xidian, China, 11–15 Nov 1994, pp. 60–69. (In Chinese.)

709. J. He and T. Kiesler, "Enhancing the Security of ElGamal's Signature Scheme," *IEE Proceedings on Computers and Digital Techniques*, v. 141, n. 3, 1994, pp. 193–195.

710. E.H. Hebern, "Electronic Coding Machine," U.S. Patent #1,510,441, 30 Sep 1924.

711. N. Heintze and J.D. Tygar, "A Model for Secure Protocols and their Compositions," *Proceedings of the 1994 IEEE Computer Society Symposium on Research in Security and Privacy*, 1994, pp. 2–13.

712. M.E. Hellman, "An Extension of the Shannon Theory Approach to Cryptography," *IEEE Transactions on Information Theory*, v. IT-23, n. 3, May 1977, pp. 289–294.

713. M.E. Hellman, "The Mathematics of Public-Key Cryptography," *Scientific American*, v. 241, n. 8, Aug 1979, pp. 146–157.

714. M.E. Hellman, "DES Will Be Totally Insecure within Ten Years," *IEEE Spectrum*, v. 16, n. 7, Jul 1979, pp. 32–39.

715. M.E. Hellman, "On DES-Based Synchronous Encryption," Dept. of Electrical Engineering, Stanford University, 1980.

716. M.E. Hellman, "A Cryptanalytic Time-Memory Trade Off," *IEEE Transactions on Information Theory*, v. 26, n. 4, Jul 1980, pp. 401–406.

717. M.E. Hellman, "Another Cryptanalytic Attack on 'A Cryptosystem for Multiple Communications'," *Information Processing Letters*, v. 12, 1981, pp. 182–183.

718. M.E. Hellman, W. Diffie, and R.C. Merkle, "Cryptographic Apparatus and Method," U.S. Patent #4,200,770, 29 Apr 1980.

719. M.E. Hellman, W. Diffie, and R.C. Merkle, "Cryptographic Apparatus and Method," Canada Patent #1,121,480, 6 Apr 1982.

720. M.E. Hellman and R.C. Merkle, "Public Key Cryptographic Apparatus and Method," U.S. Patent #4,218,582, 19 Aug 1980.

721. M.E. Hellman, R. Merkle, R. Schroeppel, L. Washington, W. Diffie, S. Pohlig, and P. Schweitzer, "Results of an Initial Attempt to Cryptanalyze the NBS Data Encryption Standard," Technical Report SEL 76-042, Information Systems Lab, Department of Electrical Engineering, Stanford University, 1976.

722. M.E. Hellman and S.C. Pohlig, "Exponentiation Cryptographic Apparatus and Method," U.S. Patent #4,424,414, 3 Jan 1984.

723. M.E. Hellman and J.M. Reyneri, "Distribution of Drainage in the DES," *Advances in Cryptology: Proceedings of Crypto 82*, Plenum Press, 1983, pp. 129–131.

724. F. Hendessi and M.R. Aref, "A Successful Attack Against the DES," *Third Canadian Workshop on Information Theory and Applications*, Springer-Verlag, 1994, pp. 78–90.

725. T. Herlestam, "Critical Remarks on Some Public-Key Cryptosystems," *BIT*, v. 18, 1978, pp. 493–496.

726. T. Herlestam, "On Functions of Linear Shift Register Sequences", *Advances in Cryptology—EUROCRYPT '85*, Springer-Verlag, 1986, pp. 119–129.

727. T. Herlestam and R. Johannesson, "On Computing Logarithms over $GF(2^p)$," *BIT*, v. 21, 1981, pp. 326–334.

728. H.M. Heys and S.E. Tavares, "On the Security of the CAST Encryption Algorithm," *Proceedings of the Canadian Conference on Electrical and Computer Engineering*, Halifax, Nova Scotia, Sep 1994, pp. 332–335.

729. H.M. Heys and S.E. Tavares, "The Design of Substitution-Permutation Networks Resistant to Differential and Linear Cryptanalysis," *Proceedings of the 2nd Annual ACM Conference on Computer and Communications Security*, ACM Press, 1994, pp. 148–155.

730. E. Heyst and T.P. Pederson, "How to Make Fail-Stop Signatures," *Advances in Cryptology—EUROCRYPT '92 Proceedings*, Springer-Verlag, 1993, pp. 366–377.

731. E. Heyst, T.P. Pederson, and B. Pfitzmann, "New Construction of Fail-Stop Signatures and Lower Bounds," *Advances in Cryptology—CRYPTO '92 Proceedings*, Springer-Verlag, 1993, pp. 15–30.

732. L.S. Hill, "Cryptography in an Algebraic Alphabet," *American Mathematical*

Monthly, v. 36, Jun–Jul 1929, pp. 306–312.

733. P.J.M. Hin, "Channel-Error-Correcting Privacy Cryptosystems," Ph.D. dissertation, Delft University of Technology, 1986. (In Dutch.)

734. R. Hirschfeld, "Making Electronic Refunds Safer," *Advances in Cryptology—CRYPTO '92 Proceedings,* Springer-Verlag, 1993, pp. 106–112.

735. A. Hodges, *Alan Turing: The Enigma of Intelligence,* Simon and Schuster, 1983.

736. W. Hohl, X. Lai, T. Meier, and C. Waldvogel, "Security of Iterated Hash Functions Based on Block Ciphers," *Advances in Cryptology—CRYPTO '93 Proceedings,* Springer-Verlag, 1994, pp. 379–390.

737. F. Hoornaert, M. Decroos, J. Vandewalle, and R. Govaerts, "Fast RSA-Hardware: Dream or Reality?" *Advances in Cryptology—EUROCRYPT '88 Proceedings,* Springer-Verlag, 1988, pp. 257–264.

738. F. Hoornaert, J. Goubert, and Y. Desmedt, "Efficient Hardware Implementation of the DES," *Advances in Cryptology: Proceedings of CRYPTO 84,* Springer-Verlag, 1985, pp. 147–173.

739. E. Horowitz and S. Sahni, *Fundamentals of Computer Algorithms,* Rockville, MD: Computer Science Press, 1978.

740. P. Horster, H. Petersen, and M. Michels, "Meta-ElGamal Signature Schemes," *Proceedings of the 2nd Annual ACM Conference on Computer and Communications Security,* ACM Press, 1994, pp. 96–107.

741. P. Horster, H. Petersen, and M. Michels, "Meta Message Recovery and Meta Blind Signature Schemes Based on the Discrete Logarithm Problem and their Applications," *Advances in Cryptology—ASIACRYPT '94 Proceedings,* Springer-Verlag, 1995, pp. 224–237.

742. L.K. Hua, *Introduction to Number Theory,* Springer-Verlag, 1982.

743. K. Huber, "Specialized Attack on Chor-Rivest Public Key Cryptosystem," *Electronics Letters,* v. 27, n. 23, 7 Nov 1991, pp. 2130–2131.

744. E. Hughes, "A Cypherpunk's Manifesto," 9 Mar 1993.

745. E. Hughes, "An Encrypted Key Transmission Protocol," presented at the rump session of CRYPTO '94, Aug 1994.

746. H. Hule and W.B. Müller, "On the RSA-Cryptosystem with Wrong Keys," *Contributions to General Algebra 6,* Vienna: Verlag Hölder-Pichler-Tempsky, 1988, pp. 103–109.

747. H.A. Hussain, J.W.A. Sada, and S.M. Kalipha, "New Multistage Knapsack Public-Key Cryptosystem," *International Journal of Systems Science,* v. 22, n. 11,

Nov 1991, pp. 2313–2320.

748. T. Hwang, "Attacks on Okamoto and Tanaka's One-Way ID-Based Key Distribution System," *Information Processing Letters,* v. 43, n. 2, Aug 1992, pp. 83–86.

749. T. Hwang and T.R.N. Rao, "Secret Error-Correcting Codes (SECC)," *Advances in Cryptology—CRYPTO '88 Proceedings,* Springer-Verlag, 1990, pp. 540–563.

750. C. I'Anson and C. Mitchell, "Security Defects in CCITT Recommendation X.509—the Directory Authentication Framework," *Computer Communications Review,* v. 20, n. 2, Apr 1990, pp. 30–34.

751. IBM, "Common Cryptographic Architecture: Cryptographic Application Programming Interface Reference," SC40-1675-1, IBM Corp., Nov 1990.

752. IBM, "Common Cryptographic Architecture: Cryptographic Application Programming Interface Reference—Public Key Algorithm," IBM Corp., Mar 1993.

753. R. Impagliazzo and M. Yung, "Direct Minimum-Knowledge Computations," *Advances in Cryptology—CRYPTO '87 Proceedings,* Springer-Verlag, 1988, pp. 40–51.

754. I. Ingemarsson, "A New Algorithm for the Solution of the Knapsack Problem," *Lecture Notes in Computer Science 149; Cryptography: Proceedings of the Workshop on Cryptography,* Springer-Verlag, 1983, pp. 309–315.

755. I. Ingemarsson, "Delay Estimation for Truly Random Binary Sequences or How to Measure the Length of Rip van Winkle's Sleep," *Communications and Cryptography: Two Sides of One Tapestry,* R.E. Blahut et al., eds., Kluwer Adademic Publishers, 1994, pp. 179–186.

756. I. Ingemarsson and G.J. Simmons, "A Protocol to Set Up Shared Secret Schemes without the Assistance of a Mutually Trusted Party," *Advances in Cryptology—EUROCRYPT '90 Proceedings,* Springer-Verlag, 1991, pp. 266–282.

757. I. Ingemarsson, D.T. Tang, and C.K. Wong, "A Conference Key Distribution System," *IEEE Transactions on Information Theory,* v. IT-28, n. 5, Sep 1982, pp. 714–720.

758. ISO DIS 8730, "Banking—Requirements for Message Authentication (Wholesale)," Association for Payment Clearing Services, London, Jul 1987.

759. ISO DIS 8731-1, "Banking—Approved Algorithms for Message Authentication—Part 1: DEA," Association for Payment Clearing Services, London, 1987.

760. ISO DIS 8731-2, "Banking—Approved Algorithms for Message Authentication—Part 2: Message Authenticator Algorithm," Association for Payment

Clearing Services, London, 1987.

761. ISO DIS 8732, "Banking—Key Management (Wholesale)," Association for Payment Clearing Services, London, Dec 1987.

762. ISO/IEC 9796, "Information Technology—Security Techniques—Digital Signature Scheme Giving Message Recovery," International Organization for Standardization, Jul 1991.

763. ISO/IEC 9797, "Data Cryptographic Techniques—Data Integrity Mechanism Using a Cryptographic Check Function Employing a Block Cipher Algorithm," International Organization for Standardization, 1989.

764. ISO DIS 10118 DRAFT, "Information Technology—Security Techniques—Hash Functions," International Organization for Standardization, 1989.

765. ISO DIS 10118 DRAFT, "Information Technology—Security Techniques—Hash Functions," International Organization for Standardization, April 1991.

766. ISO N98, "Hash Functions Using a Pseudo Random Algorithm," working document, ISO-IEC/JTC1/SC27/WG2, International Organization for Standardization, 1992.

767. ISO N179, "AR Fingerprint Function," working document, ISO-IEC/JTC1/SC27/WG2, International Organization for Standardization, 1992.

768. ISO/IEC 10118, "Information Technology—Security Techniques—Hash Functions—Part 1: General and Part 2: Hash-Functions Using an n-Bit Block Cipher Algorithm," International Organization for Standardization, 1993.

769. K. Ito, S. Kondo, and Y. Mitsuoka, "SXAL8/MBAL Algorithm," Technical Report, ISEC93-68, IEICE Japan, 1993. (In Japanese.)

770. K.R. Iversen, "The Application of Cryptographic Zero-Knowledge Techniques in Computerized Secret Ballot Election Schemes," Ph.D. dissertation, IDT-report 1991:3, Norwegian Institute of Technology, Feb 1991.

771. K.R. Iversen, "A Cryptographic Scheme for Computerized General Elections," *Advances in Cryptology—CRYPTO '91 Proceedings*, Springer-Verlag, 1992, pp. 405–419.

772. K. Iwamura, T. Matsumoto, and H. Imai, "An Implementation Method for RSA Cryptosystem with Parallel Processing," *Transactions of the Institute of Electronics, Information, and Communication Engineers*, v. J75-A, n. 8, Aug 1992, pp. 1301–1311.

773. W.J. Jaburek, "A Generalization of ElGamal's Public Key Cryptosystem," *Advances in Cryptology—EUROCRYPT '89 Proceedings*, 1990, Springer-Verlag, pp. 23–28.

774. N.S. James, R. Lidi, and H. Niederreiter, "Breaking the Cade Cipher," *Advances in Cryptology—CRYPTO '86 Proceedings*, 1987, Springer-Verlag, pp. 60–63.

775. C.J.A. Jansen, "On the Key Storage Requirements for Secure Terminals," *Computers and Security*, v. 5, n. 2, Jun 1986, pp. 145–149.

776. C.J.A. Jansen, "Investigations on Nonlinear Streamcipher Systems: Construction and Evaluation Methods," Ph.D. dissertation, Technical University of Delft, 1989.

777. C.J.A. Jansen and D.E. Boekee, "Modes of Blockcipher Algorithms and their Protection against Active Eavesdropping," *Advances in Cryptology—EUROCRYPT '87 Proceedings*, Springer-Verlag, 1988, pp. 281–286.

778. S.M. Jennings, "A Special Class of Binary Sequences," Ph.D. dissertation, University of London, 1980.

779. S.M. Jennings, "Multiplexed Sequences: Some Properties of the Minimum Polynomial," *Lecture Notes in Computer Science 149; Cryptography: Proceedings of the Workshop on Cryptography*, Springer-Verlag, 1983, pp. 189–206.

780. S.M. Jennings, "Autocorrelation Function of the Multiplexed Sequence," *IEE Proceedings*, v. 131, n. 2, Apr 1984, pp. 169–172.

781. T. Jin, "Care and Feeding of Your Three-Headed Dog," Document Number IAG-90-011, Hewlett-Packard, May 1990.

782. T. Jin, "Living with Your Three-Headed Dog," Document Number IAG-90-012, Hewlett-Packard, May 1990.

783. A. Jiwa, J. Seberry, and Y. Zheng, "Beacon Based Authentication," *Computer Security—ESORICS 94*, Springer-Verlag, 1994, pp. 125–141.

784. D.B. Johnson, G.M. Dolan, M.J. Kelly, A.V. Le, and S.M. Matyas, "Common Cryptographic Architecture Cryptographic Application Programming Interface," *IBM Systems Journal*, v. 30, n. 2, 1991, pp. 130–150.

785. D.B. Johnson, S.M. Matyas, A.V. Le, and J.D. Wilkins, "Design of the Commercial Data Masking Facility Data Privacy Algorithm," *1st ACM Conference on Computer and Communications Security*, ACM Press, 1993, pp. 93–96.

786. J.P. Jordan, "A Variant of a Public-Key Cryptosystem Based on Goppa Codes," *Sigact News*, v. 15, n. 1, 1983, pp. 61–66.

787. A. Joux and L. Granboulan, "A Practical Attack Against Knapsack Based Hash Functions," *Advances in Cryptology—EUROCRYPT '94 Proceedings*, Springer-Verlag, 1995, to appear.

788. A. Joux and J. Stern, "Cryptanalysis of Another Knapsack Cryptosystem," *Advances in Cryptology—ASIACRYPT '91 Proceedings*, Springer-Verlag, 1993, pp. 470–476.

789. R.R. Jueneman, "Analysis of Certain Aspects of Output-Feedback Mode," *Advances in Cryptology: Proceedings of Crypto 82*, Plenum Press, 1983, pp. 99–127.

790. R.R. Jueneman, "Electronic Document Authentication," *IEEE Network Magazine*, v. 1, n. 2, Apr 1978, pp. 17–23.

791. R.R. Jueneman, "A High Speed Manipulation Detection Code," *Advances in Cryptology—CRYPTO '86 Proceedings*, Springer-Verlag, 1987, pp. 327–346.

792. R.R. Jueneman, S.M. Matyas, and C.H. Meyer, "Message Authentication with Manipulation Detection Codes," *Proceedings of the 1983 IEEE Computer Society Symposium on Research in Security and Privacy*, 1983, pp. 733–54.

793. R.R. Jueneman, S.M. Matyas, and C.H. Meyer, "Message Authentication," *IEEE Communications Magazine*, v. 23, n. 9, Sep 1985, pp. 29–40.

794. D. Kahn, *The Codebreakers: The Story of Secret Writing*, New York: Macmillan Publishing Co., 1967.

795. D. Kahn, *Kahn on Codes*, New York: Macmillan Publishing Co., 1983.

796. D. Kahn, *Seizing the Enigma*, Boston: Houghton Mifflin Co., 1991.

797. P. Kaijser, T. Parker, and D. Pinkas, "SESAME: The Solution to Security for Open Distributed Systems," *Journal of Computer Communications*, v. 17, n. 4, Jul 1994, pp. 501–518.

798. R. Kailar and V.D. Gilgor, "On Belief Evolution in Authentication Protocols," *Proceedings of the Computer Security Foundations Workshop IV*, IEEE Computer Society Press, 1991, pp. 102–116.

799. B.S. Kaliski, "A Pseudo Random Bit Generator Based on Elliptic Logarithms," Master's thesis, Massachusetts Institute of Technology, 1987.

800. B.S. Kaliski, letter to NIST regarding DSS, 4 Nov 1991.

801. B.S. Kaliski, "The MD2 Message Digest Algorithm," RFC 1319, Apr 1992.

802. B.S. Kaliski, "Privacy Enhancement for Internet Electronic Mail: Part IV: Key Certificates and Related Services," RFC 1424, Feb 1993.

803. B.S. Kaliski, "An Overview of the PKCS Standards," RSA Laboratories, Nov 1993.

804. B.S. Kaliski, "A Survey of Encryption Standards, *IEEE Micro*, v. 13, n. 6, Dec 1993, pp. 74–81.

805. B.S. Kaliski, personal communication, 1993.

806. B.S. Kaliski, "On the Security and Performance of Several Triple-DES Modes," RSA Laboratories, draft manuscript, Jan 1994.

807. B.S. Kaliski, R.L. Rivest, and A.T. Sherman, "Is the Data Encryption Standard a Group?", *Advances in Cryptology—EUROCRYPT '85*, Springer-Verlag, 1986, pp. 81–95.

808. B.S. Kaliski, R.L. Rivest, and A.T. Sherman, "Is the Data Encryption Standard a Pure Cipher? (Results of More Cycling Experiments in DES)," *Advances in Cryptology—CRYPTO '85 Proceedings*, Springer-Verlag, 1986, pp. 212–226.

809. B.S. Kaliski, R.L. Rivest, and A.T. Sherman, "Is the Data Encryption Standard a Group? (Results of Cycling Experiments on DES)," *Journal of Cryptology*, v. 1, n. 1, 1988, pp. 3–36.

810. B.S. Kaliski and M.J.B. Robshaw, "Fast Block Cipher Proposal," *Fast Software Encryption, Cambridge Security Workshop Proceedings*, Springer-Verlag, 1994, pp. 33–40.

811. B.S. Kaliski and M.J.B. Robshaw, "Linear Cryptanalysis Using Multiple Approximations," *Advances in Cryptology—CRYPTO '94 Proceedings*, Springer-Verlag, 1994, pp. 26–39.

812. B.S. Kaliski and M.J.B. Robshaw, "Linear Cryptanalysis Using Multiple Approximations and FEAL," *K.U. Leuven Workshop on Cryptographic Algorithms*, Springer-Verlag, 1995, to appear.

813. R.G. Kammer, statement before the U.S. government Subcommittee on Telecommunications and Finance, Committee on Energy and Commerce, 29 Apr 1993.

814. T. Kaneko, K. Koyama, and R. Terada, "Dynamic Swapping Schemes and Differential Cryptanalysis, *Proceedings of the 1993 Korea-Japan Workshop on Information Security and Cryptography*, Seoul, Korea, 24–26 Oct 1993, pp. 292–301.

815. T. Kaneko, K. Koyama, and R. Terada, "Dynamic Swapping Schemes and Differential Cryptanalysis," *Transactions of the Institute of Electronics, Information, and Communication Engineers*, v. E77-A, n. 8, Aug 1994, pp. 1328–1336.

816. T. Kaneko and H. Miyano, "A Study on the Strength Evaluation of Randomized DES-Like Cryptosystems against Chosen Plaintext Attacks," *Proceedings of the 1993 Symposium on Cryptography and Information Security (SCIS 93)*, Shuzenji, Japan, 28–30 Jan 1993, pp. 15C.1–10.

817. J. Kari, "A Cryptosystem Based on Propositional Logic," *Machines, Languages, and*

Complexity: 5th International Meeting of Young Computer Scientists, Selected Contributions, Springer-Verlag, 1989, pp. 210–219.

818. E.D. Karnin, J.W. Greene, and M.E. Hellman, "On Sharing Secret Systems," *IEEE Transactions on Information Theory*, v. IT-29, 1983, pp. 35–41.

819. F.W. Kasiski, *Die Geheimschriften und die Dechiffrir-kunst*, E.S. Miller und Sohn, 1863. (In German.)

820. A. Kehne, J. Schonwalder, and H. Langendorfer, "A Nonce-Based Protocol for Multiple Authentications," *Operating Systems Review*, v. 26, n. 4, Oct 1992, pp. 84–89.

821. J. Kelsey, personal communication, 1994.

822. R. Kemmerer, "Analyzing Encryption Protocols Using Formal Verification Techniques," *IEEE Journal on Selected Areas in Communications*, v. 7, n. 4, May 1989, pp. 448–457.

823. R. Kemmerer, C.A. Meadows, and J. Millen, "Three Systems for Cryptographic Protocol Analysis," *Journal of Cryptology*, v. 7, n. 2, 1994, pp. 79–130.

824. S.T. Kent, "Encryption-Based Protection Protocols for Interactive User-Computer Communications," MIT/LCS/TR-162, MIT Laboratory for Computer Science, May 1976.

825. S.T. Kent, "Privacy Enhancement for Internet Electronic Mail: Part II: Certificate-Based Key Management," RFC 1422, Feb 1993.

826. S.T. Kent, "Understanding the Internet Certification System," *Proceedings of INET '93*, The Internet Society, 1993, pp. BAB1-BAB10.

827. S.T. Kent and J. Linn, "Privacy Enhancement for Internet Electronic Mail: Part II: Certificate-Based Key Management," RFC 1114, Aug 1989.

828. V. Kessler and G. Wedel, "AUTOLOG—An Advanced Logic of Authentication," *Proceedings of the Computer Security Foundations Workshop VII*, IEEE Computer Society Press, 1994, pp. 90–99.

829. E.L. Key, "An Analysis of the Structure and Complexity of Nonlinear Binary Sequence Generators," *IEEE Transactions on Information Theory*, v. IT-22, n. 6, Nov 1976, pp. 732–736.

830. T. Kiesler and L. Harn, "RSA Blocking and Multisignature Schemes with No Bit Expansion," *Electronics Letters*, v. 26, n. 18, 30 Aug 1990, pp. 1490–1491.

831. J. Kilian, *Uses of Randomness in Algorithms and Protocols*, MIT Press, 1990.

832. J. Kilian, "Achieving Zero-Knowledge Robustly," *Advances in Cryptology—* 1991, pp. 313–325.

833. J. Kilian and T. Leighton, "Failsafe Key Escrow," MIT/LCS/TR-636, MIT Laboratory for Computer Science, Aug 1994.

834. K. Kim, "Construction of DES-Like S-Boxes Based on Boolean Functions Satisfying the SAC," *Advances in Cryptology—ASIACRYPT '91 Proceedings*, Springer-Verlag, 1993, pp. 59–72.

835. K. Kim, S. Lee, and S. Park, "Necessary Conditions to Strengthen DES S-Boxes Against Linear Cryptanalysis," *Proceedings of the 1994 Symposium on Cryptography and Information Security (SCIS 94)*, Lake Biwa, Japan, 27–29 Jan 1994, pp. 15D.1–9.

836. K. Kim, S. Lee, and S. Park, "How to Strengthen DES against Differential Attack," unpublished manuscript, 1994.

837. K. Kim, S. Lee, S. Park, and D. Lee, "DES Can Be Immune to Differential Cryptanalysis," *Workshop on Selected Areas in Cryptography—Workshop Record*, Kingston, Ontario, 5–6 May 1994, pp. 70–81.

838. K. Kim, S. Park, and S. Lee, "How to Strengthen DES against Two Robust Attacks," *Proceedings of the 1995 Japan-Korea Workshop on Information Security and Cryptography*, Inuyama, Japan, 24–27 Jan 1995, 173–182.

839. K. Kim, S. Park, and S. Lee, "Reconstruction of s^2DES S-Boxes and their Immunity to Differential Cryptanalysis," *Proceedings of the 1993 Korea-Japan Workshop on Information Security and Cryptography*, Seoul, Korea, 24–26 Oct 1993, pp. 282–291.

840. S. Kim and B.S. Um, "A Multipurpose Membership Proof System Based on Discrete Logarithm," *Proceedings of the 1993 Korea-Japan Workshop on Information Security and Cryptography*, Seoul, Korea, 24–26 Oct 1993, pp. 177–183.

841. P. Kinnucan, "Data Encryption Gurus: Tuchman and Meyer," *Cryptologia*, v. 2, n. 4, Oct 1978.

842. A. Klapper, "The Vulnerability of Geometric Sequences Based on Fields of Odd Characteristic," *Journal of Cryptology*, v. 7, n. 1, 1994, pp. 33–52.

843. A. Klapper, "Feedback with Carry Shift Registers over Finite Fields," *K.U. Leuven Workshop on Cryptographic Algorithms*, Springer-Verlag, 1995, to appear.

844. A. Klapper and M. Goresky, "2-adic Shift Registers," *Fast Software Encryption, Cambridge Security Workshop Proceedings*, Springer-Verlag, 1994, pp. 174–178.

845. A. Klapper and M. Goresky, "2-adic Shift Registers," Technical Report #239-93, Department of Computer Science, University of Kentucky, 19 Apr 1994.

846. A. Klapper and M. Goresky, "Large Period Nearly de Bruijn FCSR Sequences," *Advances in Cryptology—EUROCRYPT '95 Proceedings*, Springer-Verlag, 1995, pp. 263–273.

847. D.V. Klein, " 'Foiling the Cracker': A Survey of, and Implications to, Password Security," *Proceedings of the USENIX UNIX Security Workshop*, Aug 1990, pp. 5–14.

848. D.V. Klein, personal communication, 1994.

849. C.S. Kline and G.J. Popek, "Public Key vs. Conventional Key Cryptosystems," *Proceedings of AFIPS National Computer Conference*, pp. 831–837.

850. H.-J. Knobloch, "A Smart Card Implementation of the Fiat-Shamir Identification Scheme," *Advances in Cryptology—EUROCRPYT '88 Proceedings*, Springer-Verlag, 1988, pp. 87–95.

851. T. Knoph, J. Fröβl, W. Beller, and T. Giesler, "A Hardware Implementation of a Modified DES Algorithm," *Microprocessing and Microprogramming*, v. 30, 1990, pp. 59–66.

852. L.R. Knudsen, "Cryptanalysis of LOKI," *Advances in Cryptology—ASIACRYPT '91 Proceedings*, Springer-Verlag, 1993, pp. 22–35.

853. L.R. Knudsen, "Cryptanalysis of LOKI," *Cryptography and Coding III*, M.J. Ganley, ed., Oxford: Clarendon Press, 1993, pp. 223–236.

854. L.R. Knudsen, "Cryptanalysis of LOKI91," *Advances in Cryptology—AUSCRYPT '92 Proceedings*, Springer-Verlag, 1993, pp. 196–208.

855. L.R. Knudsen, "Iterative Characteristics of DES and s^2DES," *Advances in Cryptology—CRYPTO '92*, Springer-Verlag, 1993, pp. 497–511.

856. L.R. Knudsen, "An Analysis of Kim, Park, and Lee's DES-Like S-Boxes," unpublished manuscript, 1993.

857. L.R. Knudsen, "Practically Secure Feistel Ciphers," *Fast Software Encryption, Cambridge Security Workshop Proceedings*, Springer-Verlag, 1994, pp. 211–221.

858. L.R. Knudsen, "Block Ciphers—Analysis, Design, Applications," Ph.D. dissertation, Aarhus University, Nov 1994.

859. L.R. Knudsen, personal communication, 1994.

860. L.R. Knudsen, "Applications of Higher Order Differentials and Partial Differentials," *K.U. Leuven Workshop on Cryptographic Algorithms*, Springer-Verlag, 1995, to appear.

861. L.R. Knudsen and X. Lai, "New Attacks on All Double Block Length Hash Functions of Hash Rate 1, Including the Parallel-DM," *Advances in Cryptology—EUROCRYPT '94 Proceedings*, Springer-Verlag, 1995, to appear.

862. L.R. Knudsen, "A Weakness in SAFER K-64," *Advances in Cryptology–CRYPTO '95 Proceedings*, Springer-Verlag, 1995, to appear.

863. D. Knuth, *The Art of Computer Programming: Volume 2, Seminumerical Algorithms*, 2nd edition, Addison-Wesley, 1981.

864. D. Knuth, "Deciphering a Linear Congruential Encryption," *IEEE Transactions on Information Theory*, v. IT-31, n. 1, Jan 1985, pp. 49–52.

865. K. Kobayashi and L. Aoki, "On Linear Cryptanalysis of MBAL," *Proceedings of the 1995 Symposium on Cryptography and Information Security (SCIS 95)*, Inuyama, Japan, 24–27 Jan 1995, pp. A4.2.1–9.

866. K. Kobayashi, K. Tamura, and Y. Nemoto, "Two-dimensional Modified Rabin Cryptosystem," *Transactions of the Institute of Electronics, Information, and Communication Engineers*, v. J72-D, n. 5, May 1989, pp. 850–851. (In Japanese.)

867. N. Koblitz, "Elliptic Curve Cryptosystems," *Mathematics of Computation*, v. 48, n. 177, 1987, pp. 203–209.

868. N. Koblitz, "A Family of Jacobians Suitable for Discrete Log Cryptosystems," *Advances in Cryptology—CRYPTO '88 Proceedings*, Springer-Verlag, 1990, pp. 94–99.

869. N. Koblitz, "Constructing Elliptic Curve Cryptosystems in Characteristic 2," *Advances in Cryptology—CRYPTO '90 Proceedings*, Springer-Verlag, 1991, pp. 156–167.

870. N. Koblitz, "Hyperelliptic Cryptosystems," *Journal of Cryptology*, v. 1, n. 3, 1989, pp. 129–150.

871. N. Koblitz, "CM-Curves with Good Cryptographic Properties," *Advances in Cryptology—CRYPTO '91 Proceedings*, Springer-Verlag, 1992, pp. 279–287.

872. C.K. Koç, "High-Speed RSA Implementation," Version 2.0, RSA Laboratories, Nov 1994.

873. M.J. Kochanski, "Remarks on Lu and Lee's Proposals," *Cryptologia*, v. 4, n. 4, 1980, pp. 204–207.

874. M.J. Kochanski, "Developing an RSA Chip," *Advances in Cryptology—CRYPTO '85 Proceedings*, Springer-Verlag, 1986, pp. 350–357.

875. J.T. Kohl, "The Use of Encryption in Kerberos for Network Authentication," *Advances in Cryptology—CRYPTO '89 Proceedings*, Springer-Verlag, 1990, pp. 35–43.

876. J.T. Kohl, "The Evolution of the Kerberos

Authentication Service," *EurOpen Conference Proceedings*, May 1991, pp. 295–313.

877. J.T. Kohl and B.C. Neuman, "The Kerberos Network Authentication Service," RFC 1510, Sep 1993.

878. J.T. Kohl, B.C. Neuman, and T. Ts'o, "The Evolution of the Kerberos Authentication System," *Distributed Open Systems*, IEEE Computer Society Press, 1994, pp. 78–94.

879. Kohnfelder, "Toward a Practical Public Key Cryptosystem," Bachelor's thesis, MIT Department of Electrical Engineering, May 1978.

880. A.G. Konheim, *Cryptography: A Primer*, New York: John Wiley & Sons, 1981.

881. A.G. Konheim, M.H. Mack, R.K. McNeill, B. Tuckerman, and G. Waldbaum, "The IPS Cryptographic Programs," *IBM Systems Journal*, v. 19, n. 2, 1980, pp. 253–283.

882. V.I. Korzhik and A.I. Turkin, "Cryptanalysis of McEliece's Public-Key Cryptosystem," *Advances in Cryptology—EUROCRYPT '91 Proceedings*, Springer-Verlag, 1991, pp. 68–70.

883. S.C. Kothari, "Generalized Linear Threshold Scheme," *Advances in Cryptology: Proceedings of CRYPTO 84*, Springer-Verlag, 1985, pp. 231–241.

884. J. Kowalchuk, B.P. Schanning, and S. Powers, "Communication Privacy: Integration of Public and Secret Key Cryptography," *Proceedings of the National Telecommunication Conference*, IEEE Press, 1980, pp. 49.1.1–49.1.5.

885. K. Koyama, "A Master Key for the RSA Public-Key Cryptosystem," *Transactions of the Institute of Electronics, Information, and Communication Engineers*, v. J65-D, n. 2, Feb 1982, pp. 163–170.

886. K. Koyama, "A Cryptosystem Using the Master Key for Multi-Address Communications," *Transactions of the Institute of Electronics, Information, and Communication Engineers*, v. J65-D, n. 9, Sep 1982, pp. 1151–1158.

887. K. Koyama, "Demonstrating Membership of a Group Using the Shizuya-Koyama-Itoh (SKI) Protocol," *Proceedings of the 1989 Symposium on Cryptography and Information Security (SCIS 89)*, Gotenba, Japan, 1989.

888. K. Koyama, "Direct Demonstration of the Power to Break Public-Key Cryptosystems," *Advances in Cryptology—AUSCRYPT '90 Proceedings*, Springer-Verlag, 1990, pp. 14–21.

889. K. Koyama, "Security and Unique Decipherability of Two-dimensional Public Key Cryptosystems," *Transactions of the Institute of Electronics, Information, and*

Communication Engineers, v. E73, n. 7, Jul 1990, pp. 1057–1067.

890. K. Koyama, U.M. Maurer, T. Okamoto, and S.A. Vanstone, "New Public-Key Schemes Based on Elliptic Curves over the Ring Z_n," *Advances in Cryptology—CRYPTO '91 Proceedings*, Springer-Verlag, 1992, pp. 252–266.

891. K. Koyama and K. Ohta, "Identity-based Conference Key Distribution System," *Advances in Cryptology—CRYPTO '87 Proceedings*, Springer-Verlag, 1988, pp. 175–184.

892. K. Koyama and T. Okamoto, "Elliptic Curve Cryptosystems and Their Applications," *IEICE Transactions on Information and Systems*, v. E75-D, n. 1, Jan 1992, pp. 50–57.

893. K. Koyama and R. Terada, "How to Strengthen DES-Like Cryptosystems against Differential Cryptanalysis," *Transactions of the Institute of Electronics, Information, and Communication Engineers*, v. E76-A, n. 1, Jan 1993, pp. 63–69.

894. K. Koyama and R. Terada, "Probabilistic Swapping Schemes to Strengthen DES against Differential Cryptanalysis," *Proceedings of the 1993 Symposium on Cryptography and Information Security (SCIS 93)*, Shuzenji, Japan, 28–30 Jan 1993, pp. 15D.1–12.

895. K. Koyama and Y. Tsuruoka, "Speeding up Elliptic Cryptosystems Using a Singled Binary Window Method," *Advances in Cryptology—CRYPTO '92 Proceedings*, Springer-Verlag, 1993, pp. 345–357.

896. E. Kranakis, *Primality and Cryptography*, Wiler-Teubner Series in Computer Science, 1986.

897. D. Kravitz, "Digital Signature Algorithm," U.S. Patent #5,231,668, 27 Jul 1993.

898. D. Kravitz and I. Reed, "Extension of RSA Cryptostructure: A Galois Approach," *Electronics Letters*, v. 18, n. 6, 18 Mar 1982, pp. 255–256.

899. H. Krawczyk, "How to Predict Congruential Generators," *Advances in Cryptology—CRYPTO '89 Proceedings*, Springer-Verlag, 1990, pp. 138–153.

900. H. Krawczyk, "How to Predict Congruential Generators," *Journal of Algorithms*, v. 13, n. 4, Dec 1992, pp. 527–545.

901. H. Krawczyk, "The Shrinking Generator: Some Practical Considerations," *Fast Software Encryption, Cambridge Security Workshop Proceedings*, Springer-Verlag, 1994, pp. 45–46.

902. G.J. Kühn, "Algorithms for Self-Synchronizing Ciphers," *Proceedings of COMSIG 88*, 1988.

903. G.J. Kühn, F. Bruwer, and W. Smit, "'n Vin-

nige Veeldoelige Enkripsievlokkie," *Proceedings of Infosec 90*, 1990. (In Afrikaans.)

904. S. Kullback, *Statistical Methods in Cryptanalysis*, U.S. Government Printing Office, 1935. Reprinted by Aegean Park Press, 1976.

905. P.V. Kumar, R.A. Scholtz, and L.R. Welch, "Generalized Bent Functions and their Properties," *Journal of Combinational Theory*, Series A, v. 40, n. 1, Sep 1985, pp. 90–107.

906. M. Kurosaki, T. Matsumoto, and H. Imai, "Simple Methods for Multipurpose Certification," *Proceedings of the 1989 Symposium on Cryptography and Information Security (SCIS 89)*, Gotenba, Japan, 1989.

907. M. Kurosaki, T. Matsumoto, and H. Imai, "Proving that You Belong to at Least One of the Specified Groups," *Proceedings of the 1990 Symposium on Cryptography and Information Security (SCIS 90)*, Hihondaira, Japan, 1990.

908. K. Kurosawa, "Key Changeable ID-Based Cryptosystem," *Electronics Letters*, v. 25, n. 9, 27 Apr 1989, pp. 577–578.

909. K. Kurosawa, T. Ito, and M. Takeuchi, "Public Key Cryptosystem Using a Reciprocal Number with the Same Intractability as Factoring a Large Number," *Cryptologia*, v. 12, n. 4, Oct 1988, pp. 225–233.

910. K. Kurosawa, C. Park, and K. Sakano, "Group Signer/Verifier Separation Scheme," *Proceedings of the 1995 Japan-Korea Workshop on Information Security and Cryptography*, Inuyama, Japan, 24–27 Jan 1995, 134–143.

911. G.C. Kurtz, D. Shanks, and H.C. Williams, "Fast Primality Tests for Numbers Less than $50*10^9$," *Mathematics of Computation*, v. 46, n. 174, Apr 1986, pp. 691–701.

912. K. Kusuda and T. Matsumoto, "Optimization of the Time-Memory Trade-Off Cryptanalysis and Its Application to Block Ciphers," *Proceedings of the 1995 Symposium on Cryptography and Information Security (SCIS 95)*, Inuyama, Japan, 24–27 Jan 1995, pp. A3.2.1–11. (In Japanese.)

913. H. Kuwakado and K. Koyama, "Security of RSA-Type Cryptosystems Over Elliptic Curves against Hastad Attack," *Electronics Letters*, v. 30, n. 22, 27 Oct 1994, pp. 1843–1844.

914. H. Kuwakado and K. Koyama, "A New RSA-Type Cryptosystem over Singular Elliptic Curves," *IMA Conference on Applications of Finite Fields*, Oxford University Press, to appear.

915. H. Kuwakado and K. Koyama, "A New RSA-Type Scheme Based on Singular Cubic Curves," *Proceedings of the 1995 Japan-Korea Workshop on Information*

Security and Cryptography, Inuyama, Japan, 24–27 Jan 1995, pp. 144–151.

916. M. Kwan, "An Eight Bit Weakness in the LOKI Cryptosystem," technical report, Australian Defense Force Academy, Apr 1991.

917. M. Kwan and J. Pieprzyk, "A General Purpose Technique for Locating Key Scheduling Weakness in DES-Like Cryptosystems," *Advances in Cryptology—ASIACRYPT '91 Proceedings*, Springer-Verlag, 1991, pp. 237–246.

918. J.B. Lacy, D.P. Mitchell, and W.M. Schell, "CryptoLib: Cryptography in Software," *UNIX Security Symposium IV Proceedings*, USENIX Association, 1993, pp. 1–17.

919. J.C. Lagarias, "Knapsack Public Key Cryptosystems and Diophantine Approximations," *Advances in Cryptology: Proceedings of Crypto 83*, Plenum Press, 1984, pp. 3–23.

920. J.C. Lagarias, "Performance Analysis of Shamir's Attack on the Basic Merkle-Hellman Knapsack Cryptosystem," *Lecture Notes in Computer Science 172; Proceedings of the 11th International Colloquium on Automata, Languages, and Programming (ICALP)*, Springer-Verlag, 1984, pp. 312–323.

921. J.C. Lagarias and A.M. Odlyzko, "Solving Low-Density Subset Sum Problems," *Proceedings of the 24th IEEE Symposium on Foundations of Computer Science*, 1983, pp. 1–10.

922. J.C. Lagarias and A.M. Odlyzko, "Solving Low-Density Subset Sum Problems," *Journal of the ACM*, v. 32, n. 1, Jan 1985, pp. 229–246.

923. J.C. Lagarias and J. Reeds, "Unique Extrapolation of Polynomial Recurrences," *SIAM Journal on Computing*, v. 17, n. 2, Apr 1988, pp. 342–362.

924. X. Lai, *Detailed Description and a Software Implementation of the IPES Cipher*, unpublished manuscript, 8 Nov 1991.

925. X. Lai, *On the Design and Security of Block Ciphers*, ETH Series in Information Processing, v. 1, Konstanz: Hartung-Gorre Verlag, 1992.

926. X. Lai, personal communication, 1993.

927. X. Lai, "Higher Order Derivatives and Differential Cryptanalysis," *Communications and Cryptography: Two Sides of One Tapestry*, R.E. Blahut et al., eds., Kluwer Adademic Publishers, 1994, pp. 227–233.

928. X. Lai and L. Knudsen, "Attacks on Double Block Length Hash Functions," *Fast Software Encryption, Cambridge Security Workshop Proceedings*, Springer-Verlag,

1994, pp. 157–165.

929. X. Lai and J. Massey, "A Proposal for a New Block Encryption Standard," *Advances in Cryptology—EUROCRYPT '90 Proceedings*, Springer-Verlag, 1991, pp. 389–404.

930. X. Lai and J. Massey, "Hash Functions Based on Block Ciphers," *Advances in Cryptology—EUROCRYPT '92 Proceedings*, Springer-Verlag, 1992, pp. 55–70.

931. X. Lai, J. Massey, and S. Murphy, "Markov Ciphers and Differential Cryptanalysis," *Advances in Cryptology—EUROCRYPT '91 Proceedings*, Springer-Verlag, 1991, pp. 17–38.

932. X. Lai, R.A. Rueppel, and J. Woollven, "A Fast Cryptographic Checksum Algorithm Based on Stream Ciphers," *Advances in Cryptology—AUSCRYPT '92 Proceedings*, Springer-Verlag, 1993, pp. 339–348.

933. C.S. Laih, J.Y. Lee, C.H. Chen, and L. Harn, "A New Scheme for ID-based Cryptosystems and Signatures," *Journal of the Chinese Institute of Engineers*, v. 15, n. 2, Sep 1992, pp. 605–610.

934. B.A. LaMacchia and A.M. Odlyzko, "Computation of Discrete Logarithms in Prime Fields," *Designs, Codes, and Cryptography*, v. 1, 1991, pp. 46–62.

935. L. Lamport, "Password Identification with Insecure Communications," *Communications of the ACM*, v. 24, n. 11, Nov 1981, pp. 770–772.

936. S. Landau, "Zero-Knowledge and the Department of Defense," *Notices of the American Mathematical Society*, v. 35, n. 1, Jan 1988, pp. 5–12.

937. S. Landau, S. Kent, C. Brooks, S. Charney, D. Denning, W. Diffie, A. Lauck, D. Mikker, P. Neumann, and D. Sobel, "Codes, Keys, and Conflicts: Issues in U.S. Crypto Policy," Report of a Special Panel of the ACM U.S. Public Policy Committee (USACM), Association for Computing Machinery, Jun 1994.

938. S.K. Langford and M.E. Hellman, "Cryptanalysis of DES," presented at 1994 RSA Data Security conference, Redwood Shores, CA, 12–14 Jan 1994.

939. D. Lapidot and A. Shamir, "Publicly Verifiable Non-Interactive Zero-Knowledge Proofs," *Advances in Cryptology—CRYPTO '90 Proceedings*, Springer-Verlag, 1991, pp. 353–365.

940. A.V. Le, S.M. Matyas, D.B. Johnson, and J.D. Wilkins, "A Public-Key Extension to the Common Cryptographic Architecture," *IBM Systems Journal*, v. 32, n. 3, 1993, pp. 461–485.

941. P. L'Ecuyer, "Efficient and Portable Combined Random Number Generators," Jun 1988, pp. 742–749, 774.

942. P. L'Ecuyer, "Random Numbers for Simulation," *Communications of the ACM*, v. 33, n. 10, Oct 1990, pp. 85–97.

943. P.J. Lee and E.F. Brickell, "An Observation on the Security of McEliece's Public-Key Cryptosystem," *Advances in Cryptology—EUROCRYPT '88 Proceedings*, Springer-Verlag, 1988, pp. 275–280.

944. S. Lee, S. Sung, and K. Kim, "An Efficient Method to Find the Linear Expressions for Linear Cryptanalysis," *Proceedings of the 1995 Korea-Japan Workshop on Information Security and Cryptography*, Inuyama, Japan, 24–26 Jan 1995, pp. 183–190.

945. D.J. Lehmann, "On Primality Tests," *SIAM Journal on Computing*, v. 11, n. 2, May 1982, pp. 374–375.

946. T. Leighton, "Failsafe Key Escrow Systems," Technical Memo 483, MIT Laboratory for Computer Science, Aug 1994.

947. A. Lempel and M. Cohn, "Maximal Families of Bent Sequences," *IEEE Transactions* lies of Bent Sequences," *IEEE Transactions on Information Theory*, v. IT-28, n. 6, Nov 1982, pp. 865–868.

948. A.K. Lenstra, "Factoring Multivariate Polynomials Over Finite Fields," *Journal of Computer System Science*, v. 30, n. 2, Apr 1985, pp. 235–248.

949. A.K. Lenstra, personal communication, 1995.

950. A.K. Lenstra and S. Haber, letter to NIST Regarding DSS, 26 Nov 1991.

951. A.K. Lenstra, H.W. Lenstra Jr., and L. Lovácz, "Factoring Polynomials with Rational Coefficients," *Mathematische Annalen*, v. 261, n. 4, 1982, pp. 515–534.

952. A.K. Lenstra, H.W. Lenstra, Jr., M.S. Manasse, and J.M. Pollard, "The Number Field Sieve," *Proceedings of the 22nd ACM Symposium on the Theory of Computing*, 1990, pp. 574–572.

953. A.K. Lenstra and H.W. Lenstra, Jr., eds., *Lecture Notes in Mathematics 1554: The Development of the Number Field Sieve*, Springer-Verlag, 1993.

954. A.K. Lenstra, H.W. Lenstra, Jr., M.S. Manasse, and J.M. Pollard, "The Factorization of the Ninth Fermat Number," *Mathematics of Computation*, v. 61, n. 203, 1993, pp. 319–349.

955. A.K. Lenstra and M.S. Manasse, "Factoring by Electronic Mail," *Advances in Cryptology—EUROCRYPT '89 Proceedings*, Springer-Verlag, 1990, pp. 355–371.

956. A.K. Lenstra and M.S. Manasse, "Factoring with Two Large Primes," *Advances in*

Cryptology—EUROCRYPT '90 Proceedings, Springer-Verlag, 1991, pp. 72–82.

957. H.W. Lenstra Jr. "Elliptic Curves and Number-Theoretic Algorithms," Report 86-19, Mathematisch Instituut, Universiteit van Amsterdam, 1986.

958. H.W. Lenstra Jr. "On the Chor-Rivest Knapsack Cryptosystem," *Journal of Cryptology*, v. 3, n. 3, 1991, pp. 149–155.

959. W.J. LeVeque, *Fundamentals of Number Theory*, Addison-Wesley, 1977.

960. L.A. Levin, "One-Way Functions and Pseudo-Random Generators," *Proceedings of the 17th ACM Symposium on Theory of Computing*, 1985, pp. 363–365.

961. Lexar Corporation, "An Evaluation of the DES," Sep 1976.

962. D.-X. Li, "Cryptanalysis of Public-Key Distribution Systems Based on Dickson Polynomials," *Electronics Letters*, v. 27, n. 3, 1991, pp. 228–229.

963. F.-X. Li, "How to Break Okamoto's Cryptosystems by Continued Fraction Algorithm," *ASIACRYPT '91 Abstracts*, 1991, pp. 285–289.

964. Y.X. Li and X.M. Wang, "A Joint Authentication and Encryption Scheme Based on Algebraic Coding Theory," *Applied Algebra, Algebraic Algorithms and Error Correcting Codes 9*, Springer-Verlag, 1991, pp. 241–245.

965. R. Lidl, G.L. Mullen, and G. Turwald, *Pitman Monographs and Surveys in Pure and Applied Mathematics 65: Dickson Polynomials*, London: Longman Scientific and Technical, 1993.

966. R. Lidl and W.B. Müller, "Permutation Polynomials in RSA-Cryptosystems," *Advances in Cryptology: Proceedings of Crypto 83*, Plenum Press, 1984, pp. 293–301.

967. R. Lidl and W.B. Müller, "Generalizations of the Fibonacci Pseudoprimes Test," *Discrete Mathematics*, v. 92, 1991, pp. 211–220.

968. R. Lidl and W.B. Müller, "Primality Testing with Lucas Functions," *Advances in Cryptology—AUSCRYPT '92 Proceedings*, Springer-Verlag, 1993, pp. 539–542.

969. R. Lidl, W.B. Müller, and A. Oswald, "Some Remarks on Strong Fibonacci Pseudoprimes," *Applicable Algebra in Engineering, Communication and Computing*, v. 1, n. 1, 1990, pp. 59–65.

970. R. Lidl and H. Niederreiter, "Finite Fields," *Encyclopedia of Mathematics and its Applications*, v. 20, Addison-Wesley, 1983.

971. R. Lidl and H. Niederreiter, *Introduction to Finite Fields and Their Applications*, London: Cambridge University Press, 1986.

972. K. Lieberherr, "Uniform Complexity and Digital Signatures," *Theoretical Computer Science*, v. 16, n. 1, Oct 1981, pp. 99–110.

973. C.H. Lim and P.J. Lee, "A Practical Electronic Cash System for Smart Cards," *Proceedings of the 1993 Korea-Japan Workshop on Information Security and Cryptography*, Seoul, Korea, 24–26 Oct 1993, pp. 34–47.

974. C.H. Lim and P.J. Lee, "Security of Interactive DSA Batch Verification," *Electronics Letters*, v. 30, n. 19, 15 Sep 1994, pp. 1592–1593.

975. H.-Y. Lin and L. Harn, "A Generalized Secret Sharing Scheme with Cheater Detection," *Advances in Cryptology—ASIACRYPT '91 Proceedings*, Springer-Verlag, 1993, pp. 149–158.

976. M.-C. Lin, T.-C. Chang, and H.-L. Fu, "Information Rate of McEliece's Public-key Cryptosystem," *Electronics Letters*, v. 26, n. 1, 4 Jan 1990, pp. 16–18.

977. J. Linn, "Privacy Enhancement for Internet Electronic Mail: Part I—Message Encipherment and Authentication Procedures," RFC 989, Feb 1987.

978. J. Linn, "Privacy Enhancement for Internet Electronic Mail: Part I—Message Encipherment and Authentication Procedures," RFC 1040, Jan 1988.

979. J. Linn, "Privacy Enhancement for Internet Electronic Mail: Part I—Message Encipherment and Authentication Procedures," RFC 1113, Aug 1989.

980. J. Linn, "Privacy Enhancement for Internet Electronic Mail: Part III—Algorithms, Modes, and Identifiers," RFC 1115, Aug 1989.

981. J. Linn, "Privacy Enhancement for Internet Electronic Mail: Part I—Message Encipherment and Authentication Procedures," RFC 1421, Feb 1993.

982. S. Lloyd, "Counting Binary Functions with Certain Cryptographic Properties," *Journal of Cryptology*, v. 5, n. 2, 1992, pp. 107–131.

983. T.M.A. Lomas, "Collision-Freedom, Considered Harmful, or How to Boot a Computer," *Proceedings of the 1995 Korea-Japan Workshop on Information Security and Cryptography*, Inuyama, Japan, 24–26 Jan 1995, pp. 35–42.

984. T.M.A. Lomas and M. Roe, "Forging a Clipper Message," *Communications of the ACM*, v. 37, n. 12, 1994, p. 12.

985. D.L. Long, "The Security of Bits in the Discrete Logarithm," Ph.D. dissertation, Princeton University, Jan 1984.

986. D.L. Long and A. Wigderson, "How Discrete Is the Discrete Log," *Proceedings of*

the 15th Annual ACM Syposium on the Theory of Computing, Apr 1983.

987. D. Longley and S. Rigby, "An Automatic Search for Security Flaws in Key Management Schemes," *Computers and Security,* v. 11, n. 1, Jan 1992. pp. 75–89.

988. S.H. Low, N.F. Maxemchuk, and S. Paul, "Anonymous Credit Cards," *Proceedings of the 2nd Annual ACM Conference on Computer and Communications Security,* ACM Press, 1994, pp. 108–117.

989. J.H. Loxton, D.S.P. Khoo, G.J. Bird, and J. Seberry, "A Cubic RSA Code Equivalent to Factorization," *Journal of Cryptology,* v. 5, n. 2, 1992, pp. 139–150.

990. S.C. Lu and L.N. Lee, "A Simple and Effective Public-Key Cryptosystem," *COMSAT Technical Review,* 1979, pp. 15–24.

991. M. Luby, S. Micali, and C. Rackoff, "How to Simultaneously Exchange a Secret Bit by Flipping a Symmetrically-Biased Coin," *Proceedings of the 24nd Annual Symposium on the Foundations of Computer Science,* 1983, pp. 11–22.

992. M. Luby and C. Rackoff, "How to Construct Pseudo-Random Permutations from Pseudorandom Functions," *SIAM Journal on Computing,* Apr 1988, pp. 373–386.

993. F. Luccio and S. Mazzone, "A Cryptosystem for Multiple Communications," *Information Processing Letters,* v. 10, 1980, pp. 180–183.

994. V. Luchangco and K. Koyama, "An Attack on an ID-Based Key Sharing System, *Proceedings of the 1993 Korea-Japan Workshop on Information Security and Cryptography,* Seoul, Korea, 24–26 Oct 1993, pp. 262–271.

995. D.J.C. MacKay, "A Free Energy Minimization Framework for Inferring the State of a Shift Register Given the Noisy Output Sequence," *K.U. Leuven Workshop on Cryptographic Algorithms,* Springer-Verlag, 1995, to appear.

996. M.D. MacLaren and G. Marsaglia, "Uniform Random Number Generators," *Journal of the ACM* v. 12, n. 1, Jan 1965, pp. 83–89.

997. D. MacMillan, "Single Chip Encrypts Data at 14Mb/s," *Electronics,* v. 54, n. 12, 16 June 1981, pp. 161–165.

998. R. Madhavan and L.E. Peppard, "A Multiprocessor GaAs RSA Cryptosystem," *Proceedings CCVLSI-89: Canadian Conference on Very Large Scale Integration,* Vancouver, BC, Canada, 22–24 Oct 1989, pp. 115–122.

999. W.E. Madryga, "A High Performance Encryption Algorithm," *Computer Security: A Global Challenge,* Elsevier Science Publishers, 1984, pp. 557–570.

1000. M. Mambo, A. Nishikawa, S. Tsujii, and E. Okamoto, "Efficient Secure Broadcast Communication System," *Proceedings of the 1993 Korea-Japan Workshop on Information Security and Cryptography,* Seoul, Korea, 24–26 Oct 1993, pp. 23–33.

1001. M. Mambo, K. Usuda, and E. Okamoto, "Proxy Signatures," *Proceedings of the 1995 Symposium on Cryptography and Information Security (SCIS 95),* Inuyama, Japan, 24–27 Jan 1995, pp. B1.1.1–17.

1002. W. Mao and C. Boyd, "Towards Formal Analysis of Security Protocols," *Proceedings of the Computer Security Foundations Workshop VI,* IEEE Computer Society Press, 1993, pp. 147–158.

1003. G. Marsaglia and T.A. Bray, "On-Line Random Number Generators and their Use in Combinations," *Communications of the ACM,* v. 11, n. 11, Nov 1968, p. 757–759.

1004. K.M. Martin, "Untrustworthy Participants in Perfect Secret Sharing Schemes," *Cryptography and Coding III,* M.J. Ganley, ed., Oxford: Clarendon Press, 1993, pp. 255–264.

1005. J.L. Massey, "Shift-Register Synthesis and BCH Decoding," *IEEE Transactions on Information Theory,* v. IT-15, n. 1, Jan 1969, pp. 122–127.

1006. J.L. Massey, "Cryptography and System Theory," *Proceedings of the 24th Allerton Conference on Communication, Control, and Computers,* 1–3 Oct 1986, pp. 1–8.

1007. J.L. Massey, "An Introduction to Contemporary Cryptology," *Proceedings of the IEEE,* v. 76, n. 5., May 1988, pp. 533–549.

1008. J.L. Massey, "Contemporary Cryptology: An Introduction," in *Contemporary Cryptology: The Science of Information Integrity,* G.J. Simmons, ed., IEEE Press, 1992, pp. 1–39.

1009. J.L. Massey, "SAFER K-64: A Byte-Oriented Block-Ciphering Algorithm," *Fast Software Encryption, Cambridge Security Workshop Proceedings,* Springer-Verlag, 1994, pp. 1–17.

1010. J.L. Massey, "SAFER K-64: One Year Later," *K.U. Leuven Workshop on Cryptographic Algorithms,* Springer-Verlag, 1995, to appear.

1011. J.L. Massey and I. Ingemarsson, "The Rip Van Winkle Cipher—A Simple and Provably Computationally Secure Cipher with a Finite Key," *IEEE International Symposium on Information Theory,* Brighton, UK, May 1985.

1012. J.L. Massey and X. Lai, "Device for Converting a Digital Block and the Use Thereof," International Patent PCT/

CH91/00117, 28 Nov 1991.

1013. J.L. Massey and X. Lai, "Device for the Conversion of a Digital Block and Use of Same," U.S. Patent #5,214,703, 25 May 1993.

1014. J.L. Massey and R.A. Rueppel, "Linear Ciphers and Random Sequence Generators with Multiple Clocks," *Advances in Cryptology: Proceedings of EUROCRYPT 84*, Springer-Verlag, 1985, pp. 74–87.

1015. M. Matsui, "Linear Cryptanalysis Method for DES Cipher," *Advances in Cryptology—EUROCRYPT '93 Proceedings*, Springer-Verlag, 1994, pp. 386–397.

1016. M. Matsui, "Linear Cryptanalysis of DES Cipher (I)," *Proceedings of the 1993 Symposium on Cryptography and Information Security (SCIS 93)*, Shuzenji, Japan, 28–30 Jan 1993, pp. 3C.1–14. (In Japanese.)

1017. M. Matsui, "Linear Cryptanalysis Method for DES Cipher (III)," *Proceedings of the 1994 Symposium on Cryptography and Information Security (SCIS 94)*, Lake Biwa, Japan, 27–29 Jan 1994, pp. 4A.1–11. (In Japanese.)

1018. M. Matsui, "On Correlation Between the Order of the S-Boxes and the Strength of DES," *Advances in Cryptology—EUROCRYPT '94 Proceedings*, Springer-Verlag, 1995, to appear.

1019. M. Matsui, "The First Experimental Cryptanalysis of the Data Encryption Standard," *Advances in Cryptology—CRYPTO '94 Proceedings*, Springer-Verlag, 1994, pp. 1–11.

1020. M. Matsui and A. Yamagishi, "A New Method for Known Plaintext Attack of FEAL Cipher," *Advances in Cryptology—EUROCRYPT '92 Proceedings*, Springer-Verlag, 1993, pp. 81–91.

1021. T. Matsumoto and H. Imai, "A Class of Asymmetric Crypto-Systems Based on Polynomials Over Finite Rings," *IEEE International Symposium on Information Theory*, 1983, pp. 131–132.

1022. T. Matsumoto and H. Imai, "On the Key Production System: A Practical Solution to the Key Distribution Problem," *Advances in Cryptology—CRYPTO '87 Proceedings*, Springer-Verlag, 1988, pp. 185–193.

1023. T. Matsumoto and H. Imai, "On the Security of Some Key Sharing Schemes (Part 2)," *IEICE Japan, Technical Report*, ISEC90-28, 1990.

1024. S.M. Matyas, "Digital Signatures—An Overview," *Computer Networks*, v. 3, n. 2, Apr 1979, pp. 87–94.

1025. S.M. Matyas, "Key Handling with Control Vectors," *IBM Systems Journal*, v. 30, n. 2, 1991, pp. 151–174.

1026. S.M. Matyas, A.V. Le, and D.G. Abraham, "A Key Management Scheme Based on Control Vectors," *IBM Systems Journal*, v. 30, n. 2, 1991, pp. 175–191.

1027. S.M. Matyas and C.H. Meyer, "Generation, Distribution, and Installation of Cryptographic Keys," *IBM Systems Journal*, v. 17, n. 2, 1978, pp. 126–137.

1028. S.M. Matyas, C.H. Meyer, and J. Oseas, "Generating Strong One-Way Functions with Cryptographic Algorithm," *IBM Technical Disclosure Bulletin*, v. 27, n. 10A, Mar 1985, pp. 5658–5659.

1029. U.M. Maurer, "Provable Security in Cryptography," Ph.D. dissertation, ETH No. 9260, Swiss Federal Institute of Technology, Zürich, 1990.

1030. U.M. Maurer, "A Provable-Secure Strongly-Randomized Cipher," *Advances in Cryptology—EUROCRYPT '90 Proceedings*, Springer-Verlag, 1990, pp. 361–373.

1031. U.M. Maurer, "A Universal Statistical Test for Random Bit Generators," *Advances in Cryptology—CRYPTO '90 Proceedings*, Springer-Verlag, 1991, pp. 409–420.

1032. U.M. Maurer, "A Universal Statistical Test for Random Bit Generators," *Journal of Cryptology*, v. 5, n. 2, 1992, pp. 89–106.

1033. U.M. Maurer and J.L. Massey, "Cascade Ciphers: The Importance of Being First," *Journal of Cryptology*, v. 6, n. 1, 1993, pp. 55–61.

1034. U.M. Maurer and J.L. Massey, "Perfect Local Randomness in Pseudo-Random Sequences," *Advances in Cryptology—CRYPTO '89 Proceedings*, Springer-Verlag, 1990, pp. 110–112.

1035. U.M. Maurer and Y. Yacobi, "Non-interactive Public Key Cryptography," *Advances in Cryptology—EUROCRYPT '91 Proceedings*, Springer-Verlag, 1991, pp. 498–507.

1036. G. Mayhew, "A Low Cost, High Speed Encryption System and Method," *Proceedings of the 1994 IEEE Computer Society Symposium on Research in Security and Privacy*, 1994, pp. 147–154.

1037. G. Mayhew, R. Frazee, and M. Bianco, "The Kinetic Protection Device," *Proceedings of the 15th National Computer Security Conference*, NIST, 1994, pp. 147–154.

1038. K.S. McCurley, "A Key Distribution System Equivalent to Factoring," *Journal of Cryptology*, v. 1, n. 2, 1988, pp. 95–106.

1039. K.S. McCurley, "The Discrete Logarithm Problem," *Cryptography and Computational Number Theory (Proceedings of the Symposium on Applied Mathematics)*, American Mathematics Society, 1990, pp. 49–74.

1040. K.S. McCurley, open letter from the Sandia National Laboratories on the DSA of the NIST, 7 Nov 1991.

1041. R.J. McEliece, "A Public-Key Cryptosystem Based on Algebraic Coding Theory," Deep Space Network Progress Report 42–44, Jet Propulsion Laboratory, California Institute of Technology, 1978, pp. 114–116.

1042. R.J. McEliece, *Finite Fields for Computer Scientists and Engineers*, Boston: Kluwer Academic Publishers, 1987.

1043. P. McMahon, "SESAME V2 Public Key and Authorization Extensions to Kerberos," *Proceedings of the Internet Society 1995 Symposium on Network and Distributed Systems Security*, IEEE Computer Society Press, 1995, pp. 114–131.

1044. C.A. Meadows, "A System for the Specification and Analysis of Key Management Protocols," *Proceedings of the 1991 IEEE Computer Society Symposium on Research in Security and Privacy*, 1991, pp. 182–195.

1045. C.A. Meadows, "Applying Formal Methods to the Analysis of a Key Management Protocol," *Journal of Computer Security*, v. 1, n. 1, 1992, pp. 5–35.

1046. C.A. Meadows, "A Model of Computation for the NRL Protocol Analyzer," *Proceedings of the Computer Security Foundations Workshop VII*, IEEE Computer Society Press, 1994, pp. 84–89.

1047. C.A. Meadows, "Formal Verification of Cryptographic Protocols: A Survey," *Advances in Cryptology—ASIACRYPT '94 Proceedings*, Springer-Verlag, 1995, pp. 133–150.

1048. G. Medvinsky and B.C. Neuman, "NetCash: A Design for Practical Electronic Currency on the Internet," *Proceedings of the 1st Annual ACM Conference on Computer and Communications Security*, ACM Press, 1993, pp. 102–106.

1049. G. Medvinsky and B.C. Neuman, "Electronic Currency for the Internet," *Electronic Markets*, v. 3, n. 9/10, Oct 1993, pp. 23–24.

1050. W. Meier, "On the Security of the IDEA Block Cipher," *Advances in Cryptology—EUROCRYPT '93 Proceedings*, Springer-Verlag, 1994, pp. 371–385.

1051. W. Meier and O. Staffelbach, "Fast Correlation Attacks on Stream Ciphers," *Journal of Cryptology*, v. 1, n. 3, 1989, pp. 159–176.

1052. W. Meier and O. Staffelbach, "Analysis of Pseudo Random Sequences Generated by Cellular Automata," *Advances in Cryptology—EUROCRYPT '91 Proceedings*, Springer-Verlag, 1991, pp. 186–199.

1053. W. Meier and O. Staffelbach, "Correlation Properties of Combiners with Memory in Stream Ciphers," *Advances in Cryptology—EUROCRYPT '90 Proceedings*, Springer-Verlag, 1991, pp. 204–213.

1054. W. Meier and O. Staffelbach, "Correlation Properties of Combiners with Memory in Stream Ciphers," *Journal of Cryptology*, v. 5, n. 1, 1992, pp. 67–86.

1055. W. Meier and O. Staffelbach, "The Self-Shrinking Generator," *Communications and Cryptography: Two Sides of One Tapestry*, R.E. Blahut et al., eds., Kluwer Adademic Publishers, 1994, pp. 287–295.

1056. J. Meijers, "Algebraic-Coded Cryptosystems," Master's thesis, Technical University Eindhoven, 1990.

1057. J. Meijers and J. van Tilburg, "On the Rao-Nam Private-Key Cryptosystem Using Linear Codes," *International Symposium on Information Theory*, Budapest, Hungary, 1991.

1058. J. Meijers and J. van Tilburg, "An Improved ST-Attack on the Rao-Nam Private-Key Cryptosystem," *International Conference on Finite Fields, Coding Theory, and Advances in Communications and Computing*, Las Vegas, NV, 1991.

1059. A. Menezes, *Elliptic Curve Public Key Cryptosystems*, Kluwer Academic Publishers, 1993.

1060. A. Menezes, ed., *Applications of Finite Fields*, Kluwer Academic Publishers, 1993.

1061. A. Menezes and S.A. Vanstone, "Elliptic Curve Cryptosystems and Their Implementations," *Journal of Cryptology*, v. 6, n. 4, 1993, pp. 209–224.

1062. A. Menezes and S.A. Vanstone, "The Implementation of Elliptic Curve Cryptosystems," *Advances in Cryptology—AUSCRYPT '90 Proceedings*, Springer-Verlag, 1990, pp. 2–13.

1063. R. Menicocci, "Short Gollmann Cascade Generators May Be Insecure," *Codes and Ciphers*, Institute of Mathematics and its Applications, 1995, pp. 281–297.

1064. R.C. Merkle, "Secure Communication Over Insecure Channels," *Communications of the ACM*, v. 21, n. 4, 1978, pp. 294–299.

1065. R.C. Merkle, "Secrecy, Authentication, and Public Key Systems," Ph.D. dissertation, Stanford University, 1979.

1066. R.C. Merkle, "Method of Providing Digital Signatures," U.S. Patent #4,309,569, 5 Jan 1982.

1067. R.C. Merkle, "A Digital Signature Based on a Conventional Encryption Function," *Advances in Cryptology—CRYPTO '87 Proceedings*, Springer-Verlag, 1988, pp.

369–378.

1068. R.C. Merkle, "A Certified Digital Signature," *Advances in Cryptology—CRYPTO '89 Proceedings*, Springer-Verlag, 1990, pp. 218–238.

1069. R.C. Merkle, "One Way Hash Functions and DES," *Advances in Cryptology—CRYPTO '89 Proceedings*, Springer-Verlag, 1990, pp. 428–446.

1070. R.C. Merkle, "A Fast Software One-Way Hash Function," *Journal of Cryptology*, v. 3, n. 1, 1990, pp. 43–58.

1071. R.C. Merkle, "Fast Software Encryption Functions," *Advances in Cryptology—CRYPTO '90 Proceedings*, Springer-Verlag, 1991, pp. 476–501.

1072. R.C. Merkle, "Method and Apparatus for Data Encryption," U.S. Patent #5,003,597, 26 Mar 1991.

1073. R.C. Merkle, personal communication, 1993.

1074. R.C. Merkle and M. Hellman, "Hiding Information and Signatures in Trapdoor Knapsacks," *IEEE Transactions on Information Theory*, v. 24, n. 5, Sep 1978, pp. 525–530.

1075. R.C. Merkle and M. Hellman, "On the Security of Multiple Encryption," *Communications of the ACM*, v. 24, n. 7, 1981, pp. 465–467.

1076. M. Merritt, "Cryptographic Protocols," Ph.D. dissertation, Georgia Institute of Technology, GIT-ICS-83/6, Feb 1983.

1077. M. Merritt, "Towards a Theory of Cryptographic Systems: A Critique of Crypto-Complexity," *Distributed Computing and Cryptography*, J. Feigenbaum and M. Merritt, eds., American Mathematical Society, 1991, pp. 203–212.

1078. C.H. Meyer, "Ciphertext/Plaintext and Ciphertext/Key Dependencies vs. Number of Rounds for Data Encryption Standard," *AFIPS Conference Proceedings*, 47, 1978, pp. 1119–1126.

1079. C.H. Meyer, "Cryptography—A State of the Art Review," *Proceedings of Compeuro '89, VLSI and Computer Peripherals, 3rd Annual European Computer Conference*, IEEE Press, 1989, pp. 150–154.

1080. C.H. Meyer and S.M. Matyas, *Cryptography: A New Dimension in Computer Data Security*, New York: John Wiley & Sons, 1982.

1081. C.H. Meyer and M. Schilling, "Secure Program Load with Manipulation Detection Code," *Proceedings of Securicom '88*, 1988, pp. 111–130.

1082. C.H. Meyer and W.L. Tuchman, "Pseudo-Random Codes Can Be Cracked," *Electronic Design*, v. 23, Nov 1972.

1083. C.H. Meyer and W.L. Tuchman, "Design Considerations for Cryptography," *Proceedings of the NCC*, v. 42, Montvale, NJ: AFIPS Press, Nov 1979, pp. 594–597.

1084. S. Micali, "Fair Public-Key Cryptosystems," *Advances in Cryptology—CRYPTO '92 Proceedings*, Springer-Verlag, 1993, pp. 113–138.

1085. S. Micali, "Fair Cryptosystems," MIT/LCS/TR-579.b, MIT Laboratory for Computer Science, Nov 1993.

1086. S. Micali, "Fair Cryptosystems and Methods for Use," U.S. Patent #5,276,737, 4 Jan 1994.

1087. S. Micali, "Fair Cryptosystems and Methods for Use," U.S. Patent #5,315,658, 24 May 1994.

1088. S. Micali and A. Shamir, "An Improvement on the Fiat-Shamir Identification and Signature Scheme," *Advances in Cryptology—CRYPTO '88 Proceedings*, Springer-Verlag, 1990, pp. 244–247.

1089. M.J. Mihajlević, "A Correlation Attack on the Binary Sequence Generators with Time-Varying Output Function," *Advances in Cryptology—ASIACRYPT '94 Proceedings*, Springer-Verlag, 1995, pp. 67–79.

1090. M.J. Mihajlević and J.D. Golić, "A Fast Iterative Algorithm for a Shift Register Internal State Reconstruction Given the Noisy Output Sequence," *Advances in Cryptology—AUSCRYPT '90 Proceedings*, Springer-Verlag, 1990, pp. 165–175.

1091. M.J. Mihajlević and J.D. Golić, "Convergence of a Bayesian Iterative Error-Correction Procedure to a Noisy Shift Register Sequence," *Advances in Cryptology—EUROCRYPT '92 Proceedings*, Springer-Verlag, 1993, pp. 124–137.

1092. J.K. Millen, S.C. Clark, and S.B. Freedman, "The Interrogator: Protocol Security Analysis," *IEEE Transactions on Software Engineering*, v. SE-13, n. 2, Feb 1987, pp. 274–288.

1093. G.L. Miller, "Riemann's Hypothesis and Tests for Primality," *Journal of Computer Systems Science*, v. 13, n. 3, Dec 1976, pp. 300–317.

1094. S.P. Miller, B.C. Neuman, J.I. Schiller, and J.H. Saltzer, "Section E.2.1: Kerberos Authentication and Authorization System," MIT Project Athena, Dec 1987.

1095. V.S. Miller, "Use of Elliptic Curves in Cryptography," *Advances in Cryptology—CRYPTO '85 Proceedings*, Springer-Verlag, 1986, pp. 417–426.

1096. M. Minsky, *Computation: Finite and Infinite Machines*, Englewood Cliffs, NJ: Prentice-Hall, 1967.

1097. C.J. Mitchell, "Authenticating Multi-Cast Internet Electronic Mail Messages Using a Bidirectional MAC Is Insecure," draft manuscript, 1990.

1098. C.J. Mitchell, "Enumerating Boolean Functions of Cryptographic Significance," *Journal of Cryptology*, v. 2, n. 3, 1990, pp. 155–170.

1099. C.J. Mitchell, F. Piper, and P. Wild, "Digital Signatures," *Contemporary Cryptology: The Science of Information Integrity*, G.J. Simmons, ed., IEEE Press, 1991, pp. 325–378.

1100. C.J. Mitchell, M. Walker, and D. Rush, "CCITT/ISO Standards for Secure Message Handling," *IEEE Journal on Selected Areas in Communications*, v. 7, n. 4, May 1989, pp. 517–524.

1101. S. Miyaguchi, "Fast Encryption Algorithm for the RSA Cryptographic System," *Proceedings of Compcon 82*, IEEE Press, pp. 672–678.

1102. S. Miyaguchi, "The FEAL-8 Cryptosystem and Call for Attack," *Advances in Cryptology—CRYPTO '89 Proceedings*, Springer-Verlag, 1990, pp. 624–627.

1103. S. Miyaguchi, "Expansion of the FEAL Cipher," *NTT Review*, v. 2, n. 6, Nov 1990.

1104. S. Miyaguchi, "The FEAL Cipher Family," *Advances in Cryptology—CRYPTO '90 Proceedings*, Springer-Verlag, 1991, pp. 627–638.

1105. S. Miyaguchi, K. Ohta, and M. Iwata, "128-bit Hash Function (*N*-Hash)," *Proceedings of SECURICOM '90*, 1990, pp. 127–137.

1106. S. Miyaguchi, K. Ohta, and M. Iwata, "128-bit Hash Function (*N*-Hash)," *NTT Review*, v. 2, n. 6, Nov 1990, pp. 128–132.

1107. S. Miyaguchi, K. Ohta, and M. Iwata, "Confirmation that Some Hash Functions Are Not Collision Free," *Advances in Cryptology—EUROCRYPT '90 Proceedings*, Springer-Verlag, 1991, pp. 326–343.

1108. S. Miyaguchi, A. Shiraishi, and A. Shimizu, "Fast Data Encipherment Algorithm FEAL-8," *Review of the Electrical Communication Laboratories*, v. 36, n. 4, 1988.

1109. H. Miyano, "Differential Cryptanalysis on CALC and Its Evaluation," *Proceedings of the 1992 Symposium on Cryptography and Information Security (SCIS 92)*, Tateshina, Japan, 2–4 Apr 1992, pp. 7B.1–8.

1110. R. Molva, G. Tsudik, E. van Herreweghen, and S. Zatti, "KryptoKnight Authentication and Key Distribution System," *Proceedings of European Symposium on Research in Computer Security*, Toulouse, France, Nov 1992.

1111. P.L. Montgomery, "Modular Multiplication without Trial Division," *Mathematics of Computation*, v. 44, n. 170, 1985, pp. 519–521.

1112. P.L. Montgomery, "Speeding the Pollard and Elliptic Curve Methods of Factorization," *Mathematics of Computation*, v. 48, n. 177, Jan 1987, pp. 243–264.

1113. P.L. Montgomery and R. Silverman, "An FFT Extension to the *p*-1 Factoring Algorithm," *Mathematics of Computation*, v. 54, n. 190, 1990, pp. 839–854.

1114. J.H. Moore, "Protocol Failures in Cryptosystems," *Proceedings of the IEEE*, v. 76, n. 5, May 1988.

1115. J.H. Moore, "Protocol Failures in Cryptosystems," in *Contemporary Cryptology: The Science of Information Integrity*, G.J. Simmons, ed., IEEE Press, 1992, pp. 541–558.

1116. J.H. Moore and G.J. Simmons, "Cycle Structure of the DES with Weak and Semi-Weak Keys," *Advances in Cryptology—CRYPTO '86 Proceedings*, Springer-Verlag, 1987, pp. 3–32.

1117. T. Moriyasu, M. Morii, and M. Kasahara, "Nonlinear Pseudorandom Number Generator with Dynamic Structure and Its Properties," *Proceedings of the 1994 Symposium on Cryptography and Information Security (SCIS 94)*, Biwako, Japan, 27–29 Jan 1994, pp. 8A.1–11.

1118. R. Morris, "The Data Encryption Standard—Retrospective and Prospects," *IEEE Communications Magazine*, v. 16, n. 6, Nov 1978, pp. 11–14.

1119. R. Morris, remarks at the 1993 Cambridge Protocols Workshop, 1993.

1120. R. Morris, N.J.A. Sloane, and A.D. Wyner, "Assessment of the NBS Proposed Data Encryption Standard," *Cryptologia*, v. 1, n. 3, Jul 1977, pp. 281–291.

1121. R. Morris and K. Thompson, "Password Security: A Case History," *Communications of the ACM*, v. 22, n. 11, Nov 1979, pp. 594–597.

1122. S.B. Morris, "Escrow Encryption," lecture at MIT Laboratory for Computer Science, 2 Jun 1994.

1123. M.N. Morrison and J. Brillhart, "A Method of Factoring and the Factorization of F_7," *Mathematics of Computation*, v. 29, n. 129, Jan 1975, pp. 183–205.

1124. L.E. Moser, "A Logic of Knowledge and Belief for Reasoning About Computer Security," *Proceedings of the Computer Security Foundations Workshop II*, IEEE Computer Society Press, 1989, pp. 57–63.

1125. Motorola Government Electronics Division, *Advanced Techniques in Network Security*, Scottsdale, AZ, 1977.

1126. W.B. Müller, "Polynomial Functions in Modern Cryptology," *Contributions to General Algebra 3: Proceedings of the Vienna Conference*, Vienna: Verlag

Hölder-Pichler-Tempsky, 1985, pp. 7–32.

1127. W.B. Müller and W. Nöbauer, "Some Remarks on Public-Key Cryptography," *Studia Scientiarum Mathematicarum Hungarica*, v. 16, 1981, pp. 71–76.

1128. W.B. Müller and W. Nöbauer, "Cryptanalysis of the Dickson Scheme," *Advances in Cryptology—EUROCRYPT '85 Proceedings*, Springer-Verlag, 1986, pp. 50–61.

1129. C. Muller-Scholer, "A Microprocessor-Based Cryptoprocessor," *IEEE Micro*, Oct 1983, pp. 5–15.

1130. R.C. Mullin, E. Nemeth, and N. Weidenhofer, "Will Public Key Cryptosystems Live Up to Their Expectations?—HEP Implementation of the Discrete Log Codebreaker," *ICPP 85*, pp. 193–196.

1131. Y. Murakami and S. Kasahara, "An ID-Based Key Distribution Scheme," IEICE Japan, Technical Report, ISEC90-26, 1990.

1132. S. Murphy, "The Cryptanalysis of FEAL-4 with 20 Chosen Plaintexts," *Journal of Cryptology*, v. 2, n. 3, 1990, pp. 145–154.

1133. E.D. Myers, "STU-III—Multilevel Secure Computer Interface," *Proceedings of the Tenth Annual Computer Security Applications Conference*, IEEE Computer Society Press, 1994, pp. 170–179.

1134. D. Naccache, "Can O.S.S. be Repaired? Proposal for a New Practical Signature Scheme," *Advances in Cryptology—EUROCRYPT '93 Proceedings*, Springer-Verlag, 1994, pp. 233–239.

1135. D. Naccache, D. M'Raïhi, D. Raphaeli, and S. Vaudenay, "Can D.S.A. be Improved? Complexity Trade-Offs with the Digital Signature Standard," *Advances in Cryptology—EUROCRYPT '94 Proceedings*, Springer-Verlag, 1995, to appear.

1136. Y. Nakao, T. Kaneko, K. Koyama, and R. Terada, "A Study on the Security of RDES-1 Cryptosystem against Linear Cryptanalysis," *Proceedings of the 1995 Japan-Korea Workshop on Information Security and Cryptography*, Inuyama, Japan, 24–27 Jan 1995, pp. 163–172.

1137. M. Naor, "Bit Commitment Using Pseudo-Randomness," *Advances in Cryptology—CRYPTO '89 Proceedings*, Springer-Verlag, 1990, pp. 128–136.

1138. M. Naor and M. Yung, "Universal One-Way Hash Functions and Their Cryptographic Application," *Proceedings of the 21st Annual ACM Symposium on the Theory of Computing*, 1989, pp. 33–43.

1139. National Bureau of Standards, "Report of the Workshop on Estimation of Significant Advances in Computer Technology," NBSIR76-1189, National Bureau of Standards, U.S. Department of Commerce, 21–22 Sep 1976, Dec 1977.

1140. National Bureau of Standards, NBS FIPS PUB 46, "Data Encryption Standard," National Bureau of Standards, U.S. Department of Commerce, Jan 1977.

1141. National Bureau of Standards, NBS FIPS PUB 46-1, "Data Encryption Standard," U.S. Department of Commerce, Jan 1988.

1142. National Bureau of Standards, NBS FIPS PUB 74, "Guidelines for Implementing and Using the NBS Data Encryption Standard," U.S. Department of Commerce, Apr 1981.

1143. National Bureau of Standards, NBS FIPS PUB 81, "DES Modes of Operation," U.S. Department of Commerce, Dec 1980.

1144. National Bureau of Standards, NBS FIPS PUB 112, "Password Usage," U.S. Department of Commerce, May 1985.

1145. National Bureau of Standards, NBS FIPS PUB 113, "Computer Data Authentication," U.S. Department of Commerce, May 1985.

1146. National Computer Security Center, "Trusted Network Interpretation of the Trusted Computer System Evaluation Criteria," NCSC-TG-005 Version 1, Jul 1987.

1147. National Computer Security Center, "Trusted Database Management System Interpretation of the Trusted Computer System Evaluation Criteria," NCSC-TG-021 Version 1, Apr 1991.

1148. National Computer Security Center, "A Guide to Understanding Data Remeberance in Automated Information Systems," NCSC-TG-025 Version 2, Sep 1991.

1149. National Institute of Standards and Technology, NIST FIPS PUB XX, "Digital Signature Standard," U.S. Department of Commerce, DRAFT, 19 Aug 1991.

1150. National Institute of Standards and Technology, NIST FIPS PUB 46-2, "Data Encryption Standard," U.S. Department of Commerce, Dec 93.

1151. National Institute of Standards and Technology, NIST FIPS PUB 171, "Key Management Using X9.17," U.S. Department of Commerce, Apr 92.

1152. National Institute of Standards and Technology, NIST FIPS PUB 180, "Secure Hash Standard," U.S. Department of Commerce, May 93.

1153. National Institute of Standards and Technology, NIST FIPS PUB 185, "Escrowed Encryption Standard," U.S. Department of Commerce, Feb 94.

1154. National Institute of Standards and Technology, NIST FIPS PUB 186, "Digital Signature Standard," U.S. Department of Commerce, May 1994.

1155. National Institute of Standards and Technology, "Clipper Chip Technology," 30 Apr 1993.

1156. National Institute of Standards and Technology, "Capstone Chip Technology," 30 Apr 1993.

1157. J. Nechvatal, "Public Key Cryptography," NIST Special Publication 800-2, National Institute of Standards and Technology, U.S. Department of Commerce, Apr 1991.

1158. J. Nechvatal, "Public Key Cryptography," *Contemporary Cryptology: The Science of Information Integrity*, G.J. Simmons, ed., IEEE Press, 1992, pp. 177–288.

1159. R.M. Needham and M.D. Schroeder, "Using Encryption for Authentication in Large Networks of Computers," *Communications of the ACM*, v. 21, n. 12, Dec 1978, pp. 993–999.

1160. R.M. Needham and M.D. Schroeder, "Authentication Revisited," *Operating Systems Review*, v. 21, n. 1, 1987, p. 7.

1161. D.M. Nessett, "A Critique of the Burrows, Abadi, and Needham Logic," *Operating System Review*, v. 20, n. 2, Apr 1990, pp. 35–38.

1162. B.C. Neuman and S. Stubblebine, "A Note on the Use of Timestamps as Nonces," *Operating Systems Review*, v. 27, n. 2, Apr 1993, pp. 10–14.

1163. B.C. Neuman and T. Ts'o, "Kerberos: An Authentication Service for Computer Networks," *IEEE Communications Magazine*, v. 32, n. 9, Sep 1994, pp. 33–38.

1164. L. Neuwirth, "Statement of Lee Neuwirth of Cylink on HR145," submitted to congressional committees considering HR145, Feb 1987.

1165. D.B. Newman, Jr. and R.L. Pickholtz, "Cryptography in the Private Sector," *IEEE Communications Magazine*, v. 24, n. 8, Aug 1986, pp. 7–10.

1166. H. Niederreiter, "A Public-Key Cryptosystem Based on Shift Register Sequences," *Advances in Cryptology—EUROCRYPT '85 Proceedings*, Springer-Verlag, 1986, pp. 35–39.

1167. H. Niederreiter, "Knapsack-Type Cryptosystems and Algebraic Coding Theory," *Problems of Control and Information Theory*, v. 15, n. 2, 1986, pp. 159–166.

1168. H. Niederreiter, "The Linear Complexity Profile and the Jump Complexity of Keystream Sequences," *Advances in Cryptology—EUROCRYPT '90 Proceedings*, Springer-Verlag, 1991, pp. 174–188.

1169. V. Niemi, "A New Trapdoor in Knapsacks," *Advances in Cryptology—EUROCRYPT '90 Proceedings*, Springer-Verlag, 1991, pp. 405–411.

1170. V. Niemi and A. Renvall, "How to Prevent Buying of Voters in Computer Elections," *Advances in Cryptology—ASIACRYPT '94 Proceedings*, Springer-Verlag, 1995, pp. 164–170.

1171. I. Niven and H.A. Zuckerman, *An Introduction to the Theory of Numbers*, New York: John Wiley & Sons, 1972.

1172. R. Nöbauer, "Cryptanalysis of the Rédei Scheme," *Contributions to General Algebra 3: Proceedings of the Vienna Conference*, Verlag Hölder-Pichler-Tempsky, Vienna, 1985, pp. 255–264.

1173. R. Nöbauer, "Cryptanalysis of a Public-Key Cryptosystem Based on Dickson-Polynomials," *Mathematica Slovaca*, v. 38, n. 4, 1988, pp. 309–323.

1174. K. Noguchi, H. Ashiya, Y. Sano, and T. Kaneko, "A Study on Differential Attack of MBAL Cryptosystem," *Proceedings of the 1994 Symposium on Cryptography and Information Security (SCIS 94)*, Lake Biwa, Japan, 27–29 Jan 1994, pp. 14B.1–7. (In Japanese.)

1175. H. Nurmi, A. Salomaa, and L. Santean, "Secret Ballot Elections in Computer Networks," *Computers & Security*, v. 10, 1991, pp. 553–560.

1176. K. Nyberg, "Construction of Bent Functions and Difference Sets," *Advances in Cryptology—EUROCRYPT '91 Proceedings*, Springer-Verlag, 1991, pp. 151–160.

1177. K. Nyberg, "Perfect Nonlinear S-Boxes," *Advances in Cryptology—EUROCRYPT '91 Proceedings*, Springer-Verlag, 1991, pp. 378–386.

1178. K. Nyberg, "On the Construction of Highly Nonlinear Permutations," *Advances in Cryptology—EUROCRYPT '92 Proceedings*, Springer-Verlag, 1991, pp. 92–98.

1179. K. Nyberg, "Differentially Uniform Mappings for Cryptography," *Advances in Cryptology—EUROCRYPT '93 Proceedings*, Springer-Verlag, 1994, pp. 55–64.

1180. K. Nyberg, "Provable Security against Differential Cryptanalysis," presented at the rump session of Eurocrypt '94, May 1994.

1181. K. Nyberg and L.R. Knudsen, "Provable Security against Differential Cryptanalysis," *Advances in Cryptology—CRYPTO '92 Proceedings*, Springer-Verlag, 1993, pp. 566–574.

1182. K. Nyberg and L.R. Knudsen, "Provable Security against Differential Cryptanalysis," *Journal of Cryptology*, v. 8, n. 1, 1995, pp. 27–37.

1183. K. Nyberg and R.A. Rueppel, "A New Signature Scheme Based on the DSA Giving Message Recovery," *1st ACM Conference on Computer and Communications Secu-*

rity, ACM Press, 1993, pp. 58–61.

1184. K. Nyberg and R.A. Rueppel, "Message Recovery for Signature Schemes Based on the Discrete Logarithm Problem," *Advances in Cryptology—EUROCRYPT '94 Proceedings*, Springer-Verlag, 1995, to appear.

1185. L. O'Connor, "Enumerating Nondegenerate Permutations," *Advances in Cryptology—EUROCRYPT '93 Proceedings*, Springer-Verlag, 1994, pp. 368–377.

1186. L. O'Connor, "On the Distribution of Characteristics in Bijective Mappings," *Advances in Cryptology—EUROCRYPT '93 Proceedings*, Springer-Verlag, 1994, pp. 360–370.

1187. L. O'Connor, "On the Distribution of Characteristics in Composite Permutations," *Advances in Cryptology—CRYPTO '93 Proceedings*, Springer-Verlag, 1994, pp. 403–412.

1188. L. O'Connor and A. Klapper, "Algebraic Nonlinearity and Its Application to Cryptography," *Journal of Cryptology*, v. 7, n. 3, 1994, pp. 133–151.

1189. A. Odlyzko, "Discrete Logarithms in Finite Fields and Their Cryptographic Significance," *Advances in Cryptology: Proceedings of EUROCRYPT 84*, Springer-Verlag, 1985, pp. 224–314.

1190. A. Odlyzko, "Progress in Integer Factorization and Discrete Logarithms," unpublished manuscript, Feb 1995.

1191. Office of Technology Assessment, U.S. Congress, "Defending Secrets, Sharing Data: New Locks and Keys for Electronic Communication," OTA-CIT-310, Washington, D.C.: U.S. Government Printing Office, Oct 1987.

1192. B. O'Higgins, W. Diffie, L. Strawczynski, and R. de Hoog, "Encryption and ISDN—a Natural Fit," *Proceedings of the 1987 International Switching Symposium*, 1987, pp. 863–869.

1193. Y. Ohnishi, "A Study on Data Security," Master's thesis, Tohuku University, Japan, 1988. (In Japanese.)

1194. K. Ohta, "A Secure and Efficient Encrypted Broadcast Communication System Using a Public Master Key," *Transactions of the Institute of Electronics, Information, and Communication Engineers*, v. J70-D, n. 8, Aug 1987, pp. 1616–1624.

1195. K. Ohta, "An Electrical Voting Scheme Using a Single Administrator," *IEICE Spring National Convention*, A-294, 1988, v. 1, p. 296. (In Japanese.)

1196. K. Ohta, "Identity-based Authentication Schemes Using the RSA Cryptosystem," *Transactions of the Institute of Electronics, Information, and Communication*

Engineers, v. J72D-II, n. 8, Aug 1989, pp. 612–620.

1197. K. Ohta and M. Matsui, "Differential Attack on Message Authentication Codes," *Advances in Cryptology—CRYPTO '93 Proceedings*, Springer-Verlag, 1994, pp. 200–223.

1198. K. Ohta and T. Okamoto, "Practical Extension of Fiat-Shamir Scheme," *Electronics Letters*, v. 24, n. 15, 1988, pp. 955–956.

1199. K. Ohta and T. Okamoto, "A Modification of the Fiat-Shamir Scheme," *Advances in Cryptology—CRYPTO '88 Proceedings*, Springer-Verlag, 1990, pp. 232–243.

1200. K. Ohta and T. Okamoto, "A Digital Multisignature Scheme Based on the Fiat-Shamir Scheme," *Advances in Cryptology—ASIACRYPT '91 Proceedings*, Springer-Verlag, 1993, pp. 139–148.

1201. K. Ohta, T. Okamoto and K. Koyama, "Membership Authentication for Hierarchy Multigroups Using the Extended Fiat-Shamir Scheme," *Advances in Cryptology—EUROCRYPT '90 Proceedings*, Springer-Verlag, 1991, pp. 446–457.

1202. E. Okamoto and K. Tanaka, "Key Distribution Based on Identification Information," *IEEE Journal on Selected Areas in Communication*, v. 7, n. 4, May 1989, pp. 481–485.

1203. T. Okamoto, "Fast Public-Key Cryptosystems Using Congruent Polynomial Equations," *Electronics Letters*, v. 22, n. 11, 1986, pp. 581–582.

1204. T. Okamoto, "Modification of a Public-Key Cryptosystem," *Electronics Letters*, v. 23, n. 16, 1987, pp. 814–815.

1205. T. Okamoto, "A Fast Signature Scheme Based on Congruential Polynomial Operations," *IEEE Transactions on Information Theory*, v. 36, n. 1, 1990, pp. 47–53.

1206. T. Okamoto, "Provably Secure and Practical Identification Schemes and Corresponding Signature Schemes," *Advances in Cryptology—CRYPTO '92 Proceedings*, Springer-Verlag, 1993, pp. 31–53.

1207. T. Okamoto, A. Fujioka, and E. Fujisaki, "An Efficient Digital Signature Scheme Based on Elliptic Curve over the Ring Z_n," *Advances in Cryptology—CRYPTO '92 Proceedings*, Springer-Verlag, 1993, pp. 54–65.

1208. T. Okamoto, S. Miyaguchi, A. Shiraishi, and T. Kawoaka, "Signed Document Transmission System," U.S. Patent #4,625,076, 25 Nov 1986.

1209. T. Okamoto and K. Ohta, "Disposable Zero-Knowledge Authentication and Their Applications to Untraceable Electronic Cash," *Advances in Cryptology—CRYPTO '89 Proceedings*, Springer-Verlag,

1990, pp. 134–149.

1210. T. Okamoto and K. Ohta, "How to Utilize the Randomness of Zero-Knowledge Proofs," *Advances in Cryptology—CRYPTO '90 Proceedings*, Springer-Verlag, 1991, pp. 456–475.

1211. T. Okamoto and K. Ohta, "Universal Electronic Cash," *Advances in Cryptology—CRYPTO '91 Proceedings*, Springer-Verlag, 1992, pp. 324–337.

1212. T. Okamoto and K. Ohta, "Survey of Digital Signature Schemes," *Proceedings of the Third Symposium on State and Progress of Research in Cryptography*, Fondazone Ugo Bordoni, Rome, 1993, pp. 17–29.

1213. T. Okamoto and K. Ohta, "Designated Confirmer Signatures Using Trapdoor Functions," *Proceedings of the 1994 Symposium on Cryptography and Information Security (SCIS 94)*, Lake Biwa, Japan, 27–29 Jan 1994, pp. 16B.1–11.

1214. T. Okamoto and K. Sakurai, "Efficient Algorithms for the Construction of Hyperelliptic Cryptosystems," *Advances in Cryptology—CRYPTO '91 Proceedings*, Springer-Verlag, 1992, pp. 267–278.

1215. T. Okamoto and A. Shiraishi, "A Fast Signature Scheme Based on Quadratic Inequalities," *Proceedings of the 1985 Symposium on Security and Privacy*, IEEE, Apr 1985, pp. 123–132.

1216. J.D. Olsen, R.A. Scholtz, and L.R. Welch, "Bent Function Sequences," *IEEE Transactions on Information Theory*, v. IT-28, n. 6, Nov 1982, pp. 858–864.

1217. H. Ong and C.P. Schnorr, "Signatures through Approximate Representations by Quadratic Forms," *Advances in Cryptology: Proceedings of Crypto 83*, Plenum Press, 1984.

1218. H. Ong and C.P. Schnorr, "Fast Signature Generation with a Fiat Shamir-Like Scheme," *Advances in Cryptology—EUROCRYPT '90 Proceedings*, Springer-Verlag, 1991, pp. 432–440.

1219. H. Ong, C.P. Schnorr, and A. Shamir, "An Efficient Signature Scheme Based on Polynomial Equations," *Proceedings of the 16th Annual Symposium on the Theory of Computing*, 1984, pp. 208–216.

1220. H. Ong, C.P. Schnorr, and A. Shamir, "Efficient Signature Schemes Based on Polynomial Equations," *Advances in Cryptology: Proceedings of CRYPTO 84*, Springer-Verlag, 1985, pp. 37–46.

1221. Open Shop Information Services, *OSIS Security Aspects*, OSIS European Working Group, WG1, final report, Oct 1985.

1222. G.A. Orton, M.P. Roy, P.A. Scott, L.E. Peppard, and S.E. Tavares, "VLSI Implementa-

tion of Public-Key Encryption Algorithms," *Advances in Cryptology—CRYPTO '86 Proceedings*, Springer-Verlag, 1987, pp. 277–301.

1223. H. Orup, E. Svendsen, and E. Andreasen, "VICTOR—An Efficient RSA Hardware Implementation," *Advances in Cryptology—EUROCRYPT '90 Proceedings*, Springer-Verlag, 1991, pp. 245–252.

1224. D. Otway and O. Rees, "Efficient and Timely Mutual Authentication," *Operating Systems Review*, v. 21, n. 1, 1987, pp. 8–10.

1225. G. Pagels-Fick, "Implementation Issues for Master Key Distribution and Protected Keyload Procedures," *Computers and Security: A Global Challenge, Proceedings of IFIP/SEC '83*, North Holland: Elsevier Science Publishers, 1984, pp. 381–390.

1226. C.M. Papadimitriou, *Computational Complexity*, Addison-Wesley, 1994.

1227. C.S. Park, "Improving Code Rate of McEliece's Public-key Cryptosystem," *Electronics Letters*, v. 25, n. 21, 12 Oct 1989, pp. 1466–1467.

1228. S. Park, Y. Kim, S. Lee, and K. Kim, "Attacks on Tanaka's Non-interactive Key Sharing Scheme," *Proceedings of the 1995 Symposium on Cryptography and Information Security (SCIS 95)*, Inuyama, Japan, 24–27 Jan 1995, pp. B3.4.1–4.

1229. S.J. Park, K.H. Lee, and D.H. Won, "An Entrusted Undeniable Signature," *Proceedings of the 1995 Japan-Korea Workshop on Information Security and Cryptography*, Inuyama, Japan, 24–27 Jan 1995, pp. 120–126.

1230. S.J. Park, K.H. Lee, and D.H. Won, "A Practical Group Signature," *Proceedings of the 1995 Japan-Korea Workshop on Information Security and Cryptography*, Inuyama, Japan, 24–27 Jan 1995, pp. 127–133.

1231. S.K. Park and K.W. Miller, "Random Number Generators: Good Ones Are Hard to Find," *Communications of the ACM*, v. 31, n. 10, Oct 1988, pp. 1192–1201.

1232. J. Patarin, "How to Find and Avoid Collisions for the Knapsack Hash Function," *Advances in Cryptology—EUROCRYPT '93 Proceedings*, Springer-Verlag, 1994, pp. 305–317.

1233. W. Patterson, *Mathematical Cryptology for Computer Scientists and Mathematicians*, Totowa, N.J.: Rowman & Littlefield, 1987.

1234. W.H. Payne, "Public Key Cryptography Is Easy to Break," William H. Payne, unpublished manuscript, 16 Oct 90.

1235. T.P. Pederson, "Distributed Provers with Applications to Undeniable Signatures,"

Advances in Cryptology—EUROCRYPT '91 Proceedings, Springer-Verlag, 1991, pp. 221–242.

1236. S. Peleg and A. Rosenfield, "Breaking Substitution Ciphers Using a Relaxation Algorithm," *Communications of the ACM*, v. 22, n. 11, Nov 1979, pp. 598–605.

1237. R. Peralta, "Simultaneous Security of Bits in the Discrete Log," *Advances in Cryptology—EUROCRYPT '85*, Springer-Verlag, 1986, pp. 62–72.

1238. I. Peterson, "Monte Carlo Physics: A Cautionary Lesson," *Science News*, v. 142, n. 25, 19 Dec 1992, p. 422.

1239. B. Pfitzmann, "Fail-Stop Signatures: Principles and Applications," *Proceedings of COMPUSEC '91, Eighth World Conference on Computer Security, Audit, and Control*, Elsevier Science Publishers, 1991, pp. 125–134.

1240. B. Pfitzmann and M. Waidner, "Formal Aspects of Fail-Stop Signatures," Fakultät für Informatik, University Karlsruhe, Report 22/90, 1990.

1241. B. Pfitzmann and M. Waidner, "Fail-Stop Signatures and Their Application," *Securicom '91*, 1991, pp. 145–160.

1242. B. Pfitzmann and M. Waidner, "Unconditional Concealment with Cryptographic Ruggedness," *VIS '91 Verlassliche Informationsysteme Proceedings*, Darmstadt, Germany, 13–15 March 1991, pp. 3-2-320. (In German.)

1243. B. Pfitzmann and M. Waidner, "How to Break and Repair a 'Provably Secure' Untraceable Payment System," *Advances in Cryptology—CRYPTO '91 Proceedings*, Springer-Verlag, 1992, pp. 338–350.

1244. C.P. Pfleeger, *Security in Computing*, Englewood Cliffs, N.J.: Prentice-Hall, 1989.

1245. S.J.D. Phoenix and P.D. Townsend, "Quantum Cryptography and Secure Optical Communication," *BT Technology Journal*, v. 11, n. 2, Apr 1993, pp. 65–75.

1246. J. Pieprzyk, "On Public-Key Cryptosystems Built Using Polynomial Rings," *Advances in Cryptology—EUROCRYPT '85*, Springer-Verlag, 1986, pp. 73–80.

1247. J. Pieprzyk, "Error Propagation Property and Applications in Cryptography," *IEE Proceedings-E, Computers and Digital Techniques*, v. 136, n. 4, Jul 1989, pp. 262–270.

1248. D. Pinkas, T. Parker, and P. Kaijser, "SESAME: An Introduction," Issue 1.2, Bull, ICL, and SNI, Sep 1993.

1249. F. Piper, "Stream Ciphers," *Elektrotechnic und Maschinenbau*, v. 104, n. 12, 1987, pp. 564–568.

1250. V.S. Pless, "Encryption Schemes for Computer Confidentiality," *IEEE Transactions on Computing*, v. C-26, n. 11, Nov 1977, pp. 1133–1136.

1251. J.B. Plumstead, "Inferring a Sequence Generated by a Linear Congruence," *Proceedings of the 23rd IEEE Symposium on the Foundations of Computer Science*, 1982, pp. 153–159.

1252. R. Poet, "The Design of Special Purpose Hardware to Factor Large Integers," *Computer Physics Communications*, v. 37, 1985, pp. 337–341.

1253. S.C. Pohlig and M.E. Hellman, "An Improved Algorithm for Computing Logarithms in GF(p) and Its Cryptographic Significance," *IEEE Transactions on Information Theory*, v. 24, n. 1, Jan 1978, pp. 106–111.

1254. J.M. Pollard, "A Monte Carlo Method for Factorization," *BIT*, v. 15, 1975, pp. 331–334.

1255. J.M. Pollard and C.P. Schnorr, "An Efficient Solution of the Congruence $x^2 + ky^2 = m \pmod{n}$," *IEEE Transactions on Information Theory*, v. IT-33, n. 5, Sep 1987, pp. 702–709.

1256. C. Pomerance, "Recent Developments in Primality Testing," *The Mathematical Intelligencer*, v. 3, n. 3, 1981, pp. 97–105.

1257. C. Pomerance, "The Quadratic Sieve Factoring Algorithm," *Advances in Cryptology: Proceedings of EUROCRYPT 84*, Springer-Verlag, 1985, 169–182.

1258. C. Pomerance, "Fast, Rigorous Factorization and Discrete Logarithm Algorithms," *Discrete Algorithms and Complexity*, New York: Academic Press, 1987, pp. 119–143.

1259. C. Pomerance, J.W. Smith, and R. Tuler, "A Pipe-Line Architecture for Factoring Large Integers with the Quadratic Sieve Algorithm," *SIAM Journal on Computing*, v. 17, n. 2, Apr 1988, pp. 387–403.

1260. G.J. Popek and C.S. Kline, "Encryption and Secure Computer Networks," *ACM Computing Surveys*, v. 11, n. 4, Dec 1979, pp. 331–356.

1261. F. Pratt, *Secret and Urgent*, Blue Ribbon Books, 1942.

1262. B. Preneel, "Analysis and Design of Cryptographic Hash Functions," Ph.D. dissertation, Katholieke Universiteit Leuven, Jan 1993.

1263. B. Preneel, "Differential Cryptanalysis of Hash Functions Based on Block Ciphers," *Proceedings of the 1st ACM Conference on Computer and Communications Security*, 1993, pp. 183–188.

1264. B. Preneel, "Cryptographic Hash Functions," *European Transactions on Telecommunications*, v 5, n. 4, Jul/Aug 1994, pp.

1265. B. Preneel, personal communication, 1995.

1266. B. Preneel, A. Bosselaers, R. Govaerts, and J. Vandewalle, "Collision-Free Hash Functions Based on Block Cipher Algorithms," *Proceedings of the 1989 Carnahan Conference on Security Technology*, 1989, pp. 203–210.

1267. B. Preneel, R. Govaerts, and J. Vandewalle, "An Attack on Two Hash Functions by Zheng-Matsumoto-Imai," *Advances in Cryptology—ASIACRYPT '92 Proceedings*, Springer-Verlag, 1993, pp. 535–538.

1268. B. Preneel, R. Govaerts, and J. Vandewalle, "Hash Functions Based on Block Ciphers: A Synthetic Approach," *Advances in Cryptology—CRYPTO '93 Proceedings*, Springer-Verlag, 1994, pp. 368–378.

1269. B. Preneel, M. Nuttin, V. Rijmen, and J. Buelens, "Cryptanalysis of the CFB mode of the DES with a Reduced Number of Rounds," *Advances in Cryptology—CRYPTO '93 Proceedings*, Springer-Verlag, 1994, pp. 212–223.

1270. B. Preneel and V. Rijmen, "On Using Maximum Likelihood to Optimize Recent Cryptanalytic Techniques," presented at the rump session of EUROCRYPT '94, May 1994.

1271. B. Preneel, W. Van Leekwijck, L. Van Linden, R. Govaerts, and J. Vandewalle, "Propagation Characteristics of Boolean Functions," *Advances in Cryptology—EUROCRYPT '90 Proceedings*, Springer-Verlag, 1991, pp. 161–173.

1272. W.H. Press, B.P. Flannery, S.A. Teukolsky, and W.T. Vetterling, *Numerical Recipes in C: The Art of Scientific Computing*, Cambridge University Press, 1988.

1273. W. Price, "Key Management for Data Encipherment," *Security: Proceedings of IFIP/SEC '83*, North Holland: Elsevier Science Publishers, 1983.

1274. G.P. Purdy, "A High-Security Log-in Procedure," *Communications of the ACM*, v. 17, n. 8, Aug 1974, pp. 442–445.

1275. J.-J. Quisquater, "Announcing the Smart Card with RSA Capability," *Proceedings of the Conference: IC Cards and Applications*,

1276. J.-J. Quisquater and C. Couvreur, "Fast Decipherment Algorithm for RSA Public-Key Cryptosystem," *Electronic Letters*, v. 18, 1982, pp. 155–168.

1277. J.-J. Quisquater and J.-P. Delescaille, "Other Cycling Tests for DES," *Advances in Cryptology—CRYPTO '87 Proceedings*, Springer-Verlag, 1988, pp. 255–256.

1278. J.-J. Quisquater and Y.G. Desmedt, "Chinese Lotto as an Exhaustive Code-Breaking Machine," *Computer*, v. 24, n. 11, Nov 1991, pp. 14–22.

1279. J.-J. Quisquater and M. Girault, "2n-bit Hash Functions Using n-bit Symmetric Block Cipher Algorithms, *Advances in Cryptology—EUROCRYPT '89 Proceedings*, Springer-Verlag, 1990, pp. 102–109.

1280. J.-J. Quisquater and L.C. Guillou, "Des Procédés d'Authentification Basés sur une Publication de Problèmes Complexes et Personnalisés dont les Solutions Maintenues Secrètes Constituent autant d'Accréditations," *Proceedings of SECURICOM '89: 7th Worldwide Congress on Computer and Communications Security and Protection*, Société d'Édition et d'Organisation d'Expositions Professionnelles, 1989, pp. 149–158. (In French.)

1281. J.-J., Myriam, Muriel, and Michaël Quisquater; L., Marie Annick, Gaïd, Anna, Gwenolé, and Soazig Guillou; and T. Berson, "How to Explain Zero-Knowledge Protocols to Your Children," *Advances in Cryptology—CRYPTO '89 Proceedings*, Springer-Verlag, 1990, pp. 628–631.

1282. M.O. Rabin, "Digital Signatures," *Foundations of Secure Communication,*, New York: Academic Press, 1978, pp. 155–168.

1283. M.O. Rabin, "Digital Signatures and Public-Key Functions as Intractable as Factorization," MIT Laboratory for Computer Science, Technical Report, MIT/LCS/TR-212, Jan 1979.

1284. M.O. Rabin, "Probabilistic Algorithm for Testing Primality," *Journal of Number Theory*, v. 12, n. 1, Feb 1980, pp. 128–138.

1285. M.O. Rabin, "Probabilistic Algorithms in Finite Fields," *SIAM Journal on Computing*, v. 9, n. 2, May 1980, pp. 273–280.

1286. M.O. Rabin, "How to Exchange Secrets by Oblivious Transfer," Technical Memo TR-81, Aiken Computer Laboratory, Harvard University, 1981.

1287. M.O. Rabin, "Fingerprinting by Random Polynomials," Technical Report TR-15-81, Center for Research in Computing Technology, Harvard University, 1981.

1288. T. Rabin and M. Ben-Or, "Verifiable Secret Sharing and Multiparty Protocols with Honest Majority," *Proceedings of the 21st ACM Symposium on the Theory of Computing*, 1989, pp. 73–85.

1289. RAND Corporation, *A Million Random Digits with 100,000 Normal Deviates*, Glencoe, IL: Free Press Publishers, 1955.

1290. T.R.N. Rao, "Cryposystems Using Algebraic Codes," *International Conference on Computer Systems and Signal Processing*, Bangalore, India, Dec 1984.

1291. T.R.N. Rao, "On Struit-Tilburg Cryptanalysis of Rao-Nam Scheme," *Advances in Cryptology—CRYPTO '87 Proceedings*,

Springer-Verlag, 1988, pp. 458–460.

1292. T.R.N. Rao and K.H. Nam, "Private-Key Algebraic-Coded Cryptosystems," *Advances in Cryptology—CRYPTO '86 Proceedings*, Springer-Verlag, 1987, pp. 35–48.

1293. T.R.N. Rao and K.H. Nam, "Private-Key Algebraic-Code Encryptions," *IEEE Transactions on Information Theory*, v. 35, n. 4, Jul 1989, pp. 829–833.

1294. J.A. Reeds, "Cracking Random Number Generator," *Cryptologia*, v. 1, n. 1, Jan 1977, pp. 20–26.

1295. J.A. Reeds, "Cracking a Multiplicative Congruential Encryption Algorithm," in *Information Linkage Between Applied Mathematics and Industry*, P.C.C. Wang, ed., Academic Press, 1979, pp. 467–472.

1296. J.A. Reeds, "Solution of Challenge Cipher," *Cryptologia*, v. 3, n. 2, Apr 1979, pp. 83–95.

1297. J.A. Reeds and J.L. Manferdelli, "DES Has No Per Round Linear Factors," *Advances in Cryptology: Proceedings of CRYPTO 84*, Springer-Verlag, 1985, pp. 377–389.

1298. J.A. Reeds and N.J.A. Sloane, "Shift Register Synthesis (Modulo *m*)," *SIAM Journal on Computing*, v. 14, n. 3, Aug 1985, pp. 505–513.

1299. J.A. Reeds and P.J. Weinberger, "File Security and the UNIX Crypt Command," *AT&T Technical Journal*, v. 63, n. 8, Oct 1984, pp. 1673–1683.

1300. T. Renji, "On Finite Automaton One-Key Cryptosystems," *Fast Software Encryption, Cambridge Security Workshop Proceedings*, Springer-Verlag, 1994, pp. 135–148.

1301. T. Renji and C. Shihua, "A Finite Automaton Public Key Cryptosystems and Digital Signature," *Chinese Journal of Computers*, v. 8, 1985, pp. 401–409. (In Chinese.)

1302. T. Renji and C. Shihua, "Two Varieties of Finite Automaton Public Key Cryptosystems and Digital Signature," *Journal of Computer Science and Tecnology*, v. 1, 1986, pp. 9–18. (In Chinese.)

1303. T. Renji and C. Shihua, "An Implementation of Identity-based Cryptosystems and Signature Schemes by Finite Automaton Public Key Cryptosystems," *Advances in Cryptology—CHINACRYPT '92*, Bejing: Science Press, 1992, pp. 87–104. (In Chinese.)

1304. T. Renji and C. Shihua, "Note on Finite Automaton Public Key Cryptosystems," *CHINACRYPT '94*, Xidian, China, 11–15 Nov 1994, pp. 76–80.

1305. Research and Development in Advanced Communication Technologies in Europe, *RIPE Integrity Primitives: Final Report of RACE Integrity Primitives Evaluation (R1040)*, RACE, June 1992.

1306. J.M. Reyneri and E.D. Karnin, "Coin Flipping by Telephone," *IEEE Transactions on Information Theory*, v. IT-30, n. 5, Sep 1984, pp. 775–776.

1307. P. Ribenboim, *The Book of Prime Number Records*, Springer-Verlag, 1988.

1308. P. Ribenboim, *The Little Book of Big Primes*, Springer-Verlag, 1991.

1309. M. Richter, "Ein Rauschgenerator zur Gewinnung won quasi-idealen Zufallszahlen für die stochastische Simulation," Ph.D. dissertation, Aachen University of Technology, 1992. (In German.)

1310. R.F. Rieden, J.B. Snyder, R.J. Widman, and W.J. Barnard, "A Two-Chip Implementation of the RSA Public Encryption Algorithm," *Proceedings of GOMAC (Government Microcircuit Applications Conference)*, Nov 1982, pp. 24–27.

1311. H. Riesel, *Prime Numbers and Computer Methods for Factorization*, Boston: Birkhaüser, 1985.

1312. K. Rihaczek, "Data Interchange and Legal Security—Signature Surrogates," *Computers & Security*, v. 13, n. 4, Sep 1994, pp. 287–293.

1313. V. Rijmen and B. Preneel, "Improved Characteristics for Differential Cryptanalysis of Hash Functions Based on Block Ciphers," *K.U. Leuven Workshop on Cryptographic Algorithms*, Springer-Verlag, 1995, to appear.

1314. R.L. Rivest, "A Description of a Single-Chip Implementation of the RSA Cipher," *LAMBDA Magazine*, v. 1, n. 3, Fall 1980, pp. 14–18.

1315. R.L. Rivest, "Statistical Analysis of the Hagelin Cryptograph," *Cryptologia*, v. 5, n. 1, Jan 1981, pp. 27–32.

1316. R.L. Rivest, "A Short Report on the RSA Chip," *Advances in Cryptology: Proceedings of Crypto 82*, Plenum Press, 1983, p. 327.

1317. R.L. Rivest, "RSA Chips (Past/Present/Future)," *Advances in Cryptology: Proceedings of EUROCRYPT 84*, Springer-Verlag, 1985, pp. 159–168.

1318. R.L. Rivest, "The MD4 Message Digest Algorithm," RFC 1186, Oct 1990.

1319. R.L. Rivest, "The MD4 Message Digest Algorithm," *Advances in Cryptology—CRYPTO '90 Proceedings*, Springer-Verlag, 1991, pp. 303–311.

1320. R.L. Rivest, "The RC4 Encryption Algorithm," RSA Data Security, Inc., Mar 1992.

1321. R.L. Rivest, "The MD4 Message Digest Algorithm," RFC 1320, Apr 1992.

1322. R.L. Rivest, "The MD5 Message Digest Algorithm," RFC 1321, Apr 1992.

1323. R.L. Rivest, "Dr. Ron Rivest on the Difficulty of Factoring," *Ciphertext: The RSA*

Newsletter, v. 1, n. 1, Fall 1993, pp. 6, 8.

1324. R.L. Rivest, "The RC5 Encryption Algorithm," *Dr. Dobb's Journal*, v. 20, n. 1, Jan 95, pp. 146–148.

1325. R.L. Rivest, "The RC5 Encryption Algorithm," *K.U. Leuven Workshop on Cryptographic Algorithms*, Springer-Verlag, 1995, to appear.

1326. R.L. Rivest, M.E. Hellman, J.C. Anderson, and J.W. Lyons, "Responses to NIST's Proposal," *Communications of the ACM*, v. 35, n. 7, Jul 1992, pp. 41–54.

1327. R.L. Rivest and A. Shamir, "How to Expose an Eavesdropper," *Communications of the ACM*, v. 27, n. 4, Apr 1984, pp. 393–395.

1328. R.L. Rivest, A. Shamir, and L.M. Adleman, "A Method for Obtaining Digital Signatures and Public-Key Cryptosystems," *Communications of the ACM*, v. 21, n. 2, Feb 1978, pp. 120–126.

1329. R.L. Rivest, A. Shamir, and L.M. Adleman, "On Digital Signatures and Public Key Cryptosystems," MIT Laboratory for Computer Science, Technical Report, MIT/LCS/TR-212, Jan 1979.

1330. R.L. Rivest, A. Shamir, and L.M. Adleman, "Cryptographic Communications System and Method," U.S. Patent #4,405,829, 20 Sep 1983.

1331. M.J.B. Robshaw, "Implementations of the Search for Pseudo-Collisions in MD5," Technical Report TR-103, Version 2.0, RSA Laboratories, Nov 1993.

1332. M.J.B. Robshaw, "The Final Report of RACE 1040: A Technical Summary," Technical Report TR-9001, Version 1.0, RSA Laboratories, Jul 1993.

1333. M.J.B. Robshaw, "On Evaluating the Linear Complexity of a Sequence of Least Period 2^n," *Designs, Codes and Cryptography*, v. 4, n. 3, 1994, pp. 263–269.

1334. M.J.B. Robshaw, "Block Ciphers," Technical Report TR-601, RSA Laboratories, Jul 1994.

1335. M.J.B. Robshaw, "MD2, MD4, MD5, SHA, and Other Hash Functions," Technical Report TR-101, Version 3.0, RSA Laboratories, Jul 1994.

1336. M.J.B. Robshaw, "On Pseudo-Collisions in MD5," Technical Report TR-102, Version 1.1, RSA Laboratories, Jul 1994.

1337. M.J.B. Robshaw, "Security of RC4," Technical Report TR-401, RSA Laboratories, Jul 1994.

1338. M.J.B. Robshaw, personal communication, 1995.

1339. M. Roe, "Reverse Engineering of an EES Device," *K.U. Leuven Workshop on Cryptographic Algorithms*, Springer-Verlag, 1995, to appear.

1340. P. Rogaway and D. Coppersmith, "A Soft-ware-Oriented Encryption Algorithm," *Fast Software Encryption*, Cambridge Security Workshop Proceedings, Springer-Verlag, 1994, pp. 56–63.

1341. H.L. Rogers, "An Overview of the Candware Program," *Proceedings of the 3rd Annual Symposium on Physical/Electronic Security*, Armed Forces Communications and Electronics Association, paper 31, Aug 1987.

1342. J. Rompel, "One-Way Functions Are Necessary and Sufficient for Secure Signatures," *Proceedings of the 22nd Annual ACM Symposium on the Theory of Computing*, 1990, pp. 387–394.

1343. T. Rosati, "A High Speed Data Encryption Processor for Public Key Cryptography," *Proceedings of the IEEE Custom Integrated Circuits Conference*, 1989, pp. 12.3.1–12.3.5.

1344. O.S. Rothaus, "On 'Bent' Functions," *Journal of Combinational Theory*, Series A, v. 20, n. 3, 1976, pp. 300–305.

1345. RSA Laboratories, "PKCS #1: RSA Encryption Standard," version 1.5, Nov 1993.

1346. RSA Laboratories, "PKCS #3: Diffie-Hellman Key-Agreement Standard," version 1.4, Nov 1993.

1347. RSA Laboratories, "PKCS #5: Password-Based Encryption Standard," version 1.5, Nov 1993.

1348. RSA Laboratories, "PKCS #6: Extended-Certificate Syntax Standard," version 1.5, Nov 1993.

1349. RSA Laboratories, "PKCS #7: Cryptographic Message Syntax Standard," version 1.5, Nov 1993.

1350. RSA Laboratories, "PKCS #8: Private Key Information Syntax Standard," version 1.2, Nov 1993.

1351. RSA Laboratories, "PKCS #9: Selected Attribute Types," version 1.1, Nov 1993.

1352. RSA Laboratories, "PKCS #10: Certification Request Syntax Standard," version 1.0, Nov 1993.

1353. RSA Laboratories, "PKCS #11: Cryptographic Token Interface Standard," version 1.0, Apr 95.

1354. RSA Laboratories, "PKCS #12: Public Key User Information Syntax Standard," version 1.0, 1995.

1355. A.D. Rubin and P. Honeyman, "Formal Methods for the Analysis of Authentication Protocols," draft manuscript, 1994.

1356. F. Rubin, "Decrypting a Stream Cipher Based on J-K Flip-Flops," *IEEE Transactions on Computing*, v. C-28, n. 7, Jul 1979, pp. 483–487.

1357. R.A. Rueppel, *Analysis and Design of Stream Ciphers*, Springer-Verlag, 1986.

1358. R.A. Rueppel, "Correlation Immunity and

the Summation Combiner," *Advances in Cryptology—EUROCRYPT '85*, Springer-Verlag, 1986, pp. 260–272.

1359. R.A. Rueppel, "When Shift Registers Clock Themselves," *Advances in Cryptology—EUROCRYPT '87 Proceedings*, Springer-Verlag, 1987, pp. 53–64.

1360. R.A. Rueppel, "Security Models and Notions for Stream Ciphers," *Cryptography and Coding II*, C. Mitchell, ed., Oxford: Clarendon Press, 1992, pp. 213–230.

1361. R.A. Rueppel, "On the Security of Schnorr's Pseudo-Random Sequence Generator," *Advances in Cryptology—EUROCRYPT '89 Proceedings*, Springer-Verlag, 1990, pp. 423–428.

1362. R.A. Rueppel, "Stream Ciphers," *Contemporary Cryptology: The Science of Information Integrity*, G.J. Simmons, ed., IEEE Press, 1992, pp. 65–134.

1363. R.A. Rueppel and J.L. Massey, "The Knapsack as a Nonlinear Function," *IEEE International Symposium on Information Theory*, Brighton, UK, May 1985.

1364. R.A. Rueppel and O.J. Staffelbach, "Products of Linear Recurring Sequences with Maximum Complexity," *IEEE Transactions on Information Theory*, v. IT-33, n. 1, Jan 1987, pp. 124–131.

1365. D. Russell and G.T. Gangemi, *Computer Security Basics*, O'Reilly and Associates, Inc., 1991.

1366. S. Russell and P. Craig, "Privacy Enhanced Mail Modules for ELM," *Proceedings of the Internet Society 1994 Workshop on Network and Distributed System Security*, The Internet Society, 1994, pp. 21–34.

1367. D.F.H. Sadok and J. Kelner, "Privacy Enhanced Mail Design and Implementation Perspectives," *Computer Communications Review*, v. 24, n. 3, Jul 1994, pp. 38–46.

1368. K. Sakano, "Digital Signatures with User-Flexible Reliability," *Proceedings of the 1993 Symposium on Cryptography and Information Security (SCIS 93)*, Shuzenji, Japan, 28–30 Jan 1993, pp. 5C.1–8.

1369. K. Sakano, C. Park, and K. Kurosawa, "(k,n) Threshold Undeniable Signature Scheme," *Proceedings of the 1993 Korea-Japan Workshop on Information Security and Cryptography*, Seoul, Korea, 24–26 Oct 1993, pp. 184–193.

1370. K. Sako, "Electronic Voting Schemes Allowing Open Objection to the Tally," *Transactions of the Institute of Electronics, Information, and Communication Engineers*, v. E77-A, n. 1, 1994, pp. 24–30.

1371. K. Sako and J. Kilian, "Secure Voting Using Partially Compatible Homomorphisms," *Advances in Cryptology—CRYPTO '94 Proceedings*, Springer-Verlag, 1994, p. 411–424.

1372. K. Sako and J. Kilian, "Receipt-Free Mix-Type Voting Scheme—A Practical Solution to the Implementation of a Voting Booth," *Advances in Cryptology—EUROCRYPT '95 Proceedings*, Springer-Verlag, 1995, pp. 393–403.

1373. A. Salomaa, *Public-Key Cryptography*, Springer-Verlag, 1990.

1374. A. Salomaa and L. Santean, "Secret Selling of Secrets with Many Buyers," *ETACS Bulletin*, v. 42, 1990, pp. 178–186.

1375. M. Sántha and U.V. Vazirani, "Generating Quasi-Random Sequences from Slightly Random Sources," *Proceedings of the 25th Annual Symposium on the Foundations of Computer Science*, 1984, pp. 434–440.

1376. M. Sántha and U.V. Vazirani, "Generating Quasi-Random Sequences from Slightly Random Sources," *Journal of Computer and System Sciences*, v. 33, 1986, pp. 75–87.

1377. S. Saryazdi, "An Extension to ElGamal Public Key Cryptosystem with a New Signature Scheme," *Proceedings of the 1990 Bilkent International Conference on New Trends in Communication, Control, and Signal Processing*, North Holland: Elsevier Science Publishers, 1990, pp. 195–198.

1378. J.E. Savage, "Some Simple Self-Synchronizing Digital Data Scramblers," *Bell System Technical Journal*, v. 46, n. 2, Feb 1967, pp. 448–487.

1379. B.P. Schanning, "Applying Public Key Distribution to Local Area Networks," *Computers & Security*, v. 1, n. 3, Nov 1982, pp. 268–274.

1380. B.P. Schanning, S.A. Powers, and J. Kowalchuk, "MEMO: Privacy and Authentication for the Automated Office," *Proceedings of the 5th Conference on Local Computer Networks*, IEEE Press, 1980, pp. 21–30.

1381. Schaumuller-Bichl, "Zur Analyse des Data Encryption Standard und Synthese Verwandter Chiffriersysteme," Ph.D. dissertation, Linz University, May 1981. (In German.)

1382. Schaumuller-Bichl, "On the Design and Analysis of New Cipher Systems Related to the DES," Technical Report, Linz University, 1983.

1383. A. Scherbius, "Ciphering Machine," U.S. Patent #1,657,411, 24 Jan 1928.

1384. J.I. Schiller, "Secure Distributed Computing," *Scientific American*, v. 271, n. 5, Nov 1994, pp. 72–76.

1385. R. Schlafly, "Complaint Against Exclusive Federal Patent License," Civil Action File No. C-93 20450. United States District Court for the Northern District of California.

1386. B. Schneier, "One-Way Hash Functions," *Dr. Dobb's Journal*, v. 16, n. 9, Sep 1991, pp. 148–151.

1387. B. Schneier, "Data Guardians," *MacWorld*, v. 10, n. 2, Feb 1993, pp. 145–151.

1388. B. Schneier, "Description of a New Variable-Length Key, 64-Bit Block Cipher (Blowfish)," *Fast Software Encryption, Cambridge Security Workshop Proceedings*, Springer-Verlag, 1994, pp. 191–204.

1389. B. Schneier, "The Blowfish Encryption Algorithm," *Dr. Dobb's Journal*, v. 19, n. 4, Apr 1994, pp. 38–40.

1390. B. Schneier, *Protect Your Macintosh*, Peachpit Press, 1994.

1391. B. Schneier, "Designing Encryption Algorithms for Real People," *Proceedings of the 1994 ACM SIGSAC New Security Paradigms Workshop*, IEEE Computer Society Press, 1994, pp. 63–71.

1392. B. Schneier, "A Primer on Authentication and Digital Signatures," *Computer Security Journal*, v. 10, n. 2, 1994, pp. 38–40.

1393. B. Schneier, "The GOST Encryption Algorithm," *Dr. Dobb's Journal*, v. 20, n. 1, Jan 95, pp. 123–124.

1394. B. Schneier, *E-Mail Security* (with PGP and PEM) New York: John Wiley & Sons, 1995.

1395. C.P. Schnorr, "On the Construction of Random Number Generators and Random Function Generators," *Advances in Cryptology—EUROCRYPT '88 Proceedings*, Springer-Verlag, 1988, pp. 225–232.

1396. C.P. Schnorr, "Efficient Signature Generation for Smart Cards," *Advances in Cryptology—CRYPTO '89 Proceedings*, Springer-Verlag, 1990, pp. 239–252.

1397. C.P. Schnorr, "Efficient Signature Generation for Smart Cards," *Journal of Cryptology*, v. 4, n. 3, 1991, pp. 161–174.

1398. C.P. Schnorr, "Method for Identifying Subscribers and for Generating and Verifying Electronic Signatures in a Data Exchange System," U.S. Patent #4,995,082, 19 Feb 1991.

1399. C.P. Schnorr, "An Efficient Cryptographic Hash Function," presented at the rump session of CRYPTO '91, Aug 1991.

1400. C.P. Schnorr, "FFT-Hash II, Efficient Cryptographic Hashing," *Advances in Cryptology—EUROCRYPT '92 Proceedings*, Springer-Verlag, 1993, pp. 45–54.

1401. C.P. Schnorr and W. Alexi, "RSA-bits are $0.5 + \varepsilon$ Secure," *Advances in Cryptology: Proceedings of EUROCRYPT 84*, Springer-Verlag, 1985, pp. 113–126.

1402. C.P. Schnorr and S. Vaudenay, "Parallel FFT-Hashing," *Fast Software Encryption, Cambridge Security Workshop Proceedings*, Springer-Verlag, 1994, pp. 149–156.

1403. C.P. Schnorr and S. Vaudenay, "Black Box Cryptanalysis of Hash Networks Based on Multipermutations," *Advances in Cryptology—EUROCRYPT '94 Proceedings*, Springer-Verlag, 1995, to appear.

1404. W. Schwartau, *Information Warfare: Chaos on the Electronic Superhighway*, New York: Thunders Mouth Press, 1994.

1405. R. Scott, "Wide Open Encryption Design Offers Flexible Implementations," *Cryptologia*, v. 9, n. 1, Jan 1985, pp. 75–90.

1406. J. Seberry, "A Subliminal Channel in Codes for Authentication without Secrecy," *Ars Combinatorica*, v. 19A, 1985, pp. 337–342.

1407. J. Seberry and J. Pieprzyk, *Cryptography: An Introduction to Computer Security*, Englewood Cliffs, N.J.: Prentice-Hall, 1989.

1408. J. Seberry, X.-M. Zhang, and Y. Zheng, "Nonlinearly Balanced Boolean Functions and Their Propagation Characteristics," *Advances in Cryptology—EUROCRYPT '91 Proceedings*, Springer-Verlag, 1994, pp. 49–60.

1409. H. Sedlack, "The RSA Cryptography Processor: The First High Speed One-Chip Solution," *Advances in Cryptology—EUROCRYPT '87 Proceedings*, Springer-Verlag, 1988, pp. 95–105.

1410. H. Sedlack and U. Golze, "An RSA Cryptography Processor," *Microprocessing and Microprogramming*, v. 18, 1986, pp. 583–590.

1411. E.S. Selmer, *Linear Recurrence over Finite Field*, University of Bergen, Norway, 1966.

1412. J.O. Shallit, "On the Worst Case of Three Algorithms for Computing the Jacobi Symbol," *Journal of Symbolic Computation*, v. 10, n. 6, Dec 1990, pp. 593–610.

1413. A. Shamir, "A Fast Signature Scheme," MIT Laboratory for Computer Science, Technical Memorandum, MIT/LCS/TM-107, Massachusetts Institute of Technology, Jul 1978.

1414. A. Shamir, "How to Share a Secret," *Communications of the ACM*, v. 24, n. 11, Nov 1979, pp. 612–613.

1415. A. Shamir, "On the Cryptocomplexity of Knapsack Systems," *Proceedings of the 11th ACM Symposium on the Theory of Computing*, 1979, pp. 118–129.

1416. A. Shamir, "The Cryptographic Security of Compact Knapsacks," MIT Library for Computer Science, Technical Memorandum, MIT/LCS/TM-164, Massachusetts

Institute of Technology, 1980.

1417. A. Shamir, "On the Generation of Cryptographically Strong Pseudo-Random Sequences," *Lecture Notes in Computer Science 62: 8th International Colloquium on Automata, Languages, and Programming*, Springer-Verlag, 1981.

1418. A. Shamir, "A Polynomial Time Algorithm for Breaking the Basic Merkle-Hellman Cryptosystem," *Advances in Cryptology: Proceedings of Crypto 82*, Plenum Press, 1983, pp. 279–288.

1419. A. Shamir, "A Polynomial Time Algorithm for Breaking the Basic Merkle-Hellman Cryptosystem," *Proceedings of the 23rd IEEE Symposium on the Foundations of Computer Science*, 1982, pp. 145–152.

1420. A. Shamir, "On the Generation of Cryptographically Strong Pseudo-Random Sequences," *ACM Transactions on Computer Systems*, v. 1, n. 1, Feb 1983, pp. 38–44.

1421. A. Shamir, "A Polynomial Time Algorithm for Breaking the Basic Merkle-Hellman Cryptosystem," *IEEE Transactions on Information Theory*, v. IT-30, n. 5, Sep 1984, pp. 699–704.

1422. A. Shamir, "Identity-Based Cryptosystems and Signature Schemes," *Advances in Cryptology: Proceedings of CRYPTO 84*, Springer-Verlag, 1985, pp. 47–53.

1423. A. Shamir, "On the Security of DES," *Advances in Cryptology—CRYPTO '85 Proceedings*, Springer-Verlag, 1986, pp. 280–281.

1424. A. Shamir, lecture at SECURICOM '89.

1425. A. Shamir, "Efficient Signature Schemes Based on Birational Permutations," *Advances in Cryptology—CRYPTO '93 Proceedings*, Springer-Verlag, 1994, pp. 1–12.

1426. A. Shamir, personal communication, 1993.

1427. A. Shamir and A. Fiat, "Method, Apparatus and Article for Identification and Signature," U.S. Patent #4,748,668, 31 May 1988.

1428. A. Shamir and R. Zippel, "On the Security of the Merkle-Hellman Cryptographic Scheme," *IEEE Transactions on Information Theory*, v. 26, n. 3, May 1980, pp. 339–340.

1429. M. Shand, P. Bertin, and J. Vuillemin, "Hardware Speedups in Long Integer Multiplication," *Proceedings of the 2nd Annual ACM Symposium on Parallel Algorithms and Architectures*, 1990, pp. 138–145.

1430. D. Shanks, *Solved and Unsolved Problems in Number Theory*, Washington D.C.: Spartan, 1962.

1431. C.E. Shannon, "A Mathematical Theory of Communication," *Bell System Technical Journal*, v. 27, n. 4, 1948, pp. 379–423, 623–656.

1432. C.E. Shannon, "Communication Theory of Secrecy Systems," *Bell System Technical Journal*, v. 28, n. 4, 1949, pp. 656–715.

1433. C.E. Shannon, *Collected Papers: Claude Elmwood Shannon*, N.J.A. Sloane and A.D. Wyner, eds., New York: IEEE Press, 1993.

1434. C.E. Shannon, "Predication and Entropy in Printed English," *Bell System Technical Journal*, v. 30, n. 1, 1951, pp. 50–64.

1435. A. Shimizu and S. Miyaguchi, "Fast Data Encipherment Algorithm FEAL," *Transactions of IEICE of Japan*, v. J70-D, n. 7, Jul 87, pp. 1413–1423. (In Japanese.)

1436. A. Shimizu and S. Miyaguchi, "Fast Data Encipherment Algorithm FEAL," *Advances in Cryptology—EUROCRYPT '87 Proceedings*, Springer-Verlag, 1988, pp. 267–278.

1437. A. Shimizu and S. Miyaguchi, "FEAL—Fast Data Encipherment Algorithm," *Systems and Computers in Japan*, v. 19, n. 7, 1988, pp. 20–34, 104–106.

1438. A. Shimizu and S. Miyaguchi, "Data Randomization Equipment," U.S. Patent #4,850,019, 18 Jul 1989.

1439. M. Shimada, "Another Practical Public-key Cryptosystem," *Electronics Letters*, v. 28, n. 23, 5 Nov 1992, pp. 2146–2147.

1440. K. Shirriff, personal communication, 1993.

1441. H. Shizuya, T. Itoh, and K. Sakurai, "On the Complexity of Hyperelliptic Discrete Logarithm Problem," *Advances in Cryptology—EUROCRYPT '91 Proceedings*, Springer-Verlag, 1991, pp. 337–351.

1442. Z. Shmuley, "Composite Diffie-Hellman Public-Key Generating Systems Are Hard to Break," Computer Science Department, Technion, Haifa, Israel, Technical Report 356, Feb 1985.

1443. P.W. Shor, "Algorithms for Quantum Computation: Discrete Log and Factoring," *Proceedings of the 35th Symposium on Foundations of Computer Science*, 1994, pp. 124–134.

1444. L. Shroyer, letter to NIST regarding DSS, 17 Feb 1992.

1445. C. Shu, T. Matsumoto, and H. Imai, "A Multi-Purpose Proof System, *Transactions of the Institute of Electronics, Information, and Communication Engineers*, v. E75-A, n. 6, Jun 1992, pp. 735–743.

1446. E.H. Sibley, "Random Number Generators: Good Ones Are Hard to Find," *Communications of the ACM*, v. 31, n. 10, Oct 1988, pp. 1192–1201.

1447. V.M. Sidenikov and S.O. Shestakov, "On Encryption Based on Generalized Reed-

Solomon Codes," *Diskretnaya Math*, v. 4, 1992, pp. 57–63. (In Russian.)

1448. V.M. Sidenikov and S.O. Shestakov, "On Insecurity of Cryptosystems Based on Generalized Reed-Solomon Codes," unpublished manuscript, 1992.

1449. D.P. Sidhu, "Authentication Protocols for Computer Networks," *Computer Networks and ISDN Systems*, v. 11, n. 4, Apr 1986, pp. 297–310.

1450. T. Siegenthaler, "Correlation-Immunity of Nonlinear Combining Functions for Cryptographic Applications," *IEEE Transactions on Information Theory*, v. IT-30, n. 5, Sep 1984, pp. 776–780.

1451. T. Siegenthaler, "Decrypting a Class of Stream Ciphers Using Ciphertext Only," *IEEE Transactions on Computing*, v. C-34, Jan 1985, pp. 81–85.

1452. T. Siegenthaler, "Cryptanalyst's Representation of Nonlinearity Filtered *ml*-sequences," *Advances in Cryptology—EUROCRYPT '85*, Springer-Verlag, 1986, pp. 103–110.

1453. R.D. Silverman, "The Multiple Polynomial Quadratic Sieve," *Mathematics of Computation*, v. 48, n. 177, Jan 1987, pp. 329–339.

1454. G.J. Simmons, "Authentication without Secrecy: A Secure Communication Problem Uniquely Solvable by Asymmetric Encryption Techniques," *Proceedings of IEEE EASCON '79*, 1979, pp. 661–662.

1455. G.J. Simmons, "Some Number Theoretic Questions Arising in Asymmetric Encryption Techniques," *Annual Meeting of the American Mathematical Society*, AMS Abstract 763.94.1, 1979, pp. 136–151.

1456. G.J. Simmons, "High Speed Arithmetic Using Redundant Number Systems," *Proceedings of the National Telecommunications Conference*, 1980, pp. 49.3.1–49.3.2.

1457. G.J. Simmons, "A 'Weak' Privacy Protocol Using the RSA Cryptosystem," *Cryptologia*, v. 7, n. 2, Apr 1983, pp. 180–182.

1458. G.J. Simmons, "The Prisoner's Problem and the Subliminal Channel," *Advances in Cryptology: Proceedings of CRYPTO '83*, Plenum Press, 1984, pp. 51–67.

1459. G.J. Simmons, "The Subliminal Channel and Digital Signatures," *Advances in Cryptology: Proceedings of EUROCRYPT 84*, Springer-Verlag, 1985, pp. 364–378.

1460. G.J. Simmons, "A Secure Subliminal Channel (?)," *Advances in Cryptology—CRYPTO '85 Proceedings*, Springer-Verlag, 1986, pp. 33–41.

1461. G.J. Simmons, "Cryptology," *Encyclopedia Britannica*, 16th edition, 1986, pp. 913–924B.

1462. G.J. Simmons, "How to (Really) Share a Secret," *Advances in Cryptology—CRYPTO '88 Proceedings*, Springer-Verlag, 1990, pp. 390–448.

1463. G.J. Simmons, "Prepositioned Secret Sharing Schemes and/or Shared Control Schemes," *Advances in Cryptology—EUROCRYPT '89 Proceedings*, Springer-Verlag, 1990, pp. 436–467.

1464. G.J. Simmons, "Geometric Shares Secret and/or Shared Control Schemes," *Advances in Cryptology—CRYPTO '90 Proceedings*, Springer-Verlag, 1991, pp. 216–241.

1465. G.J. Simmons, ed., *Contemporary Cryptology: The Science of Information Integrity*, IEEE Press, 1992.

1466. G.J. Simmons, "An Introduction to Shared Secret and/or Shared Control Schemes and Their Application," in *Contemporary Cryptology: The Science of Information Integrity*, G.J. Simmons, ed., IEEE Press, 1992, pp. 441–497.

1467. G.J. Simmons, "How to Insure that Data Acquired to Verify Treaty Compliance Are Trustworthy," in *Contemporary Cryptology: The Science of Information Integrity*, G.J. Simmons, ed., IEEE Press, 1992, pp. 615–630.

1468. G.J. Simmons, "The Subliminal Channels of the U.S. Digital Signature Algorithm (DSA)," *Proceedings of the Third Symposium on: State and Progress of Research in Cryptography*, Rome: Fondazone Ugo Bordoni, 1993, pp. 35–54.

1469. G.J. Simmons, "Subliminal Communication is Easy Using the DSA," *Advances in Cryptology—EUROCRYPT '93 Proceedings*, Springer-Verlag, 1994, pp. 218–232.

1470. G.J. Simmons, "An Introduction to the Mathematics of Trust in Security Protocols," *Proceedings: Computer Security Foundations Workshop VI*, IEEE Computer Society Press, 1993, pp. 121–127.

1471. G.J. Simmons, "Protocols that Ensure Fairness," *Codes and Ciphers*, Institute of Mathematics and its Applications, 1995, pp. 383–394.

1472. G.J. Simmons, "Cryptanalysis and Protocol Failures," *Communications of the ACM*, v. 37, n. 11, Nov 1994, pp. 56–65.

1473. G.J. Simmons, "Subliminal Channels: Past and Present," *European Transactions on Telecommuncations*, v. 4, n. 4, Jul/Aug 1994, pp. 459–473.

1474. G.J. Simmons and M.J. Norris, *How to Cipher Fast Using Redundant Number Systems*, SAND-80-1886, Sandia National Laboratories, Aug 1980.

1475. A. Sinkov, *Elementary Cryptanalysis*, Mathematical Association of America, 1966.

1476. R. Siromoney and L. Matthew, "A Public Key Cryptosystem Based on Lyndon Words," *Information Processing Letters*, v. 35, n. 1, 15 Jun 1990, pp. 33–36.

1477. B. Smeets, "A Note on Sequences Generated by Clock-Controlled Shift Registers," *Advances in Cryptology—EUROCRYPT '85*, Springer-Verlag, 1986, pp. 40–42.

1478. M.E. Smid, "A Key Notarization System for Computer Networks," NBS Special Report 500-54, U.S. Department of Commerce, Oct 1979.

1479. M.E. Smid, "The DSS and the SHS," *Federal Digital Signature Applications Symposium*, Rockville, MD, 17–18 Feb 1993.

1480. M.E. Smid and D.K. Branstad, "The Data Encryption Standard: Past and Future," *Proceedings of the IEEE*, v. 76, n. 5., May 1988, pp. 550–559.

1481. M.E. Smid and D.K. Branstad, "The Data Encryption Standard: Past and Future," in *Contemporary Cryptology: The Science of Information Integrity*, G.J. Simmons, ed., IEEE Press, 1992, pp. 43–64.

1482. J.L. Smith, "The Design of Lucifer, A Cryptographic Device for Data Communications," IBM Research Report RC3326, 1971.

1483. J.L. Smith, "Recirculating Block Cipher Cryptographic System," U.S. Patent #3,796,830, 12 Mar 1974.

1484. J.L. Smith, W.A. Notz, and P.R. Osseck, "An Experimental Application of Cryptography to a Remotely Accessed Data System," *Proceedings of the ACM Annual Conference*, Aug 1972, pp. 282–290.

1485. K. Smith, "Watch Out Hackers, Public Encryption Chips Are Coming," *Electronics Week*, 20 May 1985, pp. 30–31.

1486. P. Smith, "LUC Public-Key Encryption," *Dr. Dobb's Journal*, v. 18, n. 1, Jan 1993, pp. 44–49.

1487. P. Smith and M. Lennon, "LUC: A New Public Key System," *Proceedings of the Ninth International Conference on Information Security, IFIP/Sec 1993*, North Holland: Elsevier Science Publishers, 1993, pp. 91–111.

1488. E. Snekkenes, "Exploring the BAN Approach to Protocol Analysis," *Proceedings of the 1991 IEEE Computer Society Symposium on Research in Security and Privacy*, 1991, pp. 171–181.

1489. B. Snow, "Multiple Independent Binary Bit Stream Generator," U.S. Patent #5,237,615, 17 Aug 1993.

1490. R. Solovay and V. Strassen, "A Fast Monte-Carlo Test for Primality," *SIAM Journal on Computing*, v. 6, Mar 1977, pp. 84–85; erratum in ibid, v. 7, 1978, p. 118.

1491. T. Sorimachi, T. Tokita, and M. Matsui, "On a Cipher Evaluation Method Based on Differential Cryptanalysis," *Proceedings of the 1994 Symposium on Cryptography and Information Security (SCIS 94)*, Lake Biwa, Japan, 27–29 Jan 1994, pp. 4C.1–9. (In Japanese.)

1492. A. Sorkin, "Lucifer, a Cryptographic Algorithm," *Cryptologia*, v. 8, n. 1, Jan 1984, pp. 22–41.

1493. W. Stallings, "Kerberos Keeps the Ethernet Secure," *Data Communications*, Oct 1994, pp. 103–111.

1494. W. Stallings, *Network and Internetwork Security*, Englewood Cliffs, N.J.: Prentice-Hall, 1995.

1495. W. Stallings, *Protect Your Privacy: A Guide for PGP Users*, Englewood Cliffs, N.I.: Prentice-Hall, 1995.

1496. Standards Association of Australia, "Australian Standard 2805.4 1985: Electronic Funds Transfer—Requirements for Interfaces: Part 4—Message Authentication," SAA, North Sydney, NSW, 1985.

1497. Standards Association of Australia, "Australian Standard 2805.5 1985: Electronic Funds Transfer—Requirements for Interfaces: Part 5—Data Encipherment Algorithm," SAA, North Sydney, NSW, 1985.

1498. Standards Association of Australia, "Australian Standard 2805.5.3: Electronic Data Transfer—Requirements for Interfaces: Part 5.3—Data Encipherment Algorithm 2," SAA, North Sydney, NSW, 1992.

1499. J.G. Steiner, B.C. Neuman, and J.I. Schiller, "Kerberos: An Authentication Service for Open Network Systems," *USENIX Conference Proceedings*, Feb 1988, pp. 191–202.

1500. J. Stern, "Secret Linear Congruential Generators Are Not Cryptographically Secure," *Proceedings of the 28th Symposium on Foundations of Computer Science*, 1987, pp. 421–426.

1501. J. Stern, "A New Identification Scheme Based on Syndrome Decoding," *Advances in Cryptology—CRYPTO '93 Proceedings*, Springer-Verlag, 1994, pp. 13–21.

1502. A. Stevens, "Hacks, Spooks, and Data Encryption," *Dr. Dobb's Journal*, v. 15, n. 9, Sep 1990, pp. 127–134, 147–149.

1503. R. Struik, "On the Rao-Nam Private-Key Cryptosystem Using Non-Linear Codes," *IEEE 1991 Symposium on Information Theory*, Budapest, Hungary, 1991.

1504. R. Struik and J. van Tilburg, "The Rao-Nam Scheme Is Insecure against a Chosen-Plaintext Attack," *Advances in Cryptology—CRYPTO '87 Proceedings*, Springer-Verlag, 1988, pp. 445–457.

1505. S.G. Stubblebine and V.G. Gligor, "Protecting the Integrity of Privacy-Enhanced Mail with DES-Based Authentication Codes," *Proceedings of the Privacy and Security Research Group 1993 Workshop on Network and Distributed System Security*, The Internet Society, 1993, pp. 75–80.

1506. R. Sugarman, "On Foiling Computer Crime," *IEEE Spectrum*, v. 16, n. 7, Jul 79, pp. 31–32.

1507. H.N. Sun and T. Hwang, "Public-key ID-Based Cryptosystem," *Proceedings of the 25th Annual 1991 IEEE International Carnahan Conference on Security Technology*, Taipei, China, 1–3 Oct 1991, pp. 142–144.

1508. P.F. Syverson, "Formal Semantics for Logics of Computer Protocols," *Proceedings of the Computer Security Foundations Workshop III*, IEEE Computer Society Press, 1990, pp. 32–41.

1509. P.F. Syverson, "The Use of Logic in the Analysis of Cryptographic Protocols," *Proceedings of the 1991 IEEE Computer Society Symposium on Research in Security and Privacy*, 1991, pp. 156–170.

1510. P.F. Syverson, "Knowledge, Belief, and Semantics in the Analysis of Cryptographic Protocols," *Journal of Computer Security*, v. 1, n. 3, 1992, pp. 317–334.

1511. P.F. Syverson, "Adding Time to a Logic Authentication," *1st ACM Conference on Computer and Communications Security*, ACM Press, 1993, pp. 97–106.

1512. P.F. Syverson and C.A. Meadows, "A Logical Language for Specifying Cryptographic Protocol Requirements," *Proceedings of the 1993 IEEE Computer Society Symposium on Research in Security and Privacy*, 1993, pp. 14–28.

1513. P.F. Syverson and C.A. Meadows, "Formal Requirements for Key Distribution Protocols," *Advances in Cryptology—EUROCRYPT '94 Proceedings*, Springer-Verlag, 1995, to appear.

1514. P.F. Syverson and P.C. van Oorschot, "On Unifying Some Cryptographic Protocol Logics," *Proceedings of the 1994 IEEE Computer Society Symposium on Research in Security and Privacy*, 1994, pp. 165–177.

1515. H. Tanaka, "A Realization Scheme for the Identity-Based Cryptosystem," *Advances in Cryptology—CRYPTO '87 Proceedings*, Springer-Verlag, 1988, pp. 340–349.

1516. H. Tanaka, "A Realization Scheme for the Identity-Based Cryptosystem," *Electronics and Communications in Japan, Part 3 (Fundamental Electronic Science)*, v. 73, n. 5, May 1990, pp. 1–7.

1517. H. Tanaka, "Identity-Based Noninteractive Common-Key Generation and Its

Application to Cryptosystems," *Transactions of the Institute of Electronics, Information, and Communication Engineers*, v. J75-A, n. 4, Apr 1992, pp. 796–800.

1518. J. Tardo and K. Alagappan, "SPX: Global Authentication Using Public Key Certificates," *Proceedings of the 1991 IEEE Computer Society Symposium on Security and Privacy*, 1991, pp. 232–244.

1519. J. Tardo, K. Alagappan, and R. Pitkin, "Public Key Based Authentication Using Internet Certificates," *USENIX Security II Workshop Proceedings*, 1990, pp. 121–123.

1520. A. Tardy-Corfdir and H. Gilbert, "A Known Plaintext Attack of FEAL-4 and FEAL-6," *Advances in Cryptology—CRYPTO '91 Proceedings*, Springer-Verlag, 1992, pp. 172–182.

1521. M. Tatebayashi, N. Matsuzaki, and D.B. Newman, "Key Distribution Protocol for Digital Mobile Communication System," *Advances in Cryptology—CRYPTO '89 Proceedings*, Springer-Verlag, 1990, pp. 324–333.

1522. M. Taylor, "Implementing Privacy Enhanced Mail on VMS," *Proceedings of the Privacy and Security Research Group 1993 Workshop on Network and Distributed System Security*, The Internet Society, 1993, pp. 63–68.

1523. R. Taylor, "An Integrity Check Value Algorithm for Stream Ciphers," *Advances in Cryptology—CRYPTO '93 Proceedings*, Springer-Verlag, 1994, pp. 40–48.

1524. T. Tedrick, "Fair Exchange of Secrets," *Advances in Cryptology: Proceedings of CRYPTO '84*, Springer-Verlag, 1985, pp. 434–438.

1525. R. Terada and P.G. Pinheiro, "How to Strengthen FEAL against Differential Cryptanalysis," *Proceedings of the 1995 Japan-Korea Workshop on Information Security and Cryptography*, Inuyama, Japan, 24–27 Jan 1995, pp. 153–162.

1526. J.-P. Tillich and G. Zémor, "Hashing with SI_2," *Advances in Cryptology—CRYPTO '94 Proceedings*, Springer-Verlag, 1994, pp. 40–49.

1527. T. Tokita, T. Sorimachi, and M. Matsui, "An Efficient Search Algorithm for the Best Expression on Linear Cryptanalysis," *IEICE Japan*, Technical Report, ISEC93-97, 1994.

1528. M. Tompa and H. Woll, "Random Self-Reducibility and Zero-Knowledge Interactive Proofs of Possession of Information," *Proceedings of the 28th IEEE Symposium on the Foundations of Computer Science*, 1987, pp. 472–482.

1529. M. Tompa and H. Woll, "How to Share a

Secret with Cheaters," *Journal of Cryptology*, v. 1, n. 2, 1988, pp. 133–138.

1530. M.-J. Toussaint, "Verification of Cryptographic Protocols," Ph.D. dissertation, Université de Liège, 1991.

1531. M.-J. Toussaint, "Deriving the Complete Knowledge of Participants in Cryptographic Protocols," *Advances in Cryptology—CRYPTO '91 Proceedings*, Springer-Verlag, 1992, pp. 24–43.

1532. M.-J. Toussaint, "Separating the Specification and Implementation Phases in Cryptology," *ESORICS 92, Proceedings of the Second European Symposium on Research in Computer Security*, Springer-Verlag, 1992, pp. 77–101.

1533. P.D. Townsend, J.G. Rarity, and P.R. Tapster, "Enhanced Single Photon Fringe Visibility in a 10 km-Long Prototype Quantum Cryptography Channel," *Electronics Letters*, v. 28, n. 14, 8 Jul 1993, pp. 1291–1293.

1534. S.A. Tretter, "Properties of PN^2 Sequences," *IEEE Transactions on Information Theory*, v. IT-20, n. 2, Mar 1974, pp. 295–297.

1535. H. Truman, "Memorandum for: The Secretary of State, The Secretary of Defense," A 20707 5/4/54/OSO, NSA TS CONTL. NO 73-00405, 24 Oct 1952.

1536. Y.W. Tsai and T. Hwang, "ID Based Public Key Cryptosystem Based on Okamoto and Tanaka's ID Based One-Way Communications Scheme," *Electronics Letters*, v. 26, n. 10, 1 May 1990, pp. 666–668.

1537. G. Tsudik, "Message Authentication with One-Way Hash Functions," *ACM Computer Communications Review*, v. 22, n. 5, 1992, pp. 29–38.

1538. S. Tsujii and K. Araki, "A Rebuttal to Coppersmith's Attacking Method," memorandum presented at Crypto '94, Aug 1994.

1539. S. Tsujii, K. Araki, J. Chao, T. Sekine, and Y. Matsuzaki, "ID-Based Key Sharing Scheme—Cancellation of Random Numbers by Iterative Addition," IEICE Japan, Technical Report, ISEC 92-47, Oct 1992.

1540. S. Tsujii, K. Araki, and T. Sekine, "A New Scheme of Noninteractive ID-Based Key Sharing with Explosively High Degree of Separability," Technical Report, Department of Computer Science, Tokyo Institute of Technology, 93TR-0016, May 1993.

1541. S. Tsujii, K. Araki, and T. Sekine, "A New Scheme of Non Interactive ID-Based key Sharing with Explosively High Degree of Separability (Second Version)," Technical Report, Department of Computer Science, Tokyo Institute of Technology, 93TR-0020, Jul 1993.

1542. S. Tsujii, K. Araki, T. Sekine, and K. Tanada, "A New Scheme of Non Interactive ID-Based Key Sharing with Explosively High Degree of Separability," *Proceedings of the 1993 Korea-Japan Workshop on Information Security and Cryptography*, Seoul, Korea, 24–26 Oct 1993, pp. 49–58.

1543. S. Tsujii, K. Araki, H. Tanaki, J. Chao, T. Sekine, and Y. Matsuzaki, "ID-Based Key Sharing Scheme—Reply to Tanaka's Comment," IEICE Japan, Technical Report, ISEC 92-60, Dec 1992.

1544. S. Tsujii and J. Chao, "A New ID-based Key Sharing System," *Advances in Cryptology—CRYPTO '91 Proceedings*, Springer-Verlag, 1992, pp. 288–299.

1545. S. Tsujii, J. Chao, and K. Araki, "A Simple ID-Based Scheme for Key Sharing," IEICE Japan, Technical Report, ISEC 92-25, Aug 1992.

1546. S. Tsujii and T. Itoh, "An ID-Based Cryptosystem Based on the Discrete Logarithm Problem," *IEEE Journal on Selected Areas in Communication*, v. 7, n. 4, May 1989, pp. 467–473.

1547. S. Tsujii and T. Itoh, "An ID-Based Cryptosystem Based on the Discrete Logarithm Problem," *Electronics Letters*, v. 23, n. 24, Nov 1989, pp. 1318–1320.

1548. S. Tsujii, K. Kurosawa, T. Itoh, A. Fujioka, and T. Matsumoto, "A Public-Key Cryptosystem Based on the Difficulty of Solving a System of Non-Linear Equations," TSUJII Laboratory Technical Memorandum, n. 1, 1986.

1549. Y. Tsunoo, E. Okamoto, and H. Doi, "Analytical Known Plain-Text Attack for FEAL-4 and Its Improvement," *Proceedings of the 1994 Symposium on Cryptography and Information Security (SCIS 93)*, 1993.

1550. Y. Tsunoo, E. Okamoto, T. Uyematsu, and M. Mambo, "Analytical Known Plain-Text Attack for FEAL-6" *Proceedings of the 1993 Korea-Japan Workshop on Information Security and Cryptography*, Seoul, Korea, 24–26 Oct 1993, pp. 253–261.

1551. W. Tuchman, "Hellman Presents No Shortcut Solutions to DES," *IEEE Spectrum*, v. 16, n. 7, July 1979, pp. 40–41.

1552. U.S. Senate Select Committee on Intelligence, "Unclassified Summary: Involvement of NSA in the Development of the Data Encryption Standard," *IEEE Communications Magazine*, v. 16, n. 6, Nov 1978, pp. 53–55.

1553. B. Vallée, M. Girault, and P. Toffin, "How to Break Okamoto's Cryptosystem by Reducing Lattice Values," *Advances in Cryptology—EUROCRYPT '88 Proceedings*, Springer-Verlag, 1988, p. 281–291.

1554. H. Van Antwerpen, "Electronic Cash,"

Master's thesis, CWI, Netherlands,

1555. K. Van Espen and J. Van Mieghem, "Evaluatie en Implementatie van Authentiseringsalgoritmen," graduate thesis, ESAT Laboratorium, Katholieke Universiteit Leuven, 1989. (In Dutch.)

1556. P.C. van Oorschot, "Extending Cryptographic Logics of Belief to Key Agreement Protocols," *Proceedings of the 1st Annual ACM Conference on Computer and Communications Security*, 1993, pp. 232–243.

1557. P.C. van Oorschot, "An Alternate Explanation for Two BAN-logic 'Failures,'" *Advances in Cryptology—EUROCRYPT '93 Proceedings*, Springer-Verlag, 1994, pp. 443–447.

1558. P.C. van Oorschot and M.J. Wiener, "A Known-Plaintext Attack on Two-Key Triple Encryption," *Advances in Cryptology—EUROCRYPT '90 Proceedings*, Springer-Verlag, 1991, pp. 318–325.

1559. J. van Tilburg, "On the McEliece Cryptosystem," *Advances in Cryptology—CRYPTO '88 Proceedings*, Springer-Verlag, 1990, pp. 119–131.

1560. J. van Tilburg, "Cryptanalysis of the Xinmei Digital Signature Scheme," *Electronics Letters*, v. 28, n. 20, 24 Sep 1992, pp. 1935–1938.

1561. J. van Tilburg, "Two Chosen-Plaintext Attacks on the Li Wang Joing Authentication and Encryption Scheme," *Applied Algebra, Algebraic Algorithms and Error Correcting Codes 10*, Springer-Verlag, 1993, pp. 332–343.

1562. J. van Tilburg, "Security-Analysis of a Class of Cryptosystems Based on Linear Error-Correcting Codes," Ph.D. dissertation, Technical University Eindhoven, 1994.

1563. A. Vandemeulebroecke, E. Vanzieleghem, T. Denayer, and P.G. Jespers, "A Single Chip 1024 Bits RSA Processor," *Advances in Cryptology—EUROCRYPT '89 Proceedings*, Springer-Verlag, 1990, pp. 219–236.

1564. J. Vanderwalle, D. Chaum, W. Fumy, C. Jansen, P. Landrock, and G. Roelofsen, "A European Call for Cryptographic Algorithms: RIPE; RACE Integrity Primitives Evaluation," *Advances in Cryptology—EUROCRYPT '89 Proceedings*, Springer-Verlag, 1990, pp. 267–271.

1565. V. Varadharajan, "Verification of Network Security Protocols," *Computers and Security*, v. 8, n. 8, Aug 1989, pp. 693–708.

1566. V. Varadharajan, "Use of a Formal Description Technique in the Specification of Authentication Protocols," *Computer Standards and Interfaces*, v. 9, 1990, pp. 203–215.

1567. S. Vaudenay, "FFT-Hash-II Is not Yet Collision-Free," *Advances in Cryptology—CRYPTO '92 Proceedings*, Springer-Verlag, pp. 587–593.

1568. S. Vaudenay, "Differential Cryptanalysis of Blowfish," unpublished manuscript, 1995.

1569. U.V. Vazirani and V.V. Vazirani, "Trapdoor Pseudo-Random Number Generators with Applications to Protocol Design," *Proceedings of the 24th IEEE Symposium on the Foundations of Computer Science*, 1983, pp. 23–30.

1570. U.V. Vazirani and V.V. Vazirani, "Efficient and Secure Pseudo-Random Number Generation," *Proceedings of the 25th IEEE Symposium on the Foundations of Computer Science*, 1984, pp. 458–463.

1571. U.V. Vazirani and V.V. Vazirani, "Efficient and Secure Pseudo-Random Number Generation," *Advances in Cryptology: Proceedings of CRYPTO '84*, Springer-Verlag, 1985, pp. 193–202.

1572. I. Verbauwhede, F. Hoornaert, J. Vanderwalle, and H. De Man, "ASIC Cryptographical Processor Based on DES," *Euro ASIC '91 Proceedings*, 1991, pp. 292–295.

1573. I. Verbauwhede, F. Hoornaert, J. Vanderwalle, H. De Man, and R. Govaerts, "Security Considerations in the Design and Implementation of a New DES Chip," *Advances in Cryptology—EUROCRYPT '87 Proceedings*, Springer-Verlag, 1988, pp. 287–300.

1574. R. Vogel, "On the Linear Complexity of Cascaded Sequences," *Advances in Cryptology: Proceedings of EUROCRYPT 84*, Springer-Verlag, 1985, pp. 99–109.

1575. S. von Solms and D. Naccache, "On Blind Signatures and Perfect Crimes," *Computers & Security*, v. 11, 1992, pp. 581–583.

1576. V.L. Voydock and S.T. Kent, "Security Mechanisms in High-Level Networks," *ACM Computing Surveys*, v. 15, n. 2, Jun 1983, pp. 135–171.

1577. N.R. Wagner, P.S. Putter, and M.R. Cain, "Large-Scale Randomization Techniques," *Advances in Cryptology—CRYPTO '86 Proceedings*, Springer-Verlag, 1987, pp. 393–404.

1578. M. Waidner and B. Pfitzmann, "The Dining Cryptographers in the Disco: Unconditional Sender and Recipient Untraceability with Computationally Secure Serviceability," *Advances in Cryptology—EUROCRYPT '89 Proceedings*, Springer-Verlag, 1990, p. 690.

1579. S.T. Walker, "Software Key Escrow—A Better Solution for Law Enforcement's Needs?" TIS Report #533, Trusted Information Systems, Aug 1994.

1580. S.T. Walker, "Thoughts on Key Escrow Acceptability," TIS Report #534D, Trusted Information Systems, Nov 1994.

1581. S.T. Walker, S.B. Lipner, C.M. Ellison, D.K. Branstad, and D.M. Balenson, "Commercial Key Escrow—Something for Everyone—Now and for the Future," TIS Report #541, Trusted Information Systems, Jan 1995.

1582. M.Z 1580. S.T. Walker, "Thoughts on Key teris Acceptability," TIS Report #534D, Perfect Linear Complexity Profiles," *Abstracts of Papers, EUROCRYPT '86*, 20–22 May 1986.

1583. E.J. Watson, "Primitive Polynomials (Mod 2)," *Mathematics of Computation*, v. 16, 1962, p. 368.

1584. P. Wayner, "Mimic Functions," *Cryptologia*, v. 16, n. 3, Jul 1992, pp. 193–214.

1585. P. Wayner, "Mimic Functions and Tractability," draft manuscript, 1993.

1586. A.F. Webster and S.E. Tavares, "On the Design of S-Boxes," *Advances in Cryptology—CRYPTO '85 Proceedings*, Springer-Verlag, 1986, pp. 523–534.

1587. G. Welchman, *The Hut Six Story: Breaking the Enigma Codes*, New York: McGraw-Hill, 1982.

1588. A.L. Wells Jr., "A Polynomial Form for Logarithms Modulo a Prime," *IEEE Transactions on Information Theory*, Nov 1984, pp. 845–846.

1589. D.J. Wheeler, "A Bulk Data Encryption Algorithm," *Fast Software Encryption, Cambridge Security Workshop Proceedings*, Springer-Verlag, 1994, pp. 127–134.

1590. D.J. Wheeler, personal communication, 1994.

1591. D.J. Wheeler and R. Needham, "A Large Block DES-Like Algorithm," Technical Report 355, "Two Cryptographic Notes," Computer Laboratory, University of Cambridge, Dec 1994, pp. 1–3.

1592. D.J. Wheeler and R. Needham, "TEA, A Tiny Encryption Algorithm," Technical Report 355, "Two Cryptographic Notes," Computer Laboratory, University of Cambridge, Dec 1994, pp. 1–3.

1593. S.R. White, "Covert Distributed Processing with Computer Viruses," *Advances in Cryptology—CRYPTO '89 Proceedings*, Springer-Verlag, 1990, pp. 616–619.

1594. White House, Office of the Press Secretary, "Statement by the Press Secretary," 16 Apr 1993.

1595. B.A. Wichman and I.D. Hill, "An Efficient and Portable Pseudo-Random Number Generator," *Applied Statistics*, v. 31, 1982, pp. 188–190.

1596. M.J. Wiener, "Cryptanalysis of Short RSA Secret Exponents," *IEEE Transactions on Information Theory*, v. 36, n. 3, May 1990, pp. 553–558.

1597. M.J. Wiener, "Efficient DES Key Search," presented at the rump session of CRYPTO '93, Aug 1993.

1598. M.J. Wiener, "Efficient DES Key Search," TR-244, School of Computer Science, Carleton University, May 1994.

1599. M.V. Wilkes, *Time-Sharing Computer Systems*, New York: American Elsevier, 1968.

1600. E.A. Williams, *An Invitation to Cryptograms*, New York: Simon and Schuster, 1959.

1601. H.C. Williams, "A Modification of the RSA Public-Key Encryption Procedure," *IEEE Transactions on Information Theory*, v. IT-26, n. 6, Nov 1980, pp. 726–729.

1602. H.C. Williams, "An Overview of Factoring," *Advances in Cryptology: Proceedings of Crypto 83*, Plenum Press, 1984, pp. 71–80.

1603. H.C. Williams, "Some Public-Key Crypto-Functions as Intractable as Factorization," *Advances in Cryptology: Proceedings of CRYPTO 84*, Springer-Verlag, 1985, pp. 66–70.

1604. H.C. Williams, "Some Public-Key Crypto-Functions as Intractable as Factorization," *Cryptologia*, v. 9, n. 3, Jul 1985, pp. 223–237.

1605. H.C. Williams, "An M^3 Public-Key Encryption Scheme," *Advances in Cryptology—CRYPTO '85*, Springer-Verlag, 1986, pp. 358–368.

1606. R.S. Winternitz, "Producing One-Way Hash Functions from DES," *Advances in Cryptology: Proceedings of Crypto 83*, Plenum Press, 1984, pp. 203–207.

1607. R.S. Winternitz, "A Secure One-Way Hash Function Built from DES," *Proceedings of the 1984 Symposium on Security and Privacy*, 1984, pp. 88–90.

1608. S. Wolfram, "Random Sequence Generation by Cellular Automata," *Advances in Applied Mathematics*, v. 7, 1986, pp. 123–169.

1609. S. Wolfram, "Cryptography with Cellular Automata," *Advances in Cryptology—CRYPTO '85 Proceedings*, Springer-Verlag, 1986, pp. 429–432.

1610. T.Y.C. Woo and S.S. Lam, "Authentication for Distributed Systems," *Computer*, v. 25, n. 1, Jan 1992, pp. 39–52.

1611. T.Y.C. Woo and S.S. Lam, " 'Authentication' Revisited," *Computer*, v. 25, n. 3, Mar 1992, p. 10.

1612. T.Y.C. Woo and S.S. Lam, "A Semantic Model for Authentication Protocols," *Proceedings of the 1993 IEEE Computer Society Symposium on Research in Security and Privacy*, 1993, pp. 178–194.

1613. M.C. Wood, technical report, Cryptech, Inc., Jamestown, NY, Jul 1990.

1614. M.C. Wood, "Method of Cryptographically Transforming Electronic Digital Data from One Form to Another," U.S. Patent #5,003,596, 26 Mar 1991.

1615. M.C. Wood, personal communication, 1993.

1616. C.K. Wu and X.M. Wang, "Determination of the True Value of the Euler Totient Function in the RSA Cryptosystem from a Set of Possibilities," *Electronics Letters*, v. 29, n. 1, 7 Jan 1993, pp. 84–85.

1617. M.C. Wunderlich, "Recent Advances in the Design and Implementation of Large Integer Factorization Algorithms," *Proceedings of 1983 Symposium on Security and Privacy*, IEEE Computer Society Press, 1983, pp. 67–71.

1618. Xerox Network System (XNS) Authentication Protocol, XSIS 098404, Xerox Corporation, Apr 1984.

1619. Y.Y. Xian, "New Public Key Distribution System," *Electronics Letters*, v. 23, n. 11, 1987, pp. 560–561.

1620. L.D. Xing and L.G. Sheng, "Cryptanalysis of New Modified Lu-Lee Cryptosystems," *Electronics Letters*, v. 26, n. 19, 13 Sep 1990, p. 1601–1602.

1621. W. Xinmei, "Digital Signature Scheme Based on Error-Correcting Codes," *Electronics Letters*, v. 26, n. 13, 21 Jun 1990, p. 898–899.

1622. S.B. Xu, D.K. He, and X.M. Wang, "An Implementation of the GSM General Data Encryption Algorithm A5," *CHINACRYPT '94*, Xidian, China, 11–15 Nov 1994, pp. 287–291. (In Chinese.)

1623. M. Yagisawa, "A New Method for Realizing Public-Key Cryptosystem," *Cryptologia*, v. 9, n. 4, Oct 1985, pp. 360–380.

1624. C.H. Yang, "Modular Arithmetic Algorithms for Smart Cards," IEICE Japan, Technical Report, ISEC92-16, 1992.

1625. C.H. Yang and H. Morita, "An Efficient Modular-Multiplication Algorithm for Smart-Card Software Implementation," IEICE Japan, Technical Report, ISEC91-58, 1991.

1626. J.H. Yang, K.C. Zeng, and Q.B. Di, "On the Construction of Large S-Boxes," *CHINACRYPT '94*, Xidian, China, 11–15 Nov 1994, pp. 24–32. (In Chinese.)

1627. A.C.-C. Yao, "Protocols for Secure Computations," *Proceedings of the 23rd IEEE Symposium on the Foundations of Computer Science*, 1982, pp. 160–164.

1628. B. Yee, "Using Secure Coprocessors," Ph.D. dissertation, School of Computer Science, Carnegie Mellon University, May 1994.

1629. S.-M. Yen, "Design and Computation of Public Key Cryptosystems," Ph.D. dissertation, National Cheng Hung University, Apr 1994.

1630. S.-M. Yen and C.-S. Lai, "New Digital Signature Scheme Based on the Discrete Logarithm," *Electronics Letters*, v. 29, n. 12, 1993, pp. 1120–1121.

1631. K. Yiu and K. Peterson, "A Single-Chip VLSI Implementation of the Discrete Exponential Public-Key Distribution System," *IBM Systems Journal*, v. 15, n. 1, 1982, pp. 102–116.

1632. K. Yiu and K. Peterson, "A Single-Chip VLSI Implementation of the Discrete Exponential Public-Key Distribution System," *Proceedings of Government Microcircuit Applications Conference*, 1982, pp. 18–23.

1633. H.Y. Youm, S.L. Lee, and M.Y. Rhee, "Practical Protocols for Electronic Cash," *Proceedings of the 1993 Korea-Japan Workshop on Information Security and Cryptography*, Seoul, Korea, 24–26 Oct 1993, pp. 10–22.

1634. M. Yung, "Cryptoprotocols: Subscriptions to a Public Key, the Secret Blocking, and the Multi-Player Mental Poker Game," *Advances in Cryptology: Proceedings of CRYPTO 84*, Springer-Verlag, 1985, 439–453.

1635. G. Yuval, "How to Swindle Rabin," *Cryptologia*, v. 3, n. 3, Jul 1979, pp. 187–190.

1636. K.C. Zeng and M. Huang, "On the Linear Syndrome Method in Cryptanalysis," *Advances in Cryptology—CRYPTO '88 Proceedings*, Springer-Verlag, 1990, pp. 469–478.

1637. K.C. Zeng, M. Huang, and T.R.N. Rao, "An Improved Linear Algorithm in Cryptanalysis with Applications," *Advances in Cryptology—CRYPTO '90 Proceedings*, Springer-Verlag, 1991, pp. 34–47.

1638. K.C. Zeng, C.-H. Yang, and T.R.N. Rao, "On the Linear Consistency Test (LCT) in Cryptanalysis with Applications," *Advances in Cryptology—CRYPTO '89 Proceedings*, Springer-Verlag, 1990, pp. 164–174.

1639. K.C. Zeng, C.-H. Yang, D.-Y. Wei, and T.R.N. Rao, "Pseudorandom Bit Generators in Stream-Cipher Cryptography," *IEEE Computer*, v. 24, n. 2, Feb 1991, pp. 8–17.

1640. M. Zhang, S.E. Tavares, and L.L. Campbell, "Information Leakage of Boolean Functions and Its Relationship to Other Cryptographic Criteria," *Proceedings of the 2nd Annual ACM Conference on Computer and Communications Security*, ACM Press, 1994, pp. 156–165.

1641. M. Zhang and G. Xiao, "A Modified Design Criterion for Stream Ciphers,"

CHINACRYPT '94, Xidian, China, 11–15 Nov 1994, pp. 201–209. (In Chinese.)

1642. Y. Zheng, T. Matsumoto, and H. Imai, "Duality between two Cryptographic Primitives," *Papers of Technical Group for Information Security*, IEICE of Japan, Mar 1989, pp. 47–57.

1643. Y. Zheng, T. Matsumoto, and H. Imai, "Impossibility and Optimality Results in Constructing Pseudorandom Permutations," *Advances in Cryptology—EUROCRYPT '89 Proceedings*, Springer-Verlag, 1990, pp. 412–422.

1644. Y. Zheng, T. Matsumoto, and H. Imai, "On the Construction of Block Ciphers Provably Secure and Not Relying on Any Unproved Hypotheses," *Advances in Cryptology—CRYPTO '89 Proceedings*, Springer-Verlag, 1990, pp. 461–480.

1645. Y. Zheng, T. Matsumoto, and H. Imai, "Duality between two Cryptographic Primitives," *Proceedings of the 8th International Conference on Applied Algebra, Algebraic Algorithms and Error-Correcting Codes*, Springer-Verlag, 1991, pp. 379–390.

1646. Y. Zheng, J. Pieprzyk, and J. Seberry, "HAVAL—A One-Way Hashing Algorithm with Variable Length of Output," *Advances in Crytology—AUSCRYPT '92 Proceedings*, Springer-Verlag, 1993, pp. 83–104.

1647. N. Zierler, "Linear Recurring Sequences," *Journal Soc. Indust. Appl. Math.*, v. 7, n. 1, Mar 1959, pp. 31–48.

1648. N. Zierler, "Primitive Trinomials Whose Degree Is a Mersenne Exponent," *Information and Control*, v. 15, 1969, pp. 67–69.

1649. N. Zierler and J. Brillhart, "On Primitive Trinomials (mod 2)," *Information and Control*, v. 13, n. 6, Dec 1968, pp. 541–544.

1650. N. Zierler and W.H. Mills, "Products of Linear Recurring Sequences," *Journal of Algebra*, v. 27, n. 1, Oct 1973, pp. 147–157.

1651. C. Zimmer, "Perfect Gibberish," *Discover*, v. 13, n. 12, Dec 1992, pp. 92–99.

1652. P.R. Zimmermann, *The Official PGP User's Guide*, Boston: MIT Press, 1995.

1653. P.R. Zimmermann, *PGP Source Code and Internals*, Boston: MIT Press, 1995.

推荐阅读

深入理解计算机系统（原书第3版）

作者：[美] 兰德尔 E. 布莱恩特 等　译者：龚奕利 等　书号：978-7-111-54493-7　定价：139.00元

理解计算机系统首选书目，10余万程序员的共同选择
卡内基-梅隆大学、北京大学、清华大学、上海交通大学等国内外众多知名高校选用指定教材
从程序员视角全面剖析的实现细节，使读者深刻理解程序的行为，将所有计算机系统的相关知识融会贯通
新版本全面基于X86-64位处理器

　　基于该教材的北大"计算机系统导论"课程实施已有五年，得到了学生的广泛赞誉，学生们通过这门课程的学习建立了完整的计算机系统的知识体系和整体知识框架，养成了良好的编程习惯并获得了编写高性能、可移植和健壮的程序的能力，奠定了后续学习操作系统、编译、计算机体系结构等专业课程的基础。北大的教学实践表明，这是一本值得推荐采用的好教材。本书第3版采用最新x86-64架构来贯穿各部分知识。我相信，该书的出版将有助于国内计算机系统教学的进一步改进，为培养从事系统级创新的计算机人才奠定很好的基础。

—— 梅 宏　中国科学院院士/发展中国家科学院院士

　　以低年级开设"深入理解计算机系统"课程为基础，我先后在复旦大学和上海交通大学软件学院主导了激进的教学改革……现在我课题组的青年教师全部是首批经历此教学改革的学生。本科的扎实基础为他们从事系统软件的研究打下了良好的基础……师资力量的补充又为推进更加激进的教学改革创造了条件。

—— 臧斌宇　上海交通大学软件学院院长